普通高等教育“十三五”规划教材
国家精品课程配套教材

兽医外科学

（第二版）

丁明星　主编

科学出版社
北　京

内 容 简 介

本书共26章，介绍了无菌术、手术基本操作、麻醉与疼痛管理、显微外科、体液调节与营养支持、外科感染、软组织损伤、外科休克、神经损伤、胸腹腔及盆腔手术通路、跛行诊断等外科基本理论知识和基本技术，详述了犬、猫和家畜的皮肤疾病、肿瘤、眼病、耳病、疝、风湿病、骨骼疾病、关节疾病、肌肉和腱及黏液囊疾病、蹄病，以及呼吸系统、心血管系统、消化系统和泌尿生殖系统的常见外科疾病的病因、病理发生、诊断、药物治疗和手术方法，较全面地介绍了国内兽医外科学的研究进展和诊疗新技术。本书具有较强的系统性和理论性，同时具有较强的实践性和临床操作性。

本书是高等院校动物医学专业的重要外科教材，还可作为临床兽医学研究生、宠物医院医生及基层兽医人员的参考用书。

图书在版编目（CIP）数据

兽医外科学 / 丁明星主编. —2版. —北京：科学出版社，2019.2
普通高等教育“十三五”规划教材・国家精品课程配套教材
ISBN 978-7-03-060595-5

Ⅰ. ①兽… Ⅱ. ①丁… Ⅲ. ①兽医学－外科学－高等学校－教材
Ⅳ. ①S857.1

中国版本图书馆CIP数据核字（2019）第033805号

责任编辑：丛 楠 韩书云 / 责任校对：严 娜
责任印制：师艳茹 / 封面设计：铭轩堂

科学出版社出版
北京东黄城根北街16号
邮政编码：100717
http://www.sciencep.com
北京市密东印刷有限公司印刷
科学出版社发行 各地新华书店经销
*
2019年2月第 二 版 开本：787×1092 1/16
2021年11月第三次印刷 印张：29 1/2
字数：774 000

定价：69.80 元

《兽医外科学》(第二版)编审人员

主　编　丁明星

副主编　李宏全　刘　云

编　者　(按姓氏笔画排序)

丁　一　华中农业大学
丁明星　华中农业大学
马卫明　山东农业大学
邓立新　河南农业大学
向建洲　湖南农业大学
刘　云　东北农业大学
刘东明　华中农业大学
刘焕奇　青岛农业大学
李云章　内蒙古农业大学
李宏全　山西农业大学
李建基　扬州大学
杨晓农　西南民族大学
张翊华　西北农林科技大学
陈建国　华中农业大学
陈智华　甘肃农业大学
周振雷　南京农业大学
胡长敏　华中农业大学
贾杏林　湖南农业大学
徐在品　贵州大学
郭庆勇　新疆农业大学
龚大春　长江大学
彭广能　四川农业大学
董海聚　河南农业大学
蒋书东　安徽农业大学
谢光洪　吉林大学
熊惠军　华南农业大学

主　审　王洪斌

第二版前言

本书自2009年出版以来，被众多院校选用和临床兽医工作者阅读，受到广泛好评。为跟进学科发展，适应兽医外科学的教学改革，推动高素质、创新型和实用型动物医学人才的培养，我们在第一版教材的基础上进行了修订再版。

本书突出基本理论、基本知识和基本技术，系统介绍了动物外科疾病的病因、病理、临床表现、诊断和治疗方法，同时还详述了各种外科技术和手术方法，以利于培养学生的创造性思维及分析问题和解决问题的能力。

本书注重科学性、先进性、严谨性和实用性，对第一版教材重要章节内容进行了较大的改动，如将“麻醉”一章更名为“麻醉与疼痛管理”，引入了“平衡麻醉”“全凭静脉麻醉”“疼痛管理”等重要概念，去掉了陈旧的麻醉药物（如水合氯醛）和不合理的麻醉药物分类（如α_2-肾上腺素能受体激动药作为麻醉药），增加了动物福利保护相关知识，使得内容更为科学；增加了青光眼小梁切除术、引流阀置入术、改良滑车再造术、改进型前胫骨楔形截骨术、脱钙骨基质的骨缺损修复等最新知识与技术，以引领学科发展方向；将“胸壁透创”和“腹部损伤”并入了“软组织损伤”章节中，原“常见手术通路”章节中增加了胸腔和盆腔手术通路，并改名为“胸腹腔及盆腔手术通路”；“神经损伤”章节中增加了“神经学检查”等，使本书的结构体系更加完善、合理；将“外科患畜的体液失调”和“外科患畜的营养代谢”合并为“体液调节与营养支持”，内容上更侧重于实用。另外，为了适应近年来临床兽医对骨骼和关节手术知识和技术的渴求，本书将“骨骼疾病”和“关节疾病”单列成章，并对主要手术方法进行了详细介绍。本书内容充实，采用二维码的方式拓展了部分手术操作视频和相关解剖学知识，有利于学生进行系统性的学习。各学校可根据本校学制和学时的不同选择本书内容进行教学，各种手术方法可参见“爱课程”网中的“兽医外科学”（http://www.icourses.cn/coursestatic/course_2730.html）。

本书编者分别来自于20所高等院校，均是活跃在教学、科研一线的知名学者，具有丰富的临床实践经验，力求打造一部精品教材。编委分工如下：丁明星，第一章和第四章的部分内容；李宏全，第七章和第九章的部分内容；刘云，第十一章；李建基，第十四章的部分内容；周振雷，第四章的部分内容和第十章；张翊华，第四章的部分内容、第五章和第二十一章；陈智华，第十七章的部分内容；李云章，第二十六章；彭广能，第六章和第十八章的部分内容；徐在品，第十九章；杨晓农，第八章和第二十四章的部分内容；邓立新，第十四章的部分内容；刘焕奇，第六章的部分内容；熊惠军，第四章的部分内容；谢光洪，第四章的部分内容和第十五章；向建洲，第二十三章、第二十四章的部分内容和第二十五章；蒋书东，第十七章、第二十二章和第二十三章的部分内容；马卫明，第十六章和第九章、第十七章的部分内容；郭庆勇，第八章的部分内容和第二十章；龚大春，第十八章的部分内容；董海聚，第六章和第十三章的部分内容；丁一，第六章、第十四章、第二十二章、第二十三章和第二十四章的部分内容；胡长敏，第十二章；陈建国，第二章；刘东明，第三章和第二十三章的部分内容；贾杏林，第十三章的部分内容。

尽管我们以精益求精的态度，为提高本书质量做了不懈的努力，但书中仍不免存在一些不足和疏漏，诚恳希望使用本书的教师和读者提出批评和建议，以便再版时更臻完善。

丁明星

2018年1月

目 录

第一章 绪 论

一、兽医外科学的范畴

兽医外科学是兽医科学的一个重要组成部分，它的范畴是在整个兽医科学的发展历史中形成的，并且是不断更新变化的。随着对动物各系统和各器官疾病在病因和病理方面认识的深入，加之诊断方法和手术技术的不断改进，兽医外科学的范畴现已不仅局限于一些体表的疾病和外伤，还包括许多机体内部的疾病。按病因分类，兽医外科疾病可分为以下 5 类。

1. 损伤 由外力或其他致伤因子引起的组织器官被破坏，如创伤、淋巴外渗、血肿、骨折、内脏破裂，需手术或其他外科处理，以修复组织、恢复功能。

2. 感染 致病微生物或寄生虫侵袭，引起动物组织和器官的损害、破坏，甚至坏死，如脓肿、蜂窝织炎，需手术切开、引流等治疗。

3. 肿瘤 对于良性肿瘤，手术切除有良好的疗效；对于恶性肿瘤，早期切除能根治、延长生存时间或缓解症状。

4. 畸形 先天性畸形，如唇裂、腭裂、锁肛，需手术治疗；后天性畸形，如腱挛缩，也需手术恢复功能。

5. 其他性质的疾病 例如，器官梗阻如食道梗阻、肠梗阻、尿路梗阻；结石形成如胆结石、尿路结石；心血管疾病如牛创伤性心包炎、肝门脉系统短路。这些也常需手术治疗纠正。

按器官、系统分类，兽医外科学又可分为眼病、耳病、皮肤病、蹄病，以及与呼吸系统、心血管系统、消化系统、泌尿生殖系统、神经系统、骨和关节等有关的外科疾病。

综上所述，现代兽医外科学是研究以手术或手法为主要疗法的动物疾病的发生和发展规律及诊断、防治的科学。

兽医外科学与兽医内科学的范畴是相对的，兽医外科学一般以需要手术或手法为主要疗法的动物疾病为对象，而兽医内科学则以应用药物为主要疗法的动物疾病为对象。兽医外科疾病在其一定阶段时才需要手术。例如，化脓性感染在早期一般先用药物进行治疗，形成脓肿时才需要切开引流。兽医内科疾病在它发展到某一阶段时也需要手术治疗，如创伤性网胃心包炎、瘤胃积食、马肠梗阻。近年来，计算机断层扫描（CT）、内镜等已开始应用于兽医临床，使得兽医外科学与兽医内科学及其他学科趋于交叉。因而，兽医外科学的范畴将会随着兽医科学的发展和诊疗方法的改进而不断地更新变化。

二、兽医外科学的发展

在我国古代，兽医外科技术是中兽医学的重要组成部分，具有悠久的历史。早在原始社会时期便有砭石、石刀、骨针等治疗外科病症的工具。到殷商时期，已有青铜刀和青铜针等。同时在甲骨文中出现了阉割术的象形文字。《周礼·天官》记载："兽医，掌疗兽病，疗兽疡"，兽病是指广义的兽医内科病，兽疡即广义的兽医外科病。这说明公元前11世纪兽医外科已成为独立的学科，而且家畜去势已有了一定的发展。公元前7世纪，著名畜牧兽医学家孙阳（号伯乐）已开始削刻蹄匣或修蹄。秦汉时期，出现了用中药治疗外科疾病的技术，如《神农本草经》记载的“桐花主傅猪疮”“雄黄治恶疮”。三国时期，华佗发明的酒服麻沸散的麻醉术已用于剖腹手术。公元6世纪，贾思勰所著《齐民要术》中记载用削蹄和烧烙法治疗“漏蹄”，还详细介绍了羔羊的无血去势术。唐代李石编著的《司牧安骥集》中的兽医外科单独成章，载有疮、黄、疔、毒、蹄病、眼病等疾病，还介绍了治疗肠入阴（腹股沟疝）、槽结（马腺疫）等手术方法及一些外科用药方法（帖敷药方），使中兽医外科学的发展进入了一个新阶段。宋代外科手术在止血、止痛、麻醉方面进展很快。例如，唐慎微的《经史证类备急本草》详细记载了白芨、大蓟、小蓟、三七等外科止血药物，以及镇痛麻醉药如酒、天南星、半夏、乌头等。到了明代，中兽医外科学趋于成熟，《元亨疗马集》中对兽医外科学有很多论述，如“凿脑开喉，取浑睛，割骨眼，开肷剖腹”，提出“割牛骟马，凿头开喉，打鼻穿卷，彻血行针，割瘿瘤，取槽结”的操作方法。清代丰富了兽医外科病症的疗法和论述。

我国近代兽医外科学吸收了大量西方兽医外科学的知识和技术，同时保留了中兽医外科学的精髓部分，如阉割术、烧烙及治疗风湿病和蹄叶炎的中草药方剂，发展成较完善的兽医外科体系。1949年以后，我国各农业院校的兽医外科学已成为兽医专业的骨干课程之一。我国兽医外科学家于20世纪60年代开创了兽医针刺镇痛技术，80年代初又成功地将激光用于动物镇痛，丰富和发展了我国的兽医外科技术。20世纪90年代以前，我国兽医外科学研究涉及的动物对象主要为马、牛、羊、猪等家畜；20世纪90年代以后，犬和猫养殖增多，小动物外科学也迅速发展起来。

三、怎样学习兽医外科学

（一）树立全面的、整体的观点

临床上，外科治疗的重点是实施手术，外科手术是决定治疗效果的重要因素。手术的成败与术前准确的诊断、手术时机的选择、正确合理的术前准备和术后处理、患病动物全身状况的改善、合理地应用药物及康复调理等措施都有极为密切的关系。兽医外科医生既要考虑手术创伤应激对动物机体的影响，同时也要考虑细菌感染、疾病性质、动物机体代谢及营养状态等因素对手术创伤愈合的影响。例如，小动物剖宫产术因缺乏术前对手术耐受性的评估、术后及时对机体代谢紊乱的纠正，故术后动物死亡的例子并不少见。因此，兽医外科医生要综合考虑手术操作与整个外科治疗过程，以及手术局部与机体全身状态的关系。

（二）重视基本知识、基本技能和基础理论的学习

兽医外科学的基本知识包括兽医基础学科及其他临床学科的知识。兽医外科学是建立在动物解剖学、生理学、病理学、药理学和微生物学等基础之上的学科，又与诊断学、内科学等兽医临床学科的知识密切相关。例如，动物胃扭转手术，首先要运用诊断学的知识对其进行诊断，同时要了解机体水、电解质、酸碱紊乱的情况及动物对手术的耐受程度；其次要熟悉局部解剖，确定手术通路；最后术后应加强监护，纠正机体代谢紊乱，控制炎症，防止感染。这些都需要兽医外科医生具有相应的基本知识才能完成。若只是了解兽医外科的一些操作，而不懂得兽医基本知识，不但不能处理好外科疾病，而且不能正确地做出诊断和鉴别诊断。

在基本技能方面，要做好病史记录，会进行体格检查，对血常规、B超、X线、血生化、病理学、微生物学等的检查结果能做出正确的分析；要培养严格的无菌观念，熟悉各种消毒和灭菌方法；重视兽医外科的基本操作，如组织分离、止血、缝合、打结、引流、换药、注射、腹腔穿刺、胃肠减压、导尿、气管插管或切开等，做到"稳、准、轻、快"；加强外科素养（无菌素养、对待组织的素养和对待器械的素养）的培养；要遵循外科的基本操作原则，不可草率行事，否则会影响手术效果及外科疾病的治疗。

基础理论可以帮助兽医外科医生加深对临床实践知识的理解和认识。一个兽医外科医生不仅要会实施手术，而且知道为什么要进行这样的手术。只有这样，才能对外科疾病的处理做到心中有数，避免治疗工作中的失误。例如，认识创伤和感染过程中组织器官血流量的减少、炎症介质的作用、细菌及其毒素移位对机体的影响，才会尽早采取相应的正确措施，有效地给予纠正。有了扎实的基础理论，才能使兽医外科医生在处理临床病例时做到原则性与灵活性结合，开拓思路，有所创新。

（三）重视理论与实践的结合

兽医外科学理论是科学地诊治动物外科疾病的前提和基础。兽医外科医生只有全面掌握好兽医外科学的基本理论知识，才能最大限度地取得疾病诊疗的成功。兽医外科学又是一门实践性极强的学科，只靠理论的学习是不够的，还必须亲自参加实践。学习兽医外科学要仔细观察患病动物各系统、器官的形态和功能变化；要见习和参加手术、麻醉等各种诊疗操作；要密切观察患病动物对药物和手术治疗的反应；要认真总结疗效和经验。多接触病例，不断参加实践，以提高和加深对理论知识的认识。只有将理论与实践紧密结合，才能不断提高外科手术技术和综合判断能力，做到心中有数，对临床上遇到的问题做出可靠的判断。

第二章　无　菌　术

微生物普遍存在于人体、动物和周围环境中。在手术、穿刺、注射、插管、换药等过程中，若不采取一定的措施，微生物即可通过直接接触、飞沫和空气进入伤口，引起感染。无菌术（asepsis）是指针对这些感染来源所采取的一种预防措施，包括灭菌法、消毒法和一定的操作规则和管理制度。

灭菌（sterilization）是指用物理和化学的方法（主要为物理方法）杀灭物品上的一切微生物。消毒（disinfection）通常是指用化学的方法杀灭病原微生物和其他有害微生物，但不一定能完全清除或杀灭所有微生物（如芽孢等）。常用的灭菌法有高温、紫外线、电离辐射等，其中以高温灭菌法最为普遍，主要用于杀灭手术器械、布单、敷料和容器等物品上的微生物；紫外线主要用于手术室、换药室内的空气灭菌，但紫外线对眼睛和皮肤有一定的刺激，应注意防护，以免引起结膜炎和皮炎；电离辐射主要用于药物、塑料注射器和缝线等的灭菌。有些化学药品如环氧乙烷、甲醛、戊二醛等，可以杀灭微生物，故也可在灭菌法中应用。化学法还用于某些特殊手术器械、手术人员手臂、患病动物皮肤及手术室空气的消毒。无菌术中的操作规则和管理制度是为了防止已经灭菌和消毒的物品、已行无菌准备的手术人员或手术区不再被污染所采取的措施。

第一节　手术器械和物品的灭菌与消毒

手术所需的物品种类繁多、性质各异，有金属制品、玻璃制品、搪瓷制品、棉花织物，以及塑料、尼龙、橡胶制品等。灭菌和消毒的方法也很多，在选择时应考虑手术的性质、缓急，物品的特性及所具备的条件等。

一、手术器械和物品的准备

1. 金属器械　所有的手术器械都应清洁，不得粘有污物或灰尘。每件器械的性能应完好，刀、剪要锋利，转轴要灵活，钳端能严密闭合，锁扣要开闭可靠。金属注射器的橡皮内芯和橡皮垫要有良好的弹性，无发黏或变脆的现象，内芯调节螺丝要灵活。不常用的器械或是新启用的器械，要先用纱布将油脂擦净或用温热的清洁剂溶液除去表面的保护性油类或其他保护剂，再用大量的清水冲去残存的清洁剂。结构比较复杂的器械，最好拆开或半拆开，以利于充分灭菌。对有弹性锁扣的止血钳和持针钳等，要将锁扣松开，以免影响弹性和消毒效果。针头或缝针等散碎小物品，最好放在一个小的容器内，或是整齐有序地插在纱布块上，防止散落。每次手术所用的手术器械，可以包在一个较大的布质包单内，这样更便于灭菌和使用。

手术器械的消毒首选高压蒸汽灭菌法，其次是煮沸消毒法，紧急情况可采用化学药液浸泡消毒法。

2. 玻璃、瓷和搪瓷类器皿　所有这些器皿都应充分清洗干净，易损易碎者要用纱布适当包裹保护。体积较小时，可以考虑采用高压蒸汽灭菌法、煮沸消毒法或化学药液浸泡消毒法。大件器皿如大方盘、搪瓷盆等，可以考虑使用酒精灯火焰烧灼灭菌法。

3. 橡胶、尼龙和塑料类用品 包括临床常用的各种插管、导管、手套、橡胶布、围裙及各种塑料制品，在清洗、刷拭干净后，可用煮沸灭菌法。有些不耐高压或高热的物品可采用化学药液浸泡消毒法来消毒，或采用甲醛、环氧乙烷气体灭菌。

4. 敷料、手术创巾、手术衣帽和口罩等物品 一次性使用的止血纱布、手术创巾、手术衣帽及口罩等在一些宠物医院已普遍使用，多次重复使用的这类用品都是用纯棉材料制成的，临床使用之后可以回收，清洗干净，再经灭菌后应用。止血纱布用小方巾包成小包，手术衣帽和口罩叠放整齐，物品包裹不宜过大过紧。这些用品常采用高压蒸汽灭菌法，没有高压蒸汽灭菌器时，也可采用流动蒸汽灭菌法。流动蒸汽灭菌法可以使用普通蒸锅，但这种容器不能密闭，压力较低，内部温度也难以提高，温度的渗透力又较差，所以消毒所需的时间应适当延长，可以从水沸腾并出现大量蒸汽时计算，经 1～2 h 即可。

5. 缝线 缝线灭菌或消毒不彻底最易造成手术创感染。缝线分为可吸收性缝线和非吸收性缝线。可吸收性缝线密封，已消毒。非吸收性缝线主要为丝线，耐高压蒸汽灭菌或煮沸灭菌，但多次灭菌易变脆，用时易断裂。手术时最好使用经过一次灭菌的缝线。灭菌前将丝线缠在线轴或玻璃片上，放入贮槽内或止血纱布、手术巾等包裹内灭菌。

二、常用的灭菌与消毒方法

常用的灭菌与消毒方法主要有物理灭菌法和化学灭菌法。

（一）物理灭菌法

物理灭菌法主要有高压蒸汽灭菌法、煮沸灭菌法、火焰灭菌法等。

1. 高压蒸汽灭菌法 高压蒸汽灭菌法是最普遍、最可靠的灭菌方法。高压蒸汽灭菌器的样式很多，有手提式、立式、卧式等，其基本结构和灭菌原理相同。高压蒸汽灭菌器的蒸汽压力升高，温度也随之升高。当蒸汽压力为 104.0～137.3 kPa（15～20 lbf/in^2）时，温度可达 121～126℃，维持 30 min，即能杀死包括具有顽强抵抗力的细菌芽孢在内的一切细菌，达到灭菌的目的。

使用高压蒸汽灭菌器的注意事项：①需要灭菌的各种包裹不应过大或过紧，一般应小于 55 cm×33 cm×22 cm，放入灭菌器内的包裹不要排得太密，以免妨碍蒸汽透入，影响灭菌效果；②易燃和易爆物品如碘仿、苯类等，禁用高压蒸汽灭菌法；③瓶装液体灭菌时，要用纱布包扎瓶口，若用橡皮塞，应插入针头排气；④已灭菌的物品应做记号，以便识别，并需与未灭菌的物品分开放置，以免弄错；⑤要有专人负责。每次灭菌前，应检查安全阀的性能是否良好，以防锅内压力过高，发生爆炸。

高压蒸汽灭菌法多用于能耐受高温的物品，如金属器械、玻璃、搪瓷、敷料、橡胶类等。

2. 煮沸灭菌法 本法适用于金属器械、玻璃及橡胶类等物品，除了要求速干的物品（如棉花、纱布、敷料等）外，可广泛地应用于多种物品的灭菌。煮沸灭菌法不一定要求用特别的灭菌器，可用一般的铝锅、铁锅、脸盆等代替，但用前应刷洗干净，除去油垢并加密闭的盖子即可。一般用清洁的自来水加热，水沸腾 3～5 min 后将器械放到煮锅内，待第二次水沸时开始计算时间，15 min 可以将一般的细菌杀灭，但带芽孢的细菌至少需煮沸 1 h 才能杀灭。若在水中加入碳酸氢钠，使成 2% 碱溶液，沸点可提高到 105℃，灭菌时间可缩短 10 min，并可防止金属物品生锈。高原地区气压低、沸点低，故海拔每升高 300 m，一般应延长灭菌时间 2 min。有些地区水的硬度较大，水垢较多，可以先将水煮沸，除去沉淀后再用来煮沸灭菌，这样可以防止有较多的沉淀物附着在器械表面而影响使用。

注意事项：①物品必须完全浸没在水中，才能达到灭菌的目的；②橡胶和丝线类应于水煮沸后放入，持续煮沸 15 min 即可取出，以免煮沸过久影响质量；③玻璃类物品要用纱布包好，放入冷水中煮，以免骤热而破裂，若为玻璃注射器，应拔出其内芯，用纱布包好针筒、内芯；④煮器的锅盖应严密关闭，以保持沸水温度。

3. 火焰灭菌法 在紧急情况下，金属器械的灭菌可用此法。将器械放在搪瓷或金属盆中，倒入 95% 乙醇少许，点火直接燃烧。但此法常使锐利器械变钝，还会导致器械失去光泽。

（二）化学灭菌法

化学灭菌法主要是化学药液浸泡消毒法。

化学药品的消毒能力受到药物浓度、温度、作用时间等因素的影响。但化学药液浸泡消毒法不需特殊设备，使用方便，尤其对于某些不宜用热力灭菌的用品和锐性器械的消毒，这不失为一个有用的补充手段。有些化学消毒药液对活组织有害，故在使用前应将器械表面沾有的消毒药液用灭菌的生理盐水冲洗干净。常用的化学药品有下列几种。

1. 中性戊二醛溶液 2% 中性戊二醛溶液杀菌力优于甲醛 2～3 倍，常用于刀片、剪刀、缝针等的浸泡消毒，时间为 30 min。若需达到灭菌效果，时间为 10 h。本品对皮肤、黏膜有刺激性，消毒或灭菌的物品在使用前需用灭菌生理盐水充分清洗。药液宜每周更换一次。

2. 甲醛溶液 40% 的甲醛溶液可以作为熏蒸消毒剂。本品对眼睛和呼吸道有刺激作用，消毒时应穿戴防护口罩、手套等。

3. 乙醇溶液 常用 70% 浓度。用于浸泡器械，特别是有刃的器械，浸泡时间不少于 30 min。也可作为手臂的消毒液，但需用灭菌生理盐水冲洗。术野用乙醇溶液脱碘。

4. 新洁尔灭溶液 化学名称为十二烷基二甲基苄基溴化铵，又名苯扎溴铵，属于阳离子表面活性剂，略带芳香气味，毒性较低，刺激性小，但消毒效果不如戊二醛。本品使用时多配制成 0.1% 的溶液，常用来浸泡消毒器械、消毒手臂或其他可以浸泡的用品等。其原药为黄色黏稠的流膏样，市售者为 5% 的水溶液，使用时 50 倍稀释即成 0.1% 溶液。表面活性剂消毒药的消毒效能受肥皂等的影响，在使用前必须把皮肤上的肥皂冲洗干净。

属于表面活性剂的还有：杜米芬（domiphen bromide），又名消毒宁，为白色或微黄色片状结晶，能溶于水及醇类，是阳离子型表面活性广谱杀菌剂，抗菌谱及抗菌活性与新洁尔灭相似，其作用在碱性条件下增强，在肥皂、合成洗涤剂、酸性有机物质、脓血存在的情况下则效力下降，适用于口腔、咽喉感染的辅助治疗及皮肤、器械消毒等，常用溶液浓度为 0.05%～0.1%，用于浸泡或擦拭。消毒净，也为阳离子表面活性广谱杀菌剂，杀菌力极强，常用于手、皮肤、黏膜、器械等的消毒，常用浓度为 0.1%～0.5% 水溶液，浸泡或擦拭消毒。氯己定，可用 0.02% 水溶液消毒手臂，浸泡 3 min。

5. 聚乙烯酮碘 又名聚乙烯吡酮碘（povidone-iodine）、聚乙烯吡咯烷酮碘（PVP-iodine）。它是碘伏、活力碘的主要成分，该药为棕黄色粉末，可溶于水和乙醇，着色浅，易洗脱，对皮肤、黏膜的刺激性小，不需用乙醇脱碘，无腐蚀作用，且毒性低。本品是聚乙烯吡咯烷酮与碘的复合物，含有效碘 9%～12%。当接触到皮肤或黏膜时，能逐渐缓释出碘而起到消毒及杀灭微生物的作用。刺激性较碘酊低，对细菌、真菌和病毒均有很强的杀灭作用，但对细菌芽孢的作用较弱。本品是一种新型的外科消毒药，临床上用于器械浸泡、手臂消毒，常用7.5% 溶液（有效碘 0.75%）消毒皮肤，1%～2% 溶液用于阴道消毒，0.5% 溶液以喷雾方式用于鼻腔、口腔、阴道的黏膜防腐。

6. 煤酚皂溶液 煤酚皂溶液即来苏儿，主要成分是甲酚，含量为 48%～52%，为黄棕色至红棕色黏稠液体。对组织有刺激性，多用于环境消毒，也可用于蹄浴。

第二节 手术人员的准备与消毒

手术人员的体表、毛囊、汗腺、皮脂腺、甲缘内含大量的细菌。因此，手术人员的准备与消毒，尤其是手臂的准备与消毒，对防止手术创的感染具有很重要的意义，决不可忽视，否则手术就很难保证在无菌条件下进行。虽然兽医工作者的工作性质、环境和条件有其本身的特点，但对执行无菌术的要求却不可放松。

1. 更衣 手术人员进入手术室后，先要换穿手术室准备的清洁的衣服和鞋套，戴好手术帽和口罩。帽子要盖住全部头发，口罩要盖住鼻子。为了避免戴眼镜的手术人员呼吸的水气使镜片模糊，可将口罩的上缘用胶布贴在面部，或是在镜片上涂抹薄层肥皂后用干布擦干净。剪断指甲，磨平，并除去甲缘下的积垢。手部有创口，尤其有化脓感染创的不能参加手术。手部有小的新的伤口，如果必须参加手术时，应先用碘酊消毒伤口，暂时用胶布封闭，再进行手部的消毒，最后戴上手套。

2. 手、臂的清洁与消毒 术前擦洗是用物理方法将微生物从皮肤上分离及通过抗微生物溶液的接触而使之失活。一旦开始刷洗，便不能再接触未灭菌的物品，若手或手臂无意中接触到带菌的物品，则应重新进行清洗。在洗刷过程中及洗刷后手都要高于手肘，这样才能使水从最干净的区域（手）流向次干净的区域（肘）。

用肥皂反复刷洗，用流水充分冲洗，对手、臂进行刷洗时，最好用指刷蘸肥皂并按一定的顺序刷洗。为了避免刷洗部位的遗漏，一般先对甲缝、指端进行仔细刷洗，再按手指、指间、手掌、掌背、腕部、前臂、肘部及以上顺序进行，通常历时 5～10 min；然后用流水将肥皂泡沫充分洗去，冲洗时手应朝上，使水自手部向肘部方向流去；最后用灭菌巾（或纱布）按上述顺序拭干，最好是每侧用一块灭菌巾。如果不具备流水条件，则最少要在 2 个盆内逐盆清洗。

手、臂经上述初步的机械性清洗后，还必须经过化学药液浸泡消毒。常用消毒溶液为 70% 乙醇、活力碘、0.1% 新洁尔灭溶液等，浸泡 5 min。

手臂消毒法仅能清除皮肤表面的细菌，并不能消灭藏在皮肤深处的细菌。在手术过程中，这些深藏的细菌可逐渐移到皮肤的表面。所以在手臂消毒后，还要戴上消毒橡胶手套和穿无菌手术衣，以防止这些细菌污染手术伤口。

3. 穿无菌手术衣和戴无菌手套 手术衣可以是一次性的，也可以是重复使用的。双手消毒后，呈拱手姿势，用背部开门，入手术间，开始穿手术衣。穿手术衣的方法：①取出无菌手术衣，站在较宽敞的地方；②认清衣服的上下、正反面并注意衣服的折法，手术衣的衣襟（开口）对前方，袖筒口对自己，提住衣领，向两边分开，轻轻抖开手术衣；③将手术衣轻轻向前上方抛起，两手臂顺势伸入袖内，手向前伸；④请助手从身后抓住两侧的衣领角向后拉，双手向前伸出袖口；⑤稍弯腰使腰带悬空（避免手接触手术衣正面），两手交叉提起腰带中段向后传递（腰带不交叉，手不能超过腋中线）；⑥助手将腰带系好。

目前多使用一次性灭菌手套。套上的手套应盖住手术衣袖口。最后，用无菌生理盐水冲净手套外面的滑石粉，减少对组织的刺激。

已戴上手套的手等待手术时，双手应拱手置于胸前或放置于胸部的衣袋里（图 2-1）。

图 2-1　术者装束

手术人员洗手消毒

第三节　施术动物和术部的准备

一、施术动物的准备

首先应对病畜进行全面的检查，在确定实施手术之后，则需做进一步的必要准备。

非紧急手术时，则应根据病畜的具体病情需要，给予术前的治疗，如抗休克、纠正水盐代谢的失调和酸碱平衡的紊乱，以及抗菌治疗等，以使病情缓和稳定，给手术创造一个较好的基本条件。

术前应对畜体进行清洁、揩拭或洗刷，停止给食。在后躯、臀部、肛门、外生殖器、会阴及尾部的一些手术，还可进行灌肠或导尿，以防污染。对于易继发胃、肠臌气的疾病，可先内服制酵剂，或采取胃、肠减压措施。口腔、食管（食道）疾病有时会导致大量分泌物的产生，可考虑应用抗胆碱药。四肢末端或蹄部手术时，应充分冲洗局部，必要时可以施行局部的药浴。若预测手术中出血较多时，可以采用一些预防性止血药物。在破伤风发病率较高的一些农场或养殖场，则应考虑注射破伤风抗毒素。

二、术部的准备

（一）术部剃毛

用肥皂水刷洗术部，用剃毛刀、刮胡刀或手术刀剃净被毛。术部剃毛范围要超出切口周围 20～25 cm，小动物可为 10～15 cm。有时考虑到有延长切口的可能，则应更大一些。剃毛后再用肥皂水反复擦刷。最后用清水洗净，纱布拭干。

（二）术部消毒

术部皮肤消毒常用药物为 2.5%～5% 碘酊、70% 乙醇、碘伏、0.02% 氯己定等。通常先用 0.02% 氯已定清洗，用碘酊涂擦皮肤，待碘酊干后，以 70% 乙醇涂擦两遍，将碘擦净。也可用 70% 乙醇→碘伏→70% 乙醇依次涂擦。口腔、肛门、外生殖器等部位可选用刺激性小、作用持久的碘伏。

术部消毒顺序：若是无菌手术，应由手术区的中心部向四周涂擦消毒药物；如为已感染的创口或为肛门区手术，则应自手术区外周向感染伤口或会阴、肛门处涂擦消毒药物（图 2-2）；已经接触污染部位的药液纱布，不要再返回清洁处涂擦。手术区皮肤消毒范围要包括手术切口周围 15 cm 的区域。如手术时有延长切口的可能，则应适当扩大消毒范围。

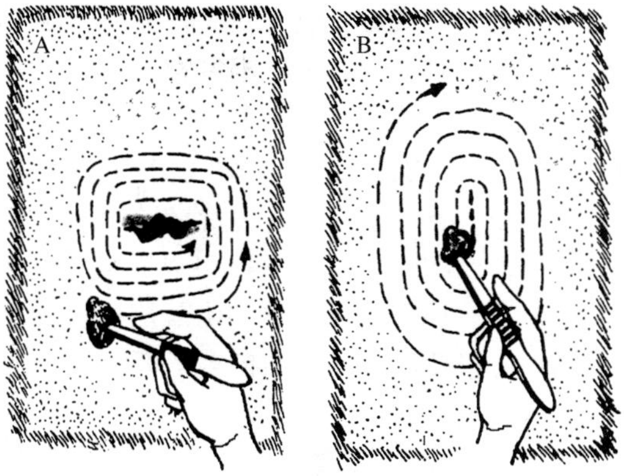

图 2-2 术部皮肤消毒

A．感染创的皮肤消毒；B．清洁手术的皮肤消毒

有少数动物的皮肤对碘酊敏感，往往涂碘酊后，皮肤变厚，手术操作不便，可改用其他皮肤消毒药。术部消毒后，应尽快开始手术，不可在空气中持久地暴露，如果暴露过久则在手术前还需再进行一次消毒。

（三）术部隔离

术部消毒后，铺无菌布单。对于较小的手术，仅盖一块无菌的有孔巾于手术区。对于较大的手术，一般用 4 块无菌巾，在切口的每侧铺一块，盖住手术切口的四周，并用巾钳在交角处将创巾与皮肤一块钳夹固定，其表面可再铺一块有孔巾，只露出切口部位。手术巾要有足够的大小遮蔽非手术区。棉布手术巾或纱布在潮湿或吸收创液后即降低其隔离作用，最好在其下面再加上一层非吸湿性的手术巾（如塑料薄膜或胶布）。手术巾一经铺下后，原则上只许自手术区向四周外移动，不宜向手术区内移动。在切开腹腔的空腔脏器前，应用生理盐水浸湿的纱布垫隔离，保护腹腔脏器。在手术当中凡被污染的手术隔离巾，应尽可能及时更换。

在手术区的皮肤粘贴一次性无菌塑料薄膜的方法已有使用。皮肤切开后薄膜仍黏附在伤口边缘，可防止皮肤上尚存的细菌在术中进入伤口。对于在站立保定下进行的大动物手术，如瘤胃切开、剖腹术等，可用特制的大块有洞创巾进行隔离。

第四节 手术场所的准备与消毒

一、手术室的基本要求

手术室是外科医生进行手术的一个单独房间，手术室的条件与预防手术创的空气尘埃感染关系极为密切。良好的手术室有利于手术人员完成手术任务。所以，根据客观条件，建立一个良好的手术室，也应视为预防手术创外科感染的重要内容之一。手术室的建立需要基本建设和设备投资，应因地制宜，尽可能创造一个比较完善的手术环境。手术室的一般要求如下。

1. 手术室 应有一定的面积和空间，一般大动物不小于 40 m^2，小动物不小于 25 m^2，房间的高度为 2.8～3.0 m 较为合适。墙壁最好砌有釉面砖，天花板应平整光滑，固定的顶灯（包括照明灯和紫外线灯）应设在天花板内，便于清洁和消毒。地面应防滑，并有利于排水。有条件时，手术室可分成无菌手术室和染菌手术室。手术室应有良好的给水、排水系统。在地面应设有排水良好的地漏，便于手术室的清洁消毒。应有良好的通风系统，有条件时可以安装恒温箱过滤换气机。安装空气净化系统是最好的选择，可以有效地将空气中的细菌除去，并将净化后的空气注入各个手术室，但价格昂贵。手术室的门窗应密封，防尘良好。手术室内应保持适当的温度，以20～25℃为宜。可以安装冷暖两用空调机，冬季保温，夏季防暑。

手术室还需设立必要的附属用房。为了使用上的方便，房间的安排既应毗邻，又要合理。附属用房包括消毒室、准备室（可以洗手、着衣）、洗刷室（清洗手术用品）。最好能有单独的器械室和更衣室。

2. 手术室内设备 应有手术台、无影手术灯、器械架、脚踏式废物桶、输液吊架、供氧设备、电动吸引器、呼吸机、麻醉机、心电监护设备、血气分析仪、高频电刀等，以及麻醉药品和急救药品。小动物手术台多为可升降不锈钢手术台；大动物手术台常为可升降、侧翻的液压手术台，表面包裹橡胶以减轻对动物躺卧侧腿部神经的压迫。手术室内不得放置不必要的器具或与手术无关的用具。

二、手术室的消毒

手术室要进行常规的清洁和定期的消毒。平时应保持手术室内干净、整洁，在每做完一次手术后，被污染的地方要及时地清洁和消毒。地面消毒用防腐消毒液喷洒，如2%煤酚皂溶液、3%石炭酸溶液或0.1%新洁尔灭溶液。保定绳用消毒液浸泡，手术台和保定栏用消毒液擦拭消毒。手术室常用的消毒方法如下。

（一）紫外线照射消毒

紫外线照射是一种方便、经济而有效的消毒方法，常用的空气消毒波长为253.7 nm。根据空气消毒的实际需要可分别采用侧壁固定式、悬挂固定式、移动式的紫外线灯消毒。灯管的使用寿命，一般为2500 h，随着使用时间的延长，其辐射紫外线的量会逐渐减少。一般在非手术时间开灯照射2 h，有明显的杀菌作用。因为紫外线的穿透力很差，所以只能杀灭物体表面的微生物。实验证实，照射距离以1 m之内最好，超过1 m则效果减弱。

紫外线易损害人的眼睛和皮肤，手术人员不能较长时间或较近距离处在紫外线照射下。

（二）化学熏蒸消毒

这类方法效果可靠，消毒彻底。消毒前应对手术室进行清洁扫除，关闭门窗。

1. 甲醛熏蒸法 甲醛对眼和呼吸道有刺激性，但杀菌效果好，价格便宜，使用方便。

（1）甲醛加热法 在一个抗腐蚀的容器中（多用陶瓷器皿）加入40%甲醛溶液（2 mL/m^3）和等量水，容器的下方直接用热源加热，使其产生蒸汽，持续4 h。消毒后，应使手术室通风排气，否则会有很强的刺激性。

（2）甲醛加氧化剂法 方法基本上同甲醛加热法。只是不再用热源加热蒸发，而是加入氧化剂使其形成甲醛蒸气。按计算量准备好所需的40%甲醛溶液，放置于耐腐蚀的容器中，再将高锰酸钾粉（1 g/m^3）小心地加入甲醛溶液中，然后人员立刻退出手术室，数秒后便可产生大量烟雾状的甲醛蒸气，消毒持续1 h。

2. 乳酸熏蒸法 每100 m^3使用80%乳酸原液12 mL，加入等量的水加热蒸发，持续

60 min，效果可靠。

三、临时手术场所的选择与消毒

由于客观条件的限制，手术人员往往不得不在没有手术室的情况下施行外科手术。为此，兽医工作者必须积极创造条件，选择一个临时性的手术场地。

1. 普通房舍　在普通房舍内手术，可以避开风雨、烈日，可减少空气感染的机会，在北方风雪严寒的冬季，更是必要的。普通房舍大小以能进行手术操作为原则，地面清扫干净，用消毒药液充分喷洒消毒。有时对于不能起立的危重病畜，只能在厩舍内进行手术，此时更应注意对手术区域进行彻底的清扫，并用消毒药液喷洒消毒。

2. 室外场地　在农村无手术室和手术房，有时只能选择室外场地进行手术。应在晴朗无风天气，选择远离大路、畜舍、积肥地点的避风处进行手术。炎热季节应选择荫凉的位置。先将地面打扫干净，除去石块、玻璃等杂物，修整平坦，用消毒液喷洒消毒，以防止尘土飞扬。

第五节　手术过程中的无菌原则

在手术过程中，若不遵守无菌操作，已经灭菌和消毒的物品或手术区域仍有受到污染、引起伤口感染的可能，有时可使手术失败，甚至影响病畜的生命。在手术过程中所有参加手术的人员必须认真执行规章，即无菌操作规则。如发现有人违反时，必须立刻纠正。无菌操作规则包括以下内容。

1）手术人员一经“洗手”，手臂即不准再接触未经消毒的物品。穿无菌手术衣和戴无菌手套后，背部、腰部以下和肩部以上都应认为是有菌地带，不能接触。

2）不可在手术人员的背后传递器械及手术用品。坠落到无菌巾以外的器械物品，不准拾回再用。

3）手术中如手套破损或接触到有菌的地方，应另换无菌手套。无菌巾、布单等物品，若已湿透，其无菌隔离作用不再完整，应加盖干的无菌单。

4）手术开始前要清点器械、敷料，手术结束时，检查胸、腹等体腔，核对器械、敷料数量无误后，才能关闭切口，以免异物遗留于腔内，产生严重后果。

5）切口边缘应以大纱布垫或手术巾遮盖，并用巾钳或缝线固定，仅显露手术切口。

6）切开空腔脏器前，要先用纱布垫保护周围组织，以防止或减少污染。

7）进行染菌手术时应将污染器械与无菌器械分盘放置，转入无菌手术时手术人员的手臂应重新消毒，并使用无菌器械、敷料等。

8）做皮肤切口及缝合皮肤之前，需用 70% 乙醇再涂擦消毒皮肤一次。

9）手术进行时手术人员不应在室内任意走动，不可开窗通风或用电扇，室内空调机风口也不能吹向手术台，以减少污染机会。

第三章 手术基本操作

第一节 组 织 分 离

一、组织分离的方法

分离是显露深部组织和游离病变组织的重要步骤。组织分离时，分离的范围应根据手术的需要进行确定，组织分离的方向应按照正常组织间隙的解剖平面进行。为了减少意外损伤，应熟悉欲分离组织的局部解剖，掌握其血管、神经和较重要器官的走向和解剖关系。但是在对有炎症性粘连、瘢痕组织及大的肿物组织进行分离时，因其正常解剖关系已改变，或正常组织间隙已不清楚，分离比较困难，应谨慎操作，防止损伤邻近的重要器官。组织分离的方法可分为锐性分离和钝性分离，还可分为冷分离（如止血钳、组织剪、水流分离）和热分离（如电刀、激光、超声刀分离）。

（1）锐性分离　用手术刀或剪刀进行。用手术刀分离时，以刀刃沿组织间隙进行垂直的、轻巧的、短距离的切开。用剪刀分离时，以剪刀尖端伸入组织间隙内，不宜过深，然后张开剪柄，分离组织，在确定没有重要的血管、神经后，再予以剪断。锐性分离对组织损伤较小，术后反应少，愈合较快，但组织出血也较多。锐性分离时要求熟悉局部解剖，并在直视下辨明组织结构时进行。

（2）钝性分离　将刀柄、止血钳、剥离器或手指等插入组织间隙内，用适当的力量，分离周围组织。这种方法适用于正常肌肉、筋膜和良性肿瘤等的分离。钝性分离时，组织损伤较多，往往残留许多失去活性的组织细胞。因此，术后炎性反应较重，愈合较慢，但出血少。

（3）电刀、激光分离　用高频电刀或激光手术刀进行组织分离，此法的优点是分离速度快，止血效果好，术野显露清楚。缺点是电刀分离易发生意外损伤，激光分离器械体积大，价格贵，需要严格的防护措施。

二、各种软组织的分离

根据组织的性质不同，组织切开分为软组织（皮肤、筋膜、肌肉、腱）和硬组织（软骨、骨、角质）切开。

（一）皮肤切开法

（1）紧张切开　适用于活动性较大的皮肤切开。术者或助手用手在切口两旁或上下将皮肤展开固定，或由术者用拇指及食指在切口两旁将皮肤撑紧并固定，刀刃与皮肤垂直，用力均匀地一次将皮肤及皮下组织切开至所需长度和深度，必要时也可适当补充运刀，但应注意避免多次重复切割，以免切口边缘参差不齐（图 3-1）。

（2）皱襞切开　为防止损伤皮下大血管、神经和重要器官时采用的皮肤切开方法。术者和助手应在预定切线的两侧，用手指或镊子提拉皮肤呈垂直皱襞，然后再切开（图 3-2）。

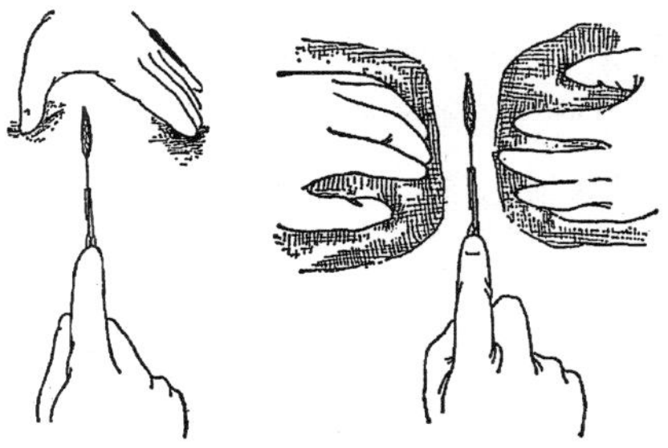

图 3-1　皮肤的紧张切开

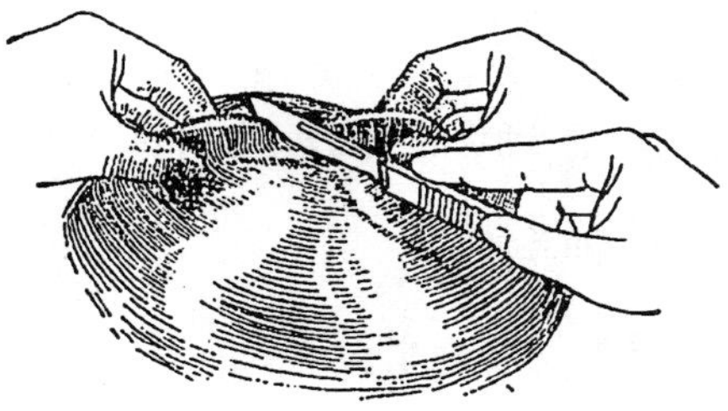

图 3-2　皮肤的皱襞切开

（二）皮下组织及其他组织的分离

皮下组织应采用逐层分离切开，避免或减少对大血管、大神经的损伤。只有当切开浅层脓肿时，才采用一次切开的方法。

（1）皮下结缔组织　皮下结缔组织内分布有许多小血管，故多用钝性分离。

（2）筋膜　常用锐性分离和钝性分离相结合的方法，一般先用刀在欲切口部位的中央做一小切口，然后用弯止血钳、圆头剪或刀柄等在此切口上下将筋膜下组织与筋膜分开，沿分开线剪开筋膜。

（3）肌肉　多为钝性分离。方法是顺肌纤维方向用刀柄、止血钳或手指剥离，扩大到所需要的长度（图 3-3），但在紧急情况下，或肌肉较厚并含有大量腱质时，为了使术野开阔和排液方便也可横断切开。

（4）腹膜　多为锐性分离。腹膜切开时，为了避免伤及内脏，可用组织钳或止血钳提起腹膜做一小切口，在食指和中指的引导下，再用手术刀或剪分割。

（5）肠管　肠管多为侧壁切开，切口位置一般选择肠管纵带，纵行切开，但应避免伤及对侧肠管壁（图 3-4）。

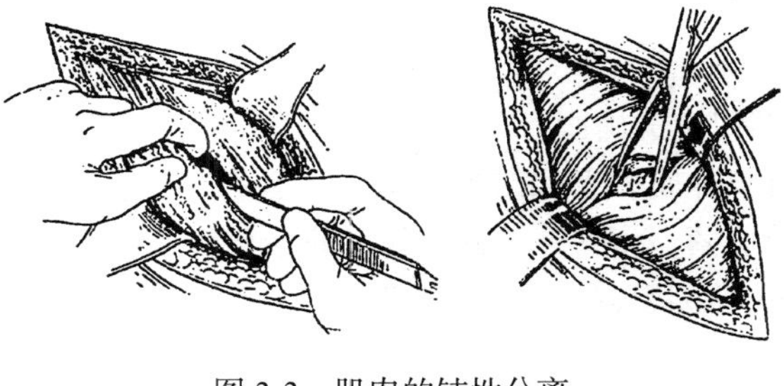

图 3-3　肌肉的钝性分离

图 3-4　肠管的侧壁切开

（6）良性肿瘤、放线菌病灶、囊肿及内脏粘连部分　多用钝性分离。对未机化的粘连可用手指或刀柄直接剥离；对已机化的致密组织，可先用手术刀切一小口，再用钝性剥离。对某些不易钝性分离的组织，可将钝性分离与锐性分离结合使用。对血管较多的组织，可在分层分离后用止血钳钳夹已分离组织的两侧，再在两止血钳间切开或剪开，片刻后松钳，若仍有出血，需对出血点钳夹或缝线结扎止血。

第二节 止 血

止血（hemostasis）是手术过程中经常遇到而又必须立即处理的基本操作技术。流出的血液会使术野模糊不清，影响手术操作；术后出血可能引发血肿，影响组织愈合，或造成切口感染。出血过多还可能威胁动物的生命。因此，必要时术前应采取预防性止血措施，术中止血要迅速可靠。

一、出血的种类

（一）根据受伤血管分类

（1）动脉出血　是指血液自动脉血管中流出。动脉出血的特征为血液鲜红，呈喷射状，喷射线出现规律性起伏并与心脏搏动一致，指压动脉管断端的近心端，则搏动性血流立即停止。大动脉的出血须立即采取有效的止血措施，否则可导致出血性休克，甚至引起动物死亡。

（2）静脉出血　是指血液自静脉血管流出。静脉出血的特征是血液以较缓慢的速度从血管中呈均匀不断的泉涌状流出，颜色为暗红或紫红，指压出血静脉管的远心端，则出血停止。小静脉出血一般能自行停止，或经压迫、填塞后而停止出血，但大静脉受损则通常由迅速大量的失血而引起动物死亡。

（3）毛细血管出血　是指血液自毛细血管流出。其特征为血液色泽介于动、静脉血液之间，多呈渗出性点状出血。一般可自行止血或稍加压迫即可止血。

（4）实质出血　见于实质器官、松质骨及海绵组织的损伤，为混合性出血，即血液自小动脉与小静脉内流出，血液颜色和静脉血相似。由于实质器官中含有丰富的血窦，而血管的断端又不能自行缩入组织内，因此不易形成断端的血栓，而易产生大失血，威胁动物的生命，故应予以高度重视。

（二）按流出血液的部位分类

（1）外出血　血液自受损血管流出后，再经创口或天然孔流到体外的出血。

（2）内出血　血管受损出血后，血液积聚在组织内或胸腔、腹腔等体腔内的出血。

（三）按照出血的次数和时间分类

（1）初次出血　在组织受到创伤之后直接发生的出血。

（2）二次出血　在初次出血停止后，由某种原因引起的再次出血。这些原因主要有：①结扎线松脱，血管断端结扎不确实。②血栓脱落，由血压升高、钳夹止血的力量和时间不足、清创时用纱布擦刮创面、手术后过早运动等原因引起。③血栓溶解，由化脓或使用某些药物等原因引起。

（3）重复出血　同一位置多次反复地出血，如某些肿瘤破溃时。

（4）延期出血　在受伤当时并未出血，但经过一段时间后发生的出血。延期出血的原因有：①手术中使用肾上腺素等止血药物，当药物作用消失后血管扩张而出血。②骨折固定时固定不良，骨折断端锐缘刺破血管。③血管受到挫伤时，血管的内层及中层受到破坏，血液积聚在血管外膜的下面形成血栓，当时虽未出血，但若血栓受到感染、血管壁遭受破坏则可发生延期出血。

二、常用的止血方法

（一）全身预防性止血法

全身预防性止血法是术前给动物注射止血药物或同类型血液以防止或减少手术过程中及术后出血的方法。

1. 输血　可在术前 30～60 min，输入同类型血液以增加血液凝固性。输血量：牛、马 500～1000 mL，猪、羊 200～300 mL。

2. 止血药物

（1）0.3% 凝血质注射液　牛、马 10～20 mL，犬 5～10 mL，肌内注射。

（2）维生素 K 注射液　具有促进血液凝固、增加凝血酶原的作用。牛、马 100～400 mg，猪、羊 2～10 mg，犬、猫 0.2 mg/kg，肌内注射。

（3）卡巴克洛注射液　具有增强毛细血管收缩力、降低毛细血管渗透性的作用。牛、马 30～60 mg，猪、羊和犬 5～10 mg，肌内注射。

（4）酚磺乙胺注射液　具有增强血小板机能及黏合力，减少毛细血管渗透性的作用。牛、马 1.25～2.5 g，猪、羊 0.25～0.5 g，犬 0.5～1 g，猫 0.25～0.5 g，肌内注射。

（5）对羧基苄胺（抗血纤溶芳酸）注射液　以拮抗血纤维蛋白的溶解，抑制纤维蛋白原的激活因子，使纤维蛋白溶酶原不能转变成纤维蛋白溶酶，从而减少纤维蛋白的溶解而发挥止血作用。牛、马一次量 1～2 g，猪、羊 0.2～0.4 g，肌内或静脉缓慢注射。

（二）局部预防性止血法

（1）肾上腺素止血　利用肾上腺素收缩血管的作用，达到减少手术局部出血的目的，其作用可维持 20 min～2 h。临床上常在 1000 mL 0.5% 盐酸普鲁卡因溶液中加入 0.1% 肾上腺素溶液 2 mL。应用时应注意局部有炎症的酸性环境可减弱肾上腺素的作用。此外，肾上腺素还有引起二次出血的可能。

（2）止血带止血　可暂时阻断血流，减少手术中的失血，有利于手术操作。适用于四肢、阴茎和尾部的手术。用橡皮管止血带或其代用品——绳索、绷带时，局部应垫以纱布或手术巾，以防损伤软部组织、血管及神经。注意止血带的使用时间不宜过长，否则可导致肢体缺血坏死。一般止血带止血时间不得超过 2～3 h，冬季不超过 40～60 min，在此时间内如手术尚未完成，可将止血带临时松开 10～30 s，然后重新缠扎。

（三）手术过程中止血法

手术过程中的止血方法很多，常用的止血方法有以下几种。

1. 机械止血法

（1）压迫止血　用纱布压迫出血的部位片刻，出血即可自行停止。多用于小血管止血。在止血时，必须是按压，不可用擦拭，以免损伤组织或使血栓脱落。为了提高压迫止血的效果，可选用温生理盐水、1%～2% 麻黄素、0.1% 肾上腺素或 2% 氯化钙溶液浸湿后拧干的纱布块进行压迫止血。

（2）钳夹止血　用止血钳最前端夹住血管的断端止血。多用于小血管止血。钳夹方向应尽量与血管垂直，钳住的组织要少。

（3）钳夹扭转止血　用止血钳夹住血管断端，扭转止血钳 1～2 周，轻轻去钳，则断端闭合止血。此法适用于小血管出血。

（4）钳夹结扎止血　是常用而可靠的基本止血法，多用于较大血管出血的止血。

1）单纯结扎止血：用丝线绕过止血钳所夹住的血管及少量组织而结扎。助手缓慢放开止血钳，术者收紧结扣打结（图 3-5）。

2）贯穿结扎止血：将结扎线用缝针穿过所钳夹的组织（勿穿透血管）后进行结扎的方法。结扎线不易脱落，适用于大血管或重要部分的止血。有“8”字缝合结扎及单纯贯穿结扎两种（图 3-6）。

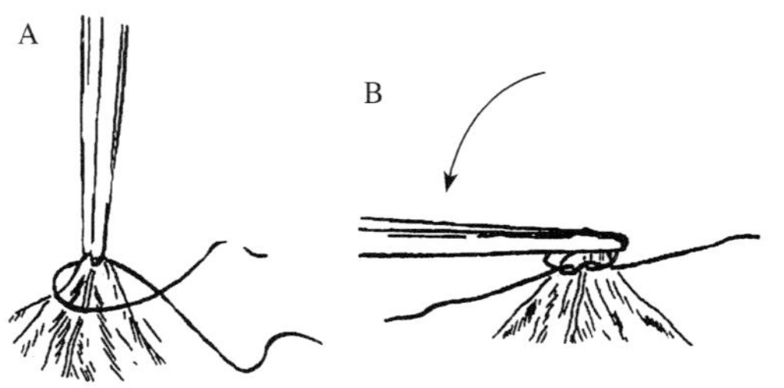

图 3-5　单纯结扎止血

A．缝合线绕过止血钳夹持的组织；B．收紧缝合线，打结

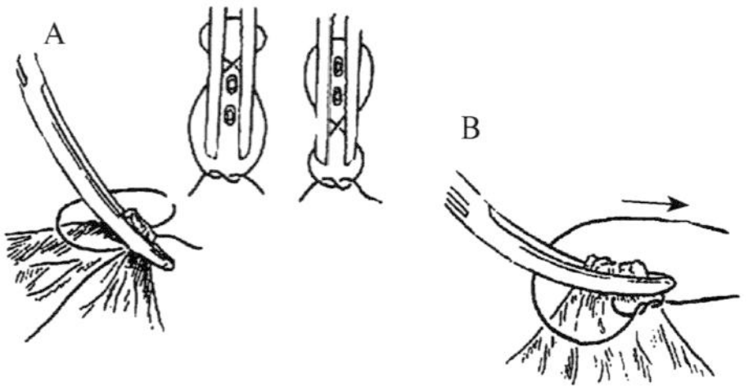

图 3-6　贯穿结扎止血

A．“8”字缝合结扎法；B．单纯贯穿结扎法

（5）创内留钳止血　在深创缝线结扎困难（大家畜去势后继发精索内动脉大出血）时，用止血钳夹住创伤深部血管断端，并将止血钳留在创伤内 24～48 h。为了防止止血钳移动，可把用绷带固定的止血钳柄环部拴在家畜的体躯上。

（6）填塞止血　在深部大血管出血而一时找不到血管断端时，用灭菌纱布紧塞于出血的创腔或解剖腔内，压迫血管断端止血。填塞止血留置的敷料通常是在 12～48 h 后取出。

2. 局部化学及生物学止血法

（1）麻黄素、肾上腺素止血　用 1%～2% 麻黄素溶液或 0.1% 肾上腺素溶液浸湿的纱布进行压迫止血（见“压迫止血”）。

（2）止血明胶海绵止血　止血明胶海绵能促进血液凝固和提供凝血时所需要的支架结构，多用于实质器官、松质骨及海绵质出血。使用时将止血明胶海绵铺在出血面上或填塞在出血的伤口内。止血明胶海绵的种类很多，如纤维蛋白海绵、氧化纤维素、白明胶海绵及淀粉海绵等。止血明胶海绵能被组织吸收，但可引起肉芽肿的形成，不能用于污染创、脑部或高感染危险的区域。

（3）活组织填塞止血　用自体组织如网膜，填塞于出血部位。通常用于实质器官（如肝脏）的止血。

（4）骨蜡止血　骨蜡是由半合成蜂蜡和软化剂（如异丙基棕榈酸盐）制成的无菌混合物，它可直接按压于骨上的腔洞或骨的表面抑制出血。但这种材料很难再吸收，会成为患病动物康复的物理障碍或引起感染，应谨慎使用。外科临床上常用于骨的手术和断角术。

（5）纤维蛋白黏合剂止血　纤维蛋白黏合剂由黏合蛋白和凝血酶组成，它含有适当比例的纤维蛋白原、凝血酶、第Ⅷ因子、钙离子等成分，有效地发挥止血作用。此外，它还有封闭缺损组织、促进创伤愈合、防止组织粘连等功效。

（6）细微纤维胶原止血　细微纤维胶原是由哺乳动物体内提取的变性胶原纤维制成的薄膜和绒片。

（7）合成黏合剂止血　合成黏合剂如 α-氰基丙烯酸正丁酯、正辛酯等。

（8）中药止血　某些中药如仙鹤草、血竭、三七等具有止血的作用，临床上有单一或复方的止血药物。

第三节 缝　合

一、缝合的原则

缝合（suture）是将已分离的组织、器官进行对合或重建其通道，保证良好愈合的基本操作技术。为了避免缝合方法及操作技术影响创伤的愈合，缝合时要遵守以下原则。

1）缝合前应彻底止血，清除凝血块、异物及无生机的组织。凡无菌手术创或非污染的新鲜创经外科常规处理后，可做对合密闭缝合；具有化脓腐败过程及具有深创囊的创伤可不缝合，必要时做部分缝合。

2）应分层缝合，缝针刺入和穿出的部位应彼此相对，针距相等，否则易使创伤形成皱襞和裂隙；为了使创缘均匀接近，在两针孔之间要有相当的距离，以防拉裂组织；创缘、创壁应互相均匀对合，皮肤创缘不得内翻，创伤深部不应留有无效腔、积血和积液；缝合、打结应有利于创伤愈合，如打结时既要适当收紧，又要防止拉裂组织，缝合时不宜过紧，否则将造成组织缺血。

3）若在手术后出现感染症状，应迅速拆除部分缝线，以便排出创液。

二、缝合材料

（一）缝合材料的分类

按照在动物体内吸收的情况，缝合材料分为非吸收性缝合材料和可吸收性缝合材料。

1. 非吸收性缝合材料

（1）丝线（silk）　丝线是蚕茧的连续性蛋白质纤维，是传统、广泛应用的非吸收性缝线。丝线有型号编制，不同型号的抗张力不同。7～9号，抗张力为2.7～4.5 kg；3～4号，抗张力为1.65 kg；0～1号，抗张力为0.9 kg；000～0000号，抗张力为0.5 kg。丝线价廉，可高压灭菌，张力强度高，操作方便，打结确实。但由于丝线具有较大固着γ-球蛋白的能力，易引发急性炎症反应。缝合空腔器官时，如果丝线暴露于腔内，易产生溃疡；缝合膀胱、胆囊时，易形成结石。丝线不能用于缝合被污染或感染的创伤。

（2）不锈钢丝（stainless steel）　现在使用的不锈钢丝是唯一被广泛接受的金属缝线，为铬镍不锈钢，有单丝和多丝两种。不锈钢丝的组织反应很小，能较长时间保持张力强度，但打结困难，结端刺激组织，可引起局部坏死。不锈钢丝可用于愈合缓慢组织的缝合或皮肤的减张缝合。

（3）尼龙（nylon）缝线　尼龙是由六亚甲基二胺和脂肪酸制成的，分为单丝和多丝两种。其生物学特性为惰性，植入组织内对组织反应很小，张力强度较大，但打结不确实，锐利断端易摩擦或损伤局部组织。

2. 可吸收性缝合材料

（1）天然吸收性缝合材料　主要为肠线（catgut），由羊的肠黏膜下组织或牛的小肠浆膜组织制成，分为A、B、C、D 4种类型。A型为普通型或未经铬盐处理型，在体内3～7 d被吸收，能引起严重的组织反应，一般不使用；B型为轻度铬盐处理型，在体内14 d被吸收；C型为中度铬盐处理型，植入体内20 d被吸收，是手术常用的肠线；D型为超级铬盐处理型，植入体内 40 d 被吸收。肠线的编号可反映线的粗细，正号数越大的线越粗，“0”数越多的线越细，一般多用 4-0～4-2 号肠线。肠线可用于缝合不适宜有异物长期存留的组织，以免形成硬结、结石，也可用于感染的深部创口的缝合。临床上，肠线主要用于内脏如胃、肠、膀胱、输尿管、胆道等黏膜层的缝合。

肠线的缺点：易诱发组织的炎症反应，张力强度丧失较快，有毛细管现象，偶尔能出现过敏反应。

使用肠线时应注意：① 新取出的肠线质地较硬，需在温生理盐水中浸泡片刻，待柔软后再用；② 肠线经浸泡吸水后发生膨胀，较滑，需用三叠结，剪断后留的线头应较长；③ 肠线不能用于胰脏缝合，因肠线易被胰液消化，从而引起继发出血或吻合口破裂。

（2）人工合成可吸收性缝合材料　即合成纤维线，均为高分子化合物。其优点：组织反应轻，抗张力较强，吸收时间长，有抗菌作用。这类线因富有弹性，而要求打结时以四重或更多重的打结法做结。

1）Dexon（PGA，聚羟基乙酸）：从聚乙醇酸中提取，在 14 d 可失去 35% 的张力强度，21 d 失去 65% 的张力强度，60～90 d 完全吸收。抗张力强度高，不易拉断；柔软平顺，易打结，操作手感好；水解后产生的羟基乙酸有抑菌作用。适合于胃肠科、泌尿科、眼科及产科手术等。

2）Vicryl（Polyglactin 910，羟乙酸乳酸聚酯）：由丙交酯、乙交酯和羟乙酸乳酸聚酯的共聚物制成，用硬脂酸钙进行包被，失去张力强度的速度与聚羟基乙酸相似。该缝线组织反应极小，操作和打结方便，涂层纤维消除了缝线的粗糙边缘，对组织的拖带和损伤很小。

上述两种缝合材料在碱性环境中很快水解，但在污染创中相对稳定。

（3）其他缝合材料　氰丙烯酸盐黏合剂（如末端丁基和异丁基-2-氰丙烯酸盐）：兽医中常用的有组织胶、兽用邦迪等。这些黏合剂在潮湿的环境下会很快聚合，产生很强的柔韧黏附力。黏合剂接触到组织不到 1 min（立即黏合只需 15 s）即可发挥作用，但如果出现过度出血，发挥作用的时间可能会延长。残存在皮肤上的黏合剂可能促进肉芽肿的形成或伤口开裂。

（二）缝合材料的选择

缝合材料的选择应根据欲缝合组织的性质与张力，以及创伤是否存在感染等进行。皮肤缝合可使用丝线、尼龙等非吸收性缝线。皮下组织可使用人造可吸收性缝线。腹壁和许多其他部位的筋膜张力强度较大，愈合慢，需要缝线的强度较强，可使用中等规格尼龙等非吸收性缝线。对张力较小部位的筋膜，可以应用人造可吸收性缝线。肌肉缝合可使用人造可吸收性或非吸收性缝线。空腔器官缝合可使用肠线、聚乙醇酸缝线。腱的修补通常应用尼龙、不锈钢丝等。

三、缝合的种类和方法

（一）软组织的缝合方法

当前兽医外科手术学的基本技术将软组织缝合模式分为三个方面。

1. 对接缝合（appositional suture）

（1）单纯间断缝合（simple interrupted suture）　又称为结节缝合，是最常用的缝合方式，可用于多种组织的缝合（图 3-7）。该缝合法的个别缝线断裂或被拆除不影响邻近其他缝线，对切口创缘血液循环的影响较小，有利于创伤的愈合，但缝合打结需要较多的时间，使用缝线较多。

（2）单纯连续缝合（simple continuous suture）　常用于具有弹性、无太大张力的较长创口（图 3-8）。该缝合方法节省缝线和时间，密闭性好，但一处断裂，全部缝线拉脱，创口裂开。

（3）压挤缝合（extrusion suture）　压挤缝合是用于肠管吻合的单层间断缝合法（图 3-9）。这种缝合使肠组织本身相互压挤，能很好地防止液体泄漏，使吻合的肠管密切对接，保持正常的肠腔容积。

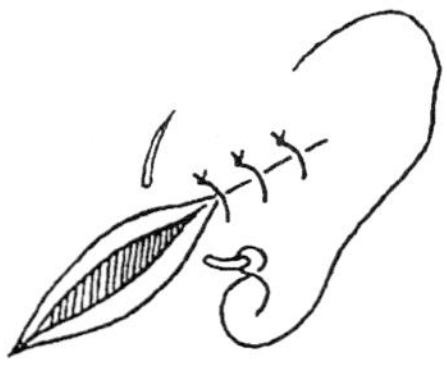

图 3-7　单纯间断缝合

图 3-8　单纯连续缝合

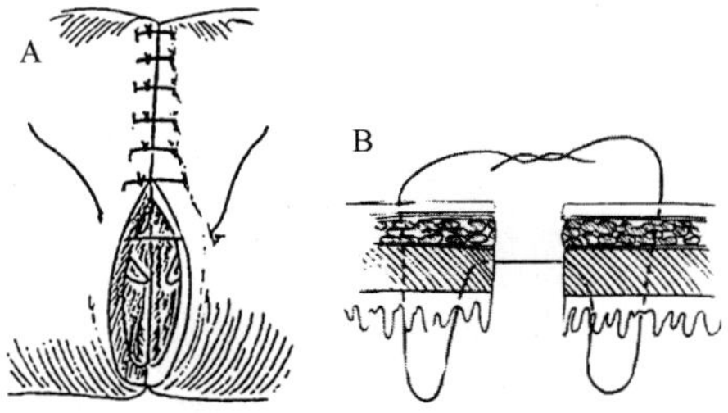

图 3-9　压挤缝合

A．切口正面缝合示意图；B．切口横断面缝合示意图

（4）十字缝合（cross mattress suture）　又叫“8”字缝合，用于张力较大组织的缝合（图 3-10）。

（5）连续锁边缝合（interlocking suture）　与单纯连续缝合基本相似，但在缝合时每次将缝线交锁（图 3-11）。此种缝合能使创缘对合良好，并使每一针缝线在进行下一次缝合前就得以固定。

2．内翻缝合（inverting suture）　常用于胃肠、子宫、膀胱等空腔器官的缝合。

（1）伦勃特（Lembert）缝合法　是胃肠等空腔器官手术的传统缝合方法，又称为垂直褥式内翻缝合法，分为间断与连续两种。伦勃特缝合使组织对合严密，防渗漏效果好，但内翻组织相对较多，对于小肠的缝合应尽可能减少内翻的组织，以防肠管狭窄。

1）间断伦勃特缝合法：缝线分别穿过切口两侧的浆膜及肌层即行打结，使部分浆膜内翻对合（图 3-12）。

图 3-10　十字缝合

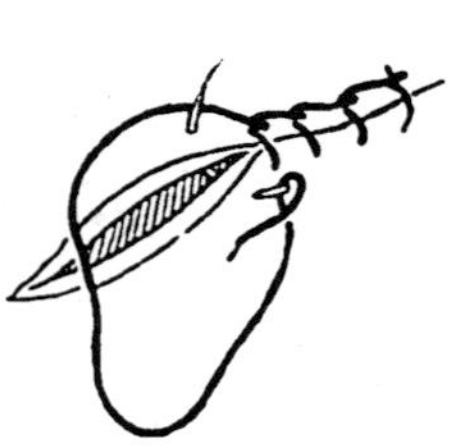

图 3-11　连续锁边缝合

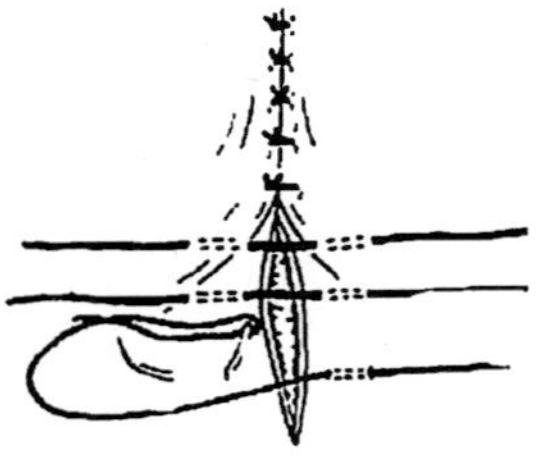

图 3-12　间断伦勃特缝合

2）连续伦勃特缝合法：于切口一端开始，先做一浆膜肌层间断内翻缝合，再用同一缝线做浆膜肌层连续缝合至切口另一端（图 3-13）。

（2）库兴（Cushing）缝合法　又称连续水平褥式内翻缝合法，于切口一端开始先做一浆膜肌层间断内翻缝合，再用同一缝线平行于切口做浆膜肌层连续缝合至切口另一端（图 3-14）。该法内翻的组织少，但缝合严密性较伦勃特缝合差。

（3）康乃尔（Connell）缝合法　这种缝合法与连续水平褥式内翻缝合相同，即在缝合时缝针要贯穿全层组织，当将缝线拉紧时，则肠管切面即翻向肠腔（图 3-15）。

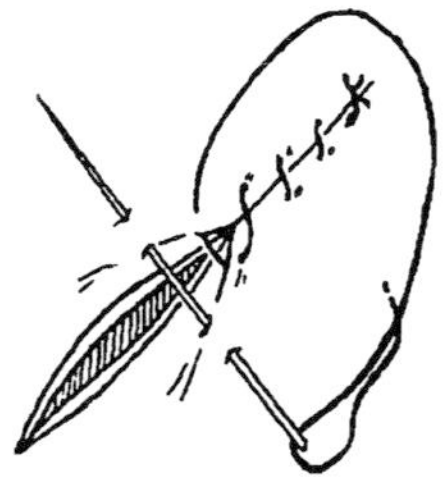

图 3-13　连续伦勃特缝合

图 3-14　库兴缝合

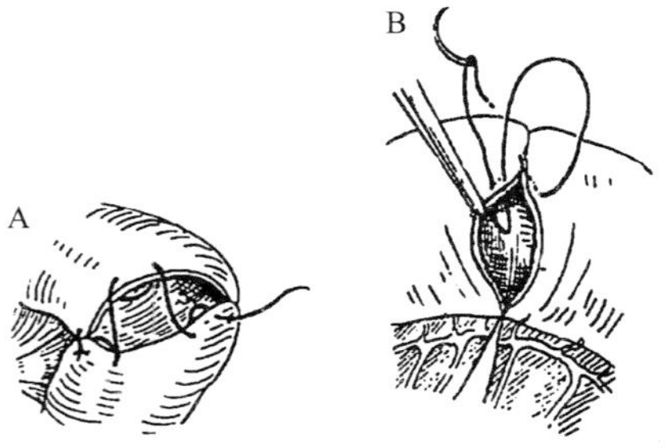

图 3-15　康乃尔缝合

A. 缝合的横向观；B. 缝合的纵向观

（4）荷包缝合法　即做环状的浆膜肌层连续缝合。主要用于胃肠壁上小范围的内翻缝合，如缝合小的胃肠穿孔。此外，还用于胃肠、膀胱造瘘等引流固定的缝合。

3. 张力缝合（tension suture）

（1）间断垂直褥式缝合（interrupted vertical mattress suture）　缝针距离创缘约 8 mm 刺入皮肤，越过切口到相应对侧刺出皮肤，然后缝针翻转在同侧距切口约 4 mm 刺入皮肤，越过切口到相应对侧距切口约 4 mm 刺出皮肤，与另一端缝线打结，缝线间距约 5 mm（图 3-16）。该缝合方法有较强的抗张力强度，对创缘的血液供应影响较小，但缝合时需花费较多的时间和较多的缝线。

（2）间断水平褥式缝合（interrupted horizontal mattress suture）　缝针刺入皮肤，距创缘 2～3 mm，创缘相互对合，越过切口到对侧相应部位刺出皮肤，然后缝线与切口平行向前约 8 mm，再刺入皮肤，越过切口到相应对侧刺出皮肤，与另一端缝线打结（图 3-17）。根据缝合组织的张力，每个水平褥式缝合间距为 4 mm。该缝合方法使用缝线较间断垂直褥式缝合节省，操作速度较快，抗张力强度大，但对局部血管有一定的压迫作用。

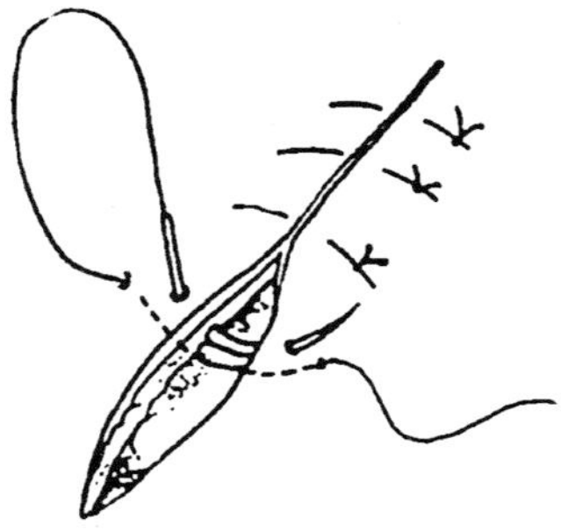

图 3-16　间断垂直褥式缝合

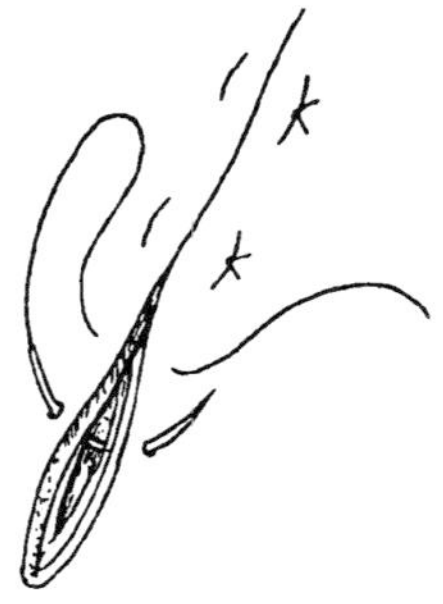

图 3-17　间断水平褥式缝合

（二）各种软组织的缝合技术

（1）皮肤的缝合　常采用间断缝合。缝合前创缘必须对合好，缝合时应带有一定的皮下组织，这样在抽紧缝线打结后组织的挤压可使皮肤对合较好或略外翻，有利于创口的愈合。两侧针眼离创缘 1～2 cm，距离相等，打结在创缘侧面，打结不能过紧或过松。

（2）皮下组织的缝合　缝合时要使创缘两侧的皮下组织相互接触，一定要消除组织的空隙。多用结节缝合。

（3）筋膜的缝合　常用间断缝合，如结节缝合。在大量筋膜切除或缺损时，使用垂直褥式缝合等。

（4）肌肉的缝合　肌肉缝合要求将纵行纤维紧密连接，常应用结节缝合分别缝合各层肌肉。对于横断肌肉，因其张力大，多用间断水平褥式缝合、十字缝合等。

（5）腹膜的缝合　可单层或与部分肌肉一起采用单纯连续缝合、连续锁边缝合、十字缝合或结节缝合等。

（6）腱的缝合　腱的缝合使用邦内尔（Bunnell）缝合，缝线放置在腱组织内，保持腱的滑动机能（图 3-18）。腱鞘缝合使用非吸收性缝线做结节缝合。肢体固定至少 3 周，使缝合的腱组织不能有任何张力。

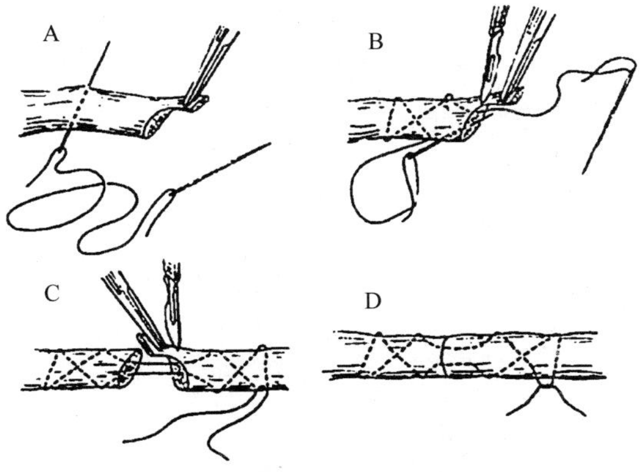

图 3-18　腱的缝合

A. 在距断端适当距离，缝针横穿肌腱；B.“8”字形缝合肌腱，切除牵拉的部分腱鞘；C.“8”字形缝合另一断端肌腱，并切除部分腱鞘；D. 抽紧缝线，打结

（7）空腔器官的缝合　缝合时要求达到良好的密闭性，防止内容物泄漏，保持空腔器官的正常解剖组织学结构和蠕动收缩机能。使用的缝线应为可吸收性缝线。

1）胃的缝合：第一道采用连续全层锁边缝合，第二道采用间断或连续伦勃特缝合法缝合浆肌层。

2）小肠的缝合：小肠管腔小，缝合时在确保不渗漏的情况下应尽可能少地内翻组织，以免引起管腔狭窄。第一道采用连续锁边全层缝合或康乃尔缝合，第二道对浆肌层采用间断伦勃特缝合（大动物）或库兴缝合（小动物）。

3）大肠的缝合：缝合应严密，确保不渗漏，其方法同胃的缝合。

4）子宫的缝合：各动物均可采用胃或大肠的缝合方法。有人在对母牛子宫缝合时，第一道缝合采用仅穿过浆膜肌层的连续缝合，第二道缝合采用间断或连续伦勃特缝合，以减少子宫内膜炎的发生，提高剖宫产术后的生育率。

（8）实质器官的缝合　实质器官包括肝、肾、脾等组织。由于不同的器官，组织解剖结构不同，其缝合方法是不同的。脾组织非常脆弱，如果脾受损伤时，不能缝合，只有施行脾摘除术。肝的缝合分为两种情况：浅表裂创，创面无活动性出血，可用 1-0 号肠线做结节缝合修补，每针相距 1～1.5 cm；较深裂创，可做褥式缝合。肝组织小范围缺损，可在创面填塞带蒂大网膜后，再以 1-0 号肠线做创口两侧贯穿缝合，缝线先穿过大网膜，后穿过肝实质。肝组织完全断裂，创面有活动性出血，应该先结扎出血点，将血管从创面钝性分离、结扎，然后以 1-0 号肠线平行创缘做一排垂直褥式缝合，再在上述褥式缝合外方，以 1-0 号肠线做两侧贯穿缝合，使创口对合（图 3-19）。肾缝合，肾组织切开后，对小的出血点压迫止血即可，然后用手指将两瓣切开的肾组织紧密对合，轻轻压迫，最

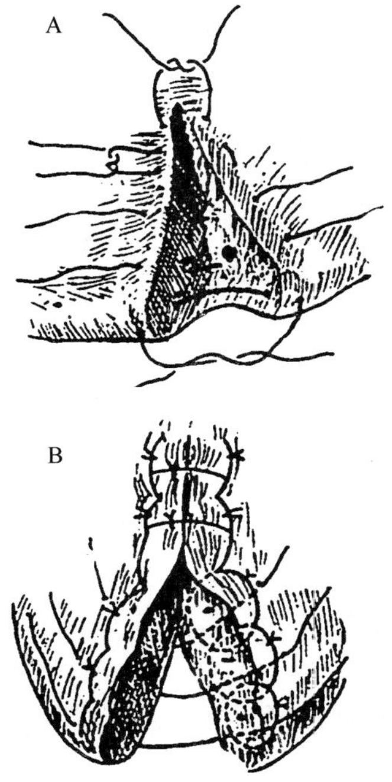

图 3-19　肝破裂缝合法

A. 间断水平褥式缝合；
B. 间断垂直褥式缝合

后连续缝合肾被膜即可。这种缝合称为无缝合肾切开闭合术。

第四节 引 流

一、引流的适应证

引流是指通过引流物将创腔内液体引离原处或排出体外的方法。当创伤的创道长、创腔深，且创内有较多的坏死组织或创底有较多的渗出物时，需要对创伤进行引流，促使创内炎症产物或炎性渗出物排出，以减轻创内压力，缓解疼痛，防止感染恶化和炎症扩散，促进创口愈合。

二、引流的种类和应用

根据所用引流物的不同，临床常用的引流方法有纱布条引流、引流管引流和封闭式负压引流三种。

（1）纱布条引流　纱布条引流是利用纱布条的虹吸作用，将创腔内的液体吸附在纱布条上或引流到创腔外，是临床最常用的引流方法。临床操作时，先根据创口的大小和创道的长度，选择合适的灭菌纱布块，并将其卷成直径小于创口的条状。用长敷料镊夹住纱布条的一端，将纱布条由创口轻轻向创腔内推送，直至创底部，另一端游离于创口外。有时为了在引流的同时预防或治疗创伤感染，常将纱布条预先浸以药物，如碘伏、抗生素、魏氏流膏或高渗盐水等。纱布条引流具有安装简便、适用性广等优点，但同时也存在引流质量差、对组织有刺激性，以及有引起感染的可能性等缺点。

（2）引流管引流　根据制作材料的不同，引流管分为乳胶管和硅胶管，且具有不同粗细和软硬度，使用时应根据临床实际情况选择合适的引流管，也可根据具体情况自制引流管。一般选择合适长度和粗细的乳胶管或硅胶管，将一端提前剪好若干分散的小孔，用手术镊或止血钳夹持剪孔一端，轻轻插入深部创腔内至创底，另一端从切口旁侧另做的专门切口中穿出，可引出深部创腔或体腔内的积液，这也是兽医外科临床较常用的引流方法。该法具有引流质量好、对组织刺激小、方便对创腔进行冲洗等优点，但安装较复杂，而且容易脱落。

（3）封闭式负压引流　将连接全封闭负压引流袋的 1 或 2 根多孔导管置入创腔或体腔，自动引出腔内的积液，在使用时应缩小体表引流口，将引流管外端与封闭的容器相连。该法的优点是引流质量高、有利于防止感染，但在动物体表不容易固定。

三、引流的注意事项

1）根据动物疾病的性质、手术中的情况来确定选择引流的方法和引流物的种类。

2）一般引流物内端应置于伤口底部或接近需要引流的部位，以免引流不充分而残留无效腔。

3）闭合式引流的引流物不从原切口出来，而从切口旁另戳孔引出体表，以免污染整个切口并发感染。

4）引流物必须固定牢靠，以防引流物滑出切口或掉入体内。一般用缝线将引流物固定于皮肤上。

5）在缝合组织时勿将引流物缝于深部组织中，以免在拔出引流物时难以顺利取出。

6）术后必须维持引流通畅，及时更换引流物或清除引流管内的堵塞物。

7）术后应详细观察引流液的数量和颜色，闻引流液气味，以判断疾病的转归。

第四章 麻醉与疼痛管理

第一节 麻醉的概念与分类

麻醉（anesthesia）一词的英文源于希腊语“an”及“aesthesis”，表示“知觉 / 感觉丧失”，即用药物或物理的方法使整个机体或机体局部暂时失去感觉的一种状态。麻醉学已经成为临床医学中的一个分支，是研究麻醉、镇痛、急救复苏、重症医学的综合性学科。麻醉的目的主要是预防或消除疼痛，便于手术治疗、临床检查和治疗，避免人、动物的意外损伤。

麻醉可分为局部麻醉和全身麻醉两大类。局部麻醉（local anesthesia）是指利用药物有选择性地暂时阻断神经末梢、神经纤维及神经干的冲动传导，从而使其分布或支配的相应组织暂时丧失痛觉的方法。全身麻醉（general anesthesia）是指利用药物对中枢神经系统产生广泛的抑制作用，从而暂时使机体意识丧失、痛觉缺失和反射抑制的一种麻醉方法。意识丧失（unconsciousness）即知觉缺失，是全身麻醉最主要的特征。痛觉缺失（analgesia）是指对伤害性感觉刺激的反应或反射抑制。反射抑制（suppressed reflexes）包括自主反射（如参与自稳、呼吸、体温调节）和躯体反射（如本体感受性反射）抑制。自主反射抑制对动物机体不利，但躯体反射抑制可提供肌松，有利于手术操作。

根据是否为气体麻醉药，可将全身麻醉分为吸入麻醉和非吸入麻醉两类。吸入麻醉（inhalation anesthesia）是指气态或挥发性液态麻醉药物，经呼吸道吸入，在肺泡中被吸收入血液循环，到达神经中枢，抑制中枢神经系统的一种全身麻醉方法。非吸入麻醉（non-inhalation anesthesia）是指麻醉药物经非呼吸道途径进入体内，抑制中枢神经系统的全身麻醉方法。与吸入麻醉相比，非吸入麻醉操作简便，一般不需要特殊的麻醉装置，兴奋期不明显，但不易掌握用药剂量、麻醉深度和麻醉时间。非吸入麻醉根据给药途径又可分为静脉注射麻醉（intravenous anesthesia）、肌内注射麻醉（intramuscular anesthesia）、口服麻醉（oral anesthesia）、直肠注射麻醉（rectal anesthesia）、腹腔注射麻醉（intraperitoneal anesthesia）等。

根据麻醉强度，可将全身麻醉分为浅麻醉（light anesthesia）和深麻醉（deep anesthesia），前者是给予麻醉剂使动物入睡、反射活动降低或部分消失，肌肉轻微松弛，进入浅麻醉状态；后者使动物大部分反射消失、肌肉松弛，进入深麻醉状态。

根据使用药物与否，麻醉可分为药物麻醉和非药物麻醉。非药物麻醉主要有电针麻醉。电针麻醉是从我国医学针灸疗法发展起来的一种独特的麻醉技术，是指以一定频率和强度的脉冲电流，刺激畜体两个或两个以上的穴位，使畜体痛阈升高的一种方法。

全身麻醉时，若采用一种麻醉药，则所需剂量较大，中枢神经系统和必要反射被深度抑制，麻醉的风险较大。因此，临床上常采用多种药物或方法进行复合麻醉（combined anesthesia），又被称作平衡麻醉（balanced anesthesia），即选用麻醉药与镇痛药、安定镇静药或肌松药等进行优化组合，以获得良好的镇静、镇痛和肌松效果。这种麻醉不仅可以最大限度地体现各种药物的药理作用，还可以减少药物用量及副作用，增强麻醉效能，使诱导期和恢复期平稳。复合麻醉有多种方式，如静-吸复合麻醉、全凭静脉麻醉、针-药复合麻醉等。静-吸复合麻醉是指在间断静脉注射或持续静脉滴注给药麻醉的基础上，合并使用挥发性麻醉药的一种复合麻醉方法。全凭静脉麻醉（total intravenous anesthesia，TIVA）是指采用短效静脉麻醉药与安定镇静药、麻醉性镇痛药（阿片类药物）或肌松药复合应用，以间断或连续静脉滴注维持麻醉的方法。针-药复合麻醉是采用电针镇痛复合麻醉药的一种麻醉方法。在复合麻醉中，若先使用一种麻醉药物使动物达到浅麻醉状态，再用麻醉药以维持麻醉深度，则前者称为基础麻醉，后者称为维持麻醉。基础麻醉主要用于不易保定或有攻击性的动物，多通过肌内注射麻醉药物使其意识丧失，以便于麻醉的进行。

随着麻醉学的发展，人们还提出了多种麻醉方法，如分离麻醉、神经安定镇痛麻醉、靶控输注。分离麻醉（dissociation anesthesia）是指使用一定剂量的苯环己哌啶衍生物类药物（主要为氯胺酮），阻断大脑联络径路和丘脑向新皮层的投射，患者出现意识模糊，但痛觉缺失，即意识与感觉暂时分离的一种状态。神经安定镇痛麻醉（neuroleptanesthesia）是以神经安定药（如丁酰苯类）和强效镇痛药为主的一种复合麻醉方法。其是意识不完全消失、反射活动轻度抑制、内环境稳定、痛觉抑制的一种复合麻醉状态。靶控输注（target-controlled infusion，TCI）是在输注静脉麻醉药物时，以药代动力学和药效动力学原理为基础，通过调节目标或靶位（血浆或效应室）的药物浓度来控制或维持适当的麻醉深度，以满足临床麻醉的一种静脉给药方法。靶控输注可以迅速达到并稳定于靶浓度，诱导时使血流动力学平稳、麻醉深度易控及麻醉过程平稳，还可预测苏醒和恢复的时间，是临床麻醉的重要发展方向。但由于动物麻醉药物的药代动力学和药效动力学数据缺乏，目前其在动物麻醉中的应用受到一定的限制。

第二节 麻醉前准备和用药

为了保障患病动物在麻醉期间的安全，增强其对手术和麻醉的耐受性，避免或减少围手术期并发症，应认真做好麻醉前的准备工作。

一、动物麻醉风险的评估

麻醉药物可抑制呼吸、心血管和大脑功能，引起通气量减少、血压下降和体温降低。同时，手术可引起低血压、疼痛和低温。尽管动物机体有一定的代偿能力，麻醉和手术所致严重的机体功能紊乱或代谢失衡，或多种因素的合并影响，仍可增加围手术期的发病率和死亡率。因此，麻醉前应对麻醉和手术的风险进行评估。

麻醉前应详细了解动物的病史和麻醉史，仔细地进行临床和实验室检查，必要时还应进行影像学检查。根据动物的健康状况和手术性质评估动物对麻醉和手术的耐受程度，确定麻醉方法、麻醉深度及术后的处理原则。关于病史，除了解疾病的病程、发病原因外，还应包括既往麻醉史、麻醉并发症、用药等情况。近期内使用的药物可能会影响现行麻醉药物的代谢，反复麻醉可增加麻醉的风险。在临床和实验室检查时，应了解：①神经系统功能。包括脑神经和外周神经反射及神经系统症状，如神情呆滞、反应迟钝，或神经功能高度抑制、耐受性差，应给予重视。②呼吸功能。注意有无气道狭窄或阻塞、胸廓异常、慢性咳嗽、呼吸困难等，必要时做血气分析和肺功能检查。③心血管功能。注意检查心率、节律、心音强度、心电图、血压和外周血管的状态。④肾功能。肾疾病或肾功能衰竭会影响麻醉药物的排泄。对于怀疑有肾功能不全的患病动物，除检查血浆肌酐和尿素氮外，应进行肌酐清除率和尿浓缩功能检查，以明确肾功能的受损程度。⑤肝功能。若肝功能受损严重，则麻醉药物的代谢会受到影响。

参考美国麻醉医师协会（American Society of Anesthesiologists，ASA）的患者分级，动物麻醉风险程度可分为：①最小风险，健康动物，无可检测的潜在疾病；②小风险，轻度全身疾病，但动物可代偿，无明显临床症状；③中度风险，轻度至中度全身疾病，临床症状明显；④高风险，危及生命的、严重的全身疾病；⑤极高风险，濒死或估计存活不超过 24 h。

影响麻醉风险的因素包括：①麻醉人员。麻醉师的经验、技术水平及工作状态。②手术的性质。一般来说，手术时间越长，刺激强度越大（如重要组织器官或大范围组织的肿瘤摘除），动物的应激反应也会越大。③设备条件。麻醉和供氧设备及现有的麻醉药物制约麻醉师对麻醉方法的选择。可控性：吸入麻醉＞静脉注射麻醉＞肌内注射麻醉，平衡麻醉较单纯药物麻醉对机体的影响小。④动物因素。包括动物的种属和品种、年龄和健康状态。在种属和品种方面，反刍动物的肺活量小，腹腔中特大的瘤胃在卧倒时增加腹压，瘤胃内容物发酵发生臌胀，容易压迫膈，造成呼吸困难，加重麻醉时已被抑制的呼吸机能障碍；多数全身麻醉药刺激牛气管腺分泌和唾液腺分泌物的增加，深麻醉时贲门括约肌松弛可导致瘤胃液状内容物从口、鼻涌出，均有造成吸入性肺炎的危险。猪对全身麻醉的耐受性较差，如肺活量较小、鼻咽通道容易阻塞、容易缺氧。少数猪对氟制剂敏感，易出现恶性高热症。短头犬（如巴哥犬、拳狮犬、斗牛犬、波士顿犬、北京犬、西施犬）的鼻或（和）气管狭窄、软腭下垂，易呈现短头犬呼吸道阻塞综合征，麻醉用药，特别是配合使用乙酰丙嗪时应谨慎。有些品种的犬（如灰犬），脂肪和肌肉少，药物代谢慢，麻醉恢复期相对较长。还有些品种的犬易患遗传性疾病，如杜宾犬扩张型心肌病、圣伯纳犬心房纤颤、小型猎犬特发性肺纤维化、贝灵顿梗铜肝病等。在年龄和体质方面，老年、幼龄、营养不良或体弱动物的麻醉耐受性差。在病理状态下，低血容量、心脏疾病和呼吸系统疾病可能损害机体组织灌注或氧输送的能力，此时应注意观测动物的运动耐受性、静止心率和呼吸率等指标。运动耐受性好、静止心率和呼吸率无明显异常的犬对麻醉有较好的耐受性。肝、肾和内分泌疾病也可严重影响动物对麻醉和手术的耐受性。肝疾病影响药物代谢，改变血浆蛋白浓度，降低肝的解毒能力，延长药物的清除时间，影响凝血功能及血浆葡萄糖调节。肾疾病影响麻醉药排泄；白蛋白和小分子血浆蛋白丢失可减少其与酸性药物（如硫喷妥钠）的结合；外周水肿可增加水溶性药物的分布容积。内分泌疾病影响葡萄糖代谢，导致体液、电解质或酸碱平衡和器官功能异常。

对于高风险病例，如呼吸急促、严重心脏病、肝肾功能严重异常、严重脱水、大失血、休克、脓毒血症或败血症，应向主人充分说明麻醉和手术的风险，有针对性地进行术前支持疗法（如抗菌消炎，纠正水、电解质失衡和酸碱平衡紊乱，补充血容量等），采用平衡麻醉或浅麻醉方法，尽可能减少手术刺激，缩短手术和麻醉时间，加强监护和术后护理。

二、麻醉前的准备事项

（1）纠正或改善病理状态　　血浆蛋白低下、贫血、血容量不足、电解质和酸碱平衡紊乱，均可使病畜对麻醉、手术创伤及失血的耐受性下降。术前应改善营养不良状态，补充血容量，纠正脱水、电解质紊乱和酸碱平衡失调。对于患有心脏疾病的动物，应改善心脏功能。呼吸系统感染时应使用有效抗生素加以控制。

（2）禁饲　　择期手术前应禁饲 12 h 或以上。禁饲便于消化道手术操作，减少术后胃肠臌气。对于反刍动物，禁饲还可以避免围手术期间发生胃内容物的反流或误吸。对于犬，特别是大型犬，禁饲可以防止胃扭转的发生。

（3）麻醉设备、用具及药品的准备　为了保证麻醉和手术能安全顺利地进行，防止意外事件发生，麻醉前必须对麻醉和监测设备、麻醉药品、急救药品等进行检查和准备。实施吸入麻醉时，应检查麻醉机的密闭程度、气源、压力及碱石灰的状态（粉红色，若变白则需要更换）；准备麻醉气体、喉镜、不同型号的气管插管、麻醉前用药、诱导和麻醉药品等。喉镜压片在使用前应进行消毒。

三、麻醉前用药

麻醉前用药（premedication）是指在麻醉前使用的药物。根据药物种类的不同，麻醉前用药可有如下一种或多种作用：缓解动物焦虑，减少动物应激，便于动物保定和处置；促使麻醉过程（麻醉诱导、维持和恢复）平稳；节省诱导和维持麻醉的药物量，降低麻醉的副作用；减少不需要的自主神经反射（如迷走反射引起的腺体的分泌）；提高患病动物痛阈，缓解原发疾病或麻醉前有创操作引起的疼痛；降低肌肉张力；保证外科手术的顺利操作及人与动物的安全。

（一）M-胆碱受体阻断药

该类药物阻断节后胆碱能神经支配效应器上的胆碱受体，动物表现为平滑肌松弛、腺体分泌减少、瞳孔散大、心率加快等。麻醉前用药主要有阿托品和东莨菪碱，其中阿托品最为常用。

阿托品临床应用：马、牛为 0.04 mg/kg［肌内注射（IM）］；羊 0.3 mg/kg（IM）；猪 0.05～0.08 mg/kg（IM）；犬和猫 0.03～0.05 mg/kg（IM）。

（二）安定、镇静和镇痛药

1. 苯二氮䓬类药　该类药物与脑和脊髓氯离子通道上的特异性受体结合，诱导 γ-氨基丁酸 A 型受体（$GABA_A$）构型改变，以增加 γ-氨基丁酸受体（GABA）的抑制作用，具有抗焦虑、催眠、镇静和肌松的作用。临床应用的主要有地西泮和咪达唑仑，二者蛋白质结合率高（大于 95%）。地西泮属长效苯二氮䓬类药，在肝内代谢为多种有活性的产物（如奥沙西泮、羟基安定），催眠作用持续 4 h 以上，低剂量时对心血管和呼吸抑制轻。咪达唑仑为短效苯二氮䓬类药，较前者代谢迅速，且代谢产物无活性，起效快，作用效力约为前者的 2 倍，作用持续 1～4 h。咪达唑仑剂量大于 0.2 mg/kg 时可引起负性肌力、血管扩张和低血压，可增加麻醉药或麻醉辅助药对呼吸的抑制。

临床应用：可作为麻醉前用药，或与麻醉药复合使用。咪达唑仑还可用于麻醉诱导。地西泮注射液：犬和猫 0.1～0.25 mg/kg（抽搐强直时 0.5～1 mg/kg）［IM/IV（静脉注射）］；牛 0.5～1 mg/kg（IM）；羊 0.5～1 mg/kg（IM）；猪 0.1～1 mg/kg（IM）；马 0.01～0.2 mg/kg（IV）。咪达唑仑：作用效力是地西泮的 2 倍，但临床上使用剂量常与地西泮相同。

2. 吩噻嗪类药　在临床上，该类药物主要有氯丙嗪和乙酰丙嗪。其作用于边缘系统的多巴胺受体，产生安定、镇静的作用；作用于延髓化学感受区的多巴胺受体，产生止吐的作用。其蛋白质结合率高（大于 90%），兼亲脂和亲水性；起效时间依给药途径而异，常为 30～40 min，镇静作用维持 3～4 h；阻滞外周 α_1 受体和抑制交感神经，引起血管扩张、血压下降和心动过缓，甚至昏厥；因体温调节中枢抑制和血管扩张，引起体温下降；具有阿托品样作用，降低贲门括约肌张力；偶尔可引起神经阻滞剂恶性综合征（neuroleptic malignant syndrome）或中枢抗胆碱药物综合征（central anticholinergic syndrome）。除吩噻嗪类外，神经阻滞剂恶性综合征还可由酰苯类及其他抗精神病药物引起，用药后1～3 d表现出高热、心动过速、精神异常、肌肉强直和自主神经功能紊乱（血压不稳、流涎、小便失禁等），可由肾衰、心律异常、肺血管栓塞或吸入性肺炎引起死亡。此综合征应对症治疗，并使用多巴胺或丹曲洛林。中枢抗胆碱药物综合征常发生于使用具有抗胆碱活性药物（吩噻嗪类药、阿托品、哌替啶等）之后，表现出兴奋与抑制交替、运动不协调、不安、焦虑、抽搐、昏迷，以及外周抗胆碱活性症状（如心动过速、口干、皮肤干燥和尿潴留）。

临床应用：主要用作麻醉前用药，或与麻醉药复合应用。氯丙嗪：牛1～2 mg/kg（IM），0.2～1 mg/kg（IV）；马1～4 mg/kg（IM），0.2 mg/kg（IV）；羊、犬、猫、猪2 mg/kg（IM），1 mg/kg（IV）。乙酰丙嗪：马0.03～0.1 mg/kg（IM）；猪0.03～0.1 mg/kg（IM），20～40 min起效；犬0.01～0.05 mg/kg（IM）；猫0.05～0.1 mg/kg（IM）。乙酰丙嗪静注剂量为肌注剂量减半，病理状态下使用低剂量。

3. 阿片类药 该类药物为麻醉性镇痛药，主要为吗啡（morphine）、哌替啶（度冷丁，pethidine）、芬太尼（fentanyl）、布托啡诺（butorphanol）等，作用于中枢阿片受体，起镇静和镇痛的作用。

临床应用：可用作麻醉前用药，并可与其他麻醉药、催眠药、镇静药和肌松药等配伍施行全身麻醉。

吗啡：对呼吸有明显的抑制作用，可引起组胺释放使支气管痉挛，能使小动脉和静脉扩张、外周阻力下降及回心血量减少，引起血压降低，但对心肌无明显抑制作用。牛0.1～0.3 mg/kg（IM）；犬0.1～0.5 mg/kg（IM）；猫0.1～0.2 mg/kg（IM）。

哌替啶：镇痛效力为吗啡的1/10，对呼吸有轻度的抑制作用，对心脏收缩力有抑制作用，可引起血压下降和心输出量下降。一般不作静脉注射，因有引起组胺释放的风险。牛3.5～5 mg/kg（IM）；马1～4 mg/kg（IM）；犬和猫3.5～5 mg/kg（IM）。

布托啡诺：镇痛效力为吗啡的3.5～7倍，可增加肺动脉压和肺血管阻力、全身动脉压和心脏工作负荷。犬和猫0.1～0.5 mg/kg（IM）；牛和马0.02～0.05 mg/kg（IV）。

芬太尼：镇痛作用为吗啡的100倍左右，对呼吸有抑制作用，但很少引起血压下降。1～5 μg/kg，静脉注射给药，1～2 min起效，持续时间短。

4. α_2-肾上腺素能受体激动药 它是一类最广泛应用于动物的镇静、镇痛药物。随着分子生物学技术的发展，许多α_2-肾上腺素能受体亚型（α_{2A}、α_{2B}、α_{2C}和α_{2D}）被发现，α_2-肾上腺素能受体激动药和拮抗剂得到了充分的开发，使其安全性得到提高、应用范围扩大。近年来，高选择性α_2-肾上腺素能受体激动药——地托咪啶、美托咪啶、右美托咪啶等已开始应用于动物临床。该类药物主要作用于脑桥和后部脑干中的α_2-肾上腺素能受体，防止兴奋性神经递质——去甲肾上腺素（与醒觉有关）的释放；其产生的镇静和镇痛程度与它们在α_2-肾上腺素能受体和α_1-肾上腺素能受体间的亲和力有关，如美托咪啶为1620：1，地托咪啶260：1，可乐定200：1，噻拉嗪160：1。α_2-肾上腺素能受体激动药对α_1-肾上腺素能受体的刺激会拮抗α_2-肾上腺素能受体的作用，并随着剂量的增加（特别在中毒剂量时）而变得明显。因此，α_2-肾上腺素能受体激动药剂量的增加通常不能提高镇静或镇痛效果，反而会增加其副反应，延长其恢复期。恐惧、兴奋或疼痛可激发内源性儿茶酚胺的水平，干扰α_2-肾上腺素能受体激动药诱导的兴奋神经递质释放的减少。因此，在安静的环境中，避免给予刺激，有利于α_2-肾上腺素能受体激动药取得较好的镇静效果。

该类药物抑制动物的呼吸，与其他镇静和镇痛药合用时抑制呼吸的作用更明显，因此应注意供氧。对心血管的影响主要表现为心搏徐缓、心输出量下降（达 50%）和血压波动（先升后降），剂量越大，前期血压的升高越明显。低剂量时的升压作用可能与中枢效应有关，而高剂量时则可能与外周受体的刺激和血管收缩有关。静脉注射较肌内注射的升压明显（高 18%），因此推荐通过非静脉给药，并使用低剂量。用药数分钟后，其外周效应逐渐消退，血压下降，甚至出现低血压。与其他心血管抑制性镇静药或麻醉药合并使用时血压下降可能更明显。

该类药物引起唾液腺和支气管腺分泌增加。抗胆碱能药物可减少腺体分泌、防止心率下降和心动过缓，但可引起心动过速、诱导节律不齐，特别是与 α_2-肾上腺素能受体激动药同时注射时。因此，抗胆碱药应在 α_2-肾上腺素能受体激动药使用前 30 min 使用，不推荐与其同时使用。

该类药物的其他副反应包括体温下降、血糖升高、子宫收缩（在奶牛有报道引起流产）、反刍和肠蠕动性下降、排尿次数增加等。

临床应用：用于麻醉前给药，还可与镇静、镇痛和麻醉药物，特别是苯己环哌啶类等药物复合麻醉。

1）噻拉嗪（2,6-二甲苯胺噻嗪，xylazine）：其盐酸盐的商品名叫隆朋（Rompun），分子式为 $C_{12}H_{16}N_2S$，1962 年由拜耳公司合成。临床上常以其盐酸盐配成 2%～10% 水溶液。

马 0.25～1 mg/kg（IV）/1～2 mg/kg（IM），有镇静、镇痛和一定的肌松作用，作用 20 min 左右。但剂量为 5 mg/kg（IM）或 2 mg/kg（IV）都会出现一定的不良反应，如大量出汗或呼吸抑制等现象。驴 3～5 mg/kg（IM），镇痛持续 20～110 min。

牛 0.05～0.3 mg/kg（IM），大于 0.1 mg/kg（IV）时，动物不能站立。水牛对噻拉嗪的反应不如黄牛敏感，剂量可增至 1～3 mg/kg，但 5 mg/kg 时，有时能引起轻度瘤胃臌胀、少量胃内容物经口鼻流出及短时的呼吸困难等不良反应；IV 剂量为 IM 的 1/3；肌内注射后在 10～15 min 或静脉注射在 3～5 min 起效，通常镇静可维持 1～2 h，镇痛作用持续 15～30 min。

犬和猫 0.5～1 mg/kg（IV），1～2 mg/kg（IM）。

绵羊 0.05～0.1 mg/kg（IV），0.1～0.3 mg/kg（IM）；山羊 0.01～0.5 mg/kg（IV），0.05～0.5 mg/kg（IM）。

猪 2～3 mg/kg（IM）。

2）噻拉唑（2,4-二甲苯胺噻唑，xylazole）：商品名为静松灵，我国自行合成。药理实验和临床实践表明，本品有与噻拉嗪相同的作用和特点。

3）美托咪啶（medetomidine）：镇痛作用弱。犬 10～20 μg/kg（IM）；猫 10～50 μg/kg（IM），起效时间 10～20 min，镇静 30～180 min；牛 5～10 μg/kg（IM 或 IV），镇静 60～90 min 。

4）右美托咪啶（dexmedetomidine）：商品名为多咪静，美托咪啶的右旋光学异构体。剂量为美托咪啶的 1/2。

α_2-肾上腺素能受体拮抗剂，如育亨宾、阿替美唑、苯拉唑啉等，可逆转该类药物的药效作用。

第三节 全身麻醉药

一、吸入麻醉药

自 1846 年 10 月 16 日 Morton 首先开展乙醚麻醉以来，人们对吸入麻醉药进行了广泛的探索。氯仿和环丙烷曾长期用于医学与动物医学。20 世纪 50 年代以后，人们合成了更安全而非易爆性吸入氟化麻醉药。

（一）吸入麻醉药的作用机制

关于气体麻醉机制，人们提出了气体分子诱导细胞膜离子通透性改变学说、气体分子结合神经递质的受体学说等。由于气体在体内达到一定浓度时，如吸入一定量的氮气（如深潜员）或惰性气体，均可产生麻醉。但这些学说并不能完全阐明麻醉气体在中枢的作用方式。近期通过分子动力学模拟研究发现，高浓度的氮气可以在蛋白质表面的功能位点聚集，从而导致膜蛋白的生物功能缺失；而低浓度的氮气不发生聚集，不对蛋白质功能产生影响。因此，推测吸入麻醉药物（卤素类、氧化亚氮等）经呼吸道吸入进入中枢后，可能在脑细胞膜蛋白表面的功能位点聚集，形成纳米气泡，阻断膜蛋白的生物学功能，从而产生全身麻醉作用。

（二）吸入麻醉药的理化性质与药理性能

美国麻醉学家 Eger 等于 1965 年提出以最低肺泡有效浓度（minimum alveolar concentration，MAC）表示吸入麻醉药的强度，目前已经成为公认的评价吸入麻醉药的效价指标。MAC 是指在一个大气压下某种吸入麻醉药与纯氧同时吸入，使 50% 的动物对伤害性刺激（如切皮）丧失逃避性运动反应时呼气末的吸入麻醉药浓度。MAC 以容积百分比表示，其值越小则麻醉效能越大。吸入麻醉药的油 / 气分配系数（麻醉药在橄榄油与气体中溶解度的比值）和血 / 气分配系数（麻醉药在血液与气体中溶解度的比值）对其药理性能有明显的影响。吸入麻醉药的强度与油 / 气分配系数成正比，油 / 气分配系数越高，麻醉强度越大，则 MAC 越小。麻醉深度与脑内吸入麻醉药的分压相关，当肺泡、血液和脑组织中的吸入麻醉药的分压达到平衡时，肺泡浓度则可反映吸入麻醉药在脑内的分布情况。因此，MAC 也可以作为衡量麻醉深度的指标。吸入麻醉药的可控性与其血 / 气分配系数成反比。血 / 气分配系数越低者，在肺泡、血液和脑组织中的分压越容易达到平衡状态，因而在中枢神经系统内的浓度越容易控制，诱导和苏醒也越迅速。

影响肺泡药物浓度的因素主要有：①通气效应，肺泡通气量增加，输送到肺泡以补偿肺循环摄取的药物越多，肺泡药物浓度越高。②吸入药物的浓度，其浓度越高，肺泡药物浓度上升越快。③局部组织血流量，肺循环的血流量增加，被血液摄取携走的麻醉药也增加，则肺泡药物浓度上升减慢。④血 / 气分配系数，该系数越高，被血液摄取的麻醉药越多，肺泡中的麻醉药浓度上升减慢，麻醉诱导期延长，恢复期也较长。反之，肺泡药物浓度在诱导期上升快，在恢复期下降也快。⑤麻醉药在肺泡和静脉血中的浓度差，该浓度差在诱导早期较大，麻醉药物摄取增加；随着麻醉的加深，静脉中的麻醉药浓度增加，该浓度差减少，药物摄取减少，最终达到平衡状态。

（三）吸入麻醉药的代谢与毒性

吸入麻醉药的脂溶性较大，很难以原型从肾排出，绝大部分经肺呼出，仅很少一部分在肝内代谢后随尿排出。卤素类麻醉药在体内可代谢产生有机氟和无机氟。无机氟（F^-）浓度升高时产生肾毒性。因此，在慢性肾功能不全或用过酶诱导药物时应慎用。氟烷代谢产物含有三氟乙酸，与蛋白质赖氨酸残基结合，作为免疫原可激发免疫反应，引起肝毒性；恩氟烷、异氟烷、地氟烷等有氟烷类似结构，虽其肝毒性明显减少，但仍不能完全排除；七氟烷可产生六氟异丙醇，产生率极低，其在肝内与葡糖醛酸结合后几乎无毒。一般来说，代谢率越低，其毒性也就越低。卤素类麻醉剂的代谢率依次为地氟烷＜异氟烷＜七氟烷＜恩氟烷＜氟烷，因而地氟烷和异氟烷的毒性最小，七氟烷和恩氟烷次之，氟烷最高。

（四）吸入麻醉药的要求

理想的吸入麻醉剂应该是其理化性质稳定，与强酸、强碱、其他药物接触时或在加热时，不产生毒性产物，非易燃易爆；蒸汽压与沸点能适用于常规蒸发器；对呼吸道无刺激性；在血液中溶解度低，诱导麻醉和苏醒快速，麻醉深度可控性强；MAC 低，麻醉作用强；有良好的镇痛、肌松作用；体内代谢率低，无毒性，无过敏反应；对循环、呼吸抑制作用轻；不污染环境，无温室效应，不破坏臭氧层。然而，现有的气体麻醉药物均不能满足所有这些要求。

（五）常用的吸入麻醉药

乙醚是最早用于医学麻醉的吸入麻醉药物，因其易燃易爆、具呼吸道刺激性、血 / 气分配系数高（12.1）、易引起动物兴奋期的出现等缺点，现仅用于小实验动物的开放性麻醉。氟烷（halothane）是 1956 年以后的第一个非易爆性卤素类吸入麻醉药，麻醉性能较强，但抑制心肌、增加心肌对儿茶酚胺的敏感性、对呼吸有明显抑制、有肝肾毒性等，现已不用于临床麻醉，仅用于猪氟烷基因的检测，淘汰氟烷反应阳性（易出现应激）猪。恩氟烷（enflurane）合成于 1963 年，是一种化学性质稳定的卤族麻醉剂，无明显刺激味，易溶于橡胶，但对心肌力和呼吸有较强的抑制，已较少使用。现在临床上使用的吸入麻醉药的理化性质，见表 4-1。

表 4-1 吸入麻醉药的理化性质

理化性质		氧化亚氮	氟烷	异氟烷	七氟烷	地氟烷
相对分子质量		44	197	184	200	168
油 / 气分配系数		1.4	224	98	45	18.7
血 / 气分配系数		0.47	2.4	1.4	0.65	0.42
脂 / 血分配系数		2.3	60	45	48	27
人体内代谢率 /%		0.004	15～20	0.2	2～3	0.02
MAC/%	人	105	0.75～0.77	1.15	1.6～2	6
	犬	188～297	0.87～0.89	1.31～1.5	2.3	7.2
	猫	255～258	0.82～1.19	1.61	2.6	9.8
	马	190～233	0.94	1.31	2.3	7.6
	猪	—	0.94	1.55～1.56	2.4～2.7	10
	兔	—	1.05	1.39	3.7	8.9

1. 氧化亚氮 氧化亚氮（nitrous oxide，N_2O），俗称笑气，为不燃、不爆、无色、无刺激性的气体。N_2O 的麻醉性能较弱。对心肌有一定的直接抑制作用，但对心输出量、心率和血压都无明显的影响，可能与兴奋交感中枢有关。收缩肺血管平滑肌，可使肺阻力增加，导致右心房压力升高，但对外周血管阻力无明显的影响。使脑血流量增加，颅内压轻度升高。对呼吸有轻度抑制，使潮气量降低、呼吸频率加快。血 / 气分配系数低，肺泡浓度和吸入浓度的平衡快。体内代谢率极低，几乎全部以原型由呼吸道排出。

氧化亚氮因麻醉性能弱，常与其他全麻药物复合应用以维持麻醉，吸入浓度为 50%～70%。吸入浓度为 50% 时有一定的镇痛作用，可用于小手术。麻醉时应维持吸氧，以免发生低氧血症。注意防止麻醉结束时缺氧，因为由吸入 N_2O-O_2 改为吸入空气，血液中的 N_2O 迅速弥散至肺泡，可使肺泡氧浓度降低而发生缺氧。因此，停止吸 N_2O 后应吸纯氧 5～10 min。N_2O 可使体内的封闭腔内压升高，因此肠梗阻时不宜应用。

2. 异氟烷　异氟烷（isoflurane）是恩氟烷的同分异构体，合成于 1965 年。其理化性质与恩氟烷相似，不燃不爆，但有刺激性气味。异氟烷的麻醉性能强。血 / 气分配系数为 1.4，低于恩氟烷和氟烷。浓度低时对脑血流无影响，浓度＞1 MAC 时可使脑血管扩张，颅内压增加，但较氟烷和恩氟烷轻，并能为适当通气所对抗。对心肌力的抑制作用较轻，对心输出量的影响小，但可明显降低外周血管阻力而降低动脉血压。不增加心肌对儿茶酚胺的敏感性，心律无异常。对呼吸有轻度的抑制作用（比氟烷强，比安氟烷弱），对支气管平滑肌有舒张作用。有良好的肌松效应，可增加非去极化肌松药的作用。在体内代谢率低，对肝、肾功能无明显的影响。

临床上可用于麻醉的诱导和维持。2%～3% 的浓度可作诱导麻醉。配合氧化亚氮时，通常 1.5%～2.5% 浓度足以诱导麻醉。维持麻醉浓度变化较大，需 0.5%～1.5%。

3. 七氟烷　七氟烷（sevoflurane）是 1969 年由 Wallin 等研制合成的。它是一种无色透明、非易燃性液体，对呼吸道无刺激性，在碱石灰和温度升高时可发生分解。七氟烷的麻醉效能较强。对脑血管有舒张作用，可引起颅内压升高。对心肌力有轻度的抑制作用，可降低外周阻力，引起动脉压和心输出量下降。在配合人工呼吸的状态下，犬的心跳比麻醉前增加 30%～40%。如果犬在 1.2～2 MAC 七氟烷的麻醉下自主呼吸，心跳仅增加 24%～31%。不增加心肌对儿茶酚胺的敏感性。对呼吸抑制作用明显，对气管平滑肌有舒张作用。1～2 MAC 时对犬的呼吸抑制程度与异氟烷相似，但在＞2 MAC 时抑制呼吸作用比氟烷强；对呼吸的抑制作用在停药后约 20 min 消失，手术刺激可削减其对呼吸的抑制作用。可增加非去极化肌松药的作用，并延长其作用时间。血 / 气分配系数低（0.63），临床使用时肝、肾毒性低。

临床上可用于麻醉的诱导和维持。

4. 地氟烷　地氟烷（desflurane）的麻醉性能较弱。轻度抑制心肌力，对心率、血压和心输出量影响小，仅当浓度升高时引起外周血管阻力降低和血压下降，高浓度可使脑血管舒张，不增加心肌对儿茶酚胺类药物的敏感性。轻度抑制呼吸。对神经肌肉接头有抑制、增强肌松药的作用。血 / 气分配系数极低，在肺泡、血液和脑组织中的分压更容易达到平衡状态。在体内代谢极低，因而其肝、肾毒性较低。

临床上用于诱导麻醉和维持麻醉，麻醉的可控性强。因对循环影响小，较适合用于对心脏手术或心脏病患者的非心脏手术麻醉。但需要特殊的蒸发罐，价格较贵。

二、非吸入麻醉药

理想的非吸入麻醉药：理化性质稳定；对组织无刺激性；脂溶性好（迅速通过血脑屏障，起效快）；代谢迅速，无蓄积，无毒性或活性代谢产物；麻醉诱导和恢复平稳；镇痛、肌松良好；对心血管和呼吸影响小；不引起组胺释放。尽管麻醉药较多，但还没有一种药物能满足上述要求。

（一）巴比妥类

巴比妥类（barbiturates）是丙二酰脲（巴比妥酸）衍生物的钠盐。依剂量不同而产生镇静、催眠及麻醉作用，根据作用的时间可分长、中、短和超短效巴比妥类药。超短效巴比妥类药包括硫喷妥钠、甲己炔巴比妥钠和硫戊巴比妥钠等；短效巴比妥类药有司可巴比妥；中效巴比妥类药包括戊巴比妥、异戊巴比妥钠等；长效巴比妥类药有苯巴比妥。长效和中效巴比妥类药多作为催眠剂或抗痉药使用；短效或超短效巴比妥类药可作为临床麻醉药使用。

1）硫喷妥钠（thiopental）：为超短效静脉全麻药，是研究其他麻醉药物的参照性药物。其水溶液 pH 约为 10.5（pK_a 7.6），蛋白质结合率为 72%～86%。硫喷妥钠的镇痛作用弱，脂溶性较戊巴比妥钠高，起效快（20～40 s），作用时间为 15～20 min。易通过血脑屏障，增加 γ-氨基丁酸的抑制作用，影响突触的传递，抑制网状结构的上行激活系统。对呼吸有轻度抑制作用，快速静脉注射后呼吸抑制明显，甚至呼吸暂停。因抑制交感神经，导致副交感神经兴奋增加，使咽喉和支气管敏感性增加。可降低脑代谢率及氧耗量，降低脑血流量和颅内压。抑制心肌，扩张血管，使脾充血和血压下降。血压下降的程度与剂量及注射速度有关。在猫，硫喷妥钠引起喷门括约肌松弛较犬明显。可出现诱导期兴奋，需要通过麻醉前用药加以克服。在反刍动物的代谢不如马属动物迅速，代谢产物为戊巴比妥钠，是引起苏醒后又出现复睡的原因。

临床应用：该药有组织刺激性，需在静脉内使用。可用于诱导麻醉、维持麻醉或平衡麻醉。马 7.5～15 mg/kg（IV），用生理盐水配成 5% 的溶液，可麻醉 10 min 以上。成年牛 10～15 mg/kg（IV），麻醉时间 5～10 min，苏醒时间 1～2 h，恢复前先有兴奋出现。牛犊 15～20 mg/kg（IV），麻醉时间 10～15 min，苏醒时间 30 min，无兴奋出现。羊 15～20 mg/kg（IV），麻醉时间 10～20 min。猪 10～25 mg/kg（小猪用高剂量即 25 mg/kg）（IV），麻醉时间 10～25 min，苏醒时间 0.5～2 h。在犬，通常配成 2.5% 溶液，20～30 mg/kg（IV），麻醉时间 15～25 min，恢复期 2～3 h。猫 20～30 mg/kg（IV），麻醉 20 min 左右。注意：硫喷妥钠抑制呼吸，可能引起呼吸暂停。一般呼吸暂停的动物在 40 s 左右可自行恢复自主呼吸，否则应及时给予人工支持呼吸。

2）戊巴比妥钠（pentobarbital sodium）：用生理盐水配制成 5% 溶液，对组织无刺激性。比硫喷妥钠和甲己炔巴比妥钠的脂溶性低，对心血管抑制轻，但对呼吸抑制明显。在小动物代谢慢，但在反刍动物和马代谢较快。

临床应用：马 150 mg/100 kg（IV），产生镇静，3 g/100 kg（IV），麻醉约 45 min，苏醒需 4 h。羊 20～25 mg/kg（IV），麻醉持续 30～40 min，苏醒时间 2～3 h，易引起瘤胃臌胀等并发症，应慎重。猪 10～25 mg/kg（IV），50 kg 以上采用小剂量（10 mg/kg），20 kg 以下采用大剂量（25 mg/kg），麻醉 30～60 min，苏醒时间 4～6 h。犬 25～30 mg/kg（IV），麻醉 40～60 min，恢复需数小时，术后应给予保护，并注意复睡现象。猫 25～30 mg/kg（IV），麻醉持续 60 min。

3）甲己炔巴比妥钠（methohexital sodium）：常用 1%～2.5% 溶液，pH 10～11，酸离解常数（pK_a）7.9。对组织无刺激性，脂溶性稍低于硫喷妥钠，但其作用快于硫喷妥钠，效力为硫喷妥钠的 2～2.5 倍，在诱导与恢复期动物易出现兴奋。代谢速度为硫喷妥钠的 3 倍，复睡现象不如硫喷妥钠明显。其对心脏抑制的程度稍高于硫喷妥钠，对呼吸抑制的程度类似于硫喷妥钠。

（二）苯环己哌啶衍生物类

苯环己哌啶衍生物（phencyclidine derivatives）主要包括苯环己哌啶（phencyclidine）、替拉他明（tiletamine）和氯胺酮（ketamine），分别为长效、中效和短效麻醉药。

此类药物选择性抑制大脑联络径路和丘脑-新皮质系统，兴奋边缘系统，而对脑干网状结构的影响较轻，具有良好的催眠和镇痛作用，但脑神经活动（眼反射、唾液和泪液）明显，骨骼肌紧张，对噪声敏感，因而被称为分离麻醉剂。氯胺酮为此类药物的代表，常为 10% 水溶液，pH 3.5～5.5，pK_a 7.5，蛋白质结合率约 50%，可溶于水和脂肪，为左右旋光学异构体的混合物，其中右旋物的麻醉性能是左旋物的 2～3 倍。在动物（猫除外）肝内代谢，部分经脱甲基形成去甲氯胺酮，其活性为母体化合物的 1/4。去甲氯胺酮可随尿排出，也可进一步代谢或与葡糖醛酸结合形成无活性物质。在马体内，可代谢为无活性的二氢去甲氯胺酮，随尿排出；在猫，几乎均以原型随尿排出。因此，在猫肾功能损害或少尿时对其使用应加以注意。有轻度呼吸抑制，快速静脉注射可引起短暂的呼吸暂停，但对 CO_2 的通气反应仍存在。对循环系统具有兴奋作用。通过部分地阻断钙离子通道抑制心肌力，但可通过刺激交感神经兴奋而加强心脏活动，因而使心脏总效应表现为心率增快、心输出量增加、血压升高。注意：处于休克或交感神经贮备耗竭的动物，氯胺酮明显抑制心肌、降低血压。具有较好的镇痛和抗痛敏作用，其抗痛敏效果优于镇痛（如手术创疼痛）。此外，还具有防止阿片类诱导的镇痛耐受作用。对脑神经有保护作用，这主要表现在增加脑血流以满足脑代谢的需要；可阻断钙离子通道，减少细胞内的钙累积；阻断兴奋性神经递质——谷氨酸与 *N*-甲基-D-天冬氨酸（NMDA）受体结合。

临床应用：该药可引起骨骼肌紧张，并易出现诱导期和恢复期兴奋。但与苯二氮䓬类、α_2-肾上腺素能受体激动药、丙泊酚等复合使用可克服这些问题，并减少其对心血管的兴奋作用。

氯胺酮溶于 5% 葡萄糖溶液中配成 0.1% 溶液，根据使用剂量的大小不同，可产生镇静、催眠、麻醉作用，在兽医临床上已用于马、猪、羊、犬、猫、禽及多种野生动物的化学保定、麻醉诱导、基础麻醉和维持麻醉。灵长类如猴和猩猩对本品比较敏感，用药后性情即变温驯。

马：氯胺酮和噻拉嗪复合使用时，先静脉注射噻拉嗪 1.0 mg/kg，噻拉嗪发挥作用后再静脉注射氯胺酮 1.5～2 mg/kg，可获得 5～18 min 麻醉和 10～20 min 的卧倒时间。

牛：2～5 mg/kg（IV），1～2 min 起效，或 IM，5～10 min 起效，麻醉 15～20 min；与地西泮（0.02～0.5 mg/kg）复合使用时，麻醉效果更好。

犬：10～15 mg/kg（IM），起效时间 5 min，麻醉时间 30 min；在肌内注射阿托品（0.04 mg/kg）和乙酰丙嗪（0.1～1 mg/kg）后，以氯胺酮 120～150 滴 /min 的速度诱导麻醉，可再以 15～30 滴 /min 的速度维持麻醉；若噻拉嗪 1～2 mg/kg（IM），10 min 后氯胺酮 10 mg/kg（IM），麻醉 25～50 min。

猫：10～30 mg/kg（IM），麻醉 30 min 左右。若噻拉嗪 2 mg/kg（IV），10 min 后氯胺酮 10 mg/kg（IV），麻醉 100 min 左右。没有禁饲的猫，使用噻拉嗪-氯胺酮后常引起呕吐。

笼养鸟类：氯胺酮 5～30 mg/kg，加地西泮 0.5～2 mg/kg（IM/IV）；氯胺酮 10～40 mg/kg，加咪达唑仑 0.2～2 mg/kg（IM）。

貂：氯胺酮 4～8 mg/kg，加美托咪啶 0.08～0.1 mg/kg（IM）；氯胺酮 5 mg/kg，加美托咪啶 0.08 mg/kg，加布托啡诺 0.1～0.2 mg/kg（IM）。

兔子：氯胺酮 25～40 mg/kg，加乙酰丙嗪 0.2～1.0 mg/kg（IM/IV）。氯胺酮 20～40 mg/kg，加噻拉嗪 3～5 mg/kg 或地西泮 1～5 mg/kg（IM/IV）。

龙猫：氯胺酮 5 mg/kg，加 0.06 mg/kg 美托咪啶（IM）。

豚鼠：氯胺酮 5～40 mg/kg，加美托咪啶 0.05～0.5 mg/kg（IM）。

小鼠：氯胺酮 50～75 mg/kg，加美托咪啶 0.1～1 mg/kg（IM）。

大鼠：氯胺酮 45～75 mg/kg，加美托咪啶 0.3～0.5 mg/kg（IM）；氯胺酮 50～100 mg/kg，加乙酰丙嗪 2.5～5 mg/kg（IV）；氯胺酮 40～90 mg/kg，加噻拉嗪 5 mg/kg（IV）；氯胺酮 40～100 mg/kg，加地西泮 3～5 mg/kg（IV）。

龟：氯胺酮 10～15 mg/kg，加美托咪啶 0.05～0.1 mg/kg（IM）；氯胺酮 5～50 mg/kg（IM/IV）；

氯胺酮 30 mg/kg（IM），配合面罩异氟烷吸入麻醉龟，效果良好。但高剂量恢复时间较长。

（三）丙泊酚

丙泊酚（异丙酚，propofol）：2,6-二异丙基苯酚，为 $GABA_A$ 激动剂，常用 1% 乳化液（10 mg/mL），pH 7.8，蛋白质结合率为 98%，对组织无刺激性。但静脉注射时偶尔引起疼痛，是析出在水相的少量药物引起，可通过 5% 葡萄糖溶液稀释以降低其浓度而缓解。丙泊酚迅速在肝内通过葡糖醛酸结合和水解代谢，也可在肝外（肺、肾和胃肠）代谢。在猫，因不能通过葡糖醛酸结合代谢，可能会引起蓄积；采用多次注射或静脉连续输注，还应特别注意苯酚的毒性和溶血的发生。多次反复注射时丙泊酚在灰犬（脂肪和肌肉少）的代谢可能比其他犬慢，代谢物的尿液呈亮绿或黄色。麻醉的诱导和恢复平稳，无兴奋。恢复期偶尔出现呕吐，或食欲增加，猫还可表现出擦面部。丙泊酚注射液为高脂性乳化液，在人有引起胰腺炎的报道，因而对于已诊断患胰腺炎的病例或有发展为胰腺炎的可能情况（胰腺手术）应避免使用。犬在诱导期或恢复期偶尔因皮质下中枢兴奋而表现出前肢、颈部和头部肌肉痉挛；尽管如此，它仍可以用于癫痫患病动物的麻醉。丙泊酚抑制心肌力，同时脂肪乳通过一氧化氮的释放和交感神经紧张性的降低引起血管扩张、血压下降。因此，当大剂量、快速注射时，或用于低血容量及老年动物时，有引起严重低血压的危险。对呼吸有明显的抑制作用，表现为潮气量下降和呼吸频率减慢，甚至呼吸暂停。呼吸抑制程度与剂量有关。

临床应用：镇静和催眠作用良好，但镇痛作用弱。用于麻醉诱导，或与其他药物复合麻醉。犬 5～10 mg/kg，牛 4～6 mg/kg，约 30 s 静注完成，30～60 s 起效，作用时间约 10 min。

（四）依托咪酯

依托咪酯（乙咪酯，etomidate）：为短效催眠性全身麻醉药，抑制大脑皮层和脑干网状结构，其催眠效应较硫喷妥钠强 12 倍。对心率、血压及心输出量的影响均较小，对呼吸的影响明显轻于硫喷妥钠。主要在肝内水解，对肝、肾功能无明显影响。

临床应用：具有良好的镇静和催眠作用，但无镇痛作用。用于诱导麻醉，与其他药物复合适合于老年或危重病例动物的麻醉。0.1～0.4 mg/kg（IV），约 30 s 起效，作用约 10 min。应注意该药对静脉有刺激性，注射局部可能有疼痛；可出现肌阵挛；反复用药或持续静脉滴注可能抑制肾上腺皮质的功能。

（五）混合麻醉药

两种以上药物配制成的混合麻醉药，因较单一麻醉药效果好，所以在兽医临床上得到了广泛的应用。但不能根据个体的特点、病理状态等调整混合麻醉药中的组分，即不能针对个体实施精准化麻醉。

1）舒泰（Zoletil）：由唑拉西泮和替来他明组成，易引起流涎，苏醒期可出现摇头。舒泰现已广泛用于犬、猫的诱导麻醉或维持麻醉。

使用剂量：犬 7～25 mg/kg（IM），5～10 mg/kg（IV），作用 20～30 min。猫 10～15 mg/kg（IM），5～7.5 mg/kg（IV）。

2）速眠新注射液：其组分主要有噻拉唑、二氢埃托菲和氟哌啶醇。二氢埃托菲为镇痛药，氟哌啶醇为丁酰苯类镇静药。该制剂有良好的镇静、镇痛和肌松作用。本品对动物心血管和呼吸系统抑制明显，在犬麻醉诱导期常出现呕吐。

使用剂量：马 0.01～0.015 mL/kg（IM），牛 0.005～0.015 mL/kg（IM），羊、犬、猴 0.1～0.15 mL/kg（IM），猫、兔 0.2～0.3 mL/kg（IM），熊 0.02～0.05 mL/kg（IM），鼠 0.5～1 mL/kg（IM）。

三、肌松药

肌松药（muscle relaxant）能使骨骼肌麻痹而失去原有张力，便于气管插管和内镜检查、间歇性正压通气、手术操作（如骨折的复位、深腹部手术、胸腔手术）；可作为平衡麻醉技术的一部分，配合全身麻醉药应用；可用于各种野生动物的捕捉、保定、诊疗等。肌松药主要分为两类：去极化肌松药（以琥珀胆碱为代表）和非去极化肌松药（如维库溴铵和泮库溴铵）。去极化肌松药的结构与乙酰胆碱相似，能与乙酰胆碱受体结合引起突触后膜去极化和肌纤维束收缩，继而使突触后膜持续去极化而产生肌松作用。非去极化肌松药与突触后膜的乙酰胆碱受体结合，使神经冲动释放的乙酰胆碱不能与受体结合，肌纤维不能去极化而产生肌肉收缩。非去极化肌松药的作用可被胆碱酯酶抑制剂拮抗，而去极化肌松药的作用不仅不能被胆碱酯酶抑制剂拮抗，反而有增强的效应。

琥珀胆碱（suxamethonium，succinylcholine）：肌松完全，对血液动力学影响小，但可引起心动过缓或心律失常，血钾一过性升高，肌肉强直时可引起眼内压、颅内压及胃内压升高。本品使用剂量：马 0.04～0.15 mg/kg，作用 5～10 min；猪 0.5～2 mg/kg，作用 2～3 min；犬 0.1～0.3 mg/kg，作用 10～20 min；猫 0.5～1 mg/kg，作用 2～6 min；反刍动物 0.015～0.02 mg/kg，作用 15～20 min。IM 或 IV，1 min 内起效。

维库溴铵（vecuronium）：作用强，0.05～0.1 mg/kg（IV），1～2 min 起效，维持 15～30 mim。

泮库溴铵（pancuronium）：80% 的药物从肾排泄。有轻度的抗迷走神经作用，使心率加快。肌松作用强，0.05～0.1 mg/kg（IV），3～5 min 起效，维持 40～80 min。

注意：使用肌肉松弛药时应进行气管插管，保持呼吸通畅，并施行辅助或控制呼吸；体温降低会延长肌松药的肌松作用；吸入麻醉药、某些抗生素（如氨基糖苷类）等可增强非去极化肌松药的作用。

第四节 麻醉机与气管插管术

一、麻醉机

麻醉机是临床上吸入麻醉和急救时的重要设备，可为动物提供氧气、吸入麻醉药物及进行人工呼吸。麻醉机的主要结构如下（图 4-1）。

1. 气源 气源主要为钢瓶装压缩的氧气，有条件的还可包括液态氧化亚氮。清洁级手术室均为中心供给气源。气体经减压阀减压至 343～392 kPa（3.5～4 kgf/cm^2）后，才能供给麻醉机使用。设有气体流量计，调节新鲜气流量。为了使呼吸囊能快速充气，设有快速充气阀。

2. 蒸发罐 蒸发罐是麻醉机的核心部分，能有效地将挥发性麻醉药液蒸发为气体，并能精确地调节麻醉药蒸气输出的浓度。由于各吸入麻醉药物在常温下的蒸气压不同，蒸发罐具有药物专用性，如异氟烷蒸发罐、七氟烷蒸发罐等。为了保证麻醉药蒸气调节的精确度，蒸发罐需要定期校正。当开启蒸发罐时，旁路气流经过蒸发室，携带麻醉药的蒸气与主气流混合后进入环路；但快速充气时，因其不经过蒸发罐，可将环路内的麻醉药稀释而使吸入浓度降低。

3. 呼吸环路系统 将新鲜气体和吸入的麻醉药输送到动物呼吸道内，并将动物呼出的气体排出到体外。常用的环路系统如下。

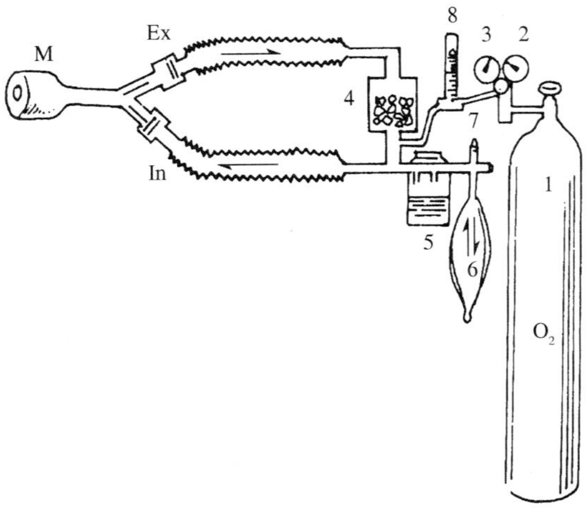

图 4-1 麻醉机的主要结构示意图

1. 压缩气钢筒（包括 O_2 钢瓶或是 N_2O 贮气钢瓶）；2. 压力表（指示贮压缩气钢筒内的压力）；3. 减压阀（一般调至 0.3 MPa）；4. CO_2 吸收装置；5. 麻醉药蒸发罐；6. 呼吸囊；7. 逸气活阀；8. 气体流量计（控制 O_2 或 N_2O 的流量，单位为 L/min）；Ex. 呼出活瓣；In. 吸入活瓣；M. 麻醉用口罩

（1）开放式　动物的呼吸不受麻醉机控制，吸入或呼出的气体可自由出入大气。

（2）半紧闭式或半开放式　动物呼出或吸入的气体部分受麻醉机控制。呼出的气体由呼出活瓣逸出（通过连接的管道排出室外），逸出的气体量取决于活瓣的阻力和新鲜气流量的大小。新鲜气流量小时，部分呼出气体（包括 CO_2 和麻醉气体）进入呼吸囊，再吸气时可被重吸入，重吸入的 CO_2 高于 1% 容积时，称为半紧闭式。现代麻醉机多采用此模式，应注意避免过多的重复吸入。若新鲜气流量大时，大部分呼出气体都排出到大气中，重复吸入的 CO_2 低于 1% 容积，称为半开放式。

（3）紧闭式　呼出和吸入的气体完全受到麻醉机的控制。呼出的气体通过 CO_2 吸收装置将 CO_2 吸收后，部分或全部被再输送到动物的呼吸道。该方式便于动物的呼吸管理，可行辅助或控制呼吸；呼出气体中的麻醉药部分可被利用，节省成本，减少环境污染；可减少吸入气体的温度和湿度变动。但结构复杂，呼吸阻力较大。

4. 麻醉呼吸器　麻醉呼吸器是在麻醉期间控制动物呼吸的装置，可根据动物平静状态下的生理参数设置或调节潮气量、气道压力、呼吸频率、呼吸时间比等。有的麻醉呼吸器还可设置呼气末正压、吸入氧气浓度、每分通气量及气道压力报警界限，以保证麻醉的安全性。

呼吸参数的设定如下。

呼吸频率：犬 12～35 次/min；猫 20～30 次/min；猪 12～18 次/min；羊 12～20 次/min；牛 10～30 次/min；马 10～14 次/min；兔 38～60 次/min。

潮气量：10～15 mL/kg。

每分通气量：潮气量 × 呼吸频率。

氧气流量：取决于呼吸环路的类型。低流量用于紧闭式呼吸循环系统，氧气流量等于机体基础代谢氧需要［基础代谢氧需要（mL/min）=10×［体重（kg）］$^{3/4}$，为 4～10 mL/(kg·min)］；中流量用于半紧闭式，氧气流大于代谢氧需要，但小于每分钟通气量；高流量用于半开放式，氧气流大于每分钟通气量。

气道压力：各动物的正常气道压力值不同。猫、小型犬和兔 20 cmH_2O，中大型犬 30～50 cmH_2O，羊 40 cmH_2O，猪和牛 50 cmH_2O，马 60 cmH_2O。应设定呼吸环路中的气道峰压（呼吸周期中气道内达到的最高压力）。例如，在胸肺顺应性正常的小型犬和猫的吸气峰压应低于 20 cmH_2O。气道峰压与气道阻力和胸肺顺应性相关，峰压过高可损伤肺泡和气道，导致气胸和肺膈气肿。

二、气管插管术

气管插管术是将特制的气管导管，经口插入动物气管内。麻醉前给药或诱导麻醉后，咽喉反射减弱或消失，便于进行气管插管术。不正确的插管方法和插管管理不当都可导致气管损伤、插管移位等，可直接影响心血管或呼吸系统的功能。气管插管的目的：麻醉期间保持动物的呼吸道通畅，防止异物进入呼吸道；进行有效的人工或机械通气，防止动物缺氧及 CO_2 蓄积；便于吸入全身麻醉药。常用的气管插管见图 4-2。

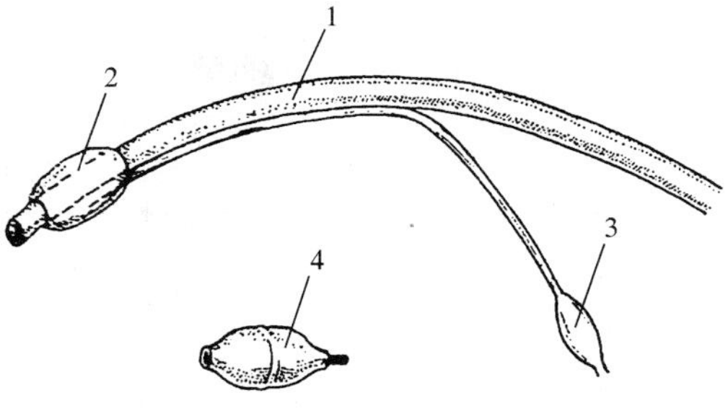

图 4-2 附着套囊的气管插管

1. 气管插管；2. 套囊（充气囊）；3. 充气指示球；4. 打气橡胶球

（一）气管插管的方法

依据动物的种类，气管插管术可分为以下几种（图 4-3）。

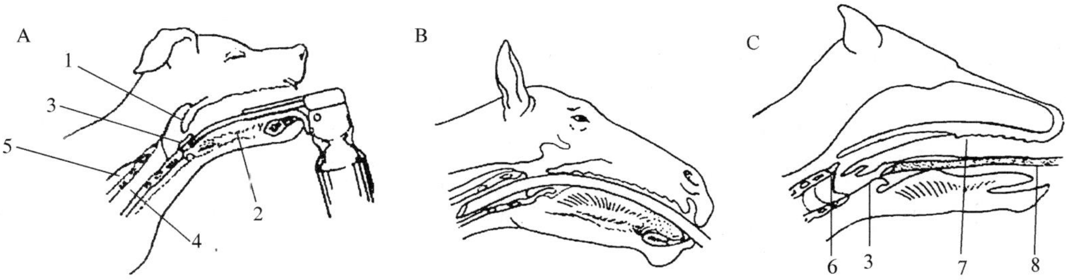

图 4-3 气管插管的方法

A. 直视插管法；B. 盲目插管法；C. 喉触摸插管法；1. 软腭；2. 舌；3. 会厌软骨；4. 气管；5. 食管；6. 杓状软骨；7. 术者的手；8. 气管插管

（1）直视插管法　多用于小动物，如小型猪、犬、猫、羊等。

其具体方法：将动物俯卧保定，助手徒手抬高头部，保持头颈伸直；使用开口器或分别牵拉固定于上、下颌的纱布条打开口腔。操作者左手用纱布包裹夹持舌尖部，由左侧口角将舌体向外拉出，同时持喉镜并用喉镜的压舌片下压舌根背部，显示会厌，继而下压会厌软骨，以显示声门。选择合适管径的气管插管，右手以执笔式持住导管中段由右口角进入口腔，经喉镜背侧，准确轻巧地将导管尖端（开口面向上）插入声门、喉室，然后反转使气管插管开口面向下，插入气管内。导管型号小，过于柔软时，可借助导管芯以加强其硬度。当带有管芯的导管尖端插入声门后，应拔出管芯，再将导管插入气管内。导管进入气管后动物可出现呛咳，从导管口可听到清楚的气流声。向套囊内缓慢注气后，将气管插管与上颌一起固定。

（2）盲目插管法　用于马属动物，也可用于牛，应缓慢试探。

（3）喉触摸插管法　用手触摸喉部，指导插入气管插管，用于反刍动物。必须药物诱导麻醉，使动物反射消失，否则很危险。

气管插管在使用后，应做插管内、外清洗，外表可用柔软的小纱布块擦拭，内腔用长试管刷刷洗，或用自来水充分冲洗。气管插管经新洁尔灭液或甲双三氯酚浸泡 30 min、清洗干净后，阴干贮存。市售的一次性使用的插管是已经消毒好并密封保存的，拆封后即可使用。

（二）气管插管的注意事项

（1）选用合适的插管　插管的内径（mm）用于描述其型号的大小。气管插管的大小与动物的体重呈正相关，应尽可能选用较大型号的气管插管，以减少呼吸阻力，但其大小还应以不引起呼吸道损伤为宜。在犬和猫，可选用人用气管插管，型号为 2.5～10 mm。一般来说，对于猫和小型犬（如吉娃娃），可采用 2.5～3 mm 人用气管插管，中型犬采用 4～6 mm 人用气管插管，大型犬采用 8～10 mm 人用气管插管。兔需要使用特制的气管插管。家畜气管插管的选择标准见表 4-2。

表 4-2　家畜气管插管的选择标准

种类	内径/mm	外径/mm	插管全长/mm	套囊大小/mm	套囊距插管前端距离/mm
重型种马	35	43	100	20	5
成年马、种公牛、大型牛	30	38	100	20	5
成年牛、大中型矮马	25	31	80	15	5
中型以下矮马、驹	20	26	80	15	4
大型公羊、公猪、1 岁牛	18	22.6	60	10	4
成年羊和猪、3 月龄牛	16	19.6	60	10	3
1 岁羊和猪、3 月龄以下牛	14	17	50	8	3
1 岁以下羊、猪，新生牛犊	12	15	40	8	3

（2）给予镇静剂和神经安定剂　令动物进入嗜睡状态，以免在插管时动物惊恐抗挣，躁动不安，造成插管困难或喉咽部损伤。必要时借助医用喷雾器将局麻药喷至咽喉部，以降低喉反射及削弱插管时的心血管反应。

（3）保定与打开口腔　助手保定头部，使头颈伸直。使用开口器打开口腔，以防操作人员的手指被咬伤、插管的套囊被咬破；并除去口腔内的食物残渣等异物，以防被带入气管内。

（4）插入气管插管的深度　在气管插管插入前，应确定其插入深度，以气管插管远端位于喉和胸腔入口之间的气管内为宜。若插入过深，插管会进入一侧支气管内，致支气管损伤，或因套囊充盈致另一侧支气管阻塞而发生低氧血症；若过浅，充气套囊可损伤声带。插管近端不应过度突出口腔外，因过长时增加了无效腔，导致呼吸气体的复吸。

（5）判断插管成功与否　有多种确认方法：①按压胸部时，导管口有气流；②人工通气时双侧胸廓对称起伏，双侧肺可听诊到清晰的肺泡呼吸音；③吸气时透明导管管壁清亮，呼气时管壁可见明显的"白雾"样变化；④动物若存在自主呼吸，接麻醉机后可见呼吸囊随呼吸而缩张；⑤若检测呼气末二氧化碳分压，仪器显示其分压时则可确定无误。

（6）套囊充盈的程度　气囊的充气应以手指略感充气指示球饱满为度。套囊充气不足时，麻醉气体从插管与气管之间的空隙逸出，不能使动物进入麻醉状态；口腔内的唾液和反流物易误吸入肺内。套囊内气压过高，在长时间手术时可压迫周围组织，引起组织坏死。在猫，背侧气管韧带较脆弱，套囊气压过大可引起气管软组织撕裂，致气体进入疏松组织，扩散至头颈部，甚至全身皮下。在此情况下，少量气体在术后自动吸收消散；严重皮下气肿时，需挤压气体至局部皮下，采用注射器抽吸排出。

（7）气管插管的固定　用绷带或细绳结系插管并固定于上颌或头部，防止其移动或转动。改变动物体位时，插管的转动可致其尖端损伤气管黏膜。

（三）拔管术

在麻醉停止后，动物逐渐苏醒，出现吞咽反射。此时，则应当放出套囊中所充的气体，平稳而快速地拔出插管。如在动物的吞咽和咀嚼反射尚未恢复前拔管，动物仍有可能发生误咽或误吸。如在动物已清醒、肌张力恢复后仍未拔管，则可造成动物躁动不安，甚至反抗，这样易损害动物或破坏插管。拔管后，应注意观察动物的呼吸，直至各种反射完全恢复。

第五节　全身麻醉的实施

全身麻醉的过程包括麻醉的诱导、麻醉的维持和麻醉的恢复。在此过程中需进行麻醉监护。

一、麻醉的诱导

麻醉的诱导（induction of anesthesia）是指动物从接受全身麻醉药后，由清醒状态到意识消失，直至进入麻醉第Ⅲ期第1级的这一阶段。

1. 面罩吸入诱导法　将麻醉面罩扣入动物口鼻部，开启麻醉药蒸发器，逐渐增加吸入浓度，同时注意观测动物的麻醉深度，待动物进入浅麻醉状态时，可进行气管插管，或静注肌松药物后插管。在没有使用催眠、镇静药物作为麻醉前用药，以及采用面罩吸入诱导法时，动物易出现兴奋期，挣扎明显。

2. 静脉诱导法　与面罩吸入诱导法相比，静脉诱导迅速、无环境污染，诱导期平稳，但对循环干扰较大。根据动物的种类和病情，选择合适的麻醉药（如丙泊酚、氯胺酮、舒泰、依托咪酯等），依据体重计算药物的剂量，可先快速由静脉推注预定剂量的1/2，然后缓慢注入，直至动物进入浅麻醉状态。严密监测动物的循环、呼吸和反射的变化。诱导后进行气管插管，或静注肌松药物后插管。

二、麻醉的维持

麻醉的维持（maintenance of anesthesia）是指维持适当麻醉深度以满足手术的需要。同时，加强对动物的管理，保证循环和呼吸生理功能的稳定。

1. 吸入麻醉药物的维持　吸入麻醉药物的维持是指经呼吸道吸入一定浓度的气体麻醉药物，以维持适当的麻醉深度。常采用异氟烷、地氟烷等维持麻醉。氧化亚氮麻醉性能弱，不能单独用于维持麻醉，常与氧和挥发性麻醉剂合用，以维持麻醉，必要时还可加用肌松药。使用氧化亚氮时，应监测吸入氧浓度或脉搏氧饱和度，吸入氧浓度不应低于30%。

2. 静脉麻醉药物的维持　静脉麻醉药物的维持是指麻醉诱导后经静脉给药以维持适当的麻醉深度。给药方式有单次、分次和连续静脉注入，需根据手术需要和静脉麻醉药物的特点进行选择。单次静脉注入是指一次注入所需剂量的静脉麻醉药物，以快速达到适宜的麻醉深度；此法操作简单，但易出现药物过量，从而产生呼吸和心血管抑制等副作用。分次静脉注入是指先静脉注射一定剂量的麻醉药物，使动物达到适宜的麻醉深度，然后再根据动物的反应和手术的需要分次追加麻醉药物，以维持一定的麻醉深度。连续静脉注入是指在诱导麻醉后采用一定的速度连续滴入或泵入静脉麻醉药物，以维持麻醉深度的方法。例如，在犬采用氯胺酮10～20 μg/(kg·min）静注。此法避免了单次给药后血药浓度的深度高峰和低谷波动，减少了药效周期性波动和药物用量，但需注意观察动物的麻醉深度。

3. 复合全身麻醉　目前，多数麻醉药物单纯使用的麻醉效果均不理想，有的镇痛效果差，有的反射抑制效果差等。大剂量使用时虽然麻醉效果增强，但对生理影响大。因此，单一药物的静脉麻醉多用于麻醉的诱导和短小的手术，而对于复杂或时间较长的手术，多采用复合全身麻醉。复合全身麻醉有多种方法。

（1）全凭静脉麻醉　具有诱导快、操作简便、麻醉效果确实、麻醉过程平稳和恢复快等优点。在猪，丙泊酚 2.9 mg/（kg·h）＋氯胺酮 2.0 mg/（kg·h）（IV），维持麻醉。但各种药物的药理特点不同，选择给药的时机和剂量有一定难度，麻醉体征与麻醉分期难以辨认，恢复期可出现清醒延迟及肌松药残余作用。

（2）静吸复合麻醉　气体麻醉药物吸入和静脉注射麻醉药物复合，以维持麻醉。此法可避免麻醉突然变浅，但也可能出现术后清醒延迟。

（3）靶控输注技术　复合两种以上药物的靶控输注时，平衡使用镇静、镇痛药物的靶浓度，效果最佳，不良反应最少。应用该技术时，需根据不同药物作用的峰效应、峰浓度差异，合理确定药物输注的先后顺序，同时应注意药物不良反应的浓度和峰作用的时间。目前还不能对静脉麻醉药的血药浓度进行即时测量，但随着生化技术的发展，静脉麻醉药有希望像吸入麻醉药一样做到即时浓度监测，并通过药物浓度的调节来控制麻醉深度。

三、麻醉的恢复

麻醉的恢复（recovery of anesthesia）是指麻醉停止后，动物的麻醉复苏阶段。在麻醉恢复期，应注意密切监控动物的呼吸和循环状况，注意保温，防止恢复期兴奋、动物摔伤或将人咬伤。呕吐或分泌物多时，应及时用止血钳钳夹纱布块清除咽喉部的分泌物或异物。舌回缩、痉挛影响呼吸时，应将舌拉出。

四、麻醉深度的判断与掌控

（一）麻醉深度的判断

麻醉药物对不同部位中枢神经系统抑制时，动物会有一些体征和表现。Guedel（1937）根据意识、痛觉、反射活动、肌肉松弛、呼吸和循环抑制的程度，对乙醚麻醉的典型经过进行了描述。动物静脉麻醉往往无明显的麻醉分期，且在不同的动物品种、个体，不同麻醉的表现也不同。尽管如此，人为的麻醉分期仍然有助于麻醉过程的识别，作为临床麻醉深度判断的参考。

麻醉通常分为 4 期。

第Ⅰ期（镇痛期或随意运动期）：从麻醉开始到意识完全消失。此期大脑皮层逐渐被抑制，动物焦躁或静卧。痛觉减退，但仍然存在。各种反射存在，站立的动物平衡失调。

第Ⅱ期（兴奋期或不随意运动期）：从意识完全丧失至深而有节律的呼吸开始。大脑皮层功能完全受到抑制，皮层下中枢失去控制，表现为呼吸紊乱、血压升高、脉搏加快、瞳孔散大，眼球可出现震颤。在某些动物（反刍动物、猫科动物）常分泌大量唾液，猫、犬和山羊可能出现呕吐。

第Ⅲ期（外科麻醉期）：从深而有节律的呼吸开始至呼吸停止前的阶段。皮层下中枢被抑制，兴奋状态消失，痛觉缺失。根据反射、呼吸和循环的抑制程度，此期又可分为 4 级。第一级：呼吸规律，频率稍快；眼睑反射消失，瞳孔缩小。在此级，可施行一般手术。第二级：呼吸频率稍慢，角膜反射迟钝至消失（但在马可能持续存在），肌张力逐渐减弱。第三级：瞳孔开始散大。因肋间肌麻痹而胸式呼吸受到抑制，腹式呼吸代偿性增强；血压开始下降，脉搏快而弱，肌肉松弛；第三眼睑脱出。第四级：呼吸逐渐停止，循环抑制，肌肉及括约肌完全松弛，尿失禁（尤其是母畜）；可视黏膜发绀，创口血液淤黑。进入此期，应立即停止麻醉，采取急救措施。

第Ⅳ期（延髓麻醉期）：呼吸停止，瞳孔完全散大。脉搏和各种反射全部消失。心脏因缺氧而逐渐停止跳动。

复合麻醉时由于多种药物对生理功能的抑制，部分麻醉分期特征可能消失。麻醉深度应根据各药物对意识、感觉、运动、神经反射及内环境稳定性的影响进行综合判断，如有自主呼吸、手术刺激时呼吸加深加快、血压升高和眼泪增多（抗胆碱能药可能抑制）时为浅麻醉；角膜干燥无光、循环严重抑制、血压下降时则为麻醉过深。

（二）麻醉深度的掌控

对于非吸入麻醉，可根据动物的体重和麻醉药物的剂量范围，预先计算麻醉药物的用量。静脉诱导麻醉时，可快速推注所计算药物用量的一半，然后再缓慢注射，同时注意观察反映分期的主要指征（因进行麻醉的速度快），如呼吸的节律和幅度、眼睑反射（手指轻触眼睑毛）、角膜反射（可用尾毛刺激角膜观察）、眼球震颤、瞳孔大小、蹄冠刺痛反应等。若呼吸节律深而规则，眼睑反射由迟钝至消失，说明已进入手术麻醉期第一级；若角膜反射由迟钝变消失，则已进入第二级。一、二级麻醉可适用于一般手术。对于短效麻醉药静脉输注的维持麻醉，除观察前述指征外，还应注意通过心率、血压、血氧饱和度等评判麻醉深度。对于肌内注射麻醉，麻醉深度较难控制，只能根据动物的病理状况和个人的经验估计麻醉药物的用量；若动物在麻醉中兴奋或苏醒，需追加麻醉药物，其追加剂量为初始剂量的1/3～1/2。吸入麻醉深度较容易控制，根据麻醉分期指征调控吸入气体麻醉药物的浓度。

全身麻醉药物剂量受动物神经类型、年龄、体质、肝和肾功能、疾病严重程度、环境噪声、手术刺激程度、药物使用途径等因素的影响。

第六节　全身麻醉的监测与并发症处理

一、麻醉监测

动物麻醉时若术者仅关注手术过程，无专人负责麻醉监测或缺乏麻醉监护设备，常导致麻醉事故。因此，麻醉过程的监测至关重要。

（一）中枢神经的监测

神经反射的评估：这些反射包括眼睑反射、角膜反射（马消失晚）、呕吐反射（猪和猫比其他动物消失晚）、颌张力、肢体退缩反射、肛周反射和翻正反射等。

眼球位置和运动评估：眼球位置、震颤和泪液可反映中枢神经受抑制的程度，但因动物种属而有差异。例如，随麻醉的加深，马两眼球的位置可能不一致；在犬、猫和牛，随麻醉加深至外科麻醉期，眼球向前下方（犬和猫）或下方（牛）旋转，麻醉继续加深时则回至中央；若麻醉由深再变浅时，牛的眼球以相反的方向转动。

自主运动神经活动性评估：浅麻醉时交感神经受手术疼痛刺激，儿茶酚胺物质释放增加，表现为心率增加或（和）血压增加；小动物和反刍动物表现为心率和血压均增加；而马仅表现血压增加。然而，浅麻醉状态下疼痛手术刺激也引起心率和血压下降，这可能是由“迷走血管性晕厥”引起的。此时，应注意根据其他反射，如眼反射和颌张力等进行评判。另外，一些因素，如低血容量、药物抑制和自主神经紊乱，可影响自主神经张力。

脑电图监测：脑电图（electroencephalogram，EEG）能记录脑皮质区的电活动。因需特殊的仪器设备和具备对记录资料解释的能力，脑电图在动物麻醉监护中较少使用。

（二）呼吸的监测

麻醉最容易和最先影响呼吸，可引起不同程度的呼吸抑制，甚至呼吸肌麻痹。麻醉辅助用药、手术保定及呼吸疾病都是麻醉期间影响呼吸功能的重要因素。在麻醉过程中，应注意对呼吸功能的临床观察和肺换气功能的仪器监测。

呼吸功能的临床观察：注意观察动物呼吸运动的类型（胸式或腹式呼吸）、幅度、频率和节律，同时观察黏膜、皮肤及术野血液颜色的变化，以判断是否有呼吸道梗阻、机体缺氧或二氧化碳蓄积。若呼吸道阻塞时，动物会表现出呼吸困难、胸廓呼吸动作加强、鼻孔开张度加大，甚至黏膜发绀。胸部或气管听诊发现呼吸音改变，可能提示气道阻塞、支气管痉挛或麻醉回路与气管导管脱离。

肺换气功能的仪器监测：包括血氧饱和度（pulse oxygen saturation，SpO_2）、动脉血氧分压（arterial oxygen partial pressure，P_aO_2）、呼气末二氧化碳分压（end tidal carbon dioxide partial pressure，$P_{ET}CO_2$）。无创脉搏血氧饱和度仪能连续监测动脉血氧饱和度，了解动物的氧合状态。但在外周循环差，如低温、低血压、贫血和应用缩血管药物等情况下，往往影响测定数值。此外，其监测也受外界强光、静脉注射亚甲蓝等因素的干扰。尽管如此，该仪器因无创性连续监测，操作简便，仍是呼吸监测的有效手段。动脉血气分析仪可提供氧气和二氧化碳分压的信息，还可测定血液 pH、碳酸氢根及电解质浓度，监测机体水、电解质和酸碱平衡。呼气末二氧化碳分压可无创连续监测通气功能，了解无效腔量、肺血流量及循环功能的变化。

（三）循环的监测

循环系统的变化将直接影响麻醉动物的安全和术后的恢复。麻醉期间导致循环障碍的原因包括疾病的病理改变、麻醉方法和麻醉药物的影响及其相互作用、手术的影响等。对循环系统的监测主要是观测脉搏、毛细血管再充盈时间、心率、心律、心输出量和血压。

脉搏、心率和心律是反映心输出量和自主神经张力的重要指标。脉搏可在股动脉和臂动脉触诊，还可在下颌动脉（大动物）、舌动脉（犬）、跖背外侧动脉（马）、耳后动脉分支、尾动脉（马、牛）等触诊。心率和心律通过心区听诊监测。心电图仪可用于了解心律、房室传导等心脏状态，但不能完全反映心输出量，因心肌不收缩而无脉搏的电活动仍可能出现。

血流乳酸浓度、尿量、体温、黏膜颜色和毛细血管再充盈时间等测定结果可反映外周组织灌注情况。

血排出量是反映心泵功能的重要指标，但需特殊设备。

血流动力学的监测：动脉压、中心静脉压、肺动脉压。

动脉血压是衡量循环的重要参数，分为无创性和有创性测压。无创性测压易受被毛和脂肪的影响，仅间断性地测压，收缩压的测定常较舒张压准确。使用多普勒超声探头时，收缩压可能低于实际 10 mmHg[①] 左右，对于猫可能低于 14.7 mmHg 左右。有创性测压可提供血压的实时

① 1 mmHg = 0.133 kPa

准确监测，但需置入血管导管，可能出现血栓、栓塞、出血、血肿和感染并发症。中心静脉压测定仅适合于严重创伤、休克、循环衰竭、心血管和大手术。肺动脉压测定是采用漂浮导管由颈静脉插入前腔静脉，通过右心房、右心室、肺动脉干、左右肺动脉分支，直至肺小动脉而进行的血压测定。在肺动脉干上测定的压力，称肺动脉压；当漂浮导管在肺小动脉楔入部测定的压力，称肺小动脉楔压。肺动脉压测定适用于复杂的心血管手术、严重感染和多器官衰竭、休克与心力衰竭。

二、麻醉并发症的处理

（一）呕吐与反流

犬、猫、猪等动物由药物引起贲门括约肌松弛、胃内容物多、内脏牵拉等而出现呕吐。在反刍动物，麻醉过深时，瘤胃较大，躺卧时受压，胃内容物发酵臌气，较容易发生胃内容物反流。呕吐物，尤其是胃反流物被误吸入肺内，可引起异物性肺炎，严重时引起死亡。一旦发生呕吐，应及时清除呕吐物；发生反流时，应及时牵拉舌于口腔外，放低头部，必要时迅速切开气管，清除异物，同时瘤胃穿刺排气。为了减少呕吐或反流，术前单胃动物应禁饲 12～24 h，反刍动物应禁饲 24～36 h；反刍动物术前 30 min 可灌服食醋 0.5～1.0 L 或适量鱼石脂松节油酒精合剂或植物油防止胃内容物发酵；采用浅麻醉或复合麻醉，以减少呕吐的发生；尽可能安置气管插管，以保护呼吸道。

（二）呼吸道梗阻

常见于机械性梗阻、会厌软骨向上后卷曲、口腔分泌物或异物阻塞、喉头痉挛等。不完全阻塞表现为呼吸困难，完全阻塞时虽有强烈的呼吸动作但无气体交换。会厌软骨向上后卷曲可在使用氯胺酮或替拉他明进行诱导麻醉或在其麻醉恢复期出现，此时应将舌向外牵引，清除咽喉部的分泌物及异物，插入气管插管，或使用肠钳下压会厌软骨以暂缓呼吸困难。喉痉挛常因浅麻醉下或缺氧时刺激喉头而诱发，轻者给氧即可解除，重者可静注琥珀胆碱后行气管插管。呼吸道阻塞严重时，还可行紧急气管切开。

（三）通气量不足与低氧血

通气不足可由麻醉药、麻醉性镇痛药、镇静药或肌松药的残余作用而对中枢性呼吸进行抑制，或胸腹部手术后疼痛刺激、腹胀、胸腹带过紧及过度肥胖等限制胸廓膨胀引起，主要表现出 CO_2 潴留或（和）低氧血症。中枢性呼吸抑制时应以机械通气维持呼吸直至呼吸功能完全恢复，必要时以拮抗剂逆转；对于胸腹部手术的动物，应加强术后镇痛。出现低氧血症的原因包括：麻醉机故障、氧气供应不足；气管插管插入一侧支气管、脱出气管外或气管插管扭转；N_2O 吸入麻醉时的氧浓度过低；分泌物过多或肺水肿。临床表现为呼吸急促、发绀、躁动不安、心动过速、心律失常等。应及时查明原因，予以纠正。

（四）低血压与高血压

麻醉过深、失血过多、过敏、肾上腺皮质功能低下、内脏牵拉反射等可引起血压下降。临床表现为少尿或代谢性酸中毒，严重者因灌注不足而出现心肌缺血、中枢神经功能障碍、休克等。应减轻麻醉深度，同时补充血容量，恢复血管张力。高血压由麻醉、手术操作、通气不足时的 CO_2 蓄积、升压药物（如氯胺酮）等引起。应减少苯己环哌啶类药物的使用，采用复合麻醉，根据手术刺激的强度调节麻醉深度。

（五）心律失常

窦性心动过速与高血压同时出现时常为浅麻醉的表现，可适当加深麻醉程度。低血容量、贫血及缺氧时，心律可加快，应对因治疗。手术牵拉内脏可由迷走反射致心动过缓，严重时心搏骤停，应停止操作，或注射阿托品。发生期前收缩时应先明确其性质并观察其对血流动力学的影响。房性期前收缩偶发时，无须特殊处理，频发时有发生心房纤颤的可能，应给予药物治疗。

（六）低温与高热

多数麻醉药物会降低动物的基础代谢，使体温下降。体温下降到一定程度，动物对麻醉的耐受能力降低，麻醉后苏醒时间也延长。因此，在麻醉中应加强保温措施。某些药物（如氟烷、恩氟烷、琥珀胆碱）可引起恶性高热，氟制剂引起的恶性高热主要见于带有氟烷基因的猪，其他动物也可出现，但少见。恶性高热表现为持续肌肉收缩、动脉二氧化碳分压（P_aCO_2）迅速升高、体温急骤上升、死亡率较高，需使用丹曲洛林药物及对症治疗。

（七）呼吸停止与心脏停搏

多数麻醉药物均有心肺抑制作用。麻醉药静脉推注过快或麻醉过深，可引起呼吸停止，此时应有节律地按压胸廓，或插入气管插管，给予人工通气，保持氧气供应。心脏停搏是最严重的并发症。心脏停搏可由各种原因所致的肺氧合不足、血携氧不足、心泵不足或中枢神经损伤引起，另外，心源性疾病（如缺血性心脏病、心肌梗死、心肌炎、心脏压塞、瓣膜病、严重心律异常）和非心源性疾病（如电解质紊乱、高碳酸血症、肺栓塞）也可引起。若发生心脏停止，应迅速采取有效的心肺复苏抢救措施。复活时间取决于器官的氧气供应、血流灌注量和器官的损伤状况，以及体温、年龄和代谢强度等。对于大脑而言，它仅持续 4～6 min。如果错过这一时间，通常意味着患畜死亡。只有具备一支训练有素的急救队伍，心肺复苏才可能成功。首先，应快速评价呼吸功能和心脏循环功能，排除由电极接触不良所致的无心跳或期外收缩等技术失误。然后，在保证呼吸道畅通和进行人工通气的基础上，采取如下心肺复苏措施。

（1）建立人工循环　在心跳停止的最初 1 min 内，可施行一次心前区叩击做心肺复苏。有条件时，可采用心脏起搏器复苏。若心前区叩击或心脏起搏无效，则应立即进行胸外心脏按压。其方法：患畜右侧卧，在胸外壁第 4～6 肋骨进行胸外心脏按压，按压频率为 60～100 次 /min，通过外周摸脉检查心脏按压效果。心脏按压有效的标志是外周动脉处可扪及搏动、发绀消失、散大的瞳孔开始缩小，甚至出现自主呼吸。如在胸腔或腹腔手术期间出现心跳停止，则可采用胸内心脏按压。

（2）药物治疗　药物治疗是属于继续生命支持的阶段。在心肺复苏期间，应一直静脉给药，勿皮下或肌内注射给药。如果无静脉通道，肾上腺素、阿托品药物也可经气管内施药。不应盲目做心腔内注射给药，这是心肺复苏时的最后一条给药途径。心肺复苏时所用的药物，见表 4-3。

表 4-3 心肺复苏的药物治疗

适应证	治疗措施
心跳停止	肾上腺素 0.005～0.01 mg/kg b.w. 静注或气管内给药
血容量不足	肾上腺素 40～60 mL/kg b.w. 静注
期外收缩、心室纤颤、心动过速	利多卡因 1～2 mg/kg b.w. 静注或气管内给药
心动缓慢、低血压	阿托品至 0.05 mg/kg b.w. 静注或气管内给药
代谢性酸中毒	$NaHCO_3$ 至 1 mmol/kg b.w. 静注给药

注：b. w. 为体重

（3）后期复苏处理　包括进一步支持脑、循环和呼吸功能，防止肾功能衰竭、脑水肿、脑缺氧和感染，纠正水、电解质及酸碱平衡紊乱。如果患畜的状况允许，尽快做胸部 X 线摄影，以排除急救过程中所发生的气胸、肋骨骨折等损伤。输液使血容量、血比容、血清电解质和 pH 恢复正常。犬的平均动脉血压应达到 90 mmHg。应注意体温监控。

心肺复苏能否成功主要取决于时间和所患疾病。生命指征的消失并非没有异常征兆，因此可通过仔细的监控，在呼吸、心跳停止之前识别异常征兆，及早实施心肺复苏。心肺复苏成功后，应做好重症监控，防止复发。

第七节 电 针 麻 醉

针刺麻醉（acupuncture anesthesia），简称针麻，是在我国医学针灸疗法的基础上发展起来的，通过捻针刺激体表特定的穴位来提高机体痛阈，以预防手术中疼痛的方法。针刺麻醉于 1958 年第一次成功用于人的扁桃体摘除手术，随后在人和动物的各种手术中开展了广泛的应用研究。因为手法捻针较费力，不容易给予定量刺激，所以人们使用脉冲电流代替手法捻针。在针刺穴位的基础上，通以脉冲电流刺激机体，产生痛阈提高的状态称为电针麻醉（electro-acupuncture anesthesia）。针刺麻醉或电针麻醉是通过影响生理性调节机制以提高机体痛阈，它并不是真正意义上的麻醉。所以，有人将其称为针刺镇痛（acupuncture analgesia）或电针镇痛（electro-acupuncture analgesia）。

（一）电针麻醉的特点

1）使用安全，适用范围广：全身麻醉药物大多对动物的呼吸和心血管产生抑制作用，麻醉的深度难以控制，麻醉药过量时一般难以解救。在反刍动物，麻醉稍深会导致贲门松弛，瘤胃内容物反流，引起异物性肺炎。电针麻醉使用安全，适用于动物的各种疾病和手术的镇痛，并可用于危重病例的麻醉。当然，如果任意加大刺激量，粗暴地进针或不按倒畜的一般注意事项行事，鲁莽地利用电针倒畜等，有时也可以引起不良后果。

2）生理干扰少，利于手术后恢复：电针麻醉对动物的体温、呼吸、脉搏、心率等影响较小，动物在手术过程中始终保持清醒状态（猪的安神组穴例外）。例如，在电针麻醉下，正经受瘤胃切开手术的反刍动物能大口地采食草料，手术结束后行走如常，术后采食、饮水均无异常。此外，电针麻醉不受强心、输液等干扰；可增加机体白细胞数目和吞噬细胞的吞噬活性，减少手术应激反应和手术后创口感染的机会。

3）方法简便、经济，有利于推广。

但电针麻醉也有其自身的缺陷：①麻醉不全。对于有些动物或个体，手术时仍会出现镇痛不完全。②不能完全抑制内脏反应。在个别动物，牵拉内脏时有反应。③肌肉紧张。电针引起肌肉，特别是腹壁肌肉紧张，增加手术缝合的张力。此外，存在种属差异，如牛、羊较马属动物好，蒙古马、母马、骟马较杂种马、公马和骡好，绵羊较山羊好等。电针麻醉的上述问题，可通过适当的选穴、熟练的针刺技术和优化针刺参数加以克服或降到最低程度。由于药物麻醉易引起心脏和呼吸抑制、胃内容物反流和胃肠臌气，电针麻醉依然是动物麻醉，特别是反刍动物麻醉的有效方法之一。

（二）电针麻醉的选穴

选穴的方法大致有几种，也可以把几种方法结合采用。

1）循经取穴：根据经络学说中“经络所过，主治所及”的理论，循经脉的运行走向、手术所涉及的脏腑与经络的关系，先选经，后取穴，再适当配成组穴，如三阳络组穴、抢风组穴。

2）根据中兽医针灸临床治疗经验选穴：例如，在腹部手术时所选百会穴，就是根据中兽医传统治疗腰风湿痛、腹胀、腹痛等多种腰、腹部疼痛性疾患的有效穴位而选择的。

3）根据神经解剖生理学取穴：例如，腰旁透穴的采用，就是基于对脊髓分节现象及脊神经分布至相应节段的认识，使电针麻醉作用于分布在软腹壁的主要三条神经干（最后肋间神经、髂腹下神经和髂腹股沟神经），从而获得腹壁的镇痛效应。

常用的电针麻醉组穴，见表 4-4。

表 4-4　家畜常用的电针麻醉组穴表

穴位处方		针刺操作方法	适应范围	备注
处方名称	穴名			
三阳络组穴	三阳络穴	自三阳络穴刺透皮肤后，针体与前肢皮肤成 20°～45° 角刺入，直至内下侧的夜眼正中的皮下，以能触及针尖而不透内侧皮肤为度	马、牛、猪、羊等全身各部手术	牛、羊、猪等家畜三阳络穴按马的解剖部位取穴，术部同侧取穴
	抢风穴（中腕穴）	垂直刺入 4.5～6 cm（切勿过深）		
尾三百会组穴	百会（千金）穴	垂直刺入 4.5～6 cm	马、牛、猪、羊等各部手术（当头部、胸腔手术针麻效果欠佳时，可分别加配山根穴、天门穴和抢风穴、三台穴）	也可单取尾干穴，此组穴对腹腔、阴部和后肢的针麻效果较好
	尾三穴（即尾根、尾节、尾干穴一针透三穴）	自尾根穴刺透皮肤后，使针体与皮肤成 20° 角向后下方斜刺，透过尾节至尾干		
百会三台组穴	百会穴	垂直刺入 4.5～6 cm	马、牛、猪、羊等全身各部手术	
	三台（鬐甲）穴	向前下方斜刺 9～12 cm		
百会天平组穴	百会穴	垂直刺入 4.5～6 cm	马、牛、猪、羊等全身各部手术	
	天平（断血）穴	垂直刺入 3.5～6 cm		
耳督组穴	耳根穴透太阳穴	自耳根穴入针，直透太阳穴，以能触及针尖而不穿透皮肤为度	马、牛、猪、羊等全身各部手术	术部同侧取穴，两组穴位（共 4 针）同时应用
	三阳络穴	自三阳络穴刺透皮肤后，针体与前肢皮肤成 20°～45° 角刺入，直至内下侧的夜眼正中的皮下，以能触及针尖而不透内侧皮肤为度		
	百会穴	垂直刺入 4.5～6 cm		
	三台穴	向前下方斜刺 9～12 cm		

续表

穴位处方		针刺操作方法	适应范围	备注
处方名称	穴名			
岩池组穴	岩池穴	向对侧口角方向斜刺进针 6～7.5 cm	马、牛全身各部手术	术部两侧取穴、两组穴位（共 4 针）同时应用
	下翳风穴	向后下方内侧斜刺入 7.5～9 cm		
抢风组穴	抢风穴	垂直刺入 4.5～6 cm（切勿过深）	马、牛全身各部手术	术部两侧取穴、两组穴位（共 4 针）同时应用
	膊尖穴	向肘突方向刺入 12～15 cm		
两侧眶下孔组穴	眶下孔穴（双侧）	进针时先在穴位处以手指滑动皮肤可触及眶下孔的外口，将针向孔内平刺入 5～8 cm	主要用于牛的豁鼻缝补术	两侧取穴
安神组穴	安神穴（双侧）	向同侧上颌最后臼齿方向斜刺入 4.5～7.5 cm（中猪 4.5～6 cm，大猪 7.5 cm）	猪的颈、胸、腹、阴等部位手术	大猪在进针时常需用绳索保定上颚

（三）电针麻醉的方法

1）进针：穴位剪毛，用 75% 乙醇消毒皮肤。针具通常采用直径 1～1.5 mm 的不锈钢圆针，长度按穴位要求的深度选用。进针时将针对准穴位，按穴位要求的角度刺入皮肤后，再将针捻转刺入至要求的深度。

2）脉冲电流刺激：将脉冲式兽用针麻机上的输出电压及频率的旋钮分别调至“0”位，再将输出导线分别与针柄连接，然后开启电源，选择波型、调节频率及电压。一般兽用针麻机波型为双向尖峰波；麻醉时采用的频率为 10～100 Hz，有时为 200～300 Hz。临床实践上通常先稍加电压，可见肌肉随刺激频率而收缩，然后加大频率至肌肉刚好表现强直性收缩，再逐渐加大电压，使达到病畜能耐受的足够强的刺激量（不同畜种和个体的耐受量有很大的差别），常为 3～3.5 V。诱导时间 10～30 min，经针刺检验术部皮肤，如无疼痛反应即可进行手术。在牛、猪，有时为了使其迅速卧倒，也有的先将频率、电压调至所需强度，接上导线后，突然接通电源使其倒卧。应用电针倒卧时要特别慎重，以免发生意外事故。在麻醉期间，若固定频率不变，经过一段时间可能会出现痛阈降低，即电针适应现象，但改变频率（增加或减少）又可增加痛阈。

3）终止麻醉：手术结束时，将电流刺激的强度和频率逐渐降低，然后断电、拔针，病畜即可恢复行动。但在电针终止后针刺镇痛效应仍将持续一段时间，这种现象称为针刺麻醉后效应。

20 世纪 80 年代开始，更切合临床实际需要的针药复合麻醉（acupuncture-balanced anesthesia），或称为针刺辅助麻醉（acupuncture-assisted anesthesia），逐渐成为针麻临床和研究的主流。针刺作为一种有效的镇痛方法已成为复合麻醉中的一个组成部分。研究表明，针药复合麻醉具有以下优点：①针刺加强了药物的镇痛效果。例如，电针复合小剂量噻拉嗪［0.1 mg/kg（IM）］或右美托咪啶［5 μg/kg（IM）］，对山羊的镇痛效果与单纯使用噻拉嗪 0.4 mg/kg（IM）或右美托咪啶［20 μg/kg（IM）］的效果相当。②节省药物费用。③减少药物的副作用，术后苏醒时间缩短了。

牛、羊针刺麻醉效果

第八节　局 部 麻 醉

局部麻醉（简称局麻）是一种简便易行、安全有效、并发症少的麻醉方法，适用于浅表或局限部位的手术。但是，局部麻醉时，动物意识清醒，应注意保定，必要时应配合使用镇静剂。

一、局部麻醉药

常用的局部麻醉药（简称局麻药）主要有盐酸普鲁卡因、盐酸利多卡因、盐酸丁卡因和盐酸布比卡因。药物的特点见表 4-5。

表 4-5　常用局部麻醉药的特点比较

特性	盐酸普鲁卡因	盐酸利多卡因	盐酸丁卡因	盐酸布比卡因
麻醉效能	弱	中等	强	强
组织渗透性	差	好	中等	中等
毒性	低	略高	较高	中等
起效时间	中等	快	慢	中等
作用时间 /h	0.8～1.0	1～2	2～3	5～6

（一）盐酸普鲁卡因

盐酸普鲁卡因（procaine hydrochloride），又称盐酸奴佛卡因（novocaine hydrochloride），是一种弱效、低毒性局麻药，起效时间 1～3 min，作用维持 0.5～1 h，黏膜穿透力差。主要用于局部浸润麻醉，浓度为 0.5%～1%；还可用于关节注射麻醉，浓度为 4%～5%。盐酸普鲁卡因的代谢产物对氨苯甲酸有对抗磺胺类药物的作用。

（二）盐酸利多卡因

盐酸利多卡因（lidocaine hydrochloride，xylocaine hydrochloride）是中等效能和时效的局麻药。它的组织弥散性能和黏膜穿透力都较好，可用于各种局麻方法。毒性较盐酸普鲁卡因稍大，但对组织无刺激性。浸润麻醉浓度为 0.25%～0.5%，传导麻醉和硬膜外腔麻醉浓度为 2%，表面麻醉浓度为 2%～5%。但反复用药可产生快速耐药性。

（三）盐酸丁卡因

盐酸丁卡因（tetracaine hydrochloride，pontocaine hydrochloride），又称盐酸地卡因，是一种强效、长时效的局麻药。本品毒性较盐酸普鲁卡因强 12～13 倍，而麻醉作用则强 10 倍，黏膜穿透力强，适用于表面麻醉。该药点眼时不散瞳孔，不妨碍角膜愈合。角膜麻醉浓度为 0.5%，鼻、口腔、喉等黏膜表面麻醉，可用 1%～2% 溶液。

（四）盐酸布比卡因

盐酸布比卡因（bupivacaine hydrochloride，narcain hydrochloride）是一种强效和长时效的局麻药，用于传导麻醉和硬膜外腔麻醉，很少用于局部浸润麻醉。血浆蛋白质的结合率高，透过胎盘的量少。使用浓度为 0.2%～0.5%。

局麻药的不良反应包括过敏反应和毒性反应。局麻药的过敏反应较为罕见。局麻药的毒性反应是指局麻药吸入血液后，当药物超过一定血药浓度时，可发生全身毒性反应，表现为对神经系统和心血管系统的影响。轻度时表现惊恐不安和定向障碍等症状，严重时出现抽搐或惊厥，甚至呼吸困难、循环衰竭而死亡。

二、局部麻醉的方法

（一）表面麻醉

表面麻醉（topical anesthesia）是指将穿透力强的局麻药施于黏膜表面，使其透过黏膜而阻滞位于其下的神经末梢，使黏膜产生麻醉现象。眼、鼻、咽喉、气管、尿道等处的浅表手术或检查常用此法。常用药物为 1%～2% 盐酸丁卡因或 2%～5% 盐酸利多卡因，但滴眼则使用 0.5%～1% 盐酸丁卡因。

（二）局部浸润麻醉

局部浸润麻醉（local infiltration anesthesia）是指将局麻药注射于手术区的组织内，阻滞神经末梢而起麻醉作用。一般先将针头插至所需深度，然后边抽退针头边注药液。局部浸润的方式有多种，如直线浸润、菱形浸润、扇形浸润、基部浸润和分层浸润等，可根据手术需要进行选择。也可用低浓度局麻药（0.25% 盐酸普鲁卡因）浸润一层随即切开一层的方法将组织逐层切开。常用药物为 0.5% 盐酸普鲁卡因或 0.25%～0.5% 盐酸利多卡因。

局部浸润麻醉时应注意：①注入组织内的药液需有一定的容积，在组织内形成张力，借压力的作用使药物与神经末梢广泛接触，从而增强麻醉效果。②为避免用药量超过一次限量（大家畜使用盐酸普鲁卡因时，其总剂量不应超过 2 g），可降低药液浓度，如用 0.25% 盐酸普鲁卡因。③每次注药前应回抽注射器，以防误注入血管内。④药液中加入肾上腺素（0.05～0.1）/ 10 000，可减缓局部麻醉药的吸收，延长作用时间。

（三）传导麻醉

传导麻醉（conduction anesthesia）[神经阻滞（nerve block）] 是指在神经干、丛、节的周围注射局麻药，阻滞其冲动传导，使所支配的区域痛觉暂时消失。传导麻醉只需注射少量麻醉药即可产生较大区域的麻醉，但操作时必须熟悉局部解剖，了解神经干的位置、穿刺针所要经过的组织及附近的血管等。传导麻醉使用药液常为 2% 盐酸利多卡因或 2%～5% 盐酸普鲁卡因，但其浓度及用量常与所麻醉神经的大小成正比。

腹部手术的局部麻醉常采用腰旁神经传导麻醉，即同时传导麻醉最后肋间神经、髂腹下神经与髂腹股沟神经，因而要确定 3 个刺入点（图 4-4）。①最后肋间神经的刺入点：马、牛的刺入部位相同。用手触摸第一腰椎横突游离端前角，垂直于皮肤进针，深达腰椎横突前角的骨面，将针尖沿前角骨缘，再向前下方刺入 0.5～0.7 cm，注射 3% 盐酸普鲁卡因液 10 mL 以麻醉最后肋间神经。注射时应左右摆动针头，使药液扩散面扩大。然后提针至皮下，再注入 10 mL 药液，以麻醉最后肋间神经的浅支。营养良好的动物，可在最后肋骨后缘 2.5 cm、距脊中线 12 cm 处进针。②髂腹下神经的刺入点：马、牛的刺入点相同。用手触摸第二腰椎横突游离端后角，垂直皮肤进针，深达横突骨面，将针沿横突后角骨缘，再向下刺入 0.5～1 cm，注射药液 10 mL，然后将针退至皮下再注射药液 10 mL，以麻醉第一腰神经浅支。③髂腹股沟神经的刺入点：马、牛的刺入部位不同。马在第三腰椎横突游离端后角进针，牛在第四腰椎横突游离端前角或后角进针。其操作方法和药液注射量同上。

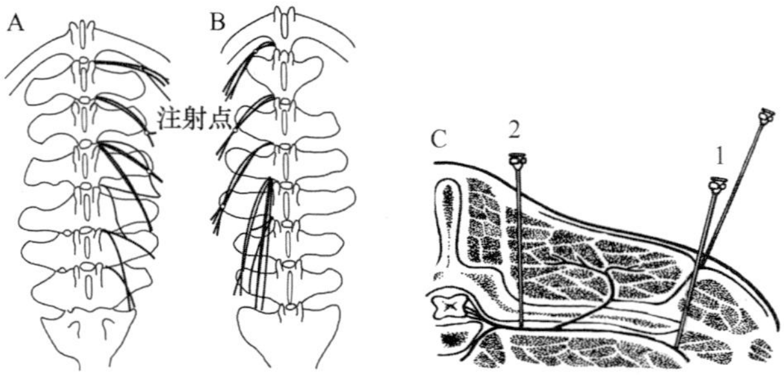

图 4-4　马、牛腰旁与椎旁神经传导麻醉刺入点

A．马的刺入点。B．牛的刺入点。C：腰旁神经传导麻醉刺入点（1）和椎旁神经传导麻醉刺入点（2）

（四）脊髓麻醉

脊髓麻醉（spinal anesthesia）是指将局部麻醉药注射到椎管内，阻滞神经的传导，使其所支配的区域无痛的方法。根据局部麻醉药液注入椎管内的部位不同，又可分为硬膜外腔麻醉和蛛网膜下腔麻醉两种。在兽医临床上，目前仍多采用硬膜外腔麻醉。脊髓麻醉时，动物神志清醒，镇痛效果确切，肌松弛良好，但脊髓麻醉对生理功能有一定的扰乱，也不能完全消除内脏牵拉反应，另外需要掌握脊髓麻醉的操作技术，熟悉椎管的局部解剖。

1．椎管的局部解剖　脊柱由多个椎骨连接而成，各椎骨的椎孔贯穿连接构成椎管，脊髓位于椎管之中。在两个椎骨连接处两侧各有一孔，称椎间孔，为脊神经出入的地方。脊髓外被三层膜包裹：外层为脊硬膜，厚而坚韧；中层为脊蛛网膜，薄而透明；内层为脊软膜，含丰富的血管。在脊硬膜与椎管骨膜之间有一较宽的间隙，称为硬膜外腔，内含疏松结缔组织、静脉和大量的脂肪，两侧脊神经即在此经过，向腔内注入麻醉药物，可阻滞若干对脊神经。脊硬膜与脊蛛网膜之间有一狭窄的腔，称为硬膜下腔，此腔往往紧贴在一起，故不能做脊髓麻醉。脊蛛网膜与脊软膜之间形成一较大腔隙，称为蛛网膜下腔，内含脑脊髓液，向前与脑蛛网膜下腔相通，麻醉药注入此腔可向前、后阻滞若干在此经过的脊神经根。脊髓在腰荐部较粗大处形成腰膨大，其后则逐渐缩小呈圆锥状，称为脊髓圆锥，圆锥周围发出较细长的荐、尾神经，共同形成所谓的马尾。

2．硬膜外腔麻醉　硬膜外腔麻醉（epidural anesthesia，extradural anesthesia）是指将局麻药注射到脊硬膜外腔，阻滞部分脊神经的传导功能，使其所支配区域的感觉或（和）运动功能消失的麻醉方法。

（1）*荐尾硬膜外腔麻醉*　由于牛、马第一尾椎与荐骨往往紧密连接，或与荐骨融合，其间隙较狭窄，不便注射操作，而第一、二尾椎的间隙较宽，位置也较易确定，因此多在第一、二尾椎间隙进行注射。

确定第一、二尾椎间隙位置的方法：一手举尾，上下晃动，另一手指端抵于尾根背部中线上，探知尾根的固定部分与活动部分之间的横沟（即第一、二尾椎间隙），横沟与中线相交点为刺入点。

注射方法：动物保定，尾根术部剪毛、消毒。将针头垂直刺入皮肤，然后针尖稍向前下方成 45°～60° 角倾斜刺入 3～4 cm 深。针头刺入可感觉到刺弓间韧带，再深入即可触及坚硬的尾椎骨体，此时可稍退针头并接上注射器，如回抽无血即可注入药液。如果位置正确，药液注入应无过大的阻力。用药量依动物的大小而定。牛：2%～4% 盐酸普鲁卡因 10～15 mL，或 2% 盐酸利多卡因 5～10 mL。马：3% 盐酸普鲁卡因 5～10 mL，或 2% 盐酸利多卡因 5～10 mL。

山羊和绵羊：2%～3% 盐酸普鲁卡因 3～5 mL，或 1%～2% 盐酸利多卡因 2～5 mL。

（2）腰荐硬膜外腔麻醉　犬、猫、猪、反刍动物和马等均可采用此法麻醉。根据动物的种类、个体的大小选择适合的短斜面带有管芯针的椎管注射针头，小心刺入弓间韧带，当针继续刺入硬膜外腔时，感知阻力突然减小，此时抽动注射器活塞无液体回流即可注射药液。

马和牛：站立或侧卧保定。马注射部位一般在脊背正中线与两髂骨内角的连线交点；在牛位于背正中线与两髂骨外结节的连线交点稍后方。2% 盐酸普鲁卡因或 2% 盐酸利多卡因溶液 50～100 mL，或 2% 盐酸利多卡因 0.22 mg/kg 和噻拉嗪 0.03 mg/kg 混合注射。

绵羊和山羊：侧卧保定，使背部弯曲。在脊中线与两髂前缘连线交点稍后方，紧靠最后腰椎棘突后方，针头稍向前缓慢刺入。依羊大小，注入 4% 盐酸普鲁卡因或 2% 盐酸利多卡因 5～12 mL。

猪：以侧卧或站立保定。在两髋骨连线中点后方 2.5～5 cm 处，将针头稍微向前下方刺入。依猪只大小，深度为 5～10 cm，注入 2% 盐酸普鲁卡因 0.2 mL/kg 或 2% 盐酸利多卡因 0.12 mL/kg。

犬、猫：给予镇静剂，侧卧保定。操作者以左手拇指和中指置于两侧髋嵴上，食指紧接在第 7 腰椎棘突结节后方中央探摸腰荐间隙。针头稍倾向前刺入，缓慢注入 2% 盐酸利多卡因 0.2 mL/kg。当针插入的位置正确和开始注射时，猫尾常作纤维性颤动。

3. 蛛网膜下腔麻醉　蛛网膜下腔麻醉（subarachnoid anesthesia）是指将局麻药注入蛛网膜下腔，阻断部分脊神经的传导功能，继而引起相应支配区域的麻醉作用。

注射部位与硬膜外腔麻醉相同。注射方法是在针头到达硬膜外腔后，将针头继续小心向下推进，在穿过硬膜及蛛网膜时，可感到第二次阻力，当阻力突然减小后可试行抽出针芯，若针尖已进入蛛网膜下腔，一般即有脑脊髓液流出。有时不见脑脊髓液流出时，可稍调整针头位置或接上注射器轻轻抽取，直至能抽出脑脊髓液，说明位置正确，即可注入麻醉药液。3% 盐酸普鲁卡因溶液，马为 20～30 mL，牛为 30～50 mL。

4. 脊髓麻醉的注意事项　脊髓麻醉时要注意注射药液的温度和注射速度。一次快速注入大量的冷药液可引起呼吸急促、角弓反张或猝倒等严重反应。

注入大量药液时要保持动物前高后低的体位，防止药液向前扩散，阻滞胸段的交感神经，使血管扩张，血压下降；或阻滞胸部神经引起呼吸困难或窒息。

脊髓麻醉，尤其是蛛网膜下腔麻醉，要求严密消毒，否则有可能引起脑脊髓的感染。

保定应确实，进针操作要谨慎，防止损伤脊髓，导致尾麻痹或截瘫等后遗症。

第九节　疼痛管理

国际疼痛研究协会把疼痛定义为“一种与组织损伤的或潜在损伤相关联的不愉快的感觉或情感体验”。疼痛包含感知和情感成分，前者确定疼痛发生的部位及刺激的强度、持续时间和性质，后者促使个体产生不愉快的情绪。疼痛是大多数疾病具有的共同症状，常与自主神经活动、运动反射、心理和情绪反应交织在一起，给患病动物带来痛苦。事实上，慢性疼痛本身也是一种疾病，是临床的一大难题。疼痛影响了疾病的治疗、预后和患病动物的生活质量。正确地认识疼痛的性质，及时合理地采取有针对性的干预措施，在兽医外科疾病治疗中显得越来越重要。

一、疼痛的分类

1. 按起因和性质，分为伤害性疼痛和病理性疼痛　伤害性疼痛是指在生理状态下，伤害性刺激直接兴奋伤害性感受器引起的疼痛，又称为生理性疼痛。有的伤害性刺激（如针刺）几乎没有引起组织损伤或只是轻微损伤，疼痛是瞬时的；有的伤害性刺激，即使组织损伤严重（如一般手术创伤），在损伤修复后，疼痛也能自行消失，疼痛持续时间不长。

病理性疼痛按其起因又可分为炎症性痛、神经病理性痛和功能性痛。炎症性痛是指由创伤、细菌或病毒感染及外科手术等引起外周组织损伤，刺激损伤细胞、免疫细胞（巨噬细胞、肥大细胞、中性粒细胞等）和神经末梢释放多种炎性介质，产生局部炎症，引起强烈的损伤区的原发性痛和损伤区周围的继发痛。神经病理性痛是指由创伤、感染或代谢病引起的外周神经、脊髓和脑损伤所引起的疼痛，如糖尿病、腰段神经根损伤、脊髓损伤等。功能性痛是指在没有明显的神经学病变和外周神经异常的条件下，神经系统功能和反应异常引起的疼痛，如肠易激综合征。癌症可造成组织炎症和神经损伤等（肿瘤组织的浸润、压迫神经、缺血、脏器梗死等），其疼痛是兼有炎症性痛和神经病理性痛的复合类型。

炎症性痛和神经病理性痛在临床上均表现为：①痛觉过敏（hyperalgesia），即痛阈降低，对伤害性刺激敏感性增强；②触敏（allodynia），即非伤害性刺激（如触、冷）诱发的疼痛反应；③自发疼，无刺激诱导而自发产生的疼痛。

2. 按病程，分为急性疼痛和慢性疼痛 急性疼痛是指短期存在，常发生于伤害刺激之后的疼痛，如创性、手术、急性炎症、胃肠扭转、肠痉挛、肠梗阻或套叠、疝嵌顿、分娩时子宫收缩等。慢性疼痛是指疼痛持续超过急性疾病病程或损伤愈合所需的一般时间，或疼痛复发持续超过一个月，如椎间盘突出症、犬摇摆综合征、马尾综合征、骨质增生、髋关节发育不良、累-卡-佩氏病、骨软骨症、骨关节炎、骨关节病、滑液囊炎、肩周炎、腱鞘炎、血栓闭塞性脉管炎、溃疡、陈旧创伤、骨折不愈合、癌症等。

3. 按部位，分为躯体痛和内脏痛 躯体痛又可分为浅表痛和深部痛。浅表痛是由强刺激作用于皮肤引起的，有“刺痛”和“灼痛”，分别由外周神经中细的有髓鞘（Aδ）纤维和无髓鞘（C）纤维传导。“刺痛”又称锐痛，定位明确，只在刺激时存在，刺激停止则疼痛消失；“灼痛”也称钝痛，是定位模糊的持续性疼痛，刺激停止后依然存在。深部痛是指关节、韧带、骨膜、肌肉等部位的疼痛，一般为钝痛。

内脏痛：内脏器官因膨胀、缺血和肌肉痉挛引起的疼痛。不同于躯体痛，内脏痛表现为弥漫、定位不清；常牵涉远离病变区的躯体部位（牵涉痛），如心绞痛时感知上臂的疼痛；与器官组织或刺激特性相关，如肝、肾实质对疼痛不敏感，肠管切割无疼痛，而牵拉肠管则引起疼痛反应；伴有运动和自主神经反射。内脏痛的上述特点应与内脏伤害性感受器和传入神经纤维的功能特性、伤害感受信息在中枢神经系统的特定传导途径及调节机制等有关。

另外，还可按解剖部位分为颈背痛、腹部痛、腰背痛、盆腔痛、前肢或后肢痛、会阴痛等。

二、疼痛对生理的影响

疼痛对机体各个器官系统都有影响。损伤部位不同，疼痛影响的偏重不同。

（一）神经内分泌和代谢系统

疼痛是引起术后神经内分泌紊乱和代谢紊乱的重要原因：①在疼痛的刺激下，交感神经兴奋，儿茶酚胺释放增加，引起胰高血糖素分泌增加和胰岛素分泌减少，导致血糖升高。②疼痛可引起合成代谢类激素水平下降、分解代谢类激素释放增加，出现负氮平衡。③疼痛可引起应激反应，促使体内释放多种激素，如儿茶酚胺、皮质激素、血管紧张素Ⅱ、抗利尿激素、促肾上腺皮质激素、醛固酮、生长激素和甲状腺素等，产生相应的病理生理改变。

（二）血液循环系统

疼痛刺激引起肾上腺髓质和交感神经末梢释放肾上腺素和去甲肾上腺素，与α受体和β受体结合后引起心率加快、心肌收缩力增强、心输出量增加、外周血管收缩、体循环阻力增加、血压升高、心肌氧供需失衡和缺血，时间长时会导致心力衰竭，从而加重心脏病患者的病情；疼痛刺激引起下丘脑视上核和室旁核神经元分泌抗利尿激素，同时激活肾素-血管紧张素-醛固酮系统，引起肾素、血管紧张素和醛固酮的释放增多，促使肾保钠保水和排钾，增加血容量，进一步加重心脏负荷；剧烈的深部疼痛有时可引起副交感神经兴奋，使血压下降、心率减慢，甚至发生虚脱和休克；术后急性疼痛等引起血小板黏附能力增强，纤溶系统活性下降，血液处于高凝状态，极易发生静脉血栓。

（三）呼吸系统

术后疼痛常导致机体呼吸功能减退，延缓术后呼吸功能的恢复。尤其是胸、腹部手术，术后疼痛可引起胸、腹肌反射性收缩，呼吸浅快，肺活量、潮气量和功能残气量均下降，肺泡通气/血流值下降，肺泡萎缩，导致机体缺氧、二氧化碳蓄积。胸、腹部手术伤口疼痛可限制咳嗽功能，引起排痰不畅，可能导致肺部感染。

（四）消化和泌尿系统

术后疼痛引起交感神经系统兴奋，反射性抑制胃肠道功能，致消化功能紊乱，可能引发胃肠扩张及麻痹性肠梗阻。严重时可导致胃肠炎，致使肠道细菌和毒素进入血液循环，诱发内毒素血症和败血症。慢性疼痛常引起食欲减退，消化功能障碍，恶心、呕吐等。疼痛可引起肾血管反射性收缩，垂体抗利尿激素分泌增加，尿潴留。手术后的切口疼痛可造成排尿困难，长时间尿路不畅可引起尿路感染。

（五）免疫系统

术后疼痛可导致淋巴细胞减少，白细胞增多，网状内皮细胞处于抑制状态，单核细胞活性下降，使机体细胞免疫和体液免疫功能受到严重影响，导致创口感染率增加，同时也不利于控制肿瘤扩散。

（六）精神情绪

疼痛引起动物恐惧、紧张、易怒、失眠、焦虑等变化，长时间的疼痛可能导致中枢神经系统抑制，出现表情淡漠、精神抑郁，严重者可能产生自残行为。

三、疼痛的治疗

疼痛的产生过程包括疼痛信号的转导、传输、调节和意识感知。外周组织的损伤及炎性反应产生的各种致痛因子，作用于伤害性感受器，转化为神经冲动信号，通过Aδ或C纤维经背侧神经根传至脊髓背角，进而传至脊髓上中枢和皮质层。同时中枢不同水平对上行伤害性感受信号进行调节，高级中枢可通过下行通路释放神经递质（单胺类、乙酰胆碱、兴奋性或抑制性氨基酸等）和神经调质（内源性阿片肽类、P 物质、八肽胆囊收缩素等）对较低中枢产生抑制或易化调节，以减弱或增强伤害性感受信号的上行传导，最后皮质中枢对痛觉信息进行处理和感知。疼痛治疗是基于对上述环节的干扰或阻断。为了提高镇痛效果，目前多采用超前镇痛、多模式或平衡镇痛和时序性镇痛方法。超前镇痛（preemptive analgesia）是指在伤害性刺激前采取措施预防疼痛的发生，减轻或预防痛觉过敏的形成。镇痛药物若待疼痛发作时使用，往往需要较大剂量，且维持时间较短，效果不够理想。多模式或平衡镇痛（multimodal or balanced analgesia）是指联合使用不同作用机制的镇痛药物或技术，通过对伤害性感受传导通路中的多个靶位点或物质进行干涉，以获得理想的镇痛效果，同时使药物副作用减少到最小。时序性镇痛（sequential analgesia）已被用于动物，特别是小啮齿动物，即术前使用强 μ 受体激动剂（如吗啡），术后使用阿片受体部分激动剂或拮抗剂（如丁丙诺啡、布托诺啡）部分逆转 μ 受体效应，以减少 μ 受体激动剂的副作用（嗜睡），而维持适当的镇痛。

（一）全身性给药治疗

1. 阿片类镇痛药 此类药是目前治疗术后疼痛的标准用药，其药理特性和用法在麻醉前用药中已有介绍，可与非甾体抗炎药、α-2 受体激动药等联合使用。①吗啡，可采用多种途径，如 IM、IV、皮下注射（SC）、硬膜外腔、关节内给药，但静脉给药可能导致组胺的释放。剂量为 0.1～1.0 mg/kg，IM 和 IV 注射给药间歇期为 2～4 h（犬、马），4～6 h（猫）。②哌替啶（pethidine），剂量为 3.5～10 mg/kg，IM、SC 注射给药。因其较强的组胺释放诱导作用，不作静脉注射。适用于各种剧痛的止痛，镇痛效果弱于吗啡，有抗胆碱能的效果。犬 5 mg/kg，镇痛维持时间 45～60 min；猫 10 mg/kg，镇痛维持约 120 min。③美沙酮，猫剂量为 0.1～0.5 mg/kg，其他动物剂量为 0.1～0.4 mg/kg，IM、IV、SC 给药。作用类似于吗啡，镇痛维持时间长于吗啡。④阿片全碱，猫剂量为 0.1～0.3 mg/kg，其他动物剂量为 0.2～1.0 mg/kg，IM 给药。本品为吗啡和其他鸦片碱的混合制品，作用类似于吗啡，与乙酰丙嗪合用有良好的安定镇痛效果。⑤芬太尼，芬太尼透皮贴剂可持续地释放芬太尼。⑥丁丙诺啡，0.005～0.02 mg/kg，IM、IV、SC 给药，起效缓慢（约 30 min），但镇痛维持 6～8 h。

2. 非甾体药 兽医临床上使用的非甾体药有美洛昔康、阿司匹林、扑热息痛、卡布洛芬、非罗考昔、替泊沙林、尼美舒利、托芬那酸等。这类药对牙痛、神经痛、肌肉痛、关节痛等效果好，但对锐（创伤）痛和内脏痛无效。非甾体药通过抑制环氧合酶（COX），减少前列腺素和凝血噁烷的合成，具有抗炎和镇痛作用。体内的环氧合酶有 COX-1、COX-2 和 COX-3（COX-1 的剪接变体，主要存在于中枢）。COX-1 在许多组织中为结构型，参与保护胃肠黏膜，以及调节血小板聚集、外周血管的阻力和肾血流量的分布。抑制 COX-1 会引起胃肠道溃疡、血小板功能异常、急性肾功能不全等副作用。COX-2 在许多组织中为诱导型，参与多种病理过程（包括创伤愈合的血管新生），但 COX-2 在肾和中枢也呈现结构型表达。因此，应使用较少抑制 COX-1 和选择性抑制 COX-2 的非甾体类药物。非甾体药通过抑制外周和中枢性前列腺素的产生而发挥抗伤害感受性或镇痛性效应。非甾体药在炎症或疼痛发生之前使用更为有效，因其可抑制外周和中枢超敏化的发生。

美洛昔康：用于犬、猫、猪、牛，镇痛剂量小于抗炎剂量。首次剂量 0.2 mg/kg，之后 0.05～0.1 mg/(kg·d)，超过 14 d 应进一步减量，并观察其副反应。

阿司匹林：犬 10 mg/kg，口服（PO），2 次 /d；猫：10 mg/kg，PO，1 次 /2 d。注意该药为强抗凝剂，且增加软骨的蛋白多糖丢失率。

扑热息痛：可能作用于中枢 COX-3，影响大麻素受体（CB1）而产生镇痛作用。犬 25 mg/kg，PO，每天 4 次。禁用于猫。

3. 催眠镇静药　苯二氮䓬类，如地西泮、硝西泮、咪达唑仑等，注意反复使用可引起药物依赖。

世界卫生组织推荐使用疼痛的阶梯（analgesia ladder）管理方案，即第一阶梯：在轻微疼痛时，选用非甾体类药，如美洛昔康、扑热息痛、阿司匹林等，或加辅助药，如地西泮。第二阶梯：对于轻、中度疼痛，非甾体药不能控制疼痛时，采用弱阿片药（如可待因）＋非甾体药等。第三阶梯：若疼痛仍难以控制时，采用强阿片类药（如吗啡）＋非阿片类药。

（二）硬膜外腔镇痛

硬膜外腔镇痛主要用于治疗腰椎间盘突出症，可减轻或消除因脊神经根受机械性压迫引起的炎症，或消除髓核突出后释放糖蛋白和类组胺等物质引起的神经根的化学性炎症，从而缓解症状。常将局部麻醉药（如盐酸布比卡因）与糖皮质激素合用，注射方法见硬膜外腔麻醉部分。

（三）痛点注射

痛点注射主要用于慢性疼痛性疾病，如腱鞘炎、肩周炎、关节炎、韧带附着部炎症、腰肌劳损等。可在局部固定压痛点注药，每痛点注射 1% 盐酸利多卡因或 0.25% 盐酸布比卡因（0.5～5 mL）＋泼尼松（1～10 mg）混悬液，每周 1～2 次，3～5 次为一个疗程。

（四）针灸疗法

针灸疗法适用于急、慢性疼痛治疗。电针疗法较为确实，较灸法常用。

第五章 显微外科

显微外科（microsurgery）是指在手术显微镜或放大镜下，使用显微器材，对细小组织进行精细手术的学科。显微外科对手术者的操作技巧要求较高，对失误的允许范围很小，因为“失之毫厘，差之千里”。其治疗原则是以修复和重建为主，如晶状体植换、断肢重接、角膜移植等。随着社会的发展，人们对动物疾病治疗效果的要求越来越高，今日的动物外科已脱离单纯切除损伤坏死组织的时代，进入重建修复时代，显微外科已逐渐被动物养主认可和接受，有着广阔的发展前景。

第一节　显微外科的设备和器材

一、手术显微镜

手术显微镜的放大倍率为6～25，放大后的影像特点是呈正立体像，能产生空间位置感，便于进行手术操作。按照同时参加手术人数的多少，手术显微镜分为单人双目式、双人双目式和三人双目式等几种，最常用的是双人双目式（图5-1）。手术显微镜由光学系统、照明系统、支架系统及附属设备组成。其中光学系统由物镜、双目镜筒、目镜和变倍放大镜组成；照明系统可装配在镜内或者镜外；支架系统依据安装和放置方式的不同分为台式、落地式、墙壁安装式和平衡式；附属设备由助手镜、参观示教镜、手术专用座椅和照相摄影等装置组成。

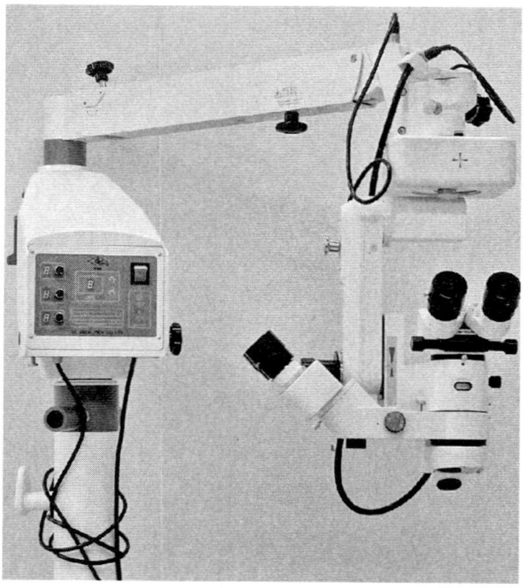

图5-1　手术显微镜

1. 选择手术显微镜的一般要求

1）放大倍率在6～30自动变化，变倍时保持视野清晰，无须调整焦距。

2）工作距离为200～300 mm，可根据需要进行调整。

3）具有手术者和助手主、副两套双筒目镜，能各自调节屈光度和瞳孔距离，且视场直径较大。两套双筒目镜处于180°对立位，其视场合一，放大后的影像呈正立体像。

4）具有同轴照明的冷光源，有足够的亮度，且可予调节。

5）显微镜安装在合适的长臂支架上，移动灵活，轻便。

6）具有连接参观示教镜、照相机和摄像系统的接口，以便教学和参观。

2. 手术显微镜的使用方法　使用手术显微镜时，先把目镜归至零刻度，然后把显微镜移至适当位置，使座椅贴近手术桌，以双手手臂均能有依靠为原则。打开光源，使显微镜的灯光落于正前方、手术动物的术部，此时双眼对着目镜，先调好目镜之间的距离，再用粗调旋钮调清视野，使两眼视野舒服地重叠在术部。手术人员的两眼视力并不一定相同，必须进行矫正。矫正方法是先把放大倍率调至最大，用微调旋钮使一只眼睛的视野达到最清晰，然后将放大倍率调回最小，再同样调节另一只眼睛。此后，在手术过程中，便可任意变换放大倍率，均不必再调焦距。比如说，在血管吻合手术中，将缝针穿过血管壁时，为了看得清楚，可以把倍率放大，到打结或找线时，再把倍率缩小，使视野变大，便于操作。手术中若能善用倍率转换，可以节省很多时间。

二、手术放大镜

手术放大镜佩戴在头上，使用方便，价格便宜。放大倍率常为2～6，工作距离为200～300 mm，视野直径为20～40 mm，瞳孔距离可在50～80 mm调节。适用于缝合直径在2 mm以上的血管和神经。目前，临床上使用的手术放大镜有镜片式和望远镜式，以望远镜式（图5-2）最常用。手术放大镜的缺点是：自身有一定的重量，且靠移动术者的头部来调节焦距，长时间使用时，术者头颈部易疲劳；放大倍率小，不适用于直径在1 mm以下的血管和神经的吻合。

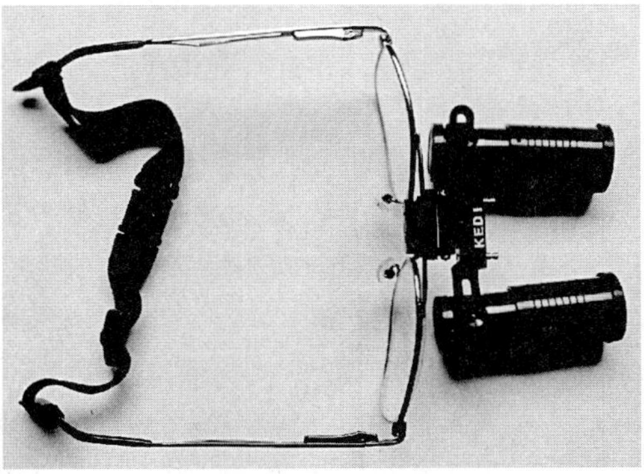

图5-2　手术放大镜

三、显微手术器械的一般要求和常用的显微手术器械

显微手术器械是指适合于医生在显微镜下对组织进行细致的解剖、分离和清创修复的特殊精细工具，在存放时必须妥善保护，特别是器械头部，应套在塑料套管内或包埋在海绵等软质垫内存放，避免撞击损坏。

1. 显微手术器械的一般要求　其主要包括：①小型、轻巧，一般长度为14～16 cm，最好采用弹簧式把柄，操作轻便、灵活；②纤细，特别是器械的尖端，能紧密接触并夹持细小组织和缝线；③不反光；④无磁性。

2. 常用的显微手术器械　常用的显微手术器械有显微血管钳、显微镊子、显微剪刀、显微持针器、显微血管夹、显微合拢器、血管扩张器、微型冲洗平针头等。其中最重要的是显微镊子、显微持针器、显微剪刀、显微血管夹和血管扩张器。

（1）显微镊子　显微镊子均为无齿镊，尖端应尖而不锐，边缘无棱角，对合面合拢后不留任何缝隙，能牢固地夹住汗毛。可用于夹提、分离微细组织，支撑开塌陷的血管壁，协助进针、接针和打结等。镊子尖端有直型和45°弯型，镊子柄有扁平型和圆柱型（图5-3）。

（2）显微持针器　显微持针器为圆柄、弹簧式持针钳，头部有弯直之别（图5-4）。咬合面光滑无齿，对合紧密，能稳固地夹持11-0显微缝合针。用于夹针、拔针与打结。显微持针器应夹在针的中、后1/3交界处。

（3）显微剪刀　显微剪刀有直型与弯型两种，均采用弹簧启闭装置（图5-5）。用于分离组织、游离血管、剪线和切割神经等。

（4）显微血管夹　有双夹和单夹（图5-6），用于夹住小血管、阻断血流，并能固定血

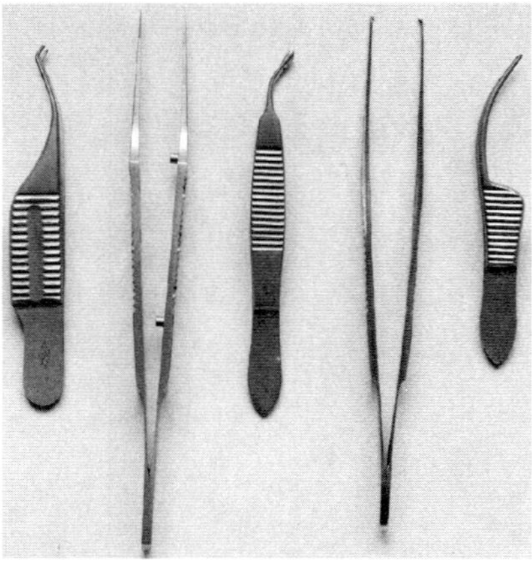

图 5-3　显微镊子

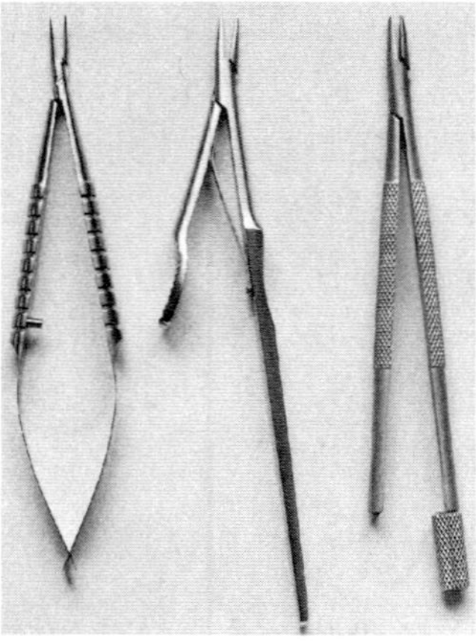

图 5-4　显微持针器

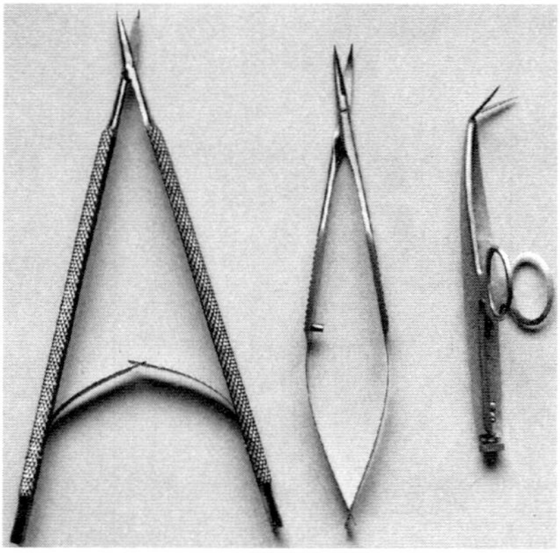

图 5-5　显微剪刀

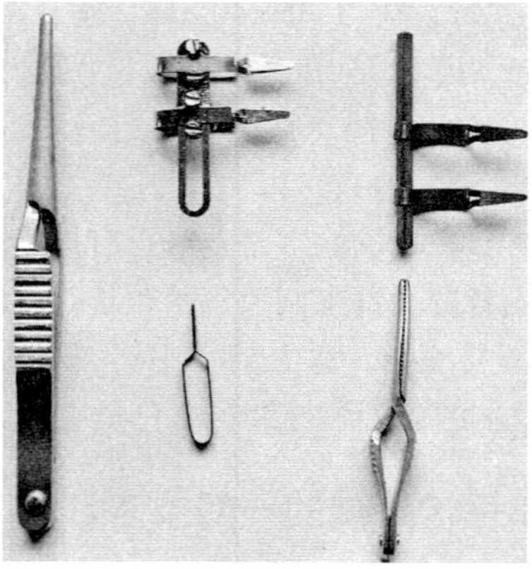

图 5-6　显微血管夹

管，便于观察血管断端并进行吻合。血管夹的大小不同，其夹子之间的压力不同，所以对不同直径的血管要选用不同大小的血管夹。理想的血管夹，夹住血管后既不会自行脱落又不损伤血管内膜。

（5）血管扩张器　由珠宝商镊子改造而来，尖端较为圆滑而细致，对血管内膜的损害比较小，可用于扩张痉挛的血管壁。

四、显微缝合针线

为了减少损伤和使用方便，显微缝针和缝线是连在一起的，即无损伤缝针或无损伤缝线。缝针一般为 3/8 的弧形，缝线多为单丝尼龙线。为了便于夹持，缝针的直径总比缝线的直径稍大一些，但不能太大，太大了会造成针孔漏血。显微缝合针线是以其直径大小编号的，直径越小，号码越大，以 7-0～11-0 的双针线最为常用。双针线在缝线两端各带有一个显微缝针。在吻合小血管手术时，一个针顺行从血管内侧壁进针，另一个针从对侧血管内侧壁逆行进针，可有效避免缝到对侧血管壁而造成手术失败。不同规格的显微缝合针线，适用于缝合不同口径的血管或不同粗细的神经（表 5-1）。

表 5-1　常用的显微缝合针线的规格

型号	缝针		缝线		用途
	直径 /μm	长度 /mm	直径 /μm	拉力 /N	
7-0	200	6	50	0.50	用于缝合肌腱等
8-0	150	6	40	0.40	吻合口径＞3.0 mm 的动、静脉和神经
9-0	130	6	30	0.25	吻合口径为 1～3 mm 的血管、神经外膜
10-0	100	5	25	0.15	吻合口径为 1～3 mm 的血管、神经束膜
11-0	70	4	18	0.10	吻合口径＜1.0 mm 的血管、淋巴管

第二节　显微外科基本手术技术

显微外科手术有两个特点：①光学放大可使肉眼看不清的细小组织清晰可见，提高手术的准确性，但手术者手和眼的配合、手术者与助手的配合需要一个适应的过程。②视野小，操作时手的活动幅度稍大，器械就会超出视野，偏离焦距，则会模糊不清。初在显微镜下手术会不习惯，需要经过一段时间的训练。训练应循序渐进，可先从缝合小硅胶管或薄胶膜开始，以便熟悉手术显微镜、放大镜和显微手术器械。手术者要取一个舒服的体位，用拇指、中指及食指握住显微器具，双手从肘部、前臂、腕部到小指都要靠在台上，以防抖动。首先要学会在镜下使用各种器械操作，包括持针、引线、缝合、打结和剪线等基本操作；进而缝合离体血管，以便熟悉在镜下的实物操作，包括分离组织和吻合血管的操作；最后做动物血管吻合实验，先做动脉、后做静脉手术，做过端对端吻合后，还需做端侧吻合操作。一般经过 1～2 个月的操作训练，就可以较熟练地掌握显微外科操作。显微外科基本手术技术包括显微血管、神经、淋巴管和肌腱等的吻合或缝合。其中以显微血管吻合和显微神经缝合比较重要。

一、显微外科基本手术技术的训练要求

1）动作轻柔、稳健，动作幅度小，避免越出视野范围和抖动。要求对显微镜下看到的组织位置感觉准确，手和器械能够很快从视野外抵达视野内的手术部位。

2）在一个平面上进行切开、缝合、打结和剪线等，做到高度微创、高度精细和高度准确。在手术中能够适应在多种放大倍率和景深下操作。

3）在前臂不动的条件下，发挥拇指、食指和手腕的协调动作，做到眼不离目镜，双手能更换器械。

4）助手要十分了解术者的意图，巧妙地配合术者牵拉组织、止血、拔针、引线、打结等。

二、显微血管吻合技术

显微血管吻合有端端吻合（图 5-7）和端侧吻合（图 5-8），以端端吻合最为常用。

1．显微血管吻合的基本原则

（1）严守无创技术　严禁锐器进入血管腔，不允许用镊子夹持血管壁，以免损伤血管内

图 5-7　端端吻合

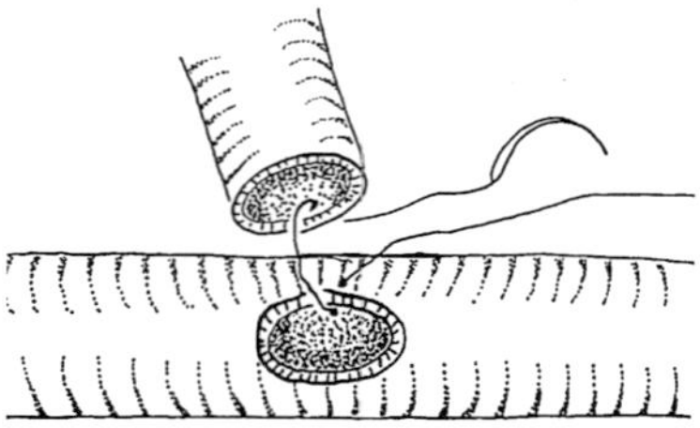

图 5-8　端侧吻合

膜，导致血栓形成。应不断用肝素盐酸普鲁卡因或肝素生理盐水（每 100 mL 0.5%～2% 盐酸普鲁卡因溶液或生理盐水中加入肝素 50 mg）滴在血管表面，保持血管湿润。

（2）彻底清除受损血管　　切除损伤的血管残端，使其达到完全正常。用显微合拢器使两个血管断端靠拢，完全处于无张力状态。

（3）切除血管外膜　　以免缝合时将其带入管腔，引起血栓形成。

（4）血管冲洗扩张　　用肝素生理盐水冲洗吻合口，将血管扩张器或血管镊子准确插入血管腔，作轻柔扩张，边扩张边冲洗。

（5）血管的缝合　　①缝合针数：采用两定点或三定点间断缝合法，要求在达到不漏血的情况下，尽量减少缝合针数。一般直径大于 3 mm 的血管缝 10～14 针；直径为 2～3 mm 的血管缝 8～10 针；直径为 1～2 mm 的血管缝 6～8 针；直径在 1 mm 以下的血管缝 4～6 针。②边距与针距：针距与边距应根据血管的口径、管壁的厚度与管腔的血压而定。一般动脉缝合的边距相当于该血管壁厚度的 2 倍，针距为边距的 2 倍；静脉血管由于管壁较薄，边距的比例可比动脉稍大。③进针与出针：进针应尽量与血管壁垂直，使管壁内、外的厚度相等，以便断端间边缘良好对合。出针时应顺缝针的弧度拉出。④打结：打结时应将缝线轻轻上提，使管壁轻度外翻、血管内膜达到良好对合。第一个结扣应松紧适度，第二、三个结扣应拉紧，以免结扣松脱。

（6）检查与复位　　检查吻合口通畅后，将血管埋于良好的组织床内。

2．显微血管端端吻合方法

1）放置显微血管夹、显微合拢器与背衬。显微血管夹放置在距断端 4～5 mm 处，方向应与血管纵轴垂直。调节显微合拢器，使两个血管断端自然靠拢。然后在血管深侧衬入一片约 1 cm×1 cm 的淡黄色或淡蓝色硅胶薄膜作为背衬。

2）切除血管外膜，使其缩短 2～3 mm，暴露吻合口。方法是用镊子夹住外膜边缘，向血管断端拉出，于平血管端将其切除，外膜自然回缩后可见光滑的血管断端。

3）用肝素生理盐水将血管断端冲洗干净。若血管断端发生痉挛时，为便于自外膜进针，可将血管扩张器或血管镊准确伸入血管腔作轻柔扩张。

4）吻合方法：一般采用二定点法，先在两对应点上各缝合一针定位（选对应点以前、后壁便于翻转为原则），并留牵引线，再在两定位缝合之间的前壁上等距离补针，然后翻转出后壁，在两定位缝合之间的后壁上等距离补针。缝合时，针先从右侧的管壁外向管腔内进针，再从左侧的管腔内向管壁外出针，同时用左手的镊子进行反压。由外向内进针时，可用尖头镊伸向管腔内进行反压，使缝针自镊头之间出来；由内向外出针时，则用镊子在管壁外进行反压或夹住外膜进行反压。

5）缝合完毕，放松显微血管夹，让血流通过吻合口。如吻合口漏血不多，用小块湿纱布轻轻压迫片刻，即能自行停止；如吻合口有喷射状出血，不易制止时，应补加缝针。

3. 显微血管端侧吻合方法 显微血管端侧吻合与端端吻合基本相似，不同之处是端侧吻合需在血管侧壁上开孔。

（1）*血管壁开孔* 端侧吻合通常是供区血管的末端与受区血管的侧壁裂孔缝合。将供区血管的末端剪成45°的斜面，将受区血管的侧壁剪成椭圆形裂孔，裂孔周径宜与缝合的血管断端口径相同。选定受区血管侧壁的开孔部位后，先剪除开孔部的血管外膜，再用小镊子夹住开孔处的血管壁轻轻提起，并从血管的纵轴方向剪去血管壁。

（2）*吻合方法* 先在血管壁开口的远心端和近心端各缝合一针定位，并留牵引线，然后在两定位缝合之间的前壁上等距离补针。前壁缝合完毕后，将血管翻转，用血管镊轻轻提起后壁创缘，自血管腔查看前壁的缝合情况。最后在两定位缝合之间的后壁上等距离补针。

显微血管吻合除缝合法外，还有套接法，即用金属或可吸收材料制成的套管套接于血管两端之间。由于目前直径为0.3 mm的小血管吻合即时通畅率可达95%以上，套接法在临床已不再使用。近年来，有不少人试用非缝合法进行小血管吻合，如激光焊接、电凝、黏合等，但均处于实验研究阶段，未能用于临床。

三、显微神经缝合

显微神经缝合方法有神经外膜缝合法（图5-9）和神经束膜缝合法（图5-10）两种。前者只缝合神经外膜，比较简便，如能准确吻合，多可取得良好的效果；后者吻合部位神经束对合准确，但束膜缝合操作繁杂费时，易损伤束间血管及束丝，且吻合口线结多，会刺激瘢痕组织增生，不利于神经纤维的再生。在良好的修复条件下，两种吻合方法效果并无明显差别，一般情况宜行神经外膜缝合。在神经远侧端有自然分束的部位，宜采用神经束膜缝合法；对部分神经损伤，在分出正常与损伤的神经束后，可用神经束膜缝合法修复损伤的神经束。

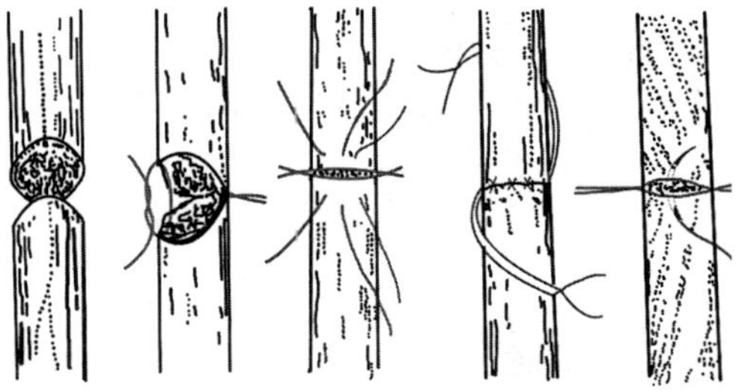

图5-9 神经外膜缝合法

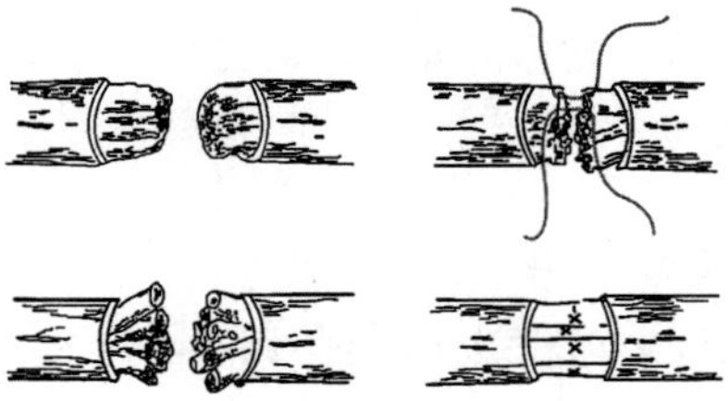

图5-10 神经束膜缝合法

1. 神经外膜缝合法

1）彻底切除神经损伤部分及瘢痕组织，直到断面神经束凸出，束膜界限清晰，束间组织疏松，以免妨碍神经的再生。切除神经断端周围的损伤或瘢痕组织，使缝合后的神经位于血液运行良好的组织床内。

2）止血。对于神经断端出血，先用盐水棉球压迫止血，如仍出血，可在手术显微镜下用9-0线结扎，或用双极电凝器止血。

3）对合神经束。在无张力下对合神经断端，先将两断端的营养血管及系膜、旁膜对合，再根据断面上神经束的大小及位置逐一对合。

4）缝合神经外膜。在两断端对应的0°和180°两处，用7-0～9-0无损伤针线缝合外膜各

1 针，打结后留作牵引。然后同小血管端端缝合术一样，在两定点线之间进行间断等距缝合。前侧外膜缝合完成后，将神经断端翻转 180°，用相同的方法缝合后侧外膜（图 5-9）。打结的松紧度以两断端神经束刚刚对合为度，过紧可引起神经束卷曲。在缝合的过程中，如有神经束外露，可用镊子轻轻推入，继续缝合。

2. 神经束膜缝合法

1）彻底切除神经损伤部分及瘢痕组织，直至断面出现正常神经束为止。

2）剪去两神经断端一定范围（5～10 mm）内的外膜，分离神经束。

3）对合神经束或束组。神经损伤后功能恢复的好坏，取决于近端神经纤维能否准确地长入远端的髓鞘中。因此，缝合前将神经断端功能相同的神经束或束组对位非常重要。术者可根据断面的形态、神经表面的营养血管的分布情况及断端与周围组织的关系，仔细观察，尽可能正确对位。有条件时，可采用神经束定位图、神经电刺激、胆碱酯酶组织化学染色等方法协助对位。

4）无张力缝合。勉强在张力下缝合会妨碍神经纤维再生。因此，无张力缝合是神经修复手术中必须坚持的重要原则。缝合时，从一侧束膜外进针、束膜下方出针，再从对侧束膜内进针、穿出束膜外，拔针拉线后，慢慢将两神经束断端靠拢后打结（图 5-10）。每根神经束缝合 2 针，神经束组可缝合 2～3 针，由深而浅，依次缝合。

第三节　显微外科的应用

虽然显微外科研究是从实验动物起步的，研究范围涉及眼科、耳鼻喉科、神经外科、断肢再植、器官移植和修复重建等各个方面，但在过去很长的时间内，主要是作为人医临床应用的基础研究，或者是解决显微外科在人医临床应用中遇到的疑难问题。在兽医临床上，显微外科的应用仅局限于一些西方发达国家及我国的香港和台湾等地区。近年来，随着人民生活水平的不断提高，我国内地（大陆）的东南沿海地区，尤其在一些大、中城市，显微外科已走向兽医临床。相信随着宠物养殖业的快速发展，显微外科技术在我国兽医临床上也会得到发展和普及。

一、断肢再植

断肢再植是显微外科的重要内容，它不但包括骨、肌腱和皮肤的对接，而且包含血管吻合和神经接合技术。目前在我国，断肢再植仅限于人医临床和鼠、兔等实验动物，有望走向犬、猫和珍稀动物。

二、吻合血管的组织移植

吻合血管的组织移植是显微外科应用最多、最广的领域，主要包括以下几种。

1. 吻合血管的皮瓣和肌皮瓣移植　皮瓣即皮肤及其附着的皮下组织块，肌皮瓣即肌肉及覆盖其上的皮瓣复合组织块。两者均包含有完整的动、静脉血管系统，将其移植于受区，与受区相应的动、静脉血管吻合后可立即恢复皮瓣或肌皮瓣的血液供应。

皮瓣移植可用于修复创伤、烧伤及肿瘤切除后的皮肤缺损等。肌皮瓣移植可用于肌肉缺损、坏死或无法修复的肌肉失神经支配，将其血管和神经与受区相应的血管和神经缝合，可达到恢复和重建该肌肉功能的目的。

2. 吻合血管的骨移植 将带有完整动、静脉系统的骨块移植于受区，并与受区的动、静脉相吻合，重建移植骨的血液供应。采用具有血液供应的大块骨移植修复大段骨缺损，可使传统的骨移植爬行替代生长过程转变为骨折的直接愈合过程，大幅度地缩短愈合时间。

3. 吻合血管的大网膜移植 吻合血管的大网膜移植可用于修复：创伤或肿瘤切除后皮肤及皮下软组织的缺损；深部肌腱、骨或关节外露；不能用游离皮片或邻近皮瓣修复者。方法是先移植大网膜覆盖创面，再于大网膜进行游离皮片移植。移植的大网膜不仅为游离皮片的移植提供了植床，而且给皮片提供了良好的血液供应。此外，吻合血管的大网膜移植还可用来治疗血栓闭塞性脉管炎和慢性骨髓炎等。

三、吻合血管的空肠移植重建食管

对胸段及颈段食管瘢痕性狭窄、先天性食管缺损或闭锁及上、中段食管癌等，切除病损食管后，可用带血管蒂的空肠进行修补。方法是取一段带血管蒂的空肠，将空肠的血管蒂与颈横动、静脉吻合，将空肠段与缺损的食管断端吻合。

四、吻合血管的外周神经移植

吻合血管的神经移植，即移植的神经带有供给该神经血液的动、静脉，可用于修复长段神经的缺损。常用的供区有桡动脉蒂桡神经浅支、腓肠动脉蒂腓肠神经和小隐静脉动脉化腓肠神经等。

五、显微淋巴管外科

淋巴管壁薄、透明无色，肉眼难见。淋巴管病变，可引起慢性淋巴性水肿和乳糜尿等。在显微镜下将淋巴管远侧端与邻近小静脉近侧端进行端端吻合，使淋巴液直接引流入静脉，对消除肢体肿胀、控制感染和改善乳糜尿有良好的效果。

六、吻合血管的器官移植

实验性小动物的器官移植能为异体器官移植的研究提供更多的动物模型。目前常用的有心、肝、肾、小肠、胰和肢体等大鼠或小鼠移植模型，也有兔耳移植模型和犬尾椎移植模型。

七、眼科手术

动物角膜板层移植和全层移植、犬晶状体摘除或超声乳化与人工晶状体植入，以及虹膜嵌顿术治疗犬青光眼等眼科显微手术在我国已有开展，可成为首先进入兽医临床的显微外科技术。

第六章 体液调节与营养支持

第一节 体 液 调 节

体液（body fluid）主要是由水和溶解在其中的电解质、低分子有机化合物和蛋白质等组成的。细胞内外的各种生命活动都是在体液中进行的。机体每日摄入和排出大量的水和电解质，其摄入量和排出量经常有很大的变动，但由于机体具有完善的调节机能，维持着水和电解质的平衡。这种平衡是维持正常物质代谢和生命活动的必要条件。

体液由细胞膜分为细胞内液（intracellular fluid，ICF）和细胞外液（extracellular fluid，ECF）。细胞内液占总体液的2/3，约占体重的40%；细胞外液占总体液的1/3，约占体重的20%。细胞外液可由血管壁、淋巴管壁进一步划分为组织间液、血浆和淋巴液。组织间液约占体重的15%；血浆和淋巴液约占体重的5%。绝大部分的组织间液能迅速与血液、淋巴液和细胞内液进行物质交换，在维持机体的水、电解质和酸碱平衡上有着很大的作用，故又称为功能性细胞外液。另有一小部分的组织间液仅有缓慢地交换和取得平衡的能力，虽也有着各自的生理功能，但维持体液平衡的作用甚小，故又称为非功能性细胞外液，如潴留的组织间液、消化液、脑脊液及胸腔、腹腔、滑膜腔和眼房内的液体等，一般仅占组织间液的10%左右，即体重的1%～2%。手术创伤和很多外科疾病都可使非功能性细胞外液大量增加。

在兽医临床上，常见的真胃扭转、肠扭转、肠套叠、肠梗阻、腹泻、重度感染、严重创伤和大面积烧伤等很多外科疾病都能引起水和电解质的大量丢失，导致动物机体水盐代谢失调。体液平衡失调有三种形式：①容量失调，体液呈等渗性减少或增加，仅引起细胞外液量的改变，如缺水或水过多；②浓度失调，细胞外液中水分的增加或减少，导致渗透压的改变，如低（高）血钠；③成分失调，细胞外液中其他成分浓度改变。这些成分的改变，因其所占比例较小而不至明显影响细胞外液的渗透压，但能产生相应的生理病理影响，如酸中毒、碱中毒、低（高）血钾（钙）。

一、水盐代谢失调

水盐代谢失调主要分为以下几种情况：水钠代谢失调、体液钾和钙代谢失调。

（一）水钠代谢失调

根据血钠的含量，水钠代谢失调分为等渗性脱水、高渗性脱水、低渗性脱水和水潴留。

1. 等渗性脱水 等渗性脱水（isotonic dehydration）是指水和钠等比例丢失，细胞外液的量减少而渗透压在生理范围内的脱水，又称为急性脱水（acute dehydration）或混合性脱水（mixed dehydration）。等渗性脱水也是临床上比较常见的一种脱水。

原因 ①急性消化道疾病引起大量消化液急性丧失，如胃肠炎引起的腹泻、呕吐，使胃肠消化液大量丢失；麻痹性肠梗阻导致大量消化液积存在肠道内而不能被吸收。②大面积烧伤、弥漫性腹膜炎、渗出性胸膜炎等渗出性疾病都有大量的体液渗出。

症状　脱水的程度不同，临床表现也不完全一样。①轻度脱水，失水量占体重的2%～5%，症状不明显，尿量减少，尿比重增加；②中度脱水，失水量占体重的6%～8%，皮肤牵拉后的回缩时间和毛细血管再充盈时间延长，眼眶轻度下陷，血压不稳或下降；③重度脱水，失水量占体重的8%～10%时，黏膜干燥，眼眶明显下陷。继续失水时，出现肢端变凉、脉搏细速、血压下降，并常伴有代谢性酸中毒、休克。

等渗性脱水如不及时处理，由于不断地丢失水分及机体的保钠功能丧失，可转变成高渗性脱水。

治疗　治疗病因，补充体液，恢复血容量。

补充液的选择：选用等渗盐溶液或含有多种离子的平衡盐液（表6-1）。如果单用生理盐水，因溶液中［Na^+］和［Cl^-］均为154 mmol/L，其［Cl^-］明显高于血浆［Cl^-］（103 mmol/L），大量输入后有可能发生高氯性酸中毒。

表6-1　常用溶液的组成

溶液	葡萄糖/(g/L)	Na^+/(mEq/L)	Cl^-/(mEq/L)	K^+/(mEq/L)	Ca^{2+}/(mEq/L)	Mg^{2+}/(mEq/L)	酸/(mEq/L)	渗透压/(mOsm/L)	pH
0.9% NaCl	0	154	154	0	0	0	0	308	5.0
5%葡萄糖溶液	50	0	0	0	0	0	0	252	4.0
5%糖盐溶液	50	154	154	0	0	0	0	560	4.5
2.5%糖＋0.45%盐溶液	25	77	77	0	0	0	0	280	4.0
林格液	0	148	156	4	4.5	0	0	309	6.0
乳酸钠林格液（LRS）	0	130	109	4	3	0	28（乳酸）	272	6.5
2.5%糖＋1/2 LRS	0	65.5	55	2	1.5	0	14（乳酸）	263	5.0
Normosol R	0	140	98	5	0	3	0	296	7.4
Plasmalyte A	23	140	98	5	5	3	27（乙酸）	294	7.4
血浆	1	145	105	5	5	3	0	300	7.4

注：Normosol R是由氯化钠、无水乙酸钠、葡萄糖酸钠、氯化钾和氯化镁组成的溶液；Plasmalyte A是由氯化钠、葡萄糖酸钠、三水乙酸钠、氯化钾和氯化镁组成的溶液

补液量：机体正常代谢的每日维持（生理）需要量＋体液丢失量＋治疗期间的丢失量。每日维持需要量随体内含水量而变化，为40～60 mL/(kg·d)［≈2 mL/(kg·h)］。注意在麻醉期间，由于呼吸蒸发水分的增加、血管扩张引起的血容量增大等，水的维持需要量为5～10 mL/(kg·h)。体液丢失量可根据临床表现、红细胞比容估算。

根据临床脱水程度估算：

$$\text{体液丢失量}(V) \approx \text{脱水的程度}(\%) \times \text{体重}(\text{kg})$$

根据红细胞比容（HCT）计算（袁良国和王好成，2004）：

$$\text{体液丢失量}(V) \approx (\text{患畜 HCT} - \text{生理 HCT}) \div \text{患畜 HCT} \times \text{体重}(\text{kg}) \times K$$

式中，K为细胞外液占体重的百分数，如犬为20%，反刍动物为29%。机体伴有贫血时，估算可能有误差。

治疗期间可能因呕吐、腹泻等继续造成体液丢失，此部分脱水只能粗略估计。计算的补

液总量为 24 h 的补液剂量，一般先只补其 1/2～2/3，待缺水改善，尿量排出增多时再补充其剩余部分。对于先仅使用等渗盐溶液补充的患病动物，还应适时补充钾，一般当病畜尿量达 1 mL/(kg·h) 以上时，即应在补液中加入氯化钾以缓慢补钾，同时还应考虑纠正酸碱失衡。

2. 高渗性脱水 高渗性脱水（hypertonic dehydration）是指失水大于失钠，致使细胞外液的渗透压和血钠水平都升高的脱水。其特点是失水大于失钠，血钠＞150 mmol/L，又称为失水性脱水（water depleting dehydration）或高血钠症（hypernatremia）。

原因 ①摄水不足：由于饲养管理不当，动物得不到饮水，或者是疾病因素导致动物食欲减退或废绝。②失水过多，或失水大于失钠：见于中暑、大出汗、高温环境或高热性疾病，体温升高，使经呼吸呼出和皮肤蒸发的水分增加；过食精料，精料在胃肠分解后，使内容物呈高渗状态，从而可以夺取体内大量的水分；呕吐、腹泻或肠梗阻引起的胃肠液体丢失；长期大剂量地使用呋塞米、甘露醇、高渗糖而引起的渗透性排尿等都可造成体内水分的大量丢失。

症状 轻度脱水的临床表现不明显，主要是饮欲增加、精神沉郁及尿量减少。

中度和重度脱水的临床表现大致相同，但是程度上有差别，主要表现如下。

1）口腔干燥、饮欲增加（但重病畜除外）；食欲下降或废绝，腹围缩小（肠阻塞或过食精料病例除外）；肠音低沉或消失，直肠干燥，粪干量少。

2）精神沉郁、行动迟缓、乏力、喜卧地；被毛粗乱、皮肤弹性降低。

3）牛和犬科动物的鼻端干燥，甚至龟裂，耳、鼻端发凉；眼球内陷、角膜干燥、结膜充血，重度脱水患畜可视黏膜发绀。

4）呼吸、心跳加快，脉细弱，心音初期亢进，有的可听到心摩擦音；严重时，心音低沉混浊，脉不感于手。

5）血液和尿液检查：血容量下降，血液浓稠，血钠水平升高，红细胞数、血红蛋白和红细胞比容平行上升；尿量锐减，比重上升。

6）严重的脱水，可导致以酸中毒为主的自体中毒，直接和间接地影响到脑细胞的功能，从而引起动物昏迷。

治疗 解除病因，治疗原发病。

对轻度脱水的病畜，或者对有饮欲、消化功能基本正常的病畜，给予水或低渗盐液口服。对中、重度脱水或不能口服的病畜，若为低容量性高钠血症，则首先应通过静脉给予生理盐水纠正容量缺失，然后进一步纠正脱水；若为等容量性高血钠症（如尿崩症），应首先纠正脱水。补水可以选用 0.45% 氯化钠溶液、5%～10% 葡萄糖溶液等。

补液量的估算方法见等渗性脱水治疗部分。体液丢失量还可以根据血钠值计算：

$$体液丢失量（V）=体重（kg）\times 体液百分比（60\%）([Na^+]i\div[Na^+]-1)$$

式中，$[Na^+]i$ 为患畜的血钠值；$[Na^+]$ 为血钠生理值的中值（如犬为 140～155 mmol/L）。

钠的纠正不可过快，输注的体液张度不可过低，否则可引起脑水肿。血清 $[Na^+]$ 低于 180 mmol/L 时，纠正钠速度应低于 1 mmol/(L·h)；若 $[Na^+]$ 高于 180 mmol/L 时，纠正速度应低于 0.5 mmol/(L·h)。为了促使钠的排出，可静注 5% 葡萄糖和呋塞米（排水作用强于排钠）。治疗过程中，注意监测血钠浓度，还应兼顾血钾含量和酸中毒情况，并给予适当的纠正。

3. 低渗性脱水 低渗性脱水（hypotonic dehydration）是细胞补液量减少、渗透压下降的脱水。这种脱水又称缺盐性脱水（salt depleting dehydration）或低血钠症（hyponatremia）。

原因 ①体液丧失后补液不合理。例如，消化道疾病时，大量的消化液持续丢失、大出汗、大创面持续渗液而只补给水和葡萄糖溶液。②大量的钠随尿丢失。肾上腺皮质机能低下时醛固酮分泌减少，抑制肾小管对钠离子的重吸收，造成经肾丢失大量的钠，如艾迪森病；长期大剂量应用排钠性利尿剂如呋塞米、利尿酸等，抑制了钠的重吸收。

症状　与高渗性脱水基本相似，病畜表现为精神沉郁、乏力，眼球下陷和皮肤干燥，饮食欲下降，早期出现多尿及低渗尿；较严重的病畜嗜睡、恶心呕吐、脉搏细速、血压下降，尿量减少，甚至发生低血容量性休克，并常伴有代谢性酸中毒，表现为中枢神经细胞水中毒的症状，如定向力障碍、抽搐、惊厥、昏迷和反射消失等。尽管有比较明显的脱水症状，但不思饮水。

诊断　根据病史、临床表现和实验室检查可确定本病的病因。三种脱水的鉴别诊断，见表 6-2。

表 6-2　三种脱水类型的鉴别

比较特征	等渗性脱水	高渗性脱水	低渗性脱水
原因	水、钠等比例丢失而未补充	水摄入不足或丢失过多	体液丧失而单纯补水
病理	细胞外液先等渗，后高渗，细胞内外液均有丢失	细胞外液高渗，以细胞内液丢失为主，脑细胞脱水	细胞外液低渗，以细胞外液丢失为主，脑细胞水肿
症状	口渴不明显，黏膜干，皮肤弹性差，尿少、比重高，脉快、血压下降，严重时休克	口渴严重，黏膜干燥，皮肤弹性尚可，尿明显少、比重高，脉快，血压多正常	无口渴，无黏膜干燥，皮肤弹性极差，尿量正常（晚期少）、比重低，脉搏细数，血压明显下降，严重时休克
血钠	生理范围	大于生理值上限	低于生理值下限
尿钠	减少，但有	有	减少或无
治疗	补充等渗或略低渗盐溶液	补充水分或低渗盐溶液	补充等渗或高渗盐溶液

治疗　治疗原发病，补充体液和钠盐。

对于轻度和中度脱水者，可只补等渗盐溶液，如生理盐水、林格液等。急性严重缺钠时，应补高渗盐水，以迅速提高细胞外液的渗透压，避免因脑水肿而死亡；出现休克症状时，则应在补氯化钠溶液的同时给予血浆、全血等胶体溶液，以较快地纠正血容量的缺失。一般不用等渗糖或高渗糖溶液，如果过多地补给葡萄糖溶液，则会加重病情，甚至产生水中毒。

补钠量可根据如下公式计算：

$$需补钠的总量（mmol）=（[Na^+]-[Na^+]i）\times m\times K$$

式中，$[Na^+]$ 为血钠的生理值低限（mmol/L）；$[Na^+]$ i 为患病动物血钠的值（mmol/L）；m 为动物体重（kg）；K 为细胞外液占体重的百分比（大约为 20%，反刍动物约为 29%）。

对于慢性严重的低血钠症，若纠正过快［钠上升超过 10 mmol/(L·d)］，可能引发渗透性脱髓鞘综合征（osmotic demyelination syndrome），脑桥中央或外侧髓鞘溶解，3～5 d 后表现为麻痹、共济失调、迟钝。如尿量增加，应酌情补钾，纠正可能伴发的酸中毒。

4. 水潴留　水潴留是指水在细胞间隙或细胞内积聚过多而引起的一种水代谢失调性疾病，又称为水中毒或水过多。

原因　在抗利尿激素（ADH）分泌过多、肾上腺皮质功能低下、肾功能衰竭、严重充血性心功能不全的情况下，给予大量饮水后很容易发生水中毒；晚期低渗性脱水，细胞外液低渗水向细胞内转移也容易发生水中毒。一般是具有上述情况的动物输入过多的液体（尤其是葡萄糖溶液）而肾不能及时排出所造成的。

症状　轻度和慢性水中毒常常被原发病的症状所掩盖，往往不表现出明显的临床症状。

但急性的水潴留表现出行动缓慢、乏力，皮肤及皮下水肿（腹下明显，严重的可到胸前，牛在颌下明显），体重迅速增加，血清 Na^+ 明显减少（稀释性血钠过低），血浆蛋白、血红蛋白、血细胞比容均降低，红细胞体积增大。

治疗 对于轻度、中度水中毒，只要限制入水量，一般可以自行恢复。

严重的水中毒，应该强心利尿，同时补入 Na^+、K^+，但对心、肾功能衰竭及有效循环血量减少的病例，因醛固酮的分泌增加，应适当地控制钠和钾的用量，以强心利尿为主。

对于发展速度快的急性病例可应用 3% 高渗氯化钠少量多次注射，让 Na^+ 在体内有一个平衡的过程，在症状缓解的基础上，再酌情减少 Na^+ 的输入。

伴有脑水肿的病例需用甘露醇、山梨醇溶液等静脉注射，减轻脑水肿，促进水的排出。

（二）钾代谢失调

1. 低血钾 血清钾的浓度低于生理下限就称为低血钾，引起的临床表现称为低血钾症（hypokalemia）。由于目前基层兽医的医疗设备和水平所限，低血钾往往不被重视，但在临床上低血钾症是很常见的，而马、牛等草食动物很容易发生低血钾症，并且对低血钾很敏感。

原因

（1）钾的摄入不足 长期不吃草料（草料中含钾多）只饮水。

（2）钾的丢失过多 ①输液错误，如反复大量使用高渗糖，不仅 K^+ 随尿液排出增加，还能促使一定量的 K^+ 进入细胞内；另外大量输入无钾性液体，可导致稀释性低血钾。②消化液的丢失，如持续性呕吐。③急性肾功能衰竭的多尿期，钾从尿液中大量丢失。④长期使用肾上腺糖皮质激素（因为它兼有盐皮质激素醛固酮的作用）或呋塞米利尿剂，促使钾从尿液中排出。⑤钾向细胞内转移，碱中毒时，细胞内外 H^+、K^+ 交换使 K^+ 向细胞内转移，同时远曲小管分泌出的钾也增多；含胰岛素或葡萄糖溶液的输注；儿茶酚胺的使用。

症状 病畜早期表现肌肉无力，站立时肌肉颤抖，运动时身体摇摆，严重时卧地不起；在猫，肌无力常表现为头向腹侧屈曲和僵硬踩高跷式步态。严重低血钾时动物可表现出肠蠕动减弱，甚至麻痹或梗阻，胃肠可能发生轻度臌气、排便迟缓、多尿；脉搏细速，节律不齐，血压下降；心电图 T 波异常、QT 间期延长和 U 波升高。实验室检查血钾降低，如犬、猫在 3.5 mmol/L 以下。

治疗 除去病因，纠正低血钾。

对于轻度的低血钾症，只需改善消化道的功能，如兴奋胃肠、加强胃肠功能，让动物吃草料即可，也可少量静脉补氯化钾溶液或口服钾缓释片。

对于重度低血钾症，常将 10% KCl 用 5% 葡萄糖生理盐水稀释后静脉滴注，使钾的浓度不超过 0.3%。

$$缺钾量（mmol）=（生理血钾值-病畜血钾值）\times 体重（kg）\times 60\%$$

补液时要根据尿量补钾，并且注射速度不应超过 0.5 mmol/(kg·h)。

2. 高血钾 血清钾的浓度高于生理值上限（如犬、猫为 5.5 mmol/L）就称为高血钾，引起的临床表现称为高血钾症（hyperkalemia）。

原因 医源性：补充含钾液体过多，应用保钾利尿剂如螺内酯、氨苯蝶啶等；肾排泄减少：急性肾功能衰竭的无尿或少尿期、尿道阻塞、肾上腺皮质机能减退；细胞内钾的移出，如缺氧、酸中毒、严重组织坏死、急性肿瘤溶解、溶血。

症状 高血钾多为继发引起的，原发病的症状往往比高血钾症更明显。所以，当遇到肾功能比较差、酸中毒、心律失常、心率缓慢的病例，就应注意是否有高血钾。高血钾症一般表现为四肢湿冷、全身无力、心率缓慢、节律不齐，严重者甚至发生心搏暂停。

心电图检查：轻者 T 波高尖。中度高血钾症（7.0～8.5 mmol/L）时，QRS 波群加宽，PR 间期延长。随着细胞外 K^+浓度升高，心房冲动传导降低，P 波变平。超过 8.5 mmol/L 时，P 波消失，R 波幅减小，S 波明显，ST 段下陷。超过 10 mmol/L 时，QRS 波群延长，心脏纤颤或停搏。

治疗　消除病因，增加排 K^+量，拮抗 K^+对心脏的毒性。

（1）促使 K^+转入细胞内　①输入碱性溶液，如 10% 碳酸氢钠或乳酸钠溶液；②静注高渗葡萄糖（10%～25%）；③严重高血钾症时，50% 葡萄糖＋普通胰岛素（0.25～0.5 U/kg，或每单位胰岛素加 4 mL 50% 葡萄糖），缓慢静脉滴注。

（2）静注钙制剂（10% 葡萄糖酸钙，5% 氯化钙）　可暂时缓解 K^+对心肌的毒性。

（3）透析疗法　除去 K^+。

（三）钙代谢失调

1. 低血钙　当血清钙总量浓度低于生理值下限（如犬的血钙生理值为 2.2～3.0 mmol/L）时称为低血钙，引起的临床表现称为低血钙症（hypocalcemia）。钙在血液中以可扩散钙和非扩散钙两种形式存在。可扩散钙（又称离子型钙）发挥生理作用，而非扩散钙与血浆白蛋白结合，不易透过毛细血管壁。低蛋白血症时，血清总钙会偏低。此时，若可扩散钙低于生理值下限（如犬为 1.25 mmol/L，猫为 1.13 mmol/L）才被称为低血钙。

原因

1）甲状旁腺机能减退或被手术切除，导致甲状旁腺激素减少。

2）维生素 D 代谢障碍。维生素 D 缺乏，见于营养不良或光照不足；维生素 D 羟化障碍，因肾功能衰竭、肝病引起；维生素 D 的分解加速，如长期应用抗癫痫药苯巴比妥能有效地增强肝微粒体酶的活性，使维生素 D 及 25-羟维生素 D_3（25-OH-D_3）在肝的分解代谢加速。

3）肾功能衰竭。1,25-二羟维生素 D_3［1,25-$(OH)_2$-D_3］的生成减少，使肠道钙吸收减少；磷的排泄减少导致磷潴留，使肠道吸收钙减少；高血磷症及骨对甲状旁腺激素的抵抗性造成阻碍骨内钙的动员；肾功能衰竭酸中毒时加速了钙从肾排泄而造成血钙进一步降低。

4）动物因泌乳促使大量 Ca^{2+}进入乳汁，导致血 Ca^{2+}降低。

5）其他。如急性胰腺炎，因脂肪坏死形成脂肪酸，后者与 Ca^{2+}结合形成钙灶；抗惊厥药，如苯巴比妥，能改变维生素 D 代谢；恶性肿瘤引起成骨细胞转移。

症状　低血钙症的主要临床表现为神经、肌肉的应激性和兴奋性增加。临床表现的严重程度不仅取决于血 Ca^{2+}降低的程度，而且与其下降的快慢有关。

1）神经、肌肉系统的兴奋性变化：可出现神经、肌肉系统的异常表现，有肌肉痉挛、四肢孱弱、抽搐、精神行为异常和腱反射亢进。很轻的刺激就能诱发神经肌肉的过度兴奋，甚至惊厥。

2）心血管系统：心率增快，心律不齐，心电图可有 ST 段延长，QT 间期延长，T 波低平或倒置，房室传导阻滞。

3）骨骼组织：慢性低血钙症可表现为骨痛、病理性骨折、骨骼畸形等。骨骼病变根据基本病因可以分为骨质疏松、佝偻病等。

治疗　静脉滴注葡萄糖酸钙或氯化钙，5～15 mg/(kg·h)。氯化钙的刺激性大，应防止漏于血管外。伴有低血镁症时，应同时补充镁，否则对补钙的反应较差。血清钙接近正常浓度时应停止补钙，以免出现高尿钙，导致尿结石和肾矿物质沉积。需长期补钙剂者可选用乳酸钙、枸橼酸钙或碳酸钙口服，并补充维生素 D_3。

2. 高血钙 高血钙是指血清钙含量大于生理值上限（例如，犬的离子型钙大于 6 mg/dL；猫的大于 5.5 mg/dL），引起的临床表现称为高血钙症（hypercalcemia）。

原因 原发性的和继发性的甲状旁腺功能亢进；恶性肿瘤，由对骨的直接侵犯或转移造成的局部溶骨性高血钙症，或由合成分泌体液因子［如甲状旁腺激素相关肽、1,25-（OH）$_2$-D_3、刺激破骨细胞吸收活性的细胞因子等］引起恶性肿瘤体液性高血钙症；维生素 D 中毒；急性期或慢性期肾功能衰竭及噻嗪利尿剂治疗。注意：血浆蛋白不正常可导致血总钙升高而游离钙正常，即假性高血钙症。

症状 当血钙达到一定浓度时，可以影响神经、肌肉、消化、心血管和泌尿系统的功能。

1）神经、肌肉系统的功能异常：表现为疲乏、无力，最终可发生昏迷、抽搐。

2）心血管系统的功能异常：因肌肉收缩、平滑肌张力增加可出现高血压；心电图 QT 间期缩短。

3）消化系统的功能异常：厌食、恶心、呕吐和腹痛；沉积胰腺管，刺激胰酶大量分泌可引发胰腺炎；刺激胃酸和胃泌素分泌引起高胃酸性溃疡。

4）泌尿系统的功能异常：烦渴多饮、多尿和电解质紊乱；肾钙盐沉积、肾结石，可发生肾功能衰竭。

治疗

1）病因治疗：对甲状旁腺功能亢进者应考虑手术治疗；对分泌激素样介导物质的肿瘤应手术切除；对转移性骨肿瘤用普卡霉素或降钙素抑制骨破坏。

2）补液：当血钙＞3.5 mmol/L 时，要立即治疗，降低血钙，防止发生转移性钙化。急救措施是限制入钙量、增加肾对钙的排出和纠正脱水。可用 0.9% 或 0.45% 盐水静脉滴入，促进尿液的形成；在液体补足后开始用呋塞米等利尿剂，促使钙排出；当尿量明显增加时适量补充含钾性的液体。

3）应用降钙素：降钙素可以抑制骨的吸收，使血钙降低；抑制甲状旁腺激素的作用，抑制肾小管重吸收钙，使尿钙增加。

二、酸碱平衡失调

机体通过血液中的缓冲物质维持 pH 在生理范围（7.4±0.05），其中 HCO_3^-/H_2CO_3 是最重要的一对缓冲物质。机体主要通过肾调节［HCO_3^-］及肺泡呼出 H_2CO_3（以 CO_2 形式）调节二氧化碳分压（PCO_2），以维持体内的酸碱平衡。体内的酸性或碱性物质过多，使血液的 pH 变动超出生理值，叫酸碱平衡失调。原发性（单纯型）酸碱平衡失调分为代谢性酸中毒、代谢性碱中毒、呼吸性酸中毒和呼吸性碱中毒 4 种。

（一）代谢性酸中毒

各种原因导致体内［HCO_3^-］原发性减少、H^+增加、pH 下降，并伴有 PCO_2 代偿性下降所表现的症候叫代谢性酸中毒（metabolic acidosis）。

原因

1）产酸过多：①乳酸增多。草食动物过食精料，使胃肠内乳酸的形成速度超过了分解速度，当胃肠内过多的乳酸被吸收后，就可使血液的 pH 下降；外周血液循环衰竭或障碍、肠梗阻等导致机体全身或局部缺氧，糖的中间代谢产物——乳酸就会大量形成和积累。②酮体增多。如奶牛酮病、牛妊娠毒血症、糖尿病酮症酸中毒。③败血症、蜂窝织炎、弥漫性腹膜炎、大面积烧伤继发感染等疾病，使体内的酸性代谢产物大量产生并积累。

2）肾功能不全：肾小球滤过率降低，结果尿酸性产物排出减少；肾小管分泌 H^+能力减弱，也影响 HCO_3^-的重吸收。

3）丢碱过多：主要见于肠炎腹泻、后部肠管的阻塞，大量碱性消化液丢失。

诊断　根据病史、血气和血生化结果可做出诊断。

症状　病畜食欲下降或废绝，精神时而沉郁、嗜睡、昏迷。初期呼吸加深加快、心率加快、心音亢进；重度的代谢性酸中毒呼吸和心率变慢变弱。因高钾而出现室性心律失常。毛细血管再充盈时间延长，可视黏膜发绀、无光泽，或呈樱桃红色。

治疗　对于代谢性酸中毒 pH 不小于 7.20，可不使用碱性药物，仅治疗原发病。pH 小于 7.20 时，可补充碳酸氢钠（$NaHCO_3$）、乳酸钠等碱性溶液。$NaHCO_3$ 补充量的确定方法如下。

1）根据尿液 pH 变化确定：尿液 pH 每下降一个单位，补 5% $NaHCO_3$ 2 mL/kg 左右。

2）根据［HCO_3^-］测得值计算：

$$[HCO_3^-]\text{需要量}=(\text{生理值}[HCO_3^-]-\text{病畜值}[HCO_3^-])\times 0.4\times\text{体重}(kg)$$

其中生理值［HCO_3^-］为 24±4。

当缺 O_2、肝功能不良，特别是乳酸过多造成的酸中毒时不能用乳酸钠。

一般在 12 h 先补入计算量的 1/3～1/2。剩下的在此后的 24 h 补入。对于急性代谢性酸中毒，补碱后使 pH 升至 7.2 以上即可。补 $NaHCO_3$ 过多或过快可出现低钾、高钠、低钙、代谢性碱中毒等并发症，为了避免这些并发症可采用三羟甲基氨基甲烷替代 $NaHCO_3$。对慢性代谢性酸中毒，可口服口感好的枸橼酸钠。

（二）代谢性碱中毒

代谢性碱中毒（metabolic alkalosis）是指由体内的碱性物质摄入过多或酸性物质丧失过多而引起的以血浆［HCO_3^-］原发性增加、H^+下降、pH 升高，并伴有 PCO_2 代偿性升高为特征的病理过程，在兽医临床上较少见。

原因

1）体内碱性物质过多：长期大量摄入碱性饲料（如尿素）或给予过量的碱性药物（如 $NaHCO_3$），使血液内的［HCO_3^-］浓度升高，发生碱中毒；肝功能不全时，鸟氨酸循环不能正常进行，体内碱性物质排出障碍。

2）酸性物质丧失过多：动物的许多胃肠疾病或其他疾病的严重呕吐，导致大量酸性胃液丢失；肠套叠、皱胃扭转或变位、皱胃阻塞等疾病早期可使大量的氢离子丢失在胃内，胃分泌盐酸需氯离子从血液循环中进入胃内，因此在分泌盐酸的过程中产生大量［HCO_3^-］，使血液中［HCO_3^-］含量增加而引起碱中毒；肾排 H^+过多，如原发性醛固酮增多症、库兴综合征，醛固酮促使远曲小管和集合管排出 H^+和 K^+。

3）低血钾和低血氯也可引起代谢性碱中毒：血液中 K^+的浓度过低时能增进肾近曲小管对 Na^+和 HCO_3^-的重吸收及远曲小管对酸的分泌，细胞外 H^+与细胞内 K^+交换，使细胞内酸中毒和细胞外碱中毒。［Cl^-］降低时，肾小管加强 H^+、K^+排出以换回 Na^+，因而 HCO_3^-的重吸收增加，可发生代谢性碱中毒。

诊断　代谢性碱中毒一般发展慢，因此临床体征不明显。急性发病者突出的临床表现是呼吸减慢、减弱，其次为神经肌肉的兴奋性增加，出现周身肌张力增加、腱反射亢进。严重的病例表现有意识错乱、反应迟钝和昏迷。实验室检查，血液 pH、[HCO_3^-] 和 PCO_2 均升高。呼吸系统通过保留 CO_2 代偿，血液中每上升 1 mmol/L HCO_3^- 约需保留 0.7 mmHg PCO_2 代偿。

治疗 诊断确立后应在病因治疗的同时，治疗血氯过低并予以补钾，因这类病畜多半同时有血氯低的情况，而补钾有助于碱中毒的纠正。

一般轻度代谢性碱中毒呕吐不剧烈者，只需静脉滴注等渗盐水即可达到治疗目的，因等渗盐水中含氯离子较多，有助于纠正低氯情况；重度代谢性碱中毒，可用 2% 氯化铵溶液加入 5% 葡萄糖氯化钠溶液中由静脉内缓慢滴注。但如果病畜肝、肾功能减退，则不能使用氯化铵，而需补充盐酸。

（三）呼吸性酸中毒

由呼吸功能障碍导致血液 PCO_2 原发性升高、H^+增加、pH 下降，并可伴有 [HCO_3^-] 代偿性增加所表现的征候称呼吸性酸中毒（respiratory acidosis）。

原因 ①呼吸道阻塞，如鼻腔狭窄、异物阻塞气管、慢性支气管炎等；②肺及胸腔疾病，如肺炎、肺水肿、肺气肿、胸膜炎等，影响毛细血管和肺泡间的气体交换；③呼吸中枢抑制，如脑部疾病、全身麻醉过量等可抑制呼吸中枢。

症状 急性表现为呼吸急促、呼吸困难，呈现前臂向外扩展、伸颈、鼻翼开张、煽动或张口呼吸等，呼吸浅表而快，可视黏膜发绀。患畜食欲下降或废绝，精神沉郁甚至昏迷。慢性的症状常为原发性疾病所掩盖。

治疗 治疗原发病，改善通气功能。最有效的方法是气管插管、机械通气。慢性呼吸性酸中毒重在治疗原发病。

（四）呼吸性碱中毒

呼吸性碱中毒（respiratory alkalosis）是由排出的 CO_2 增多引起的以血液 PCO_2 原发性下降、H^+减少、pH 升高，并可伴有 [HCO_3^-] 代偿性减少为特征的病理过程。

原因 由高热、严重感染或创伤、中枢神经系统疾病、低氧血症和肝功能衰竭等过度通气引起。

症状 患畜四肢抽搐，肌肉震颤，心率过快。

治疗 积极处理原发病，减少二氧化碳的呼出，吸入含 5% 二氧化碳的氧。对于抽搐者可给予钙剂进行对症治疗。

几种单纯型酸碱平衡失调类型比较见表 6-3。

表 6-3 单纯型酸碱平衡紊乱代偿预计值

类型	pH	原发性变化	继发性变化	代偿预计公式*	最大代偿时间
代谢性酸中毒	↓	[HCO_3^-] ↓	PCO_2 ↓	$\Delta PCO_2\downarrow=\Delta[HCO_3^-]\times0.7$	12～24 h
代谢性碱中毒	↑	[HCO_3^-] ↑	PCO_2 ↑	$\Delta PCO_2\uparrow=\Delta[HCO_3^-]\times0.7$	12～24 h
呼吸性酸中毒	↓	PCO_2 ↑	[HCO_3^-] ↑		
急性				$\Delta[HCO_3^-]\uparrow=\Delta PCO_2\times0.15$	数分钟～6 h
慢性				$\Delta[HCO_3^-]\uparrow=\Delta PCO_2\times0.35$	3～5 d

续表

类型	pH	原发性变化	继发性变化	代偿预计公式*	最大代偿时间
呼吸性碱中毒	↑	PCO_2↓	[HCO_3^-]↓		
急性				Δ[HCO_3^-]↓＝PCO_2×0.25	数分钟～6 h
慢性				Δ[HCO_3^-]↓＝ΔPCO_2×0.55	3～5 d

*[HCO_3^-] 生理值：犬动脉或静脉 20～24 mEq/L；猫动脉（17.5±3）mEq/L，静脉（19.4±4）mEq/L。PCO_2 生理值：犬动脉 35～45 mmHg，静脉 40～50 mmHg；猫动脉（33.6±7）mmHg，静脉（41.8±9）mmHg。Δ[HCO_3^-]：生理值与实测值的差值（mEq/L）。ΔPCO_2：生理值与实测值的差值（mmHg）

（五）混合型酸碱平衡失调

两种或三种单纯型酸碱平衡失调同时存在时，则为混合型酸碱平衡失调（mixed acid-base disturbance）。双重性酸碱平衡失调的类型有酸碱一致型（相加型）和酸碱混合型（相消型）。前者包括呼吸性酸中毒合并代谢性酸中毒、代谢性碱中毒合并呼吸性碱中毒；后者包括呼吸性酸中毒合并代谢性碱中毒、代谢性酸中毒合并呼吸性碱中毒、代谢性酸中毒合并代谢性碱中毒。高阴离子间隙型酸中毒的存在则使酸碱平衡失调变得更加复杂。

1. 双重性酸碱平衡失调

（1）呼吸性酸中毒合并代谢性酸中毒　呼吸和代谢性因素均朝酸性方向变化，且相互不能代偿。严重的通气功能障碍引起呼吸性酸中毒，同时因缺氧发生代谢性酸中毒。pH 明显降低，[HCO_3^-] 和碱剩余（BE）低，阴离子间隙（anion gap，AG）增大，PCO_2 升高。常见于心跳呼吸骤停、慢性阻塞性肺部疾病合并心衰或休克。

（2）代谢性碱中毒合并呼吸性碱中毒　呼吸和代谢性因素均朝碱性方向变化，且相互不能代偿。pH 明显升高，[HCO_3^-] 和 BE 高，AG 增大，PCO_2 降低。常见于高热伴有呕吐；肝功能衰竭、败血症和严重创伤，分别由血氨增加、细菌毒素和疼痛刺激呼吸中枢发生通气过度而引起呼吸性碱中毒，同时因利尿剂使用不当或呕吐而发生代谢性碱中毒。

（3）呼吸性酸中毒合并代谢性碱中毒　[HCO_3^-] 和 PCO_2 均大于代偿范围，BE 增加，pH 正常或略有变动。常见于慢性阻塞性肺部疾病引起的慢性呼吸性酸中毒，同时因呕吐或心衰应用大量排尿剂导致 Cl^- 和 K^+ 的丧失而发生代谢性碱中毒。

（4）代谢性酸中毒合并呼吸性碱中毒　[HCO_3^-] 和 PCO_2 均低于代偿最低值，BE 降低，pH 正常或略有变动。常见于糖尿病、肾衰或感染性休克及心肺疾病等危重病例并伴有发热或机械通气过度；慢性肝病高血氨并发肾衰。

（5）代谢性酸中毒合并代谢性碱中毒　[HCO_3^-]、PCO_2 和 pH 均在正常范围。常见于尿毒症或糖尿病，因频繁呕吐大量丢失 H^+ 和 Cl^-；严重胃肠炎时呕吐加严重腹泻，并伴有低钾和脱水。

2. 三重性酸碱平衡失调　由于不可能同时存在呼吸性酸中毒和呼吸性碱中毒，因此三重性酸碱平衡失调只有两种类型。

（1）呼吸性酸中毒合并高阴离子间隙型代谢性酸中毒和代谢性碱中毒　PCO_2 明显升高，AG 大于生理上限，[HCO_3^-] 一般也升高，[Cl^-] 降低。

（2）呼吸性碱中毒合并高阴离子间隙型代谢性酸中毒和代谢性碱中毒　PCO_2 降低，AG 大于生理上限，[HCO_3^-] 可高可低，[Cl^-] 一般低于正常。

3. 混合型酸碱平衡失调类型分析

（1）根据 pH 判断酸中毒或碱中毒　pH＜7.35 为酸中毒，pH＞7.45 为碱中毒。7.35＜

pH<7.45 时，若［HCO_3^-］和 PCO_2 值在生理范围，则为无酸碱紊乱，或相消型混合酸碱紊乱；若［HCO_3^-］和 PCO_2 值异常，则为酸碱紊乱，或相加型混合酸碱紊乱。

（2）根据病史和原发性平衡失调判断为代谢性或呼吸性酸碱紊乱　见表 6-3。原发性结合病史做出判断。

（3）以代偿调节规律判断单纯型或混合型酸碱平衡紊乱

1）代谢性酸碱平衡失调主要由肺代偿，呼吸性酸碱平衡失调主要由肾代偿。

2）［HCO_3^-］和 PCO_2 值变化方向：二者数值变化反向，即酸碱变化方向相同，则为混合性酸碱紊乱。二者数值变化同向，即酸碱变化方向相反，若继发性代偿变化在代偿预计值范围内，说明代偿反应充分，且为单纯型；若低于或高于代偿预计值范围（表 6-3），则为混合型酸碱紊乱。

（4）以阴离子间隙判断混合型酸碱平衡紊乱中代谢性酸中毒亚型　代谢性酸中毒根据阴离子间隙可判断为高阴离子间隙型和非高阴离子间隙型代谢性酸中毒。阴离子间隙是指血浆中未测定的阴离子与未测定的阳离子浓度间的差值，即 AG=［Na^++K^+］－［Cl^-+HCO_3^-］，由于［K^+］远低于［Na^+］，可仅用［Na^+］代表阳离子。AG 反映未测阴离子如乳酸、酮体、硫酸盐、枸橼酸、乙酸等的水平。AG 在犬的生理值为 10～24 mEq/L，猫为 13～27 mEq/L。AG 增大时，说明机体未测有机酸堆积。高阴离子间隙型酸中毒见于糖尿病酮症酸、乳酸、水杨酸等中毒；非高阴离子间隙型酸中毒（正常阴离子间隙型酸中毒），因氯离子高，又称为高血氯代谢性酸中毒，见于慢性腹泻、肾小管性酸中毒、碳酸酐酶抑制剂的使用、无碱含氯溶液的快速静脉注射等。

病例分析　某病犬血气结果 pH 7.07、P_aCO_2 30 mmHg、［HCO_3^-］4 mmol/L、［Na^+］130 mmol/L、［Cl^-］100 mmol/L、［K^+］2.5 mmol/L。

1）根据 pH 低，确定为酸中毒。

2）P_aCO_2 和［HCO_3^-］值均下降，即酸碱变化方向相反（肺呼出较多酸，机体产生过多酸或肾排出过多碱）。由于原发性 P_aCO_2 的下降不可能导致 pH 下降，可确定为原发性代谢性酸中毒。

3）代偿预测值 P_aCO_2=P_aCO_2 生理值－Δ［HCO_3^-］×0.7±2=40－（22－4）×0.7±2≈25～29 mmHg<30 mmHg（实测 P_aCO_2 值），说明该犬呼吸代偿不充分，伴有呼吸性酸中毒。

4）计算 AG 值：AG=130+2.5－（100+4）=28.5 mEq/L，比生理值多 4.5 mEq/L（生理 AG 值为 24 mEq/L），说明该犬的代谢性酸中毒为高阴离子间隙型代谢酸中毒。高阴离子间隙型酸中毒导致了 4.5 mmol/L［HCO_3^-］的消耗，则［HCO_3^-］实测值+高阴离子间隙型酸中毒消耗［HCO_3^-］4.5 mmol/L=8.5 mol/L，比［HCO_3^-］生理值（22 mmol/L）少 13.5 mmol/L，说明存在非阴离子间隙型代谢酸，即［HCO_3^-］下降了 13.5 mmol/L，与［Cl^-］的升高相匹配。［Cl^-］的“升高”指相对于［Na^+］的变化而言，即［Cl^-］下降了 2 mmol/L（生理值下限为 102 mmol/L），而［Na^+］下降了 10 mmol/L（生理值下限为 140 mmol/L）。

5）根据上述分析，该患犬存在高阴离子间隙型酸中毒+呼吸性酸中毒+非阴离子间隙型酸中毒。

在该病例中，可见非高阴离子间隙型代谢酸中毒比高阴离子间隙型代谢酸中毒更重要，因二者对［HCO_3^-］的影响为 13.5∶4.5。此时，呼吸性酸中毒可能由低血钾及继发性呼吸肌收缩力减弱引起。在酸中毒时，血［K^+］2.5 mmol/L 表明严重的全身钾消耗，需要大量补钾。若不能诊断出呼吸性酸中毒及其病因，可能会导致补充碳酸氢钠的错误治疗。这会导致钾向细胞内转移，引起进一步的血钾下降、呼吸肌收缩力下降和 P_aCO_2 升高。P_aCO_2 升高引起的酸中毒会超过补充碳酸氢钠的缓冲作用，因而会加重心脏和呼吸的抑制。

三、补液方法

体液失调时，应确定补液量、种类、途径和速度。在补液的过程中，还需要加强对补液反应的监控。补液量取决于机体脱水的程度或血管容积的改变，同时应考虑机体的生理代谢需要量和治疗期间的体液丢失量；补液种类需要根据水盐代谢和酸碱平衡失调的类型确定。水盐代谢和酸碱平衡失调的诊断，以及对脱水量的评估，已如前所述。下面主要简单介绍补液的途径、速度和输液反应的监控。

（一）补液的途径

补液的方法取决于疾病的种类、病情的严重程度、脱水程度、电解质失调的类型、病畜的器官机能及可供使用的设备等。

1．口服补液　对脱水程度轻、尚有饮欲或消化道功能基本正常的病畜，尽可能口服补液。这种方法简便易行，符合机体生理，不良反应少，可避免补液过量。危险性最小，可不必严格注意其等渗性、容积大小和溶液的无菌性。它的优点对牛显得更为突出，一些能导致瘤胃内容物渗透压升高的疾病如过食谷物中毒（瘤胃酸中毒）等，经口服补液后，降低了瘤胃内容物的渗透压，有利于瘤胃壁组织对水的吸收，同时减少了内容物对胃壁的刺激，如同时适当加入一些药物，还可促进瘤胃功能的恢复。但对食欲废绝、消化道功能紊乱、脱水严重的病畜，则应静脉注射补液。

2．静脉注射补液　应用最广和最实用的补液方法是静脉注射给予液体和电解质溶液。严重的电解质和酸碱平衡失调需要用此方法补液。静脉注射适用于急性病例，且药量准确、药效迅速并可长时间滴注。药物直接进入血液，在血管丰富的组织容易渗透并发挥作用。由于血流中具有多种缓冲系统，某些有刺激性的药液和高渗溶液也可静脉输入。但应防止输液过载，需要必要的监控。

3．其他的补液方法

（1）腹腔内注射　腹膜具有较大的面积，吸收能力强，且腹腔能容纳大量药液，在中、小动物静脉注射有困难时，可进行腹腔注射输液和治疗。一般无刺激性的等渗溶液可进行腹腔注射。腹腔注射时一定要注意无菌操作，否则会导致腹膜炎。操作时注意不能刺伤腹腔内的器官。大量注入药物时，要将药物的温度加热到与体温同高。腹腔内注射对大动物也是一个很实用的治疗方法，因为此方法可迅速给予大量液体而不良反应较少。

（2）皮下注射　皮下注射对小动物或年幼动物是比较有用的，因为它可以克服静脉注射需较长时间保定的缺点。皮下注射的药物，要求药物是温热、等渗和无刺激性的，且每一点注射的药物不宜过多，注射量较大时则宜分点注射。为了加快药物的吸收，可对局部进行轻度按摩或热敷。但对于快速而严重脱水、由脱水或低温造成的外周血管收缩者不宜使用皮下注射。

（3）骨内注射　与静脉类似，易快速进入血管，对严重血管充盈不足者、年幼或较小动物使用较方便。但不能注入大量液体，且穿刺骨骼时较疼痛。

（4）直肠给药　直肠给药（灌肠）也是常用的给药方法（尤其是对小动物）。温水、K^+、Na^+、Cl^-可通过直肠很好地吸收。灌肠时操作要细心，防止损伤直肠黏膜，引起出血或穿孔。如果直肠内存在宿粪，需按直肠检查法取出宿粪后再行灌肠。根据不同情况，大动物一般平均每次注入 10～30 L 药液。灌完肠后，可将塞肠器（可以自制）在肛门中保留 15～20 min 后取出，以防液体流出。

（二）补液的速度

适宜的补液速度可减少水盐和酸碱平衡失调对机体的损伤与危害。补液的速度取决于动物的年龄、体液丢失的速度、水盐及酸碱平衡失调的程度、并发疾病及补充液或药物的性质。对年老、体弱、幼龄、有心肺疾患的动物，输入速度宜慢；对急性体液失调和心肺功能良好的动物，输液速度可适当加快。慢性体液失调纠正过快可引起严重的并发症，甚至死亡。某些内脏器官疾病，如心衰、严重肺渗出性疾病，需控制补液速度。对于高渗溶液或特殊药物溶液（氯化钾溶液、氯化钙溶液），应注意其补液速度。一般来说，在非紧急情况下普通溶液（如 5% 葡萄糖氯化钠溶液、生理盐水）静脉输注的最低速度没有要求，但在需紧急补充血容量（如急性休克）时，最大静脉输注速度：犬、马和大多数动物可达 90 mL/(kg·h)，猫 50～60 mL/(kg·h)。对于高渗溶液，一般可按 5 mL/(kg·h) 输注。

（三）输液反应的监控

输液量的各种计算值均为估计值，应注意输液过程中动物的呼吸、脉搏和血压的变化，并对其输液量或速度进行调整。每 12 h 应检测体重（在急性脱水时尤为重要）、血细胞比容、血浆总蛋白含量、尿量等变化，每天或隔天检测血气和电解质，必要时检测中心静脉压，观察记录脱水症状，对脱水程度进行重新评估，防止补液不足或水过载。

第二节　营 养 支 持

营养不足或紊乱会影响创伤愈合，引起褥疮性溃疡、免疫功能低下、癌症治疗耐受性下降、肌肉无力和多器官系统功能异常等，因此患病动物的营养支持疗法已越来越受到重视。

一、营养需要与代谢

（一）能量贮备与需要

1. 机体的能量贮备　动物机体的能量贮备包括糖类、脂肪和蛋白质，糖原在体内的贮备非常有限。蛋白质为各器官、组织的组成成分，无单独贮备，若蛋白质作为能源而被消耗（如处于饥饿或应激状态时），必然会使器官功能受损。体脂是体内最大的能源仓库，消耗脂肪供能，对组织器官的功能影响不大。但在消耗脂肪的同时，也有一定量的蛋白质被氧化供能。

2. 机体的能量需要　机体基本的能量需要可用基础能量需要和维持能量需要表示。在动物营养支持时，应首先满足动物的基础能量需要。基础能量需要（basal energy requirement，BER）或基础代谢率（basal metabolic rate，BMR）是指在基础状态下（如清醒、安静、采食后 12～18 h，在等热区范围的环境温度下）单位时间内的能量代谢。能量消耗与动物体表面的大小相关，后者又与代谢体重（$Wt_{kg}^{0.75}$）有关。根据推算，BER（kcal/d）约等于 70 $Wt_{kg}^{0.75}$，其中 1 kcal＝4.1868 kJ。为了计算的方便，对于体重（Wt_{kg}）大于 2 kg 的犬、猫，BER（kcal/d）也可用简化公式 30 Wt_{kg}＋70 进行估算。在疾病（如手术、创伤、烧伤、败血症等）时，动物代谢不同程度升高时，BER 也会相应增加，实际能量需要应为计算值乘以相应的系数。犬、猫在损伤或疾病状态下的能量消耗增加的系数为：术后 1.25～1.35，创伤 1.35～1.5，肿瘤 1.35～1.5，败血症 1.5～1.7，大面积烧伤 1.7～2。

维持能量需要（maintenance energy requirement，MER）是指适量活动的成年动物在适温环境条件下用于维持体重所必需的能量，但不包括额外的活动和生产（生长、妊娠、泌乳等）所消耗的能量。在犬，MER 大约是 BER 的 2 倍；在猫，MER 大约是 BER 的 1.4 倍。

3. 营养物能量密度　有些犬、猫的商品化食品，已标明能量密度（energy density）。对于未标明的食物，则需要根据其组成成分和总质量进行计算。蛋白质、脂肪和糖类完全氧化产生的能量分别为 5.65 kcal/g、9.4 kcal/g 和 4.15 kcal/g。这些物质仅部分被消化、吸收，用于机体代谢。对于人，蛋白质、脂肪和糖类的可消化率分别为 91%、96% 和 96%，提供的可利用能则分别为 4 kcal/g（扣除尿素能量）、9 kcal/g 和 4 kcal/g。在动物，这些物质的消化率较人低。在犬，蛋白质、脂肪和糖类的可利用能分别为 3.5 kcal/g、8.7 kcal/g 和 3.5 kcal/g；在猫，则分别为 3.9 kcal/g、7.7 kcal/g 和 3.0 kcal/g。

4. 营养物需要量的估算　营养物需要量可分三步确定：①应先根据体重及病理或生理状态估算 BER 或 MER（kcal/d）；②确定能量密度，利用营养食品的能量密度或根据其成分计算能量密度（kcal/mL）；③营养物需要量计算，营养物需要量（mL/d 或 g/d）= BER（或 MER）/ 能量密度。

（二）碳水化合物代谢

碳水化合物分为可溶性碳水化合物（soluble carbohydrate）和非可溶性碳水化合物（insoluble carbohydrate）。前者可被机体直接吸收或被内源性酶降解，包括单糖，以及以 α-单糖为单位通过 α 键连接而成的碳水化合物（如淀粉），是非草食动物的主要能量来源。可溶性碳水化合物主要经胰酶降解为二糖，再由肠上皮细胞刷状缘的二糖酶（如麦芽糖酶、异麦芽糖酶、蔗糖酶）降解为单糖后吸收。肠壁炎症引起刷状缘丧失或二糖酶缺失时，肠腔内的二糖会被细菌利用，肠腔内容物渗透压增加，可导致腹泻。非可溶性碳水化合物是指以 β-单糖为单位通过 β 键连接的碳水化合物（如纤维素、半纤维素、木质素），可被胃肠道微生物降解成为 CO_2、甲烷、挥发性脂肪酸等，其中挥发性脂肪酸等是草食动物重要的能量来源。非可溶性碳水化合物既可缓解便秘，也可减轻腹泻，并通过增加粪便量和软化粪便以有利于粪便的排出。非可溶性碳水化合物还可通过降低葡萄糖的吸收、减缓胃排空、改变胃肠肽的分泌、增加外周对胰岛素的敏感性或增加胰岛素受体的数量等以改变血液胰岛素效应和降低葡萄糖水平。

（三）蛋白质代谢

蛋白质是组织细胞生长、更新、修复等一系列生物活动所需的物质基础。机体蛋白质需要 22 种不同的 α-氨基酸，其中 12 种可在体内合成，为非必需氨基酸（non-essential amino acid）；另一部分则必须从动物肠道吸收，称为必需氨基酸（essential amino acid）。在草食动物，大部分必需氨基酸可由胃肠微生物合成；在非草食动物，必需氨基酸则主要来自食物。

精氨酸是犬和猫的必需氨基酸，精氨酸缺乏时氨向尿素的转化受到抑制。动物可在摄入精氨酸缺乏的日粮后数小时出现临床症状，表现出大量流涎、呕吐、肌肉震颤、共济失调、痉挛，甚至昏迷或死亡。实际上这种缺乏很少出现，因大多数蛋白质食物均含有一定量的精氨酸。但有犬因被饲喂奶代替品而缺乏精氨酸，引起白内障发生的报道。

牛磺酸为β-氨基酸，是猫的必需氨基酸，在视网膜和嗅球中的浓度较高，在胆汁中以牛磺胆酸的形式存在。猫可从鱼和动物性食物中获取牛磺酸，一般日粮中推荐按每千克干物质添加 500 mg 牛磺酸。与猫的食物相比，犬的食物中含相对较少的动物蛋白质和较多的植物性成分，但犬可利用含硫氨基酸（蛋氨酸和胱氨酸）合成牛磺酸。猫长期摄食犬粮可引起牛磺酸缺乏，出现中央视网膜变性。

谷氨酰胺在体内含量丰富，占细胞内游离氨基酸库的 50% 左右，其在代谢中的重要作用已逐渐被认识。谷氨酰胺参与体内许多的代谢过程，是许多代谢率高的细胞（小肠黏膜细胞、血细胞和胰腺腺泡细胞等）的重要能源；参与尿素的生成过程；还是抗氧化剂谷胱甘肽的前体。营养物质中谷氨酰胺缺乏可出现小肠、胰腺萎缩，肠道屏障功能减退，细菌移位等。骨骼肌中谷氨酰胺缺乏可使蛋白质合成率下降。谷氨酰胺缺乏还易导致脂肪肝。在手术、创伤或全身感染等情况下，血中及细胞内的谷氨酰胺浓度均迅速下降。

蛋白质摄入不足时，动物的生长性能下降，出现被毛粗乱、低蛋白血症、皮下水肿或腹水、创伤愈合迟缓。蛋白质不足而能量物质摄入充足时会增加脂肪在肝的沉积，可引起肝纤维化或肝硬化；但动物长期摄入过量的蛋白质可引起肾小球硬化症（glomerulosclerosis），在肾功能下降明显时可出现尿素在体内聚积。

（四）脂肪代谢

脂肪提供的能量可占犬、猫总能量的 25%～50%。脂肪还有助于脂溶性维生素（维生素 A、维生素 D、维生素 E、维生素 K）的吸收，增加食物的适口性，作为必需脂肪酸（不饱和脂肪酸）的来源。犬、猫能较好地利用大多数动物或植物脂类。但一些氢化油脂（如氢化椰子油）中有较高含量的中链甘油三酯，可引起猫肝脂肪沉积症（hepatic lipidosis）。日粮中脂的种类和含量影响其适口性。猫喜爱含有脱色牛（羊）油脂的食物胜过含鸡肉或奶油的食物。

动物必需脂肪酸不足会导致繁殖效力下降、创口愈合迟缓、被毛无光泽、皮屑增多。长期缺乏时可出现消瘦和皮肤脱毛、水肿、继发性湿性皮炎（moist dermatitis）。

动物摄入过多的不饱和脂肪酸，而体内抗氧化剂不足时，活性的过氧化物（脂肪的酸败产物）在脂肪组织中的聚积，可发生黄脂病（yellow fat disease），动物表现为食欲减退、精神沉郁、发热、步行僵硬、因皮下脂肪炎全身性皮肤触摸疼痛、皮下脂肪或纤维性结节，严重时可出现腹水。猫的黄脂病性腹水与猫传染性腹膜炎很相似，但前者腹水液中蛋白质的含量低于后者，并常发生在摄食过量某种鱼（特别是金枪鱼）之后。此病在日粮中添加 30 mg/kg 维生素 E 可得到改善。

（五）矿物质代谢

矿物质包括常量元素（钙、磷、钠、钾和镁）和微量元素（铁、锌、铜、锰、碘、硒等）。矿物质占体重的比例不足 0.7%，且主要为常量元素。常量元素主要维持机体的酸碱平衡、渗透压、膜传导电位和结构完整性等。微量元素是金属蛋白和金属酶的组成成分。碘是甲状腺素的组成成分。

矿物质摄入超过动物需要时，其从肠道吸入、尿液中排泄和粪便中排出的量均可能会增加。吸收过量的矿物质对机体可能有害；未吸收的矿物质可影响其他矿物质的吸收，进而可引起它们的缺乏或不平衡。在日粮中应保持各种矿物质的平衡量，盲目地添加一种或几种矿物质可能弊大于利，这可能是引起犬、猫矿物质不平衡的重要原因。

（六）维生素代谢

维生素在机体生长发育、物质代谢和生理功能调节等方面发挥着重要的作用。维生素包括水溶性和脂溶性两大类。水溶性维生素在体内无储备，在多尿、腹泻、摄入大量抗菌药或抗维生素物质时可能引起缺乏。抗维生素物质包括亲和素、硫胺素酶、双香豆素和叶酸拮抗剂等。蛋黄富含生物素，当生吃鸡蛋时，蛋白中的亲和素可中和蛋黄中的生物素；硫胺素酶存在于某些生鱼（胡瓜鱼、鲶鱼、鲱鱼等）的内脏，摄入这些内脏时会导致硫胺素的破坏；双香豆素及其衍生物是一些鼠药的活性成分，可抑制依赖维生素 K 的凝血因子的合成；苯妥英、甲氨蝶呤、氨基蝶呤等均干扰叶酸的代谢。脂溶性维生素在体内有一定储备，长期、持续、过量地提供可致蓄积中毒，故患畜在短期可暂不提供。

（七）饥饿时、创伤及感染后的代谢变化

1．饥饿时的代谢变化　机体对饥饿的代谢反应是减少活动和降低基础代谢率以减少机体组织的分解。

（1）内分泌及代谢变化　饥饿时机体许多的内分泌物质，如胰岛素、胰高血糖素、生长激素、儿茶酚胺、甲状腺素、肾上腺皮质激素及抗利尿激素等参与了适应饥饿状态的反应。饥饿时血糖下降，为维持血糖代谢恒定，胰岛素分泌减少，胰高血糖素、生长激素和儿茶酚胺分泌增加，以加速糖原分解，使糖生成增加。若饥饿时间延长，机体动员脂肪和蛋白质的分解，加强糖原异生。

（2）机体组成的改变　长期饥饿引起机体组成的显著改变包括水分的大量丢失、脂肪和蛋白质的大量分解、组织器官重量减轻和功能下降，如肾浓缩能力下降、肝蛋白丢失、胃肠排空延迟、消化酶分泌减少、肠上皮细胞萎缩等。长期饥饿还可使肺通气量及换气能力减弱、心脏萎缩，最终导致死亡。

2．创伤、感染后的代谢变化

（1）神经、内分泌反应　手术、创伤等刺激可引起交感神经系统兴奋，胰岛素分泌减少，肾上腺素、去甲肾上腺素、胰高血糖素、促肾上腺皮质激素、肾上腺皮质激素及抗利尿激素分泌增加。同时，内皮细胞和各类免疫细胞所产生的细胞因子也增加，这些细胞因子包括 TNF-α、IL-1、IL-2、IL-6 和 IFN-γ 等。

（2）机体代谢变化　在抗利尿激素及醛固酮的作用下，水钠潴留，以保存血容量。创伤和感染可致水、电解质及酸碱平衡失调。交感神经所致的高代谢状态，使机体的能量代谢消耗增加。创伤时，机体对糖的利用率下降，容易发生高血糖、糖尿。蛋白质分解增加，尿氮排出增加，出现负氮平衡。糖异生和脂肪分解明显加强。

二、肠内营养

肠内营养（enteral nutrition，EN）是经口或导管提供营养物质至胃肠道的方法。肠内营养的优点在于营养素直接经肠道吸收入肝，在肝内合成机体所需的各种成分，整个过程符合生理要求；食物的直接刺激有利于预防肠黏膜萎缩，保护肠道屏障功能；给药方便，费用低廉，无严重并发症。肠内营养支持应在纠正体液、酸碱平衡和电解质紊乱之后进行。

（一）肠内营养适应证

凡胃肠道功能正常，但营养物质摄入不足或不能摄入者均可采用肠内营养支持。例如，脑外伤等所致昏迷或意识障碍；口腔和咽喉手术、下颌骨骨折的动物不能经口饮食；其他复杂大手术及危重病症（非胃肠道疾病）。

胃肠道功能基本正常但伴其他脏器功能不良者也可采用肠内营养支持，如糖尿病或肝肾功能衰竭者。肠内营养引起糖尿病动物糖代谢紊乱的程度比肠外营养轻，容易控制。肠内营养用于肝肾功能衰竭者，虽对肝肾功能影响较小，但因这类患病动物往往伴有不同程度的胃肠功能不良，对肠内营养的耐受性较差，因此应予以减量使用。

（二）肠内营养制剂

（1）自然食品制剂　由牛奶、猪肉、鸡肉、鸡肝、水果、蔬菜等调制而成。此类营养制剂的营养素含量难以精确计算，不能保证营养平衡。

（2）处方食品　犬、猫的处方食品种类很多，有罐装食品和非罐装食品，还有针对不同疾病的处方食品、营养膏等。这些营养制剂可直接饲喂，还可加水适当调制，经大网眼纱布过滤后用于管饲。

（3）婴儿营养食品　如婴儿米粉。

（4）人用肠内营养制剂　人用肠内营养制剂有大分子聚合物制剂、单体配方制剂和特殊配方制剂等。这些制剂均可用于犬、猫。“大分子聚合物制剂”是以完整型蛋白质、甘油三酯和碳水化合物多聚体等为基础的，含有适量维生素和微量元素。单体配方制剂中的氮源来自酪蛋白、乳清蛋白和其他蛋白质。这些蛋白质经过预消化后以短肽或游离氨基酸的形式存在，化学成分明确，可被胃肠直接吸收利用。特殊配方制剂如高支链氨基酸配方、高脂肪/低碳水化合物配方。

（三）肠内营养方法

1. 食欲刺激　食欲刺激（appetite stimulation）的方法较多，应根据动物的病情、食物的可获得性等加以选择。

（1）改进护理方法　有些犬、猫在陌生环境或有陌生护理人员时不愿主动采食，这些动物不应住院护理。确实需要住院者，可让主人每天或隔天到宠物医院协助喂食。多亲近动物，抚摸和声音诱导可能会鼓励其采食；将优质的、适口性好的罐装食品与平时的日粮混合可诱导采食。将食物加热到体温（不超过体温）增加食物的芳香味，以改善其适口性；清理动物（特别是猫）鼻部分泌物，或用5%生理盐水滴鼻，以改善其嗅觉。

（2）改变食物种类　有的犬喜爱猫食或处方食品，可用相应的食物饲喂。病程或未进食的时间较长，机体可能缺乏锌、钾和B族维生素，食物中适量添加这些物质有助于刺激动物主动采食。

（3）药物刺激食欲　苯二氮䓬类已广泛用于各种动物食欲的刺激。给犬和猫分别口服地西泮14 mg/kg和2 mg/kg可刺激采食。每只猫静脉给予0.1～0.5 mg地西泮，以后每天每只猫1～2 mg口服维持，可促进食欲。硝西泮（氯丙咪嗪）对猫也有暂时性食欲刺激作用，效力大于地西泮，每只猫口服2 mg，30 min内出现食欲反应。地西泮或硝西泮对食欲的刺激作用是暂时的，仅可使用2 d左右。

皮质类固醇类和具合成代谢作用的类固醇类偶尔也被用于刺激采食，但由于它们其他方面的不良影响，不推荐使用。

2. 强饲　强饲（force feeding）是指将食物放入咽区，刺激吞咽反射，使食物被吞入的方法。这种方法在患病的动物和体弱的动物较容易进行，对有适当活动控制力的动物可能不会完全合作。强饲时应使用易消化的、适口性好的和能量密度高的食物或处方食品。半固体食物可使用简易的方法送入口腔。将 5 mL 或 10 mL 一次性注射器外筒的前端剪去，使其成柱筒状，柱筒缘磨平滑，即成为简易的强饲器。

3. 管饲　管饲（tube feeding）是指将流质食物或营养液经导管输入动物消化道内，保证其获得维持生命所需营养的方法。在许多情况下，管饲是一种较容易、快速、对动物刺激小的给饲方法。犬和猫的管饲方法有口胃、鼻胃、咽造口、胃造口及肠造口途径，其中最少损伤的方法是口胃和鼻胃途径。

（1）口胃饲管的安置（orogastric intubation）　饲管经口插入胃中。软胶导尿管可用于犬、猫管饲 2～3 d。首先应标记要插入的深度，用水或无味润滑剂润滑饲管，保定好动物的头部，打开口腔，将饲管放入咽部，在动物吞咽时将其送入食道，直至标记深度。注入 5～10 mL 生理盐水，确保饲管没有插入气管。

（2）鼻胃饲管的安置（nasogastric intubation）　饲管经鼻孔插入消化道。饲管如果正确插入，动物常能较好地耐受，采食或饮水可不受饲管的影响，饲管可留置数周或更长的时间。饲管的材料有聚乙烯、硅胶等多种。聚乙烯管放入胃内 2 周以上可能会变硬，若使用聚乙烯管作饲管时不应插入太深，否则会因回折、变硬在拆除时损伤食道或胃；若需留置时间长时，应每周更换，或其长度不应超过食道的末端。硅胶管对胃酸有抵抗力，常被采用；管中放入通管丝可增加管的硬度，使其易于插入；不同管径的硅胶管可根据动物的个体及鼻腔的大小选用。插入饲管前在鼻腔内滴入局麻药，保定好头部，将润滑过的饲管插入标记的深度。在此过程中，犬或猫偶尔会摆头和喷鼻。确定饲管插入是否正确可通过：①在插入饲管时，将手指放入左侧颈部感觉导管在食道内的推进，但细导管不易被感觉；②向饲管内注入空气，同时听诊预定部位的（胸后部听诊食道末端导管；左前腰区听诊胃导管）咕噜音；③侧胸位 X 线片可准确定位饲管插入的部位和深度。确定饲管插入正确后，在鼻和面部分别用非吸收性缝线将饲管固定在皮肤上，使用伊丽莎白圈防止动物将饲管拔出。少量多次给予半流质食物。饲管不再使用时应拆除固定缝线，盖紧管帽（以防拔管时管内液体倒流而进入气管），然后轻轻拔出饲管。鼻胃管饲的并发症包括：动物自己将饲管拔出、食物进入气管和胃反流。

（3）食道造口导管的安置（esophagostomy tube placement）　在麻醉状态下，将弯止血钳由口腔经咽进入食道，抵住左侧咽后的食道壁。在左侧颈静脉沟的上方或下方、止血钳突出的皮肤上纵向切皮肤、食道壁一小口，露出止血钳。将胃管用止血钳夹住，牵拉进入食道，然后从口腔拉出，再将其反转送入食道深部，直至其到达贲门前或胃内。调整好饲管，其外部固定于颈部。

（4）胃造口导管的安置（gastrostomy tube placement）　胃造口导管可采用经皮手术方法安置。Lewis（1992）介绍了一种简易、安全的经皮胃造口导管安置法，但需要内镜的帮助。具体方法是：将犬或猫麻醉，右侧卧保定，在左侧肋后常规局部消毒处理，用穿刺针做一小的皮肤刺口。内镜从口腔伸到胃，充气使胃与腹壁贴紧。内镜头端在胃内顶住胃壁，同时用 18 号针头通过皮肤刺口刺入，在内镜头端附近穿透胃壁。将缝线（1 或 2 号）通过穿刺针芯穿入胃内，由内镜将丝线引出口腔外。蕈状导尿管的尾端在固定前应先切除约 2 cm 长，在此 2 cm 的管中央做一小切口，将蕈状导尿管的尾端通过小短管切口，并使导管的蕈端靠近该小管。另外，在蕈状导尿管的尾端切去两个“V”字形小片，以使其在被挤压时能够变尖。由口腔引出的线端穿过一钝头穿刺针（由针尖向针尾穿出），并固定在一蕈状导尿管的尾端，再将此尾端嵌入穿刺针内，见图 6-1。牵引腹部皮肤外的丝线端，将穿刺针和导尿管经口腔、食道、胃向皮肤外牵拉，直到导尿管的蕈端紧贴胃黏膜，并通过内镜确证。固定导尿管皮外部分，盖上管帽，用伊丽莎白圈防止动物将导尿管拔出。整个胃造口导管的安置可在 5～10 min 完成。当动物能够采食时，应除去导尿管。其方法是向外牵拉导尿管，尽可能剪断在皮外的部分，将蕈状导尿管部分推入胃内，使其随粪便排出（常在 48～72 h），或直接通过内镜取出。多数猫不容易从粪便排出蕈状导尿管，应通过内镜取出。胃皮瘘将在 1～2 周自动关闭。

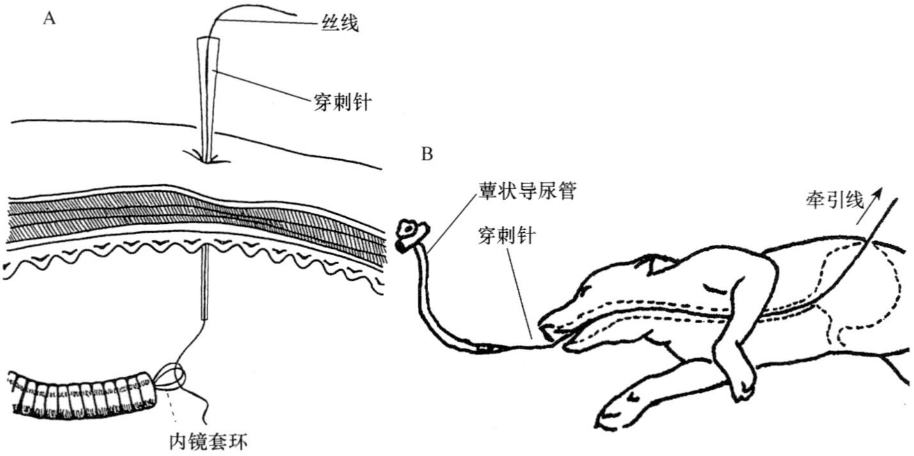

图 6-1 胃造口导管的安置

A. 内镜牵引通过穿刺针的牵引线；B. 蕈状导尿管经牵引线引入胃

咽造口导管的安置（pharyngostomy tube placement）和肠造口导管的安置（enterostomy catheter placement）需通过相应的手术方法完成，但较少使用。

管饲的营养物质应是流质的（不应堵塞饲管）和营养均衡的，其营养成分应易于消化、吸收和利用，对患有胃炎、小肠炎或结肠炎的动物的消化道无刺激作用。食物由于不经过口腔，对其适口性要求不高。

管饲时首先应确定肠内营养剂的能量密度（kcal/mL），再根据体重估算 BER（kcal/d），用 BER 除以能量密度即为每天的给饲量。营养制剂的给予应逐渐增加剂量，以利于肠道对其逐渐适应。第一天应给予 1/3 所需营养剂＋2/3 水，第二天给予 2/3 营养剂＋1/3 水，第三天则给予计算的营养剂的全量。每天的营养剂可分 3～5 次给予。

（四）肠内营养并发症

肠内营养较肠外营养更安全易行，但也可因营养剂选择或配制不合理、营养液污染及护理不当等引起一些与之相关的并发症。这些并发症主要有机械性的、胃肠道的和代谢性的并发症。

1. 机械性并发症 主要与饲管的柔软度、放置方法、所处的位置和护理有关。

（1）鼻咽部和食道黏膜创伤　常见于饲管质地太硬、管径较粗或置管时用力不当；饲管留置时间过长，压迫鼻咽部黏膜，产生局部溃疡。

（2）饲管阻塞　常见于营养液未调匀；营养液黏稠，黏附于管壁；喂饲后对饲管未进行适当冲洗；或管径过细。

2. 胃肠道并发症　胃肠道并发症包括胃肠内容物反流、腹胀、肠痉挛、腹泻等，其中以腹泻最为常见。腹泻的主要原因：①喂入高渗透压溶液或含有难吸收的营养成分；②营养液输注的速度和温度不当，如过快地输注高渗营养液或温度太低均可刺激肠道，进而引起肠痉挛和高渗透性腹泻。

3. 代谢性并发症　高血糖因肠内营养液输注过快，伴有内源性胰岛素生成不足或外源性胰岛素供应不足。犬血糖高于 900 mg/dL 并有脱水症状时，可出现高渗透性非酮性昏迷（较少见）。对于高血糖动物，需定期监测血糖和尿糖浓度，并可通过减少给饲次数或皮下注射胰岛素（犬 0.5～1 IU/kg，猫 0.25 IU/kg）调节。对于人，代谢性并发症还有高血钾症、低血钠症和低血磷症。

三、肠外营养

当动物不能经胃肠道摄入营养时，需经静脉营养（intravenous feeding）或全静脉营养（total parenteral nutrition）支持。

（一）肠外营养适应证

肠外营养（parenteral nutrition，PN）适用于：①顽固性呕吐；②肠道梗塞；③胃肠消化或吸收功能异常；④因意识或神经障碍而存在食物吸入肺的高危险；⑤需完全保持肠道静止的一些情况，如胃肠道受损、急性胰腺炎和肝炎。

如果动物营养严重异常，静脉营养法应谨慎采用。从代偿性的，通常为平衡的低代谢状态到正常代谢或合成状态的转变，如果太迅速，可导致动物死亡。因此，严重营养异常的患病动物的营养补充应是渐进性的，并应在体液、酸碱平衡和电解质紊乱得到纠正后进行。

（二）肠外营养制剂

1. 复方氨基酸溶液　常用的有两种：平衡型及特殊型两类氨基酸溶液。平衡型含有必需氨基酸和非必需氨基酸。特殊类型的氨基酸配方：①如用于肝病的配方含支链氨基酸（L-亮氨酸、L-异亮氨酸、L-缬氨酸）较多，含芳香氨基酸较少。支链氨基酸可经外周代谢，其浓度增加并不增加肝的负担，且能与芳香族氨基酸竞争性进入血脑屏障，可用于肝功能衰竭和肝性脑病。②用于肾病的配方主要含必需氨基酸，仅含少数几种非必需氨基酸，因肾病患者的肝对蛋白质的处理能力下降，血清中一些非必需氨基酸的水平相对较高，而必需氨基酸较低。

2. 葡萄糖　葡萄糖是最易获得和广泛使用的供能物质之一。糖浓度过高、过量或过快输入可导致高血糖、糖尿，甚至高渗透性非酮性昏迷（non-ketotic hyperosmolar coma）。在创伤、应激状态下，机体利用糖的能力较差，未能被及时氧化利用的糖可转化为脂肪，沉积于肝内引起肝脂肪变性。

3. 脂肪乳剂　脂肪乳剂是以大豆油、红花油等为原料，磷脂为乳化剂而制成的，其理化性质稳定，微粒的直径与天然乳糜相似。脂肪乳供能有许多优点：①脂肪含能量密度大，

10% 溶液含热量 1 kcal/mL，使用脂肪供能大大降低了糖的需求量，因而降低了营养给予的反应（低血糖和高血糖）；②在严重患病动物或患呼吸道疾病的动物，脂肪较糖更易被利用；③脂肪可提供高能量等渗溶液，这适用于对液体摄入限制的动物（如充血性心衰或少尿性肾衰）。

创伤应激时其代谢率并不受限，反而加快。在临床上脂肪乳已开始用于犬的能量提供，但建议不超过患犬能量需要的 40%～60%。使用脂肪乳后会有短暂的血脂升高，一些患病动物可能清除血脂困难。当每天给予脂肪乳时，监测血清甘油三酯的浓度，如果甘油三酯超过 300 mg/dL，应降低脂肪给予量。

静脉给予脂肪乳后可能会出现发热，在人还观察到寒战、呕吐、疼痛、嗜睡、呼吸困难、发绀和变态反应等。病理性高脂血症、严重肝疾病和出血性素质患畜应禁忌使用。

4. 电解质 注意补充 K、Na、Cl、Ca、P 等。电解质（不包括 Ca）可与氨基酸溶液混合输入，但加入葡萄糖酸钙时应考虑相互之间的配伍禁忌。

5. 维生素 常用复方维生素制剂补充维生素。患病动物维生素的需要量还没有被建立。在大多数情况下每日可适量输入复合维生素 B 溶液。另外，每周可口服或肌内注射适量叶酸、维生素 B_{12} 和脂溶性维生素 A、维生素 D、维生素 E、维生素 K。

6. 微量元素 复方微量元素注射液可供使用，包括 Zn、Cu、Cr、Mn 和 Se。除 Zn 可能因肠道分泌丢失外，微量元素在营养支持治疗的短期内不可能严重缺乏。

应用的肠外营养液常为各种营养素在体外的混合液。混合后的各种营养素可满足机体的各种营养需求，有利于合成代谢；混合后的高浓度葡萄糖可被稀释，渗透压降低，使经外周静脉输注成为可能；混合后的营养液使单位时间内的脂肪乳输注量下降，避免脂肪乳输注过快的副反应。营养液的混合应在无菌环境下进行，现配现用。

在犬可用 8.5% 氨基酸溶液与 50% 葡萄糖溶液混合后输注。应用时应根据体重（计算 BER）和疾病状态确定能量需求，再根据能量密度（若以 50% 葡萄糖作能源，则能量密度为 1.7 kcal/mL）计算出每日所需的供能溶液的量（mL）。另外，还可根据蛋白质的需要确定每日氨基酸的需要量。若以 8.5% 氨基酸溶液提供氮源，则其需要量可大致等于供能的 50% 葡萄糖需要量（稍高于计算值）。应用时将 8.5% 氨基酸溶液与 50% 葡萄糖溶液混合（渗透压约为 1800 mOsm/L，能量密度为 0.85 kcal/mL）。根据病情及血液生化检查，酌情添加各种电解质溶液。肠外营养液中均应补充复方水溶性维生素注射液和一定量的胰岛素。对于特殊病例，营养液的组成应有所改变。例如，对于糖尿病患者应限制葡萄糖的用量，补充外源性胰岛素，增加脂肪乳剂的用量，以弥补供能的不足；对于肝病患畜，因肝合成及代谢能力下降应使用支链氨基酸含量高的氨基酸溶液，同时减少营养液的用量（约全量的 1/2）。营养混合液常需要 12～16 h 输完，也可 24 h 连续输注。第一天输注的营养混合液中葡萄糖量应减少 50%，以后可使用需要量的葡萄糖溶液，让机体代谢逐渐适应。

（三）肠外营养输入途径

在短期内（不超过 2 周），渗透压不高的营养液可选用周围静脉途径输注。对于需长期肠外营养支持或较高渗透压的营养液，则以经中心静脉导管输入为宜。

（四）肠外营养并发症

1. 技术性并发症 栓塞和血栓性静脉炎。血栓性静脉炎可由静脉导管的材料、血管的损伤及局部的感染等引起。对于外周静脉使用的留置针或中心静脉导管应注意使用肝素生理盐水溶液灌洗，以防止血栓的形成。

2. 代谢性并发症

（1）血清电解质紊乱　合成代谢使细胞对一些电解质的摄入增加。应定期监测血清电解质的水平，及时纠正补充。

（2）糖代谢紊乱　长时间输注高浓度葡萄糖溶液可致高血糖，若血糖过高可致高渗性非酮性昏迷，葡萄糖超负荷可引起肝脂肪变性。应监测血糖或尿糖，营养液中补充适量的胰岛素，或者采用脂肪和糖的双能源供应，以减少糖的用量。若外源性胰岛素用量过大或突然停止输注高浓度葡萄糖（内含胰岛素）时可出现低血糖。调整胰岛素的用量或采用全营养混合液输注可避免这种现象。

（3）胆汁淤积和肝酶谱升高　葡萄糖超负荷、肠道缺乏食物刺激（胆囊收缩素等肠激素分泌减少）、体内谷氨酰胺大量消耗、肠屏障功能受损使细菌和毒素移位等均可影响肝胆功能。

（4）肠屏障功能减弱　肠道缺少食物刺激和谷氨酰胺缺乏是肠屏障功能减弱的主要原因。肠屏障功能减弱可导致肠内细菌和毒素移位，损害肝及其他器官功能或出现肠源性感染。

（五）肠外营养监测

1. 全身情况　肠外营养补给的动物要及时监测其体重、体温、脉搏、呼吸、可视黏膜颜色及有无脱水情况。

2. 血常规　注意有无贫血、脱水及白细胞总数和分类的异常。

3. 血生化　血清葡萄糖、Na^+、K^+、Cl^-、总蛋白和白蛋白浓度；肝肾功能监测等。

第三节　输　　血

一、输血的适应证与禁忌证

输血（blood transfusion）即将供血动物的血液或其成分输入受血动物体内，以替代和补充不足的血液，从而起到止血、抗休克、补充血容量、改善血液循环、增强心脏输出量、提高机体运氧能力、增强机体抵抗力与解毒能力等的作用。

（一）常见的适应证

（1）贫血性疾病　适于各种贫血性疾病引起的贫血，如溶血性贫血、营养性贫血、失血性贫血、新生幼驹溶血症、马麻痹性肌红蛋白尿病、牛产后血红蛋白尿、犬寄生虫性（如焦虫感染）贫血、发育不全性贫血等。

（2）各种原因引起的出血　急性失血达全身血量的20%时，可引起血压下降，甚至发生休克，失血达全血量的1/3时可危及生命。因此，当出现严重失血时应及时进行输血。

（3）白细胞减少症　输入新鲜血液后可刺激造血机能，使之得到改善。

（二）禁忌证

当机体出现严重心血管系统疾病、肾疾病和肝疾病时禁止进行输血。

二、血液的血型、血源和保存

（一）血型

动物的血型根据红细胞抗原分类。马有 8 种（A、C、D、K、P、Q、T 和 U 型）；牛有 11 种（A、B、C、F-V、J、L、M、N、S、Z 和 R′-S′ 型）；绵羊有 7 种（A、B、C、D、M、R-O、X-2 型）；猪有 13 种（A、B、C、E、F、G、H、I、J、K、L、M 和 N 型）；猫有 3 种（A、B 和 AB 型）。

犬的血型主要有犬红细胞抗原 1（dog erythrocyte antigen 1，DEA1）、DEA3、DEA4、DEA5、DEA6、DEA7 和 DEA8（或 A、B、C、D、F、Fr 和 Fe），其中 DEA1 又有 4 个亚型：1.1、1.2、1.3 和阴性。犬的红细胞表面有不止一个 DEA，如犬的红细胞可以是 DEA1.1 阳性或阴性，同时也可以是 DEA1.2 阳性或阴性，这些血型表现为等显性遗传，但 DEA1.1、DEA1.2、DEA1.3 和阴性不会在犬上同时出现。DEA1.1、DEA1.2 和 DEA7（尤其是 DEA1.1）是最强的抗原性因子，其阳性的犬血只能给相同血型的犬输，如果 DEA1.1、DEA1.2 和 DEA7 阴性的犬首次输入上述 3 种阳性血型中的任何一种或两种以上以后，第 2 次输入同一阳性血型时肯定会发生严重的输血反应。

（二）血源

1. 供血动物的选择 由于血源是输血的基础，因此，供血动物必须为健康动物，红细胞比容大于 40%，一般要求是成年、健康、无传染病和血液寄生虫病、以前未接受过输血、未孕和无体质过敏的同种健康动物。在犬，选择 DEA1.1、DEA1.2 和 DEA7 阴性者。灵缇犬血液的红细胞比容很高，静脉容易采血，并且血液中很少含有 DEA1.1、DEA1.2 和 DEA7，是理想的供血犬。

2. 采血方式及采血量 大动物通常采用颈静脉采血，猪可从前腔静脉采血，犬和猫可从前后肢头静脉采集，但通过颈静脉采集更为方便，目前更为常用。马属动物和牛一次可采集 2000～3000 mL 血液；犬、猫可按照 20 mL/kg 体重进行采集，通常一次总采血量不能超过总血量的 20%。采血的时间间隔不能低于 3 周。

（三）血液保存

为了防止血液凝固，保持或延长红细胞及其他血液成分的存活时间和活力，血液采集后必须加入抗凝剂保存，也可使用一次性带抗凝剂的采血袋保存。临床常用的抗凝剂及保存液有 3.8%～4.0% 枸橼酸钠、10% 氯化钙、ACD（acid citrate dextrose）液和 CPD（citrate phosphorus dextrose）液，使用具体要求如下。

（1）3.8%～4.0% 枸橼酸钠　该抗凝剂的加入量与血液的比例是 1∶9。其优点是抗凝时间长；缺点是随同血液进入动物体内后，很快与钙离子结合，使血液中的游离钙含量下降，因此，在大量输血后应注意补充钙制剂。在无菌条件下，采血后于 4℃保存，其理化性质和生物学特性在 7 d 内不发生变化。

（2）10% 氯化钙　其加入量与血液的比例也是 1∶9。其抗凝特点是通过提高血液中钙离子的含量，制止血浆中纤维蛋白原的脱出；缺点是抗凝时间比较短，抗凝血必须在 2 h 内用完。

（3）ACD 液　配方为：枸橼酸 0.47 g、水杨酸钠 1.33 g、无水葡萄糖 3 g，加注射用水至 100 mL，灭菌后备用，每 200 mL 全血中加入 50 mL 该液。ACD 液既能抗凝，又能供给能量，且红细胞在 ACD 液中于 4℃条件下可保存 29 d，其存活率仍可达到 70%。

（4）CPD 液　配方为：枸橼酸钠 2.63 g、枸橼酸 0.327 g、磷酸钠 0.222 g、葡萄糖 2.55 g，加注射用水至 100 mL，灭菌后备用，每 100 mL 全血中加入 14 mL 保存液。红细胞在 CPD 液中存活的时间要比在 ACD 液中长，存活率也高。

三、相合血检查

为防止输血过程中发生输血反应，在输血之前应该进行必要的检查，但由于动物的血型较为复杂，因此临床上多采用相合血检查以保证输血的安全性。

（一）血型抗原抗体检测

现已有商品化的犬用血型检测试纸或抗体，严格按照快速检测卡的说明书操作，抽取全血直接检测，结果与阴阳性对照比对。

（二）交叉配血（凝集）检查

交叉配血检查包括直接配血（主侧）和间接配血（次侧）两部分。直接配血（主侧）检查是检测受血动物的血清与供血动物的红细胞的配合情况，如发生凝集反应即称为配血不合，反之为配血相合。间接配血（次侧）检查是指检测受血动物的红细胞与供血动物的血清的配合情况，发生凝集为配血不合，反之为配血相合。

分别取供血和受血动物的新鲜血液，用 EDTA 抗凝。用 0.9% 氯化钠溶液洗 3 遍红细胞，分别以 1000 r/min 离心 15 s，去掉上清液。将红细胞配成 4% 红细胞盐水悬液。主侧配血：向 10 mm×75 mm 的试管加入两滴供血动物的 4% 红细胞盐水悬液和两滴受血动物的血清或血浆。次侧配血：向 10 mm×75 mm 的试管加入两滴受血动物的 4% 红细胞盐水悬液和两滴供血动物的血清或血浆。以 1000 r/min 离心 1 min。取出观察上清液有无溶血，轻轻晃动试管，观察有无凝血。

（三）三滴试验

取 4% 枸橼酸钠 1 滴，滴在清洁、干燥的载玻片上，然后分别在枸橼酸钠上滴入 1 滴供血动物和受血动物的血液，混匀，观察有无凝集反应。凝集即为不相合，不能输血；不凝集为相合，可以输血。

（四）生物学试验

在输血之前先对受血动物进行一般检查，包括体温、呼吸、脉搏、可视黏膜的色泽及一般状态等。之后将采集的少量供体血注入受血动物静脉内，注射 10 min 后观察受血动物的全身状况。如表现不安、呼吸和脉搏增数、呼吸困难、黏膜发绀等症状，即为生物学试验阳性，表示血液不相合，应停止输血，进行抢救；如无不良反应，即为生物学试验阴性，表示血液相合，继续将剩余的血液输完。大动物开始可注入 100～200 mL 血液，小动物可注入 10～20 mL 血液以观察反应。

四、输血的方法

（一）输血的途径

输血的途径有静脉内、动脉内、腹腔内及肌肉内和皮下，但以静脉内输血最为常用。大动物一般选择在颈静脉，犬、猫多选择在前后肢较粗大明显的静脉血管，猪多选择在耳缘静脉或前腔静脉。

（二）输血量

输血前 15 min 给予苯海拉明以防过敏。输血量主要依据患病动物的体况及失血的严重程度而定，通常情况下输血量为其体重的 1%～2%。大动物一般以止血为目的的输血量为 1 L 左右，以兴奋生理机能为目的的输血量可达 2 L 左右，以替代为目的的输血量可达 2～3 L。一般而言，不同动物的输血量为：幼驹和牛犊 1～2 mL/kg，马 3～5 L，牛 1～2 L，犬 20 mL/kg。另外要注意，为避免重复输血所产生的溶血反应，尽量避免用同一供血动物反复输血，或者尽可能缩短重复输血的时间间隔，一般在 3 d 以内，使患病动物在尚未形成特异性抗体之前进行重复输血。

（三）输血速度

输血速度主要取决于疾病的种类、心肺功能及环境温度。输血速度一般不宜过快，尤其是刚开始输血时速度一定要慢，同时观察患病动物有无输血反应，之后可适当加快速度，但大动物一般输血速度为 20～25 mL/min。马属动物和牛通常在 30 min 内完成 1 L 血液的输注。犬、猫的输血速度一般较慢，15 min 后如无明显反应，可适当增加速度，一般应小于 10 mL/(kg·h)。

（四）输血的类型

输血的类型主要包括全血输血和血液成分输血。

1. 全血输血　利用含有抗凝剂或血液保存液的容器收集血液，不做任何加工处理，此时的血液即为全血。一般将血液采集后 24 h 内的全血称为新鲜全血，其各种成分的有效存活率可达 70% 以上，之后其有效存活率逐渐衰减。全血保存是指将血液采入含有保存液的容器后尽快放入（4±2）℃冰箱内保存，保存时间根据保存液的种类而定。全血输血通常适用于大失血和血液病等。

2. 血液成分输血　血液成分通常是指血浆蛋白以外的各种血液成分制剂，包括红细胞、白细胞、血小板、外周造血干细胞、血浆和各种凝血因子制剂等由血液分离出的血液成分。血液成分输血可提高血液使用的合理性并减少其他血液成分带来的不良反应，同时还可节约血液资源。目前该法在国外小动物领域应用广泛，我国也有报道，虽应用较少，但对于珍稀动物和宠物具有良好的发展前景，同时也是临床输血技术发展的重要方向。

五、输血反应及并发症

在输血的过程中可能会发生一定的输血反应及并发症，常见的输血反应及并发症如下。

（1）过敏反应　可能的原因是输入的血液中含有致敏原，或者多次输血后体内产生过敏性抗体所引发的抗原抗体反应。其主要表现为呼吸急迫、痉挛、皮肤发红或荨麻疹等症状，严重者可引起休克，甚至死亡。发现过敏反应后应立即停止输血，并肌内注射肾上腺素和（或）糖皮质激素，同时积极进行对症治疗。

（2）*发热反应*　在输血期间或输血后短时间内体温升高 1℃以上，其发生的原因主要是抗凝剂或输血工具中含有致热原。另外，多次输血后产生的血小板凝集素或白细胞凝集素与输入的血小板或白细胞发生抗原抗体反应，可引起发热反应。其主要表现为发热、寒战、不安、呕吐（猪）、出汗（马）、血尿及结膜黄染等。多数发热反应可在数小时内自动消失。

在输血的过程中为防止发热反应的发生，一定要严格执行无菌操作和无热源技术；可在每 100 mL 血液中加入 2% 的盐酸普鲁卡因 5 mL，或者使用氢化可的松 50 mg；如果输血反应严重，应及时停止输血，同时积极进行对症治疗。

（3）*溶血反应*　主要是由输入错误血型的血液所引起的；输血前处理不当导致大量红细胞破坏也可引起溶血反应。其主要表现为输血过程中受血动物突然不安、呼吸急促、脉搏增数、肌肉震颤、尿频、可视黏膜发绀等。此时应立即停止输血，并配合强心、补液等对症措施治疗。

第七章 外科感染

第一节 概　　述

外科感染（surgical infection）是指需外科处理的感染性疾病，包括创伤、手术、烧伤、检查等并发的感染，是有机体对致病微生物的侵入、生长和繁殖造成损害的一种反应性病理过程。根据侵入体内的病原菌致病力的强弱、侵入部位及动物机体局部和全身的状态，外科感染可出现不同的结果。外科感染与其他感染的主要不同点是：绝大部分的外科感染是由外伤所引起的；一般均有明显的局部症状；常为混合感染；损伤的组织或器官常发生化脓和坏死，治疗后局部常形成瘢痕组织。

一、外科感染的分类

（一）按致病菌种类和病变性质分类

（1）非特异性感染（non-specific infection）　又称化脓性感染或一般感染。绝大多数外科感染属于非特异性感染，常见致病菌有金黄色葡萄球菌、溶血性链球菌、大肠杆菌、变形杆菌、铜绿假单胞菌（绿脓杆菌）等。通常首先表现为感染部位的急性炎症反应，继而形成局部化脓，如疖、痈、脓肿、伤口感染等，可由单一病菌引起感染，也可由几种病菌共同致病形成混合感染。

（2）特异性感染（specific infection）　一种致病菌只能引起一种特定的感染。主要的致病菌有结核杆菌、破伤风梭菌、产气荚膜梭菌、炭疽杆菌等，可引起不同于一般化脓性感染的特殊的病理变化，且各种特异性感染需不同的防治方法。

（二）按感染的病程分类

（1）急性感染（acute infection）　是指引起的病变以急性炎症为主、病程在 3 周以内的外科感染，大多数非特异性外科感染属于急性感染。

（2）慢性感染（chronic infection）　是指病程在 2 个月以上或时间更久的外科感染。未能及时或正确采取治疗措施的急性感染可转化为慢性感染。

（3）亚急性感染（subacute infection）　是指病程介于急性与慢性感染之间的外科感染，可由急性感染转化而来，通常与致病菌毒力弱而耐药性强或宿主抵抗力下降有关。

（三）其他分类

（1）单一感染（simplex infection）　是指由一种致病菌引起的感染。

（2）混合感染（mixed infection）　是指由几种致病菌共同致病造成的感染。

（3）继发性感染（secondary infection） 是指在原发性致病菌感染后，经若干时间又并发其他种致病菌感染。

（4）再感染（reinfection） 是指被原发性致病菌反复感染。

二、外科感染的途径

（1）外源性感染（exogenous infection） 是指致病菌通过皮肤或黏膜表面的创口侵入机体某部，随循环带至其他组织或器官内的感染。

（2）内源性感染（endogenous infection） 又称隐性感染，是指侵入有机体内的致病菌当时未被消灭而隐藏存活于某部（组织粘连部位、形成瘢痕的溃疡病灶和脓肿内、组织坏死部位、结扎和缝合的缝线上、形成包囊的异物等），当机体全身和局部的防卫能力降低时易发生此类感染。

三、外科感染常见的化脓性致病菌

（1）葡萄球菌 为革兰氏阳性菌，常存在于动物的皮肤、黏膜（口腔、鼻腔、扁桃体、咽喉）表面及肠道内。以金黄色葡萄球菌的致病力最强，主要产生溶血素、杀白细胞素和血浆凝固酶等，大部分的局部化脓性感染和某些全身性感染是由该菌所引起的，如疖、痈、脓肿、伤口感染、脓毒病等；形成的脓液呈黄白色或微黄色，量大而黏稠，无不良气味，可伴有转移性脓肿的形成。家兔对葡萄球菌感染的敏感性最强，其次是犬、牛、马，再次是山羊。

（2）链球菌 为革兰氏阳性菌，溶血性链球菌、绿色链球菌和粪链球菌（肠球菌）是三种常见的致病菌。其中，溶血性链球菌能产生溶血素和透明质酸酶、链激酶等多种酶，溶解细胞间质的透明质酸、纤维蛋白和其他蛋白质，破坏脓肿壁，使感染化脓过程呈现蔓延的倾向，形成的脓液比较稀薄，常呈淡红色液状，量较多。典型的感染是急性蜂窝织炎、化脓性关节炎、淋巴管炎及脓毒病等，也易引起败血症，但一般不并发转移性脓肿。

（3）大肠杆菌 为革兰氏阴性菌，大量存在于肠道内。在外科临床上大肠杆菌单一感染时的致病力不强，感染产生的脓液稀薄，无臭味，但与其他致病菌一起造成混合感染时，产生的脓液稀薄，呈褐色，有恶臭或粪臭味，常含有气泡。

（4）绿脓杆菌 为革兰氏阴性菌，常存在于肠道内和皮肤上，含有绿脓酶（溶解弹力素）及绿脓溶血素（对血液呈现损害作用）。常见于陈旧创、不良肉芽创、化脓性窦道、瘘管及溃疡内，特别是大面积的创面感染，形成绿色、具有腐霉气味、富有纤维蛋白的脓液。创口愈合很缓慢，有时能引起严重的败血症。绿脓杆菌对大多数抗菌药物不敏感，因此是继发性感染的重要致病菌。

（5）变形杆菌 为革兰氏阴性菌，存在于肠道和前尿道，是尿路感染、急性腹膜炎和烧伤感染的主要致病菌之一，形成的脓液具有特殊的恶臭。变形杆菌对大多数抗菌药物有耐药性。因此，该菌的混合感染经抗菌药物治疗后常可转变为单一感染。

（6）肺炎球菌 为革兰氏阳性双球菌，存在于呼吸道黏膜上。常见于胸腔、腹腔、关节滑膜囊及腱鞘腔内的化脓性感染，脓液初期量大而稀薄，继而变浓稠，有黏性，其中含有大量的纤维蛋白凝块。

四、外科感染的机制

致病菌侵入机体后能否发生感染及感染的发展和转归取决于机体的抵抗力与致病菌毒力之间

的斗争。病原体的致病因素和宿主的防御能力是始终贯穿于外科感染发生、发展过程中的两种相互制约的因素，表现为感染和抗感染、扩散和反扩散的相互作用。由于不同动物个体的内在条件和外界因素不同，有的主要表现局部感染症状，有的则局部和全身的感染症状都很严重。

（一）病原体的致病因素

在外科感染的发生和发展过程中，致病菌的数量和毒力起着极为重要的作用。致病菌的数量越多、毒力越强，发生感染的机会也越大。致病菌侵袭组织的能力主要取决于其产生的各种毒素和酶，通常称为病菌毒素。例如，金黄色葡萄球菌能产生凝固酶、溶血素、坏死毒素和杀白细胞素；溶血性链球菌能产生溶血素 O 和溶血素 S（破坏血细胞）、透明质酸酶（分解组织，使感染扩散）、链激酶和脱氧核糖核酸酶；革兰氏阴性菌、厌氧性类杆菌能产生内毒素（引起补体激活和感染性休克）等。此外，致病菌具有可附着于组织细胞以利于侵入的黏附因子。例如，许多致病菌有荚膜或微荚膜，能抗拒吞噬细胞的吞噬作用而在组织内生存繁殖，或在吞噬后抵御杀灭而仍在细胞内繁殖，导致组织细胞损伤、病变。

（二）宿主的防御能力

在动物的皮肤表面，被毛、皮脂腺和汗腺的排泄管内，消化道、呼吸道、泌尿生殖器及泪管的黏膜上，经常有各种微生物（包括致病能力很强的病原微生物），但这些微生物在正常的情况下并不呈现任何有害作用，这是因为有机体具有很好的防卫机能以防止其发生感染。

（1）皮肤、黏膜及淋巴结的屏障作用　皮肤表面被覆角质层及致密的复层鳞状上皮，pH 5.2～5.8；黏膜上皮由排列致密的细胞和少量间质细胞组成，表面常分泌酸性物质；某些黏膜表面还具有排出异物能力的纤毛。因此，在正常的情况下，皮肤及黏膜不仅具有阻止致病菌侵入机体的能力，还分泌溶菌酶、抑菌酶等杀死细菌或抑制细菌生长繁殖的抗菌性物质。淋巴结和淋巴滤泡可固定细菌，阻止它们向深部组织扩散或将其消灭。

（2）血管及血脑的屏障作用　血管的屏障是由血管内皮细胞及血管壁的特殊结构所构成的，在一定程度上可阻止进入血液内的致病菌进入组织中。血脑的屏障则由脑内的毛细血管壁、软脑膜及脉络丛等构成，可阻止致病菌及外毒素等从血液进入脑脊液和脑组织。

（3）体液中的杀菌因素　血液和组织液等体液中含有补体等杀菌物质。它们可单独对致病菌呈现抑菌或杀菌作用，也可与吞噬细胞、抗体等联合起来杀死细菌。

（4）吞噬细胞的吞噬作用　网状内皮系统的细胞和血液中的中性粒细胞等均属机体内的吞噬细胞，可吞噬侵入体内的致病菌和微小的异物，并进行溶解和消化。

（5）炎症反应和肉芽组织　当致病菌侵入机体后，局部很快发生炎症反应，炎症区域充血、淤血、血浆成分渗出和白细胞游出，网状内皮细胞也明显增生，这些变化都有利于防止致病菌的扩散和毒素的吸收、消灭致病菌和清除坏死组织。炎症后期或慢性阶段，肉芽组织逐渐增生，在炎症和周围的健康组织之间构成防卫性屏障。肉芽组织的表层主要是渗出的细胞和增生的巨噬细胞，通过它们的吞噬、分解和消化作用使肉芽组织具有明显的消除致病菌的作用，从而更好地阻止致病菌的扩散，并参与损伤组织的修复，使炎症局限化。

（6）透明质酸　透明质酸是细胞间质的组成成分，而细胞间质是由基质和纤维成分所组成的。在正常情况下，结缔组织基质能阻止致病菌沿结缔组织间隙扩散。透明质酸对许多致病菌所分泌的透明质酸酶有抑制作用，参与组织和器官的防卫机能。

总之，进入体内的致病菌在条件适宜的情况下，经过一定的时间即可大量生长繁殖以增强其毒害作用，进而突破机体组织的防卫屏障，表现出感染的临床症状。感染发展的速度取决于致病菌的数量和毒力、单一感染或是混合感染、外伤的部位、外伤组织和器官的特性、创伤是否静止、肉芽组织是否健康和完整、动物的神经机能状态等因素。外科感染因这些因素的不同而出现不同的结局。

（三）外科感染的演变和转归

外科感染的演变是动态过程，致病菌、机体的抵抗力及治疗措施三方面的消长决定了不同时期的感染可向不同的方向发展，其转归可有以下 3 种。

（1）局限化、吸收或形成脓肿　当动物机体的抵抗力占优势时，感染就会局限化，有的自行吸收，有的形成脓肿。小的脓肿也可自行吸收，较大的脓肿在破溃或经手术切开引流后，转为恢复过程，病灶逐渐形成肉芽组织、瘢痕而愈合。

（2）转为慢性感染　当动物机体的抵抗力与致病菌的致病力处于相持状态时，感染病灶局限化，形成溃疡、瘘、窦道或硬结，由肉芽组织包围，不易愈合。病灶内仍有致病菌，一旦机体的抵抗力降低时，感染可重新发作。

（3）感染扩散　在致病菌的毒力超过机体的抵抗力时，感染不能局限化，可迅速向四周扩散，或经淋巴、血液循环引起不同程度的全身性感染。

五、症状

（1）局部症状　红、肿、热、痛和机能障碍是化脓性感染的 5 个典型局部症状。但是，这些症状并不一定全部出现，因病程迟早、病变范围及位置深浅而异。病变范围小或位置深的，局部症状不明显。深部感染可仅有疼痛及压痛、表面组织水肿等。这些症状的病理基础就是炎症反应过程中的充血、渗出和坏死。

（2）全身症状　轻重不一，感染轻微的可无全身症状，感染较重的有发热、心跳和呼吸加快、精神沉郁、食欲减退等症状；感染较为严重、病程较长时可继发感染性休克、器官衰竭等；感染严重的甚至出现败血症。

六、诊断

1）一般根据局部和（或）全身的临床表现可做出正确诊断。

2）必要时可进行一些辅助检查，如诊断性穿刺、实验室检查、超声波、X 线检查等。一般均有白细胞总数增加和核左移，但某些感染，特别是革兰氏阴性杆菌感染时，白细胞总数增加不明显，甚至减少；免疫功能低下的患病动物也可表现类似的情况。B 超、X 线检查等有助于诊断深部脓肿或体腔内脓肿，如肝脓肿、脓胸、脑脓肿等。感染部位的脓液应做细菌培养及药敏试验，有助于正确选用抗生素。怀疑全身感染时，可进行血液细菌培养检查，包括需氧培养及厌氧培养，以明确诊断。

七、治疗

治疗外科感染的原则是：去除感染病因和毒性物质，增强动物机体的抗感染和修复能力。因此，对外科感染的预防和治疗不能局限于应用抗生素及单一的外科手术，而是既要消除外源性因素、切断感染源，又要及早预防和注意营养支持，提高动物机体的免疫力等，充分调动机体的防御功能，对控制和预防外科感染具有积极的临床意义。

（一）局部治疗

目的是使病灶的化脓感染局限化，减少组织坏死和毒素吸收，顺利地排出脓液、创液，减轻疼痛，促进组织的再生修复过程。

（1）休息及患部制动　使动物安静、充分休息，以减少疼痛刺激和恢复体力。同时，限制动物活动或在局部装支架、绑绷带等，避免刺激患部。在进行细致的外科处理后，根据情况决定是否包扎。

（2）理疗与外部用药　有改善局部血液循环、消肿、加速感染灶局限化及促进肉芽组织生长的作用。除温热疗法外，红外线、超短波、频谱、特定电磁波等理疗方法，对急性局部感染病灶的早期有较好的治疗效果，但必须选用得当、应用合理。浅在的急性病变，组织肿胀明显时，可局部涂擦刺激剂，使局部发生主动性充血，以利于炎症的消散吸收或脓肿成熟。例如，鱼石脂软膏用于疖等较小的感染，50% 硫酸镁溶液湿敷用于蜂窝织炎。当脓肿形成后热疗是禁忌的；感染的伤口创面则需要换药处理。

（3）手术治疗　包括脓肿切开术和感染病灶的切除。急性外科感染形成的脓肿应及时进行手术切开。局部炎症反应剧烈、迅速扩散或全身中毒症状严重时，虽未形成脓肿，也应尽早局部切开减压，引流渗出物，以减轻局部和全身的症状，阻止感染继续扩散。若脓肿已破溃，但排脓不畅，则应人工引流，只有引流通畅，病灶才能较快愈合。

（二）全身治疗

全身治疗的目的在于保护器官和组织，使其不被致病菌、毒素及分解产物所毒害；提高机体的防卫机能，改善中枢神经系统的营养状态，调节机体代谢的平衡；改善造血器官及排泄器官的机能，改变血氧不足和组织乏氧的状态，抑制致病菌的生长繁殖等。

1. 抗菌药物　合理、适当地应用抗菌药物是治疗外科感染的重要措施。

（1）用药原则　尽早分离、鉴定病原菌并做药敏试验。预防用药的剂量应适当，以防产生耐药性和继发感染。联合应用抗生素必须有明确的适应证和指征。值得注意的是抗生素疗法并不能取代其他治疗方法。因此，严重外科感染时必须采取综合性治疗措施。

（2）药物选择　①葡萄球菌：轻度感染选用青霉素、增效磺胺甲基异噁唑（SMZ-TMP）或红霉素、麦迪霉素等大环内酯类抗生素；重度感染选用苯唑青霉素或头孢唑啉钠与氨基糖苷类抗生素合用；其他抗生素不能控制的葡萄球菌感染可选用万古霉素。②溶血性链球菌：首选青霉素，其他可选用红霉素、头孢唑啉等。③大肠杆菌及其他肠道革兰氏阴性菌：选用氨基糖苷类抗生素、喹诺酮类或头孢唑啉等。④绿脓杆菌：首选药物为哌拉西林，另外环丙沙星、头孢他啶及头孢哌酮对绿脓杆菌也有效，上述药物常与丁胺卡那霉素或妥布霉素合用。⑤类杆菌及其他梭状菌芽孢杆菌：首选甲硝唑，此外可选用大剂量的青霉素或哌拉西林、氟苯尼考、林可霉素等。

（3）给药方法　对轻症和较局限的感染，一般可肌内注射；但对严重感染应静脉给药，除个别的抗菌药物外，分次静脉注射法较好，与静脉滴注相比，它产生的血清内和组织内的药物浓度较高。

（4）联合用药　严重的外科感染常常是混合感染，用抗菌药物治疗时应选择对需氧菌和厌氧菌有效的药物联合应用。一般而言，多数情况下选择应用杀菌类抗生素（如青霉素＋氨基糖苷类）；严重的绿脓杆菌感染时，联合应用羧苄青霉素和氨基糖苷类；肠道手术或腹内感染

（如腹膜炎）等，可联合应用哌拉西林和甲硝唑（也可选用氨基糖苷类＋甲硝唑或克林霉素）。

（5）停药时间　一般认为在全身情况和局部感染灶好转后 3～4 d，即可停药。但严重全身感染停药不能过早，以免感染复发。

2. 对症支持疗法　根据动物的具体情况进行必要的对症治疗，包括适量补液以补充水和电解质的不足；调节酸碱平衡；应用钙制剂可以改善无机盐类代谢紊乱（化脓性感染时出现明显的低血钙症）；补充糖原以增强肝的解毒机能和改善循环；改善饲养管理，给饲营养丰富的饲料和补给大量维生素（特别是维生素 A、维生素 B、维生素 C 等）以提高机体的抗病能力；对症治疗，如强心、利尿、解毒、降温、镇痛及改善胃肠道功能等。

第二节　外科局部感染

一、疖

疖（furuncle）是指细菌经毛囊和汗腺侵入引起的单个毛囊及其所属皮脂腺的急性化脓性感染。若仅限于毛囊的感染称为毛囊炎，而同时或连续发生在动物全身各部位的疖称为疖病。

病因与病理　疖的直接病因是皮肤受到摩擦、刺激、汗液的浸渍及污染，致病菌主要是金黄色或白色葡萄球菌。动物被毛不洁、毛囊及其所属皮脂腺排泄障碍、维生素缺乏、气候炎热及动物对感染的抵抗力下降均能促使疖的发生，常继发为疖病，各类动物均可发生。毛囊及其所属皮脂腺发生炎性浸润后不久，在病灶中央形成由坏死的毛囊、皮脂腺及其邻接组织与崩解的白细胞和大量的葡萄球菌构成的疖心，疖心最初与周围的浸润组织密切连接在一起，以后则逐渐被溶解而形成小脓肿。

症状　动物的疖多发生于四肢，其次见于背部、腰部及臀部等处，但由于动物种类不同和皮肤厚薄不一，所表现的症状各异。发生于皮肤薄的部位时，最初局部出现温热而剧烈疼痛的圆形肿胀结节，界限明显，呈坚实样硬度，继而病灶顶端出现明显的小脓疱，中心部有被毛竖立；以后于其周围出现明显的炎性肿胀，肿胀坚硬，触诊有剧痛；很快即在炎性病灶的中央出现波动明显的小脓肿，此种疖性脓肿具有完整的脓肿膜并突出于皮肤表面。发生于皮肤厚的部位时，首先在毛囊周围的组织中迅速地发生浸润；病初肿胀不明显，触诊有剧痛，以后逐渐增大，但不突出于皮肤表面，而是在毛囊周围的组织形成炎性浸润，并迅速向周围及深部蔓延，很快也形成小脓肿。

病程经数日后，病灶区的脓肿可自行破溃，流出乳汁样微黄白色脓液，局部形成小的溃疡，炎症随之消退，其后表面被覆肉芽组织和脓性痂皮。疖常无全身症状，但发生疖病时，动物常出现体温升高、食欲减退、乳牛泌乳量降低等全身症状。

预后　疖经过良好时，其炎性浸润可不化脓而逐渐消退。疖性脓肿破溃后一般均可迅速形成瘢痕而治愈。若致病菌毒力很强而机体抵抗力又显著降低时，疖可以继发疖病、化脓性血栓性静脉炎、蜂窝织炎，甚至发生败血症而使病情恶化。

治疗

（1）促进炎症消退　早期红肿阶段可进行热敷或超短波、红外线、低功率氦氖激光照射等理疗，也可敷贴加油调成糊状的中药金黄散、玉露散或鱼石脂软膏等，或者在浸润期疖的病灶周围注射青霉素盐酸普鲁卡因溶液。

（2）及时排脓　当形成疖性脓肿时，应立即切开。不论自溃或手术切开的疖性脓肿均进行开放疗法，局部可涂2%煌绿乙醇或5%高锰酸钾溶液、2%鱼肝油红汞、魏氏流膏等，但处理过程中禁忌挤压排脓。

（3）脱脂乳疗法或自家血疗法　对慢性疖病，可向患畜膝褶的皮下注射脱脂乳5～10 mL（犬、猫等小动物用量酌减）；也可使用自家血疗法，从患病家畜的颈静脉中采血40～50 mL（犬、猫等小动物用量酌减）立即注于颈部皮下，可每隔3～5 d应用一次或连用7 d为一个疗程。

（4）抗菌治疗　对表现全身症状的疖或疖病，或并发急性淋巴结炎、淋巴管炎时，应全身给予抗生素，加强饲养管理，消除引起疖病的各种因素。

二、痈

痈（carbuncle）是指由致病菌同时侵入多个相邻的毛囊、皮脂腺或汗腺所引起的急性化脓性感染。有时痈为许多个疖融合而成，实际上是疖和疖病的扩大，其发病范围已侵害皮下的深筋膜。

病因与病理　痈的致病菌主要是葡萄球菌，其次是链球菌，有时则是葡萄球菌和链球菌的混合感染。感染通常从毛囊底部开始，可同时侵及若干并列的皮脂腺或最初只侵及一个皮脂腺而发生疖，感染沿皮下组织蔓延，再沿深筋膜向外周扩展，上传入毛囊群而形成具多个脓头的痈。

症状　痈初期表现患部迅速肿大、剧烈疼痛的化脓性炎性浸润，此时局部皮肤紧张、坚硬、界限不清；继而在病灶中央区出现多个脓点，破溃后呈蜂窝状；之后病灶中央部皮肤、皮下组织坏死脱落，在其自行破溃或手术切开后形成大的脓腔。痈深层的炎症范围超过外表脓灶区。除局部疼痛外，患病动物常有寒战、高热等全身症状。痈常伴有淋巴管炎、淋巴结炎和静脉炎。病情严重者可引起全身化脓性感染，血常规检查白细胞数明显升高。

治疗　按照局部和全身治疗相结合的原则，在痈的初期，全身应用抗生素，如青霉素、红霉素类药物，动物患部制动、适当休息和补充营养；局部配合使用50%硫酸镁，也可用金黄膏等外敷。病灶周围采用盐酸普鲁卡因封闭疗法可获得较好的疗效。如局部水肿的范围大，并出现全身症状时，可行局部十字切开，术后应用开放疗法。

三、脓肿

在任何组织或器官内形成外有脓肿膜包裹、内有脓液潴留的局限性脓腔时称为脓肿（abscess），是致病菌感染后所引起的局限性炎症过程，以局限化感染并在腔内出现脓液为特征。如果在解剖腔内（胸膜腔、喉囊、关节腔、鼻窦）有脓液潴留则称为蓄脓，如关节蓄脓、上颌窦蓄脓、胸膜腔蓄脓等。

病因　大多数脓肿是由致病菌感染所引起的，最常继发于急性化脓性感染的后期。致病菌侵入的主要途径是皮肤或伤口。引起脓肿的致病菌主要是葡萄球菌，其次是化脓性链球菌、大肠杆菌、绿脓杆菌和腐败菌，犬及猪的脓肿绝大部分是金黄色葡萄球菌感染的结果，牛有时可见因结核杆菌、放线杆菌感染形成冷性脓肿。由于动物的种类不同，对同一致病菌的感受性也有差异。例如，马感染绿脓杆菌所引起的脓肿常呈慢性经过，但猪则发生急性脓肿并出现严重的全身症状。

除感染因素外，误将各种刺激性的化学药品，如水合氯醛、氯化钙、高渗盐水及砷制剂等，注射或漏注到静脉外也可引起脓肿；注射时不遵守无菌操作规程引起注射部位脓肿；也有的是致病菌由原发病灶经血液或淋巴转移至某一新的组织或器官内所形成的转移性脓肿。

病理　在致病菌的作用下，患病动物机体出现一系列的应答性反应。化脓感染初期，首先在炎性病灶的局部呈现酸度升高、血管壁扩张、血管壁的渗透性增加等反应，随后以中性粒细胞为主的炎性细胞经血管壁大量渗出；由于病灶部位的体液循环障碍及炎性细胞浸润，局部组织细胞受到强烈压迫，造成局部组织血液循环和代谢紊乱，导致细胞大量坏死和有毒产物及毒素的积聚，后者又加重细胞的坏死；中性粒细胞分泌蛋白分解酶以促进坏死组织细胞溶解，逐渐在炎症病灶的中央形成充满脓液的腔洞；腔洞周围有肉芽组织构成的脓肿膜，随着脓肿膜的形成，脓肿成熟。

脓肿内的脓液由脓清、脓球和坏死分解的组织细胞组成。脓清一般不含纤维素，因此不易凝固。脓球的组成在脓肿形成的不同阶段有明显的不同，一般由多种细胞组成，以分叶核白细胞为最多，其核和原生质呈现各种变性变化；其次是淋巴细胞、嗜酸性粒细胞、嗜碱性粒细胞、单核细胞及巨噬细胞，有的还含有少量的红细胞。组织分解产物包括组织细胞的分解碎片、坏死组织碎片、骨碎粒、软骨碎片等。病灶周围形成的脓肿膜将感染组织与健康组织隔离，具有限制脓肿扩散和减少从脓肿病灶吸收有毒产物的作用。脓肿膜由两层细胞组成，内层为坏死的组织细胞，外层是具有吞噬能力的间叶细胞，当脓液排出后脓肿膜就成为肉芽组织，最后逐渐成为瘢痕组织而使脓肿治愈。

分类

（1）根据脓肿发生的部位可分为浅在性脓肿和深在性脓肿　浅在性脓肿常发生于皮下结缔组织、筋膜下及表层肌肉组织内；深在性脓肿常发生于深层肌肉、肌间、骨膜下及内脏器官。

（2）根据脓肿经过可分为急性脓肿和慢性脓肿　急性脓肿经过迅速，一般3～5 d即可形成，局部呈现急性炎症反应；慢性脓肿发生发展缓慢，缺乏或仅有轻微的炎症反应。

症状

（1）浅在急性脓肿　初期局部肿胀，但与周围组织无明显的界限，触诊局部温度升高、坚实、有疼痛反应；之后肿胀逐渐清晰成局限性，与周围组织形成坚实样的分界线；在肿胀的中央开始软化并出现波动，并可自溃排脓，但常因皮肤溃口过小，脓不易排尽。

（2）浅在慢性脓肿　一般发生缓慢，虽有明显的肿胀和波动感，但缺乏温热和疼痛反应或非常轻微。

（3）深在急性脓肿　由于部位深在，加之被覆较厚的组织，局部增温不易触及。常出现皮肤及皮下结缔组织的炎性水肿，触诊时有疼痛反应并常有指压痕。在压痛和水肿明显处穿刺，抽出脓液即可确诊。

较大的深在性脓肿如未能及时治疗，脓肿膜可发生坏死，最后在脓液的压力下可穿破皮肤自行破溃，也可向深部发展，压迫或侵入邻近的组织和器官，引起感染扩散而呈现较明显的全身症状，严重时还可能引起败血症。

内脏器官的脓肿常常是转移性脓肿或败血症的结果，严重地损害发病器官的功能。例如，牛创伤性心包炎，心包、膈肌及网胃和膈的连接处常见到多发性脓肿，病牛慢性消瘦，体温升高，食欲减退和精神不振，血常规检查时白细胞数明显增多，最终导致心脏衰竭而死亡。

诊断　浅在性脓肿一般根据临床表现即可确诊，深在性脓肿可经穿刺和超声波检查后确诊（穿刺检查流出脓液或于针尖部带出干酪样的脓液），不但可确诊脓肿是否存在，还可确定脓肿的部位和大小。

诊断脓肿时，必须与血肿、淋巴外渗、挫伤和某些疝相区别。当脓肿尚未成熟或脓腔内的脓液过于黏稠时常不能排出脓液，但在后一种情况下针孔内常有干涸黏稠的脓液或脓块附着。根据脓液的性状并结合细菌学检查，可进一步确定脓肿的致病菌。由葡萄球菌感染产生的脓液一般呈微黄色或黄白色，黏稠，臭味小；链球菌，特别是溶血性链球菌感染产生的脓液稀薄，微带红色；大肠杆菌感染产生的脓液呈暗褐色，稀薄有恶臭；绿脓杆菌感染产生的脓液呈苍白绿色或灰绿色，黏稠，而坏死组织呈浅灰绿色；牛结核杆菌感染所产生的脓液稀薄，有絮状物及乳脂样块；鸡的脓液常呈灰白色，黏稠，有干酪样块；腐败性致病菌感染时，脓液呈污秽绿色或巧克力糖色，稀薄而有恶臭。

治疗 局部肿胀处于急性炎性细胞浸润阶段时，用冷疗法或局部涂擦樟脑软膏；当炎性渗出停止后，用温热疗法或局部敷雄黄散（雄黄 10 g，黄柏 100 g，冰片 5 g，研细末，醋调）和金黄散（雄黄 50 g，白芥子 25 g，黄柏 30 g，栀子 50 g，白芨 40 g，大黄 50 g，官桂 30 g，研细末，醋调）。必要时配合全身应用抗生素或磺胺类药物。

用热敷法或局部涂布 5% 鱼石脂软膏，以促进脓肿的成熟。

对成熟的脓肿采用手术治疗。

（1）脓液抽出法　适用于关节部脓肿膜形成良好的小脓肿。按手术常规对局部进行剪毛消毒后，用注射器将脓肿腔内的脓汁抽出，然后用生理盐水反复冲洗脓腔，抽净腔中的液体，最后灌注混有抗生素的溶液。

（2）脓肿切开法　切口选在波动最明显且容易排脓的部位，按手术常规对局部进行剪毛消毒，为防止脓肿内的脓液向外喷射，可先用粗针头将脓液排出一部分；深在性脓肿切开时，可于浸润麻醉下逐层切开，并要彻底止血，以防引起转移性脓肿。脓肿切开后，切忌用力压挤脓肿壁或用力擦拭脓肿膜里面的肉芽组织，如一个切口不能彻底排空脓液时也可根据情况做必要的辅助切口；用 0.1% 高锰酸钾溶液、0.1% 新洁尔灭溶液、5% 碳酸氢钠溶液、5% 硫酸镁溶液等反复清洗脓腔，创内按化脓创用药和引流。

脓肿切开引流治疗

（3）脓肿摘除法　用于治疗脓肿膜完整的浅在性小脓肿。此时需注意勿刺破脓肿膜，预防新鲜手术创被脓液污染。

四、蜂窝织炎

蜂窝织炎（phlegmon）是指疏松结缔组织发生的急性弥漫性化脓性感染。常发生在皮下、筋膜下、肌间隙或深部疏松结缔组织，病变不易局限，扩散迅速，与正常组织无明显界限，病灶内形成浆液性、化脓性和腐败性渗出液，并伴有明显的全身症状。

病因 溶血性链球菌是主要的引起蜂窝织炎的致病菌，其次为金黄色葡萄球菌，或大肠杆菌及厌氧菌等。一般多由皮肤或黏膜的微小创口的原发病灶感染引起，或因邻近组织的化脓性感染扩散，或通过血液循环和淋巴循环的转移。偶见于继发某些传染病，刺激性强的化学制剂误注或漏入皮下疏松结缔组织。

病理 动物机体的防御机能、局部解剖学特点和致病菌的种类、毒力、数量在蜂窝织炎的发生发展中起决定性的作用。当动物机体营养不良、维生素缺乏、患有全身性疾病等致使机体防御机能显著下降时，如果皮肤或黏膜发生创伤引起化脓感染，或创内存有大量凝血块、坏死组织、异物，或治疗不当等，破坏肉芽防卫层，就极易使感染向周围组织蔓延扩散而发生蜂窝织炎。致病菌，特别是链球菌产生的透明质酸酶和链激酶能加速结缔组织基质和纤维蛋白的溶解，使致病菌和毒素向周围组织扩散，导致化脓性感染沿着疏松结缔组织的间隙向周围扩散。

蜂窝织炎的初期，由于感染的疏松结缔组织内发生急性浆液性渗出，渗出液大量积聚而出现水肿；随后因白细胞，特别是中性粒细胞渗出的增加而使透明或微黄色的渗出液逐渐变混浊；游走至发炎组织中的白细胞（主要是中性粒细胞）不断死亡、崩解，释放出蛋白酶，加之致病菌和局部坏死组织细胞的崩解也释放出组织蛋白酶等溶解酶，这些酶共同溶解坏死的发炎组织而形成化脓性浸润；化脓性浸润约经 2 d 即可转变为化脓灶，感染部位的疏松结缔组织呈弥漫性化脓性溶解或形成蜂窝织炎性脓肿。此时，脓肿膜上的肉芽性防卫层发育不良，易破溃。

分类

1）按蜂窝织炎发生部位的深浅可分为浅在性蜂窝织炎（皮下、黏膜下蜂窝织炎）和深在性蜂窝织炎（筋膜下、肌间、软骨周围、腹膜下蜂窝织炎）。

2）按蜂窝织炎渗出液的性状和组织的病理变化可分为浆液性、化脓性、厌氧性和腐败性蜂窝织炎，如化脓性蜂窝织炎伴发皮肤、筋膜和腱的坏死时则称为化脓坏死性蜂窝织炎，在临床上也常见到化脓菌和腐败菌混合感染而引起的化脓腐败性蜂窝织炎。

3）按蜂窝织炎扩散的范围可分为局限性蜂窝织炎和弥漫性蜂窝织炎。

4）按蜂窝织炎发生的部位可分为关节周围蜂窝织炎、食管周围蜂窝织炎、淋巴结周围蜂窝织炎、股部蜂窝织炎、直肠周围蜂窝织炎等。

症状　蜂窝织炎多呈急性经过，病程发展迅速。局部症状主要表现为大面积肿胀、局部增温、疼痛剧烈和机能障碍。全身症状主要表现为精神沉郁、体温升高、食欲减退，并出现各系统的机能紊乱。

（1）皮下蜂窝织炎　常发于四肢，特别是后肢。病初局部出现弥漫性渐进性肿胀，呈捏粉状，有指压痕，触诊时热痛反应非常明显。稍后局部肿胀变为坚实感，局部皮肤紧张，无可动性。随着局部炎症由浆液性渗出转变为化脓性浸润，患部肿胀更加明显，热痛反应剧烈，患病动物体温显著升高。当局部坏死组织的化脓性溶解形成化脓灶时，肿胀部位触诊柔软而有波动感。经过良好者化脓过程局限化或形成蜂窝织炎性脓肿，脓液排出后患病动物的局部和全身症状减轻；病程恶化时化脓灶继续往周围和深部蔓延，使病情加重。

（2）筋膜下蜂窝织炎　常发生于前肢的前臂筋膜下、鬐甲部的深筋膜和棘横筋膜下，以及后肢的小腿筋膜下和阔筋膜下的疏松结缔组织中。患部热痛反应剧烈，机能障碍明显，患部组织呈坚实性炎性浸润。随着感染沿发病筋膜向周围组织蔓延，全身症状严重恶化，甚至发生全身化脓性感染而引起动物的死亡。当颈静脉注射刺激性强的药物时，如误注和漏入到颈部皮下或颈深筋膜下，可引起筋膜下的蜂窝织炎；注射后 1～2 d 局部出现明显的渐进性肿胀，有热痛反应，无明显的全身症状；如并发化脓或腐败感染，局部出现化脓性浸润（3～4 d 后），继而出现化脓灶，如未及时切开可自行破溃流出微黄白色较稀薄的脓液；有时可继发化脓性血栓性颈静脉炎，当动物采食时，由于饲槽对患部的摩擦或其他原因，常造成颈静脉血栓的脱落而引起大出血。

（3）肌间蜂窝织炎　常继发于开放性骨折、化脓性骨髓炎、关节炎及腱鞘炎。有些是皮下或筋膜下蜂窝织炎蔓延的结果。感染可沿肌间和肌群间大动脉及大神经干的径路蔓延，首先是肌外膜，然后是肌间组织，最后是肌纤维。先发生炎性水肿，继而形成脓性浸润并逐渐发展成为化脓性溶解。患部肌肉肿胀、肥厚、坚实、界限不清，机能障碍明显，触诊和他动运动时疼痛剧烈；表层筋膜因组织内压升高而高度紧张，皮肤可动性受到很大的限制。肌间蜂窝织炎时全身症状明显，体温升高，精神沉郁，食欲减退。局部已形成脓肿时，切开后可流出灰色、常带血样的脓液。有时由化脓性溶解可引起关节周围炎、血栓性血管炎和神经炎。

治疗 蜂窝织炎的治疗应以减少炎性渗出、抑制感染扩散、减轻组织内压、改善全身状况、增强机体抗病能力、局部和全身疗法并举为原则。早期较浅表的蜂窝织炎以局部治疗为主，部位深、发展迅速、全身症状明显者应尽早全身应用抗生素和磺胺药物。

（1）局部疗法

1）在最初 24～48 h，当炎症继续扩散、组织尚未出现化脓性溶解时，可用高渗中性盐溶液冷敷；当炎性渗出停止时，可用上述溶液温敷，局部涂布消肿的药剂如金黄散、雄黄散等。同时应用盐酸普鲁卡因进行四肢环状封闭或病灶周围封闭。

2）蜂窝织炎一旦炎性渗出不能停止，不待形成化脓性坏死，就应在局部或全身麻醉条件下尽早做广泛切开，并尽快引流。切口部位在炎症最明显处，切口数量依肿胀范围大小而定，可多处切开，切口的长度应利于引流又利于愈合；创内用 10%～20% 硫酸镁溶液冲洗，用硫酸镁新洁尔灭液（硫酸镁 100～200 g、新洁尔灭 1 mL，加水至 1000 mL）、魏氏流膏纱布引流。当炎性渗出停止时，按创伤治疗用药。

3）如经上述治疗后体温暂时下降，复而升高，肿胀加剧，全身症状恶化，则说明可能有新的病灶形成，或存有脓窦及异物，或引流纱布干涸堵塞因而影响排脓，或引流不当所致，应针对具体原因进行相应的处理。

（2）全身治疗 早期应用青霉素、链霉素、头孢菌素类、喹诺酮类抗生素或磺胺制剂，直至肿胀消失为止；纠正水和电解质及酸碱平衡的紊乱。为预防和治疗败血症，还可配合应用碳酸氢钠、乌洛托品、葡萄糖、樟脑乙醇（樟脑 4 mL、乙醇 200 mL、葡萄糖 60 mL、0.8% 氯化钠溶液 700 mL，制成溶液混合灭菌，马、牛每次静注 250～300 mL）。对患病动物要加强饲养管理，特别是多给些富有维生素的饲料。

如蜂窝织炎已转入慢性过程，并已出现象皮病的症状时，应及早采取有效的治疗措施。重点是要改善血液和淋巴循环及减轻象皮病部的水肿。此时最好局部应用物理疗法（石蜡疗法、中波透热疗法、短波透热疗法、超短波疗法、中波透热碘离子透入疗法、光疗法、CO_2 激光照射等），以促进炎症产物迅速消散吸收。此外，还应使用强心利尿药，配合内服氯化铵，并加强牵遛以改善局部的血液和淋巴循环。

第三节 全身化脓性感染

致病菌侵入机体的血液循环，并在其中生长繁殖或产生毒素，引起严重的全身性感染症状或中毒症状，称为全身性外科感染。由于引起全身性外科感染的致病菌以化脓菌最常见，故又称为全身化脓性感染。败血症（septicemia）和脓血症（pyemia）都属于全身性感染，前者是指致病菌进入血液循环，并在其中迅速繁殖导致出现全身感染症状（临床最常见）；后者是指细菌栓子或感染血栓从感染灶间隙进入血液循环，并在全身其他组织器官内形成转移性、多发性脓肿。

菌血症（bacteremia）、毒血症（toxemia）不属于全身化脓性感染，前者指的是少量致病菌侵入血液循环内，迅速被机体的防御系统所清除，不引起或仅引起短暂而轻微的全身反应；后者指的是由于致病菌产生的大量毒素、严重损伤或感染后组织破坏分解产物进入血液循环而导致的剧烈的全身反应，致病菌并不侵入血液循环。但是，临床上败血症、脓血症、菌血症、毒血症多为混合型，难以截然分开。败血症本身就已包含毒血症，而败血症和脓血症可同时存在，称为脓毒败血症（pyosepthemia）。

随着分子生物学的发展和对感染病理生理的进一步认识，近年来有人主张全身化脓性感染不再沿用以往的"败血症"一词，而是指脓毒症（sepsis）和菌血症。脓毒症指的是由感染引起的全身性炎症反应，体温、循环、呼吸、神志发生明显改变，用于区别一般非侵入性的局部感染，包括了以前的化脓性感染的全部概念；菌血症是脓毒症的一种，即血培养检出病原菌者，但不同于以往一过性菌血症概念，指的是临床上有明显感染症状的菌血症。

病因与病理 全身化脓性感染常继发于严重创伤后的感染和各种化脓性感染，如开放性骨折、局部化脓感染、腹膜炎等，也是外科手术后的一种严重并发症。引起全身化脓性感染的致病菌主要有金黄色葡萄球菌、溶血性链球菌、大肠杆菌、厌气菌和腐败菌等，有时呈单一感染，有时是两三种致病菌混合感染，其中革兰氏阴性杆菌引起败血症更为常见。局部感染治疗不及时或处理不当，如粗暴地处理创伤使其防卫性肉芽面受到损伤，脓肿引流不及时或引流不畅，清创不彻底使创内存有大量脓液，创液和坏死组织分解产物不能排出创外，创内有异物、坏死灶和脓窦等；致病菌繁殖快、毒力强；机体营养不良、过劳、衰竭、贫血及某些疾病等导致动物抵抗力下降；动物正常免疫功能的改变等，均可引起全身化脓性感染。此外，不适当地使用抗生素、激素等，也有导致全身化脓性感染的危险；在使用广谱抗生素治疗严重感染的过程中，也有发生真菌性败血症的危险。

机体内存在有化脓性、厌氧性、腐败性感染或混合性感染是发生全身化脓性感染的基础，而是否发生全身化脓性感染，一方面取决于动物机体的防卫机能，另一方面取决于致病菌的种类、数量、毒力。有的只发生疖、痈和脓肿等局部感染，有的则发生蜂窝织炎，甚至有时局部感染较严重，也不致引起全身化脓性感染。在患病动物的免疫机能降低时，致病菌在感染灶内可大量生长繁殖，感染病灶内形成的细菌栓子或被感染的血栓进入血液循环而被带到各种不同的器官和组织内，在它们遇到生长繁殖的有利条件时，即在这些器官和组织内形成转移性脓肿。若动物抵抗力高度下降，病程进一步发展，感染病灶的局部代谢和分解产物及致病菌本身，可以随着血液及淋巴进入体内，大量致病菌和各种毒素对动物心脏、血管系统、神经系统、实质器官呈现毒害作用，导致一系列的机能障碍，最后发生全身化脓性感染。

全身性感染不仅由致病菌，还因其产物如内毒素、外毒素等和它们介导的多种炎症介质造成。在感染过程中，细菌繁殖和裂解游离、释放毒素，毒素除其本身的毒性外，能刺激机体产生多种炎症介质，包括肿瘤坏死因子、白介素-1、白介素-6、白介素-8 等，以及氧自由基、一氧化氮等，这些炎症介质适量时可起防御作用，过量时就可造成组织损害。感染如得不到控制，可因炎症介质失控，并可互相介导，发生级联或网络反应，导致感染所致的全身性炎症反应综合征，脏器受损、功能障碍，严重者可致感染性休克、多器官功能不全综合征。

症状 脓血症、败血症、脓毒败血症的临床症状有许多相似之处，如患病动物表现病情重剧、寒战、体温高、烦躁、脉搏细数、呼吸急促困难、呕吐、腹泻、出汗、白细胞增多（可达 20 000 个 /mm^3 以上）、核左移等。也有若干不同之处，一般可做出鉴别诊断。

（1）脓（毒）血症　其特征是致病菌本身通过栓子或被感染的血栓进入血液循环而在各种不同的器官和组织内形成转移性脓肿。常发生于牛、犬、家禽、猪及绵羊，少发于马（主要见于腺疫）。当创伤性全身化脓性感染时，可见创伤周围严重水肿、疼痛剧烈，肉芽组织肿胀、发绀、坏死，病灶内常存有脓窦、血栓性脉管炎及组织溶解。随着感染和中毒的发展，感染动物出现明显的全身症状。最初精神沉郁，恶寒战栗，食欲废绝，但喜饮水，呼吸加速，脉弱而频，出汗。因细菌栓子间隙性进入血液循环，寒战和高热的发作呈间隙性，间隙期体温可降至正常或低于正常。体温升高（马可达 40℃以上）有时呈典型的弛张热型，有时则呈间歇热型或类似间歇热型；在体温显著升高前常发生战栗，体温下降后则出汗。倘若转移性败血病灶不断有热源性物质被机体吸收则可出现稽留热，患病动物卧地不起而发生褥疮。每次发热都可能和致病菌或其毒素进入血液循环有关。在脓肿和蜂窝织炎的吸收期也可见到体温升高，但在一昼夜内并无显著变化。患病动物的体温有明显变化且血压下降常常是全身化脓性感染的特征。当长时期发高热而间歇不大，且其他全身症状加重时，则说明病情严重，常可导致动物的死亡。

当肝发生转移性脓肿时，眼结膜可出现高度黄染。肠壁发生转移性脓肿时，可出现剧烈的腹泻。呼气带有腐臭味并带有大量的脓性鼻漏，是肺内发生转移性脓肿的特征。患病动物出现痉挛可能是脑组织内发生了转移性脓肿，尿的比重降低并出现病理产物，血液出现明显的变化。

血液检查可见到血沉加快，白细胞数增加（马可达 22 000～35 000 个 /mm^3），核左移，中性粒细胞中的幼稚型白细胞占优势。在血检时如见到淋巴细胞及单核细胞增加则为康复的标志。但是，如果红细胞及血红素显著减少，而白细胞中的幼稚型中性粒细胞占优势，此时淋巴细胞增加往往是病情恶化的象征。严重病例局部病灶创面的按压标本中见不到巨噬细胞及溶菌现象，而脓液内却有大量的细菌出现。如果脓液内出现静止游走细胞和巨噬细胞，则表明有机体尚有较强的抵抗力和反应能力。

（2）败血症　原发性和继发性感染病灶内的大量坏死组织、脓液及致病菌毒素进入血液循环后引起患病动物全身性的中毒症状，一般不出现转移性脓肿。患病动物体温明显升高（马可达 40℃以上），一般呈稽留热，恶寒战栗，四肢发凉，脉搏细数。动物常躺卧，起立困难，运步时步态蹒跚。有时能见到中毒性腹泻，在马还出现疝痛症状，可见肌肉剧烈颤抖，有时出汗。随着病程的发展，可出现感染性休克或神经系统症状，患病动物可见食欲废绝，结膜黄染，呼吸困难，脉搏细弱，烦躁不安或嗜睡，尿量减少并含有蛋白质或无尿，皮肤黏膜有时有出血点，血液学指标有明显的异常变化，死前体温突然下降。最终因多器官、系统功能衰竭而死亡。

此外，真菌性败血症常继发于使用广谱抗生素控制化脓性感染时，患病动物多久治不愈、极度衰弱。白色念珠菌、新隐球菌、曲霉菌等致病真菌，经消化道或呼吸道侵入血流，随血行播散至各器官，尤其是肾。临床表现与细菌败血症类似，但发生较晚、体温高、中毒症状严重、易休克、白细胞增多，有时眼底检查可见视网膜和脉络膜上白色发亮的小圆形隆起，若原已有消化道真菌病，更具诊断意义。

诊断　可根据近期有感染病灶发生并出现上述全身临床症状，可初步诊断全身化脓性感染。但临床表现不典型或原发病灶隐蔽时，诊断可发生困难或延误诊断。因此，对一些临床表现如畏寒、发热、贫血、脉搏细速、皮肤黏膜有淤血点、精神改变等，不能用原发病来解释时，即应提高警惕，密切观察和进一步检查，以免漏诊。

确诊全身化脓性感染在发热时多次采血培养，可查到致病菌。但已接受抗菌药物治疗的动物往往会影响到血液细菌培养的结果。对细菌培养阳性者应做药敏试验，以指导抗生素的选用。同时，配合开展血液电解质、血气分析，血尿常规检查及反映重要器官功能的检测，对诊治败血症具有积极的临床意义。

治疗　全身化脓性感染是严重的全身性病理过程，如控制不当或治疗不及时，往往会危及动物的生命。因此，必须早期采取综合性治疗措施，主要是处理原发感染灶、抑制和杀灭致病菌及采取全身疗法。

（1）*局部感染病灶的处理*　首先必须对原发和继发的败血病灶做及时、彻底的外科处理，包括彻底清除所有的坏死组织，切开创囊、流注性脓肿和脓窦，摘除异物，排出脓液，畅通引流，用刺激性较小的防腐消毒剂彻底冲洗败血病灶。然后局部按化脓性感染创进行处理，创围用混有青霉素的盐酸普鲁卡因溶液封闭。

（2）*全身疗法*　尽早并足量全身应用广谱抗生素，待获得细菌培养和药敏试验结果后，再选用对致病菌敏感的抗生素。多数情况下采取联合用药的方式，一般情况下可选用头孢菌素＋氨基糖苷类，耐青霉素酶半合成青霉素（如苯唑西林）＋头孢菌素或氨基糖苷类，哌拉西林＋氨基糖苷类等用药组合；如果是厌氧菌感染可联合应用甲硝唑、第三代头孢菌素（如头孢噻肟）等；如有真菌感染，可应用两性霉素 B、酮康唑等。在兽药临床上使用磺胺增效剂取得了良好的治疗效果，常用的是三甲氧苄氨嘧啶（TMP），其注射剂有增效磺胺嘧啶注射液、增效磺胺甲氧嗪注射液、增效磺胺-5-甲氧嘧啶注射液。抗菌药物的剂量要大，疗程也需较长，临床表现好转和局部病灶控制 1～2 周后停药。

对病情危重的动物，在全身应用抗生素时，可配合应用肾上腺皮质激素。短期内大剂量使用，如大动物按 20～40 mg/kg 剂量使用氢化可的松或甲基泼尼松，或地塞米松 1～3 mg/kg 体重，加入 5% 葡萄糖溶液中，一次静脉滴注，每 4～6 h 一次，连用 1～2 d。

（3）*对症治疗*　目的在于改善和恢复全身化脓性感染时受损害的系统和器官的机能障碍。例如，静脉滴注葡萄糖、电解质和氨基酸溶液等，配合补给各种维生素，特别是维生素 B、维生素 C，以补充热量，保肝，纠正水、电解质紊乱和酸中毒，必要时可输血、血浆制品，以维持循环血容量，纠正贫血和中和毒素，提高免疫力。高热时，可采取物理降温及药物降温措施。加强饲养管理，喂给营养丰富、易消化的饲草、饲料，预防褥疮的发生。

第四节　有芽孢厌氧菌感染

一、破伤风

破伤风（tetanus）又名强直症，是指破伤风梭菌侵入机体伤口，并在伤口内繁殖和产生毒素所引起的一种特异性感染，属于人畜共患性传染病，以全身肌肉或个别肌群强直性痉挛和神经反射性兴奋增加为特征。

病因与病理　破伤风梭菌是革兰氏阳性的专性厌氧菌，在一般的浅表伤口中不能生长，其感染的重要条件是伤口需形成缺氧微环境，如伤口窄而深（如刺伤）、有泥土或异物污染、伤口内有坏死组织或血凝块充塞、局部组织缺血等，如果同时存在需氧菌感染，则可消耗伤口内残留的氧气，使本病更易发生。该菌无侵袭能力，仅在局部繁殖，其致病作用完全依赖于病菌产生的毒素（痉挛毒素、溶血毒素）。毒素一方面被淋巴吸收，经血液循环到达运动中枢；另一方面被运动神经末梢吸收，通过外周的运动或感觉神经纤维间隙到达脊髓腹角运动神经细胞。破伤风痉挛毒素作用于脊髓抑制性突触，阻止抑制性突触末端释放抑制冲动的传递介质（甘氨酸、γ-氨基丁酸），从而抑制了上下神经元之间正常的抑制性冲动的传递，导致神经兴奋性异常增加，引起骨骼肌痉挛等。此外，该毒素还可作用于外周神经末梢，阻止神经肌肉终末装置的传导作用，引起骨骼肌痉挛。痉挛毒素对呼吸中枢的直接损害可使呼吸功能紊乱，同时，长时间的强直痉挛可导致循环器官的损害及血液动力学的紊乱，这些常是破伤风导致感染动物死亡的重要原因。

症状 潜伏期一般 7～14 d，最短 1 d，最长可达数周，潜伏期越短，预后越差。患病动物主要表现为两耳竖立、鼻孔开大、瞬膜外露、头颈伸直、牙关紧闭、流涎、腹部紧缩、尾根翘起、四肢强直、状如木马等典型的肌肉痉挛、强直症状。通常最先受到影响的肌肉是咀嚼肌，随后顺序为面部、颈部、背部、腹部、四肢肌肉，最后为膈肌，持续的呼吸肌和膈肌痉挛可造成呼吸骤停，动物死亡原因多为窒息、心力衰竭或肺部并发症。

牛常发生瘤胃臌气或子宫积液和积气，猪常尖叫，羊常出现角弓反张。患病动物神志清楚，对外界刺激反射兴奋性增加，即轻微刺激（如音响、强光及触摸等）可使患病动物惊恐不安、症状加重，但牛患病后应激性增加不明显。体温一般正常，仅在临死前体温上升达 42℃以上。病程长短不一，通常 14～28 d。

破伤风梭菌及其毒素在局部并不引起明显的病理变化，通常多见窒息死亡，血液凝固不全，呈暗红色，黏膜及浆膜上有小出血点，肺充血及高度水肿。此外，还常见脊髓及脊髓膜充血，灰质中有点状出血；感染部位的外周神经有小出血点及浆液性浸润；心肌呈脂肪变性，四肢及躯干的肌间结缔组织呈浆液性浸润并伴有小出血点。

诊断 根据本病特殊的临床症状，并多有创伤史等，确诊并不困难。

牛等发病时通常缺乏典型的临床症状，可采取病料进行实验室检查。例如，将病灶部渗出液涂片、染色镜检，可见鼓槌状革兰氏阳性芽孢梭菌；或将病料制成乳剂注射于小鼠尾根部，一般经 2～3 d 后表现症状，也可采取患病动物全血 0.5 mL 肌内注射于小鼠臀部，经 18 h 后出现症状。此外，可用厌氧分离培养细菌，或用免疫荧光进行鉴定。

在症状较轻、病程发展缓慢或病初症状不明显时，应注意与急性肌肉风湿症、马前子中毒、脑炎、狂犬病等相区别。急性肌肉风湿症时，患部肌肉强直，并有结节性肿胀和疼痛表现，患病动物的头颈直伸、四肢拘僵，体温升高 1℃以上，但无创伤史，缺乏兴奋性，无牙关紧闭、角弓反张、肌肉强直等现象；化脓性脑膜炎时，可有颈背强直、角弓反张，但无阵发性痉挛，表现为高热、神志不清，白细胞增加，脑脊液检查异常；狂犬病也有牙关紧闭、角弓反张、腰发硬、局部肌肉痉挛等症状，但瞬膜不突出，尾不高举，有意识扰乱、昏迷不醒或麻痹症状。

预防

1. 正确处理创伤 当动物发生创伤时，要及时进行彻底的外科处理，将一切坏死及无活力的组织、异物清除，并改善局部血液循环；必要时对创伤采取开放治疗。局部或全身应用敏感或广谱抗生素。

2. 免疫注射

（1）*主动免疫* 在破伤风的常发地区，给动物注射破伤风类毒素，使机体产生抗体而获得自主免疫。当发生大创伤或进行去势术时，可随时再注射一次。

（2）*被动免疫* 创伤较大较深时，应肌内注射破伤风抗毒素或采用联合免疫法，即分别在不同部位皮下注射破伤风抗毒素和破伤风类毒素，在 4 周后再注一次类毒素。

治疗 治疗的基本原则：清除病原、中和毒素、镇静解痉、对症治疗及加强护理。

（1）*清除病原* 首先查明感染的创伤并立即进行外科处理，特别是对看上去已愈合的伤口，应仔细检查痂皮下有无窦道和死腔；将感染创内的脓液、异物、坏死组织及痂皮等彻底清除，对创伤深及创口小的要进行扩创；以 5% 碘酊和 3% 过氧化氢溶液充分冲洗创腔，或以

2%高锰酸钾溶液冲洗，再撒以呋喃西林硼酸粉，充分引流，实施开放疗法，然后用青霉素进行创伤周围注射，连续2～3 d。与此同时，全身应用青霉素和链霉素或其他广谱抗生素，肌内注射，每天早晚各注射1次，连续应用1周；若并发高热、昏迷，可用肾上腺皮质激素。

（2）中和毒素　应早期静脉、皮下或肌内注射破伤风抗毒素，大动物40万～80万IU，幼驹、牛犊和成年羊20万～40万IU，将全剂量分3 d注射。破伤风抗毒素只能中和血液及组织液中的毒素，对已经与神经细胞结合的毒素则无能为力，故只有在早期大剂量应用时才可取得疗效。在临床实践上，也常同时应用40%乌洛托品溶液，大动物50 mL、幼驹和牛犊25 mL，静脉注射。

（3）镇静解痉　当患病动物兴奋不安、频频躁动及全身颤抖时，应立即进行镇静。一般多用氯丙嗪肌内注射，成年牛和马250～500 mg，幼驹和牛犊150～200 mg，猪和羊100～150 mg，每天早晚各1次；也可应用水合氯醛25～40 g（大动物）与淀粉浆500～1000 mL混合灌肠，或与氯丙嗪交替使用。为了缓解患病动物的严重持续痉挛，可用25%硫酸镁溶液进行静脉或肌内注射（成年马和牛100 mL，幼驹和牛犊20 mL），或者用2.5%硫喷妥钠缓慢静滴，但要注意防止喉头痉挛和呼吸抑制。对牙关紧闭的病例，可用1%盐酸普鲁卡因溶液于开关、锁口穴位注射，每天1次，直至口开为止。

（4）对症治疗　对不能采食和饮水或采食和饮水甚少的病例，应每日经胃管投予适量流体营养物质。纠正水、电解质、酸碱平衡紊乱，静脉注射5%葡萄糖盐水或25%葡萄糖溶液，并加入维生素C、维生素B_1等，直至能够采食和饮水时为止。对出现酸中毒症状的病例，可静脉注射5%碳酸氢钠溶液；大动物可适量直接静脉输注3%过氧化氢溶液。对心脏衰弱及胃肠功能紊乱的病例，都应及时予以对症治疗。

（5）加强护理　将患病动物置于无光线、无音响的安静场所。创伤处理、静脉注射、使用胃管等时应缓慢轻巧地操作，尽量减少刺激。对站立困难的动物，要用吊起带予以辅助，以免摔倒造成意外损伤。

二、气性坏疽

气性坏疽（gas gangrene）是指由梭状芽孢杆菌引起的严重急性特异性感染，一旦发生，往往表现重剧，预后多不良。因此，在临床上应着重预防气性坏疽的发生。

病因与病理　引起气性坏疽的致病菌是革兰氏阳性厌氧杆菌——梭状芽孢杆菌，以其中的产气荚膜杆菌（魏氏杆菌）、水肿杆菌和腐败杆菌为主，其次为产芽孢杆菌和溶组织杆菌等，临床上多为两种以上致病菌的混合感染。梭状芽孢杆菌广泛存在于泥土和人畜粪便中，但气性坏疽的发生并不单纯地取决于梭状芽孢杆菌的存在，而更取决于人体的抵抗力和伤口的情况，即需要一个利于梭状芽孢杆菌生长繁殖的缺氧环境，以下几种情况均有利于气性坏疽的发生。

（1）局部缺氧　引起气性坏疽的致病菌均在缺氧的条件下容易生长繁殖。因此，盲管创、深刺创、有死腔的创伤、创伤切开和坏死组织切除不彻底、紧密的棉纱填塞或引流、创伤的密闭缝合等是气性坏疽发生的有利条件。在混合感染时，特别是需氧菌和厌氧菌混合感染时，因需氧菌消耗了氧，这就给厌氧菌的生长繁殖创造了有利条件。

（2）软组织的大量挫灭　气性坏疽主要发生在软组织，特别是肌肉组织内。肌肉组织含有丰富的葡萄糖及蛋白质，当它们严重挫灭坏死、存有死腔和异物而丧失血液供应时，厌氧菌则易于生长繁殖。开放性骨折也易引起气性坏疽。

（3）局部解剖学的特点　臀部、肩胛部、颈部肌肉的肌肉层很厚，外面又有致密的深筋膜覆盖，因此当这些部位发生较严重的损伤时，即容易造成缺氧的条件，再加上大量的肌肉组织挫灭，就给厌氧菌的生长繁殖创造了极为有利的条件。

（4）厌氧菌的污染　某些部位如肛门附近、阴囊周围、后肢发生损伤及创内留有被土壤菌污染的异物时容易发生气性坏疽。

（5）机体防卫机能降低　大失血、过劳、营养不良、维生素缺乏及慢性传染病所致的全身性衰竭是容易发生气性坏疽的内因。

气性坏疽的致病菌可产生多种有害于机体的外毒素和酶。有的酶是通过脱氮、脱氨、发酵的作用而产生大量不溶性气体如硫化氢等，积聚在组织间；有的酶能溶解组织蛋白，使组织细胞坏死、渗出，产生恶性水肿。由于水、气夹杂，急剧膨胀，局部张力迅速增大，皮肤表面可变得如木板样坚硬；筋膜下张力急剧增大，从而压迫微血管，进一步加重组织的缺血、缺氧与失活，更有利于细菌繁殖生长，形成恶性循环。这类细菌还可产生卵磷脂酶、透明质酸酶等，使细菌易于穿透组织间隙，快速扩散。病变一旦开始，可沿肌束或肌群扩展，肌肉转为砖红色，外观如熟肉，失去弹性。如侵犯皮下组织，气肿、水肿与组织坏死可迅速沿筋膜扩散。活体组织检查可发现肌纤维间有大量的气泡和革兰氏阳性短杆菌。

症状　感染创伤的疼痛持续加重、剧烈，使用止痛剂无效；局部肿胀与创伤所能引起的程度不成比例，且迅速蔓延；伤口中有大量的浆液性或浆液血性渗出物，恶臭味，不出现脓液；皮下如有积气，触诊有捻发音；创面高度水肿，常呈黄绿色，肌肉呈煮肉样，后变为黑褐色；X 线检查常显示软组织间有积气。

由于患病动物经感染灶吸收了大量的有毒产物和各种毒素，因而全身症状迅速急剧恶化，体温显著升高、大量出汗、脉搏快速。随着病情的发展，出现严重的全身性紊乱，可发生溶血性贫血、黄疸、血红蛋白尿、酸中毒等。

诊断　诊断主要依据临床表现、伤口分泌物检查和 X 线检查。例如，损伤或手术后，伤口出现不寻常的疼痛，局部肿胀迅速加剧，伤口周围皮肤有捻发音，并有严重的全身中毒症状，如脉搏加速、烦躁不安、进行性贫血，即应考虑有气性坏疽的可能；伤口内的分泌物涂片检查有大量革兰氏阳性杆菌；X 线检查伤口肌群间有气体，是诊断气性坏疽的三个重要依据。厌氧细菌培养和病理活检虽可肯定诊断，但需一定时间，故不能等待其结果，以免延误治疗。

预防　彻底清创是预防创伤后发生气性坏疽最可靠的方法。在伤后 6 h 内清创，几乎可完全防止气性坏疽的发生。即使受伤已超过 6 h，在大量使用抗生素的情况下，清创术仍能起到良好的预防作用。故对一切开放性创伤，特别是有泥土污染和损伤严重、无生活力的肌肉者，都应及时进行彻底的清创术。在清创后，一般应敞开引流，不做缝合。对怀疑有气性坏疽的伤口，可用 3% 过氧化氢或 1∶1000 高锰酸钾等溶液冲洗、湿敷；对已缝合的伤口，应将缝线拆去，敞开伤口。青霉素和大环内酯类抗生素在预防气性坏疽方面有较好的作用，可根据创伤情况在清创前后应用，但不能代替清创术。

治疗

1）手术治疗是最基本的治疗方法。一经确诊，应立即对患部进行广泛而深入的切开，包括伤口及其周围的水肿或气肿区，一直达到健康组织部分。尽可能地切除坏死组织，除去被污染的异物，消除脓窦，切开筋膜及腱膜。手术的目的是降低组织内压，消除静脉淤血，改善血液循环，排出毒素，并造成一个不利于厌气性致病菌生长繁殖的条件。

2）用大量的 3% 过氧化氢溶液、0.5% 高锰酸钾溶液等氧化剂，中性盐类高渗溶液及酸性防腐液冲洗创口。引流用 3% 过氧化氢溶液、0.1% 雷夫奴尔溶液、5% 碘酊。创内撒布碘仿磺胺（1∶9），或氨苯磺胺高锰酸钾（9∶1）。患部肌肉或皮下注射 1/1500 高锰酸钾溶液，创内滴注 3% 过氧化氢溶液。

3）创口不缝合，进行开放疗法。

4）如患病动物肢体或其他末梢部位的组织已广泛感染，损毁严重，并有严重的毒血症时，为挽救生命，可考虑做截肢或断尾等手术，残端开放，不予缝合。

5）全身治疗必须选择对厌氧菌感染敏感的抗生素，大剂量使用，手术开始前就肌注或静脉滴注。厌氧菌对氨基糖苷类抗生素常有抗药性；大多数厌氧菌对青霉素 G 敏感；林可霉素与青霉素 G 的抗菌谱相似，也可选用；厌氧菌对四环素、红霉素和氯霉素的敏感性有差异，且在治疗过程中迅速产生抗药性。在目前的抗菌药中，对厌氧菌感染疗效最好的首推甲硝唑，对所有的厌氧菌均有效。

厌氧菌和需氧菌之间常有协同作用。临床上混合感染多见，因此在治疗厌氧菌感染时，需联合使用对需氧菌和厌氧菌敏感的药物，如青霉素＋甲硝唑等。目前，第三代头孢菌素，如头孢哌酮和头孢噻呋，对需氧菌和厌氧菌均有效，且对所有的厌氧菌均有极强的杀菌力。

第八章 软组织损伤

损伤（injury）是指由各种不同外界因素作用于机体，引起机体组织或器官产生解剖上的破坏或生理上的紊乱，并伴有不同程度的局部或全身反应的一种病理现象。

损伤按组织的性质分为软组织（皮肤、黏膜、筋膜、肌肉或器官）损伤和硬组织（骨骼、软骨）损伤。

软组织损伤根据其完整性可分为开放性损伤和非开放性损伤。开放性损伤，即创伤，是指皮肤及黏膜的完整性遭到破坏。非开放性损伤是指皮肤及黏膜的完整性未遭到破坏的损伤，包括挫伤、血肿、淋巴外渗等。

第一节 软组织的非开放性损伤

软组织的非开放性损伤是指外力（撞击、挤压、跌倒等）引起的组织损伤，但伤部的皮肤或黏膜仍保持完整。非开放性损伤因无伤口，感染机会较少，但有时伤情较为复杂，不能忽视，常见的有挫伤、血肿和淋巴外渗。

一、挫伤

挫伤（contusion）是指机体在钝性外力的直接作用下，引起组织的非开放性损伤。其受挫伤的组织或器官可能是皮肤、皮下组织、筋膜、肌肉、肌腱、腱鞘、韧带、神经、血管、骨膜、关节、胸腹腔及内脏器官。机体的各种组织对外力的作用具有不同程度的抵抗力。皮肤的抵抗力最强，肌肉、筋膜、腱和神经次之，中等血管较弱，皮下小血管和淋巴管最弱。

症状 根据挫伤程度可分为皮下组织挫伤、皮下裂伤和皮下深部组织挫伤。

1. 皮下组织挫伤 皮下软组织的小血管破裂，常发生局限性的小的出血斑（点状出血），严重时较大血管会出血，出现溢血斑。皮下出血后小部分血液成分被机体吸收，大部分发生凝固，红细胞破裂后被吞噬细胞吞噬，皮肤初期呈黑红色，逐渐变成紫色、黄色后恢复正常。发生挫伤时，患部多出现轻微的致伤痕迹，如被毛逆乱、脱落或皮肤擦伤等。因受损组织被挫灭和血液浸润，局部皮肤常伴有肿胀、疼痛。重度挫伤时局部可能一时感觉丧失。

2. 皮下裂伤 受挫皮肤仍完整，但皮肤与皮肤下组织发生剥离，常有血液和渗出液等积聚皮下。例如，肋骨骨折断端伤及肺部时，发生裂创的皮下疏松结缔组织间可形成皮下气肿。

3. 皮下深部组织挫伤 常见的有以下几种。

（1）*肌肉挫伤* 轻度肌肉挫伤，常发生淤血或出血，重度时肌肉常发生坏死，挫伤部肌肉软化呈泥样，易发生湿性坏疽，治愈后形成瘢痕，并有机能障碍。

（2）*神经挫伤* 神经的挫伤多为末梢性的，损伤神经所支配的区域，发生感觉和运动麻痹，肌肉渐进性萎缩。中枢神经系统脊髓发生挫伤时，因受挫伤的部位不同可发生呼吸麻痹、后躯麻痹、尿失禁等症状。

（3）腱挫伤　　腱纤维发生断裂或分离，呈鱼腹样肿胀。

（4）滑液囊挫伤　　滑液囊挫伤后常发生滑液囊炎，滑液大量渗出，局部显著肿胀，初期热痛明显，慢性则呈无痛的水样潴留。

（5）关节挫伤　　多发生于肘关节、腕关节、系关节等，常因打击、冲撞、跌倒、滑倒等引起。轻度挫伤时脱毛、皮下出血、肿胀和轻度跛行；而重度挫伤则热痛和肿胀明显，并伴有中重度跛行。

（6）骨挫伤　　多见于骨膜的局限性损伤。局部肿胀、有压痛，常发生扁平硬固性肿胀，易形成骨赘。重者常伴有运动的机能障碍。

挫伤可伴发内脏器官的破裂。肝、肾、脾较皮肤和其他组织脆弱，在强烈的钝性外力作用下更易发生破裂。脏器破裂后形成严重的内出血，动物出现发抖、出汗、可视黏膜苍白，甚至休克。挫伤组织若发生感染，可出现脓肿或蜂窝织炎。组织反复挫伤，可形成淋巴外渗、黏液囊炎及患部皮肤肥厚、皮下结缔组织硬化。

治疗　　治疗原则是制止溢血和渗出，促进炎性产物吸收，镇痛消炎，防止感染，促进组织修复。

挫伤初期采用冷疗法。急性炎症期后期（2～3 d），可改用温热疗法、中波超短波疗法、红外线疗法等。炎症慢性化时可进行刺激疗法，涂擦樟脑乙醇或5%鱼石脂软膏，或用中药山栀子粉加淀粉或面粉，以黄酒调成糊状外敷。

在治疗过程中，应注意加强功能的锻炼，并及时治疗并发症和继发性疾病。

二、血肿

血肿（hematoma）是指各种外力的作用导致血管破裂，溢出的血液分离周围组织，形成充满血液的腔洞。

症状　　血肿常见于软组织的非开放性损伤，但骨折、刺伤、咬伤、昆虫叮咬也可形成血肿。马的血肿常发生于胸前、鬐甲、股部、腕部和跗部，牛的血肿常发生于胸前和腹部，犬、猫的血肿可发生在耳部、颈部、胸前和腹部等。血肿可发生于皮下、筋膜下、肌间、骨膜下及浆膜下。根据损伤的血管不同，血肿分为动脉性血肿、静脉性血肿和混合性血肿。

血肿的临床特点是肿胀迅速增大，呈明显的波动感或饱满有弹性。4～5 d后由于血液凝固并析出纤维素，触诊时周围呈坚实感，并有捻发音，中央有波动，局部或周围增温。穿刺时，可排出血液。有时可见局部淋巴结肿大和体温升高等全身症状。

如伴发感染，局部将出现热痛，穿刺物含有脓汁和血液，动物体温升高，应注意鉴别。

治疗　　应制止溢血、防止感染和排除积血。

可于患部涂碘酊，装压迫绷带。经4～5 d后，可穿刺或切开血肿，排除积血或凝血块和挫灭组织，如发现继续出血，可行结扎止血，清理创腔后，再行缝合创口或开放疗法。

犬、猫耳血肿临床多见，一般需手术疗法，其具体方法见第十三章耳血肿治疗部分。

三、淋巴外渗

淋巴外渗（lympho-extravasation）是指在钝性外力的作用下，由于淋巴管断裂，淋巴液聚积于组织内的一种非开放性损伤。淋巴外渗常发生于淋巴管较丰富的皮下结缔组织处，而筋膜下或肌间则较少。马属动物常发生于颈部、胸前部、鬐甲部、腹侧部、臂部和股内侧部等；小动物常发生于颌下、颈部、肩前、腹背部及股内侧部等。

症状　淋巴外渗发生缓慢，一般于伤后 3～4 d 出现肿胀，并逐渐增大，有明显的界限和波动感，炎症反应轻微。穿刺液为橙黄色稍透明的液体，或其内混有少量的血液。时间较久，析出纤维素块，如囊壁有结缔组织增生，则呈坚实感。

治疗　首先使损伤局部安静，有利于淋巴管断端的闭塞。较小的淋巴外渗可于波动明显处，用注射器抽出淋巴液，然后注入 95% 乙醇或乙醇福尔马林液（95% 乙醇 100 mL，福尔马林 1 mL，碘酊数滴，混合），停留片刻后，将其抽出，以使淋巴液凝固堵塞淋巴管断端。应用一次无效时，可行第二次注入。

淋巴外渗液较多时，可行切开，排出淋巴液及纤维素，用乙醇福尔马林液冲洗，并将浸有上述药液的纱布填塞于腔内行假缝合。当淋巴管完全闭塞后，可按创伤治疗。

第二节　开放性损伤——创伤

一、创伤的概念

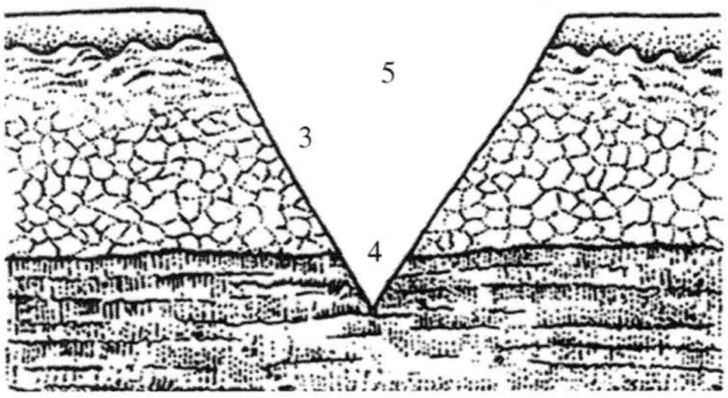

图 8-1　创伤模式图

1. 创围；2. 创缘；3. 创壁；4. 创底；5. 创腔

创伤（wound）是指因机械性致伤因素作用于机体所造成的组织结构完整性破坏和功能性障碍。创伤一般由创缘、创口、创壁、创底、创腔、创围组成。创缘为皮肤或黏膜及其下的疏松结缔组织；创缘之间的间隙称为创口；创壁由受伤的肌肉、筋膜及位于其间的疏松结缔组织构成；创底是创伤的最深部分；创腔是创壁之间的间隙，管状创腔称为创道；创围是指围绕创口周围的皮肤或黏膜（图 8-1）。当然，并非所有的创伤都具有这些组成部分，如损伤较浅，则无创腔。

二、创伤的分类及症状

（一）创伤的一般临床症状

（1）出血　出血量的多少取决于受伤的部位、损伤的程度、损伤血管的种类和血液的凝固性等。出血可分为原发性出血和继发性出血，内出血和外出血，动脉性出血、静脉性出血、毛细血管性出血和实质性出血等，其中大动脉性出血较危险，易出现出血性休克而引发死亡。

（2）创口裂开　创口裂开由受伤组织断离和收缩而引起。创口裂开的程度取决于受伤的部位，创口的方向、长度和深度及组织的弹性等。活动性较大的部位，创口裂开比较明显；长而深的创伤比短而浅的创口裂开大；肌肉及肌腱的横创比纵创裂开宽。

（3）疼痛及机能障碍　疼痛是由感觉神经受损伤或炎性刺激而引起的。富有感觉神经分布的部位如蹄冠、外生殖器、肛门和骨膜等处发生创伤，则疼痛显著。由于疼痛和受伤部的解剖组织学结构被破坏，常出现肢体的机能障碍。根据创伤的种类、程度、部位、大小的不同，其机能障碍也不同，主要是出现损伤的局部运动机能障碍，如运动失调、跛行等。感觉神经损伤时，常出现局部知觉丧失和肌肉麻痹等。

（二）创伤的分类及临床特征

1. 创伤按伤后经过的时间分类

（1）新鲜创　创内尚有血液流出或存有血凝块，且创内各部组织的轮廓仍能识别，有的虽被严重污染，但未出现创伤感染的症状，一般指受伤后 24 h 以内的创伤。

（2）陈旧创　受伤时间多在 24 h 以上，创内各组织的轮廓不易识别，出现明显的创伤感染症状，有的排出脓汁或出现肉芽组织。

2. 按创伤有无感染分类

（1）无菌创　指没有被细菌污染、不会发生感染的创伤。在无菌条件下所做的手术创，一般都可形成无菌创。

（2）污染创　指伤后时间短，被泥土、被毛、异物及微生物污染，但局部无细菌感染症状的创伤。污染严重的创伤，在未及时而彻底地进行外科处理时，常转为感染创。

（3）感染创　进入创内的致病菌大量繁殖，对机体呈现致病作用，使伤部组织出现明显的创伤感染症状，甚至引起机体的全身性反应。

（4）保菌创　创伤感染后，经过一定的时间，因健康肉芽组织增生，细菌仅仅停留于创内，无向健康组织蔓延的趋势。感染创和保菌创在临床上是可以互相转化的。

3. 按致伤物的性状分类

（1）刺创　是指由尖锐细长的物体刺入组织内发生的损伤。刺创创口小，创道狭而长，深部组织常被损伤，并发内出血或形成组织内血肿。有时血凝块堵塞，不易发现创口。刺入物有时折断，作为异物残留于创道内，再加上致伤物体带入创道的污物，刺创极易感染化脓形成化脓性窦道。锈钉或铁丝引起的刺创可发生破伤风感染。

（2）切创　是指因锐利的刀类、铁片、玻璃片等切割组织发生的损伤。切创的创缘及创壁比较平整，组织受挫灭轻微，出血量多，疼痛较砍创轻，创口裂开明显，污染较少。一般经适当的外科处理和缝合，能迅速愈合。

（3）砍创　是指由柴刀、马刀等砍切组织发生的损伤。创口裂开大，组织损伤严重，出血量较多，疼痛剧烈。

（4）挫创　是指由钝性外力的作用（如打击、冲撞、蹴踢）或动物跌倒在硬地上所致的软组织损伤。挫创的创形不整，挫灭破碎组织多，出血量少，创内常存有创囊及血凝块，创面多被污染，极易感染化脓，愈合时长延长。

（5）裂创　是指钩、钉等钝性牵引作用，使组织发生机械性牵张而断裂的损伤。裂创的创形不规整，创口裂开大，出血较少，疼痛剧烈，可并发肌肉及腱的断裂，撕裂组织容易发生坏死或感染。

（6）压创　是指由车轮碾压或重物挤压所致的软组织损伤。犬、猫等小动物最常见的就是这种类型，多由车祸引起。压创的创形不整，存有大量的挫灭组织、压碎的肌腱碎片等，有的发生皮肤缺损或存在粉碎性骨折。压创一般出血少，疼痛不剧烈；创伤污染严重，极易感染化脓，愈合时间较长。

（7）搔创　被犬或猫的爪搔抓致伤，创伤呈线形，一般比较浅表。

（8）缚创　常因细绳缚捆引起。创伤呈环形，常有感染。

（9）咬创　是指由动物的牙咬所致的软组织损伤，犬、猪和马较多见。被咬处呈管状创、近似裂创或呈软组织缺损创。创内常有挫灭组织，出血少。由于口腔内细菌含量较高，因此被咬处往往继发蜂窝织炎，故对于咬创应进行彻底的清创消毒处理，并应预防狂犬病。

（10）毒创　是指被毒蛇咬、毒蜂刺蜇等所致的软组织损伤。被咬刺部位呈点状损伤，常不易被发现。但毒素进入组织后，患部疼痛剧烈，迅速肿胀，以后出现坏死和分解。毒素引起的全身性反应迅速而严重，可因呼吸中枢和心血管系统的麻痹而死亡。

（11）复合创　具备上述两种以上创伤的特征。

（12）火器创　是指由枪弹或弹片致伤所造成的开放性损伤，损伤程度与火器性质、损伤部位等有关。

三、创伤病理

（一）局部反应

创伤局部病理性反应主要是由组织结构的破坏，或细胞的变性坏死、微循环障碍，或病原微生物入侵及异物存留等所致。主要表现为局部炎症反应，其基本过程与一般炎症相同。局部反应的轻重与致伤因素的种类、作用时间、组织损害程度与性质，以及污染轻重和是否存在异物等有关。创伤局部炎症反应是非特异性的防御反应，有利于清除坏死组织、杀灭细菌及组织修复。

（二）全身反应

致伤因子作用于机体后引起一系列神经内分泌活动的增强，物质能量代谢、免疫功能等改变，是一种非特异性应激反应。

创伤发生后，机体神经内分泌系统的变化是通过下丘脑-垂体-肾上腺皮质轴和交感神经-肾上腺髓质轴产生大量的儿茶酚胺、肾上腺皮质激素、抗利尿激素、生长激素和胰高血糖素，同时激活肾素-血管紧张素-醛固酮系统，以调节全身器官的功能和代谢，以对抗致伤因素的损害作用。代谢的变化主要表现为分解代谢加强，如糖、蛋白质、脂肪分解加速，糖异生增加。伤后常出现高血糖、高乳酸血症及负氮平衡。水、电解质代谢紊乱可导致水、钠潴留，钾、钙和磷异常。创伤可影响免疫系统，如中性粒细胞和单核细胞的吞噬和杀菌功能下降、辅助 T 细胞的数量减少和功能减弱、B 细胞的功能下降和抗体生成减少等。创伤后免疫功能的紊乱可能与免疫抑制因子、免疫抑制细胞和神经-内分泌-免疫功能网络紊乱有关。免疫抑制因子，如前列腺素 E_2、白三烯 B_4 及补体裂解产物，于伤后异常增多。

（三）组织修复和创伤愈合

1. 组织修复的基本过程　组织修复的基本方式是由伤后增生的细胞和细胞间质再生增殖、填充、连接或替代损伤后的缺损组织。完全由原来性质的细胞来修复，并恢复原有的结构和功能，称为完全修复；组织损伤后不能完全由原来性质的细胞修复，而是由其他性质的细胞（常为成纤维细胞）增生替代完成，这种修复方式称为不完全修复。组织修复的基本过程大致可分为三个既相互区分又相互联系的阶段。

（1）炎性反应阶段　常持续 3～5 d，主要是血液凝固、血管和细胞反应、免疫应答、纤维蛋白的溶解。创伤后的组织通过炎性反应以清除损伤或坏死的组织（此过程又叫炎性净化），为组织再生和修复创造条件。各种动物炎性净化的特点不尽相同：马和犬以浆液性渗出为主，分解液化过程明显，坏死组织清除迅速，但易引起吸收中毒；牛、羊、猪则以浆液-纤维性渗出为主，液化过程较弱，通过形成化脓性分离线使坏死组织脱离，净化过程慢，但不易引起吸收性中毒。

（2）组织增生阶段　为期 6～14 d，局部炎症开始不久，即可有新生细胞出现。成纤维细胞和内皮细胞增殖、分化、迁移，分泌组织基质（主要为胶原）和形成新生血管，并共同构成肉芽组织，创口内张力迅速增加。浅表的损伤一般通过上皮细胞的增殖、迁移，可覆盖创面而修复；但大多数软组织损伤则需要通过肉芽组织的生成来完成。

（3）组织塑形阶段　经过细胞的增殖和基质的沉积，伤处组织可达到初步修复。但新生组织如纤维组织需进一步改造和重建，包括胶原纤维交联增加和强度增加、多余胶原纤维的降解、过度丰富的毛细血管网的消退、伤口的黏蛋白和水分的减少等，以满足结构和功能的要求。

2. 创伤愈合的基本类型　创伤愈合可分为一期愈合、二期愈合和痂皮下愈合三种。

（1）一期愈合　创伤一期愈合是一种较为理想的愈合方式。其特征是创处的炎症反应比较轻微，再生修复过程迅速，愈合后无明显的瘢痕和机能缺损。一期愈合的条件是创缘、创壁整齐，创口吻合良好，无肉眼可见的组织间隙，创内无异物、坏死灶及血肿，组织仍有生活能力，失活组织较少，没有感染。

（2）二期愈合　其特征是伤处的炎性反应明显，常有感染化脓出现，肉芽组织增生并充填创腔，愈合后组织的结构和功能可能有部分影响。二期愈合的条件是组织损伤严重、坏死组织多，创缘及创壁不整，创内有感染、异物和大血液凝块。因此，临床上应采取合理的措施，创造条件，争取达到一期愈合。

（3）痂皮下愈合　创面浅在并有少量出血，以后血液或渗出的浆液逐渐干燥而结成痂皮，痂皮下再生表皮而愈合。若感染细菌时，于痂皮下化脓而二期愈合。

3. 影响创伤愈合的因素　创伤愈合的速度常受许多因素的影响，包括全身因素和局部因素。创伤诊疗时，应尽力消除妨碍创伤愈合的因素，创造有利于愈合的良好条件。

（1）全身因素

1）氨基酸和蛋白质：特别是含硫氨基酸，是肉芽组织生长不可或缺的基本氨基酸。实验证明，长期饲以无蛋白质的饲料后，动物的切口愈合延长，纤维组织增生和张力强度减退，如果给予甲硫（蛋）氨酸或胱氨酸，即能改善愈合迟缓的现象。这种情况可能是蛋白质营养不良使血浆蛋白降低、伤口持续水肿而影响愈合，也可能是因缺乏必要的营养成分而妨碍愈合的正常进行。另外，血浆蛋白含量的降低，将影响纤维组织的形成，当血清蛋白的浓度低于 3 g/100 mL 时，创伤的愈合过程将受到抑制。

2）维生素：维生素具有触媒作用，和其他营养物质同时应用，可使后者的代谢作用更为完善。维生素 C 与伤口的愈合有密切的关系。维生素 C 缺乏时，由于细胞间质和胶原纤维的形成障碍，毛细血管的脆弱性增加，致使肉芽组织水肿，易引起伤口内出血和抑制毛细血管新生而影响愈合；维生素 C 也是胶原前质成为胶原纤维的重要催化剂。动物实验证明，维生素 C 缺乏时，胶原纤维减少。在给予维生素 C 的 48 h 以内，即明显有胶原纤维形成。维生素 A 与维持上皮的正常结构和保护表皮组织有关。维生素 A 缺乏时，上皮细胞的再生作用迟缓，皮肤出现干燥及粗糙。维生素 D 缺乏时，可能降低细胞的吞噬作用和消化细菌的速度，以致容易发生感染，影响损伤的修复。维生素 K 缺乏时，凝血酶原浓度降低，以致创伤内很容易发生血肿，促使伤口破裂和感染，影响创伤愈合时间。B 族维生素对维持细胞和酶功能的完整性有重要的作用，缺乏时会影响新生组织能量代谢和神经纤维的再生。

3）激素：脑垂体生长激素等有刺激肉芽组织生长的作用。皮质类固醇可降低蛋白质的合成，抑制正常的炎性反应，大剂量使用时可限制毛细血管的新生，抑制成纤维细胞的增生，降低上皮组织增生的速度。

4）环境温度：寒冷会延缓创伤愈合的速度，故冬季应注意创口处的保温。在适宜的温度范围内，一般温度每升高 10℃，创伤的愈合速度会增加一倍。

5）微量元素：上皮细胞和成纤维细胞的生长，需锌依赖性酶（如 DNA 聚合酶）和反转录酶的参与，故锌会影响上皮细胞和成纤维细胞的生长。例如，在伤部涂抹氧化锌软膏，会使创伤的愈合速度加快。

（2）局部因素

1）创伤感染：创伤感染化脓是延迟创伤愈合的主要因素。细菌感染可损害细胞和基质，导致局部炎症持久不易消退，甚至形成化脓性症灶等；同时细菌毒素和有害的炎性产物的吸收，可降低机体的抵抗力，影响创伤的修复过程。

2）创内存有异物或坏死组织：当创内特别是创伤深部存留异物或坏死组织时，炎性净化过程不能结束，甚至形成化脓性窦道。

3）伤部血液循环不良：局部血液循环障碍，使组织缺血缺氧，影响炎性净化过程和组织的修复。

4）伤部不静止：受伤部经常进行有害的活动，容易引起继发损伤，并破坏新生肉芽组织的健康生长，从而影响创伤的愈合。

5）处理创伤不合理：如止血不彻底、施行清创术过晚和不彻底、引流不畅、不合理的缝合与包扎、频繁地检查创伤和不必要的换绷带，以及不遵守无菌规则、不合理地使用药剂等，都可延长创伤的愈合时间。

四、创伤的诊断

创伤诊断主要是明确损伤的部位、性质、全身性变化及并发症，特别是原发损伤部位相邻或远处内脏器官是否损伤及其程度。

（1）一般检查　了解创伤发生的时间、致伤物的性状、发病当时的情况和病畜的表现等，检查病畜的体温、呼吸、脉搏，观察可视黏膜的颜色和病畜的精神状态。

（2）创伤检查　按由外向内的顺序，仔细地对受伤部位进行检查。注意伤口的形状、大小、污染情况、有无出血、异物存留及伤道位置，创围组织的状态和被毛的情况。对创围进行柔和而细致的触诊，以确定局部温度的高低、疼痛情况、组织硬度、皮肤弹性及移动性等。对于伤情严重者，需在适当保定动物或在药物镇静后，先创围剪毛、消毒，然后应注意检查创伤的深度，创壁的肿胀情况，有无异物、血凝块及创囊的存在；必要时可用消毒的探针、硬质胶管等，或用戴消毒乳胶手套的手指进行创底检查，摸清创伤深部的具体情况。但胸壁透创严禁探诊，以防人为造成气胸。对于有分泌物的创伤，应注意分泌物的颜色、气味、黏稠度、数量和排出情况等；必要时可进行酸碱度测定和脓汁检查。对于创伤发生时间较长、已出现肉芽组织的创伤，应注意肉芽组织的数量、颜色和生长情况等。

（3）实验室检查　血常规和血细胞比容可判断失血或感染情况；尿常规可提示泌尿系统损伤；电解质检查可分析水、电解质和酸解平衡紊乱情况。对疑有肾损伤者，可进行肾功能检查；疑为胰腺损伤时，应做血或尿淀粉酶活性和胰脂酶活性测定、B 超检查等。

（4）影像学检查　X 线平片可明确创伤是否有硬组织的损伤发生；疑有胸腹部脏器损伤

者，可明确是否有气胸、血气胸、肺病变或腹腔积气等，还可确定异物的大小、形状和位置；B 超检查可发现胸、腹腔的积血和肝、脾包膜内破裂等；CT 可以诊断颅脑损伤和某些腹部实质器官的损伤。

五、创伤的治疗

对于新鲜污染创，应及时止血，防止休克，纠正水、电解质和酸碱平衡紊乱，防止感染和继发损伤，尽早地做清创手术，给创伤愈合创造良好的条件，争取一期愈合。对于化脓创，应制止扩大感染，清除创内坏死组织和异物，加速炎性净化，保证脓汁排出通畅，防止转为全身性感染，促进创伤愈合。对于肉芽创，应促进肉芽组织生长，保护肉芽组织不受损伤和继发感染，加速上皮新生，防止肉芽赘生，促进创伤愈合。

（1）创围清洁法　先用数层灭菌的纱布块覆盖创口，防止异物落入创内；然后用剪毛剪将创围被毛剪去，剪毛面积以距创缘周围 10 cm 左右为宜。创围被毛如被血液或分泌物粘着时，可用 3% 过氧化氢溶液将其除去，用 70% 酒精棉球反复擦拭紧靠创缘的皮肤，直至清洁干净为止。离创缘较远的皮肤，可用肥皂水和消毒液洗刷干净，最后用 5% 碘酊涂擦创围皮肤，70% 乙醇脱碘。

（2）创腔清洗法　揭去覆盖创口的纱布块，用生理盐水冲洗创腔后，持消毒的镊子除去创内异物、血凝块或脓痂，再用防腐液如 3% 过氧化氢溶液、碘伏、0.1% 高锰酸钾溶液、0.1% 新洁尔灭溶液清洗。创腔较浅且无明显的污物时，可用浸有药液的棉球轻轻地清洗；创腔较深或存有污物时，可用洗创器吸取防腐液冲洗创腔。清洗创腔后，用灭菌纱布块吸去创内残存的液体。

对于创伤大出血，可根据出血的部位、性质和程度，采取压迫、填塞、钳压、结扎等止血方法，也可于创面撒布止血粉止血，必要时可应用全身性止血剂。

（3）清创手术　用外科手术的方法修整创缘，切除创内所有的失活组织，消灭创囊、凹壁，扩大创口（或做辅助切口），保证排液畅通，力求使新鲜污染创变为近似清洁创，争取使创伤达到一期愈合。肉芽组织赘生大而根部较局限时，可施行手术切除或刮除。

进行清创手术时，对健康侧的重要组织如神经和大血管应注意保护。手术完毕，用防腐液清洗创腔，按需要用药、引流、缝合和包扎。

（4）创伤用药　创伤用药的目的在于防止创伤感染，加速炎性净化，促进肉芽组织和上皮的新生。常用的药物包括青霉素、链霉素、碘仿、呋喃西林、磺胺乳剂、碘仿磺胺粉（1∶9）、碘仿硼酸粉（1∶9）、0.1% 呋喃西林溶液、20% 硫酸镁或硫酸钠溶液、0.1% 新洁尔灭溶液、3%～5% 碘酊、2% 龙胆紫、1%～2% 鱼肝油红汞、10% 碘仿醚合剂、魏氏流膏、聚维酮碘膏等。对于肉芽组织性赘生物，可用硝酸银棒或硫酸铜腐蚀；肉芽组织赘生较多时，可撒布高锰酸钾粉后，用厚团棉纱进行研磨；肉芽组织赘生面积大且较平坦时，可用高渗盐类溶液（10% 以上的食盐溶液、硫酸镁溶液、硫酸钠溶液等）连续湿敷或温敷，也可将氧化锌粉薄薄地撒布在赘生组织上，包扎绷带一周。

（5）创伤缝合法　根据创伤的情况，可分为初期缝合、延期缝合和肉芽创缝合。

对受伤后数小时的清洁创或经彻底外科处理的新鲜污染创尽早施行缝合。有的创伤损伤严重，创伤炎性反应可能较重，对于这种创伤应做部分缝合，于创口下角留一排液口，便于创液的排出。创伤缝合后应注意局部或全身抗菌消炎，以防止感染。若创伤口已发生感染或化脓，则不应缝合。经缝合后的创伤，如出现剧烈的疼痛、肿胀显著，有脓性液体渗出，甚至体温升高时，说明已出现创伤感染，应及时部分或全部拆线，进行开放疗法。

对肉芽创，经适当的外科处理后，也可根据创伤的状况施行创壁接近的缝合，以加速愈合，减少瘢痕的形成。对于面积较大又不便缝合的肉芽创，可进行小块植皮，以加速上皮的形成。

（6）创伤引流法　当创腔深、创道长，且创内有坏死组织或创底潴留渗出物等时，需进行创伤引流，使创内炎性渗出物排出。纱布条具有虹吸特性，常作为引流物。作为引流物的纱布条，根据创腔的大小和创道的长短，可做成不同的宽度和长度。将纱布条浸以药液，如呋喃西林溶液、碘伏、中性盐类高渗溶液（炎性净化作用强，但刺激疼痛）、奥立夫柯夫液、魏斯聂夫斯基流膏等，用长镊子将引流纱布条的两端分别夹住，将一端疏松地导入创底，另一端游离于创口下角。

临床上除用纱布条作主动引流之外，也常用胶管、塑料管作被动引流。换引流物的时间，取决于炎性渗出的数量、病畜全身性反应和引流物是否起引流作用。炎性渗出物多时应每日 1 次，少时可隔日 1 次。当创伤炎性肿胀和炎性渗出物增加、体温升高、脉搏增数时是引流受阻的标志，应及时取出引流物做创内检查，并换引流物。引流物也是创伤内的一种异物，长时间使用能刺激组织细胞，妨碍创伤的愈合。因此，当炎性渗出物很少时，应停止使用引流物，改用抗生素药膏或促进组织生长的药膏。对于炎性渗出物排出通畅的创伤、已形成肉芽组织坚强防卫面的创伤、创内存有大血管和神经干的创伤及关节和腱鞘创伤等，均不应使用引流疗法。

（7）创伤包扎法　创伤包扎，应根据创伤的具体情况而定。一般经外科处理后的新鲜创伤均可包扎。创伤包扎不仅可以保护创伤免于继发损伤和感染，且能保持创伤静止、保温，有利于创伤愈合。创伤绷带常有 3 层，即从内向外由吸收层（灭菌纱布块）、接受层（灭菌脱脂棉块）和固定层（例如，四肢部用卷轴带或三角巾包扎，躯干部用三角巾、复绷带或胶绷带固定）组成。当创内有大量脓汁、厌氧性感染、腐败性感染，以及炎性净化后出现良好肉芽组织的创伤，一般不包扎，应采取开放疗法。

创伤绷带的交换时间应按具体情况而定。当绷带已被浸湿而不能吸收炎性渗出物、脓汁流出受阻及需要处置创伤时，应及时更换绷带，否则可以适当延长时间。更换绷带时，应轻柔、仔细、严密消毒，防止继发损伤和感染。创伤换绷带包括取下旧绷带、处理创伤和包扎新绷带三个环节。

▶新鲜创伤的处理

（8）物理疗法　合理地应用物理疗法可以加速创伤的炎性净化和组织再生，有利于创伤的修复。常用的光疗法有红外线、紫外线及激光疗法。常用的电疗法有直流电药物离子透入疗法（透入青霉素、碘离子、锌离子等），短波、超短波及微波电疗法等，也可使用特定电磁波谱（TDP）疗法。

（9）全身疗法　受伤病畜是否需要全身性治疗，应视具体情况而定。许多受伤动物因组织损伤轻微、无创伤感染及全身症状等，可不进行全身性治疗。对伴有大出血和创伤愈合迟缓的病畜，应输入血浆代用品或全血。对严重污染的新鲜创，应全身使用抗生素或磺胺类药物，同时注射破伤风抗毒素；对于咬创，还要注射狂犬疫苗。对局部化脓性炎症剧烈或有全身症状的病畜，应使用抗生素或磺胺类药物控制感染，必要时进行强心、输液、解毒等措施。

第三节　胸 壁 透 创

胸壁透创（perforated wound in the chest wall）是指穿透胸膜的胸壁创伤。发生胸壁透创时，胸腔内的脏器往往同时遭受损伤，可继发气胸、血胸、脓胸、胸膜炎、肺炎及心脏损伤等。

病因 多由尖锐物体（如叉、刀、树枝和木桩）刺入、车辕杆的冲击、牛角的顶撞、枪弹和弹片射入等造成。

症状 胸壁透创的临床症状取决于创伤的部位和创口的大小及创道的深浅、有无并发症、病畜的个体特性（如年龄、营养、神经系统状态等）。创口大的，可见胸腔内面，甚至部分脱出创口的肺。创口狭小时，有的可听到空气进入胸腔的嘘嘘声，如以手背靠近创口，可感知轻微气流；有的可能不见出血，甚至小到由于被毛覆盖而难以发现的程度。

有并发症的病畜不安、沉郁，一般都有程度不等的呼吸、循环功能紊乱，出现呼吸困难，脉快而弱。马可见出汗、肌肉震颤等。创口周围常有皮下气肿。

胸壁透创大多数能引起或多或少的合并症。

（1）气胸（pneumothorax） 指胸膜腔内积气。气胸的形成多由于胸壁及胸膜破裂，空气经创口进入胸腔，或肺组织、气管、支气管、食管破裂，空气逸入胸膜腔所致。根据发生的情况不同，气胸可分为如下三种。

1）闭合性气胸（closed pneumothorax）：胸膜腔的积气量决定伤侧肺发生萎陷的程度。少量气体进入时，病畜仅有短时间的不安，已进入胸腔的空气，日后逐渐被吸收，胸腔的负压也日趋恢复。多量气体进入时，有显著的呼吸困难和循环功能紊乱，伤侧胸部叩诊呈鼓音，听诊可闻呼吸音减弱。胸部X线检查可显示不同程度的肺萎陷和胸膜腔积气，有时尚伴有少量胸腔积液。

2）开放性气胸（open pneumothorax）：外界空气经胸壁伤口或软组织缺损处，随呼吸自由进出胸膜腔。空气进入量与胸壁伤口大小有密切的关系。胸壁创口较大，空气随呼吸自由出入胸腔，胸膜腔内压几乎等于大气压，肺组织被压缩，进入肺组织的空气量明显减少。吸气时，胸廓扩大，空气经创口进入胸腔。由于两侧胸腔的压力不等，纵隔被推向健侧，健侧肺也受到一定程度的压缩；呼气时胸廓缩小，气体经创口排出，纵隔也随之向损伤一侧移动。如此一呼一吸，纵隔左右移动称纵隔摆动（mediastinal flutter）。

由于肺被压缩，肺通气量和气体交换量显著减少；胸腔负压消失，影响血液回流，使心输出量减少；空气反复进出胸腔和纵隔摆动，不断刺激肺、胸膜和肺门神经丛。因而，患畜表现为严重的呼吸困难、不安、心跳加快、可视黏膜发绀和休克症状。胸壁创口处可听到“呼呼”的声音。伤口越大，症状越严重。

气胸的发生可能是一侧性的或是两侧性的（纵隔上有天然孔的马）。开放性或严重闭合性两侧气胸，由于大部或整个肺萎缩，患畜常因急性窒息而死亡。肺部叩诊或听诊可以确定是一侧性或两侧性气胸。

3）张力性气胸（tension pneumothorax）：气管、支气管、肺或胸壁创口呈活瓣状，吸气时空气进入胸腔，呼气时不能排出，胸腔内压力不断升高。

张力性气胸发生时，吸气时空气进入胸腔，而呼气时不能排出，致使胸腔压力不断增大，受伤侧肺被压缩，纵隔被推向健侧，健侧肺也受压，同时前、后腔静脉受到压迫，影响静脉血回流，导致呼吸和循环系统功能严重障碍。临床表现为极度呼吸困难、心律快、心音弱、颈静脉怒张、可视黏膜发绀，有的出现休克症状。受伤侧气体过多时患侧胸廓膨隆，叩诊呈鼓音，呼吸时胸廓运动减弱或消失，不易听到呼吸音，常并发皮下或纵隔气肿。

（2）血胸（hemothorax） 胸部大血管受损，血液积于胸腔内，若与气胸同时发生则称为血气胸。肺裂伤出血时，因肺循环血压低，且肺组织又有弹性回缩力，一般出血不多，并能自行停止，裂口不大时还可自行愈合；子弹、弹片、骨片等进入肺内，在病畜体况良好的情况下也可为结缔组织包围而形成包囊；肺或心脏的大血管、肋间动脉、胸内动脉、膈动脉受损后破裂，出血十分严重，病畜表现为贫血和呼吸困难等症状，常出现死亡。

血胸主要根据胸壁下部叩诊出现水平浊音、X线检查在胸膈三角区呈现水平的浓密阴影、胸腔穿刺获得带血的胸水，以及在胸下部可听到拍水音等做出诊断。严重时出现贫血、呼吸困难等与失血、呼吸障碍有关的相应症状。并发气胸时兼有上述气胸的特点。

胸腔内的少量积血可被吸收，但通常易于感染而继发脓胸或肺坏疽。

（3）胸膜炎（pleuritis） 指壁层和脏层胸膜的炎症，是胸壁透创常见的并发症，易发展为脓胸。

（4）脓胸（empyema） 胸壁透创后胸膜腔发生的严重化脓性感染，常在胸壁透创后3～5 d出现。病畜体温升高，食欲减退，心率加快，呼吸浅表、频数，可视黏膜发绀或黄染，有短、弱带痛的咳嗽。血液检查可见白细胞总数升高，核左移。在慢性经过的病例，可见到营养不良，顽固性的贫血，血红蛋白可降至40%～50%。叩诊胸廓下部呈浊音，听诊时肺泡呼吸音减弱或消失，穿刺时可抽出脓汁。

治疗 对胸壁透创的治疗，主要是及时闭合创口，制止内出血，排出胸腔内的积气与积血，恢复胸腔内负压，维持心脏功能，防治休克和感染。

（1）紧急救治 对开放性气胸及张力性气胸的抢救，主要是尽快闭合胸壁创口使其转变为闭合性气胸，然后排出胸腔积气。在创伤周围涂布碘酊，除去可见的异物；然后，在病畜呼吸间歇期，迅速用急救包或清洁的大块厚敷料（如数层大块纱布、毛巾、塑料布、橡皮）紧紧堵塞创口，其大小应超过创口边缘5 cm以上。在外面再盖以大块敷料压紧，用腹带、扁带、卷轴带等包扎固定，以达到不漏气为原则。

经上述处理之后，如有条件可进行强心、镇痛、止血、抗感染等治疗。为防止休克，可根据伤情给予补液、输血、给氧及抗休克药物，随后尽快进行手术。

（2）手术治疗

1）保定与麻醉：尽量采用站立保定和肋间神经传导麻醉，以减少对肺代偿性呼吸的影响。伴有胸腔内脏器官损伤而需做胸腔手术的病畜，可用正压氧辅助或控制呼吸，在全身麻醉与侧卧保定后进行。

2）清创处理：创围剪毛消毒，取下包扎的绷带，然后以3%盐酸普鲁卡因溶液对胸膜面进行喷雾，以降低胸膜的感受性。除去异物、破碎的组织及游离的骨片，操作时，防止异物在病畜吸气时落入胸腔。对出血的血管进行结扎，对下陷的肋骨予以整复，并锉去骨折断端尖缘。骨折断端污染时，用刮匙将其刮净。若肋骨骨折未错位或错位不造成对肺的损伤时也可不处理。对胸腔内易找到的异物应立即取出，但不宜进行较长时间的探摸。在手术中如患畜不安、呼吸困难时，应立即用大块纱布盖住创口，待呼吸稍平静后再进行手术。

3）闭合：从创口上角自上而下对肋间肌和胸膜行一层缝合，边缝边取出部分敷料，待缝合仅剩最后1～2针时，将敷料全部撤离创口，关闭胸腔；胸壁肌肉和筋膜行一层缝合；最后缝合皮肤，缝合要严密，以保证不漏气为度。较大的胸壁缺损创，闭合困难时可用手术刀分离周围的皮肌及筋膜，造成游离的筋膜肌瓣，将其转移，以堵塞胸壁缺损部，并缝合以修补肌肉创口。

4）排出积气：在病侧第七、八肋间的胸壁中部（侧卧时）或胸壁中1/3与背侧1/3交界处（站立或俯卧时），用带胶管的针头刺入，接注射器或胸腔抽气器，不断抽出胸腔内的气体，以恢复胸内负压。

对急性失血的病畜，肌内或静脉注射止血药物，同时要迅速找到出血部位进行彻底止血，防止发生失血性休克。必要时给予输血、补液，以补充血容量。输血可利用胸膜腔的血液，其方法是在严格无菌的条件下穿刺回收血液，经 4 层灭菌纱布过滤后，再回注于静脉内。

对脓胸的病畜，穿刺排出胸腔内的脓液，然后用温生理盐水或林格液反复冲洗，还可在冲洗液中加入胰凝乳蛋白酶以分离脓性产物，最后注入抗生素溶液。

5）胸腔闭式引流：在胸壁缝合创下方，切一约 2 cm 直径小口达胸腔，安放引流管。引流管内径应为 1～1.5 cm，为韧度适当的橡皮管。内端剪成斜面或 1～2 个侧孔，以利引流，切口各层行固定缝合。闭式引流所用的水封瓶为一简单的广口瓶及一紧密的橡胶瓶塞，自瓶塞中穿过长短两根玻璃管。长管的下端没于瓶内液面下，上端连接引流管；短管的上端与外界相通，下端以刚穿过瓶塞为度。水封瓶的位置应低于胸腔，胸内渗出液可不断引流至瓶内。只要引流管畅通，即可见玻璃管中的水柱随呼吸运动而上下波动。

6）护理：胸部透创在术后应密切注意全身状况的变化，让病畜安静休息，注意保温，多饮水，增加易消化和富有营养的饲料。全身使用足量抗菌药物控制感染，并根据每天病情的变化进行对症治疗。

第四节　腹部损伤

腹部损伤（abdominal injury）常是多发伤的一部分，易引起大出血和严重感染，发生休克和呼吸衰竭，死亡率较高。主要原因是多数腹部损伤，同时有严重的内脏损伤，如果伴有腹腔实质脏器或大血管损伤，可因大出血而导致死亡；空腔脏器受损伤破裂时，可因发生严重的腹腔感染而威胁生命。因此，早期正确的诊断和及时合理的处理，是降低腹部损伤死亡的关键。

腹部损伤按腹壁是否有裂口可分为开放性和闭合性两大类。开放性损伤时，腹壁伤口穿破腹膜者为穿透伤（多伴内脏损伤），无腹膜穿破者为非穿透伤（有时伴内脏损伤）；其中刺伤物有入口、出口者为贯通伤，有入口、无出口者为盲管伤。

根据致伤源的性质不同，也有的将腹部损伤分为锐器伤和钝性伤。锐器伤引起的腹部损伤均为开放性的，钝性伤一般为闭合性损伤。此外，临床上行穿刺、内镜、钡灌肠或子宫内灌注等诊治措施引起的腹部损伤，称医源性损伤。从临床诊治的角度来看，闭合性腹部损伤具有更重要的意义。因为开放性损伤者腹壁均有伤口，一般需要剖腹手术（尤其是穿透伤或贯通伤）治疗，即使伴有内脏损伤，也比较容易发现；然而，闭合性腹部损伤时，由于体表无伤口，有时很难确定是否伴有内脏损伤。

症状　由于致伤的原因、受伤的器官及损伤的严重程度不同，以及是否伴有合并伤等情况，腹部损伤的临床表现差异很大。轻微的腹部损伤，临床上可无明显的症状和体征；而严重者可出现重度休克，甚或处于濒死状态。实质性器官，如肝、脾、胰、肾等或大血管损伤时，主要临床表现是腹腔内出血。患畜黏膜苍白，脉搏加快、细弱，脉压变小，甚至休克；腹痛呈持续性，一般不是很剧烈，腹肌紧张及压痛也不严重。但当有较严重的腹壁挫伤时，则损伤所在部位压痛非常明显。肝破裂伴有较大肝内或肝外胆管断裂时，因发生胆汁性腹膜炎而出现明显的腹痛和腹膜刺激征。胰腺损伤时，如伴有胰管断裂，胰液溢入腹腔可对腹膜产生强烈刺激而出现明显的腹膜炎症状和体征。体征最明显处常是损伤所在的部位。

肝、脾破裂出血量较多者可有明显的腹胀和移动性浊音；泌尿系统脏器损伤时可出现血尿；空腔脏器，如胃肠道、胆道等破裂或穿孔，则以腹膜炎的症状和体征为主要表现。随着腹膜炎的发展，逐渐因肠麻痹面出现腹胀，严重时可发生感染性休克。空腔脏器破裂后腹腔内可有游离气体，因而肝浊音界缩小或消失。此外，胃、十二指肠损伤可有呕血，直肠损伤常出现鲜红色血便。在腹部发生闭合性损伤的同时，有时还并发肋骨、骨盆或四肢骨折。

诊断　受伤史及体格检查是腹部损伤的基本诊断方法。要边诊断、边治疗。诊断的关键是首先确定有无脏器损伤。

采用腹腔穿刺法抽取腹腔液检查，对确诊本病及判断内脏损伤的性质与程度具有重要价值。X 线透视或摄片检查，容易观察腹腔的积气、积液状态及脏器的大小、形态与位置。B 超检查可确定腹腔出血、积液或积气。

必要时还可以做实验室检查。动物的红细胞、血红蛋白、红细胞比容下降，白细胞略升高，提示有内出血；白细胞明显上升，考虑腹部空腔脏器破裂。另外还可进行尿常规和淀粉酶检查。

治疗　治疗原则为输液，抗休克，防止感染，胃肠减压，手术治疗。

（1）非手术治疗　主要适用于经各项检查还不能确定有无内脏损伤者，或者已经明确诊断为实质内脏器官损伤而且伤情轻、生命体征稳定者。治疗措施包括：输血补液、吸氧、营养支持及维持正常的呼吸、循环功能和水、电解质、酸碱平衡；使用广谱抗生素防治感染；怀疑空腔脏器破裂或腹胀明显者应进行胃肠减压和禁食。

（2）手术治疗　适用于腹腔内脏器官损伤诊断明确，或非手术治疗无效、病情继续恶化，出现血压下降，脉搏细速，呼吸频率加快，腹膜刺激征进行性加重或范围扩大，腹胀加重，腹腔穿刺抽出不凝血、胆汁、粪尿、胃肠内容物或气体者。手术按“先止血、后修补”的原则和“先实质、后空腔脏器”的探查顺序进行。

1）脾脏破裂：应尽快实施全脾切除术。失血过多者可适当输血和补液，因为脾是机体重要的免疫器官，脾摘除后机体的抵抗力下降，极易诱发感染。所以，术后应该全身应用抗生素预防和控制感染，连用 3～5 d。

2）肝损伤：应该根据病畜的全身情况、肝损伤的程度、有无腹腔内其他脏器合并伤及有无休克等情况决定治疗方法：保守疗法和手术疗法。由于肝大而深的撕裂伤常伤及肝内大血管和胆管，出血多，且多伴有胆漏，因此最可靠和效果最好的治疗方法是手术疗法。清除血凝块和无生机的组织，彻底止血，消除胆漏，有效引流，术前、术中做好抗休克治疗，预防多脏器功能衰竭。在腹正中线上，剑状软骨与脐连线的中点即为切口的中央。在腹白线上切开腹壁 5～15 cm，也可根据需要将切口向前或向后延长，以充分显露肝为原则，迅速打开腹腔。打开腹腔后，如果继续出血且出血量非常大，术者应迅速在肝十二指肠韧带绕一细导尿管或细胶管暂时缩紧做假性结扎，阻断入肝血流。同时，第一助手用吸引器将腹腔内积血吸尽。然后根据伤情采取不同的处置措施：浅而小的裂伤、口径小的贯通伤，出血停止，可以不缝合。整齐且较浅表的新鲜裂伤，且没有失活组织，经灭菌纱布压迫彻底止血后垂直褥式间断缝合。严重损伤、肿瘤、局部脓肿和其他局限性肝疾病，部分肝组织失去生机，可以妥善结扎血管和胆管，减少术后胆漏的发生，进行部分肝组织切除术。最常用于犬、猫部分肝叶切除的手术是“手指钝性分割技术”（图 8-2）。这种方法是先在预定切开线用手术刀将肝被膜锐性切开，然后用指压法沿预定切开线把肝实质分离。肝组织中的血管和胆管具有较大的韧性，可以很容易与肝实质区别开。将肝组织中的血管和胆管分离后做双重或三重结扎，然后剪断去除欲切除的肝组织。这种技术的优点是可以避免误伤血管和胆管而造成的出血和胆汁渗漏，但是利用这种方法所形成的创面不整齐，并且有可能在周围正常组织形成撕裂伤。为了避免这一现象的发生，可以用手术刀的刀柄代替手指。同样，对小动物也可以应用组织钳代替手指做肝实质的分割（图 8-3），先将钳口闭合的组织钳插入预定切口线的组织中，然后张开钳口，这样就把肝实质分离开，并且不能造成血管和胆管的损伤。

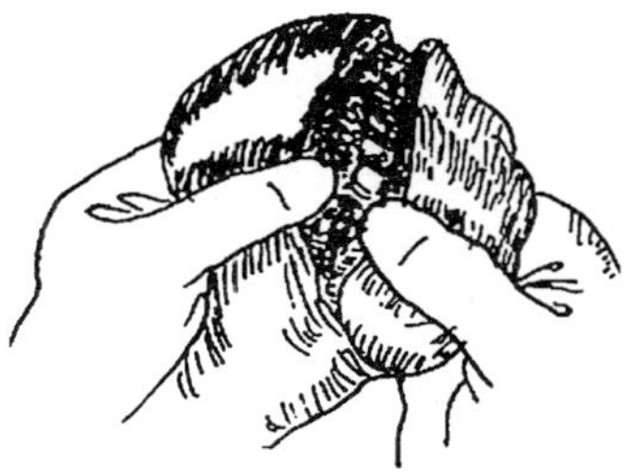

图 8-2　手指钝性分割技术

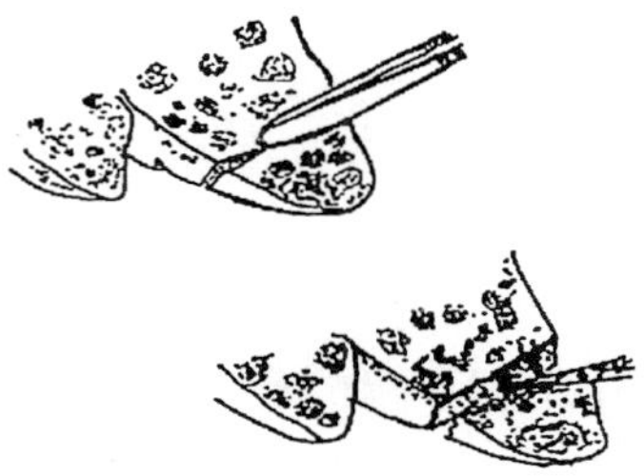

图 8-3　利用刀柄和组织钳分离肝组织

术后争取用对合缝合或大网膜贴敷等方法关闭肝创面，并仔细探查腹腔内的其他脏器，以免漏诊合并伤。严重的大部分肝叶损伤，可以确实结扎或缝扎肝门静脉分支和胆管，实施损伤肝叶切除术。术毕在肝上、肝下各放置有效引流物引流。

在探查过程中，一定要避免过分用力牵拉肝，以免加重肝损伤，造成更大量的出血。

3）胰腺损伤：在胰腺受到挫伤或撕裂伤，但还没有导致主要腺管破裂的情况下，彻底清创和灌洗手术后需要进行体外引流。在对挫伤或坏死胰腺组织进行彻底清创时，一定不要损伤主要的胰腺管道。通过腹腔内手术灌洗，彻底清除腹腔内坏死组织碎片。邻近损伤胰腺部分安置彭罗斯引流管，并且通过另外切口将引流管引到体外。这种治疗方案导致的并发症有瘘管、假性囊肿，这是腺体分泌物从小的腺管破裂口泄露所造成的。

如果胰腺损伤严重的话，部分胰腺切除可能要比体外引流效果好；严重的胰腺腺体损伤并发胰腺管破裂或十二指肠损伤的病例可能要进行全胰腺切除术和部分十二指肠切除术。如果这样的话，可能需要进行胆囊-空肠吻合术和胃-空肠吻合术重建胃肠通道，为胆汁排放提供通路。

4）胃破裂：需要进行手术治疗，恢复胃功能。术前和术中注意动物体况的监测，维持动物的血压稳定，积极进行抗休克治疗。彻底清除腹膜腔内的血凝块和坏死组织，并进行腹膜腔的灌洗，去除污染物。

5）肠破裂：彻底清除腹膜腔内的血凝块、污染物，修补破裂的肠管。

（3）*术后护理*　保持环境安静，限制饲喂，细心观察心率、呼吸、血压及全身状况，尤其要注意是否出现腹腔内出血，也可预防性地应用止血剂，如向腹腔内注入去甲肾上腺素。应用止痛药以缓解术后疼痛，预防性地应用抗生素控制和消除感染。同时注意静脉补充液体和电解质。

第五节　烧伤与冷伤

一、热力烧伤

烧伤（burn）是指皮肤及其深部组织遭受热力（如火焰、热液、热蒸汽、沸油）、电流、放射能及化学物质等所致的损伤。也有人将干热引起的损伤称为烧伤，而湿热引起的损伤称为烫伤（scald）。

（一）烧伤的程度与预后

烧伤程度的判断主要是根据烧伤的深度和面积。

（1）烧伤深度　烧伤深度是指局部组织被损害的程度，烧伤深度越深，伤情越重，其分类有三度分类法、四度分类法和六度分类法之分，其中以三度分类法最为常用。

1）一度烧伤：皮肤表皮层受损，生发层健在，再生能力强。伤部被毛烧焦，留有短毛，毛细血管扩张，有局限性轻微的热、痛、肿，呈浆液性炎症变化，有的出现红斑水疱。一般3～7 d角质层浅表部分脱落、自愈，不留瘢痕。

2）二度烧伤：伤及皮肤表皮层及真皮层的一部分或大部分，又可分为浅二度与深二度烧伤。浅二度烧伤仅伤及表皮生发层、真皮的乳头层，24 h皮肤显著水肿，血浆渗出，积聚于表皮和真皮之间可形成大小不等的内含黄色液体的水疱，主要见于牛、猪、马等。小水疱容易变干，随缺损表皮的增生，干的水疱壁可能脱落；大水疱可发生破裂，出现有渗出的疼痛性真皮创面，愈合缓慢，容易发生感染。浅二度烧伤的表皮再生靠残存的表皮生发层和皮肤附件（汗腺、毛囊）的上皮增生，一般经2～3周愈合，不留瘢痕。深二度烧伤可产生深层真皮的损害，也可有水疱，去疱后创面痛觉迟钝。皮肤残留散在性的毛囊和汗腺周围的皮岛，可依赖其上皮增殖形成上皮小岛，但愈合后可产生瘢痕。对于二度烧伤如果处理不当，特别是发生感染时容易变为三度烧伤。当吸入热烟或热气时可使呼吸道黏膜形成假膜性炎症。

3）三度烧伤：破坏皮肤全层，甚至波及浅筋膜、肌肉和骨骼。烧伤处皮肤无痛觉，发生坏死与血管栓塞，形成焦痂。在少数情况下，焦痂潮湿，发生溃烂；多数情况下成为干性坏死，暗棕色的皮革样外观，无弹性，2～3周后可发生焦痂下液化，易出现感染。焦痂脱落后露出红色肉芽创面，愈合很缓慢。创面修复靠创围的上皮长入，愈合后遗留瘢痕，可能发生挛缩。

烧伤一般都引起不均匀的损伤。烧伤深度由三个同心带组成，最深处为充血带，受损最小；最浅表为凝固带，常发生坏死；两带之间是毛细血管血液停滞带，开始与最深处相似，但24 h后常与凝固带不易区分。在烧伤广度也有三个带，从受伤的中心向外依次为凝固带、停滞带和充血带。

较大面积的二度和三度烧伤，除了局部变化外，常伴发不同程度的全身变化。病畜表现不安、恐惧、出现兴奋状态，体温与脉搏显著升高；但在伤后24 h内由于烧伤创面散失大量的热能，体温可能降至正常以下。大量血浆流失可能有极度口渴。脉搏逐渐变微弱，呼吸加深加快，可视黏膜发绀。最后精神抑郁、昏迷甚至意识消失，出现休克状态，严重病例可能死于心力衰竭。

（2）烧伤面积　临床上计算烧伤面积的方法有多种，一般采用烧伤总面积占动物体表总面积的百分比来表示：

$$\text{烧伤面积（\%）}=\frac{\text{烧伤总面积（cm}^2\text{）}}{\text{体表总面积（cm}^2\text{）}}\times 100$$

（3）烧伤的严重程度　烧伤的严重程度主要取决于烧伤深度和烧伤面积，但也与烧伤部位、家畜的年龄和体质等有关。临床上常依烧伤深度和烧伤面积来判断烧伤的程度，以判断预后和制订治疗措施。

1）轻度烧伤：烧伤总面积不超过体表总面积的10%，其中三度烧伤不超过2%。

2）中度烧伤：烧伤总面积占体表总面积的11%～20%，其中三度烧伤不超过4%。

3）重度烧伤：烧伤总面积占体表总面积的 20%～50%，其中三度烧伤不超过 6%。

4）特重烧伤：烧伤总面积占体表总面积的 50% 以上。

（4）预后 一度烧伤及二度烧伤的面积不到 15% 者，一般预后良好；二度烧伤面积达 15%～50%，三度烧伤面积在 30% 以下时，会引起严重的并发症，其预后慎重；二度烧伤超过 50% 和三度烧伤超过 30% 时，其预后不良，一般在伤后 2 周死亡，故对这类病例应采取安乐死术。

（二）病理

烧伤造成组织细胞的死亡，引起全身一系列复杂的病理生理变化（如内分泌、免疫、代谢变化）及血细胞破坏和肺、肾、肝的损害，导致休克的发生和继发细菌的感染。因此，烧伤不仅仅是一种局部的皮肤损害，而应被视为一种全身性疾病，称为烧伤病（burn disease）。

当体表皮肤及其下层组织遭受高温时，细胞可发生不同程度的死亡。在 45℃以下，细胞无任何损伤；而在 45～50℃可发生不同程度的损伤；在 50℃以上时，细胞的蛋白质变性很明显，可发生不同细胞的破坏，但最终大部分细胞能恢复，还有患区的微血管通透性增加；当 60℃以上时，由于蛋白质凝固，细胞通常都会发生坏死。

烧伤发生后坏死区域的毛细血管坏死、栓塞，烧伤区深层和周围组织内的毛细血管通透性增加，大量体液（水分、蛋白质等）渗出到创面，或潴留于皮下或焦痂下，形成烧伤性水肿。烧伤后 6～8 h 体液以最快的速度从血管中渗出，以后随着毛细血管的紧张性和通透性逐渐恢复，体液丧失减慢。一般在 36～48 h 渗出液总量达到最高峰，随之组织水肿最明显，因此烧伤性休克可发生在烧伤后 48 h 内。在电解质方面，烧伤区域的细胞吸收较多的钠、释放出钾，特别是在伤后第一天，细胞外液，包括血浆中的钠含量降低而钾含量高，出现低钠高钾血症。这时出现血钠和尿钠降低，如果给予补钠，会导致更多的钠离子、氯离子和水分进入细胞内，加重细胞内的酸中毒和水肿。在伤后第三天，如果创面无感染，渗出液开始回收，血钠逐渐恢复正常。

烧伤区域的红细胞在直接受热的作用下，可发生破坏，出血溶血，产生血红蛋白症和血红蛋白尿症。血小板由于外周红细胞聚集和微血栓对其大量消耗而下降。血液凝集可形成微血栓，甚至可发生全身性弥散性血管内凝血，可造成对肺、肾、肝等器官的损害。

在烧伤 1～5 d，可见到呼吸道典型的烟中毒或吸入热气的损害。烟中毒可由木材燃烧产生的一氧化碳、醛类气体（主要为丙烯醛）等引起。丙烯醛易使蛋白质变性，可引起动物肺水肿。烧伤或吸入热气可引起呼吸道充血、水肿，甚至黏膜坏死、脱落，导致感染的发生与扩散。

烧伤后肾可表现出不同程度的受损。初期由于有效血容量不足，肾血流量减少及抗利尿激素和醛固酮分泌增多，肾排出水分及钠盐减少，出现少尿或无尿，尿的比重升高。在大面积深度烧伤时由于大量红细胞破坏，可能有血红蛋白尿，肾小管可能发生坏死，结果造成急性肾功能衰竭。如果烧伤创面不发生感染，48 h 以后液体开始回收，水肿逐渐消退，尿量增多，比重降低。当肾机能正常并及时补充液体丧失量时，尿量可以很快恢复。

烧伤后肝功能的变化不一定与肝的病理变化一致，有时肝功能检查尚正常，但肝有明显的病变，或者功能异常而病变不明显。但犬烧伤后肝多有严重的损害，初期转氨酶明显增加，死后肝充血、水肿、肝细胞混浊与脂肪变性，少数有出血和小叶中心坏死。

烧伤后最初 24 h，创面基本上是无菌的，或仅有污染的细菌。浅度烧伤如早期创面处理不当，可出现创周炎症。严重烧伤时全身免疫功能低下及局部组织坏死和血循环不良均有利于细菌的大量繁殖。最初感染的细菌常为革兰氏阳性菌，随后主要为革兰氏阴性菌（大肠杆菌、假单胞菌）。当创面感染严重时，细菌向周围及其深部未烧伤组织广泛侵入，可引起烧伤脓毒症。

（三）急救与治疗

治疗原则是脱离热源、保护创面、维护呼吸通畅、防止休克和继发感染。

（1）急救与烧伤程度和预后估计　迅速脱离热源，如火焰烧伤应尽快灭火，可就地取材，用水或某些覆盖物灭火，热液浸渍可用冷水冲淋。保护创面，防止污染和继发损伤，用干净敷料或布类保护或简单包扎，注意防止动物擦伤、啃咬或抓伤。火焰烧伤常伴呼吸道受烟雾、热力等损伤，应注意维护呼吸道畅通，有严重呼吸困难者可行气管切开。对于疼痛严重或有恐惧表现的动物应使用止痛剂或镇痛剂。局部及时冷疗也可减轻烧伤的疼痛，减少伤后渗出和水肿。

对病畜应尽快进行局部和全身检查，以判定烧伤的程度，确定局部和全身的治疗措施，特别是输液治疗。若病畜已丧失大量的皮肤，则应该淘汰。

（2）防止休克　深二度以上的烧伤，病畜都有发生休克的可能，尤其体质衰弱、幼龄和老龄家畜更易发生，应及早防治。早期补液速度应快一些，量多一些，力争在短期内补足有效血容量。补液时主要依据生理参数，如血细胞比容、蛋白质含量、电解质及中心静脉压和排尿量，监测补液的种类、数量与速度。排尿量应维持在 1 mL/(kg·h）以上。有人认为在伤后的前 48 h，输液量应超过排尿量的 3 倍，所需补充和维持液的数量为 3～4 mL/(kg·h)。中心静脉压的高低，可用于确定补液的速度。胶体液，如血浆、右旋糖酐，能有效恢复渗透压。血浆较为理想，右旋糖酐易于获得。右旋糖酐可有效升高血压和排尿量，但维持时间较短。电解质液以林格液较好，其钠离子和氯离子含量较接近正常血浆水平，如果输入大量等渗盐溶液，可引起高氯血症及高氯性酸中毒。在烧伤后的最初 24 h 内，由于细胞和红细胞的破坏，血清钾大量从肾排出，如果不进行处理，在伤后 3～4 d 常发生钾缺乏，甚至血清钾含量可降至致死性水平。在深度大面积烧伤时会有大量红细胞的丧失，往往出现贫血与低蛋白血症，应适当补充全血。有人主张，补充全血量可按每 1% 三度烧伤面积给予总血量的 1% 计算。由于在急性期血液内非细胞成分丢失的比例大于细胞成分（特别是红细胞成分），过多地补充全血或过少地补充电解质与液体可加重病情。

（3）创面处理　及时合理地处理创面是防治感染、预防败血症和促进创伤愈合的主要环节，一般应在抗休克之后进行。

首先对烧伤部周围剪毛，70% 乙醇消毒，创面可用 0.1% 新洁尔灭溶液、0.2% 氯己定溶液、3% 硼酸溶液等轻洗，清除异物。一度烧伤创面经清洗后，不必用药，保持干燥，即可自行痊愈。二度烧伤创面可用 5%～10% 高锰酸钾溶液连续涂布 3～4 次，使创面形成痂皮；也可用 5% 鞣酸或 3% 龙胆紫液等涂布；或用紫草膏等油类药剂纱布覆盖创面，隔 1～2 d 换药 1 次，如无感染可持续应用，直至治愈。用药后，一般行开放疗法，对四肢下部的创面可行绷带包扎。

烧伤常用的中药处方如下。

1）紫草膏处方：紫草、当归、白芷、忍冬藤各 50 g，白蜡 35 g，冰片 10 g，香油（或其他植物油）500 g。先将香油加热到 130℃左右，然后加忍冬藤、当归、紫草、白芷，继续加热到 150℃，持续 30 min。当药炸焦（以白芷变焦黄为标准），过滤去渣后放入白蜡熔化。加入研细的冰片，搅匀备用。一般隔 1～2 d 换药 1 次，如无感染，可持续应用至治愈。

2）烧伤膏八号处方：大黄、地榆炭、五倍子、赤石脂、炉甘石（水飞）各 250 g，冰片 25 g，香油（或其他植物油）2500 g，蜂蜡 250～300 g。先将蜂蜡放在香油内，加热熔化至沸腾，温度降至 50～60℃时，再将上述研为极细末的各药加入油内搅匀，装瓶备用。此药用法同紫草膏。

3）大黄地榆膏处方：大黄、地榆等量，共为细末，以香油调匀，其中加入少量冰片、黄连更好。烧伤部表面撒布，适量。

三度烧伤易形成焦痂。有焦痂时，其创面上皮不能再生，影响创口愈合和收缩，也易发生感染。焦痂可自然分离，但持续时间较长，有的需 1～2 个月才脱落。为加速分离，每次换药时将焦痂提起，涂以上述油类药膏，使其软化。为促进创面愈合，可采用手术切痂的方法。焦痂除去后，用 0.1% 新洁尔灭溶液或生理盐水清洗创面，干燥后涂布上述油膏或抗生素油膏。

如有绿脓杆菌感染，可用 2% 春雷霉素液湿敷或 2% 苯氧乙醇液、烧伤宁、10% 甲磺灭脓液，或用枯矾冰片溶液（枯矾 0.75～1 g，冰片 0.25 g，加水至 100 mL）、4% 硼酸溶液、食醋湿敷。

（4）防治败血症　良好的抗休克措施、及时的创面处理、合理的饲养管理是预防全身性感染的重要措施，应予重视。对中度以上的病畜，应在伤后两周内，应用大剂量抗生素，以控制全身性感染。青霉素和链霉素联合应用，一般能收到良好的效果，必要时也可应用广谱抗生素。有败血症症状时，按败血症治疗。为增强机体抵抗力，应注意加强营养，供给适量的能量与氨基酸。

（5）皮肤移植术　对面积较大的三度烧伤，创面自然愈合时间较长，由于瘢痕挛缩，机体变为畸形，影响机体功能。因此对其肉芽创面应早期施行皮肤移植手术，以加速创面愈合，减少感染机会和防止瘢痕挛缩。在皮肤移植术中，以皮片移植最为常用。皮片按其厚度分为薄层皮片、中厚皮片和全厚皮片，其中以中厚皮片为常用。中厚皮片包含表皮和真皮的一部分，相当颈部皮肤全厚（2.5～3 mm）的 1/3～2/3，此皮片较易成活，成活后质地较柔软，经得起一般的摩擦和挤压，取皮区能自行愈合。（具体方法见本章第七节。）

二、化学烧伤

化学烧伤（chemical burn）是指具有烧灼作用的化学物质（强酸、强碱、磷等），直接作用于家畜机体，使蛋白质变性或干预细胞代谢而破坏组织，发生损伤。损伤机制包括氧化、还原、腐蚀、脱水、变性等。损伤的严重程度取决于化学物质的类型及其强度、化学物质的量、接触的时间和渗透的深度及化学物质的作用机制。

病因

（1）酸类烧伤　常由硫酸、硝酸和盐酸等引起。酸类可引起蛋白质凝固，形成厚痂，呈致密的干性坏死，故可防止酸类向更深层组织侵蚀，所以常局限于皮肤。在临床上可根据焦痂的颜色，大致判断酸的种类，黄色为硝酸烧伤，黑色或棕褐色为硫酸烧伤，白色或灰黄色为盐酸或碳酸烧伤。烧伤的程度因酸类的强弱、接触的时间和面积不同而异，从皮肤肿痛，直至皮肤和肌肉的坏死。

（2）碱类烧伤　常由生石灰、苛性钠或苛性钾引起。碱类对组织破坏力及渗透性强，除立即作用外，还能皂化脂肪组织，吸出细胞内的水分，溶解组织蛋白质，形成碱性蛋白质化合物。碱类烧伤虽然局部疼痛较轻，但能烧伤深部组织，所以损伤程度较酸性烧伤重。

治疗　急救时，立即用大量清水冲洗，除去化学物质，防止继续损伤。这样不但可以冲掉动物体表附着的大量化学物质，还可以消散化学反应所产生的热量。如果明确化学物质的性质，也可采用对应的中和试剂来中和。例如，酸烧伤时可用5%碳酸氢钠溶液中和；石炭酸烧伤时可用乙醇、甘油或蓖麻油涂于伤部，使石炭酸溶于乙醇及甘油中，蓖麻油则能减缓石炭酸的吸收，从而便于除掉石炭酸和保护皮肤及黏膜。碱烧伤时，可用食醋、6%乙酸溶液中和；苛性钠烧伤时，也可用5%氯化铵溶液冲洗；若生石灰烧伤时，在冲洗前必须扫除伤部的干石灰，以免因冲洗产生热量，加重烧伤的程度。磷烧伤时，患部沾染的磷微粒，在暗室或夜间发出绿色荧光，可用镊子除去，也可用1%硫酸铜溶液涂于患部，磷即变为黑色的磷化铜，此时用镊子仔细除去，以大量水冲洗，再以5%碳酸氢钠溶液湿敷，包扎1～2 h，以中和磷酸，最后按烧伤治疗。

三、冷伤

冷伤（cold injury）是指机体遭受低温侵袭所引起的局部或全身性损伤，分为非冻结性冷伤和冻结性冷伤。

（一）非冻结性冷伤

非冻结性冷伤是指动物接触冰点以上的低温，加上潮湿条件所造成的损伤，如冻疮（chilblain），常在趾、耳、乳头、龟头等皮肤出现紫斑、轻度水肿与炎症反应，甚至溃疡。应注意防寒保暖，局部可涂抹冻疮膏，已破溃者可使用含抗生素药物的软膏，另外使用钙通道阻滞剂可有改善症状的作用。

（二）冻结性冷伤

冻结性冷伤是指由冰点以下低温所引起的损伤，包括局部冻伤（local frostbite）和全身冷伤（frozen rigor）（又称冻僵）。

1．冻伤　目前认为受冻组织的主要损伤是原发性冻融损伤和继发性血循环障碍。

分类与症状　根据冷伤的范围、程度和临床表现，将冻伤分为三度。

1）一度冻伤：特点是皮肤与皮下组织轻度水肿和充血，患部呈现淤血性红色斑。受冷引起麻木和知觉消失，但可随复温而消失。随后血管显著扩张，局部充血、发热、疼痛，血管渗透性增加，组织水肿。若冻伤不继续加重，充血和水肿持续1～2周后逐渐消退。

2）二度冻伤：主要特点为水疱形成，血浆通过损伤和麻痹的血管渗出，进入冻伤组织内，使表皮与真皮分离，形成大小不一的水疱。水疱液浆液性，水疱周围的组织有深红色至紫红色的严重水肿。水疱液被吸收后逐渐变干，可形成痂皮脱落，一般不发生坏死。如果水疱破裂，可引起感染而延缓愈合。

3）三度冻伤：主要特点是皮肤全层发生坏死或坏疽，并可延至皮下组织。患部冷厥而缺乏感觉，4～5 d，皮肤开始皱缩；7～10 d，皮肤先发生干性坏死，有的皮肤与皮下组织均发生坏死，或达骨部引起全部组织坏死，有的出现大水疱。通常因静脉血栓形成、周围组织水肿及继发感染而出现湿性坏疽。30～40 d，坏死组织沿分界线与肉芽组织离断，愈合变得缓慢，易发生化脓性感染。

治疗　消除寒冷作用，使冻伤组织复温，恢复组织内的血液和淋巴循环，并进行预防感染措施。

复温治疗时，开始用18～20℃的水进行温水浴，在25 min内不断向其中加热水，使水温逐渐达到38℃。在不便于温水浴复温的部位，可用热敷复温，其温度与温水浴时相同。复温后用保暖绷带包扎和覆盖。有人主张快速复温法，即将伤部浸泡于40～42℃的温水中。温度低于42℃时融化缓慢，温度太高可呈现有害作用，甚至发生烫伤。浸泡时间一般为10～20 min，达到冻结软化，皮肤出现潮红为止，浸泡时间过久反而有害。快速融化可能引起剧烈疼痛，应给予止痛剂。浸泡后轻轻擦干，装保温绷带保护，防止损伤和感染。复温时绝不可用火烤，火烤使局部代谢增加，而血管又不能相应地扩张，反而加重局部损害。

改善冻伤区域的血液循环，还可试用交感神经阻滞或扩血管的药物。颈部、胸部或腰部交感神经节的盐酸普鲁卡因封闭，可在冻后24～48 h进行，以减轻严重冻伤引起的疼痛和动脉痉挛，促进侧支血管血液的循环和水肿的消散，加速坏死组织的分离。

局部处理一般采用保守疗法。一、二度冻伤，只需要保持清洁干燥，防止机械性损伤，不得采用雪搓或按摩等方法。对于坏死组织，待其自然分界清楚后进行切除或让其自然分离。

2. 冻僵　冻僵是指寒冷导致体内的热量丢失过多，体温下降至35℃以下。32～35℃称为轻度冻僵；28～32℃为中度冻僵；低于28℃为重度冻僵，也称为深低温冻僵。

症状　最初受冻时，临床上表现为一系列生理性的保护反应。由于周围血管收缩，皮肤苍白发冷，以减少身体深部体温的下降；神经系统兴奋，代谢率增加，心跳、呼吸加快，出现自觉或不自觉的寒战。如果继续受冻，体温降到32℃以下时，机体失去代偿能力，可由兴奋转为抑制，出现高度疲倦和昏睡，行动缓慢，步履蹒跚，肌肉僵硬，心跳与呼吸减慢，甚至意识完全消失，呈昏迷状态。最后出现房室纤维颤动性心律紊乱和瞳孔放大，终至死亡。致死的温度可随动物的种类、体况、耐寒性和有无原发病而有很大差异，无一绝对致死温度界线。

治疗　体温过低的动物应放置在干燥温暖的室内，擦干被毛，然后进行复温。复温的方法有被动复温和主动复温。被动复温常采用体表复温，包括应用温水浴、电热褥、红外线灯或短波透热疗法等。主动复温是指把热量输入体内，提高内脏温度的方法，比体表复温法优越。此外，还注意复温后的并发病，如消化扰乱、呼吸道炎症，必要时应给予抗生素控制感染。当冷应激引起肾上腺皮质功能不足时，应静脉注射皮质激素。恢复期，饲喂量应逐渐增加，以免吃得过多，加重病情。

第六节　损伤并发症

家畜发生外伤，特别是重大外伤时，由于大出血和疼痛，很容易并发休克和贫血；临床常见的外伤感染，往往发生溃疡、瘘管和窦道等并发症；严重组织挫灭会产生毒素的吸收、机体抵抗力减弱和营养不良及治疗不当，易发生凝血功能障碍和器官功能障碍。以上并发症的发生，轻者影响病畜早日恢复健康，重者甚至导致死亡。故外科临床必须注意外伤并发症的预防和治疗。

一、休克

在外科临床，休克多见于重剧的外伤，以及伴有广泛组织损伤的骨折、神经丛或大神经干受到异常刺激、大出血、大面积烧伤、不麻醉进行较大的手术、胸腹腔手术时粗暴的检查、过度牵张肠系膜等。所以，要求外科工作者对休克要有一个基本的认识，并能根据情况，有针对性地加以处理，挽救和保护家畜的生命（详见第九章）。

二、感染

（一）坏死

机体局部组织或细胞的死亡，称为坏死。它是局部代谢障碍最严重的表现，原组织或细胞的功能完全丧失，所以坏死是一种不可恢复的变化。坏死可累及整个肢体或器官的一部分，也可以是部分组织或个别细胞的死亡。在个别情况下，由于致病因素极为强烈，坏死可很快地发生；在多数情况下，坏死都是逐渐发生的，即组织或细胞先发生变性或萎缩，进一步加剧才引起坏死，这种坏死的发展过程，称为渐进性坏死。在渐进性坏死的过程中，细胞吸附染料的能力加强，染色可较正常细胞增加2～3倍。应用活体染色的方法（用中性红、次甲基蓝染色），可以指示细胞的生活机能。生活的细胞中染料只累积于原生质内，而细胞核不着色；但在死亡的细胞内，原生质和细胞核都染得很深，全部均匀着色。渐进性坏死过程是一种组织介于生与死之间的状态（即所谓间生态）。在这个阶段的早期，细胞及组织的变化是可复的，只要致病因子的作用消除，细胞及组织本身仍能恢复其正常状态；但是当致病因子持续作用时，终于造成组织死亡，即发生不可恢复的坏死。

1. 凝固性坏死 这种坏死常见于血液供应中断所致的坏死，局部以胞质及组织的蛋白质凝固为特征。其凝固机理还不清楚，有的情况如石炭酸、升汞等能使蛋白质的性质发生变化，并出现凝固，如同蛋白质加热后或被强酸作用后发生凝固一样；有的可能是组织崩解时释放出蛋白凝固酶，使坏死组织凝固。外观上灰白色或淡黄色，较干燥、松脆、贫血状，并与周围的健康组织有明显的界限，又称干性坏死。凝固性坏死多发生于睾丸、乳房、脾和肾等部位。多见于血管的机械性损伤、感染、烧伤，以及使用重金属盐类、强酸、甲醛和其他凝固蛋白质的药品时。

2. 液化性坏死 又称湿性坏死。一般由于坏死组织富含水分或由于溶解酶的作用，组织发生溶解、液化所致。因此这种坏死较柔软，起初形成囊状的软化病灶，以后完全溶解，液化成为充满乳状液体的囊腔，囊腔内容物待类脂质吸收后变为澄清的液体。这种坏死组织常见于中枢神经系统。由于中枢神经内水分及磷脂含量多，而蛋白质较少，故组织坏死后，很快发生软化和液化，如脑梗死。化脓也是液化性坏死的一种，当其中的白细胞崩解后，释放出大量的溶蛋白酶，使坏死组织溶解（液化）而成液体，并与渗出液、细菌等组成脓汁。溶组织阿米巴能分泌大量的溶蛋白酶，也能引起组织发生液化性坏死。此外，某些化学物质（如松节油）、战争毒剂（如芥子气、路易斯气）引起的皮肤水疱及化脓等，也属于这类坏死。

3. 坏疽 大块组织坏死后，由于合并不同程度的继发性改变，如腐败菌感染等而形成的特殊形态变化，称为坏疽。常见的腐败菌有梭形杆菌、产气荚膜杆菌、奋森螺旋体等。坏疽常呈现灰绿色、棕黑色，甚至黑色。其特殊的颜色改变，是由于坏死组织被腐败菌分解产生的硫化氢，与血红蛋白分解出来的铁相结合，形成黑色的硫化铁，使坏死组织变为黑色。坏疽可分为以下三种。

（1）干性坏疽 常见于暴露于空气的体表与末梢，如皮肤、耳尖、尾尖和肢端等。一般在动脉血流受阻，而静脉血流回流无障碍的情况下发生。在这种条件下组织因缺血坏死，其原有水分蒸发，病变部分的组织变干，不利于腐败菌的生长繁殖，因而不发生腐败分解而发生干燥、皱缩、硬固，呈黑褐色，与正常组织之间有明显的炎症分界线。结扎阴囊颈部去势引起的梗塞性坏疽，火焰、热蒸汽、烧烙和寒冷引起的物理性坏疽，强酸引起的化学性坏疽，以及麦角引起的中毒性坏疽等都属于干性坏疽。

应防止它转为湿性坏疽，常采用结痂性的消毒药，如3%龙胆紫或煌绿乙醇溶液。并用干燥绷带加以保护，同时在处理过程中应注意不要损伤分界线。分界线形成后，可用手术方法切除坏死组织，然后按肉芽创处理，禁用热浴、湿绷带。因为温热可增加局部组织的代谢，降低局部组织耐受缺血的能力，促使坏疽发展。保持干燥可减少感染的机会。

（2）湿性坏疽　多见于与外界相通的内脏，或见于动脉与静脉的血流同时受阻、伴有淤血水肿的四肢。因坏死组织水分含量多，故腐败菌感染严重。此时局部明显肿胀，呈深蓝、暗绿或污黑色。腐败菌分解蛋白质，产生吲哚、粪臭素等恶臭气体。由于病症发展快，炎症比较弥散，故坏死组织与健康组织之间的分界线不明显。同时，一些有毒的分解产物如氨、硫化氢、胺类和细菌毒素被吸收后可引起严重的全身中毒。以肺、肠、子宫等与外界相通的内脏为最常发生。严重的组织创伤或挫伤引起的外伤性坏疽，石膏绷带或止血带结扎过紧引起的压迫性坏疽，钳闭性疝引起的肠管钳闭性坏疽，以及强碱引起的化学性坏疽，都可形成湿性坏疽。

应着重制止患部病变的蔓延，根据情况应用高渗剂促进炎症净化，并使其尽快地转为干性坏疽。对严重的湿性坏疽，应彻底切除坏死灶。术后撒布磺胺、碘仿（9∶1），磺胺、高锰酸钾（95∶5）。至于全身疗法，可选用各种解毒药和抗生素，应特别注意保护心脏功能。

（3）气性坏疽　气性坏疽是一种湿性坏疽的特殊类型。致病菌是厌气性梭形杆菌属，主要为产气荚膜杆菌、恶性水肿杆菌和腐败弧菌三种。这些细菌广泛存在于泥土中及被毛上，在一般情况下无致病作用，大多由深部创伤感染了厌气菌所引起。这些厌气菌分解坏死组织时产生大量的气体，使坏死组织呈蜂窝状，污秽暗棕色。按压有捻发音。病变沿肌束纵行蔓延。切开病变组织，几乎没有血液流出，这是由小血管麻痹，血流缓慢或出现停滞，并有广泛血栓形成所致。横纹肌广泛坏死，如熟肉状，多呈灰黑色，部分为液化性坏死。深部切创创口即流出腐败的血样液体。在坏死的肌肉内或周围组织中，易找到多量厌气性梭形杆菌。气性坏疽发展迅速，毒素吸收多，故后果严重，需紧急处理。

（二）溃疡

皮肤（或黏膜）上经久不愈合的病理性肉芽创称为溃疡。从病理学上来看，溃疡有细胞分解物、细菌，有时有脓样腐败性分泌物的坏死病灶，并常有慢性感染。溃疡与一般创口的不同之处是愈合迟缓，上皮和瘢痕组织形成不良。

1. 单纯性溃疡　溃疡表面被覆蔷薇红色、颗粒均匀的健康肉芽，肉芽表面覆有少量黏稠、黄白色的脓性分泌物，干涸后则形成痂皮。溃疡周围皮肤及皮下组织肿胀，缺乏疼痛感。溃疡周围的上皮形成比较缓慢，新形成的幼嫩上皮呈淡红色或淡紫色。上皮有时也在溃疡面的不同部位上增殖而形成上皮突起，然后与边缘上皮带汇合。与此同时，肉芽组织逐渐成熟并形成瘢痕而治愈。当溃疡内的肉芽组织和上皮组织的再生能力恢复时，任何溃疡都能变成单纯性溃疡。

治疗是保护肉芽，防止其损伤，促进其正常发育和上皮的形成。因此，在处理溃疡面时必须细致，防止粗暴。禁止使用对细胞有强烈破坏作用的防腐剂。为了加速上皮的形成，可使用加2%～4%水杨酸的锌软膏、鱼肝油软膏等。

2. 炎症性溃疡　临床上较常见，是长期受到机械性、理化性物质的刺激及生理性分泌物和排泄物的作用，以及脓汁和腐败性液体潴留的结果。溃疡呈明显的炎性浸润。肉芽组织呈鲜红色，有时因脂肪变性而呈微黄色。表面被覆大量的脓性分泌物，周围肿胀，触诊疼痛。

治疗时，首先应除去病因，局部禁止使用有刺激性的防腐剂。如有脓汁潴留时，应切开创囊、排尽脓汁。溃疡周围可用青霉素盐酸普鲁卡因溶液封闭，为了防止从溃疡面吸收毒素也可用浸有 20% 硫酸镁或硫酸钠溶液的纱布覆于创面。

3. 坏疽性溃疡 见于冻伤、湿性坏疽及不正确的烧烙之后。组织的进行性坏死和很快形成溃疡是坏疽性溃疡的特征。溃疡表面被覆软化、污秽、无构造的组织分解物，并有腐败性液体浸润。常伴发明显的全身症状。

此溃疡应采取全身和局部并重的综合性治疗措施。全身治疗的目的在于防止中毒和败血症的发生；局部治疗的目的在于早期剪除坏死组织，促进肉芽生长。

4. 水肿性溃疡 常发生于心脏衰弱的病畜及局部静脉血液循环被破坏的部位。肉芽苍白、脆弱，呈淡灰白色，且有明显的水肿。溃疡周围组织水肿，无上皮形成。

治疗主要应消除病因。局部可涂鱼肝油、植物油，或包扎血液绷带、鱼肝油绷带等。禁止使用刺激性较强的防腐剂。应用强心剂调节心脏机能活动，并改善病畜的饲养管理。

5. 蕈状溃疡 常发生于四肢末端、有活动肌腱通过部位的创伤。其特征是局部出现高出于皮肤表面、大小不同、凸凹不平的蕈状突起，其外形恰如散布的真菌，故称蕈状溃疡。肉芽常呈紫红色，被覆少量脓性分泌物且容易出血。上皮生长缓慢，周围组织呈炎性浸润。

治疗时，如赘生的蕈状肉芽组织超出于皮肤表面很高，可剪除或切除；也可充分搔刮后进行烧烙止血；还可用硝酸银棒、苛性钾、苛性钠、20% 硝酸银溶液烧灼腐蚀。有人使用盐酸普鲁卡因溶液在溃疡周围封闭，配合紫外线局部照射取得了较好的治疗效果。近年来，有人使用 CO_2 激光聚焦烧灼和气化赘生的肉芽取得了较为满意的治疗效果。

6. 褥疮及褥疮性溃疡 褥疮是指局部受到长时间的压迫后所引起的因血液循环障碍而发生的皮肤坏疽。常见于畜体的突出部位。褥疮后坏死的皮肤即暴露在空气中，水分被蒸发，腐败细菌不易大量繁殖，最后变得干涸、皱缩，呈棕黑色。坏死区与健康组织之间因炎性反应带而出现明显的界限。由于皮下组织的化脓性溶解，遂沿褥疮的边缘出现肉芽组织。坏死的组织逐渐剥离，最后呈现褥疮性溃疡。表面被覆少量黏稠黄白色的脓汁。上皮组织和瘢痕的形成都很缓慢。

平时应尽量预防褥疮的发生。已形成褥疮时，可每日涂擦龙胆紫乙醇或煌绿溶液。夏天应当多晒太阳，应用紫外线和红外线照射可大大缩短治愈的时间。

7. 神经营养性溃疡 溃疡愈合非常缓慢，可拖延一至数年。肉芽苍白或发绀，见不到颗粒。溃疡周围轻度肿胀，无疼痛的感觉，不见上皮形成。

条件允许时可进行溃疡切除术，术后按新鲜手术创处理。也可使用盐酸普鲁卡因周围封闭，配合使用组织疗法或自家血疗法。

8. 胼胝性溃疡 不合理使用能引起肉芽组织和上皮组织坏死的药品，不合理地长期使用创伤引流，以及患部经常受到摩擦和活动而缺乏必要的安静（如肛门周围的创伤），均能引起胼胝性溃疡的发生。其特征是肉芽组织血管微细、苍白、平滑、无颗粒，并过早地变为厚而致密的纤维性瘢痕组织。不见上皮组织的形成。

条件许可时，切除胼胝，以后按新鲜手术创处理。也可对溃疡面进行刮擦，涂松节油并配合使用组织疗法。

（三）窦道和瘘

窦道和瘘都是狭窄不易愈合的病理管道，其表面被覆上皮或肉芽组织。窦道和瘘不同的地方是前者可发生于机体的任何部位，借助于管道使深在组织（结缔组织、骨或肌肉组织等）的脓窦与体表相通，其管道一般呈盲管状；而后者可借助于管道使体腔与体表相通或使空腔器官互相交通，其管道是两边开口。

（1）窦道　窦道常为后天性的，多见于臂部、鬐甲部、颈部、股部、胫部、肩胛部和前臂部等部位。窦道治疗的主要着眼点是消除病因和病理性管壁，通畅引流以利愈合。

1）对疖、脓肿、蜂窝织炎自溃或切开后形成的窦道，可灌注 10% 碘仿醚、3% 双氧水等，以减少脓汁的分泌，促进组织的再生。

2）当窦道内有异物、结扎线和组织坏死块时，必须用手术方法将其除去。在手术前最好向窦道内注入除红色、黄色以外的防腐液，使窦道管壁着色；或向窦道内插入探针，以利于手术的进行。

3）当窦道口过小、管道弯曲，由于排脓困难而潴留脓汁时，可扩开窦道口，根据情况造反对孔或做辅助切口，导入引流物以利于脓汁的排出。

4）窦道壁有不良肉芽或形成瘢痕组织者，可用腐蚀剂腐蚀，也可用锐匙刮净或用手术方法切除窦道。

5）当窦道内无异物和坏死组织块、脓汁很少且窦道壁的肉芽组织比较良好时，可填塞铋碘蜡泥膏（次硝酸铋 10.0 g，碘仿 20.0 g，石蜡 20.0 g）。

（2）瘘　先天性瘘是胚胎期间畸形发育的结果，如脐瘘、膀胱瘘及直肠-阴道瘘等。此时瘘管壁上常被覆上皮组织。后天性瘘较为多见，是腺体器官及空腔器官的创伤或手术之后发生的。在家畜常见的有胃瘘、肠瘘、食道瘘、颊瘘、腮腺瘘及乳腺瘘等。

1）对肠瘘、胃瘘、食道瘘、尿道瘘等排泄性瘘管，必须采用手术疗法。其要领是：用纱布堵塞瘘管口，扩大切开创口，剥离粘连的周围组织，找出通向空腔器官的内口，除去堵塞物，检查内口的状态，根据情况对内口进行修整手术、部分切除术或全部切除术，密闭缝合，修整周围组织，缝合。手术中一定要尽可能防止污染新创面，以争取一期愈合。

2）对腮腺瘘等分泌性瘘，可向管内灌注 20% 碘酊、10% 石硝酸银溶液等，或先向瘘内滴入甘油数滴，然后撒布高锰酸钾粉少许，用棉球轻轻按摩，用其烧灼作用以破坏瘘的管壁。一次不愈合者可重复应用。上述方法无效时，对腮腺瘘可先向管内用注射器在高压下灌注溶解的石蜡，后装胶绷带；也可先注入 5%～10% 的甲醛溶液或 20% 的硝酸银溶液 15～20 mL，数日后当腮腺已发生坏死时进行腮腺摘除术。

三、器官功能障碍

器官功能障碍是指急性疾病过程中器官或系统发生功能丧失出现的功能障碍，而临床上往往多发生多器官功能障碍综合征（MODS），即在急性疾病过程中两个或两个以上的器官或系统同时或序贯发生功能障碍。MODS 发病的基础是全身炎症反应综合征（SIRS），也可由非感染性疾病诱发，如果得到及时合理的治疗，仍有逆转的可能。

原因　各种感染引起的脓毒症；严重创伤、烧伤或大手术致失血、缺水；各种休克、心跳、呼吸骤停复苏后；各种原因导致肢体大面组织或器官缺血-再灌注损伤；合并脏器坏死或感染的急腹症；输血、输液、药物或机械通气；心、脑、肝、肾的慢性疾病、糖尿病、免疫功能低下等更易发生 MODS。

类型 可分为速发型和迟发型。

（1）速发型 是指原发急症在发病 24 h 后有两个或更多的器官系统同时发生功能障碍，如急性呼吸窘迫综合征（acute respiratory distress syndrome，ARDS）＋急性肾衰（acute renal failure，ARF）；ARDS＋ARF＋急性心衰（acute heart failure，AHF）；弥散性血管内凝血（DIC）＋ARDS＋ARF。

（2）迟发型 先发生一个重要器官或系统的功能障碍，如心、肺、肾，继发更多个器官、系统的功能障碍。此型多见于继发感染或存在持续性毒素或抗原时。

治疗 积极治疗原发病，重点监测生命体征，防治感染，改善症状，增强免疫，保护肠黏膜的屏障作用，积极治疗首先发生功能障碍的器官。

第七节 植 皮 术

（一）创面准备

适用于植皮的创面，应是肉芽坚实、平坦、色泽红润、分泌物较少及没有水肿的。如肉芽面尚有感染倾向，可用生理盐水湿敷，控制感染，促进肉芽生长。如有赘生肉芽或肉芽老化，可行切除，待肉芽创面合乎要求后才能植皮。

（二）取皮

供皮区一般选在动物的颈部两侧、臀股后部和臂股外侧部等。植皮前一天，对供皮区进行剃毛、清洗。取皮前，用 0.1% 新洁尔灭溶液或 75% 乙醇溶液对供皮区消毒，以 0.25% 盐酸普鲁卡因溶液进行皮下浸润麻醉，使供皮区高出皮肤表面。对病畜行站立保定。取皮时，术者和助手各持一灭菌木板（8 cm×6 cm×1 cm），压在供皮区的两侧，或不用木板，术者一手固定皮肤，使供皮区皮肤紧张而平坦，术者持灭菌的取皮刀（或剃头刀等），与皮肤约成 45° 角，切开皮肤达到需要的厚度，然后使刀刃与皮肤平行，以拉锯动作缓慢运刀切下皮片。当运刀中能隔着皮肤见到刀刃所在的部位，或所取的皮片呈灰色或褐色，或取皮后的创面呈较稀疏的点状出血时，就证明取下的皮片即为中厚皮片。取下的皮片用灭菌的镊子夹入青霉素生理盐水中（含 3000 IU/mL 以上）。对供皮区创面涂碘酊后，敷以纱布或棉花，包扎绷带，令其自行愈合。

（三）移植

皮肤移植的方法较多，常用的有小块皮片栽植、邮票状皮片移植、微粒植皮和带蒂皮瓣移植等。

1. 小块皮片栽植 将皮片剪成底为 0.4 cm、高为 0.7 cm 的等腰三角形小块。用灭菌的小宽针或其他尖刃刀，在待植皮的肉芽创面上，以 0.5～1.0 cm 间距，由上向下斜刺成 0.5～1 cm 的创囊。用镊子夹起皮片，使其顶尖向下，表皮层向外，将皮片的 2/3 栽植入肉芽创囊中。

2. 邮票状皮片移植 将取下的皮片剪成大约 2 cm^2（或更大）的小方片。以 0.5～1 cm 的间距，平坦地贴敷于植皮创面上。在贴皮前，必须用灭菌的刀轻轻地刮植皮创面的肉芽组织表面，刮至见有浆液渗出后，才能贴皮片。

3. 微粒植皮　在我国兽医界也有报道。微粒植皮是将自体的中厚皮片制成微粒皮浆，其方法是将皮片用锐利的剪刀剪成微小碎粒（无菌操作下），加入少量自体血浆或自体血清，再加入 Hanks 溶液，使之成为皮浆。植皮时，将此皮浆均匀地涂抹在健康的肉芽创面上；植皮后 7～10 d，即可见到微粒皮岛；一个月后，白色皮岛上有色素出现，并开始互相融合。用皮面积按植皮区面积的 1/10 采取。

4. 带蒂皮瓣移植　从供区分离皮瓣（或带有肌肉等软组织的复合皮瓣），旋转覆盖附近缺损部。保持皮瓣基部或蒂的血液供应是皮瓣存活的关键。若皮瓣与缺损处周围皮肤缝合后张力仍然较大，则可在附近的皮肤上做多个平行切口，以减少张力。

植皮创面每日多次轻轻涂布灭菌液体石蜡，或土霉素鱼肝油（土霉素 500 mg，加鱼肝油 100 g），以防皮片干翘脱落，并预防植皮感染，连续应用 7 d。待皮片成活后（植皮后 7～10 d），用生理盐水湿敷植皮，清理创面，每日涂布烧伤油膏，直至痊愈。

第九章 外科休克

第一节 概　　述

休克（shock）不是一种独立的疾病，而是机体的有效循环血容量减少、组织灌注不足、细胞代谢紊乱和功能受损的病理过程在临床上表现出的症候群。氧供给不足和需求增加是休克的本质，产生炎症介质是休克的特征。因此，恢复对组织细胞的供氧，促进其有效地利用，重新建立氧的供需平衡和保持正常的细胞功能是治疗休克的关键环节。现代医学将休克视为一个序贯性事件，是一个从亚临床阶段的组织灌注不足向多器官功能障碍综合征（multiple organ dysfunction syndrome，MODS）或多器官功能衰竭（multiple organ failure，MOF）发展的连续过程。因此，应根据休克不同阶段的病理生理特点采取相应的防治措施。

一、休克的分类

休克的分类方法很多，但尚无一致的意见。一般认为按病因分类适用于临床，主要有低血容量性休克（hypovolemic shock）、创伤性休克（traumatic shock）、感染性休克（infectious shock）、心源性休克（cardiogenic shock）、过敏性休克（anaphylactic shock）五大类，创伤和失血引起的休克属低血容量性休克，而外科临床最常见的是低血容量性休克和感染性休克。

二、症状

休克的临床表现随着其病情的发展有所不同，按照休克的发病过程可分为休克代偿期和休克抑制期，或称休克早期和休克期。

1. 休克代偿期　在有效循环血容量减少的早期，机体有相应的代偿能力，中枢神经系统的兴奋性提高，交感-肾上腺轴兴奋，表现为精神无明显的变化或是稍有不安。由于流经皮肤、肾的血液减少，出现可视黏膜苍白、四肢末端和耳尖发凉、排尿减少、心率增快、血压正常或偏高；由于交感神经节后纤维末梢分泌乙酰胆碱，可见腋下、股内排汗。由于此期时间短，症状不典型，临床上容易被忽视。此时，如处理及时、得当，休克可较快得到纠正。否则，病情继续发展，进入休克抑制期。

2. 休克抑制期　由于代偿反应的消失，机体出现典型的症候群。临床上表现为血压下降、皮温降低、四肢末端冷厥、肌肉软弱无力、牙龈及可视黏膜发绀。由于回心血量的减少，静脉塌陷、心输出量减少，动物表现心音低、脉搏细而快、尿量减少甚至无尿。此期脑干也发生缺血、缺氧，表现精神沉郁、两眼凝视、瞳孔放大、反应迟钝、多卧地不起，若人为驱赶，则步态踉跄；严重者发生昏迷，脉细弱甚至不感于手，器官机能障碍加重，可出现严重的出血倾向，如皮肤、黏膜呈现出血斑或广泛性出血，尤以消化道最为严重。

三、诊断

休克是一种危重病症，待休克完全确立之后，根据临床表现，诊断并不困难。但必须了解，休克的治疗效果取决于早期诊断。兽医临床上待休克发展到明显阶段时再行抢救，为时已晚。若在休克前期或更早地预防或治疗，不但能提高治愈率，同时还可以减少经济上的损失。但理论上强调的早期诊断，在实际临床上很难做到。早期诊断要有丰富的临床经验。凡是严重损伤、大量出血、重度感染及过敏等，兽医人员必须十分细致地观察全面的临床表现和病情的发展变化，注意到并发休克的可能，做出比较符合客观情况的判断，进而为选择治疗措施和判断治疗效果提供依据。

四、监测与治疗

（一）一般性监测

（1）观察血液循环状况和精神状态　一般情况下，精神状态可反映脑灌注的情况，如是否发生不安、兴奋、沉郁、昏迷等；肢体温度、黏膜色泽可反映体表灌注的情况；早期微循环障碍表现出体表温度下降、黏膜发绀、牙龈或舌边缘毛细血管再充盈时间过长等，均提示有效循环血量不足、神经中枢缺氧。而且，随着病情的发展，这些症状会加重。特别是可视黏膜苍白或发绀程度的变化、四肢末端及末梢温度的变冷或回升，都与外周阻力、微循环是否改善有直接关系。

（2）测定血压　在休克治疗中，维持组织器官稳定的灌注压十分重要。一般情况下，休克动物的血压降低。但是，血压并不是反映休克程度最敏感的指标，在判断病情时，还应兼顾其他的参数进行综合分析。

（3）检查心率、脉搏及呼吸　休克早期，脉搏表现为细速、有力，提示心脏每次跳动时心输出量减少；休克后期，脉搏变慢且细弱，甚至不感脉搏，心率加快而血压不断下降，提示心搏无力趋向衰竭。马心率在 110 次 /min 以上，牛在 100 次 /min 以上，提示预后不良。脉率的变化多出现在血压变化之前。当血压还较低，但脉率已恢复且肢体温暖者，常表示休克病情好转。一般情况下，休克时呼吸次数增加，以补偿酸中毒和缺氧。

（4）观察尿量　尿量可反映肾的血液灌注情况及其功能。尿少通常是早期休克和休克复苏不完全的表现；血压正常但尿量仍少且比重偏低者，提示有急性肾功能衰竭的可能。400 kg 左右马的正常尿量是 200 mL/h。休克时肾灌流量减少，尿量减少，当大量投给液体时，尿量能达正常的两倍；在输入异型血、严重烧伤或是创伤时出现血尿，常是溶血的表现；复苏时使用高渗溶液者可能产生明显的利尿作用；涉及垂体后叶的颅脑损伤可出现尿崩现象；尿路损伤可导致少尿与无尿，判断病情时应予注意鉴别。

（二）特殊监测

对于严重的、持续时间很长的低血容量性休克和感染性休克，血流动力学等的变化常常不能从一般性检查中得到充分体现，需要进一步做某些特殊检测项目，如中心静脉压的监测等，以便更好地判断病情和采取正确的治疗措施。

（1）中心静脉压　中心静脉压（CVP）代表了右心房或胸腔段腔静脉内压力的变化，可反映全身血容量与右心功能之间的关系，测定 CVP 是了解休克时血流动力状态的一种有效方法。CVP 的高低取决于血容量、静脉血管张力、右心室舒张期压力、静脉回心血量、胸腔内压、肺循环阻力等几个因素，尤其是回心血量和右心室的排血量之间的动态关系最为重要，可以提示是否是低血容量或是心功能不全，以利于正常的治疗，防止输液不足或是过量而导致心力衰竭、肺水肿等意外。如果 CVP 低于 6 cmH_2O[①]柱而尿量少，表示血容量不足，可以适当加大补液量；如果 CVP 超过 15 cmH_2O 柱而尿甚多，表示心力衰竭和补液量过大，应当减少补液或是减慢输液；如果 CVP 过高，动脉压低而少尿，表示心脏功能不良，输液必须慎重或停止。总之，在实践中要严密观察补液后 CVP 的动态变化。

（2）肺毛细血管楔压　应用 Swan-Ganz 漂浮导管可测得肺动脉压（PAP）和肺毛细血管楔压（PCWP），可反映肺静脉、左心房和左心室的功能状态。PCWP 的正常值与 CVP 无明显差异，肺充血和肺泡水肿时可显著升高。PCWP 低于正常值表示血容量不足；PCWP 升高表示左心房压力升高，如急性肺水肿时。因此，当临床上发现 PCWP 升高时，即使 CVP 尚属正常，也应限制输液量以免发生或加重肺水肿。但是，目前兽医临床并未开展此项工作，因此需注意资料的积累和各种动物生理参考值的总结。另外，肺动脉导管技术是一项有创性检查，人医临床实施时严重并发症的发生率为 3%～5%，故应当严格掌握适应证。

（3）心电监测　心电图可以诊断心律不齐、电解质失衡。酸中毒和休克结合能出现大的 T 波。高血钾症时 T 波突然向上、基底变狭，P 波低平或消失，ST 段下降，QRS 波幅宽增大，PQ 延长。

（4）血液生化分析　测定血清钾、钠、氯，以及二氧化碳结合力、非蛋白氮、动脉血乳酸盐、动脉血氧分压（P_aO_2）等有助于了解休克时水、电解质和酸碱平衡的情况，对诊断休克和休克复苏的监测有一定的价值。

（三）治疗

休克的治疗主要是针对引起休克的原因及休克不同发展阶段的重要生理紊乱采取相应的措施，重点是及时纠正微循环障碍、恢复组织的血液灌注和对组织提供足够的氧，最终目的是防止多器官功能障碍综合征。在治疗的过程中，要深入理解各种休克特有的发病过程，精确判断患病动物血流动力学和血液化学的变化，掌握休克的共同性和特殊性，正确处理局部和整体的关系，遵循积极消除病因、补充血容量、改善血液循环、纠正代谢紊乱等几个原则。

1. 积极消除病因　要根据引起休克的具体原因，给予相应的处置。例如，对发生严重损伤或骨折的外伤性休克的动物，应装置制动绷带固定，必要时应用镇静和止痛的药物；对大量出血的动物，要立即进行彻底的手术止血并应用止血药物，失血过多的可快速输血和输液，以补充血容量；对感染性休克的动物，在连续运用大量广谱抗生素控制感染的同时，要积极寻找原发病灶，如深部的脓肿、蜂窝织炎等，要尽快消除感染源；对过敏性休克的动物，要立即停用致敏药物，应用抗过敏药，如肌注 0.1% 盐酸肾上腺素，也可选用苯海拉明、异丙嗪、马来酸氯苯那敏等，还可缓慢静脉注射 10% 葡萄糖酸钙溶液或 5% 氯化钙溶液。特别注意的是，对患有严重腹膜炎、肠扭转、箝闭性疝、肠梗阻等需要手术的动物，休克可能由疼痛引起，也可能由肠道内有毒物质的吸收引起，同时须认识到手术本身对动物就是强刺激。如果不采取抗

① 1 cmH_2O = 0.1 kPa

休克措施，急忙进行手术，动物一般不会得到成功救治；如果单纯治疗休克，不采取手术措施解决原发病，则毒素仍不断产生，休克会继续加重。因此，必须在抗休克的同时抓住适当的时机进行手术，手术中步骤要简化，用药要合理，使手术损伤减小到最低。

2. 补充血容量　恢复正常的循环血量是治疗休克的首要任务，可以用输血、补液的方法来解决。需要注意的是，维持微循环功能所需要的血容量比正常血容量要大得多，补充液体的量要比丧失液体的量大得多。

对失血性休克的病例，需要输给全血。全血有携氧能力，补充血量以达到正常 CVP 水平为度，还不足的血容量，根据需要补给血浆、生理盐水或右旋糖酐等。既可防止携氧能力不足，又能降低血液黏稠度，改善微循环。新鲜的全血中含有多种凝血因子，可补充由休克带来的凝血因子不足。

在休克发生时，清蛋白从血管或消化管大量丢失，腹膜炎、大面积烧伤和出血也能丢失大量的血浆，补充血浆在兽医临床上是较好的清蛋白来源。右旋糖酐能提高血浆胶体渗透压，是良好的血浆代用品，最为广泛使用的是右旋糖酐 70 和右旋糖酐 40。右旋糖酐 40 不仅具有强大的扩充血容量的作用，还对红细胞具有抗积聚和抗血栓形成的作用，从而改善微循环血管内的血液淤滞状态，有疏导微循环和扩充血容量的效用，所以在 CVP 和血液黏稠度很大时是有效的。6% 右旋糖酐 70 和 10% 右旋糖酐 40 是高渗液，能使血容量增加，前者 1 L 能从间质内吸收 200～500 mL 液体，排除速度慢，持续时间 6～7 h；后者扩容作用强，1 L 能吸收间质液 1～1.5 L，排除快，仅 90 min 后扩容作用迅速下降，所以快速注射的扩容作用比缓慢注射大。5% 右旋糖酐 40 是等渗液，无扩容作用，可用在输入电解质液之后或二者同时使用。

输液首先应考虑补充电解质溶液，包括生理盐水、平衡盐液、葡萄糖生理盐水等。输液能补充血管内容量、丢失的离子和导致离子再分配，还能达到补充组织间液的目的；对降低血液黏稠度，增进血液流速，维持有效循环，改善微循环都有很重要的作用。多数人主张输入平衡盐溶液——乳酸钠林格液，其电解质、酸碱度和渗透压都与正常细胞外液相近，在近年休克的治疗中，广泛采用大量平衡盐液来代替或减少输血，取得了较好的效果。根据实验，注射乳酸钠林格液后，外源性乳酸钠并不增加正常动物或休克动物血液内乳酸钠的浓度。23 头未麻醉的犬失去标准血量的 60%，在失血后 30 min 内乳酸钠平均含量从基线的 13 mg/100 mL 上升到 91 mg/100 mL，当用乳酸钠林格液处理时，乳酸钠平均浓度稍有升高（约 99 mg/100 mL）。这种升高可归因于休克的代谢异常而不是外源性乳酸钠，一旦组织恢复正常的灌流，血液内乳酸钠的浓度迅速下降至标准含量。

心脏功能正常时，快速输入失血量 2～3 倍的乳酸钠林格液，一般不会发生心衰和肺水肿，输入量可按 20～40 mL/kg 计算。大动物输液速度可达 3～5 L/h，甚至 10 L/h。以 CVP 作为输液治疗休克的指标，10 min 内可输入 3 mL/(kg·min)。如果 CVP 保持在 15 cmH_2O 柱以下和在 10 min 内升高不超过 5 cmH_2O 柱，就可继续输入。轻度脱水的动物可耐受 90 mL/(kg·h)，并具有极好的安全性，而治疗休克的动物在开始 1 h 内需要此剂量的 2～3 倍也不罕见。

休克早期，因为儿茶酚胺使肝糖原分解而出现高血糖症，故少用葡萄糖溶液而多用电解质溶液或是右旋糖酐。当血容量得到适当补充，微循环已有改善后，要适当地静脉滴注高渗葡萄糖液，并加入维生素 C 和适量的氯化钾。

补液量是否合适，临床上可根据精神好转，脉搏逐渐变慢有力，耳、尾、四肢末梢端体表温度回升，以及排尿量开始增多等表现，作为好转的参考依据。有条件的可通过 CVP 的测定作为补液量是否得当的依据。

3. 改善血液循环 在充分补液的前提下，需应用血管活性药物来维持组织器官的灌注压，提高血压是应用血管活性药物的首要目标。因此，理想的血管活性药物应能迅速升高血压，改善心脏和脑的血流灌注及肾和肠道等内脏器官的血流灌注。血管活性药物的选择应用必须结合病情实际，如休克早期主要是毛细血管前微血管痉挛，后期则是微静脉和小静脉痉挛。因此，早期应采用血管扩张剂配合扩容治疗。在扩容尚未完成时，如果有必要，也可适量使用血管收缩剂，但剂量不宜太大、时间不能太长，应抓紧时间扩容。

（1）血管收缩剂　有多巴胺、去甲肾上腺素和间羟胺等。多巴胺是最常用的血管活性药，兼具兴奋 α-肾上腺素能受体、β_1-肾上腺素能受体和多巴胺受体的作用，小剂量时主要是有兴奋 β_1-肾上腺素能受体和多巴胺受体的作用，增强心肌收缩力、增加心输出量，并扩张肾和胃肠道等内脏器官的血管；大剂量时则有兴奋 α-肾上腺素能受体的作用，可增加外周血管阻力。抗休克时主要取其强心和扩张内脏血管的作用，宜采取小剂量。为提升血压，可将小剂量的多巴胺与其他缩血管药物合用，而不增加多巴胺的剂量。

多巴酚丁胺对心肌的正性肌力作用较多巴胺强，能增加心输出量，降低 PCWP，改善心泵功能，小剂量有轻度的缩血管作用。多巴酚丁胺能增加全身氧输送，改善肠系膜血流灌注。通过兴奋 β-肾上腺素能受体增加心输出量和氧输送，改善肠道灌注，也明显降低动脉血的乳酸水平。

去甲肾上腺素是以兴奋 α-肾上腺素能受体为主，轻度兴奋 β-肾上腺素能受体的血管收缩剂能兴奋心肌，收缩血管，升高血压，增加冠状动脉的血流量，作用时间短。去甲肾上腺素与多巴酚丁胺联合应用是治疗感染性休克最理想的血管活性药物。

间羟胺（阿拉明）间接兴奋 α-肾上腺素能受体和 β-肾上腺素能受体，对心脏和血管的作用同去甲肾上腺素，但作用弱，维持时间约 30 min。

异丙基肾上腺素是增强心肌收缩和提高心率的 β-肾上腺素能受体兴奋剂，因对心肌有强大的收缩作用和容易发生心律失常，故不能用于心源性休克。

（2）血管扩张剂　分 α-肾上腺素能受体阻滞剂和抗胆碱能药两类。前者包括酚妥拉明、酚苄明等，能解除去甲肾上腺素所引起的小血管收缩和微循环淤滞，并增强左心室的收缩力。其中酚妥拉明作用快，持续时间短。酚苄明是一种 α-肾上腺素能受体阻滞剂，兼有间接反射性兴奋 β-肾上腺素能受体的作用，能轻度增加心脏的收缩力、心输出量和心率，同时能增加冠状动脉血流量，降低周围循环阻力和血压，作用可维持 3～4 d。

抗胆碱能药物包括阿托品、山莨菪碱和东莨菪碱。临床上较多用于休克治疗的是山莨菪碱（人工合成品为 654-2），可对抗乙酰胆碱所致的平滑肌痉挛，使血管舒张，从而改善循环。还可通过抑制花生四烯酸的代谢，降低白三烯、前列腺素的释放而保护细胞，是良好的细胞膜稳定剂，尤其是在外周血管痉挛时，在提高血压、改善微循环、稳定病情方面效果较明显。

（3）强心药　包括兴奋 α-肾上腺素能受体和 β-肾上腺素能受体兼有强心功能的药物，如多巴胺、多巴酚丁胺、匹莫本丹等，其他还有强心苷，如毛花苷丙（西地兰），可增强心肌收缩力，减慢心率。当输液量充分而动脉压仍低，并且 CVP 在 15 cmH_2O 柱以上时，可经静脉注射西地兰行快速洋地黄化。此外，严重休克时应用皮质类固醇可促进心肌收缩力，降低周围血管阻力而改善循环，并且对缺氧细胞有保护作用，能增进机体对创伤的应激能力，抑制炎症的发展。但要注意，当动物存在感染、炎症的情况下必须配合足量的抗生素联用，一般主张应用大剂量静脉滴注，为防止多用皮质类固醇后可能产生的副作用，一般只用 1～2 次。

匹莫本丹具有扩张动静脉、正性心力和心肌钙致敏的作用，适用于充血性心力衰竭、扩张型心肌病和二尖瓣闭合不全的动物。

4. 纠正代谢紊乱 休克时组织发生缺血性缺氧，产生大量的乳酸使细胞内酸中毒。因此，给氧是一项处理休克最基本的措施。采用 90%～95% 纯氧和 5%～10% CO_2 配合供给，可直接进行吸氧或采用机械换气（呼吸机）、气管切开等，供氧时间宜长，不宜间断，同时保持呼吸道的顺畅；还可静脉缓慢注射经 10 倍稀释的 3% H_2O_2。

酸碱平衡失调时，静脉注射生理盐水或乳酸钠林格液可纠正轻度酸中毒；较重的酸中毒用 5% 碳酸氢钠、三羟甲基氨基甲烷和维生素 C 纠正。休克时间较长，发生细胞坏死时，释放出大量 K^+，造成高血钾症，要注意静注葡萄糖酸钙予以纠正。

需要特别注意的是，休克早期有可能由过度换气而引起低碳酸血症，导致呼吸性碱中毒。按照血红蛋白氧合解离曲线的规律，碱中毒使血红蛋白氧解离曲线左移，氧不易从血红蛋白释出，可使组织缺氧加重，故不主张在休克早期使用碱性药物；而酸性环境有利于氧与血红蛋白解离，从而增加组织供氧。因此，纠正酸碱平衡失调的根本措施是改善组织灌注。目前对酸碱平衡的处理多主张宁酸勿碱，酸性环境能增加氧与血红蛋白的解离从而增加向组织释氧，对复苏有利。另外，使用碱性药物须首先保证呼吸功能完整，否则会导致 CO_2 潴留和继发呼吸性酸中毒。

5. 治疗弥散性血管内凝血 对诊断明确的弥散性血管内凝血（DIC）可用肝素抗凝，还可使用抗纤溶药如氨甲苯酸、氨基己酸，抗血小板黏附和聚集可用阿司匹林、双嘧达莫和小分子右旋糖酐。

6. 其他药物的应用 主要包括：①钙通道阻断剂如维拉帕米、硝苯地平和地尔硫等，具有防止钙离子内流、保护细胞结构与功能的作用；②吗啡类拮抗剂纳洛酮，可改善组织血液灌流，防止细胞功能失常；③氧自由基清除剂如超氧化物歧化酶（SOD），能减轻缺血再灌注损伤中氧自由基对组织的破坏作用；④调节体内的前列腺素（PGS），如输注前列环素（PGI_2）以改善微循环；⑤应用腺苷三磷酸-氯化镁（ATP-$MgCl_2$）疗法，具有增加细胞内能量、恢复细胞膜钠-钾泵的作用，以及防治细胞肿胀和恢复细胞功能的效果。

第二节　低血容量性休克

低血容量性休克（hypovolemic shock）是由于大量出血、体液丢失、液体积存在第三间隙等导致有效循环量降低而引起的。失血性休克（hemorrhagic shock）是由大血管破裂或脏器出血而引起的，通常在迅速失血超过全身总血量的 20% 时，即出现休克。创伤性休克（traumatic shock）是由各种严重损伤或大手术后同时具有失血及血浆丢失而引起的。血浆或全血丧失至体外，加上损伤部位的出血、水肿和渗出到组织间隙的液体不能参与循环，可使循环血量大减。此外，受伤组织逐渐坏死或分解，产生组胺、蛋白酶等，引起微血管扩张和管壁通透性增加，也使有效循环血量进一步减少，组织更加缺血。通常认为各种损伤和失血引起的休克属低血容量性休克。

一、失血性休克

原因 多见于各种因素导致的大血管破裂，腹部损伤引起的肝、脾破裂，消化道出血，门静脉高压症所致的食管、胃底曲张静脉破裂出血等。

临床表现 失血性休克多表现为冷休克（低排高阻型），交感神经兴奋，精神异常紧张，出冷汗，可视黏膜苍白，四肢末端发凉，脉细速，血压可正常但是脉压小，尿量减少；若出血量大或是在较晚期时，血压下降。

诊断 主要根据是否有出血病史。通过观察皮肤、黏膜的血管充盈情况及感觉四肢末端的温度、测量脉压等措施一般不难诊断。但要注意隐匿的出血，如急性消化道出血，在未发现呕血和便血前，胃肠道内可能已积聚大量血液；再如缓慢发展的脾破裂出血等。

治疗 主要包括积极处理原发病、制止出血和及时补充血容量三个方面。同时，监测血压、心率及 CVP、尿量，调整输液量与输液速度，决定是否选用血管活性物质。

（1）止血 创伤性出血，应立即包扎止血；消化道出血应静脉滴注重酒石酸去甲肾上腺素、垂体后叶素、卡巴克洛等全身性止血药物；有条件者可在内镜的帮助下进行止血。上述措施止血无效时，应及早施行手术止血，如结扎、切除出血组织等。

（2）补充血容量 虽然失血性休克时丧失的主要是血液，但补充血容量时并不需要全部补充血液，而应抓紧时机及时增加静脉回流。可经静脉快速滴注平衡盐溶液和人工胶体液，其中，快速输入胶体液更容易恢复血管内容量和维持血液动力学的稳定，同时能维持胶体渗透压，持续时间也较长。输入液体的量应根据病因、尿量和血液动力学进行评估，临床上常以血压结合 CVP 的测定指导补液。

随着血容量的补充和静脉回流的恢复，组织内蓄积的乳酸进入循环，应给予碳酸氢钠纠正酸中毒。还可用高渗盐水输注，以扩张小血管、改善微循环、增加心肌收缩力和提高心输出量，但高血钠有引起血压下降，继发低血钾、静脉炎及血小板聚集的危险，应予以注意。

二、创伤性休克

病理生理 创伤导致剧烈的疼痛，刺激交感神经兴奋，儿茶酚胺分泌增多，引起血管收缩，导致微循环发生缺血性变化。同时，过度的剧烈疼痛，导致心血管中枢抑制，微循环发生血液淤滞。而且，严重的损伤导致组织细胞破坏，大量组织因子释放入血液，加之组织损害可以使血小板激活引发微血栓的形成，故而在微循环淤血期就发生 DIC，从而促进了休克的恶化。创伤性休克伴有大量的体液丢失，并在血管外间隙有大量的体液被隔离开，更多地激活炎性介质，并且会发展成为急性炎症反应综合征（SIRS）。

烧伤引发的创伤性休克的发生发展还有其他特点，其发病原因主要是大量血浆从创面渗出，导致血容量锐减。此外，还有以下途径：创面水分的蒸发；烧伤部位深层的毛细血管扩张，通透性增加，大量血浆外渗到组织间隙。有研究认为烧伤后组织间隙中的胶原大分子吸附水和钠的能力增强，使得大量水和钠进入组织间隙并被吸附出现第三间隙丢失现象（third spaceless）。而且，烧伤损害红细胞，使其变形能力降低而阻塞血管，甚至发生溶血，释放出血红蛋白，促进肾功能衰竭，导致休克加重。

因此，创伤性休克中包括化学介质、损伤因子、氧自由基、毒性物质的作用，以及神经内分泌的变化和受伤组织坏死或分解产生组胺、蛋白酶等的作用，使微血管扩张和管壁通透性增加，造成渗出。虽然是低血容量性休克，但却与失血引起的低血容量性休克有所不同。

治疗 由于创伤性休克也属于低血容量性休克，故其急救也需要扩张血容量，与失血性休克时基本相同。但由于损伤可能有血块、血浆和炎性渗液积存在于体腔和深部组织，必须详细检查以准确估计丢失量。创伤后疼痛刺激严重者需适当给予镇痛剂和镇静剂；妥善临时固定（制动）受伤部位；对危及生命的创伤如开放性或张力性气胸等，应进行必要的紧急处理。手术和较复杂的其他处理，一般应在血压稳定后或初步回升后进行。创伤或手术继发休克后，还应使用抗生素，避免继发感染。

预后　创伤性休克常较单纯的失血失液性休克发病急骤、发展迅速、死亡率高、预后差。此外，创伤性休克的原因一般难以在短期消除，原因的持续性作用会导致休克继续加重。

第三节　感染性休克

感染性休克（infectious shock）主要继发于以释放内毒素的革兰氏阴性杆菌为主的感染，是由内毒素引起的休克，因此又称为内毒素性休克（endotoxic shock）。常见于全身性感染、大面积烧伤、多发性脓肿、急性蜂窝织炎、弥漫性腹膜炎等。

分类　由于细菌的毒素不同、作用不同，各种感染性休克的表现也不同，根据感染性休克的血流动力学变化不同，可分为以下两种类型。

（1）低动力型休克（hypodynamic shock）　因其心输出量减少、外周阻力增加的特点，故又称为低排高阻型休克；因其临床上表现为可视黏膜苍白、四肢湿冷、尿量减少、血压下降及乳酸中毒，故也称为冷休克。其发生与下列因素有关：①严重感染使交感-肾上腺髓质系统兴奋，缩血管物质生成增多，而扩血管物质生成减少；②细菌脂多糖（LPS）可直接损伤血管内皮，释放组织因子，促进 DIC 形成；③脓毒血症时，血液中 H^+的浓度升高可直接使心肌收缩力减弱，加上微循环血液淤滞，使回心血量减少，心输出量下降。

（2）高动力型休克（hyperdynamic shock）　因其心输出量增加、外周阻力降低的特点，故又称为高排低阻型休克；因其临床表现为可视黏膜呈粉红色、体表及四肢温热而干燥、少尿、血压下降等，故也称为暖休克。实际上，暖休克较少见，仅见于部分革兰氏阳性菌感染引起的早期休克，而且革兰氏阳性菌感染的休克加重时也称为冷休克。

病理生理　由于细菌产生的内毒素各异，作用不尽相同，因而感染性休克的发生机理极为复杂，不可能是一个模式。虽然对内毒素在休克发生中的作用进行了大量的研究，但关于内毒素如何引起微循环障碍和血液动力学变化尚未完全搞清楚。一般认为，内毒素与体内的补体、抗体或其他成分结合后，可刺激交感神经引起血管痉挛并损伤血管内皮细胞。同时，内毒素可促使组胺、激肽、前列腺素及溶酶体酶等炎症介质释放，引起全身性炎症反应，结果导致微循环障碍、代谢紊乱及器官功能不全等。

症状与诊断　有感染灶存在时，感染性休克发病快，常于数小时后出现高热、寒战、血压下降、尿量减少、可视黏膜苍白等。可根据有严重的感染灶存在、明显的外周循环衰竭症候、白细胞计数显著升高、中性粒细胞百分比上升等做出诊断。

治疗　感染性休克的病理生理变化比较复杂，治疗也比较困难。治疗时应遵循控制感染、补充血容量、纠正酸中毒、使用血管活性药物等的原则。在休克未纠正以前，着重治疗休克，同时治疗感染；在休克纠正后，则应着重治疗感染。

（1）控制感染　主要措施是应用抗生素和处理原发感染灶。可首先根据临床症状等判断最可能的致病菌种，应用抗生素，或选用广谱抗生素，然后根据药敏试验的结果选用最敏感的抗生素。在治疗休克的同时，及时手术去除原发病灶，如脓肿切开、引流及坏死组织的清除等。

（2）补充血容量　为了快速改善循环，遏止休克，需大量补液以尽快恢复有效循环血量。一般先输注平衡盐溶液，配合适当的胶体液（如低分子右旋糖酐），必要时输注血浆或全血。在补液的过程中，最好监测 CVP 的变化，以维持正常的心脏充盈压、动脉血氧含量和较理想的血黏度。感染性休克的动物常有心肌和肾受损，故也应根据 CVP 调节输液量和输液速度，防止过多输液导致的不良后果。

（3）*纠正酸中毒*　感染性休克常伴有严重的酸中毒，且发生较早，需及时纠正。一般在补充血容量的同时，经另一静脉通路滴注 5% 碳酸氢钠，并可根据动脉血气分析结果再做补充。

（4）*使用血管活性药物*　经补充血容量、纠正酸中毒而休克未见好转时，应采用血管扩张药物治疗。可选用莨菪碱、多巴胺等，或者与间羟胺、去甲肾上腺素合用，还可以联合应用去甲肾上腺素和酚妥拉明。感染性休克时，心功能常受损害。改善心功能可给予强心苷、β-受体激活剂多巴酚丁胺。

（5）*皮质激素治疗*　糖皮质激素能抑制多种炎症介质的释放，稳定溶酶体膜，缓解 SIRS。但应用要早、用量宜大，可达正常用量的 10～20 倍，维持不宜超过 72 h，否则有发生急性胃黏膜损害和免疫抑制等严重并发症的危险。

（6）*其他治疗*　主要是营养支持和对症治疗，以及对并发的 DIC、重要器官功能障碍的预防和处理等。

第十章 皮 肤 病

第一节 概 述

动物的皮肤疾病，尤其是犬、猫的皮肤病，在兽医临床病例中占的比例越来越大。皮肤病的病因复杂，种类繁多，其治愈率受动物品种、季节、环境、诊断水平和临床用药等因素的影响。皮肤由表皮、真皮和皮下组织构成，并含有血管、淋巴管、神经、肌肉及附属器，具有屏障保护、感觉（冷、热、触、压、痛、痒等）、调节体温、分泌汗液、排泄（皮脂）、吸收（如药物）和代谢等作用。

皮肤的结构与功能

一、皮肤的病理变化

皮肤的病理变化是由各种致病因子刺激而产生的，是皮肤疾病诊断的基础，总结起来分为原发性皮损和继发性皮损两大类。

（一）原发性皮损

原发性皮损是皮肤最初的病理变化，有以下几种。

（1）斑或斑疹（macule） 指皮肤局部的色泽变化，在皮肤表面不见隆起，又无质的改变。

1）红斑（erythema）：呈红色，是由血管扩张充血所致的潮红，指压褪色，除去压力后又恢复原色。

2）出血斑（purpura）：又称为紫癜，指皮内出血而引起的斑疹。其特点为指压不褪色，也不突出于皮肤表面。形状各异，呈点状者称为点状紫癜或出血斑（petechiae）；呈现大面积不规则片状者称为斑状出血或溢血斑（ecchymosis）。

3）白斑（vitiligo）：由于色素消退而呈白色斑块者。

4）色素斑（pigmented spot）：由于色素增多而呈现的各种色素斑。

（2）丘疹（papule） 指皮肤因水肿或炎性细胞浸润而形成的局限性隆起，大小在 8 mm 以下，针尖大至扁豆大。其形状为圆形、椭圆形和多角形，质度稍硬。

（3）结节（tubercle） 指突出于皮肤表面的隆起，直径为 7～30 mm。它是深入皮内或皮下的、有弹性坚硬的病变。突出于皮肤表面的直径在 30 mm 以上者，称为瘤（phyma）。

（4）风疹块（hives） 为皮肤表面发红、扁平的隆起，并伴有痒觉。大小为豆大至拳头大，不整形，一过性反应。

（5）水疱（vesicle） 指突出于皮肤、含透明水样液、一般直径有数毫米（如米粒大小）的病变。

（6）大疱（bulla） 指直径有数厘米、形成迅速、易于破裂的水疱，常不易观察到。

（7）脓疱（pustule） 液体内容物变为白色或黄色脓性物的水疱。

（8）囊肿（cyst） 为真皮内的空腔，被覆上皮性或结缔组织性膜，其腔内有浆液和角质等。

（二）继发性皮损

由原发性皮损治疗不当或继发感染所致。

（1）苔癣（lichen） 多数丘疹散在聚集者。

（2）苔癣化（lichenification） 又叫苔癣样变，皮肤增厚，显著变硬，高于皮肤表面，如苔癣样，可见于慢性瘙痒皮肤病。

（3）鳞屑（squama） 为从皮肤表层脱落的角质片，呈粃糠样。少量鳞屑的脱落是生理性的新陈代谢的产物，而鳞屑脱落过多则是慢性皮肤病病变之一，多见于皮脂溢、蚤过敏性皮炎、蠕形螨感染等皮肤病过程中。

（4）痂（crust） 指渗出液、脓汁、血液等和鳞屑一起干燥，附着于皮肤表面的物体，呈膜状或板状，其中含有纤维素、血细胞、上皮细胞和细菌等。

（5）糜烂（erosion） 水疱和脓疱破裂，或摩擦和啃咬使丘疹或结节的表皮破溃形成创面，其表面因浆液渗出而湿润，治愈后无瘢痕。

（6）溃疡（ulcer） 指表皮组织变性、坏死脱落而产生的波及真皮以下的缺损，治愈后残留瘢痕。

（7）瘢痕（scar） 由于溃疡和创伤所致真皮和皮下组织的缺损，新生上皮和结缔组织填充，形成以纤维成分为主的低弹性硬块组织。瘢痕表面平滑，无正常表皮组织，缺少毛囊、皮脂腺等附属器。肥厚性瘢痕不萎缩，高出皮肤表面。

（8）表皮脱落（excoriation） 由于机械外力（搔抓、啃咬等）作用而引起的表皮缺损。

（9）龟裂（fissure） 从表皮的下层到真皮呈细而深的线状断裂。例如，犬瘟热的足垫和鼻端硬化干裂。

（10）萎缩（atrophy） 皮肤变薄，表面光滑且干燥，有光泽，可见细小皱襞。

（11）色素沉着（pigmentation） 多见于炎性病变之后，在表皮或真皮中黑色素增加，皮肤呈褐色或暗褐色。一些激素紊乱如甲状腺机能减退、肾上腺皮质机能亢进、雌激素分泌过多等也伴有皮肤色素沉着。

（12）色素缺失（depigmentation） 多因色素细胞被破坏，色素产生停止，皮肤颜色变浅。色素缺失常发生在慢性炎症过程中，如红斑型天疱疮。

（13）角化过度（hyperkeratosis） 表皮角化层增厚，出现扁平隆起，见于骨隆起处皮肤受摩擦、压迫而形成的胼胝（callus）组织，也见于犬瘟热、锌缺乏症等的足垫增厚、粗糙。

（14）角化不全（parakeratosis） 棘细胞未经正常角化而转化的角质细胞。该角质细胞含有细胞核，且有棘突，堆积较厚者称为角化不全。而仅棘细胞增厚者称为棘皮症（acanthosis），也称为表皮层肥厚。

（15）坏死（necrosis）或坏疽（gangrene） 坏死是部分细胞和组织发生局部性死亡。坏疽是坏死组织继发性分解的病理变化，分为湿性坏疽和干性坏疽。

二、皮肤病的实验室检查方法

1. 寄生虫检查

（1）玻璃纸带检查 用手贴透明胶带，逆毛采样镜检。此法易发现螨虫。

（2）刮取皮屑 检查螨虫时，可用灭菌的钝手术刀在病变皮肤和健康皮肤交界处稍偏病变皮肤一侧刮取病料，需刮至稍渗血。刮取的病料置于玻片上，滴加 50% 甘油溶液，加盖玻片后置显微镜下观察，可见活螨。对于蠕形螨检查，用力挤压毛囊后取样，更易发现螨虫。

（3）粪便或血样检查　对于疑似寄生虫（心丝虫、钩虫等）幼虫性皮炎，需取粪便或血样检查。对于肠道寄生虫，可检查粪便虫卵；对心丝虫，可取外周血直接镜检观察尾丝蚴，或采用心丝虫胶体金试纸条检查特异性抗原。

2. 真菌检查

（1）直接镜检　刮取病变部位的被毛、痂皮、鳞屑等，置于载玻片上，加数滴 10% 氢氧化钾溶液，微加热后盖上盖玻片，镜下观察真菌菌丝或孢子。取病变部位的病料做特殊染色，可检查真菌或观察真菌的形态，如马拉色菌。

（2）伍氏（Wood’s）灯检查　在暗室内小孢子菌经伍氏灯特定波长的紫外线照射，发出苹果绿色的荧光，石膏样小孢子感染不易看到荧光；毛癣菌属一般无荧光出现。

（3）真菌培养　在健康与病灶交界处取被毛，接种于真菌培养基培养观察。目前国内有专用的动物真菌培养基销售。

3. 细菌检查

（1）显微镜检查　直接取脓疱液或水疱液涂片或触片，染色检查。对于镜下的中性粒细胞，应观察其细胞内有无吞噬细菌。对于干酪样坏死性皮肤结节，应注意采用抗酸染色法检查分枝杆菌。

（2）细菌培养　中间型葡萄球菌、金黄色葡萄球菌、表皮葡萄球菌、链球菌、化脓性棒状杆菌、大肠杆菌、绿脓杆菌、奇异变形杆菌等常引起细菌性皮肤病，应注意对这些细菌的分离培养。

（3）药敏试验　对于顽固性细菌性皮肤病，应分离细菌进行药敏试验，选择敏感抗菌药治疗。

4. 病理组织学检查　病理组织学检查对于皮肤病的病因和肿瘤性质的确定有重要的价值。检查方法有直接涂片和组织活检等。

5. 变态反应检查　包括皮内试验和斑贴试验。皮内试验方法：局部剪毛或剃毛，消毒，将不同的可疑过敏试剂分点注入皮内，经过一定时间局部出现明显丘疹则为变态反应阳性。斑贴试验（patch test）是将皮肤过敏疑似物涂于局部皮肤，盖以遮盖物，经过一段时间后观察。阳性反应者可见红斑、黄斑、脓疱、隆起等。

6. 血常规检查　血常规检查，对复杂或顽固性的皮肤疾病，可提供辅助诊断信息或诊断依据。

7. 免疫学检查　免疫荧光法可用于检查自身免疫性皮肤病（如天疱疮）。该法需特定的诊断试剂和一定的实验室仪器设备。

8. 内分泌机能检查　检查血清中甲状腺素、肾上腺皮质激素或性腺激素（如雌激素）等的水平。

9. 过敏原蛋白质芯片检测法　在已固定的过敏原抗原蛋白质芯片上加入待检动物血清，血清中的 IgE 抗体与芯片上的抗原反应，使用蛋白质芯片阅读仪进行软件分析判断过敏原检测阳性。

10. 酶联免疫检测法　血清过敏原特异性 IgE 抗体检测试剂盒，可独立检测多种常见的过敏原。

第二节　常见皮肤病

一、皮炎

皮炎（dermatitis）是指皮肤真皮和表皮的炎症，是多数皮肤疾病伴随的病理过程。

病因　皮炎的病因较为复杂，包括机械性、物理性、化学性、生物性和营养性因素。

（1）机械性因素　由爪抓、啃咬、尖锐异物、颈圈摩擦、马具压迫、保定等引起的外伤性皮炎（traumatic dermatitis）。

（2）物理性因素　如日光、紫外线、冷或热等刺激。日光曝晒可引起牛、羊、猪、犬等的皮炎，称为日光性皮炎（solar dermatitis）。

（3）化学性因素　如酸、碱、某些防腐消毒剂及抗寄生虫药等刺激。根据其性质、浓度、作用持续的时间和皮肤敏感性的不同，引起不同程度的皮炎，直到组织坏死。粪、尿浸渍也可以引起皮炎。

（4）生物性因素　由细菌、病毒、真菌、寄生虫等引起。细菌性皮肤病常见的有脓皮病。病毒性皮肤病见于伪狂犬病病毒、猫白血病病毒、猫免疫缺陷病病毒、犬瘟热病毒等感染。伪狂犬病病毒感染犬、猫、牛等动物，因外周神经受到刺激，出现局部奇痒和咬伤；猫白血病病毒感染可出现慢性反复的脓皮病、脓疮、慢性甲沟炎、皮脂溢和皮肤瘙痒；猫免疫缺陷病毒感染可出现脓疮样皮炎；犬瘟热病毒感染可出现鼻和脚垫角化过度（硬足底）、眼眶周皮炎、全身粃糠样皮屑及幼犬腹部脓疱疹。真菌和寄生虫是最常见的皮肤病病原。

（5）营养性因素　某些营养物质缺乏造成的皮炎。例如，维生素 B 缺乏引起猪皮炎，猪因脂肪缺乏可引起鳞样皮炎、脱毛，犬缺锌时足垫粗糙。

症状　皮肤出现红斑、肿胀、局部增温，继之出现丘疹、水疱和脓疱，有的呈现结节、鳞屑、痂皮、皲裂、糜烂、溃疡和瘢痕等皮肤变化，可伴有脱毛、瘙痒，一般无全身症状。由于发病原因、程度和个体的不同，其病理变化也不同。

（1）红斑性皮炎（erythematous dermatitis）　是皮炎中最轻的一种。皮肤出现明显的红斑、肿胀，患部温度升高和疼痛，当炎症发展时，可见皮肤脱屑。

（2）水疱性皮炎（vesicular dermatitis）　皮肤出现大、小水疱，水疱内充满透明液体。

（3）脓疱性皮炎（pustular dermatitis）　皮肤水疱内容物变成脓性液体。

（4）渗出性皮炎（exudative dermatitis）　皮肤潮湿，有渗出物。

（5）痂皮性皮炎（crusting dermatitis）　渗出物干燥形成痂皮，以后皲裂。患部痒，患畜摩擦、啃咬，促进渗出及结痂。

（6）坏疽性皮炎（dermatitis gangrenosa）　具有明显的组织坏死，与周围健康的皮肤相比，坏死的皮肤呈褐色，散发臭味，疼痛不明显，无明显的温热感。

慢性病例和特征：血管充血肿胀不明显，皮肤粗糙，皮肤弹性部分或全部丧失，色素沉着过度，有的皮肤明显增厚或花椰菜样增生。

诊断　根据病史和临床症状可初步诊断。但应仔细分析或进一步检查，以确定病因。

治疗　应加强饲养管理，除去病因，促进炎症的吸收。

首先应搞好畜舍的环境卫生，及时清除粪尿，保持舍内外清洁、干燥。及时除去原发病因，保持病变部清洁。适当补饲，纠正营养缺乏。

患部剪毛，用生理盐水、2%～3% 硼酸溶液等清洗患部皮肤。当出现水疱、脓疱或化脓时，用抗生素或磺胺类药物软膏或擦剂涂擦，也可涂布 3%～5% 龙胆紫溶液、碘甘油等；坏疽性皮炎可用抗生素软膏或氧化锌软膏、水杨酸乳剂、氧化锌油剂等涂擦；对于化脓性或坏疽性皮炎，还应全身使用抗菌药治疗。

二、细菌性皮肤病

（一）脓皮病

脓皮病（pyoderma）是指由化脓菌感染引起的化脓性皮肤疾病。根据病因分为原发性和继发性脓皮病。根据病损的深浅，可分为表层、浅层和深层脓皮病。表层脓皮病主要有脓性外伤性皮炎（pyotraumatic dermatitis）和皮褶皮炎（skin fold dermatitis）；浅层脓皮病包括脓疱疮（impetigo）和浅层细菌性毛囊炎（superficial bacterial folliculitis）；深层脓皮病有深部毛囊炎（deep folliculitis）和疖病（furunculosis）。本病多发生于犬。

病因

1）皮肤褶皱、摩擦，天气炎热、表面分泌物浸渍，体表寄生虫感染，过敏，代谢或内分泌失调等引起舔咬或抓挠，造成皮肤损伤；毛囊口堵塞、皮脂机能障碍、皮肤微生态环境改变均为细菌感染创造了条件。

2）细菌感染：中间型葡萄球菌是主要的致病菌，金黄色葡萄球菌、表皮葡萄球菌、链球菌、化脓性棒状杆菌、大肠杆菌、绿脓杆菌和奇异变形杆菌等也是常见的脓皮病的致病菌。

症状　皮褶脓皮病常出现在唇、面、外阴等部位，皱褶内出现渗出、红斑、浆液性脓性渗出。

脓性外伤性皮炎［急性湿性皮炎（acute moist dermatitis），热斑（hot spots）］是一种继发于体表损伤的急性细菌感染。当皮肤因寄生虫感染、过敏、外耳炎、毛囊炎、创伤等引起瘙痒时，动物舔舐、啃咬、搔抓或摩擦局部，发生皮肤损伤和感染。常在外耳道、趾间，还可在耳后、腹部等部位皮肤，出现红斑、潮湿，受损部位中央常脱毛或被毛稀疏，边界可出现卫星状脓疱。

小脓疱疮在犬多见于腹股沟和腋窝无毛区，在猫则多见于颈背部和头部，呈小的角层下脓疱和黄色硬痂，轻度瘙痒。

浅层细菌性毛囊炎表现为以毛囊的毛干为中心形成脓疱，脓疱破损后结痂、色素沉着，周围发红，脱毛。

细菌通过毛干到达深部毛囊而引发毛囊炎。当毛囊炎引起毛囊破溃，周围皮肤组织出现局部性化脓性炎症（疖病）。毛囊炎和疖病可发生于下颌、臀部、腹部、趾间等，早期以毛囊为中心形成脓疱，随后出现溃疡、渗出、结痂，向毛囊周围的皮肤扩散，或形成瘘管，可见外周淋巴结肿大。

诊断　根据临床症状、细菌学和活组织采样检查做出诊断。脓疱液触片，或脓疹刮取物涂片，染色镜检，必要时做细菌分离培养和药敏试验。血液分析对深部脓皮病的诊断有一定的价值。

治疗　增强机体抵抗力，全身和局部应用抗菌药。

对于浅表或浅层脓皮病可用甲硝唑、氯己定、乳酸乙酯、过氧化苯甲酰、聚乙烯吡酮碘溶液或抗菌香波等清洗或浸泡。

对于深层脓皮病，除局部使用上述药物外，应全身配合使用罗红霉素、林可霉素、克林霉素、克拉维酸-阿莫西林、头孢菌素、甲硝唑、恩诺沙星等抗菌药物进行治疗。对顽固性病例应根据药敏试验结果选用抗菌药，还可使用免疫调节剂增强机体抵抗力。

（二）皮肤分枝杆菌病

皮肤分枝杆菌病（cutaneous mycobacteriosis）是由分枝杆菌引起的皮肤或皮下结节性皮肤病，主要有猫麻风病（feline leprosy）、皮肤非典型性分枝杆菌病（cutaneous atypical mycobacteriosis）和皮肤结核杆菌病（cutaneous tuberculosis）三类。偶尔见于犬、猫。

病原　①猫麻风病的病原可能是鼠麻风分枝杆菌（*Mycobacterium lepraemurium*），被认为是由鼠传染给猫。犬未见本病的发生。尽管未证实本病能传染给人，但在处理疑似病例或病料时仍需谨慎。②皮肤非典型性分枝杆菌病常见的病原有偶发分枝杆菌（*Mycobacterium fortuitum*）、龟分枝杆菌（*Mycobacterium chelonei*）、草分枝杆菌（*Mycobacterium phlei*）、耻垢分枝杆菌（*Mycobacterium smegmatis*）等。本病在犬和猫均有发生，主要通过伤口感染。③皮肤结核杆菌病的病原主要为结核分枝杆菌（*Mycobacterium tuberculosis*）和牛分枝杆菌（*Mycobacterium bovis*）。前者可能来自患者，后者可能经牛奶传播。结核常发生在呼吸道和消化道，皮肤结核可经过血液途径或皮肤创口感染。

症状　猫麻风病可发生于不同品种、性别、年龄的猫，多发于3周龄以下。头部、四肢等部位形成单个或多个结节，常无疼痛，有的结节出现溃疡，局部淋巴结肿大，一般无全身症状。皮肤非典型性分枝杆菌病多在腹部和腹股沟区皮下形成结节、瘘管，触压时动物可表现轻度的不适，一般无全身症状。皮肤结核常在头部、四肢皮肤或皮下发生单个或多个结节、溃疡、脓肿或硬块，常伴有食欲减退、发热和淋巴结肿大。

诊断　根据临床表现、组织病理学和细菌学检查结果做出诊断。

（1）组织病理学检查　猫麻风病呈现类结核肉芽肿，伴有干酪样坏死灶及大量的巨噬细胞和朗格汉斯细胞浸润。坏死灶中及朗格汉斯细胞内见有大量抗酸染色阳性杆菌，平行堆叠（相似于人结节性麻风病）；神经束炎性细胞浸润；病变组织触片也可发现大量抗酸杆菌。

皮肤非典型性分枝杆菌病呈现化脓性肉芽性炎症，并伴干酪样坏死灶。组织固定后采用抗酸染色法不易见到细菌，这可能是固定液影响了该菌对抗酸染料的摄入。因此，应对组织活检材料在福尔马林溶液固定前做触片，采用抗酸染色法染色检查。

皮肤结核呈现化脓性肉芽性炎症，伴有干酪样坏死，偶尔可见抗酸杆菌。

（2）细菌培养与动物接种　鼠麻风分枝杆菌在一种卵黄培养基中培养3～8周，可形成小菌落；在结核杆菌培养基或普通培养基上不生长。病料乳剂接种豚鼠，不出现死亡，也不出现结核杆菌接种的特异性病理变化；接种大鼠和小鼠，在接种局部和附近淋巴结病灶中可发现分枝杆菌。

皮肤非典型性分枝杆菌可在血液琼脂培养基上生长，有的需数周或数月才形成可见菌落，有的培养7 d即可形成可见菌落。动物皮肤感染的非典型性分枝杆菌主要为后一类。

结核杆菌在特殊培养基上需6～8周形成菌落，豚鼠接种6～8周后死亡。

治疗　对单个或少数猫麻风病结节，可手术摘除。对于多个结节，可试用抗分枝杆菌药物，但疗效尚不清楚。有的麻风结节可自动消退。

非典型性分枝杆菌病治疗较猫麻风病困难。对于小病灶可采用手术方法切除，但可能会发生手术切口的裂开，以及病理性结节和瘘管的复发。药敏试验筛选的敏感抗菌药物在体内使用并不十分有效。部分病例可自动康复。在临床上，应保持患部清洁卫生，有全身症状（如厌食、发热）、原发病灶扩大或新病灶出现时，可考虑使用抗分枝杆菌的药物。

结核病是人畜共患传染性疾病，用异烟肼、利福平、链霉素、对氨基水杨酸钠等治疗有效。出于公共安全考虑，患皮肤结核的动物应用安乐死，并妥善处理好尸体。

三、寄生虫性皮肤病

寄生虫性皮肤病是动物常见的皮肤疾病。其病原有虱、蚤、蜱、疥螨、姬螯螨、蠕形螨等。虱和蚤寄生于动物体表，吸食动物的血液，并引起虫咬性皮炎（insect bite dermatitis）；疥螨寄生于动物表皮；蠕形螨寄生于毛囊或（和）皮脂腺内，引起螨虫性皮炎。寄生虫幼虫（如钩虫蚴虫、心丝虫的微丝蚴）引起的皮炎也有一定的发病率。

（一）蚤咬性皮炎

蚤咬性皮炎（flea bite dermatitis）是蚤叮咬及因瘙痒而摩擦所引起的皮肤炎症。

病原及生活史 牛、羊和马等家畜寄生的蚤主要为蠕形蚤属（*Vermipsylla*）的蠕形蚤；犬和猫蚤病的病原主要是栉首蚤属（*Ctenocephalides*）的犬栉首蚤（*Ctenocephalides canis*）和猫栉首蚤（*C. felis*）。蚤的颜色为深褐色，雌蚤较雄蚤体长。蠕形蚤体长4～5 mm，虫卵灰色；栉首蚤体长1～2.5 mm，虫卵白色。蚤发育经过卵、幼虫、蛹和成虫4个阶段。在适宜的温度和湿度条件下，从卵发育到成虫需2～3周，在自然条件下所需的时间取决于温度、湿度和适宜宿主的存在。成蚤在低温、高湿条件下，不吃食也能存活一年或更长的时间，但在高温、低湿条件下，几天就死亡。蠕形蚤多在秋、冬及初春寄生于宿主体表，隐藏在毛间，不会跳跃；栉首蚤善于跳跃，有时偶尔寄生于人体。猫栉首蚤主要寄生于猫和犬，而犬栉首蚤只限于犬和野生犬科动物。蚤还是绦虫的传播者。动物通过直接接触或进入有成年蚤的地方而发生感染。

症状 蠕形蚤寄生于动物体表后，引起皮肤散在性小结节或溢血点，瘙痒明显，并在寄生部位排出带血色的粪便，使被毛染成红色或形成血痂。严重侵袭的可引起动物脱毛、贫血、消瘦、衰弱。犬、猫皮肤呈粟粒大散在性小结节、小溢血点或结痂。蚤感染可引起蚤过敏性皮炎（flea allergic dermatitis），表现为局部或全身性皮肤发红、结节、瘙痒、脱毛和色素沉着。

诊断 根据皮肤散在性的小红斑或痂、剧烈的瘙痒及蚤或蚤粪的存在可做出诊断。犬、猫被毛较长，体表不易发现蚤，但可在被毛深处发现硬黑发亮的蚤粪（含有未完全消化的血液）。若将一张白纸浸湿后平摊在地上，把犬或猫放在纸上，用梳子梳刷被毛，可见落于纸上的暗褐色蚤粪，此法较容易发现蚤粪。

治疗 常用的杀蚤药物制剂有杀蚤喷剂、滴剂、项圈、药粉等。使用这些制剂均有一定的临床效果，但杀蚤剂均有一定的毒性，使用时应防止中毒。低毒性的杀昆虫药物的药浴也能杀死蚤。还应注意对动物的活动场所和畜舍喷洒药液进行灭虫除蚤。对于蚤寄生的动物，应根据粪便绦虫卵检查的结果，决定是否对其进行肠道驱虫。

（二）虱咬性皮炎

虱咬性皮炎是虱吸食血液或啮食皮毛，以及因瘙痒而摩擦所引起的皮肤炎症。

病原及生活史　寄生于家畜体表的虱主要有以吸食动物血液为生的吸血虱（又叫兽虱）和以啮食毛、皮屑为生的毛虱。虱体扁平，呈灰白色或灰黑色，体长 1～5 mm。发育过程包括卵、若虫和成虫三个阶段。毛虱卵经 7～10 d 孵化，吸血虱卵经 9～20 d 孵化。成虱离开宿主后几天就死亡。秋冬季节，动物被毛增长，绒毛厚密，皮肤表面的湿度增加，有利于虱的生存和繁殖。虱通过直接或间接接触传播。

症状　吸血虱在吸血时，能分泌有毒素的唾液，刺激动物的神经末梢，发生痒感，引起动物不安。有时在动物皮肤出现散在性小结节、小溢血点，甚至坏死灶。动物啃痒或擦痒造成皮肤损伤，可继发细菌感染。严重虱感染可引起化脓性皮炎、脱毛和消瘦。

毛虱啮食被毛和表皮鳞屑，使动物啃痒或擦痒，引起脱毛，皮肤出现红斑、红疹等。

诊断　发现虱或虱卵即可做出诊断。

治疗　参见蚤的治疗，另外可皮下注射 1% 伊维菌素：犬或猫 0.1 mL/kg 体重；大动物 0.05 mL/kg 体重。虱因吸含有伊维菌素的血液而被杀死。伊维菌素因不能杀灭虱卵，需每周使用 1 次，连用 3～4 次。该药易引起柯利犬中毒，应禁止在柯利犬使用。

（三）疥螨病

疥螨病（sarcoptidosis）是由疥螨科（Sarcoptidae）疥螨属（*Sarcoptes*）的疥螨（*Sarcoptes scabiei*）引起的动物常见的皮肤病。

病原及生活史　疥螨属的疥螨主要有马疥螨（*Sarcoptes scabiei* var. *equi*）、牛疥螨（*Sarcoptes scabiei* var. *bovis*）、猪疥螨（*Sarcoptes scabiei* var. *suis*）、山羊疥螨（*Sarcoptes scabiei* var. *caprae*）、绵羊疥螨（*Sarcoptes scabiei* var. *ovis*）、犬疥螨（*Sarcoptes scabiei canis*）等，它们分别引起马、牛、猪、山羊、绵羊、犬等动物的疥螨病。背肛螨属（*Notoedres*）的猫背肛螨（*Notoedres cati*）引起猫的疥螨病。有时这些疥螨的宿主特异性并不十分严格。成虫微黄白色，背面隆起，腹面扁平。雌螨大小为（0.33～0.45）mm×（0.25～0.35）mm，雄螨为（0.2～0.23）mm×（0.14～0.19）mm。卵呈圆形，平均大小为 150 μm×100 μm。发育过程包括卵、幼虫、若虫和成虫 4 个阶段。疥螨钻进宿主表皮挖凿隧道，雌虫在隧道内产卵；孵出的幼虫爬到皮肤表面，在毛间皮肤上凿开小穴，在里面蜕化为若虫；若虫钻入皮肤，蜕变为成虫。螨的整个发育过程为 8～22 d，其发育速度与外界环境相关。

疥螨通过直接或间接接触传染。有的宿主在感染疥螨后一至几年均不出现任何症状，称为“带螨现象”。耐过螨病的宿主可能带螨。夏季是疥螨病的主要发病期。

症状　幼龄动物易患疥螨病，发病也较严重。螨病多先起于头部、口、鼻、眼及耳部和胸部，然后遍及全身。病变皮肤发红、疹状小结、丘疹、水疱、结痂；有明显的痒觉，在闷热、潮湿的天气或环境尤为厉害；患部因摩擦而出现严重脱毛；眼周病灶扩散到眼睑时，发生眼睑肿胀、畏光、流泪。绵羊头部感染严重时可蔓延至整个头、颈部皮肤，病变如干涸的石灰，有“石灰头”之称。

诊断　主要根据临床症状结合皮肤刮取物的镜检结果做出确诊。

治疗　局部处理：用温肥皂水刷洗患部，除去污垢和痂皮，再涂杀螨药物，如硫磺软膏、橘皮素、菊酯类等。药物洗浴：用杀螨药液浸泡动物或浇湿动物皮肤，每周 1～2 次。注射药物：伊维菌素（或多拉菌素），使用剂量和方法见虱咬性皮炎治疗。对于柯利犬疥螨病不能使用伊维菌素或多拉菌素，但可使用赛拉菌素（selamectin）滴剂治疗。

（四）蠕形螨病

蠕形螨病（demodicidosis）是由蠕形螨科（Demodicidae）蠕形螨属（*Demodex*）的蠕形螨寄生于动物毛囊内引起的皮肤疾病。因蠕形螨主要寄生在毛囊内，此病又叫毛囊虫病。本病多发于犬，其次是猪和牛，马和猫则较少见。

病原及生活史 各种家畜有其专一的蠕形螨寄生。犬蠕形螨（*Demodex canis*）、牛蠕形螨（*Demodex bovis*）、猪蠕形螨（*Demodex phyllodes*）、绵羊蠕形螨（*Demodex ovis*）和马蠕形螨（*Demodex equi*）分别引起犬、牛、猪、绵羊和马的蠕形螨病。蠕形螨呈蠕虫状，大小为（0.25～0.3）mm×0.04 mm，卵呈梭形，长 0.07～0.09 mm。蠕形螨主要寄生在毛囊内，少数还可在皮脂腺内。犬蠕形螨偶尔能生活在宿主的组织和淋巴结内，并部分在那里繁殖（转变为内寄生虫）。蠕形螨的发育过程包括卵、幼虫、若虫和成虫。正常幼犬身上常有蠕形螨存在，但不发病。但当虫体遇有发炎的皮肤——较好的侵入条件，并有足够的营养时，即可大量繁殖，引起发病。

症状 犬蠕形螨病表现在眼睑及其周围、额部、鼻部、嘴唇、颈腹部、肘部、趾间等处，严重时可遍及全身。发生红斑、脱毛，糠皮状鳞屑，有痒觉（较疥螨轻）；化脓菌侵入，形成脓疱，渗出的淋巴液干涸形成痂皮；患部因抓咬而出现脱毛；皮肤肥厚，往往形成皱褶，发出“臭脚”气味。严重全身感染可引起贫血、消瘦，甚至中毒死亡。

猪蠕形螨病多发生于嫩细皮肤的毛囊、皮脂腺或皮下组织中。常出现在眼周围、鼻部和耳基部，然后逐渐向其他部位蔓延。病变部出现大小不等的结节和如同砂粒样大小孤立的脓疱，脓疱可融合成大脓疱。有的患部皮肤增厚、不洁、凹凸不平，被盖以皮屑，并发生皲裂。

牛蠕形螨病一般初发于头部、颈部、肩部、背部或臀部。形成针头大以至核桃大的疮疖，内含粉状物或脓液，有的只出现鳞屑而无疖。

诊断 根据病史、症状、皮肤刮取物镜检结果确诊。

治疗 蠕形螨因寄生于毛囊（或皮脂腺），注射用或外用的杀螨药物不易渗入到局部形成有效杀螨浓度而将其杀灭，蠕形螨病的治疗较疥螨病困难。此外，若经过多次治疗后，螨虫可产生抗药性，使治疗更加困难。蠕形螨病的治疗基本上同疥螨病。

1）局部处理：用温消毒药物清洗，除去污垢和结痂。对出现脓皮症者，局部剪毛，将病灶血痂揭除，挤出脓汁，经消毒液清洗后涂擦 5% 碘酊。皮肤无严重破损时，可用杀螨药局部涂擦。

2）全身药物浸浴：对于大面积或全身性感染者可采用此法。定期药物浸浴对螨病也有预防作用。

3）注射杀螨药物：伊维菌素或多拉菌素每周注射 1 次，直至皮肤病完全康复。较严重的病例，虫卵数量多，可能在不同时间有幼虫孵出，可每周增加使用伊维菌素或多拉菌素 1 次，或配合口服伊维菌素或多拉菌素 1～2 次，口服剂量应为注射剂量的一半。对于已出现耐药的病例，可在注射杀螨药的同时，配合使用赛拉菌素滴剂。尽管赛拉菌素对蠕形螨病的治疗效果较差，但配合其他杀螨药使用时有协同作用。

4）控制细菌感染：对于伴有明显脓皮症者，应使用敏感的易于渗入皮肤的抗生素药物，如林可霉素、克林霉素、头孢菌素等，抑制细菌的繁殖，减轻皮肤的炎症反应，最终有利于杀螨药物对蠕形螨的控制。肾上腺皮质激素的使用虽然有利于消散皮肤炎症和减轻瘙痒，但可能最终不利于螨虫的消除。由于蠕形螨的感染与机体的免疫状态直接相关，使用肾上腺皮质激素剂量过大，或时间过长，会降低机体的皮肤抵抗力，可能使螨虫病的治疗失败。

（五）线虫幼虫性皮炎

线虫幼虫性皮炎是指由某些线虫幼虫在皮肤内移行引起的炎症反应，主要见于犬。

病原 引起线虫幼虫性皮炎的寄生虫主要有钩虫幼虫、类圆线虫幼虫和心丝虫幼虫。

症状 钩虫和类圆线虫幼虫性皮炎多发生于足、腿、下腹部、尾部、会阴等部位，心丝虫幼虫性皮炎主要发生于头部、躯干和四肢。局部出现红斑、结节、丘疹、溃疡、结痂、脱毛和瘙痒。

诊断 根据症状、组织病理学和寄生虫学检查结果做出诊断。类圆线虫幼虫感染可通过深层皮肤刮取物检查发现小型、能运动的线虫幼虫。心丝虫感染时可在皮肤活检组织和外周血液中发现微丝蚴。对于钩虫性皮炎，局部组织病理学检查很少发现幼虫，但粪便检查能发现钩虫卵。

治疗 使用抗线虫药驱除体内的寄生虫。许多药物均可杀灭体内的线虫成虫和幼虫。使用伊维菌素或多拉菌素驱除心丝虫时，可能会因心血管内大量的心丝虫死亡堵塞血管，危及动物生命，但使用赛拉菌素则可降低此风险。对于肠道线虫，伊维菌素或多拉菌素只能驱除部分线虫成虫，应配合其他驱虫药使用。平时应定期驱虫，保持畜体卫生和环境卫生。

四、真菌性皮肤病

真菌性皮肤病（dermatomycosis）由真菌引起的传染性皮肤病，是以脱毛为特征的慢性、表在性的真菌性皮炎，又称皮癣病。

皮肤真菌病对家畜来说是非致死性疾病，但有传染性，可引起大批动物（尤其是毛皮动物）感染。猫、犬、牛、马最易感，猪、绵羊和山羊次之。

病原 皮肤真菌按大小分生孢子的形态可分为毛癣菌属（*Trichophyton*）、小孢子菌属（*Microsporum*）和表皮癣菌属（*Epidermophyton*），有 40 余种，其中 20 余种能引起人或动物感染。

根据皮肤真菌的自然寄居特性，可分为：亲人性（anthropophilic）皮肤真菌群，主要感染人，很少感染其他动物；亲动物性（zoophilic）皮肤真菌群，主要寄生于动物体，但也能在人体引起癣病，如犬小孢子菌和须毛癣菌；亲土壤性（geophilic）皮肤真菌群，栖居于土壤中的真菌，仅有少数是动物和人的病原体，如石膏样小孢子菌。

犬皮肤真菌病的病原主要为犬小孢子菌（*Microsporum canis*），其次为石膏样小孢子菌（*Microsporum gypseum*）和须毛癣菌（*Trichophyton mentagrophytes*）。猫皮肤真菌病的病原约 98% 是犬小孢子菌，石膏样小孢子菌和须毛癣菌各占 1% 左右。此外，从犬、猫的皮肤上常可分离出絮状表皮癣菌（*Epidermophyton floccosum*）、厚皮马拉色菌（*Malassezia pachydermatis*）等。厚皮马拉色菌为嗜脂性担子菌纲酵母菌，为人类和温血动物皮肤上常驻的条件性致病菌，能像酯酶一样分解脂肪，而且能引起角质细胞的形态改变和细胞凋亡。

牛皮肤真菌病的常见病原主要为疣状毛癣菌（*Trichophyton verrucosum*），偶尔为须毛癣菌。马最常见的皮肤真菌为马毛癣菌（*Trichophyton equinum*）和疣状毛癣菌。羊的皮肤真菌主要是疣状毛癣菌，猪则主要为猪小孢子菌（*Microsporum nanum*）。

流行病学 患有皮肤真菌病的动物为皮癣病的主要来源。皮肤真菌为条件性致病菌，许多动物体表也携带有部分皮肤真菌。皮肤真菌的流行和发病率受季节、气候、年龄、性成熟和营养状况等影响较大。炎热潮湿气候的发病率比寒冷干燥季节高；幼小、年老、体弱及营养差的动物较成年、体强及营养好的动物易发感染；另外，拥挤、不洁的环境及缺乏阳光照射等因素可促使本病发生。

皮肤真菌主要通过直接接触，或接触被其污染的铺垫等媒介物而感染。

皮肤真菌在自然界的生存力相当强。例如，在干燥环境中的犬小孢子菌能存活 13 个月，有些真菌甚至能存活 5～7 年。石膏样小孢子菌是亲土壤性真菌，它不但能在土壤中长期存活，还能繁殖。由于它们生栖在动物圈舍附近的表层土壤中，动物接触上述土壤可被感染发病，其病变部位主要见于脚等与土壤接触较多的部位。

真菌性皮肤病愈后的动物，对同种和它种病原性真菌再感染具有抵抗力，通常维持几个月到一年半不再被感染。皮肤真菌病又是一种自限性疾病，患病动物在 1～3 月，可由自身免疫状况的改善而自行减轻，直到自愈。

症状　犬皮癣病主要表现脱毛、毛发断裂、鳞屑、形成脓疱、丘疹和皮肤渗出、结痂等。典型病变为脱毛圆斑，界限清楚，中央呈康复状态，如铜钱，又称钱癣（ringworm）。但大多数病灶呈不规则状。石膏样小孢子菌感染可引起毛囊破裂、疖病及脓性肉芽肿性炎症反应，形成圆形、隆起的结节性病变，往往继发中间葡萄球菌感染，又称为脓癣（kerion），多见于四肢和脸部。患免疫缺陷或系统性疾病的犬可发生石膏样小孢子菌和须毛癣菌感染，出现全身性脱毛和脂溢性皮炎，或局灶性皮癣。马拉色菌可在潮湿的皮褶、趾（指）间部位等引起红斑、丘疹、油性物渗出，慢性病例出现苔藓样病变、角化过度和色素过度沉着的红斑。

猫皮癣病临床表现多样，典型的脱毛圆斑较少见。因瘙痒、毛囊炎症等过度舔梳，被毛大量脱落。

牛皮癣病易发生在头部、颜面部、颈部和躯干部，有时四肢也可发生。初期病变局限，逐渐从病灶外缘以同心圆状向外扩展，可形成豌豆大的结节状隆起，被毛脱落或减少。病灶呈白色乃至灰黄色，痂皮块呈石棉状（厚 2～7 mm）。痂皮下湿润呈血样，有小凹窝。痂皮经 1～2 个月脱落，干燥，留一秃毛斑。病初和痊愈期痒觉明显，会啃咬和摩擦。

马皮癣病易发生在头部、颈部、肩部、胸壁部和臀部。患部红斑、结痂、脱毛，有时有扁豆大的圆形秃毛斑。有的病初呈小结节状隆起，被毛竖立、蓬乱，胶结成簇。病灶表面有渗出，呈淡黄色，湿润，覆盖柔软的厚痂。

羊皮癣病常发部位为鼻背、面部、颈部、肩部和背部等处。病变直径 1 cm 左右，近圆形脱毛部，上面覆盖一层灰白色厚鳞屑，没有痒觉。

猪皮癣病较其他家畜少见。常发部位为头部、面部、眼周围、背部、胸侧部、臀部及四肢外侧部。病初患部潮红，后转为褐黑色或黑色，呈不规则或小圆形隆起，有鳞屑并形成肥厚坚硬的痂皮，界限明显，痒觉及脱毛不明显，仔猪颊部形成大面积坚硬的痂皮时，可使其不能吸吮奶汁而死亡。

诊断　通过临床症状和病原学检查确诊。在临床上，皮肤真菌病向病灶周围扩散，但扩展速度较疥螨病或蠕形螨病缓慢，痒觉较疥螨轻。

（1）直接镜检　刮取病变部位被毛、痂皮、鳞屑等镜检。显微镜下见有一定量的真菌孢子即可确认真菌感染。若用过碘酸雪夫染色（PAS）时，则染成明显的红色。疣状毛癣菌感染时，可见分生孢子呈镶嵌状或石头墙状的链状排列。注意真菌为动物皮肤常在菌，镜下仅见个别真菌孢子，不能做出诊断。

（2）伍氏灯检查　在暗室内，小孢子菌在伍氏灯特定波长的紫外线照射下，发出苹果绿色的荧光。

(3) 分离培养　皮肤真菌的分离培养可采用沙氏培养基、马铃薯培养基、DTM 培养基等。马拉色菌易在含橄榄油或麻油的培养基上生长。现有商品化的真菌培养基供临床使用。

治疗　患部周围剪毛，洗去皮屑、痂皮等污物，用抗真菌药膏，如硫磺软膏、克霉唑软膏、酮康唑软膏、硝酸益康唑软膏等涂擦，每日 2 次。5% 硫酸铜溶液涂擦患部，也较为有效。对于感染严重或感染面积大者，可用灰黄霉素灌服（犬、猫）或在饲料中加入灰黄霉素喂服（牛、羊等），每日 1 次，连用 1 周。其他抗真菌药，如酮康唑、特比奈芬，也可口服使用。多数抗真菌药对肝、肾有损害作用，应注意控制使用剂量、疗程及与其他药物的配伍禁忌。妊娠家畜不易全身使用某些抗真菌药（如灰黄霉素），否则可造成胎儿畸形。

治疗期间，注意隔离，防止传播。平时应搞好环境卫生，注意消毒。犬、猫应定期梳洗。

五、免疫介导性皮肤病

(一) 湿疹

湿疹（eczema）是指由多种体内外因素引起的表皮及浅层真皮的炎症，其临床特征为瘙痒、多形性病损、反复发作和渗出倾向。

病因与病理　湿疹的病因相当复杂，涉及体内外多种因素，一般认为湿疹是皮肤的一种迟发型变态反应。本病常发生于具有过敏性素质的个体，过敏性素质个体的皮肤与变态反应因子直接接触，使其敏感化引发本病。诱发湿疹的因素如下。

(1) 机械性刺激　如摩擦、啃咬和鞍、挽具压迫等。

(2) 生物性因素　眼和鼻的分泌物、慢性腹泻物的沾污、昆虫的刺蜇、外寄生虫（虱、螨、虻、蝇等）的寄生。

(3) 化学性刺激　擦剂、外用药物、塑料和橡胶等。

此外，湿疹的发生，有时还可能与神经功能障碍、内分泌失调、消化不良、肠道疾病、新陈代谢异常等有一定的关系。

症状　临床上分急性和慢性湿疹。急性湿疹以红斑、湿润和瘙痒为特征；慢性湿疹以皮肤肥厚和细胞浸润为特征。

(1) 急性湿疹（acute eczema）　病型多种多样，典型的以红斑开始，可以停止于某一阶段，也可以越过某一阶段，形成痂皮而愈合。其主要的阶段性变化如下。

红斑期（erythema stage）：表皮层充血，形成红斑。红斑期常不明显。

丘疹期（papular stage）：在皮肤表面形成结痂状疹块。

水疱期（vesicular stage）：渗出现象严重，形成内部充满透明液的水疱。

渗出期（weeping stage）：水疱破裂，局部液体渗出或湿润，有的角质层裂开，红肿明显。

脓疱期（pustular stage）：通常是水疱内进入细菌，白细胞增多，炎性加剧，外表呈白色，内含脓汁。

糜烂期（erosion stage）：水疱或脓疱破裂，露出红色湿润的创面，局部增温、疼痛和剧痒。

结痂期（crusting stage）：水疱或脓疱的渗出物干燥，形成凝结物，干涸而形成结痂。

恢复期（healing stage）：炎症趋于好转，细胞新生，形成落屑而痊愈。

（2）慢性湿疹（chronic eczema） 皮肤因细胞增生和上皮角化而呈现局限性增厚，由于缺乏皮脂腺和汗腺分泌，皮肤干燥，皲裂。

诊断 根据病史和临床症状可初步诊断。注意与其他皮肤病鉴别。湿疹是皮炎的一种特殊类型，但皮炎病变涉及表皮、真皮，甚至皮下，而湿疹仅涉及表皮（或浅层真皮）。寄生虫性皮肤病或真菌性皮肤病可在皮肤刮屑物中检查出寄生虫或真菌。

治疗 加强饲养管理，消除病因，脱敏、消炎、止痒、防止继发感染。

剪毛、用温水或肥皂水清洗患部，再用3%双氧水或防腐消毒剂清洗，除去痂皮、分泌物和异物。初期多用具有收敛和杀菌作用的溶液、粉剂、擦剂等，后期多用保护性软膏、糊剂、油剂和乳剂等。常用药剂如0.1%高锰酸钾溶液、1%～2%鞣酸溶液、紫药水、活性碘溶液、氧化锌粉剂、氧化锌油剂、氧化锌软膏、水杨酸复方粉、水杨酸乳剂、碘仿油酸软膏、肤氢松软膏等。喷雾肾上腺皮质激素对湿疹治疗也有良好效果。口服维生素A、维生素B、维生素E等可提高疗效。

对化脓性湿疹，可配合全身使用抗生素。

抗过敏可应用非甾体类药物、马来酸氯苯那敏、苯海拉明、钙剂等。

（二）变态反应性接触性皮炎

变态反应性接触性皮炎（allergic contact dermatitis）又叫接触性皮炎（contact dermatitis），是指已致敏的个体再次接触过敏原后引起的皮肤黏膜的过敏反应性炎症。本病多发生于犬、猫、马、牛。

病因与病理 引起本病发生的致敏原可以是其中某一种物质或其某些成分，常见的有：①有机用品，如塑料或橡胶（玩具）、皮革、毛织物或人造毯；②化学物品，如地毯除臭剂、清洁剂、地板蜡、洗涤剂、药物；③植物花粉；④动物毒素、毛虫、昆虫毒毛等。

致敏物多属半抗原，当它与体内的载体蛋白结合形成完全抗原复合物时，表皮内的朗格汉斯细胞携带此完全抗原向表皮真皮交接处移动，并使T淋巴细胞致敏；致敏的细胞移向局部淋巴结副皮质区转化为淋巴母细胞，再增殖分化为记忆和效应T细胞，再经血流波及全身，机体处于致敏状态；当致敏后的个体再次接触同类致敏因子，即进入反应或激发期。此时致敏因子仍需先形成完全抗原，再与已经致敏的T淋巴细胞作用，使致敏的淋巴细胞释放出多种淋巴因子，激发一系列皮肤炎症反应。

症状 表现为接触部位瘙痒，出现界限清楚的红斑、丘疹甚至水疱、大疱。慢性病例的皮肤增厚、苔藓样硬化，色素沉着。

诊断 根据病史和临床症状可做出初步诊断。对可疑过敏物质进行原物的皮肤斑贴试验有助于确诊本病。斑贴试验（patch test）是将可疑的致敏因子经梯度稀释后涂于患者的刮毛区域，并盖以遮盖物，分别在48 h和72 h各观察一次，另选正常健康动物的皮肤作对照。阳性反应区域可见到红斑、黄斑、脓疱、隆起等。

治疗 避免动物继续接触过敏物。使用抗组胺药物或肾上腺皮质激素药物治疗有效。

（三）荨麻疹

荨麻疹（urticaria）是指由于皮肤、黏膜小血管反应性扩张及通透性增加而产生的一种急性局限性水肿反应，表现为边缘清楚的瘙痒性、局限性隆起。荨麻疹是临床常见的变态反应性皮肤病。

病因与病理 其病因包括外在和内在因素两个方面。内在因素则与变态反应素质有关。外在因素又可分为如下几类。

1）毒物性：如昆虫叮咬，毒性植物接触等。

2）药物性：如磺胺类药物、头孢菌素类药物、青霉素、氨苄西林、氧氟沙星、氯霉素、左旋咪唑、灰黄霉素、维丁胶性钙、维生素 K_1、氧氟沙星、泰乐菌素、血清、疫苗等均可引起。外用药物如松节油、芥子油，个别患畜对浓碘敏感。

3）物理性：寒冷刺激引起寒冷性荨麻疹（cold urticaria）；热刺激引起的热性荨麻疹（heat urticaria）；机械性对皮肤搔抓、划痕而引起的皮肤划痕症（dermatographism）；日光照射引起的日光性荨麻疹（solar urticaria）。

4）感染性：如细菌、病毒、寄生虫感染。

5）食物性：动物蛋白性食物、食物添加剂等。

另外，胃肠机能障碍而直接吸收有毒物质引起变态反应，也可发生本病。

一般认为大多数急性荨麻疹为Ⅰ型变态反应，即肥大细胞释放组胺致使毛细血管扩张，通透性增加，血浆蛋白大量进入真皮；临床上表现为局限性隆起。少数荨麻疹则为Ⅲ型变态反应，即抗原抗体复合物在激活补体的过程中产生过敏毒素，刺激肥大细胞释放组胺，导致荨麻疹发生。除上述变态反应外，某些刺激因子如一些药物、食物、物理因子、化学物质、酶类及组织损伤等，也能直接作用于肥大细胞，使其释放组胺而引起荨麻疹。

症状 荨麻疹分为急性荨麻疹与慢性荨麻疹。急性病例皮肤会瘙痒，随即局部或全身出现扁平的圆形或不正形疹块。动物因瘙痒、摩擦或啃咬引起局部脱毛或擦伤，重者可伴有心慌气促、烦躁、恶心、呕吐、腹痛、腹泻，甚至血压降低、呼吸困难、窒息等过敏性休克症状。疹块发生迅速，但消失也快。慢性病例疹块少，但反复不愈。

诊断 根据临床症状和临床发生特点即可做出诊断。

治疗 除去病因、脱敏、消炎、止痒。

急性病例，可皮下注射 0.1% 肾上腺素或异丙肾上腺素，随后注射或口服抗组胺药维持治疗数日。对于慢性病例，应积极寻找发病因素，并使用抗组胺药进行治疗。

（四）食物过敏性皮炎

食物过敏性皮炎是指由某些食物或食品添加剂引起的皮肤过敏性炎症。常见于犬，各种年龄均可发生，无季节性。

病因与病理 某种食物特定的成分或添加剂引起的过敏反应，可能为Ⅰ型、Ⅲ型或Ⅳ型过敏反应。

症状 常在耳部、指（趾）、腹股沟或腋窝、面部、颈部、肛门周围等发生红斑或丘疹。因瘙抓而出现脱毛、表皮脱落、鳞屑、皮肤色素沉着、苔藓化等皮肤病变。常可见继发性浅表性脓皮病、马拉色菌性皮炎、慢性脂溢性皮炎、外耳炎。偶尔可见呕吐、腹泻、胃肠气胀等胃肠道症状。

诊断 根据症状、低敏性日粮饲喂试验及可疑过敏原的激发试验做出诊断。低敏性日粮饲喂试验是给动物饲喂自制的食物或商品性处方食品，症状会在 10～12 周得到改善。这种日粮不应包括以前饲喂过的食物、剩饭剩菜或可疑食物。激发试验是将可疑的过敏原加入日粮中，7～10 d 症状会再次出现。

治疗 避免饲喂有过敏原的食物，可饲喂均衡的自制日粮或商品性低敏日粮。药物治疗包括使用肾上腺皮质激素、抗组胺药物等。对于继发性皮肤病应使用相应的药物（如抗生素、抗真菌药等）进行治疗。

（五）自身免疫性皮肤病

自身免疫性皮肤病（autoimmune dermatoses）是一类因皮肤黏膜的棘层细胞松解而发生的以红斑、水疱、脓疱、糜烂为临床特征的慢性复发性疾病，多见于犬，其次为猫和马。该病主要有落叶型天疱疮、红斑型天疱疮、IgA 型天疱疮、寻常性天疱疮、盘状红斑狼疮、系统性红斑狼疮等，寻常性天疱疮（pemphigus vulgaris）较为罕见，系统性红斑狼疮（systemic lupus erythematosus）表现有全身多个系统症状。

1. 落叶型天疱疮 落叶型天疱疮（pemphigus foliaceus）常开始于面部和耳，并逐渐发展累及四肢、足垫及腹股沟。发生松弛性水疱、脓疱，疱壁极薄，迅速破裂，形成红色、湿润微肿的糜烂面，浆液渗出形成黄褐色、油腻性叶状痂皮。痂皮中心附着，边缘游离，痂下湿润，有腥臭，糜烂面极易出血。有时水疱很不明显，患部皮肤充血、肿胀，表皮浅层剥离，形成糜烂及叶状结痂。瘙痒，被毛脱落，外周淋巴结肿大，有时继发脓皮症。常见足底过度角化。严重病例出现厌食、精神沉郁，或发热。口腔黏膜损害少见，且多不严重。

常规实验室检查可见轻度到中度的白细胞和球蛋白增加、轻度非再生性贫血和低白蛋白血症。取完整水疱、脓疱液或新鲜溃疡面触片镜检可见大量棘层松解的角质细胞；炎性细胞主要为嗜酸性细胞或非退形性中性细胞（细胞内无吞噬细菌）。皮肤活组织检查可见棘层松解，并有裂隙、水疱或脓疱，疱内含有嗜酸性粒细胞或中性粒细胞。直接免疫荧光法检查显示上皮细胞间免疫球蛋白（通常为 IgG）沉积，偶尔可见补体沉积。

2. 红斑型天疱疮 红斑型天疱疮（pemphigus erythematosus）主要在面部和耳发生类似落叶型天疱疮的皮肤病损。鼻部常发生褪色，光照可加重鼻局部的炎症反应（易与光照性皮炎混淆）。偶见足底过度角化。常无全身症状。

常规实验室检查结果常在正常范围，直接触片及皮肤组织活检结果与落叶型天疱疮相似。直接免疫荧光试验也显示上皮内细胞间免疫球蛋白（通常为 IgG）沉积，但在皮损区基底膜可见免疫球蛋白或补体沉积，多数病例抗核抗体阳性。

3. IgA 型天疱疮 IgA 型天疱疮（IgA pemphigus）呈多灶性或全身性脓疱性皮炎，脓疱迅速破裂，局部脱毛、溃疡、结痂和皮屑形成，皮肤色素沉着，轻度至中度瘙痒，无全身症状。

常规实验室检查仅轻度至中度的白细胞和中性粒细胞增多。取完整脓疱液触片可见大量非退化中性粒细胞（细胞内无吞噬细菌），偶尔可见棘层松解的角质细胞。皮肤组织活检特征为角层下脓疱性皮炎，其中主要含有中性粒细胞。病变很少累及毛囊。直接免疫荧光法检查可见 IgA 在皮肤基底膜带沉积。

4. 盘状红斑狼疮 盘状红斑狼疮（discoid lupus erythematosus）多被认为是系统性红斑狼疮的一种良性形式，在犬常见，而在猫罕见。

犬盘状红斑狼疮表现为鼻部色素减退、红斑、鳞屑、糜烂、溃疡或结痂。病变还可出现在唇、鼻梁、眼周皮肤、耳廓等。猫盘状红斑狼疮表现在面部和耳廓出现红斑、脱毛、结痂。

组织病理学检查可见基底膜区增厚、角质细胞凋亡，血管周单核细胞和浆细胞聚集。免疫荧光检查可见基底膜区免疫球蛋白和补体片状沉积。

自身免疫性皮肤病易与其他皮肤病，特别是嗜酸性脓疱病（eosinophilic pustulosis）和角层下脓疱性皮肤病（subcorneal pustular dermatosis）混淆。上述皮肤天疱疮与嗜酸性脓疱病和角层下脓疱性皮肤病的临床表现相似，均表现无菌性脓疱，且脓疱迅速破溃。但嗜酸性脓疱病和角层下脓疱性皮肤病都是特应性皮肤疾病。常规血液及组织病理学检查方面，嗜酸性脓疱病的外周血嗜酸性细胞增多，外周肿大的淋巴结穿刺物及脓疱液触片检查可见大量嗜酸性细胞，皮肤组织活检可见上皮内嗜酸性脓疱及嗜酸性毛囊炎；角层下脓疱性皮肤病的皮肤组织活检可见皮肤角层下呈现脓疱性炎症。免疫组化检查方面，自身免疫性皮肤病由于存在针对自身组织的抗体，直接免疫荧光法试验则呈现阳性；嗜酸性脓疱病和角层下脓疱性皮肤病，直接免疫荧光法试验则为阴性。

自身免疫性皮肤病的治疗主要采用肾上腺皮质激素（如泼尼松）或肾上腺皮质激素与其他免疫抑制药（如环磷酰胺、环孢菌素）控制病情。肾上腺皮质激素的用药原则是“早期应用，足量控制，合理减量，小量维持”。经适当的治疗，部分病例可获得长期完全的病情缓解。

（六）特应性皮炎

特应性皮炎（atopic dermatitis）又称遗传过敏性皮炎，或异位性湿疹，是一种与遗传过敏体质有关的特发性炎症性皮肤病，以慢性复发性、瘙痒性和炎症性皮炎为特征。在家畜中，本病主要见于犬、猫和马。

病因　本病的病因与发病机制尚不清楚，可能是遗传因素、免疫因素及环境因素相互作用的结果。犬特应性皮炎多发于6月龄～3岁的犬，常见于小猎犬、金毛猎犬、大麦町犬、德国牧羊犬、沙皮犬、西施犬、哈巴犬、爱尔兰长毛猎犬等。马特应性皮炎常见于纯种马，1.5～4岁多发。多数例病血清中总IgE和抗原特异性IgE增加，外周血嗜酸性粒细胞增多。特应性皮炎可能与皮损区的细胞因子（IL-4、IL-5、IL-13、IL-31等）增加、JAK-STAT信号通路激活有关。

环境因素包括吸入性抗原（花粉、尘螨等）、食物过敏原（牛奶、海产品等）、感染（多种微生物，包括细菌、真菌、病毒等）。

症状　特应性皮炎呈季节性或周年性，由致敏因子决定。面部、伸屈侧面皮肤、腋窝、腹股沟、耳廓等部位皮肤瘙痒，出现粟粒状疹、脓疱、溃疡等。

诊断　应根据个体或家族遗传过敏史、临床特点（瘙痒、特定部位的慢性或慢性复发性皮炎）、抗原特异性IgE检测做出诊断。但检测特定IgE需要相应的诊断试剂和一定的实验室设施。

治疗　治疗原则和方法与湿疹基本相同，应尽可能避免过敏原的刺激。如果发现某一外源性物质（如螨、真菌、花粉）是本病的重要过敏原时，可采用相应的过敏原脱敏疗法。脱敏疗法是将经皮肤试验或其他方法证实或怀疑的主要抗原性物质，制成一定浓度的浸出液，以逐渐递增剂量及浓度进行注射，促使体内产生相应的抗体（属于IgG），与体内原有IgE抗体竞争特异抗原。另外，血清IgE在连续脱敏治疗以后也逐渐下降到过敏反应的阈值以下。

近年来，白介素抗体（如IL-31抗体）、JAK-STAT信号通路阻断剂等开始试用于特应性皮炎的治疗。

六、内分泌紊乱性皮肤病

（一）甲状腺机能减退

甲状腺机能减退（hypothyroidism）是甲状腺激素合成与分泌不足，或甲状腺激素的生理效应降低而导致的以全身新陈代谢率降低为特征的内分泌疾病。中老年犬发病率高。本病常发生于德国牧羊犬、爱尔兰赛特、金毛猎犬、拳师犬和阿富汗猎犬等犬种。

病因　原发性甲状腺机能减退的主要原因是淋巴细胞性甲状腺炎和自发性甲状腺萎缩。继发性甲状腺机能减退与脑垂体受损伤，或与由垂体肿瘤造成促甲状腺激素释放激素（TRH）的分泌和排放不足有关。

症状与诊断　病犬常呈对称性脱毛，脱毛主要出现在颈部、背部、胸腹两侧，皮肤干燥，被毛稀疏、粗糙、暗淡、无光泽，毛短而细，剃毛后被毛不易再生长。脱毛处皮肤可见色素过度沉着、增厚，皮温低，皮屑多，甚至出现变态反应性皮肤病。皮肤可因黏蛋白沉积、水肿而变厚或下垂。细菌、真菌感染繁殖而造成炎症。继发脓皮病、马拉色菌感染或蠕形螨病，皮肤出现瘙痒。患病动物精神差，行动迟缓，可见到嗜睡、沉郁、肥胖、喜热、神经肌肉机能紊乱和繁殖障碍等症状。

根据临床症状和血液学生化检测时三碘甲状腺原氨酸（T_3，健康犬浓度参考值为500～1500 ng/L）和四碘甲状腺原氨酸（T_4，健康犬浓度参考值为15～40 μg/L）低于正常值，可确诊。

治疗　对继发的脂溢性皮炎、脓皮病、马拉色菌性皮炎或蠕形螨病，要进行适当的局部和全身治疗。每12 h给予左旋甲状腺素（剂量为0.02 mg/kg体重），口服，直至症状消失（8～16周），治疗期间脱毛、脱屑和瘙痒有所增加，这是皮肤新陈代谢再激活的表现。使用抗皮脂溢香波和保湿液，如出现皮肤瘙痒，可短期口服泼尼松，开始时每日每千克体重0.5～1.0 mg，并在1～3周后减少剂量。治疗2～4个月后，给药后4～6 h检测血清总甲状腺素（TT_4）水平，其结果应高于正常范围。如水平较低或在正常范围内，以及临床改善不明显，应增加甲状腺素的剂量，并在2～4周后再次检测TT_4水平。

如出现用药过量导致的甲状腺毒症（如精神紧张、气喘、烦渴多饮、多尿），则需要检测血清TT_4。如果其水平显著升高，应暂时停药，直到副作用消失；然后在一个较低的剂量或较低的给药频率下开始重新给药。虽然甲状腺机能减退导致的神经肌肉异常可能不会完全消失，但用甲状腺素治疗的预后良好。

（二）肾上腺皮质功能亢进

肾上腺皮质功能亢进（hyperadrenocorticism）又称为库兴综合征（Cushing's syndrome）。犬的发生率比猫高，而且纯种犬的发病率高。

病因　自发性肾上腺皮质机能亢进与肾上腺皮质激素分泌的内源性类固醇激素过量有关，也见于医源性长期使用糖皮质激素。垂体肿瘤和肾上腺皮质肿瘤可导致该病的发生。垂体肿瘤时，促肾上腺皮质激素（ACTH）过度分泌，使正常的反馈功能紊乱，造成两侧肾上腺皮质肥大，过度分泌糖皮质激素（垂体依赖性）；肾上腺皮质肿瘤时，可直接产生过多的糖皮质激素（肾上腺皮质依赖性）。

症状　病犬脱毛，皮肤变薄、松弛，易出现皱褶，无弹性，色素过度沉着，异位钙化或皮肤钙质沉着，皮肤易擦伤，并出现创伤愈合缓慢。因毛囊阻塞可发生痤疮。母犬发情周期停止，不动情期可长达数年。患病动物食欲异常，腹围增大，多饮多尿，四肢肌肉无力，运步蹒跚。

诊断　腹部超声检查，可见肾上腺肿瘤或增生肥大。可使用以下肾上腺功能试验进行诊断。

1）ACTH刺激试验：肌内注射0.25 mg合成ACTH后2 h，血液皮质类固醇水平升高，提示为内源性库兴综合征。

2）小剂量地塞米松抑制试验：每千克体重肌内注射 0.015 mg 地塞米松后第 4、8 小时，血液皮质类固醇水平仍然高，提示为内源性库兴综合征。

3）大剂量地塞米松抑制试验：每千克体重肌内注射 0.1 mg 地塞米松后第 4、8 小时，若血液皮质类固醇水平仍然高，提示可能为肾上腺肿瘤；若血液皮质类固醇水平降低，提示可能为垂体肿瘤。但试验结果有时为假阳性或假阴性。

治疗 摘除肾上腺皮质肿瘤或垂体肿瘤，为较好的治疗方案，但需终身补充皮质类固醇。

1）肾上腺皮质肿瘤：口服氯苯二氯乙烷（米托坦），每千克体重 50 mg，1 次 /d，连用 7～10 d，有一定效果。用药后可出现食欲减退、嗜睡、呕吐、虚弱和腹泻，停药后口服泼尼松，症状可消失。每周做一次 ACTH 刺激试验，若糖皮质激素水平仍然较高，加大剂量，每天每千克体重 75～100 mg，连用 5～10 d；待糖皮质激素水平正常时，改为每周口服 2 次，每次每千克体重 20～25 mg。

2）垂体肿瘤：口服氯苯二氯乙烷，每千克体重 50 mg，1 次 /d，直至血液糖皮质激素水平正常，且 ACTH 刺激试验糖皮质激素水平不再升高。若出现肾上腺皮质激素减退症状，停止口服氯苯二氯乙烷，改喂泼尼松，每天每千克体重 0.2～0.4 mg，直至症状缓解。

（三）脱毛症 X

脱毛症 X（alopecia X）是可能与激素紊乱有关的双侧对称性脱毛。

病因 不清楚。曾被称为生长激素缺乏症（growth hormone deficiency）、成年发病型激素反应型脱毛症（adult-onset hormone responsive alopecia）、假性库兴综合征（pseudo Cushing's syndrome）、肾上腺性激素失衡（adrenal sex hormone imbalance）、绝育反应性脱毛症（castration responsive alopecia）、毛发周期停滞（hair cycle arrest）等。可见于 2～5 岁的松狮犬、博美犬、凯斯犬、萨摩耶犬和迷你贵宾犬。

症状 除头部和四肢外，皮肤被毛逐渐脱落，发展为全身性脱毛，双侧对称性，残存被毛易脱落，变秃的皮肤可发生色素沉着、变薄和张力下降。可继发轻度脂溢性皮炎和脓皮病，无全身症状。

诊断 患者病史符合，没有任何其他症状，皮肤活检表现为非特征性的内分泌类疾病病变特征，主要是毛根鞘膜角质化。

治疗 被毛再生的预后难料。轻微脱毛的病例并不会对患病犬的健康有任何影响，主要是畜主观感的问题。对于未绝育的患犬，一般建议先对其采取绝育措施，可出现长期或暂时性被毛再生。其他治疗方法包括褪黑色素、曲洛司坦和米托坦等药物治疗。小型犬可用褪黑色素每 8 小时 3 mg 剂量，中大型犬每 8 小时 6～12 mg，一般持续 3～4 个月后见效。曲洛司坦 2.2 mg/kg。米托坦也可用于治疗脱毛症 X，建议开始每天 15～25 mg/kg，持续 1 周，并注意监测肾上腺皮质的功能。若肾上腺皮质的功能在正常范围内，则米托坦在此后每周维持 15～25 mg/kg 的剂量，分 2 或 3 次服用。其他治疗方案还有微针疗法。微针疗法常用于人的圆秃症治疗。通过对皮肤造成创伤，产生促进皮肤康复的细胞因子，以刺激毛囊生长。该方法在病犬麻醉的情况下，按压带微针（2.5 mm）滚轮在脱毛处向各个方向滚动 4～5 次，至毛细血管出血，可取得较好的效果。

（四）粉刺

粉刺（acne）是指以皮脂腺为中心而发生的皮脂腺和毛囊口的慢性炎症。一般以黑头粉刺最常见。本病可发生于发育期的犬、猫、马等。

病因与病理

1）毛囊皮脂腺导管角化异常：皮脂腺导管上皮细胞过度增生和角质化，使细胞间黏附性增强，使管径变小、通畅度降低，最终导致毛囊皮脂腺导管闭塞。

2）脂质过量分泌：现普遍认为雄性激素在粉刺的形成过程中起重要作用。雄激素分泌过多，或雄雌激素在雄性和雌性动物体内的比例失调以致雄激素相对增多，引起皮脂分泌量增多。另外，肾上腺皮质激素对皮脂腺的分泌也有促进作用。

3）炎症与感染：由于皮脂腺导管阻塞，脂质聚积，引起炎症和细菌（粉刺棒状杆菌、葡萄球菌、链球菌等）继发感染。

症状 犬、猫多在下颚、下唇等处出现结节和油性皮脂溢。马多在颈部、背部、臀部、前部、肩部、体侧和尾部等处出现粟粒大乃至豌豆大、散在性小结节。

随着病情的发展，结节处可出现水疱，个别出现脓疱，破裂后流出淡黄色的黏性分泌物或形成脓痂，与被毛粘在一起。伴有严重感染时可形成脓肿，治愈后形成秃斑。病初和治愈时有轻度痒感。

治疗 消毒药液清洗患部，挤出堵塞毛囊的黑头粉刺后，涂擦外用药物，如过氧化苯甲酰、2% 水杨酸乙醇溶液、硫磺水杨酸软膏、氧化锌水杨酸软膏。如病变广泛存在，可全身用抗生素类药物或磺胺药物。维 A 酸可调节上皮细胞的生长、分化和角质化过程，对此病有一定的改善作用。对于肾上腺皮质机能亢进的患病动物，应同时治疗原发病。

第十一章 肿　瘤

第一节 概　　述

肿瘤（tumor）是指动物机体中的正常组织细胞，在不同的始动与促进因素长期作用下，演变为异常生长的新生细胞群。这种细胞群既不同于生理过程中生长发育的细胞，也有别于炎症、再生或肥大时增生的细胞。该细胞群不因病因消除而停止生长，与受累组织的生理需要无关，有的转移到其他部位，危及生命。

一、肿瘤的病因

肿瘤属于一种比较常发的疾病，其种类繁多，病因也不尽相同。近一个世纪以来，人们通过肿瘤的流行病学的研究、实验性肿瘤的复制、生物因素的分离及肿瘤发生学和形态学等方面的研究，已对肿瘤发生的原因有了一些了解，但还不十分清楚。

（一）外界因素

1. 物理因素　长期紫外线照射可引起皮肤癌。X线和镭、铀、锶、钚等放射性元素能诱发动物和人体内多种组织的癌变，尤其是白血病。

2. 化学因素　化学致癌物质很多，在外界环境中的致癌因素，有90%以上属于化学因素。目前已知的化学致癌因素有千余种，其中主要的有以下几类。

（1）多环碳氢化合物类　例如，页岩油和煤焦油易诱发皮肤癌，如用煤焦油长期涂擦兔耳皮肤，可诱发兔皮肤癌。经研究证实，煤焦油中的3,4-苯并芘、20-甲基胆蒽及7,12-二甲基苯并蒽等的致癌作用最强。已知萘蒽、胆蒽等的化学结构与体内某些激素（如雌激素、孕酮、睾丸酮和皮质酮等）相似。因此，有人认为当动物体内的激素代谢紊乱时，这类致癌物质也可能是内源性形成的。

（2）亚硝酸盐类　亚硝胺有近百种，已经证明能致癌的有70余种，主要与消化道癌和肝癌有关。在动物可诱发多种组织不同类型的肿瘤。

（3）偶氮化合物　为染料类，易诱发膀胱癌、肝癌。

（4）烷化剂　在临床上有时用烷化剂来治疗某些癌症，但也有些烷化剂能诱导癌症。

（5）有机氯农药　用含有2 ppm①、10 ppm、50 ppm DDT饲喂小鼠、鸭，均可发生肝肿瘤。

（6）霉菌毒素　如黄曲霉素，除具有急性中毒效应外，还能诱发小鼠、大鼠等其他动物

① 1 ppm＝1 mg/kg＝1×10^{-6}

的肝癌。黄曲霉素已发现 20 多种。黄曲霉在自然条件下产生的毒素主要有 B、E、G_1、G_2 四种，其中以 E 型毒性最强。

另外，石棉、滑石粉等均有致癌作用。

3. 生物因素　主要为病毒病因，可分 RNA 和 DNA 肿瘤病毒两大类。猫白血病病毒（feline leukemia virus，FeLV）、猫肉瘤病毒（feline sarcoma virus，FeSV）和禽肉瘤病毒（avian sarcoma virus，ASV）均为致肿瘤 RNA 病毒。乳多空病毒（papovavirus）为致肿瘤 DNA 病毒，可引起犬口腔黏膜和舌乳头状瘤。

另外，寄生虫与肿瘤的发生也有关。例如，狼尾旋线虫（*Spirocerca lupi*）可致犬食道和胃肿瘤；肝吸虫可引起犬、猫胆管癌。

4. 慢性炎症刺激　有些慢性炎症及经久不愈的溃疡灶，能引起上皮的过度增生而发生癌变。例如，胃溃疡的边缘发生癌变的百分率比正常高。

（二）内部因素

在外界条件相同的情况下，有些动物会发生肿瘤，而另一些不发生肿瘤。这就说明了外界的致癌因素只是引起肿瘤的条件，外因必须通过内因而起作用。

（1）品种因素　肿瘤的发生存在品种差异。例如，皮肤乳头状瘤多发于牛，尤以短角牛更为多发；皮肤癌大批发生于山羊；黑色素瘤多发于白毛或青毛马；特别在犬中，品系不同，所发肿瘤各不相同，如肥大细胞瘤和皮肤癌常发于波士顿犬；而血管外皮细胞瘤则常发生于拳师犬。

（2）年龄因素　一般来说，年龄越大，肿瘤的发病率越高，危害性也越大。这可能与老龄家畜对某些致癌物质的多次影响、机体免疫功能低下和代谢功能衰退有关。例如，犬的乳腺肿瘤多发于 6 岁以上的母犬。然而也有例外，某些动物的肿瘤幼年发病率均远远高于成年和老龄。例如，乳头状瘤主要侵害青年牛群，老牛反而较少发生。

（3）性别因素　某些肿瘤的发生与家畜的性别有关。犬的肛周腺瘤（perianal adenoma）大部分发生于公犬；猫白血病（feline leukemia），公猫的发病率高于母猫。

（4）免疫状态　免疫状态与肿瘤的发生、扩散和转移有很大的关系。在免疫功能健全的动物，肿瘤的生长往往很缓慢，治疗效果较好，有的甚至能够自行消退。当由某些因素引起免疫功能下降时，或者因先天性免疫功能缺陷时，肿瘤细胞就会大量增殖、无限制地生长。长期使用免疫抑制剂的动物，肿瘤发生率也较高。

（5）其他因素　内分泌激素的水平会影响肿瘤的发生。较明显的激素如卵巢激素被认为与乳腺癌发病率有关系。未发情去势的犬和猫，其乳腺癌发病率要比未去势或已有过 5 次以上发情周期的犬和猫低 200 倍。睾酮水平也影响肛周腺肿瘤的发生。母犬和已去势的公犬很少发生肛周腺瘤。患有该肿瘤的公犬去势后，其病情常会减轻。

遗传因素可能会影响肿瘤的发生，这已有相当多的证明。例如，同卵双生动物的相同器官发生相同肿瘤的例子就很普遍。在人类的肿瘤发病调查中已证明有部分肿瘤是按一定的遗传学规律相传的，所以有明显的家族性。动物试验也证明与乳腺癌鼠族进行配种，其后代常出现同样的肿瘤。但也有人认为不存在遗传因素，而是环境因素更为重要。

另外，营养因素对肿瘤的发生也有间接或直接的关系。例如，营养缺乏、身体虚弱等则易受致癌物的作用而发生癌症。

二、肿瘤的分类和命名

（一）分类

分类的目的在于明确肿瘤的性质、组织来源，有助于选择治疗方案和揭示预后。临床上，根据肿瘤对患畜的危害程度不同，通常分为良性肿瘤和恶性肿瘤；在诊断病理学中，根据肿瘤的组织来源和组织形态及性质不同，可区分为上皮组织肿瘤、间叶组织肿瘤、肌肉组织肿瘤、淋巴造血组织肿瘤、神经组织肿瘤和其他类型肿瘤（表 11-1）。

表 11-1 肿瘤的分类

组织来源	良性肿瘤	恶性肿瘤
上皮组织		
鳞状上皮	乳头状瘤	鳞状细胞癌，基底细胞癌
腺上皮	腺瘤	腺癌
移行上皮	乳头状瘤	移行上皮癌
间叶组织		
纤维结缔组织	纤维瘤	纤维肉瘤
黏液结缔组织	黏液瘤	黏液肉瘤
脂肪组织	脂肪瘤	脂肪肉瘤
骨组织	骨瘤	骨肉瘤
软骨组织	软骨瘤	软骨肉瘤
肌肉组织		
平滑肌	平滑肌瘤	平滑肌肉瘤
横纹肌	横纹肌瘤	横纹肌肉瘤
淋巴造血组织		
淋巴组织	淋巴瘤	恶性淋巴瘤（淋巴肉瘤）
造血组织		白血病，骨髓瘤等
脉管组织		
血管	血管瘤	血管肉瘤
淋巴管	淋巴管瘤	淋巴管肉瘤
间皮组织	间皮细胞瘤	间皮细胞肉瘤
神经组织		
神经节细胞	神经节细胞瘤	神经节细胞肉瘤
室管膜上皮	室管膜瘤	室管膜母细胞瘤
胶质细胞	胶质细胞瘤	多形胶质母细胞瘤，髓母细胞瘤
神经鞘细胞	神经鞘瘤	恶性神经鞘瘤
其他		
黑色素细胞	黑色素瘤	恶性黑色素瘤
三个胚叶组织	畸胎瘤	恶性畸胎瘤
几种组织	混合瘤	恶性混合瘤，癌肉瘤

（二）命名

1. 良性肿瘤的命名 一般称为“瘤”，通常在发生肿瘤的组织名称之后加上一个瘤（-oma）字。例如，纤维组织发生的肿瘤，称为纤维瘤（fibroma）；脂肪组织发生的肿瘤，称为脂肪瘤（lipoma）等。在一些情况下，良性肿瘤也可根据其生长的形态命名。例如，发生在皮肤或黏膜上，形似乳头的良性肿瘤，称为乳头状瘤（papilloma）。有时，为进一步表明乳头状瘤的发生部位，还可加上部位的名称。例如，发生于皮肤的乳头状瘤，称为皮肤乳头状瘤（skin papilloma）。此外，由两种间胚组织构成的良性肿瘤，称为混合瘤。

2. 恶性肿瘤的命名 恶性肿瘤来自上皮组织者称为“癌”（carcinoma）；来源于间叶组织者称为“肉瘤”（sarcoma）；来自胚胎细胞未成熟的组织或神经组织的一些恶性肿瘤，通常在发生肿瘤的器官或组织的名称前加上一个“成”字，后面加上一个“瘤”字（或在组织名称之后加上“母细胞瘤”字样）。例如，成肾细胞瘤（nephroblastoma），又称为肾母细胞瘤，成神经细胞瘤（neuroblastoma），又称为神经母细胞瘤。有些恶性肿瘤沿用习惯名称，如鸡马雷克病（Marek’s disease）、白血病（leukemia）等；部分恶性肿瘤因组织来源和成分复杂或不能肯定，既不能称为癌，也不能称为肉瘤，属混合瘤，一般就在传统名称前加上“恶性”二字。这些肿瘤的实质成分来自三种胚叶，属于特殊类型的肿瘤，如恶性黑色素瘤（malignant melanoma）。为表明恶性肿瘤发生的来源位置，可冠以发生的器官或组织的名称，如鳞状细胞癌（squamous cell carcinoma）、食道癌（esophageal carcinoma）等。

良性肿瘤和恶性肿瘤的临床病理特征鉴别点见表 11-2。良性肿瘤多呈膨胀性生长，瘤体发展缓慢，外周有结缔组织增生形成的包膜，表面光滑，不发生转移。但位于重要器官的良性肿瘤也可威胁生命，少数肿瘤也可发生恶变。恶性肿瘤的临床病理特征，多呈侵袭性生长或发生转移，病程重，发展快，并常有全身症状表现，恶病质是恶性肿瘤的晚期表现。

表 11-2 良性肿瘤和恶性肿瘤的鉴别

项目	良性	恶性
生长特性		
生长方式	膨胀性生长居多	侵袭性生长为主
生长速度	缓慢生长	生长较快
边界与包膜	边界清楚，大多有包膜	边界不清楚，大多无包膜
质地与色泽	近似正常组织	与正常组织差别较大
侵袭性	一般不侵袭	有侵袭及蔓延现象
转移性	不转移	易转移
复发	完整切除后不复发	易复发
组织学特点		
分化与异型性	分化良好，无明显异型性	分化不良，有异型性
排列	规则	不规则
细胞数量	稀散，较少	丰富，致密
核膜	较薄	增厚
染色质	细腻，少	深染，多
核仁	不增多，不变大	增多，变大
核分裂象	不易见到	能见到
功能代谢	一般代谢正常	异常代谢
对机体影响	一般影响不大	对机体影响大

三、肿瘤的临床症状

肿瘤的症状取决于其性质、发生组织、部位和发展程度。

（一）局部症状

（1）肿块（瘤体） 发生于体表或浅在的肿瘤，肿块是主要症状，常伴有相关静脉扩张、增粗。肿块的硬度、可动性和有无包膜因肿瘤的种类而不同。位于深在或内脏器官时，不易触及，但可出现脏器受压或空腔器官梗阻症状。良性瘤肿块生长速度慢，恶性的则生长快，并可出现相应的转移灶。

（2）疼痛　肿块膨胀生长、破溃、感染，使神经受刺激或压迫，可有不同程度的疼痛。

（3）溃疡　体表、消化道的肿瘤，若生长过快，引起供血不足继发坏死，或者发生感染导致溃疡。恶性肿瘤，呈花椰菜状瘤，肿块表面常有溃疡，并有恶臭和血性分泌物。

（4）出血　表在肿瘤，易损伤、破溃、出血；消化道肿瘤，可能呕血或便血；泌尿系统肿瘤，可能出现血尿。

（5）功能障碍　肠道肿瘤可致肠梗阻；乳头状瘤若发生于上部食管，则可引起吞咽困难。

（二）全身症状

良性和早期恶性肿瘤，一般无明显的全身症状，或者有贫血、低烧、消瘦、无力等非特异性的全身症状。如肿瘤影响营养摄入或并发出血与感染时，可出现明显的全身症状。恶病质是恶性肿瘤晚期全身衰竭的主要表现，瘤发部位不同，恶病质出现的迟早各异，消化道肿瘤的恶病质可较早出现。有些部位的肿瘤可能出现相应的功能亢进或低下，继发全身性改变。例如，颅内肿瘤可引起颅内压升高和定位症状，胰岛细胞肿瘤伴存低血糖症。

四、肿瘤的诊断

诊断的目的在于确定有无肿瘤及明确其性质，以便拟订治疗方案和预后判断。

1. 病史　畜体的非外伤肿块，或长期厌食、进行性消瘦、长期慢性出血等，都有可能是肿瘤发生的线索。同时还要了解患畜的年龄、品种、饲养管理、病程等情况。

2. 体格检查

（1）全身检查　有无厌食、发热、易感染、贫血、消瘦等。

（2）局部检查　肿块的部位：炎症、增生、畸形或肿瘤等均可致肿块，应加以鉴别。明确肿块的部位还有助于分析肿瘤组织的来源和性质。

肿瘤的性状包括肿瘤的大小、形状、质地、表面温度、血管分布、有无包膜及活动度等，这对区分良、恶性肿瘤，估计预后都有重要的临床意义。

区域淋巴结和转移灶的检查对判断肿瘤分期、制订治疗方案均有临床价值。

3. 影像学检查　应用X线、超声波、各种造影、计算机断层扫描（CT）、核磁共振（MRI）、远红外热像、放射性核素显像等各种方法所得成像，检查有无肿块或肿瘤所在部位。

4. 内镜检查　应用内镜直接观察空腔脏器、胸腔、腹腔及纵隔内的肿瘤或其他病理状况。通过它不仅可看清空腔脏器的内部结构、病理变化（如溃疡、出血灶、肿瘤组织），还可进行组织活检。

5. 病理学检查　病理学检查是目前确定肿瘤直接而可靠的依据，包括病理组织学检查和临床细胞学检查。

（1）病理组织学检查　钳取组织、切取组织等进行病理组织学检查，鉴别真性肿瘤和瘤样变，确定肿瘤的良性和恶性。病理组织学检查的结果可提供确定性诊断。

（2）临床细胞学检查　常用脱落细胞检查，如采取腹水、尿液沉渣或分泌物涂片，或借助细针穿刺涂片，以观察有无肿瘤细胞。

从细针穿刺涂片判断细胞形态的良、恶性。一般来说，良性肿瘤表现为针吸的细胞数量不多、细胞间有密切的联系、单个细胞较少。相反，癌的特征是细胞量多、细胞间失去了紧密联系、且单个细胞较多。多数情况下，细胞学是根据细胞间的联系、细胞与细胞形成的特殊结构、细胞的特殊形态及特殊细胞产物等做出诊断的。例如，在某种程度上，癌细胞保留了上皮细胞特殊的细胞侧连接及分泌物等；鳞癌细胞可表现为片状排列，产生角蛋白并可形成角珠；腺癌细胞则表现为腺样结构、乳头状排列，产生黏蛋白；神经内分泌癌细胞可展现玫瑰花环样结构，可产生神经内分泌颗粒；非上皮性肿瘤，如淋巴瘤、肉瘤及恶性黑色素瘤多为细胞的单个散在分布，也可能会具有某些特殊的细胞形态，如肉瘤及恶性黑色素瘤的梭形细胞等。

6. 免疫学检查 在人医临床，常通过免疫学方法检查来自体内肿瘤的胚胎抗原、相关抗原及病毒抗原。在兽医方面，由于相应诊断试剂的缺乏，动物的肿瘤（除马雷克病以外）很少采用免疫学检查。

7. 酶学检查 例如，肝及成骨细胞可分泌碱性磷酸酶，前列腺分泌酸性磷酸酶，若这些组织发生肿瘤，则血清中相应的酶活性会升高。在肿瘤的诊断中，酶活性和癌胚抗原同时测定，如癌胚抗原与γ-谷氨酰转肽酶（γ-GT），可提高诊断的准确性。

8. 基因诊断 肿瘤的发生发展与正常癌基因的激活和过量表达有密切的关系。近年来，细胞癌基因的结构与功能的研究取得重大突破，目前已知癌基因是一大类基因族，通常以原癌基因的形式普遍存在于正常动物的基因组内。

五、肿瘤的临床分期

目前，兽医临床宜采用世界卫生组织制定的TNM标准分期法。T（tumor的首字母）指肿瘤原发灶的情况，根据肿瘤体积大小和邻近组织受累范围，依次用T1～T4表示；N（node的首字母）指区域淋巴结受累情况，淋巴结未受累时用N0表示，淋巴结受累程度和范围增加则依次用N1～N3表示；M（metastasis的首字母）指远处转移，没有转移者用M0表示，有远处转移者用M1表示。现以犬乳腺肿瘤为例说明TNM临床分期标准（表11-3）。TNM三个指标的组合划出特定的分期，即Ⅰ、Ⅱ、Ⅲ、Ⅳ期等，有时也可与字母组合细分ⅡA、ⅡB等，如Ⅰ（T1N0M0）、ⅡA（T0N1M0、T1N1M0、T2N0M0）、ⅡB（T2N1M0、T3N1M0）。分期越高意味着肿瘤进展程度越高。

表11-3 犬乳腺肿瘤的TNM临床分期标准

T 原发肿瘤	
T0	未见肿瘤（用于T1肿瘤切除后的复查指标）
T1	肿瘤直径<1 cm，（a）可移动；（b）与皮肤相连；（c）与肌肉相连
T2	肿瘤直径1～3 cm，（a）可移动；（b）与皮肤相连；（c）与肌肉相连
T3	肿瘤直径>3 cm，（a）可移动；（b）与皮肤相连；（c）与肌肉相连
N 局部淋巴结	
N0	未累及局部淋巴结
N1	累及同侧（ipsilateral）局部淋巴结，（a）可移动；（b）不可移动
N2	双侧局部淋巴结，（a）可移动；（b）不可移动
M 远处转移	
M0	无远处转移
M1	远处转移（包括远处淋巴结）

六、肿瘤的治疗

（一）手术治疗

术前除了要对肿瘤的性质、大小、位置明确诊断外，还要对动物的全身状况、肿瘤的危害程度、动物对手术的承受能力及康复能力、有无配套的其他治疗方案及动物本身的治疗价值等进行充分的评估。

对于良性肿瘤，手术治疗是首选方案。

对于恶性肿瘤如能及早发现与诊断，及时采用手术治疗，迄今为止仍不失为一种有效的治疗手段。手术时将原发癌所在器官的部分或全部，连同周围正常组织（1 cm）和区域淋巴结一并切除，应用不接触技术阻隔肿瘤细胞的沾污或扩散，结扎回流静脉。手术中使用高频电刀、激光刀切割，止血好，可减少扩散。患恶性肿瘤的动物常因衰弱与免疫抑制，伤口的愈合较为迟缓，易出现感染。

对于已发生转移的病例可采用对症手术或姑息手术，以解除或缓解症状。

（二）放射疗法

放射疗法是指用各种射线照射肿瘤，使肿瘤细胞的生长受到抑制而死亡。这些射线包括X线、γ线、高速电子、中子或质子等。各种肿瘤对射线的敏感不一。一般分化程度愈低、新陈代谢愈旺盛的细胞对放射线愈敏感。最敏感的是淋巴造血系统肿瘤、性腺肿瘤、肾母细胞瘤等低分化肿瘤；中度敏感的有鳞状上皮癌及一部分未分化的癌，如基底细胞癌、鼻咽癌、食管癌、肺癌、乳腺癌；低敏感的有软组织肉瘤、骨肉瘤、胃肠道腺癌等。在兽医实践上，对基底细胞瘤、会阴腺瘤、乳头状瘤等疗效较好。美国科罗拉多州立大学兽医院报道放射疗法对会阴瘤的疗效为69%，纤维肉瘤为34%，鳞状细胞癌为74%，巨细胞瘤为54%。过去认为肉瘤对放射线不敏感，比癌更难控制。但给予攻击性剂量有可能控制，因为在治疗时大部分病例已侵害到骨，而一般X线治疗机的穿透力达不到如此程度，当采用^{60}钴远距离单位4000 rad或更多的剂量照射时，则对马纤维肉瘤的控制可达56%。巨细胞瘤手术疗法后，切口创缘常见到肿瘤细胞，若配合放射疗法可提高疗效，使控制率达到50%，如剂量加到4000 rad以上则可达到57%。

放射疗法常与手术联合治疗肿瘤，以消除手术后残留的微小病变组织，提高疗效。一般在术后3周进行放疗，以免影响创口的愈合。

（三）化学疗法

近几十年以来，肿瘤化学疗法的研究进展迅速，抗癌药物甚多，但仍没有理想的药物。在兽医临床上，采用化学疗法治疗恶性肿瘤受经济价值等因素的限制，但伴侣动物肿瘤化学疗法的应用逐年增多。

应按照肿瘤细胞的不同增殖期，有针对性地选择抗肿瘤药物应用，并强调联合用药方案，以取长补短、减少毒性、提高疗效。抗肿瘤药物有：①细胞毒性类药物，如烷化剂（环磷酰胺、氮芥等），由其氮基团作用于DNA和RNA、酶、蛋白质，导致细胞死亡；②抗代谢药，如氟尿嘧啶、甲氨蝶呤、巯嘌呤，对核酸代谢物与酶结合反应有相互竞争作用，影响与阻断核酸的合成；③抗生素类，如阿柔比星、放线菌素D、丝裂霉素、阿霉素；④生物碱类，如长春新碱、长春碱、替尼泊苷，干扰细胞内纺锤体的形成，使细胞停留在有丝分裂中期；⑤激素类，如他莫昔芬、乙烯雌酚、黄体酮、丙酸睾丸酮、甲状腺素、泼尼松、地塞米松等，改变内环境进而影响肿瘤的生长，或增强机体对肿瘤的抵抗力；⑥铂类，如卡铂、奥沙利铂，作用于DNA，引起DNA复制障碍，具有抗肿瘤谱广、抗肿瘤活性强和不良反应低的特点。由于抗癌药物对正常细胞也有一定的影响，尤其是生长增殖的正常细胞，因此用药后可能出现各种不良反应，如白细胞减少、血小板减少、消化道反应（呕吐、腹泻等）、脱毛、血尿、免疫功能降低。

（四）冷冻疗法

肿瘤块冷冻可直接破坏细胞，不可通过阻塞血管破坏细胞营养的供应。常用的冷冻方法如下。

（1）棉签法　即用竹签缠上棉花蘸取液氮，直接附于肿瘤上进行冷冻。竹签的大小可根据肿瘤的大小和部位做出选择，此法适用于小的肿瘤。

（2）喷射法　使用LN2-Ⅱ型冷冻治疗器或手持式冷冻器，也可用VDB-Ⅰ型液氮泵等冷冻器械。灌好液氮后，接上冷冻头，打开开关，对肿瘤体直接喷雾。为了保护四周的健康组织，最好能在四周涂以保护剂。

（3）接触法　选用不同形状、大小的冷冻头接在冷冻器输液管的前端，直接接触瘤体进行冷冻。此法适用于浅表的小肿瘤。

（4）传导冷冻法　即将针头或细铁棒插入肿瘤体内，再接冷冻器，通过传导的方式达到冷冻肿瘤的目的。此法适用于较深的小肿瘤。

（五）高热疗法

高热疗法（hyperthermia）或温热疗法（thermotherapy）是一种治疗肿瘤的新方法。温度大于41℃对细胞会产生毒性，根据时间的长短可杀死不同程度的细胞。

高热肿瘤疗法的病理生理作用：①温热对细胞的毒性优先作用于缺氧酸中毒细胞（hypoxic acidosis cell）；②温热优先破坏肿瘤微脉管系统（microvasculature）；③在持续恒温热的条件下，肿瘤的温度常比附近组织高，因肿瘤已失去通过腐肉血管网传送热量的能力。

高热疗法可分为全身性、区域性及局部性高热疗法。根据肿瘤的范围及部位选用不同的高热疗法。加温方式有热水毯、热水袋、短波、射频、微波和超声波等。临床上常与放射疗法、化学疗法配合使用，以提高疗效。

（六）免疫疗法

肿瘤的非特异性免疫疗法，如接种卡介苗（BCG）、短棒状杆菌等，还可使用IL-2、干扰素等。特异性免疫疗法有接种自身或异体瘤苗、肿瘤免疫核糖核酸等。

近些年来，国内外应用免疫疗法治疗家畜肿瘤的成功报道不少。例如，用经过酚或福尔马林灭活的自体肿瘤细胞苗治疗牛的鳞状细胞癌；用经过福尔马林灭活的肿瘤组织疫苗治疗乳牛乳头上的皮肤乳头状瘤，效果良好；也有采用BCG治疗犬的黑色素瘤和马肉瘤的非特异性免疫疗法，所收效果明显。

第二节 皮肤及皮下组织肿瘤

一、乳头状瘤

乳头状瘤（papilloma）是最常见的表皮良性肿瘤之一，呈乳头状，可发生于各种家畜的皮肤。该肿瘤可分为传染性和非传染性两种。传染性乳头状瘤多发于牛、马，犬和山羊较少，绵羊曾有发病报道，在猫极少见；非传染性乳头状瘤多发于犬。

传染性乳头状瘤由乳头状瘤病毒引起，有严格的种属特异性，吸血昆虫传播或接触传染。牛病变常出现在面部、颈部、肩部和下唇，尤其在眼、耳的周围；在成年母牛的乳头、阴门、阴道有时发生；雄性可发生于包皮、阴茎、龟头部。如经口侵入，可见口、咽、舌、食管、瓣胃黏膜发生此瘤。马主要见于鼻和口唇周围，也可发生在其他部位。山羊见于乳房、乳头、头颈部、会阴等部位。犬主要在口腔、眼睑、面颊、四肢等部位。

乳头状瘤多呈突出体表的坚实瘤体，从小肉柱状或毛状小结节状到花椰菜状的大肿块。皮肤乳头状瘤的颜色多为灰白色、淡红色或黑褐色；瘤体表面无毛，时间经过较久的病例常有裂隙，摩擦易破裂脱落，其表面常有角化现象。黏膜乳头状瘤还可呈团块状，但黏膜的乳头状瘤则一般无角化现象；瘤体损伤易出血。病灶范围大和病程过长的病畜，可见食欲减退，体重减轻。乳房、乳头的病灶，则造成挤奶困难，或者引起乳房炎。雄性生殖瘤常因交配感染母畜阴门、阴道。

可采用手术切除或烧烙、冷冻及激光疗法，有良好的效果。据报道，疫苗注射可达到治疗和预防本病的效果。

二、鳞状细胞癌

鳞状细胞癌（squamous cell carcinoma）是指由鳞状上皮细胞转化而来的恶性肿瘤，又称鳞状上皮癌，是各种家畜常见的恶性肿瘤。

犬常见于躯干、腿、阴囊、口唇及趾部皮肤；马和牛常发生于黏膜与皮肤连接部；猫常见于头部，如耳、鼻孔、口唇或眼睑等处。

鳞状细胞癌外观呈生长型或糜烂型。生长型肿瘤呈大小不一的乳头状生长，形成花椰菜状的突起，表面常发生炎症而形成溃疡，易出血；若肿瘤向深部发展，则形成硬结。糜烂型起初时为浅表和有结痂的溃疡，以后溃疡向深部发展，外观呈火山口状。

（一）眼部皮肤鳞状细胞癌

以牛为最多发。本病的发生首先在角膜和巩膜面上出现癌前期的斑疹，略带白色，稍突出表面，继而发展成为由结膜面被覆的疣状物，进一步形成乳头状瘤，最后在角膜或巩膜上形成癌瘤，有时累及瞬膜或眼睑。可用手术切除。侵害眼球大部时，可进行剜眼术。

（二）外阴部和会阴部的鳞状细胞癌

可发生在阴茎、外阴、肛门和肛周。好发在缺乏色素的阴茎和阴筒部位。以老龄公马和阉马多见；发生在外阴部的皮肤鳞状细胞癌，多见于母牛。治疗可用手术切除。

（三）角鳞状细胞癌

多见于印度的老龄公牛及阉牛。其主要症状为一侧角倾斜、摇晃及扭曲。本病发生于角基的生长层上皮组织，并可侵害到角干及额窦。治疗是断角或用肿瘤组织制成的自家疫苗注射。

（四）爪鳞状细胞癌

起源于甲床或蹄的生发层组织，多见于犬，马蹄部也有发生的报道。此瘤为慢性经过。恶性程度较高，且早期出现区域淋巴结和内脏（肺）的转移。在诊断上应与好发生在此部的指间囊肿、肥大细胞瘤、黑色素瘤及甲沟炎做仔细的鉴别。治疗可切除患指，摘除区域淋巴结，必要时可截肢。

三、基底细胞瘤

基底细胞瘤（basal cell tumor）来源于皮肤或附件基底细胞，为恶性肿瘤，发展缓慢，呈浸润性生长。犬和猫的发病率分别为5%～10%和2%，平均发病年龄分别为6岁和10岁。在马、兔及其他动物也有发生。

肿瘤表面破溃。好发于口角、眼睑、耳廓、颊部、颌与肩等处。肿块呈散在性发生、无蒂、坚实、灰色及无毛。

一般选择在离肿瘤1 cm范围切除之。对较小而不易分离的基底细胞瘤，可采用冷冻疗法与放射疗法交替进行。化疗可选用5-氟尿嘧啶与环磷酰胺。治疗的复发率低于10%，且很少转移，预后尚好。

四、腺瘤

（一）皮脂腺瘤

皮脂腺瘤（sebaceous gland tumor）为犬的原发肿瘤，常发生在眼睑，也可侵害其他部位。由于形态近似疣，临床上常被误认为疣。直径0.5～3 cm，有时有肉茎，表面少毛，色灰白至黑，很少形成溃疡。有时瘤组织中可能含有基底细胞，因而被误认为基底细胞瘤。手术切除可治愈。

（二）肛周腺瘤

肛周腺是变形的皮脂腺，除犬外，其他动物极少有此种腺体。肛周腺瘤（perianal adenoma）居犬常发肿瘤的第三位，仅次于肥大细胞瘤和乳腺瘤，多见于年龄大的公犬，母犬极罕见。母犬的肛周腺瘤多为恶性，公犬也有恶性，也可与其他肿瘤共存发生混合瘤。

肛周腺瘤具有实体性、多发性、充血性和高出皮肤表面的特征。如遭磨损，易继发感染或形成溃疡、瘘管及脓肿。

外科切除、冷冻、化学疗法、放射疗法均有效。单纯外科切除易复发。因可能与雄性激素的作用有关，所以建议配合去势。

五、纤维瘤和纤维肉瘤

（一）纤维瘤

纤维瘤（fibroma）是指由结缔组织发生的一种良性肿瘤，各种家畜均发生，最常见于马。纤维瘤按其纤维成分含量的多少和排列的致密或疏松，可以分成硬纤维瘤和软纤维瘤。前者多发生于皮肤、黏膜、肌膜、骨膜和腱等部位；后者见于皮肤、黏膜和浆膜下等部位。硬纤维瘤呈圆形或卵圆形，有些有蒂，外面有包膜，质地坚实，切面呈淡灰白色或淡黄色，仔细观察可见纵横排列的纤维组织束。软纤维瘤质地较柔软，含血管较多，外观略显水肿状；生长在黏膜上的软纤维瘤常有蒂，称为息肉（polypus）；软纤维瘤切面呈淡红色。

（二）纤维肉瘤

纤维肉瘤（fibrosarcoma）是来源于纤维结缔组织的一种恶性肿瘤。马、骡和猫最为常见，有时也见于犬和牛。发生在皮下、黏膜下、筋膜、肌间隔等结缔组织及实质器官。有时瘤体生长迅速，当转移到内脏器官可引起病畜死亡。纤维肉瘤质地坚实，大小不一，形状不规整，边界不清；可长期生长而不扩展。临床上常常误诊为感染性损伤，尤其发生于爪部更容易引起误诊。纤维肉瘤内血管丰富，因而切除和活检时，易出血是其特征。溃疡、感染和水肿往往是纤维肉瘤进一步发展的后遗症。

纤维肉瘤与纤维型肉样瘤不同，后者多发于马，称为马纤维肉样瘤，多发于四肢部，属马、骡良性瘤。

纤维肉瘤手术切除后，经过几周或1个月左右，又会再发，继而发生转移。因而在治疗上，常常采取手术与放射疗法合用。

六、脂肪瘤

脂肪瘤（lipoma）是由成熟的脂肪组织所构成的一种良性肿瘤，是家畜常见的间叶性皮肤肿瘤。以牛和犬为最多见，牛以乳牛为最常见，常以多发性出现；犬以老龄母犬多发，常为单发性；在马、猪、绵羊也有发生。恶性的脂肪肉瘤（liposarcoma）在动物极为少见。

脂肪瘤通常为圆形、卵圆形或圆盘形，常分多叶，界限清楚，具有薄的包膜，质地柔软。如含有多量纤维组织则较坚实，通常将这样的肿瘤称为纤维脂肪瘤（fibrolipoma），在牛比较多见。少数发生在犬和马的脂肪瘤可能浸润到肌束之间，虽仍属良性，但手术切除有困难。如不切除，将会造成跛行。

对实体性脂肪瘤，采用手术切除是比较恰当的。脂肪肉瘤具有局部侵蚀性，并有广泛转移的可能，肺是最常转移的部位。

七、血管瘤

血管瘤（hemangioma）是一种常见的良性肿瘤，可以发生在任何年龄的动物，但幼龄动物比较多发。血管瘤最常见于犬，也见于猫、牛、马和猪等家畜，常为单发，但也有的多发。

肿瘤起源于血管内皮，所以身体的任何部位都能发生。犬常见于腿、颈、面、眼睑的真皮及皮下组织，其他家畜也主要见于皮肤及皮下组织。根据血管瘤血管腔的大小，通常分为毛细血管瘤和海绵状血管瘤。临床上应注意与血管性畸形和高度血管性的再生组织及炎性组织相区别。

发生于皮下组织的血管瘤，直径0.5～3 cm，卵圆形或圆盘形，硬度中等，呈暗红色，切面上有血液渗出。真皮中的血管瘤较皮下组织的血管瘤小，有蒂或无蒂，易与黑色素瘤混淆。

肿瘤的边界清楚，但没有包膜。

血管瘤经手术完全切除后不会再发。

八、黑色素瘤

黑色素瘤（melanoma）是由能制造黑色素的细胞所形成的良性或恶性肿瘤。多发于马，尤以老龄青毛马（毛白皮黑的马）更为好发；也可发生于犬、猪、牛、猫等。人的黑色素瘤为高度恶性的肿瘤，也称恶性黑瘤，它可从黑痣恶变而来，也可以自行发生。但动物的黑色素瘤则为原发性。

马的黑色素瘤多发生在会阴至肛门部位及尾根下面，头部皮肤（包括耳根、颈和眼睑）、阴囊、包皮、乳房及四肢也可发生。在眼内，黑色素瘤可以从含有色素组织的虹膜和脉络膜处发生。肿瘤可能是黑色的、灰色的或无色的，也可能被皮肤包被形成溃疡和感染。

犬的黑色素瘤多发于 7 岁或更老龄的犬，常出现在口腔、唇和眼睑（黏膜与皮肤交界处），也可发生于躯干和四肢（特别在爪部）。凡发生在口腔和爪部者，多数为恶性瘤。此外，在眼内的虹膜及睫状体可以发生黑色素瘤，且具有一定的危险性。

猪的黑色素瘤多发于初生至 9 月龄的小猪，尤以初生仔猪多发。猪的黑色素瘤的发生与毛色的关系不大。

牛的黑色素瘤多数局限在皮肤，且多发生转移。

皮肤的黑色素瘤为圆形、椭圆形或具有肉茎的瘤体，不呈弥散或浸润。横断面呈棕色或亮黑色，色素越少反而恶性程度越高。区域淋巴结、肺、脾和肝往往成为远方转移点，可经血液和淋巴液途径转移。

根据临床所见和细胞学、组织学的特征不难确诊。虽然无黑色素的黑色素瘤诊断比较困难，但一般见到坏死、溃疡发生在具有黑色素的损伤处时，则可引起注意。无黑色素的黑色素瘤常被误诊为癌或其他肿瘤。

马、犬的小而有肉茎的黑色素瘤，可以手术切除。然而，有些人认为手术切除可以诱发肿瘤转移，但并非都是一致的看法。发生在眼睑的小的黑色素瘤可以根治，但常不能彻底切除。

有条件时，采用手术切除或冷冻外科与化学疗法及免疫法配合治疗，效果较好。化学药物可用氮烯唑胺，免疫疗法可用卡介苗注射到黑色素瘤切除后的伤口处。

九、肥大细胞瘤

肥大细胞瘤（mastocytoma）常见于犬，也可发生于猫、牛、马及其他动物。本病在犬和牛可能是良性或恶性，恶性的常称为肥大细胞肉瘤（mast cell sarcoma）；而在马、猪和人则常为良性。某些品种多发，如英国斗牛犬。常发生在 6 岁以上的犬，随着年龄的增长，其恶变的程度变高。

该瘤好发于前臂部、肛周及包皮，也可出现在内脏（脾、肝、肾、心脏及淋巴结）。出现在血液中者，则称为纯粹肥大细胞性白血病。肿瘤直径为一至数厘米，常为实体性或多发性。良性肿瘤可长时间局限在一定的部位，数月至数年不变；恶性的生长迅速，很快通过淋巴和血液向远处转移和扩散。有时可因切除不彻底，放射治疗或化学药物治疗后，引起急剧恶化。十二指肠溃疡和胃溃疡常属本病的合并症，所以当经常发现患犬有粪便带血时，应当注意。胃肠溃疡还可以自发地穿孔而引起急性腹膜炎。如果肿瘤发生在肛周、包皮及爪趾部时，可能属于恶性。

手术、冷冻、放射疗法及化学疗法有效，并发胃溃疡时，配合支持疗法。

十、乳腺肿瘤

动物乳腺肿瘤（mammary tumor）以非草食动物多发，其中犬占第一位，猫仅次于犬。乳腺肿瘤多见于未阉割的中老龄母犬、猫。在母犬的所有肿瘤中，本病约占 25%；猫乳腺肿瘤也较常发，仅次于皮肤肿瘤和血管淋巴恶性肿瘤。

临床上常见的乳腺肿瘤有良性混合性乳腺瘤、乳腺瘤和乳腺癌。

（一）良性混合性乳腺瘤

只发生于犬，生长缓慢，主要在发情结束时肿瘤增长快，常见多个乳腺同时发病。外观凹凸不平，表面光滑，质地硬实，瘤体可移动。瘤体较大时，乳腺瘤皮肤与地面摩擦而破裂。良性混合性乳腺瘤与周围组织界限清晰，有纤维包膜，但有恶性发展的趋势，应在早期切除。

（二）乳腺瘤和乳腺癌

起源于乳腺导管或腺上皮，发生率高。乳腺瘤为混合性肿瘤，体积不大，有包膜，质地坚实。乳腺癌生长迅速，界限不清，易形成溃疡和继发感染。与其他动物相比，猫乳腺瘤和乳腺癌一般均为恶性。

乳房切除术

三种乳腺肿瘤均以手术治疗为主。良性肿瘤切除单个乳腺，恶性肿瘤则应切除全部乳腺或乳区，切除时应当将乳腺周围至少 1 cm 的健康组织一并切除，还应以放射、化学药物等辅助治疗。对于恶性乳腺瘤，应当同时切除卵巢，甚至子宫。对于健康动物，在第 1 次发情之前摘除卵巢，可大大降低乳腺肿瘤的发生率。

第三节 消化道和肝肿瘤

一、口腔肿瘤

1）口腔恶性黑色素瘤（malignant melanoma of the oral cavity）：主要见于犬、猫。犬的恶性黑色素瘤发生率比猫高，其肿瘤起自牙龈或口唇黏膜的不规则肿块，质地较脆，色素沉着，易溃烂，常伴有出血，有难闻的气味；切面呈现一致的黑色或暗棕色，但分化不良的肿瘤仅有部分沉着黑色素或没有黑色素沉着；因侵袭生长，与周围组织界限不清楚。手术加放疗是常用的治疗措施，但多数病例在治疗后 6～12 个月死于肿瘤转移。

2）口腔鳞状细胞癌（squamous cell carcinoma of the oral cavity）：可发生于犬、猫、猪等多种动物，可出现在嘴唇、牙龈、舌头、上腭。肿瘤呈团块状，质地坚硬，多为白色，表面常溃烂。若出现在下颌内，则引起下颌的扩大与变形。在猫可发生在食道，造成食道阻塞。术后可复发，或者转移至同侧咽后、颈浅淋巴结甚至肺。牙龈鳞状细胞癌转移不多见，但患病部位会出现严重的溃疡与糜烂。

3）口腔纤维瘤、纤维肉瘤和牙龈瘤（fibroma，fibrosarcoma and epulis of the oral cavity）：常见于犬、猫，纤维肉瘤在口腔中的发生率比纤维瘤高，唇部或牙龈部纤维肉瘤的发生率比在舌、上腭和咽部高。肿瘤生长缓慢、坚硬，表面常出现溃疡和继发感染，切面呈灰白色。牙龈瘤来自牙周围的上皮，生长速度缓慢，外表光滑、坚硬、粉红色。

手术疗法对口腔纤维瘤和纤维肉瘤有效，个别切除不彻底很可能发生局部复发，但不转移。对于牙龈瘤，手术切除后配合放疗，效果更好。口腔鳞状细胞癌平均存活 11.8 个月。冷冻疗法对瘤小尚未波及骨组织者有效，局部放射疗法也有一定的疗效，但纤维肉瘤照射的效果不好。手术与照射联合应用会降低其复发率。口腔肿瘤的化学疗法效果差。

二、食管肿瘤

食管肿瘤（esophageal tumor）在犬、猫很少发生。良性食管肿瘤以平滑肌瘤（leiomyoma）为多见，恶性肿瘤（食管癌）起源于鳞状上皮的恶变。有材料证明，狼尾旋线虫为食管肿瘤的重要病原。

临床表现为食管梗阻或改变食管的蠕动、反胃（反流）、咽下困难及体重下降等。反胃能导致吸入性肺炎与呼吸道症状。靠食管镜、X 线检查及开胸术确诊。

预后不良。虽然肿瘤小时可以切除，但不幸的是本病多半在晚期才确诊，故妨碍做手术。

三、胃肿瘤

胃肿瘤（gastric tumor）在犬常见有腺癌（占 60%～70%），其次为平滑肌瘤、淋巴肉瘤和纤维瘤。猫中最常见的为淋巴肉瘤。

患病动物多数不表现临床症状，直到肿瘤足够大而引起胃出口阻塞。通常出现厌食，可发生慢性呕吐、黑粪症、昏睡、体重下降或水肿。伴有溃疡或穿孔时会有腹部疼痛。

X 线造影可见灌注缺损、胃排空延迟、正常褶皱减少、黏膜增厚或胃壁顺应性降低。内镜检查可发现病变、便于活检，但对于黏膜下的肿瘤可能难以发现。

除淋巴瘤外，手术是胃肿瘤唯一可选择的治疗方法。

四、肠道肿瘤

肠道肿瘤（intestinal tumor）在犬、猫少见。有良性和恶性两类，良性瘤较常见的有平滑肌瘤和腺瘤样息肉。平滑肌瘤起源于肠壁平滑肌，一般不破溃，但可阻塞肠道；腺瘤样息肉多见于直肠，息肉隆起直径有数毫米至数厘米，无或有蒂，似葡萄样，一般手术摘除后不再复发。恶性瘤有腺癌和肉瘤两类。腺癌常见于犬的直肠、结肠、空肠及猫的回肠；恶性瘤从黏膜长出，散布至全层，常可转移至局部淋巴结，尤其是肠系膜与髂淋巴结。淋巴肉瘤最常见于犬的结肠和猫的空肠，多发部位在肠腔内。肉眼观察病变呈梭形或结节型，肠壁变厚，常转移至局部淋巴结、肾及肝。

一般症状为肠道出血、肠梗阻、腹膜炎与吸收异常，并伴有间歇性呕吐与下痢。失重与无食欲是小肠肿瘤的特征。里急后重、粪便带血或黏液、便秘或直肠脱垂、增加排粪次数等常为大肠肿瘤的症状。

根据肠道的不断出血、贫血、腹水、腹部肿块或腹膜炎应考虑有无肠癌的存在。仔细触诊腹腔内容物、肠系膜淋巴结是否增大，配合直肠检查、X 线检查及钡餐造影等常可发现病灶。

小的肿块可局部切除。较大的或局部复发的肿瘤做部分肠管切除吻合术。腺癌化疗疗效不大。肠息肉可结扎或电烧灼治疗。多个淋巴肉瘤或已转移者最好用化学疗法。

恶性瘤术后存活期 2 d～2 年，个别可存活更长。息肉或其他良性瘤预后良好。

五、肝肿瘤

肝肿瘤（liver tumor）可分为原发性肿瘤和继发性肿瘤两种。肝肿瘤占所有肿瘤的 0.6%～1.3%。起源于上皮细胞的肝肿瘤，可分为肝细胞腺癌、胆管细胞腺癌、肝细胞癌、胆管细胞癌（胆道癌）、类癌瘤等；起源于间质的肝肿瘤又分为血管肉瘤、纤维肉瘤、骨外骨肉瘤及平滑肌肉瘤等。肝细胞癌是最为常见的肝瘤，据病理剖检统计大约占原发性瘤的 47.7%。

临床特征为食欲缺乏、失重、腹下垂、呕吐等。较为少见的症状有腹水、拉稀、黄疸与呼吸困难。触诊腹部有肿块（约占 80%）。可借助肝功能检验、组织学检查和 X 线检查进行诊断。血检一半以上的病例有贫血、肝功能异常。也可用剖腹探查术做诊断与治疗。

本病预后差，转移率高，手术效果不佳。化学疗法可能延长生命。

继发性肿瘤（转移至肝的肿瘤）比原发性肿瘤约高出 2.6 倍。肝作为重要内脏之一常受到瘤的转移（经门循环或全身循环系统）。临床特征以肝外原发性肿瘤所引起的症状为主要表现，一般继发性肝肿瘤的临床表现常较轻，很少有肝肿大，可能肝功能异常，病程发展缓慢。

六、胆管肿瘤

胆管肿瘤（tumor of bile duct）包括乳头状腺瘤、胆管癌、胆囊腺瘤和腺癌。胆管乳头状腺瘤是发生在胆管黏膜的良性肿瘤，在犬、猫、绵羊和猪曾有报道，但较少见，在肝面及大胆管黏膜上可见灰白色胆管性结节。胆管癌是肝原发性肿瘤，在肿瘤后期临床上出现腹部膨大、疼痛、腹水和食欲下降，一些肝组织已被肿瘤细胞所代替。胆囊腺瘤和腺癌并不多见，文献中仅见犬、牛、绵羊、猪（母猪）有少数病例报道。胆囊腺瘤呈扁平结节或乳头状突起于胆囊腔，表面粗糙，细颗粒样，质地脆弱，触之易脱落。胆囊腺癌一般较大，呈乳头状或花椰菜状，表面不平，切面灰白色，肿块与周围组织界限不清。胆管癌在诊断时常已发生肝内转移，预后不良。

七、胰腺癌

胰腺癌（pancreatic cancer）在犬、猫腹腔肿瘤中发生率较高，在淘汰的牛、马宰杀时也可发现。胰腺癌形成单个或多发性团块，呈灰白色或淡黄色，质地坚实，肿瘤中心可发生坏死，有时出现钙化灶，邻近脂肪组织也常发生坏死。牛胰腺导管管腔内有的还可见到虫体及坏死物质。临床表现为嗜睡、食欲减退，有时腹围增大。若肿瘤在十二指肠的入口处压迫，会发生阻塞性黄疸。

当诊断为胰腺癌时，其癌细胞基本上已转移至肝，甚至肾或脾，故本病预后不良。

第四节　呼吸系统肿瘤

一、鼻腔及副鼻窦肿瘤

鼻腔及副鼻窦肿瘤（nasal cavity and accessory nasal sinuses neoplasm）只有犬的发病率较高。据报道，鼻腔及副鼻窦肿瘤占犬肿瘤发病率的 1%～2%。大部分鼻腔肿瘤原发于鼻道的后 2/3 处。因肿瘤的生长可波及额窦并引发副鼻窦闭塞，有超过 50% 的病例波及两侧的鼻腔。犬鼻腔肿瘤的 50%～75% 为各种类型的癌肿，起源于上皮组织。腺瘤是鼻腔及副鼻窦恶性肿瘤之中发生频率最高的，鼻腔及副鼻窦的其他肿瘤有纤维肉瘤、软骨肉瘤及骨肉瘤等来源于间质的各类肉瘤。该类肿瘤 80% 以上为恶性。

鼻腔及副鼻窦的肿瘤较少见于猫，约占猫全部肿瘤的 1%。猫鼻腔及副鼻窦肿瘤大约 90% 为恶性的。

犬的鼻腔肿瘤最初临床症状为间歇性的，到出现明显症状时平均时间为 3～4 个月。显现症状的动物在接受抗生素治疗后常常暂时出现症状减轻。主要临床症状有鼻出血、两侧或单侧有鼻汁、呼吸道阻塞、面部变形及打喷嚏。偶见有呼吸困难、咳嗽、体重减轻、扁桃体炎、逆流性喷嚏、眼球突出、中枢神经系统受侵害等症状。

鼻腔及副鼻窦肿瘤呈局部浸润性，一般转移较慢。随着病情的进展，鼻中隔多受到破坏，从而使病灶变成双侧性疾患。肿瘤如果浸润到眼周围则引起鼻泪管闭塞，形成牛眼。

犬、猫鼻腔肿瘤不易诊断，活检一般比较困难。多方位 X 线片有一定的诊断意义，CT、MRI 可做出诊断。利用柔软内镜从软腭周围的鼻咽部逆向插入则可能看到鼻咽、鼻甲及鼻窦病变。

鼻腔肿瘤可通过鼻腔切开手术，并结合化疗和免疫治疗。但预后不良，常存活 3～5 个月。

二、肺肿瘤

肺肿瘤（tumor of lung）分原发性与转移性肿瘤。原发性在犬、猫少见，多为老龄动物，有腺癌、鳞状上皮癌和未分化癌，以及源于肺周围组织的肺原发性肿瘤。转移性的肺肿瘤有乳腺癌、甲状腺癌、血管肉瘤、骨肉瘤、移行细胞癌、鳞状上皮细胞癌、黑色素瘤等。

主要表现为慢性咳嗽、发烧、嗜睡、运动不耐受、体重下降、吞咽困难、呼吸困难。

犬原发性肺肿瘤胸部 X 线表现多在后背肺叶周围出现单个结节状高密度区，多个粟粒状高密度区则较少见。单个或多个肺叶内存在有多个分散的病变，则多为转移性的。注意与脓肿和肉芽肿鉴别。

第五节 泌尿系统肿瘤

一、肾肿瘤

肾肿瘤（renal tumor）的临床发生率不高。恶性原发性肾肿瘤一般以中、老年动物为主。肾肿瘤包括腺瘤、纤维瘤、脂肪腺、乳头状瘤等，多数在尸体剖解时才被发现。

肾腺癌（renal carcinoma）最常见于犬和牛，猫、马、绵羊等也有报道，大多为一侧性，常可转移至对侧肾或其他器官。肾也是转移性和多发性肿瘤常发的部位，淋巴肉瘤最常见。

患肾肿瘤的动物体重和食欲均下降、精神差、呕吐，严重时腹部增大。肾肿瘤可通过肾盂造影剖腹探查确诊。

单侧肾患良性肿瘤施行肾切除术后预后良好。肾癌因常发生转移，其预后不良。

二、输尿管肿瘤

原发性输尿管肿瘤（primary ureteral tumor）极少，通常输尿管所患的肿瘤是由肾、膀胱、后腹膜这些原发性肿瘤转移而来的。其组织类型有平滑肌瘤、平滑肌肉瘤、变移上皮癌及纤维乳头瘤。

输尿管肿瘤除纤维乳头瘤外皆有血尿，一般无尿路感染症状，主要表现为后背部疼痛及僵直。输尿管发生物理性闭塞而致使输尿管过度扩张、肥厚，肾盂扩张及肾肿大。一般为双侧发生，如肿瘤增大致使输尿管闭塞时，则发展成水尿管或出现水肾症，确诊很难。

用尿路造影、超声波检查、剖腹探查等手段对输尿管肿瘤可以做出诊断。对输尿管肿瘤的治疗，可采用单侧性输尿管肾切除术，输尿管肿瘤有可能来自原发性肾肿瘤的扩散和转移，并且常常存在水尿管和水肾症，手术一般较难进行。

三、膀胱肿瘤

膀胱肿瘤（bladder tumor）常报道有乳头状瘤、移行细胞癌、鳞状细胞癌、腺癌和脂肪瘤。在有羊齿蕨类植物地区放牧的牛、羊易患膀胱肿瘤。

牛膀胱肿瘤：间歇性排血尿，可持续几年。患牛经常弓背、努责、尿频和尿淋漓，逐渐消瘦和贫血。牛膀胱肿瘤类型较多，以乳头状瘤、移行细胞癌和鳞状细胞癌最多见。

犬膀胱肿瘤：不常见。患犬出现间歇性或持续性的血尿。伴有膀胱炎时出现尿频。排尿困难和肾盂积水时，可出现尿毒症及肾功能衰竭。

膀胱肿瘤可通过病史、临床检查、尿检或B超和X线检查做出诊断。对于小动物（犬、猫）通过触诊及血尿病史可怀疑诊断。尿液实验室检查可发现出血、尿道炎症。膀胱镜检查能直接观察到肿瘤的部位、大小、数目、有无茎蒂及基底浸润情况等，可在早期做出诊断。膀胱充气造影术可发现有肿瘤的部位出现充盈缺损。

大动物发生膀胱肿瘤，多采取淘汰处理。观赏动物则可采用外科手术治疗，在发病早期和瘤体不大的情况下手术，才能保证膀胱的正常机能。膀胱部分切除术适用于膀胱肿瘤局限于膀胱的一部分，如果肿瘤已扩展到整个膀胱，则必须进行膀胱全切除术。此时尿的排泄要改道通过结肠，或者直接由皮肤切口排出。

第六节　生殖系统肿瘤

一、卵巢肿瘤

卵巢肿瘤（ovarian tumor）常见的有卵巢颗粒细胞瘤、卵巢腺瘤、腺癌等。卵巢颗粒细胞瘤（ovarian granulose cell tumor）在老龄犬、猫及家畜中发生较为普遍。肿瘤细胞可以分泌雌激素，使动物持续发情或假孕。卵巢颗粒细胞瘤发现时已较大，呈球状，有包膜，常侵袭一侧，也有两侧受累的，切面坚实，分叶，有时有大的囊状物。

卵巢腺瘤和腺癌常见于犬，也发生于猫，通常表现为腹部进行性膨大。腺瘤外包有一层完整的纤维膜，界限清楚。腺癌向包膜呈现侵袭状，紧紧地附着在肠道或肾的浆膜上。腺瘤和腺癌都有广泛的出血区域。

卵巢肿瘤往往在发现时已长到较大，手术完全切除后可痊愈，但卵巢癌的切除效果需长期监视。有的恶性肿瘤，不易切除彻底，易发生转移。

二、子宫腺瘤与腺癌

子宫腺瘤与腺癌（adenoma and adenocarcinoma of uteri）主要见于犬、牛。腺瘤发现时常较大，多为单个，突出于子宫腔内；腺瘤界限清楚，有柄和包膜，切面淡黄色，囊腔充满清亮的淡黄色液体。子宫腺癌呈扁平状，界限不清，并侵袭周围组织引起黏膜溃疡，切面均质，致密，灰白色。牛子宫腺癌常发生于6岁以上，临床上只有已发生淋巴结和肺转移时才出现明显的症状。

犬子宫腺瘤与腺癌病例相对易于发现，常通过手术切除整个子宫及卵巢均痊愈。

三、外阴及阴道肿瘤

外阴肿瘤（vulval tumor）在马、牛常见为鳞状细胞癌，在犬则主要为平滑肌瘤、传染性性肿瘤（transmissible venereal tumor）及肥大细胞瘤。

阴道肿瘤（vaginal tumor）在犬常见有平滑肌瘤和传染性性肿瘤。犬平滑肌瘤的平均患病年龄约 10 岁，瘤体一般呈灰色，坚实，易遭损伤及感染。传染性性肿瘤通过接触传播，主要生长在公犬的阴茎和包皮，以及母犬的外阴和阴道内，病初以小丘疹出现，逐渐增大至 3～6 cm 的肿块，柔软，易碎，粉红色，表面可出现溃疡和感染，常见带血分泌物从阴道渗出。部分病例不经治疗，肿瘤可自行消退，一些病例则出现肿瘤转移至腹股沟淋巴结，甚至更远的器官。母畜阴道内有时还可发生脂肪瘤和肥大细胞瘤。

治疗仍以外科手术切除效果可靠。对于感染的肥大细胞瘤，可选用其他治疗肿瘤的方法配合治疗。

四、睾丸肿瘤

动物的睾丸肿瘤（testicular tumor）多见于犬，其他家畜很少发生，大致可分为以下 3 类。

精原细胞瘤（seminoma）：睾丸肿大，常无其他临床症状，还可与前列腺疾病、会阴疝和肛周腺瘤并发。

支持细胞瘤（sertoli cell tumor）：起源于输精管的支持细胞，常见于患隐睾症的老年犬。肿瘤大小不一，多呈结节状，有的伴有背部、腹部、胸部及会阴部脱毛，有的伴发硬皮病。

间质细胞瘤（interstitial cell tumor）：多见于老年牛和犬，无独特的临床症状，常与肛周腺瘤、会阴疝和前列腺疾病并发。

动物睾丸肿瘤多为良性，外科手术切除有较好的疗效。

五、前列腺肿瘤

前列腺肿瘤主要有前列腺癌、平滑肌瘤和血管肉瘤。患病动物表现体重减轻，里急后重、大便困难，尿潴留或失禁、痛性淋漓、血尿、下肢水肿。前列腺可能非对称性肿大、疼痛、变硬和不规则结节。腹部、骨盆或腰部疼痛，酸性磷酸酶活性升高。前列腺瘤易转移骨、膀胱、结肠等。

前列腺肿瘤可尝试手术、放疗和化疗联合治疗。肿瘤早期进行前列腺切除效果较好，但诊断时大部分已处于晚期，可能发生了转移，前列腺切除也可能损伤膀胱颈部神经，术后发生尿失禁。

第七节　骨　肿　瘤

骨肿瘤分为原发性骨肿瘤和转移性骨肿瘤。犬、猫原发性骨肿瘤比继发性骨肿瘤多，且多为恶性。肿瘤主要有骨肉瘤、软骨肉瘤、纤维肉瘤、血管肉瘤、巨细胞瘤、脂肉瘤、骨膜肉瘤、骨膜纤维肉瘤、骨瘤、多小叶骨瘤、多小叶软骨肉瘤、骨软骨瘤和软骨瘤。骨肉瘤为最常见的原发性骨肿瘤。

症状与肿瘤的部位有关。犬、猫四肢骨肿瘤最多见，占原发性骨肿瘤的 80% 以上，多发于肱骨近端、桡骨远端、股骨和胫骨的远端或近端，主要表现为疼痛和跛行。颅骨及鼻腔肿瘤时，表现为眼球突出、开口时疼痛、颜面变形、鼻分泌物增多、喷嚏。肋骨肿瘤通常从外部即可触知，可见有胸腔内肿瘤浸润及胸水引起的继发性呼吸困难。脊柱肿瘤伴有硬膜外压迫脊神经根，造成四肢部分麻痹和疼痛。骨盆骨肿瘤易导致骨盆狭窄，常常造成排便及排尿困难。

根据碱性磷酸酶活性、X 线、组织活检等做出诊断。骨肉瘤 X 线显示骨膜呈放射状、栅栏状增生，皮质骨被侵蚀，形成考德曼三角。注意与真菌性骨髓炎、肥大性骨病、骨囊肿等鉴别。

第八节　淋巴造血组织肿瘤

畜禽淋巴造血组织的肿瘤，临床多见有淋巴肉瘤和白血病两种。

一、淋巴肉瘤

淋巴肉瘤（lymphosarcoma）是淋巴组织的一种恶性实体肿瘤，犬、猫、牛、猪、羊、马等均可发生。淋巴肉瘤发生于淋巴结或其他器官的淋巴滤泡，主要表现为淋巴结和器官的肿大，但肿大的程度差异很大，可以广泛发生于全身的淋巴结，或者仅见于个别的淋巴群。淋巴结外观灰白色，质地柔软或坚实，切面如鱼肉状，有时伴有出血或坏死。内脏器官淋巴肉瘤为结节型和浸润型。前者与周围组织界限清楚，后者仅见器官显著增大或增厚。在淋巴肉瘤的某一时期，增生的肿瘤性淋巴细胞大量进入血液，则出现淋巴性白血病，其发生可能与宿主的免疫反应有关。

淋巴肉瘤的诊断主要建立在淋巴结或肉瘤的细胞学或组织学检查。另外，病史、临床表现、触诊、X 线检查、血液学及血生化检查可提供重要的参考依据。大家畜患淋巴肉瘤应淘汰，小动物经治疗仅延长存活时间。

（一）犬淋巴肉瘤

犬淋巴肉瘤的病因不清。尽管淋巴肉瘤细胞中已检测出病毒样粒子，但其自然传播的证据不足。给新生犬接种淋巴瘤细胞可诱发本病。犬淋巴肉瘤多发于 5～11 岁的犬，临床表现多种多样，最常见为多中心型，其次为消化道型、胸腺型和皮肤型。

（1）多中心型　以全身淋巴结肿大、触之无痛感为特征。扁桃体、肝和脾常肿大，肾、肺、骨髓、心脏等不同程度地受到肿瘤细胞浸润。病初可能主要表现为淋巴结肿大，随后出现受侵害的内脏器官功能异常，表现为食欲减退、发热、咳嗽、呼吸困难、呕吐、腹泻、腹水等症状。淋巴管阻塞可导致广泛的区域性水肿。

（2）消化道型　以胃肠道和肠系膜淋巴结弥散性或局灶性肿大为特征。胃淋巴肉瘤患犬常引起呕吐和体重减轻。肠淋巴肉瘤可导致肠吸收异常、肠阻塞，临床上表现腹泻、呕吐和体重减轻。触诊常可发现腹腔肿块。

（3）胸腺型　前胸纵隔肿块和胸腔渗出，咳嗽和呼吸困难为其特征。支气管周围淋巴结可出现肿大。如果肿瘤压迫胸段食管，则出现吞咽困难和胃内容物反流。

（4）皮肤型　病变为原发性皮肤淋巴肉瘤（primary cutaneous lymphosarcoma）和蕈样肉芽肿（mycosis fungoides）。原发性皮肤淋巴肉瘤常在躯干和四肢上部形成单个或多个皮内小结、肿块或斑疹。蕈样肉芽肿，为 T 细胞淋巴瘤，病程常为数月或数年，病变仅涉及表皮；早期的皮肤病变包括红斑、皮屑和脱毛，随后形成多个坚实的、斑状的溃疡肿瘤。部分皮肤型淋巴肉瘤病例也可出现淋巴结肿大。

（5）其他　如脊神经或外周神经受侵害表现神经受压迫症状；眼部受侵害则出现葡萄膜炎、青光眼、渗出性视网膜剥离和视神经乳头炎；鼻受侵害则出现慢性鼻漏和喷鼻。

患淋巴肉瘤（特别是患胸腺型淋巴肉瘤）的犬中有 10%～40% 的病例伴有高钙血症（[Ca^{2+}] ＞11 mg/100 mL）。高钙血症引起多尿，渴欲增加。长期高钙血症可致肾小管的钙化、变性、坏死和脱落，引起氮质血症和尿毒症。高钙血症还可引起胃肠道和神经系统的损害，患病动物表现精神沉郁、呕吐、厌食等。高钙血症引起的临床表现有时可能会掩盖淋巴肉瘤其他的一些症状。

（二）猫淋巴肉瘤

猫淋巴肉瘤由猫白血病病毒引起。该病毒为单股 RNA 病毒，有 A、B 和 C 型，可引起水平传播。它除可引起淋巴肉瘤外，在其他疾病（骨髓增生性疾病、再生障碍性贫血、猫传染性腹膜炎、肉芽肿病、细菌感染、肾小球肾炎、弓形体病、不孕症等）也可检出。该病发生率较犬高，多发生在 4 岁以下的猫。

（1）多中心型　表现为全身淋巴组织增生，肝、脾、肾及其他内脏可能受到侵害。此型淋巴肉瘤平均发病年龄约为 4 岁，60% 左右的病例可检出 FeLV。临床表现依受累的器官而定。呕吐、食欲下降、精神沉郁、黄染提示肝受到侵害；多尿、烦渴提示可能双侧肾受累。触诊可发现全身淋巴结、肝、脾、肾肿大及腹腔肿块。

（2）胸腺型（纵隔型）　仅发生于青年猫的胸腺，以胸腺受肿瘤侵袭、纵隔和胸内淋巴结肿瘤转移及胸腔积液为特征。纵隔淋巴肉瘤由 T 淋巴细胞构成，并常可检出 FeLV。临床表现为呼吸困难、黏膜发绀和咳嗽，听诊心音不清、心尖搏动后移。胸廓 X 线可见前纵隔增宽、气管上移、肺前叶移位、胸或纵隔淋巴结肿大及胸腔积液。胸腔穿刺液常较清亮或淡黄色，比重为 1.02～1.04，白细胞 5000～295 000 个/μL。多数白细胞为淋巴细胞、幼淋巴细胞或淋巴母细胞。胸腺穿刺也可见相似的细胞类型。

（3）消化道型　主要发生于老年猫，以胃、小肠、结肠或肠系膜淋巴结单发或多发性肿瘤为特征。病变为弥散性浸润或结节。脾、肝和肾可被侵害。消化道型淋巴肉瘤为 B 淋巴细胞，约 1/3 病例可检出 FeLV。临床上主要表现为慢性体重减轻、食欲下降、腹泻、呕吐和消瘦，触诊可发现肠襻增粗、腹腔肿块、肝和脾肿大。

（4）未分类型　肿瘤侵害除上述器官以外的器官组织，如皮肤、眼、肾、中枢神经系统、骨等。硬膜外淋巴肉瘤引起脊髓压迫和后肢瘫痪。肾淋巴肉瘤常引起双侧肾肿大及最终肾衰，表现多尿、烦渴、精神沉郁、厌食和体重下降。眼淋巴肉瘤侵害眼球后部、第三眼睑、虹膜、睫状体。皮肤淋巴肉瘤表现单发或多发性皮肤结节或斑疹。

上述 4 种类型的发生率依次降低，其中未分类型较少见。

（三）牛淋巴肉瘤

牛淋巴肉瘤由牛白血病病毒（bovine leukemia virus，BLV）引起，可水平传播，在有些牛群中高发，有的年发病率可高达 15%。常见的主要为多中心型、皮肤型和胸腺型 3 种病型。

（1）多中心型　表现为浅表淋巴结肿大，有时从体表即能看到和触摸到呈肿胀的淋巴结，直肠检查常可触摸到肿大的耻骨淋巴结。当肿瘤浸润至腰荐神经丛或坐骨神经丛时，病牛显现脊髓性运动障碍，发生后肢瘫痪。真胃受侵害时，由于幽门部发生溃疡出血或阻塞，病牛常出现黑粪和臌气等消化机能障碍。当肿瘤发生在心肌时，表现为心律不齐和心力衰竭；有些病例如创伤性心包炎或心内膜炎，出现颈静脉扩张和搏动、慢性全身性淤血及水肿。偶尔可见患牛一侧或两侧眼睑外翻，眼球突出，这是眼球后脂肪组织中发生的肿瘤所致。有时脾肿瘤肿大引起脾破裂，造成急性死亡。

（2）皮肤型　较少见。开始时为荨麻疹状病灶，表现为大小不等的丘疹或小结节，直径 1～5 cm，全身分布，以后皮肤表面糜烂、渗出和脱毛、结痂，经数周或数月病灶症状消失，但仍会复发。

（3）胸腺型　主要发生于青年牛，特征为颈下段胸腔入口前方显著肿胀，前纵隔处可触摸到瘤块。病牛呼吸困难，常伴有颈静脉怒张和皮下水肿，体表淋巴结肿大。

（四）马淋巴肉瘤

（1）皮肤型　生长在真皮和皮下，大小不等。患处皮肤坚实或硬固，肿块圆，但不像牛皮肤型呈荨麻疹状。

（2）胸腺型　表现为下腹部水肿、慢性咳嗽、发热、心肌衰弱，有时突然死亡。

（3）消化道型　表现为疝痛、腹泻、营养不良。

另外，肿瘤也可以侵害眼睑周围而引起眼球突出和继发结膜炎。

（五）羊淋巴肉瘤

羊淋巴肉瘤由羊白血病病毒（ovine leukemia virus，OLV）引起。主要临床表现为头、颈部淋巴结肿大，如障碍呼吸道，可出现呼吸困难或稍加运动后即张口呼吸。如侵害眼球后，则出现眼球突出。

二、白血病

白血病（leukemia）是造血组织（包括骨髓、淋巴组织、网状内皮系统）的恶性肿瘤性疾病，其特征为骨髓及其他造血组织的一种或多种幼稚白细胞增生，并可浸润及破坏其他组织。临床上按自然病程可分为急性型和慢性型；按血液白细胞种类，可分为淋巴细胞性白血病（lymphocytic leukemia）和骨髓性白血病（myeloid leukemia）；按不同白细胞系列的异常增生，分为粒细胞型、淋巴细胞型、单核细胞型和特殊类型（红细胞、巨核细胞、淋巴肉瘤等）白血病；根据外周围血液中白细胞的数量，可分为白细胞增多性白血病和白细胞不增多性白血病。白细胞增多性白血病的血液白细胞总数常激增至数万、十几万，甚至百万，并有大量幼稚白细胞。白细胞不增多性白血病的血液中白细胞总数不增多或减少，分类中仅有少量幼稚白细胞，称亚白细胞性白血病；或没有幼稚白细胞，称非白细胞性白血病。

牛白血病中以淋巴细胞性白血病最多见。马淋巴性白血病和骨髓性白血病均多见，还有白血病与马传染性贫血合并发生的报道。犬和猫白血病的类型较多，而猫白血病的发病率高于犬。

患白血病的动物被毛粗乱，消瘦，体质衰弱，腹泻，贫血，可视黏膜苍白或黄染，呈恶病质状态，皮下淋巴结可能肿大，外周血或骨髓（穿刺）幼稚细胞增多。肝、脾肿大。

白血病主要通过病理学方法确诊。白血病可采用化学药物治疗，以延长存活时间，疗效受白血病急性或慢性、病程及细胞类型等影响。

第九节　神经系统肿瘤

神经系统原发性肿瘤存在于脑、脊髓及外周神经，来源于与此相关联的神经外胚层、内胚层、中胚层（神经细胞、神经胶质、神经上皮、脑脊髓膜、淋巴组织、神经膜、血管、松果体、神经下垂体组织及生殖细胞等）。神经系统的转移性肿瘤主要来自于鼻腔、骨、肌肉等周围组织原发性肿瘤的扩散。乳腺癌、肺癌、鼻腔癌、血管肉瘤及恶性黑色素瘤通常易扩散到神经系统。肿瘤栓子在脑、脑脊髓膜、脉络丛及脊髓各处都能形成癌穴。中枢神经系统肿瘤很少向颅腔及椎管外发生转移。

几乎所有的中枢神经系统肿瘤在疾患进行过程中的某一阶段表现出临床症状。根据神经学检查、眼科检查，适当的影像学检查、脑脊髓液解析等临床及实验室资料，医生可对病变部位有一定的判断。神经学检查是为了确定神经疾患是否存在。如果有神经疾患，接下来就要判定疾患的位置，在枕大孔之前还是之后，是否存在多发性病变。有条件的可以借助 CT 及 MRI 进行诊断。

一、脑肿瘤

犬脑肿瘤（brain tumor）的发生率为 1.45/10 000，从高到低依次为髓膜瘤、神经胶质瘤（星状细胞瘤、少突胶质细胞瘤）及未分化肉瘤，也报道有垂体肿瘤和脉络丛肿瘤的发生。猫脑肿瘤发生最多的是髓膜瘤，占全部非造血系肿瘤的 9.8%，占中枢神经系统肿瘤的 56%。

脑肿瘤常伴有炎症的发生，炎症是脑肿瘤表现出的临床特征之一，并使脑症状明显。此外，脑肿瘤可因局部压迫，造成脑实质水肿和坏死。颅内如有占位性肿块必然使颅内压上升。颅内压轻度上升时，开始时借脑血流变化及脑脊液（CSF）的产生及吸收得以代偿；当颅内压继续上升而代偿机制已达不到保护脑时，颅内容积稍有增加，则颅内压呈强烈上升，进而引起脑机能障碍和大脑灌流减少，最终导致脑疝。与原发性脑肿瘤关联的症状，并不是肿瘤特异的，症状的出现和程度受肿瘤的类型、脑实质压迫的程度、增殖速度、炎症反应及脑疝存在与否的影响。常见症状有癫痫、行为改变、突然失明、旋回运动、无目的步行。

脑肿瘤的诊断方法适用于所有组织型肿瘤。包括临床检查、神经学检查、对血和尿实验室检查、眼检查（包括视网膜）、脑脊髓液检查及脑部 CT 及 MRI 等影像学诊断。

对症治疗：类皮炎酮和抗痉挛药。

手术对于犬、猫的髓膜瘤有效。需确定肿瘤的确切位置及状态，如孤立的非浸润性肿瘤，位于大脑半球表面或接近表面的位置，有可能进行完全的外科切除术。

二、脊髓肿瘤

脊髓肿瘤常分为硬膜外肿瘤、硬膜内髓外肿瘤及髓内肿瘤。硬膜外肿瘤位于硬膜外腔或脊髓旁领域。硬膜外肿瘤是原发性脊髓肿瘤最多见的一种，肿瘤细胞型来源广泛，如起源于邻接脊柱的间质细胞及造血细胞等。硬膜内髓外肿瘤位于硬膜内侧脊髓外侧，多为血管瘤及神经纤维瘤。原发性髓内肿瘤由脊髓正常细胞分化而来，大部分髓内肿瘤来源于神经胶质细胞，如星状细胞瘤和少突胶质细胞瘤。髓内肿瘤比硬膜外及硬膜内髓外肿瘤发生频度低，髓内肿瘤在犬、猫以髓膜瘤和室管膜瘤及淋巴肉瘤多见。

犬、猫各种年龄均可发生，大型犬多发。症状依其位置而不同。硬膜外肿瘤及硬膜内髓外肿瘤因牵连神经根和骨，常表现疼痛，伴有不全麻痹的运动失调或全麻痹。依脊髓病变部位及侵害程度而出现不同的临床表现，髓内肿瘤在 C6～T2 区域多发，增殖快速，可引起脊髓内出血及急性双侧不全麻痹和四肢不全麻痹。

需与脊髓肿瘤鉴别诊断的疾病有局限性脊髓炎、椎骨畸形、椎间盘脊髓炎、椎间盘突出症、变形性脊髓症及外伤等。

脊髓肿瘤的治疗，主要是在背侧或单侧椎弓切除后，尽可能把肿块从椎管中取出。脊髓肿瘤一般预后不良。

三、外周神经鞘膜肿瘤

外周神经鞘膜肿瘤是指发生于外周神经及神经根的肿瘤，其细胞起源于施万细胞，从神经根上的成纤维细胞发展而来。通常把此类肿瘤分为神经鞘膜肿瘤、施万细胞瘤、恶性施万细胞瘤、神经纤维瘤及神经纤维肉瘤。

施万细胞瘤来源于神经膜的施万细胞。犬施万细胞瘤的发生部位通常为皮肤，是从皮肤或皮下的施万细胞分化而来的，也有人认为可能来源于脑神经根、脊髓及臂神经丛。

神经节细胞瘤（神经节瘤）及神经母细胞瘤很少见。好发部位为腹部、胸部及颈部的交感神经节。神经节细胞瘤由分化为神经元的细胞构成；神经母细胞瘤虽然也由相同的细胞发生，但细胞处于未分化状态。神经纤维瘤及神经纤维肉瘤为好发于犬的神经膜肿瘤，发生于脑神经根及脊神经根，常有关于犬的报道。外周神经纤维瘤比神经根的神经纤维瘤少。

在犬，外周神经鞘膜肿瘤通常发生于颈下部区域及胸部上位区域的脊神经根及形成臂神经丛的神经。主要表现为单侧进行性跛行、肌肉萎缩，以及四肢进行性不全麻痹或全麻痹，症状一般持续时间较长，约有 1/3 的病例可触摸到肿块，约 1/2 的病例在肿瘤附近触诊时有疼痛。臂神经丛肿瘤应与臂神经丛的外伤性撕裂进行鉴别诊断。

可采用 X 线摄影、脊髓造影、肌电图及脑脊髓液检查对外周神经鞘膜肿瘤进行诊断。单纯 X 线摄影能检出椎体是否发生融解；脊髓造影用于确定脊髓及神经根的压迫情况；肌电图通常能检出患肢异常的自发性电位活动。必要时可借助 CT 进行诊断。

手术是治疗外周神经鞘膜肿瘤的首选，如局部切除、截肢、椎弓切除等。多数肿瘤不能完全切除，复发率较高。

第十二章 眼 病

眼是视觉末梢器官，由眼球壁、眼球内容物及其附属组织构成。眼球位于眶窝内，形似球体，前部稍凸，后部略扁，借筋膜与眶壁联系，周围有脂肪垫衬，以减少震荡。眼球前方有眼睑保护，后端通过视神经与脑相连。

眼的解剖与生理

第一节 眼科检查与治疗技术

眼的构造复杂，疾病繁多，必须详细询问病史，通过仔细地视诊、触诊与眼科器械的检查来观察确定眼的各部分功能是否正常。

一、眼的一般检查

（1）问诊　通过询问动物的既往史和现病历，了解动物眼病发生的可能原因、时间及病程。如已经治疗过，还要了解治疗的方法和效果如何，为下一步诊断作参考。

（2）视诊　将动物安置或牵至安静的场所，使其头部向着自然光线，由外向内逐步进行检查。若患畜能自行开张时，则避免触及头部和眼部，以免引起眼睑反射而闭眼。如果眼紧闭，再行人工开睑。

1）眼睑：应检查眼球与眼睑、眼眶的关系；眼裂大小、眼睑开闭情况；眼睑有无外伤、肿胀、蜂窝织炎、倒睫和新生物。上眼睑出现凹陷，是眼压低的表现。同时还应注意眼睑与眼球的关系、睑裂的大小及眼球和眼眶的关系。

2）结膜：应检查结膜的色彩，有无肿胀、溃疡、异物、创伤和分泌物。

3）角膜：应检查角膜有无外伤，表面光滑还是粗糙，混浊程度，有无新生血管或赘生物，有无色素沉着。正常情况下角膜本身没有可见的血管，一旦在角膜上出现树枝状新生血管则为浅层炎症之征，若呈毛刷状则为深层炎症之征。

4）巩膜：注意血管的变化。

5）眼前房：注意透明度与深度，有无炎性渗出物、血液或寄生虫。

6）虹膜：应注意虹膜的色彩和纹理。马虹膜粒萎缩与虹膜睫状体炎均和周期性眼炎有关。

7）瞳孔：注意其大小、形状和对光反应，但瞳孔反射并不能证明视力存在与否。正常眼的瞳孔遇强光而缩小，黑暗处放大。

8）晶状体：注意其位置，有无混浊和色素斑点存在，可使用散瞳药以便观察。

（3）触诊　眼睑触诊主要检查眼睑的肿胀、温热程度和眼的敏感度及眼内压的增减。角膜触觉测试是采用棉拭子或毛发轻触角膜以确定其敏感性。

二、眼的特殊检查

（一）泪液检查

（1）希尔默试验　希尔默试验（Schirmer test）是检查泪液分泌的常用方法，其操作方法是以滤纸贴一端置于下眼睑结膜囊内，另一端自然下垂，一段时间后（犬的标准测量时间为 60 s）测其泪液湿润滤纸的程度（长度）。犬、猫的正常参考值分别为 8.9～23.9 mm/min 和 16.9 mm/min。

（2）孟加拉红染色试验　以孟加拉红（rose bengal）染剂滴于眼睛上，干燥而被破坏的角膜或结膜表皮细胞会被染上颜色，由此可知干眼症的存在。

（3）泪液析晶形态试验　泪液析晶形态试验（tear ferning test）常用于角膜干燥症的诊断。其操作方法是用小刮匙收集下穹窿的泪液，将泪液滴于载玻片上，让其自然蒸发干燥，结果分为 4 型，即Ⅰ型为均匀的分枝状结晶，Ⅱ型仍有大量蕨样结晶，Ⅲ型仅部分蕨样结晶，Ⅳ型无蕨样结晶。正常泪液为Ⅰ型。

（二）检眼镜检查

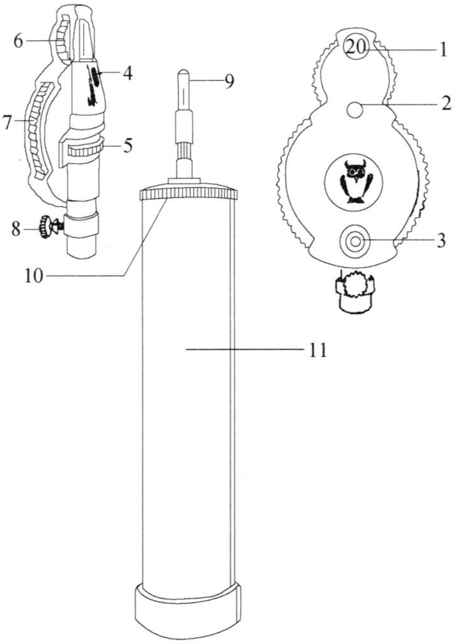

图 12-1　May 直接检眼镜

1. 屈光度副盘镜片读数观察孔；2. 窥视孔；3. 屈光度镜片读数观察孔；4. 平面反射；5. 光斑转换盘；6. 屈光镜片副盘；7. 屈光镜片主盘；8. 固定螺丝；9. 光源；10. 开关；11. 镜柄

检眼镜检查是指利用检眼镜（ophthalmoscope）检查眼的屈光间质（角膜、房水、晶状体和玻璃体）和眼底（视神经乳头、视网膜）的方法。检眼镜的种类很多，可分为直接检眼镜和间接检眼镜。不论何种检眼镜，都具有照明系统和观测系统。兽医常采用 May 直接检眼镜（图 12-1），它的观测部分由反射镜和回转圆板组成。圆板上装有一些小透光镜，若旋转该圆板，则各透光镜交换对向反射镜镜孔。各小透光镜均记有正（＋）、负（－）符号；正号多用于检查晶状体和玻璃体，负号用于检查眼底。

检查前 30～60 min，向被检眼滴入 1% 硫酸阿托品 2～3 次，用以散瞳。检查者持检眼镜使光源对准患眼瞳孔，观察眼屈光间质时可使检眼镜光线自 10～15 cm 射入被检眼内；检查眼底时可使检眼镜尽可能靠近，但不触及睫毛、眼和面部。检查者由检察孔窥查被检眼的屈光间质或眼底，若不能看清，可旋转透面透镜转盘。一般很难一次查清眼底，应上、下、左、右移动检眼镜比较观察。

玻璃体是一种透明的胶质样物质。玻璃体的异常包括出血、细胞浸润和出现不规则的线条，大多数纤维性线条的出现与老龄动物玻璃体的退行性变性有关。玻璃体内出现的细胞浸润是马周期性眼炎的特征。眼底景象包括绿毡（tapetum lucidum）、黑毡部（tapetum nigrum）、视神经乳头（papilla of optic nerve）及血管分布。眼底病变（如眼底出血、视网膜剥落、视神经乳头萎缩）时可观查到眼底景象的改变。

健康马的眼底：①绿毡占眼底的较大面积，呈鲜明光辉样外观。其颜色各种各样，倾向于黄色、微黄绿色、微黄蓝色，有时同一匹马的左右两眼底的绿毡颜色也不相同，有许多红色、绿色或蓝色的星状斑点散在于绿毡上。②黑毡是眼底的下方看到的暗黑色部分。因绿、黑毡之间的色泽不同，就像有一条近乎水平的直线将两毡分开似的。③视神经乳头一般多位于眼轴的下外方，呈横椭圆形，约 6 mm×4 mm，横径与纵径的比例为 3∶2。可看出外、中、内 3 层结构，外层是呈淡白色围绕视神经乳头的环状结构；中层呈赤色，但接近内层处的色彩则稍淡，富有很多的毛细血管，比内层稍凸起；内层呈微黄白色，呈星芒状收缩（图 12-2）。由视神经乳头向四周有呈放射状的 20～30 条小血管（动脉和静脉），每条血管又有树枝状分支，在两侧眼内眦与眼外眦方向的血管较长，向上、向下的血管较短，终止在绿毡或黑毡。

牛和绵羊的眼底：牛和绵羊的眼底很相似，有 3 条（或 4 条）颇为明显的小静脉自视盘的中央走向锯齿缘，并与平行的小动脉伴行。在牛，上行的小动脉和小静脉常相互扭缠，这在绵羊则是偶见现象。最大的血管最初分出成直角的细支，后则成为锐角并变粗。绿毡的颜色比马浅，呈黄绿色、淡青色或微蓝紫色，星状斑点分散在边缘上。黑毡呈深红色、黑色或褐色不等。视神经乳头几乎是圆或椭圆的，常常不像马那样清楚。在中心部能见到不大的凹物，颜色为灰白色或浅黄色，有时为深暗色，在其上方经常可见到明显的突起部，它是玻璃体动脉的残余（图 12-3）。

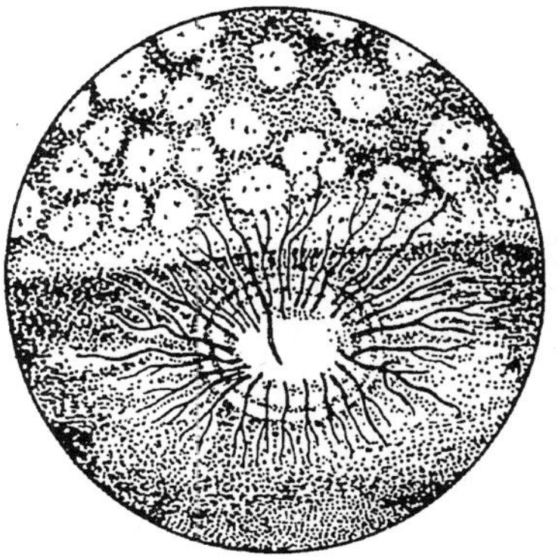

图 12-2 马的眼底

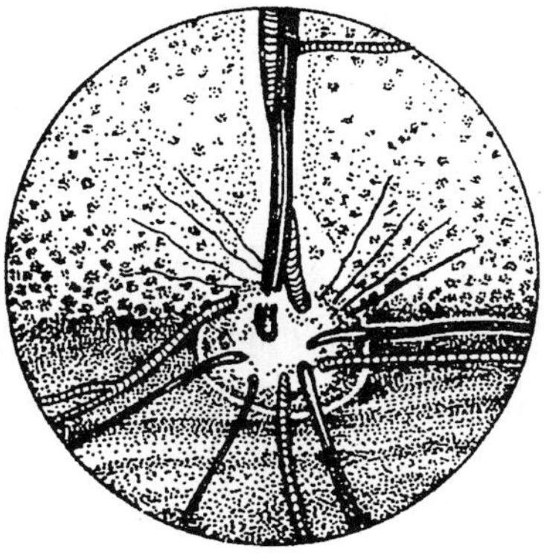

图 12-3 牛的眼底

犬的眼底：视神经乳头略呈蚕豆状，偏靠鼻侧。绿毡一般终止于视神经乳头上缘水平处。根据动物的年龄、品种和毛色不同，绿毡呈黄色（金黄色、杂色被毛）、绿色（黑色被毛）、灰绿色（红色被毛）等各种颜色。黑毡部的颜色也与被毛颜色有关，呈黑色、淡红色或褐色不等。三束动静脉血管自视盘中央几乎呈 120° 角向三个方向延伸，其中一束向上、向颞侧延伸，其他两束向黑毡部延伸（图 12-4）。

猫的眼底：视神经乳头几乎为圆形，颜色多为乳白色或淡粉色。由于毛色不同，绿毡的颜色为黄色、淡黄色、黄绿色或天青色不等。黑毡部面积较小，颜色为蓝色、黑褐色不等。血管分布不像犬那样有规律。较大的血管一般为 3～4 束，视网膜中央区位于视盘的颞侧，周围血管较多（图 12-5）。

（三）眼底照相技术

动物的眼底照相（fundus photography）以手提式眼底照相机较为适用，其既有照明光源，

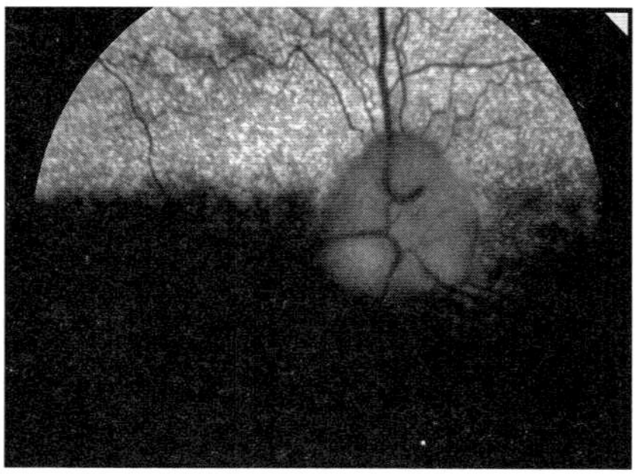

图 12-4　犬的眼底

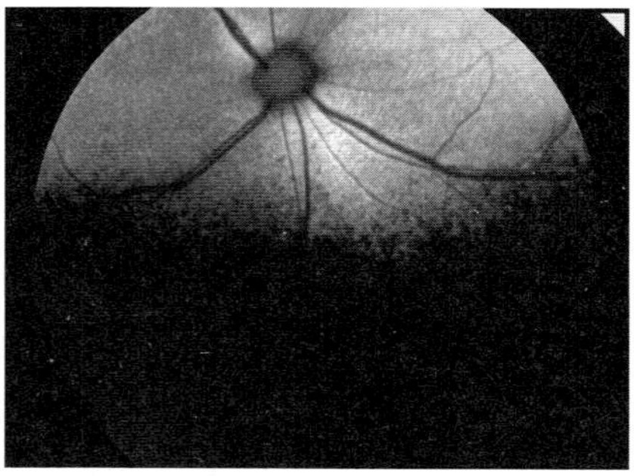

图 12-5　猫的眼底

又附有闪光灯，光源可调节，操作方便，易于掌握。照相前应进行眼底观察，先做柱栏保定，并使用噻拉唑等镇静剂，同时以 1% 阿托品扩瞳，然后进行眼底照相。眼底照相可用于正确判断眼底病变，以及通过观察眼底病变来诊断家畜的疾病。

（四）裂隙灯显微镜检查

裂隙灯显微镜（slit-lamp microscope）是裂隙灯与显微镜装置合并的一种仪器，强烈的聚焦光线将透明的眼组织做成“光学切面”，在显微镜下比较精确地观察一些小的病变。通过裂隙灯显微镜可以清楚地观察结膜、巩膜、角膜、前房、虹膜、瞳孔、晶状体和玻璃体前部，加上特殊镜片可观察到视网膜结构。

（五）眼内压测定法

眼内压是眼内容物对眼球壁产生的压力，用眼压计测量。马的正常眼压为 14～22 mmHg，牛的正常眼压为 14～22 mmHg，绵羊的正常眼压为 19.25 mmHg，犬的正常眼压为 15～25 mmHg，猫的正常眼压为 14～26 mmHg。当青光眼时，眼内压升高。因此，眼内压的测定对诊断青光眼有重要的意义。

（六）荧光素法

荧光素是兽医眼科上最常用的染料，它的水溶液能滞留在角膜溃疡部，是能在溃疡处出现着色的荧光素，因而可测出角膜溃疡的所在，也可用于检查鼻泪管系统的畅通性能。静脉内注射荧光素钠 10 mL 就可检验血液-眼房液屏障状态。前部葡萄膜炎时，荧光素迅速地进入眼房并在瞳孔缘周围出现一弥漫的强荧光或一荧光晕（fluorescent halo）。在注射后 5 s，用眼底照相机进行摄影，可用于检查视网膜血管的病变。

（七）视网膜电图和视觉诱发电位

视网膜电图用来测量视网膜内细胞对光刺激的电反应，是临床上诊断视网膜变性、营养不良、炎症、血管和中毒性疾病的有用工具。视觉诱发电位可测量视皮质对视觉刺激发生的电信号，用于诊断视神经炎等有视神经病变的疾病。

（八）眼科超声

眼科超声是利用声能的反射特性形成图像，眼科临床常用 A 型、B 型和 D 型三种超声仪。

A 超可用于角膜厚度、眼轴及晶状体的测量；B 超用于临床眼病的诊断；D 超又称多普勒超声，主要用于血管及血流等方面的检查。

近十几年来，荧光血管造影、CT 和核磁共振成像已用于动物眼病的诊断。

三、眼科用药

1. 抗细菌药物 眼科所用抗生素种类较多，在使用时需考虑病原存在部位、抗生素渗透性和药物的抗菌谱、抗生素的毒副作用及对主人的顺从性。眼科常用的抗生素及化学药物有 0.5% 氯霉素溶液、0.5%～1% 新霉素溶液、0.5%～1% 金霉素溶液、3% 庆大霉素溶液、1% 卡那霉素溶液、妥布霉素眼药水、阿米卡星溶液、4% 磺胺异戊唑溶液及 10% 乙酰磺胺钠眼膏等。

2. 抗真菌药物 动物常见的眼科真菌感染有眼睑感染、眼内真菌感染、霉菌性角膜炎等。常用的眼科抗真菌药物包括纳他霉素（natamycin）、伊曲康唑、两性霉素、氟胞嘧啶等。

3. 抗病毒药物 兽医眼科使用的抗病毒药物仅限于治疗疱疹病毒性角膜结膜炎等。所有目前可用的抗病毒制剂不能很好地穿透角膜，所以需要频繁局部施用以提高其疗效。常用的抗病毒药物包括碘苷、三氟胸苷（三氟）、阿糖腺苷、阿昔洛韦和伐昔洛韦等。

4. 皮质类固醇类药物 皮质类固醇即肾上腺皮质激素，可减轻或消除眼组织的炎性反应，误用皮质类固醇类药物可能导致灾难性后果。皮质类固醇类药物通常用于过敏性眼病、交感性眼炎，以及非感染性炎症如葡萄膜炎。当荧光素染色表明角膜上皮缺损时，不能局部或结膜下使用皮质类固醇。

5. 免疫调节剂 环孢素抑制辅助性 T 淋巴细胞介导产生的淋巴因子，局部施用可缓和累及泪腺、结膜、角膜及巩膜的免疫应答。环孢素的另一个作用是治疗干燥性角膜结膜炎、角膜移植排斥和自身免疫性角膜炎，如血管翳等。

6. 散瞳药和睫状肌麻痹药 散瞳药可使瞳孔散大、失去调节，虹膜睫状体的肌肉麻痹可减轻虹膜睫状体的炎症，瞳孔散大可避免虹膜与晶状体发生后粘连。眼底检查时为能观察到眼底全部，必须散瞳。常用的散瞳药有阿托品 1%～2% 溶液或药膏、2% 和 5% 后马托品溶液、0.5%～2% 盐酸环戊通溶液、0.25% 东莨菪碱溶液等。

7. 缩瞳药 1%～6% 毛果芸香碱溶液或 1%～3% 眼膏、0.25%～0.5% 毒扁豆碱溶液或眼膏、1% 乙酰胆碱溶液、1%～6% 毛果芸香碱与 1% 肾上腺素溶液等。

8. 麻醉药 给马做角膜和眼内手术时，普遍采用全身麻醉。用作表面麻醉的药有 0.5% 盐酸丁卡因溶液、0.5% 盐酸丙美卡因溶液及 0.4%丁氧鲁卡因溶液。

9. 碳酸酐酶抑制药 碳酸酐酶抑制药主要用于治疗青光眼，其作用为抑制碳酸酐酶的活动、减少房水分泌、降低眼压。常用的碳酸酐酶抑制药有甲氮酰胺和二氯苯酰胺。

10. 高渗制剂 高渗制剂主要用于减少眼球的容积，将眼内水分吸出而降低眼压，利尿后体内水分减少也可加强高渗制剂的效果。目前应用的高渗制剂有葡萄糖、甘油、甘露醇等。

11. 生长因子 主要为碱性成纤维生长因子溶液或凝胶，可促进角膜上皮的生长。因该因子可作用于多种组织，长期使用会导致角膜血管增生。

一般来说，眼药溶液在眼保留时间短，一天需要使用多次；眼膏在眼保留较长时间，但不利于对眼分泌物和微生物的冲洗，可在夜晚使用。

四、治疗技术

（1）洗眼 治疗眼科疾病前，必须用 2% 硼酸溶液或生理盐水洗眼，以便随后的用药能渗透眼组织内，加强疗效。可以利用洗眼壶冲洗患眼。也可以利用不带针头的注射器冲洗患眼。

（2）点眼　冲洗患眼后，立即选用恰当的眼药水或眼药软膏点眼。为此，可用点眼管（或不带针头的注射器）吸取眼药水滴于患眼的结膜囊内，再用手轻轻按摩患眼。锌管装的眼软膏可直接挤点于患眼的结膜囊内；也可用眼科专用的细玻璃棒蘸上眼药软膏，涂于结膜囊内。用眼药软膏后给患眼按摩的时间应稍延长。

（3）结膜下注射　确实保定病畜的头部，将药液注射于结膜下。针头由眼外眦眼睑结膜处刺入，并使之与眼球方向平行。注完药液后应压迫注射点。

（4）球后麻醉　又称为眼神经传导麻醉，多用于眼球手术（如眼球摘除术）。操作时应注意不要误伤眼球。若注射正确，会出现眼球突出的症状。

马：先用 5% 盐酸普鲁卡因溶液点眼，经 5～10 min 后，将灭菌针头由眼外眦结膜囊处向对侧颌关节的方向刺入，并直抵骨组织；将针头稍后退，回抽活塞，无血液进入注射器后，注射 2%～3% 盐酸普鲁卡因溶液 15～20 mL。

牛：于颞窝口腹侧角、颞突背侧 1.5～2 cm 处刺入，针头应朝向对侧的角突，为此，应将针头由水平面稍向下倾斜，并使针头抵达蝶骨，深 6～10 cm，注射 3% 盐酸普鲁卡因液 20 mL。

第二节　眼 睑 疾 病

一、眼睑内翻

眼睑内翻（entropion）是指眼睑缘向眼球方向内卷，睑缘的睫毛刺激角膜和结膜。常见症状有流泪和睑痉挛，如不去除刺激则可以发生角膜炎和角膜溃疡。

病因　可分为先天性和获得性。先天性多见于犬和羔羊，常为双侧性，上眼睑内翻较多见，继而下眼睑也可出现内翻。沙皮犬、松狮犬、寻血犬、英国斗牛犬、圣伯纳犬、杜宾犬等发病较多。获得性眼睑内翻可由眼睑痉挛和眼球内陷引起，常单侧性。痉挛性眼睑内翻常由结膜炎、干燥性角膜结膜炎（keratoconjunctivitis sicca）、异物、倒睫（trichiasis）、双行睫（distichiasis）、异位睫毛（ectopic cilia）、角膜溃疡等刺激引起眼轮匝肌痉挛造成。眼眶脂肪丧失或颞肌萎缩瘢性收缩引起的眼球内陷（endophthalmos）可继发眼睑内翻。

症状　结膜充血潮红，角膜表层发生混浊甚至溃疡，患眼疼痛、流泪、畏光、眼睑痉挛、睑缘部向眼球方向卷曲。时间长时，角膜有新生血管，角膜混浊，视力下降。

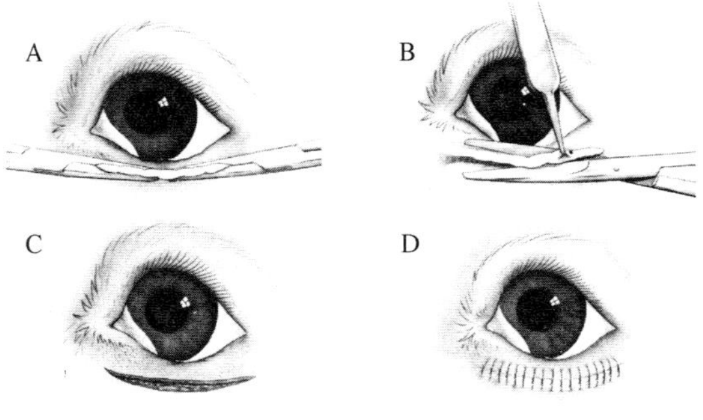

图 12-6　眼睑内翻矫正术
A. 止血钳钳皮肤；B. 剪去皮肤皱褶；
C. 皮肤切口；D. 皮肤缝合

治疗　手术治疗：术部剃毛消毒，全身麻醉（犬、猫）或局部麻醉（羊等）。常用的方法是在距眼睑缘 2～3 cm 处做一半月形皮肤切口。首先在有齿镊的配合下，用止血钳平行于睑缘钳夹需切除的皮肤约 30 s，钳夹的长度与内翻的睑缘相等，宽度依内翻矫正的程度而定，常为 2～3 cm 宽。然后除去止血钳，用钝头剪剪去皮褶，间断缝合皮肤（图 12-6）。皮肤缝合后应使眼睑稍外翻，手术创缘距睑缘越近，则越易矫正内翻的眼睑。严重眼睑内翻的病例，可用羊肠线垂直于切口方向对皮下组织作2～3针结节缝合，然后再缝合皮肤。这样易于矫正内翻，并可防止复发，但缝线打结时牵拉的力度应以使睑缘轻度外翻为宜。手术时还应考虑动物的品种、年龄及眼睑内翻的程度，对于皮肤皱褶多的幼龄动物，随着年龄的增长，皮肤皱褶加大，手术时应使眼睑外翻程度稍大，否则术后一段时间可能会复发；但矫正过度，会导致眼睑外翻症的发生。

术后局部使用碘伏涂擦伤口，眼药水点眼或眼膏涂于眼内，全身配合使用抗生素3～5 d，颈部可套上颈枷或戴伊丽莎白圈防止抓擦，术后10～14 d拆线，轻度外翻的眼睑随炎症的消退逐渐恢复至正常位置。

对于痉挛性的眼睑内翻，应积极治疗结膜炎和角膜炎，给予镇痛剂，在结膜下注射0.5%盐酸普鲁卡因青霉素溶液。

二、眼睑外翻

眼睑外翻（ectropion）是指睑缘离开眼球，部分或全部睑结膜或球结膜向外显露的异常状态，严重的睑外翻常合并睑闭合不全。

病因　本病常发生于先天性的遗传性缺陷犬，如圣伯纳犬、美国可卡犬、寻血犬、斗牛犬等，也可继发于眼睑的损伤后瘢痕收缩或眼睑手术时切去皮肤过多。大多数先天性眼睑外翻并不需要治疗，仅在因继发角膜炎或结膜炎对药物治疗无效时才使用手术处理。

症状　眼睑缘离开眼球表面，呈不同程度的向外翻转，结膜因暴露而充血、潮红、肿胀、流泪，结膜内有渗出液积聚。病程长的结膜变为粗糙及肥厚，也可因眼睑闭合不全而发生色素性结膜炎、角膜炎。

治疗　可使用各种眼药膏以保护结膜和角膜。

手术方法有多种，常用外眼眦三角形切除法和眼睑下皮肤“V”字形切口法。

（1）外眼眦三角形切除法　在做外眼眦手术时，先用两把镊子折叠下睑，估计需要切除多少下睑的皮肤组织，然后在外眦将睑板及睑结膜作一三角形切除，尖端朝向穹窿部，分离欲牵引的皮肤瓣，再将三角形的两边对齐缝合（缝前应剪去皮肤瓣上带睫毛的睑缘），最后缝合三角形创口，使外翻的眼睑复位（图12-7）。

（2）眼睑下皮肤“V”字形切口法　在下眼睑皮肤做“V”形切口，并从其尖端向上分离皮瓣，然后向上推移“V”形两臂间的皮瓣，将其缝成“Y”形，使下睑组织上推以矫正外翻（图12-8）。

三、睑炎

睑炎（blepharitis）指眼睑组织（皮肤和睑腺）的急性和慢性炎症。

病因　睑炎的发病原因很多，包括细菌性、真菌性、寄生虫性、过敏性和外伤性因素。

症状　睑炎可以是局灶性或弥漫性、单侧性或双侧性，可发生在上眼睑或下眼睑，或者上、下眼睑都发病。表现为眼睑痉挛（疼痛）、充血、肿胀，浆液或脓性分泌物，瘙痒、流泪。常并发结膜炎或角膜炎。慢性病例睑缘出现糜烂或溃疡，睫毛脱落。随着病程的延长，睑缘变厚，形成瘢痕和变形。

若炎症累及眼睑腺，则可发生麦粒肿和睑板腺囊肿。睑腺炎（hordeolum），也有的称外麦粒肿，是眼睑腺的一种局限性、化脓性炎症，常由葡萄球菌感染引起，多发于幼龄动物。临床表现沿睑缘出现一个或几个小脓肿，眼睑痉挛，可伴有分泌物增加。睑板腺囊肿（chalazion），

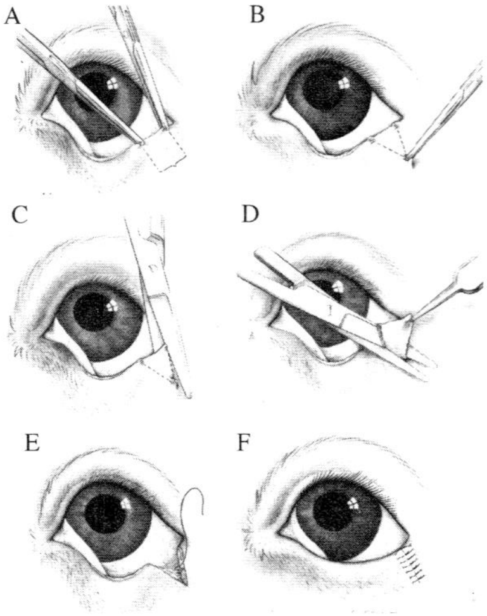

图 12-7 外眼眦三角形切除

A. 止血钳钳夹标记睑像切除位置点；
B. 钳夹标记拟切除的三角形顶点；
C，D. 呈三角形剪去睑板和睑结膜；
E. 对齐缝合三角形缺损处两边皮肤；
F. 缝合后眼睑被矫正

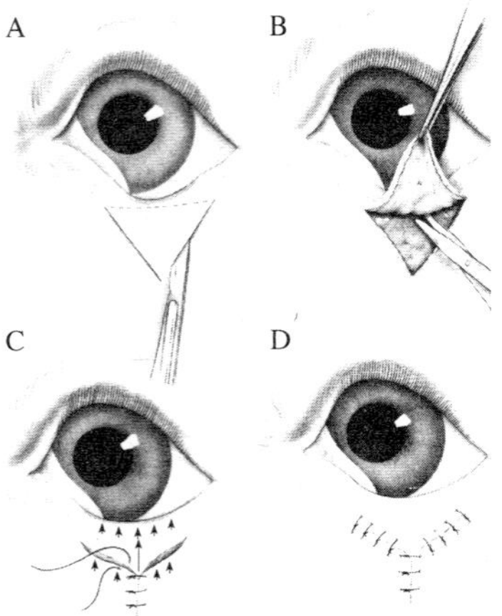

图 12-8 眼睑下皮肤“V”字形切口

A. 做“V”形皮肤切口；B. 向上分离皮瓣；
C. 由下向上呈“Y”字形缝合缺损处皮肤；
D. 缝合后眼睑被矫正

又称内麦粒肿，是指结膜表面睑板腺的分泌物滞留在腺体内，形成硬结烂肉芽肿。在眼睑的结膜侧形成一个或数个肿胀，无压痛。

治疗 局部使用抗生素眼药水或眼药膏。如为伴浅表真菌引起，局部可涂抹克霉唑软膏、硫磺软膏、硫软膏等；深度真菌感染，则需用灰黄霉素、两性霉素 B 等进行全身治疗；寄生感染时，涂擦硫磺软膏或硫软膏。眼角膜可涂擦金霉素或红霉素软膏保护之。麦粒肿可待肿胀成熟变软时，在局部麻醉下用棉签轻轻挤压或切开排脓。但在脓肿尚未形成之前，切不可过早切开或任意用力挤压，以免感染扩散导致眶蜂窝织炎或败血症。睑板腺囊肿治疗时，可手术切开肉芽肿，刮除分泌物和肉芽肿组织。术后使用抗生素和可的松制剂。

第三节 结膜和角膜疾病

一、结膜炎

结膜炎（conjunctivitis）是指眼结膜受外界刺激和感染而引起结膜表面或实质的炎性浸润，是最常见的一种眼病，各种家畜、动物都可发生，马、牛、犬更为常见。有卡他性、化脓性、蜂窝织性、伪膜性、滤泡性结膜炎等型。

病因 结膜对各种刺激敏感，常由于外来的或内在的轻微刺激而引起炎症，可分为下列原因。

（1）机械性因素 眼睑或结膜外伤；结膜囊内异物；眼睑位置改变（如内翻、外翻、睫毛倒生等）及笼头不合适。

（2）化学性因素 例如，各种化学药品或农药误入眼内。

（3）感染性因素 常见于多种传染病的经过中，如牛继发于牛传染性鼻气管炎病毒、牛恶性卡他热感染，羊发生于衣原体感染，犬继发于犬瘟热病毒、犬腺病毒Ⅰ型、立克次体感染，猫继发于猫疱疹病毒、鹦鹉衣原体、支原体、杯状病毒感染。细菌性感染常继发于结膜损伤或病毒性感染之后，或者邻近组织感染的蔓延，如上颌窦炎、泪囊炎、角膜炎。真菌性结膜炎罕见，在热带地区，眼芽生菌、隐球菌、胞浆菌、孢子丝菌可引起眼睑、结膜、鼻泪管感染。寄生虫主要为吸吮线虫寄生引起。牛眼睑线虫有罗氏吸吮线虫（*Thelazia rhodesii*）、斯氏吸吮线虫（*Thelazia skjabini*）和大口吸吮线虫（*Thelazia gulosa*）。罗氏吸吮线虫寄生于结膜囊和第三眼睑下，另两种寄生于鼻泪管。我国寄生于牛的主要是罗氏吸吮线虫，其中间宿主主要是秋蝇和胎生蝇。马结膜吸吮线虫主要为泪吸吮线虫（*Thelazia lacrymalis*），寄生在马结膜穹窿和第三眼睑穹窿，偶尔侵入鼻泪管，在马房水里可见到结膜丝虫或其幼虫。犬吸吮线虫主要为丽嫩吸吮线虫（*Thelazia callipaeda*），也寄生于结膜穹窿和第三眼睑穹窿。给放线菌病牛用碘化钾治疗时，由于碘中毒，常出现结膜炎。

（4）免疫介导性因素　如过敏、嗜酸细胞性结膜等。

症状　结膜炎的共同症状是畏光、流泪、结膜充血、结膜水肿、眼睑痉挛、渗出物及白细胞浸润。

（1）卡他性结膜炎　卡他性结膜炎是临床上最常见的病型，并表现在急性炎症的早期。可分为急性和慢性两型。

急性型：轻时结膜及穹窿部稍肿胀，呈鲜红色，分泌物较少，初似水，继则变为黏液性；重度时，眼睑肿胀、带热痛、畏光、充血明显，甚至见出血斑。炎症可波及球结膜，有时角膜面也见轻微的混浊。若炎症侵及结膜下时，则结膜高度肿胀，疼痛剧烈。

慢性型：常由急性转来，结膜充血、肿胀轻微，分泌物少。经久病例，结膜变厚。

（2）化脓性结膜炎　因感染化脓菌或在某种传染病（特别是犬瘟热）经过中发生。一般症状都较重，常由眼内流出多量纯脓性分泌物，上、下眼睑常被粘在一起。化脓性结膜炎常波及角膜而形成溃疡。

（3）蜂窝织性结膜炎　蜂窝织性结膜炎是指侵害结膜实质和结膜下结缔组织的严重炎症过程。病因与化脓性结膜炎相同。临床特征是结膜下蜂窝组织高度肿胀，眼结膜超出角膜缘而隆起。结膜初期呈鲜红色，后变成暗红色。突出的结膜表面有光泽，干燥，易出血，并有擦伤和大量的脓性分泌物。眼睑全层灼热、疼痛、肿胀和体温升高。

（4）假膜性结膜炎　结膜肿胀、充血和肥厚，结膜表面被覆一层淡红黄色或淡灰黄色薄膜。猫支原体性和衣原体感染可出现典型的假膜性结膜炎。

（5）滤泡性结膜炎　结膜因衣原体感染或长期受到刺激，结膜下淋巴组织增生，常在第三眼睑内面形成鲜红色或暗红色粟状物，多为两侧性。

诊断　根据病史、临床特点、对治疗的反应等做出初步诊断。确诊需在炎症早期取眼分泌物进行病原学、细胞学检查。吸吮线虫寄生可在结膜囊内发现虫体，过敏性结膜炎对肾上腺皮质激素有效。

治疗

（1）除去原因　若是症候性结膜炎，则应以治疗原发病为主。

（2）遮断光线　应将患畜放在暗厩内或装眼绷带。当分泌物量多时，以不装眼绷带为宜。

（3）清洗患眼　用3%硼酸溶液、1%明矾溶液、生理盐水等清除结膜囊内的异物、眼分泌物等。

（4）对症疗法　急性卡他性结膜炎：充血显著时，初期冷敷；分泌物变为黏液时，则改为温敷，再用0.5%～1%硝酸银溶液点眼，每日1～2次。用药后经30 min，就可将结膜表层的细菌杀灭，同时还能在结膜表面上形成一层很薄的膜，从而对结膜面呈现保护作用。但用过本品后10 min，要用生理盐水冲洗，避免过剩的硝酸银分解刺激，且可预防银沉着。若分泌物已见减少或趋于吸收过程时，可用收敛药，其中以0.5%～2%硫酸锌溶液，每日2～3次较好。此外，还可用2%～5%蛋白银溶液、0.5%～1%明矾溶液。

球结膜下或眼睑皮下注射药物也有较好的疗效。球结膜下注射方法：用0.5%盐酸普鲁卡因液2～3 mL溶解青霉素5万～10万IU，再加入氢化可的松2 mL（10 mg），作球结膜下注射，一日或隔日一次。眼睑皮下注射方法：以0.5%盐酸普鲁卡因液2～4 mL溶解氨苄青霉素10万IU，再加入地塞米松磷酸钠注射液1 mL（5 mg），作眼睑皮下注射，上、下眼睑皮下各注射0.5～1 mL。用上述药物加入自家血2 mL眼睑皮下注射，效果更好。

慢性结膜炎的治疗以刺激温敷为主。局部可用较浓的硫酸锌或硝酸银溶液，或者用硫酸铜棒轻擦上、下眼睑，擦后立即用硼酸水冲洗，然后再进行温敷。中药川连1.5 g、枯矾6 g、防风9 g，煎后过滤，洗眼效果良好。

对牛的结膜炎可用麻醉剂点眼，因患牛的眼睑痉挛症状显著，易引起眼睑内翻，造成睫毛刺激角膜。奶牛血镁低时，经常见到短暂而明显的眼睑痉挛症状。

病毒性结膜炎时，可用病毒唑、阿昔洛韦、无环鸟苷、干扰素等眼药水滴眼，或者用5%乙酰磺胺钠眼膏涂布眼内。

对吸吮线虫导致的结膜炎，行眼部检查发现结膜囊或周围组织有线虫即可确诊，大部分犬均需作全身麻醉。用眼科镊牵开第三眼睑，用浸以硼酸液的小棉棒插入结膜囊腔、第三眼睑后间隙擦去虫体；也可用生理盐水冲洗患眼，以便将虫体冲出，然后滴入抗生素。左旋咪唑点眼或伊维菌素皮下注射均能杀死虫体。

二、角膜炎

角膜炎（keratitis）是指角膜因受微生物和理化因素的影响而发生的炎症。常见的为表层性、间质性、外伤性、溃疡性角膜炎。

病因　角膜炎可由外伤（如鞭梢的打击、碰撞物体、笼头的压迫、尖锐物体刺伤、眼睑内翻及睫毛的刺激）或异物误入眼内（如碎玻璃、碎铁片、谷壳和芒等）引起；化学物质或药物进入眼内，可发生角膜烧伤。上皮受损伤后的细菌、病毒、真菌感染，常可引起严重的角膜炎；角膜邻近组织病变的蔓延，如严重的结膜炎或虹膜睫状体炎，可并发角膜炎；此外，在某些传染病（如腺疫、牛恶性卡他热、牛肺疫、马流行性感冒、犬瘟热、犬传染性肝炎、猫疱疹病毒感染）和浑睛虫病时，也并发角膜炎。

症状　浅表性角膜炎常因外伤、理化因素刺激引起，或者继发于多种眼病，如眼睑缺损、内翻、睫毛异常、泪液缺乏、眼球脱出、结膜炎。患眼呈现畏光、流泪、眼睑闭合。角膜表面呈淡蓝色（角膜云翳），有时仅见到角膜表面粗糙不平。角膜表面炎症可迅速向深层发展，也可转为慢性。慢性角膜炎可在角膜上皮下形成新生血管，呈树枝状分支。血管来自结膜，向角膜中央发出。病程长时，角膜缘黑色素母细胞移行到角膜基质，角膜出现黑色素沉着，常与膜血管新生、基质层炎性细胞浸润等伴发。黑色素沉着逐渐由角膜周围向中央扩散，覆盖角膜和瞳孔，影响视力。在犬或猫常可发生一种不能正常愈合的慢性上皮损害，称为自发性慢性角膜上皮缺损（spontaneous chronic corneal epithelial defect，SCCED），病因不明，其特征为在受损上皮周围形成松散粘连或不粘连的上皮细胞层（上皮唇）、睑痉挛、结膜充血、流泪和慢性经过（6个月以上）。

间质性角膜炎是角膜基质深层的炎症，多因眼内感染引起，可见于前色素层炎、牛恶性卡他热、犬瘟热、犬传染性肝炎、全身性真菌感染及败血症等疾病经过中。角膜呈不透明的蓝色（如犬传染性肝炎形成的“蓝眼”），或淡黄色或黄白色，这种角膜不透明的状态称为角膜混浊或角膜翳，角膜混浊是角膜水肿和细胞浸润（如多形核白细胞、单核细胞和浆细胞等）所致。病程稍长时，新生血管（来自角缘的毛细血管网）由角膜缘呈刷状分布，且少分支，位于角膜深层。内皮层破裂后，角膜水肿严重。患眼流浆液或脓性分泌物，结膜潮红。大疱性角膜病变（bullous keratopathy）是指角膜内皮细胞营养不良或退变，角膜间质或上皮下水肿，角膜溃疡，慢性经过，常复发。

外伤性角膜炎常可找到伤痕，透明的表面变为淡蓝色或蓝褐色。由于致伤物体的种类和力量不同，外伤性角膜炎可出现角膜浅创、深创或贯通创。角膜内如有铁片存留时，于其周围可见带铁锈色的晕环。化学物质所引起的损伤，轻的仅见角膜上皮被破坏，形成银灰色混浊。深层受伤时则出现溃疡。

溃疡性角膜炎，又叫角膜溃疡。浅表性角膜炎的一些病因引起角膜的完整性遭到破坏，并发细菌感染，导致浅表性角膜溃疡的发生；角膜小脓肿及间质性角膜炎的病因可引起深层角膜溃疡的发生。角膜溃疡时，患眼因疼痛而致眼睑痉挛，结膜充血，角膜水肿且有新生血管形成。深入基质层的溃疡多呈圆形或椭圆形，细菌感染溃疡因白细胞浸润呈灰白色混浊。当溃疡向深层发展时，后弹力层因眼房液压力的作用而向外突出；后弹力层破裂则发生角膜穿孔。角膜损伤严重的可发生穿孔，眼房液流出，由于眼前房内压力降低，虹膜前移，常常与角膜，或后移与晶状体粘连，从而丧失视力。角膜穿孔愈合后，角膜常留下白色的瘢痕（角膜白斑）。荧光素钠点眼可判断是否有角膜溃疡存在，也能显示溃疡面积的大小、深浅与严重程度。

猫可发生角膜局灶性坏死（corneal sequestration），又叫角膜腐骨，特征为角膜上皮和基质局部性坏死，伴随咖啡色或黑色素沉着。病因不详，可能与角膜创伤、眼睑内翻刺激、干眼或疱疹病毒感染有关，多发于波斯猫、暹罗猫、缅甸猫和喜马拉雅猫。

治疗 治疗原则是查明病因，控制感染，增强全身抵抗力，促进炎症吸收，加强组织修复，减少瘢痕形成，预防动物的自我损伤。

创伤引起角膜穿孔时，应严密消毒、防止感染。对于直径小于 3 mm 的角膜破裂，可用眼科无损伤缝针和可吸收性缝线进行缝合。对新发的虹膜脱出病例，可将虹膜还纳展平；脱出久的病例，可用灭菌的虹膜剪剪去脱出部，再用第三眼睑覆盖固定予以保护。

对于角膜炎，急性期的冲洗和用药与结膜炎的治疗大致相同。针对细菌、病毒或真菌感染，选用适当的眼药水或眼药膏治疗。眼药水易被泪液冲洗掉，应每日多次点眼；眼药膏在眼内保留时间长，但影响泪液对眼分泌物的清除。若角膜炎症较重，应配合全身使用药物。由于肾上腺皮质药物会延迟创伤的愈合，有角膜溃疡时应禁止使用此类药物。

对于慢性角膜炎，为了促进角膜混浊物的吸收，可用 40% 葡萄糖溶液或自家血点眼；也可用自家血眼睑皮下注射。大动物每日静脉内注射 5% 碘化钾溶液 20～40 mL，连用一周；或者每日内服碘化钾 5～10 g，连服 5～7 d。疼痛剧烈时，可用 10% 颠茄软膏或 5% 狄奥宁软膏涂于患眼内。

症候性、传染病性角膜炎，应注意治疗原发病。对 SCCED 或角膜坏死，可使用简单的角膜清创术或角膜表层部分或完全切除术，均可取得较好的治疗效果。对北京犬由于面皮褶刺激导致角膜炎的，可以进行皱褶切除术，其方法是用有齿镊夹持面皮皱褶，剪除皱褶，创口用丝线行结节缝合。

对于角膜溃疡，应对其做细胞学检查及细菌和真菌培养鉴定，选择合适的治疗药物，同时使用成纤维生长因子溶液或眼膏，促使角膜愈合。1% 三七液煮沸灭菌，冷却后点眼，以促进角膜创伤的愈合和角膜混浊的减退。5% 氯化钠溶液每日 3～5 次点眼，有利于角膜和结膜水肿的消退。中药成药如拨云散、决明散、明目散等对慢性角膜炎有一定的疗效。维生素，特别是维生素 C，可加强组织的修复。对深层角膜溃疡或后弹力膜膨出，还可采用带蒂结膜瓣移植，以提供角膜支持、营养或生长因子，促进愈合。带蒂结膜移植术是从距角膜缘 2 mm 的球结膜上夹取结膜，用眼科剪剪取薄层结膜瓣，将结膜瓣游离端旋转覆盖于角膜缺损处，采用 8-0 号缝线缝合结膜瓣边缘与周围健康角膜（缝针深度不要超过角膜基质层），术后使用抗生素和阿托品点眼，3～4 周角膜愈合后剪除结膜瓣，角膜附着的部分结膜萎缩、纤维化，形成瘢痕，最终瘢痕收缩形成不明显的混浊或白翳。

三、角膜皮样瘤

角膜皮样瘤（corneal dermoid tumor）是一种良性的角膜肿瘤，见于各种家畜，通常见于幼畜和正在生长的动物。

病因　大多认为角膜皮样瘤是早期胚胎发育异常，引起视神经环与体表外胚层间的中胚叶组织变形转化形成的。赘生物呈现正常皮肤样的组织构造，表层为复层扁平上皮，下部具有较发达的毛节、汗腺、皮脂腺等，故认为该赘生物为异位发育的皮样组织。

症状　患犬右眼角膜上有皮肤样椭圆形增生物，表面粗糙、质地韧、色黑，其上有毛，中央厚，边缘薄。大部分的增生物位于角膜表面，其余位于相邻的结膜表面。患眼结膜潮红，流泪，眼分泌物增多。

治疗　犬行全身麻醉并作眼球表面麻醉，侧卧保定。用眼睑开张器撑开上、下眼睑，显露眼赘生物。在赘生物表面缝两根丝线，打结后由助手牵引作吊线固定眼球。术者左手拿眼科镊夹持赘生物，右手用眼科手术刀自赘生物外周作一椭圆形浅层划切，结膜缘形成椭圆形的一个边；沿此切线作赘生物与角膜浅层的剥离，另有助手不断用生理盐水冲洗切口处血液，显露术野。在切割和分离过程中仔细观察赘生物基底，避免伤及角膜深层。切除完毕、冲洗干净后用纱布压迫止血。用细的羊肠线将切除赘生物后的结膜创缘和角膜创缘进行结节缝合。术毕进行抗感染治疗。

四、牛传染性角膜结膜炎

牛传染性角膜结膜炎（bovine infectious keratoconjunctivitis）是牛的一种高度接触性传染性眼病，它广为流行于青年牛和牛犊中，未曾感染过的成年牛也可感染。通常多侵害一眼，然后侵及另一眼，两眼同时发病的较少。某些品种的牛（如海福特、短角牛、娟姗牛和荷兰牛）似较其他品种的牛（如婆罗门牛和婆罗门杂交牛）易感性强。

本病是各国养牛业一种重要的眼病，它使患犊生长缓慢，肉牛掉膘，奶牛产奶量降低。我国西北地区和内蒙古自治区的牛群曾有发病的报道，也曾见绵羊和山羊发病的报道。

病因与流行病学　已证实本病是由牛摩拉菌（*Moraxella bovis*）所引起的。该菌为革兰氏阴性双杆菌。牛摩拉菌可分为毒力型和非毒力型。通常毒力型具有菌毛和溶血素，而非毒力型则无。毒力型牛摩拉菌的菌落粗糙，菌体有菌毛，用结晶紫染料能着染，且不影响其传代培养。多次传代则可形成光滑菌落，菌体无菌毛。菌毛有助于该菌黏附于角膜上皮，使角膜感染。据报道，在冬季发病的病例中，常可分离到不溶血的牛摩拉菌，而溶血型牛摩拉菌常可在夏季病例里分离到。

本病的传染源是带菌牛，这些牛为无明显症状或有明显症状的牛。

传播途径主要是通过飞沫或接触传染。结膜囊的细菌随分泌物和渗出物经鼻泪管进入鼻腔，通过强力的呼吸、喘气和咳嗽，可散布有感染的气溶质于大气中和附近牛的眼内。在育肥场拥挤的条件下，病菌更易传播。本病还可通过病牛与易感牛之间的摩擦、接触传播，或者通过饮水槽或饲养管理人员间接接触传播。秋蝇可能是传播牛摩拉菌的机械性媒介昆虫。这些家蝇将摩拉菌强毒株从感染牛的眼鼻分泌物携带至未感染牛的眼中。

任何季节都可发生牛传染性角膜结膜炎，但夏秋季节多发。阳光中的紫外线可损伤牛角膜上皮细胞，能增加本病的发生。在结膜角膜炎的牛群中常可分离到奈瑟氏菌，在本病中也曾分离到溶血性奈瑟氏菌，提示这种菌在本病中可能起一定的作用。

症状 患眼畏光、流浆液性眼分泌物、眼睑痉挛、局部增温。24 h 内出现结膜炎，即眼结膜轻度水肿、潮红。48 h 或在结膜炎和畏光流泪最明显时，角膜即出现变化。角膜中央先出现一灰白色斑，用荧光素点眼，稍能着染，在 24～48 h 以后角膜小混浊区扩大，或分解脱落，形成小溃疡灶。虹膜睫状体发炎，甚至出现全眼球炎。

随着病情的发展，角膜病变扩大，角膜面着染荧光素的范围增大，并有明显的角膜周围血管充血和新生血管。患眼疼痛，流浆液脓性眼分泌物，并与睫毛胶着。

在慢性修复阶段，急性期症状消退，但患畜仍忌接触患眼。随着新生血管延至角膜中央，混浊由外向中心逐渐消散。溃疡由肉芽组织填充而愈合，遗留下轻微突出的致密瘢痕。

青年牛的症状比牛犊重。溃疡通常侵及角膜深层组织。出现症状 5 d 内，于角膜中央可见直径 1 cm 或更大的、边缘不整突出的卵圆形溃疡。若病情发展，溃疡可深入，直到后弹力层膨出而形成圆锥形角膜。圆锥形角膜是本病所特有的症状。

有些病例持久流泪，但大多数不呈现感染症状。

诊断 根据病史、症状和细菌学检查可做出诊断。

细菌的分离与鉴定：在治疗和角膜血管形成之前用灭菌棉棒从上、下结膜囊里采集病料，在培养皿进行划痕分离培养。使用含有 5% 牛的或绵羊的红细胞和每毫升含 2.5 mg 邻氯青霉素，以及含脑、心浸液琼脂的半选择性培养基，可减少其他杂菌的生长，并能促进牛摩拉菌的生长。

临床上应注意与牛恶性卡他热和牛传染性鼻气管炎病毒感染的结膜角膜炎相鉴别。牛恶性卡他热引起眼分泌物增多、不同程度的眼睑水肿、眼睑痉挛、巩膜充血和角膜混浊，但该混浊在角巩膜连合处以一灰白色环开始逐渐向中央扩散。牛传染性鼻气管炎病毒引起的眼病是严重的结膜炎，且有伪膜覆盖。

预后 发病后进行隔离和治疗，预后往往良好；否则，预后应慎重。某些被忽视的病例，由于上行性感染，患牛可死于脑膜炎或菌血症。

治疗 首先应隔离病畜，消毒厩舍，转移变换牧场，消灭家蝇，避免日光照射。

对症治疗有一定的疗效。为此，可向患眼滴入硝酸银溶液、蛋白银溶液（5%～10%，羊为 1%）、硫酸锌溶液或葡萄糖溶液，也可涂擦抗生素眼膏。

向患眼结膜下注射庆大霉素 20～50 mg 或青霉素 30 万 IU，每日一次，连续 3 d，效果比较理想；也可肌内注射长效四环素 20 mg/kg，3 d 后重复 1 次；或者按体重每公斤静脉内注射磺胺二甲嘧啶 100 mg，均有良好的效果。

对于角膜深层溃疡或角膜穿孔的病例，可施瞬膜瓣遮盖术。

瞬膜瓣遮盖对角膜病变可提供机械支持，借以提高局部温度及加强病变组织的代谢，有助于关闭和粘封已穿透的角膜溃疡。手术需作局部麻醉，另加肌内注射镇静药物。先结膜下注射抗生素，用灭菌的三棱缝针和医用缝线经上睑外眼角由外向内进针，越过眼球经瞬膜内侧（距瞬膜缘 2～3 cm）进针、从瞬膜外侧出针，隔数厘米距离再由瞬膜外进针、从瞬膜内侧出针，最后至下睑的外眼角穹窿处由内向外穿出皮肤，打结后便形成一针褥式缝合。还可做上、下眼睑缝合术，以便对第三眼睑瓣提供额外的支持。

预防　应避免太阳光直射牛的眼睛及蝇的侵袭；将患牛放在暗的和无风的地方，就可降低畜群发病率；减少媒介昆虫的数目。国外有牛摩拉菌菌苗的使用。

第四节　晶状体和眼房疾病

一、白内障

白内障（cataract）是指晶状体囊或晶状体发生混浊，视力发生障碍的一种眼病。各种动物都可发生。白内障的分类方法尚未统一。按其原因可分为先天性、外伤性、继发性和老年性白内障；按其发病的不同时期，可分为初发期、幼稚期、成熟期和过熟期白内障。

病因

1）先天性白内障：由晶状体及其囊先天发育不全所致，与遗传和非遗传有关。犬白内障大部分为遗传性。先天性非遗传因素与母体孕期感染、营养不良、代谢紊乱及应用某些药物有关。

2）后天性白内障：由于各种机械性损伤（晶状体前囊损伤、晶状体悬韧带断裂、晶状体移位等），或者继发于睫状体炎、视网膜炎、青光眼、马周期性眼炎、牛恶性卡他热、马流行性感冒、中毒（二碘硝基酚、二甲亚砜、萘、砣等中毒）、代谢障碍（糖尿病、维生素缺乏、甲状旁腺功能不全、严重的营养不良）、长期使用皮质类固醇等。老年动物因晶状体退变也发生白内障。

症状　先天性白内障常在出生时或出生后不久发病，多为两侧性；老年性白内障随年龄增长，逐步发生晶状体退行性变化。初发期，因晶状体或晶状体囊膜轻度混浊，常不发展或发展缓慢，肉眼不易发现，动物视力一般不受影响。幼稚期，晶状体混浊面积扩大，多呈绒毛状，皮质膨胀，但仍透明，视力一般不受影响。成熟期，晶状体一致混浊，临床上可见瞳孔内呈灰白色，视力严重减退或丧失，检眼镜检查时不能观察到眼底；动物活动减少，在熟悉的环境内也碰撞物体。过熟期有两种类型，一是晶状体脱水、皱缩，可引起晶状体悬韧带断裂、晶状体不全脱位或全脱位，可继发青光眼；二是晶状体皮质液化分解，核皱缩，可下沉到晶状体底部，动物可恢复部分视力，但液化的皮质逸出囊外，可引起晶状体过敏性色素层炎。

诊断　根据病史、瞳孔深部观察到乳白色、对光照射无反应，以及检眼镜不能观察到眼底较容易做出诊断。

治疗　在早期就应控制病变的发生和发展。针对病因进行对症治疗。晶状体一旦混浊就不能被吸收，需手术进行治疗。在进行白内障手术之前，应对患眼做视网膜电流图和超声检查以确定是否符合白内障手术的条件。前者利用视网膜对光刺激产生的电信号来判断视网膜的功能是否完好，后者通过超声检查判断视网膜是否发生脱落。如果视网膜功能丧失或视网膜发生脱落，即使进行了白内障手术，视力依然不能恢复。未成熟的白内障是进行手术的理想时机，成熟或过度成熟的白内障，由于其早期的晶状体溶解性葡萄膜炎已经导致患眼出现了青光眼、视网膜变性或脱落等症状，实际上已经不适合做白内障手术了。即使没有出现上述症状，随着白内障的成熟，术后并发症的概率也会越来越高。

常见的白内障手术有白内障囊内摘除术、囊外摘除术和超声乳化术。白内障囊内摘除术是指离断晶状体悬韧带之后将晶状体完整摘除的手术，可用于晶状体硬核或晶状体脱落者，但因玻璃体易流失、并发症较多，现较少使用。白内障囊外摘除术是指在同轴光的照明下，刺破并撕去前囊中央部分，将晶状体核娩出，用白内障同步注吸针头吸净周边囊袋内的皮质，保留完整的晶状体后囊和周边前囊的手术方法。白内障超声乳化术是指利用超声乳化头将晶状体核粉碎，通过注吸头将囊内物质吸出的一种现代囊外摘除术；具有手术时间短、切口小、愈合快、术后并发症少的优点，但需要超声乳化机设备，且对于过熟或晶状体核过硬的白内障，需增加超声能量才能将其击碎，易造成角膜损伤，以下仅介绍白内障囊外摘除术和白内障超声乳化术。

1. 白内障囊外摘除术　术前 1 h 用阿托品溶液滴于手术眼内以扩散瞳孔，行全身麻醉及利多卡因溶液滴眼作眼球表面麻醉，侧卧保定。

（1）开睑做牵引线　置开睑器，用庆大霉素盐水冲洗结膜囊，为固定眼球和充分暴露术野，做一上直肌牵引线使眼球下转。术者持斜视钩沿 12 点处上方球结膜，紧贴眼球壁向上向内缓慢推进，距角膜缘 1.5～2 cm 处向内勾起上直肌，用 4 号缝线通过上直肌缝合牵引，使眼球固定，线端用止血钳固定于眼上方的创巾上。

（2）隧道切口　在 9～11 点（或 2～3 点）方位角膜缘后 1 mm 切开结膜，做以穹窿为基底的结膜瓣，暴露巩膜。垂直于巩膜面作巩膜切口，切开深度约 1/2 巩膜厚度。用隧道刀板层分离隧道至角膜缘前界或其前 0.5～1 mm 透明角膜处，然后用穿刺刀平行于虹膜向内刺入眼房，作为截囊针入口。

（3）截囊　经上述穿刺口向前房注入少量消毒空气或黏弹剂（透明质酸钠溶液），以保持前房深度。将由 7 号针头改制的截囊针小心插入前房，在晶状体前囊作直径适宜的环形切开，或者行点刺法在前囊膜上先做数十个小点状刺孔，再使小孔连接而形成前囊口。

（4）挽核　将上述穿刺孔扩大至 10～12 点方位，用黏弹剂注入针头轻轻松动晶状体核。然后左手持晶状体匙轻压 12 点方位的晶状体囊的切口后唇，右手持斜视钩于角膜缘 6 点方位向眼球中心轻压，两手协调配合使晶状体核从角巩膜切口滑出。

（5）清除皮质和闭合切口　用 5-0～10-0 号尼龙缝线对角巩膜缘切口行间断缝合，先部分闭合切口，然后向前房插入手控同步注吸针头，一边灌注平衡液，一边抽吸皮质。注吸针头应位于虹膜平面上方或侧方，不可向后对着后囊膜注吸，以免后囊膜破裂，最后用上述缝线将角巩缘切口完全闭合。

2. 白内障超声乳化术　该手术是在白内障现代囊外手术的基础上发展而来的。术前准备、麻醉、保定等与上述相同。手术过程如下。

（1）开睑做牵引线　同前。

（2）角膜缘切口　角膜缘切口包括角膜缘隧道切口和角膜缘旁切口。

隧道切口：同上。在 9～11 点方位的角膜上方做以穹隆为基底的结膜瓣，距角膜缘后 1.5 mm 处做隧道切口。

旁切口：在 1～3 点方位的透明角膜旁切刺一切口，进入前房。前房内注入少量黏弹剂，以使眼球维持一定的眼压和前房深度。前房内注入黏弹剂（透明质酸），以维持一定的眼压和眼房深度。

（3）环状撕囊　用撕裂钳经隧道切口进入，夹住晶状体前囊周缘向中心牵引撕囊，牵引力与囊在同一平面，环形撕开晶状体前囊。

（4）水分离　在完成环形撕囊后，将连有 25～27 号针头的注射器经隧道切口伸入撕囊

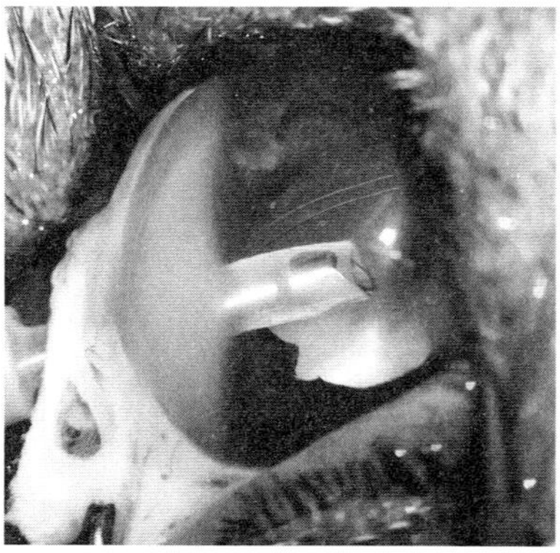
图 12-9 超声乳化晶状体

边缘的前囊下，越过撕囊的边缘后注入灌注液 1～2 mL 林格液，并可在多个方向进行水分离，让晶状体核与皮质完全分离。

（5）超声乳化　在保持灌流的情况下伸入前房，术者右手将超声乳化头经隧道切口直接接触晶状体的赤道部开始乳化，同时左手持碎核刀经旁切口进入辅助乳化头乳化并抽取残留的皮质（图 12-9）。前房及囊袋内再次注入玻璃酸钠。

（6）植入人工晶状体　犬视力差，依靠听觉、嗅觉弥补视力的不足，无人工晶状体仍可进行较好的生活。不过，安装人工晶状体可使动物的视力恢复至较好的状态。人工晶状体植入的方法：先将人工晶状体按照人工晶状体注入器上标明的用显微无齿镊送入蝶形头内，后襻放在光学部的上方，旋转推动杆，将人工晶状体的前襻和部分光学部推入囊袋内后，再将整个人工晶状体推离注入器，退出注入器，随后用人工晶状体调位钩将人工晶状体推入囊袋内。人工晶状体的度数，可根据 SRKⅡ公式计算确定，即

$$P=A-2.5L-0.9K-C$$

式中，P 为拟植入的人工晶状体的度数；A 为人工晶状体常数（与人工晶状体的材料有关）；L 为眼轴长度；K 为角膜曲率；C 为校正值（当 $L<20$ mm 时，$C=3$；当 $20\leqslant L<21$ mm 时，$C=2$；当 $21\leqslant L<22$ mm 时，$C=1$；当 $22\leqslant L<24.5$ mm 时，$C=0$；当 $L\geqslant 24.5$ mm 时，$C=-0.5$）。眼轴长度 L 通过眼 A 超测得；角膜平均曲率通过角膜曲率计测得，或者通过电脑验光仪测得角膜曲率半径（mm），再计算出角膜曲率，二者的乘积为 337.5。

目前国内外没有动物人工晶状体所需的眼轴长度和角膜曲率等参数，大多数宠物医院缺乏相关的设备，因此动物人工晶状体应用受到一定阻碍。

（7）闭合　手术切口检查无渗漏，双极电凝关闭结膜切口。在球结膜下注射地塞米松 3～5 mg 和庆大霉素 2 万 IU。

（8）护理　术后佩戴伊丽莎白圈防止其自身抓挠；妥布霉素地塞米松滴眼液和氯霉素滴眼液交替滴眼，监测动物的全身状况，包括精神、食欲、体温等。全身应用抗生素 7 d。

二、青光眼

青光眼（glaucoma）是眼房液排出受阻致眼内压升高的一种严重眼病，常导致视力急剧减退或丧失，可发生于一眼或两眼。多见于犬、猫，也可见于牛犊。

病因　根据病因可将青光眼分为原发性和继发性两类。原发性青光眼是由于前房角结构发育缺陷，眼房水排泄受阻，眼内压升高。这种类型常具有遗传性，主要见于某些纯种的犬和猫（波斯猫、泰国猫）。多数原发性青光眼两眼发病，开角型和闭角型青光眼均可发生，可突然发作，出现急性青光眼综合征，也可慢进行性发生。继发性青光眼多由眼球疾病引起，如前色素层炎、瞳孔闭锁或阻塞、晶状体前或后移位、眼肿瘤。牛犊青光眼还可能与棉子饼中毒、维生素 A 缺乏、近亲繁殖有关。

症状　初视病可能无症状，或轻微瞳孔散大，巩膜深层轻度充血，眼球轻度增大，眼压中度升高；视力减弱，两耳不停地转向，运步时患畜高抬头，步态蹒跚。随着病情的发展，眼球显著增大，眼压明显升高，指压眼球呈坚实感；角膜向前突出，外观呈毛玻璃状；眼前房缩小，房水仍透明；瞳孔散大，对缩瞳药反应迟钝或无反应，失去对光反应的能力；晶状体无特

殊变化。在暗厩或阳光下，常可见牛犊患眼表现为绿色或淡青绿色。检眼镜检查时，可见视神经乳头萎缩和凹陷，较晚期病例的视神经乳头呈苍白色，视力完全丧失。

治疗　减轻或解除房水的排除阻力，抑制房水的产生，降低眼内压，防止视力进一步损害。

1. 药物治疗　静脉内注射 40%～50% 葡萄糖溶液 300～400 mL，或者静脉内滴注 20% 甘露醇（每千克体重 1 g 甘露醇），口服 50% 甘油 1～2 mL/kg 体重也可降低眼压。同时应用 1%～2% 毛果芸香碱溶液或 0.5% 毒扁豆碱溶液点眼，最初 1 次 /h，瞳孔缩小后 3 次 /d。前列腺素衍生物类药物（如曲伏前列素、拉坦前列素眼液）、β 受体阻滞剂（如噻吗心安眼液）、碳酸酐酶抑制剂（布林佐胺眼液滴眼、乙酰唑胺口服）等均可用于降低眼压。对伴有眼内炎症或感染的青光眼，应配合应用抗炎药物或抗生素治疗。药物治疗无效，可应用手术治疗。

2. 手术疗法　手术主要有增加眼房液流出的手术和降低眼房液产生的手术。前者包括小梁切除术（trabeculectomy）、引流阀植入术（drainage valve implantation）等，临床上单独使用此类手术常因术后术部纤维增生而手术失败，故在手术中会联合应用抗代谢药物如丝裂霉素 C（mitomycin C）、5-氟尿嘧啶（5-fluorouracil）等，以提高手术的成功率。后者主要有睫状体冷凝术（cyclocryosurgery）和睫状体光凝术（cyclophotocoagulation）。此类方法是通过低温或热效应破坏睫状体上皮，减少眼房液的产生，从而达到降低眼压的效果。由于其属于睫状体破坏性手术，是不可逆性手术，术前应充分与动物的主人沟通。临床上常将这两类手术联合应用，如睫状体光凝术或睫状体冷凝术联合应用小梁切除术，此种方法大大提高了手术的成功率，可使眼压长久控制在正常范围内。

（1）小梁切除术　患畜作全身麻醉，侧卧保定，眼睑局部剃毛消毒，以 2% 利多卡因（可加入 2～5 μg/mL 肾上腺素以减少术中出血）行球周麻醉及球结膜下浸润麻醉。选取眼球颞上象限为手术部位，用眼科剪于角膜缘剪开球结膜，钝性分离并暴露巩膜，作以角膜缘为基底的大小约 4 mm×5 mm、1/3～1/2 厚度的巩膜瓣。在巩膜瓣下放置含 0.4 mg/mL 丝裂霉素 C 的棉片 3～5 min，取出后用大量生理盐水冲洗。于巩膜瓣下切除 1 mm×2 mm 的小梁组织。用镊子轻轻夹起角巩膜切口处暴露的虹膜组织，将虹膜剪刀平行于角巩膜缘作周边虹膜切除。冲洗角巩膜切除部位，用虹膜恢复器恢复虹膜。用 10-0 尼龙线缝合巩膜瓣顶角 2 针，用 8-0 可吸收性缝线缝合结膜瓣（图 12-10）。术后局部使用抗生素和肾上腺皮质激素。若炎症反应严

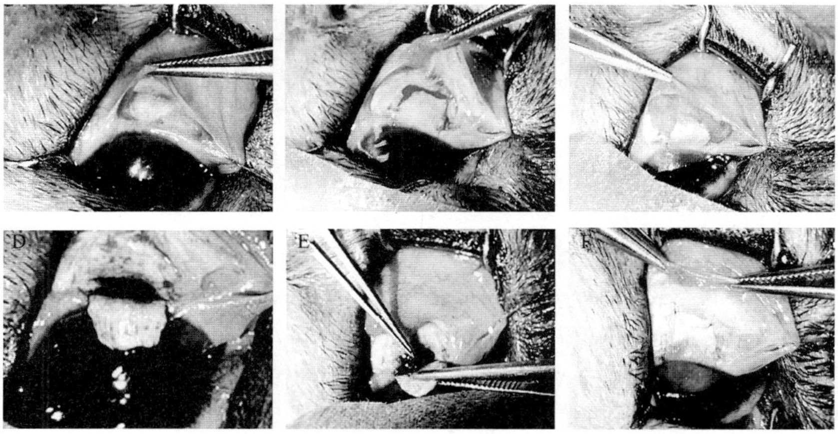

图 12-10　小梁切除术

A. 制作结膜瓣；B. 制作巩膜瓣；C. 巩膜瓣下应用丝裂霉素 C；D. 切除小梁组织；E. 作相应的虹膜周边切除；F. 缝合巩膜瓣

重可结膜下或全身注射肾上腺皮质激素 1～2 周。该手术方法适用于所有需要做眼外滤过术的青光眼。

（2）引流阀植入术　选取眼球颞上象限为手术部位，沿角膜缘剪开球结膜，钝性分离球结膜和眼球筋膜鞘［又称特农囊（Tenon' s capsule）］至赤道部，充分暴露上直肌和外直肌间巩膜。于角膜缘作 3 mm×6 mm 大小的约 2/3 巩膜厚度的巩膜瓣。在手术区巩膜瓣下放置 0.4 mg/mL 丝裂霉素 C 棉片 3～5 min，取出后用大量生理盐水冲洗。取青光眼引流阀（以 FP7-Ahmed 为例），将冲洗针头（26G）插入引流管口，推注平衡盐溶液冲开引流阀盘的弹性瓣膜。将引流阀置于两直肌之间，用 7-0 尼龙线将阀体缝合在表层巩膜上，边缘距角膜缘后 8～10 mm。用 23G 针头于角膜缘以平行于虹膜的角度刺入前房，修剪引流管口成 30°并伸入前房 2～3 mm，斜面朝上。用 10-0 尼龙线缝合巩膜瓣顶角 2 针，用 8-0 可吸收性缝线缝合结膜瓣（图 12-11）。术后的用药与护理同小梁切除术，联合丝裂霉素 C。该手术方法适合于各类难治性青光眼，包括原发性开角形青光眼、新生血管性青光眼、葡萄膜炎性青光眼等。

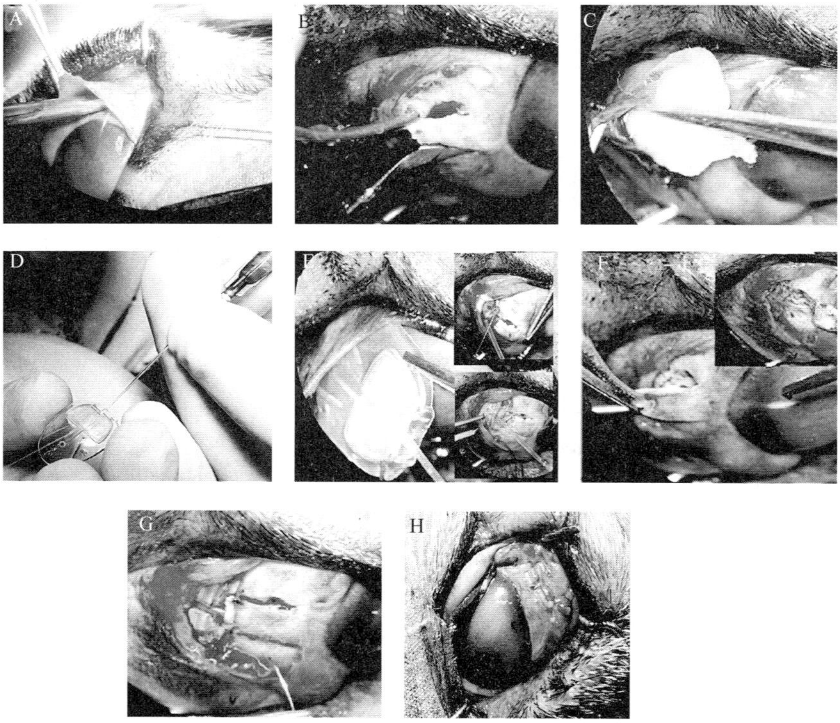

图 12-11　引流阀植入术

A．制作兜袋；B．制作巩膜瓣；C．巩膜瓣下应用丝裂霉素 C；D．引流阀初始化；E．植入引流阀体；F．前房穿刺、植入引流管；G．缝合巩膜瓣；H．缝合结膜瓣

（3）睫状体冷凝术　麻醉开睑后，将冷冻头置于角膜缘后 5 mm 处（图 12-12），冷冻头应与眼球壁垂直接触并使其稍下陷，温度为－80～－60℃。操作时可选 6 个点进行冷冻，均匀地分布在角膜周围的眼球上，应避开 3 点和 9 点的位置，每个点的冻融应在 2 min 内完成。在同一点反复的冻融并不比单次冷冻的效果好，且会引起更严重的术后球结膜水肿。手术结束时结膜下注射 1 mg 地塞米松，并在眼局部使用抗生素和皮质醇 10～14 d，同时使用抑制眼房液产生的药物。术手 2 周、3 周，以及以后每隔 3 个月评价动物的眼内压情况。眼内压可能会随着睫状体上皮的

再生而增加。若眼内压再升高，需药物控制或再次冷冻手术，但冷冻总范围不能超过 300°，以防止眼球过度萎缩。本手术为非侵入性手术，可重复使用，操作简便，治疗费用低。手术并发症有眼球痨（phthisis bulbi）、眼前房出血、脉络膜和视网膜剥离。

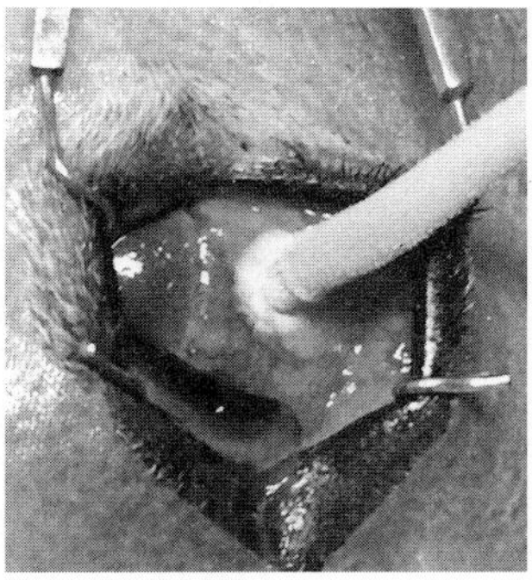

图 12-12 睫状体冷凝术

（4）睫状体光凝术　应用 810 nm 的二极管激光器，将探头置于角膜缘后 3～5 mm 处，探头垂直于巩膜并轻压使其下陷，激光治疗点数为 25～30 点，且应避开 3 点及 9 点位置。治疗功率为 1100～2000 mW①，持续时间 2000 ms。手术时根据睫状体是否出现“砰砰”的爆破声调节功率。若连续两次未出现爆破声，可将功率提高 50 mW，直到出现爆破声后，再将其调低 50 mW，即可应用。该手术方法适用于晚期难治性青光眼，操作简便，对眼部损伤小，副作用少。而手术治疗失败的原因主要是激光的治疗范围未将睫状突包含在内，因此需要经验丰富的动物眼科医生才能完成。

三、浑睛虫病

浑睛虫病（ocular setariasis）是指丝状线虫童虫寄生于动物眼房内引起的一种寄生虫性眼病。本病马、骡多发，也见于牛。

病原　马、骡浑睛虫病的病原可能有三种：指形丝状线虫（*Setaria digitata*）、唇乳突丝状线虫（*Setaria labiatepapillosa*）、马丝状线虫（*Setaria equina*）的童虫。牛的浑睛虫病的病原为马丝状线虫的童虫。中间宿主为蚊类（按蚊和阿蚊）。虫体为乳白色，长 1～5 cm，形态构造与成虫近似，唯生殖器官尚未成熟。

症状　临床上所见的病例多为一侧眼患病，于眼前房液中可看到虫体的游动（多见为一条虫）。虫体若游到眼后房，则不见其游动，但随时都可游到眼前房内。由于寄生虫的机械性刺激和毒素作用，引起角膜炎、虹膜炎和白内障。患眼畏光、流泪，结膜和巩膜表层血管充血，角膜和眼房液轻度混浊，瞳孔散大，影响视力。患畜不安，头偏向一侧，或者试图摩擦患眼。

治疗　最好的治疗方法是进行角膜穿刺术除去虫体。一般在柱栏内进行站立保定，将头部确实固定。用 1% 盐酸可卡因溶液或 5% 盐酸普鲁卡因溶液点眼两次。术者右手拿灭菌的尖端稍为磨钝的采血针头（或角膜穿刺针），注视眼前房，当见到虫体游动时，于瞳孔缘的下方靠眼内角，迅速刺入采血针头，针头进入眼前房后，即有无抵抗的感觉，拔出针头后，虫体即随眼房液流至穿刺口并作挣扎，用眼科镊夹取虫体（有时虫体随房水流出）。也有人用注射器接穿刺针反复吸出虫体。由于马角膜中央部较薄，有人认为从该处穿刺容易成功。术后将家畜静养于暗厩内，用抗生素眼药水点眼，穿刺的创口一般可在 1 周左右愈合。由于致病的虫体被去除，角膜的混浊就将逐渐地消散，穿刺点附近的白斑经 3 周左右便可吸收。

第五节　色素层和视网膜疾病

一、前色素层炎

前色素层炎（anterior uveitis）又称虹膜睫状体炎，由于前色素层血管丰富，血流缓慢，血

① 1 W=1 J/s

液中的有害物质和病原体易停留而引起的炎症。

病因 病因复杂，可分为外源性和内源性两种。外源性包括眼外伤、角膜溃疡、肿瘤、眼手术等。内源性包括各种传染病，如猫传染性腹膜炎、猫白血病病毒感染、犬传染性肝炎、犬瘟热、莱姆病、钩端螺旋体病、弓形虫病、免疫介导性疾病。

症状 可单眼或双眼发生，急性者患眼畏光、流泪、增温、疼痛剧烈。角膜轻度或严重混浊，边缘深层新生血管呈刷状。由于深部睫状体血管充血，球结膜紧靠角膜处出现一红圈，这是前色素层炎的特征性症状，可与结膜炎弥漫性充血和急性青光眼时巩膜深层的充血相区别。血浆蛋白和细胞液渗出，眼房液混浊。严重时可出现眼房积血、积脓。睫状体炎可致房水生成减少，眼内压降低。虹膜血管扩张和炎性渗出致使肿胀变形，纹理不清，并失去其固有的色彩和光泽。瞳孔缩小，且对散瞳药反应慢，甚至不显反应。慢性前色素层炎虹膜与晶状体前囊发生粘连（后粘连），虹膜萎缩。虹膜粘连时使房水排出受阻，可继发青光眼。晶状体点状或弥漫性混浊。严重时前色素层炎可继发后色素层炎，甚至全眼球炎。

治疗 应将患畜置于暗处，使用散瞳药，防止虹膜粘连，恢复血管通透性，减少渗出，解痉止痛。常用 1%～4% 阿托品点眼，4～6 次 /d，瞳孔散大后可减少用药次数，以维持比正常瞳孔略大即可。同时使用抗生素眼药水和皮质类固醇眼药水点眼，4～6 次 /d，严重病例可结膜下注射皮质类固醇。对引起本病的原发病应采取相应的治疗措施。

二、视网膜炎

视网膜炎（retinitis）是视网膜的炎症。因多继发于脉络膜炎，又称脉络膜视网膜炎（chorioretinitis）。各种家畜均可发生。

病因 由外伤和其他疾病（如恶性贫血、急性肾炎、白血病、周期性眼炎、传染性肺炎、结核、弓形虫感染、蛔虫幼虫移行、猫免疫缺陷病毒感染、猫传染性腹膜炎病毒感染、犬瘟热、犬疱疹病毒感染、真菌感染、立克次体感染、糖尿病、铅中毒、肿瘤等）继发而来。

症状 一般眼的症状不明显，仅视力逐渐减退，直到失明。急性和亚急性期瞳孔缩小；转为慢性时，瞳孔反而散大。

眼底检查，视网膜水肿、失去固有的透明性，整个眼底呈混浊状态。初期视网膜血管下出现大量黄白色或青灰色的渗出性病灶，引起该部视网膜不同程度的隆起或脱离。渗出部位的静脉常有出血，静脉小分支扩张呈弯曲状。视神经乳头充血、增大，轮廓不清，边界模糊，后期出现萎缩。随病变的发展，玻璃体可因血液的侵入而变为混浊。后期由于渗出物的压力和血管自身的收缩、闭塞而看不见血管。病灶表面有灰白色、淡黄色或淡黄红色的小丘。陈旧者常伴有黄白色的胆固醇结晶沉着。

视网膜炎的后期，可继发视网膜剥脱、萎缩及白内障、青光眼等。

治疗 将患病动物置于暗室，保持安静。眼结膜下注射青霉素、地塞米松、盐酸普鲁卡因溶液，或者全身使用皮质类固醇和抗生素药物以控制炎症的发展。

对引起本病的原发病应采取相应的治疗措施。

三、马再发性色素层炎

马再发性色素层炎（equine recurrent uveitis）是马、骡眼色素层（虹膜、睫状体和脉络膜）的一种周期性再发性炎症，又叫马周期性眼炎（periodic ophthalmia），随着周期性的发作，整个眼球组织均被侵害，故又叫再发性非化脓性全眼球炎，是马、骡失明的主要原因之一。本病见于世界各国，我国大多数地区均有发生，在骆驼曾有类似此眼病的报道。

病因　确切的病因尚未肯定，大多数学者倾向认为钩端螺旋体是本病的病原。对于钩端螺旋体的致病作用，有人认为该微生物可局限并永存于眼组织内，本病的再发可能是钩端螺旋体在色素层的移行所致；另有人认为在钩端螺旋体菌血症期间，眼组织变得敏感，以后导致迟发性超敏型反应。

症状　可人为地分为 3 期：急性期（疾病初发期）、间歇期（慢性变化期）与再发期。

急性期：突然发病，畏光、流泪，甚至眼睑肿胀闭锁。指压眼球，除感局部温度升高外，患畜还会出现疼痛反应。若强行张开患眼，即由眼内角流出多量的黏液性泪液。结膜轻度充血，有时被覆黏液性或为黏液脓性。发病的同时或经过 3～5 d，角膜混浊，角膜周围血管新生，呈毛刷状。在发病后 2～3 d，眼前房内有纤维性或纤维出血性渗出物蓄积。虹膜失去其固有色彩而呈暗褐色，表面粗糙，其固有的放射状细沟变得不明显。瞳孔缩小，且对散瞳药的反应缓慢，甚至不显反应。当仔细检视瞳孔时，往往在眼后房发现小片状的纤维性渗出物，这是睫状体炎的特征。

检眼镜检查可见晶状体呈局限性或泛发性混浊，严重的病例玻璃体也混浊。眼底不清，视神经乳头呈黄色或淡红黄色，视神经乳头周围变暗。

急性期一般持续 12～20 d。渗出物被吸收后，急性炎症现象消失，外观类似已康复，但在绝大多数病例的眼内仍有不同的病理变化。

间歇期：角膜混浊，眼内角可见少量黏液脓性眼分泌物。虹膜因与晶状体前囊粘连（即后粘连），虹膜萎缩变色而呈淡黄色、灰白色或为枯叶状。瞳孔边缘不整并撕裂。晶状体前囊上有色素片遗留。瞳孔对扩瞳剂反应不敏感或无反应。检眼镜检查可见晶状体发生点状混浊或泛发性混浊，特别是在粘连部的周围更为明显。在玻璃体上可见到漂浮的色素斑点。视神经乳头周围可发生脉络膜视网膜炎，视网膜剥离。眼球容积逐渐缩小并深陷于眶内，从而在上眼睑上出现皱襞（即所谓的第三眼角）。

再发期：通常经过 4～6 周或更长时间，又出现急性期的临床症状，但与第一次初发时比较要轻微得多。如此反复发作，最终使患眼失明。

预后　一般预后不良。

治疗　对急性斯的病马，应向眼内滴入 1%～2% 硫酸阿托品溶液（每日 4～6 次），待瞳孔散大后，再改用 0.5% 硫酸阿托品溶液点眼，1～2 次 /d。疼痛和充血剧烈时，可在阿托品内添加盐酸可卡因和肾上腺素溶液。

为了缓解色素层炎症，可在局部、结膜下和全身使用皮质类固醇药物。碘离子透入疗法对加速渗出物的吸收有明显的效果。

据报道，对患眼实施玻璃体摘除术，可使病马疼痛减轻，并在一定时期内保有视力。

第六节　眼　外　伤

一、角膜创伤

角膜创伤（corneal trauma）是指钝性或锐性物体所致的角膜损伤。多见于犬和马，其他动物也有发生。

症状　因角膜神经分布密集，受损后症状明显，可以有疼痛、畏光、流泪、眼睑痉挛等。角膜损伤轻微时，一般仅上皮层被破坏，症状不明显，肉眼不易发现，但从侧面观察可见角膜表面缺损或不平；角膜创伤深时，可见角膜创缘龇开。角膜穿透创时，眼房水流出，虹膜向前房移动，虹膜从创口脱出。严重时眼房出血，晶状体脱出。病程长时，角膜创伤部及周围混浊。

治疗 角膜浅表性创伤的治疗同浅在性角膜溃疡，局部应用抗生素以预防继发细菌感染，同时使用阿托品溶液点眼以减除睫状肌痉挛。对于深在性角膜创伤，若角膜内存在异物时，应在局部麻醉或全身麻醉下，用抗菌药液清洗眼球，再用眼科镊除去异物。若角膜损伤小、边缘齐、前房存在、无虹膜嵌顿，伤口可自动闭合，需局部点抗生素眼药水或眼药膏，包扎伤眼即可。角膜创伤的深度超过角膜厚度一半且创缘龇开，或较大的角膜透创，均需及时进行角膜缝合。缝合前应注意冲洗并清除眼房中的血液和纤维素凝块，应使用眼科器械进行操作，采用7-0～10-0号丝线或尼龙线对创口做结节缝合，间隔1 mm，缝针应穿透角膜2/3厚度，不能过浅或穿透全层（图12-13）。在最后一针缝线打结前，眼前房注入生理盐水或少量空气，使眼前房充盈。注入空气不可太多，以免空气到达虹膜后引起空气阻塞性青光眼。对合并虹膜顿嵌的创伤，如果脱出的虹膜组织无明显的污染，脱出时间短，可用抗生素溶液冲洗后送还眼内；污染严重可予剪除。术后应注意抗菌消炎。

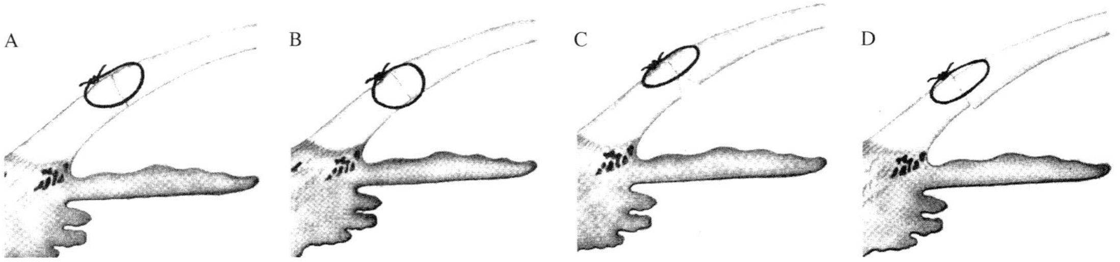

图 12-13 角膜缝合

A．正确的角膜缝合；B．缝线穿过了角膜内皮层；C．缝合过浅；D．缝合两侧角膜组织不均一，角膜对合不好

角膜创的预后取决于创伤的深度及严重程度，钝性物体所致的创伤比锐性物体所致的创伤愈合困难。

二、眼球脱出

眼球脱出（proptosis of the globe）是指眼球受外力的作用，部分或完全脱出眼眶外的一种状态。各种动物均可发生，以犬最为常见。直接外力作用于眼球是外伤性眼球脱出的根本原因，动物间的打斗、玩耍、咬伤、障碍物的撞击、锐性或钝性外力的直接打击、不合理的保定是临床上眼球脱出的直接原因。另外，眼挫伤或眼肌断裂、结膜及眼内血管破裂，导致眼内压增加，可使眼睛逐渐凸出于眼眶。

症状 外伤性眼球脱出时，以一侧眼球脱出常见，少数可见双侧眼球脱出眼眶。根据脱出的程度，可以将其大致分为3种类型：轻度脱出，指眼球脱出眼眶占眼球的体积不足1/4，球结膜未现于眼睑之外；中度脱出，指眼球脱出眼眶大于1/4而不足1/2，此时可见球结膜；重度脱出，指眼球脱出眼眶大于1/2，甚至整个眼球全部脱出，外脱眼球的直径明显大于眼眦的长度。很多情况下，眼球脱出伴有眼球的挫伤及眼球周围软组织的创伤。受伤时间短的，通常可以看到眼前房积血，瞳孔缩小，角膜反射、眼的对光反射微弱甚至没有。有的发生一条或几条眼肌断裂，球结膜破裂，眼球偏向一侧。眼睑压迫眼涡静脉和睫状体静脉引起血液淤滞和充血性青光眼（congestive glaucoma）的发生，但静脉淤滞在眼球复位后可缓解。眼球脱出可导致明显的暴露性角膜炎（exposure keratitis），甚至角膜坏死。另外，还可出现虹膜炎、脉络膜视网膜炎、视网膜剥离、晶状体松脱、视神经撕裂或断裂，结膜穹窿聚集脓性分泌物。患畜表现不安，甚至用爪抓搔患眼。

治疗　对脱出的眼球应及时地加以保护，可用湿润的10%葡萄糖冷敷眼球，防止眼水肿和角膜干燥。单纯性轻度眼球脱出而无创伤者，直接将眼球复位即可。眼球脱出并伴有眼球或眼外肌损伤者，对创伤进行清理、消毒、缝合，再施行眼球复位术。眼球损伤严重、视神经断裂、预后不良者，应施行眼球摘除术。

（1）眼球复位法　动物全身麻醉，并用盐酸普鲁卡因作眼球的表面麻醉。用3%硼酸溶液或含抗生素的生理盐水仔细冲洗脱出的眼球及其周围的组织，确保其冲洗干净后，由助手用镊子或止血钳提起眼睑的睑缘，术者用浸湿的灭菌纱布轻轻按压眼球，同时用镊子的钝端分别伸入上、下结膜囊内将眼球周水肿的结膜组织向内轻轻挤压，使其退回到眶窝内。若眼球复位困难，可先做外眼角切开术（lateral canthotomy），再行眼球复位。外眼角切开不应超过或损伤眶韧带。轻度脱出的眼球复位后，可直接做暂时性睑缘缝合术（temporary tarsorrhaphy）固定（图12-14）。其方法是在眼的内、外眦附近分别行纽扣孔状缝合，应注意打结不可过紧以防损伤角膜。对严重的眼球脱出者，在进行详细的检查和复位后，可涂抗生素眼膏，进行第三眼睑遮盖术合并眼睑缘缝合术固定，使用小橡胶管防止缝线压迫的皮肤坏死（图12-15）。术后局部和全身使用皮质类固醇和抗生素防止眼部炎症和感染。阿托品通过眼睑缝隙滴入；皮质类固醇使用不超过1周；抗生素使用时间应持续至固定缝线拆除以后，并视眼局部的感染情况而定。固定缝线在眼部肿胀消退后拆除，通常保留10～15 d。

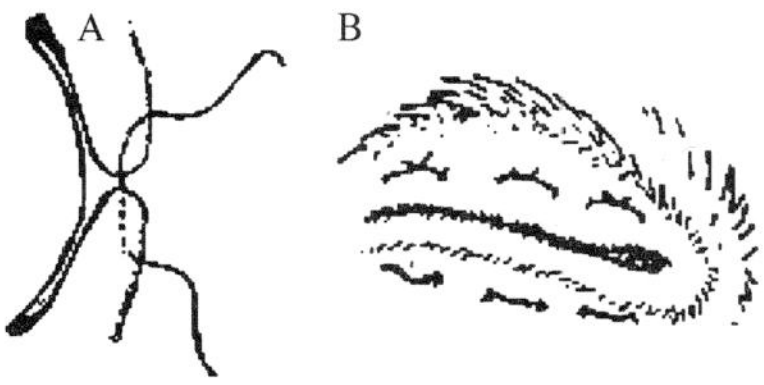

图12-14　暂时性睑缘缝合术

A. 缝线分别由上、下睑缘中央穿入和穿出；B. 水平褥式缝合上、下眼睑

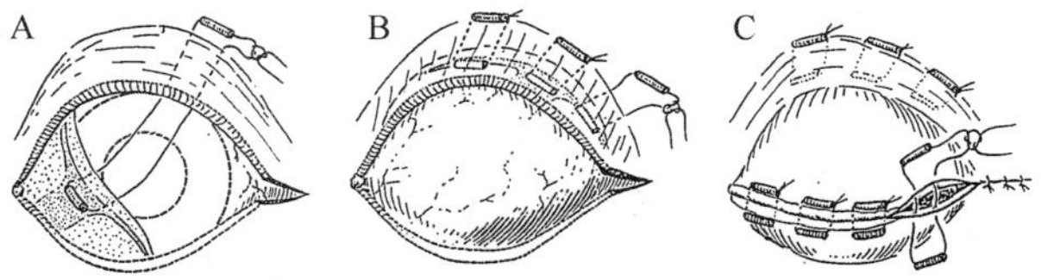

图12-15　眼球脱出的固定

A. 第三眼睑预置缝线；B. 缝线打结，第三眼睑遮盖眼球；C. 上、下眼睑缝合及外眼角切口闭合

眼球脱出治疗后常出现斜视（因眼外肌损伤）、干性角膜炎和视神经萎缩。

（2）眼球摘除术　可分为经眼睑和经结膜的两种手术方法。前者当全眼球化脓和眶内肿瘤已蔓延到结膜时最合适。动物除作全身麻醉外，眼球后使用盐酸普鲁卡因封闭，常规消毒。

1）经眼睑眼球摘除术：先作连续缝合，将上、下眼睑缝合在一起（图12-16A），环绕眼睑缘做一椭圆形切口（图12-16B）。在犬，此椭圆形切口可以远离眼睑缘，马因皮肤紧贴其深层骨组织，切口应紧贴眼睑缘，否则皮肤切口难缝合。切开皮肤、眼轮匝肌至睑结膜（不要切开睑结膜）后，一边牵拉眼球，一边分离球后组织，并紧贴眼球壁切断眼外肌。用弯止血钳深入眼眶底连同眼缩肌及其周围的血管和神经一起钳住，再用手术刀沿止血钳上缘切断（图12-16C），取出眼球。于止血钳下端用羊肠线结扎，移走止血钳，将眼组织连同眼外肌一同结扎，堵塞眶内死腔。最后结节缝合皮肤（图12-16D）。

2）经结膜眼球摘除术：扩开眼睑，用止血钳夹持角膜缘固定眼球。在距角膜缘3 mm处用手术刀环形切开眼结膜，暴露巩膜（图12-17A）。用弯剪将眼外肌从靠近巩膜处剪断，纱布按压止血（图12-17B）。向外轻拉眼球，用止血钳将视神经索及并行的血管夹住，剪断视神经索及血管，摘除眼球。用羊肠线结扎断端，检查出血情况。仍有渗血时可用海绵纱布填塞止血。用羊肠线结节缝合结膜，同时撒布抗生素粉末。

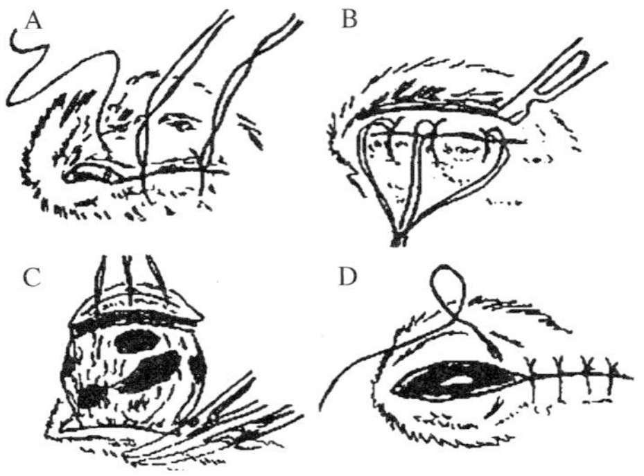

图 12-16　经眼睑眼球摘除术

A. 将上、下眼睑结节缝合；B. 环绕眼睑缘皮肤做一椭圆形切口；C. 分离球后组织，用止血钳深入眼底钳夹视神经和血管，并将其剪断；D. 取出眼球，结节缝合皮肤

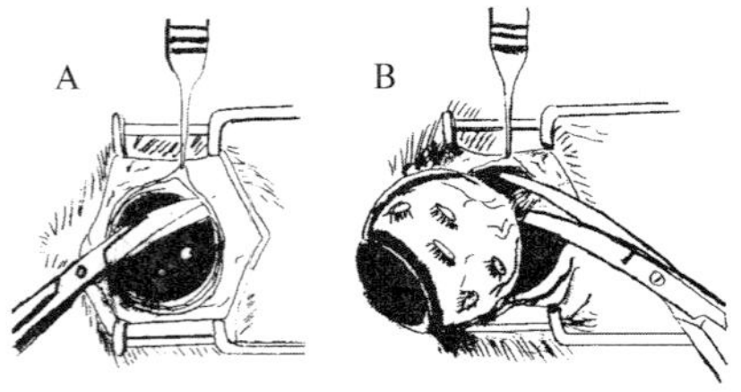

图 12-17　经结膜眼球摘除术

A. 扩开眼睑，距角膜缘 3 mm 处环形切开球结膜；B. 暴露巩膜，分离眼肌，结扎视神经和血管，摘除眼球

术后全身给予皮质醇、抗生素药物。局部涂布抗生素软膏或眼药水，7 d 左右拆线。

第七节　眼附属器疾病

一、瞬膜腺突出

瞬膜腺突出（protrusion of the nictitating gland）又称樱桃眼（cherry eye），多发于小型犬，如北京犬、西施犬、沙皮犬、巴哥犬，以及以上各种犬的杂交后代，性别不限，年龄为 2 月龄至 1 岁半，个别有 2 岁的。缅甸猫也有发病的报道。

病因　病因较为复杂，可能有遗传易感性，多数犬在没有明显促发条件下自然发病，有人怀疑腺体与眶周筋膜或其他眶组织的联系存在解剖学缺陷。

症状　内眼角瞬膜腺（又叫第三眼睑）增生物为粉红色椭圆形肿物，外有包膜，外向突出，形似樱桃。多为单侧性，也有先发生于一侧，间隔 3～7 d，另一侧也同样发生，而成为双侧性。有的病例在一侧手术切除后的 3～5 d，另一侧也同样发生。

患眼睑结膜潮红，部分眼球结膜充血，眼分泌物增加，有的流泪；患病动物不安，常因眼揉触笼栏或家具而引起继发感染，造成不同程度的角膜炎症、损伤，甚至化脓。也有眼部其他症状不明显的。一般无全身症状。

治疗　有两种手术方法。

1）瞬膜腺脱出切除术：以 2% 硼酸溶液、氨苄青霉素溶液等冲洗眼结膜，使用盐酸利多卡因或丁卡因作表面麻醉，也可在全身浅麻醉下进行手术。助手确实保定头部，术者以止血钳夹住增生物包膜外使充分暴露，以小型弯止血钳钳夹蒂部（小弯向第三眼睑），再以小剪刀或外科刀剪除或切除（注意：剪刀尖、刀刃及刀尖不应朝向眼球，以免伤及角膜或结膜），缓慢松开止血钳，同时另用一止血钳钳住瞬膜缘以防止回缩。对创缘出血点用止血钳尖端反复钳夹，直至出血停止。手术中尽量不损伤结膜及瞬膜，再以青霉素溶液冲洗创口，3～5 min 后去除夹钳，以灭菌干棉球压迫局部止血。对于钳夹止血困难时，可采用可吸收性缝线结扎止血。术后使用抗生素眼药水 2～3 d，防止感染。

2）瞬膜腺脱出复位术：约 35% 泪液由瞬膜腺分泌，为防止眼球明显突出的犬出现干眼，可采用此手术方法。用组织钳夹持第三眼睑，使其外翻。在脱出物最上部至结膜穹窿切开结膜，用剪刀在结膜与腺体间钝性分离，暴露深部腺体和远端瞬膜缘。用细的有齿镊夹持眼球下缘向上提，使内侧眼球筋膜显露，再用可吸收性缝线将腺体尖端与内侧眼球筋膜及巩膜表层行一水平褥式内翻缝合，缝线抽紧打结，使腺体回到眼球下方（图 12-18）。如腺体过大，可切除部分腺体，再做复位。

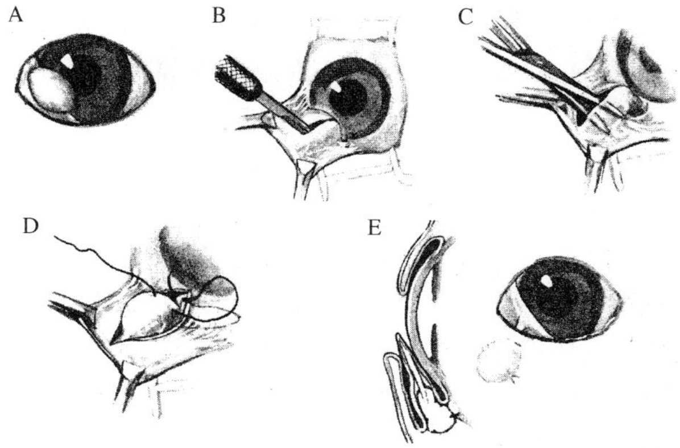

图 12-18 瞬膜腺脱出复位术

A．瞬膜腺脱出；B．切开结膜；C．分离结膜与瞬膜腺；
D．瞬膜腺与眼球内侧筋膜及浅层巩膜的褥式缝合；E．缝线结扎后瞬膜腺位于眼球内下方

二、鼻泪管阻塞

鼻泪管阻塞（obstruction of naso-lacrimal duct）是指鼻泪管不通畅，泪液不能入鼻腔排出而导致溢泪。多见于犬、马，也发生于猫，一侧或两侧发病。临床上以溢泪和眼内眦有脓性分泌物附着为特征。

病因 鼻泪管阻塞可分先天性和后天性。先天性有泪点缺失、狭小、移位或结膜皱褶覆盖泪点，泪小管缺失或鼻泪管闭锁，眼睑异常。后天性的有脱落的睫毛、沙尘等异物落入鼻泪管直接引起泪道炎症，外伤引起管腔黏膜肿胀或脱落，继发于结膜炎、角膜炎等眼病。

症状 内眦溢泪，有脓性分泌物附着，在淡色被毛的动物，内眦下方被毛可能红染，皮肤因受泪液长期浸渍，可发生脱毛和湿疹。先天性泪点异常，常在断乳数周或数月出现溢泪，有泪染痕迹；泪小管炎症或阻塞，除流泪外，眼内眦轻度肿胀；泪囊发炎时，在内眦下方有明显的肿胀。

诊断 首先应仔细检查上、下泪点有无异常。采用希尔默试验检查泪液的分泌情况。利用荧光素排出试验检查泪道的通畅情况。即将 1% 荧光素溶液滴于结膜囊内，数分钟后染料如不能在鼻孔内出现，证明鼻泪管阻塞。但此法并不十分可靠，因为部分动物会将泪液排入咽后部。为查明狭窄或阻塞的部位，可做鼻泪管冲洗。其具体操作方法：被检眼表面麻醉后，将适当粗细的钝圆针头（小动物可用人医鼻泪管冲洗针头）插入泪点及泪小管，连接装有生理盐水的注射器，缓慢冲洗，若阻力大或完全不能注入，即可诊断为该病。

治疗 对于继发于其他眼病者，必须先治疗原发病。为排除鼻泪管内可能存在的异物或炎性产物，应进行鼻泪管冲洗术。犬在泪点插入冲洗针头（或去掉针芯的留置针管），深度在 1 cm 左右，接注射器，用盐酸普鲁卡因青霉素溶液反复冲洗至鼻泪管通畅。如犬躁动剧烈，应进行全身麻醉，防止意外损伤。对马可在鼻前庭找到鼻泪管开口，插入针头作逆向冲洗，更为方便。

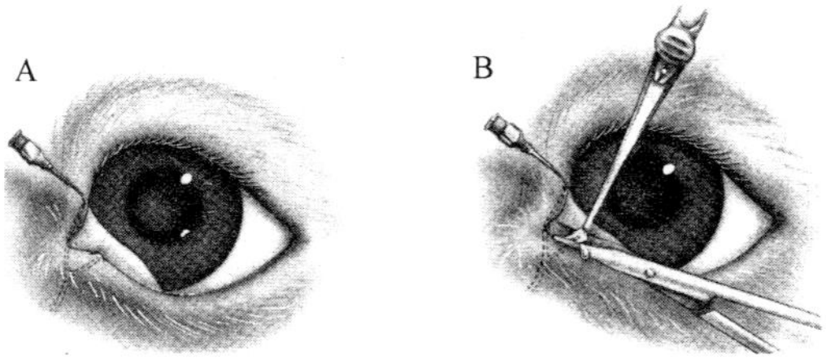

图 12-19　泪点重建术
A．上泪点注入冲洗液；B．剪去覆盖下泪点的结膜

对先天性泪点缺失，可施行泪点重建术。在上泪点插入针头，注入冲洗液，可在内眼眦下睑缘内侧出现局限性隆起，在隆起的最高点用眼科镊夹住，提起，剪掉一小块圆形或卵圆形的结膜（图 12-19）。术后结膜囊内滴氯霉素滴眼液和醋酸氢化可的松滴眼液 7～10 d，每天扩开造口，以防闭合。

先天性鼻泪管闭锁必须手术造口。倒卧保定，浸润麻醉或全身麻醉。在距眼内眦 0.6～0.8 cm（马）的下眼睑游离缘找到下泪点，插入 25 号不锈钢丝，直接朝向内侧 0.6～0.8 cm，然后向下向前朝鼻泪管方向推进，直到鼻前庭。用手可触摸到黏膜下的钢丝前端，将黏膜切开 2～3 cm，用弯止血钳夹住钢丝前端向外牵拉，直至组织内留下 6 cm 长的钢丝为止。剪断钢丝，使切口外留下 3 cm 长，再用肠线将外露的钢丝缝在黏膜组织上，打结固定。当肠线被吸收后，钢丝脱落，从而形成永久性管口。

对于顽固性鼻泪管狭窄，可用单丝尼龙线穿过鼻泪管，尼龙线上再套入口径适合的、前端为斜面的聚乙烯管，两端分别固定在眼内眦皮肤和鼻孔侧方皮肤上，保留 2～4 周。

第十三章 耳 病

第一节 耳 血 肿

耳血肿（othematoma）是指在外力作用下耳部较大的血管破裂，血液流至耳软骨与皮肤之间形成的血肿。多发生于耳廓内侧面，也见于耳廓外侧面或两侧。各种动物均可发生，但多见于犬、猫、猪、马。

病因 机械性损伤，如挫伤、抓伤、咬伤、刺伤；寄生虫（如蜱、虱）叮咬。

症状 耳廓内侧面的耳前动脉损伤时，于耳廓内侧面迅速形成肿胀，触之有脉搏样波动；后因出血凝固，析出纤维蛋白，触诊有捻发音。沿耳廓软骨外面行走的耳内动脉损伤时，可在耳廓外面形成相似的肿胀；血肿形成后，耳增厚数倍，下垂。耳部皮肤色白者，变成暗紫色。穿刺可见有血液或血色液体流出。肿胀阻塞听道时，可引起听觉障碍。血肿感染后可形成脓肿。

诊断 根据临床症状和穿刺结果容易做出诊断。

治疗 应制止溢血、防止感染、排除积血。

（1）*穿刺疗法* 仅适用于局限性小血肿。穿刺疗法抽出血液后，加压耳绷带以制止继续出血，绷带保持7～10 d。此法简便，但绷带的保持和护理困难。血肿穿刺后，往往第二天又复发。

（2）*切开疗法* 手术应在血肿发生后一周左右进行，因为此时出血停止，血肿腔内血液凝固。

1）保定：动物实施侧卧保定，患耳侧在上；或者实施俯卧保定。

2）术前准备：耳道内塞入脱脂棉球以防血水等进入耳内。耳廓两侧剪毛、清洗、消毒。

3）麻醉：动物全身麻醉，可配合0.25%～1%盐酸普鲁卡因或0.25%～0.5%利多卡因进行耳廓基部局部浸润麻醉。

4）术式：手术部位可在耳廓内侧面血肿明显波动表面的近耳尖端部（垂耳动物）或近耳根部（竖耳动物）。在耳廓血肿表面沿耳廓长轴方向做1～1.5 cm长的切口，略剪去切口两侧的皮缘，以利于术后排液。用止血钳钳夹灭菌的纱布块经切口进入血肿腔内清除血凝块，切口不缝合。在原血肿表面用圆针（缝线两线尾平齐）穿透耳廓全层，由针尾处剪断缝线，由此形成双线通过单针孔穿过耳全层；然后分别在耳廓内、外侧表面的两线尾间放置小纱布卷衬垫物，并将线尾打结（松紧应适当）。行数针散在的结节缝合，以消除血肿腔，缝合时应尽可能避免压迫耳缘及耳廓中部的血管（图13-1）。对于较大的血肿，也可

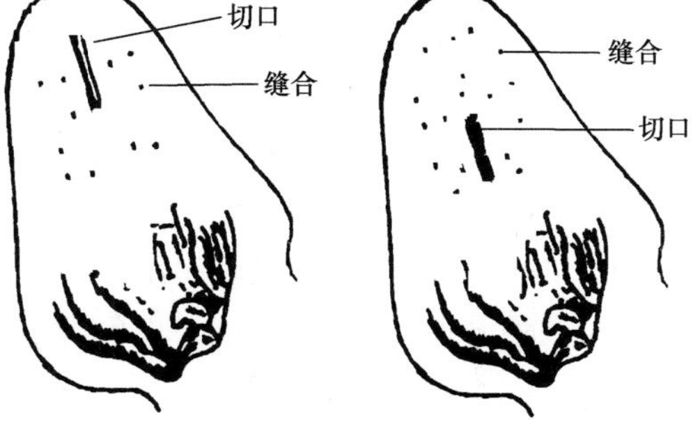

图13-1 耳血肿的切开及缝合方法
A. 垂耳切开部位；B. 竖耳切开部位

在耳廓内侧血肿表面做“S”形切口，其大小应接近血肿，切开皮肤及软骨。这种“S”形切口可防止术后耳廓变形。

5）术后护理：术后3～5 d用注射器经切口灌入氨苄青霉素溶液，随后可全身使用抗生素数日，以防感染。13～15 d拆除缝线。

第二节 耳廓囊肿

耳廓囊肿（auricle cyst）是动物胚胎发育中的畸变，发病率不高，多见于马。

症状 马耳廓囊肿时，耳后缘皮肤上有一排出浓稠黏液的小孔，黏液附着于周围的被毛上，排液量取决于囊肿的大小，用细小探针插入可探知囊腔的大小。马耳廓囊肿的囊腔内含有牙齿，则为含牙囊肿，含牙囊肿的特征为缓慢增大，直径可达2～6 cm，通常位于颞骨岩部乳状突；病初耳基部逐渐增大，接着形成瘘管，其开口通常在外耳的前缘，排出黏液样的液体，当发生感染时，渗出物为脓性；触诊囊肿呈柔软状肿物、有波动感，液体排空后患部凹陷；有的病例在皮下的囊腔内可摸到牙齿，多数病例含有单个类似臼齿而形状不规则的牙齿，少数含有多个牙齿。

治疗 耳廓囊肿位于皮下组织，可进行手术完全摘除；含牙囊肿必须采用手术摘除的方法治疗，术式与耳廓囊肿的摘除基本相同。

动物实施六柱栏站立保定，确实保定好头部。耳道内塞入脱脂棉球以防血水等进入耳内。肿部周围和耳廓两侧剪毛、清洗、消毒。应用0.25%～1%盐酸普鲁卡因或0.25%～0.5%利多卡因对手术部位实施局部浸润麻醉，必要时可以结合化学保定药（如保定宁）对动物实施浅麻醉。

在囊肿上方切开皮肤，精确分离囊肿周围的组织，摘除全部囊肿组织。如有残留则极易复发。彻底止血后撒布抗生素粉，行皮肤结节缝合。若囊肿位于耳肌下方，手术时须注意保护血管和神经；剥离时切忌破坏囊肿膜。囊腔中的牙齿一般借助骨样组织或纤维组织附着于其下组织，易切断摘除。

第三节 外耳炎

外耳炎（external otitis）是指发生于外耳道的炎症。犬、猫多发，且垂耳或外耳道多毛品种的犬更易发生。根据病程可分为急性和慢性外耳炎；根据病原可分为细菌性、霉菌性和寄生虫性外耳炎。

病因

（1）*机械性刺激* 外耳道内有异物进入（如泥土、昆虫、带刺的植物种子等）、存在较多耳垢、进水或洗涤液流入外耳。垂耳或耳廓内被毛较多时水分不易蒸发而导致外耳道内长期湿润，刺激外耳道皮肤引起炎症。

（2）*病原微生物* 常见的引起外耳感染的细菌有金黄色葡萄球菌、链球菌、假单胞菌、变形杆菌等；常见的真菌有糠疹癣菌、念珠菌等。耳痒螨、疥螨也是常见的病原。

（3）*过敏反应* 如食物过敏。

（4）*肿瘤* 鳞状细胞癌、黑色素瘤等。

症状 动物表现不安，经常摇头、摩擦或搔抓耳廓，痛叫；有时仅见搔抓耳根部及附近的颈部皮肤，致使耳廓及颈部皮肤抓伤、擦伤、出血，甚至出现耳廓血肿；被毛脱落、缠结。早期检查发现耳廓和外耳道皮肤充血、肿胀、疼痛，甚至破溃、出血。外耳道内积垢较多，其表面粘有分泌物，散发出异常的臭味。感染的病原种类不同，耳垢和分泌物的性状也有差异。例如，假单胞菌感染时，耳垢为淡黄色稀薄的脓性分泌物；变形杆菌和酵母菌感染时，耳垢易碎，呈黄褐色；葡萄球菌和糠疹癣菌感染时，耳垢呈棕黄色鞋油样；真菌感染时，耳内形成干燥的鳞片，耳垢紧紧地粘在皮肤上；耳痒螨感染时，耳垢呈暗褐色蜡质样。久病者耳道皮肤肥厚，发生溃疡，分泌物黏稠。当耳垢和分泌物或增生物堵塞外耳道时，听力减退。

诊断 根据临床症状、检耳镜检查可做出诊断。若要确定病原需进行微生物的分离培养和鉴定。耳痒螨感染时，痒感明显，用放大镜或低倍镜可发现细小的白色或肉色的螨虫虫体。

治疗

（1）局部处理 首先清理外耳道，剪去耳廓内及外耳道的被毛，除去耳垢、分泌物和痂皮。分泌物多时，用 3% 过氧化氢溶液或 0.1% 新洁尔灭溶液冲洗耳道，然后吸干。必要时用耳镜检查外耳道深部，并取出异物、耳垢等。对于细菌性外耳道炎，向耳道内滴入新霉素滴耳液、诺氟沙星滴耳液、氧氟沙星滴耳液等，并轻轻按揉，1～2 次 /d；必要时做药敏试验，选择敏感的抗生素。对于真菌性外耳道炎，向耳道内涂抹杀真菌膏剂，直至耳道内鳞屑消失。对于寄生虫性外耳道炎，可直接向耳道内滴入伊维菌素或阿维菌素数滴，并轻轻按揉耳廓及耳根，1 次 /6～7 d；在使用抗寄生虫药的间歇期，应向耳道内滴入抗生素滴耳液，以防止或制止细菌的继发感染。对于过敏性外耳道炎，可向耳道内滴入糖皮质激素药物，不过一些用于耳道疾病治疗的抗生素中也含有此类药物。

（2）全身抗生素治疗 对于外耳道内脓性分泌多、体温升高的急性细菌性感染，应全身使用对感染菌敏感的抗生素治疗，以防继发中耳炎和内耳炎。

（3）手术治疗 当慢性外耳炎药物治疗无效，或者外耳炎反复发作、耳内炎性分泌物不能排出、缺乏通气、外耳道壁增厚，同时未阻塞水平部外耳道时，适宜进行外耳道外侧壁切除术。当直耳道发生不可逆增生性炎症、严重创伤和肿瘤，而未涉及水平耳道时，可采用直耳道切除术。当增殖性耳炎晚期伴有直耳道和水平耳道阻塞、耳侧壁切除或直耳道切除并经药物治疗无效、水平耳道阻塞或狭窄、直耳道和水平耳道钙化等时，需采用全耳道切除术。此处仅介绍外耳道外侧壁切除术和直耳道切除术。

1）外耳道外侧壁切除术：又称 Zepp 手术方法（图 13-2）。动物全身麻醉，患耳在上侧卧位保定。用球头探针或止血钳探明外耳道的方向及垂直范围，用止血钳夹持耳屏并轻轻向背侧牵拉，从耳屏处沿直外耳道做“U”形皮肤切口，其长度超过直外耳道的一半。分离并切除

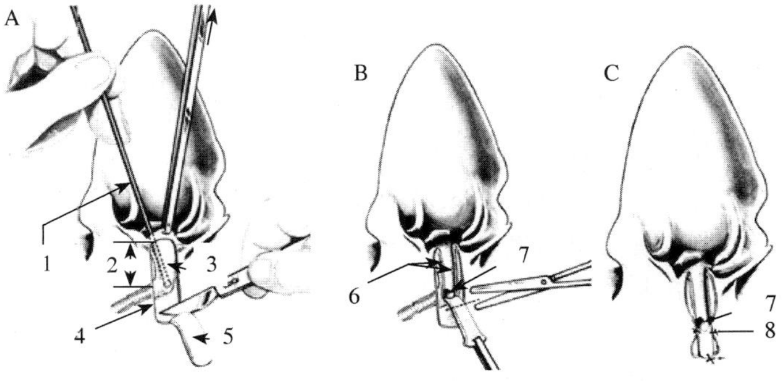

图 13-2 Zepp 手术方法

A. U 形皮瓣切除；B. 软骨切开；C. 缝合软骨瓣；1. 探针检查；2. 直外耳道的深度；3. 外侧软骨；4. 表面组织切除略宽于软骨，切除长度约为探针深度的 1.5 倍；5. U 形皮瓣；6. 切开侧软骨；7. 水平耳道入口；8. 软骨与皮肤的结节缝合

皮肤瓣，小心避开耳前动脉。分离皮下组织、部分耳降肌和腮腺背侧顶端，暴露直外耳道的软骨。用剪刀按皮肤"U"形由耳屏向下剪开直外耳道外侧壁的软骨，直至水平外耳道。将软骨瓣向下转折，剪去1/2的软骨瓣，并将剩余的软骨瓣与"U"形下部的皮肤缺损部对合，用4号丝线将其与皮肤结节缝合，再用4号丝线将直外耳道的软骨创缘与同侧的皮肤创缘结节缝合。每针缝合紧密，但结不宜打得过紧。

2）直耳道切除术：较外侧壁切除后的耳更美观，效果更好。沿耳屏上缘切开，然后再垂直于耳屏缘切开至水平耳道，形成T形切口。弯止血钳尽可能靠近耳道软骨分离其周围的组织，水平切开外耳道口周围的皮肤和软骨，在水平耳道上1～2 cm处横断直耳道，并进行组织学检查。向前后切开残余的耳道。向下翻转外侧软骨瓣，并将其缝合至皮肤上。将内侧软骨瓣与两侧皮肤缝合，最后缝合皮肤的T形切口（图13-3）。

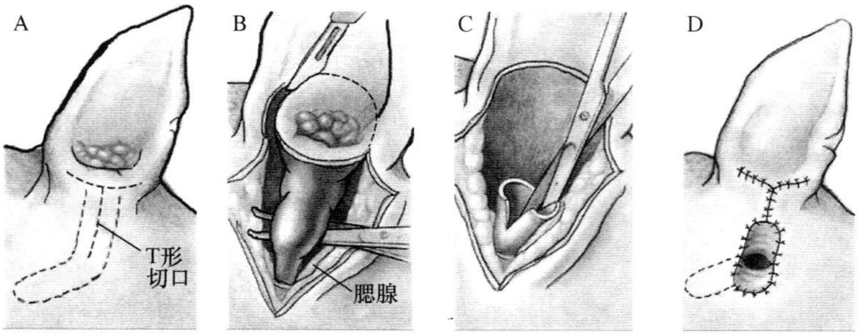

图13-3 直耳道切除术（张海彬等译，2008）

A. 皮肤T形切口；B. 耳道软骨的分离与外耳道口皮肤与软骨的切开；C. 外耳道的横断与软骨残端的纵向切开；D. 耳道软骨与皮肤的缝合

3）术后护理：全身应用抗生素、止痛剂，局部清洗，除去坏死组织，保持引流通畅。为防止犬用爪抓伤，应安装颈圈。术后10～14 d拆除缝线。如果术后不能控制外耳炎，应考虑施全直外耳道切除术。

第四节 中耳炎和内耳炎

中耳炎（otitis media）是指咽鼓管和鼓室黏膜的炎症。中耳炎如果不及时治疗容易继发内耳炎（otitis interna）。临床上常见卡他性中耳炎和化脓性中耳炎。各种动物均可发生，但以猪、犬和兔多发。

病因

（1）邻近组织炎症的蔓延　咽鼓管和鼓室黏膜是鼻咽黏膜的延续，因此鼻和鼻咽部的急性炎症可以波及咽鼓管和鼓室；外耳道感染的蔓延也可引起中耳炎。

（2）耳道解剖缺陷　某些品种的犬、猫的耳道细长而弯曲，非常容易发生损伤，而且分泌物不易排出，损伤耳道内的防御机制。

（3）微生物感染　在某些传染病（如流行性感冒）中常并发化脓性中耳炎。链球菌和葡萄球菌是中耳炎常见的病原菌。

（4）耳道损伤　异物穿破鼓膜引起鼓膜损伤也是中耳炎的致病原因。

症状　动物表现不安，经常摇头、摩擦或搔抓耳廓，痛叫；有时仅见搔抓耳根部及附近的颈部皮肤，致使耳廓及颈部皮肤抓伤、擦伤、出血。中耳炎除表现以上一般的临床症状外，还有如下分类特征。

（1）卡他性中耳炎　病犬听力减退，头偏向患侧，有时旋转运动和摇头，体温一般正常；用耳镜检查时，发现鼓膜轻度充血和内陷。如有中耳积液，可见到液面的界线。转为慢性时，鼓室内有粘连，一般无积液现象。

（2）化脓性中耳炎　体温升高，食欲减退，经常横卧。鼓膜穿孔，并有恶臭的脓性分泌物流出。耳镜检查可见脓汁溢出的地方有搏动性反光。中耳炎症侵害面神经和副交感神经时，则引起面部麻痹、角膜和鼻黏膜干燥、张口疼痛等。

如果中耳炎并发内耳炎，可出现眼球震颤和运动失调，向患侧转圈明显。如炎症继续蔓延将引起脑室感染，最后由于继发脑膜炎或小脑脓肿而死亡。

诊断　无特征性症状，耳镜检查和 X 线检查有助于本病的诊断。X 线检查可见急性中耳炎时鼓室积液，慢性中耳炎时鼓泡骨增生。

预后　非化脓性中耳炎一般预后良好，化脓性中耳炎常因继发内耳炎和败血症而预后不良。

治疗　全身应用抗生素控制感染的继续发展，同时针对不同的病情实施对症治疗。

（1）卡他性中耳炎　首先应治疗鼻咽部的炎症，然后消除咽鼓管堵塞的各种原因。方法是向鼻内滴入氯霉素麻黄素溶液，耳部温敷，以促进中耳积液的吸收。积液多时，可用细长的注射针进行鼓室穿刺抽液。

（2）化脓性中耳炎　如鼓膜已穿孔，应清除脓汁，保证排脓通畅。可用 3% 过氧化氢溶液滴耳，拭干后用抗生素皮质甾类制剂（每毫升含硫酸新霉素 3 mg、杆菌肽 500 U、硫酸多粘霉素 B_1 1000 U、醋酸氢化可的松 10 mg、蓖麻油适量）、0.5% 黄连素溶液滴耳，每天 2～3 次。也可以借助检耳镜的观察，将 1 根长 10 cm、内径 1 mm 的中耳导管经鼓膜破口插入中耳，注入 37～39℃灭菌的生理盐水 1～2 mL，然后吸出，这样反复冲洗，直至吸出的冲洗液洁净为止，最后滴入抗生素药液，每天 2～3 次。若 2 周内仍有脓性分泌物，可再次冲洗治疗。

鼓室异常的中耳炎，为了排出炎性渗出物、缓解疼痛，需将鼓室切开引流。

第十四章 胸腹腔及盆腔手术通路

第一节 手术通路原则

尽管手术多种多样，但手术通路应遵循如下原则。

（1）最小损伤原则 较大的手术切口虽便于主手术操作，但损伤组织较多。然而，“最小损伤原则”并不应是切口越小越好，通路切口的大小应适当，应以便于主手术操作为宜。肌肉组织的分离尽可能按肌纤维的方向进行，应注意避免损伤大的神经与血管。肷部切口愈靠上或后，则腹壁肌肉组织越厚，创腔越深，组织分离越困难，出血也越多；切口靠下或前，则腹壁肌肉越薄，创腔越浅，术野越开阔。

（2）最接近主手术原则 通路切口与主手术越接近，则越便于主手术的操作。但有时为了避免损伤重要的组织器官或避免并发症的出现，需要在偏离主手术区的部分做通路手术。例如，牛脾切除手术可通过第 12 肋通路进行，若通过第 13 肋则易造成气胸，尽管此处最接近主手术。

（3）有利于排液原则 手术创造成的渗出液及病变组织产生的炎性物质，均需在术后排出。例如，猪阉割手术的肷部皮肤弧形切口，其皮瓣应朝向下方，术后有利于排出创液。

上述三个原则是动物各种部位手术通路选择时必须加以考虑的。例如，颈部食道手术的切口有三种，即颈腹侧切口、颈静脉沟上方切口和颈静脉沟下方切口，其中颈腹侧切口最有利于排液，但与主手术区最远，操作困难；颈静脉沟上方切口最接近主手术区，但术后创液排出困难；颈静脉沟下方切口在排出创液方面介于二者之间。后两者易损伤颈静脉、动脉或神经干。

在大动物腹部手术时，还应考虑组织的张力。手术通路越在下腹部，则组织的张力越大，缝合越困难。若缝合不确实，可造成术后疝的发生。

第二节 常见胸腔手术通路

胸腔手术通路包括侧位胸廓切开术（lateral thoracotomy）和正中胸骨切开术（median sternotomy）。手术通路的选择取决于疾病的类型及所需术野的大小。动物需全身麻醉，并给予正压通气。

一、侧位胸廓切开术

经肋间切开胸廓的手术方法：左侧第 4 肋间胸廓切开可暴露左肺、肺主动脉和动脉导管，右侧胸廓切开可暴露右侧肺、右侧心脏、前后腔静脉和奇静脉。动物侧卧保定，常规胸侧部大面积皮肤剃毛、清洗和消毒。确定术部肋间，切开皮肤、皮下组织、躯干皮肌。向背侧掀开或切开背阔肌。横断斜角肌和下锯肌，沿肋间依次切开肋间外肌和肋间内肌。小心切开胸膜，并上、下扩开胸膜，注意其内的血管和正压通气情况。牵开器牵开肋骨。若需要进一步暴露，则可摘除切口前或后的肋骨，即沿肋骨长轴切开其表层的肌肉和骨膜，上、下端横断骨膜，骨膜分离器小心剥离骨膜，用线锯锯断或骨剪剪断肋骨上、下端，从骨膜内取出肋骨。

肋骨摘除

胸腔的闭合：连续或结节缝合切口两侧的肋间肌或肋骨膜。根据病情的需要，确定是否安置引流管。在完全闭合前，安置胸腔插管或临时制作的插管（除去输注皮头针的针尖，靠近针管末端处剪 2～3 个小孔）。闭合胸壁后，通过胸腔插管排出空气；若采用输液皮头针管，则将注射器连接在预置的皮头针管尾端，抽吸胸腔空气，止血钳钳夹皮头针管和注射器脱管排气交替进行，直至注射器抽吸时感觉到负压为止。依次缝合肋骨表层的肌肉和皮肤。

二、正中胸骨切开术

正中胸骨切开术可暴露两侧的胸腔，容易实施两侧或部分肺叶切除术，不可分离和处理后腔静脉、肺主动脉和两侧心包。动物仰卧保定。在胸骨柄与剑状软骨间沿胸骨中线切开皮肤，切口大小依手术需要而定。使用震荡锯或骨剪（青年动物）锯开或切开胸骨，剪开胸膜（此时胸纵隔与一侧胸骨缘相连或被切开），用牵引器牵开胸骨缘，充分止血。完成主手术后，采用钢丝（大于 15 kg 动物）或粗缝合丝（小于 15 kg 动物）缝合胸骨（与胸纵隔一起）。闭合胸骨前放置胸导管，在完成胸骨闭合后抽出胸腔内残留的空气。可用可吸收性缝线结节或连续缝合皮下组织，结节缝合皮肤。

第三节 常见腹腔手术通路

腹腔位于膈和骨盆腔之间，它前邻膈，后以骨盆腔入口为界，背面是第 13 胸椎（牛、羊、犬、猫）或第 18 胸椎（马、驴、骡）和腰部，侧界和腹底壁为腹壁肌肉和第 8～13 肋骨（牛、羊、犬、猫）或 9～18 肋骨（马）。临床上为叙述腹腔内器官的位置和手术切口，常将腹腔划分为许多区域。将大动物的腹腔划分为 10 个区域，即腹前部的左、右肋区和剑状软骨区；腹中部的左、右髂区，腰区和脐区；腹后部的左、右腹股沟区和耻骨区。

腹壁及腹腔局部解剖

手术通路是指为了显露发病的器官或病灶而在其通路上所做的组织分离。腹部手术通路通常用肷部切口、肋弓下斜切口、腹中线切口、腹中线旁切口。

一、肷部切口

肷部切口为髂腹部常用的切口。马属动物常用左肷部切口，反刍动物左、右肷部切口都常用。

1. 适应证

（1）*左肷部切口*　马属动物腹腔手术最常用的手术通路，如小肠各段闭结或小肠扭转的整复手术、盲肠假性变位的整复手术、小结肠与骨盆曲的闭结或扭转的排除与整复手术等。

在反刍动物，左肷部切口常用作瘤胃积食的取出、创伤性网胃炎的网胃内探查、瓣胃梗塞和皱胃积食的经瘤胃冲洗、左侧腹腔探查的手术通路。

（2）*右肷部切口*　常用于反刍动物小肠及结肠襻的闭结或小肠扭转的排除、肠套叠的整复及右侧腹腔探查术的手术通路。

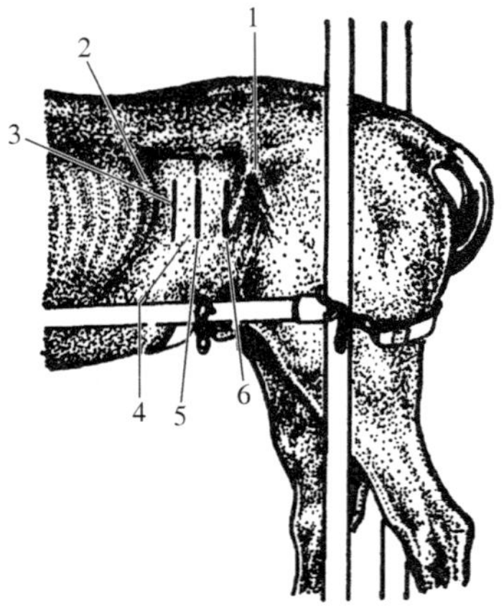

图 14-1　马的肷部切口定位

1. 髋结；2. 最后肋骨；3. 肷部前切口；4. 肷部中下切口；5. 肷部中切口；6. 肷部后切口

2. 保定与麻醉　站立保定下，施术采用腰旁或椎旁神经传导麻醉，也可采用局部浸润麻醉；侧卧保定下，施术可采用全身麻醉。犬、猫采用侧卧保定，全身麻醉。

3. 术部（图 14-1）肷部切口包括中切口、前切口、后切口和中下切口等。

（1）左（右）肷部中切口　在左（右）侧髋结与最后肋骨连线的中点，距腰椎横突下方 6～8 cm 处垂直向下做 15～25 cm 的腹壁切口，切口的长度根据手术的要求适当改变。

（2）左（右）肷部前切口　在左（右）侧腰椎横突下方 8～10 cm 处，距最后肋弓 5 cm 左右做一与最后肋骨平行的切口，切口长 15～25 cm，必要时也可切除最后肋骨作为肷部前切口。

（3）左（右）肷部后切口　在左（右）侧髋结与最后肋骨连线上，第四或第五腰椎横突下 6～8 cm 处，垂直向下切开 15～25 cm。

（4）左（右）肷部中下切口　在左（右）侧髋结与最后肋骨连线中点，距腰椎横突下方 15～20 cm 处做一平行肋骨的 15～25 cm 切口。

4. 术式

（1）皮肤切开　一次切开皮肤并分离皮下组织。

（2）腹肌分离　切开腹外斜肌；按肌纤维方向钝性分离腹内斜肌；钝性分离腹横肌并显露腹膜，切开腹膜前要彻底止血。

（3）腹膜切开　术者左手持手术镊子提起一小片折叠的腹膜，轻轻摆动，在确认镊子夹持处的腹膜上没有任何脏器附着时，方可用两把止血钳在距其旁 2 cm 处同样夹住腹膜；然后在提起的腹膜上切一小口，切开时刀片应倾斜成小的锐角；最后将切口扩大到能插入二指，用两个手指伸入切口内，以防止继续切开腹膜时损伤腹膜下的脏器。切口两侧的创缘用生理盐水纱布垫隔离，用拉钩牵开创口，显露腹腔。

（4）缝合　腹膜切口缝合前，应彻底检查腹腔内有无血凝块及其他遗留的手术物品，缝合后的创内不能留有任何死腔。用丝线或可吸收性缝线连续缝合腹膜和腹横肌；用丝线间断或连续缝合腹内斜肌与腹外斜肌；皮肤用丝线进行间断缝合。

二、肋弓下斜切口

1. 适应证　马属动物的肋弓下斜切口在左侧用于左上、下大结肠手术，在右侧用于胃状膨大部切开术、盲肠手术。反刍动物的右侧肋弓下斜切口用于牛的皱胃切开术。

2. 保定与麻醉　根据病畜的种类和手术的类别确定左侧或右侧卧保定。全身麻醉。

3. 术部

（1）马胃状膨大部切开术的肋弓下斜切口的定位方法　自右侧第 14 或 15 肋骨终末端引一延长线，距肋弓 6～8 cm 处为切口中点，切口与肋弓平行，切口长度为 25～30 cm（图 14-2）。

（2）马盲肠手术肋弓下斜切口的定位方法　基本上与胃状膨大部切开术的肋弓下斜切口

相同，但距肋弓为 8～10 cm。盲肠切口的定位，还可在距右侧腰椎横突下方 15～18 cm，于最后肋骨后方 5～7 cm 处，与肋骨平行做一 20～30 cm 的切口（图 14-3）。

（3）*牛皱胃切开术肋弓下斜切口的定位方法*　将距右侧最后肋骨末端 25～30 cm 处，定为平行肋弓下斜切口的中点。在此中点上做一 20～25 cm 平行肋弓的切口。也可在右侧下腹壁触诊皱胃轮廓明显处，确定切口的位置（图 14-4）。

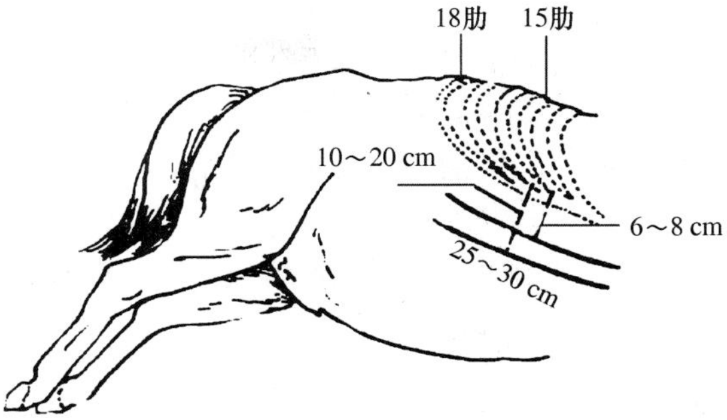

图 14-2　马胃状膨大部切开术的肋弓下斜切口

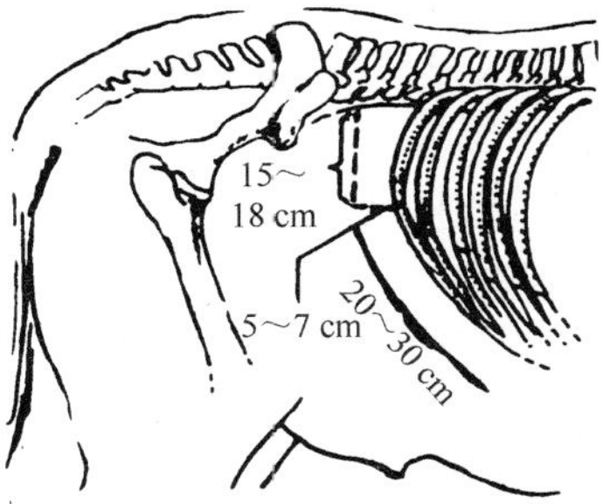

图 14-3　马盲肠手术肋弓下斜切口

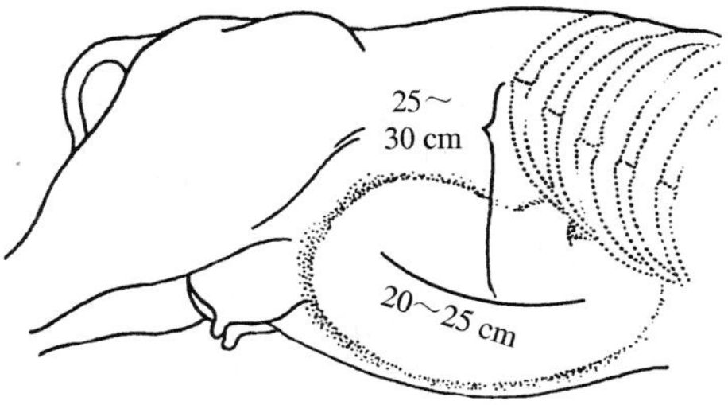

图 14-4　牛皱胃切开术肋弓下斜切口

4. 术式

1）切开皮肤时尽量避开腹皮下静脉，也可作双重结扎后切断，用纱布垫隔离切口创缘，显露腹黄膜。

2）切开腹黄膜与部分腹直肌外鞘，显露部分腹直肌。

3）按切口方向分离腹直肌，对血管结扎后切断，并尽量减少对肋间神经深支的损伤。切开腹直肌，显露腹横肌腱膜及腹膜。

4）切开腹横肌腱膜与腹膜，显露腹腔。

5）关闭腹腔时，用丝线或肠线将腹膜与腹横肌腱膜作连续缝合。

6）用丝线对腹直肌作间断缝合，用丝线对腹黄膜作间断缝合，最后间断缝合皮肤。

三、腹中线切口

1. 适应证　腹中线切口又叫腹白线切口，是小动物腹部手术最常用的切口，如胃切开术、膀胱切开术、母犬和猫的卵巢或子宫切除术等。也适用于马属动物广泛性大结肠闭结时的肠侧壁切开术、胸膈曲扭转整复术、小肠全扭转整复术、直肠破裂修补术等。

2. 麻醉与保定　仰卧或半仰卧保定。全身麻醉。

3. 术部　根据手术目的，可在脐前或脐后部中线上做切口，切口长度视需要而定，一般为 8～20 cm，必要时可越过脐部延长切口。

4. 术式

（1）*切开皮肤*　切开皮肤，分离皮下脂肪（犬、猫），显露腹中线。

（2）*切开腹白线*　左手持有齿镊子夹持腹中线并上提，右手持手术刀经腹中线向腹腔内戳透腹膜后退出手术刀；将手术剪的一个剪股经小切口伸入腹腔内，一边将手术剪的剪端向腹外撬起，一边剪开腹中线，扩大腹中线切口。也可在手指的导引下切开腹中线和扩大腹中线切口。切开腹壁后，若镰状韧带影响手术操作时可切除镰状韧带。应先将镰状韧带从腹腔中引出，从切口后端向前在与两侧腹膜连接处剪开，至肝的左内叶与方叶之间的附着处用止血钳夹住，经结扎后切除镰状韧带。

（3）缝合　腹膜用丝线或可吸收性缝线做连续缝合，腹中线用丝线做间断缝合，皮肤及皮下脂肪用丝线做间断缝合，注意不能遗留死腔。

四、腹中线旁切口

腹中线旁切口，又叫腹白线旁切口。

1. 适应证、麻醉与保定　与腹中线切口相同。

2. 术部与术式　切口位于腹中线旁的平行腹中线，有三种定位法：经腹直肌内侧缘的腹中线旁切口；经腹直肌外侧缘的腹中线旁切口；经腹直肌切口。

1）经腹直肌内侧缘 0.5～1 cm 处的腹中线旁切口。切口以脐部分为脐前中线旁切口和脐后中线旁切口。根据手术要求可以延长切口。切开皮肤显露皮下疏松脂肪组织（犬、猫），用手术剪分离皮下脂肪组织显露腹黄膜（马、牛），切开腹黄膜显露腹直肌外鞘，切开外鞘显露腹直肌纤维。将腹直肌用拉钩向外侧牵拉显露腹直肌内鞘和腹膜，然后切开腹直肌内鞘和腹膜进入腹腔。

2）经腹直肌外侧缘 0.5～1 cm 处的腹中线旁切口。切开皮肤，分离皮下脂肪（犬、猫），切开腹黄膜（马、牛）和腹直肌外鞘，显露腹直肌纤维。用拉钩将腹直肌纤维向腹中线方向牵拉，显露腹直肌内鞘和腹膜，切开内鞘和腹膜进入腹腔。

3）经腹直肌切口。该切口是纵向通过腹直肌。此切口在分离腹直肌纤维时出血较多，但切口缝合后不易发生切口裂开，切口愈合良好。

上述三种腹中线旁切口的闭合方法：用丝线或肠线对腹直肌外鞘、内鞘及腹膜进行连续缝合。大动物再间断缝合腹黄膜和皮肤。

第四节　常见盆腔手术通路

一、经肛手术通路

该通路适用于直肠末端病变（如肛门狭窄、肿瘤、创伤或坏死）的手术。

术前禁饲固体食物 24 h，灌肠。患病动物俯卧保定，用止血钳扩张肛门括约肌；经肛门于直肠置入牵引线 4 针（上、下、左、右），距肛门括约肌约 1 cm，以便肠吻合。牵拉牵引线使直肠外翻。在牵引线之前的直肠内壁上再做 2～3 针牵引线，并在前、后牵引线之间环行切开直肠壁，约为直肠直环周的 1/3。通过切口钝性分离直肠壁外的疏松组织，辨认肠壁病变组织，在距病变 1 cm 处的健康组织上切除病变肠段。采用可吸收性缝线间断缝合法吻合肠壁切口，继续环切肠壁，并再进行肠吻合，如此重复，直至完成整个肠壁的环切和缝合。

注意：术后可出现暂时性里急后重、便血。若直肠神经损伤或大范围切除，可引起长期大便失禁；因瘢痕组织形成可继发狭窄。

二、肛旁侧切口

该通路适用于直肠憩室切除、盆区尿道结石或尿道破裂、会阴疝修补、肛门囊摘除、直肠肿瘤等手术。

在距肛门外侧，肛门与坐骨结节之间，由尾根旁至肛门腹侧做弧形切口；切开皮下组织暴露盆膈（图 14-5）；分离肛门外括约肌和肛提肌之间的筋膜（图 14-6）；注意保护阴部神经和血管；间断缝合肛门外括约肌和肛提肌，常规缝合皮下组织和皮肤。若为会阴疝，则肛提肌和尾骨肌可以发生撕裂，此时则需进行修补术。

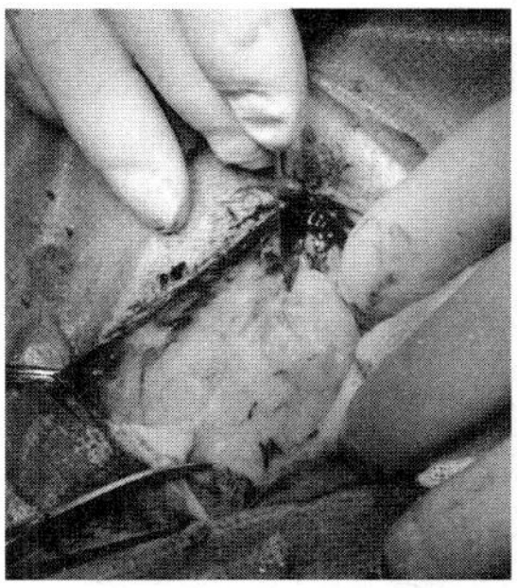

图 14-5　肛旁侧切口

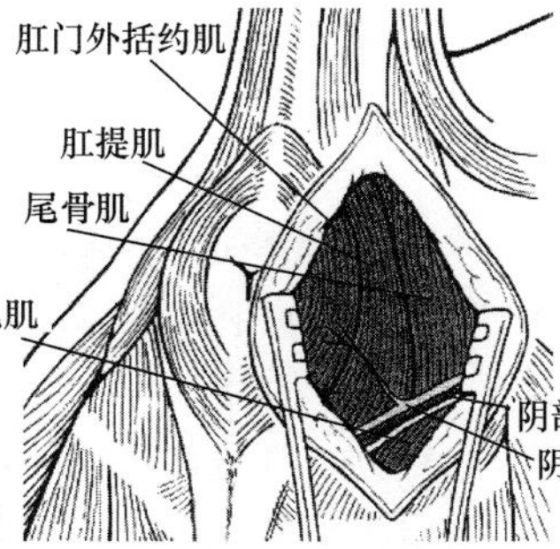

图 14-6　肛旁侧切口解剖结构

三、肛背侧切口

该通路适用于直肠后部或中部的损伤修复手术。

患病动物俯卧保定，抬高骨盆，将尾巴固定在背部，垫起动物后肢的前面以防压迫股神经。在肛门和尾根之间，由一个坐骨结节向另一个坐骨结节做弧形皮肤切口（图 14-7）。辨认直肠、肛门外括约肌、肛提肌、尾骨肌和直肠尾骨肌，横断直肠尾骨肌，部分切断肛提肌。切除病变直肠，进行直肠端端吻合。用可吸收性缝线缝合直肠尾骨肌和肌门提肌，皮肤行结节缝合。

四、耻骨联合切开术与耻骨坐骨截骨术

该通路适用于骨盆内尿道吻合术、前列腺肿瘤切除。耻骨联合切开术不如耻骨坐骨截骨术暴露的术部充分。

动物仰卧保定，耻骨联合切开术时沿耻骨联合切开皮肤，切开整个内收肌腱膜，分离并牵开内收肌，切开耻骨联合，用自固定牵引器把耻骨和坐骨分开。

行耻骨坐骨截骨术时，在暴露耻骨和坐骨后，在耻骨和坐骨切开两侧的预钻孔，钝性分离耻骨与坐骨正中的闭孔肌，用振荡骨锯完成耻骨和坐骨的截骨，向一侧翻转中央骨板（图 14-8）。闭合时，由钢丝通过预钻孔固定耻骨和坐骨。缝线穿过中央骨板孔与邻近的闭孔肌缝合固定，用丝线缝合两侧内收肌肌腱，皮肤行结节缝合。

五、外阴联合处切口

该通路适用于深部的阴道增生脱垂、阴道肿瘤手术。

动物俯卧保定，沿外阴联合处切开皮肤及皮下组织，剪开阴道黏膜顶壁，暴露阴道底壁，充分止血（图 14-9）。用可吸收性缝线闭合阴道黏膜顶壁层，用丝线结节缝合皮肤。

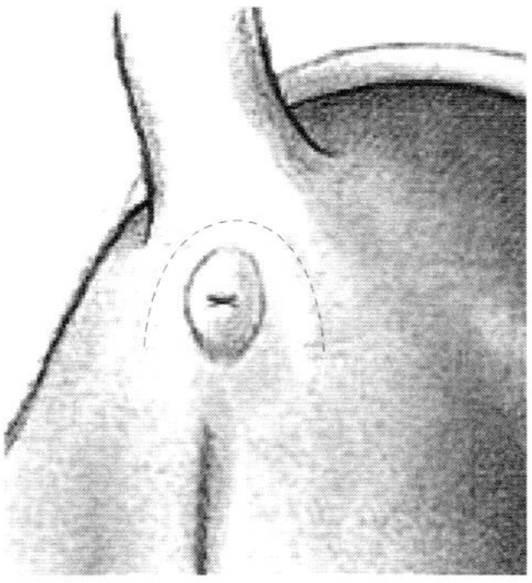

图 14-7　肛背侧切口

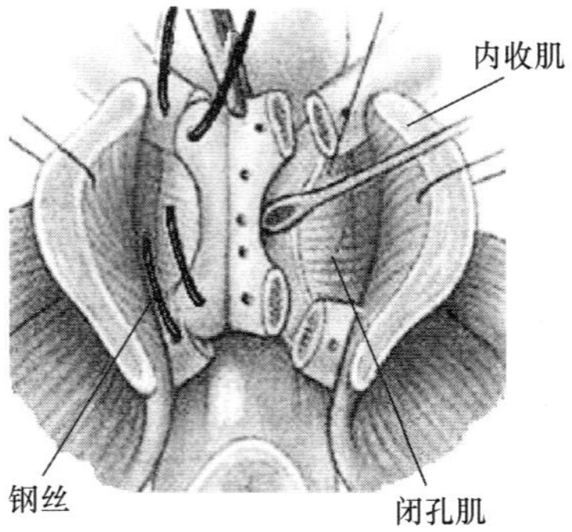

图 14-8　耻骨坐骨截骨术

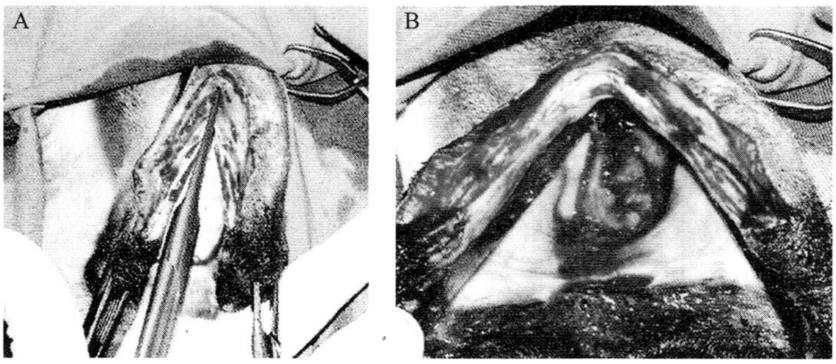

图 14-9　外阴联合处切口

A．剪开阴道黏膜顶壁；B．暴露深部阴道新生物

第十五章 呼吸系统疾病

第一节 豁　　鼻

豁鼻（laceration of the muzzle）是指由于鼻栓或鼻绳对鼻栓孔的钝性磨损、切割、撕裂等造成的一种鼻缺损。常见于役用牛，尤以性情执拗的水牛多发。豁鼻对牛本身的健康并无大碍，但给使役和饲养管理带来很大的不便。

病因　管理不善，如鼻栓结构不良，或者用绳、铁丝等拴鼻，使鼻栓孔磨损溃烂；穿鼻部位置不当或牛犊穿鼻过早；使役时粗暴地猛拉鼻绳，引起鼻端的撕裂。

治疗　主要通过手术修复鼻缺损部，可采用公母榫吻合术和深"8"字缝合术。

动物取站立保定，对躁动不安的牛也可侧卧保定，确实固定其头部。采用眶下神经传导麻醉配合局部浸润麻醉，即将注射器的针头沿眶下孔（由眼眶外角平行鼻背做一直线为眶线，再由上颌第一前臼齿的齿前线做一垂直于眶线的齿槽线，此两线的交叉处可触摸到一凹陷处）略向外上方刺入3～4 cm，注入3%盐酸普鲁卡因溶液10～15 mL，另一侧采用同样的方法麻醉眶下神经，再用0.5%～1%盐酸普鲁卡因青霉素溶液40 mL对两侧颊背神经的颊唇支作浸润麻醉。用电针作两侧眶下神经麻醉和术部浸润麻醉也可获得较好的效果。对于性情凶暴的牛，可采用眶下神经传导麻醉配合全身镇静。

（1）公母榫吻合术　将鼻和上唇洗净，各用两根竹条分别在距鼻上、下端4～5 cm处夹持固定以防手术中出血，术部常规消毒。切去上部游离端的黑色表皮，使成突出的公榫（楔状），在下部的断面则挖一个形状、大小、深度与公榫相当但略小的母榫。以鼻中线为界，左右各作一针埋藏缝合，以减少术部感染及防止缝线在术后被牛舌舐断。在用灭菌生理盐水或0.1%新洁尔灭溶液洗净术部凝血块并用纱布吸干后，再以2%碘伏消毒，将公榫对合入母榫内，把鼻顶两根埋藏缝合的线抽紧打结。为使创缘密接，可在创口结合部的左、中、右各行一针结节缝合（图15-1）。

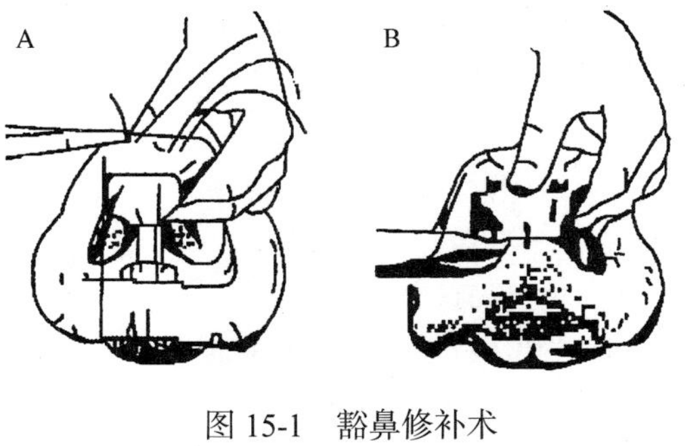

图15-1　豁鼻修补术

A. 埋藏缝合；B. 结节缝合

（2）深"8"字缝合术　将鼻上、下断端分别切削成横椭圆形的新鲜平面创，用10号丝线作4～5针深"8"字缝合。即由鼻上端前缘0.3～0.5 cm切面处进针，垂直横轴方向行走至近横轴时穿出，再在鼻下端切面横轴附近穿入，距其后缘0.3～0.5 cm处穿出，由鼻上端切面对应部向术者方向穿插入，至近中轴时穿插出，最后由鼻下端切面中轴附近穿入，距其前缘0.3～0.5 cm处穿出，这样就完成了一个深"8"字缝合，将缝线两游离端钳夹在一起。同样再作其余几针缝合，用生理盐水清洗创面后，逐一抽紧缝线并打结。另外，在创缘的两侧及前方另做几针皮肤结节缝合，整理缝合的创缘。

护理 保持术部清洁，在 7 d 内除吃草、饮水外，平时均要求戴口笼（竹、铁丝或麻绳编的嘴罩）。每天肌内注射青霉素 2 次，连续 3～5 d。一般创口取第一期愈合，术后 8 d，公母榫吻合术需拆除结节缝线和埋藏缝线，深“8”字缝合术仅需拆除皮肤结节缝线。

第二节　鼻旁窦蓄脓

马和牛的鼻旁窦解剖

鼻旁窦蓄脓（empyema of the paranasal sinuses）是指鼻旁窦内的黏膜发生化脓性炎症而导致的窦腔内脓汁潴留。鼻旁窦包括额窦、上颌窦、蝶腭窦、筛窦等，临床上常见额窦和上颌窦蓄脓。鼻旁窦蓄脓多发于马，其他动物较少见。

一、马鼻旁窦蓄脓

病因 马的鼻旁窦感染、蓄脓较为常见，鼻旁窦炎和鼻旁窦蓄脓主要由牙齿疾病（如上颌后臼齿发生龋齿、化脓性齿槽骨膜炎、齿瘘等）引起，还可由额骨或上颌骨骨折引起。此外，某些传染病（如马腺疫、马鼻疽）或肿瘤、异物进入等均可导致鼻旁窦炎与鼻旁窦蓄脓。

症状 大多数病例没有明显的全身症状。通常有一侧性鼻液，病初为浓淡不定的黄白色脓样鼻液，并有恶臭，鼻液随着咳嗽或低头时排出增多。病畜头部常呈倾斜姿势，有时下颌淋巴结肿大。由于分泌物的潴留与黏膜的肥厚影响患畜呼吸，因此并发鼻塞鼾音，在病畜安静时能看出鼻翼的开张状态，与健侧对比明显。局部骨骼微膨隆，颜面丑形，幼驹最为明显，同时骨骼因脓液侵蚀变软。叩诊时因渗出物的潴留呈浊音，但窦内充满气体或渗出物少量时，浊音不明显。在病初或老马叩诊时多为阴性反应。如果脓性鼻液中混有屑或饲料，表明龋齿或牙齿缺损与上颌窦相通；混有腐败血液，则表明窦内可能有坏疽或恶性肿瘤。

诊断 根据症状、局部触诊和视诊做出诊断。在临床上，此病与骨软病相混淆，鼻旁窦炎在叩诊时多呈浊音，穿刺时局部坚硬不易刺入；骨软病在叩诊时多呈鼓音，穿刺时骨质较疏松而容易刺入。必要时还可进行 X 线诊断。

治疗 鼻旁窦蓄脓需通过圆锯手术打开鼻旁窦，排除脓液，进行引流治疗。手术治疗方法如下。

（1）手术器械的准备　除一般常用外科器械外，还需准备一套圆锯器械，如圆锯、骨膜分离器、球头刮刀、骨螺子。

（2）动物的保定与麻醉　动物柱栏内保定，切实固定头部。局部浸润麻醉，少数烈性马还需使用镇静药物。齿源性上颌窦炎需做牙齿打出术者，则应全身麻醉，侧卧保定。

（3）额窦的引流通路及圆锯部位　马额窦的额部直接与鼻甲部相通，后者与鼻腔仅由上鼻甲的薄壁隔开。窦内液体流出的合理路径是在相当于额窦鼻甲部前界一点上穿过上鼻甲内侧做一个人工开口，使液体引流到鼻腔。术者的拇指和食指沿鼻骨向后触压直到其分叉处，即额窦的鼻甲部前界。先在此界后约 6 cm、离中线约 3 cm 处做圆锯。食指经圆锯孔向前方进入额骨鼻甲部，引导马用导尿管由鼻腔内经上鼻甲骨内侧间隙刺入额窦鼻甲部。将纱布一端结系于导尿管端，经圆锯孔和上鼻甲骨内侧间隙进入鼻腔。该引流纱布条应有足够的长度，以便一端保留在鼻孔外，另一端保留在圆锯孔外，并在颜面部打结。

（4）上颌窦的引流通路及圆锯部位　由内眼角引一与面嵴平行的线，再由面嵴前端做一垂线与前线相交。这两条假想线与眼眶前缘和面嵴构成一长方形，在此长方形内做两条对角线，将长方形划分为 4 个三角形，靠近眼眶的三角形为后窦的圆锯位置，最远的三角形为前窦的圆锯位置，两对角线的交点为窦内中隔板所在位置，可同时打开前、后两个窦（图 15-2）。上颌窦前室常单独发生蓄脓，很少涉及其他窦腔的感染。老龄马因为齿根不十分长，上颌窦前室蓄脓可穿破鼻甲，通过眶下管建立引流；幼马的齿根较长则阻挡了此点，需用一沟状器械通过圆锯孔，越过眶下管，进入上颌窦前室的鼻甲部，然后用力将器械的尖端通过下鼻甲内侧而进入鼻腔，穿入纱布条，将两端在面部打结。上颌窦后室的引流可通过中隔板处的圆锯引流。许多病例第 5、6 臼齿已经除去，可利用臼齿产生的通道进行引流。

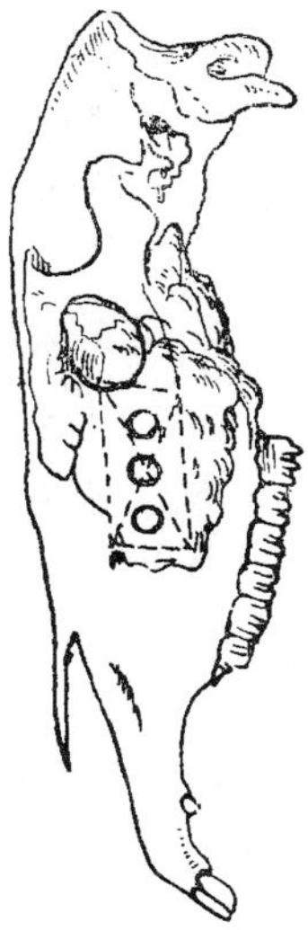

图 15-2　马上颌窦术部（虚框）

（5）圆锯术式　在术部瓣形切开皮肤，钝性分离皮下组织或肌肉直至骨膜，彻底止血后在圆锯中心部位用外科刀十字或瓣状切开骨膜，用骨膜剥离器把骨膜推向四周，其面积以容纳圆锯稍大为度。将圆锯的锥心垂直刺入预作圆锯孔的中心点（调整锥心突出齿面约 3 mm），使全部锯齿紧贴骨面，然后开始旋转圆锯，分离骨组织。待将要锯透骨板之前彻底除去骨屑，用骨螺子旋入中央孔，向外提出骨片，用球头刮刀整理骨创缘，最后进行窦内检查或除去肿瘤、异物等。

（6）化脓性炎症的治疗　清除鼻旁窦内的脓性分泌物，用防腐消毒药液（2% 明矾溶液、0.1% 高锰酸钾溶液、0.1% 呋喃西林溶液、0.1% 鞣酸溶液、碘伏等）反复冲洗窦腔，排出洗液后采用上述引流通道引流。每日用防腐消毒药冲洗并更换引流纱布条一次，直至炎性渗出停止。皮肤一般不缝合或假缝合，外施以绷带。若未建立引流通道，也可填充灭菌纱布，每日药物清洗，并更换纱布，但可能需经较长时间的治疗。

二、牛额窦蓄脓

牛额窦蓄脓往往由去角手术或角外伤引起。成年牛的额窦与角突相通，当在有风和满布灰尘的条件下去角时，总是发生轻度额窦炎。

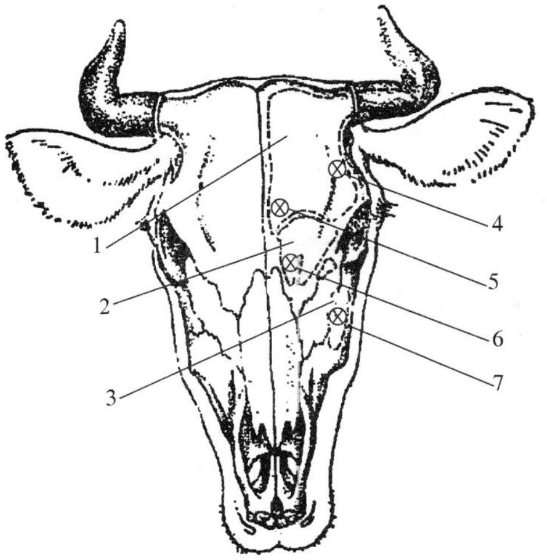

图 15-3　牛额窦、上颌窦解剖及术部

1. 主额窦；2. 副额窦；3. 上颌窦；4. 额窦眶后术部；5. 主额窦前内术部；6. 副额窦前内术部；7. 上颌窦术部

症状　牛额窦蓄脓时平常不易发现，直至额骨发生隆起或者眶后憩室部的额骨增厚。有的病例，脓汁向脑挤压颅骨，引起脑障碍症状，病畜头部顶墙或抵于饲槽，可周期性地出现癫痫或痉挛，有时病畜伸颈。乳牛发病使产乳量下降。如果额窦与颞窝之间的薄板发生破损，脓会蓄积在眼的后方，使眼球突出；脓汁压迫鼻甲，可致鼻腔狭窄或完全阻塞。

治疗　采用以额窦圆锯术为主的手术疗法。额窦蓄脓常出现在眶后憩室，病侧组织明显增厚，根据触诊和观察病部额窦与健窦的厚度差异做出确诊。额窦眶后憩室蓄脓可在骨嵴的内侧、眼眶后缘 4～5 cm 处做圆锯，引流治疗。额窦其他部位的引流可在两眼中线的后面离开中线 4～5 cm 处做圆锯（图 15-3）。若患部骨质已变疏松，最好在患部突出部位上做圆锯手术。牛的上颌窦很少积液，其圆锯位置是在面嵴前端后背侧。青年牛要避开齿根。

圆锯术式及化脓性炎症的治疗同马鼻旁窦蓄脓。

第三节 软腭过长症

软腭过长症（elongated soft palate）是指软腭向后延长，超过 1～3 mm 到达会厌的尖端。短头犬常见，其与外鼻狭窄和喉小囊外翻均是短头综合征的一部分。

病理 软腭过长症是先天性异常，通常动物刚出生就存在，没有性别差异。吸气时向后拉长，阻塞声门背面。有时它可以被吸入杓状软骨的小角状突起之间，增加吸气力度并形成更多的湍气流。喉黏膜发炎或水肿时，上呼吸道变得更狭窄。呼气时软腭尖端可进入鼻咽部。吞咽时的协调换气被阻塞引起吞咽障碍。

症状 患有上呼吸道阻塞的动物有典型的呼吸杂音（气喘音）和呼吸困难（尤其是吸气时）的病史。如果吞咽换气时气道正常闭合，有些动物就会因为吞咽困难而出现干呕或呕吐黏液，常见为运动的不耐受、发绀和虚脱，并且兴奋、应激及温度湿度增加都会使病情恶化。睡眠（呼吸紊乱）时表现不安。常在 2～3 岁时才表现出症状。老年动物常并发喉塌陷。

诊断 喉部可闻响亮鼾声，吸气力度增大。视诊前通常需镇静或麻醉以免加重呼吸窘迫。会厌软骨上的软腭过长（经常超过 1 cm），从背侧移开软腭便于观察杓状软骨。软骨软腭经常增厚，有粗糙不平的、发炎的尖端。杓状软骨经常发炎和水肿。

手术治疗 软腭过长症的手术切除治疗最好在动物年幼（如 4～24 个月）且发生喉软骨退化和塌陷前进行。术前使用抗炎剂量的皮质激素减小喉肿胀和术后阻塞。全身麻醉后进行保定，动物胸卧保定，使口完全张开。上、下颚分别向上、下拉，为安全起见，用纱布条向下牵拉下颚。

用会厌尖端和扁桃体的后缘或中点做标记，标记出要切除的部分。用组织镊夹住软腭，在其两侧边缘放置牵引线，用剪刀、高频电刀等横断软腭宽度的 1/3～1/2。切除太少不能立即减轻呼吸困难，但切除太多可导致鼻反流、鼻炎、鼻窦炎。采用结节或连续缝合法缝合黏膜。连续横断并缝合直到多余的软腭都被切除。

护理 呼吸困难的动物，手术后要进行严密的监护。注意动物是否有进一步的喉塌陷和呼吸杂音是否减少，延长拔管时间。黏膜过度肿胀可引起窒息，术后要求住院观察 24～72 h，并使用皮质激素。

第四节 喉小囊外翻

喉小囊外翻（eversion of laryngeal saccules）是短头综合征的一种表现，是指在喉隐窝内层的黏膜脱出。多发生在 2～3 岁，且多有喘鸣性呼吸音和呼吸困难病史的动物。

症状 与动物的鼻狭窄和软腭过长症相似，喘鸣在吸气时最明显。动物有轻度到重度的呼吸困难时，吸气力度较明显增加。喉小囊急性外翻时，呈白色，有反光感；喉小囊慢性外翻时，粉红色肉质。

治疗 治疗喉小囊外翻的同时应纠正鼻狭窄和软腭过长症。手术治疗方法如下。

动物麻醉后，胸卧保定，口完全张开。上、下颌分别向上、下拉，为安全起见，用纱布条向下牵拉下颌。向背中侧牵拉气管内的插管，使喉小囊位于一侧，便于观察。用长柄钳、活检钳或喉钳抓住外翻的喉小囊，用长柄弯剪横断外翻组织的基部，将其切除。

术后护理　应当密切关注患病动物的呼吸窘迫情况。手术部位轻微的出血会引起咳嗽、窒息和吐血。术后引起的肿胀会导致严重的喉阻塞，需要使用暂时性的气管切开术。

第五节　喉　麻　痹

喉麻痹（laryngo paralysis）是指支配喉部肌肉的神经受到各种损害，使杓状软骨和声带不能外展而发生的机械性通气障碍。它是一种临床症状，而不是一个独立的疾病。喉麻痹多见于犬、猫，可能为单侧性，也可能为双侧性，但单侧性的通常不表现临床症状。

病因　可分先天性和后天性。先天性的多与遗传有关，多在1岁以下的动物出现症状。后天性的可分为中枢性和周围性两种，其中以周围性多见。

（1）中枢性　两侧大脑皮层的喉运动中枢由神经束与二侧疑核相连系，故每侧肌肉均接受来自两侧大脑皮层的冲动，因而皮层病变引起的喉麻痹，临床上极为少见。颅后窝炎症、延髓及桥脑部肿瘤均可引起声带麻痹。

（2）周围性　凡病变主要发生在喉返神经或迷走神经离开颈静脉孔以至分出喉返神经之前的任何部位所引起的喉麻痹，均属周围性。颅底骨折、甲状腺手术、颈部及喉部的各种外伤、颈部脓肿、肿瘤（甲状腺癌、淋巴肉瘤等）、肺尖部结核性粘连、心包炎、外周神经炎等均可引起对喉神经的压迫或损害，引起声带麻痹。

症状　发病早期，动物仅表现作呕、咳嗽，尤其在吃食或饮水时明显。随气道阻塞加重，动物耐受力降低，喉喘鸣音增大（尤其吸气时）。严重者出现呼吸困难、发绀，甚至昏厥。病程发展缓慢，可持续数月或数年，才出现呼吸障碍。

诊断　通过听诊、喉镜检查等做出诊断。听诊可发现喉部高音调杂音；X线检查可确诊是否由肺部病变引起；喉镜检查可发现吸气时杓状软骨和声带不能外展，不随呼吸而移动。本病应与喉狭窄、喉塌陷、气管塌陷和充血性心力衰竭相区别。

治疗　首先针对病因及症状进行治疗，如为脓肿或肿瘤压迫，应尽早切开脓肿或摘除肿瘤。为减轻喉部炎症和水肿，可给予皮质类固醇类药物。呼吸严重困难者应施气管切开。

本病也可手术治疗。实施的手术主要有三种：①杓状软骨侧移术；②经口腔或喉腹侧切口通路进行声带切除（参见犬消声术）或部分杓状软骨切除术；③永久性气管切开术。

杓状软骨侧移术（lateralization of the arytenoid cartilage）：可进行单侧或双侧杓状软骨侧移术，依据需要增加声门的大小而定。

动物仰卧保定，在喉部做腹中线旁切口，分离胸骨舌骨肌暴露甲状软骨和环状软骨，旋转喉头以暴露甲咽肌，在甲状软骨的背后侧横断该肌。注意不要损伤迷走神经、返喉神经、颈动脉等。向外侧牵引甲状软骨翼，切开环甲关节及环甲肌，使环甲关节松脱。分离环杓背侧肌及与背侧杓状软骨相连的籽骨带，使杓状软骨完全分离。用非吸收性缝线结节缝合环状软骨肌突与甲状软骨的背后侧缘，使杓状软骨展开。助手可经口观察喉门的大小，以确定杓状软骨外展是否合适。结节缝合甲咽肌，常规缝合皮肤组织及皮肤（图15-4）。

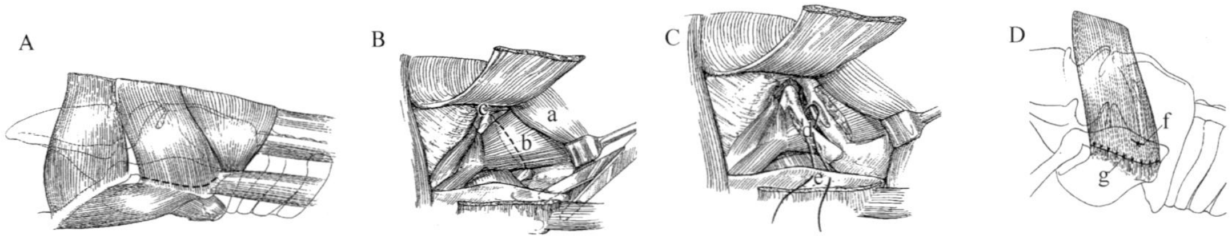

图 15-4 杓状软骨侧移术

A. 喉及其邻近的肌肉，在甲状软骨韧带附近切断甲咽肌，如虚线所示；B. 向后牵拉环咽肌，暴露环甲关节，用剪刀剪开该关节（a），在环杓关节的表面切断环杓背侧肌，虚线所示（b），在角状突间切开环杓关节（c）；C. 缝合杓状软骨（d）与甲状软骨（e）；D. 杓状软骨与甲状软骨缝线打结，向侧方牵拉环状软骨以使甲状软骨返回其正常位置（f），结节缝合甲咽肌（g）

第六节 气管异物

气管异物（foreign body in tracheal）一般较少见，但如果发病，常比较危急。

病因 寄生虫如奥斯勒丝虫、蛔虫等寄生或于气管、支气管中移行而致。在咽麻痹、喉麻痹、食道阻塞、全身麻醉或麻醉未完全苏醒等情况下，吞咽反射减弱或消失，水或食物吸入气管、支气管中。反刍动物麻醉稍深，胃内容物反流，极易进入气管；另外，一些麻醉药还可刺激产生大量的气管分泌物。宠物尤其是幼龄者在进食，以及口中含着玩具和其他相对较小的异物时，因打闹、受惊吓等而深吸气，极易将异物吸入气管。在用胃管给动物投药或投食物时，误把导管插入气管所致，如果投入物为液体和粉末还可能导致吸入性肺炎。

症状 异物进入气管后，由于黏膜受刺激而引起剧烈呛咳，继而出现呕吐和呼吸困难，但片刻后症状可逐渐减轻或缓解。

临床表现可视异物的大小和停留于气管的部位不同而异。如异物较大，顿于喉头，可立即窒息死亡；如是不全阻塞，会有吸气性呼吸困难和喉鸣。异物停留于气管者，可随呼吸移动而引发剧烈阵咳和呼吸困难，出现气喘哮鸣。如异物随呼吸气流撞击气管，可闻气管拍击音，触诊气管时，气管有撞击感。异物停于一侧支气管，患畜咳嗽、呼吸困难及喘鸣症状会减轻；但稍后则可能因为异物阻塞和并发炎症，产生肺气肿或肺不张。少数细小的异物可进入末梢支气管，但一般无明显的症状；经数周或数月后，肺部可产生病变，如反复发热、咳嗽、慢性支气管炎等。麻醉过深的反刍动物出现胃内容物反流时，常造成大量的胃内容物进入气管、支气管，若抢救不及时则引起死亡或严重的异物性肺炎。

诊断 一般根据病史、症状即可诊断。必要时可做X线透视后拍片，以及支气管镜检查。

治疗 异物已进入气管或支气管，需通过喉镜、气管镜、支气管镜检查，并将其取出或手术取出。若反刍动物在麻醉期间出现胃内容物反流，应立即切开气管，清除气管和喉头的异物。如取出异物时导致喉部损伤，或者可能发生喉水肿时，术后应使用抗生素及肾上腺皮质激素治疗；如为寄生虫性异物，应使用相应的抗寄生虫药物。

▶ 气管切开术

第七节 气管萎陷

气管萎陷（collapsing trachea）是指气管软骨的松弛和变平导致的气管腔狭窄或阻塞的一种疾病，主要见于犬。

病因与病理　气管萎陷的病因不十分清楚，可能包括遗传性因素、营养性因素、变态反应性因素、小气管疾病和软骨基质退化等。患病的气管软骨出现细胞减少，糖蛋白和黏多糖丢失，胶原纤维增多，软骨失去韧性。气管通常在背腹侧发生萎陷。根据气管腔的狭窄程度，气管萎陷可分为 4 级（图 15-5）。Ⅰ级：气管接近正常，气管背膜（气管肌）稍下垂，气管软骨维持“C”形，气管腔缩小约 25%。Ⅱ级：气管背膜变宽、下垂，气管软骨部分变平，气管腔减少约 50%。Ⅲ级：气管背膜几乎与气管软骨部的黏膜接触，气管软骨几乎扁平，管腔减少约 75%。Ⅳ级：气管背膜与气管软骨部的黏膜相贴，气管软骨扁平、可向背侧反转。气管萎陷可发生在颈部或胸部。颈部气管的背膜在吸气时因管腔内的负压而内吸出现萎陷，胸部气管在呼气时因胸腔压力而出现萎陷。

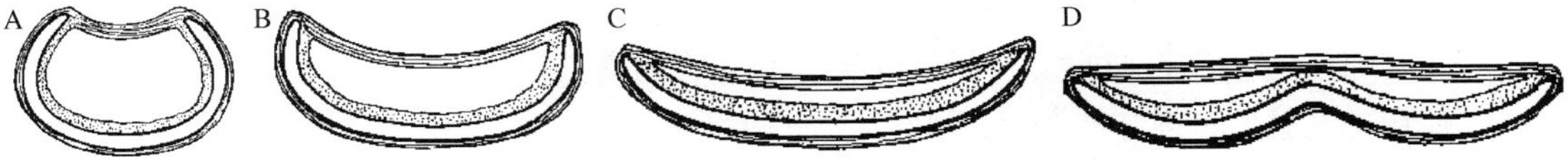

图 15-5　气管萎陷分级

A. Ⅰ级；B. Ⅱ级；C. Ⅲ级；D. Ⅳ级

症状　临床上表现为有长期的慢性咳嗽病史，运动的耐受性下降。随着病程的发展，在阵发性咳嗽时发出“雁鸣”声，肺部呼吸音粗粝，有时干呕。张口呼吸，有不同程度的呼吸困难，在吸气（发生在颈段气管）或呼气时（发生在胸段气管）明显。咳嗽往往呈复发性或突发性。患犬稍运动，则出现可视黏膜发绀，甚至虚脱，常伴发慢性二尖瓣疾病或心肌肥大，特别是肥胖犬。气管感染、有害气体刺激、湿热气候也会加重症状。

诊断　根据长期的慢性咳嗽病史、阵发性咳嗽时发出“雁鸣”声、触诊及 X 线等检查做出诊断。若发生在颈部，触诊可发现气管背腹扁平，环枕关节伸展时呼吸困难可能明显。在吸气和呼气时分别拍摄颈部或胸部侧位的 X 线片，有一定的诊断价值。内镜检查可以方便地检查气管和主支气管在呼吸过程中的动态运动状况。超声波检查显示，正常的气管呈现圆的强回声截面，而气管萎陷时在过度伸展位置时呈现椭圆形或豌豆形。

治疗　治疗可采用保守治疗和手术治疗。

（1）保守治疗　对于病程短、气管萎陷不严重的病例，保守治疗可起到减轻、缓解病情甚或治愈的目的。治疗气管萎陷，首先应对症治疗，控制诱因，如咳嗽和喘息等，应尽快使动物恢复安静。肥胖犬应适当减肥，还应避免刺激性气体或过敏原的刺激。对于咳嗽可用二氢可待因酮；扩张支气管可采用氨茶碱、硫酸特布他林、硫酸沙丁胺醇等。如发现患犬黏膜发绀，则需要进行吸氧。抗菌消炎药可防止继发感染。

（2）手术治疗　严重的病例需要手术治疗。手术方法有很多，主要有气管背膜折襞术和气管外支架术。

1）气管背膜折襞术（dorsal tracheal membrane placation）：适用于Ⅰ级和Ⅱ级气管萎陷的病例，有坚硬的 C 形气管软骨，仅气管背膜松弛。

术前准备：患气管萎陷的犬常伴有上呼吸道阻塞、鼻孔狭窄、软腭过长、喉麻痹、喉萎陷或喉室外翻等。手术前如不排除或缓解这些病变，则难以实施气管矫正术。给予合适的抗生素和适量的皮质类固醇治疗，可防止黏膜肿胀。应保障氧气供应。除非需抑制过多的气管分泌物，否则术前不应使用阿托品。因阿托品可使气管分泌物黏稠，不易排出，可导致气管狭窄。

术式：沿颈腹中线切开皮肤，从喉头切至胸骨柄处，若胸段气管发生病变，则继续进行胸骨切开术。经右侧分离暴露气管的背侧面，用非吸收性缝线对气管背膜做间断水平褥式缝合术。然后清理创口，常规闭合切口（图 15-6）。

2）气管外支架术（external stent）：多使用开口环支架支撑。开口环支架可利用聚乙烯注射器筒、其他管状材料或高密度多孔聚乙烯材料等制作，内径应与需要支撑的气管的大小相符合。术前应使用广谱抗生素和皮质内固醇药物，以防止感染及气管黏膜术后的肿胀。

术式：颈腹侧切口与气管背膜折襞术相同，可用于颈部气管和胸段前 3～4 cm 的气管的支架术。若胸段其他气管病变，则切口应沿至右侧第五肋间隙，并通过此肋间隙进入胸腔。暴露气管，注意不要损伤其背外侧的血管和神经。在气管和返喉神经及右侧甲状腺动脉间分离筋膜组织，开口环置于气管的背侧，以包裹气管 2/3～3/4。将丝线穿过开口环上的小孔，并与气管软骨邻近的组织或软组织缝合固定（图 15-7）。肉芽组织也能够生长固定环状支架。

术后护理：术后要连续 5～10 d 使用抗生素，且至少连用 3 d 皮质类固醇激素。患犬在康复过程中经常会有顽固性咳嗽，可能是气管内的插管和穿透气管的缝线引起的炎症和水肿所致。如使用支气管扩张剂、抗炎药和镇咳药后仍继续顽固性咳嗽，则应检查其原因。

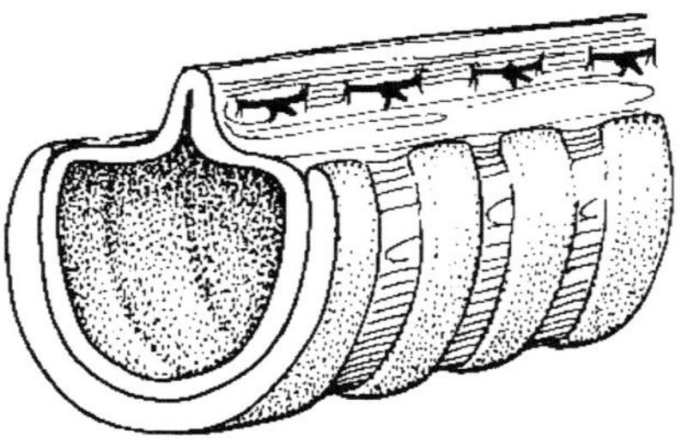

图 15-6　Ⅱ级气管塌陷的背膜间断水平褥式缝合

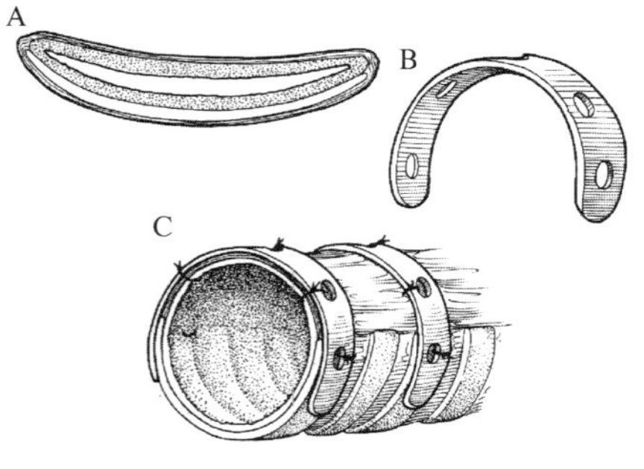

图 15-7　气管塌陷的塑料环支持

A. Ⅲ级气管塌陷；B. 有孔开口环支架；C. 背侧膜与开口环支架的固定

3）气管内支架术（endotracheal stent）：根据 CT、胸透，确定气管狭窄段的长度及直径，选择合适的支架。支架应长出狭窄段 10 mm 以上；为了防止移位，其直径应略大于所留置气管直径。

术式　透视监视下经口、咽喉将导丝通过气管狭窄段；沿导丝将扩张鞘（其前端部带有不透 X 线的标记）及扩张器置于气管狭窄下端，保留导丝，迅速撤出扩张器；将支架沿导丝放入长鞘内，并用平头推送器将支架快速地送至狭窄段，固定推进器，后撤长鞘以释放支架，然后撤出长鞘及导丝。术毕拍 X 线片。

第八节　气 管 狭 窄

气管狭窄（tracheal stenosis）是指瘢痕组织的产生导致气管腔变窄的病理状态。

病因　气管钝性或锐性创伤，如气管切开术后插管损及气管壁，或者气管切开术引起的局部狭窄性病变，外伤后骨痂或瘢痕组织的形成等也可发生本病。

症状　病犬往往表现呼吸急促，可视黏膜发绀，呼吸出现喘鸣音。

诊断　根据病犬临床呼吸急促、可视黏膜发绀、呼吸出现喘鸣音等症状，并结合气管听诊、气管内镜检查或 X 线检查进行诊断。

治疗　气管探条扩张术已用于人气管狭窄，获得良好的治疗效果。通过缓慢穿过的硬性支气管镜，也可使狭窄处扩张。对于严重的气管狭窄可施部分气管切除、断端吻合术。

［附］消声术

消声术又称声带切除术（cordectomy），是指通过手术减少或消除犬吠声。

手术方法：如果需短期内消除犬的吠叫，可做经口腔喉室声带切除术；如若需长期消除吠叫，可做经腹侧喉室声带切除术。

消声术

犬声带经腹侧喉室切除术

第十六章 心血管系统疾病

第一节 牛创伤性心包炎

在采食时，尖锐金属异物随饲料进入网胃，因为网胃黏膜呈蜂窝状结构，所以网胃做强力收缩运动时，异物能卡在蜂窝状结构中，刺伤网胃壁而引起炎症反应，称创伤性网胃炎。当异物穿透网胃壁和膈肌伤及心包时，则引起创伤性心包炎。由于并发细菌的感染，常出现化脓性心包炎。

病因与病理 本病主要由牛采食混有金属尖锐异物（如钉子、铁丝、缝针、别针、发夹等）的饲料引起。当瘤胃收缩时尖锐的金属异物随食糜进入网胃，由于网胃体积小、收缩力强，异物很容易刺伤网胃壁而引起创伤性炎症。刺入网胃壁的异物，在分娩、努责、过食、剧烈使役及瘤胃积食、瘤胃膨气等腹内压急剧升高的情况下，穿透横膈而刺伤心包，引起创伤性心包炎，并发细菌感染，发生化脓性心包炎。化脓性心包炎早期，心包充血、水肿，大量白细胞浸润，浆膜表面有纤维蛋白沉着，炎症侵入心包膜脏层以下也可能引起心肌炎；心包腔逐渐蓄积含有大量多形核白细胞的液体，有时呈血样脓汁，常因大肠杆菌混合感染而有恶臭味；心包渗出液存积到一定容量及张力，则影响心脏的活动，临床出现心脏压塞现象。如在早期及时确诊，并进行抗感染与手术治疗，则炎症可逐渐消退；反之，如病程拖延转为慢性，则心包腔内有大量纤维蛋白沉积于心包壁层和脏层，形成肉芽组织并机化，特别是心包脏层将形成纤维性瘢痕组织，脓液蓄积量减少，心肌活动受限，最后形成缩窄性心包炎。

慢性缩窄性心包炎是化脓性心包炎没有及时有效治疗的结果。除心包壁层增厚外，更主要的是心包脏层上形成机化的纤维板，其厚度可达1～3 cm，并构成一紧缩在心脏四周的硬壳，严重限制心脏的收缩和舒张，因而使心脏血流受阻，中心静脉压升高，心脏排血量减少。机体各部器官受到血液循环减慢及供血量减少的影响，病畜出现一系列的病理生理变化。

金属异物有时也刺入肝、脾、肺等，可导致这些脏器的炎症、坏死、脓肿等病变。

症状 金属异物损伤网胃时，牛表现不同程度的前胃弛缓，精神沉郁，拱背，四肢集拢于腹下，肘头外展，肘肌震颤，不愿伏卧，下坡、转弯或卧下时表现小心，压迫或叩打剑状软骨区呈现疼痛反应。发生创伤性心包炎时，初期有心包摩擦音；心包腔内大量液体渗出后，摩擦音消失，而出现拍水音；渗出液体继续增多后，拍水音可能消失。叩诊心浊音区扩大，心动快速，因静脉回流障碍而出现颈静脉高度怒张。同时，由于淋巴回流障碍而出现颌下、肉垂水肿。心包穿刺，呈现红黄或灰黄色、混浊、带纤维素片甚至恶臭的腐败液。发生泛发性腹膜炎或肝、脾、肺脓肿时，则呈现弛张热型及这些脏器功能损害的相应表现。

诊断 根据症状、心区听诊和叩诊及心包穿刺或B超检查可做出诊断。

治疗 对于没有发生明显心包炎的早期病例，可将其置于前高后低的位置，促使异物由胃壁退回，同时每天用盐酸普鲁卡因青霉素300万IU、链霉素400万IU分两次肌内注射，连续数天；或者将一块磁铁投入网胃，同时结合抗生素疗法，可望收到治愈效果。一旦出现化脓性心包炎，则需手术治疗。

1. 心包切开引流术　牛急性化脓性心包炎经心包穿刺抽脓，结合抗生素治疗后，症状仍未改善，应及时进行心包切开引流术。

（1）保定与麻醉　可采用站立保定，将牛的左前肢向前牵引，充分暴露第5肋骨处。站立保定的优点是在左侧胸腔打开后，右侧肺叶仍可充分进行代偿性呼吸。全身情况较差的病牛可用右侧卧保定，左前肢向前方转位。在左侧4～6肋骨作肋间神经传导麻醉。

（2）切口定位　牛的心脏位于胸腔中线偏左，除左侧有肺覆盖外，大部分心包和胸膜相接，在第3～5肋骨，心尖与第六肋软骨关节相对，距离膈约2.5 cm。切口位于左侧第5肋骨上，于同侧肩关节水平线为切口上端，切口下端为该肋骨与肋软骨交界处，做一25 cm的切口。

（3）手术方法

1）肋骨截除：按肋骨截除手术常规截除第5肋骨（长约15 cm），在切口正中，纵行切开内层骨膜与胸膜。由于扩张蓄脓的心包往往紧紧与胸壁胸膜相连，因而切开肋胸膜与心包壁层时不易发生气胸。

2）心包切开前的准备：先用粗针头进行心包穿刺排脓，但有时脓液稠密排除困难，此时应用生理盐水反复冲洗，排出脓液，再切开心包壁层。在心包与胸膜没有粘连时，在心包切开前，先将心包壁层与胸膜切口边缘做一连续缝合，这样既能防止气胸又能减少脓液对胸腔的污染。在固定缝合的心包壁层上做一10 cm纵切口，将心包切口缘固定缝合在浅筋膜上。

3）心包冲洗：向心包腔内引入乳胶管，多次冲洗，并轻轻将手探入心包腔，探查及分离腔内纤维素粘连处，取出纤维素凝块以利冲洗及引流畅通。早期心包炎及心包腔内的纤维素块较易分离；中、晚期的病畜，纤维素粘连牢固，要特别耐心地分离，以防损伤心肌和冠状血管。对中、晚期的病例经切开引流后使病情稳定，在控制感染的基础上，应考虑做心包切除术，以彻底除去增厚机化的心包组织。

4）心包腔探查：手在心包腔内要注意探查心脏后部的心包膈面有无异物刺入。如果发现金属异物刺入心脏后缘的心肌上，此时可用手指捏住取出。然后用温青霉素生理盐水反复冲洗心包腔，直至冲洗液透明为止。

5）心包腔引流：心包腔切开后的引流方法有以下两种。

开放式引流：该法是心包切口缘与胸膜、浅筋膜的缝线保留，心包切口不关闭，多采用橡皮片引流，切口局部用绷带敷料保护。术后每日冲洗1～2次，分离纤维素粘连处。术后处理经15～20 d，心包内净化，渗出停止，拔除引流物。开放创口待其二期愈合。

封闭式引流：拆除心包膜切口缘缝线，将心包与胸膜切口缝合，在心包腔低位处插一25～26号乳胶蕈状导管，用烟包缝合固定于心包壁层上，关闭皮肤切口，在切口旁胸壁的皮肤上做一小切口引出导管尾端，用夹子关闭导管，并以无菌敷料覆盖。冲洗时，用乙醇擦拭导管端，除去夹子并用青霉素或先锋霉素生理盐水经导管冲洗心包腔。术后20 d左右，待心包炎症消退，拔除导管，待其二期愈合。

6）术后护理与预后：早期手术疗效良好，表现在术后3～5 d心律恢复，下颌及胸前的水肿逐渐消退，颈静脉怒张消失，反刍开始，乳牛产乳量好转。但部分晚期病例疗效较差，常在术后20 d左右又出现胸前及颌下水肿，颈静脉怒张，心律快而弱，心包脏层纤维组织大量增生挛缩，手自开放式引流切口进入心包腔内活动困难；心包腔高度狭窄，限制心脏的舒张运动；左心室内压急剧升高，中心静脉压升高，最后病畜心力衰竭而死。

2. 心包切除术　对中、晚期化脓性心包炎的病牛，在进行心包切开引流术或心包导管引流术之后，待心包减压、循环功能及全身情况有所改善、心包腔感染得到较稳定的控制，以及给增厚挛缩的心包创造较理想的手术条件时，方可进行心包切除术（pericardiectomy）。

（1）术前准备　对病牛先用粗针头做心包腔穿刺。一旦排出脓汁，应做细菌检查，以便选用抗菌药物，进行心包腔冲洗或静脉注射。

做心包导管引流术的具体方法：将细聚乙烯塑料管经心包穿刺的粗针头的管腔插入心包腔内约 10 cm。拔出穿刺针头，使细塑料管遗留在心包腔内，并将塑料管牢固地固定在胸壁的皮肤上。在插导管后 24 h 内，心包腔内的脓液可基本排尽。然后每日 2～3 次用抗菌防腐剂进行心包腔冲洗，静脉或肌内注射抗生素。心包导管引流术实施后 4～7 d，当心包感染被基本控制，然而中心静脉压由下降又趋上升、心律与胸水肿再次发展时，说明缩窄性心包炎已形成。当中心静脉压在 30 cmH_2O 柱以上时，应果断地立即进行心包部分切除术。

（2）保定　切除左侧心包需进行右侧卧保定（右侧心包左侧卧保定），术侧的前肢向前牵引以暴露心区。

（3）麻醉　患缩窄性心包炎的病牛心功能严重受限，侧卧保定后膈肌向前突出而使胸膜腔内压进一步升高，同时手术操作复杂，手术时间较长，而全身麻醉药物的剂量又需增加，因而全身麻醉应在严密的监护下进行。

麻醉前用药：0.1% 硫酸阿托品肌内注射（0.1 mg/kg），以维持或提高心率，保证心输出量，并抑制唾液腺和支气管腺体的分泌，防止误咽。洋地黄制剂可使代偿性增快的心率减慢，从而降低心输出量，心率过快者可酌情采用。

基础麻醉和支气管插管：可用 0.25% 硫贲妥钠静脉注射，注药前给病畜充分吸氧 5～10 min，硫喷妥钠的剂量一般要小，注射速度不宜过快。病情严重时可用 0.5% 的硫喷妥钠缓慢静注，而后做气管内快速插管。

维持麻醉：采用气体麻醉维持在外科浅麻醉与中麻醉范围内。对一般体重的黄牛进行 2～3 h 手术。

（4）切口定位　切口位于左侧臂三头肌后缘，上起自肩胛骨中 1/2 处向后做一水平线，下自肘突向后做一水平线，在第四至六肋骨处做一“]”形皮瓣切口。

（5）手术通路　按肋骨切除法常规摘除第五、六肋骨。在第六肋骨床后缘的第六肋间，由上向下切开肋间肌与胸膜，在第六肋间的下端，切口向前延长，经第五肋骨下端至第四肋骨截断处，做“┛”形切口切断肋间肌与胸膜，并结扎肋间血管，最后在此肋膜切口上端，沿第六肋床向第五肋床延长呈一“]”形切口。经肋间肌与胸膜切口暴露胸腔时，先切一小口，胸膜与心包无粘连时，空气逐渐进入胸腔使肺萎陷，然后向切口内插入食指、中指，用刀或剪切开肋间肌与胸膜，仔细剥离胸膜与心包粘连处，显露心包壁层。在胸内手术全过程中，始终应用正压给氧控制呼吸装置。

（6）手术方法　心包切除顺序是先作左侧心包壁层及心包脏层纤维板的广泛性切除，手术半个月后再行右侧心包壁层与脏层纤维板的广泛性切除。左心房、室外被松解后，心输出量有明显的改善；而受压的右心房、室被松解后，静脉回流受阻情况则可显著改善。采用相反的手术顺序，可招致严重的后果。切除范围应包括左、右膈神经以下的左、右侧心包脏、壁层及膈面与心尖部。

1）心包壁层的切除方法：如进行左侧心包壁层切除，先用纱布将心包周围严密隔离，然后在左膈神经下方的左心室部的心包壁层上做两个牵引线。助手提起牵引线，术者在心包壁层上做一小的纵切口，并暴露心包腔。由于术前心包腔已做过心包引流术，一般可不进行心包腔冲洗。扩大心包切口后，术者用手进入心包腔做探查，取出金属异物及纤维素凝块等。然后用手术剪对壁层做放射状剪开，遇有壁、脏层粘连处，应钝性分离。心包壁层的切除范围是向后切至心包膈面，向下显露心尖部，向前切至左、右心室交界处，向上切至膈神经下方。剪除深部心包时，使用胸腔剪较为理想。放射状切口的剪除，应按预定范围进行完整的成片切除；零星切除可增加手术困难，并拖延时间。

2）心包脏层纤维板的分离与切除方法：心包壁层广泛性切除后，将充分显露心包脏层的纤维板。纤维板表面呈现高低不平整的颗粒状肉芽组织，其表面有少量纤维素。

先在纤维板上做放射状切口。仔细地逐渐深切，直至切口内膨出淡白色的心包脏层为止。辨别不清时，盲目深切可造成心肌和冠状血管的损伤。顺沿放射状切口，采用小纱布球或手指钝性分离纤维板下较疏松的结缔组织。对粘连致密的纤维板下组织，不可强行钝性分离，宜使用钝头弯剪锐性剪开。当纤维板与心包脏层的分界线已明显暴露时，即向四周扩大并进行放射状剪开，剥离至规定的切除范围为止。对剥离完整的成片纤维板暂缓切除。

若心包脏层表面的纤维板形成时间过久，纤维板机化，并自心包脏层形成病理性新生血管延伸至纤维板中，则手术分离纤维板时，即可离断上述大量的小血管，并发生弥漫性出血。将壁层与脏层的纤维板剥离后的心脏，其脏层表面有大量弥漫性出血点，而心脏以 100 次 /min 搏动，断裂血管内膜的血栓形成困难。因此，可利用暂缓切除的纤维板片，进行暂时性缝合，以压迫弥漫性出血点。待止血后，再进行纤维板片的切除。在心尖部放置蕈状导管引流，3～4 d 后抽出导管。10～15 d 后转为右侧心包部分切除术。

胸膜与肋间肌作间断或连续缝合，第四肋骨截断处用不锈钢丝或粗丝线做固定缝合。

（7）*术后护理*　术后充分给氧，持续 24～48 h。应严格控制输液量，以防心肌负担过重而引起心力衰竭。可注射高渗葡萄糖及维生素 C，并根据血中电解质的测定结果补充钾。及时抽出胸腔内的渗出液和血液，大剂量应用抗生素，控制胸内感染。术后心率快可用足量的洋地黄制剂，但应注意洋地黄的蓄积中毒。

术后病牛胸前水肿逐渐消退，中心静脉压明显下降，并恢复至正常指标范围内。尿量增多，这是心脏机能开始恢复的良好征兆。

第二节　动脉导管未闭

动脉导管未闭（patent ductus arteriosus，PDA）是指胚胎期的肺动脉主干和降主动脉相连的动脉导管在出生后未能闭合所致的一种先天性心脏疾病，是犬、猫最常见的先天性血管畸形，其发病率占先天性心脏疾病的 25%～36%。

病因与病理　PDA 是犬最常见的先天性心脏缺陷病之一，也可见于猫。病因不十分清楚，可能与多基因遗传有关。动脉导管发自左第四动脉弓，连接左肺动脉和降主动脉。由于胎儿期的肺没有呼吸功能，肺呈不张状态，因此右心室的血液排入肺动脉后，绝大多数经动脉导管流入主动脉，供给后躯的需要。出生后，由于体循环阻压突然升高而肺循环阻压明显降低，右心室排入肺动脉的血液进入肺，而流经动脉导管的血液越来越少。因此，动脉导管通常在动物出生后的数天至 2 周逐渐封闭。

由于体循环的动脉阻力比肺动脉大 5～10 倍，动脉导管的血液分流通常由主动脉流向肺动脉，使肺动脉流量增加，可致连续心杂音。已氧合的血液由主动脉流入肺部，再经左心房回到左心室及主动脉。左心室负荷过重引起心房和心室扩张、心肥大及肺水肿。

症状 症状主要取决于动脉导管分流的血量和肺动脉压的高低。轻度的动脉导管未闭时多不出现症状。但是，中等以上的动脉导管未闭呈现发育不良、运动耐力下降、咳嗽、呼吸困难等左心功能不全的症状，左侧第三肋间肺动脉区触诊有持续性震感，听诊可闻杂音，左侧心基区更明显。

诊断 根据临床症状，结合心电图、心血管造影等做出诊断。

心电图显示，第Ⅱ导联的 R 波波幅显著增大，而 P 波增宽，并出现房性期前收缩、房性心动过速以至房颤等心律失常图形。

X 线影像显示左心房、左心室、升主动脉增大，肺血管阴影增多、增大。

应注意与主动脉口狭窄及主动脉和肺动脉间的纵隔缺损区别诊断。

治疗

（1）*药物治疗* 呈心功能不全的病例，可口服异羟基洋地黄毒苷［0.0055～0.01 mg/（kg·d）］，同时应用利尿剂（呋塞米，1～2 mg/kg，每隔 8～12 h 内服、静脉或肌内注射）。伴发呼吸器官感染或其他感染症时，可应用抗生素 3～4 周。当病情好转后，立即采取外科手术闭合动脉导管。如果伴发肺高血压，一般预后不良。

（2）*动脉导管闭锁术* 应在肺动脉高压出现前，施行手术。

动脉导管三角是由左膈神经、左迷走神经和左肺动脉共同围成的三角形区域，其内包括喉返神经、动脉导管或动脉导管韧带和心浅丛等重要结构。手术途径包括动脉导管三角区，迷走神经后径和腋下路经。

动物右侧卧保定，采用吸入麻醉，正压通气。于左侧第四肋间做开胸术。犬和猫的动脉导管较宽（约 1 cm），但相对短（小于 1 cm）。注意辨认左迷走神经，用小止血钳仔细钝性分离动脉导管上的脂肪和筋膜，充分显露动脉导管。分别结扎在导管两端，可不必切断。为防止血压发生急剧变化，应先暂时闭锁导管，心脏未出现异常现象，才可结扎导管。用可吸收性缝线结节缝合心包，除去胸腔内的纱布。常规闭合胸壁。

（3）*血管介入疗法* 国外兽医界已开展经导管动脉栓塞（transcatheter arterial embolization）治疗此病，即经皮进入股动脉，在透视导向下，在未闭的动脉导管内安置环或线圈，以阻塞未闭的动脉导管。此技术的优点在于不需开胸术，但设备较昂贵。

第三节 持久性右主动脉弓

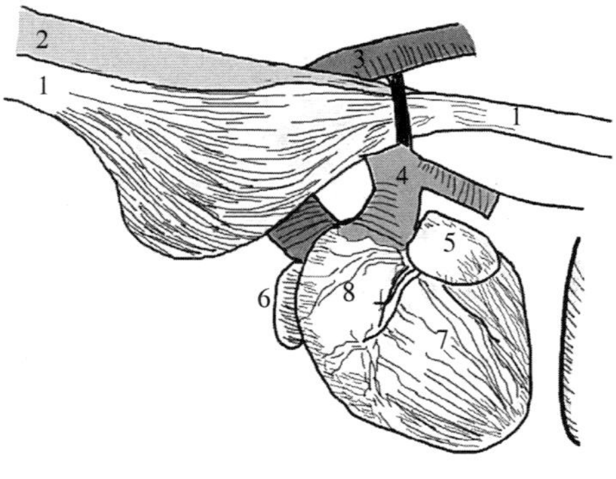

图 16-1 持久性右主动脉弓

1. 食道；2. 气管；3. 主动脉；4. 肺动脉；5. 左心房；6. 右心房；7. 左心室；8. 右心室

持久性右主动脉弓（persistent right aortic arch，PRAA）是指犬在胚胎期主动脉弓发育异常而形成的先天性血管畸形，属于犬先天性发育异常。猫少有发生。

病因 在犬的胎儿期，背部动脉通常起于左侧第四鳃状弓，位于食管和气管左侧。若右侧第四鳃状弓像背部动脉一样存在，左动脉导管保留动脉韧带，食管被夹在韧带、心基、肺动脉和气管形成的一个环状结构内（图 16-1）。

症状 这些异常结构引起食道狭窄，常表现为：断奶后开始饲喂固体食物时，患犬出现食物返流，以后可发展成进食后短时间内反呕出吃进的食物，大便较少，小便正常。这种发育异常只有通过手术分离并剪断主动脉弓残迹治疗。

诊断 触诊可见颈部食道膨大，质地柔软。随后进行钡餐造影。灌服钡餐后即进行颈、胸侧位X线拍摄，可见有大量钡餐滞留于颈、胸部（心基部前方）食道内，呈两个圆锥形的阴影。

手术方法 患犬右侧卧保定，常规术部剃毛消毒（连接吸入麻醉前）。手术切口定位于左侧第四、五肋间，切口长度约与肋骨等长。分别切开皮肤皮下肌肉层，沿肋间剪开胸膜，用括创器扩开术野，暴露左侧胸腔，用浸有生理盐水的纱布向后隔离肺的心叶和间叶。用福莱导管（Foley catheter）插入食道胸腔后段，在导管气囊内注入生理盐水约15 mL，使气囊充盈，然后将导管向前轻轻回抽，直至感觉到有阻力时即为持久性右主动脉弓韧带所在部位。在胸腔内确认病变部位后，在其四周做4点牵引，切开纵隔膜，将纵隔膜切口展开。用线或拉钩将迷走神经向背侧牵引，将膈神经向腹侧牵引，显露左主动脉弓韧带。用弯止血钳由后向前仔细分离动脉韧带，使其与食道分离。将两根缝线分别尽可能靠近主动脉和肺动脉打结，于两结扎线间剪断动脉韧带；然后分别向两侧牵引两侧的动脉韧带结扎线，在主动脉和肺动脉之间分离食道上的残留组织，必要时将食道与部分组织游离。将福莱导管继续回抽，反复多次，直到充盈气囊的导管可以顺利进出食道。剪断结扎线并抽出牵引线，拔出导管，取出胸腔内填充的纱布，检查肺组织的恢复状况直到恢复原状。留置胸导管，由第四肋皮肤做切口，第五肋后胸部肌肉肋间组织做切口，切口大小以仅能容导管通过为宜，导管末端沿胸壁伸入胸膈三角区。常规闭合肋间切口，抽出胸腔内渗出的血液和气体直到形成负压，检查气密性，缝合皮肤，固定胸导管，胸导管末端连接三通以便术后抽吸渗出液。

预后 术后最常见的问题是持久性食物反流而引起的吸入性肺炎或死亡。食道功能性障碍主要是食道神经、肌肉的功能丧失，食道蠕动缺乏。一般认为，一旦确诊本病应尽快手术，以缩短食道扩张的时间，减少继发食道肌迟缓。没有确凿证据证明病程较长的幼年犬术后有较好的预后效果，但年龄较大的犬的术后效果较佳。

第四节 肺动脉及主动脉狭窄

肺动脉狭窄（pulmonary stenosis，PS）是指肺动脉瓣、肺动脉先天性狭窄所致的一种先天性心脏瓣膜病，可分为3型，即瓣膜上狭窄、瓣膜狭窄和瓣膜下狭窄。在犬，常见为瓣膜狭窄；猫较少发生肺动脉狭窄。肺动脉狭窄可引起右室压力负荷过大和右心肥大。本病为多基因遗传，确切病因不清楚。

主动脉狭窄（aortic stenosis，AS）是指主动脉瓣、主动脉先天性狭窄所致的一种先天性心脏瓣膜病。主动脉狭窄可能发生在瓣膜上方、瓣膜或瓣膜下方。在犬，主要为瓣膜下狭窄，是仅次于动脉导管未闭的先天性心脏病；猫不常见。本病为多基因遗传。

症状 肺动脉及主动脉狭窄的临床表现均取决于狭窄的程度和心肌的代偿能力。多数犬1岁内无临床症状。轻度肺动脉狭窄时除心内杂音外，常终生无明显的临床表现；中度狭窄时，一般可存活5年以上；重度者，生长迟缓、呼吸窘迫、不耐运动、甚至晕厥，肺动脉瓣区可听到明显的心脏收缩喷射性杂音，主动脉狭窄的动物常死于心力衰竭。肺动脉狭窄后期常出现后肢及胸腹下部皮肤水肿、肝肿大、腹水等右心充血性衰竭的各种体征，直至死亡。主动脉狭窄时表现活动耐受性差、早期黏膜发绀、咳嗽、呼吸困难等左心衰竭及晚期腹水、后肢水肿等右心衰竭体征，心前区明显震颤，听诊心脏有收缩喷射性杂音，尤以左心基部明显。

诊断　根据症状、听诊、心电图及X线等检查做出诊断。心电图显示右心室肥厚，右电轴偏移，X线胸片显示肺动脉狭窄后方显著扩张，形成心前区纵隔斑块，重叠于气管腔的透光区带时则提示肺动脉狭窄。心血管造影可显示狭窄的部位和程度。心电图显示左心室肥大，X线显示升主动脉的狭窄部后扩张，心血管造影显示左心室出口不同程度的狭窄、升主动脉的狭窄部后扩张、二尖瓣关闭不全所致的造影剂倒流时则提示主动脉狭窄。用多普勒可检测到左心室和主动脉的压差升高，用改进后的伯努利等式对左心室血液流出速度的峰值估算压差。

治疗

（1）对症治疗　重症患病动物可应用洋地黄、呋塞米解除或缓解充血性心力衰竭；对实质性左心肥大和压力超过75 mmHg的犬可以实施瓣膜扩张术、开放切除术或肺动脉补片移植矫形术。

（2）手术疗法

1）肺动脉瓣狭窄球囊扩张术：手术需首先建立经过肺动脉瓣膜的钢丝轨道，将球囊导管沿钢丝经股静脉送入，直至球囊中央位于肺动脉瓣处。传统的方法是先以少量的对比剂扩张球囊以观察球囊是否正好在瓣环中央，如球囊已到位，则用1∶3稀释对比造影剂快速扩张球囊，随着球囊腔内压力增加，腰凹随之消失。一旦球囊全部扩张，腰凹消失，即可吸瘪球囊至负压。通常从开始扩张球囊至吸瘪球囊的总时间小于10 s；反复扩张2～3次可减少右心室流出道血流中断时间过长而引起的并发症。球囊扩张后需重复右心导管检查，记录肺动脉至右心室的连续压力曲线，测量跨瓣压差，并做右心室造影以观察扩张效果及右心室漏斗部是否存在反应性狭窄。C形臂透视要尽量缩短在X线下的暴露时间，此法多用超声介导。

2）肺动脉瓣狭窄的血管介入疗法：经皮穿刺股静脉置入外套管，从外套管内插入心导管，按常规步骤行右心导管及右心室造影。常规抽血、测压、准确记录右心室收缩压（RVSP）、肺动脉收缩压（PASP）和肺动脉跨瓣压力阶差（PAG）。观察肺动脉瓣位置，并在荧光屏上做标记。测定肺动脉瓣环的直径，然后更换外套管，进入充满肝素液的心导管刀。导管刀的尖端走行途径同右心导管。当导管刀的刀片部分通过肺动脉瓣时，将刀张开到最大尖距，固定后向后撤导管，当刀通过肺动脉瓣后即将刀片收拢。可重复一次上述动作，一般切开两次。将收拢的导管刀拔出后更换导管行右心导管术。测RVSP、PASP和PAG，必要时做右心室造影。术中连续心电图监测。

3）主动脉狭窄手术治疗：对于实质性左心室肥大和压力超过75 mmHg的犬，可以考虑手术。手术方法有瓣膜扩张术和开放切除术。

第五节　颈静脉炎

颈静脉炎（jugular phlebitis）可发生于各种家畜，以大、中家畜多见。

病因　最常见于颈静脉采血、放血、注射等不按照无菌操作规程，反复多次地刺激或损伤颈静脉及其周围组织；其次是颈部手术时，造成颈静脉组织的损伤和继发感染；刺激性药物（如氯化钙、水合氯醛）漏注至颈静脉外，从而导致无菌性颈静脉周围炎，继发颈静脉炎。

症状　病初在颈静脉径路上呈现肿胀、疼痛。根据炎症性质可分为下列几种。

（1）颈静脉炎　颈静脉炎是指单纯性颈静脉本身组织的炎症，静脉管壁增厚、硬固而有疼痛。一般发病后5～6 d即可逐步恢复正常。

（2）颈静脉周围炎　多在颈静脉沟上 1/3 与中 1/3 交界处，呈现不同程度的肿胀、疼痛，后期可出现质地稍硬、高低不平的增生性肿胀。

（3）血栓性颈静脉炎　颈静脉沟出现炎性水肿，局部热、痛；颈静脉内有血栓形成，并在沟内出现长索状粗大的肿胀物，质较硬；血栓远心端颈静脉怒张，近心端颈静脉触之空虚。

（4）化脓性颈静脉炎　颈静脉沟及周围弥漫性炎性肿胀、温热、疼痛。头颈部活动受限，有时可见头部水肿。以后患处可出现一处或多处小脓肿，脓肿破溃后，不断排出混有组织碎片的脓汁。病畜出现精神沉郁、食欲减退、体温升高等全身症状。个别病例血栓和血管壁可发生化脓性溶解，而突然发生大出血，危及生命。如感染经血流途径发生全身性转移，可形成败血症。

治疗　针对不同原因引起的颈静脉炎采取相应的措施。

注射刺激性药物失误而漏至颈静脉外时，应立即停止注射，并向局部隆起处注入生理盐水，同时局部热敷。如是氯化钙漏出，可局部注射 10%～20% 硫酸钠，以使形成无刺激性的硫酸钙。

无菌性血栓性颈静脉炎时，可应用局部温热疗法，也可应用消炎消肿散外敷。不宜涂刺激性强的软膏。

颈静脉周围蜂窝织炎时，应早期切开，切口要大，深达受侵害的肌肉，以有效地清除坏死组织，便于引流治疗。

对于严重化脓坏死性或血栓性颈静脉炎，宜采用病段颈静脉切除术。

第六节　肝门脉系统分流

肝门脉系统分流（portosystemic shunt，PSS）又叫肝门体分流，是指胃、肠、胰、脾的正常门脉血液不经过肝而直接进入体循环的一种异常血流状态，主要见于犬，较少发生于猫（小于 2%）。门体分流根据其发生的部位可分为肝内分流（intrahepatic shunt）和肝外分流（extrahepatic shunt）。根据其涉及的血管数目又可分为单发性（单血管性）和多发性（多血管性）门体分流，前者约占门体分流病例的 80%，后者约占 20%。

病因与病理　肝外单发性门体分流是由先天性血管异常引起，约占临床病例的 50%，包括门静脉-奇静脉、门静脉-后腔静脉、胃左静脉-后腔静脉、脾静脉-后腔静脉等，主要发生于小型犬（如雪纳瑞犬、约克夏犬、贵宾犬、腊肠犬）。肝外多发性门体分流可能是获得性的，由肝门血管阻力增大、门静脉压升高引起，常伴有腹水，主要发生于德国牧羊犬、杜宾犬等。肝内单发性门体分流可能是胎儿的静脉导管未闭或门静脉-肝静脉或腔静脉交通支存在造成的，主要见于大型犬（如杜宾犬、金毛犬、拉布拉多犬、爱尔兰长毛猎犬、萨摩耶犬、爱尔兰猎狼犬）。

肝动脉-静脉瘘（交通支）的发生较为少见，约占门体血管异常病例的 1.5%；先天性形成或继发于穿伤、钝性创伤、外科手术等；常见肝表面曲张的血管，触之有波动感。肝动脉-静脉瘘引起门脉压升高，可导致肝外多发性门腔静脉分流和腹水的形成。

多数门体分流的动物见有与肝性脑病有关的神经功能异常。引起肝性脑病的特定代谢原因不清，可能主要是由于血液中氨的浓度增加、氨与其他内源性毒素（如硫醇、脂肪酸）及低血糖、缺氧等的协同作用。血液中的氨还可促使血浆氨基酸不平衡和脑芳香族氨基酸摄入增加、分支氨基酸（缬氨酸、亮氨酸、异亮氨酸）和芳香族氨基酸（色氨酸、苯丙氨酸、酪氨酸）的比值下降（正常比值为3.5～5.0，犬门腔分流通常小于1.0），可导致脑神经递质的改变。脑内芳香族氨基酸可引起5-羟色胺和γ-氨基丁酸（抑制性神经递质）的增多及多巴胺和去甲肾上腺素（兴奋性神经递质）的减少。

症状 患病动物的临床表现差别较大。一般因发育停滞出现身材矮小、体重下降，间歇性厌食、精神沉郁、呕吐、多饮、多尿、流涎（尤其是猫）、异嗜、视力减退及行为异常。有的动物因尿酸盐结石的形成而表现为血尿、排尿障碍、尿频、尿淋漓、尿道堵塞等。多数病例常间断性出现肝性脑病的症状，如精神沉郁、狂躁或呆滞、肌肉震颤、共济失调、虚脱、转圈、癫痫或昏迷，瞳孔可能缩小，但对光有反应。这些症状通常会在动物采食高蛋白食物后加剧，也可在胃肠道出现出血症状（如寄生虫、溃疡引起）后加剧。有的病例表现过度的安静。患有肝动脉-静脉瘘的犬常表现突发性精神沉郁、腹水和呕吐，常有异嗜。

诊断 通过病史、症状、实验室检查做出初步诊断，最后通过血管造影、超声波、核素造影、CT等检查确诊。

血液学检查可见小红细胞增多、轻度贫血等。血生化检查常显示低蛋白血症、尿素氮浓度降低、低胆固醇血症和低血糖，磺溴酞钠试验阳性，偶尔可见丙氨酸氨基转移酶、天冬氨酸氨基转移酶和碱性磷酸酶的活性轻度升高。尿液检查可见尿浓度下降或尿酸铵结晶形成。采食后2 h血清胆汁酸和血氨浓度显著升高，是重要诊断依据之一。

超声检查偶尔会出现肝内血管扩张或肝内血管与后腔静脉之间的流通。

常规血管造影包括前肠系膜动脉门静脉造影、术中空肠静脉导管插入造影等。核素造影是检查肝血流异常的一种快速、非侵入性的检查方法。常用核素为锝［^{99m}Tc］胶体硫，主要被肝网状内皮细胞摄入，在肝功能异常时可被肝外器官组织（脾和肺）摄入。根据其时间/活性曲线确定的肝动脉-静脉血流率（A-V率）是诊断门体血流短路最可靠的指标（正常犬A-V率为0.9～1.7，血流短路的犬大于或等于2）。

本病应与其他肝功能衰退（如肝硬化）及神经系统异常（如脑积水、癫痫）相鉴别。

治疗

1. 药物治疗 药物治疗主要是防治肝性脑病及全身支持疗法。应给予动物富含糖类的易消化食物。为减少消化道细菌分解蛋白质产生过量氨，可口服氨基糖苷类药物（如新霉素）。口服乳果糖可结合肠道铵离子，作为高渗性泻剂，还有导泻的作用，可减少氮的产生和吸收，其副作用有腹泻、呕吐、食欲减退、钾和水分的丢失。当酸碱平衡失调、电解质紊乱及低血糖存在时，应进行纠正。

2. 手术治疗 手术之前应采用食物调理及药物疗法对门体分流所引起的肝性脑病、胃肠症状和泌尿道症状进行治疗，在患病动物病情稳定之后方可进行手术。

（1）麻醉 由于肝功能障碍和肝血流量异常，药物吸收减少、代谢和排泄减缓，因此动物麻醉应十分慎重，尽可能不使用或减少使用主要在肝内代谢的药物（如吩噻嗪类）和具有高度血清白蛋白结合的药物（如地西泮）。诱导麻醉可用异氟烷或异丙酚，维持麻醉可用异氟烷。

（2）手术切口 从胸骨剑状突开始沿腹中线向后切开，肝内分流和肝动脉-静脉瘘则需要通过剑状突和胸骨节向前扩大切口。

（3）手术方法

1）单发性门体分流：小型动物单发性门体分流一般发生在肝外，大型动物在肝内。肝外分流血管常起于胃脾静脉或脾静脉，在左膈腹静脉和肾静脉间终止于腔静脉。做腹中线手术通路，将十二指肠拉到腹腔位置，辨认门静脉，找到后腔静脉、肾静脉、膈腹静脉（后腔静脉的腹侧，十二指肠系膜的背面），注意汇入后腔静脉的血管。一旦找到分流的血管，应对其周围组织稍做分离（图 16-2）。

2）肝内单发性门体分流：对于肝内单发性门体分流，手术操作相对复杂。分流血管可能完全、大部分或部分被肝实质组织包裹。完全包裹的分流血管可能位于左侧或右侧肝叶，不完全包裹的分流血管常位于左外侧肝叶，起于肝外肝门静脉（主要来自胃、十二指肠静脉）。注意小心识别和分离肝门静脉分支（图 16-3）或在肝静脉汇入后腔静脉前的分流血管（图 16-4）。

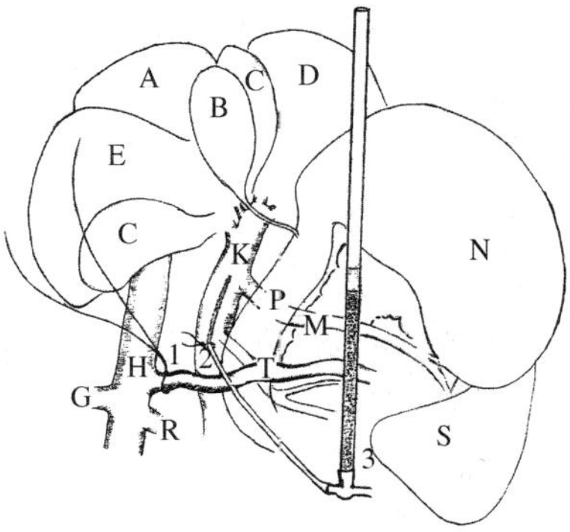

图 16-2　肝外单发性门体分流

1. 结扎分流血管；2. 固定门静脉插管；3. 水压计；A. 右中叶；B. 胆囊；C. 方叶；D. 左中叶；E. 右外叶；G. 右肾动脉；H. 腔静脉；K. 门静脉；P. 十二指肠；M. 胰；R. 左肾动脉；N. 胃；S. 脾；T. 分流血管

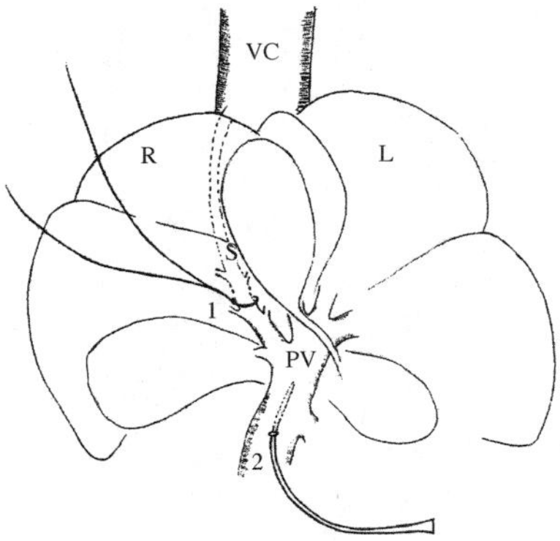

图 16-3　肝内单发性门体分流（分离结扎分流的肝门静脉分支）

1. 在分流血管预置结扎线；2. 安置门静脉插管；VC. 腔静脉；R. 右中叶；L. 左中叶；PV. 门静脉；S. 分流血管

3）分流血管的缩窄或闭合：在对短路血管的辨别、分离之后可采用两种方式缩窄或闭合分流的血管：①采用血管缩窄器法，即将血管放置在血管缩窄器（Ameroid 缩窄器，3.5 mm 或 5.0 mm）开口处，使其位于缩窄器内部的环中，利用其吸湿膨胀的作用减少血液分流。②血管结扎法，即对血管进行完全结扎或不完全结扎以阻止或减弱血液分流。同时安置门静脉插管监测门静脉压，分流血管结扎会引起门静脉压的快速上升，这也有助于证实分流的血管。正常的门静脉压为 8～10 mmHg；结扎分流血管所致的门静脉压不应超过 18 mmHg；超过 20 mmHg 时可能会降低内脏血液灌流，导致严重的门静脉压升高和死亡。因此，对分流的血管应缓慢抽紧缝线结扎，同时观察门静脉压及内脏的颜色 5～10 min。若门静压超过正常范围或内脏（特别是胰）因血流淤滞缺氧而颜色变紫时，则应适当松开结扎线。肝内单发性门体分流的部分血流阻滞可能有导致门静脉血栓形成和死亡的风险。

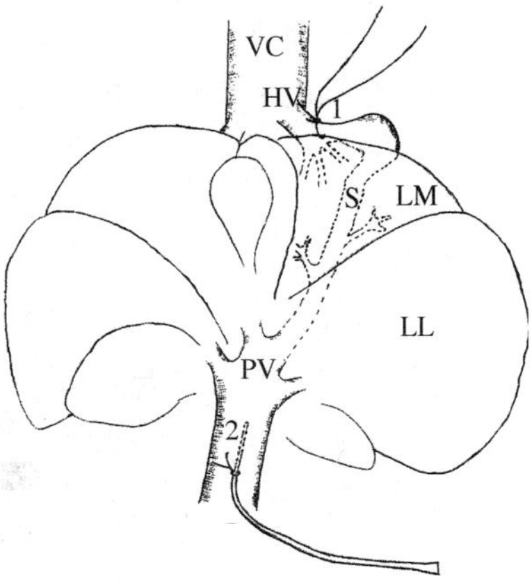

图 16-4　肝内单发性门体分流（分离结扎汇入后腔静脉前的分流血管）

1. 结扎分流血管；2. 静脉插管；VC. 腔静脉；PV. 门静脉；HV. 肝静脉；LM. 左中叶；LL. 左外叶；S. 分流血管

4）肝外多发性门体分流：可采用多个分流血管的结扎阻塞术，或后腔静脉缩窄术。后腔静脉缩窄术的具体方法是，腔静脉用丝线不完全结扎，使后腔静脉压超过门静脉压 1～

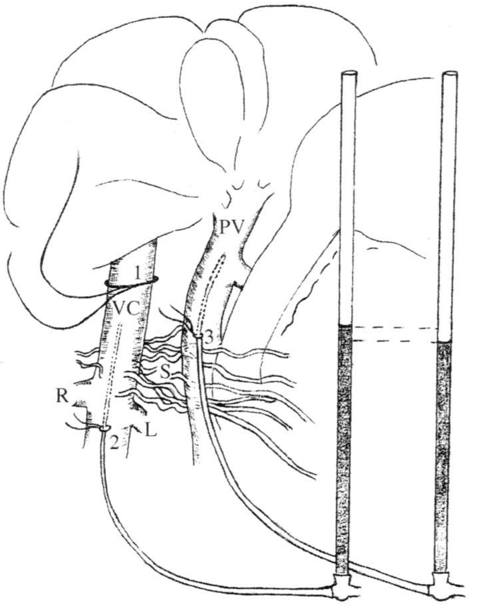

图 16-5 肝外多发性门体分流

1. 放置结扎线；2. 腔静脉插管；3. 门静脉插管；VC. 腔静脉；PV. 门静脉；R. 右肾动脉；L. 左肾动脉

2 mmHg，即门静脉压从 10～12 mmHg 上升至 14～17 mmHg，后腔静脉压从 0～4 mmHg 上升至 16～18 mmHg（图 16-5）。中心静脉压及全身动脉压应保持不变。

5）肝动脉-静脉瘘：需做肝部分切除术。经过胸骨节的后部向前扩大腹中线切口，向下并部分环绕后腔静脉裂孔切开膈。环绕后腔静脉的胸腔部分、后腔静脉的腹腔部分（肝和肾静脉之间）和肝门静脉（接近肝第一分支）包扎湿润的脐状胶带。辨别、分离、结扎膈腹静脉，并分离腹腔动脉和前肠系膜动脉。在门静脉或脾静脉的分支处安置导管监测静脉血压。切开三角形韧带、冠状韧带和肝肾韧带及小网膜韧带，分离受影响的叶。辨别受影响的肝组织的动脉分支，用非吸收性缝线结扎供应瘘管的动脉血管、肝叶的肝门静脉分支和胆管。系紧脐状胶布结扎线，并在腹腔和前肠系膜动脉上夹上血管夹，短暂闭塞脉管系统（一次操作不超过 12 min）。锐性分离肝实质，切除患病的肝叶。结扎所有的未闭血管。手术切口按常规闭合。

（4）*护理*　一般动物在放置 Ameroid 缩窄器后，即可出院自行护理，饲喂低脂肪食物，并进行药物治疗，直至分流的血管闭塞和肝实质再生。血管结扎（完全或部分）的动物在术后应密切观察，门静脉高压可在术后几小时内出现，可表现出腹痛、出血性腹泻、内毒素休克和死亡。如发现有休克或出血性腹泻等恶化体征，需尽快手术拆除或松开分流血管的结扎线。对血管部分结扎的病例应在术后使用少量肝素抗凝，防止门静脉血栓的发生。肝外多发性门体分流在手术结扎后可出现腹水和后肢水肿，但通常在 1～3 周消退。如果切口处有渗出物或腹胀，可使用利尿剂。术后应持续进行肝性脑病的药物治疗，直至肝实质再生，这个过程需持续数月。如果 2～3 个月症状未有改善，应进行造影术检查。

（5）*预后*　肝外单发性门体分流手术预后较好。对于肝内单发性门体分流，多数预后良好，但并发症（包括术后肝衰）多于肝外单发性门体分流手术。肝外多发性门体分流的病例在进行后腔静脉缩窄手术减流后，大约有 60% 的病例可获得改善。患有肝内 A-V 瘘的手术存活犬，长期预后良好。

第七节　腹主动脉及髂动脉栓塞症

腹主动脉及髂动脉栓塞症（aortic-iliac thrombosis）可发生于马、犬和猫。腹主动脉在腹腔内分出到腹腔内脏的动脉后，又分成髂外动脉和髂内动脉，髂外动脉至股部称为股动脉。栓塞可发生于腹主动脉，也可发生于其分支中。

病因　各种原因造成的血管内壁的损伤和激素的影响是引起本病的重要原因。寄生虫（如马圆虫幼虫、犬恶丝虫）移行过程中引起的损伤，可使血管内层粗糙不平，易使纤维蛋白析出形成血栓，虫体本身也可造成阻塞。血栓的栓塞常继发于肥厚性心肌病、肿瘤等。

症状　动物安静站立时，一般不呈现任何症状。当运动几分钟后，由于有关肌肉贫血，可出现明显的跛行，特别在快步和剧烈运动时更易出现。根据栓塞物的大小，呈现不同的临床症状，一般可看到患肢屈曲不全，以蹄尖着地，运步时步态不稳，很易摔倒或拖曳前进（图 16-6A）。强行运步时，呈三肢跳行，很快不能运动而倒下，有时呈犬坐姿势（图 16-6B）。此时，患病动物全身不安，呼吸困难，脉搏频数，寒战，全身出汗，有的似有腹痛症状。检查患肢动脉的搏动时，可感到比对侧减弱，患肢发凉。有的动物休息 15～30 min 后，可逐渐恢复，症状消失。

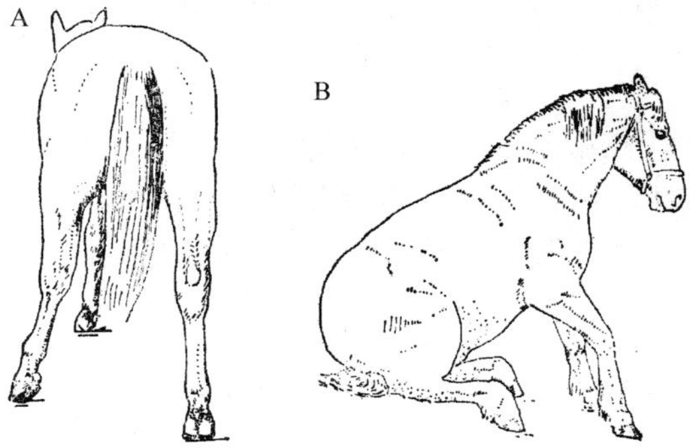

图 16-6　马股动脉栓塞症

A. 左后肢拖曳运步；B. 呈犬坐姿势

如两后肢同时发生栓塞时，症状更为严重，动物不能用后肢支持体重，两后肢冰凉，呼吸急促，脉搏快，甚至死亡。

如栓子栓塞在个别肌肉的小动脉时，则出现肌肉功能被破坏的症状。例如，股四头肌的动脉被栓塞时，出现不能固定膝盖骨的支跛；髂腰肌和股阔筋膜张肌的动脉被栓塞时，则出现明显的悬跛。有时被误认为膝部或跗部疾病。

诊断　根据突然发病、一肢或两肢冰凉、脉搏减弱、呼吸和脉搏加快等症状可以做出诊断，必要时进行直肠检查（大动物），在腹主动脉分支处可触摸到栓塞部位。本病应与肌红蛋白尿病和氮尿病做鉴别诊断。在猫，应与肥厚性心肌病做鉴别诊断。

预后　本病预后可疑或不良。

治疗　没有特效的疗法。如在某些动脉分支不全栓塞时可进行慢步运动或放牧饲养，也可应用溶血栓的药物和驱虫药物。

第十七章 消化系统疾病

第一节 口腔及唾液腺疾病

一、齿病

齿病（tooth disease）往往见于乳齿或更换永久齿时，更为多见的是老龄动物的齿异常或过度磨灭。齿病常使饲料咀嚼不充分，直接影响饲料的消化和营养吸收，造成营养不良，体力衰退，生产性能下降，甚至影响机体的抗病能力，易患各种疾病（如心脏、肾等疾病）。齿病在犬、猫、马较为常见。

（一）牙齿异常

牙齿异常（abnormality of the tooth）是指牙的位置、形态或结构的改变。

1. 牙齿发育异常 牙齿发育异常是指牙的位置、数量及生长时间发生改变，影响牙齿的功能。临床上最常见为赘生齿（过多齿）、换齿失常、牙齿失位等。

（1）赘生齿 赘生齿是指比正常牙齿数多出1～2个，门齿与臼齿发生过多齿较为常见，而犬齿则很少有赘生齿。门齿可能有两排门齿；臼齿的赘生齿是在最后，在缺乏对侧牙齿的磨灭时，往往成为过长齿，可引起口腔黏膜、牙龈的损伤。

（2）换齿失常 换齿失常是指由于乳齿未按时脱落，永久齿从下面生出，引起咀嚼时的疼痛，根据乳齿的松动、永久齿的透出或X线摄片可确诊。马还可能会诱发齿槽骨膜炎，因此在换牙期对马牙齿的检查很重要。

（3）牙齿失位 牙齿失位是由颌骨发育不正常、齿列不整齐、齿槽骨膜炎引起的齿根松动和换齿失常受乳齿的压迫等所致。凡先天性的上门齿过长（马），突出于下颌者称为鲤口（鹦鹉嘴）；凡下颌较上颌长，下门齿在上门齿的前方者称为鲛口（梭鱼嘴），多见于犬（斗牛犬、拳师犬等品种）。水牛可发生臼齿间隙过大，常由草料嵌入而引起上颌损伤，形成上颌瘘，甚至鼻瘘。

2. 牙齿磨灭不正

（1）锐齿（斜齿） 锐齿（斜齿）是指仅限于一个臼齿的边缘倾斜、尖锐，易伤及舌或颊。多发生于老马或患软骨症的马，严重斜齿称为剪状齿。应确实保定头部，装好开口器，在镇静或全身麻醉下用齿锉锉去尖端。治疗及时尚能取得良好的效果。每年应定期检查，及时发现及时治疗。

（2）波状齿 波状齿是指上、下臼齿的咀嚼面由于磨灭的快慢不一致，沿臼齿列出现高低不平的波状咬面。常为双侧性的，往往下臼齿的凹，而上臼齿为凸的，一般下颌第四臼齿最低，上颌第四臼齿最长。当齿漏斗开放并形成齿槽骨膜炎时，会引起牙龈疼痛，则需要将病齿拔去或采用打牙术。检查出波状齿后如能及时纠正，可使病情不继续恶化，但仍可能消化不良，不能保持良好的全身状态。

（3）阶状齿　阶状齿是比波状齿更为严重的一种磨灭不正，臼齿长度不一致，往往见于若干臼齿交替地缺损，而其相对的臼齿则变得相对过长，不可能使咀嚼保持正常，经常出现减食或停食。尚无较好的治疗方法，理论上可以按假想线做过长齿的前除术（使用大型咬剪钳），但实际上可能性不大。

（4）滑齿　主要见于老龄家畜，大部分臼齿的咀嚼面磨得很光滑，有些咬面既光滑又下陷。少数幼畜出现滑齿是由先天性牙齿釉质缺乏硬度所致。患畜吃草困难或吐出草饼，全身情况欠佳。除平时喂给松软的饲料外，目前尚无较好的治疗方法。

（二）龋齿

龋齿（dental caries）是指由发酵碳水化合物的细菌引起牙体结构破坏的一种疾病。细菌产生的酸性物质侵蚀牙齿的表面、齿冠、釉质表面或齿根、齿骨质表面，使其脱钙、分解及破坏。各种动物均可发生。

症状　马的龋齿最初是釉质和齿质表面发生变化，然后逐渐向深处发展，当釉质与齿表层破坏时，牙齿表面粗糙（一度龋齿或表面龋齿）；龋齿逐渐由暗黑色小斑变为黑褐色，形成凹陷空洞，而龋齿腔与牙髓腔之间仍有较厚的齿质相隔（二度龋齿或中度龋齿）；再向深处发展，两个腔相邻（三度龋齿）。凡损害波及全部齿冠者则称为全龋齿，它常继发牙髓炎和齿槽骨膜炎。马在 9～10 岁时最常发生龋齿，且多见于第二、四上臼齿。犬的龋齿常从釉质开始，常发生于第一上臼齿的齿冠。猫则多见于露出的臼齿根或犬齿。牛、羊龋齿病初在牙面上形成不大的龋斑，颜色逐渐加深。

患病动物采食或饮水时由于接触到损伤的部位，产生疼痛，表现为不愿采食、饮水缓慢、食物从口中掉落、流涎、口臭。检查口腔时轻轻叩击病齿有痛感。

治疗

（1）保守治疗　一度龋齿可用硝酸银饱和溶液涂擦龋齿面，以阻止其继续向深处发展。二度龋齿可用齿刮或齿钻去除龋洞内的病变组织，消毒并充填固齿粉。如已累及牙髓腔，应先治疗牙髓炎，症状缓解后再修补。

（2）龋齿拔除　三度龋齿施行拔牙术。动物全身麻醉，最好用吸入麻醉。侧卧位保定，颈后及身躯垫高，或头放低，以防异物性吸入。用开口器打开口腔，清洗消毒。切齿和犬齿为单齿根齿，前臼齿为双齿根齿，上颌第四前臼齿和第一及第二后臼齿为三齿根齿。单齿根齿可用牙根起子紧贴齿缘向齿槽方向用力剥离、旋转和撬动，使牙松动，再用牙钳夹持齿冠拔出。犬齿的齿根粗而长，可先切开外侧牙龈，向两侧剥离，暴露外侧齿槽骨，凿开齿槽骨后用牙根起子紧贴内侧齿缘撬动，并用齿钳夹持齿冠旋转、拔出。清洗齿槽，用可吸收性缝线结节缝合牙龈瓣。对于多齿根齿，可用齿凿（或齿锯）将其纵向凿开（或锯开）将其分割成片，再分别将其拔出。也可先分离齿周围的组织，显露齿叉，用牙根起子经齿叉旋转楔入，将其撬松动，然后拔出。

术后全身使用抗生素治疗 3～5 d。

（三）牙结石

牙结石（dental calculus）是指牙齿表面的钙化斑块，多因牙菌斑矿化而成。常见于犬和猫。根据部位分为龈上结石和龈下结石，前者直接可见，位于齿冠，随着时间由黄色过度为褐色；后者位于齿颈或牙周袋内。牙结石能诱发齿周病，甚至会引起心脏和肾等器官的病变。

由于牙结石的存在，犬、猫口腔常有口臭，影响主人的生活。定期洁牙很有必要。一般需要吸入麻醉，并用纱布或海绵纤维布填塞于咽喉，防止碎片和血凝块被吸入气管等。洁牙前，先用牙周探针探查牙周袋，测量牙龈沟的深度，犬小于 3 mm、猫小于 1 mm 是正常的。超过正常值，就有可能为牙周病。在洁牙前，先用 0.1%～2% 的氯己定冲洗口腔，中度和重度的结石采用结石钳和超声波去除。使用结石钳时要小心，避免折断牙齿。超声波的工作尖不应垂直于牙齿表面，在每个牙齿的停留时间不要超过 8 s，否则可能引起牙髓炎，并损伤牙釉质；适当调大出水量，以抵削工作尖和牙齿产生的热量。

一旦结石去除，可在牙齿表面使用菌斑显示液，再使用足够的抛光剂，去除菌斑。

（四）牙周炎

牙周炎（periodontitis）是指牙周膜及其周围组织的一种急性或慢性炎症。以牙周袋形成、骨重吸收、牙松动和牙龈萎缩为特征。多见于犬、猫。

病因　牙龈炎、口腔不卫生、牙石、食物嵌塞及微生物侵入，尤其是长期摄食软稀食物等是形成牙周炎的主要原因。菌斑在牙周炎的发生过程中起重要作用。齿形和齿位不正、闭合不全、软腭过长、下颌机能不全、缺乏咀嚼等可能是本病的诱因。不适当的饲养和全身疾病（如糖尿病、低钙摄取和慢性肾炎）、上呼吸道感染（如猫疱疹病毒、杯状病毒感染）、免疫抑制继发感染（如猫白血病病毒和猫免疫缺陷病毒感染、肾上腺皮质机能亢进）均可引发本病。在猫，病毒（杯状病毒）或任何持续性牙龈炎症刺激均可引起淋巴细胞-浆细胞性牙龈炎和明显的牙龈增生。

症状　动物常表现口臭、流涎，想采食，但只能食软食，有时见有口腔出血。叩患牙则疼痛明显。牙周韧带破坏，牙龈沟加深，形成蓄脓的牙周袋或牙龈下脓肿。一般臼齿多发，病情后期，牙齿松动，但疼痛并不明显。猫可出现牙龈显著增生，且容易出血。

诊断　根据病史和症状可做出诊断。注意：慢性肾病、糖尿病、病毒感染等可并发牙周炎。猫淋巴细胞-浆细胞性牙周炎可通过病变牙龈的活检的淋巴细胞性浸润和血清球蛋白浓度升高做出诊断，严重病例常治疗效果不佳，预后慎重。

治疗　在动物麻醉的状态下，彻底刮除病牙的牙垢、牙石，除去菌斑，牙齿明显松动或严重的病牙应将其拔除。对肥大的牙龈可手术切除。用生理盐水、0.1% 高锰酸钾溶液等冲洗牙周，涂以 2% 碘酊或碘甘油。如牙周形成脓肿，应切开引流治疗。术后全身给予抗生素、维生素 B 等。数日内给予软食。对于猫淋巴细胞-浆细胞性牙周炎，可适当使用糖皮质激素和抗生素治疗，病情严重时可拔除多枚牙齿以减轻炎症。

（五）齿槽骨膜炎

齿槽骨膜炎（alveolar periostitis）是指牙根和齿槽壁之间的组织的炎症，是牙周炎发展的另一种形式。多发于马属动物的下颌骨，其次波及上颌骨，少见于牛，在羊和犬均常有报道。

病因　主要为牙齿、牙龈、齿槽、颌骨等损伤或炎症的各种诱因。另外，口蹄疫、溃疡性口炎时发生的牙龈疾病、齿裂、龋齿、颌骨骨折、放线菌病，以及异物、牙石等嵌入牙龈与齿槽之间或牙周炎向深部发展均可继发本病。

症状　根据炎症的性质（非化脓性、化脓性、骨化性等）不同，症状不一。动物因疼痛可发生咀嚼机能障碍，流涎，侧头缓慢咀嚼，体质逐渐消瘦。口腔检查时可见病齿间隙内蓄积有饲料残渣，发出腐败酸臭的气味，患部牙龈肿胀，病齿松动，叩之疼痛明显。随着病情的发展，局部疼痛加剧，齿槽内转化为化脓性炎症时则牙龈肿胀更为明显，且柔软而有波动，其他邻近组织也被侵蚀，甚至出现坏死，病程再长时形成骨化性骨膜炎，炎症蔓延至齿根部时脓汁可沿齿根尖孔进入牙髓腔，引起化脓性牙髓炎，或者进一步侵蚀颌骨而形成齿槽或上颌窦蓄脓症（眼眶下皮肤反复脓性破溃灶）。

治疗　病初全身使用抗生素防止感染加重，除去颊内的饲料残渣，并经常用0.1%高锰酸钾溶液等冲洗以保持口腔清洁，涂以碘甘油。牙齿已松动时，中、小动物可行拔牙术，大动物行打牙术，以利于排脓，减少颌窦蓄脓或齿槽瘘的发生。对于犬继发性眼眶下皮肤脓性破溃灶，需拔除对应的患牙，碘伏冲洗治疗。

（六）牙髓炎

牙髓炎（pulpitis）是指牙髓感染和损伤的一种疾病。多因牙齿损伤、断裂，釉质和牙本质发育不全或异型增生，洁牙工具使用不当等，致使病原微生物进入牙髓腔，造成牙髓组织的炎症。

症状　动物表现口腔疼痛，饮食和水量下降，叩诊疼痛更加明显。但如果牙髓组织已经坏死，疼痛症状则不明显。牙根尖脓肿时，齿槽周围的软组织明显肿胀。牙髓炎引起牙髓坏死和牙周组织炎症时，可在脸部皮肤、下颌或口腔内形成破溃。

口腔X线片检查能够准确诊断，检查口腔时可发现牙断裂、龋齿和暴露的牙髓腔。

治疗　选用局部止痛药物，以小棉球浸入龋洞内也可收到止痛效果。如果是急性牙髓炎的话，情况会更加严重，一般都不宜靠服用镇痛剂达到止痛的目的，最有效的办法是将牙髓腔打开，使炎症的产物和脓液流出，使髓腔内的压力减少，疼痛得以迅速缓解。患牙髓炎的牙齿施行手术摘除牙髓，消毒髓腔，待症状消除后有条件再进行补牙，以达到保存患牙的目的。如不予适当的治疗，牙髓炎可发展为根尖脓肿，甚至骨髓炎，则需拔除患齿。

患牙髓炎时牙齿完全不能咬合，在使用了消炎药和止痛药都不能控制肿痛时，也需采取根管疗法。

二、舌损伤

舌损伤（injuries of tongue）多见于马、牛，也可发生于其他动物，如犬、猫、狮、虎等。

病因　齿病、口勒安装不良或粗暴地牵拉缰绳可引起马属动物的舌损伤；开口器装置不当、用细绳强拉下颌、食入尖锐有刺的饲草或异物可引起牛的舌损伤；犬、猫的舌损伤通常由鱼刺、骨碎片及犬衔物、美容时的剪刀引起。

症状　舌损伤分为舌黏膜损伤和舌肌损伤。初期表现口炎症状，有食欲但采食、咀嚼困难，流涎或混有血液，不愿饮水。开口检查可见舌黏膜剥离、脱落，颜色发红、发紫或苍白，黏膜坏死者发黑、恶臭，缺乏弹性；舌肌损伤者可见舌撕裂、缺损或断离。若感染放线菌，则舌质变硬，形成所谓的“木舌症”。如是剪刀等误伤，则流血较多，症状明显。

治疗　除去病因，较小的损伤可用0.1%高锰酸钾溶液清洗口腔后涂布碘甘油，或者口衔青黛散（青黛、黄柏、儿茶各30 g，胆矾15 g，共为末，过筛，包于纱布条内）；对创口较大的舌肌损伤，则要在麻醉后进行修整、缝合。

舌缝合术：大动物一般可取站立保定，头部确实固定后装置开口器，做舌神经传导麻醉后施术；小动物一般要施行全身麻醉。先从口角将舌引出，用生理盐水或0.1%高锰酸钾溶液清洗舌面和口腔，除去口腔内的食物残渣；在舌根部用消毒绷带或止血带将舌体扎紧，起止血和固定的作用。对新鲜的舌肌损伤，清洗后直接做数针水平纽扣孔状缝合，必要时可在创缘对合处补做间断缝合（图17-1）；陈旧创应先将创面做适当地修整以造成新

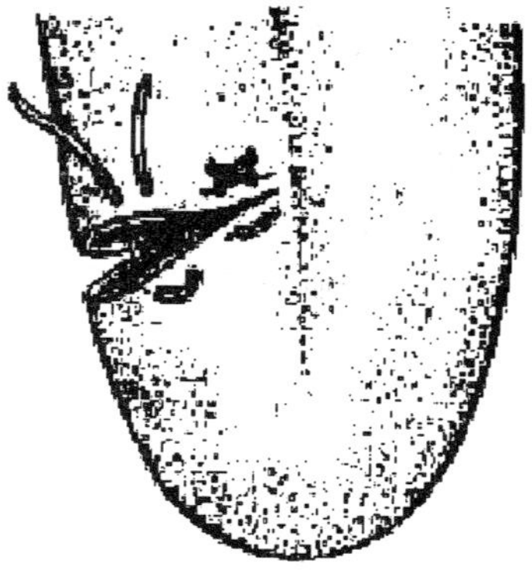
图 17-1　舌缝合术

鲜创面，再缝合；舌肌坏死者要将坏死部分切除，消毒止血后再缝合。

缝合时从舌的背侧进针，深度应距舌腹侧黏膜 2 mm 以上，不应穿透腹侧黏膜，结应打在舌的背侧黏膜上，缝线可考虑使用可吸收线。

［附］舌神经的传导麻醉：在舌骨突起前 2～3 cm 处，将长 5～10 cm 的针头垂直地向口腔底部刺入达 5 cm，边进针边注药，注入 2% 盐酸普鲁卡因溶液 20 mL，然后退针至黏膜下时，以 45°～60° 角向同侧下颌骨内侧刺入直达骨面，注药 20 mL；同法麻醉另一侧的舌神经，经 5～10 min 舌会自行脱出口腔外。

三、唾液腺黏液囊肿

唾液腺黏液囊肿（salivary mucocele），是由于唾液腺或其管道的损伤引起唾液渗漏、聚集，从而被肉芽组织包围形成的囊性物。最常发生的部位是下颌间皮下组织、颈前区皮下组织［颈前黏液囊肿（cervical mucocele）］和舌下组织［舌下腺囊肿（ranula）］，极少数发生在咽壁［咽黏液囊肿（pharyngeal mucocele）］。本病多见于犬，猫也可发生。

病因　原因可能不是很明确。最常见的原因可能是犬在咀嚼时，唾液腺及导管被食物中的骨骼、鱼刺或草籽等刺破，诱发炎症，导致黏液或唾液排出受阻而发病。由于舌下腺一部分与颌下腺紧密连接，共同被一结缔组织囊所包裹，共用一输出管开口于口腔，故舌下腺和颌下腺常同时受损害。

症状　临床表现与唾液腺黏液囊肿的部位有关。多数发生在颈部或下颌骨内，初始阶段无症状，随着囊状物的增大，会引起颈部一侧或颈腹侧肿大。患有舌下腺囊肿时，可出现采食异常和口腔出血，打开口腔可见一侧舌下出现囊泡状肿胀。唾液腺黏液囊肿发生在口咽部时，会引起舌的运动障碍，并影响吞食和呼吸。触诊有波动感，无压痛，增长缓慢，如并发感染可引起疼痛。囊肿破溃时，溢出蛋清样黏稠液体，包块消失，但可复发。

治疗　可采用穿刺排出囊肿液，注意无菌操作；然后使用绷带压迫数日。若无效则需手术治疗，因反复的穿刺、排液易感染，并会纤维化。

手术方法为唾液腺黏液囊摘除或唾液腺黏液囊和相应的唾液腺一并摘除。唾液腺黏液囊摘除需彻底剥除完整的唾液腺黏液囊壁，若摘除不彻底则易复发，且病程长时囊壁的剥离较为困难。对于舌下腺囊肿，可采用手术刀或剪将其刺破（破口应足够大，以延迟其闭合），使囊液排于口腔；若无效则可摘除相应侧的舌下腺或舌下腺和颌下腺，因颌下腺和舌下腺紧连在一块（图 17-2）。对于下颌间唾液腺黏液囊肿，应仔细辨别该囊肿液由哪一侧的颌下腺分泌产生，可摘除该囊肿或将与其相应侧的颌下腺一并摘除。对于颈区唾液腺黏液囊肿，则需将其与颌下腺一并摘除。摘除一侧的舌下腺和颌下腺，对动物的采食、吞咽和消化并无明显的影响。下面介绍颌下腺-舌下腺摘除术。

动物全身麻醉，侧卧保定。在下颌骨后缘的颌下腺上做皮肤切口，注意避开上颌和舌面静脉（可通过指压颈静脉显露）（图 17-2）。切开颈阔约肌，暴露颌下腺纤维囊。切开包囊，将其从颌下腺和单口舌下腺剥离。结扎腺体背内侧的动脉（耳部大动脉分支）和静脉。继续沿舌下腺向口侧分离，用止血钳将颌下腺沿二腹肌腹侧向头侧牵拉，能够更好地暴露舌下腺及其管道，直至发现舌神经。如有必要可切开二腹肌，充分暴露多个舌下腺，但在临床上常不涉及此步骤（除非导管缺损部还在此前）。向后牵拉分离的腺体，结扎并横断颌下腺和舌下腺的导管（图 17-3）。如

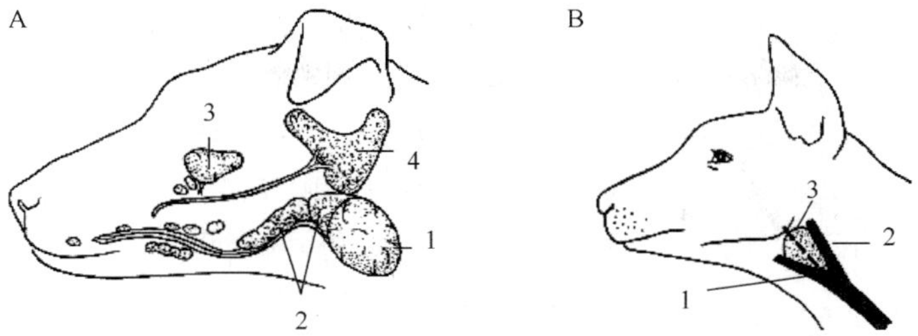

图 17-2　犬唾液腺的解剖结构

A：1．颌下腺；2．舌下腺；3．颧骨；4．腮腺。B：1．舌面静脉；2．颌外静脉；3．皮肤切口

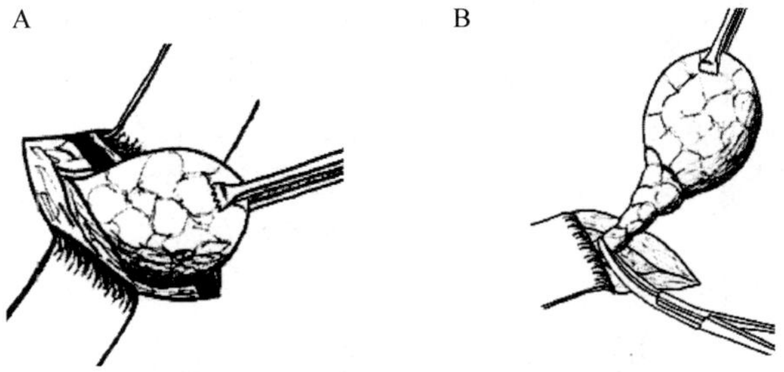

图 17-3　颌下腺-舌下腺摘除术

A．颌下腺分离；B．颌下腺-舌下腺导管结扎

果切开二腹肌，则对其采用水平褥式缝合或十字缝合；用可吸收性缝线采用间断缝合法闭合包囊、肌肉、皮下组织；皮肤行结节缝合。

值得注意的是，舌下腺要全切除，不然可能会复发。

四、腮腺炎

腮腺炎（parotitis）是腮腺及其导管的急性或慢性炎症。各种动物均可发生，患病的腮腺常可发生脓肿。

病因　本病通常是由腮腺或其邻近组织的创伤或感染所致。猪、犬等还有传染性腮腺炎，有证据表明人腮腺炎病毒可感染犬。

继发性腮腺炎常与传染病有关，如马腺疫、牛结核病、牛放线菌病、犬瘟热等。

症状　病初无明显的临床表现。急性腮腺炎在耳下局部出现疼痛、肿胀及增温，触之敏感。常有体温升高，由于疼痛和肿胀，时有流涎、食欲减退或废绝、吞咽困难。脓肿破溃导致脓汁排入周围组织或口腔中，口中散发出恶臭气味。这种脓肿应与腮腺囊肿进行区别。如经皮破溃，则可导致腮腺瘘管的形成。通常在脓肿切开或破溃后，多数病例能较快地痊愈。

慢性腮腺炎患部呈坚实、无痛性肿胀，其他症状均不明显。

治疗　腮腺的新鲜创可按创伤的治疗原则进行处理。

轻度感染并有中等程度的肿胀时，可选用全身性抗生素疗法。较为严重的感染，在未发生局限化之前，可对病灶进行热敷，还可采用青霉素盐酸普鲁卡因封闭疗法。

形成脓肿时，成熟后应切开、排脓、引流，并采用抗生素（如青霉素、磺胺类或广谱抗生素）治疗 4～5 d。

对经久不愈的腮腺瘘管，可考虑腮腺部分摘除或全摘除术。结扎连通的腺管更为安全。

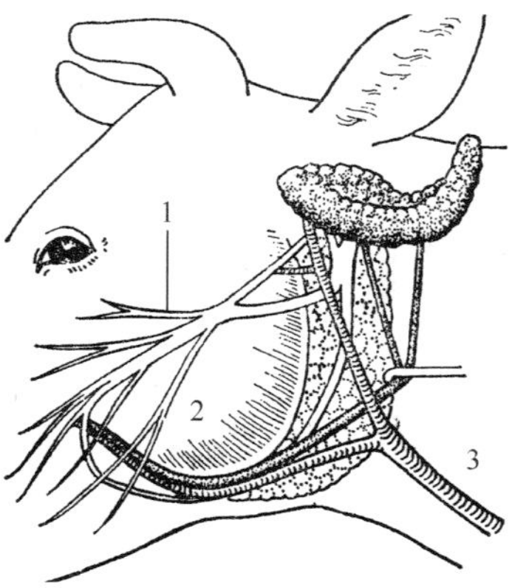

图 17-4 牛的腮腺摘除术
腮腺被剥离向上翻转，拉钩牵引的腮腺导管
1. 面神经的上颊神经；2. 下颊神经；
3. 颈静脉

严重化脓性慢性腮腺炎可施行腮腺摘除术。动物侧卧保定，全身麻醉配合局部麻醉。

切口定位自耳基部开始，在距下颌骨后缘约 5 cm 处做一稍向后下方的弧形切口，在直达颌外静脉下方 2 cm 处暴露腮腺与耳腹侧肌。皱襞切开皮肤后，用组织钳提起腮腺下缘，并用止血钳向上分离，必要时用手术刀细心锐性分离。颈静脉分支和颌内静脉可行双重结扎，暴露腮腺导管，面神经颈支可切断。向上分离腮腺体深部，以显露面神经的上颊与下颊神经，尽量避免损伤此神经。为保全神经，做腮腺整块切除非常困难。因此应根据具体情况，将腮腺分块切除。腺体剥离至前下缘，显露腮腺导管后结扎切断（图 17-4）。残留的少量腺体组织，也可留置不予取除，术后不致形成唾瘘。分离深部腮腺，必要时可将颈外动脉的小分支结扎切断。最后将腮腺肌膜缝合并放置引流，缝合皮肤。

第二节 食 道 疾 病

一、食道阻塞

食道阻塞（esophageal obstruction）是指食道被食物或异物阻塞的一种食道疾病。按阻塞的程度分为完全阻塞与不完全阻塞；按阻塞的部位分为颈部食道阻塞、胸部食道阻塞和腹部食道阻塞。本病常见于犬、牛和马，猪和羊偶尔发生。

病因 牛、马原发性食道阻塞，通常发生于采食块状食物时，因咀嚼不充分、吞咽过急而引起；此外，还由于误咽毛巾、破布、塑料薄膜、毛线球、木片或胎衣而发病。

犬的原发性食道阻塞，多见于群犬争食软骨、骨头、鱼刺、不易嚼烂的肌腱等而引起。幼犬常因嬉戏，误咽瓶塞、煤块、石子等异物而发病。

继发性食道阻塞，常继发于食道狭窄或食道憩室、食道麻痹、食道炎等疾病。

症状 各种动物食道阻塞的共同症状是采食中突然发病，停止采食，恐惧不安，头颈伸展，张口伸舌，大量流涎，呈现吞咽动作，呼吸急促。颈部食道阻塞时，外部触诊可感阻塞物；胸部食道阻塞时，在阻塞部位上方的食道内积满唾液，触诊能感到波动并引起哽噎运动。用胃导管进行探诊，当触及阻塞物时，感到阻力，不能推进。

马食道阻塞时，病马不安、前肢刨地、时卧时起、张口缩颈、干呕、大量流涎、饲料与唾液从鼻孔逆出、咳嗽。约 1 h 后，强迫或痉挛性吞咽的频率减少，患畜变得安静。

牛食道阻塞时，瘤胃臌胀及流涎是其特征性症状，臌胀的程度随阻塞的程度及时间而变化。完全性阻塞时，则迅速发生瘤胃臌胀。

猪食道阻塞时，垂头站立、流涎、时而试图饮水、采食，但饮进的水立即逆出口腔。

犬食道阻塞时，出现不安、伸颈。完全性阻塞的病犬采食或饮水后，立即（颈部食道阻塞）或数分钟后（胸部食道阻塞）呕吐。部分阻塞时，液体和流质食物可通过食道进入胃，采食固体食物后呕吐。阻塞时间长时，病犬厌食、消瘦，甚至衰竭死亡。食道被损伤时，可出现体温升高；胸段食管损伤，会造成胸腔污染。

诊断　根据病史、症状，结合食道外部触诊、胃管探诊或用X线、内镜等检查可确诊。

X线检查，可显示阻塞部呈块状密影。食道造影检查，完全阻塞时，显示钡剂到达该处但不能通过；不完全阻塞时，造影剂使阻塞物更清晰，并能够到胃。在犬，对于密度低的不完全胸部食道阻塞，可让犬吞食裹有钡剂的少量棉花，在直立态下立即透视，若见含钡剂的棉团在胸部稍停留后再进入胸腔，说明此处有异物存在。内镜检查容易做出诊断。

治疗　治疗原则是解除阻塞，疏通食道，消除炎症，加强护理和预防并发症的发生。

（1）保守治疗　咽后食道起始部阻塞时，在开口器的配合下可徒手取出。有内镜设备时，可利用内镜取出犬、猫的食道异物（骨块、鱼刺等）。对于不规则、容易损伤食道的异物，取出后建议用泛影葡胺再次造影，检查食道的完整性。

颈部与胸部食道阻塞时，应根据阻塞物的性状及其阻塞程度，采取相应的治疗措施。

1）挤压法：牛、马采食胡萝卜等块根、块茎饲料而阻塞于颈部食道时，将病畜横卧保定，用平板或砖垫在食道阻塞部位；然后以手掌抵于阻塞物下端，朝咽部方向挤压，将阻塞物挤压到口腔，即可排除。若为谷物与糠麸引起的颈部食道阻塞，将病畜站立保定，用双手手指从左右两侧挤压阻塞物，将阻塞物压碎，促进阻塞物软化，使其自行咽下。

2）推送法：又称疏导法，即将胃管插入食道内抵住阻塞物，慢慢把阻塞物推入胃中。主要用于胸部食道阻塞和腹部食道阻塞。

3）水冲法：当阻塞物是颗粒状或粉状饲料时，可插入胃管，用清水反复泵吸或虹吸，以便把阻塞物溶化、洗出，或者将阻塞物冲下。

4）通噎法：是中兽医治疗食道阻塞的传统方法，主要用于治疗马的食道阻塞。其方法是将缰绳拴在病马的左前肢系凹部，使马头尽量低下，然后驱赶病马前进或上、下坡，往返运动20～30 min，借助颈部的肌肉收缩，使阻塞物纳入胃内。如果先灌入少量植物油，鼻吹芸薹散（芸薹子、瓜蒂、胡椒、皂角各等份，麝香少许，研为细末），更能增进其效果。

另外，还可试用促使食道蠕动的药物或催吐药物等。

（2）手术治疗　当食道发生阻塞、用一般保守治疗难以除去时，需通过手术方法取出异物。

马或牛食道阻塞常发生于特定的部位，如在颈上1/3的部位，咽转入食道的起始部；胸腔入口：从第一肋骨到动脉弓的一段食道。在反刍兽，由于括约肌的机能降低而停滞于贲门。在犬，食道阻塞常发生于胸腔入口、心基部及膈食道裂孔前的胸段食道。

颈部食道阻塞的手术方法：牛、马侧卧保定，伸张头颈，也可站立保定，固定头部，局部浸润麻醉或全身麻醉。犬、猫需侧卧保定，全身麻醉。

手术切口常分为上方切口与下方切口。上方切口是沿颈静脉的上缘，颈静脉与臂头肌之间，臂头肌下缘0.5～1 cm处切口，是距离主手术食道最近的路径。若食道有严重损伤，术后不便于缝合，则应采用颈静脉下方切口，建议在颈静脉下方沿着胸头肌上缘做切口，术后能确保创液顺利地排出（图17-5）。不论是上方切口或是下方切口，都必须沿颈静脉纵向切开皮肤12～15 cm。在牛，除用上述颈静脉的范围做切口之外，有人主张将胸头肌与气管之间作为手术通路。即沿胸头肌下缘做切口，切开皮肤和浅筋膜之后，用创钩将胸头肌向上拉，再切开深层筋膜；用止血钳向食道方向分离气管和肌膜间的结缔组织，再用剪刀剪开脏筋膜，即发现食道。此手术通路更有利于创液排出。

切开皮肤及筋膜，钝性分离颈静脉和肌肉（臂头肌或胸头肌）之间的筋膜，在不破坏颈静脉周围结缔组织腱膜的前提下，用组织剪剪开纤维性腱膜。在颈下 1/3 须剪开肩胛舌骨肌筋膜及脏筋膜，而在上 1/3 和中 1/3 必须钝性分离肩胛舌骨肌后再剪开深筋膜（图 17-6）。

图 17-5　牛颈部食道手术术部

1. 上方切口；2. 下方切口

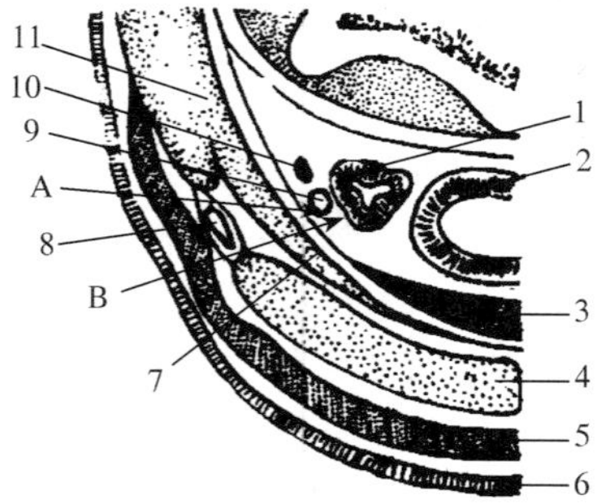

图 17-6　马颈部食道手术通路

A. 上方手术切口通路；B. 下方手术切口通路；1. 食道；2. 气管；3. 胸骨舌骨肌；4. 胸头肌；5. 皮肌；6. 皮肤；7. 肩胛舌骨肌；8. 颈静脉；9. 颈动脉；10. 迷走交感神经干；11. 臂头肌

术者用手指钝性分离食道周围的结缔组织，暴露食道，小心将阻塞段食道拉出，注意不得破坏周围的结缔组织，并用灭菌纱布隔离。若阻塞时间不长，食道的外观色泽无明显的变化，则可在阻塞部切开食道；若食道的色泽明显改变，则应在食道阻塞物稍后方切开食道。一次性切开食道的全层，谨慎地取出异物。

▶食管切开术

食道闭合必须在确认局部无严重血液循环障碍的情况下方可进行。用铬制肠线连续缝合食道全层，然后再对纤维膜及肌肉层采用间断伦勃特缝合，注意不可内翻组织过多，以免造成管腔狭窄。当管壁有坏死的倾向时，食道不得缝合，保持开放，皮肤可部分缝合，用浸消毒液的棉纱填塞。

犬胸部食道阻塞的手术方法，根据阻塞物的部位可选择如下方法。

颈部食道切开取异物法：患犬侧倒卧保定，头颈部后仰，以充分暴露胸腔入口处。全身麻醉。术部常规剪毛、消毒、隔离。肋前 2 cm 左右，左颈静脉沟下 1 cm，向前切开 7 cm，切口平行于颈静脉。切开皮肤，钝性分离皮下组织、颈静脉和胸头肌，直至气管，该部食道位于气管左侧偏上；如不能确定食道，可用食道探子辅助判断，钝性分离食道周围的组织，直至其游离。用生理盐水湿润过的两根纱布条绕过食道将其兜住，在食道左侧壁切开 2 cm，通过此切口向近心端注入少量液体石蜡，然后将细长的弯止血钳或带咬齿的肠钳伸入，碰到阻塞物后，张开钳的前端，试探着去夹阻塞物。夹住后，先往食道内灌注少量色拉油，再向外拉出，清洗整理食道及其切口。重新消毒后，用可吸收性缝线对食道全层进行连续缝合，再行连续或间断伦勃特缝合；术部整理清洗后，结节缝合皮肤。

开胸取胸段食道异物：开胸法见第十四章第二节，在切开食道前，需要用浸有温生理盐水的纱布将肺向腹侧隔离，再切开纵隔，并用悬吊线将食管尽量牵拉后再切开食管，注意不要损伤迷走神经。缝合食管后，纵隔膜也需要缝合。

经胃取异物法：阻塞物发生在贲门附近或食道裂孔前可采用此法。患犬仰卧保定，全身麻醉。由剑状软骨向后做腹中线（或左腹中线旁）切口，暴露胃，并做胃切开术（见本章第三节犬胃内异物手术治疗部分），用舌钳牵拉固定。胃内容物多时，可取出或吸出部分胃内食物。术者左手手指通过胃壁切口伸入贲门及食道探摸异物，触及异物后右手持肠钳或止血钳沿左手手指伸入食道内，夹持异物并取出。温热的生理盐水冲洗或擦拭胃壁切口后，用可吸收性缝线对胃壁切口采用两道缝合，第一道做全层连续缝合，第二道做间断伦勃特缝合。然后用加有抗生素的温生理盐水冲洗胃壁，还纳胃于腹腔，依次缝合腹膜、腹壁肌肉、筋膜和皮肤。

牛的胸段食道阻塞手术：牛食道梗塞多发生在近贲门部，可做瘤胃切开术（手术方法见本章第三节瘤胃积食手术治疗部分），自网胃内用手指或长钳沿食道沟进入胸部食道以夹取梗塞物。

术后护理：术后需要监视食道是否有泄漏和感染，使用抗生素药物 5～7 d，以防止感染，术后禁食 2 d，通过输液维持机体需要。3 d 后可饮少量温糖盐水，5 d 后可进流食。1 周后正常饲喂，但食物中不应有粗大、坚硬的块状物。术后 8 d 左右拆除皮肤缝线。

二、食道损伤

食道损伤（esophageal injury）可见于各种家畜。

病因　由吞食尖锐异物（如骨块、鱼刺、碎玻璃、铁丝等）或创伤（咬伤、刺伤等）引起。另外，粗暴地插胃导管或操作胃镜也会引起损伤。

症状　最初常表现为流涎、哽咽、反复干呕和头颈伸直；之后表现为不安或抑郁、厌食、脱水。常见的并发症有食道炎、食道坏死、食道瘘、胸膜炎、纵隔炎、脓胸和气胸等。

诊断　通过病史、症状、X 线透视或造影做出诊断。食道内镜检查能确定损伤的部位和程度。

治疗　对食道非穿透创，可采用保守疗法，口服及全身使用抗生素药物。如果异物仍存在，则需手术或用内镜取出异物。

对于食道开放性新鲜创，在严格消毒处理后进行食道修补术。对于陈旧创，特别是有唾液及食物漏出而污染创口时，需用抗菌消毒液彻底清洗，闭合食道，并做创部引流治疗；如食道感染严重，则可待感染消退后再进行食道缝合。可安置胃导管或胃瘘管，通过导管或瘘管给予流体食物，以维持动物的营养需要。对于已形成的食道瘘管，应将其彻底切除。

三、食道狭窄

食道狭窄（esophageal stenosis）是指食道由瘢痕组织或占位病变的压迫等引起食道管腔变狭、食物难以通过的一种食道病理状态。

病因　动物多由吞食腐蚀性药物、食道创伤或手术（尤其食道切除断端吻合）等引起食道瘢痕性狭窄；食道寄生虫（如犬狼旋尾线虫）感染、食道肿瘤等可引起阻塞性狭窄；颈、胸食道周围组织肿瘤、脓肿及永久性右主动脉弓等可引起压迫性狭窄。

症状　患病动物主要以食物反流、吞咽困难和营养不良为特征。可能发生吸入性肺炎、咳嗽、呼吸困难。病程长时，动物进行性消瘦，有的动物大量流涎。

诊断　硫酸钡造影可用于诊断食道狭窄，在其前方有时存在食道扩张或憩室等。

治疗　非瘢痕性食道狭窄应根据病因加以治疗，瘢痕性食道狭窄可用非手术疗法和手术疗法。

（1）食道扩张术　瘢痕性食道狭窄可采用探条扩张术（bougienage），使食道黏膜及其下层的瘢痕组织撕裂，进而解除食道的狭窄。根据食道狭窄的部位及程度，选择适宜的扩张器，如食道探条或气囊导管。

动物全身麻醉，侧卧保定。先用食道镜或胃导管插入狭窄部吸出聚积的食物或黏液。食道扩张器涂上润滑油，经口腔插入食道至狭窄部；随着探条逐步插入，狭窄部的直径渐而扩大，直至探条不能插入。如用气囊导管，当插入狭窄部时（在X线透视下确定插入部位），向气囊内注入30%泛影葡胺，使狭窄口较前增加0.5～1.5倍。注意：若扩张过度，可能会造成食道穿孔。保持食道扩张状态10～15 min。1～2周重复一次，持续3个月。

（2）*手术疗法*　非手术疗法无效时，可用部分食道切除和端端吻合术。该手术适用于颈部食道狭窄，其手术通路、食道分离见食道阻塞。狭窄部完全分离后，在其前后用肠钳夹住，切除病变的食道。两断端对合，置断端的预置固定线有利于手术操作。吻合方法：用可吸收性缝线先间断缝合两食道断端对侧（远术者侧）的食道壁外膜和肌层，再采用间断缝合法缝合对侧及近术者侧的食道黏膜和黏膜下层，最后间断缝合近术者侧的食道外膜和肌层。检查吻合的情况，注入生理盐水，挤压，观察有无渗漏。若切除的食道段过长（超过5 cm），食道吻合后的张力较大，可能会造成吻合部裂开。此时，可采用部分食道肌环切术以缓解张力。即在食道吻合部的前后各2～3 cm处，环形切开食道浅层肌肉，但不要切开内环肌层，否则会破坏黏膜下的血液供应。环形切口愈合后不会产生狭窄或膨大现象。

永久性右主动脉弓造成的食管狭窄，手术方法见第十六章第三节。

术后应用抗生素防止感染，并可通过管饲给予流体食物，7～10 d拔出导管。

四、食道憩室

食道憩室（esophageal diverticulum）是指某小段食道壁向外突出形成一盲囊，常于食道扩张先后发生。多发生于食道远端，也称膈上憩室。食道憩室并不等同于食道扩张。食道扩张是食道某部分扩大、舒张，缺乏收缩功能而不能蠕动。

病因　胸部食道由肌纤维的断裂或饲料反复的积聚而引起膨胀。先天性可发生膈上食道憩室。

症状　憩室可以是单侧性或双侧性的。固体食物滞留于憩室，易出现食道阻塞症状，如采食后反流、作呕、哽咽、咳嗽，或采食时吞咽困难。液体状或流质食物可不出现吞咽困难。动物渐行性消瘦。胸部X线造影检查可见食道憩室的部位。

治疗　表现临床症状者均应手术治疗。单侧性食道憩室，手术较为容易。采用开胸术，分离憩室；充分隔离后，用肠钳夹住憩室的底部，将其切除；食道壁做两道缝合，第一道用可吸收性缝线做全层连续缝合，第二道做外膜和肌层间断伦勃特缝合。双侧性食道憩室，可将患病的一段食道切除掉，再做食道吻合术或食道置换术。

第三节　胃部疾病

一、瘤胃积食

瘤胃积食（impactio ruminis）是由前胃收缩力减弱、采食大量难以消化的饲草或容易膨胀的饲料所致。常引起急性瘤胃扩张、瘤胃容积增大、内容物停滞、瘤胃运动和消化机能障碍，发生脱水和毒血症。本病是牛、羊的多发病，特别是舍饲的耕牛更为常见。

病因　瘤胃积食可见于贪食大量的青草、苜蓿、甘薯、胡萝卜、马铃薯等饲料；或者因饥饿采食了大量的稻草、豆秸、花生秧、甘薯藤等，在饮水不足时极难消化；也可因过食谷物、豆饼、花生饼、棉子饼、酒糟、豆渣和粉渣等，大量饮水后饲料膨胀导致发病。

体质衰弱、胃肠功能失调、机体疲劳、应激反应、神经反应性低等因素促进本病的发生。

症状　初期，病牛精神不安，目光凝视，回顾腹部，间或后肢踢腹。病牛不食、不反刍，弓背，空口虚嚼，不断起卧，有时出现呻吟；便秘；粪便干硬呈饼状，有时发生下痢。若瘤胃压迫十二指肠可引起十二指肠假性阻塞，出现肠便秘症状。有的病例呕吐或鼻流粪水。

腹部膨胀，瘤胃背囊存有少量气体；触诊瘤胃，内容物坚硬，用拳按压，遗留压痕。有的病畜瘤胃内容物坚硬如石。听诊瘤胃蠕动音减弱或消失，肠音微弱。

晚期病例，病情急剧恶化，呼吸促迫，心悸，脉搏快速，四肢、角根和耳发凉，眼球下陷，可视黏膜发绀，衰弱后卧地不起，陷于昏迷状态。

诊断　瘤胃积食根据其发生原因、过食后发病、瘤胃内容物充满而硬实、食欲和反刍停止等症状，可以确诊。

治疗　恢复前胃的运动机能，促进瘤胃内容物的运转，消食化积，防止脱水与自体中毒。

较轻的病例可以药物治疗。严重的瘤胃积食往往药物治疗无效，应果断地实施瘤胃切开术，取出内容物，冲洗胃腔。不能取尽胃内容物，可填充健康牛的瘤胃内容物，或者填充易消化的青草后，接种健康牛的瘤胃液。瘤胃切开术如下。

1. 保定与麻醉　取站立保定。局部浸润麻醉或椎旁、腰旁神经传导麻醉。

2. 手术通路　有三种切口可选择。

（1）*左肷部中切口*　一般体形的牛，还可兼做网胃探查、胃冲洗和右侧腹腔探查。

（2）*左肷部前切口*　体形较大的病牛，可兼做网胃探查、瓣胃梗塞冲洗和皱胃冲洗，必要时可切除最后肋骨。

（3）*左肷部后切口*　可兼做右侧腹腔探查。

3. 术式　按常规切开左肷部腹壁，显露瘤胃。

（1）*瘤胃固定与隔离法*　瘤胃固定与隔离法可采用下列方法。

1）瘤胃浆膜肌层与皮肤切口创缘的连续缝合固定法：显露瘤胃后，用三角缝针带 10 号丝线进行瘤胃浆膜肌层与皮肤切口创缘环绕一周的连续缝合，针距 1.5～2 cm，每一针缝合都要拉紧，使瘤胃壁与皮肤创缘紧密地贴附在一起，显露瘤胃壁的宽度为 15～20 cm；然后用三角缝针带 10 号丝线，在瘤胃预切开线两侧通过瘤胃壁全层各做 3 个水平纽扣缝合，缝合针再在距同侧皮肤创缘 10～12 cm 的皮肤上缝合，暂不抽紧打结。在瘤胃切开线两侧，用浸有温生理盐水的纱布覆盖胃壁。在胃壁切开线上先用外科刀刺一小口，慢慢放出瘤胃内的气体，再改用手术剪扩大瘤胃切口，切口长度为 15～20 cm。在瘤胃切开后，助手将切口创缘两侧的预置缝线抽紧打结，使瘤胃黏膜外翻；然后，放置防水洞巾（洞孔直径 15 cm 左右，洞孔边缘为弹性胶环），隔离瘤胃壁，术者手臂经洞巾孔掏取瘤胃内容物并进行胃腔探查（图 17-7）。此法隔离严密，对瘤胃切口和皮肤切口的机械摩擦少，适合于大量瘤胃内容物取出，但要求的腹壁切口较大。

2）瘤胃六针固定和舌钳夹持黏膜外翻法：显露瘤胃后，在切口上、下角与周缘，用三角缝针带 10 号丝线，通过瘤胃的浆膜肌层与邻近的皮肤创缘进行六针纽扣状缝合，抽紧缝线，打结前在瘤胃与腹腔之间填入浸有温生理盐水的纱布。打结后，在瘤胃壁和皮肤切口创缘之间填以温生理盐水纱布。先在瘤胃切开线的上 1/3 处，用外科刀刺透胃壁，并立即用两把舌钳夹住胃壁的两侧创缘，向上向外拉起，防止胃内容物外溢。然后用手术剪扩大瘤胃切口，并用舌钳固

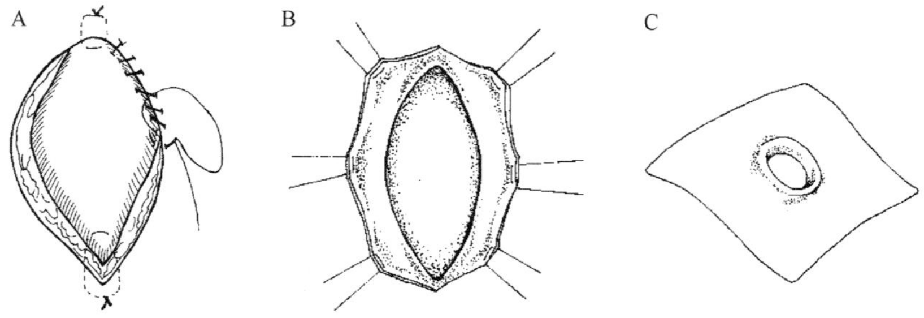

▶瘤胃切开术

图 17-7　瘤胃切开术

A．瘤胃壁浆膜肌层与皮肤创缘的连续缝合；B．切开瘤胃壁，牵引胃壁切口两侧预置的水平纽扣缝线；C．弹性孔橡胶洞巾

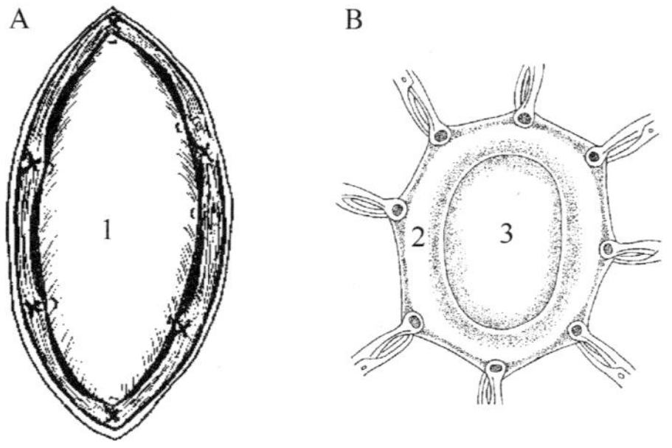

图 17-8　瘤胃六针固定（A）与舌钳夹持黏膜外翻法（B）

1．瘤胃壁浆膜肌层与皮肤创缘六针固定缝合；2．外翻的瘤胃壁；3．瘤胃腔

定提起胃壁的两侧创缘，将胃壁拉出腹壁切口并向外翻，随即用巾钳将舌钳固定在皮肤和创巾上，以免胃内容物流入腹壁切口。最后，套入橡胶洞巾（图 17-8）。此法操作简便，但使用舌钳较多。

3）瘤胃缝合胶布固定法：显露瘤胃后，用一中央带有 6 cm×15 cm 长方形孔洞的橡胶洞巾，将瘤胃壁浆膜肌层与中央孔的 4 个边连续缝合，使中央长方形孔缘紧贴在瘤胃壁上，形成一个隔离区。于瘤胃壁和洞巾之间填塞大块生理盐水纱布，将橡胶洞巾的 4 个角展平固定在切口周围，在长方形孔的中央切开瘤胃。该方法仅适用于胃壁紧张、不易向外牵引的病例，隔离不确切，易发生腹腔污染。

（2）*瘤胃内容物的取出*　取出瘤胃内容物：由甘薯藤、花生秧、麦秸等粗纤维引起的瘤胃积食，可取出胃内容物总量的 1/2～2/3。缠结成团的应尽量取出，剩余部分掏松并分散在瘤胃各部。对泡沫性瘤胃臌气，应在取出部分内容物后，用等渗温盐水灌入瘤胃，冲洗胃腔，清除发酵的胃内容物。对饲料中毒的病例（如有毒饲料或饲料中混有农药、黑斑病甘薯等），可在早期进行手术，将有毒的胃内容物取出，剩余部分用大量温生理盐水冲洗，并放置相应的解毒药。为了加速毒物的排出，可做胃冲洗，将瓣胃和皱胃的内容物尽量洗出。

（3）*胃壁切口的缝合*　用生理盐水冲净附着在瘤胃壁上的胃内容物和血凝块。拆除纽扣状缝线，修整瘤胃壁创口边缘，对瘤胃壁切口进行自下而上的全层连续缝合，缝合要求平整、严密，防止黏膜外翻。用生理盐水冲洗胃壁浆膜上的血凝块，并用浸有青霉素盐酸普鲁卡因溶液的纱布覆盖在已缝的瘤胃壁上，拆除瘤胃浆膜肌层与皮肤创缘的连续缝线。与此同时，助手用灭菌纱布抓持瘤胃壁并向腹壁切口外牵引，以防当固定线拆除后瘤胃壁向腹腔内陷落。再次冲洗瘤胃壁浆膜上的血凝块及其他异物后，由污染手术转入无菌手术。手术人员重新洗手消毒，污染的器械不许再用。对瘤胃进行伦勃特或库兴缝合。

4．术后护理　术后禁食 36～48 h 或以上，待瘤胃蠕动恢复、出现反刍后开始给以少量优质的饲草。术后 12 h 即可进行缓慢的牵遛运动。术后不限饮水，对术后不能饮水者应根据动物脱水的程度和性质进行静脉补液。术后 4～5 d，每天使用抗生素，如青霉素、链霉素。术后还应注意观察有无手术并发症，并根据具体情况进行处理。

二、皱胃变位

皱胃的正常解剖学位置改变，称为皱胃变位（displaced abomasum）。皱胃位于腹腔腹侧和瘤胃与网胃的右侧。皱胃通过瘤胃下方移到左侧腹腔或瘤胃壁左侧，位于瘤胃与左侧肋弓之间，称为左方变位。皱胃向网胃、膈肌扩延，向后接近最后肋骨或者进入左肷窝，扩延的距离取决于扩张的程度。皱胃向后上方顺时针扭转，位于瓣胃后上方、肝与右腹壁之间，称为右方变位（皱胃扭转）。左方变位多见于产后的奶牛、水牛，公牛和牛犊较少发生；公、母奶牛与水牛均可发生右方变位。

病因　关于皱胃变位的发病原因，目前有两种假说，一是皱胃弛缓，二是皱胃机械性转移。

皱胃弛缓的假说：当皱胃弛缓时，胃腔积液在重力的作用下移至瘤胃腹侧与腹底壁之间，排空障碍，皱胃内气体积聚，结果带动皱胃继续向上移动，位于瘤胃与左侧肋弓之间，发生左方变位。或是皱胃弛缓时，排空障碍，皱胃内积聚大量气体，气体带动皱胃向上移动，位于肝和右腹壁之间，发生皱胃右方变位。临床上可导致皱胃弛缓的原因较多，主要包括分娩期的努责、乳牛高产、脓毒性乳腺炎或子宫炎所致的毒血症、瘤胃消化不良、过食高蛋白和高脂肪的日粮、胃溃疡、迷走神经麻痹、难产、生产瘫痪、酮病等。

皱胃机械性转移的假说：子宫妊娠后，其胎儿逐渐增大，并逐渐将瘤胃向上、向前推移，因皱胃内液体较多，在重力的作用下趁机向下、向左移动，位于瘤胃的下方。当母牛分娩时，胎儿产出，腹内压骤然减少，瘤胃恢复原位而下沉，将皱胃压挤于瘤胃的下方。此后，因皱胃大量积气，气体带动皱胃向上、向左移动，发生皱胃左方变位。若围产期发生皱胃弛缓，皱胃积气，皱胃在产后很难自动复位，促使发病率升高。公牛配种和母牛发情而爬跨其他母牛时，可发生类似的现象，导致皱胃变位。胸廓深、腹围大的牛，易发病。妊娠期若由皱胃溃疡或网胃炎导致皱胃与瘤胃左侧壁或左侧腹壁粘连，皱胃在产后不能自动复位，而发生变位。

以上两种假说都有各自的理论依据，并且在临床上也确实能证明具有发病意义，但决不应过度强调一面而忽视另一面。临床上，皱胃弛缓和机械性转移常同时存在，且皱胃弛缓始终是主要的。饲喂大量谷类日粮、缺乏纤维饲料，造成皱胃内不饱和脂肪酸的大量蓄积，以及某些物质的慢性中毒（如玉米淀粉渣中高含量的亚硫酸），均是生产中导致皱胃弛缓的常见问题。

症状　皱胃左方变位通常发生在产后数日内，1～2 周显现症状。发病初期表现厌食，在数天内时好时坏，有的完全拒食，大多数患牛拒食精料，但可食少量干草或其他块根饲料。粪便通常量少，排便迟滞，有时出现一过性腹泻，有时便秘与腹泻交替；粪便多呈糊状或油灰状，深绿色。产奶量可减少 1/3～1/2，迅速消瘦。大多数病牛的体温、呼吸、脉搏数在正常范围内。个别病牛伴有腹痛和瘤胃臌气。可伴发或继发酮病，呼出气有烂苹果味，尿样呈中度酮尿。约半数病例在左腹壁最后三个肋弓区与右侧相对部位比较，往往呈现明显的膨大，但左、右侧腰旁窝下陷。在左侧第 11 肋间中部听诊，能发现与瘤胃蠕动时间不一致的皱胃音。由于瘤胃与腹壁之间被皱胃所隔绝，故听诊时瘤胃蠕动音弱，或完全听不到。将听诊器放在左侧腰旁窝，并同时在左侧腰旁窝至最后两肋间上叩诊（听-叩诊），可能听到一种高朗的叮当音或钢管音。叩诊部位随听诊部位的改变而改变。低位变位时，钢管音的位置常随瘤胃蠕动而发生改变。病程延长到几周者，则瘤胃变小。对体形较小的牛，直肠检查时能在瘤胃左方摸到皱胃（图 17-9）。

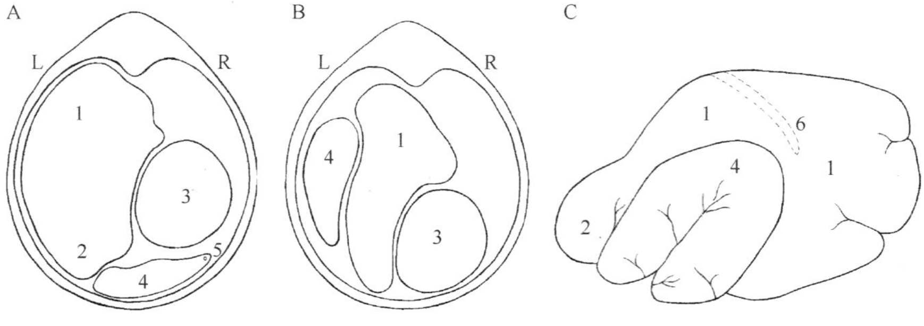

图 17-9　皱胃左方变位示意图

A．正常位置；B．左方变位；C．左侧观变位后的皱胃；1．瘤胃；2．网胃；3．瓣胃；4．皱胃；5．幽门部；6．最后肋骨；R．右侧；L．左侧

皱胃右方变位大多数在产后数周内发病，属以瓣皱胃孔附近为固定点发生扭转（图 17-10）。急性扭转通常呈 180°～270°，从右侧看是顺时针方向，导致幽门完全阻塞，胃酸和液体积聚，随后发生脱水、碱中毒、休克。临床上表现为突然发生腹痛，踢腹，背下沉；心跳加快；烦渴贪饮，眼球下陷；瘤胃蠕动缺乏，粪便黑色，柏油状。由于皱胃充满气体和液体，右腹（皱胃）和左腹（瘤胃）膨胀，冲击式触诊和震摇，可听到振水音。右腹部听-叩诊，也可能听到叮当音或钢管音。直肠检查，在右腹部触摸到膨胀而紧张的皱胃。

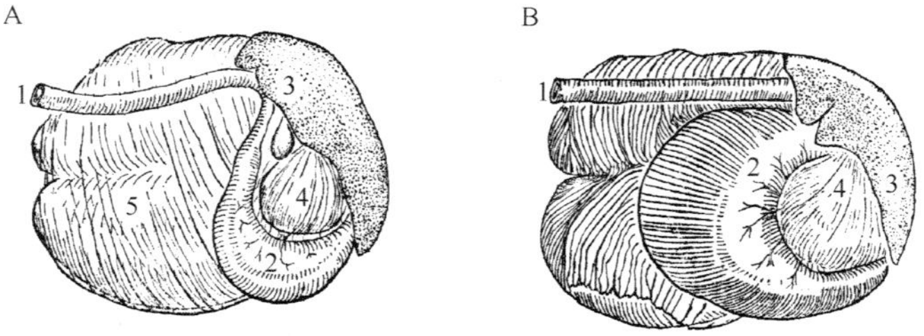

图 17-10　皱胃右方变位示意图（右侧观）

A．皱胃的正常位置；B．皱胃右方变位；1．十二指肠；2．皱胃；3．肝；4．瓣胃；5．大网膜

亚急性扭转时，皱胃也可向右前方呈逆时针方向扭转到瓣胃前上方，皱胃位于网胃与膈之间。有少量内容物可以通过幽门部，积液和扩张的程度比较轻，碱中毒和脱水的发生相对缓慢，也可伴发酮病。

诊断　左方变位，早期诊断比较困难。产后不久发病，皮肤及呼气有酮体气味（必要时做尿酮检查），粪便少而软且呈油灰状，两侧腰旁窝均不饱满，左腹最后几个肋间的中部听诊（皱胃蠕动音）及听-叩诊（钢管音），可诊断为皱胃左侧变位。必要时可做可疑皱胃区的穿刺检查（胃液 pH 1～4）。

皱胃右方变位，依据右侧最后肋弓及肋弓后方明显的膨胀、右侧腰旁窝听-叩诊有金属音、冲击式触诊震水音、直肠检查摸到扩张而后移的皱胃，多数病例可以确诊。

在诊断时必须与原发性酮病和创伤性网胃炎区别。原发性酮病用葡萄糖疗法能立即见到疗效，近日不复发，尿酮体强阳性。创伤性网胃炎在站立或运动时，可表现特殊姿势，胸壁疼痛、白细胞总数及分类检查有诊断意义。

治疗　有两种方法用于治疗，即滚转复位法和手术疗法。前者操作简便、费用低，运用巧妙时可以痊愈，适用于皱胃左方变位，但易复发。

（一）滚转复位法

用于治疗皱胃左方变位。病牛禁饲 24 h，兴奋动物可以给予镇静药。动物站立时用绳索将两前肢和两后肢分别固定。令病牛向右侧方横卧，然后继续滚转呈全仰卧。每次从正中偏右侧 45° 角向正中偏左侧 45° 角转动。同时，术者用双手在左侧肋弓与左肷部，向腹中线方向用力推动。如此反复滚转 3～4 min 后，促使瘤胃内容物向背部下沉，紧贴脊柱并逐渐贴向左侧腹壁，减轻对瓣胃皱胃的压迫。皱胃中的积气升到腹底，随着牛体每次自右向左转动的同时，术者双手用力向腹中线方向推动，皱胃可右移复位。滚转停止后，令动物呈左侧卧姿势，然后起立。此法的成功率在 50% 左右。一次不成功，隔 2～3 d 可再施行一次，但不可反复多次应用，无效时应及时进行手术疗法。

（二）手术治疗

手术疗法效果确实，很少复发，尤其是左方变位，治愈率高；对于右方变位，几乎是唯一有效的治疗方法。

1. 术前准备　术前禁食 24～48 h；可经口腔插入胃导管，导出瘤胃内液状内容物，以减轻瘤胃对左方变位皱胃的压迫。对有脱水和电解质紊乱的牛应进行补液和纠正代谢性碱中毒，特别是右方变位的病例，机体快速丢失体液和电解质，若治疗不及时或用药不当，会在短期内导致动物死亡。

2. 麻醉　腰旁神经传导麻醉配合局部浸润麻醉，暴躁的牛可肌内注射噻拉唑进行镇静。

3. 保定　站立保定或前躯右侧卧、后躯半仰卧保定。

4. 手术方法　皱胃左方变位的手术方法主要有：左肷部整复-缝合固定法、右肷部整复-网膜固定法、左右侧整复-网膜固定法和仰卧复位-缝合固定法。

（1）左肷部整复-缝合固定法　该法对皱胃的变位部显露较充分，但整复和固定的难度稍大。其具体方法如下。①手术通路：在左侧腰椎横突下方 15～20 cm、距最后肋骨约 6 cm 处，做左肷部前下腹壁切口，切口长 20～25 cm，显露变位至左侧的皱胃。②皱胃排气减压：在皱胃大弯上先做一荷包缝合，线尾不抽紧，在缝合圈中央切开皱胃并向皱胃腔内插入乳胶管，抽紧荷包缝线，排出皱胃内的积液、积气。皱胃减压后，抽出排液管，抽紧荷包缝线，常规消毒。检查皱胃与附近器官或组织是否粘连，探明是新鲜粘连还是陈旧性粘连，并仔细分离。左方变位中约有 10% 的病例有粘连。③预置固定缝线：在切口内的前上方处将大网膜浅层牵引至切口处，沿皱胃大弯处将大网膜浅层折成双层，用一根长 2 m 的粗缝线（10 号），缝线两端各穿一直圆针，先在折叠的网膜上做 7 cm 长的褥式缝合，调整两缝尾为等长，将两缝尾的直圆针更换为弯三棱缝针。④整复皱胃：用右手及其前臂部下压皱胃大弯处，使皱胃通过瘤胃腹囊下恢复正常位置。如复位困难，可用右手经瘤胃顶部，沿右侧腹壁向下，触摸幽门上提，左手将皱胃下压使之复位。⑤皱胃的固定：可采用网膜缝合固定和皱胃胃壁缝合固定。网膜缝合的固定方法是：将三棱针捏夹于右手拇指与食指（中指）的指腹之间，其余三指并拢呈微屈掌状，再入腹腔，紧贴腹壁带送针线至腹下中线处（也可经腹底壁滑至右腹底部的适当位置），分别在脐前 15 cm 和 10 cm 处，将缝针穿过腹膜、腹中线（或右腹壁）和皮肤，拉紧后形成“U”缝合，在皮外打结。术者再向腹腔内探查皱胃的复位与固定情况，即可缝合腹壁切口。术后 10 d 拆除固定缝线。此时网膜与腹膜已有较牢固的粘连。皱胃胃壁缝合固定方法与网膜缝合固定方法相似，但固定缝合的不是大网膜而是缝合在皱胃肌层上，即用 10 号缝合丝线于皱胃大弯网膜附着点上进行 1～2 个浆膜肌层水平纽扣孔状缝合。

皱胃的固定线还可做在腹腔右侧腹底壁。术者按顺序手持皱胃固定线线尾，经瘤胃下方伸至腹腔右侧腹底部皱胃的正常位置处，用手指在腹腔内向外推顶，指示助手在右侧做皮肤小切口。助手用止血钳经皮肤小切口向腹腔内刺入，用止血钳将线尾缓缓牵引至体外。然后，以 3～4 cm 的间距按顺序再做第二个、第三个皮肤小切口并按同法引出固定线线尾（图 17-11）。三根固定线都引出体外后，术者用手推送皱胃经瘤胃下方进入腹腔右侧，与此同时，助手轻轻牵拉三根固定线，使皱胃在推送和牵拉的配合下复位。术者检查是否有肠管或网膜缠绕在固定线上，在确信皱胃复位、无内脏缠结的情况下，第一和第三根固定线分别与第二根固定线在切口内打结（图 17-12）。缝合皮肤小切口，闭合左肷部腹壁切口。

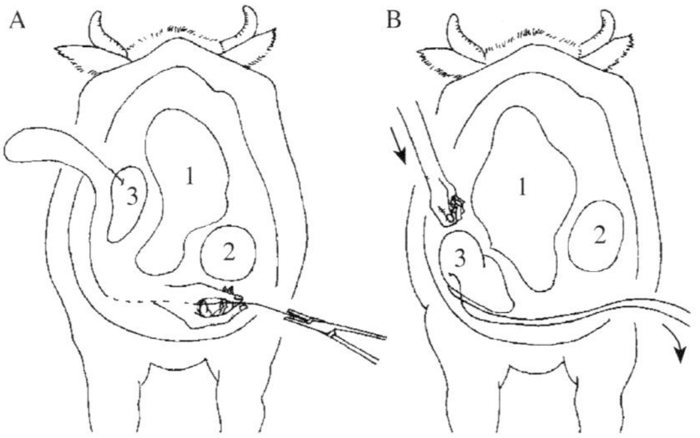

图 17-11　皱胃左侧整复，右侧固定法

A. 术者抓持一固定线线尾进入右侧腹腔，助手持止血钳经皮肤小切口刺入腹腔内，钳夹线尾引出体外；B. 一边向右侧推移皱胃，一边向外牵引固定线，使皱胃复位；1. 瘤胃；2. 皱胃在右侧腹腔的部分；3. 皱胃变位至左侧腹腔的部分

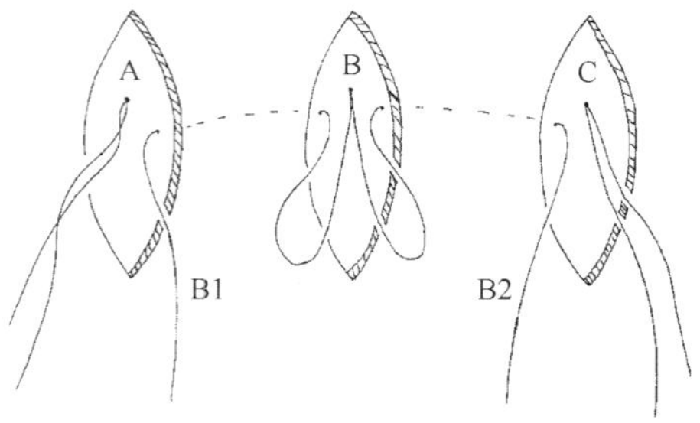

图 17-12　皱胃固定线体外打结法

A. 第一根固定线；B. 第二根固定线；C. 第三根固定线；第一根和第三根固定线分别与第二根固定线的一支在小切口内打结

（2）*右肷部整复-网膜固定法*　在右侧腰椎横突下方 15～20 cm、距最后肋骨 5～10 cm 处，做一 20～25 cm 的直切口。显露腹腔后，手经网膜上隐窝间口后方、直肠下方、瘤胃左侧纵沟附近探查变位的皱胃。若皱胃臌气，用一带胶管的粗针头穿刺放气。检查皱胃与邻近器官有无粘连，若有粘连，应仔细分离。然后，左手在瘤胃左侧经瘤胃腹囊下方向腹腔右侧推移皱胃，右手在右侧腹腔内经瘤胃腹囊下方抓持皱胃体与左手协同，用一推一拉的动作，将皱胃牵引至右侧正常位置。在幽门附近将大网膜深浅两层做一皱褶，用弯圆针带 10 号丝线穿过折成双褶的网膜，与相邻的腹膜、腹壁肌肉层进行 4～5 个纽扣孔状缝合，借助大网膜把皱胃固定在腹壁上；也可经 3～4 个皱胃浆膜肌层与腹膜腹壁的纽扣孔状缝合，固定皱胃。此法在皱胃整复后的固定较为方便，若皱胃的变位部发生粘连，则整复难度较大。

（3）*左右侧整复-网膜固定法*　采用站立保定，先做左肷部中切口，显露左侧变位的皱胃。若皱胃内有多量积气，应穿刺减压；如皱胃与其他组织发生粘连，要小心剥离。右肷部切开后，右侧术者的左手伸入腹腔，沿腹壁向后向左寻找深浅两层大网膜的折转处，将其牵引到右侧腹壁切口外。此时左侧术者的右手伸入腹腔，向后下方压迫皱胃，并让右侧术者拉紧网膜，左、右术者相互配合将皱胃整复。右侧术者继续向后上方牵引网膜，并向前下方探查皱胃，在距皱胃尽可能近的位置，将双层网膜做成的皱襞用 10 号双股丝线以 2～3 个纽扣缝合固定在腹壁切口下角的腹膜肌层上。最后，关闭左、右肷部的腹壁切口。此法皱胃的整复和固定均较容易，但手术的损伤较大。

（4）*仰卧复位-缝合固定法*　使用镇静剂后，将病牛仰卧。先将病牛右侧卧保定，将两前肢与两后肢分别固定，再采用滚转复位法 3 min，突然骤停，病牛仍呈仰卧姿势，躯干两侧填充好装有软草的麻袋，以保持其仰卧的姿势。在剑状软骨后方 10 cm 与腹中线右侧 10 cm 处，与腹中线平行做 20 cm 的切口。分离腹壁肌肉和腹膜以显露腹腔。术者的手伸入腹腔，沿左侧腹壁探查变位的皱胃，用手臂的摆动和移动动作将其复位。确定皱胃大弯处的网膜，并将网膜缝合在腹中线偏右侧的腹壁肌肉上。如采用皱胃壁固定缝合，则将皱胃壁缝合在切口右侧的腹膜与腹壁肌层上。皱胃壁缝合时，不要使胃壁的缝合面积过大、缝合过紧，以防皱胃瘘的发生。胃壁缝合应为浆膜肌层缝合，否则缝针穿过全层缝合有并发腹膜炎或脓肿灶的危险。手术切口要进行严密而牢固的减张缝合。此法由于仰卧保定，瘤胃可下沉至脊柱方向，因而减轻对皱胃的压迫，加之皱胃内含气体，有助于整复。采用这种方法，容易确定皱胃变位的方向。但仰卧保定对病牛的血循与呼吸负担过大，并易发生逆呕。切口缝合的质量要求较高，否则可发生切口疝、皱胃瘘和切口感染等一系列并发症。

皱胃右侧变位的治疗可采用右肷部整复-网膜固定法或仰卧复位 - 缝合固定法，手术过程包括手术通路的打开、皱胃内容物的排除减压（穿刺排液或小切口插导管排液）、皱胃的整复及固定。其中手术通路及皱胃的固定方法与皱胃左侧变位治疗中右肷部整复-网膜固定法或仰卧复位 - 缝合固定法的相同。

5. 术后护理　术后禁饲，只有在出现反刍后才开始饲以少量优质的饲草，要特别注意少喂精料。术后 5～6 d，每天肌注青霉素、链霉素；当有脱水症状时，应静脉补液并纠正酸碱平衡失调。

三、犬胃内异物

胃内异物（gastric foreign body）是指动物吞咽下的不能消化的东西，如石块、塑料、金属等。猫多吞食被毛。一次性过食较大的骨块，也可导致胃排空障碍。

症状　病犬常有持续性或间歇性呕吐，厌食，体况逐渐下降。有的病例可以持续吃东西，精神良好。异物没有阻塞幽门，一般不呕吐，可以饮水。有时腹痛，腹部触诊一般不易发现胃内异物，但如果异物刺破胃壁或肠壁，导致腹膜炎，触诊可感知胃部疼痛。持续呕吐的动物，可发生低血氯、低血钾、代谢性碱中毒。

诊断　病犬出现上述临床表现，又有吃到异物的机会，可以怀疑有胃内异物。然后，进行胃镜检查或 X 线检查。怀疑为可透性异物时，尽量使用胃镜检查或 X 线造影检查；怀疑有胃肠穿孔的病例，不宜用硫酸钡造影，可用水溶性造影剂；当异物吸收了造影剂或被造影剂包裹时，应使用双重造影技术，如气体与硫酸钡交替应用。检查口腔有无损伤或异物，特别是猫的舌根部，有无缝线缠绕。临床上经过观察后仍难以确诊的病例，应剖腹探查。

治疗　药物催吐，可用于小型、无锐角的异物；大型异物易发生食道阻塞而无效；锐性异物易导致食道损伤。催吐前适量饮水，犬静脉或皮下注射阿朴吗啡 0.02～0.04 mg/kg，猫甲苯噻嗪 0.4～0.5 mg/kg。最可靠的方案是手术取出异物（胃切开术）。手术前进行 X 线检查，确定异物在消化道的位置。依据动物的病情进行手术前的药物治疗，纠正水和电解质平衡紊乱；应用抗生素，预防感染。

（1）*麻醉*　对动物进行全身麻醉或吸入麻醉。气管内插入气管导管，可以保证呼吸道的通畅，减少呼吸道死腔，防止胃内容物逆流误咽。

（2）*保定与切口定位*　仰卧保定。脐前腹中线切口，从剑突末端至脐后部做切口，但不可自剑突旁侧切开。犬的膈肌在剑突旁切开时，极易同时开放两侧胸腔，造成气胸而引起致命性危险。切口的长度因动物的体形、年龄、品种及疾病性质而不同。幼犬、小型犬和猫的切口，可选在剑突和耻骨前缘之间。为了便于术中扩大切口，术部准备应向后到达耻骨。

（3）手术方法　沿腹中线切开腹壁，显露腹腔，切除镰状韧带。切开胃之前先做腹腔探查，特别是要检查肠道内有无异物或肠壁有无损伤。在胃腹面的胃大弯与胃小弯之间的预定切开线两端，用艾利氏钳夹持胃壁的浆膜肌层，或者用 7 号丝线在预定切开线的两端，通过浆膜肌层缝合两根牵引线。用艾利氏钳或两根牵引线向后牵引胃壁，使胃壁显露于切口外。用数块浸过温生理盐水的纱布垫填塞在胃和腹壁切口之间，以抬高胃壁并使胃壁与腹腔内的其他器官隔离开，从而减少胃切开时对腹腔和腹壁切口的污染。

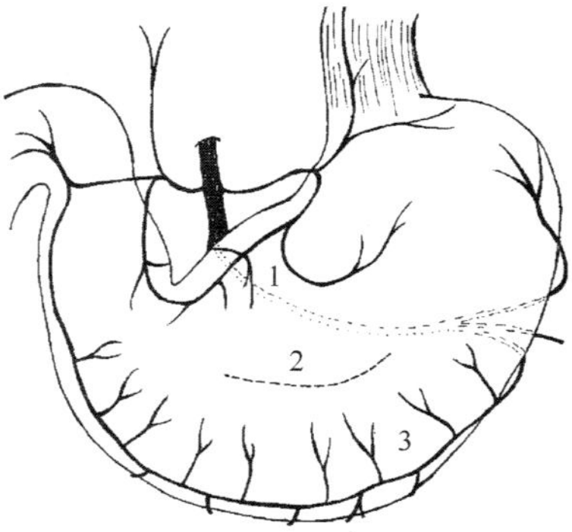

图 17-13　犬胃切开部位

1. 胃小弯；2. 胃切开线；3. 胃大弯

胃的切口位于胃腹面的胃体部，在胃大弯和胃小弯之间的血管稀少区内，纵向切开胃壁（图 17-13）。切口要远离幽门，以防内翻的胃壁阻塞幽门。先用手术刀在胃壁上向胃腔内戳一小口，退出手术刀，改用手术剪通过胃壁小切口扩大胃的切口。胃壁切口的长度视需要而定，对胃腔各部检查时的切口长度要足够大。胃壁切开后，先用吸引器吸出稀薄的胃内容物，然后清除残留的胃内容物。胃腔检查的部位应包括胃体部、胃底部、幽门、幽门窦及贲门部，检查有无异物、肿瘤、溃疡、炎症，以及胃壁是否坏死、穿孔等。若胃壁发生了坏死，应将坏死的胃壁切除。

胃壁切口的缝合，采用二道缝合，即第一道用 2-0～3-0 号可吸收性缝线做胃黏膜的全层内翻缝合，清除胃壁切口缘的血凝块及污物后，用丝线或可吸收性缝线对浆膜、肌层、黏膜下层进行库兴缝合。第二道缝合采用伦勃特或库兴缝合法缝合浆膜肌层。

▶ 犬胃切开术

拆除胃壁上的牵引线或除去艾利氏钳，清理除去隔离的纱布垫后，用温生理盐水对胃壁进行冲洗。若术中胃内容物污染了腹腔，用温生理盐水对腹腔进行灌洗。最后，缝合腹壁切口。

术后 24 h 内禁饲，12 h 后不限饮水，24 h 后可以给予软的易消化的食物，应少量多次喂给。如果持续呕吐，可以应用胃复安、氯丙嗪等止吐药，并禁止饮水。在疾病恢复期间，应注意动物是否发生水、电解质代谢紊乱及酸碱平衡失调，必要时应予以纠正。术后 5～7 d 给予抗生素。

四、犬胃扩张-扭转

犬胃扩张-扭转（canine acute gastric dilatation-volvulus）是指突然发生胃扩张并沿长轴扭转，导致胃和十二指肠变位，贲门和幽门阻塞，胃内过度积气、积液或积食的一种病理状态。单纯性胃扩张可发生于各种品种和各种年龄的犬，但最常发生于过食后的幼龄犬。胃扩张-扭转则多见于 2～10 岁的深胸型大型犬（如大丹犬、德国牧羊犬、圣伯纳犬、巨型贵妇犬、杜宾犬、爱尔兰塞特犬），中、小型犬（如沙皮犬、巴吉度犬），雄犬比雌犬的发病率高。在猫，本病较少发生。

病因　气体或液体在胃内的聚积，使胃扩张；过食与过饮后剧烈运动。此外，肠梗阻、原发性胃功能紊乱、呕吐、应激等可促发本病。

患病犬的胃通常是顺时针旋转，最大可旋转 270°；逆时针旋转较少见，其最大不超过 90°（图 17-14）。不论向哪个方向旋转，胃扩张均产生对全身的影响。门静脉和后腔静脉受压，引

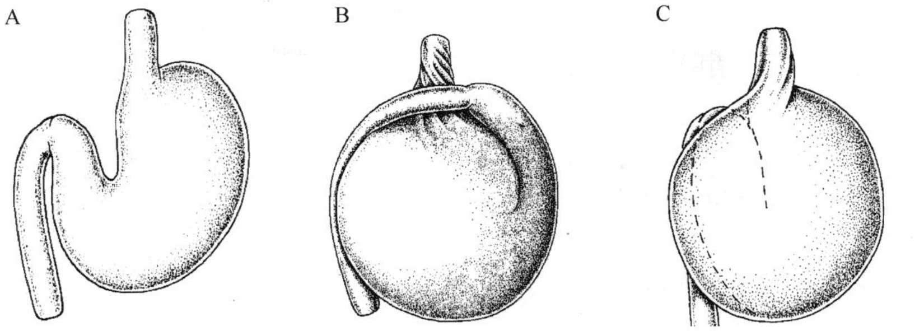

图 17-14　胃的位置

A. 正常胃的位置；B. 幽门顺时针扭转至贲门背面；C. 幽门逆时针扭转至腹中线右侧食管附近

起脾肿大，以及腹腔器官血流淤滞、酸性产物聚积、血液黏度增加和弥散性血管内凝血的形成。静脉回流下降，导致心脏输出量和动脉血压下降，继而发生组织灌注不足和器官缺氧。心肌缺血和缺氧引起心脏节律紊乱。肺组织灌流不足及扩张胃的压迫作用，引起氧交换不足，严重时出现肺水肿、充血和出血。肠组织缺氧，肠道蠕动减弱。肝、肾可能受到损害，表现为血清丙氨酸氨基转移酶的活性和尿素含量升高。胃局部，特别是胃底部可能因血循环障碍而出现坏死。机体早期通常出现碱中毒，但随着疾病的发展可出现代谢性酸中毒和低钾血症。

症状　突然出现干呕，流涎，烦躁不安，沉郁；腹前部逐渐膨大，腹部叩诊呈鼓音；脾范围扩大；腹痛，弓背；胃体积增大，压迫膈肌，抑制肺功能，动物表现为呼吸急促或困难，坐立张口呼吸；有的虚弱或虚脱。病犬常有心律不齐，心动过速，脉搏较弱，毛细血管再充盈时间延长，可视黏膜苍白。

诊断　主要根据临床症状、X 线检查或胃导管检查来确诊。

X 线检查，在 X 线检查前先对患病犬进行输液治疗和胃内减压。正常犬的胃部侧位 X 线片见幽门位于胃底部的腹侧，背腹位 X 线片则位于腹中线的右侧。患胃扩张-扭转的病犬，侧位 X 线片见胃内充满大量气体、液体或固体食物；幽门位于胃体的前部，软组织折叠后好像把胃腔分出一个室，胃呈倒“C”形（折叠是幽门向头侧、背侧、左侧移位而引起的）。背腹位 X 线片见幽门位于腹中线的左侧，充满气体。腹腔液或腹腔气体的出现，提示可能有胃穿孔。

临床上要与单纯性胃扩张、脾扭转、肠扭转相鉴别。单纯性胃扩张时，胃导管插到胃内，腹部膨胀可以减轻；胃扭转时，胃导管插不到胃内，因而不能减轻腹部胀满；肠扭转及脾扭转时，胃导管插到胃内，腹部膨胀仍不能减轻，且即使胃内潴留的气体消失，患犬仍逐渐衰弱。

治疗

1. 术前处理　首先应稳定病情，对病犬采取输液治疗；然后，进行胃内减压。若动物呼吸困难，应先行胃减压疗法，后进行输液治疗，或者二者同时进行。尽早对胃进行复位和固定术。

1）药物治疗：早期进行抗休克治疗，可输注乳酸钠林格液或林格液，使用地塞米松和抗生素药物。呼吸困难的动物，应给予吸氧。由于酸中毒和碱中毒均可出现，应根据血气分析结果调节酸碱平衡。如果心律不齐十分明显，可用利多卡因进行治疗。

2）胃内减压：首选插入胃导管法，其次为用套管针穿刺减压。插入胃管前，用油润滑胃管；测定由鼻端至最后肋骨的距离，以确定胃管插入的长度，避免管太长损伤胃壁。若胃管插入困难，可适当旋转或使犬呈坐或仰卧姿势，可能会容易进行。插入时用力适度，防止损伤食管和胃壁。不温顺的动物可采用镇静剂。临床上，胃导管是否能插入，并不能证明胃扭转的有无。胃内减压后，应用温水洗出胃内容物。若胃内容物中有血液，表明胃发生坏死，应立即手术。若胃管不易插入，可用 16～18 号套管针减压后再行胃插管。腹部叩诊，在鼓音明显处刺入针头，避免刺伤脾。

成功进行胃内减压的动物，可静注胃复安 0.2～0.5 mg/kg，加速胃的排空，并在用药后 1 h 重新进行 X 线评价。轻度的胃扭转可能经过上述措施复位。若胃内减压或排空不成功，应尽早手术。

2. 手术治疗　患病动物经输液治疗和适当减压，病情稳定后，应立即手术。

（1）麻醉　可以选用多种麻醉方法，如非吸入全身麻醉配合局部浸润麻醉，或安定加氯胺酮诱导麻醉配合异氟烷或七氟烷吸入麻醉等，吸入麻醉时禁用氧化亚氮。对有心律不齐的病犬，可应用利多卡因；如果出现心动过缓，可以用阿托品。麻醉期间施行人工辅助或控制呼吸。

（2）保定与手术切口　仰卧保定，从剑突到脐后做腹中线切口。

（3）整复　打开手术通路后，应根据大网膜的位置确定扭转的方向。如果大网膜覆盖在胃的腹面，则为顺时针扭转；否则为逆时针扭转或单纯性胃扩张。根据幽门的位置可判断扭转的程度。顺时针扭转时，若幽门转至腹腔左侧贲门正背面，则胃扭转大约 180°；逆时针扭转或单纯性胃扩张时，幽门位于腹腔右侧，幽门在贲门背侧时为逆时针扭转，幽门在贲门腹侧时为单纯性胃扩张。

在确定胃扭转的方向和程度后，术者牵拉幽门和胃大弯，旋转胃至正常位置。若胃扩张使复位困难，可做胃穿刺或切开，用吸引器排出胃液及胃内容物。顺时针胃扭转时需通过覆盖在胃腹侧面的大网膜将胃复位。排出胃内容物时，应注意隔离，以防污染腹腔。扭转的胃复位后，应注意检查胃有无坏死（常开始于胃底部）。若胃浆膜呈蓝绿色至灰色、蓝黑色或黑色，没有弹性，则表明胃组织严重淤血，可能有梗死或坏疽，此时可做胃壁全层切开进一步确定（坏死组织的动脉不出血或见少许血液）。若有坏死，应做胃部分切除术；若坏死面积太大或发生于贲门，则建议做安乐死。另外，还应注意检查胃脾韧带是否扭转，整复脾至正常位置。

（4）部分胃壁坏死的处理　有两种处理方式，即坏死胃壁部分切除术和胃组织内陷术。

1）坏死胃壁部分切除术：坏死多发生在胃大弯部。①用纱布隔离胃周围的组织器官，结扎进入欲切除胃壁的动、静脉。②用手术刀在切口部位刺一小切口，刺透胃腔，然后用手术剪扩大切口。③使用吸引器抽出胃内容物，以减少溢出。④剪除坏死部分，修整切口边缘。⑤用 2-0 或 3-0 可吸收性缝线，对胃壁切口行两道缝合。第一道缝合为全层连续锁边缝合或康乃尔缝合，术部用抗生素生理盐水冲洗后，再对浆膜肌层行连续或间断伦勃特缝合（图 17-15）。

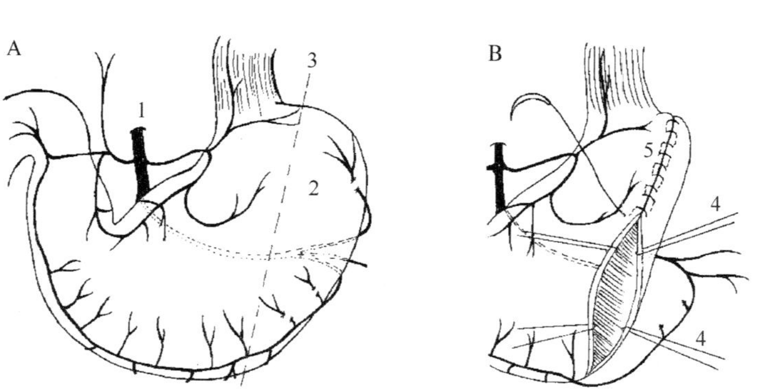

图 17-15　胃大弯切除（A）和缝合（B）

1. 胃动脉及其分支；2. 坏死胃壁；3. 胃壁切除线；4. 胃壁切口牵引线；5. 内翻缝合法缝合胃壁

2）胃组织内陷术：当胃壁活性较难评估时，可对可疑胃壁做内陷术。内陷术不要求做胃腔切开，但有的因内翻组织过多，发生幽门口或胃腔阻塞；胃内陷后几天内，常有黑粪症。内陷缝合法是对病变部胃壁的浆膜肌层进行内翻缝合，缝合方法是连续伦勃特或库兴缝合内翻；进针点在健康组织的边缘，用健康组织覆盖坏死组织；缝合过程中，缓慢拉紧缝线，以防撕裂胃壁。

（5）防止胃内容物潴留　胃扩张-扭转在单纯复位后，复发率达 70%～80%。为防止其复发需要采取两种措施，即防胃内容物潴留手术和胃固定术。胃正常的排空时间受胃充满的程度及胃内容物黏度的影响。有报道称正常犬半流体食物的平均排空时间为 65～77 min。胃排空延缓可由胃扩张-扭转复位手术、幽门肌肉肥大、慢性胃窦黏膜肥大、肿瘤、神经功能紊乱等引起。防止胃内容物潴留手术主要有海-米氏幽门成形术、Y-U 形幽门成形术和 Billroth Ⅰ胃肠重建术。

1）海-米氏幽门成形术（Heineke-Mikulicz pyloroplasty）：用左手的食指和拇指握住幽门，选择幽门腹面血管较少的部位，纵向切开幽门部（超过幽门两端 1～2 cm）全层，在切口中部两侧距切口边缘 0.5 cm 处分别做牵引线（可吸收性缝线），牵拉牵引线使切口呈横向，再间断缝合胃壁切口（图 17-16）。检查有无渗漏。

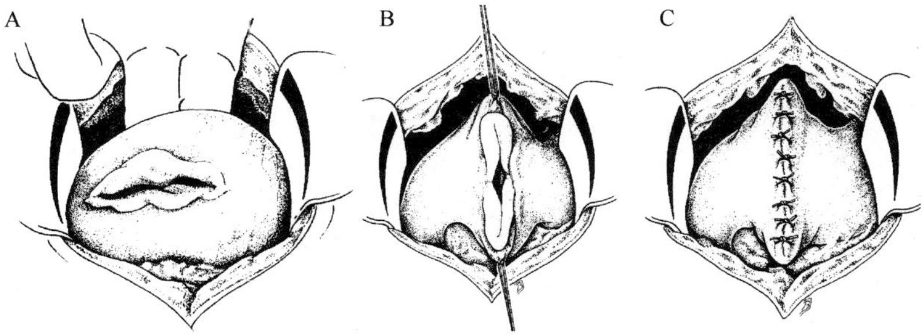

▶幽门狭窄解除术

图 17-16　海-米氏幽门成形术

A. 幽门部切开；B. 牵引胃壁切口呈横向；C. 间断缝合胃壁

2）Y-U 形幽门成形术：在幽门腹面做全层纵行切口（干），并做两个分别平行于胃大弯和胃小弯的叉形切口（臂），“Y”形切口的干与臂的长度大致相等。检查幽门黏膜，若有增生或肿瘤，则应切除。将胃窦组织片的锐角修钝，用可吸收性缝线间断缝合胃窦组织瓣与十二指肠切口远端（图 17-17）。

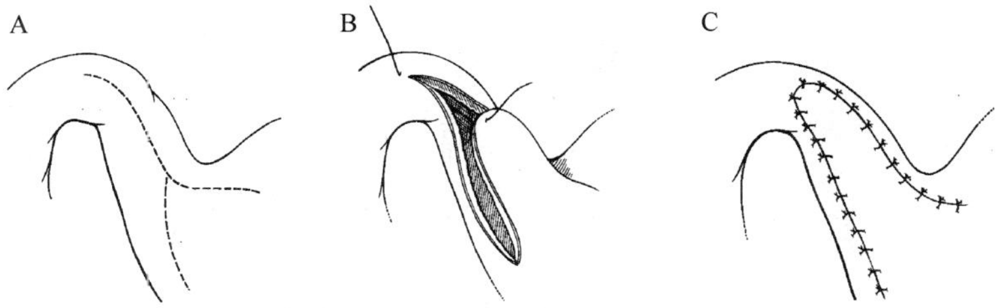

图 17-17　Y-U 形幽门成形术

A. 在幽门及幽门窦做“Y”形切口；B. 将窦片与十二指肠切口远端缝合；C. 结节缝合“U”形创口

3）Billroth Ⅰ胃肠重建术：操作较复杂，但可完全消除幽门阻塞。切除面积的大小由病变组织的范围及胃的大小确定，但通常切除的胃小弯部分多于胃大弯，以防吻合处的胃小弯形成盲囊（图 17-18）。小心分离胃小弯网膜，在靠近胃小弯处结扎胃小弯网膜血管。幽门部肥大和胃壁肿瘤通过手指触诊较容易发现。牵拉胃小弯向上，采用贯穿结扎法双重结扎欲切除部分的左胃动、静脉血管分支（图 17-19）；切开网膜使胃小弯游离至少 2 cm。在胃大弯近胃侧，采用双重结扎法结扎胃网膜动、静脉，切开网膜使胃大弯部分胃壁游离；近幽门处至少 3 cm 的十二指肠应与网膜和脂肪组织游离。在分离胃和十二指肠的过程中应注意不要损伤肝、胃、十二指肠动脉、胰腺组织等。用两把肠钳钳夹十二指肠端，在两肠钳间的近胃侧切断十二指肠；再在幽门窦同样放置两把肠钳钳夹胃壁，在两肠钳间切开胃，除去切除的远端胃部分（图 17-19A）。

胃肠重建有两种方式：胃十二指肠重建术和胃空肠重建术。胃十二指肠重建术较接近正常的解剖生理，引起吻合部溃疡的风险相对较小。由于胰酶的碱性不能完全中和胃酸，胃空肠重建术易导致吻合的空肠侧发生溃疡。现介绍 Billroth Ⅰ胃十二指肠重建术的方法（图 17-20）。用 4 号可吸收性缝线从胃小弯开始向胃大弯行连续全层缝合，直至胃大弯侧剩余切口与十二指肠口径相等为止。用 3 号可吸收性缝线在第一道缝合的基础上行浆膜肌层的间断伦勃特缝合。将十二指肠和胃残端靠近，做胃肠吻合术。先从胃小弯开始行胃与十二指肠浆膜肌层的间断缝合，直至胃大弯；然后再从胃小弯处开始行胃肠全层的连续缝合，缝合胃肠一周并与开始的线结尾线打结；最后对胃肠的浆膜肌层行间断伦勃特缝合。

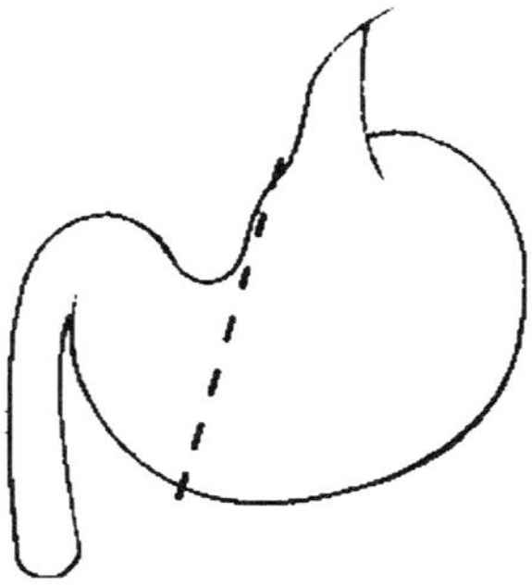

图 17-18　胃部分切除术

虚线表示斜行切口，以防胃小弯盲囊的形成

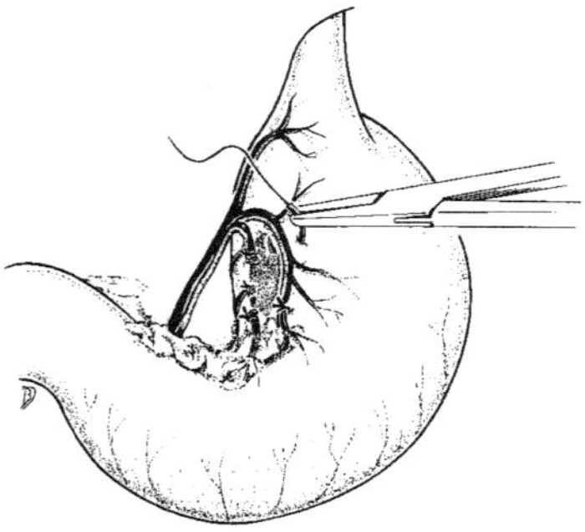

图 17-20　贯穿结扎胃小弯的血管分支

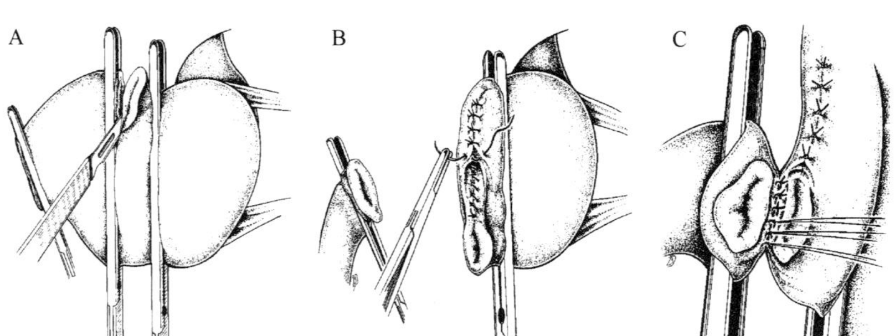

图 17-19　Billroth Ⅰ胃十二指肠重建术

A. 在胃远端靠近肠钳切除胃；B. 闭合胃端，第一道缝合为胃全层的连续缝合，第二道缝合为胃壁浆膜肌层间断伦勃特缝合；C. 胃肠浆膜肌层的间断伦勃特缝合

（6）胃固定术　胃部减压复位，如果仅做防止胃排空迟缓的手术，而不用胃固定术（gastropexy），胃扭转的复发率可达 20% 左右。胃固定术的方法是将胃幽门窦固定于动物的右侧

腹壁，防止胃幽门和十二指肠移位至左边。胃固定术包括胃插管胃固定术、环肋骨胃固定术、唇式肌瓣胃固定术、环带式胃固定术等。

1）胃插管胃固定术（tub gastropexy）：是一种快速且相对简单的胃固定手术方法。而且，它可以用于术后的胃内减压，或者用于食欲减退动物的直接胃部投药、投食。施行胃切除术时，常用胃插管胃固定术。但胃插管需精心护理，以防过早被拔出。

在右侧腹壁最后肋骨后部，腹中线右侧 4～10 cm 处（胃的体表投影位置）做一皮肤小切口，然后用止血钳自此切口刺入腹腔并扩大腹壁刺口。经此刺口将福莱导管前端引入腹腔。在幽门窦腹面血管较少的位置，用 2-0 可吸收性缝线做一荷包缝合，用手术刀在网膜和荷包缝合中间做全层刺口，然后经过网膜刺口和胃壁刺口把福莱导管的尖部置入胃腔。用生理盐水充满福莱导管的气囊，拉紧插管周围的荷包缝线，使导管固定在胃壁上。在幽门窦和体壁上的插管出口附近预置 3～4 条可吸收性缝线，穿缝线时避免穿到导管和气囊上。牵拉导管，使胃壁靠近体壁，然后预置缝线打结，将胃壁固定到腹壁内侧上，将体外插管缝合固定到皮肤上（图 17-21）。常规闭合腹壁切口。术后在犬的腹部缠上绷带，防止插管脱落（如果有必要，病犬颈部使用伊丽莎白圈）。7～10 d 后，气囊放气并取出导管。

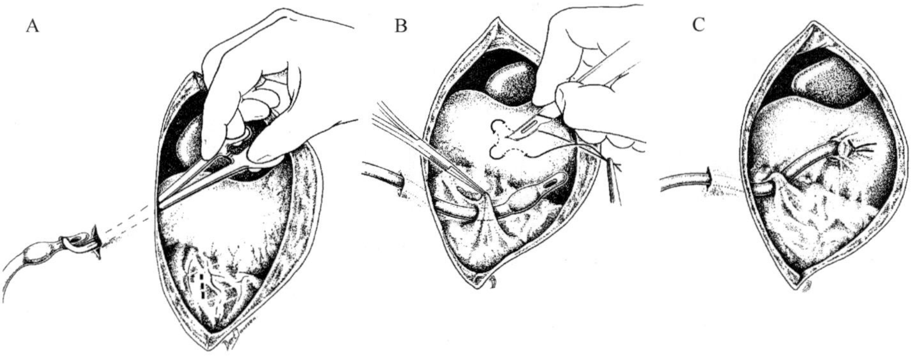

图 17-21　胃插管胃固定术

A. 将福莱导管通过腹壁刺口引入腹腔；B. 福莱导管穿过部分网膜，在胃壁上做荷包缝合，切开胃壁；C. 使导管固定在胃内

2）环肋骨胃固定术（circumcostal gastropexy）：比起其他技术，环肋骨胃固定术可以形成更牢固的联结。由于不进入胃腔，与胃插管胃固定术相比，没有胃泄漏和腹腔污染的危险。但它在技术上更具有挑战性。

在小弯处切开幽门窦的浆膜肌层，做胃壁浆膜肌层游离肌瓣（体形较大的犬 5～6 cm），不要切开胃黏膜或进入胃腔。如果发生透创，用 3-0 可吸收性缝线缝合黏膜。剥离肌瓣，分离肌瓣下面的组织。在体壁内侧第十或十一肋骨肋软骨交界水平处沿肋骨做 5～6 cm 的切口，不要穿透附着在体壁上的膈肌。使用弯止血钳在肋骨下分离，形成一通道，在胃窦肌瓣上缝置牵引线。经过肋骨下的通道，利用牵引线将胃窦肌瓣的游离端自通道前侧引至后侧，然后用 2-0 可吸收性缝线将胃窦肌瓣缝合到胃壁原切口的边缘上（图 17-22）。

3）唇式肌瓣胃固定术（muscular flap gastropexy）：比环肋骨胃固定术容易操作。在幽门窦的浆膜肌层和右腹内侧壁各做一切口，切开腹膜和腹直肌或腹直肌内鞘。用 2-0 可吸收性缝线或非吸收性缝线，简单连续缝合胃壁与腹壁的切口边缘，使胃的肌层与腹壁肌肉缝合到一起，达到固定胃的目的（图 17-23）。首先缝合二者的前侧边缘，然后缝合后侧边缘。若分离胃

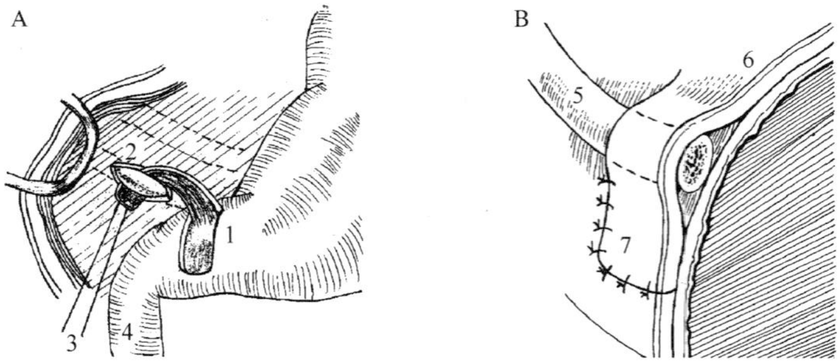

图 17-22　环肋骨胃固定术

A. 幽门窦膜肌层游离肌瓣沿肋骨下穿过；B. 游离肌瓣的缝合固定；1. 切开幽门窦做浆膜肌层游离肌瓣；2. 肋骨软骨交界水平处，沿第十或十一肋骨做 5～6 cm 切口，使用弯止血钳在肋骨下分离形成通道；3. 用牵引线引导肌瓣穿过肋骨下；4. 十二指肠；5. 肋骨；6. 胃壁；7. 肌瓣边缘与最初的胃壁切口边缘的间断缝合

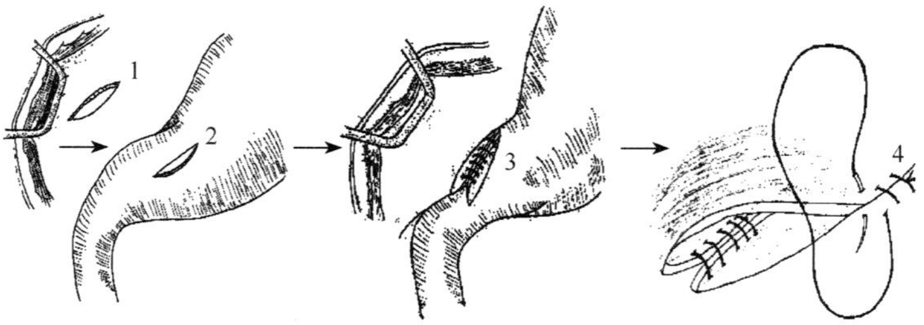

图 17-23　唇式肌瓣胃固定术

1. 在右腹内侧壁做一唇形切口；2. 在幽门窦的浆肌层做一唇形切口；3. 缝合胃壁与腹壁切口的前缘；4. 缝合胃壁与腹壁切口的后缘

和体壁的肉瓣呈唇形，则可以增加组织间肌肉连接的范围。

4）环带式胃固定术（belt-loop gastropexy）：除了在胸壁上剥离一个肌瓣并在其下面做一个通道外，环带式胃固定术与唇式肌瓣胃固定术是相似的。它不仅技术简单，也能产生足够的联结固定。

剥离胃窦处浆膜肌层肌瓣。在腹内侧壁，经过腹膜和腹肌做两个平行切口，切口长分别为 2.5～4.0 cm 和 3～5 cm。用止血钳在两腹壁切口之间分离，形成一腹肌下通道。然后，在胃窦肌瓣边缘缝置牵引线。借助牵引线，将胃壁肌瓣自腹壁肌层通道的前侧引至后侧。用简单连续缝合法缝合肌瓣到最初的胃壁切口边缘，使用的缝线是 2-0 可吸收性缝线或非吸收性缝线。在体壁内侧和胃之间间断缝合几针，以加强固定效果，减少胃对肌瓣的拉力（图 17-24）。

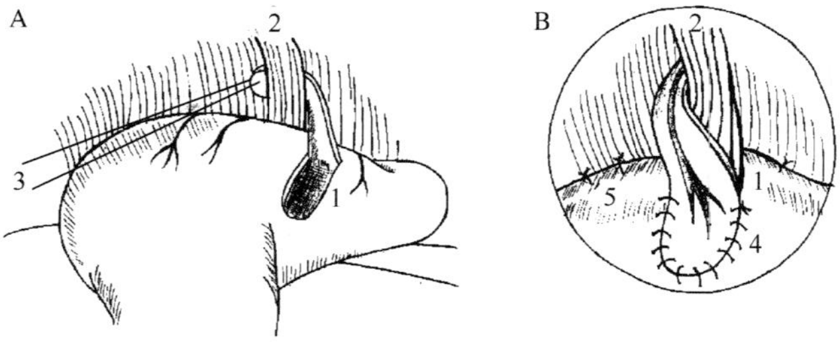

图 17-24　环带式胃固定术

A. 幽门窦膜肌层游离肌瓣穿过腹壁肌层；B. 游离肌瓣的缝合固定；1. 制作胃窦处浆膜肌层肌瓣；2. 在腹内侧壁做两个横向切口，用止血钳在腹肌下做一通道；3. 用牵引线将肌瓣从前向后穿过腹壁肌层通道；4. 肌瓣与原来的胃壁切口边缘缝合；5. 胃壁与腹内侧壁加固缝合

（7）术后护理　禁食禁水 24～48 h，48 h 后若动物不呕吐，可供给少量的水和食物。饲喂低蛋白、低脂肪的食物。第一天每 4～6 h 给予一次少量食物，以后 2～3 d 进食次数减少，进食量逐渐增加。若动物术后长期呕吐或有其他并发症影响进食，应做肠内或肠外营养支持。以上几种胃固定方法均可采用。维持术后胃内减压状态 2 d。

根据每天所需的维持量及因呕吐和腹泻丢失的液体量总和补给等渗液体，同时补充氯化钾。胶体液和晶体液联合应用，以减少晶体液的用量。应用非甾体类抗炎止痛药。对有中等或严重胃黏膜损伤的动物使用抑制胃酸分泌的药物，如雷尼替丁。对持续性术后呕吐或胃排空延缓的动物，应用促胃动力药，如吗丁啉。

发生胃坏疽、胃破裂和腹膜炎的动物，多数情况下预后不良。

第四节　肠 道 疾 病

一、肠梗阻

肠梗阻（intestinal obstruction），又称肠便秘、肠秘结、肠闭结、肠阻塞或肠内容物滞留，是指肠运动与分泌机能紊乱，肠内容物积滞不能下行，使某段肠管发生完全或不完全阻塞的一种急性腹痛病。临床上以剧烈腹痛和明显的全身症状为特征。直肠检查（大动物）或腹部触诊（小动物）可摸到秘结的肠段。

（一）病因

（1）物理性因素　粪便秘结、肠内异物、肠道寄生虫、肠道肿瘤、肠套叠、肠绞窄、肠扭转、肠嵌闭、肠粘连、肠炎和疝等，使肠腔闭塞，引起肠管的机械性梗阻。

（2）功能性因素　支配肠壁的神经紊乱或者毒素刺激引起的肠壁肌功能障碍，使肠蠕动丧失或肠痉挛，以致肠内容物不能正常运行；肠系膜血栓使肠管血运障碍，继而发生肠蠕动障碍，使肠内容物不能正常运行。

（二）症状

动物的种属、梗阻的程度和部位不同，其临床表现各异。一般完全性梗阻，多呈中度或重度腹痛，口腔逐渐干燥，24 h 后舌苔灰黄，口臭难闻；初期排零星粪便，被覆黏液，数小时后排便完全停止；肠蠕动音先亢进后减弱或消失；初期除食欲废绝、脉搏增数外，全身状况尚好，但 8～10 h 后全身症状明显加重，结膜潮红不洁，脉搏细速。不完全梗阻，腹痛多轻微，个别呈中度腹痛；口腔不干或稍干，舌苔薄灰或不显舌苔，口味不大，排便迟滞，粪便稀软、色暗而恶臭，有的排便可完全停止。

马继发胃扩张后呼吸促迫，继发肠臌胀时腹胀，继发肠炎和腹膜炎时体温升高。病程一般为 1～2 d，也可拖延至 3～5 d。小肠和小结肠阻塞比大肠各部阻塞的病情发展快且严重；大肠各部阻塞，尤其是不完全阻塞的病例，症状缓慢而轻微，病期可达半个月之久。

牛在初期出现急性腹痛，两后肢交替踏地，成蹲伏姿势，或后肢踢腹；拱背，努责，成排粪姿势，严重者常卧地不起。直肠检查，肛门紧缩，直肠空虚，直肠壁上有少量粪屑或黏液。

在猪和绵羊，腹胀、不排粪、食欲完全停止。幼猪结肠末端梗阻时可能出现高度膨胀，常于 3～6 d 死亡。

小动物的肠梗阻部位愈接近胃，其呕吐及相关症状愈急剧。表现为食欲减退，厌食，呕吐，剧烈腹痛，腹部僵硬，抗拒触诊腹部；迅速消瘦，精神沉郁。体格小者，多能触诊到阻塞物，常在梗阻肠段前方触及充满气体和液体的扩张肠管；肠套叠时，可触及“香肠”状物体。

（三）诊断

首先根据腹痛、肠音、排便及全身状况等临床表现和发病经过，分析判断是小肠梗阻还是大肠梗阻，是完全梗阻还是不完全梗阻；然后通过直肠检查（大动物）、腹部触诊（小动物）、腹腔探查、X线加造影剂检查和超声检查确诊。

凡起病急、腹痛剧烈、排便很快停止、肠音迅速消失，且全身症状明显或迅速加重的，通常为完全阻塞性梗阻；很快继发胃扩张的，多为小肠梗阻；继发肠臌胀的多为大肠梗阻。

凡起病缓、腹痛轻，12 h后尚能排少量粪便，不继发胃扩张和肠臌气，且全身症状不明显的，通常为不完全性梗阻。

（四）治疗

纠正全身性生理紊乱和解除梗阻。分为保守治疗和手术治疗两种。保守治疗的原则是：镇痛、减压、强心、补液、防止休克、止吐和对症治疗。当采用上述手法和泻剂等内科治疗方法不能疏通时，尽早进行手术治疗。

1．肠梗阻开腹疏导术

（1）适应证　顽固性梗阻经药物治疗或直肠内按压无效时采用本法。

（2）保定　大动物腹侧壁切口时一般采取柱栏内站立保定，取腹底壁切口时行后躯半仰卧保定或仰卧保定；小动物一般采取侧卧或仰卧保定。

（3）麻醉　采取站立保定时行腰旁神经干传导麻醉，并配合局部直线浸润麻醉。小动物采用全身麻醉。

（4）手术通路　牛的十二指肠乙状弯曲梗阻采用右肷部前切口；十二指肠髂弯曲和空肠梗阻采用右肷部中切口；回肠梗阻采用右肷部后切口；结肠襻梗阻采用右肷部中切口。犬的小肠梗阻采用脐前腹中线切口。马的小结肠、骨盆曲梗阻采用左肷部中切口；马的胃状膨大部梗阻采用右侧肋弓下斜切口；马的盲肠、左侧结肠和犬的结肠梗阻采用脐后腹中线或腹中线旁切口。

（5）术式　局部常规剃毛消毒后，切开腹壁，打开腹腔。五指并拢，紧贴腹壁，按腹腔探查术的操作要领，伸手入腹腔，探查并寻找到梗阻的肠段。对结粪实施按压和（或）向其内注入药液，使结粪松软散开，疏通肠腔。按压时，使梗阻部贴于腹壁，各指并拢，以指腹轻柔而有力地按压结粪，压碎结粪后将粪块驱散至梗阻部远端的肠腔内。按压有困难时，可边注入药液边按压。对胃状膨大部、盲肠及其他大结肠广泛性梗阻或结粪过硬时，可向结粪内注入5%碳酸氢钠溶液或液体石蜡等。注射时，术者将连接有胶管的针头带入腹腔，插入结粪内；胶管的另一端在腹腔外，连接注射器注入药物。随着药液的不断注入，结粪逐渐松软。一处松软后，将针头移至其他硬固结粪处，直至各处结粪均松软为止。最后加以轻轻按压，使之疏散。注入药液的量取决于结粪的硬度与范围；注药时不可用力过猛，以免药液溢出流入腹腔。梗阻疏通后，常规闭合腹腔。

2．肠侧壁切开术

（1）适应证　顽固性梗阻行疏导术无效或肠管有坏死倾向时，行肠侧壁切开术。其分为小肠侧壁切开术和大肠侧壁切开术。

（2）保定、麻醉和手术通路　同肠梗阻开腹疏导术。

（3）小肠侧壁切开术

1）术式：牛在右肷部腹壁切开后显露腹腔内脏，在切口内可直视十二指肠髂弯曲，检查髂弯曲部有无闭结点。当有闭结点时，将闭结部肠段拉出切口外，进行肠侧壁切开。当髂弯曲肠段臌气积液时，表明十二指肠第三段或空肠襻有闭结，术者左手自臌气积液的髂弯曲向后转入网膜上隐窝间口上部，再向前即为十二指肠第三段。向闭结部肠内注水或注油后，将闭结点向近心端推移至髂弯曲部后再进行肠侧壁切开。当十二指肠乙状弯曲部梗阻时，应将闭结点向十二指肠远心端推移，使其进入髂弯曲肠段，再将闭结点肠段拉出腹壁切口外进行肠侧壁切开术。当牛的空肠和回肠梗阻时，术者左手向骨盆腔方向伸入，寻找双层网膜吻合缘，将双层网膜吻合缘向前拨动，左手经网膜上隐窝间口进入网膜上隐窝内，自总肠系膜结肠襻的周缘，沿着空肠的前、腹、后顺序探查。手在臌胀的肠襻内侧做鱼尾状摆动，当闭结点撞击指端时，便可发现闭结部肠段。手抓持闭结部肠段，经网膜上隐窝间口拉出切口外隔离固定。当空肠前部的某些肠段不能经网膜上隐窝间口拉出时，可将双层网膜切开，然后拉出空肠闭结部肠段。双层网膜切开的方法：在网膜预定切开线的两侧分别系两根牵引线，结扎网膜切开线上的血管，切开大网膜浅层；然后按同法切开大网膜深层。深浅两层网膜上的牵引线由助手牵引或用创巾钳暂时固定在腹壁切口两侧，术者的手经网膜切口伸入腹腔内，探查闭结点肠段并引出腹壁切口外，隔离固定后进行肠侧壁切开术。

犬经脐前腹中线切口切开腹壁后，将大网膜向前拨动，即可显露十二指肠、空肠和回肠。

开腹后小心地将闭结部肠段牵引至腹壁切口外，用浸过生理盐水的纱布覆盖保护并隔离腹腔。用两把无损伤肠钳暂时闭合闭结点两侧的肠腔，以免肠管蠕动使其内容物溢出造成污染，由助手把持两侧肠钳固定。在结粪最膨隆处切开，以便取出结粪。切口的长度以能顺利取出梗阻物为原则。助手自切口的两侧适当推挤阻塞物，使阻塞物由切口自动滑入器皿内，一次或分次取出结粪，以防术部污染。缝合前用青霉素、链霉素生理盐水清洗切口，用消毒液消毒切口缘，转入肠切口的缝合。

用1～2号丝线或3-0号肠线进行全层连续缝合，第一层缝合完毕，经生理盐水冲洗后，转入连续伦勃特缝合或库兴内翻缝合。犬、猫的小肠腔较细，肠壁切口经双层缝合后可能造成肠腔狭窄，易继发肠梗阻；为了避免肠腔经缝合后变得狭窄，可采用压挤缝合或简单间断缝合。除去肠钳，检查有无渗漏，如有渗漏需补针。用生理盐水冲洗肠管，涂以抗生素油膏，将肠管还纳腹腔内。牛的空肠经双层网膜切口牵引至切口外进行肠切开时，肠管仍需经网膜切口还纳回腹腔内，然后分别连续缝合双层网膜切口。常规关闭腹腔。

2）注意事项：肠侧壁切开术的手术过程分为无菌手术和污染手术两个阶段。从切开肠壁起至缝合全层肠壁止，为污染手术阶段（因取结粪及肠内容物外溢，污染术者的手臂及所使用的器械，故所使用的器械需单独存放）；除此之外均为无菌手术阶段。当缝合全层肠壁后，对其进行清洗消毒，重新洗手消毒，更换污染的器械及敷料。切开肠壁时应在肠系膜的对侧纵行切开，不能横切。若局部肠管淤血明显，应在健康处切开，以利于缝合及愈合。为使切口平整，力争一次直线切开。肠壁切口的止血采用纱布按压法，不可钳夹，以防损伤肠组织。肠钳固定不可过紧，肠钳钳嘴套上胶管，防止肠管的压迫性坏死。

3）术后护理：术后禁食36～48 h，饮水不限。当出现排粪、肠蠕动音恢复正常后方可给予易消化的优质饲草、饲料。对术后已出现水、电解质代谢紊乱及酸碱平衡失调者，应静脉补

▶肠侧壁切开术

充水、电解质并纠正酸碱平衡。若术后 48 h 仍不排粪，继发肠臌胀、肠音弱或出现呕吐等症状者，应考虑是否是不正确的肠管缝合或病部肠管的炎性肿胀，造成肠腔狭窄，闭结再度发生。为此，应灌服油类泻剂并给以抗生素。经治疗后仍不能排除病部肠管的再度梗阻时，则应进行剖腹探查术。肠麻痹也是小肠切开术后常出现的症状之一，由于闭结点对肠管的压迫或手术时的刺激，均可造成不同程度的肠麻痹，表现为肠蠕动音减弱、粪便向下运行缓慢、肠臌胀等症状。在术后 36 h，肠麻痹症状逐渐减轻，肠臌胀消退，肠蠕动音恢复，不久便可排粪。为了促进肠麻痹的消退和粪便的排出，术后可给予兴奋胃肠蠕动的药物或配合温水灌服。

（4）大肠侧壁切开术　马属动物大肠梗阻常继发肠臌胀和继发液性胃扩张；反刍动物的结肠闭结常继发瘤胃臌气或积液。腹内压增大不仅压迫心肺、影响呼吸和循环，而且给手术探查带来极大的不便。为此，术前应导胃或穿肠放气以降低腹内压。采取强心、补液、解毒等措施，以纠正水、电解质代谢紊乱和酸碱平衡失调，稀释和排除毒素，改善血液循环和全身状况，为手术创造条件。保定、麻醉和手术通路同肠梗阻开腹疏导术。

大肠侧壁切开术分为马的小结肠、骨盆曲梗阻肠侧壁切开术；胃状膨大部、盲肠、左侧大结肠侧壁切开术；牛的结肠侧壁切开术；犬的结肠侧壁切开术。

1）马的小结肠、骨盆曲梗阻肠侧壁切开术：开腹后将梗阻部肠管牵引至腹腔外，用浸过温生理盐水的纱布包裹隔离，用两把无损伤肠钳闭合结粪或结石两侧的肠腔，由助手把持闭结部两侧的肠钳使之与地面呈 45° 角紧张固定。在闭结部肠管纵带上或对肠系膜侧，一次纵切肠壁全层，切口的长度以能使闭结的结粪或结石从切口内自动滑出为度。肠壁切开后，助手自结粪或结石两侧适当压挤，使闭结的结粪或结石自切口滑入器皿内，以防污染术部。以消毒液消毒切口创缘，连续全层缝合肠壁切口，用生理盐水清洗创口，转入无菌手术阶段，第二层做伦勃特或库兴内翻缝合（图 17-25）。除去肠钳，检查有无渗漏现象，如有渗漏需补针。用生理盐水冲洗肠管，涂以抗生素油膏后，将肠管还纳回腹腔内。广泛性梗阻，一个切口不能取尽全部结粪时，可取多个切口。最后缝合腹壁切口，关闭腹腔。

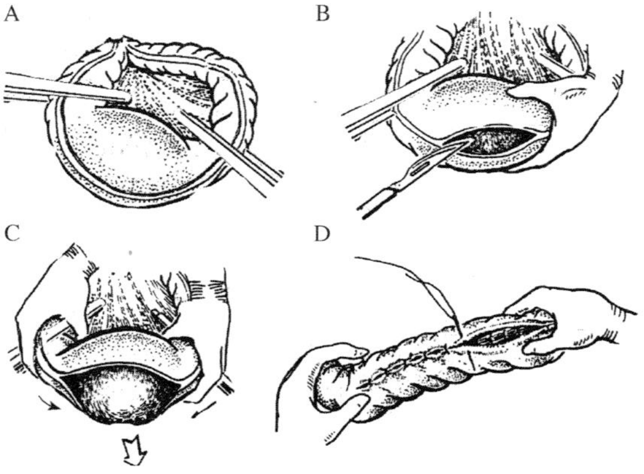

图 17-25　小结肠侧壁切开术

A. 闭结点两侧用肠钳固定；B. 在纵带上做切口；C. 切口与地面呈 45° 角，两手压挤粪团，使其自动滑出；D. 切口双层缝合

2）胃状膨大部、盲肠、左侧大结肠侧壁切开术：这 3 种肠管的侧壁切开手术方法基本相同，现以胃状膨大部侧壁切开为例（图 17-26）。

胃状膨大部梗阻时，因肠管粗大，肠腔内充满坚硬的积粪，故肠管的移动性很小，不能将其完全牵引出腹壁切口外。为了减少对腹腔的污染，需将肠管与腹腔进行隔离。首先，经腹壁切口将手伸入腹腔内，用手掌托住梗阻部肠管并向腹壁切口处移动，以尽量显露梗阻部肠管。然后，用浸过温生理盐水的纱布隔离胃状膨大部和腹壁切口周缘。最后，将软橡胶洞巾（规格：洞巾中心的长方形孔为 15 cm×3 cm，洞巾周边长为 50 cm×50 cm）紧紧贴附在肠壁上。用弯圆针系 4 号丝线，将洞巾中心长方形的 4 个边与肠壁纵带上的浆肌层进行连续

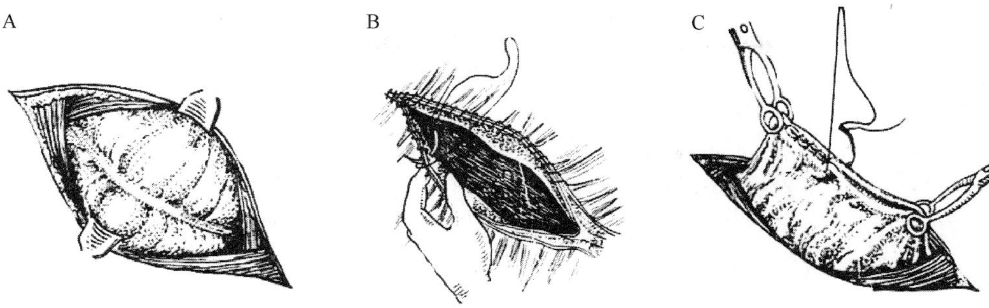

图 17-26　胃状膨大部侧壁切开术

A. 暴露胃状膨大部闭结点；B. 软橡胶洞巾连续缝合于肠壁切口；C. 双层缝合肠壁切口

缝合；洞巾周边向外伸展固定在腹壁上。隔离完毕后，在纵带上纵向切开肠壁 12～15 cm，此时转入污染手术。

先用手指轻轻松动和掐取结粪，取出一定数量的结粪后，将手进入肠腔内继续掏取结粪。为了减少手出入肠壁切口对肠壁的机械性损伤，可将胃导管的一端带入肠腔结粪处，导管另一端在体外连接漏斗。向肠腔内灌注温水，浸泡结粪使其松软。在手指的松动下，粪水经切口流出体外，彻底清除结粪。

结粪取出后，肠内容积明显减小，将病部肠管轻轻向腹壁切口外牵引，使肠壁切口显露在腹壁切口之外。拆除橡胶洞巾，彻底清洗肠壁切口。若肠壁切口因手的出入而发生严重挫灭时，应将受挫肠壁组织切除。肠壁切口做全层连续缝合，转入无菌手术后，再进行连续伦勃特缝合或库兴缝合。

撤去填塞的隔离纱布，将肠管轻轻向腹壁切口外牵引，用生理盐水冲洗肠壁，彻底清除肠壁上的污染物后，还纳肠管于腹腔内，常规关闭腹腔。

3）牛的结肠侧壁切开术：切开腹壁后，术者的左手进入网膜上隐窝内，手背沿瘤胃的右侧面，手心向着结肠襻进行触摸。自旋襻的外周依次摸向其中央部，即可发现闭结点。闭结点常为呈鸭蛋大到拳头大的硬粪球或纤维球，经隔肠按压不能破结时，可将结肠襻经网膜上隐窝牵引出腹壁切口外，必要时切开大网膜后将结肠襻闭结点显露于腹壁切口外。其肠切开、网膜切开和缝合法同牛的小肠侧壁切开术。

4）犬的结肠侧壁切开术：取脐后腹中线切口，必要时可向后延长到耻骨前缘。开腹后用浸过生理盐水的纱布垫保护和隔离皮肤切口创缘，将大网膜和小肠向腹腔前部推移。在结肠切开前，应仔细检查胃和小肠有无病变。将梗阻的结肠从腹腔牵引至腹壁切口外，用浸过生理盐水的纱布隔离。用两把无损伤肠钳在拟切开的肠段两端夹闭肠管，在肠壁切开线的两端设置两根牵引线。由助手把持肠钳和固定两根牵引线，使肠壁切口与地面呈 45° 角，一次切开肠壁全层，取出肠内结粪球或异物，用 2-0 铬制肠线或 1、2 号丝线进行全层间断或连续内翻缝合，必要时可用 3-0 或 4-0 铬制肠线进行补针缝合。缝毕，用抗生素溶液冲洗肠管，然后将肠管还纳回腹腔内。撤除隔离纱布，在确保腹腔内没有异物遗留后，关闭腹壁切口。

3．肠部分切除与吻合术

（1）适应证　　肠梗阻和肠变位等引起的肠坏死、广泛性肠粘连、不宜修复的广泛性肠损伤或肠瘘，以及肠肿瘤时的根治手术。

（2）术前准备　　肠梗阻、肠变位引起肠坏死的动物，大多伴有严重的水、电解质代谢紊乱和酸碱平衡失调，并常发生中毒性休克。为了提高动物对手术的耐受性和治愈率，在术前应纠正脱水和酸碱平衡紊乱，并防治休克。静脉注射胶体液（如全血、血浆）和晶体液（如林格液）、地塞米松、抗生素等药物。插入胃导管进行导胃以减轻胃肠内的压力，同时进行术部、器械、敷料和药品的准备，进行紧急手术。

在非紧急情况下，术前 24 h 禁食，术前 2 h 禁水，并给以口服抗菌药物，如土霉素、甲硝唑、庆大霉素等，可有效地抑制肠道菌群的繁殖与产气。

（3）麻醉　大动物全身麻醉或腰旁神经传导麻醉，并配合局部浸润麻醉；犬、猫等小动物全身麻醉，并行气管插管，以防呕吐物逆流入气管内。

（4）保定　大动物侧卧保定，小动物仰卧保定。

（5）术部　大动物采用左（马）、右（牛）肷部正中切口，小动物采取脐前腹中线切口。

（6）术式　开腹后，用生理盐水纱布垫保护切口创缘，手入腹腔内探查病部肠段。先探查扩张、积液、积气、内压升高的肠段，梗阻部必在其后段肠管，根据解剖位置，逐步寻找到梗阻或变位的肠段。若病变部肠段范围较大，经腹壁切口不能全部引出，或者因肠管高度积液扩张，强行牵拉肠管有肠破裂的危险时，可将部分病变肠管引出腹腔外，由助手扶持肠管并将其切一小口，进行排气、排液。同时，术者的手臂伸入腹腔内，将病变部前段肠管内的积液向后段肠管推移，经肠壁小切口排出。缝合肠管小切口，清洗消毒后将其还入腹腔，再行探查。一处切口排不尽肠内积液时，可多次切开，尽量排空肠管内的积液。减压后方可将全部病变肠管引出腹腔外，用生理盐水纱布垫保护肠管，隔离术部，并判定肠管的生命力。

肠管活力判定：肠管的活力主要从颜色、色泽、弹性、肠系膜血管搏动及其蠕动来判定。若肠管呈暗紫色、黑红色或灰白色；肠壁变软无弹性，肠管浆膜失去光泽；肠系膜血管搏动消失；无蠕动能力等，说明肠管已坏死，应果断切除。判定可疑时，用生理盐水温敷 5～6 min，若肠管颜色和蠕动仍无改变，肠系膜血管仍无搏动，则可判定肠壁已经坏死。

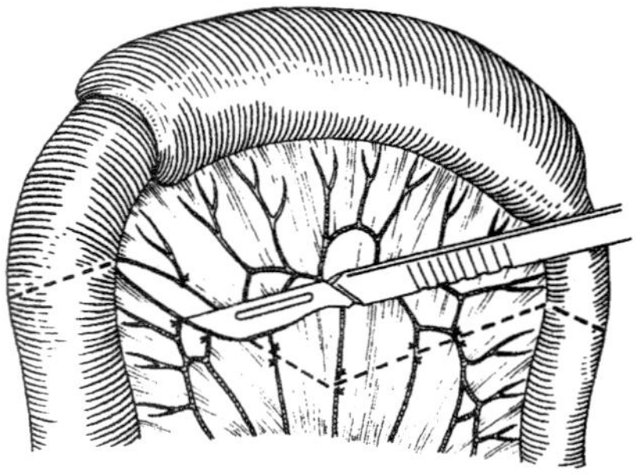

图 17-27　肠系膜血管双重结扎后的肠系膜切除线

切除的范围：肠管切除的范围应在病变部位两侧 5～10 cm 的健康肠管上。斜向切除，即对肠系膜侧切除多些。展开肠系膜，结扎并切除供应预切除肠段的肠系膜血管。对相应的肠系膜做“V”形或扇形预定切除线，在预定切除线两侧，将肠系膜血管进行双重结扎，然后在结扎线之间切断血管与肠系膜（图 17-27）。最后用肠钳夹闭并切断肠管。

肠系膜由双层浆膜组成，肠系膜血管位于其间，若缝针刺破血管，易造成肠系膜血肿。扇形肠系膜切断后，应检查有无出血（图 17-28）。肠系膜血管结扎不足，易造成出血；结扎过多，易引起术后肠管坏死。

吻合方法：肠管的吻合方法有端端吻合、端侧吻合与侧侧吻合 3 种。端端吻合符合解剖学与生理学的要求，吻合后对肠管的蠕动及肠内容物的后送影响小，故临床常用。但当肠管较细时，吻合后易出现肠腔狭窄，应特别注意。当切除的肠段较多、需吻合的两肠管断端口径相差悬殊时，采用端侧吻合。当肠管较细时，为克服肠腔狭窄，则只能采用侧侧吻合。

1）端端吻合（end-to-end anastomosis）：助手把持并合拢两肠钳，使两肠的断端对齐靠拢，检查拟吻合的肠管有无翻转。首先在两断端肠系膜侧，距肠断端创缘 0.5～1 cm 处，用 1～2 号丝线将两断端肠壁浆膜肌层或全层做一 25 cm 长的牵引线，在对肠系膜侧用同样的方法另做一牵引线。紧张固定两肠断端及牵引线，以便于缝合（图 17-29）。然后用直圆针自两肠断端的后壁（下壁，距术者较远的侧壁），在肠腔内从对肠系膜侧向肠系膜侧做肠壁全层的连续和（或）间断缝合（图 17-30）。缝合至肠系膜侧向前壁（上壁，距术者较近的侧壁）折转处，将缝针自一侧肠腔黏膜向肠壁浆膜刺出（图 17-31），而后缝针从另一侧肠管前壁浆膜层刺入，从黏膜层刺出（图 17-32）。自此，采用康乃尔缝合前壁，至对肠系膜侧与后壁连续缝合起始的线尾打结于肠腔内（图 17-33）。

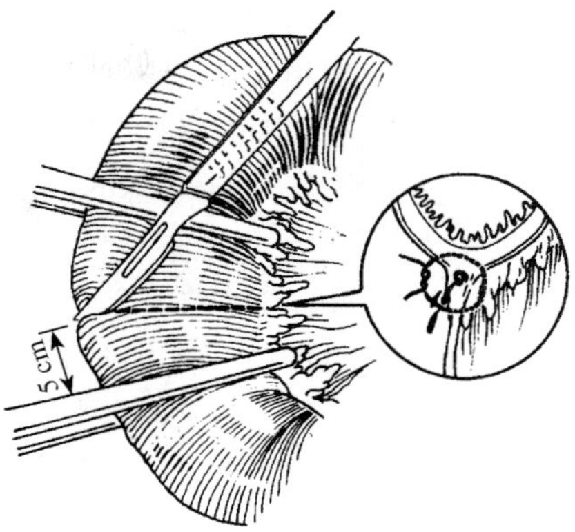

图 17-28　病段肠管的切除
在预定切除线两侧钳夹肠钳，距健侧肠钳 5 cm 处切断肠管，注意结扎肠系膜侧三角区内出血点

第一层缝合完毕后，撤去肠钳，检查有无渗漏，一般肠系膜侧和对肠系膜侧两转折处易渗漏，必要时做补针缝合，并检查吻合口是否符合要求。用生理盐水冲洗肠管，手术人员更换手套，重新消毒，更换手术巾与器械，转入无菌手术阶段。第二层采用连续或间断伦勃特缝合（图 17-34）。最后间断缝合肠系膜游离缘。

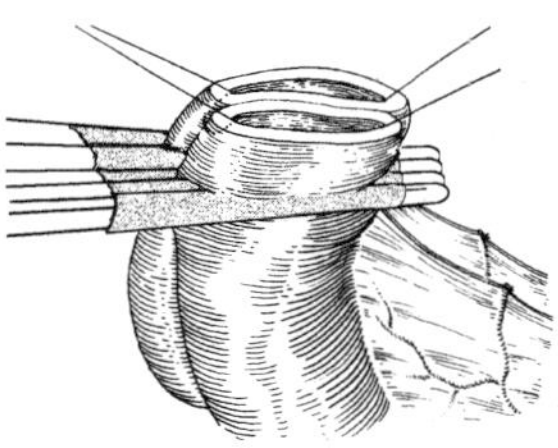

图 17-29　肠系膜侧与对肠系膜侧做牵引线

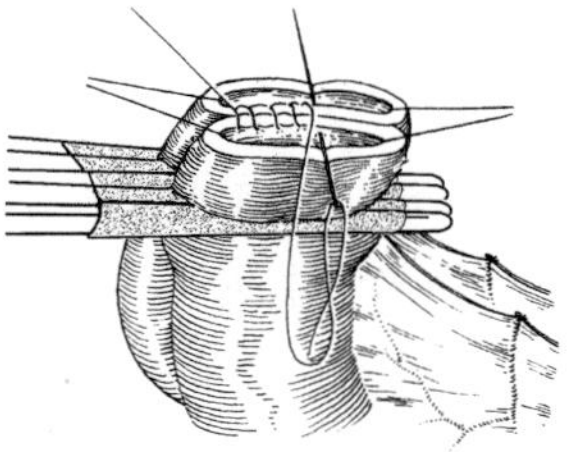

图 17-30　后壁全层的连续缝合

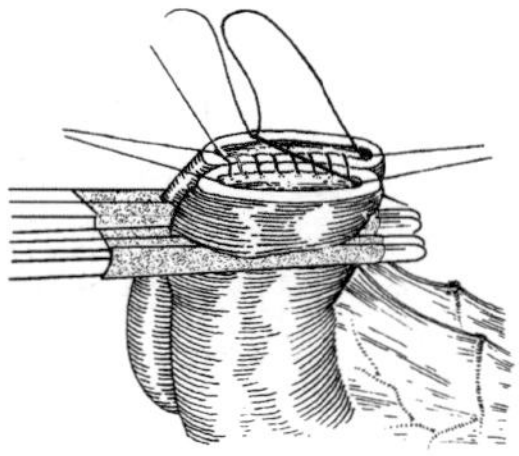

图 17-31　后壁缝至前壁的翻转运针法之一

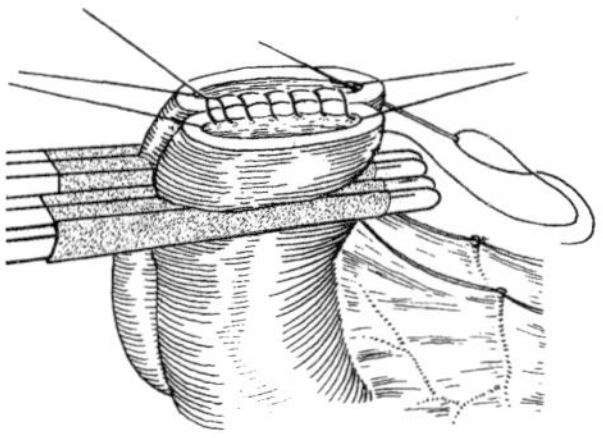

图 17-32　后壁缝至前壁的翻转运针法之二

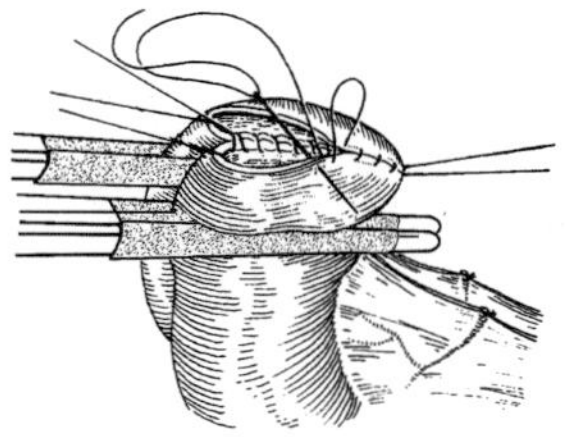

图 17-33　前壁第一层采用康乃尔缝合

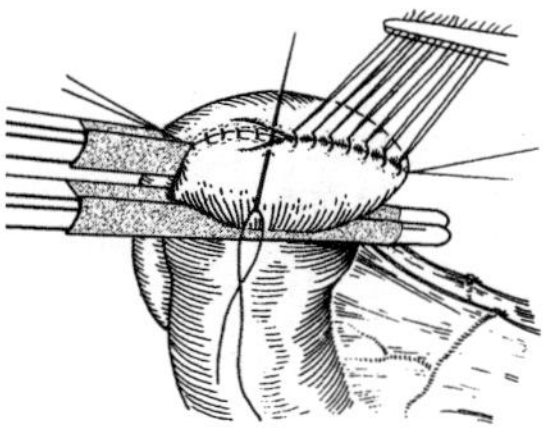

图 17-34　前壁第二层做间断伦勃特缝合

采用连续缝合还是间断缝合，视肠腔的管径而定。肠腔粗可采用连续缝合多些；肠腔细应尽量采用间断缝合。犬、猫等肠腔细小，对其肠管的端端吻合，可采用压挤缝合法或一层全层间断内翻缝合法。

肠端端吻合术

2）端侧吻合（end-to-side anastomosis）：多用于反刍动物、猪、犬的回肠末端肠套叠手术。将坏死的回肠切除后，做回肠与盲肠的端侧吻合术。

确定患部两侧回盲口与回肠预定切除线，并用肠钳闭合肠腔。将回盲系膜结扎剪断后，截断患部肠管，闭合回盲口残端。更换肠钳，在回盲口后右侧方钳夹欲做新吻合口的肠壁。助手将两肠钳靠拢，做两肠管后壁浆膜肌层的伦勃特缝合。然后用刀在欲做新吻合口的盲肠壁上，切一与回肠断端相适应的吻合口。随后对吻合口进行缝合，缝合方法与端端吻合术相同。回盲系膜创口游离缘作间断缝合。

3）侧侧吻合（side-to-side anastomosis）：肠管吻合前，用两把肠钳分别将两肠管的断端夹住，第一层采用全层连续缝合法，边抽出肠钳，边拉紧缝线；第二层采用伦勃特缝合（图 17-35）。两肠管断端闭合后，开始进行侧侧吻合。

先将两肠段盲端，以相对的方向使肠壁接近交错重叠，用两把肠钳各在近盲端处，沿纵轴方向钳夹盲端肠管。钳夹的水平位置靠近肠系膜侧。检查两重叠肠段有无翻转，然后将两肠钳并列靠拢，交助手固定，用纱布垫隔离术部（图 17-36）。

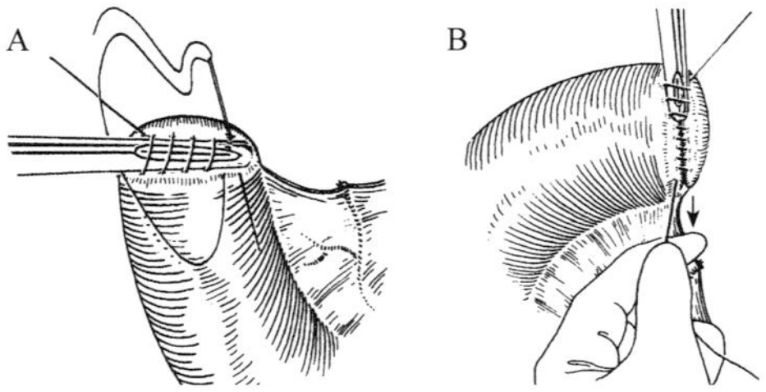

图 17-35　肠端的闭合

A．肠钳夹持肠管断端；B．边抽出肠钳，边拉紧连续缝线并做连续全层缝合

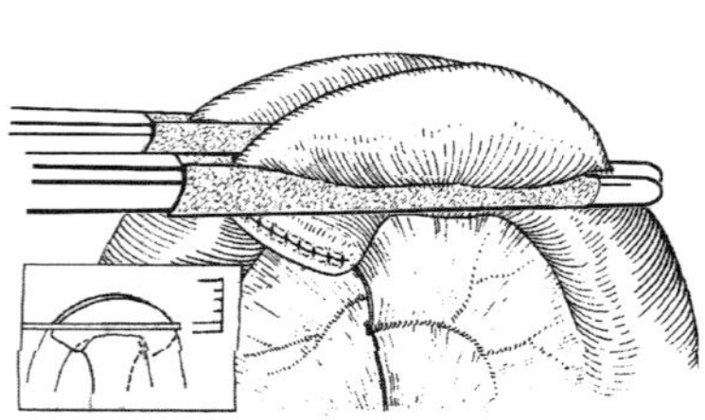

图 17-36　两肠钳纵向夹持两肠端，并拢

靠近肠系膜侧做间断或连续伦勃特缝合，缝合长度应略超过切口长度（图 17-37）。距此缝线下方（外方）1～1.5 cm 处，各做一个 4～6 cm 的切口，造新的吻合口（图 17-38）。吻合口后壁做连续全层缝合，缝至前、后壁折转处，按端端吻合的方法转入前壁，施行康乃尔缝合（图 17-39～图 17-41）。缝至最后一针，缝线与开始第一针线尾打结（图 17-42），检查薄弱点

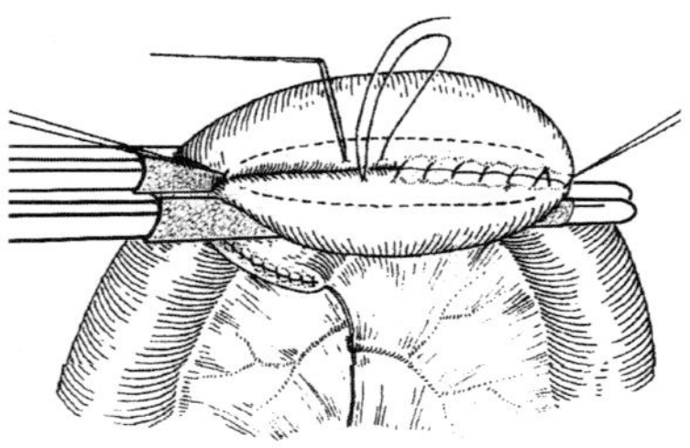

图 17-37　近肠系膜侧行连续伦勃特缝合

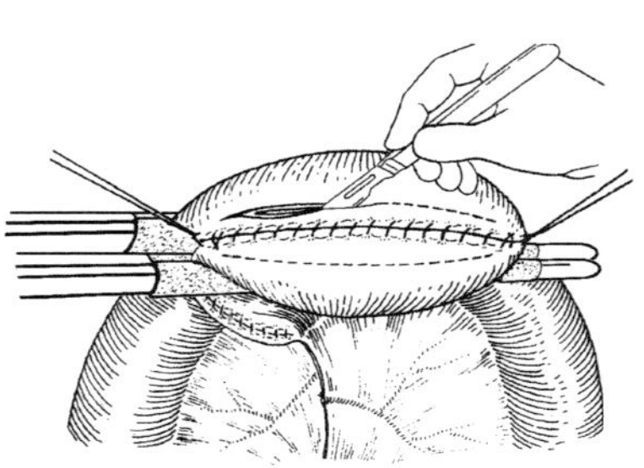

图 17-38　距缝线两侧 1～1.5 cm 处纵向切开肠壁

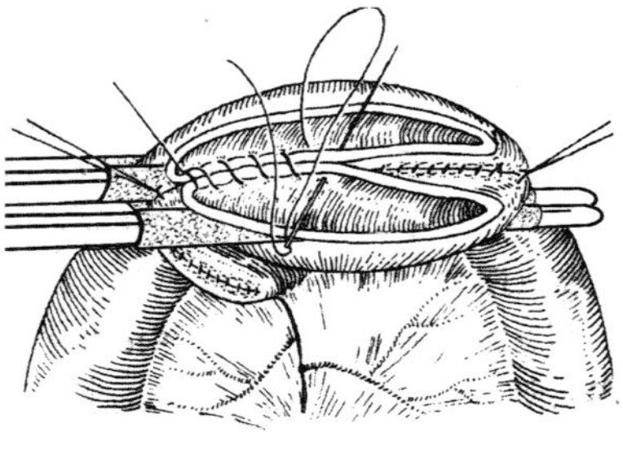

图 17-39　后壁连续缝合

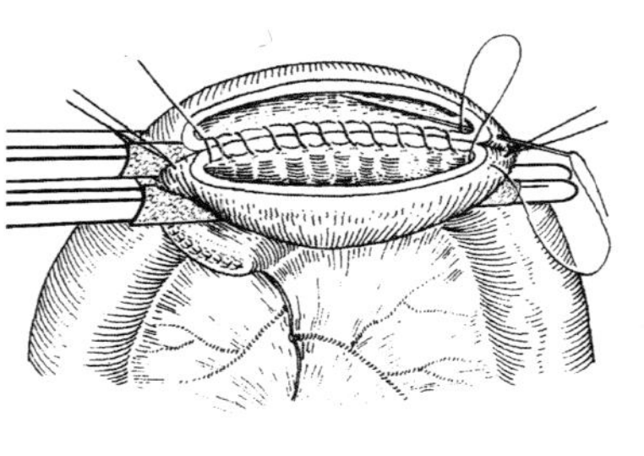

图 17-40　自后壁转向前壁缝合运针方法

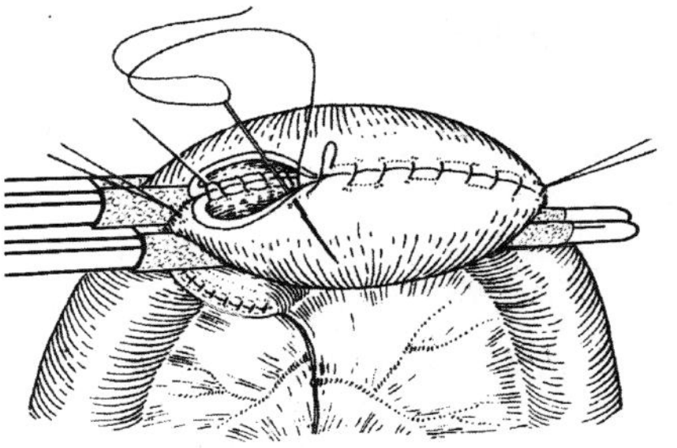

图 17-41　前壁康乃尔缝合

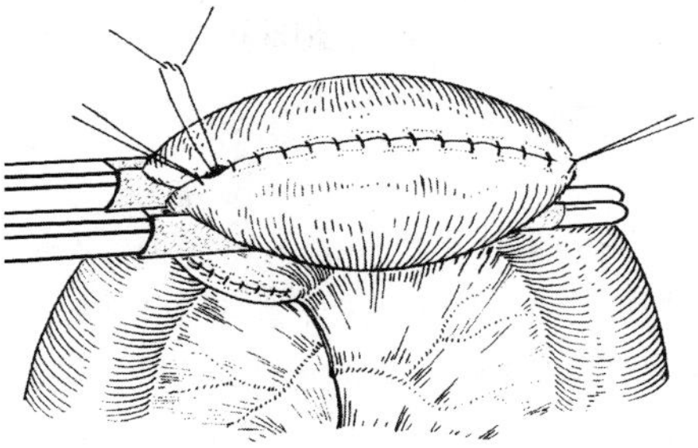

图 17-42　前后壁线尾打结于肠腔内

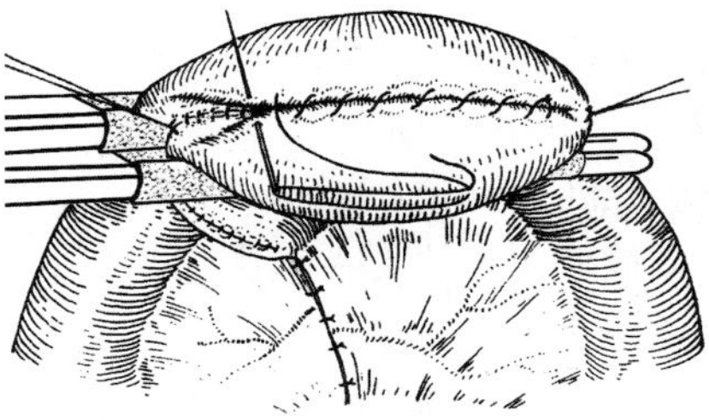

图 17-43　前壁连续伦勃特缝合，
肠系膜间断缝合

肠侧侧吻合术

行加强补充缝合。最后，在前壁浆膜上行间断或连续伦勃特缝合。撤去肠钳，重叠肠系膜创口游离缘行间断缝合（图 17-43）。

4. 术后护理　全身麻醉的动物，待动物苏醒后协助动物站起，防止在起立时摔倒而使腹壁切口裂开。术后每天定期检查体温、脉搏、呼吸、切口及全身情况，观察动物的排粪、排尿情况。术后禁饲 48～72 h，最初饲喂的时间应以原发病解除后，动物排粪、排尿、肠音恢复，口腔湿润并有明显食欲时，方可开始饲以少量优质易消化的饲料，一般在 7～10 d 后逐渐恢复正常饲喂。

术后 1 周全身应用抗生素。对已出现水、电解质代谢紊乱和代谢性酸中毒的动物，应静脉补充水和电解质溶液，并静脉注射 5% 碳酸氢钠溶液。密切观察术后原发病是否消失，以及有无术后再度闭结的发生。如果术后腹痛已经消失，但在术后 48 h 仍不排粪，全身情况已有好转，这是肠麻痹所致，可用温水灌肠、皮下注射新斯的明或静脉注射 10% 氯化钠溶液。若术后腹痛再度发生，可能由病部肠管的再度阻塞或肠粘连所致。马属动物的小结肠、骨盆曲和牛的结肠襻切开后，有时术后再度发生肠闭结，可通过温水灌肠，投服油类泻剂并结合直肠内破结来解除。大结肠切开后的粘连时有发生，肠粘连性腹痛发生在术后 3～5 d，有的延长到术后 15 d 或更长；排粪时腹痛，用镇静剂后常可消失；腹痛消失后，采食、排粪正常，体温正常或略偏高；直肠检查可发现腹壁切口缝合处或病部肠管周围形成范围不等的粘连。对肠粘连的治疗，应坚持应用抗生素与糖皮质激素类药物。直肠检查时，对粘连部进行直接分离。适当的牵遛运动，掌握饮水及饲料的数量与质量，轻度粘连常在术后 15 d～1 个月症状消失。

腹腔内感染可引起弥漫性腹膜炎，常发生于术后 24～48 h，表现为体温突然升高达 40℃，食欲废绝，肠音先亢进后消失，腹部肌肉紧张，有明显压痛；腹部叩诊呈水平浊音，腹腔穿刺有多量的混浊腹水；后期出现腹泻，腹痛加剧，结膜发绀，脉搏沉衰。需及时应用敏感抗生素进行治疗，必要时安置腹腔引流管，用抗生素进行腹腔冲洗。

二、肠变位

肠变位（intestinal dislocation）又称机械性肠梗阻（mechanical intestinal obstruction），是肠管的自然位置发生改变，致使肠系膜或肠间膜受到挤压或缠绞，肠管血液发生循环障碍，肠腔部分或完全闭塞的一种重剧腹痛病。临床特征是腹痛剧烈、呕吐（犬、猫、猪）、休克和病程短急，腹腔穿刺液混浊、混血，大动物直检变位肠段有特征性改变。发病率低，但死亡率较高。马属动物多发，猪、犬和猫的肠变位常见的是肠套叠。

类型

（1）肠扭转（volvulus）　肠扭转是指肠管以自身纵轴或以肠系膜基部为轴发生不同程度的扭转。常见的是左侧大结肠扭转，左上行大结肠和左下行大结肠一起沿纵轴向左或向右 180°～720° 扭转；其次是肠系膜扭转，整个空肠连同肠系膜，以前肠系膜根部为轴，向左或向右 360°～720° 扭转；再次为盲肠扭转，整个盲肠以其基底部为轴向左或向右 360° 扭转。肠管沿自身横轴折转的，则称为折叠，如左侧大结肠向前内方折叠、盲肠尖部向后上方折叠等。

（2）肠缠结（intestinal strangulation）　肠缠结又名肠绞窄，即一段肠管以其他肠管、精索、韧带、肠系膜基部、腹腔肿瘤的根蒂、粘连脏器的纤维束为轴心，进行缠绕或相互缠绕。常见的是空肠和小结肠缠结。

（3）肠嵌闭（intestinal incarceration）　肠嵌闭旧名疝气，是指一段肠管连同其肠系膜坠入（疝入）与腹腔相通的天然孔或破裂口内，由于孔道的口径较小，或者孔道发炎肿胀而变狭窄，致使肠系膜受到挤压，肠管局部血液循环发生障碍，使肠腔完全闭塞或不全闭塞，也称嵌闭性疝。常见的有小肠嵌闭和小结肠嵌闭。小肠或小结肠常嵌入大网膜孔、腹股沟管乃至阴囊、肠间膜破裂口、膈破裂口、肠系膜破裂口、胃脾韧带破裂口及腹壁疝环内。

（4）肠套叠（intussusception）　肠套叠是指一段肠管套入与其相连接的另一段肠腔内。套叠的肠管分为外层（被套的）和内层（套入的）。依据套入的层次，分为一级套叠、二级套叠和三级套叠。

一级套叠如空肠套入空肠、空肠套入回肠、回肠套入盲肠、盲肠尖套入盲肠体、小结肠套入胃状膨大部、小结肠套入小结肠等。

二级套叠如空肠套入空肠再套入回肠、小结肠套入小结肠再套入小结肠等。

三级套叠如空肠套入空肠，又套入回肠，再套入盲肠等。

病因

（1）原发性肠变位　常见的是肠嵌闭和肠扭转。由于腹腔有天然孔道和病理裂口的存在，在跳跃、奔跑、难产、交配等腹内压急剧升高的条件下，小肠或结肠（因肠系膜较长）有时可被挤入某孔道而发生嵌闭。左侧大结肠与腹壁之间无系膜或韧带固定，在腹腔内处于相对游离的状态，在马体连续滚转的情况下，上行结肠和下行结肠沿其纵轴偏转，偶尔发生扭转。

在哺乳期的仔猪，由于母猪营养不良，乳分泌不足、乳的质量降低、仔猪饥饿和胃肠运动失调。在突然受凉、乳温不适和乳头不清洁等影响下，引起肠管的异常刺激和个别肠段的痉挛性收缩，从而发生肠套叠。至于断乳后的仔猪，由于从哺乳过渡到给饲的过程中，新的饲养条件的改变，特别是饲喂品质低劣或变质的饲料时，可引起胃肠运动失调，从而发生肠套叠。

（2）继发性肠变位　多发生于肠痉挛、肠臌气、肠便秘、肠系膜动脉血栓栓塞等其他腹痛病的经过中。其原因有三：首先，肠管运动机能紊乱，有的肠段张力和运动性增强乃至痉挛性收缩，有的肠段张力和运动性减弱乃至弛缓性麻痹，致使肠管失去固有的运动协调性；其次，肠管充满状态发生改变，有的肠段积滞气液，膨胀而紧张，有的肠段内容物排尽，空虚而松弛，致使肠管原来的相对位置发生改变；最后，因腹痛发作，起卧滚转，体位急促变换，也可促使各段肠管的相对位置进一步发生改变。

肠道炎症、肿瘤、寄生虫、去势不当引起肠管与腹膜粘连，也可发生肠套叠。

症状

（1）大动物　肠腔完全闭塞时，病势迅猛，全身症状常在数小时内迅速加重，体温大多升高（39℃以上），表现为全身或局部出汗、食欲废绝、口腔干燥、肠音减弱或消失、排粪停止，常继发液性胃扩张和（或）肠臌气。肠腔不完全闭塞时，肠音减弱或不整，偶尔肠音高朗短促而带有金属音调，可排恶臭稀粪，混有黏液和血液。病初呈中度间歇性腹痛，2～4 h后转为持续性剧烈腹痛，患畜急起急卧，左右滚转，前冲后撞，极度不安，取仰卧姿势，缓解腹痛；后期12～24 h后，动物变得沉重而安静，肌肉震颤，不愿走动，拱背呆立，腹部紧缩，牵行时慢步轻移拐大弯，有典型的腹膜性疼痛表现。舌色青紫或灰白，四肢及耳鼻发凉或厥冷，脉搏微弱，心悸，呼吸促迫，结膜潮红或暗红，微血管再充盈时间显著延长（4 s以上），呈现休克危象。

（2）猪　肠套叠主要发生于哺乳或断乳不久的仔猪，表现为突然不食、腹痛剧烈、腹部紧缩、呻吟不止，严重者卧地不起、四肢泳动、呼吸脉搏加快、结膜潮红、血性腹泻、呕吐，瘦弱的小猪触诊腹部有香肠样硬块，体格大的猪则不易摸到。如果肠管坏死、继发腹膜炎，则体温升高，全身症状加重。

（3）犬、猫　主要表现为饮食后呕吐或持续呕吐、腹痛、呻吟、血性腹泻，触诊腹部有香肠样硬块。

病程及预后　肠变位的病情危重，病程短急，一般经过12～48 h，多因急性心力衰竭和内毒素休克而死亡。即使尽早手术整复，也多预后慎重，治愈率不高。病情发展缓慢、手术及时者，预后良好。犬肠套叠可持续数天，经适当的治疗和手术后常可恢复。

诊断　根据病史和临床症状可做出初步诊断，然后通过腹腔穿刺液检查、直肠检查和剖腹探查加以确诊。

直肠检查：完全闭塞时，直肠空虚，蓄有较多黏液；腹压较大，手前伸困难，可摸到局部气肠；肠系膜紧张而不垂弛，朝一定方向倾斜而拽拉不动；某段肠管的位置、形状及走向发生改变，加以触压或牵引，则剧痛不已；排气减压后触摸，剧痛不减。

腹腔穿刺液检查：在发病后的短时间（2～4 h）内，腹腔穿刺液即明显增多，初为淡红黄色，以后则逐渐变为血水样乃至稀血样，含多量红细胞、白细胞及蛋白质。但在某些肠变位，如有的腹股沟管嵌闭和肠套叠，腹腔穿刺液可能始终不红。

经上述方法仍不能确诊者，应及时施行腹腔探查术，及时采取适宜的措施抢救病畜。

在犬、猫及10～15 kg重的中等膘猪，腹部触诊时可触到套叠肠管如香肠状，压迫时疼痛明显。阻塞肠管前段一般有充气、积液、扩张，后端多空虚。还可采用B超检查诊断。在超声影像图上，肠套叠呈香肠样强回声带，可与套叠部两端肠管的弱回声带形成鲜明对比。

治疗　肠变位的基本治疗原则：减压、补液、强心、镇痛、防休克、止吐及对症治疗措施，应用抗生素制止肠道菌群的紊乱，减少内毒素的生成。对保守疗法和手法整复无效者，尽早施行手术整复。发生肠坏死者应做肠切除术和吻合术。

（1）术前准备　减压、补液、强心、镇痛等。如需要剖腹探查进行确诊和手术整复的病例，应尽早实施。

（2）手术方法　依据怀疑变位的肠段和类型选择适当的手术通路。整复前尽量排除阻塞部前段胃肠的内容物。

1）肠扭转及肠缠结的整复法：整复的方法视病变的部位及扭转缠结的性质而定。当左侧大结肠沿其纵轴扭转时，行肠管穿刺或切开排气排液减压后，在腹腔内握住骨盆曲，或者将其引出腹腔外，按其与扭转相反的方向，沿其纵轴旋转，使其复位。当左侧大结肠即骨盆曲向前方折转时，握住骨盆曲向后将其拉回原位即可。盲肠变位的整复法与此相同。

当小肠（主要是空肠）发生扭转或缠结时，必须先行肠管穿刺或侧壁切开减压，之后才能整复。整复时尽量将扭转的肠管及肠系膜引出腹外，按与扭转相反的方向旋转肠管及肠系膜使其整复。如肠管已发生坏死，则必须将坏死的肠段切除，行断端吻合术。

2）肠嵌闭的整复法：当小肠或小结肠嵌入肠系膜或大网膜破裂口时，在肠管加压后，将嵌入部引出腹外，扩大破裂孔，拉出嵌入的肠管，缝合破裂口后，再将其还回腹腔。当肠管嵌入大网膜孔、大网膜破裂孔等，无法将嵌闭部拉出腹外时，在腹腔内摸清肠管嵌入部的大网膜破裂孔，对此孔一侧的大网膜组织行双重结扎，在两结扎线之间剪断，解脱嵌入的肠管，使其自然整复。如肠管已坏死，必须切除。

3）肠套叠整复法：探查牛的肠套叠时，术者的手在网膜上隐窝内探查，将套叠肠管经网膜上隐窝间口引出腹腔外。当无法引出时，可切开大网膜深浅两层，经网膜切口引出套叠部肠段。探查马的肠套叠时，应在左肷部和回盲部深查。大家畜肠套叠的肠管粗如手臂，触之如肉样感，表面光滑，套叠部前段肠管高度积液，套叠部后方肠管空虚塌瘪，牵动该段肠管动物疼痛，躁动不安。犬的肠套叠也多发生在空回肠交界处，有的套入到回盲口处，套叠部肠管如火腿样硬度。

肠套叠时因肠系膜血管受压，肠系膜紧张，小肠的游离性显著减小，从腹腔内向切口外牵引套叠部肠管时应十分仔细，缓慢向外牵引。切忌向切口外猛拉，也不能用手指用力掐压和抓持套叠部，以防撕裂紧张的肠系膜或导致肠破裂。因套叠部前方肠段臌气、积液，套叠部后方肠段空虚塌瘪，从腹腔内向外牵引套叠部肠管时，应先显露肠套叠部远心端肠段，然后再缓慢向外牵引套叠部肠段和套叠的近心端肠段。若套叠的肠管较长，因受到肠系膜的牵拉，套叠部肠管的整体外形呈圆筒螺旋状。引出套叠部肠段后，用温生理盐水纱布隔离，判定肠套叠部是否发生坏死。对肠套叠肠管仍有生命力者，进行套叠肠管的整复术。

整复时，用手指在套叠的顶端将套入部缓慢逆行推挤复位（自远心端向近心端推）；也可一手推挤套叠部远心端，一手牵引套叠部近心端使之复位。操作时不得从远、近两端猛拉，以防肠管破裂。若经过时间较长，套入部因淤血、水肿乃至粘连不能挤出时，可用小手指或刀柄等插入套叠鞘内，进行分离，并扩张紧缩环，一边扩张一边牵拉套入部，使之复位。仍不能复位时，可以剪开套叠的鞘部和套入部的外层肠壁，进行复位，整复后再行肠侧壁缝合。如肠管已坏死，则必须行肠管切除术。

三、巨结肠

巨结肠（megacolon）是指大肠的直径异常增粗，伴有便秘现象的一种病理状态，可以先天发生，也可能是继发性。主要见于猫，犬少见，其他动物也可发生。

病因　先天性巨结肠是结肠壁的肌层间神经节缺乏或变性，引起交感神经和副交感神经的机能障碍，缺乏神经节或神经节细胞的肠段则处于持续痉挛收缩状态，造成部分或完全的痉挛性肠梗阻。正常的肠蠕动不能通过梗阻部分，于是粪便蓄结在结肠内，结肠出现代偿性肥厚扩张。同时肛门内括约肌张力增加，不发生直肠肛门松弛反射，失去正常的反射机制，又加重了粪便的蓄积。久之，使近端肠管也逐渐扩张，形成先天性巨结肠症。

结肠长期扩张、内分泌功能紊乱、支配结肠后段的神经系统损伤等因素可导致结肠迟缓、无力；引起慢性便秘的各种因素，如新生物、直肠内异物、骨盆骨折变形、前列腺肥大、肛门闭锁或狭窄、压迫性直肠狭窄等可导致排便困难和粪便蓄积，进一步发展成后天性巨结肠症。

症状　患病动物呈现便秘或顽固性便秘。先天性巨结肠症一般在出生后 2～3 周出现症状；后天性巨结肠症与发病原因有关。症状的轻重依结肠阻塞的程度而异，有的数月或常年持续便秘，便秘时仅能排出少量浆液性或带血丝的黏液性粪便。精神沉郁、被毛粗乱、厌食、消瘦、里急后重、身体虚弱、昏睡、呕吐、体重下降，有时有水便、黏液便或血便。时久者腹围膨隆似桶状。有些病例因粪便蓄积，刺激结肠黏膜发炎，频频做排粪动作并有少量水样稀粪排出。腹部触诊可发现结肠扩张。直肠检查在骨盆出口处有硬粪块。

诊断　可通过临床症状、腹部触诊、直肠检查、X 线造影做出诊断。腹部触诊可触摸到集结粪便的粗大结肠。直接探诊可触到硬的粪块或扩张的结肠。用直肠镜可直接检查直肠、结肠是否有先天性狭窄、阻塞性肿瘤及异物等。钡剂灌服后，X 线检查可确定结肠扩张的范围和程度。

治疗　对于症状严重的患病动物，首先应用药物治疗纠正脱水、电解质和酸碱代谢紊乱、补充能量等，改善营养后再取出集结的粪便。结肠可应用软便剂、灌肠或手指排空，如用液体石蜡或植物油、温肥皂水等灌肠。使用手指或器械掏取粪便时，可能会引起黏膜损伤，故需要进行全身麻醉及应用抗生素。若仍不能排空，可通过腹壁切开进行肠外按压结合直肠掏便，或者肠侧壁切开取出积粪。为了控制便秘，可长期饲喂高纤维性食物，可能需配合使用软便剂（如酚酞片、乳果糖）、泻药和灌肠剂。如果复发顽固性便秘或者结肠壁上有阻塞性肿瘤等，可施行次全结肠切除术（即切除 90%～95% 的结肠，如盲肠远端 1～2 cm 与直肠近端之间）或全切除，重建肠道的连续性。若两肠管的横截面积相等，则行肠道的横切；若截面积不等，则需对较小管径的肠段做斜切口（多保留肠系膜侧）。吻合术与前述的肠管吻合术相同。注意保护供应回盲肠上或直肠上的血管。全结肠切除术时，一些动物可能出现持续性腹泻。对于腹泻，可使用抗腹泻药物、饲喂低脂食物、口服抗生素和胆盐复合物等；对于便秘，可采取粪便软化等措施。次全结肠切除术在猫预后良好。

四、直肠和肛门脱垂

直肠和肛门脱垂（rectal and anal prolapse）是指直肠末端的黏膜层脱出于肛门外（脱肛）；或是直肠的一部分或大部分经肛门向外翻转脱出（直肠脱）。直肠脱包括完全脱出和不完全脱出两种类型，前者是直肠的各层及其周围的组织脱出，后者仅仅是直肠黏膜的脱出。严重者，在发生直肠脱的同时，可并发肠套叠或直肠疝。本病常见于猪和犬，尤其以三月龄以下的仔猪最为常见，体弱的架子猪及经产母猪也易发生本病；牛、马、羊等其他家畜比较少见；以老龄和幼龄动物易发。

病因　直肠脱是多种原因综合作用的结果，其直接原因是直肠韧带松弛，直肠黏膜下层组织和肛门括约肌松弛与机能不全，导致直肠和肛门周围的组织与肌肉连接薄弱。直肠全层肠壁脱垂，则是直肠发育不全、萎缩或神经营养不良导致松弛无力，以及不能保持直肠的正常位置所引起的。直肠脱的诱因是长时间泻痢、便秘、病理性分娩、病后瘦弱、劳役过度、营养缺乏，以及发育不良的幼龄或瘦老的动物，或用刺激性药物灌肠后引起强烈地努责，或药物导致平滑肌过度松弛，在腹内压增加时促使直肠向外突出。此外，马胃蝇蛆在直肠肛门停留、牛的阴道脱、猪的饲料突然改变、仔猪维生素缺乏、犬细小病毒病和前列腺炎等疾病也是诱发本病的原因。

症状　症状轻微者，在卧地或排粪后，直肠黏膜部分脱出于肛门外，在肛门处可见到暗红色、柔软的半球状突出物，黏膜呈轮状皱缩，起立或行走后能自行缩回。以后因反复脱出，直肠黏膜充血、水肿，一般经一周左右，逐渐丧失自动缩回的能力而造成全层脱出；在肛门口处可见到圆球形、颜色淡红或暗红的肿胀。随着炎症和水肿的发展，直肠壁全层脱出，即直肠完全脱垂，可见到由肛门内突出呈圆筒状下垂的肿胀物。脱出的肠管被肛门括约肌挤压而导致血液循环障碍，水肿加重；直肠黏膜长时间暴露于外部，不断被粪尿、泥土、草屑等污染，表面干燥污秽、发炎、变硬，呈暗红或紫红色，甚至发生黏膜出血、糜烂、坏死和继发损伤。此时，病畜常伴有全身症状，体温升高、食欲减退、精神沉郁、里急后重、频频努责、做排粪姿势。严重者可出现大的裂口，甚至穿孔。

诊断　根据临床症状，不难做出诊断，但应注意判断是否并发肠套叠和直肠疝。单纯性直肠脱时，圆筒状向上弯曲并下垂，手指不能沿脱出的直肠与肛门之间向盆腔方向插入；若伴发肠套叠，脱出的肠管由于后肠系膜的牵引，脱出的圆筒状肿胀向上弯曲，坚硬而厚，手指或探针可沿直肠和肛门之间向骨盆腔方向顺利插入。

治疗　治疗原则是及时治疗原发病，改善饲养管理，饲喂柔软易消化的食物，充分饮水，清除坏死组织，消除水肿，防止复发。对脱出直肠的整复，参照下述方法及早治疗。

（1）整复与固定　适用于发病初期或黏膜性脱垂的病例，使脱出的肠管恢复到原位。整复尽可能在直肠壁和直肠周围的蜂窝组织未发生水肿以前实施。为了减轻疼痛和挣扎，最好给病畜施行荐尾间隙、第 1～2 尾椎间隙硬膜外腔麻醉或直肠后神经传导麻醉，小动物进行全身麻醉。马、牛取前低后高体位，小动物可倒提保定。用 0.25% 温高锰酸钾溶液或 2% 明矾溶液洗净患部，除去污物或坏死黏膜，最后用浸湿的纱布块包裹温敷，并用手稍加压揉，以促使消肿。趁无努责时，用手指谨慎地将脱出的肠管还纳复位，然后在肛门处给予温敷。为了防止再次脱出，整复后应加以固定，通过缝合肛门周围的组织缩小肛门孔。方法是在肛门周围距肛门孔 1～3 cm 处，做一穿至皮下的荷包缝合，也可以在肛门周围明线处套入胶管或放置 4 个橡胶垫，收紧缝线并保留适当大小的排粪口（牛 2～3 指），打成活结，以便根据具体情况调整肛门口的松紧度，经 7～10 d 病畜不再努责时，则将缝线拆除（图 17-44，图 17-45）。

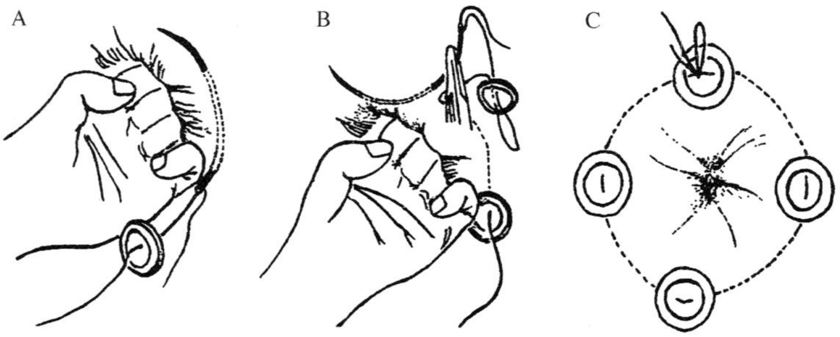

图 17-44　加胶垫荷包缝合固定法

A．缝针自橡胶垫上穿出；B．沿肛门周围做皮下缝合；C．肛门周围放置 4 个橡胶垫，打活结固定

（2）剪黏膜法　适用于直肠脱出时间较长，水肿严重，黏膜干裂、坏死或不易整复的病例。按“洗、剪、擦、送、温敷”5个步骤进行操作。先用温水洗净患部，以温防风汤（防风、荆芥、薄荷、苦参、黄柏各12.0 g，花椒3.0 g，加水适量煎两沸，去渣，候温待用）冲洗患部。然后，用剪刀剪除或用手指剥除干裂坏死的黏膜，再用消毒纱布兜住肠管。黏膜水肿严重者，可用针刺或小刀划破黏膜层，放出水肿液，撒上适量明矾粉揉擦，挤出水肿液，用温生理盐水冲洗后，涂1%～2%碘液体石蜡润滑。整复时从肠腔口开始，谨慎地将脱出的肠管向内翻入肛门内。在送入肠管时，术者应将手臂（猪、犬用手指或橡胶管）随之插入肛门内，使直肠完全复位。最后，在肛门外进行温敷。

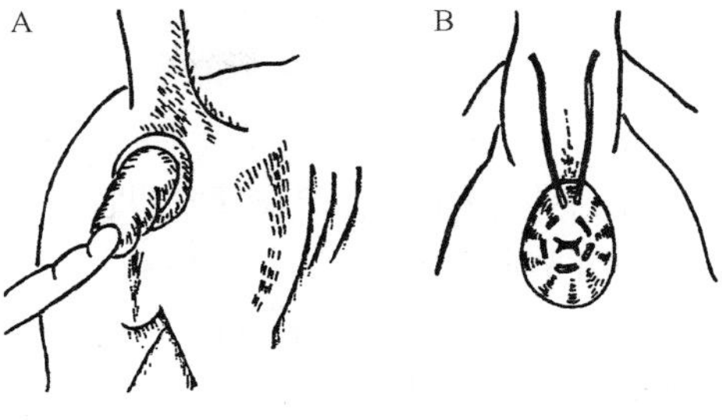

图17-45　直肠脱的整复固定

A．用手指整复脱出的直肠；B．荷包缝合固定

（3）直肠周围注射乙醇法　适用于因直肠周围的组织松弛，已反复脱出多次，但黏膜无坏死，水肿不严重者，在整复的基础上利用药物刺激使直肠周围的结缔组织增生，借以固定直肠，防止再次脱出。临床上常用70%乙醇溶液注入直肠周围的结缔组织中。方法是在距肛门孔2～3 cm处，在肛门上方和左、右两侧直肠旁组织内分点注射70%乙醇3～5 mL（猪和犬）和2%盐酸普鲁卡因溶液3～5 mL；大动物为50～300 mL，另加2%盐酸普鲁卡因溶液10～30 mL。注射针头沿直肠侧壁平行向前方刺入3～10 cm，应确保进针方向与直肠平行，避免针头刺破直肠或远离直肠。在进针时将食指插入直肠内引导进针方向，用食指触知针尖位置并随时纠正进针方向。

（4）直肠截除术　适用于脱出过多、整复有困难，以及脱出的直肠发生坏死、穿孔或有套叠而不能复位的病例（图17-46）。

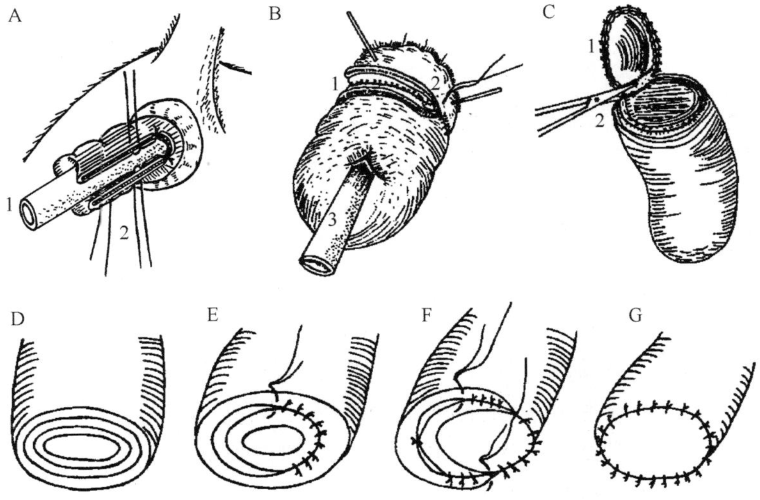

图17-46　直肠截除术

A．肠腔胶管和肠壁缝线固定：1．插入肠腔的橡胶管；2．预切线前后分别缝合固定肠壁。B．肠腔胶管和钢针固定：1．缝合浆膜肌层；2．缝合黏膜层；3．插入肠腔的橡胶管。C．剪掉病变肠管并缝合肠壁：1．黏膜层结节缝合；2．边剪断边缝合肠壁。D．直肠横切断面。E．间断缝合两层肠壁的浆膜肌层。F．两层肠壁的黏膜层的间断缝合。G．直肠横切断面缝合完毕

1）麻醉与保定：行荐尾间隙、第1～2尾间隙硬膜外腔麻醉或局部浸润麻醉；犬、猫需进行全身麻醉。后躯垫高，俯卧保定，两后肢伸出手术台，尾朝向动物的后背固定。

2）术式：充分清洗消毒脱出的肠管。对于马、牛等大动物，其直肠的管腔较粗大，可先在直肠腔内插入一根橡胶管或塑料管，然后用缝针在类似于时钟的1点、4点、8点和11点处行全层间断缝合将其固定，以防回缩；针穿至胶管后返回穿出直肠壁，线尾留得长一些，以便于拆除（图17-46A）。对于小动物，可取两根灭菌的兽用针灸针或髓内针，紧贴肛门处以“十”字形交叉刺穿脱出的肠管将其固定。在固定针/线远心处约2 cm，将脱出的两层直肠全部环形横切，充分止血后（应特别注意位于肠管背侧动脉的止血），用可吸收性缝线和圆针把肠管两层断端的肠壁行结节缝合，针距和边距均为2 mm。为了减少出血，可以一边切除一边缝合（图17-46B～G）。缝合结束后用0.25%高锰酸钾溶液充分冲洗、蘸干，涂以碘甘油或抗生素药膏。拆除固定针或固定缝线，小心地将肠管还纳复位，在肛门周围行荷包缝合以防再脱出。

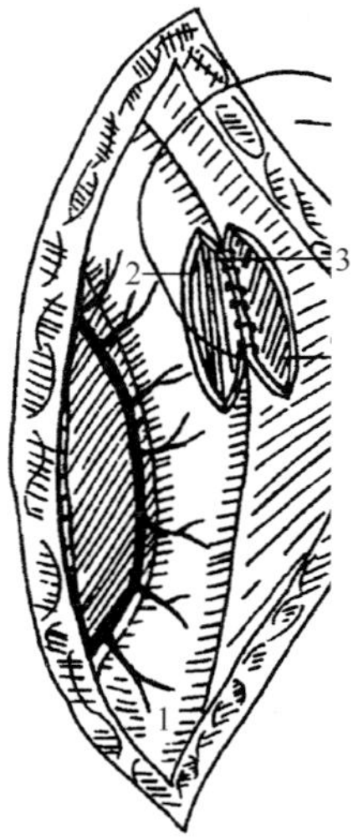

图17-47　结肠-腹壁固定术
1. 结肠；2. 黏膜层；
3. 降结肠对肠系膜侧浆膜肌层切口

当并发肠套叠脱出时，采用温水灌肠，力求以手将套叠的肠管挤回盆腔。若不成功，则切开脱出的直肠外壁，用手指将套叠的肠管推回肛门内，或者开腹进行手术整复。为了减少努责或里急后重，可用盐酸普鲁卡因或利多卡因行后海穴封闭。

经过肛门周围的荷包缝合、注射刺激性药物后仍然脱出者，可以施行结肠-腹壁固定术（图17-47）。打开腹腔，向前牵引降结肠，将降结肠对肠系膜侧浆膜肌层与腹白线左侧2.5～3.0 cm处的腹壁腹膜和腹肌行间断缝合，或将直肠壁浆膜肌层与左侧髋结节内侧的腹膜与肌肉行间断缝合。

3）术后护理：将病畜置于安静的厩舍内，术后2～3周喂以麸皮、米粥和柔软的饲料，多饮温水，少卧地。术后数天内，如果排粪困难，用肥皂水浅部灌肠。根据病情给予镇痛、消炎等对症疗法，也可内服“补中益气汤”（黄芪30 g，党参、当归各12 g，白术、陈皮、甘草各9 g，升麻、柴胡各6 g，共为末，开水冲，候温灌服，每日一剂）。肛门荷包缝线拆除的时间，单纯整复固定3～5 d，肠截除术1～2 d。

五、直肠破裂

直肠破裂（rectum rupture），根据破裂的程度分为两类，一类是直肠黏膜、黏膜下层和肌层受到损伤，但浆膜层仍完整无损，称为直肠不全破裂；另一类是直肠壁全层完全破损，称为直肠全破裂或直肠穿孔。直肠分为两部分，前部由小结肠移行而来，位于腹腔内，外有浆膜覆盖，称为腹腔内直肠（有浆膜部）；后部膨大，表面无腹膜层覆盖，称为腹腔外直肠（无浆膜部）或直肠壶腹部（直肠膨大部），借疏松结缔组织和直肠肌层相连，将直肠固定于盆腔内。根据其破裂的部位，又分为腹腔内（前段）直肠破裂和腹腔外（后段）直肠破裂两种。腹腔内直肠破裂时，肠内容物流入腹腔，常造成病畜死亡；腹腔外直肠破裂时，粪便污染直肠周围的蜂窝组织（图17-48）。直肠全破裂主要发生于马，牛多为直肠不全破裂，其他动物偶尔发生。

病因

（1）机械性损伤　直肠检查不按规程，操作粗暴，如不剪指甲；或者在直肠检查中因保定不确实，病畜突然躁动或强烈努责而被手指戳破。此外，也可因直肠内的体温计破裂而刺破直肠，灌肠器嘴端粗糙或粗暴地插入，以及行直肠内膀胱穿刺不当划破直肠；配种时阴茎误插入直肠内，也可造成直肠破裂。破裂的部位大多数在直肠狭窄部，其次为直肠膨大部。破裂口以左上壁为多，其次为下壁，右上壁破裂者较少。

（2）继发性损伤　如骨盆骨折、难产时助产不当、病理性分娩、肛门附近发生创伤而并发直肠损伤等。

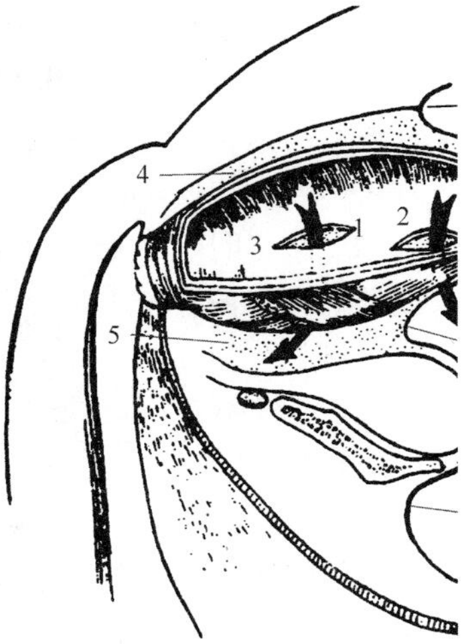

图 17-48　直肠破裂部位示意图
1. 腹膜外直肠全层破裂，箭头指污染直肠周围的结缔组织；2. 腹膜内直肠全层破裂，肠内容物进入腹腔；3. 直肠腔；4. 直肠上周围的结缔组织；5. 直肠下结缔组织

症状及诊断　直肠检查时手染血迹是直肠损伤的明显指征，排粪之初发现新鲜血迹也是诊断的依据。

（1）直肠不全破裂　仅黏膜破损时，一般出血较少，多能自愈。如果黏膜和肌层同时破损，尤其是破损面积较大时，出血较多。因直肠检查而破裂者，大多于直肠检查后，退出直肠的手臂上染有鲜血。病畜表现不安，努责增加，排粪时有疼痛，粪带鲜血。通过直肠检查，可探明损伤的部位与程度，以及破裂创缘的深浅和大小。有时形成创囊，囊内蓄积有血凝块和粪便，以后肠壁出现水肿和（或）气肿。

（2）直肠全破裂　大多数发生于受伤当时，也可继发于直肠狭窄部黏膜肌层的较大撕裂伤。较大的直肠不全破裂时，虽然浆膜没有被穿透，但因伤部发炎，粪便大量积聚于浆膜下或创囊内，若病畜不安，努责或跌倒，则使浆膜被撑破。

腹腔内直肠全破裂时，出血较多，直肠检查时，可确定破裂口的部位和大小。严重者，通过破裂口可摸到腹腔内的其他肠管，有时小肠或小结肠可由破裂口进入直肠，甚至经肛门向外脱出。粪便进入腹腔几小时后，可很快引起急性弥漫性腹膜炎和败血症。全身症状严重，精神沉郁，废食，全身出汗，肌肉震颤，呼吸促迫，腹壁紧张、敏感，频频做排粪姿势，有时排出少量血便；继而症状很快恶化，心跳急速，脉细弱，可视黏膜发绀，体温升高，马常于24～36 h、牛常于数日后死亡。

腹腔外直肠全破裂时，粪便进入直肠周围的结缔组织内，继而引起直肠周围蜂窝织炎和脓肿。病畜体温升高，排粪、排尿困难。直肠检查时，破裂处周围往往有捻发感，脓性渗出液可沿疏松结缔组织扩散。若病变向前蔓延，也可引起腹膜炎。有时于肛门侧方向外破溃排脓，或者侵入一侧臀部或后肢，引起后肢肿胀和跛行。

治疗

（1）一般处理　首先应使病畜安静，防止造成穿孔，及时保护破裂口，减缓肠管蠕动，严防肠内容物进入腹腔。为此，在直肠检查中，当手上带血或排出血便而怀疑直肠可能破裂时，应禁止灌肠或向直肠内灌注大量消毒防腐药液。若确定为全破裂而粪便有进入腹腔的危险时，应捏住破裂口，立即进行抢救。出血较多者，应选用卡巴克洛、酚磺乙胺、对羧基苄胺、10% 氯化钙等全身性止血剂。疼痛不安者，应用噻拉唑、氯丙嗪或保定宁等进行镇静或浅麻醉。为了减缓肠管蠕动和努责，除便秘者外，可少量注射硫酸阿托品或盐酸吗啡。一周内禁止直肠检查。

（2）保守治疗　适用于直肠不全破裂、腹腔外直肠破裂或直肠前部上壁或后部创口狭小（1～2 cm）的全破裂。目的是保护局部创面，防止造成继发穿孔或破裂口进一步扩大，使其自行修复。

对于创口浅小的不全破裂，可不予处理，任其自愈。对于创口深大的不全破裂，或直肠前部上壁或后部创口狭小（1～2 cm）的全破裂者，可应用局部止血剂，如白芨糊剂涂敷（方法：白芨粉适量，用 80℃热水冲成糊状，候温至 40℃时，用棉花蘸取后涂敷于直肠损伤部，每日 3～4 次），必要时配合全身止血剂。当直肠内有积粪时，及时小心地清除直肠内的积粪，然后用鞣酸、明矾、0.5% 高锰酸钾等收敛性溶液冲洗，最后在局部创囊内填塞浸有抗生素药液或是蘸有防腐消毒乳剂或膏剂的纱布。为了减轻排粪困难，应饲喂柔软、易消化及具有轻泻性的饲料。

对于已发生直肠周围蜂窝织炎或脓肿的病畜，可于肛门侧方肿胀的低位处切开排脓，全身应用抗生素。

（3）手术治疗　凡直肠全破裂者，均应及早施行手术治疗。

直肠前部下壁的穿孔，常因粪便大量进入腹腔，发生急性弥漫性腹膜炎、败血症和休克而较快死亡。一般于破裂后，病情严重，迅速恶化。因此，确诊后的抢救，要求在粪便未进入腹腔前，迅速缝合破裂口。

1）直肠内单手缝合法：适用于大动物的直肠后部、狭窄部直后方的全破裂，或直肠任何部位小穿孔的缝合。对直肠后部的缝合，可在用阴道开张器打开肛门直肠后，用手电筒光在直视下缝合。一般裂口行单纯全层连续缝合，小穿孔可行荷包缝合。缝合时使用小号或中号全弯圆针，拇指和食指持针尖部，针身藏于掌心，以中指和无名指触摸和固定创缘。在距创缘 1～1.5 cm 处，从一侧创缘的黏膜入针到浆膜，然后从另一侧的浆膜到黏膜出针，拔出缝针并退出肛门外。在体外打一结扣，助手牵引线尾，术者用拇指或食指将结推送到直肠内的缝合部位，按上法再打一结，此时即完成一个结节缝合。然后用同样的方法进行全层连续缝合，闭合整个裂口，每一针均须拉紧缝线。缝毕，检查裂口的闭合情况，必要时可补加结节缝合。术后在创口涂敷白芨糊剂。此法是单手在直肠内操作，若不能在直视下进行，则需有熟练的操作技术。

2）长柄弯圆针缝合法：用特制的长柄（相当于持针器）全弯缝针缝合。全弯缝针的弧度直径为 3 cm 左右，距针尖 0.6 cm 处有一挂线针孔。缝合原则与直肠内单手缝合法相同。术者在直肠内的手，只需固定创缘和确定针入出的部位，针的穿行动作则由另一手在体外转动针柄进行。

3）直肠缝合器缝合法：是长柄弯圆针缝合法的改进方法，应用特制的 T_{64} 直肠缝合器，结合直肠内镜进行缝合，缝合方法基本与上述缝合法类同。由于直肠缝合器配有线梭、刀片、打结器、推结器、长柄剪等器械，操作较方便。

4）人工直肠脱出缝合法：适用于直肠膨大部（壶腹部）前段狭窄处的破裂。

保定：侧卧或柱栏内站立保定。

麻醉：全身浅麻，并配合阴部神经与直肠后神经麻醉。站立保定时行荐尾或第 1～2 尾椎间隙硬膜外腔麻醉，并配合阴部神经与直肠后神经麻醉。麻醉 15～20 min 后，在针刺肛门反应明显减弱时即可实施人工脱出直肠。

术式：寻找到破裂口后，术者用手指夹持小块纱布伸入直肠内，以拇指与中指夹住破裂口创缘两侧，谨慎而徐缓地向外牵引破裂口处的肠壁，使其翻至肛门外，造成人工直肠脱，助手用手指隔着纱布夹持破裂口把持固定。用消毒液清洗后，用可吸收性缝线间段缝合外翻的黏膜和肌层，缝合完毕后用白芨糊剂涂敷缝合处，然后还纳整复于盆腔内。对于小动物，直肠损伤可采取腹底壁切开或骨盆切开通路修补（图 17-49）。

5）肛门旁侧切开缝合法：适用于直肠后部破裂，但手术难度较大，临床上很少应用。手术时需对直肠及其周围组织进行广泛的分离，易误伤血管与神经。为此，要求熟知局部解剖，操作仔细，以免导致直肠麻痹、蜂窝织炎等后遗症。大动物较少应用。

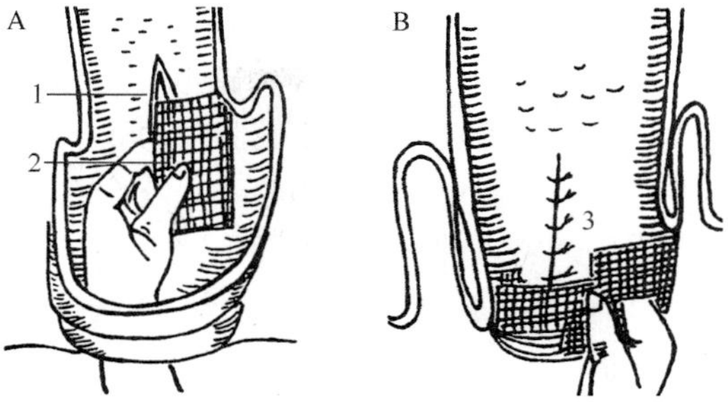

图 17-49　人工直肠脱出缝合法

A. 直肠破裂口的牵拉方法；B. 直肠破裂口的缝合方法；1. 直肠破裂口；2. 隔着纱布用手指捏住黏膜层轻轻向外牵拉；3. 显露直肠破裂口，用可吸收性缝线行间断缝合

6）开腹缝合法：适用于直肠狭窄部破裂口的缝合。腹壁切口部位应尽可能靠近破裂口。可在半仰卧保定下，于耻骨直前、乳房或阴茎的左侧切开，也可在髋结节稍前下方左肷部腹壁切开。缝合时，可将破口部位的直肠尽量向腹壁切口部牵引，并由助手将手伸入直肠内，与术者互相配合，以使损伤部在直视下进行修补。直肠修补结束后，尽可能清除落入腹腔内的粪屑，用灭菌生理盐水反复冲洗腹腔，腹腔内注入0.5% 青霉素盐酸普鲁卡因溶液，最后闭合腹壁切口。

7）术后护理：病畜保持安静，2～3 d 给予稀粥、麦糊、豆浆等半流质食物，饮水不限。注意控制感染，防止发生腹膜炎和败血症。应用足量的抗菌药物，观察全身变化，根据体况，进行补液和对症治疗。为保护直肠内创口的愈合，每日掏除直肠内的积粪 2～3 次，消毒液冲洗后涂敷白芨糊剂。

六、直肠憩室

直肠憩室（rectal diverticulum）是指直肠壁局部向外膨出形成的囊状突出。临床上以犬的直肠憩室常见，主要发生于直肠后部，可单侧发病，也有双侧同发的。尤以老龄雄性犬为多，且常伴有会阴疝。

病因

（1）原发性因素　　直肠支持肌松弛，肠壁变薄。正常时，直肠末端由外侧尾肌、肛门提举肌及骨盆隔膜从侧面支撑。老年犬组织弹性差，且常发生便秘、努责，易使肠壁扩张。

（2）继发性因素　　直肠肿瘤、前列腺肿大、会阴疝，或者直肠肌因机械性损伤发生撕裂，均可造成粪便向直肠侧壁用力挤压，直肠壁受力不均、扩张，形成憩室。

症状　　病犬呈慢性肠便秘症状，频繁努责，里急后重。憩室内滞留较多的粪便时，常向一侧膨胀。直肠检查可发现直肠壁向一侧呈囊状扩大，手指向一侧仔细探查才能继续进入直肠深部。肛门可因憩室内粪便聚积过多而向憩室对侧歪斜。完全不能排出粪便时，动物极度不安。并发会阴疝时，有的憩室可进入疝内。个别情况下可造成直肠穿孔，引发腹膜炎或直肠周围脓肿。

诊断　　根据临床症状及直肠检查、直肠镜检查、X 线检查均可确诊，但需注意鉴别会阴疝。

治疗　　直肠憩室无症状或症状不明显者，无须进行外科手术治疗。已形成的直肠憩室几乎不可能复位，若影响排便时，则需进行手术切除直肠憩室。手术一般不需切除突出的黏膜，用可吸收性缝线缝合直肠肌层及支撑肌的缺损；对重症犬应早期施行直肠憩室切除术。全身麻醉，侧卧（患侧在上）保定，双侧同时发病时行俯卧保定。局部常规剃毛、消毒、隔离。直肠用消毒液灌洗后，向其深部塞入一纱布块以堵塞粪便。在肛门与坐骨结节间中部向下纵向切开皮肤，切口长 5～6 cm，钝性分离直肠周结缔组织；在直肠憩室囊上做纵向的椭圆形切口，切口大小以完全消除憩室囊为宜。肠壁切口行两道缝合，第一层采用可吸收肠线间断缝合全层，第二层采用伦勃特间断缝合法缝合浆膜肌层。最后，皮肤与浅筋膜一起行结节缝合，皮肤切口下端保留一孔做引流。取出直肠内的纱布块。术后应用抗生素，防止术部感染，饲喂易消化的食物。为防止便秘，可使用酚酞片或乳果糖。7～10 d 拆除皮肤缝线。

直肠憩室多伴有肛提肌和尾骨肌的损伤，需同时进行修补手术（见第十九章第五节会阴疝）。两侧性直肠憩室时，则需要进行直肠部分切除和肠吻合手术。当伴有前列腺肥大时，则需同时摘除睾丸，以利于直肠憩室的治疗。

七、肛门直肠狭窄

肛门直肠狭窄（anorectal stricture）通常指肛门、肛管或直肠的管腔先天性狭小，或是由各种原因导致的后天性狭窄。临床上以排粪困难为特征。

病因　主要由肛门和直肠周围的炎症或占位性疾病引起。例如，肛门和直肠及其周围组织的脓肿或蜂窝织炎、直肠瘘、慢性肛囊炎、肛门周围瘘、盆腔内肿瘤等；直肠脱出整复后行直肠周围注射乙醇固定时将乙醇误注入直肠壁、会阴手术不慎造成直肠壁损伤、分娩创等均可导致直肠壁发炎形成瘢痕组织而使直肠收缩，直肠肠腔狭窄；肿瘤或肿大的前列腺对肛门直肠部的压迫等。此外，在犬、猫等小动物，可偶见先天性肛门直肠狭窄。

症状　病畜有明显的排便困难、便秘、疼痛或出血。小家畜有时排细条便，里急后重。有的病畜可出现食欲减退、体重减轻等全身症状，有的可继发巨结肠症。因肛门周围炎症引起的病例，常有卧地摩擦肛门的现象。

小动物在手指诊断中常可发现肛门或肛管狭小，有时还可触摸到坚硬的纤维带、环形狭窄、新生物或肿瘤。大动物做直肠检查时，可摸到直肠狭窄部位及其周围的肿块或肿胀。

诊断　根据病史、临床症状、直肠检查等做出诊断。该类病畜常有肛门、直肠及其周围组织受过损伤、感染、手术、注射或用过腐蚀性药物的病史，有条件的可用直肠镜进行检查。用钡剂灌肠进行 X 线造影可见到狭窄的部位及其形状。怀疑有新生物或恶性肿瘤时，宜做活组织检查进行确诊。

治疗　直肠末端的初期狭窄或肛门狭窄，可用透热疗法，使瘢痕组织变软。方法是将一个电极伸入狭窄部内，另一个电极放于腰部或腹部，通电 10～20 min，每周三次，连续 4 周。

由瘢痕组织引起的轻度狭窄，尤其是直肠后部的环形狭窄，可用扩张器进行保守治疗。每天或隔天用扩张器扩张一次，渐渐加大扩张器。小动物可用一个或多个手指涂上润滑油，伸入肛管，在环状狭窄部进行扩张，使环状带紧张，最后将其撑断或拉断，不过应避免黏膜层撕裂或损伤。在治疗后的两周内给予可的松制剂治疗。

对严重的狭窄及病久有坚硬瘢痕的狭窄，采用药物或扩张法等不易奏效，且易复发，复发时应采取手术治疗。接近肛门处的狭窄，从会阴部切开，剥离到直肠外壁后，环形切除狭窄部，然后进行缝合。直肠前端的狭窄，可从肷部切开，打开腹腔后切除狭窄部，再进行肠管吻合术。

盆腔脓肿，需切开引流，全身应用抗生素。若为放线菌性脓肿，可应用青霉素和碘化钾治疗；若为盆腔血肿，可进行保守疗法，待血肿消散吸收后自愈。其他的炎症性肿胀或炎性粘连，可应用抗生素和抗炎药物。

预后　直肠狭窄手术的病例预后多慎重，因为手术引起的损伤和炎症反应常有后遗症，导致复发。原发性淋巴肉瘤或脂肪坏死，预后不良。

八、直肠阴道瘘

直肠阴道瘘（rectovaginal fistula）是指直肠通过瘘管和阴道相通的一种病理状态。排便时阴道有粪便流出，多伴发锁肛。

病因　先天性畸形可发生直肠阴道瘘。后天性的多见于成年母畜在分娩过程中胎儿通过产道时，胎儿蹄或其他突出部位损伤阴道顶壁和直肠腹侧壁，在直肠阴道之间形成一个通道，粪便自直肠进入阴道而排出。有时人工助产、会阴部和直肠手术，或术部感染化脓也可引起直肠阴道瘘。

症状及诊断　先天性者，一般无明显的全身症状。初生仔畜不易被发现，仔细观察可发现从阴门流出稀便、阴部周围被粪便污染而引起湿疹、阴部敏感等症状。当发生便秘和锁肛时，因瘘口较小，排便受阻，病畜表现腹围增大，排便困难，甚至继发巨结肠症等。后天性病例，在助产、直肠检查或直肠手术后，可从阴道内排出粪便，通过直肠检查或阴道检查可确诊。

治疗　手术修补是唯一的治疗方法。手术时先清洗消毒阴道，然后经瘘口插入细胶管并用纱布堵塞瘘口，以引导术中的分离并减少污染。在会阴正中线，由阴门后上方向肛门缘纵向切开皮肤，或者在肛门和阴门之间做一横向切口，向前分离直肠和阴道之间的结缔组织，直达瘘口处前方。在先前插入胶管的指示下，对阴道瘘管周围行梭形切口，将其与周围组织分离，切除阴道壁上的瘘管口。再继续向前对直肠末端及其周围的结缔组织进行分离。分离完成后，切除直肠壁上的瘘管口。对直肠壁上和阴道壁上的切口，分别行内翻缝合，放置引流片，最后缝合皮肤切口。若括约肌被损伤，需行括约肌对接缝合或括约肌成形术。

也可先由阴道内围绕瘘口环形切开黏膜和肌层，沿瘘管将直肠与周围组织分离。切除直肠壁上的瘘管口，内翻缝合直肠壁切口，闭合阴道壁切口。若并发锁肛，需同时做人造肛门手术，即在肛门原位做一圆形切口并向前分离，然后将直肠由切口牵出，并将直肠黏膜与肛门部皮肤缝合。如无括约肌，再做括约肌成形术。

对于大动物分娩引起的直肠阴道瘘，宜采取站立保定，镇静，第1～2尾椎间隙硬膜外腔麻醉，排空直肠内的蓄粪，用蘸湿的无刺激性的消毒棉拭子伸入直肠内，仔细将直肠壁擦净，在破口前方放置一纱布块，堵塞直肠以隔离粪便。在肛门和阴门之间做一横切口，长10～13 cm，向前分离至直肠创口与阴道创口前方，分别切除瘘管口。用可吸收性缝线缝合直肠壁和阴道壁切口，缝针仅达黏膜下层，不穿透黏膜层，先缝合直肠壁，采用内翻缝合使创缘翻入直肠腔内，缝合方向垂直于畜体的纵轴，一只手在直肠内小心检查，勿使缝针穿透黏膜层。为保证缝合确实，可在内翻缝合后再加几针间断缝合。阴道创口用同样的缝合方法，但缝合的方向应平行于阴道纵轴（如果阴道壁组织缺损过多难以缝合，则可不缝合，以增生的肉芽组织来修复，但对以后的正常分娩会有影响）。皮肤采用结节缝合。术后应用抗生素，保持排粪畅通，降低缝合部位的张力。

术后护理　同直肠破裂修补术，术后注射抗生素数日，以防感染。如肛门括约肌发育不良，排便困难，则术后每日进行数次灌肠，排除蓄粪，并实施人工扩肛术。

九、锁肛

锁肛（atresia ani）是肛门被皮肤所封闭而无肛门的先天性畸形，偶尔同时伴发直肠闭锁、直肠阴道瘘或直肠尿道瘘。家畜中以仔猪最常见，犬、羔羊、驹及牛犊偶可见到。

病因 在胚胎早期，尿生殖窦后部和后肠相接共同形成一空腔，称为泄殖腔。在胚胎发育第 7 周时由中间层向下生长，将尿生殖窦与后肠完全隔开，前者发育为膀胱、尿道或阴道等，后肠则向会阴部延伸发育成直肠。在第 7 周末会阴部出现一凹陷，成为原始肛，遂向体内凹入与直肠盲端相遇，中间仅有一膜（肛膜）相隔，随后肛膜破裂即成肛门。若后肠、原始肛发育不全或发育异常时，肛门处被皮肤覆盖发生锁肛，或肛门与直肠之间被一肛膜所隔出现直肠、肛门畸形（图 17-50）。

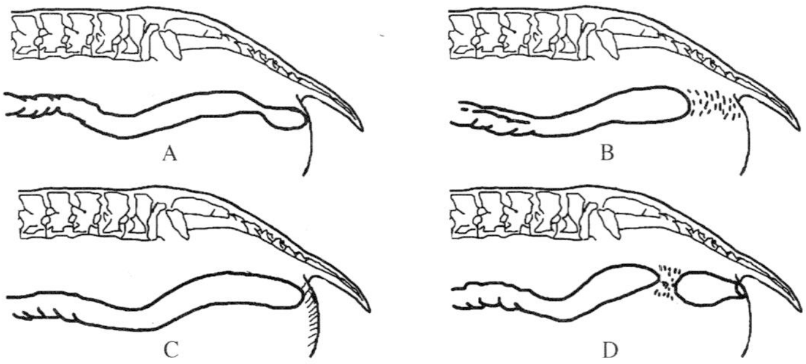

图 17-50　肛门直肠闭合畸形类型

A．肛门与直肠狭窄（肛门与直肠相通）；B．肛门直肠闭锁（直肠盲端远离肛门皮肤）；C．肛门膜状闭锁（肛门口处有一膜状覆盖）；D．直肠后端闭锁（肛门正常，直肠盲端远离肛管且无肠壁连接）

症状 锁肛常发生于初生仔畜，刚出生时不易被发现，出生数天后仔畜腹围逐渐增大，频频做排粪姿势，常发出叫声，拒绝吸吮母乳。此时可见到肛门处的皮肤向外突出，触诊可摸到胎粪。如在发生锁肛的同时并发直肠闭锁，则可感觉到薄膜前面有胎粪积存所致的波动，但肛门处的皮肤膨胀不如锁肛明显。若不及时进行治疗，动物最终因衰竭而死。但在雌性动物，因多并发有直肠阴道瘘，稀粪可经阴道排出，症状常比较缓和。

诊断 本病较易做出诊断，但应注意与直肠闭锁相鉴别。直肠闭锁是直肠盲端与肛门之间有一定距离，由胎儿时期的原始肛发育不全所致，症状比锁肛严重，努责时肛门周围的膨胀程度比锁肛小。锁肛和直肠闭锁可通过 X 线检查，确定直肠盲端的解剖位置。抬高患畜后躯，根据肠内气体聚集与直肠末端的部位来判断，气体在接近体表的肛门处者为锁肛。

治疗 施行锁肛造孔术（人造肛门术）是治疗本病的唯一方法。

局部浸润麻醉，俯卧、倒立或侧卧保定，抬高后躯。肛门周围常规无菌消毒。在肛门突出部或相当于正常肛门的位置，行外科常规处理，然后按正常仔畜肛门孔的大小切除一圆形皮瓣，向前分离皮下组织直至暴露直肠盲端。充分剥离直肠壁与周围的结缔组织，尽可能向外牵引直肠盲端，用灭菌纱布严密隔离盲端周围，环形切开盲端，排出肠内聚积的粪便，用消毒液冲洗直肠及其切口周围，将直肠壁肌层与周围肌肉或皮下组织、黏膜层与肛门皮肤创缘结节缝合（图 17-51），术部涂抗生素软膏。

若直肠盲端未到达会阴部皮肤下，则可在切开皮肤后，向骨盆腔方向分离皮下组织至直肠盲端，在直肠盲端缝一根牵引线，一边向外牵引一边充分剥离直肠壁，使正常盲端超出肛门口 2～3 cm。然后，用细丝线将直肠壁肌层与四周皮下组织行固定缝合，用纱布隔离直肠与皮下组织，环形切开直肠盲端，取出胎粪，用抗生素生理盐水冲洗后，将直肠断端黏膜层与皮肤切口边缘结节缝合。对直肠盲端过于靠前的病例，需同时做腹壁切开，经结肠侧壁切开排出蓄粪后分离直肠盲端，并向后牵引至会阴部皮肤切口处。对体形小的动物，可先做结肠造瘘术，半

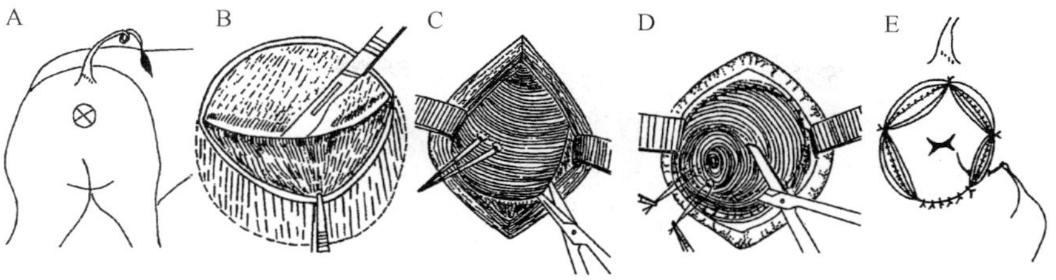

图 17-51　锁肛造孔术（人造肛门术）

A. 仔猪锁肛；B. 在正常肛门口位做圆形皮肤切口；C. 分离直肠盲端并拉至切口外；D. 直肠壁肌层与皮下组织间断缝合，在盲端剪开直肠壁；E. 直肠壁黏膜或全层与皮肤间断缝合

年或 1 年后再进行锁肛造孔术。对锁肛并发直肠阴道瘘者，先在会阴正中线切开，将瘘管壁与周围组织分离，然后牵引直肠到肛门部，并将直肠断端与肛门部皮肤创缘结节缝合，最后闭合会阴切口。

术后护理　术后保持术部干燥、清洁，防止术部污染。伤口愈合前，在排粪后用消毒液清洗会阴部，擦干后涂抗生素软膏，直至愈合，拆除缝线。注意加强饲养管理，防止便秘影响愈合。

十、肛囊炎

肛囊炎（anal succulitis）是指肛门囊导管阻塞使得腺体分泌物蓄积于肛门囊内，刺激黏膜而引起的炎症。犬多发，无性别、年龄、品种差异，以小型犬和玩具犬多见，猫有时也发生。

病因　肛门囊是肛门两侧稍下方、相当于时钟 4 时和 8 时位置的两个球形囊状结构，囊壁内衬腺体，分泌黑灰色黏液状含小颗粒的恶臭皮脂样物，在肛门外括约肌收缩时经 2～4 cm 长的囊管排出，有润滑肛门皮肤的作用。导管阻塞或感染是引起本病的主要原因。导管阻塞导致细菌过度繁殖，进而引起囊壁感染、肿胀，甚至化脓。炎症又引起肛门囊腺体分泌旺盛，而分泌物又极适合致病菌的生长，分泌物不断蓄积引起肛门囊肿胀，最终破溃形成脓肿、蜂窝织炎、肛瘘或直肠瘘。

长期饲喂高脂肪性食物，全身性皮脂溢并发肛门囊腺分泌过剩；慢性腹泻，肛门松弛，便秘，肥胖，肛周瘘及瘢痕组织形成；肛外括约肌张力减退等造成肛门囊内皮脂样物排空障碍。长期刺激和囊内细菌感染等均可诱发肛囊炎。

症状　患病动物保持犬坐姿势，两后肢前伸，常擦肛或舔、咬肛门，甩尾，里急后重，排便困难，便秘，烦躁不安。肛门排出恶臭味物质，肛门一侧或两侧下方肿胀，肛门囊管口及肛门周围黏附大量脓性分泌物。触诊肿胀部敏感、疼痛。如有脓性或血样分泌物从肛门囊管口流出，表明肛门囊已发生化脓性感染。有时因肛门囊阻塞严重，脓肿形成后自行破溃，可在肛门囊附近形成一个或多个窦道或瘘管。脓液若沿肌肉和筋膜面扩散，则可发展为蜂窝织炎。

直肠检查，可发现肛周组织肿大、坚实、疼痛；压迫肛囊可能排出类似正常的带小颗粒的黏液分泌物，也可能排出异常的分泌物，如灰白色、棕色、黄色，或带血、带脓、不透明、带硫黄样颗粒等。

当肛囊发生扩张、肿胀和轻微疼痛时，可能是肛囊导管阻塞。如触诊表现中度或重度疼痛，分泌物为黄色液体、带血或脓样时，多为肛囊炎；如肛囊显著肿大，有脓性渗出物，周边组织呈蜂窝组织炎，皮肤有红斑、疼痛、发热现象时，则是肛囊脓肿；如发现肛囊处皮肤有液体流出时，多是肛囊破溃。

诊断 根据临床症状和直肠探诊可确诊。瘘管造影术可以确定是否有瘘管存在。

治疗

（1）非手术治疗 许多肛囊炎可通过人工排便、灌肠、抗生素、改变食物结构等措施进行治疗。轻者可用手挤压肛门囊开口处，排除蓄积物。若效果不佳，可带上乳胶手套，食指涂上润滑油，插入肛门内，拇指在外面配合挤压，排除肛门囊内容物。当内容物太干燥时，可用生理盐水或消毒药进行软化（一般隔1～2周挤压1次即可，不能太频繁，以免造成损伤和感染），同时应用抗生素并改变食物结构。对于化脓性肛囊炎，在挤净脓性内容物后用消毒液冲洗，然后向囊腔内注入广谱抗生素，并在肛门囊周围施行青霉素盐酸普鲁卡因封闭疗法。对肛门囊管闭塞的患犬，需要在镇静或麻醉的情况下进行套管插入术，用抗生素生理盐水或消毒液冲洗囊腔。肛门囊脓肿可刺破、冲洗、引流，每日处理2～3次。对肛门囊已形成化脓性窦道或瘘管，药物治疗无效者，需手术切除肛门囊及病变组织。即使只是单侧肛囊炎，为了避免二次手术，应将对侧肛门囊也切除，术中注意防止感染扩散。

（2）手术治疗 对于严重的肛囊炎、肛门溃烂、已形成瘘管或经保守治疗又复发者，宜手术摘除肛门囊。

术前禁食24 h，用生理盐水灌肠，清除直肠内的蓄粪。动物全身麻醉，俯卧保定，后躯抬高，尾根向前折转固定。挤空囊内脓液，并用消毒液清洗干净。肛门周围剃毛消毒，在直肠内塞一块纱布，以防粪便排出污染手术区。用探针、止血钳或胶管从肛门囊开口处插入囊底，也可注射石蜡或人工树脂制剂，以扩张肛门囊，探明其深度和范围，以保证完全切除或者防止囊壁破裂。在肛门囊一侧做皮肤切口，在肛门囊外表面分离肛门内、外括约肌，避免切断肌纤维、直肠后动脉和阴部神经分支；分离肛门囊时，不要破坏肛门囊壁，以防污染，将肛门囊和导管分离后一起切除（图17-52）。局部冲洗后应用抗生素，皮肤和皮下组织常规缝合。

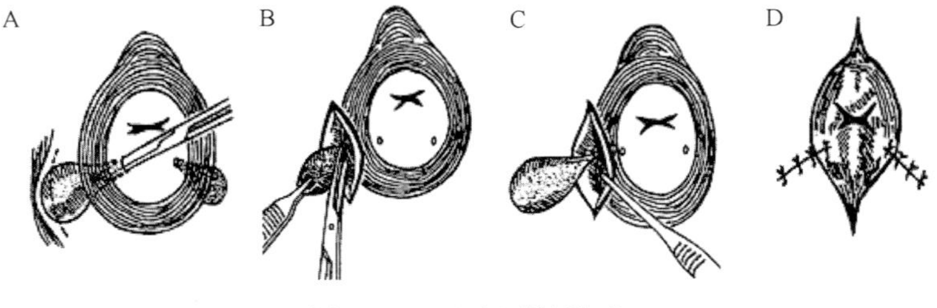

图17-52 肛门囊摘除术

A. 用探针、胶管或止血钳确定肛门囊的位置；B. 在肛门囊的外侧做切口，分离肛门囊；C. 在靠近开口处结扎、剪断肛门囊导管；D. 摘除两侧的肛门囊，间断缝合括约肌、皮下组织和皮肤

（3）术后并发症 常见的并发症有感染、肛瘘、里急后重、直肠脱出、排便困难、便血、出血、永久性排便失禁和肛门狭窄等。肛门囊切除后，排便失禁症状可能是暂时的，也可能是永久的。

（4）术后护理 术后按需要使用全身性镇痛药，保持肛门周围清洁，局部每日涂抗生素软膏或碘酊两次。连续应用抗生素7 d，以防止感染。如有感染，应及时拆线开放创口，灌注药物进行治疗。戴伊丽莎白圈以防动物舔咬术部。术后10 d拆除缝线。

十一、肛周瘘

肛周瘘（perianal fistulae）是指肛门周围形成的慢性化脓性窦道，严重者可侵害到肛管或直肠形成肛周瘘，特征是从窦道口或瘘管口间歇性排出脓汁或粪便。多发于犬，特别是长毛垂尾犬，公犬多于母犬，其他动物也可见到。

病因 多数肛周瘘继发于肛管周围脓肿、肛囊炎等，由于囊肿破裂或切开排脓后，伤口不愈合形成感染通道；也可由肛门外伤、肛门周围毛囊炎、湿疹、长期粪便污染及先天性发育畸形引起。德国牧羊犬因肛门附近的毛囊较多，易患肛周瘘。

症状 病初，动物常有舔咬肛门和臀部擦地的现象，里急后重，排便困难，拒绝提尾和触摸会阴部。病初病灶少且溃疡面小，随炎症的发展，许多小病灶逐渐融合成大的溃疡，甚至整个肛门周围形成溃疡面，肛门周围肿胀、疼痛，从肛周瘘管外口流出脓汁或粪便。脓汁的多少与瘘管的大小和形成时间有关，瘘管长且在形成早期，脓汁多，肛门区皮肤常黏附有脓汁和粪便；瘘管形成后期，脓汁减少，瘘口凹陷缩小，因肛周肿胀疼痛减轻，对肛管直肠壁的压迫消除，排便困难不再出现。如与肛管或直肠相通，则从瘘管外口流出粪便。严重者，有时可形成多个瘘管外口，成为复杂瘘管，瘘管可通向肛管、直肠或盆腔，或者形成坏死性皮炎、蜂窝织炎、组织纤维化或直肠狭窄等。

诊断 根据肛周经久不愈、不断流出脓性分泌物的开口可做出诊断，但应与原发性肛囊炎相区别，肛囊炎发生于肛门特定的部位（相当于时钟的 4 点或 8 点），而肛周瘘可出现于肛门周围的任一部位。

直肠检查可确定瘘管的深度、纤维化程度及肛囊与瘘管的关系。瘘管检查可确定瘘管的方向和数量。瘘管检查可通过探针或注入染料进行，也可用 X 线造影检查。

治疗 用药物治疗常无效，需采用手术根治。动物全身麻醉，俯卧保定，后躯垫高，两后肢伸出手术台，尾向后上方牵拉固定。术前灌肠排空直肠内的积粪，探明瘘管的走向及深度，确定瘘管内口和瘘管与括约肌之间的关系。如确认为肛周化脓性窦道，先探明窦道的方向和范围，然后切除所有的坏死组织和窦道，对创腔和创口进行适当的缝合。如确认为肛周瘘，可进行瘘管切除术。用探针由外口向内口穿出做引导，在瘘管内口填塞纱布条以避免粪便污染术部，切除瘘管壁及所有的坏死组织，闭合瘘管内口，对创腔和创口可行部分缝合以加速愈合，创口适当开放，创腔用凡士林纱布条引流，保证引流通畅，术后 3～5 d 取出纱布条，术部继续护理、用药至愈合。同时，全身应用抗生素数天，以控制和消除术部感染。若瘘管数量多，导致肛门周围大量皮肤缺损，可实施肛门再造手术（瘘管全切除术）。

第五节 胆 石 症

胆石症（cholelithiasis）包括胆管结石和胆囊结石，分别发生在胆管和胆囊内，结石同时发生在胆囊及胆管内的较少见。临床上，大多数病例不表现临床症状，通常在尸体剖检、进行 X 线检查或超声波检查时发现。在结石堵塞胆管或并发胆囊炎时才出现临床症状，且症状缓和，呈间断性，主要表现出体温升高、呕吐、黄疸和腹疼等症状。

胆管结石主要见于马，也见于犬、猫。老龄的雌性小型纯种犬更易发生胆结石。马属动物因无胆囊，故多发原发性胆管结石或继发性胆管结石，也有继发肝管内结石的。胆囊结石可发生于各种动物，但一般无临床表现，犬、猫仅在出现胆囊炎时表现症状。犬、猫已有胆固醇、胆红素和混合性结石的报道。牛的胆结石俗称牛黄，是名贵的中药材，其天然形成较少（发生率为 0.2%～0.3%），可通过在牛胆囊内接种牛黄菌种和放置核心网架促使其形成。

病因 胆结石由各种原因引起，形成过程复杂，形成机理目前尚不十分清楚。普遍认为与细菌感染、胆囊的功能异常、动力改变、机体代谢异常、过饱和胆固醇在胆囊内淤积等因素相关。犬胆汁中的胆固醇含量较低，因此犬胆石症的发病率较低。胆结石多以泥沙样存在，结石一般从小米粒到豆粒样大小，大部分是胆固醇结石或以胆固醇为主的混合结石。

胆结石除引起急性胆囊炎外，还经常导致胆囊萎缩、继发性胆总管结石、胆源性胰腺炎、胆囊十二指肠瘘，以及因胆囊颈部结石压迫胆总管造成的胆道梗阻等。目前胆结石的治疗方法有：以溶石、排石、碎石和控制急性或慢性炎症为主的保守治疗及以胆囊切除术为代表的手术治疗。但在兽医临床上，尚未见有犬、猫应用药物溶解结石的相关报道，而排石和碎石可能会诱发急性发病、增加继发性胆总管结石的可能。因此，手术是有效的治疗方法。

症状 犬、猫发病后，表现出厌食、呕吐、饮水减少、尿发黄、黄疸和腹痛等消化机能及肝功能障碍症状，如体温升高，食欲降低，慢性间歇性腹泻，逐渐性消瘦及可视黏膜黄染等，与胃、肠、肝病的症状类似。马精神委顿，食欲减退，体温升高，毛细血管再充盈时间延长，巩膜黄染，体重明显下降，动物出现定向障碍。血清山梨醇脱氢酶和血氨增加，碱性磷酸酶、谷酰胺转化酶和直接胆红素显著增加，血清天冬氨酸氨基转移酶活性中度升高。超声波检查，在结石的周围可发现由结石产生的一个团块或阴影，如果有堵塞，可发现胆总管或肝管的膨胀。肝活体检查，肝门纤维变性，胆管增生，胆汁郁滞，有肝硬变。

诊断 根据临床症状结合超声波检查、X 线检查和血生化检查等可确诊。

治疗

1. 保守治疗 对患有胆囊炎或胆管性肝炎的动物，在没有出现堵塞时，可使用熊去氧胆酸（10 mg/kg，口服，每日 1 次）或维生素 E，或两者合用进行治疗。治疗无效或堵塞胆管时必须采取手术治疗。

2. 手术治疗 手术方法有胆总管切开术、胆囊摘除术、胆囊十二指肠吻合术。常不采用胆囊切开术，因易继发胆囊炎和结石。手术最后常规关闭腹腔前，应放置腹腔引流管以减少腹腔感染的发生，同时还有利于观察术中未发现的肝外胆管的误伤。切记防止胆汁进入腹腔，以免引起腹膜炎。

（1）*术前准备* 术前禁食 18～24 h，禁水 6 h。对患有阻塞性胆道疾病的动物需要在术前纠正电解质和体液平衡。长时间的胆汁功能障碍可引起维生素 K 吸收不良，从而引起凝血因子Ⅶ、Ⅸ、Ⅹ的缺乏。如患病动物出现流血或者黏膜出血时间延长，则需要在术前 24～48 h 注射维生素 K 或者输入新鲜全血。

（2）*麻醉与保定* 全身麻醉配合局部麻醉，仰卧保定。

（3）*手术方法* 做脐前腹中线切口。

1）胆总管切开术：适用于胆总管已发生极度膨胀的病例，如慢性胆管阻塞、胆总管结石、胆汁淤渣等。治疗初期应先实施十二指肠切开术或胆囊切开术来放置导管，冲洗胆总管，将阻塞物冲洗出去。如是胆总管狭窄最好采用胆管再造技术或胆囊十二指肠吻合术。将扩张的胆总管拉开并固定在一边，设置两根牵引固定线。在胆总管上做一小切口移出阻塞物，用大量温生理盐水冲洗胆管，在胆囊和十二指肠内使用适当大小的导管来检查胆总管是否畅通。胆总管用可吸收性缝线进行单纯连续缝合或单纯结节缝合，在吻合部覆盖小网膜。

2）胆囊摘除术：是治疗胆结石并继发胆囊炎的首选治疗方法，也适用于肿瘤初期或胆囊外伤性破裂等的治疗。如果结石同时出现在胆总管内，则需要从十二指肠插入导管将结石送回胆囊。手术可分为顺行性（从胆囊管开始）和逆行性（从胆囊底开始）摘除，顺行性胆囊摘除术出血较少，操作简便，一般常用；但若炎症较重，胆囊与周围组织粘连严重，不易暴露胆囊管时，宜采用逆行性胆囊摘除术。

顺行性胆囊摘除术：用组织钳夹持胆囊，向外拉动暴露胆囊顶部，用手术剪沿肝十二指肠韧带剪开胆囊颈左侧的浆膜，钝性分离，找到胆囊管，显露胆囊管与胆总管，在确认胆囊管和胆总管的关系后，双重结扎胆囊管，在距胆总管 0.5 cm 处切断胆囊管，并在近端用丝线再结扎 1 次。在胆囊颈与胆囊管后上方分离并显露胆囊动脉，胆囊动脉位于胆囊管后上方的深层组织中，向上轻拉胆囊管的远端，在其后上方的三角区内找到胆囊动脉，用两把血管钳钳夹并切断，近端用丝线双重结扎。为防止误伤肝总管与肝右动脉，胆囊动脉的结扎点应尽量靠近胆囊颈部。在胆囊与肝交界的浆膜上，距肝 1.0 cm 处切开浆膜，用手指沿切开的浆膜疏松结缔组织向下钝性分离；若胆囊壁增厚，可在胆囊和肝实质间注入生理盐水后进行分离，其间所有的血管与胆管分支均应结扎或电凝。在胆囊颈部与胆囊管上、下方均有与肝及十二指肠相连的疏松组织，即为胆囊系膜，将此系膜钳夹切断后，胆囊即完全游离。胆囊窝浆膜两侧用丝线进行间断缝合，以防止渗出、粘连。若两侧的浆膜距离太远，也可不缝合。

逆行性胆囊摘除术：若胆囊炎症严重，发生粘连不易分离胆囊管时，可采用先剥离胆囊，再分离胆囊管的逆行术。用组织钳夹持胆囊底部牵引，在距肝 1.0 cm 处的胆囊周围浆膜下注入生理盐水使之分离，切开胆囊底部浆膜。用手指沿切开的浆膜间隙钝性分离胆囊，由底部到顶部，必要时可锐性分离，结扎出血点，但所有的操作要紧靠胆囊进行；若粘连严重不易分离时，可先在胆囊底部做一小切口，伸进手指，边探查边进行分离。分离到胆囊顶部时，找到胆囊动脉，分离、结扎并剪断动脉。夹住胆囊顶部向外牵引，分离浆膜找到胆囊管后，分离胆囊管至胆总管，结扎、剪断胆囊管，去掉胆囊后，可在胆囊窝与胃、十二指肠间放置大网膜。

3）胆囊十二指肠吻合术：也称胆管再造术，适用于由胆结石引起的胆总管破裂、阻塞和狭窄，而胆囊并未受损的病例。尤其是胆总管撕裂损伤严重，并伴有胆汁泄漏或形成粘连的时候，一般很难修复胆总管，而需要改变胆汁的流动通道，即进行胆囊十二指肠吻合术或胆囊空肠吻合术。具体方法是将胆囊从肝上分离，用有齿钳子夹住胆囊前端并牵引，然后用注射器抽出胆囊内的胆汁。在胆总管的阻塞部或破裂部的远端和近端实施双重结扎。将可移动的胆囊在松弛的状态下移向十二指肠。在胆囊上设置两根预置线。用可吸收性缝线穿过浆膜和肌层，将胆囊缝合到十二指肠降部的肠系膜游离表面，进行长 3～4 cm 的初次连续缝合。在胆囊周围和十二指肠上覆盖生理盐水纱布。留下较长的缝线末端，最后用它们对小肠和胆囊进行处理。在初次缝线一侧的胆囊壁上做一长 2.5～3 cm 的平行于初次缝线的平行切口。在十二指肠预定切口的两端用肠钳夹住，在胆囊壁切口同侧的十二指肠肠系膜游离部表面做一同样长度的平行于初次缝线的切口。用可吸收性缝线将位于初次缝线近侧的胆囊壁切口和十二指肠壁切口连续缝合；再将远离初次缝线的胆囊壁和十二指肠壁切口连续缝合；最后将远离初次缝线侧的胆囊和十二指肠壁进行浆膜肌层的连续缝合，确认吻合部无液体漏出后，完成吻合。

3. 并发症 胆囊摘除术的并发症有胆总管结石、肝内胆管结石。胆管手术后可能会出现胆管管腔狭窄、胆汁泄漏和粘连等并发症。胆管再造可增加发生胆管性肝炎的概率，尤其是肠-胆囊吻合处的切口过小，以及肠内容物逆流至胆囊并在胆囊内滞留时。术中肝外胆管系统的损伤或误伤可引起胆汁性腹膜炎，当局部炎症扩大时可引起周围肠管的粘连。

4. 术后护理 术后应用抗生素，禁食 24 h，禁食期间静脉输液以维持机体的营养需要，以后饲喂易消化且富含营养的食物。术后如引流物不多，48 h 后可拔出引流管；如有胆汁样液体流出，应在渗出液完全停止后再拔出引流管。如有广泛性的胆汁性腹膜炎，需实施开放的腹腔引流。

第十八章 泌尿生殖系统疾病

第一节 泌尿器官疾病

一、尿石症

尿石症（urolithiasis）是指尿路中的结石或结晶刺激尿路黏膜而引起炎症、出血甚至阻塞的一种泌尿器官疾病。临床以犬、猫尿石症最常见。尿结石由 20 多种结晶成分组成，目前较常见的有：磷酸铵镁盐结石（又称鸟粪石，犬、猫常见）、尿酸盐结石（如尿酸铵、尿酸钠，多为尿酸铵）、草酸钙结石（一水草酸钙、二水草酸钙）、胱氨酸结石、硅酸盐结石、碳酸盐结石、黄嘌呤结石等。牛主要为磷酸盐、硅酸盐、胱氨酸、黄嘌呤结石；羊多为磷酸盐、草酸钙、碳酸钙结石；马多为磷酸盐、碳酸钙、草酸钙结石。

发病机理　尿石症的发病机理目前尚不清楚，但是普遍认为是伴有泌尿器官病理状态下的全身性矿物质代谢紊乱的结果，对于尿结石的形成目前有三种假说。

（1）*晶体过饱和假说*　尿液中的某些盐类过饱和，沉淀形成结晶。

（2）*基质假说*　尿液中的有机物如黏蛋白、黏多糖，形成最初的核，随后结晶成分附着，形成结石。

（3）*结晶抑制假说*　尿液中的有机和无机结晶抑制剂的减少或缺乏。结晶抑制物可降低晶体的生长和聚集。这一原理基于尿液中几种结石物质可以维持比在水中相对高得多的浓度。

尿结石的形成是多种因素作用的结果，主要与食物中的矿物质浓度过高或代谢障碍、饮水不足、水盐代谢紊乱、尿液 pH 改变、泌尿系统感染等因素有关。

症状　腹痛、排尿障碍或排血尿是主要的临床症状。但依据结石发生的部位及其侵害的程度不同，其临床症状也不同。按结石发生的部位不同，可以分为上泌尿道结石（肾结石、输尿管结石）和下泌尿道结石（膀胱结石、尿道结石）等。

（1）*肾结石*　多发生在肾盂中。早期单侧性肾结石一般无明显的临床症状或出现无痛性血尿；中后期会肾区疼痛、敏感，行走缓慢，步态强拘、紧张。严重损伤时，可引起肾衰、肾积水。伴有感染时，全身体温升高，精神沉郁，食欲废绝。

（2）*输尿管结石*　病畜精神沉郁，不安，行走拱背，腹部触诊敏感。直肠内触诊，可触摸到其阻塞部的近肾端的输尿管显著紧张而且膨胀。输尿管不完全阻塞时，可见血尿、脓尿和蛋白尿；双侧输尿管完全阻塞时，无尿进入膀胱，并导致肾盂积尿及同侧肾功能丧失。

（3）*膀胱结石*　初期由于膀胱炎症，出现尿频、尿急、血尿、膀胱敏感性增加；中后期结石的不断增大或结石堵塞膀胱颈造成排尿困难，排尿时病畜呻吟，腹壁抽缩，尿液可能带血，经腹部（犬、猫）或直肠（牛、马）触诊，有时可发现膀胱内有移动感的结石。

（4）*尿道结石*　尿道结石的发生雄性高于雌性，不同种类的动物结石发生的部位不同：犬常在阴茎软骨近端、阴茎软骨内及近膀胱颈的尿道；牛常在乙状弯曲或会阴部；绵羊和山羊常在乙状弯曲和尿道突起处；马多在坐骨弓骨盆入口处。

患病动物出现尿频，努责，起卧不安。牛后肢伸展，踩踏，踢腹，尾部举起并做小幅度的上下摇动。若仔细检查坐骨弓处的尿道可感知充满尿液并有震动。不完全阻塞时，尿液细小或仅有少量血尿滴出；完全阻塞时，则出现尿闭、厌食、精神沉郁、脱水、卧地不起，有时呕吐、腹泻，触诊可见膀胱充满，严重时出现尿毒症，常在 72 h 内出现昏迷和死亡。

膀胱过度充满，可出现膀胱破裂，反刍动物的膀胱破裂比犬、猫更易发生。在膀胱破裂的短时间内，病畜的症状可因与膀胱扩张相关的疼痛减轻而有所改善，但迅速发生腹膜炎和尿液吸收，引起精神沉郁、腹部扩张和死亡。阉牛常发生尿道破裂，尿液漏入环绕阴茎的组织内，下腹壁出现水肿性肿胀，穿刺水肿区可排出带有陈旧尿色的液体。

但是在尿道结石没有引起刺激和阻塞作用时，常不显现任何临床症状。

诊断　根据症状、触诊、X 线检查和超声波检查等做出诊断。在犬、猫，特发性膀胱炎表现为尿频和血尿，膀胱黏膜增生或乳头状增生，应注意与尿石症相鉴别。

（一）牛尿石症

牛尿石症（bovine urolithiasis）为常见疾病，阉公牛比种公牛更为多发，母牛尿石症不常见。公牛或阉公牛发生尿石症造成尿道阻塞是最为常见且危及生命的并发症。

病因　牛尿石症的发生由多种因素引起。主要原因是有沉淀物质，诸如磷酸盐（常见于饲喂含磷较多饲料的围栏肥育牛）、硅酸盐（沙质牧地牛）和草酸盐等，此等沉淀物的结石由黏蛋白含量增加而扩大，而黏蛋白则随高蛋白的饲料而增加。当尿液 pH 呈碱性时，盐类沉淀由肾排出后数量增加，所以牛尿石症可表现为地方性疾病。结石形成的其他因素，如无临床症状的肾炎、牛出血性败血病、已烯雌酚的饲喂和植入等，能导致过多的上皮碎屑而诱导结石发生。另外，饮水过少、维生素 A 缺乏，以及某些地区习惯于早期去势使尿道较细小等因素也易促使尿结石的发生。

治疗　牛尿石症的发生和饲养管理关系密切。首先宜改善饲养管理，发病后保守疗法的治愈率不高，手术治疗配以合理的饲料与饮水是行之有效的综合治疗方法。兹将手术疗法分述于后。

常采用的手术疗法有结石排除、阴茎截断与造口、坐骨部尿道切开等。结石排除适用于尿道和膀胱未破裂的病例，阴茎截断与造口适用于尿道破裂，而坐骨部尿道切开与插管适用于膀胱破裂。Walker 及 Hull 认为对牛不需做剖腹术缝合破裂的膀胱，插入导管若干天可自行愈合，这是由于牛的大网膜及破裂处能迅速形成纤维粘连。但由脐尿管憩室溃疡而致尿液漏出的病例则难以自行愈合。

（1）结石排除法　患牛侧卧或背卧位保定，最好是背卧位保定。阴囊直前或后方常规外科处理，在预定切开处中线行长约 10 cm 的局部浸润麻醉。根据美国兽医临床统计，大多数尿道结石位于阴茎乙状弯曲的远曲段，所以常于阴囊前方抓住阴茎做长 5～6 cm 的皮肤切口，切至皮下，牵拉阴茎至切口外，确定阴茎缩肌及其与阴茎毗连之处，通常在该曲段能触知尿道内的结石。外科医生可用两种方法除去结石。如结石为硬的硅型，用巾钳前端置于结石两侧，用力压碎结石，轻轻按摩阴茎，刺激球海绵体肌的收缩，促使碎片排出；如果两次压碎动作仍未使结石破碎，宜切开尿道壁，通过此小切口取出。磷酸盐型结石呈软型结石，可以不压碎，即可从切口取出。一般来说，尿液能影响一期愈合，故尿道应行严密的缝合。

（2）阴茎截断与尿道造口术　最好行脊髓硬膜外腔麻醉，站立保定。阴囊后方的会阴部常规外科处理，于阴囊后界近端约 20 cm 处开始向后做长约 12 cm 的切口，确定此起点很重要，它是尿道瘘管近侧面的标记。切口深度以能抓住阴茎体为准，向后上方牵拉。如阴茎坏死，应分离其周围和包皮的联系，从切口将阴茎完全拉出；不能拉出时，可在牵拉的同时，以剪刀剪开包皮，尽可能地向近端切断阴茎缩肌。旋转阴茎 180°，结扎截断处近侧阴茎背侧的血管，于皮肤切口上面远端 5 cm 截断之，并于切口近侧以剪刀剪开尿道，排尿过程中尿道周围的阴茎海绵体会出血，行必要的缝合后采取止血措施。

以可吸收性缝线缝合阴茎余端及人工造口。缝合是从阴茎和皮肤切口的顶端开始，将缝线穿过尿道黏膜、白膜而后穿过左侧皮肤，以连续缝合法缝合这些组织约 4 cm，再穿过阴茎余端之下达右侧皮肤，一直缝到近侧顶端打结。阴茎余端下面的缝合会使阴茎向外倾斜，防止尿液排至皮下。最后缝合余端远侧的皮肤。

为防止阴茎海绵体出血，可用长 15 cm、直径 0.63 cm 的橡胶管，向上插入尿道，以缝线将其固定在阴茎的余端上，该管可压迫尿道海绵体发挥止血作用。公牛宜同时做去势术。

（3）坐骨部尿道切开术　做一二尾椎硬膜外麻醉，站立保定。会阴部常规外科处理后，从肛门下 5 cm 开始做一长约 15 cm 的中线皮肤切口，切开深筋膜，暴露阴茎缩肌，再从肌间切开即露出球海绵体肌，分离至阴茎的白膜时触摸尿道沟，做一长 3 cm 的阴茎球海绵体切口，对切口近侧端以指端压迫止血。于切开的白膜缘放置巾钳，此巾钳起扩创作用以扩大尿道。确定尿道海绵体深部的白色尿道外壁，随之切开 2 cm，向切口两端插入闭合的小钳以鉴别是否为尿道。

将福莱导管通入盆腔尿道直至膀胱，为使导管易于通入，一般将硬而细的通管丝放入导管或用弯钳钳住导管顶端，导管通过尿道时，应使管端紧贴尿道下壁。如果选用钳夹的方法，待导管插入尿道后即打开钳嘴取出钳子，而后逐步将导管推入膀胱，遂以 0 号肠线或聚乙醇酸合成线环绕导管缝合白膜、球海绵体肌膜与浅筋膜，用非吸收性缝线缝合皮肤。为固定导管，可用另一缝线将其固定在皮肤上。该法用于尿道结石时，还需要除去结石，方法是放置硬的导管于尿道外口，将结石推向尿道切口之处，为了移除结石，必须将曲端拉直。如膀胱破裂，无须行剖腹术缝合膀胱。导管留在膀胱中排出积尿，破裂处能自然愈合，最初 5 d 左右，裂缝形成纤维性封闭，逐渐封闭牢固足以耐受膀胱收缩的压力。Walker 与 Hull 根据临床实际观察发现牛的腹膜炎并发症很少。为处理膀胱破裂，宜于脐和耻骨间通过中线旁的腹直肌小切口放置塑料引流管，固定在皮肤上 48 h 左右，借以排除腹腔中的积尿。

术后一般行抗生素治疗 3～5 d，注意检查导管是否通畅。如结石排除，5 d 后取出导管，10 d 后拆除皮肤缝线。导管口处可能会有尿液漏出，常取二期愈合而封闭。

（二）马尿石症

马尿石症（equine urolithiasis）最常发为膀胱结石，但肾结石、会阴部尿道及远端尿道结石也有报道。

病因　饲喂多量谷物的马尿结石多为磷酸钙，而多食青干草的马尿结石以碳酸钙较多，其他已确定的结石类型有草酸盐、硅酸盐等。这些结石不会与厚、黄而无定型结晶的碳酸钙结晶混淆。后躯共济失调与膀胱麻痹有关，这在马尿石症特别是膀胱结石的鉴别诊断中应予以注意。

治疗　施行马尿道切开术及腹式膀胱切开术，并配合调整饲料。

（1）尿道切开术　传统的尿道切开术常行站立保定，排空直肠粪便，硬膜外腔麻醉或局部浸润麻醉，术前尿道插管。

术部常规外科处理后，于肛门括约肌直下方的阴茎坐骨弓处做一长 8～10 cm 的中线皮肤切口。在阴茎缩肌之间行锐性分离，经球海绵体肌、海绵体直到尿道，以单纯连续缝合或褥式缝合制止海绵体腔隙出血。切开尿道并去掉导尿管，切口向上延长至能插入碎石钳或抓钳的长度，应细心操作使盆腔尿道扩张；碎石钳插入膀胱后，术者左手或右手伸入直肠帮助结石置于钳的前部，小结石可完整取出；大结石必须以碎石钳压破，再细心除去所有的碎片，剩下的沙粒充分冲洗并用虹吸法排除。

尿道切口可以缝合，但通常是保持开放经二期愈合，尿道狭窄现象并不多见。术后药物治疗包括尿液酸化、尿路防腐、抗生素治疗等，饲料中宜补充适量的食盐，保证足量的、新鲜清洁的饮水。

（2）腹式膀胱切开术　结石较大，缺乏特殊器械如碎石器时，宜施行本手术。患马全身麻醉，背侧卧保定，下腹部及骨盆区常规外科处理。于中线右侧皮肤上做长 15～20 cm 的皮肤切口，该切口起于腹股沟环与包皮之间，止于耻骨前腱，注意勿损伤该区的血管和淋巴管，继而经皮肤切口向下分离腹直肌与腹膜。

切开腹膜后装以塑料创伤护巾并探查与确定膀胱，术者用拇指和食指捏住膀胱体或底部向外牵拉，在膀胱顶两侧宜放置缝线便于牵拉操作。膀胱周围组织应以温生理盐水湿润的手术巾隔离，于膀胱顶或体的背部做膀胱切口，尽力除去所有的结石，连续冲洗与抽吸直至没有任何碎屑留在膀胱内为止；同时要插导尿管至尿道外口以确保整个尿道的畅通，也可留置双枪导尿管或管端有充气囊的导尿管于膀胱和尿道中，防止滑脱。管的末端以缝线暂时固定于龟头部皮肤，最好于管的末端装置单向活门，防止空气吸入导致尿道上行性感染。以 00 号及 0 号铬制肠线分别进行两道膀胱的内翻缝合，常规缝合腹壁。术后用药同尿道切开术。

母马的尿石症实际上多为膀胱结石，典型的结石致密、呈卵形，表面粗糙不平，易于附着于膀胱黏膜。手术治疗方法比公马容易，因为母马的尿道短而又可扩张。患马站立保定，硬膜外腔麻醉以消除努责和不安，前庭和膀胱另加局部麻醉。术者的手和器具用滑润剂保护，以戴手套的手指慢慢扩开尿道，从膀胱颈处松动附着的结石。为防止出血过多，应像从母体肉阜剥离胎儿子叶那样小心操作。结石附着处松开后，可使用长柄双爪钳或肿瘤抓钳钳住结石，通过扩张的尿道拉出；如果结石过大，可用碎石器破碎之，而后取出，或做尿道背部切开术（括约肌切断术）以提供更宽的出口。结石取出之后，宜用长柄钳夹持灭菌的纱布或棉花清除尿道中的砂性尿石，并用冲洗和吸引器彻底清除。如果施行括约肌切断术，则需用 1 号铬制肠线间断缝合切开处。

术后宜内服氯化铵，每千克体重 20 mg，一日两次，使尿的酸碱度达 6.0，并给以尿道消毒防腐剂。实践证明，并发的慢性膀胱炎很难治愈，尽管结石已排除，但易于再发，因而需查明原因，改善饲养管理，消除尿石症的发病原因。

（三）羊尿石症

羊尿石症（caprine urolithiasis）以公绵羊和阉绵羊多发，山羊少见，发病率与饲料有密切关系。

如果结石位于尿道突处，检查确定后截断排除，截断而仍未消除阻塞时，宜行尿道切开术。一般认为低位手术较好，以 2% 利多卡因或 2% 盐酸普鲁卡因溶液行硬膜外腔麻醉配以局部浸润麻醉。手术区常规外科处理，于阴囊后约 3 cm 处即第二乙状弯曲之后做长 5～8 cm 的皮肤切口，确定阴茎后做长 3 cm 的纵形切口，切开尿道，排出尿液和结石，随之插入导尿管重建正常的排尿，切口开放，术后给予抗生素治疗。排尿正常时，取出导尿管，尿道造口即行封闭自然愈合。一般认为从尿道排除结石后让其自然愈合比尿道组织缝合引起的瘢痕和尿道狭窄少。对育肥羔羊的另外一种手术方法是将乙状弯曲后方的阴茎拉出截断，将上方余端缝于皮肤，插入导尿管固定在皮肤上 5～7 d，术后定期清洁切口。排尿正常后将导尿管取出即可。

种公羊的尿石症，可给予肌松剂、镇静剂与氯化铵，改变尿的酸碱度，检查尿道突是否有结石并判定膀胱是否扩张和破裂，以便决定是否需要做剖腹术或尿道切开术。膀胱破裂者，一般宜行剖腹手术缝合膀胱，并放置腹腔引流管排除积尿，于尿道放置导尿管。术后宜行输液、抗生素和止痛药物治疗。膀胱未破裂的种公羊可行尿道切开术，麻醉及手术区准备基本同上，最好站立保定，皮肤切口在阴囊后 3～5 cm 处的中线上，钝性分离暴露阴茎，触诊确定结石后切开尿道，排除结石，缝合尿道，但缝线不宜穿过尿道腔；阴茎复位后缝合皮肤切口，在阴茎放置导尿管固定于包皮，一般可维持 7 d。尿道狭窄是手术常见的并发症。为了预防新的病例发生，对常发该病的畜群应充分保证饮水，饲料中的钙、磷之比大约为 2∶1，并应含 2% 的氯化铵。

（四）犬尿石症

犬尿石症（canine urolithiasis）多见于小型老年犬，如巴哥犬、拉萨犬、贵宾犬、北京犬、比格犬、巴塞特猎犬等。以膀胱结石和尿道结石最常见，肾结石只占 2%～8%，输尿管结石少见。约 60% 的尿结石是磷酸铵镁结石，其他还有草酸盐结石、尿酸盐结石、胱氨酸结石和硅酸盐结石等。多数尿结石是以某一成分为主，还有不等的其他成分。尿结石常伴有尿路感染，因结石类型不同，其感染率各异，磷酸铵镁结石的感染率为 50%～97%，尿酸盐结石为 3%～80%，胱氨酸结石为 10%～50%，患草酸盐尿结石的犬很少有感染。

病因

（1）*尿道感染*　多见于葡萄球菌和变形杆菌感染。直接损伤尿路上皮，使其脱落，促使结石核心形成，感染菌能使尿液变碱，有利于磷酸铵镁尿结石的形成。

（2）*肝机能降低*　某些品种的犬（如达尔马提亚犬）因肝缺乏氨和尿酸转化酶而发生尿酸盐结石。

（3）*某些代谢、遗传缺陷*　例如，英国斗牛犬的尿酸遗传代谢缺陷易形成尿酸铵结石，或者机体代谢紊乱易形成胱氨酸结石。

（4）*慢性疾病*　例如，慢性原发性高钙血症、甲状旁腺机能亢进、摄入过多维生素 D、高降钙素等，损伤近端肾小管，影响其再吸收，都能增加尿液中钙和草酸钙尿结石的形成。

（5）*饮水不足*　长期饮水不足，引起尿液浓缩，致使盐类浓度过高而促进尿石的形成。

治疗

（1）*保守治疗*　对于未造成尿道阻塞的尿石症，控制尿道炎症，服用人的排石饮液可排出小结石。保证充分的饮水，使每日的尿量维持在正常范围，可稀释尿液、减少晶体沉淀、冲洗尿路、排除微小结石。对于磷酸铵镁尿结石可采用氯化铵等酸化尿液来溶解。

另外要注意饮食，食物的成分应根据结石的种类和尿液的碱度而定。对于特发性高钙尿应限制钙的摄入，以减少尿钙含量。对于非高钙的复发性草酸盐结石，无须低钙饮食；如由低钙饮食致使尿草酸盐排泄增加而形成结石者，也不宜采用低钙饮食。控制钠的摄入，钠的摄入增多可使尿钙的排泄增多。高尿酸血症和高尿酸尿时要饲喂低嘌呤饮食，避免进食动物内脏，少食肉。

（2）手术治疗　手术取出结石要在消除病因的前提下进行，否则仍有很高的发病率。

1）肾结石手术：全身麻醉，仰卧保定。术部切口在腹正中线脐前方。将肾显露后，使用血管钳暂时阻断肾动脉和肾静脉。将肾固定在拇指和食指之间，充分露出肾的凸面。用手术刀从肾的凸面纵行矢状面切开皮质和髓质部到达肾盂，除去结石；然后用生理盐水冲洗沉积在肾组织内或肾盂的矿物质沉积物。从肾盂的输尿管口插入纤细柔软的插管，用生理盐水轻微冲洗输尿管，证明输尿管通畅。缝合肾前，取下暂时阻断肾动脉和肾静脉的血管钳，观察切面的血液循环恢复情况，对于小出血点，压迫止血。然后用拇指和食指将两肾瓣紧密对合，轻轻压迫5 min，使肾组织瓣由纤维蛋白胶接起来。褥式缝合肾被膜（不需要肾实质组织），逐层缝合腹壁切口。

2）膀胱结石手术：全身麻醉，仰卧保定。公犬切口采用阴茎旁切口，母犬在耻骨前至脐间做腹中线切口。切开皮肤，分离皮下组织。在公犬，应将阴筒及阴茎推向一侧以暴露腹白线。切开腹白线和腹膜，暴露膀胱。如果膀胱膨胀过大，先排空部分尿液。用手指握住膀胱的基部，小心地把膀胱翻转出创口外，使膀胱背侧向上。然后用纱布隔离，防止尿液流入腹腔。在膀胱的背侧面无血管处切开膀胱，用茶匙或胆囊勺除去结石或结石残渣，应特别注意取出狭窄的膀胱颈及近端尿道的结石。对于膀胱颈部结石，可在尿道中插入导尿管，反流灌注冲洗结石使其进入膀胱后取出。在母犬，则需将探针或髓内针（直径约与一次性输液管的皮头针管内径相等）经膀胱切口、膀胱颈（在结石与膀胱颈黏膜间）向阴道穿出。在其穿出端套入皮头针管，并引导皮头针管进入膀胱内。术者的手指进入阴道按压尿道口处的皮头针管，同时助手向皮头针管内注入生理盐水，边注边向外退拉皮头针管，直至针管端位于尿道开口附近，将尿道结石推进膀胱后取出。膀胱进行二道缝合，第一道缝合采用可吸收性缝线做锁边缝合，第二道做间断伦勃特缝合，也有人应用双层连续内翻缝合，保持缝线不露在膀胱内，以免复发结石。常规缝合腹壁。

膀胱切开取结石

3）尿道结石手术：公犬的尿道结石，可采用上述的反冲洗法取出或在阻塞部位切开取出。

阴囊前方尿道切开术：术部常在阴茎骨后方到阴囊之间。在阴茎骨后方和阴囊之间的正中线做2～3 cm的切口，显露阴茎缩肌并移向侧方，切开尿道海绵体，使用插管或探针指示尿道。在结石处做纵行切开尿道，用缝合圆针挑出结石。用5-0可吸收性缝线间断缝合尿道外的筋膜，用丝线分别结节缝合皮下组织及皮肤。

若在阴茎软骨段尿道发生结石，则需在阴茎软骨的正中线切开皮肤、浅筋膜和软骨部的尿道，取出结石。

阴囊后方尿道切开术：在坐骨与阴囊之间，正中线切开（术前应用柔软的导尿管插入尿道）。在结石部位切开尿道，取出结石，用生理盐水冲洗尿道，清洗松散的结石碎块。其余手术操作同上。

手术结束前，安置导尿管（可用一次性输液管的皮头针管作导尿管，中心插入细丝便于将其插入尿道），将导尿管外端缝合固定在龟头上。术后全身使用抗菌类药物，防止创口感染，局部每天涂擦活力碘，同时向导尿管中注入抗生素。5～7 d后拔出导尿管，8～10 d后拆除皮肤缝线。

尿道造口术

尿道结石反复发作时，可进行尿道造口术。

（五）猫尿石症

猫尿石症（feline urolithiasis）常发生于1～5岁的猫。虽然公、母猫均可发生，但因公猫阴茎部的尿道较为狭窄，其发病率较高。猫尿结石的成分有多种，但主要为磷酸铵镁结石（多为泥状结石），其次为草酸钙结石。

治疗

（1）酸化尿液　适用于磷酸铵镁结石。可使用口服氯化铵 800 mg/d，每 12 h 口服蛋氨酸 500 mg。饲喂防磷酸铵镁结石处方粮，初次可使用 2 个月（平均溶石 36 d，有菌需 79 d），复发则说明需要使用更长时间，但不建议终身使用。

（2）尿道冲洗　适用于泥沙状结石。使用猫专用导尿管插入尿道反复冲洗排出结石。结合消炎、泌尿道处方粮或酸化尿液等防止复发。

（3）会阴尿道造口术　适用于公猫尿道狭窄、结石反复发作或难以排出等。俯卧保定，并将会阴部稍抬高。术部常规剃毛、消毒，肛门周行荷包缝合。以纵椭圆形环绕切开阴囊和包皮，剥除阴囊表面的皮肤，分别切开阴囊壁，结扎精索，摘除睾丸。钳夹龟头，并由助手牵拉。分离阴茎周围的结缔组织、坐骨弓阴茎腹侧组织、腹侧阴茎韧带和两侧组织至尿道球腺处，于龟头稍后方横断尿道背侧的阴茎缩肌和尿道，分离并切除阴茎缩肌。使用眼科剪沿尿道背侧纵向剪开尿道（插入猫导尿管有助于操作），超过尿道球腺水平，直至尿道管腔可容纳皮头针管（或更大一些）。尿道腔越大，术后越不易阻塞，但尿道切口与皮肤的缝合越困难，术后皮肤产生的张力越大，皮肤内陷使手术缝线的拆除困难。使用 7 号丝线将尿道切口黏膜与皮肤预缝合（最后一起打结），即每侧缝合 2～3 针，最前端缝合 1 针，横断末端尿道，结扎止血后依次打结，注意尿道黏膜与皮肤缘对合整齐，以防术后不愈合或增生。缝合远端尿道海绵体肌和尿道肌，避免损伤阴部神经分支。向腹侧后翻阴茎，暴露其背侧的尿道球腺，避免对阴茎的背侧位过度分离，以防损伤供应尿道肌的神经和血管。间断缝合剩余的皮肤，安置导尿管。

给患猫装伊丽莎白圈，以防导尿管拔出或尿道造口被舔咬。术后几天伤口可能渗血，需每天使用止血药物，同时使用抗生素预防感染。3 d 后拔除导尿管，10～14 d 拆除缝线。

二、肾积脓

肾积脓（pyonephrosis）又名脓肾，是指肾实质感染所致的化脓性病变，或尿路梗阻后肾盂肾盏积水、感染而形成一个积聚脓液的囊腔。本病多见于犬和猫，可为一侧性，也可为两侧同时发病。

病因与病理　上尿路结石引起梗阻，继发感染为本病最常见的病因；其次是肾和输尿管畸形引起感染性肾积水；也可继发于肾盂肾炎。感染的致病菌有革兰氏阳性球菌和革兰氏阴性杆菌。肾组织遭到严重损坏，肾全部或部分成为脓性囊。由于细菌毒素和脓性产物的吸收，动物出现突然发热、寒战，甚至脓毒血症，如未及时诊断和正确治疗，将导致肾的完全破坏和功能丧失。

症状　可突然出现全身感染症状，如寒战、高热、呕吐、肾区敏感、弓背。病程长者可出现消瘦、贫血。若尿路为不完全性梗阻，脓液沿输尿管排入膀胱则出现膀胱炎症状。B 超显示肾盂扩大积液。

诊断　根据病史、症状、B 超检查等做出诊断。由于本病是在肾结石、肾盂肾炎、肾积水等疾病的基础上并发化脓性感染而形成，故应注意对这些病史的了解。

治疗

（1）全身支持治疗　例如，休息，加强营养，纠正体液酸碱平衡和电解质紊乱，合理应用抗生素，可根据尿培养结果选用敏感的抗生素。

（2）手术治疗　早期肾盂积脓时，可穿刺造瘘，充分引流，观察肾功能的恢复情况。若肾功能恢复，则矫治梗阻；肾功能不能恢复，且对侧肾功能良好者，应行患侧肾切除术。慢性病变的患畜，肾皮质成为包绕扩张而充满脓液的集尿系统的一层薄而萎缩的纤维鞘，因此建议进行肾切除，从梗阻段输尿管起将肾和输尿管一并切除。单侧肾切除手术方法如下。

仰卧或侧卧保定，全身麻醉。侧卧保定的术部切口在最后肋骨后方 2 cm 处，自腰椎横突向下与肋骨弓平行做切口。仰卧保定的术部切口在腹下正中线脐前方，此手术通路可以使两肾全面显露。

1）肾显露：将结肠移向右侧，在降结肠系膜后方显露左肾；右肾前端紧贴于肝右叶的后方，将十二指肠近端移向左侧，在十二指肠系膜后方显露右肾。

2）分离肾：犬的左肾活动性较大，腹膜和后肾筋膜用镊子提起，用剪刀剪断，用手指和纱布从肾剥下筋膜。当肾松动时将肾从腰下部提起，显露出肾动脉、肾静脉和输尿管。右肾的分离比左肾困难些。

3）肾血管的结扎和切断：在直视的条件下，以食指、中指夹持肾，显露肾动脉、肾静脉及输尿管，分别结扎肾动脉和肾静脉。

4）输尿管分离：分离输尿管直到膀胱，注意结扎伸延到膀胱的输尿管断端，防止形成尿盲管，因为尿盲管能造成感染。最后摘除肾。

5）缝合腹壁切口：缝合前，清除肾摘除后脂肪组织中的血凝块，确实止血；若已有肾脓汁溢入腹腔，应使用加有抗生素的生理盐水彻底冲洗腹腔。逐层缝合腹壁切口。

三、先天性输尿管异位

先天性输尿管异位（congenital ectopic ureteral）是指单侧或双侧输尿管终止于膀胱三角区以外的部位。其原因可能为胚胎期输尿管进入泌尿生殖道前，发生起源异常或永久异位。在各种动物中犬发生较多，母犬多为单侧性，其输尿管多终止于阴道或尿道，少数终止于膀胱和子宫；公犬多终止于骨盆腔尿道的近膀胱端。犬先天性输尿管异位多见于拉布拉多犬、西伯利亚犬、西高地白犬、苏格兰牧羊犬、小型贵宾犬、威尔士牧犬、斯凯犬等。猫的输尿管异位比犬少见，但猫发生双侧输尿管异位的频率比犬高。输尿管异位常继发肾盂肾炎和膀胱炎。另外，肾盂肾炎或输尿管阻塞可造成肾盂积水和输尿管积水。膀胱充盈不足可引起膀胱发育不全。

症状　幼龄动物尿失禁，可分为连续性尿失禁和间断性尿失禁。连续性尿失禁多见于雌性动物，一般输尿管终止于阴道或更远的距离；间断性尿失禁多见于雄性（远端尿道压力可阻止尿液流出）。会阴部皮毛多被尿液污染，尿道口周围可出现尿渍性皮炎。通常存在正常排尿期，即使两侧都发生输尿管异位，膀胱功能有所下降，大量的尿液也可以逆流到膀胱内。但上行感染肾时，可引起肾实质进行性损伤；肾硬化时可使肾功能发生进行性下降。

诊断　根据病史和临床症状做出初步诊断。结合尿分析结果、尿细菌培养试验、放射学检查、膀胱或阴道内镜检查、尿道压力检查等有助于本病的确诊。

X 线检查可观察肾、膀胱和前列腺的大小和形状；尿路造影可确定相关的泌尿生殖系统异常，如肾盂积水、输尿管积水、膀胱发育不全、输尿管囊肿。排空结肠，在使用造影剂前后分别进行 X 线对照检查。逆行膀胱造影、膀胱充气造影和阴道镜检有助于确定异位性输尿管的形态特征。膀胱镜检查是诊断母犬异位性输尿管最可靠的方法。

治疗　根据异位输尿管的数量、终止位置、输尿管和肾的功能状态及并发症等各种情况，进行手术治疗。

1）壁内输尿管膀胱吻合术：用于输尿管在膀胱壁内行走，然后再终止于膀胱以外的尿生殖道的输尿管异位（图 18-1A）。多数先天性输尿管异位属于这种情况。其吻合方法是在三角区附近的膀胱腹侧壁做切口，经此切口进入膀胱内再切开膀胱黏膜层和输尿管，用 5-0 可吸收性缝线对膀胱黏膜层和输尿管黏膜进行间断性缝合。向输尿管远端插入一导管，在导管的膀胱浆膜表面用 3-0 非吸收性缝线穿过浆膜，并绕导尿管（确保缝线没穿过膀胱黏膜层）后穿出，拔出导尿管后抽紧缝线并结扎闭合远端输尿管。最后常规闭合膀胱壁切口。

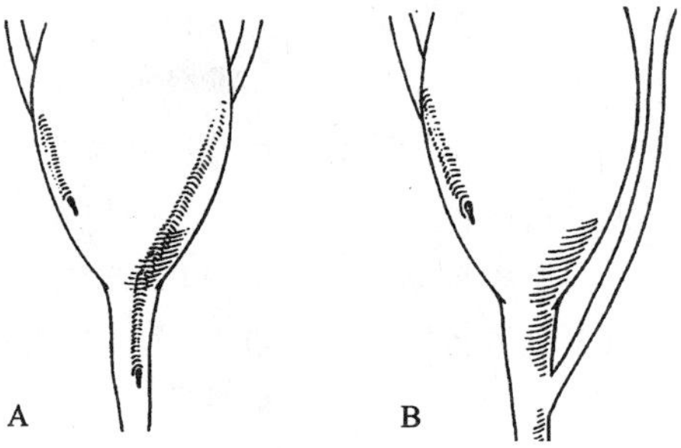

图 18-1　输尿管异位
A．输尿管在膀胱壁内移行；B．输尿管在膀胱外行走

2）壁外输尿管移植术：用于不经膀胱壁行走的输尿管异位（图 18-1B）。结扎输尿管远端，并在结扎的近端切断输尿管。在膀胱的腹侧壁做切口，然后再在其旁斜行膀胱壁做一穿刺小孔道，其长度与输尿管口径之比为（3∶1）～（5∶1）。通过牵引线将输尿管断端经此孔道引入膀胱内，斜行修剪输尿管断端，使其与膀胱黏膜平齐。用可吸收性缝线对膀胱黏膜和输尿管口黏膜进行间断性缝合。将细导管的一端插入输尿管内，另一端经膀胱内和尿道穿出体外，并将其缝合固定在外阴门或包皮内，保留 3～5 d，减少膀胱的充盈，以利输尿管口与膀胱吻合部的愈合。最后常规闭合膀胱壁切口。

由于某些犬的膀胱和尿道功能异常（如尿道括约肌机能不全、膀胱发育不全），术后 30%～55% 的患犬仍然表现一定程度的尿失禁。去甲麻黄碱（犬 1.5～2 mg/kg，猫 1.5 mg/kg，口服）、麻黄碱（犬 4 mg/kg，口服）、己烯雌酚（犬 0.1～1 mg/kg，口服，1～2 次 / 周）、肾上腺素等对括约肌机能不全的犬有一定的作用。膀胱发育不全者，则需继续用药，直到膀胱膨胀到可以进行尿储备为止。

四、膀胱破裂

膀胱破裂（rupture of bladder）可发生于各种动物，最常见于幼驹、公马、公牛（特别是阉公牛），其次为猪和绵羊，犬也可发生。发生后病情急，变化快，若稍有拖延往往造成病患死亡。

病因

（1）*常继发于尿路疾病*　尿道阻塞性疾病，如尿道结石、前列腺肿瘤，阻塞或压迫尿道；膀胱疾病，如膀胱炎或膀胱肿瘤等。

（2）*膀胱充盈后突然受挤压*　初生动物的膀胱破裂常在分娩的过程中发生，压迫膀胱，导致尿的潴留，当通过母体骨盆腔时，于腹内压增大的瞬间膀胱受压而发生破裂，主要发生在公驹；另外，由于胎粪滞留后压迫膀胱，导致尿的潴留，在发生剧烈疼痛的过程中，可继发膀胱破裂，公、母驹均有发生。粗暴的难产助产及母猪膀胱积尿时阉割均可造成膀胱破裂。

（3）*损伤*　不正确的或反复多次进行膀胱穿刺导尿，可导致膀胱的不完全破裂；强烈的外力作用，如火器伤、车祸、高处跌落、骨盆骨骨折都可发生膀胱破裂。

症状　膀胱破裂后，尿液进入腹腔，腹部逐渐增大，1 d 后腹围可呈圆形（与饮水量有关），尿减少或无尿液排出。用导尿管导尿时尿量明显减少，尿液中混有血液。尿路阻塞造成膀胱破裂时，原先呈现的排尿困难如努责、疼痛等症状突然消失。腹部触诊时可感知腹壁紧张，膀胱膨胀抵抗感消失，腹腔内有液体波动。腹腔穿刺有多量带尿味的混浊或红色液体流出。

新生幼驹的膀胱长而窄，顶端伸向前方达脐部。膀胱破裂的部位可从膀胱顶至膀胱颈，破口大多在腹侧。膀胱破裂后，通常经过 24 h 即持续呈现上述各种典型症状，主要是无尿和腹围增大、腹壁紧张。经 2～3 d 逐渐不愿吃奶，呈现轻微腹痛等。出生后由于脐尿管没有闭合而向腹腔内排尿的病幼驹症状与膀胱破裂相似，这类病驹只有在手术治疗中才能识别。此外，应注意与初生幼驹的腹痛性疾病——胎粪滞留相鉴别。

有些病例因尿液漏入腹腔，发生局限性腹膜炎。随着纤维蛋白的析出，与膀胱周围的组织如盲肠、结肠肠襻、网膜、瘤胃等发生广泛粘连，严重者导致排粪或排尿障碍。少数病例在粘连范围内形成一个包裹，并与膀胱相通，囊内潴留尿液。直肠检查，膀胱内尿液充盈不足，病牛除排尿障碍外，一般没有全身症状。有的病例形成直肠-膀胱瘘，可见粪中混有尿液。

膀胱不全破裂或裂口较小的病例，特别是牛，破裂口常常可以被纤维蛋白覆盖而临床自愈。

随着尿液不断进入腹腔，腹膜炎和尿毒症的症状逐渐加重。病畜精神沉郁，眼结膜高度弥漫性充血，体温升高，心率加快，呼吸困难，肌肉震颤，胃肠道弛缓。腹部触摸紧张、敏感。饮水少的病畜，呈现脱水现象。牛反刍停止，瘤胃臌气、便秘，一般于破裂后 2～4 d 进入昏迷状态，并迅速死亡。

诊断 根据损伤或尿路阻塞的病史及典型的临床症状，可做出初步诊断。腹腔穿刺检查、膀胱充气造影等，有助于本病的确诊。若通过导尿管向膀胱内注入染料指示剂亚甲蓝，几分钟后采取腹腔液，显现出染料的颜色，即可确诊。膀胱空气造影，可确认膀胱影像的变化及空气是否流入腹腔内。

治疗 修补膀胱破裂口，控制腹膜炎，防止尿毒症，治疗原发病。

1）膀胱破裂口的修补：小的创口可用非手术的方法处理。纠正潜在的泌尿道阻塞，留置导尿管 3～10 d，使膀胱处于排空状态。Walker 描述牛膀胱破裂时，如未发生广泛的坏死，破裂的膀胱可在短时期内自然愈合，插入导尿管以防止膀胱扩张，并用抗生素控制腹膜炎。

大的破损宜用手术修复。大动物一般用硬膜外腔麻醉和局部浸润麻醉，必要时进行全身浅麻醉。小动物一般进行全身麻醉。施行膀胱修补的动物在保定时注意避免由腹部扩张而致的呼吸障碍，或在全身麻醉诱导前施行腹腔穿刺减压。牛、羊取半仰卧保定，术部常规外科处理，切口一般都选在左侧阴囊和腹股沟管之间，仅靠耻骨前缘，距离腹白线 8～10 cm 处。马属动物呈仰卧保定，腹后下部和腹股沟区常规外科处理。沿包皮旁做一中线旁纵行切口，延至耻骨前区，打开腹腔。小动物仰卧保定，做腹中线切口（母）或中线旁切口（公）。

腹壁分层纵行切开，到达腹膜后，先剪一小口，缓慢地放出腹腔内的积尿，清除血凝块和纤维蛋白凝块。手伸入骨盆腔入口处检查膀胱，如果膀胱和周围的组织发生粘连，就应认真细致地尽可能将粘连分离解除。用舌钳固定膀胱后轻轻向外牵引，经切口拉出，但在临床上并不是所有的病例都能拉到切口处。注意检查破裂口，修整创缘，切除坏死组织，然后检查膀胱内部，如有结石、砂性尿石、异物等，将其清除。用铬制肠线修补膀胱，缝合破裂口。缝合时缝针不穿过膀胱壁全层，只穿过浆膜、肌层。缝合两层，第一层进行连续缝合（裂口小的可进行荷包缝合），第二层进行间断内翻缝合。术后放置导尿管 24 h 或更长时间。

用大量灭菌生理盐水充分冲洗腹腔和内脏器官，然后再向腹腔内投放抗生素，常规关闭腹腔。

2）控制感染和治疗腹膜炎、尿毒症：腹膜炎是膀胱破裂容易继发的疾病之一。膀胱破裂后尿液流入腹腔，随着病程延长，腹腔内的尿液越积越多，尿液中的尿酸盐及很多有毒物质对腹腔脏器产生强烈的刺激，很容易引起腹膜的炎症。因此，膀胱破裂的及早诊断与手术修补极为重要。腹腔尿液中的非蛋白氮被机体吸收后将引起尿毒症的发生，病程长者可发生严重的尿毒症，导致精神极度沉郁，甚至昏迷死亡。因此在术后要注意采取针对尿毒症的治疗措施，才能取得良好的治疗效果。同时腹腔用药防止和治疗腹膜炎对手术的成功起关键作用，一旦破裂口修补好，大量体液引向体外后，腹膜炎和尿毒症通常在 1～2 d 后即能缓解，全身症状很快好转。患膀胱炎的病畜，术后除了需全身用药外，每日应通过导管用消毒药液向膀胱内冲洗 2～3 次，随后注入抗菌药物。经过 5～6 d 后可夹住管头，定时释放尿液，待炎症减轻、尿路畅通后，每日延长夹管时间，直到拔管为止。

3）积极治疗和预防导致膀胱破裂的原发病。

第二节　生殖器官疾病及阉割术

一、睾丸炎

睾丸炎（orchitis）是指睾丸实质的炎症。由于睾丸和附睾紧密相连，常同时伴发附睾炎。根据病程，睾丸炎可分为急性睾丸炎和慢性睾丸炎。

病因

（1）*损伤*　如打击、蹴踢、挤压、尖锐硬物刺入、咬伤、撕裂等。损伤多为一侧发病。

（2）*睾丸扭转*　引起急性炎性反应。

（3）*占位性病变*　如肿瘤、囊肿。

（4）*感染*　膀胱、尿道、前列腺的感染经输精管径路逆行至睾丸，常见的病原为葡萄球菌、链球菌、化脓棒状杆菌、大肠杆菌等；继发于某些传染病，如布氏杆菌病、结核病、放线菌病、鼻疽、腺疫、沙门氏杆菌病、媾疫、芽生菌病、球孢子菌病。

症状　急性睾丸炎时，一侧或两侧睾丸呈不同程度的肿大、疼痛、增温。若发生化脓性感染，局部和全身症状重剧。病畜表现精神沉郁、体温升高、食欲下降、不愿行走等全身症状；站立时拱背，后肢不同程度外展；运步时步态强拘，后肢外展前进，以免碰触睾丸。脓液蓄积于鞘膜腔内，或向外破溃形成瘘管，或沿着鞘膜管蔓延上行进入腹腔，继发弥漫性化脓性腹膜炎。

慢性睾丸炎由急性睾丸炎治疗不及时或不当发展而来，或者由肿瘤、肉芽肿、囊肿等引起。临床上表现为睾丸变小、硬固、表面不规则，无热痛。

诊断　根据病史和症状可做出诊断。触诊检查时注意判定是否发生扭转，是否有异物，睾丸或附睾是否有局部病理变化。对于感染引起的睾丸炎，可采集精液，或者用细针头穿刺睾丸或附睾取样做细菌学或细胞学检查。

治疗　对急性睾丸炎的病畜，如果不作种用，去势是首选的治疗方法。去势后使用广谱抗生素治疗 7～10 d。对有价值的患畜，在发病 24 h 以内可局部冷敷，以后改用温敷、红外线照射等温热疗法。局部肿胀、疼痛严重时可用盐酸普鲁卡因溶液加青霉素做精索内封闭，还可使用抗炎药物如泼尼松，阿斯匹林可减轻炎症反应和局部肿胀。对由创伤引起的急性睾丸炎，还应进行清创处理和创伤治疗；对细菌性睾丸炎可用广谱抗生素治疗；对真菌性感染则用抗真菌制剂进行治疗。尽管经过了积极的治疗，但对病畜生育能力的预后仍要小心谨慎，因为睾丸曲细精管上皮细胞的损害和小管的退化、自身性免疫反应、坏死细胞碎片对小管系统的阻塞等，均可导致病畜的精子生成能力下降。

慢性睾丸炎的病因常不清楚，治疗较困难。如果细菌培养呈阳性，可用敏感抗生素治疗 3 周以上；如果活组织穿刺检查结果显示为免疫反应性炎症（淋巴细胞和浆细胞浸润），则可用免疫抑制剂（如泼尼松）进行治疗。糖皮质激素对丘脑下部-脑垂体-性腺轴有抑制作用，长期大剂量使用可导致睾丸萎缩和不育。对睾丸肿瘤的治疗方法是去势。

二、隐睾

隐睾（cryptorchidism）是较常见的睾丸位置的先天性异常，是指一侧或两侧睾丸未能按正常发育过程从腹膜后下降至阴囊底部，而滞留于腹腔、腹股沟管、阴囊入口处的一种疾病，又称睾丸下降不全。临床上根据睾丸发生的个数分为单侧隐睾和双侧隐睾，根据睾丸发生的位置分为腹内型隐睾（又称高位隐睾）、腹股沟管内型隐睾和阴囊上型隐睾。本病可发生于马、牛、羊、猪、犬等各种动物。若发生于种用动物则影响繁殖；发生于肉用动物，治疗不及时则影响生产。

马的隐睾发生率较高，一般多为腹股沟管内型隐睾；牛的隐睾多为阴囊上型隐睾，腹内型隐睾很少见；猪的隐睾多为单侧性的，也有双侧性的，而且多为腹内型隐睾。隐睾的位置复杂多变，多数在肾和腹股沟管内环之间的区域，少数在腹下壁的脐区或盆腔内膀胱下面。犬的隐睾多为单侧性的，而且右侧隐睾比较多见；也有双侧隐睾的，多为腹内型隐睾和腹股沟管内型隐睾。

病因　隐睾发病的原因尚不十分清楚。一般认为与下列因素有关：遗传性原因；激素原因，性腺发育早期促性腺激素刺激不足可能影响睾丸的下降；机械性原因，如引带异常等。

症状　一侧隐睾时，无睾丸侧的阴囊皮肤松软而不充实，触摸时阴囊内只有 1 个睾丸；双侧隐睾时，其阴囊缩小，触摸阴囊内无睾丸。如果睾丸在皮下，可摸到比正常体积小，但形状正常的异位睾丸。猫两侧隐睾时阴茎尖不明显；猪隐睾时还表现出性欲强、生长慢、肉质不良等特点。隐睾可通过 B 超检查确定其部位。

治疗　一般动物可以不治疗，但隐睾易发生肿瘤，建议手术摘除。

（1）猪腹内型隐睾摘除术

1）保定：侧卧保定，单侧隐睾时，隐睾侧向上；双侧隐睾时，可采用仰卧或半仰卧保定。

2）麻醉：局部浸润麻醉，但大猪宜进行全身麻醉。

3）术式：腹中线旁切口和腹侧壁切口是常用的手术切口。单侧隐睾的切口位置可选在隐睾侧肷部，切口位于髋结节向腹中线引的垂线上，在此线上距髋结节 4～5 指处为术部。做 3～4 cm 长的弧形皮肤切口，术者的食指伸入切口内，将肌层和腹膜戳透，在肾后方腰区、腹股沟区、耻骨区和髂区顺序探摸睾丸。术者用一手食指钩住睾丸后的精索移动至切口处，另一手将大挑刀的刀柄伸入切口内，用钩端钩住精索，拉出睾丸，结扎精索，摘除睾丸。清洁创口后，间断缝合腹膜、肌肉与皮肤。5% 碘酒消毒。

双侧隐睾可做腹中线切口，在倒数第 2～3 对乳头的腹白线上切开腹壁 5～6 cm。术者的食指和中指伸入腹腔内，按上述顺序寻找一侧睾丸，并牵引至切口外结扎摘除。另一侧按同法摘除。腹壁切口进行全层间断缝合，皮肤进行结节缝合。

4）护理：注射广谱抗生素消炎 3 d，防止感染；保持栏舍的清洁干燥，加强护理；饲喂应少食多餐；破伤风流行地区术后注射破伤风抗毒素。

（2）马腹内型隐睾摘除术　马腹内型隐睾摘除术的手术通路有两个，即腹中线旁切口和肷部切口。前者适用于双侧隐睾摘除，手术时采用仰卧保定，全身麻醉配合局部浸润麻醉。后者适用于单侧隐睾摘除，手术时可采用站立保定，可行镇静配合局部浸润麻醉。

经肷部切口或腹中线旁切口打开腹腔，术者的手进入腹腔内探查骨盆腔、膀胱背侧和尿生殖道褶及腹股沟管内环附近。马腹腔型隐睾，睾丸的位置常在腹股沟管内环前方 10 cm 左右的范围内，睾丸质地软、体积小，有弹性，并有精索相连，与粪球及其他周围脏器明显不同。发现隐睾后将其牵引至腹壁切口外，结扎精索，摘除睾丸。若精索太短不能拉出，可扩大创口摘除，也可用锉切钳或绞断器摘除睾丸。最后逐层缝合，整理皮缘使之外翻。

（3）牛腹股沟管型隐睾摘除术　病牛侧卧保定，隐睾侧在上。腰旁神经传导麻醉，或局部浸润麻醉。

术部按常规方法除毛、消毒，切口一般在阴囊颈部腹股沟管外环处，切口长 6～10 cm。切开皮肤，防止切伤外阴静脉的皮下分支，以分离腹股沟筋膜并切开。然后术者或助手用右手伸入直肠找到腹股沟内环，将隐睾尽量向阴囊推出腹股沟管，也可将食指、中指伸入环内捏住引带、附睾或输精管向外牵拉，还可借助器械钳住引带、附睾或输精管向外牵拉。再用左手的拇指和食指将隐睾隔着鞘膜抓紧，用右手持刀切开鞘膜露出隐睾并固定，最后结扎精索摘除隐睾。若为双侧隐睾，用同样的方法摘除另一侧睾丸。睾丸摘除后，依次连续缝合腹股沟管和外环，间断缝合腹股沟筋膜，最后以结节缝合闭合皮肤切口。

（4）犬隐睾摘除术　在腹股沟环处稍前方做长 3～5 cm 的皮肤纵切口，切开浅筋膜及鞘膜，钝性分离腹肌，基本操作方法同上，探寻隐睾（通常在腹股沟环处）并摘除。若术前已 B 超确定隐睾的部位，则可在隐睾处做切口。

三、阴茎损伤

阴茎损伤（injury of penis）是指雄性动物在以物理性因素为主要病因的作用下，产生的阴茎损伤性疾病。本病常发于牛，也见于犬和猪。

病因　阴茎意外受到直接损伤，如钉子、铁丝、玻璃等锐器意外刺（划）伤，动物咬伤等。性行为时阴茎受到外力的作用，如阴茎勃起性交时突然中断导致阴茎挫伤，或受到外力的打击、碰撞、蹴踢等，以及交配时尾巴左右摆动而损伤阴茎。动物自淫时阴茎触及硬物导致意外损伤。人工采精操作不当，如假阴道内胎质地太硬或有碎物、压力太大、润滑剂涂抹不均匀、在猛力抽插之下导致阴茎包皮撕裂损伤阴茎。继发性损伤，如继发于嵌顿包茎。

症状　随损伤的部位和性质而异，可发生包皮、阴茎、尿道各部的损伤或合并伤。

损伤的部位出现炎性肿胀、增温、疼痛。病畜呈现拱背，步态强拘，拒绝配种。有的病例包皮严重肿胀，包皮口狭窄，阴茎不能外伸；有的因阴茎龟头及阴茎末端部肿胀，不能回缩到包皮内，时间稍长，常因病畜起卧而进一步加重挫伤，加之感染化脓，导致坏死，阴茎龟头呈现紫红或紫黑色，排尿障碍，轻者尿频、排尿不畅或淋漓，重者尿闭，甚至继发尿道或膀胱破裂。

尿道破裂时，尿液通过破口进入周围的结缔组织和包皮内，在破裂部位突发肿胀。严重病例则迅速向四周扩延，向前可达胸下部，向后可达阴囊以至会阴，两侧可达膝褶水平，触诊呈捏粉样，发凉、无痛。穿刺为尿液。直肠检查时按压膀胱，可感受到膀胱收缩并逐渐变小，患牛出现排尿姿势，可见坐骨弓下方的尿道部膨胀而有节奏的搏动，但包皮口无尿排出。若延误治疗，继发感染，可导致蜂窝织炎或脓肿，甚至皮肤及皮下组织大块坏死，严重的可继发尿毒症或败血症。

阴茎血肿大多发生在阴囊前方阴茎背侧，通常肿胀于伤后立即发生，穿刺为血液，时间长的病例可因产生瘢痕组织而使阴茎偏斜。

犬若发生阴茎软骨骨折，可触摸到骨移位、变形。

诊断 根据病史的调查、临床检查和特征性症状不难确诊。

治疗 阴茎新鲜创伤要先用消毒防腐剂如0.1%高锰酸钾溶液或0.1%新洁尔灭溶液灌注包皮囊彻底冲洗、止血，缝合视情况而定，阴茎海绵体的损伤，需要进行缝合。局部涂布抗生素，或每天向包皮囊腔注入抗生素乳剂1次。全身应用抗生素5～7 d。疼痛严重的可在损伤阴茎的后段背侧用青霉素盐酸普鲁卡因封闭。

阴茎挫伤早期可采用冷敷疗法，2～3 d后可改用热敷、按摩和红外线照射等疗法。疼痛严重的可在损伤阴茎的后段背侧用青霉素盐酸普鲁卡因封闭。阴茎挫伤造成的血肿，早期（24 h内）可冷敷，随后防止感染，用温热疗法以促进吸收；若血肿吸收困难或过大，则需穿刺或切开排除积血。

急性期阴茎损伤肿胀严重导致尿路完全阻塞的，可通过安插导尿管排尿。阴茎骨骨折后导致尿道排尿不畅的，可先采用保守疗法，在尿道内插入导尿管，待骨折愈合后取出导尿管，但时间较长，也可采用尿道造口术(手术方法见本章第一节尿石症的治疗部分)。

阴茎严重坏死时，可施行阴茎截除手术，其操作方法详见本节嵌顿包茎的阴茎截除术。

四、嵌顿包茎

嵌顿包茎（paraphimosis）是指阴茎伸出包皮口后不能自行全部缩回包皮腔内而嵌顿在包皮口外面的一种异常现象。本病多见于犬和马。治疗不及时往往会导致阴茎坏死。

病因

1）阴茎外伤、水肿使其体积增大而不能回缩到包皮囊内。犬阴茎骨骨折后伴发本病。

2）包皮口狭窄，有两种情况：一种是先天性的包皮口狭小；另一种是慢性包皮炎，增生导致包皮口狭小。交配时勃起不完全的阴茎伸出包皮口外，当阴茎完全勃起后不能回缩到包皮囊内而发生淤血性水肿。

3）管理不当。频繁配种、频繁交配、频繁采精后阴茎不能回缩到包皮囊内。

4）龟头新生物或肿瘤也可发生本病。

症状 动物不时回视腹部。龟头、阴茎无力地垂脱于包皮口之外，脱出部分因淤血而发生水肿或者因外伤感染而发生炎性肿胀，颜色呈暗红色，有热痛、外伤性可见伤口，阴茎常被草、粪、尿、泥、沙等污染，显得污秽不堪。包皮的内层移行到阴茎体外形成一环行肿胀，环行沟内有黄白色的分泌物。若时间过长，嵌顿部位会出现阴茎麻痹、痛觉下降甚至消失，肿胀处用针刺无痛觉；严重的会引起龟头、阴茎出现坏死灶，甚至出现大面积的坏死、坏疽和尿道阻塞，出现臭味，表现排尿困难，甚至出现尿闭。

诊断 本病的临诊症状典型，易于确诊，注意与先天性阴茎骨畸形、阴茎缩肌麻痹、阴茎异常勃起和先天性包皮过短相区别。

治疗

（1）阴茎还纳 先用0.5%高锰酸钾溶液清洗消毒，再用生理盐水冲洗。为了促使消肿，可在阴茎的表面撒上适量的明矾粉后，用纱布包上轻轻反复揉搓促进消肿，数分钟后脱出的阴茎会逐渐消肿、变软、缩小，也可用浸泡过 20% 硫酸镁溶液的纱布包扎患部进行冷敷或冷浴。阴茎肿胀消除后涂上液体石腊和抗生素软膏，将阴茎缓慢还纳到包皮腔内。为防止再脱出，可在整复结束后，缝合包皮口 1～2 针。对于消肿后仍然不能整复的，可行包皮口切开手术，切开包皮口还纳脱出的阴茎。要特别注意控制感染，防止粘连。

（2）阴茎截除术　适用于阴茎已出现严重坏死的病例。

1）保定与麻醉：中、小动物可采用仰卧保定，大动物侧卧保定。全身镇静加硬膜外腔麻醉或阴部内神经传导麻醉。

阴茎截除术

2）术式：手术由两部分组成，即尿道造口术和阴茎截除术。术部剪毛，将脱出的阴茎向外拉直，先用 0.5% 高锰酸钾溶液清洗消毒，再用生理盐水冲洗，确定尿道造口的部位，要位于健康的阴茎组织。然后按手术要求消毒、隔离。先绕阴茎周缘切除过多的部分包皮，注意不要切除太多，再插入导尿管，在阴茎预定切口上端进行临时性结扎止血；沿阴茎腹侧正中线依次纵行切开白膜、尿道海绵体、尿道黏膜，长度约 3 cm，再在尿道切口的远端切除阴茎坏死的部分，注意不要垂直切，要切成凹面，适量保留阴茎两侧和背侧的白膜。然后用可吸收性缝线结节缝合白膜，尽可能使海绵体被白膜包住，解除临时性结扎线，将尿道黏膜边缘与同侧皮肤切口边缘用丝线结节缝合，造成人工尿道开口，再结节缝合其余的包皮，注意包皮要展平并保持一定的紧张性。最后整理皮缘外翻并消毒。

犬阴茎软骨处发生坏死，则需截除阴茎软骨，并在会阴部或阴囊前做人工尿道造口，手术方法见本章第一节尿石症治疗部分。

3）护理：术后每天用抗生素生理盐水冲洗创口，并涂抹抗生素软膏，直到创口愈合。连续注射抗生素 2～3 周，防止尿道感染。术后 10 d 拆除造口部及皮肤的缝线。

五、阴茎麻痹

阴茎麻痹（paralysis of the penis），中兽医称为垂缕不收，是指阴茎失去回缩能力而脱垂于包皮之外的一种疾病，牛阴茎麻痹又俗称为牛吊胴。多见于马属动物，其次为牛和羊，以体弱、老龄和过劳动物多发，尤其在寒冷地区。

病因　阴茎运动系统损伤：交配时阴茎受伤、昆虫刺伤、阴茎背神经或支配阴茎的阴部神经损伤、阴茎缩肌损伤；夏季阴茎外露下垂，卧地时阴茎受到挫伤或擦伤。

饲养管理不当：例如，长期过度劳役、交配过于频繁、过饮冷水致肾经虚寒；饲养不良，身体衰弱也能导致阴茎不能缩回。

继发性因素：损害中枢神经的某些传染病、药物中毒；某些外科病，如嵌顿包茎、阴茎冻伤等可导致阴茎暂时性麻痹；脊髓损伤、媾疫晚期、出血性紫癜等也可引起本病的发生。

症状　阴茎脱出外垂，弛缓无力，暴露于包皮外，不能自行缩回，痛觉缺失，但无排尿障碍，阴茎肿胀，阴茎表面粘有泥沙及其他污物，触诊有冷感。阴茎长时间暴露在外，因起卧时触地摩擦、碰撞导致阴茎破损，感染引起炎症、溃烂甚至坏死，严重的肿胀会波及包皮囊甚至腹下壁。

治疗

1. 保守治疗

（1）整复阴茎　用消毒药液将阴茎清洗干净，还纳到包皮囊，在尿道口进行不影响排尿的暂时性缝合，也可用悬吊绷带托起阴茎于腹壁下，直到阴茎缩肌机能恢复。

（2）治疗原发病　由外伤引起的要及时处理外伤，消除肿胀，抗菌防感染；外伤痊愈后遗留的阴茎麻痹可用温热疗法或理疗；过劳引起的要使动物得到充分的休息；频繁交配引起的要加强管理，停止交配；由药物引起的应及时停用或更换药物；由原发病引起的要对原发病进行彻底的治疗。

（3）中药治疗　有的报道用补中益气汤治愈牛阴茎麻痹；也有的报道用二椒搽剂治疗马阴茎麻痹；还有的报道用龟缩素治疗马阴茎麻痹。

2. 手术治疗　保守治疗无效的可行常规的阴茎截除术，操作方法见本节嵌顿包茎的手术疗法。

六、龟头包皮炎

包皮炎（posthitis）是指包皮的炎症，通常包皮炎伴发龟头炎，形成龟头包皮炎（balanoposthitis）。各种雄性动物都能发生本病，但牛、犬因包皮狭长、包皮口小而较多发。

病因　急性包皮炎主要发生于包皮龟头的机械性损伤。这种损伤较多发生在交配、采精过程中，或者在包皮口进入草茎、麦秆、树枝、砂粒等异物后。包皮内常积留尿液、包皮垢、脱落的上皮细胞及细菌。一旦包皮受损，隐伏于包皮腔内的葡萄球菌、链球菌，以及假单孢菌属和棒状杆菌属细菌等，可侵入而发生急性感染。

慢性包皮炎常因尿液和包皮垢的分解产物长期刺激黏膜而引起，或由附近的炎症蔓延而来。

此外，包皮炎也可出现在某些特定的传染性疾病过程中。例如，牛传染性鼻气管炎病毒（牛疱疹病毒），可引起公牛的脓疱性龟头包皮炎；马媾疱疹病毒可使公马的包皮、阴茎发生脓疱；绵羊坏死性性病病毒可在包皮口的周围发生溃疡；牛毛滴虫病可引起包皮、阴茎黏膜的炎症。

症状　发生急性龟头包皮炎时，可见包皮口流出浆液性或脓性渗出物，黏附于包皮口周围的被毛上，触摸包皮前端动物有疼痛表现，局部肿胀、发热，龟头体积增大。严重时炎症也可蔓延到腹底和阴囊上，甚至出现蜂窝织炎，包皮口周围出现严重的大面积肿胀、淤血，包皮口狭窄，阴茎不能伸出，公畜拒绝配种，病畜排尿困难、痛苦，尿流变细或呈滴状流出，尿道口有臭味。病畜一般无全身症状，严重时可出现发热、食欲减退，但犬、猫一般可见到自舔阴茎，舔食脓汁过多时出现口臭、食欲减退。

发生慢性龟头包皮炎时，可导致包皮出现纤维性增生，阴茎不能自由伸缩；或导致阴茎与包皮间、包皮腔内外层间的粘连，造成包茎。

治疗　先彻底清除包皮内的积垢、积尿和异物。剪除包皮口的被毛，进行冲洗。冲洗方法可根据动物的大小选择 20 mL、30 mL 或 50 mL 的大注射器，套上输液管，将胶管缓慢插入包皮腔，术者一手握紧包皮口，将冲洗药液注入包皮腔，待药液注满后用另一手前后上下挤压包皮腔数次，放出药液，如此反复冲洗 2～3 次，每日冲洗 1 次。冲洗药液可用温的生理盐水、碱性肥皂水、3% 过氧化氢溶液、消炎收敛性药液，但由于龟头包皮部比较敏感，禁用刺激性的药液，否则将会加重炎症的发展。冲洗完后在包皮腔内涂布一层抗生素软膏。若是由外伤引起的龟头包皮炎，按外伤处理的基本方法对伤口进行处理；若确诊为包皮内脓肿，按脓肿的处理方法处理，但应通过内包皮黏膜切开排脓，不宜通过皮肤切口排脓，否则容易引起继发感染。

对于严重的急性龟头包皮炎的病畜，腹底出现大面积的肿胀，甚至转化为蜂窝织炎的，应大剂量肌肉或静脉注射抗生素，直至彻底痊愈。龟头包皮炎有明显疼痛不安的病畜，可应用镇静止痛药物。

七、鞘膜炎

鞘膜炎（periorchitis）是指精索鞘膜和睾丸鞘膜的炎症，多由去势处理不当而引起。

病因　去势创伤处理不当，导致切口甚至精索断端感染化脓菌而引起。另外，阴囊受到咬创、刺创、裂创、砍创、打击、蹴踢、冲撞等机械因素的作用，处理不及时也易发。

症状　阴囊出现大面积的炎性肿胀，发热，触诊敏感有剧痛；鞘膜腔充满大量渗出液，触诊有波动感，穿刺为纤维性；创口或伤口感染化脓，有稀薄、透明的黄色渗出液外流（滴）。有时阴囊的肿胀可蔓延至包皮及腹下壁，甚至波及会阴部。病畜体温升高，精神不振，食欲下降，后肢运动困难。化脓性鞘膜炎有时可形成两个彼此相通的脓腔，下腔在阴囊内，上腔则在鞘膜腔内。

治疗　低位充分扩开阴囊及鞘膜切口，彻底排除潴留的创液、纤维素凝块和脓汁，用防腐消毒液彻底清洗，并配合局部应用抗生素。疼痛严重的可用青霉素盐酸普鲁卡因进行阴囊基部封闭。病情严重者可切除鞘膜和已化脓的精索断端。

为防止感染扩散，加速愈合，可肌内注射抗生素 3～5 d；对体温升高的可注射解热镇痛的药物。

八、前列腺疾病

前列腺常见疾病包括前列腺炎、前列腺增生、前列腺囊肿、前列腺肿瘤等。前列腺肿瘤见第十一章。

（一）前列腺炎

前列腺炎（prostatitis）是指前列腺的炎症，主要表现为尿频、尿急、排尿不尽、排尿困难等排尿异常。可分为急性前列腺炎和慢性前列腺炎，急性前列腺炎又分为化脓性前列腺炎和前列腺脓肿。本病多见于成年公犬，也有马、猪患病的报道。

病因　一般认为急性前列腺炎多由微生物感染而引起，其病原有葡萄球菌、大肠杆菌、链球菌、霉形体、变形杆菌、原虫、真菌、病毒等，但以细菌感染最为常见。感染的途径主要为尿道上行感染和血道感染。慢性前列腺炎的病因尚未完全清楚，多由急性前列腺炎转变而来，与自体的免疫因素有一定的关系。感冒受凉、前列腺增生、服用过量雌激素可诱发本病。

症状　急性前列腺炎发病较急，全身症状明显，体温升高，食欲减退，出现尿频、尿痛、尿急、血尿、排尿不尽、排尿困难等排尿异常，尿道有白色黏液样分泌物溢出。直肠及腹部触诊前列腺表面不平，质地不均匀，可触及炎性结节或波动，有局限性压痛。血检白细胞增多，尿检可见白细胞及细菌。由疼痛导致动物行走缓慢，步态异常，尾根抬起。常伴有急性膀胱炎和尿道炎。慢性前列腺炎的症状基本与急性前列腺炎相同，但症状较轻微，病程较长。

诊断　根据症状、直肠检查、X 线检查等做出诊断。

治疗　前列腺由于其包膜通透性差、前列腺血循环较弱和血-前列腺的屏障作用，水溶性、酸性、低离解常数及蛋白质结合的多种药物不易进入腺体组织，因而难以根治。目前报道的治疗方法有抗生素疗法、前列腺灌注疗法和微波照射疗法。抗生素治疗可根据微生物学检查及药敏试验选用抗生素，如喹诺酮类、磺胺类药物、四环素、庆大霉素、氨苄青霉素。如怀疑支原体、衣原体感染，可选用四环素或红霉素。慢性前列腺炎可对前列腺进行按摩，以促进炎症的消散，加强护理，同时配合抗生素疗法。至于前列腺灌注疗法和微波照射疗法在人类医学上应用比较多，在动物临床上的应用正在积极探索。

（二）前列腺增生

前列腺增生（hyperplasia of prostate），又称为前列腺肥大，是指与年龄相关的自发性前列腺增生性疾病，是典型的前列腺疾病之一。根据前列腺增生的性质可分为良性前列腺增生和前列腺癌。增生的前列腺挤压尿道，使其发生狭窄，从而出现尿频、尿急、尿潴留等症状，严重时还会引发尿毒症。该病常见于雄性老年犬。

病因　病因尚不十分清楚，一般认为可能与激素水平、雌激素与雄激素比例的改变、品种差异、泌尿系统感染史、糖尿病及性活动强度等因素有关。

症状　主要是尿频、尿急、排尿困难、尿线变细。直肠检查和腹部触诊可发现前列腺呈囊状肿大、膀胱潴尿，长期膀胱潴尿会导致膀胱弛缓，严重时还会引发尿毒症。发病动物步态改变，后肢跛行或运步强拘。全身症状一般不明显。

治疗　主要有手术治疗和药物治疗。手术治疗分为全切除术和部分切除术。通过腹后部腹中线切开及耻骨联合切开术暴露前列腺。安放导尿管，并向前牵引膀胱。分离前列腺周围的脂肪、筋膜、血管和神经。全切除术：分离两端尿道，尽可能避开膀胱三角和膀胱颈，在接近前列腺处横断尿道，摘除前列腺；用可吸收性缝线单层结节缝合尿道两断端，网膜覆盖吻合处。部分切除术：切开或部分切除纤维囊，使用超声波吸引术或激光除去前列腺的实质组织，但需保留尿道。

去势术有助于前列腺增生的治疗，大多数病例在去势后两个月内，前列腺的体积即可缩小。药物治疗可选用 α_1 受体阻滞剂、雄激素抑制剂、芳香酶抑制剂、生长因子抑制剂等药物。周期性间断地给予少量的己烯雌酚能促进前列腺的萎缩，但剂量应给予控制。

（三）前列腺囊肿

前列腺囊肿（cyst of prostate）是指前列腺的腺体由于先天性或后天性的原因，前列腺的导管或腺管闭塞，导致前列腺的分泌物蓄积而发生囊性改变。有前列腺潴留性和旁性囊肿两种。前者发生在前列腺的实质，形成大的空腔，腔内充满非脓性液体；后者发生于前列腺的周围，仅一细蒂与腺体相连。典型症状是排尿、排粪障碍，频频努责。本病多发生于老年犬。

病因

1）炎性因素：前列腺的炎性肿胀导致前列腺的导管或腺管闭塞。

2）前列腺的先天性畸形、发育异常。

3）前列腺管的阻塞：前列腺增生、结石、前列腺肿瘤阻塞腺管而导致囊肿。

4）长期服用雌激素：雌激素使前列腺鳞状化生，腺管阻塞而形成囊肿。

症状与诊断　症状的轻重与囊肿的大小有关。一般初期囊肿小，无明显的临床症状，后期囊肿增大压迫直肠和尿道等邻近器官时才出现临床症状。表现为精神委顿，食欲下降或废绝，排尿、排粪困难并有痛感，尿液呈滴沥状排出，频频努责。触诊腹部时腹壁较紧张、疼痛，可触摸到骨盆处有肿块。直肠检查前列腺肿大，表面光滑，有的不对称，有波动感，无热无疼。腺体后部囊肿可使会阴部鼓起，有时误认为是膀胱反屈或会阴疝，X 线膀胱造影检查可加以区分。超声检查可见膀胱的下方有一囊状液性阴影。

治疗　前列腺囊肿的治疗方法有保守疗法、穿刺硬化剂疗法和外科手术疗法，但前列腺囊肿的治疗主要是采取外科手术疗法。保守疗法主要采用抗菌疗法和体液支持疗法，静脉给药一般疗效欠佳，但禁用雌激素治疗。穿刺硬化剂疗法采用 B 超定位，抽净囊内容物，并向囊内注入生理盐水，反复冲洗，然后向囊腔内注入抽出液体总量 1/3 的无水乙醇，5 min 后再抽出无水乙醇，为防止感染可向囊腔内注入适量抗生素冲洗后抽出。外科手术疗法虽然是治疗前列腺囊肿的主要方法，但手术难度较大。因为尿道刚好从前列腺中间经过，且手术部位很难充分暴露，所以一般采用囊肿切除术和前列腺袋形缝合术。囊肿切除术后，再施去势术。前列腺袋形缝合术适用于囊肿大且与腹壁靠近的病例。动物按常规方法麻醉、保定、隔离、消毒，先打开腹腔，钝性分离前列腺周围的脂肪，用纱布隔离囊肿的前列腺，用注射器抽出囊内液体并用生理盐水反复冲洗囊腔，然后在距前列腺囊肿处最近的腹底壁处做一小切口，用止血钳自切口将前列腺囊壁引出，再在囊壁上做一个与腹壁切口大小相当的切口，结节缝合腹壁切口创缘与囊壁切口创缘，最后按常规方法闭合腹壁切口。术后按常规方法护理，10 d 后拆除缝线。

九、子宫蓄脓

子宫蓄脓（pyometra）是指子宫腔内潴留大量脓汁，多发于发情后期。该病按子宫颈开放与否可分为闭锁型与开放型两种，主要见于犬和猫。

病因　本病的内在原因与雌、孕激素的作用有关。该病常发生于发情后期，此时孕酮促进子宫内膜的生长而降低子宫平滑肌的活动，最终发展为囊性子宫内膜增生，使子宫分泌物聚积。孕酮还可抑制白细胞抵抗细菌感染的能力。母猫的排卵、黄体形成和孕酮的产生需要交配刺激，因此其子宫积脓的发病率比母犬低。雌激素可加强孕酮对子宫的刺激作用，在发情间期给予外源性雌激素可以增加子宫发生蓄脓的危险。未经产的母犬与初产和多产的母犬相比，患子宫蓄脓的危险性会有中等程度的增加。

本病发生的外因为细菌的感染。常分离到的细菌有葡萄球菌、链球菌、假单胞菌、变形杆菌及其他细菌。

症状　常出现在发情间期（发情后 4～8 周）或在注射外源性孕激素以后，表现为嗜睡、厌食、尿频、烦渴及呕吐等。眼睑膜潮红，部分患病动物（约 20%）体温升高。当子宫颈开张时，阴道排出脓性分泌物，有时带有血液。当子宫颈闭锁时，不见阴道排脓性分泌物，可出现腹部膨隆。由于有毒产物的吸收，患病动物可出现休克，甚至死亡。中性粒细胞增多，核左移。治疗不及时，可继发子宫溃疡或穿孔、贫血、肾小球肾炎及毒血症。

诊断　根据发情史、临床症状、腹部触诊、血液学检查及 B 超检查可做出诊断。

治疗

（1）保守治疗　对于开放型子宫蓄脓可采用保守治疗，通过静脉输液、给予抗生素（如氧氟沙星、甲硝唑）及向子宫内灌入抗生素溶液进行治疗。对于病情不严重者，可使用前列腺素 $PGF_{2\alpha}$（0.25 mg/kg，皮下注射，1 次 /d，连用 5 d），并配合广谱抗生素治疗。$PGF_{2\alpha}$ 的副作用包括烦躁、气粗、唾液分泌过多、来回走动、腹痛、心动过速、呕吐和排便，猫还可出现吼叫和过分的舔嗜行为，这些反应在注射 $PGF_{2\alpha}$ 后 2 h 内消失。

（2）子宫切除术　子宫切除术是首选的治疗方法，对于开放型和闭锁型子宫蓄脓均适用。切除子宫时，建议将卵巢一并摘除（图 18-2）。术前首先应纠正体液、电解质和酸碱平衡失调。

动物仰卧保定，全身麻醉。在脐后约 2 cm 处做腹中线或腹中线旁切开，切口长 5～12 cm（根据体形大小而定）。打开腹腔后，将肠网膜及肠管向前推，将膨胀的子宫牵引至切口外，用生理盐水浸湿的纱布围隔。

将一侧卵巢牵出创口 2～3 cm，在卵巢动、静脉的后方卵巢系膜上开一小孔（图 18-2A）。用三把止血钳穿过此孔，其中两把止血钳上、下夹住卵巢系膜的血管丛，另一把止血钳夹住卵巢的固有系膜。先剪（切）断中间止血钳与卵巢之间的系膜（图 18-2B）。用 7 号丝线在近端止血钳上绕一圈，除去止血钳，并在此止血钳钳压处收紧缝线，打结（图 18-2C）。可在此结与中间止血钳间再做一环绕卵巢系膜的结扎或贯穿结扎。用镊子夹住卵巢系膜的残端，松开第二把止血钳。如无出血，将断端的卵巢系膜送回原位。沿子宫角向后分离子宫阔韧带，对阔韧带上的血管做集束结扎，分离阔韧带直至子宫颈处。另一侧卵巢及子宫阔韧带采用同法分离。在接近子宫颈（可触诊增粗部分）的子宫体两侧分别贯穿结扎左、右侧的子宫动脉和静脉（图 18-2D），并用两把止血钳沿此结扎处的近侧钳夹子宫体，在两止血钳间切断子宫体，并移走子宫和卵巢。切断子宫体时应保留远端有适合的长度（1～2 cm），便于缝合，且先环切浆膜肌层，再尽可能靠近远端止血钳切断黏膜层。清理子宫体远端的残端，并用可吸收性缝线进行内翻缝合。最后常规闭合腹壁。

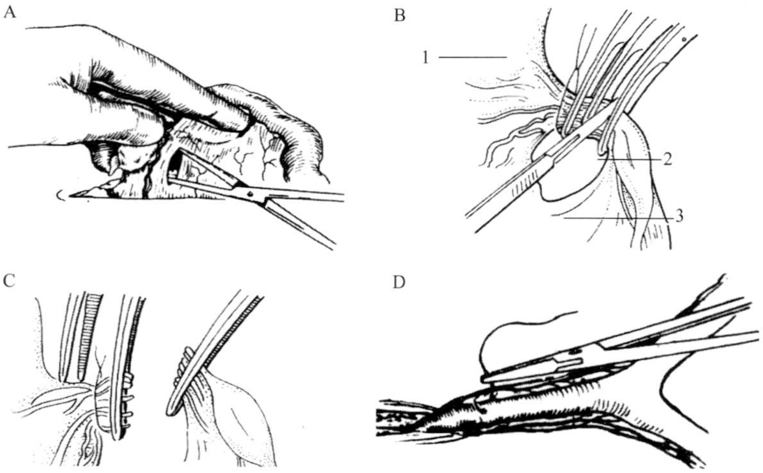

图 18-2　卵巢子宫切除术

A. 用止血钳于卵巢动、静脉后方的卵巢系膜上开一小孔；B. 用两把止血钳夹住卵巢系膜血管丛，用另一把止血钳夹住卵巢固有系膜；C. 在系膜近端穿绕丝线，除去第一把止血钳，同时收紧缝线，打结；D. 分别贯穿结扎左、右侧子宫动脉和静脉；1. 肾；2. 卵巢；3. 卵巢系膜

子宫切除应在接近子宫颈处进行，因术后剩余的子宫也可发生本病。一般来说，卵巢和子宫切除的动物预后良好。

术后静脉注射抗生素（如氨苄青霉素、头孢类），注意保护动物的肝和肾。7～10 d 拆除皮肤缝线。

十、阴道增生

阴道增生（vaginal hyperplasia）是指阴道黏膜对雌激素反应亢进而引起阴道黏膜充血、水肿和增生，呈梨形或舌形隆起于阴道黏膜表面，或向后脱出垂于阴门外的一种疾病。该病多发于发情前期和发情期的犬。

病因　与雌激素分泌剧增有关。正常母犬发情时，由于雌激素的作用，阴道、尿生殖前庭的黏膜水肿、充血。但有些品种的犬（可能与遗传有关）在发情前期和发情期因雌激素反应过大，所以阴道底壁（尿道乳头前部）黏膜褶水肿、增生过度、隆起，并向后垂脱。青年母犬在第一到第三个发情周期的卵泡期多发此病。一般到间情期可退缩，但以后发情可再度发生。

症状　阴唇肿胀、充血，努责，下蹲，经常举尾，起卧不安。阴道检查可见粉红色增生物，增生物的形状、大小不一，表面大都光滑湿润，质地柔软，向前延伸至阴道底壁，增生物腹侧止于尿道口。较大的增生物多呈舌形或梨形，突出于阴门外。时间长、护理不当，增生物则干燥，有的甚至继发感染，影响交配。尽管黏膜的增生往往引起尿道口的异位，但通常不会引起排尿困难。一般无全身症状，注意本病与阴道肿瘤和阴道脱的鉴别。

治疗　如果增生物很小，没有突出于阴门之外，在发情间期一般会消退，不需要治疗。

1. 药物治疗　对于突出于阴门外的增生物，先用0.1%新洁尔灭液清洗后涂布抗生素软膏，肌注黄体酮抑制雌激素过多分泌，减轻发情症状，可加快恢复。也可通过用醋酸甲地孕酮抑制发情来达到使增生物快速缩小的目的。还可使用促性腺激素释放激素和绒毛膜促性腺激素诱导排卵，缩短性周期，但是效果不太理想，而且促性腺激素释放激素还可能会引起卵巢囊肿。

2. 手术治疗

（1）手术结扎　结扎点尽量靠近阴道内壁的健康组织，结扎两道。结扎后的第3～4天增生物开始萎缩、变小，第7～10天会脱落。由于从第3～4天开始萎缩，在第3天时就必须进行第2次结扎，否则结扎不紧，恢复供血，达不到治疗目的。增生物脱落后，阴道内用常规消毒液进行冲洗。

（2）手术切除　适用于严重不可回复的增生性脱垂及阴道突出物发生溃疡坏死的病例。动物全身麻醉，俯卧位保定，后躯抬高，尾向前转曲固定。肛门内塞一块纱布，防止手术时粪便排出污染创口。会阴部按常规方法剪毛、消毒，用0.1%的新洁尔灭溶液冲洗阴道、尿生殖前庭及增生物。为辨认尿道，术前务必插入导尿管。用两把止血钳分别钳住外阴上联合两侧，切开外阴联合处至阴道背侧壁水平处，将其外翻，充分暴露阴道、尿生殖前庭和增生物。在增生物基部的背侧面至其腹侧面（外尿道口前部）弧形切开阴道黏膜，分离黏膜下组织，将增生物全部切除。剥离时应触摸导尿管，掌握分离深度，避免损伤尿道。彻底止血、撒布消炎药后，用可吸收性缝线连续或结节缝合阴道壁创口，用可吸收性缝线连续缝合外阴口黏膜，用丝线结节缝合外阴皮肤。

术后注射抗生素3～5 d；7 d后拆除缝线；加强管理，禁止交配。

要彻底根除这种疾病，就需要实施卵巢切除术或卵巢子宫切除术。卵巢子宫切除术最好在发情间期的后期实施。

十一、阴道脱

阴道脱（vaginal prolapse）是指阴道的部分或全部脱出于阴门之外。本病主要发生于妊娠末期，多见于牛，其次是羊、猪和犬，马罕见此病。

病因　病因较为复杂，阴道壁组织松弛无力、缺乏紧张性是其主要因素。妊娠母畜年老衰弱，产道松弛，营养不良，缺乏钙、磷等矿物质及运动不足，常会引起全身组织紧张性降低，骨盆韧带松弛而易出现阴道脱。雌激素水平过高，也易发生阴道脱，如摄入含雌激素较多的牧草，患卵泡囊肿分泌雌激素较多，妊娠末期胎盘分泌的雌激素较多，猪喂饲霉变玉米等饲料时雌激素含量较高。犬交配时被强行分离也易发生本病。腹内压持续升高也易继发阴道脱，如直肠炎里急后重、胎儿过大或过多、瘤胃膨胀、妊娠后期等。另外本病的发生可能与遗传有关。

症状

（1）部分脱出　一般无全身症状，阴道检查可见阴道内粉红色半圆形的突出物，阴道壁一般无损伤，或者有浅表潮红或轻度糜烂，仅卧下时部分阴道脱到阴户外，呈红色半圆形，表面湿润有光泽，母畜站立后又自动回复。

（2）完全脱出　阴道全部脱出，子宫颈外翻呈“轮胎”状。新脱出的阴道呈粉红色，表面湿润有光泽；时间久者呈暗红色淤血，表面粘有大量的污物，因受地面摩擦及粪尿污染，常使阴道黏膜淤血发绀、水肿、干燥、有灶性损伤，甚至坏死穿孔，冬季则易发生冻伤。

治疗 轻度阴道脱，无须治疗，短期可自行消失。阴道严重脱出者，需尽早整复。

（1）阴道整复固定 病畜尽可能采用前低后高的体位站立，不愿或不能站立的，尽可能将后躯垫高，小动物可提起两后肢。将直肠内的宿粪掏出再塞入纱布，防止整复时排便污染阴道。在后海穴注射盐酸普鲁卡因，以减少病畜努责。

1）清洗：由助手用消毒的塑料布将脱出的阴道兜起至与阴门等高，用温的 0.1% 高锰酸钾溶液彻底冲洗阴道，除去黏附的污物，一边冲一边用手整理患部。大的伤口应缝合，水肿严重的再用 2% 明矾或 50% 葡萄糖水冲洗并适当加压直至水肿消退，在阴道黏膜表面涂上碘甘油。最后用温生理盐水浸湿的纱布热敷，检查阴道是否有活性，有活性的可以整复，无活性的视情况实施阴道切除。

2）整复：整复时，助手先用消毒的纱布托起阴道，术者在病畜不努责时，用手将脱出的阴道向阴门内小心逐步推送，当动物努责时应稳住，防止动物努责再脱出，在整复过程中助手应注意密切配合。整复困难的可行外阴上联合切开术。待阴道全部推入阴门以后，再用拳头将阴道推回原位，手臂在阴道内停留一会儿，或者将大小合适的长颈瓶放入其中。最后在阴道腔内注入消毒药液和促进阴道收缩的药物。

3）固定：为防止阴道再次脱出，必须进行固定。固定的方法有压迫固定阴门、缝合阴门，或者将阴道侧壁和臀部皮肤缝合进行固定。对于大动物，可采用啤酒瓶压迫固定阴门法。清洗消毒外阴部、臀部和尾巴，局部麻醉，用粗缝线对阴门进行 3 针间断褥式缝合，缝合时应注意以一个手指头能插入、不妨碍排尿即可。2～3 d 患畜不努责后取出啤酒瓶。

4）防止感染：阴道全部复位后，在阴道内放入适量的消炎药物以防感染，视情况全身应用抗生素。

（2）阴道黏膜下层部分切除术 适用于阴道黏膜广泛水肿和坏死的病例，切除病变的阴道黏膜。3～4 周内即将分娩或可能流产的病例不能应用此法。

小动物可全身麻醉，仰卧或侧卧保定并垫高后躯；大动物可局部麻醉，侧卧或站立保定。先确定切除的范围，一般切除的是子宫颈至尿道外口的这段阴道的病变黏膜。然后找到尿道口，插入导尿管，便于术中识别和保护尿道；肛门内塞一块纱布，防止手术时粪便排出污染创口。会阴部按常规方法剪毛消毒，用 0.1% 的新洁尔灭溶液冲洗脱出的阴道。运刀时只能切除黏膜和肌层，不能伤及浆膜层。切除阴道背面时要窄，腹面时要宽，通常是边切除一段边用 3 号或 4 号铬制肠线将正常的黏膜两切口缘缝合一段，以减少出血，直到将其全部切除。特别要注意保护尿道外口，以防损伤导致狭窄。

术后护理 注射抗生素 3～5 d；加强管理，禁止交配。

十二、阴道损伤

阴道损伤（vaginal injury）是指母畜的阴道黏膜、黏膜肌层或阴道壁的完整性受到破坏，可发生于母畜分娩后，也可发生于其交配后。分娩时由于胎儿相对过大，母畜的阴道剧烈扩张、摩擦而受到不同程度的损伤，多发于初产母畜；难产时助产动作粗鲁也可导致阴道损伤。

病因

（1）母体因素 分娩时子宫颈及阴道开张不全即强行拉出胎儿；宫缩过强、过频，引起急产。

（2）胎儿因素 胎儿过大；胎位、胎势不正。

（3）助产操作因素　产道干燥，未灌入润滑剂；胎位、胎势不正强行拉出难产的胎儿；难产助产时使用产科器械助产不慎滑脱；截胎时胎儿骨骼断端划伤产道；在助产的过程中用力过猛；助产牵引方法不当；胎衣不下、系重物过重等。

（4）交配因素　自然交配时，公畜体形高大、性欲强烈，而母畜体小、瘦弱，可能发生阴道壁穿透创。

症状　病畜高举尾根，躁动不安，拱背，频频努责，表现出极度疼痛的症状。阴门有鲜红的血液、血水或血凝块流出。阴道检查发现阴道黏膜充血、肿胀，有新鲜破裂口。如为陈旧性创口，可发现创口上附有污黄色的坏死组织及脓性分泌物。阴道壁发生透创时，阴道壁周围的器官和组织可经破口突入阴道腔内或脱出于阴门外，探查可发现阴道壁穿透，而且阴道壁透创往往很容易继发腹膜炎，而表现出腹膜炎的症状。

治疗

（1）阴道新鲜创　准确找到损伤的部位，及时修补、止血。有出血的应先止血，出血点不明显的压迫止血即可；若有较大的血管破裂出血，应先用钳夹止血，然后再用缝线结扎血管止血。在阴道伤口处撒布消炎粉，较大的伤口用丝线缝合几针，小伤口可不缝合，也可用组织黏合剂将创缘粘接起来。全身注射抗生素 3～5 d。

（2）阴道陈旧创　对阴道壁创口肿胀甚至化脓的患畜，可先用灭菌的生理盐水反复清洗，然后向阴道内注入乳剂消炎药、涂擦消炎软膏或在阴门两侧注射抗生素，必要时可肌内注射抗生素。

（3）阴道壁透创　首先，找到创口，检查有无腹腔脏器脱出，有脱出的应迅速将脱入阴道内的肠管、网膜、膀胱等器官和组织用消毒液冲洗干净，涂以抗菌药液，进行完全复位处理。其次，在创口上撒抗生素粉缝合创口。缝合的方法是：一只手在阴道内固定创口，并尽可能向外拉，另一只手拿长柄持针钳，夹上穿有长线的缝针带入阴道内缝合，并将缝线拉紧，使创口边缘尽可能对合整齐。注意缝合前不要冲洗阴道，以免污染腹腔。连续大剂量肌内注射抗生素 4～5 d。

［附］阉割术

广义的阉割术是指采用物理的、化学的或生物学的方法摘除、破坏或抑制动物的性腺并使其生殖机能丧失或抑制的技术；狭义的阉割术是指摘除或破坏动物的性腺并使其失去性欲和繁殖能力的手术。阉割的目的主要有：

1）提高动物的生产性能，能加速育肥、促进增重、节约饲料。

2）提高动物产品的质量，能使肉用动物的肉质细嫩、味道优美，能提高毛皮动物的皮毛质量。

3）通过绝育能使性情恶劣的动物变得温顺，易于管理和使役。

4）治疗疾病。例如，睾丸炎、鞘膜积水、睾丸创伤、睾丸肿瘤等疾病常规治疗无效时，去势术常成为治疗这些疾病的方法之一；由卵巢疾患而引起的性机能异常亢进需用摘除卵巢来治疗；犬、猫卵巢子宫切除术常用于绝育，以及治疗子宫积脓、阴道增生等疾病。

5）淘汰不良品种。

阉割术包括公畜的去势和母畜的卵巢摘除。

阉割术　　卵巢子宫摘除术

第十九章 疝

第一节 概 述

疝（hernia），又称赫尼亚或赫尔尼亚，是指内脏器官从异常扩大的自然孔或病理性破裂孔脱至皮下或其他解剖腔内的一种病理状态。疝常发生在腹壁、胸腔，脑室内形成的疝（如小脑膜裂孔疝）比较少见。各种家畜均可发生，但以猪、马、牛、羊更为常见，尤其是仔猪；小动物中犬的发病率较高；野生动物也有疝的报道。疝发生的常见原因有解剖孔异常扩大、膈肌发育不全形成孔道、机械性外伤（如阉割不当等使腹壁形成病理性破裂孔）、腹壁肌肉发育不全在腹内压升高时形成孔道等。

（一）疝的组成

疝的基本组成是疝孔（疝轮）、疝囊和疝内容物，有时有疝液（图 19-1）。

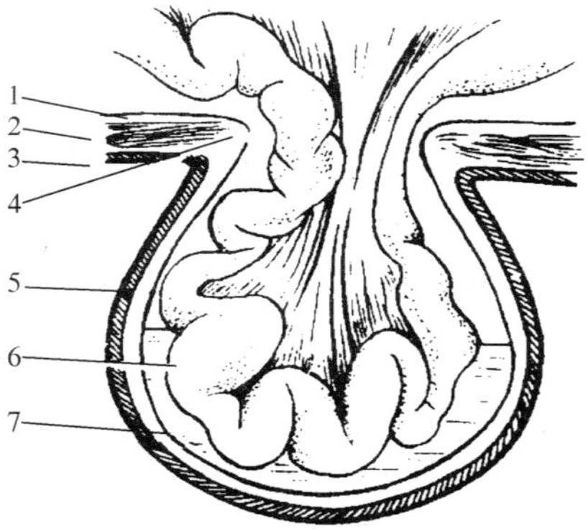

图 19-1 疝的模式图

1. 腹膜；2. 肌肉；3. 皮肤；4. 疝孔；5. 疝囊；6. 疝内容物；7. 疝液

（1）*疝孔*　又称疝轮，指异常扩大的自然孔（如脐孔、腹股沟环）或病理性破裂孔（如钝性暴力造成的腹肌撕裂），内脏可由此脱出。疝孔是狭窄的通道。由于解剖部位的不同和病程的长短，疝孔的结构也不一样。初发的新疝孔，多数因断裂的肌纤维收缩，疝孔壁变薄，且常被血液浸润；陈旧性的疝孔多因局部结缔组织增生，疝孔壁增厚，边缘变钝。

（2）*疝囊*　由腹膜及腹壁的筋膜、皮肤等构成，腹壁疝最外层常为皮肤。典型的疝囊应包括囊口（囊孔）、囊颈、囊体及囊底。疝囊的大小及形状取决于发生部位的局部解剖结构，可呈卵形、扁平形或圆球形。小的疝囊常被忽视，大的疝囊可达到排球大小或更大。在慢性外伤性疝囊的底部有时发生脱毛、皮肤擦伤等。

（3）*疝内容物*　为通过疝孔脱出到疝囊内的一些可移动的内脏器官，常见的有小肠、肠系膜、网膜，其次为瘤胃、真胃、肝、子宫、膀胱等。几乎所有病例的疝囊内都含有数量不等的浆液——疝液，这种液体常在腹腔与疝囊之间互相流通。在可复性的疝囊内，此种疝液常为透明、微黄色的浆液性液体。当发生嵌闭性疝时，起初由于血液循环受阻、血管渗透性增强，疝液增多；然后由于肠壁的渗透性被破坏，疝液变得混浊，呈淡紫红色，并带有恶臭腐败气味。在正常的腹腔液中仅含有少量的中性粒细胞和浆细胞，如果血管和肠壁的渗透性发生改变，在疝液中可以见到大量崩解阶段的中性粒细胞，而几乎看不到浆细胞，这可作为是否有嵌闭现象的一个参考指征。疝液减少或消失后，脱到疝囊的腹腔脏器和疝囊发生部分或广泛粘连。

（二）疝的分类

（1）根据发病原因　可分为先天性疝和后天性疝。先天性疝也称遗传性疝，是由遗传因素引起的，多发生于初生动物，如脐疝、腹股沟疝等；后天性疝由后天因素引起，由于形成病理性孔道而发病，见于各种年龄的动物，如损伤性腹壁疝等。

（2）根据突出体表与否　凡突出体表者称外疝，如脐疝、腹壁疝；凡不突出体表者称内疝，如膈疝、网膜疝。

（3）根据发病部位　可分为脐疝、腹股沟阴囊疝、腹壁疝、会阴疝、闭孔疝、膈疝等。

（4）根据疝内容物可否还纳　分为可复性疝与不可复性疝。前者指当改变动物体位或压挤疝囊时，肿胀会缩小，疝内容物可通过疝孔还纳到腹腔的疝；后者指不管是改变体位还是压迫疝囊，肿胀都不会缩小，疝内容物都不能还纳到腹腔的疝。

疝内容物不能回到腹腔的原因：疝孔比较狭窄、疝道狭而长、疝内容物与疝囊发生粘连、疝内容物之间互相粘连或疝囊内的肠管充满过多的粪块或气体。因此，不可复性疝根据其病理变化又可分为粘连性疝（dry hernia）和嵌闭性疝（incarcerated hernia）。粘连性疝的疝内容物与疝囊壁发生粘连、肠管与肠管之间相互粘连、肠管与网膜发生粘连等；嵌闭性疝的疝内容物嵌闭在疝孔内，使脏器受到压迫、血液循环受阻而发生淤血、炎症，甚至坏死。

嵌闭性疝又可分为粪性、弹力性及逆行性等数种。粪性嵌闭疝是由于脱出的肠管内充满大量粪块，增大的肠管不能回入腹腔。弹力性嵌闭疝是腹内压升高时发生的，腹膜与肠系膜被高度牵张，引起疝孔周围的肌肉反射性痉挛，孔口显著缩小。逆行性嵌闭疝（retrograde incarcerated hernia）是由于游离于疝囊内的肠，其中一部分又通过疝孔钻回腹腔中，二者都受到疝孔的弹力压迫，造成血液循环障碍（图 19-2）。以上三种嵌闭性疝均使肠壁血管受到压迫而引起血液循环障碍、淤血，甚至引起肠管坏死。

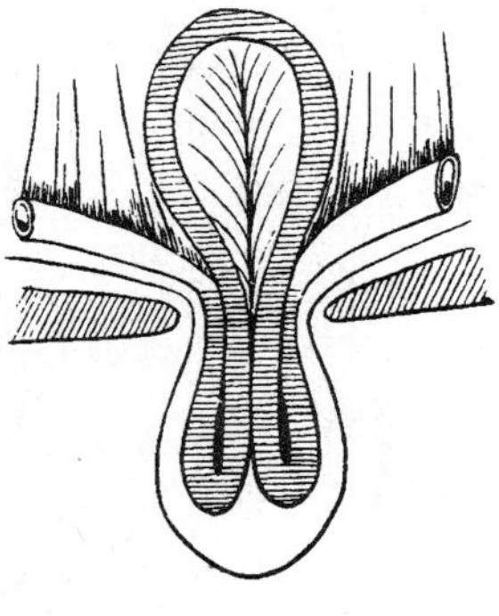

图 19-2　逆行性嵌闭疝

（三）症状

外疝中除腹壁疝外，其他的各种疝如脐疝、腹股沟疝、会阴疝等的发病都有其固定的解剖部位，腹壁疝可发生于腹壁的任何部位。可复性疝一般不引起动物任何的全身性障碍，而只是在局部突然呈现隆起，隆起物呈圆形或半圆形、球状或半球状，触诊柔软。当改变动物的体位或用力挤压时隆起部能消失，可触摸到疝孔；当病畜强烈努责、腹腔内压升高或吼叫挣扎时，隆起会变得更大，表明疝内容物随时有增减的变化。外伤性腹壁疝随着腹壁组织受伤的程度而变化，在破裂口的四周往往有不同程度的炎性渗出和肿胀，严重的逐步向下、向前蔓延，指压留痕，很容易发展形成粘连性疝。嵌闭性疝则表现为突然出现剧烈的疝痛，局部肿胀增大、变硬、紧张，排粪、排尿受到影响，严重时大、小便不通或发生继发性鼓气。

（四）诊断

发生在腹壁的疝，诊断并不难，应注意了解病史，并从全身性、局部性症状中加以分析。要注意与血肿、脓肿、淋巴外渗、蜂窝织炎、精索静脉肿、阴囊积水及肿瘤等进行鉴别诊断，主要根据发生部位、有无疝孔、可否还纳、有无胃肠蠕动音和穿刺液的性质进行鉴别诊断。会阴疝还应与直肠憩室、肿瘤等鉴别诊断。膈疝需借助 X 线进行诊断。

第二节 脐　疝

脐疝（umbilical hernia）是指由于脐孔发育不全、闭锁不全，脐部化脓或腹壁发育缺陷，使肠或网膜从脐孔脱落至皮下。各种家畜均可发生，但以仔猪、幼犬、牛犊、幼驹为多见。一般以先天性原因为主，可见于初生时，或出生后数天至数周。牛犊的先天性脐疝多数在出生后数月逐渐消失，少数病例愈来愈大。犬、猫在 2～4 周龄常有小脐疝，多数在 5～6 月龄后逐渐消失。

病因　胎儿的脐静脉、脐动脉和脐尿管通过脐管走向胎膜，其外部由疏松结缔组织包裹。当胎儿出生后脐带被扯断，血管和脐尿管就变得空虚不通，而四周的结缔组织增生，在较短时间内完全闭塞脐孔。如果断脐不正确（如扯断脐带血管及尿囊管时留得太短）或发生脐带感染，腹壁脐孔则闭合不全。此时若动物出现强烈努责、用力跳跃或仔猪之间相互拱肚等行为，则腹内压增加、脐孔扩大，肠管容易通过脐孔进入皮下形成脐疝。

症状　脐部呈现局限性球形肿胀，质地柔软，有的紧张，缺乏红、热、痛等炎症反应。病初多数能在压挤疝囊或改变体位时将疝内容物还纳到腹腔，并可摸到疝轮。仔猪和幼犬在饱腹或挣扎时脐疝可增大，可听到肠蠕动音。牛犊的脐疝一般可由拳头大小发展至排球大，甚至更大，由于结缔组织增生及腹压大，往往摸不清疝轮。猪的脐疝如果疝囊膨大，皮肤接触地面而被磨破，严重时伤及粘连的肠管，形成肠瘘。肠粘连往往广泛而多处发生，因此手术时必须仔细地剥离。嵌闭性脐疝虽不多见，但一旦发生就有明显的全身症状，病畜表现极度不安。马、牛均可出现程度不等的疝痛，食欲废绝；犬与猪还可以见到呕吐，呕吐物常有粪臭。可很快引发腹膜炎，体温升高，脉搏加快，如不及时进行手术则常引起死亡。

诊断　应注意与脐部脓肿和肿瘤相区别，必要时进行穿刺、X 线或 B 超检查。

可复性脐疝预后良好，幼畜经保守疗法治疗常能治愈，疝孔由瘢痕组织填充，疝囊腔闭塞。嵌闭性疝预后可疑，如能及时治疗，预后良好。

治疗　治疗方法有保守治疗和手术治疗（脐疝修补术）。

（1）*保守治疗*　即非手术治疗，适用于疝孔较小的脐疝。可用疝气磁疗带（纱布绷带或复绷带）、强刺激等促使局部炎症增生闭合疝孔。但强刺激剂能使炎症扩散至疝囊壁及其中的肠管，引起粘连性腹膜炎。用 95% 乙醇（用碘液或 10%～15% 氯化钠溶液代替乙醇）在疝轮四周分点注射，每点 3～5 mL，有一定的效果。

幼龄动物可用一大于脐环的、外包纱布的小木片抵住脐孔，然后用绷带加以固定，以防移动。若同时配合疝轮四周分点注射 10% 氯化钠溶液，效果更佳。

目前认为最佳的保守疗法是皮下包埋锁口缝合法，此法简单、易行、可靠。方法是缝针带缝线绕疝孔皮下缝合一周，还纳内容物，然后拉紧缝线闭合疝孔打结。国外用金属制疝夹治疗马驹的可复性脐疝，疝轮直径不超过 8 cm 时可成功。

（2）*手术治疗*　术前禁食，全身麻醉或局部浸润麻醉，仰卧或半仰卧保定，术部无菌处理。①分离疝囊：在疝囊基部呈纵向梭形切开皮肤，充分止血，在疝孔处分离皮下组织、肌肉直到疝孔周围。②还纳疝内容物：待疝囊壁的腹膜部分与疝轮完全分离后，小心切开疝囊，认真检查内容物有无粘连和坏死。如有粘连，仔细剥离粘连的肠管，肠管坏死者需行肠管部分切除术，疝内容物与疝孔粘连者也要小心剥离。将疝内容物直接还纳腹腔内。③闭合疝孔：采用丝线水平褥式缝合法闭合疝孔。缝合时先不打结，待所有水平褥式缝合全部完成后，逐个将缝线抽紧打结。④消除疝囊：剪去多余的皮肤，结节缝合皮肤。

对于雄性动物，可沿包皮做“U”形切口，分离包皮及阴茎下的结缔组织，将包皮向后翻。按上述脐疝修补术还纳疝内容物、闭合疝孔。将包皮恢复至正常位置，用 4 号丝线对阴茎或包皮下的筋膜组织与腹壁创面的筋膜或肌肉组织进行结节缝合，以消除死腔。最后，结节缝合皮肤。

术后护理：术后不宜喂得过饱，限制剧烈活动，防止腹压升高。术部包扎绷带，连续应用抗生素 7～10 d。

第三节 腹股沟疝及腹股沟阴囊疝

腹股沟疝（inguinal hernia）及腹股沟阴囊疝（inguinal and scrotal hernia）常见于公猪，也见于马，其他公畜比较少见，母猪、母犬常发生腹股沟疝。

病因 正常情况下，猪胎儿的睾丸在卵受精 80～90 d 下降至腹股沟管的下方，在 100 d 后睾丸下降至阴囊内，此时腹股沟管关闭，腹壁完整，即使腹内压力升高，腹壁仍有足够的抵抗力起到保护作用，不会发生疝。当腹股沟管内环过大、腹壁薄弱或缺损、抵抗力不足时，腹内压力一旦升高，则容易发生疝。如果在出生时发生，则为先天性腹股沟阴囊疝；若在出生后发生，则为后天性腹股沟阴囊疝。公马配种时两前肢凌空，身体重心向后移，腹内压加大，有时发生腹股沟阴囊疝；还可发生于装蹄时保定失误，马因剧烈挣扎而加大腹内压力所引起。公猪去势后也可发生。

症状 腹股沟疝有单侧性和双侧性两种。临床上腹股沟疝常在内容物被嵌闭、出现腹痛和轻度跛行时才被发现，或者当疝内容物进入阴囊引起阴囊肿大时才引起畜主注意。疝内容物通常是小肠、肠系膜、子宫或大肠，有时为膀胱等。

腹股沟疝在股内侧的一侧或两侧出现局部膨胀性突起，肿胀物的大小随腹内压及疝内容物的性质和多少而定。触之柔软，无热、无痛，无全身症状，常可还纳于腹腔内。若脱出时间过长可发生粘连和嵌闭，触诊有热痛，疝囊紧张，动物有腹痛或因粪便不通而腹胀，肠管淤血、坏死，以及食欲下降等全身症状。

当发生腹股沟阴囊疝时，一侧或双侧阴囊增大，皮肤紧张发亮，触诊时柔软有弹性，无热，无痛；个别的呈现紧张、发硬，触诊敏感。听诊时可听到肠蠕动音。先天性及可复性疝时直肠检查可触知腹股沟内环扩大（大动物可以容纳 3 指），轻轻牵引落入阴囊的肠管，有回至腹腔的可能。嵌闭性腹股沟阴囊疝的全身症状明显，剧烈腹痛，一侧或两侧阴囊变得紧张，出现水肿、皮肤发凉（少数病例发热），阴囊的皮肤因汗液而变得湿润；病畜不愿走动，并在运步时后肢开张，步态紧张；脉搏及呼吸数增加；随着炎症的发展，全身症状加重，体温升高。当嵌闭的肠管坏死时，表现为嵌闭综合征，必须采取急救手术切除坏死的肠段，才能挽救动物的生命。

诊断 根据临床症状较易做出诊断。大家畜可进行直肠检查触摸内环的大小，并可摸到通过内环的内脏。腹股沟阴囊疝应与阴囊积水、睾丸炎、附睾炎、肿瘤相区别。前者触诊柔软，直肠检查可触摸到疝内容物；阴囊积水触诊有液体感；睾丸炎和附睾丸炎在炎症阶段局部有热、痛，触诊肿胀稍硬，动物反应明显；肿瘤较硬实，无明显的热、痛。

治疗

（1）腹股沟疝 全身麻醉，在前疝壁纵向切开皮肤和浅、深层的筋膜，暴露疝环，然后将疝囊壁与疝环分离，还纳内容物入腹腔。对于已经发生肠粘连的，切开疝囊，暴露粘连的肠段，然后进行钝性剥离。在剥离时用浸以温灭菌生理盐水的纱布慢慢分离，对肠管轻轻压迫，以减少对肠管的刺激、防止剥破肠管。在确认肠管完全剥离后，再还纳入腹腔。采用丝线（7～10 号，依张力大小而定）将疝环前外侧的腹外肌和腹横肌及其腱膜与疝环后内侧的腹直肌及其鞘膜进行水平褥式重叠缝合（前者覆盖后者），即根据疝环的大小预置 2～5 针缝合，然后依次抽紧缝线打结，闭合疝环。皮肤和筋膜进行结节缝合。术后不宜喂得过饱，适当控制运动。

（2）腹股沟阴囊疝　按上述切口暴露疝环和鞘膜，剥离疝囊壁与疝环。切开鞘膜，牵拉出阴囊内的疝内容物（肠管、网膜等），并还纳入腹腔。若疝内容物因粘连而牵拉困难，则需在阴囊切开，剥离疝内容物后还纳。疝囊的闭合同上。对于未去势的动物，可在手术的同时摘除睾丸。

第四节　损伤性腹壁疝

损伤性腹壁疝（traumatic ventral hernia）可发生于各种动物，是指由于腹肌或腱膜受到钝性暴力的作用，腹壁形成破裂孔，腹腔内脏膨出而形成腹壁疝。马、骡腹壁疝的多发部位是膝褶前方的下腹壁，该部位由腹外斜肌、腹内斜肌和腹横肌所构成，肌纤维很少，对于外伤的抵抗能力很低，易形成腹壁疝。牛常见的腹壁疝为发生在左侧腹壁的瘤胃疝及右侧剑状软骨部的真胃疝，牛的腹肌中腱质含量比较少，因此比马更易破裂。猪多见于腹侧阉割部位。犬、山羊和鹿多见于肋弓后方的下腹壁。

病因　主要由强大的钝性暴力所引起。由于皮肤具有韧性及弹性，故仍能保持其完整性，但皮下的腹肌或腱膜直至腹膜易被钝性暴力损伤而破裂。北方见于畜力车的支车棍挫伤、猛跳或后坐于车把上，也有的见于被饲槽所挫伤或倒于地面突出物体上等。南方多见由牛角斗或放牧时被树桩抵撞而引起。鹿、山羊常发生于抵角争斗之后；犬常发生于相互斗咬或车祸。另外，因腹内压过大，如母畜妊娠后期或分娩过程中难产而强烈努责等也可引起腹壁疝。

症状　外伤性腹壁疝的主要症状是腹壁受伤后局部突然出现一个局限性扁平、柔软的肿胀，触诊时有疼痛、温热感。常为可复性，多数可摸到破裂孔。伤后 2 d，由于炎症反应逐渐发展，可形成越来越大的扁平肿胀并逐渐向下、向前后蔓延。外伤性腹壁疝可伴发淋巴管断裂，淋巴液流出。受伤后腹膜炎所引起的大量腹水，也可经破裂的腹膜流至肌间或皮下疏松结缔组织中而形成腹下水肿，此时原发部位变得稍硬。发病两周内常因大面积炎症反应而不易摸清疝轮。疝囊的大小与疝轮的大小有密切的关系，疝轮越大则脱出的内容物也越多。但也有疝轮很小而脱出大量小肠的情况，此情况多由腹内压过大所致。损伤性腹壁疝很容易发生粘连和嵌闭，一旦发生粪性嵌闭疝则出现程度不一的腹痛，病畜表现为轻度不安、前肢刨地、时卧时起、急剧翻滚，有的因未及时抢救继发肠坏死，剧烈疼痛、休克而死亡。

腹壁疝内容物多为肠管，但也有网膜、真胃、膀胱、怀孕的子宫等脏器，并经常与相近的腹膜或皮肤粘连，尤其是伤后急性炎症阶段更为多见。

诊断　外伤性腹壁疝的诊断可根据病史，如受钝性暴力后突然出现柔软的可复性肿胀，触诊能摸到疝轮，能听到肠蠕动音，疝囊体积时大时小，有的甚至随着肠管的蠕动而忽高忽低。腹壁外伤性炎性肿胀有其发生规律，马属动物最为明显，一般在第 3～5 天达最高峰。因炎性肿胀常常妨碍触摸出疝的范围，更不易确定疝轮的方向与大小，因此诊断为腹壁疝时应慎重。有时还会误诊为淋巴外渗或腹壁脓肿。淋巴外渗发生较慢，病程长，既不会发生疝痛症状，也无疝轮，穿刺流出透明、淡黄色的液体，而腹壁脓肿穿刺流出脓汁。此外，还应与蜂窝织炎、肿瘤与血肿进行鉴别诊断。

治疗 目前可采用保守治疗与手术疗法。

（1）保守疗法 适用于初发的外伤性腹壁疝，凡疝孔位置高于腹侧壁1/2以上、疝孔小、有可复性、尚未粘连的病例，可采用保守疗法。在疝孔位置安放特制的软垫，用特制的压迫绷带在畜体上绷紧后可以起到固定填塞疝孔的作用。随着炎症及水肿的消退，疝轮即可自行修复愈合。缺点是压迫绷带有时会移动，因而影响疗效。经过15 d左右，即可解除压迫绷带。

（2）手术疗法 手术是治疗外伤性腹壁疝的可靠方法。术前充分禁食，以防腹内压升高，便于修补破口。手术根据病情决定，尽可能在发病后立即手术。现将手术疗法的要点分述如下。

1）保定与麻醉：马、犬等侧卧保定，患侧在上，行全身麻醉。牛可站立保定或侧卧保定，进行局部浸润或腰旁神经传导麻醉，同时配合使用肌松或安定等药物。

2）手术径路：在病初尚未粘连时，可在疝轮附近做切口；如已粘连，则必须在疝囊处做一皮肤梭形切口。钝性分离皮下组织，将内容物还纳入腹腔，缝合疝轮，闭合切口。

3）疝修补术：外伤性腹壁疝的修补方法甚多，需因地制宜。

新患腹壁疝：因疝轮的大小不等而有所不同，应区别对待。当疝轮小、腹壁张力不大，而腹膜已破裂时，可用肠线缝合腹膜，用丝线结节缝合法闭合疝轮。当疝轮较大、腹壁张力大，缝合过程中病畜挣扎可能发生撕裂时，应对腹肌做8字缝合或水平褥式缝合，并补加结节缝合，必要时还可对疝轮（经皮肤）行减张缝合。皮肤行结节缝合。

陈旧性腹壁疝：因腹部疝急性期错过手术治疗的机会，或其他原因造成疝轮大部分已瘢痕化，肥厚而硬固的疝称为陈旧性腹壁疝。对陈旧性疝轮必须将瘢痕化的结缔组织用手术刀切削成新鲜创面，如果疝轮过大还需要将邻近的纤维组织或筋膜做成修补瓣以填补疝孔。在切开皮肤后先将疝囊的皮下纤维组织用手术刀将其与皮肤囊分离，然后切开疝囊，将一侧的纤维组织瓣用水平褥式缝合法缝合在对侧的疝轮组织上，根据疝轮的大小做若干个水平褥式缝合，再将另一侧的组织瓣用水平褥式缝合法覆盖在上面，最后用减张缝合法闭合皮肤切口。

近年来选用金属丝或合成纤维如聚乙烯、尼龙丝等材料修补大型疝孔，取得了较好的效果，也有用碳纤维网修补马的下腹壁疝孔的报道。方法是先在疝部皮肤做椭圆形切口，选一块比疝孔周边略大2～3 cm的钽丝网，将其插入腹壁肌与腹膜之间，用缝线固定钽丝网行结节缝合，然后选用较粗的缝线行水平纽扣孔状缝合，关闭疝孔，皮肤行结节缝合。

少数腹壁疝病例已发生感染时，应在疝的修补术前控制感染，然后再进行修补术。

4）术后护理：注意术后是否发生疝痛或不安，尤其是马属动物的腹壁疝，如疝内容物修复不确实、手术粗糙过度刺激内脏或术后粘连均可引起疝痛。此时要及时采取必要的措施，甚至重新做手术。腹壁疝的手术部位易伤及膝褶前的淋巴管，常在术后1～3 d出现高度水肿，应与局部感染所引起的炎症相区别，并采取相应的措施。保持术部清洁、干燥、防止摔跌。嵌闭性疝的术后护理可参照肠梗塞的护理方法，尤其要注意肠道是否通畅，并适当控制饲喂。为防止感染，术后7～10 d要抗菌消炎。

第五节 会阴疝

会阴疝是指动物由于盆腔肌组织缺陷，网膜及腹腔脏器从直肠膀胱褶或直肠生殖褶处向骨盆腔后突出，以致脱入会阴部皮下一侧或两侧。疝内容物常为膀胱、前列腺、肠管、子宫等。

本病常见于水牛、猪和犬等动物。

病因 会阴是体壁的一部分，覆盖于骨盆后口，环绕肛门与尿生殖道周围。当动物长期处于低营养水平、瘦弱、固定膀胱的韧带松弛时，会导致膀胱或肠管向骨盆后方脱出，特别在腹压升高如重胎、分娩时努责、前列腺肿大或囊肿引起的排尿困难等情况下更易发生。因此，本病主要由营养性和动力性两大因素引起，并往往是这两个因素的共同作用引起的。

症状 在肛门、阴门近旁或其下方出现无热、无痛、柔软的肿胀，常为一侧性。用手由下向上挤压肿胀时常会逐渐缩小。如疝内容物为膀胱时，常出现尿闭，用灭菌针头穿刺疝囊时可排出尿液。

母牛阴道底壁的疝多发生于产后，临床上与阴道脱垂十分相似而且经常与之并发。由于膀胱向阴道底壁垂脱，迫使阴道向后上方脱出，轻者阴唇哆开，严重者外阴肿胀并延续到阴户下联合部。膀胱脱出过多时，尿道曲折，迫使尿道口向膀胱脱垂一侧的对侧偏斜，排尿时尿液向一侧排出，尿流细小或分段排出，排尿困难。触诊阴道凸起部感到柔软而波动，用拳向盆腔推压可使肿胀缩小，但松手后又逐渐胀大。

猪会阴疝往往可在抬高后躯时缩小，但放下或挣扎、努责后又会变大。

犬会阴疝常因前列腺（或和膀胱一起）移位造成。膀胱会阴疝见肛门一侧逐渐肿大，患犬排尿减少或停止，极度不安，闭尿时间长时出现呕吐，按压肿胀物时常因尿道折转而无尿排出，穿刺排出血色尿液。

诊断 根据临床症状，以及B超、X线和直肠触诊检查可确诊。

治疗 会阴疝需手术治疗。

（1）*猪、牛会阴疝手术* 术前禁食12～24 h；温水灌肠，清除直肠内的粪便，导尿。牛行前低后高的姿势站立保定，猪行倒立保定或保定于前低后高的斜台面上，硬膜外麻醉加局部浸润麻醉。肛门荷包缝合，术部常规剃毛消毒。经肛旁侧切口（见第十四章第四节中的肛旁侧切口），小心切开疝囊，将疝内容物送回腹腔。膀胱积尿时应在排出尿液后还纳复位。复位困难时，可用夹有纱布球的长钳抵住脏器将其送回原位。子宫和膀胱复位时应避免扭转。采用简单疝囊修补术闭合疝囊，即将肛门括约肌与肛提肌、闭孔内肌分别进行结节缝合，以闭合疝孔。切除多余的疝囊皮肤，结节缝合皮肤。应注意不要误伤直肠壁底部后端的阴部内动脉、静脉和神经。

（2）*犬会阴疝手术* 患犬胸卧保定，后躯抬高，尾固定于背侧，全身麻醉。肛门荷包缝合，术部常规剃毛消毒。

1）简单疝修补术：若会阴部肌肉状态良好，疝环不大，上述简单的疝修补术则成为首选。然而，犬会阴疝多发生于中老年犬，会阴部肌肉（肛提肌、尾骨肌）常出现萎缩或退化，采用简单的疝修补术不能完成疝孔的闭合，需根据疝孔的大小或种类采用网状物置入术和双肌转位术。对于膀胱会阴疝，在进行疝修补术的同时，还需要进行输精管固定术。

2）网状物置入术：经肛旁侧切口，打开疝囊。在疝内容物还纳后，评估疝缺损的大小和周围肌肉的强度。将聚丙烯网状物折叠裁剪成锥形，以锥形顶端朝向疝深部放置于缺损处，调节置入物的大小使锥底部覆盖疝环，采用非吸收性缝线结节缝合网状物与周围的肌肉（肛门外括约肌、肛提肌和闭孔内肌），术后成纤维组织浸入置入物后形成瘢痕组织而闭合疝囊。多聚丙烯材料昂贵，治疗成本高。

3）双肌转位术：闭孔内肌和臀浅肌转位术，适用于疝环范围较大的病例。①皮肤切口：做肛旁侧切口，并向背侧弧形延长切开皮肤，然后向股骨大转子方向做一垂直于皮肤的切口

（图 19-3A）。②臀浅肌转位：分离皮下组织和阔筋膜，寻找附着于大转子上的臀浅肌肌腱并切断，向背侧分离臀浅肌，注意不要破坏其内侧的血管。分离荐坐韧带下的疏松结缔组织后，以止血钳牵引臀浅肌肌腱部，使臀浅肌转位至会阴，以覆盖缺损的背侧部。③闭孔内肌转位：将术侧的后肢向内侧旋转，在坐骨结节的内侧稍前方，寻找闭孔内肌，分离闭孔内肌至其附着于坐骨嵴的肌腱（图 19-3B），并横断该肌腱，特别注意不要伤及在其表面行走的坐骨神经，牵拉闭孔内肌以覆盖缺损的腹侧部。④疝孔闭合：采用非吸收性缝线将臀浅肌肌腱与肛门背外侧的外括约肌结节缝合，闭孔内肌肌腱与肛门腹外侧的外括约肌结节缝合。最后结节缝合皮肤。

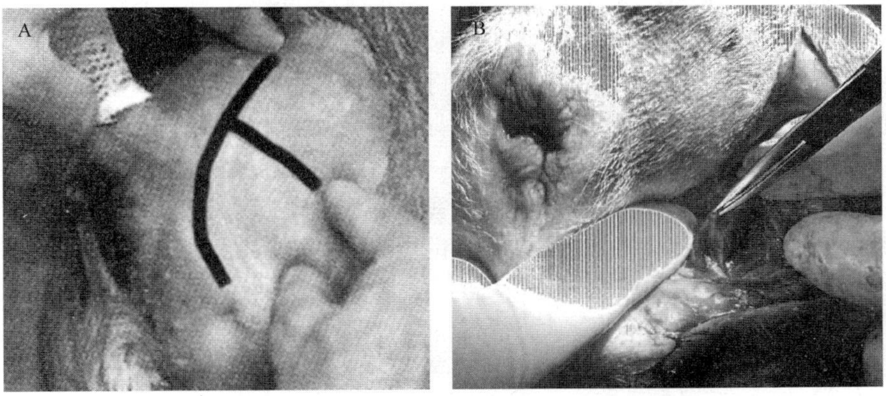

图 19-3　闭孔内肌转位

A. 皮肤切口；B. 分离闭孔内肌

4）输精管固定术：输精管固定术是一个辅助外科手术，特别适用于涉及膀胱或前列腺的会阴疝。先做去势术，即结扎精索，切除睾丸，切口暂不缝合。经阴茎旁切口制作腹腔手术通路，打开腹腔后寻找与前列腺相连的输精管，向腹腔牵拉输精管。输精管拉回腹腔后，用无创钳牵拉膀胱回腹腔。在膀胱之前的腹侧壁做一小切口，用蚊式钳通过切口后在腹横肌筋膜下制作 1 cm 长的隧道，然后再向腹腔穿透腹壁。用蚊式钳牵引输精管通过腹壁隧道，拉紧直至前列腺固定于腹壁，回折输精管并缝合固定。同法固定另一侧输精管。为防止复发，将膀胱腹侧与腹底壁做 1～2 针缝合固定。

（3）*术后护理*　保持术部清洁干燥，遇有粪便污染时应随时清除并消毒或换绷带。术后应避免腹压过大或强烈努责，以减少会阴疝的复发。注意抗菌消炎，防止手术创感染。

第六节　膈　　疝

膈疝（diaphragmatic hernia）是指腹腔内的一种或几种内脏器官通过横膈的破裂孔进入胸腔。本病在膈的腱质部或肌质部遭到意外损伤，或是膈先天性缺损时发生，多见于牛、猪、马，犬也有发生。由于有些病例不表现症状，故临床上不易发现。

病因与病理　牛的膈疝多为后天性的，先天性的少见。先天性膈疝一般发生在膈腱质部，可因网胃或肝发生粘连而不出现症状。后天性膈疝与创伤性网胃腹膜炎及分娩密切相关。此外，冲击、碰撞、跳跃、跌倒也可引起膈破裂而发病。

马驹的先天性膈疝多见于左侧膈；后天性膈疝常因剧烈运动，如跳跃、外伤或增加腹压（怀孕后期或分娩）而引起，还见于擦伤、撕裂伤、挫伤或骨折伴发膈疝。

犬的膈疝多由外伤引起。猪的膈疝可在同一猪场同一种猪后代发生，似有遗传性。

膈疝可能由上述一种或几种原因引起。有的病例在生前未引起注意，死后才发现腹腔内部分脏器进入胸腔，并有广泛的粘连。若进入胸腔的疝内容物较多，对心、肺产生不同程度的压迫，则表现出呼吸或循环障碍的症状。

症状 牛的膈疝多呈慢性经过，常有反复臌气，食欲减退，反刍停止，粪便减少，呈糊状；病久则眼睑与颈部皮肤起皱襞，表明有脱水现象；被毛粗乱，有时磨牙，与迷走神经性消化不良症状相似（易混淆）。有时吐草团或草饼，3～4 周后瘤胃因蓄积大量酸性、腐败泡沫性内容物而显得很充盈，瓣胃与皱胃又相对空虚，由于前胃功能不足和营养缺乏而死于衰竭。

马膈疝的症状差异很大，主要症状有疝痛和呼吸困难。多数病例取慢性经过，疼痛症状在膈撕裂后不久、内脏嵌入后一段时间才出现。呼吸次数的增加是由疼痛、内毒素及肺塌陷所引起的，并非特征性症状。肠管进入胸腔，容易导致肠梗阻而引起动物死亡，且小肠梗阻比大肠梗塞的症状明显，致死更快。

猪膈疝常见于 10～40 kg 的仔猪，呈“犬坐势呼吸”，肘外展，头颈伸展不愿卧地，呼吸深快。腹腔器官突入胸腔越多，对呼吸和循环的影响越大。患先天性膈疝的仔猪，常在奔跑或挣扎中突然倒地，呈现高度呼吸困难，可视黏膜发绀，安静后症状逐渐消失，也有的病例发生急性死亡。采食减少，腹泻和便秘交替出现，机体消瘦，生长发育受阻。

犬膈肌破裂后涌入胸腔的腹腔内脏器官以胃、小肠和肝多见。其症状与膈破裂的程度、疝内容物的种类及其数量的多少有关。如心脏受压则引起呼吸困难、心力衰竭、黏膜发绀，肺音、心音听诊不清，胃肠脱入可听到肠音，嵌闭后可引起急性腹痛，肝嵌闭可引起急性胸水和黄疸。

诊断 患膈疝的动物常呈犬坐姿势，呼吸困难。听诊心音不清，部分病例血常规检查白细胞增多。钡餐造影 X 线检查可确诊胃肠的疝内容物，必要时可剖腹探查确诊。

治疗 手术修补膈疝时，要注意预防心脏纤颤，它是手术的主要并发症。最好供给氧气，施行正压通气。牛在剑突后方，从中线一侧切开，根据疝环的位置，沿同侧肋骨做 25～35 cm 的平行或弧形切口进入腹腔，分离粘连后，随即拉回坠入胸腔的内脏器官，注意不要损伤大的血管，用连续锁边缝合法闭合膈的疝孔。马的膈疝手术修补术，沿腹中线从剑状软骨后做长 20 cm 的切口，切开皮肤和腹壁，助手将疝内容物拉回腹腔后，采用结节或连续锁边缝合闭合疝孔；若疝孔过大缝合困难时可用一片合成纤维盖于疝环处，用双股 1 号或 2 号肠线做简单的连续缝合，相距 2 cm，离疝轮边缘 3 cm；分别闭合腹壁与皮肤。

犬、猪可行脐前腹中线剖腹径路切开腹壁，放出过多的胸腔积液和腹水，仔细寻找膈肌破裂孔，轻轻拉出脱入胸腔的脏器。若为肝或脾脱入，因充血、质脆，应特别小心，以防破裂。缝合先在裂孔最深处进针，用简单连续锁边缝合法闭合膈破裂孔，闭合后抽出胸腔内的气体。检查膈破裂孔处是否漏气，若漏气，对漏气处进行结节或纽扣缝合。常规关闭腹腔。

患膈疝的动物易出现呼吸性酸中毒，可输注生理盐水、碳酸氢钠等加以纠正。应用糖皮质激素、脱水剂、利尿剂等防治肺水肿。术后适当补充电解质与水，连用抗生素 5～7 d，保持安静，减少运动，避免跳跃。

第二十章 跛行诊断

第一节 跛行概论

一、跛行的概念

跛行（lameness）不是疾病的名称，而是指四肢机能障碍的综合症状。许多外科病，特别是四肢病和蹄病常伴有跛行症状。除外科病以外，有些传染病、寄生虫病、产科病和内科病也有跛行的局部表现。跛行若得不到及时、正确地诊断和治疗，不但影响家畜的生产、使役或比赛能力，而且会降低饲料报酬、耗费药品，造成很大的经济损失。

二、引起跛行的原因

（1）损伤　机体遭受硬物打击、碰撞、跌创或相互踢、觝等，造成肢、蹄损伤，引起跛行。

（2）使役或骑赛不当　过度使役或在崎岖的道路上长距离骑赛，都可能造成四肢肌腱损伤，引起跛行。

（3）营养不良　饲料中的矿物质不足、比例失调或维生素缺乏等，常可造成骨、关节代谢紊乱，引起跛行。

（4）削蹄失宜　削蹄不平或装蹄铁不当均可引起蹄病，以及诱发四肢病，造成跛行。

（5）发育不良　家畜某些先天性疾病，如四肢骨和关节发育不良、畸形，以及肌腱挛缩等，均可引起跛行。

（6）全身性疾病　例如，传染病、寄生虫病、产科病和内科病也带有跛行症状。

三、跛行的种类与程度

四肢在运动时，每条腿的动作可分为两个阶段——空中悬垂阶段和地面支撑阶段，在正常情况下经过这两个阶段所花费的时间相等。空中悬垂阶段由两个时间相等的步骤组成，第一步是各关节按顺序屈曲，将蹄从地面向前、向上提举到对侧肢的腕关节（或跗关节）处；第二步是各关节按顺序伸展，使蹄从腕关节（或跗关节）处向前伸扬，重新到达地面。蹄从离开地面到重新到达地面所经过的路程为该肢所走的一步，这一步被对侧肢的蹄印分为前、后两个半步，前半步为各关节按顺序伸展在地面所走的距离，后半步为各关节按顺序屈曲在地面所走的距离，前半步和后半步的长度基本上是相等的。地面支撑阶段可分为着地、负重和离地三个步骤。在这个阶段中，着地肢体主要是支撑体重，让对侧肢做提举、伸扬运动。

（一）跛行的种类

1. 按生理机能分类

（1）悬跛　四肢运动机能障碍在空中悬垂阶段表现明显，称悬跛。悬跛的特征是“抬不高、迈不远、运步缓慢和前半步变短”。

当某个关节的屈肌或屈肌腱及其周围组织发生疾患时，该肢提举困难，就表现为“抬不高”。当某个关节的伸肌或伸肌腱及其周围组织发生疾患时，该肢伸展不充分，就表现为“迈不远”。迈不远就造成患肢所走的前半步变短，临床上称“前方短步”。因屈肌或伸肌及其周围组织发生疾患，肢体在屈曲和伸展时疼痛，则表现为“运步缓慢”。

（2）支跛　四肢运动机能障碍在地面支撑阶段表现明显，称支跛。支跛的特征是“减负体重或免负体重、蹄音低和后半步变短”。

因骨骼、关节或固定关节的肌腱、韧带及其周围组织发生疾患，患肢负重时感到疼痛，所以在驻立时比健侧肢负重时间短或两肢频频交替负重；在运步时，健侧肢提前落地，尽可能缩短患肢的支撑时间，这些均为减负体重的表现。病情严重时，患肢呈悬空状态，即为免负体重。由于患肢落地时感到疼痛，因此缓慢落地，蹄音低。为减负体重，健侧肢提前落地，造成患侧肢所走的一步中的后半步变短，临床上称“后方短步”。

（3）混合跛行　四肢运动机能障碍在悬垂阶段和支撑阶段都有不同程度的表现，称混合跛行。混合跛行的特征是兼有支跛和悬跛的某些症状。

混合跛行的发生可能有两种情况，一种是在肢体上有引起悬跛和支跛的两个患部；另一种是在某发病部位负重时有疼痛，运步时也有疼痛，所以呈现混合跛行。例如，四肢上部的骨骼和关节疾患（骨折、骨膜炎、关节损伤等）或四肢上部起固定和屈伸关节的肌肉发生疾患时都可表现为混合跛行。

2. 按特有症状分类

（1）间歇性跛行　家畜在运步时一会儿表现为跛行、一会儿表现为正常，跛行和正常交替出现，称间歇性跛行。这种跛行常见于以下情况。

1）习惯性膝盖骨脱位：关节囊或关节韧带弛缓，或作用于关节的某块肌肉异常，常常引起膝盖骨脱位，脱位后呈现严重的跛行，走一段路或退几步后，膝盖骨又会自行复位，复位后跛行消失。

2）关节石：由于强大的外力突然作用于关节，部分关节盘或关节软骨脱落，脱落的骨块平时存在于关节囊的憩室内，不会引起跛行。如果脱落的骨块转移到关节面时，就压迫关节面引起剧烈疼痛，表现为典型的支跛。当脱落的骨块又回到关节憩室时，跛行消失（图 20-1）。

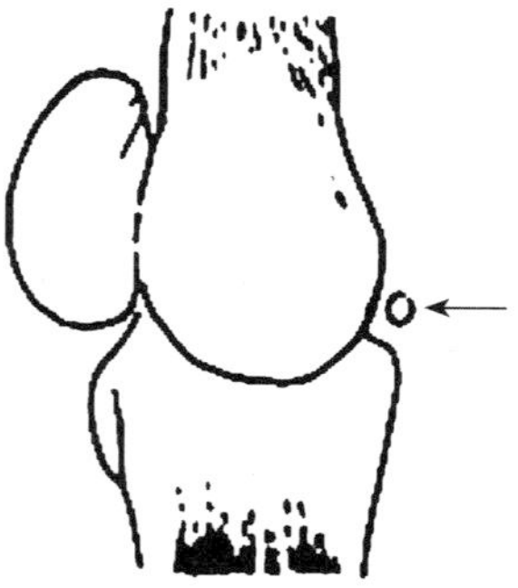

图 20-1　关节石

3）髂动脉或股动脉栓塞：马圆虫寄生在肠系膜根动脉内，常常使动脉内形成血栓。若血栓脱落、随血液流动、栓塞于后肢髂动脉或股动脉，则患肢表现为屈曲不全、蹄尖着地，甚至悬空状态，卧地时呈犬坐姿势，患肢温度下降。过一段时间，血栓溶解后，患肢逐步恢复正常。

（2）黏着步样　即运步时步态强拘而缓慢，见于肌肉风湿、破伤风等。

（3）紧张步样　呈现急速短步，为多肢发病、减负体重的表现，多见于蹄叶炎等蹄病。

（4）鸡跛　患肢运步时高度提举（膝关节和跗关节高度屈曲），并在空中停留片刻后再着地，如鸡行走的样子（图 20-2）。多见于胫神经麻痹及趾长伸肌或趾外侧伸肌痉挛收缩。

图 20-2　鸡跛

此外，临床工作者还把不能确诊病名的跛行，按发病的部位分为蹄跛行、肩跛行、髋跛行等。

（二）跛行的程度

（1）轻度跛行　患肢驻立时蹄负缘全部着地，有时比健肢负重时间短，但不易观察到；运步时稍有异常或只在负重时才有跛行。

（2）中度跛行　患肢驻立时以蹄尖着地或以全蹄负缘着地但上部关节屈曲；运步时可明显看出提伸或负重困难。

（3）重度跛行　患肢驻立时以蹄点着地或悬空，运步时患肢拖行或患肢悬空、呈三肢跳。

第二节　跛行的诊断方法

跛行诊断，在临床上一般是比较困难的，需采用多种方法，详细收集病史资料，认真观察各种临床症状，并结合解剖和生理知识，对病史资料和观察到的临床症状进行仔细、反复的比较，综合分析，找出其发病的原因和部位，定出病名。

正确诊断跛行，必须具备以下知识。

第一，必须熟悉四肢的解剖特征和功能，这是跛行诊断的基础。只有清楚地了解四肢各组织的正常解剖结构和功能，才能辨别出它们在病理状态下的异常变化。

第二，必须熟悉所在地区四肢病和蹄病的发病规律。因为各地的饲养、管理、环境和使役条件不同，家畜四肢的发病规律也不同。

第三，必须熟悉四肢各个部位常发病的临床特征。

第四，必须熟练掌握跛行的诊断方法。

一、问诊

问诊是临床医生了解可能的病因、病史、发病过程、具体的饲养管理和使役情况最快、最直接的渠道，因为畜主、饲养员或骑手是病畜最亲近的人，他们与病畜朝夕相伴，是病畜最可靠的代言人。在问诊时必须耐心、有重点地提出问题，尽量搜集对诊断有价值的材料。但畜主毕竟不懂医学，对他们所提供的情况应结合临床症状进行认真的分析和判断，以达到去粗取精、去伪存真的目的。

问诊内容：①病畜的饲喂、管理和使役情况如何？②瘸多少天了？是突然瘸的还是慢慢瘸的？是否有受伤、肿胀发生？是否有跌倒发生？是否被别的牲畜踢伤过？③刚发现腿瘸时病畜有什么表现？从得病到就诊，什么时候瘸得最严重？走一段路后，腿瘸加重了还是减轻了？④病畜以前得过此病没有？若得过，和这次是不是一样？同伴有没有这样的病？⑤得病后治过没有？什么时候在什么地方治的？用了什么方法和药物？疗效怎样？⑥什么时候钉的掌？钉掌时和钉掌后有无异常表现？

问诊内容可根据具体情况取舍或增加。

二、视诊

视诊时应注意观察动物的生理状态、体格、营养、年龄、神经型、肢势和蹄形。视诊分为驻立视诊和运步视诊。

（一）驻立视诊

1. 驻立视诊的目的 确定患肢，发现可疑患部。

2. 驻立视诊的方法 让病畜站立不动，医生围绕病畜来回走两圈，在留意病畜全身状况的基础上，仔细观察四肢各部位的异常情况。从下向上、再从上向下仔细观察，并比较对称部位是否一致。

3. 驻立视诊的内容

（1）观察四肢的驻立和负重状况 观察四肢是否平均负重（但马属动物两后肢交替负重，即骡马悬蹄，是正常的生理现象），有无伸长、短缩、内收、外展、前踏或后踏、频频交替负重等减负体重或免负体重的表现。

病畜一肢患病时，患肢可能出现前踏、后踏、内收或外展肢势，关节屈曲，蹄尖着地，不负重或负重不确实。两前肢同时患病时，病畜两后肢伸到腹下，头高抬，弓腰卷腹，将重心向后肢转移，以减轻前肢的负重。两后肢同时患病时，病畜两前肢稍向后伸，颈部伸直，头向下低，将重心向前肢转移。三肢同时患病时，站立姿势因病情而异。四肢同时患病多由全身性疾病引起。

（2）观察被毛和皮肤状况 主要观察四肢及邻接部位的被毛有无蓬乱、脱落之处，皮肤有无外伤或瘢痕，这些都是发现患部的依据。

（3）观察肿胀和肌肉萎缩状况 比较观察左、右两肢，看对称部位的轮廓、大小是否一致，有无肿胀；看肢体上部肌肉是否萎缩（若病程较长，肢体上部肌肉可能发生不同程度的萎缩）。

（4）观察蹄和蹄铁状况 观察两侧肢的指（趾）轴和蹄形是否一致，观察蹄的大小和蹄角质有无裂缝，观察有无蹄铁等。

（5）观察骨及关节状况 观察两侧肢对称骨的长度、方向、外形是否一致，关节的大小和角度有无异常。

（二）运步视诊

1. 运步视诊的目的

1）进一步确定患肢。对中度和重度跛行，驻立视诊时容易发现患肢；但对于轻度跛行，只有通过运步视诊，才能确定患肢。

2）确定患肢跛行的种类和程度。

3）初步判定可疑的患部，为进一步诊断提供线索。

2. 运步视诊的方法

（1）直线运动 选择平坦的土质地面，让助手牵引病畜做直线运步，先走常步，然后再改为快步。医生从前、后和两侧四面观察，注意四肢的负重情况、提举和伸扬的程度、姿势、步长和蹄音的变化，观察有无点头运动和尻部运动。点头运动是指病畜在健前肢负重时头低下，患前肢负重时头抬高，以减轻患肢的负担。在点头的同时，有时可见头的摆动，特别是在前肢上部肌肉有疼痛性疾患时；当健前肢负重、患前肢高举时，颈部就摆向健侧。由头部运动可找出前肢的患肢。尻部运动是指病畜在健后肢负重时尻部低下，患后肢负重时尻部相对抬高。从尻部运动可找出后肢的患肢。

（2）转圈运动 转圈运动时，重心靠内侧移，内侧肢负重较大，而外侧肢走的路程比内侧肢多。因此，内侧肢患支跛时症状表现明显，外侧肢患悬跛时症状表现明显。

（3）转身运动　使正在快步直线运动的病畜突然回转，患肢的运动机能障碍在回转的一瞬间会有所加重。因此，让病畜向左、向右多回转几次，通过仔细地比较观察，有可能看出患肢。

（4）软、硬地运动　悬跛患肢在软地或沙地上运动时提举困难，支跛患肢在硬地上运动时疼痛加重。因此，怀疑患悬跛时让其在软地或沙地上运动，怀疑患支跛时让其在硬地上运动，以辨别患肢及跛行的种类。

（5）上、下坡运动　上坡时，四肢均提举费力，若有悬跛，症状会加重。此外，上坡时后肢的支撑负担重，若患支跛，症状也会加重。下坡时，前肢负重增加，若患支跛，症状明显。

（6）乘挽运动　以上方法都不能找出患肢时，可进行乘骑或适当的拉挽运动，在乘骑或拉挽运动过程中，有时可发现患肢。

3. 运步视诊的内容

（1）寻找患肢　若一肢有患病时，可根据蹄音、负重、提举高度和步幅变化，以及点头运动或尻部运动找出患肢。两前肢同时患病时，前肢提举不高、运步较快、步长变短，后肢前踏。两后肢同时患病时，步幅短缩，后退困难，头颈低下，前肢后踏。同侧前、后肢同时患病时，头部及腰部呈摇摆状态，重心偏向健侧，有点头运动和尻部运动。三肢以上患病时行走困难、多卧少站，需根据运步时的具体情况仔细分辨。

值得注意的是在患重度跛行时，前、后肢互相影响，不要把一个肢的跛行，误认为两个肢的跛行。

（2）确定跛行的种类和程度　患肢确定后，以对侧健肢蹄印衡量患肢所走的一步，确定是前方短步还是后方短步。肉眼辨别不清时，可用尺子测量蹄印之间的距离。再注意观察患肢的提举、伸扬和负重变化，细听患肢着地时的蹄音。最后确定跛行的种类和程度。

（3）寻找患部　在观察跛行的种类和程度的同时，应注意观察可疑的患部。在运步时，因患部疼痛和机械障碍，临床上可能会出现一些特有的表现。例如，关节伸展不便，呈现内收或外展；肌肉收缩无力，呈现颤抖；系部直立、不敢下沉等。这样，就可初步发现可疑患部，为进一步诊断提供线索。

三、局部检查

1. 局部检查的目的　主要是寻找患部。

2. 局部检查的方法　从患肢的蹄部开始向上直到肩部和臀部，对蹄底、蹄壁、各个关节、各条筋腱韧带、各块肌肉和骨骼、黏液囊和腱鞘进行逐步触摸和观察，并对各个关节进行被动运动检查，寻找异常部位或痛点。

3. 局部检查的内容

（1）蹄的检查　检查蹄底有无扎钉、蹄铁是否合适、蹄钉位置如何、蹄铁的磨损程度是否一致及有无蹄裂等。检查蹄壁有无裂纹、裂纹深度、蹄壁的温热程度及有无疼痛反应等。

（2）腱和腱鞘的检查　检查各伸肌腱和屈肌腱的紧张度、有无热痛反应和肿胀等。检查各关节处腱鞘部位有无热痛反应和条索状肿胀等。

（3）肌肉的检查　检查各块肌肉的弹性、有无热痛反应和肿胀、有无萎缩或位置改变等。尤其注意冈上肌和股二头肌的位置是否改变。

（4）关节及韧带的检查　检查关节的灵活性、有无肿胀和热痛反应。检查各关节韧带，尤其是悬韧带有无热痛反应和肿胀等。

（5）骨的检查　检查骨的连续性和平整度，查看是否有骨折、骨膜炎或骨质增生等。

（6）黏液囊的检查　黏液囊正常时看不见、摸不着，发炎时会肿胀、变大，有热痛反应和波动感。常见的有臂二头肌下、腕前腕后、肘结节皮下、跟结节皮下黏液囊炎。

四、特殊的诊断方法

上述方法仍不能发现患部时，可选用一些特殊的诊断方法。

（一）局部麻醉法

局部麻醉法最适用于寻找或证实疼痛性病因。经局部麻醉后，若患部不在麻醉范围内，则疼痛引起的跛行依然存在；若患部就在麻醉范围内，则跛行会因疼痛消失而减轻或消失。这样便可找出患部或证实以前的初步诊断。

（1）痛点浸润麻醉　用于韧带炎、腱炎等。用1%～2%盐酸普鲁卡因溶液20～50 mL注射到所怀疑的部位，先皮下注射少量，然后准确注射到要麻醉的组织，注射后进行局部按摩，使药液均匀分布到所麻醉的组织内，15～20 min后，检查其效果。

（2）传导麻醉　传导麻醉应从患肢的下部开始，若下部呈阴性，再逐段向上进行。此法用于肢的下部，效果比较确实。

1）怀疑远籽滑膜囊炎时，可麻醉掌（跖）神经掌（跖）支，若麻醉后跛行消失，即可确诊。麻醉无效时，则病在其他部位。

掌（跖）神经掌（跖）支的麻醉方法：在蹄软骨上缘，指（趾）静脉的后面，针头对着指（趾）深屈肌腱边缘刺入皮下，注射2%～3%盐酸普鲁卡因或利多卡因溶液3～4 mL。内、外两侧分别注射。

2）怀疑病在系关节以下时，可麻醉掌（跖）神经。若麻醉后跛行仍在，则病在掌部以上。

掌（跖）神经的麻醉方法：于系关节上方5 cm处、掌（跖）骨与指（趾）深屈肌腱之间的内、外侧皮下，分别注射2%～3%盐酸普鲁卡因或利多卡因溶液10 mL。

3）怀疑病在掌部和腕部时，可麻醉正中神经和尺神经；怀疑病在跖部和跗部时，可麻醉胫神经和腓神经。

正中神经的麻醉方法：马于腕桡侧屈肌和腕尺侧屈肌之间、夜眼（附蝉）上方一掌处进针，朝桡骨方向刺入约3 cm深时注射2%～3%盐酸普鲁卡因或利多卡因溶液20 mL。牛于前臂部上1/3、桡骨和腕桡侧屈肌之间、紧靠桡骨垂直刺入约3 cm，注射局麻药液20 mL。

尺神经的麻醉方法：在腕尺侧屈肌和腕外侧屈肌之间、副腕骨上方一掌处，垂直皮肤进针约2 cm，注射局麻药液20 mL。

胫神经的麻醉方法：于后肢内侧、跟腱和趾深屈肌之间、跟结节上方一掌处进针，由上向下刺入约2 cm深，注射局麻药液20 mL。

腓神经的麻醉方法：于胫部中1/3和下1/3交界处、趾长伸肌和趾外侧伸肌之间进针约2 cm深，注射局麻药液20 mL。

（3）关节和腱鞘注射麻醉　怀疑跛行是由关节内和腱鞘内疼痛性病变引起时，采用关节和腱鞘注射麻醉诊断。此法适用于浅表的、外观明显的关节腔和腱鞘，多用于马。

麻醉方法：在确实保定和严密消毒的条件下，滑动皮肤（可使皮肤上和腔壁上的针孔错位，利于愈合），将针头正确刺入关节腔或腱鞘内，吸出滑液和炎性渗出液，注入适量局麻药液。注射局麻药液后，将马牵遛5～10 min。15～20 min后检查跛行是否消失。

现将常用的关节和腱鞘注射法分述如下。

1）肩关节：马站立保定，进针点在臂骨肌结节上方一指、冈下肌前缘，针头水平刺入5～7 cm（图 20-3）。

2）膝关节：膝关节有 3 个滑膜腔，即股膝关节腔、股胫关节的内腔和外腔。股膝关节腔的进针部位在膝中直韧带一侧；股胫关节内腔的进针部位在膝内直韧带的前缘；股胫关节外腔的进针部位在胫骨髁上方、股胫外侧韧带和趾长伸肌腱形成的沟内（图 20-4）。实际上这些关节腔大多数彼此相通，3 个腔的鉴别诊断比较困难。

3）跗关节：在胫距关节注射，于胫骨内髁下方水平刺入1～3 cm 即可到达胫距关节腔（图 20-5）。

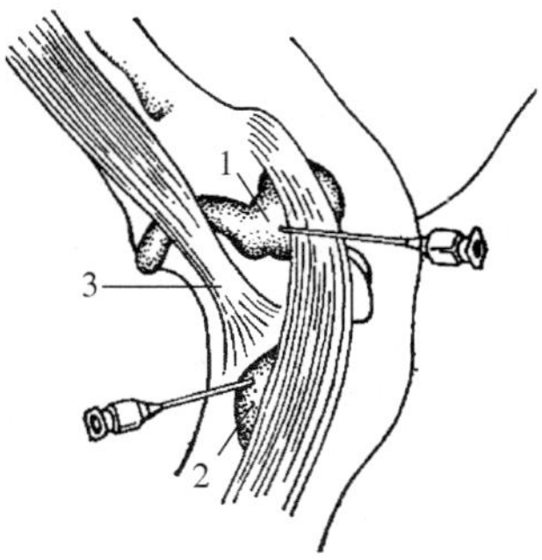

图 20-3 肩关节注射麻醉

1. 肩关节囊；2. 结节间滑液囊；3. 冈下肌

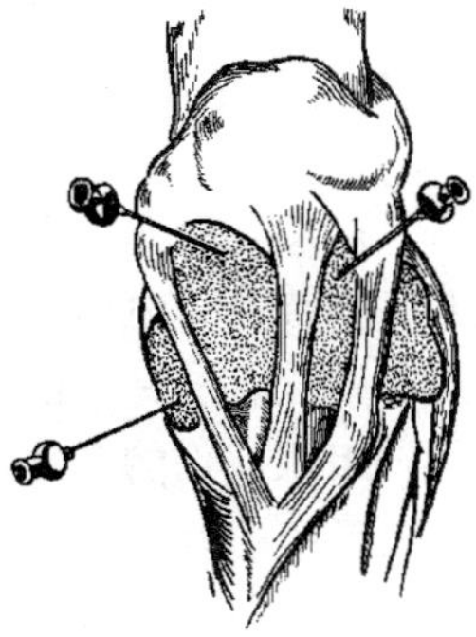

图 20-4 膝关节注射麻醉

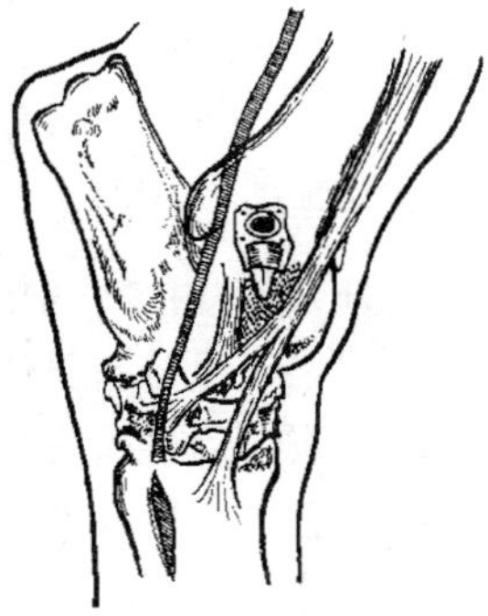

图 20-5 跗关节注射麻醉

4）指（趾）腱鞘：进针部位在掌（跖）部外侧、近籽骨上方 3～5 cm 处、悬韧带和指深屈肌腱之间，针头水平刺入或从上向下斜刺入 1～1.5 cm 即可到达指（趾）腱鞘腔。

（二）X 线诊断

X线透视和拍片对四肢骨和关节疾病具有重要的诊断价值，而且对疾病的经过、预后，甚至合理治疗也有很大的帮助。若怀疑患有骨裂、骨膜炎、骨髓炎、骨质疏松、骨坏死、骨溃疡、骨质增生、关节愈着、关节脱位等疾病，均可采用X线诊断。

（三）直肠检查

直肠检查在大动物髋部疾病的确诊上有着特殊的、不可替代的作用。在跛行诊断中，如髋骨骨折、髂荐联合脱位、髋关节脱位等疾病都可用直肠检查确诊。不仅如此，直肠检查还可了解其并发症和愈合情况，如血肿发生和骨痂形成等。

（四）斜板试验

斜板（楔木）试验主要用于确诊蹄骨、屈腱、舟状骨（远籽骨）、蹄关节和悬韧带疾病及远籽骨滑膜囊炎。斜板长 50 cm、宽 30 cm、高 15 cm。检查时，迫使患肢的蹄前壁在上、蹄踵在下站在斜板上，然后提举健肢。此时，患肢的屈肌腱非常紧张，上述器官有病时，则动物由于疼痛加剧不肯在斜板上站立（图 20-6）。

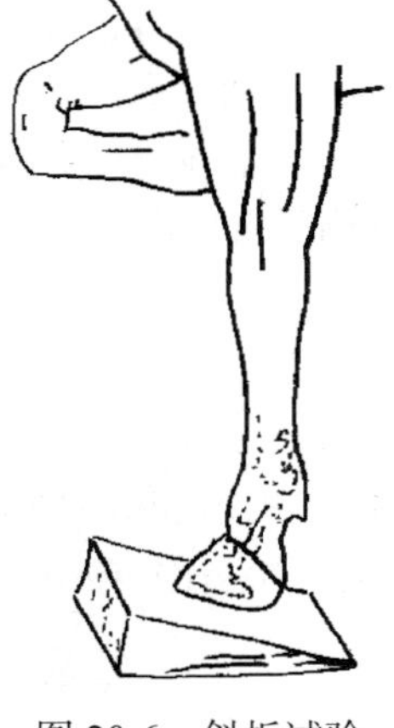

图 20-6 斜板试验

注意：检查时应和对侧肢进行比较；蹄骨和远籽骨有骨折可疑时，禁用斜板试验。

（五）电刺激诊断

神经和肌肉麻痹时，对电刺激的反应性减弱，因而两侧肢同一部位比较，可确定患部和麻痹的程度。

（六）实验室检查

实验室检查在跛行诊断上可起辅助作用。通过实验室检查，可以确诊有些疾病的病理性质。当怀疑关节、腱鞘、黏液囊有炎症过程时，可对穿刺液的性质、细胞成分及氢离子浓度等进行化验。

（七）温度记录法

用红外线扫描仪将动物体辐射出的热能转变为电信号，放大后形成热像图，再与标准热像图比较，可以定量分析身体各部位的温度变化。这种方法可作为跛行诊断的辅助方法。它能揭示触诊不易发现的轻微炎症病变，提供软组织损伤的变化情况，具有早期确诊的优点。可用于赛马的定期普查，以便及时发现骨和肌肉系统的轻微病变。

（八）运动摄影法

运动摄影法使得运步视诊可在室内进行，使异地诊断成为现实。它是利用摄像机拍摄动物各种运步的录像，然后以不同的速度反复播放，仔细分析运部肢势、步长、关节活动范围等有无异常变化的一种方法。

（九）骨闪烁图法

此法是比X线检查灵敏度更高的一种骨病诊断方法，对大多数骨骼疾病如骨折、骨关节炎、骨髓炎、骨骼变形和骨瘤等都能准确诊断。它不仅能确定骨损伤的程度，还可显示是进行性变化还是退行性变化的图像。

方法：将闪烁剂（同位素 ^{99m} 锝和二磷酸甲烷的混合物）通过静脉注入病畜体内，30 min后可达到骨组织滞留，经过2 h后将病畜置于摄影机前照相。

（十）定量计算机断层扫描法

此法是通过X线CT或同位素CT测定骨密度，定量显示骨的三维立体图像的新技术，可精确诊断骨的结构变化和损伤性病变，在临床和科研上有很好的应用前景。

（十一）定量超声技术

它是通过检测超声波在骨中的传播速度和振幅衰减，间接地测定骨密度和骨强度的一种技术。在跛行诊断中，可用于实时检测四肢骨的退行性质变和结构上的病变。此法无放射性辐射，仪器比较便宜，也便于携带，在兽医临床上的应用前景比较乐观。

（十二）关节内镜检查法

关节腔的空间有限，为防止损伤关节面，将内镜导入关节前要向关节腔内注入生理盐水或林格液，使关节囊扩张。该法的检查结果可通过文字描述、绘画、拍照等方法记录。因本法在应用时要损伤关节囊，且容易引起并发症，所以在兽医临床上仅在怀疑跛行是由关节盘或关节软骨破裂引起时，结合治疗应用之。

五、跛行部位的判定原则

通过问诊、视诊、局部检查和特殊检查，初步找出了引起跛行的疾病和部位，但这时还没有完成最后的诊断。应对现有材料和初步结论依照下列原则再进行综合分析，最后判定跛行的部位。必要时，需进行反复诊断。

（1）解剖学变化与疼痛的关系　在动物体中，有疼痛的部位不一定会有解剖学变化，有解剖学变化的部位也不见得都有疼痛现象。因此，在跛行诊断中，不能一看到解剖学变化就认定找到了跛行的病因，有些陈旧伤疤并不疼痛，如果是这样，跛行可能另有其因。

（2）局部与整体的关系　与其他疾病的诊断一样，跛行诊断时也必须注意局部和整体的关系。有些跛行可能是机体全身机能障碍的局部反应，如破伤风、骨质疏松症等。若只着眼于某些局部的问题，就会得出错误的诊断。

（3）局部疼痛程度与跛行程度的关系　若患肢局部病变的疼痛程度（机能障碍和神经麻痹除外）与跛行程度一致，说明跛行是由该病变引起的；若局部病变的疼痛程度不足以引起如此严重的跛行，说明该跛行可能另有原因，应该进一步检查。

（4）可疑发病器官的机能障碍与跛行种类的关系　若初定的患部，其机能障碍与所发跛行的种类一致（如蹄底有钉伤的病畜表现支跛），则说明跛行是由该患部引起的。否则，跛行可能另有原因。

（5）病变发生时间与跛行出现时间的关系　局部病变发生的时间应该与跛行出现的时间相一致。若病变陈旧，而跛行是新发生的，或者病变新发，而跛行已久，都说明该病变不是引起跛行的原因，应做进一步检查。

（6）跛行程度随运动量的变化与疾病种类的关系　有些疾病（如损伤）引起的跛行随运动量的增加而加重，有些疾病（如风湿病）引起的跛行随运动量的增加而减轻。应注意跛行程度的变化与所怀疑疾病的种类是否一致。

（7）跛行发生的缓急和疾病种类的关系　一般来说，突发性疾病会引起突发性跛行，缓发性疾病会引起缓发性跛行，应注意分析所怀疑疾病的种类与跛行发生的缓急是否一致。

不同动物跛行诊断的特点

第二十一章 风 湿 病

风湿病（rheumatism）是一种常有的反复发作的急性或慢性非感染性炎症，以全身结缔组织内的胶原纤维发生纤维素样变性为特征。风湿病的常见发病部位是骨骼肌、心肌、关节囊和蹄部，其中骨骼肌和关节囊发病时常有对称性和游走性，且疼痛和机能障碍随运动量的增大而逐渐减轻。风湿病在我国各地均有发生，但以北方地区发病率较高。本病可见于各种动物。

第一节 病因及发病机理

风湿病的病因及发病机理迄今尚未完全明了，主要与溶血性链球菌感染和自身免疫调节紊乱有关。风、寒、潮湿、阴冷等气候变化是本病的诱因。

1）风湿病是一种与溶血性链球菌感染有关的变态反应性疾病。已知溶血性链球菌感染所引起的病理过程有两种，一种表现为上呼吸道局部化脓性感染，另一种引起全身延期性变态反应性疾病，即风湿病。风湿病多发生在冬、春寒冷季节，这是因为风、寒、潮湿、阴冷、过劳等因素会使动物机体的抵抗力下降，从而诱发上呼吸道感染。上呼吸道的A型溶血性链球菌除参与局部感染外，其胞壁成分中的M-蛋白和C-多糖具有特异的抗原性。除此之外，这种链球菌产生的许多酶和毒素也具有抗原性，并能破坏动物体内相应的底物，如链球菌溶血素O（能分解血红蛋白）、链激酶（能激活血中的纤维蛋白溶酶原，使之变为纤维蛋白溶酶，分解纤维蛋白）、链球菌透明质酸酶（能分解透明质酸）、链道酶（能分解DNA）、链球菌烟酰胺腺嘌呤二核苷酸酶、链球菌溶血素S（SLS，为脂蛋白，抗原性较弱）等。A型溶血性链球菌的这些抗原成分在初次感染动物上呼吸道后的7～10 d就会刺激机体产生相应的抗体，抗原再次进入机体后与抗体在结缔组织中结合，引发无菌性炎症。有动物试验证明，把大量的链球菌抗原包括蛋白质、碳水化合物及黏肽注入家兔体内，可产生风湿病征象和病变。

进一步研究表明，除溶血性链球菌外，其他抗原（如细菌蛋白质、异种血清及经肠道吸收的蛋白质）和某些半抗原性物质也能引起风湿性疾病。有人曾给家兔大剂量注射马血清，成功地制造出了肌肉风湿病。此后，还有人用这种方法制造出了关节风湿病、结节性关节周围炎、神经周围纤维织炎和皮下纤维织炎等。

2）风湿病是一种自身免疫性疾病。越来越多的研究者认为，风湿病是一种自身免疫性疾病，因为大多数风湿病患者体内可检测出对心内膜和平滑肌（如血管壁）等起反应的自身抗体。对活动性风湿全心炎患者的免疫荧光检查证明，心肌内有弥漫性免疫球蛋白沉积，心瓣膜（主要在闭锁缘）有IgG沉积。已证实病情严重的系统性红斑狼疮（SLE）患者的血循环中自身抗体数目较多，在这些患者的血清中，可检测出4种抗体；在病情缓解期患者的血清中，可检出2～3种抗体。有两类抗淋巴细胞抗体上升，一类是冷反应IgI抗体，在补体存在时对静止的外周血淋巴细胞有细胞毒作用，这与血液循环中淋巴细胞的减少及T细胞亚群的相对缺失有关；另一类是能与激活的T细胞及其可溶性产物起反应的IgG抗体，在抗原诱导T细胞增殖的早期，表现为抑制效应，并通过抗体依赖细胞介导的细胞毒性作用（antibody-dependent cell-mediated cytotoxicity，ADCC）杀伤靶细胞，这与 SLE 患者的免疫系统功能异常有关。这两类抗体可针对激活 T 细胞的抗体，影响 T 细胞白细胞介素 -2（IL-2）的产生和 IL-2 反应，间接影响特异 T 细胞的增殖和其他淋巴因子的产生。这些自身抗体也可在其他风湿性疾病中发现。再者，已证明链球菌与组织成分之间存在交叉反应，即 M-蛋白与心肌抗原之间（将 M-蛋白注射于动物体内，产生的抗体可与心肌内膜起反应）、链球菌多糖与心肌糖蛋白之间及链球菌透明质酸酶与软骨的蛋白多糖复合物之间有交叉反应。

家畜的风湿性疾病含义较广，在兽医临床上除风湿病外，还包括以四肢跛行症状为主的类风湿性关节炎。它常发生于人，也见于各种家畜和犬。类风湿性关节炎是一种自身免疫性疾病，其主要病变在关节，但机体的其他系统也会受到一定的损害。表现为关节肿胀、僵硬，最后发生畸形，甚至出现关节粘连。类风湿的特点是在体内能查出类风湿因子。类风湿因子主要是 IgM、IgG 和 IgA，它们直接作用于自身免疫球蛋白 IgG 的 Fc 端，与 IgG 的 Fc 端相结合，故它们属于自身抗原。类风湿因子和 IgG 的 Fc 端结合形成的免疫复合物是造成关节局部和关节外病变的重要因素之一，其导致的最基本病变是关节滑膜炎和关节外任何组织内的血管炎。

近年来，研究者利用质谱分析的方法发现，类风湿性关节炎患者的早期血清中有 3 种新的自身抗原，分别为远端上游调控元件结合蛋白（FUSE-BP）1 和 2 及应激诱导性磷蛋白 1（SIP-1）。也有研究表明，Ⅱ型胶原的 263～272 段多肽是类风湿性关节炎的主要抗原肽，去除该抗原肽上与 T 细胞受体结合的氨基酸侧链，则可能形成仅与人类白细胞抗原 -DRB1（HLA-DRB1）分子结合，而不能被 T 细胞受体识别的变构肽。这种 HLA-DRB1 特异性变构肽可能通过竞争性抑制抗原肽与 HLA-DRB1 的结合，阻止 HLA-DRB1 抗原肽 -T 细胞受体 3 分子复合物的形成。动物实验也证实了Ⅱ型胶原变构肽亚基 263～272 在早期给药时可显著抑制胶原性关节炎。这种自身抗原的发现有助于对类风湿性关节炎发病机制的认识，也可能成为治疗该病的新思路。

3）风湿性疾病与免疫调节紊乱有关。① CD_4 和 CD_8 调节缺陷：CD_4、CD_8 是成熟 T 细胞不同亚群的表面标志，它们通过与主要组织相容性抗原（MHC）Ⅰ、Ⅱ类分子相应部位结合，稳定 T 细胞与抗原呈递细胞或靶细胞的结合，并参与 T 细胞活化信号的转导。在 SLE 和类风湿性关节炎患者中，CD_4/CD_8 值发生异常。②细胞因子的致炎作用：细胞因子作为细胞间的信号传递分子，主要介导和调节免疫应答和炎症反应、刺激造血功能、参与组织修复等。自身免疫病的病理损伤过程实际是炎症反应，而许多细胞因子具有明显的致炎活性，与自身免疫病的发生、发展关系密切。例如，集落刺激因子（CSF）及白细胞介素-2～白细胞介素-5 等往往参与早期炎症过程。系统性红斑狼疮、硬皮病、类风湿性关节炎等自身免疫性疾病患者的血清中 IL-2 水平升高。干扰素（IFN）如 IFN-7 等可促进某些自身组织细胞表达 MHC Ⅱ类抗原，使这些细胞将自身抗原呈递给自身反应性 T 细胞，导致自身组织的损害。③红细胞免疫在免疫调控中占有重要地位，它是红细胞膜免疫复合物（CIC）的主要清除者，而风湿病的发生、发展与 CIC 的沉积、激活补体、促使炎症细胞引起炎症的关系密切。已发现 SLE 患者血清中的红细胞免疫黏附抑制因子明显增加，从而降低了红细胞的黏附携带能力，这可能是这类疾病的发病机理之一。④黏附因子是一类能介导细胞间黏附的糖蛋白，在炎症反应、免疫识别，特别是免疫细胞间的相互作用中有重要作用。⑤微量元素与免疫功能的关系密切，铁、锌、铜、硒等必需微量元素的缺乏可引起体液性、细胞性和非特异性及特异性免疫功能不全；而有些微量元素的增加可引起自身免疫疾病，如汞、镉在体内可引起自身免疫性肾炎，IgE 水平升高。在风湿病中，微量元素的变化在免疫发病机理中的作用也值得深入研究。

目前对家畜风湿病的病因和发病机理研究得还很不够，是否与人的完全相同还有待进一步证明。

4）中兽医学认为风湿病为痹证。①外感六淫之邪：六淫之邪气中的风邪、寒邪和湿邪之气侵入动物机体引起风湿病。风气胜者为行痹，寒气胜者为痛痹，湿气胜者为着痹。风、寒、湿邪闭阻经络和关节，不通则痛，故而引起关节肿胀疼痛。②营气卫血失调：营行脉中，卫行脉外，阴阳相贯，气调血畅，营养四肢百骸脏腑经络。营卫和调，卫气在外保护体表，防御邪气侵入，营卫不和，邪气乘虚而入。故营卫失调，卫表不固，风夹寒邪或湿邪乘虚侵入机体，留于关节，郁于筋脉，气血凝滞，而致风寒痹或风湿痹。③脏腑阴阳内伤：按阴阳五行的观点，五脏是指心、肝、脾、肺、肾，若五脏中的肝、脾、肾发生内伤就会引起风湿病。肾为先天之本，藏精生髓，在体为骨，是作强之官；肝为筋之本，藏血生筋，统司筋骨关节；脾为后天之本，气血生化之源，主四肢肌肉。动物机体的阴阳之气必须保持平衡，如果阴阳不平衡，出现偏盛偏衰，就容易被风、寒、湿邪侵入，发生风湿病。④痰浊淤血内生：痰浊与淤血就是动物机体在病邪作用下的病理产物，也是风湿病缠绵不去的原因。风湿病大多有慢性进行过程，疾病已久，则病邪由表入里，由轻而重，导致脏腑功能失调，而脏腑功能失调的结果就是产生痰浊与淤血，痰浊与淤血又利于病邪侵入，这就是风湿病缠绵而难治的根本原因。

第二节 病理变化

风湿病是全身性结缔组织的炎症，按照发病过程可以分为三期。

（1）变性渗出期（急性炎症期） 即出现浆液、纤维性渗出性病变。结缔组织中的胶原纤维肿胀、断裂、崩解，形成黏液样、纤维素样变性和坏死（称纤维素样变性）。变性病灶周围有淋巴细胞、浆细胞、中性粒细胞和单核细胞等浸润，并有浆液渗出；结缔组织基质内的蛋白多糖（主要为氨基葡萄糖）增多。此期可持续 1 个月，以后恢复或进入第二、三期。

（2）增生期（肉芽肿期） 本期的特点是在上述病变的基础上出现风湿性肉芽肿或阿孝夫小体（Aschoff body，也称为风湿小体），这是风湿病的特征性病变，是风湿活动的一项重要指标，也是从病理上确诊风湿病的依据。风湿小体内是纤维素样坏死物，尚有少量淋巴细胞和中性粒细胞浸润；小体周边有大量淋巴细胞、浆细胞和风湿细胞浸润。风湿细胞也称阿孝夫细胞（Aschoff cell），是由增生的巨噬细胞吞噬纤维素样坏死物质后转变而来的，呈圆形、椭圆形或多角形，胞质丰富，略嗜碱性，核大，呈圆形或卵圆形、空泡状，核膜清晰，具有明显的核仁，有时出现双核或多核，形成巨细胞。到后期，风湿细胞变成梭形，形状如成纤维细胞，从而进入硬化期。风湿小体主要分布于心肌间质、心内膜下和皮下结缔组织，心外膜、关节和血管等处少见。心肌间质处的风湿小体多位于小血管旁。此期持续 2～3 个月。

（3）硬化期（瘢痕期） 风湿小体中央的变性坏死物质逐渐被吸收，渗出的炎性细胞减少，风湿细胞逐渐转变为纤维细胞，产生胶原纤维，使风湿小体纤维化形成梭形小瘢痕。此期持续 2～3 个月。

上述整个病程有 5～7 个月。由于风湿病常反复发作，因此受累器官或组织中新旧病变并存。第一期及第二期中常伴有浆液性渗出和炎性细胞浸润，这种渗出性病变在很大程度上决定着临床上各种显著症状的产生。后期纤维化和瘢痕形成，会导致器官功能障碍。

第三节 分类及症状

风湿病的主要症状是发病的肌群、关节及蹄部疼痛和机能障碍。疼痛表现时轻时重，部位多为固定，但也有转移的。风湿病有活动型的、静止型的，也有复发型的。根据其病程及侵害器官的不同可出现不同的症状。兽医临床上常见的分类方法和症状如下。

1. 根据发病的组织和器官分类

（1）肌肉风湿病（风湿性肌炎） 多见于役畜，猪和犬也有发生，发病部位主要是一些活动性较大的肌群，如肩肌群、背腰肌群、臀肌群、股后肌群及颈肌群等。风湿性肌炎的特征是症状随运动量的增加和时间的延长而有减轻或消失的趋势；并且常有游走性，时而一个肌群好转而另一个肌群又发病。

急性风湿性肌炎时患病部位发生浆液性或纤维性渗出，炎性渗出物积聚于肌肉结缔组织中。触诊患部肌肉时，疼痛症状明显，紧张而坚实。多数肌群发病时可出现明显的全身症状。病畜精神沉郁，食欲减退，体温升高1～1.5℃，结膜和口腔黏膜潮红，脉搏和呼吸增数，血沉稍快，白细胞数稍增加。重者出现心内膜炎症状，可听到心内性杂音。急性肌肉风湿病的病程较短，一般以数日或1～2周即好转或痊愈，但易复发。当转为慢性经过时，病畜全身症状不明显，但肌肉及腱的弹性降低，肌肉中常有硬结节，表面凹凸不平。严重者肌肉萎缩，病畜容易疲劳，运步强拘。

（2）关节风湿病（风湿性关节炎） 各种家畜均发，最常发生于活动性较大的关节，如肩关节、肘关节、髋关节和膝关节等，脊柱关节（颈、腰部）也有发生。常对称关节同时发病，有游走性。

本病的特征是急性期呈现风湿性关节滑膜炎的症状。关节囊及周围组织水肿，有的滑液中混有纤维蛋白和颗粒细胞；患病关节外形粗大，触诊温热、疼痛、肿胀；运步时出现跛行，跛行可随运动量的增加而减轻或消失；病畜精神沉郁，食欲减退，体温升高，脉搏及呼吸均增数；有的可听到明显的心内性杂音。转为慢性经过时则呈现慢性关节炎的症状。关节滑膜及周围组织增生、肥厚，因而关节肿大且轮廓不清，活动范围变小，运动时关节强拘，他动运动时能听到噼啪音。

犬患风湿性关节炎时，病初出现游走性跛行，患病关节周围的软组织肿胀，数周乃至数月后出现特征性的X线摄影变化，即患病关节的骨小梁密度降低，软骨下见有透明囊状区，并发生渐进性糜烂。随着病程的进展，关节软骨消失，关节间隙狭窄，关节畸形。

（3）心脏风湿病（风湿性心肌炎） 主要表现为心内膜炎的症状。听诊时第一心音及第二心音增强，有时出现期外收缩性杂音。对于家畜风湿性心肌炎的研究材料还很少，有人认为风湿性蹄炎波及心脏者最多，也最严重。

2. 根据发病部位分类

（1）颈风湿病 常发生于马、骡、牛，有时猪也发生。主要为急性或慢性风湿性肌炎，有时也可能累及颈部关节。发病时颈部肌肉发硬、疼痛，若一侧肌群发病，则出现风湿性斜颈，头颈偏向患侧；若双侧肌群同时发病，则头颈伸张，僵直，低头困难（俗称低头难）。

（2）肩臂风湿病 常见于马、骡、牛、猪。主要表现为肩臂肌群的急性或慢性风湿性肌炎症状，有时也可波及肩、肘关节。病畜驻立时患肢前踏，减负体重；运步时则出现明显的悬跛；两前肢同时发病时，步幅短缩，关节伸展不充分。

（3）背腰风湿病　常见于马、骡和牛，猪也有发生。主要为背最长肌、髂肋肌的急性或慢性风湿性炎症，有时也波及腰肌和背腰关节。临床上多见呈慢性经过的背腰风湿病。病畜表现为驻立时背腰稍拱起，触压背腰部肌肉有僵硬感，凹凸不平，腰反射迟钝或消失；运动时，病畜运步缓慢，背腰强拘，转弯时背腰不灵活。

（4）臀股风湿病　常见于马、骡、牛，有时猪也发病。主要表现为臀部肌群和股后肌群急性或慢性风湿性肌炎的症状，有时也波及髋关节。病畜两后肢运动缓慢而困难，有时出现明显的跛行症状；触压患病肌群僵硬且有疼痛表现。

3. 根据病程经过分类

（1）急性风湿病　动物突然发病，疼痛及机能障碍明显。常出现比较明显的全身症状。一般经过数日（10 d 左右）即可好转或痊愈，但容易复发。

（2）慢性风湿病　病程拖延较长，可达数周或数月之久。患病的组织或器官缺乏急性经过的典型症状，热痛不明显或根本见不到。但病畜运动强拘不灵活，容易疲劳。

第四节　诊　断

目前风湿病尚缺乏特异性诊断方法，在临床上主要还是根据病史和上述临床症状加以诊断。必要时可进行以下辅助诊断。

1. 水杨酸钠皮内反应试验　用新配制的 0.1% 水杨酸钠 10 mL，分数点注入颈部皮内。注射前和注射后 30 min、60 min 分别检查白细胞总数。其中白细胞总数有一次比注射前减少 1/5，即可判定为风湿病阳性。据报道，本法对从未用过水杨酸制剂的急性风湿病马的检出率较高，一般检出率可达 65%。

2. 血常规检查　风湿病马的血红蛋白含量增多，淋巴细胞减少，嗜酸性粒细胞减少（病初），单核细胞增多，血沉加快。

3. 血清中抗体的测定　主要是针对溶血性链球菌的抗体、与风湿病相关的自身抗体和血清中的非特异性生化成分的测定。①C 反应蛋白（CRP）：这是一种急性时相反应蛋白，在风湿病活动期、感染炎症、高烧、恶性肿瘤、手术、放射病时，CRP 水平迅速升高，病情好转时迅速降至正常，若再次升高可作为风湿病复发的预兆。急性风湿 48～72 h CRP 水平可达峰值，1 个月后多变为阴性。②抗核抗体（anti-nuclear antibody，ANA）：这是一类针对细胞核内具有抗原性的蛋白质分子及这些分子复合物的抗体。由于细胞核包括许多成分，因此抗核抗体也有许多种，可用间接免疫荧光法测定。高滴度 ANA 常提示有结缔组织疾病存在，如多发性肌炎（PM）、皮肌炎（DM）、类风湿关节炎（RA）等。③血清抗链球菌溶血素 O 抗体：当抗体效价高于 400 U 时，表明该动物不久前或目前有溶血性链球菌感染。但 O 抗体阳性并不能说明肯定患有风湿病。④抗双链 DNA 抗体：抗双链 DNA 抗体可采用免疫荧光法（IF）、酶联免疫吸附测定（ELISA）和放射免疫测定（RIA）3 种方法检测，对诊断 SLE 有很高的特异性，同时可以作为判断 SLE 病情活动性和疗效的指标。⑤抗 Sm 抗体：主要出现在 SLE 患者中，至今仍然认为是 SLE 的标记性抗体。⑥抗 rRNP 抗体：该抗体为抗胞质中核糖体蛋白的抗体，主要见于 SLE 患者，与 SLE 的精神症状、胃肠道症状、肝损害有关。⑦类风湿因子（RF）：是抗人 IgG 分子 Fc 段的抗体，分为 IgM、IgG 和 IgA 等类型。在 RA 患者中，RF 的阳性率为 60%～80%；RF 的滴度与 RA 疾病的活动性相关。⑧抗角蛋白抗体（AKA）：AKA 是 RA 早期诊断的血清学指标之一，尤其在类风湿因子阴性或抗 RA33/RA36 抗体阴性的 RA 患者中，

AKA 可以为诊断提供帮助。此外，AKA 还与 RA 的严重程度和活动性有关。⑨抗环瓜氨酸多肽（anti-CCP）抗体：其抗原成分为环状聚丝蛋白的多肽片段，以 IgG 型抗体为主。抗 CCP 抗体是 RA 的高度特异性抗体，阳性率为 51%，特异性 >96%；检测抗 CCP 抗体有助于 RA 的早期诊断和判断预后。此外，抗透明质酸酶抗体、抗链球菌激酶抗体、抗中性粒细胞胞质抗体（ANCA）和抗心磷脂抗体在风湿病实验室检查中也比较常用。

测定血清中的抗体和非特异性生化成分仅作为兽医临床诊断的参考。

4. 影像检查 X 线不仅可以反映关节部位的结构异常情况和损伤程度，而且可以用来监测病程发展的速度，已经是兽医临床上一种常规的检查方法。CT 的分辨率高，而且可以轴位成像，因此骨关节和软组织均可清楚地被显示，尤其对于骶髂关节和髋关节等检查优于传统的 X 线。MRI 很适合用于肌肉和骨骼系统的疾病检查，但由于 MRI 的价格昂贵，目前尚不能作为常规检查手段。

在兽医临床上，风湿病除注意与骨质软化症进行鉴别诊断外，还要注意与肌炎、多发性关节炎、神经炎、颈和腰部损伤及牛的锥虫病等疾病进行鉴别诊断。

第五节 防 治

（一）治疗

风湿病的治疗原则是：消除病因、加强护理、祛风除湿、解热镇痛、消除炎症。兽医临床治疗风湿病的方法主要有以下几种。

1. 应用解热、镇痛及抗风湿药 在这类药物中，以水杨酸类药物的抗风湿作用最强，包括水杨酸、水杨酸钠及阿司匹林等。实践证明，水杨酸类制剂对急性肌肉风湿病的疗效较高，而对慢性风湿病的疗效较差。水杨酸钠口服：马、牛 10～60 g/ 次，猪、羊 2～5 g/ 次，犬、猫 0.1～0.2 g/ 次。水杨酸钠注射：马、牛 10～30 g/ 次，猪、羊 2～5 g / 次，犬 0.1～0.5 g/ 次，1 次 /d，连用 5～7 d。

将水杨酸钠与复方氨基比林、乌洛托品、樟脑磺酸钠和葡萄糖酸钙联合应用，效果更好。例如，对奶牛用 10% 水杨酸钠 200～300 mL，复方氨基比林 10 mL×5 支，40% 乌洛托品 20 mL×4 支，安钠咖 10 mL×2 支，5% 葡萄糖酸钙 300 mL，静脉注射，1 次 /d，连用 5～7 d。对母猪，用 10% 水杨酸钠 100 mL，复方氨基比林 10 mL×2 支，40% 乌洛托品 20 mL，10% 安钠咖 10 mL，5% 葡萄糖酸钙 100 mL，静脉注射，1 次 /d，连用 5～7 d。

也可将水杨酸钠与碳酸氢钠和自家血配伍，其方法是，马、牛每日静脉内注射 10% 水杨酸钠溶液 200 mL，5% 碳酸氢钠溶液 200 mL；自家血注射量为第一天 80 mL，第三天 100 mL，第五天 120 mL，第七天 140 mL；7 d 为一个疗程，每个疗程之间间隔 1 周，可连用 2 个疗程。该方法对急性肌肉风湿病的疗效显著，对慢性风湿病可获得一定的好转。

保泰松及羟保泰松，后者是前者的衍生物，其优点是抗风湿作用较保泰松略强，副作用小。羟保泰松的作用与复方氨基比林相似，但抗炎及抗风湿作用较强，解热作用较差。其用法和剂量：保泰松片剂（每片 0.1 g）口服，马 4～8 mg/kg 体重，猪、羊 33 mg/kg 体重，犬 20 mg/kg 体重，2 次 /d，3 d 后用量减半；羟保泰松，马前两天每天 12 mg/kg 体重，后五天每天 6 mg/kg 体重，连续口服 7 d。

2. 应用皮质激素类药物 这类药物能抑制许多细胞的基本反应，因此有显著的消炎和抗变态反应的作用，同时还能缓和间叶组织对环境刺激的反应性，改变细胞膜的通透性。皮质激素类药物按其作用时间的长短分为短效激素（如可的松、氢化可的松）、中效激素（如泼尼松、甲基泼尼松）和长效激素（如地塞米松、倍他米松）。长效激素的抗炎效力强，作用时间长，但对下丘脑-垂体-肾上腺轴的危害较严重，不宜长疗程用药。短效激素对下丘脑-垂体-肾上腺轴的危害较轻，但其抗炎效力弱，作用时间短，不宜用于治疗慢性自身免疫性疾病。兽医临床上常用中效激素治疗风湿病，静脉注射醋酸泼尼松、甲基泼尼松等，它们都能明显地改善风湿性关节炎的症状，但容易复发。

总之，皮质激素类药虽然可使关节疼痛很快缓解，但并不能控制风湿病对关节的破坏，而且带来许多副作用，如骨质疏松、高血压、高血糖等。正确的风湿病治疗，皮质激素并不是首选药。

3. 应用抗生素控制链球菌感染　风湿病急性发作期，无论是否证实机体有链球菌感染，均需使用抗生素。首选青霉素，肌内注射每日 2～3 次，一般应用 10～14 d。

4. 应用物理疗法　物理疗法对风湿病，特别是慢性经过者有较好的治疗效果。

（1）*局部温敷法*　将酒糟（或麸皮）与食用醋按 4∶3 的比例混合、炒热、装于布袋内进行患部热敷，1～2 次 /d，连用 6～7 d。也可用热石蜡或热泥疗法等。适用于慢性风湿病。

（2）*光疗法*　可用红外灯局部照射，每次 20～30 min，1～2 次 /d，对慢性风湿病有较好的疗效。

（3）*电疗法*　中波透热疗法、中波透热水杨酸离子透入疗法、短波透热疗法、超短波电场疗法、周林频谱疗法及多元频谱疗法等均对慢性风湿病有较好的治疗效果。

（4）*局部冷疗法*　在急性蹄风湿的初期，应以镇痛和抑制炎性渗出为目的，可以使用冷蹄浴或用醋调制的冷泥敷蹄等。

5. 局部涂擦刺激剂　局部可用水杨酸甲酯软膏（处方：水杨酸甲酯 15 g、松节油 5 mL、薄荷脑 7 g、白色凡士林 15 g）、水杨酸甲酯莨菪油擦剂（处方：水杨酸甲酯 25 g、樟脑 25 mL、莨菪油 25 mL），也可局部涂擦樟脑乙醇或氨擦剂等。

6. 中兽医疗法　长期以来，中兽医对治疗风湿病积累了丰富的经验，常用的中药方剂有通经活络散和独活寄生散。

通经活络散：黄芪 50 g、当归 35 g、白芍 35 g、木瓜 35 g、牛膝 30 g，巴戟、蒿本、故纸、木通、泽泻、薄荷各 40 g，桑枝、威灵仙各 50 g，共为细末，开水冲调，待温时，马、牛一次灌服，1 次 /d，连用 3 d。

通经活络散的加减：前肢痛加桂枝、杜仲；后肢痛加川断、杜仲，重用牛膝；腰痛加川断，重用木瓜。

独活寄生散：独活 40 g、桑寄生 40 g、秦艽 32 g、防风 28 g、细辛 16 g、当归 20 g、白芍 26 g、川芎 23 g、地黄 30 g、杜仲 30 g、牛膝 30 g、党参 40 g、茯苓 23 g、肉桂 25 g、甘草 25 g，共为细末，开水冲调，待温，加黄酒 250 mL 为引，马、牛一次灌服，1 次 /d，连用 3 d。

（二）预防

在北方风湿病的发病率较高，对生产的危害也较大，加之其病因至今仍未完全阐明，又缺乏行之有效的预防办法，因此在风湿病多发的冬、春季节，要特别注意动物的饲养管理和环境卫生，要做到精心饲养、合理使役，勿使其过度劳累。使役后出汗时不要系于房檐下或有穿堂风处，以免受风寒。厩舍应保持卫生、干燥，冬季应保温，以防家畜受潮和着凉。对溶血性链球菌感染后引起的家畜上呼吸道疾病，如急性咽炎、喉炎、扁桃体炎、鼻卡他等疾病应及时治疗。如能早期大量应用青霉素等抗生素彻底治疗，可对风湿病的发生和复发起到一定的预防作用。

第二十二章 神经损伤

第一节 概　　述

神经损伤包括脑部、脊髓和外周神经的损伤。检查包括病史、体格检查、特征描述、神经学检查和特别检查（X 线、脊髓造影、CT 和 MRI）。下面主要介绍神经学检查和病损的神经解剖学定位。

一、神经学检查

神经学检查应该在安静的环境中进行，需面积较大的诊室或室外场地。检查器械包括叩诊锤、止血钳、手电筒、棉球等（图 22-1）。神经学检查的内容包括精神状态和行为、姿势和步态、姿势反应、脊髓反射、肌群和肌张力、脑神经检查和皮肤感觉。

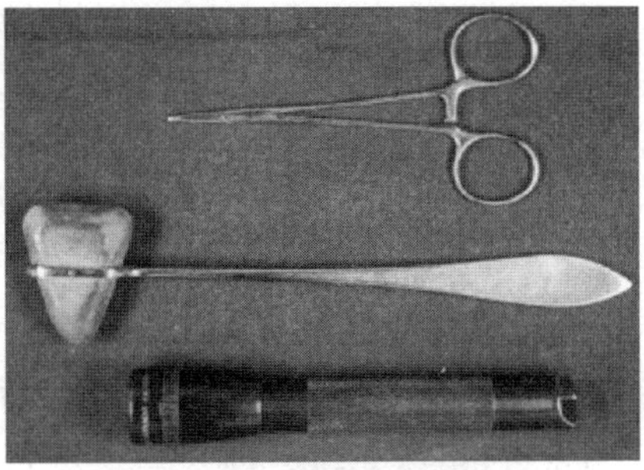

图 22-1　神经学检查工具

（一）精神状态和行为

注意观察和了解动物的精神状态，如精神沉郁、迟钝、恍惚和昏迷；行为异常，如攻击性、过度活跃、歇斯底里、转圈运动和不知归家等。精神与行为的变化提示病损在脑内神经解剖学的定位，但注意有时病因可能在脑外，如肝门脉分流引起神经功能的紊乱。

（二）姿势和步态

1. 姿势　仔细观察动物是否存在头颈倾斜（如前庭疾病）、头或躯体转圈（如前脑疾病）、跗关节角异常（如坐骨神经损伤时跖部着地）、颤抖（如神经肌肉疾病）和尾部异常（如腰荐疾病时尾弛缓）等。严重脑内病损引起下行抑制对伸肌系统神经支配作用的解除，出现去大脑强直和去小脑强直。去大脑强直表现为角弓反张，与中脑病损有关；去小脑强直是由严重的小脑病损引起的，表现为伸肌强直，但髋关节松弛。

2. 步态　一般来说，病损涉及中脑及其以下水平时步态异常，易通过行走观察。步态异常包括共济失调（前庭、小脑或本体感觉系统病损引起）、无力（与上或下运动神经元系统病损有关）和跛行（如下运动神经元系统病损或骨骼系统疾病）。

（1）轻瘫或瘫痪　可分为上运动神经元（upper motor neuron，UMN）轻瘫或瘫痪和下运动神经元（lower motor neuron，LMN）轻瘫或瘫痪。LMN 轻瘫或瘫痪，如臂神经丛损伤，出现单肢轻瘫或瘫痪，肌肉弛缓，反射下降或缺失，肌肉明显萎缩。UMN 轻瘫或瘫痪，如胸腰椎间盘突出，可出现肌肉紧张，但肌肉萎缩相对不明显。

（2）共济失调　分为全身本体感觉性共济失调、前庭共济失调和小脑共济失调。全身本体感觉性共济失调是由上行全身本体感觉性通路（传导空间定位及颈和肢体肌肉张力）信息传递的扰乱引起的，表现为肢交错放置、脚趾擦伤或拖行、抬高脚步、大步幅、足背着地，有时迈步延迟。在前肢，过度伸展，加之肌张力增加和有限的关节屈曲，给人的感觉像“漂浮”迈腿前行。前庭共济失调表现为平衡丧失，常有头颈倾斜和异常的眼球震颤。外周前庭系统（内耳特异性本体感受性受体或第Ⅷ脑神经）受损时，患病动物保持正常的肌力和全身性本体感觉；中枢性前庭系统（如前端延髓中的前庭核）受损时，表现为单侧 UMN 轻瘫和全身本体感觉性共济失调均存在。另外，第Ⅴ和Ⅶ脑神经因与前庭核的解剖密切，其功能可能因后者受损而缺失。小脑共济失调表现为辨距障碍（在运步的力量、范围和速度方面发生紊乱）；由于运动范围的紊乱，关节在运步时过度屈曲，呈现高抬腿、迈阔步、着地快速有力；常叉开腿站立；动物摇摆、跌跌撞撞来回或左右行走。小脑辨距障碍可以与全身本体感觉性过度伸腿相鉴别。全身本体感觉性共济失调的疾病出现 UMN 轻瘫，运动时强直。小脑病损，由于其与前庭系统的密切关系可出现头部倾斜、平衡丧失和异常眼球震颤；有的出现抖动，采食时表现为头部过伸或不及食具，难以捕获食物。

（三）姿势反应

有助于发现通过姿势和步态未能观察到的力量和协调性方面的问题，可区分神经肌肉疾病和骨骼疾病引起的步态紊乱。姿势反应测试有多种，其中单足跳和本体感觉反射测试中的置放法较为常用。

1. 单足跳测试 检查者使动物三肢悬空，一肢着地负重，使动物侧向移动，注意与对侧肢的反应比较。观察是否有运动迟缓、不规则或反应过度。与前肢相比，后肢稍僵直，偏移幅度较大。

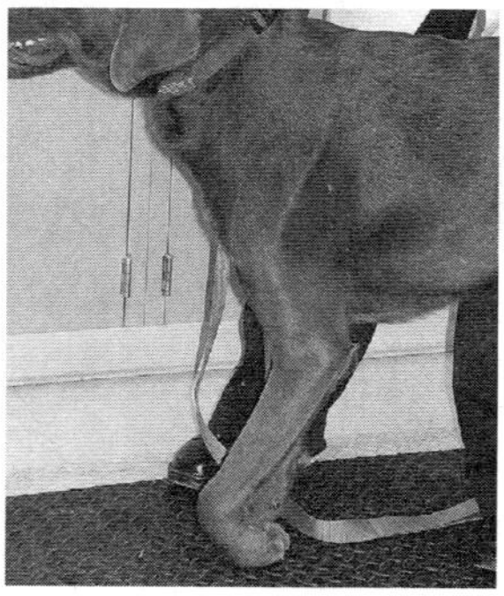

图 22-2 本体感觉丧失

2. 本体感觉反射测试 其测试方法主要有置放法和触觉法。置放法是观察动物屈足和以其背面着地负重时恢复正常足底着地的反应（图 22-2）。对四肢分别进行测试观察，正常动物迅速恢复足底着地。这种异常姿势的站立导致肌肉、肌腱和关节的伸展，刺激了意识和非意识的本体感觉及皮下躯体感觉传入纤维的受体。因此，正常站立姿势的恢复需要下行的 UMN 通路和 LMN 功能的正常。注意因下运动神经元疾病而严重瘫痪的动物，尽管没有本体感觉通路的损伤，也可能有迟缓的置放反应；置放法不能将意识性本体感觉通路与外周和中枢神经系统的其他传入感觉通路（如涉及无意识性本体感觉的脊髓小脑束）区分开。触觉法是抱起动物（犬、猫），并遮盖动物的双眼，使其前足背面轻轻触碰桌缘，观察其是否能够正确地放置足底于桌面。

（1）后肢前伸站立测试 用于检查轻微后肢症状的病例。在前肢后胸部抬起动物，将两后肢置于动物稍前方并使其着地负重。正常时动物后肢向前移动至体下方以支撑体重。

（2）单侧行走测试 抬高动物一侧的前肢和后肢，评价单侧站立和行走（前行和侧行）。

（3）推车测试 抬起动物的腹部，以前肢着地前行。前肢掌背擦碰地面、突球和运步迟缓均为异常。

（四）脊髓反射与肌群和肌张力

1. 脊髓反射

（1）膝腱反射 膝腱反射是指股神经通过脊髓节段 L4～L6 介导的反应。动物侧卧，测试腿不与地面直接接触，放松、部分弯曲，检查者使用叩诊锤轻轻敲击膝韧带。有的动物紧贴地面肢的膝腱反射较易诱发。注意在无神经肌肉疾病的老年动物，一侧或两侧膝腱反射可能缺失。膝腱反射分级：缺失（0）、低反射性（+1）、正常反射性（+2）、高反射性（+3）和强反射性（+4）。缺失或低膝腱反射发生于反射弧部分受损的疾病（LMN 疾病）；高和强膝腱反射发生于 UMN（脊髓节段前）疾病。

（2）肱二头肌和三头肌的腱反射　动物侧卧，放松。检查者的左手手指放在肘关节水平肱二头肌腱起始部，右手手指轻敲左手手指。正常的反应包括肱二头肌上的皮肤移动或肘关节轻度屈曲。该反射是肌皮神经通过脊髓节段 C6～C8 介导产生的。肘弯曲，轻敲鹰嘴处的肱三头肌腱，可观察肱三头肌的腱反射，正常的反射表现为肘关节稍伸展和肱三头肌的收缩。该反射是桡神经通过脊髓节段 C7～T2 介导产生的。

（3）回缩反射　用手指掐或指血钳夹趾甲基部，正常时立即产生明显的回缩反应。在前肢，参与该反射的脊髓节段为 C6～T2，注意 C1～C5 病损也会引起该反射的减弱。在后肢，回缩反射是坐骨神经通过脊髓段 L6～S1 介导产生的。坐骨神经运动支的受损可使膝、跗和趾屈肌及髋、跗和趾伸肌的张力下降、萎缩和麻痹。后肢回缩反射下降至缺失可发生于坐骨神经或发出坐骨神经的脊髓节段、神经根或脊髓神经的受损。然而，坐骨神经麻痹的动物可行走，但站立时跖部着地（胫神经功能紊乱）。同样，若股神经完好，则患肢膝关节可伸展而负重，但站立时足背着地（腓神经功能紊乱），运步通过髋关节过度的屈曲完成。肌张力下降和肌萎缩也存在回缩反射。

（4）交叉伸肌反射　在动物侧卧时，一侧肢被动屈曲或受轻度刺激不会引起对侧肢伸展。若呈现交叉反射，则表明对侧 UMN 受损。

（5）会阴反射　对肛周皮肤使用轻的伤害性刺激，可观察肛门括约肌收缩。该反射是脊髓荐尾节段分支通过阴部神经介导产生的。

（6）躯干皮肌反射　躯干皮肌反射是指躯干皮肌对躯干背部皮肤轻度刺激的收缩反应。区域性脊神经将感觉冲动传至脊髓，继而传至 C8～T1，在此两侧胸神经的 LMN（支配躯干皮肌）与前述的感觉神经元形成突触。从胸至髂骨翼区域均可测试该反应。测试先从髂骨翼开始，若该处反射存在，说明整个通路完整，没有必要继续向前测试；若反射减弱或缺失，则躯干皮肌反射测试依次向前进行。该测试检查可能需要进行多次，特别适用于诊断横贯性胸腰脊髓的病损程度或监控进行性脊髓的损伤（如上行或下行脊髓软化）。由于皮肤感觉神经向前行走进入脊椎，故测试反射变化的部位位于其对应的脊髓病损后 1～2 椎体。

2. 肌群和肌张力　反映 LMN 的功能，评价头、颈和胸腰椎体上的肌肉及前、后肢的肌肉是否对称和萎缩。被动运动腿部肌肉，评价其抵抗力：正常、弛缓或张力增加（轻度至明显）。高肌张力由 UMN 通路中的病损引起，这种病损导致 LMN 的抑制解除，引起伸肌的过度活动和肢体张力的增强。相反，肌张力降低与神经肌肉（LMN）疾病有关。四肢瘫痪的犬应扶着，在站立状态下评价其四肢的肌肉张力。患颈脊髓疾病的犬常有四肢肌肉和躯干肌肉张力的增强。有时，患 UMN 疾病动物（如病损涉及 C1～C5 脊髓节段的四肢或 T3～L3 脊髓段病损的后肢）的肌张力明显增加，以至于能够自主站立。相反，患弥散神经肌肉疾病的四肢瘫痪的犬，其主要肌张力下降。

（五）脑神经检查

当怀疑有头部损伤时，脑神经的检查很重要。

（1）嗅神经　常见的嗅觉丧失的原因是筛骨筛板的病变和鼻腔内的炎症、肿瘤，需借助内镜、X 线片或 CT、MRI 加以确诊。

（2）视神经　视神经是视觉和瞳孔光反射的感官途径。检查方法：威胁性反应试验，用一只手固定好头并遮住一只眼睛，另一只手向另一只眼睛快速移动，但不要靠得太近，观察眼睛的反射情况（图 22-3）。瞳孔光反射试验，光源从中间向侧边直接照射到眼睛里，被检测眼睛的瞳孔收缩，光迅速移动到另一只眼睛，也应收缩（图 22-4）。棉球试验，检查者站在动物的身后，把棉球丢向动物头的一侧，动物的眼睛会随着棉球移动。

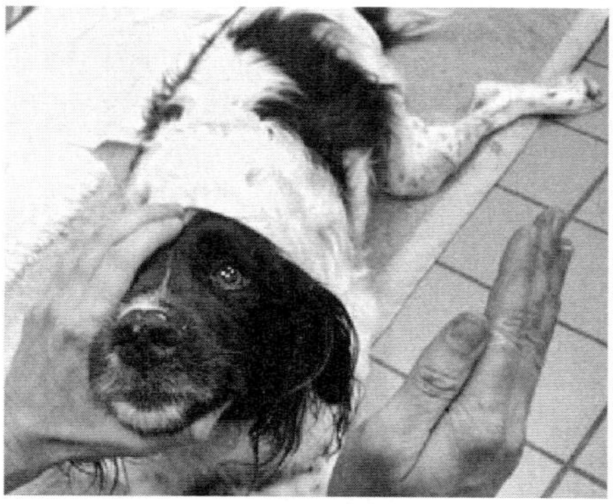

图 22-3　视神经检查（一）

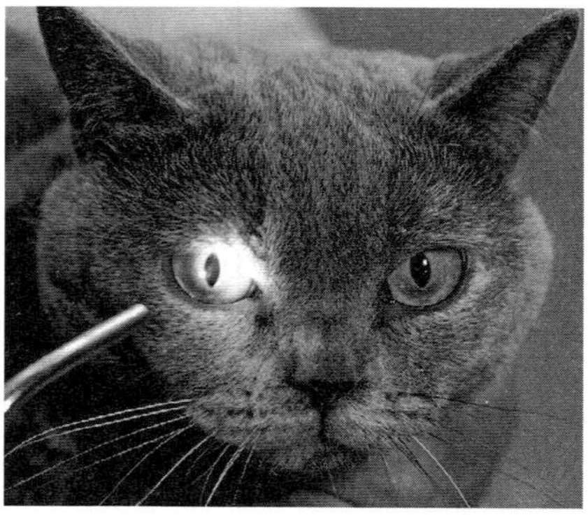

图 22-4　视神经检查（二）

（3）动眼神经　是眼外肌和上眼睑提肌的运动神经元。瞳孔光反射试验，用光照射两只眼，光照双眼的瞳孔应对称收缩。例如，瞳孔反射消失、眼斜视、瞳孔放大都是异常现象。

（4）滑车神经　滑车神经损伤时眼球震颤，向侧面移动。

（5）外展神经　外展神经损伤时，眼向内斜视，眼球不能回缩。

（6）三叉神经　三叉神经损伤时，面部、眼睑和鼻黏膜的痛觉降低或消失；单侧麻痹时，颌骨的张力和力量降低；双侧麻痹时，面部肌肉明显萎缩。

（7）面神经　面神经麻痹时，嘴唇回缩能力和眨眼能力下降，面部不对称，双侧麻痹可能会引起动物窒息。

（8）前庭耳蜗神经　前庭耳蜗神经受损，头部歪向一侧，转圈，眼球震颤，听力受损。

（9）舌咽 / 迷走神经　手指施压舌骨区域能够引起舌咽反射。咽反射可通过手或压舌板按压咽后端引发。舌咽迷走神经功能障碍包括咽反射消失、吞咽困难及喉麻痹。

（10）舌下神经　舌下神经异常包括舌回缩能力下降、舌头移位和萎缩等。

（六）皮肤感觉

深部感觉存在或缺失是神经系统疾病预后及脊髓功能完整的可靠指标。强刺激（如止血钳钳夹）用于肢体深部痛觉的检测。脊髓损伤后功能丧失的顺序为：本体感觉丧失；自主运动功能丧失；浅部痛觉丧失；深部痛觉丧失。脊髓受压迫的动物丧失本体感觉和自主运动功能，但浅部和深部痛觉可能存在（轻瘫时）。当深部痛觉丧失时，说明脊髓损伤严重，预后不良。

痛觉过敏是指对疼痛刺激的反应性增加。常在接触或按压躯体时，动物出现尖叫、异常的疼痛反应或腹壁紧张。

二、病损的神经解剖学定位

完成神经学检查后，需要做出神经解剖学的定位诊断。首先，应确定病损为脊髓上中枢还是脊髓和神经肌肉系统。脊髓上中枢病损应定位到前脑、脑干和小脑（表 22-1）。

表 22-1 脊髓上中枢病损的神经学表现

神经学检查	病损部位		
	前脑	脑干	小脑
感觉与行为	癫痫发作；异常行为；精神沉郁至昏迷	精神沉郁至昏迷	无异常
姿势与步态	转圈，无目的行走	UMN 四肢轻瘫或麻痹，全身性本体感觉性共济失调或前庭性共济失调，角弓反张	头、颈或眼震颤；角弓反张、四肢伸肌僵直，髋关节屈曲（严重的前端病损）；躯体摇摆；头倾；大步幅；平衡丧失
姿势反应	对侧减弱或缺失	同侧减弱或缺失（脑桥或延脑）；同侧或对侧减弱或缺失（前侧中脑）	延迟，然后增强
肌群与肌张力	无异常	四肢正常至增加	可能增加
脊髓反射	无异常	四肢正常至增强	正常至增强
皮肤感觉	对侧痛觉迟钝	可能同侧躯干和四肢痛觉迟钝	无异常
脑神经	对侧威胁性反应减弱或缺失	瞳孔大小不等（Ⅲ、交感神经）；颌下垂、咬肌萎缩、面神经迟钝（Ⅴ）；头倾斜（Ⅷ）；眼球震颤、斜视（Ⅲ、Ⅳ、Ⅵ、Ⅷ）；面瘫（Ⅶ）；吞咽困难（Ⅸ、Ⅹ、Ⅺ）；舌麻痹（Ⅻ）	对侧威胁性反应减弱或缺失（同侧）；瞳孔大小不等（少见）
其他	进食、饮水、睡眠、体温调节和内分泌异常（下丘脑病损）；感觉超敏（丘脑病损）	呼吸或心律异常	

其次，对于脊髓及其以下的病损应定位于颈前段（C1～C5）、颈后段（C6～T2）、胸腰段（T3～L3）、腰荐段（L4～S3）和 LMN（表 22-2）。

表 22-2 脊髓及 LMN 病损的神经学表现

神经学检查	病损部位				
	C1～C5	C6～T2	T3～L3	L4～S3	LMN
感觉与行为	无异常	无异常	无异常	无异常	无异常
姿势与步态	UMN 四肢轻瘫 / 共济失调至痉挛性瘫痪	前肢短步；后肢UMN轻瘫、全身本体感觉性共济失调	UMN 四肢轻瘫 / 共济失调至痉挛性瘫痪	后肢弛缓性轻瘫至麻痹；后肢短步或蹲伏式步	患肢弛缓性轻瘫至麻痹；轻瘫随运动加重
姿势反应	四肢延迟或缺失	四肢延迟或缺失	后肢延迟或缺失	后肢延迟或缺失	患肢延迟或缺失；若能自主运动和扶持站立时可能存在姿势反应
肌群与肌张力	轻度肌萎缩（慢性）；四肢肌张力正常或增强；可能 UMN 膀胱功能失控	前肢肌萎缩（慢性）、张力下降；后肢肌张力正常或增强；可能 UMN 膀胱功能失控	前肢常无异常；后肢肌张力正常或增强；可能 UMN 膀胱功能失控	前肢无异常；后肢肌张力减弱、萎缩（慢性）；可能 UMN 膀胱功能失控	患肢肌张力减弱、萎缩；可能 UMN 膀胱功能失控

续表

神经学检查	病损部位				
	C1～C5	C6～T2	T3～L3	L4～S3	LMN
脊髓反射	四肢正常或增强；前肢偶有回缩反射减弱	前肢的回缩反射，以及后肢的膝腱反射和回缩反射正常或减弱	后肢的膝腱反射和回缩反射正常或减弱	膝腱反射（L4～L6）、回缩反射（L7～S1）和会阴反射（S1～S3）减弱或缺失	患肢反射下降或缺失；会阴反射可能减弱
皮肤感觉	病灶后区域感觉减弱（少见）	四肢或仅前肢感觉减弱	后肢感觉正常、减弱或缺失	后肢、尾、会阴和肛门感常正常、减弱或缺失	可能正常或减弱
脑神经	同侧瞳孔缩小（霍纳综合征）	霍纳综合征（T1～T3）	无异常	无异常	多样化
其他	严重时因呼吸障碍而死亡	严重时因呼吸障碍而死亡			

第二节 脑 损 伤

一、原发性脑损伤

原发性脑损伤（primary brain injury）是指头部受暴力作用后即刻发生的脑损伤。如果有症状则在受伤当时立即出现，并且不再继续加重。原发性脑损伤主要包括以下几种类型。

（一）脑震荡

脑震荡（cerebral concussion）是头部受伤后中枢神经系统一时功能紊乱的表现，可能与惯性力所致的弥散性脑损伤有关，无明显的病理解剖上的改变，是脑损伤中最常见和最轻的一种。脑震荡常发生于高处坠落或被打击。

轻度的脑震荡仅为一时昏迷，持续的时间很短，一般不超过半小时。重度的脑震荡患畜，倒地后昏迷，知觉和反射减弱或消失；瞳孔散大，呼吸减慢；心动徐缓，心律不齐；有时大小便失禁或出现呕吐，眼球震颤，抬头挣扎。情况严重时，倒地后立即死亡或者于短时间内死亡。

对休克的动物应及时抢救，应用皮质类固醇药物，如泼尼松、地塞米松、氢化可的松琥珀酸钠等。呕吐动物可用苯海拉明、氯丙嗪、维生素 B_6 等。烦躁和抽搐的动物可用三溴合剂和苯巴比妥等。为降低颅内压、防止脑水肿，可以使用氨茶碱、呋塞米等。

（二）脑挫裂伤

脑挫裂伤（cerebral contusion and laceration）是指外伤后脑组织的实质性损伤。轻者仅有脑皮质或组织点状出血、或静脉淤血；重者可出现组织有广泛的脑软膜撕裂、皮质或白质破碎、水肿、出血和神经细胞变性坏死等。

脑挫裂伤主要是由脑在颅内运动中冲撞颅骨内面所造成的。当正在运动中的头部被物体碰撞时，颅骨运动立刻停止，而脑由于惯性，按原方向继续运动，在此过程中就发生了一系列的脑损伤；其损伤可在着力点附近发生，也可发生在着力点的对冲部位，后者称为对冲性损伤。最初的症状与脑震荡相似，但因有脑组织水肿，甚至出血，可能会出现持续的症状，如在意识恢复后发生痉挛、抽搐、麻痹、偏瘫或癫痫等。因损伤部位不明，所以临床上有不同的表现。例如，大脑皮质颞、顶叶运动区受损时，则动物向患处转圈，对侧眼睛失明。当小脑、小脑脚、前庭、迷路受损害时，则运动失调，身体向后仰滚转，有时头不自主的摆动。脑干是循环呼吸等生命中枢的所在地，故伤后体温、呼吸、循环等生命指位发生变化，甚至危及生命；早期出现昏迷、惊厥、眼球震颤、瞳孔散大、视觉障碍、不能站立、角弓反张、四肢痉挛。下丘脑挫裂伤时，可出现中枢神经高热等症状。大脑皮质和脑膜受损伤时，周期性兴奋发作，呈现癫痫症状。当脑膜出血形成血肿时，压迫脑组织，出现偏瘫、知觉消失、瞳孔散大、一侧或两侧失明、听觉障碍。颅底骨折、咽部和耳部血管受损伤时，两侧耳和鼻孔出血，可能迅速死亡。

根据发病原因和发病情况，结合临床症状，必要时可通过 CT、MRI 检查确诊。但必须与脑炎、脑出血、脑血管栓塞加以鉴别。

治疗原则是加强护理，让动物保持安静，保护大脑皮质，防止脑出血，降低颅内压。不论病情轻重，都应保持安静，将头抬高，应用水袋冷敷，可用冬眠低温的方式，降低脑组织代谢，减少氧耗量，增加缺氧耐受能力，减轻脑水肿和中枢性高热。通常在 5%～10% 葡萄糖中加入氯丙嗪、异丙嗪静脉滴注，直肠内温度低于体温 2℃左右，持续 1～2 d。深度昏迷的动物应尽早行气管切开术或置入气管内导管，及时清除呼吸道的分泌物，以保持呼吸道畅通。为缓解脑水肿，应控制摄入的水量，并适量使用脱水剂，可用 5%～10% 葡萄糖、20% 甘露醇或 25% 山梨醇静脉注射，同时应用利尿剂（如呋塞米）。但在脱水期内要注意血容量不足和电解质紊乱的发生，予以相应的处理。应用糖类皮质激素，如地塞米松，可减轻脑水肿，以小剂量为宜，连续使用 3 d 后停药，一般不宜超过一周。为调节神经细胞代谢、促进神经功能恢复，可使用能量合剂和促苏醒的药物（如氯脂醒、氨乙异硫脲等）。

对于颅骨骨折或脑内血肿的动物，可实施手术疗法，以整复骨折，清除血肿，降低颅内压。

（三）脑干损伤

脑干损伤（brain stem injury）在临床中较常见，可分为原发性脑干损伤和继发性脑干损伤，是脑损伤中最严重的一种。原发性脑干损伤是由外力直接或间接作用于头部所引起的。例如，头部受到外力撞击时，引起脑颅内的快速移动，使脑干撞击受伤；也可能由外伤引起脑的旋转运动，使脑干扭转、牵引而致伤。继发性脑干损伤是由脑损伤后的血肿、水肿引起脑疝，或是长期颅内压升高引起脑干缺氧、缺血而致。

脑干损伤后会发生一系列较严重的症状，主要表现为以下几个方面。

（1）意识障碍　伤后立即昏迷，昏迷程度较深，角膜、吞咽、四肢肌力和肌张力反应消失，保持时间长。其昏迷的原因与脑干网状组织受损、上行激活系统功能障碍有关。

（2）眼部变化　双眼同向偏斜，眼球活动异常，眼球固定于正中位。瞳孔常是多变的，有时两侧相等，有时不等，大小也有异常，对光的反应减弱或消失。

（3）呼吸系统功能紊乱　急性呼吸衰竭，表现为受伤后短时间内呼吸深、快，随后慢而无规则，甚至呼吸停止，表现延髓损伤严重；亚急性呼吸衰竭，在损伤数小时后出现呼吸功能紊乱及衰竭，多为颅内血肿继发脑干损伤。

（4）循环系统紊乱　脉搏弱，血压下降，在经抗休克处理后仍无好转，预后往往不良。

MRI 检查有助于明确诊断，了解伤灶的具体部位和范围。治疗可以参考“脑挫裂伤”部分。

二、继发性脑损伤

继发性脑损伤(secondary brain injury)是指受伤后一定时间内出现的脑受损病变，主要有颅内血肿和脑水肿。临床症状在伤后一段时间（时间长短依病变性质和发展速度而定）出现，且有进行性加重趋势；或者受伤当时已出现症状，在伤后出现进行性加重趋势，二者皆属于继发性脑损伤所致。

（一）颅内血肿

外伤性颅内血肿（traumatic intracranial hematoma）是最为常见的一种，按出血的来源和部位可分为硬脑膜外血肿、硬脑膜下血肿及脑内血肿三种。虽部位各有不同，但基本的病理变化是脑受压，它们的临床表现各有不同。

（1）硬脑膜外血肿（epidural hematoma） 出血积聚于颅骨与硬脑膜之间的潜在间隙内，使硬脑膜与颅骨剥离，出血来源于脑膜动脉及其分支、静脉窦等。

1）意识障碍：伤后昏迷是由脑震荡或脑挫裂伤而引起的，损伤越严重，昏迷时间越长。清醒后再出现昏迷多是颅内血肿形成所致。中间清醒期的时间短，或者伤后无昏迷，以后逐渐转为昏迷，多见于硬脑膜外血肿。

2）瞳孔变化：血肿侧瞳孔开始缩小，光反射迟钝，继之迅速散大，光反射消失，并且提示可能有脑疝形成。

3）肢体运动障碍：血肿对侧可出现偏瘫、感觉障碍等。

（2）硬脑膜下血肿（subdural hematoma） 硬脑膜下血肿是指出血积聚于硬脑膜和蛛网膜之间潜在的硬脑膜下腔，出血来源于脑皮层动脉、静脉破裂或静脉窦破裂。

多数同时伴有脑挫裂伤，原发昏迷持续的时间长，无中间清醒期或意识好转期表现，意识障碍进行性加重。单侧或双侧瞳孔散大，光反射消失，甚至会大脑强直。

（3）脑内血肿（intracerebral hematoma） 外伤后出血发生在脑内，血肿可位于脑的深部，也可位于脑的表浅部。临床表现可与脑挫裂伤相似，以进行性意识障碍加重为主。当颅骨骨折，而临床症状又不能以骨折解释时，应考虑有脑内血肿。

根据临床表现并借助于 X 线平片、CT 和 MRT 成像方可确诊。

如果颅内血肿不大、颅内压不太高，可暂不手术，采用保守治疗，给予止血剂、脱水剂和激素治疗。但颅内血肿危及生命时，必须采用颅脑清创术。

（二）脑水肿

脑水肿（cerebral edema）是继发于脑挫裂伤的一种病理变化。脑局部血脑屏障破坏及通透性增加，使血管内大量血浆蛋白外渗，导致血管源性脑细胞外水肿。由于脑灰质细胞外的间隙狭小，脑白质的间隙大，故水肿液多积聚于白质。另外，脑损伤使细胞膜的氧化磷酸化过程受到抑制，ATP 量下降，氯随钠一起大量积贮于细胞内并吸收水分，导致细胞出现肿胀。此时，血管源性脑水肿与细胞毒性脑水肿并存。脑水肿可于伤后早期发生，3～7 d 发展到高峰，此期间易发生颅内压升高，甚至脑疝。伤轻者，脑水肿可逐渐消退。

脑水肿的症状与治疗见“脑挫裂伤”部分。

第三节 脊髓损伤

脊髓损伤（spinal cord injury）是指脊柱骨折、挫伤或脱位的严重合并症。由于脊髓受到损害，传导径路被阻断，临床上以感觉障碍、截瘫及病理性反射为特征。

病因 物理性因素是脊髓损伤的主要原因。例如，冲撞、跌倒、坠落、挣扎或跳跃等，致使脊椎骨骨折、脱位等造成脊髓的创伤性损害；战时枪弹、弹片使脊髓受伤。病理性因素也常常发生，如佝偻病、骨软症、骨质疏松症、肿瘤和椎间盘突出症等。在犬，慢性退行性椎间盘的纤维环肥大、椎骨倾斜、黄韧带肥大、椎弓畸形等引起颈脊髓压迫，可导致四肢（特别是后肢）运动不协调，常称为摇摆综合征（wobbler syndrome），病程为数月至数年，部分病例的颈部有疼痛病史。骨折、脱位或肿瘤等导致腰荐段椎管中的神经根（马尾）受压，引起疼痛、运动障碍、尿或粪失禁等，称为马尾综合征（cauda equina syndrome）。

病理 多为脊椎骨折或脱位，椎间盘、脊髓炎，急、慢性椎间盘突出，与L7～S1周围软组织或神经根肿瘤有关。由于压迫，神经根进行性局部缺血，腰荐部疼痛敏感，发展为本体感觉意识丧失，运动无力，严重的后肢萎缩。先天性因素有椎管狭窄、荐骨骨软化病等。

症状 患病动物主要表现为痛苦不安、呻吟等。由于脊髓损伤的部位和程度不同，所表现的症状又有所不同。

1）颈部脊髓损伤：一般表现为四肢麻痹，呈现瘫痪，或发生便秘或尿闭。损伤严重的，可出现呼吸麻痹，甚至死亡。有时可能引起延髓麻痹，则发生呼吸困难、体温升高、吞咽困难等症状。

2）胸部脊髓损伤：瞳孔缩小，眼裂小，眼球凹陷，损伤部后部运动麻痹、感觉消失，反射机能正常或亢进，后肢痉挛性收缩。

3）腰荐部脊髓损伤：当腰脊髓的前1/3受损伤时，臀部、荐部和后肢的运动和感觉麻痹；腰脊髓的中1/3受损伤时，膝部的腱反射消失，股四头肌麻痹，后肢不能站立；当腰脊髓的后1/3和荐部脊髓损伤时，尾部和后肢感觉和运动麻痹，膀胱和肛门括约肌弛缓，大小便失禁。

诊断 根据病史，结合症状和神经学检查可做出初步诊断。X线平片检查可确定脊椎损伤的平面、类型、程度，为选择复位及固定方法提供依据。CT检查能够清楚地发现骨折块移位突入椎管之中。MRI成像检查显示椎间盘损伤、骨折块或脱位压迫脊髓及脊髓本身损伤的情况。

治疗 对疼痛不安的动物可首先给予镇静剂和止痛药，为防止动物活动，进一步损伤脊髓，必要时将动物用绷带临时固定在平板上，避免脊髓扭转、伸屈等。

防止脊髓水肿，大剂量使用糖皮质激素，如地塞米松或甲基波尼松注射液；静注20%甘露醇、20%葡萄糖和低分子右旋糖酐可改善脊髓的微循环，促进水肿消失，减少组织坏死。止血和营养神经，凝血酶和类凝血酶的止血效果明显，ATP、辅酶A、细胞色素c及胞二磷胆碱和维生素B对神经有营养作用。

一旦全身的病情稳定，施行减压手术解除脊髓压迫。

当颈段脊髓损伤后，由于交感和副交感神经系统失去平衡，导致四肢瘫痪、动物体温失去调节，常用物理降温和药物降温同时进行。

呼吸衰竭及肺部感染时，脊髓损伤部位可有上行性出血水肿，呼吸道和肺功能肌逐渐收紧，关键是保持呼吸道畅通，防止排痰困难，必要时可做气管切开术，使用抗生素可减少肺部感染。

排尿障碍及泌尿道系统感染时，脊髓损伤会引起神经源性尿潴留，因此应留置导尿管，并用呋喃西林液冲洗膀胱。预防性使用抗生素，经静脉补液和饮水，使用碱性药物，可避免或降低泌尿系统的感染机会。

痤疮、瘫痪的动物要经常调换褥垫和躺卧姿势、定时按摩、做红外线灯理疗。

第四节 外周神经损伤

一、面神经麻痹

面神经麻痹（paralysis of the facial nerve）多见于马属动物，少见于牛、羊和猪，西班牙长耳犬、拳狮犬和腊肠犬易发。根据面神经损伤的部位与情况可分为中枢性和末梢性、单侧性和双侧性、部分麻痹和全麻痹。

面神经是第七对脑神经，分为运动和感觉两部分，起始于斜方体两侧，在脑桥后方，经面神经管出颅腔后，由下颌关节突起稍下方转到咬肌外面，与颞浅神经相连，构成颊神经丛，分出耳睑神经、耳后神经，分布于耳、眼睑等处后，沿咬肌表面前行，分上、下神经支，分布于鼻、唇和颊部肌肉。

病因 中枢性面神经麻痹多半是由脑部神经受压所致，如脑的肿瘤、血肿、挫伤、脓肿、结核病、指型丝状线虫微丝蚴进入脑内的迷路感染等；其次是传染病（如犬瘟热、流行性感冒、传染性肝炎、乙型脑炎、李氏杆菌及马疫）或矿物质中毒等均可出现麻痹。犬面神经附近发生肿瘤、中耳炎、内耳炎、咽炎、甲状腺机能减退、糖尿病和颞骨岩部溃疡等时均可导致本病。

末梢性面神经麻痹主要是由神经干及其分支受到创伤、挫伤、压迫、头部摩擦与压迫，长期侧卧于地、摔跤、猛撞于硬物等引起的。

症状 单侧性面神经麻痹，可见一侧耳不能自主运动、耳下垂、歪斜或呈水平状，上眼睑下垂，触诊眼睑反射消失。面部不对称，口眼歪斜，鼻孔下塌，通气不畅，采食和饮水困难。用牙齿摄取饲料时，咀嚼不灵活；检查患侧，可见臼齿与颊之间积有残留饲料。牛由于鼻镜及唇部厚，唇部歪斜不明显，但采食和反射时常有饲料和唾液向患侧口角流出。猪可见吻突歪斜，唇的自主活动消失，两侧鼻孔大小不一。

两侧性中枢性麻痹，上下唇均见松弛下垂，两侧鼻孔塌陷，导致通气不畅，呼吸困难。饮水时将口角深深埋入水面下，吸吮水的能力较差，流涎，两颊部残留大量饲料。犬面神经麻痹的主要并发症为干性角膜炎。

治疗 中枢性面神经麻痹必须要治疗原发病。末梢性面神经麻痹，在神经通路上进行按摩，采用温热疗法。在神经通路附近或相应的穴位交替注射硝酸士的宁和樟脑油，维生素 B_1、维生素 B_{12} 肌内注射，地塞米松肌内注射或静注，控制神经组织的水肿和炎症，并配合以开关、锁口为主穴，采用红外线疗法和感应电疗法可促进神经的恢复。

对于双侧性面神经麻痹并伴有鼻翼塌陷和呼吸困难的马，宜采用鼻翼开张手术加以辅助治疗。

二、三叉神经麻痹

三叉神经麻痹（paralysis of the trigeminal）是指分布在咬肌上的三叉神经分支的传导性发生障碍。

三叉神经属第五对脑神经，是头部分支最多、最广的神经。以一感觉根和一运动根与脑桥连接，感觉根较粗，有感觉神经节，其纤维止于三叉神经的感觉核；运动神经根较细，起于脑桥内的三叉神经运动核。三叉神经在颅腔内分为眼神经、上颌神经和下颌神经三大支。各种家畜都能发生本病，犬较多见。

病因 一侧性三叉神经麻痹常因耳部或颅骨卵圆孔处的损伤、或三叉神经瘤引起。双侧三叉神经麻痹常发生于上颌关节脱位。犬瘟热、脑脓肿、脑肿瘤、脑创伤性损伤、牙齿疾病、中耳炎、维生素 B_1 缺乏可继发三叉神经麻痹。在警犬训练过程中，过度扑咬或过度负重，可导致三叉神经的挫伤或压迫。

症状 当三叉神经的分支完全麻痹时，动物的下颌下垂，妨碍采食和饮水；颊部、下颌齿槽和下颌的感觉减退，咬肌萎缩。如果眼神经麻痹，额部直至耳部及眼睑和角膜的感觉完全丧失。上颌神经和下颌神经麻痹时，鼻背、颊部、唇部、口舌黏膜失去感觉，舌常被咬伤。下颌神经麻痹还可以引起咀嚼肌麻痹。

治疗 在咬肌部，电针刺激、针灸按摩和硝酸士的宁等药物注射，在三叉神经通路上注射维生素 B_1 和维生素 B_{12} 注射液。对于急性发作和炎症性，给予糖皮质激素。不能采食和咀嚼的动物，应采用静脉给药及鼻饲流质食物以维护营养。对于症状少且有缓解的动物可采用抬高食物或做成团状放置于舌根处，便于吞咽。如果神经干断裂，则预后不良。

三、肩胛上神经麻痹

肩胛上神经麻痹（paralysis of suprascapular nerve）常发生于马、牛，较多见于挽马。常为一侧性麻痹，两侧性较少见。

病因 外伤性打击、冲撞或拉伸时，肩部突然受到剧烈、过度的向后伸展，超过臂头肌、冈上肌、胸肌的保护，常导致拉伤。在牛，有由椎间盘脱出和第七颈椎骨折引起的两侧性神经麻痹。

症状 肩胛上神经是来自臂神经丛的较粗的神经，其末梢分布于冈上肌、冈下肌，故在前肢负重时起制止肩关节外偏的作用。当该神经麻痹时，肩关节失去控制而外偏。完全麻痹病畜站立时，肩外展离开胸壁，胸前出现凹陷，使关节明显向外支出，表现为负重性肩外偏。当举起对侧健肢或做圆圈运动时，肩外展更明显。冈上肌、冈下肌在 15 d 左右萎缩，肩胛冈明显露出（图 22-5）。不完全麻痹时，症状轻微、不易被发现，但会出现肌肉渐进性萎缩。

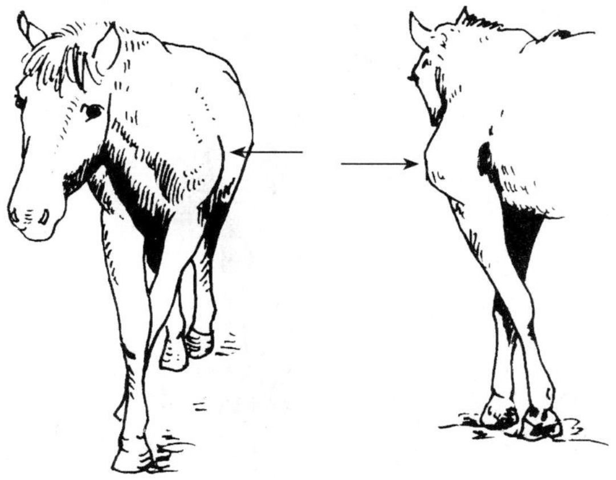

图 22-5 肩胛上神经麻痹

牛的肩胛上神经麻痹，除肩关节外展和肌肉萎缩外，还有患肩比健侧肩关节低的表现，有时被疑为脱位。

治疗 病初用温热疗法，如超声波疗法、特定电磁波谱（TDP）疗法、激光疗法等，也可以配合使用维生素 B_1。有些病牛在几周后即可自然恢复。

慢性经过的病例用上述疗法无效时，在肌萎缩的早期，可实施外科手术治疗。外科手术是在暴露肩胛上神经时，手术除去神经周围的瘢痕组织，剥除肩胛上神经通过肩胛骨切迹的皮质骨，以起到对神经的减压和缓解紧张作用，故又叫神经减压术。手术后可使神经麻痹恢复，肌肉萎缩复原，肩外展症状消失。

四、桡神经麻痹

桡神经麻痹（paralysis of the radial nerve）在马、牛、犬等均有发生。桡神经是以运动神经为主的混合神经，出自臂头丛，沿尺神经后缘下行，进入臂三头肌的长头和内侧之间，分布于臂三头肌、前臂筋膜张肌和肘肌，其主干在臂三头肌外侧头的深面分为深、浅两支。桡神经浅支分布于前臂侧皮肤，桡神经深支分布于腕关节和指关节的伸肌。若桡神经麻痹，则肘关节、腕关节和指关节失去控制。桡神经的损伤部位不同在临床上的表现也有所不同。

病因　冲撞、挫伤、踢臂部外侧、臂骨骨折和翻车的挤压等都能引起外伤性桡神经麻痹。手术台上或不平的硬地面上长时间的倒卧保定，保定时过紧地系缚肱骨外髁附近部位或前肢在手术台上转位，或因重病长卧不起，使臂部、前臂部受压迫引起桡神经麻痹。六柱栏吊起保定时间过长，以及保定绳从腋下通过的压迫，也可能引起桡神经麻痹。

症状　桡神经麻痹症状由于神经受损的程度和范围不同而不同。腕部桡神经麻痹：肌肉无麻痹，不发生运动障碍，仅有感觉障碍。前臂近端及臂部中远端桡神经麻痹：伸指、伸腕功能麻痹，腕下垂，感觉障碍。臂部近端桡神经麻痹：臂三头肌麻痹，前臂不能伸直。

桡神经完全麻痹时，臂三头肌丧失其功能，患肢在负重的瞬间，肘关节下沉。马表现为肩伸张，肘下垂，腕关节、肘关节屈曲，稍稍以蹄尖着地站立。如强迫令其行走，则病马为使其患肢免去负重，先将后肢伸至腹下，该患肢的前进步幅尚不能达到正常步幅的一半，同时腕关节以下屈曲，蹄尖或蹄前壁与地面接触（图 22-6）。牛的桡神经麻痹与马的桡神经麻痹症状相似（图 22-7）。此时如人为将患肢移到前方踏着于地面上，以手扶助腕关节上方前臂部加以支持，可成为完全的步幅，撤下扶助的手，则患肢腕关节以下立即屈曲。

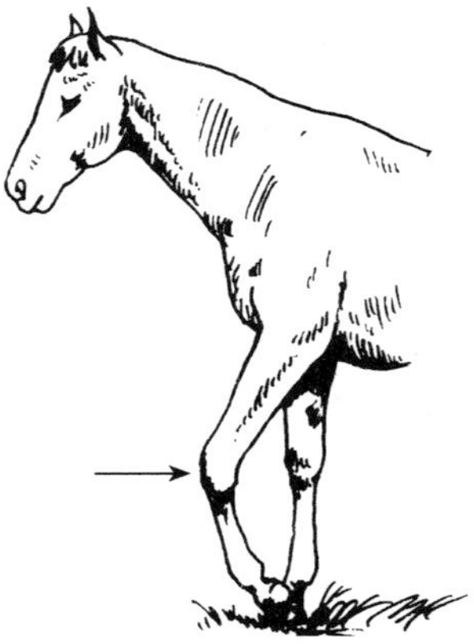

图 22-6　马的桡神经麻痹

图 22-7　牛的桡神经麻痹

桡神经不完全麻痹可能是原发性的亚临床症状或完全麻痹的恢复期，站立时患肢能负重。当不完全麻痹的神经所支配的肌肉或肌群过度疲劳时，可能出现程度不同的功能障碍，具体表现是：运动时肘关节伸展不充分，患肢向前伸出缓慢。为了代偿麻痹肌肉的功能，臂三头肌及肩关节的其他肌肉发生强力收缩，将患肢伸向远前方，同时在患肢负重的瞬间，肩关节震颤，患肢常蹉跌，越是疲劳或者地面不平，症状越明显。对此病例做“肘试验”有助于确诊，即在站立状态下，提起对侧健肢，急转头位向患侧，同时牵引病畜前进或后退，由于突然的重心转移，患肢肘关节以下各关节表现屈曲。

犬桡神经麻痹表现为肘、腕、指不能伸展，肢体不能支撑体重，臂三头肌的腱反射消失或减弱，从肘部至指部前部的感觉减弱或消失。

治疗　有的症状较轻的病例，不需要特殊治疗，患肢装以薄的石膏绷带，控制腕、指关节以防屈曲，放置于病厩内静养，可自然恢复。

为了促进神经机能的恢复，防止肌肉萎缩，可用按摩、TDP疗法和针刺疗法，并配合应用维生素 B_1，这些对防止肌肉萎缩有一定的作用。病畜在平坦的地面上的牵行运动，有助于麻痹的恢复。如由臂骨骨折引起的神经干损伤，可进行神经缝合。

五、坐骨神经麻痹

坐骨神经麻痹（sciatic paralysis ）可发生于牛、马、犬等。坐骨神经是由第六腰神经，第一、二荐神经，有时还有第三荐神经组成的混合神经，是荐神经丛中最粗大的神经，出盆腔后分成两支，即胫神经和腓神经。

病因　可分为中枢性和外周性两类，前者是由于脊髓的损伤、中毒、传染性疾病，以及椎管内有压迫性病变引起的坐骨神经麻痹症候。外周性神经麻痹是由于坐骨神经的损伤、压迫和过度牵张引起的，如盆骨骨折、盆骨部炎症、血肿、脓肿、过度牵引，以及股骨骨折固定时髓内针的损伤等可造成坐骨神经麻痹。牛产后瘫痪和分娩过程也可造成坐骨神经的损伤。

症状　除了膝关节的伸肌和髋关节的屈肌外，后肢几乎所有的运动和感觉都由坐骨神经支配。

中枢性坐骨神经麻痹时，常为两后肢的运动和感觉机能紊乱，动物倒卧不起，针刺后肢无病痛反应。

外周性坐骨神经麻痹时，可视胫神经和腓神经的麻痹症状而定。例如，两神经同时被侵害时，除胫部前内方、股部外侧方和髋部外，感觉都消失，后肢处于无力状态，不能行使其功能（图22-8）；强制直后肢后，尚能以后肢支撑体重，因为股四头肌可固定膝关节，膝关节固定后，其他关节也可被动固定。

患肢股后、胫后部肌肉弛缓，很快出现萎缩。

图22-8　马的坐骨神经麻痹

诊断　根据病史和临床症状确定。

治疗　坐骨神经麻痹时，护理很重要，将患畜放在垫有松软褥草的厩舍内，防止起立运动，以免引起组织进一步的损伤和并发症。每日进行针灸治疗，使肌肉被动的收缩，迫使其功能恢复，防止肌肉萎缩，也可进行按摩。肌内注射维生素 B_1 等药物。

六、闭孔神经麻痹

闭孔神经麻痹（obturator paralysis）常发生于乳牛，特别是分娩后多见，犬也可发生。

闭孔神经是运动神经，由第五、六、七腰神经组成，沿髂骨体内和骨盆伸延，经闭孔的外侧部穿出，分布于大腿内侧的肌肉，如闭孔内肌、内收肌、耻骨肌和骨薄肌。

病因　闭孔神经在与骨接触的部分易受损伤，在分娩时胎儿过大压迫神经，或助产时强力牵引，引起神经损伤。顺产时母牛体形偏小，有时会出现闭孔神经麻痹。耻骨骨折、盆骨骨痂、盆腔内肿物压迫、动物滑倒时叉开两后肢，或由于某种原因后肢强力挣扎，都可以引起闭孔神经损伤。

症状　成年牛一侧闭孔神经麻痹站立时可见患肢外展，运动时呈现步态僵硬和小心翼翼的运步。两侧闭孔神经麻痹时，呈现不能站立；力图挣扎站立时，两后肢向后叉开，成蛙坐姿势。牛犊一侧或两侧性闭孔神经麻痹时，站立或运动时不会有明显异常。

诊断　根据发病时间和特定姿势可以诊断，应与后肢截瘫、坐骨神经麻痹、产后瘫痪、乳牛爬卧综合征等相鉴别。

治疗 站起不便或卧地不起的牛，其牛舍应铺有松软的褥草。为防止二次损伤其他组织及发生并发症，最好用绳将两后肢系在一起，使两后肢能分开 1 m 左右，这样可避免两后肢向外叉开。

治疗参考其他神经麻痹的治疗方法。

七、股神经麻痹

股神经麻痹（paralysis of the femoral nerve）多见于马和牛。

股神经为混合神经，由第三至六腰神经组成，它的运动神经分布在股四头肌、髂腰肌、缝匠肌和股薄肌等，而感觉神经分布在股、胫、跖部的内侧皮肤。

病因 神经过度牵引，如后肢剧烈地向后踢、挣扎；倒马或倒牛，保定不合理或操作粗暴；跳越障碍物等，都易使股神经剧伸，神经纤维受到损伤，引起麻痹。

神经受到压迫，如血肿、脓肿或新生物的压迫，股部的肌肉和血管受到压迫，以及股神经的血液供应受到破坏时，也可引起股神经麻痹。

继发于其他疾病，如肌红蛋白尿病、媾疫、乳热等。

症状 股神经麻痹后，股四头肌很快发生萎缩。安静站立时，可见患肢以蹄尖轻轻着地，膝关节以下的各关节呈半屈曲状态，动物常常试图以患肢负重，但由于股四头肌弛缓，膝盖骨不能固定而失败，可见膝关节和跗关节突然屈曲，膝关节显著下降（图 22-9）。运步时，患肢向前提举缓慢，且向外划弧，在其落地负重时，膝关节和跗关节突然屈曲。触摸股四头肌，可触知股四头肌弛缓无力。由于股神经受到损伤后，隐神经不一定受到影响，故股、胫、跖部内侧皮肤的感觉不一定消失。

图 22-9 马的股神经麻痹

两侧股神经同时麻痹时，动物很难站立，当然也不能运动。股神经麻痹后，可发生膝盖骨脱位。

治疗 注意护理，通常采取治疗神经麻痹的各种治疗方法。由血肿、脓肿或新生物压迫所致的股神经麻痹，应手术切除这些压迫的原发病，并采取相应的治疗措施。

本病康复需一定时间，为了提供支持、预防损伤，应在跗关节以下装以石膏绷带。

一侧性股神经麻痹时，预后应慎重；两侧性麻痹时，预后不良。

八、胫神经麻痹

胫神经麻痹（paralysis of the tibial nerve）多发生于马和牛。胫神经是坐骨神经的直接延续，运动纤维分布于跗的伸肌和趾的屈肌，感觉纤维分布于肢的下部。

病因 由牵引和压迫引起胫神经损伤。

症状 胫神经麻痹时，可见所分布的肌肉和皮肤出现运动和感觉障碍，肌肉弛缓，感觉迟钝。站立时，可见跗关节、球节皆屈曲，膝部下沉，病肢稍伸出于前方，以蹄尖壁着地。由于跟腱还可以固定跗关节，股四头肌和股阔筋膜张肌还可固定膝关节，故患肢尚能站立和负担体重。

运步时由于髂腰肌的作用，肢可提得很高，所用关节高度屈曲。胫神经麻痹后，有关肌肉很快出现萎缩，肌肉萎缩后可看到两侧的臀部和股部明显不对称（图 22-10，图 22-11）。

治疗 同其他神经麻痹，预后一般要慎重。

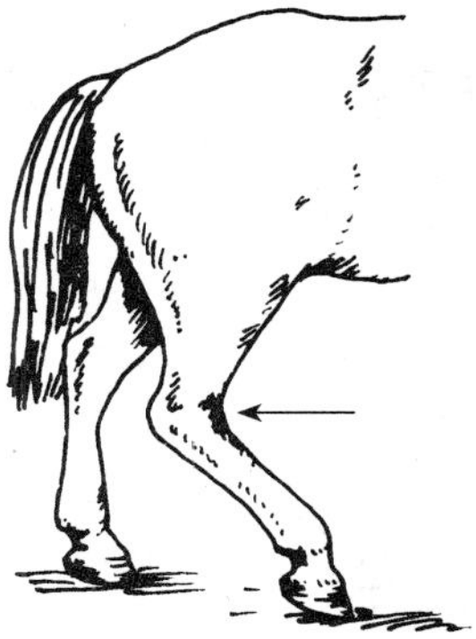

图 22-10 马的胫神经麻痹

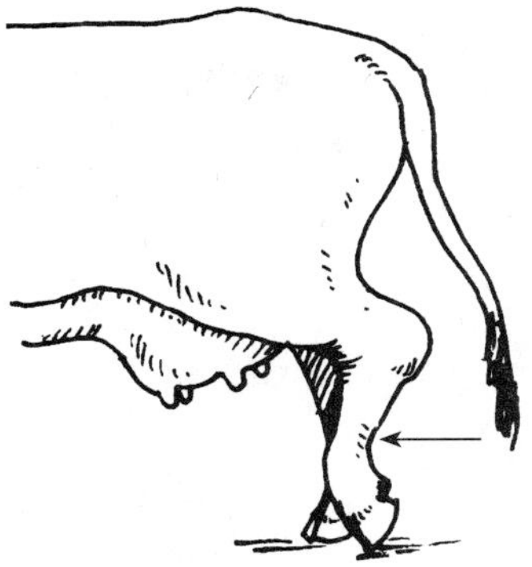

图 22-11 牛的胫神经麻痹

九、腓神经麻痹

腓神经麻痹（paralysis of the peroneal nerve）多发于牛、马、犬。坐骨神经出盆腔后不远，即分出腓神经，在腓肠肌的起端，腓神经走向前外方，在股二头肌下，经腓肠肌外侧面、趾侧伸肌起始部，分为腓浅神经和腓深神经。腓神经分出小腿外侧皮神经，到膝关节部，从股二头肌两支之间穿出，分布于该部皮下。腓浅神经有分支到趾侧伸肌，并在趾长伸肌和趾侧伸肌的沟内下行，穿过小腿深筋膜，分布于跗、跖的前方和外侧的皮肤。腓深神经深入趾长伸肌和趾侧伸肌之间，有分支到达两肌肉和胫骨前肌，主干到跗关节前方分为内侧支和外侧支，分布于趾、跖外侧的皮肤。

病因 神经被牵引和压迫，使神经直接受到损伤所致。第一荐椎结核性病变破坏了腓神经根，可出现典型的腓神经麻痹。

症状 站立时，跗关节明显处于伸直状态，动物以第一趾骨背侧或蹄前壁着地。运步时，由于髂腰肌和阔筋膜张肌的收缩，肢可提举和向前运行，跗关节在膝关节的作用下可被动的屈曲，但趾部不能伸展，而以蹄前壁接地而行。如果人为地将趾部摆好并用手固定，患肢可像健康肢那样负重，但身体重心一转移，立即成为蹄前壁着地状态（图 22-12，图 22-13）。

图 22-12 牛的腓神经麻痹

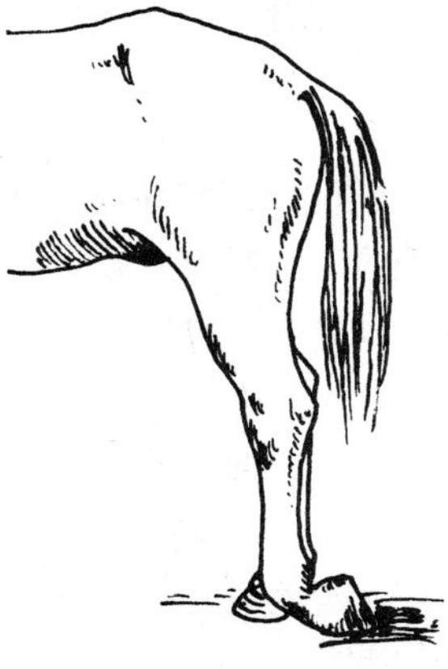

图 22-13 马的腓神经麻痹

诊断 根据本病的临床特征可以确定，但应与股神经麻痹和趾伸肌断裂作鉴别诊断。

治疗 治疗方法同其他的神经麻痹。本病应注意预防蹄前部蹄冠的损伤，如已发生损伤，应及时治疗。装石膏绷带可使关节保持伸展状态。

第二十三章 骨骼疾病

第一节 骨折概述

骨或软骨连续性发生完全或部分中断称骨折（fracture）。骨折的同时常伴有周围软组织不同程度的损伤。各种动物均可发生骨折，常见于犬、猫、牛、马等动物的四肢骨折，也可发生头颅和脊柱骨折。

大动物的骨折病因多为偶发性损伤，主要与使役、饲养管理和保定不当等有关；猫骨折多由高处坠落所致，而犬的骨折与车祸、棍击或从高处跳下等因素有关。

一、骨折成因

1. 外因

（1）直接暴力　直接暴力指骨折发生于外来暴力直接作用的部位。例如，打击伤、枪伤、压伤、机器绞伤等所引起的骨折；车辆冲撞、重物压轧、蹴踢、角顶等，常发生横断或粉碎性骨折，并伴有严重的软组织损伤。若发生在前肢或后肢长骨，两骨骨折部位多在同一平面。小动物从高处摔伤或外力击打常发生四肢骨折。

（2）间接暴力　间接暴力指骨折发生在远离外来暴力作用的部位，包括传达暴力、扭转暴力、杠杆作用力。这类骨折多为斜形或螺旋形骨折，骨折处软组织损伤较轻。如为开放性骨折，则多因骨折断端由内向外穿破皮肤，故感染率较低。例如，在奔跑中扭闪或急停、跨沟滑倒等，可发生四肢长骨、髋骨或腰椎的骨折；肢蹄嵌夹于洞穴、木栅缝隙等时，肢体常因急旋转而发生骨折；家养猫犬由于营养或缺乏锻炼等原因，在有落差的山地上奔跑、跳远时，偶有四肢长骨骨折的现象。

（3）肌肉牵拉力　肌肉牵拉力指在损伤中急剧而不协调的肌肉收缩引起的肌肉附着处的骨折，此类多为撕脱性、螺旋性或横断性骨折。

（4）持续劳损力　持续劳损力指小动物的前、后脚常因持续奔跑、爬高而易发生疲劳性骨折，如赛犬的掌和跖骨、猫的指爪常发生这种类型的骨折。

2. 内因

（1）骨骼病变　病理骨折常见于脆骨病、佝偻病、骨软病、骨疽、甲状腺功能亢进症、骨髓炎、骨肿瘤、骨纤维结构不良、慢性氟中毒，以及某些遗传性疾病（如牛、猪卟啉症）、四肢骨关节畸形或发育不良等。当病变发展到一定程度、骨质遭到严重破坏时，即使是轻微的外力，也可导致骨折。

（2）年龄及骨结构变化　幼龄动物因有机质含量高，且骨膜较厚，故易发生柳枝样骨折；骨骼未闭合，故易发生骨骺分离。老年动物因骨质疏松，骨中无机质含量相对增加，且脆性大，故易在桡骨远端、肱骨外髁颈及股骨颈等处发生骨折。长期饲喂肝、火腿肠、肉的犬，由于食物中缺乏钙，故极易出现病理性骨折。

二、骨折的分类

对骨折进行分类，是决定治疗方法和掌握其发展变化规律的重要环节。骨折的分类方法很多，现介绍几种常见的分类方法。

1. 根据骨折是否与外界相通分类

（1）闭合性骨折　骨折处皮肤或黏膜未破裂，骨折断端不与外界相通。

（2）开放性骨折　骨折处皮肤或黏膜破裂，骨折断端与外界相通。此种骨折病情复杂，容易发生感染。某些闭合骨折的断端已经穿破肌肉和深筋膜，对皮肤造成直接压迫而引起坏死或剥离，称为潜在性开放性骨折。

2. 根据骨折断端的稳定程度分类

（1）稳定性骨折　复位后经适当的外固定不易发生再移位者，如柳枝样骨折、裂纹骨折、嵌插骨折、横断骨折等。此类骨折治疗容易，预后好，发生畸形愈合、延迟愈合、不愈合等并发症的机会少。

（2）不稳定性骨折　复位后易发生再移位者，如斜形、螺旋形、粉碎、多段骨折。此类骨折的复位和固定都比较困难，预后一般较稳定性骨折差。

3. 根据骨折时间分类

（1）新鲜骨折　骨折断端的血肿尚未完全吸收，且尚未形成纤维骨痂包裹者称新鲜骨折。

（2）陈旧骨折　骨折断端已有纤维组织或骨痂包裹者称陈旧骨折。多数骨折发生 2～3 周，骨折断端已较稳定，复位较难，愈合缓慢。若时间过久，骨折处可发生畸形愈合、延迟愈合或不愈合。

4. 根据骨折损伤程度分类

（1）单纯性骨折　无并发重要血管、神经、肌腱或脏器损伤者。

（2）复杂性骨折　并发重要血管、神经、肌腱或脏器损伤者。

（3）不完全骨折　骨小梁的完整性或连续性仅有部分中断者，此类骨折多无移位。例如，发生骨裂或幼年动物的骨折。

（4）完全骨折　骨小梁的完整性或连续性完全中断者，此类骨折的断端多有移位。管状骨骨折后形成远、近两个或两个以上的骨折段，此类骨折多发生移位。

5. 根据骨折线的形态分类

（1）横断骨折　骨折线与骨干纵轴接近垂直的骨折（图 23-1）。

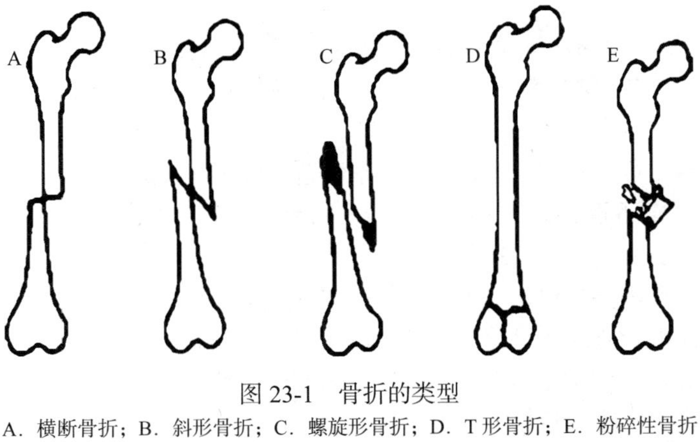

图 23-1　骨折的类型

A. 横断骨折；B. 斜形骨折；C. 螺旋形骨折；D. T 形骨折；E. 粉碎性骨折

（2）斜形骨折　骨折线与骨干纵轴相交成锐角的骨折。

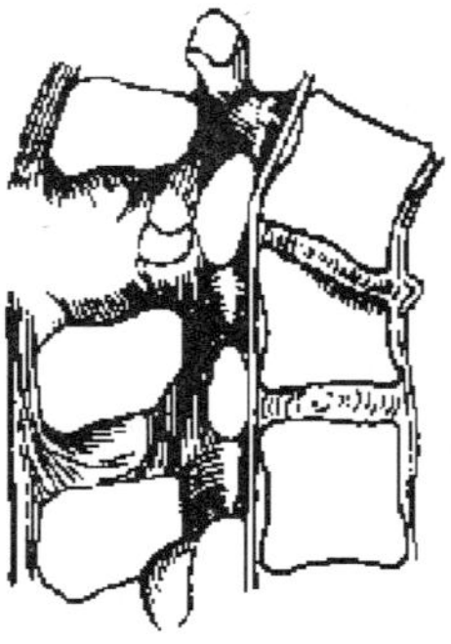

图 23-2　压缩骨折

（3）螺旋形骨折　骨折线呈螺旋形的骨折。

（4）粉碎性骨折　骨碎裂成三块以上者称粉碎性骨折。骨折线呈T形或Y形时，又称T形或Y形骨折。

（5）裂纹骨折　骨折间隙呈裂纹或线状，形如陶瓷上的裂纹，常见于颅骨、肩胛骨等处的骨折。

（6）压缩骨折　松质骨因压缩而变形，如脊椎骨和跟骨的骨折（图 23-2）。

（7）嵌插骨折　发生于长骨干骺端松质骨与密质骨交界处，密质骨嵌插在松质骨内，发生在股骨颈或肱骨外髁等处（图 23-3）。

（8）柳枝样骨折　多发生于幼年动物，仅有部分骨质和骨膜被拉长、皱褶或破裂，骨折处有成角和弯曲畸形，与青嫩的树枝被折断时的情形相似。

6. 根据骨折发生的部位分类　根据骨折发生的部位分为骨干骨折、干骺骨折、生长板骨折、髁部骨折和转子部骨折。Salter 与 Harris 又将骨骺骨折分为七型（图 23-4）。

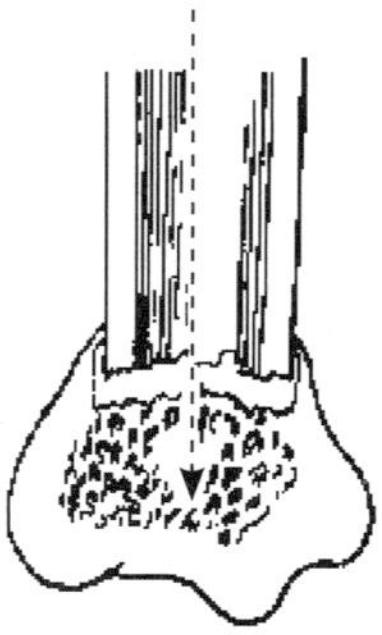

图 23-3　嵌插骨折

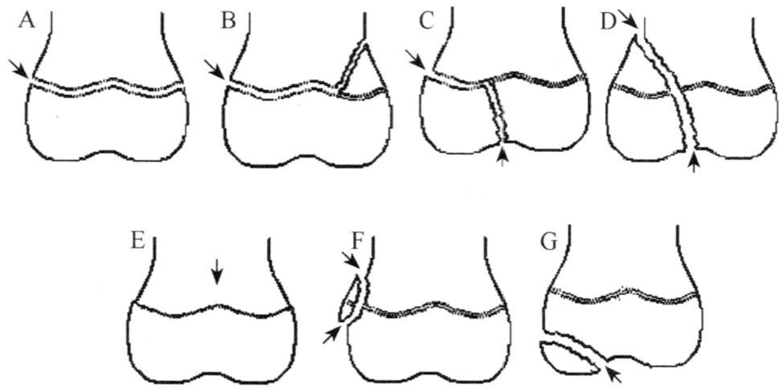

图 23-4　骨骺骨折的 Salter-Harris 分型

A. Ⅰ型；B. Ⅱ型；C. Ⅲ型；D. Ⅳ型；E. Ⅴ型；F. Ⅵ型；G. Ⅶ型

Ⅰ型：骨折线仅穿经骺板软骨，即生长板软骨的骨折。若整复固定良好，则预后良好。X线片表现为骺板间隙较对侧增宽，骺板成角变形。

Ⅱ型：骨折线穿经骺板，再向干骺延伸，干骺端的骨片大小不一。整复固定后一般预后良好。

Ⅲ型：骨折线穿经骨骺达骺板软骨，但不累及干骺。若整复良好，则预后佳。可无移位，X线难查出，需多方位投照。如有移位，需妥善整复，否则以后关节面不整，易发生关节病。

Ⅳ型：骨折线自干骺穿过骺板进入骨骺，最易造成骺早闭和成角畸形。

Ⅴ型：骺板全部或部分压缩，预后极差。早期诊断困难，X线表现为骺板软骨变窄；晚期发生骺早闭，肢体短，锥状骨骺或成角畸形。

Ⅵ型：骺生长板周围环的损伤，可形成骨桥和成角畸形。

Ⅶ型：骨折线经骺软骨或骺骨化中心。骨骺撕脱骨折是骺板骨折的一种特殊形式，多见于非持重骺板软骨，如尺骨鹰嘴骨骺骨折。轻度分离不产生畸形；分离大者，可产生大量的新生骨；骨骺进入关节者，需手术治疗。

7. 根据骨质是否正常分类

（1）外伤性骨折　骨折前骨质结构正常，纯属外力作用而发生的骨折。

（2）病理性骨折　骨质原已有病变（如骨质疏松症、骨结核、骨肿瘤），经轻微外力作用而产生骨折者。

三、骨折的症状

1. 一般局部症状

（1）出血与肿胀　骨折时骨膜、骨髓及周围软组织的血管破裂出血，经创口流出或在骨折部发生血肿，加之软组织水肿，造成局部显著肿胀。

（2）疼痛　骨折后骨膜和神经受损，患病动物即刻感到疼痛。在安静时或骨折部固定后较轻，触碰或骨断端移动时加剧。触诊患部，动物明显不安、避让。骨裂时，用手指压迫骨折部，呈现线状压痛。

（3）功能障碍　骨折后由肌肉失去固定的支架及剧烈的疼痛而引起不同程度的功能障碍，都在伤后立即发生。例如，四肢骨骨折时突发重度跛行；脊椎骨骨折伤及脊髓时可致相应区后部的躯体瘫痪等。但是发生不全骨折、棘突骨折、肋骨骨折时，功能障碍可能不显著。

开放性骨折除上述症状外，还可以见到皮肤及软组织的创伤。有的形成创囊，骨折断端暴露于外，创内变化复杂，常含有血凝块、碎骨片或异物等。

2. 特有局部症状

（1）畸形　骨折的两断端由受伤时的外力、肌肉牵拉力和肢体重力等的影响，造成骨折断端的移位，使局部形态改变。骨折后的患肢主要呈现成角、缩短、延长或旋转等异常姿势。

（2）异常活动　正常情况下，肢体完整而不活动的部位，在骨折后负重或做被动运动时，出现屈曲、旋转等异常活动。但肋骨、椎骨、蹄骨、干骺端等部位的骨折，异常活动不明显或缺乏。

（3）骨摩擦音（感）　完全骨折的两断端互相触碰，可听到骨摩擦音，或者有骨摩擦感。

具有上述三个特有症状之一者，即可诊断为骨折。但骨折的异常活动和骨摩擦音（感）应在初次检查时注意，不可反复多次进行这种检查，以免加重骨折的程度及损害其周围组织。应注意有些骨折如骨裂、嵌插骨折，可能不出现上述三个症状。

3. 全身症状　轻度骨折一般全身症状不明显；严重的骨折伴有内出血、肢体肿胀或内脏损伤时，可并发急性大失血、休克等一系列综合症状；闭合性骨折于损伤2～3 d后，因组织破坏后分解产物和血肿的吸收，可引起轻度体温上升。骨折部若继发细菌感染时，体温升高，局部疼痛加剧，食欲减退。

四、骨折愈合

骨折愈合是指骨折断端间的组织修复反应，这种反应表现为愈合过程。

1. 骨折愈合的过程　骨折愈合的过程，可人为地分为三个阶段，这三个阶段是一个逐渐发展和相互交叉的过程，不能截然分开。

（1）血肿炎症机化期　骨折导致骨髓腔、肌膜下和周围组织的血管破裂出血，在骨断端及其周围形成血肿。伤后 6～8 h 由于内、外凝血系统的激活，血肿凝结成血块。在闭合性骨折，若为严重的损伤和血管断裂可使骨折缺血，致其部分软组织和骨组织坏死，引起无菌性炎症反应。缺血和坏死的细胞所释放的产物，引起局部毛细血管增生扩张、血浆渗出、水肿和炎性细胞浸润，逐渐清除血凝块、坏死软组织和死骨，使血肿机化形成肉芽组织。骨折断端坏死的骨细胞、成骨细胞等释放内源性生长因子，如胰岛素样生长因子 1 和 2（IGF-1、IGF-2）、血小板衍生生长因子（PDGF）、碱性成纤维细胞生长因子（bFGF）、转化生长因子-β（TGF-β），在炎症反应期间刺激间充质细胞聚集、增殖及血管增生。骨形态发生蛋白质（BMP）诱导未分化的间充质细胞分化形成软骨和骨。肉芽组织内成纤维细胞合成和分泌大量胶原纤维，转化为纤维结缔组织，使骨折两端连接起来。这一过程需 10～15 d。临床特征是局部充血、肿胀、疼痛和增温，骨折断端不稳定（图 23-5）。

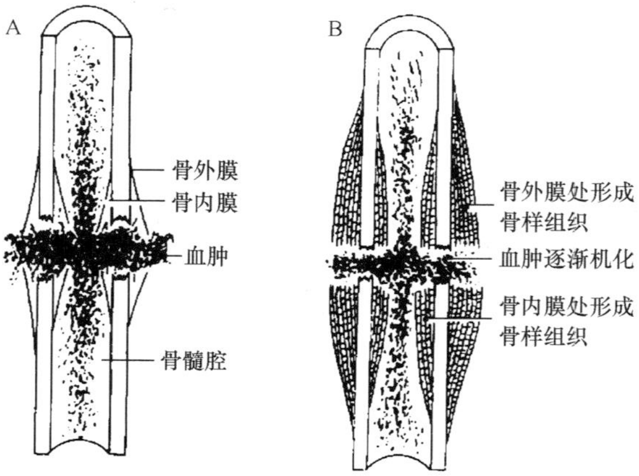

图 23-5　血肿炎症机化期

A. 血肿形成；B. 血肿逐渐机化，骨内、外膜处开始形成骨样组织

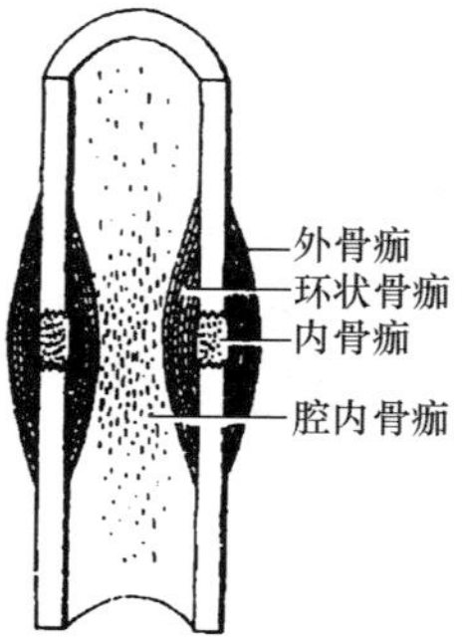

图 23-6　原始骨痂形成期

（2）*原始骨痂形成期*　骨内、外膜增生，新生血管长入，成骨细胞大量增生，合成并分泌骨基质，使骨折断端附近内、外形成的骨样组织逐渐骨化，形成新骨，即膜内成骨。由骨内膜紧贴皮质骨内形成的新骨称为内骨痂，而由骨外膜在皮质骨外形成的新骨称为外骨痂。填充于骨折断端间和髓腔内的纤维组织逐渐转化为软骨组织，并随成骨细胞侵入软骨基质，软骨细胞发生变性而凋亡，软骨基质经钙化而成骨，即软骨内成骨，形成环状骨痂和髓腔内骨痂（图 23-6）。这一期骨折已达临床愈合，需 1 个月左右。临床表现为局部炎症消散，不痛，骨折断端基本稳定，患肢可稍微负重，但尚不够坚固。

在骨折愈合过程中，膜内成骨比软骨内成骨快，而膜内成骨又以骨外膜为主。因此，任何对骨外膜的损伤均对骨折愈合不利。

（3）*骨痂改造塑形期*　原始骨痂是由不规则的、呈网状编织排列的骨小梁所组成的，称为网织骨，尚欠牢固。为了适应生理的需要，随着肢体的运动和负重，在应力线上的骨痂不断得到加强和改造。骨小梁逐渐调整而改变成紧密排列成行的、成熟的骨板，同时在应力线以外的骨痂逐步被破骨细胞清除，使原始骨痂逐渐被改造为永久骨痂，髓腔也重新畅通。新骨形成后，骨折的痕迹在组织学或 X 线片上可以完全或接近完全消失（凡局部破坏严重或整复不良的病畜常不能消失），骨结构的外形和功能也得到恢复。此期一般需 8～10 周，但完全恢复则需数月至一年，或者更长时间。

2. 影响骨折愈合的因素

（1）全身因素　患病动物的年龄和健康状况与骨折愈合的快慢直接相关。幼龄动物的骨折愈合较快，老年体弱动物需要的时间则较长。健康状态不良，如营养较差、钙磷代谢紊乱、恶性肿瘤，使骨折的愈合延迟。

（2）局部因素

1）血液供应：骨折部的血液供应是影响骨折愈合的重要因素。骨折造成经骨外膜进入骨内的营养血管及哈弗斯管断裂，断端血液供应不良，不但影响骨折断端修复组织的生长，而且造成断端骨坏死，直接影响骨的愈合过程。一般骨的干骺端血液供应良好，干骺骨折的愈合相对较快。四肢的长骨主要由其中、上 1/3 进入髓腔的滋养动脉自上而下供应血液。若胫骨发生两处骨折，则上段骨折较下段骨折愈合快。股骨头颈部骨折时，股骨头的血液供应几乎完全中断，易发生缺血性坏死（图 23-7）。

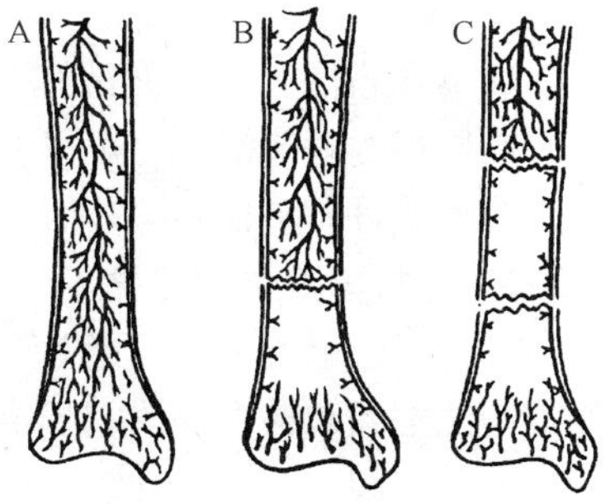

图 23-7　胫骨骨折对血液供应的影响
A. 骨膜下小血管及滋养动脉的分布；B. 中下 1/3 骨折，远侧段血液供应差；C. 上中、中下两处骨折，下两骨折段血液供应差

骨膜在骨折愈合过程中起决定性作用，由于骨膜与其周围的肌肉共受同一血管支配，为了保证形成骨痂的血液供应，软组织的完整非常重要。

2）固定不当：骨折断端存在旋转和剪应力是影响骨断端修复组织顺利生长的重要因素。外固定范围不够、位置不正确、髓内针过细及固定后松动，都难以阻止旋转和剪应力对骨折断端的影响。最易受旋转和剪应力影响的部位是尺骨下端、肱骨下端、股骨颈等，因而在这些部位，骨不愈合的发生率较高。复位不良、固定不妥或过早负重，可能导致骨折断端发生扭转、成角移位等不利于愈合的活动，使断端的愈合停留于纤维组织或软骨而不能正常骨化，造成畸形愈合或延迟愈合。

3）骨折断端的接触面：骨折断端的接触紧密程度和接触面积对骨折的愈合有较明显的影响。嵌入性骨折、松质骨的线性骨折，即使不附加固定，也有一期愈合的可能。骨干骨折当使用加压内固定，使骨折断端紧密接触，经一期愈合的方式较快地完成骨愈合。如果断端有软组织嵌入、分离、缺损等因素，则愈合有困难，甚至不愈合。

在骨折断端互相接触的基本条件下，斜形和螺旋形骨折比横断骨折容易愈合，这是因为骨折断端面积大，就会有较大范围的血管区来供给骨痂的生长，有利于骨愈合。同时，通过膜内和软骨内骨化产生的骨痂量也多，断端间愈合较牢固。

接触面越大，愈合时间越短。例如，发生粉碎性骨折、骨折移位严重而间隙过大、骨折间有软组织嵌入，以及出血和肿胀严重等，均影响骨折的愈合，有时可以出现病理性愈合。

4）感染：感染是影响骨折愈合的另一因素。开放性骨折、粉碎性骨折或使用内固定容易继发感染。若处理不及时，可发展为蜂窝织炎、化脓性骨髓炎、骨坏死等，导致骨折延迟愈合或不愈合。

5）治疗方法的影响：反复多次的手法复位，可损伤局部软组织和骨外膜，不利于骨折愈合，应予避免。手法复位的优点是能较好地保持骨折部位的血供，但常较难达到解剖复位。凡已达到功能复位标准者，则不宜再行复位。

开放复位时，软组织和骨膜剥离过多会影响骨折处的血供，可能导致骨折延迟愈合或不愈合，应在有严格手术指征的情况下使用，并尽可能地减少干扰和破坏局部血供。

开放性骨折清创时，过多地摘除碎骨片，造成骨质缺损，会影响骨折愈合。

骨折进行持续性牵引治疗时，牵引力过大，可造成骨折断端分离，并可因血管痉挛而致局部血供不足，导致骨折延迟愈合或不愈合。

骨折固定不牢固，骨折处仍可受到剪切力和旋转力的影响，干扰骨痂生长，不利于骨折愈合。

过早或不恰当的功能锻炼，可能妨碍骨折部位的固定，影响骨折的愈合。应当指出的是，正确而恰当的功能锻炼，可以促进肢体的血液循环，消除肿胀；促进血肿吸收和骨痂生长；防止肌萎缩、骨质疏松和关节僵硬，有利于关节功能的恢复。

3. 骨折修复中的并发症

（1）压迫性坏死　　外固定不当造成的局部受压、血液循环障碍、局部水肿和缺血性坏死。应注意经常检查外固定部位和固定四肢的远端组织有无肿胀及感觉情况。

（2）感染　　开放性骨折污染明显的，必须及早做彻底的清创术。内固定手术应严格按照无菌技术的要求先进行外科处理，局部和全身应用敏感的抗菌药物直到感染控制后，再进行确实的固定。开放性骨折发生感染化脓或骨髓炎时，可用抗生素溶液冲洗，必要时在创口附近做一反对孔插入针头冲洗。

（3）延迟愈合　　即骨折愈合的速度比正常缓慢，局部仍有疼痛、肿胀、异常活动等症状。造成延迟愈合的原因很多，如骨折周围大的血肿、神经损伤或受压、骨折断端间存在明显的间隙或对合不良、反复多次整复、断端活动、感染化脓、创内存有死骨片等。

（4）不愈合　　不愈合指骨折断端的愈合过程停止。畸形愈合的一些原因未及时纠正、存在大的骨缺损、骨断端间嵌有软组织、明显的断端活动等可引起骨折不愈合。这类骨折断端骨痂稀少，萎缩光滑，髓腔封闭，周围为结缔组织包裹，形成假关节。这类病畜大都需消除不愈合的原因，手术切除断端间增生组织，重新对合，确实进行固定。

（5）畸形愈合　　大多是骨折断端在错位的情况下愈合的结果。大家畜骨折后移位的情况常常不易确定，造成复位不良或复位后固定不确实，特别是前臂或小腿部，肢体上粗下细，固定的绷带容易下滑移位。有的病畜在无保护下过早的负重，有的则根本不固定，任其自由活动，致使骨折远近两端的重叠、旋转和成角移位等畸形未能矫正，造成骨折愈合后肢体姿势的畸形。

（6）关节僵硬　　关节僵硬有多种原因：软组织受损严重、骨折部因出血过多形成骨痂过大，导致肌肉粘连和萎缩；固定材料限制关节活动；关节囊及关节韧带损伤，关节发生纤维性粘连；关节滑膜炎，关节内积液。

五、骨折的诊断

根据外伤史和局部症状，一般不难诊断。根据需要，可用下列方法做辅助检查。

（1）X 线检查　　在诊断骨折时，可以清楚地了解骨折的形状、移位情况、骨折后的愈合情况等，以及关节附近的骨折需要和关节脱位进行鉴别诊断时，常用 X 线透视或摄片。摄片时一般要摄正、侧两个方位，必要时加拍斜位片进行比较。

（2）直肠检查　　用于大动物髋骨或腰椎骨折的辅助诊断。

（3）骨折传导音的检查　　可用听诊器置于大动物骨折任何一端的隆起部位作为收音

区，以叩诊锤在另一端的骨隆起部轻轻叩打，患肢与健肢对比。根据骨传导音的音质与音量的改变，判断有无骨折。正常骨的传导音有清脆实质感，骨折后的传导音变得钝而浊，有时甚至听不清楚。

六、骨折的治疗

骨折按程度可分为轻、中和重度骨折三种。重度骨折包括头颅、脊椎骨折和开放性骨折，应立即整复，保护受伤组织和正常的生理功能；中度骨折包括关节面或骨骺、骨髁、骨盆及阴茎骨折，应尽早治疗，否则病情加重，功能异常；轻度骨折包括长骨干闭合性骨折、肩胛骨骨折、柳条支骨折等，要求早整复。动物骨折的治疗需考虑动物的种类、年龄、骨折的部位、损伤程度与时间、营养状况、治疗条件、技术水平等因素。

（一）骨折的急救与创伤处理

（1）急救　骨折急救是指在骨折发生后的即时处理，包括检查诊断和必要的临时措施。应根据临床和影像学检查，尽快确定有无颅内、肺部、胸腔或腹腔大出血。为防止组织内出血，可使用卡巴克洛和酚磺乙胺；控制肺、胃肠和子宫出血还可使用神经垂体素，或者神经垂体素与酚妥拉明合用；肝或脾大出血时应立即手术，输入同种异体血液，也可回收腹腔血液，纱布块过滤后静注。对于严重或多发骨折的动物，要注意预防休克。如发现心跳、呼吸停止，应立即进行胸外心脏按压和人工呼吸；对于昏迷的动物应保持其呼吸道通畅，及时清除其口咽部的异物。动物疼痛剧烈或兴奋时，可应用镇静剂。转运时，应让动物躺卧在硬板上，或者采用临时的夹板固定，防止继发性损伤。

（2）创伤处理　对于软组织损伤严重的开放性骨折或粉碎性骨折，需要及时而彻底地清创，清除异物和无活力的肌肉、肌腱等软组织，以及完全游离和失去血液供给的小碎骨片。用骨钳或骨凿切除已污染的表层骨质和骨髓，尽量保留与骨膜和软组织相连的碎骨片。大块的游离骨片应在彻底清除污染后重新植入，以免造成大块骨缺损而影响愈合，尽量减少骨膜和血管的损伤。如果创内已发生感染，需先按感染创治疗，局部彻底清创、清洗和消毒，撒布大量抗菌药物；暂时进行外固定或采用外支架固定，要露出窗孔，便于换药处理，直至感染消除，再根据情况决定是否做骨折手术。

（二）骨折的复位

骨折复位是使移位的骨折断端重新对位，重建骨的支架作用。对于中、轻度骨折的整复与固定应在骨折 0～2 d 进行。对于严重骨折，应及时手术，或者在休克和大出血停止后尽早（通常在 1 周内）实施手术复位和固定。手术过迟，组织增生和骨痂形成（特别在幼、青年动物），组织分离时出血量大、术野模糊、断端复位困难，易继发感染。根据皮肤是否损伤，骨折的复位分为闭合复位和开放复位。

1. 闭合复位　闭合复位是指在不损伤皮肤的情况下采用适当的手法使骨折断端复位，多适用于四肢骨折，特别是四肢下部骨折。骨折复位应在镇痛、局部麻醉的情况下进行，必要时同时使用肌肉松弛剂。

轻度移位的骨折在整复时，可由助手将患肢远端适当牵引，同时术者对骨折部托压、挤按，使断端对齐、对正。对于大家畜的骨折，因局部肌肉强大、断端重叠，常整复困难。此时，可在骨折远、近两端稍远离处各系上一绳牵引。按“欲合先离，离而复合”的原则，先轻后重，沿肢体纵轴进行对抗性牵引，力求达到骨折前的原位。

复位的程度有两种，一是解剖复位，二是功能复位。解剖复位是指骨折部恢复正常的解剖关系，即两骨折断端的接触面在纵轴上的关系恢复良好。功能复位是指两骨折部仅恢复部分解剖关系，但在骨折愈合后对肢体功能无明显影响的一种复位。若要达到功能复位，则骨折部的旋转移位、分离移位、向侧方成角必须完全矫正，长骨干横骨折断端对位应达 1/3 以上。复位是否正确，可根据肢体的外形，骨折部轮廓的触摸，并与对侧健肢对比，判断其移位是否已得到矫正。采用 X 线检查，可准确判定复位的程度。

2. 开放复位 开放复位常与内固定手术结合进行，是指采用手术的方法暴露骨折断端，并进行复位。开放复位是在直视下手术，可使骨折部尽量达到解剖学复位和相对固定的要求。对于断端间有软组织嵌入的骨折、整复后有移位倾向的骨折、四肢上部骨折、陈旧骨折、骨不愈合，以及闭合复位外固定不能达到功能复位要求的骨折，均需采用开放复位与内固定。但是开放复位与内固定也存在一些缺点，如组织分离对血循环影响较大、易继发感染、大动物骨折内固定材料缺乏、骨折愈合后某些内固定物需再次手术拆除、医疗费用相对较高等。

对于完全错位性骨折的开放复位，应首先分离出骨折断端，使用骨折复位钳牵引骨折两断端，使其复位。若有大粉碎性骨块需采用钢丝环扎固定后，再牵引固定（图 23-8A）。若牵引复位困难时，可使用止血钳、持针钳、手术镊等器械小心地撬推骨折断端，充分利用杠杆的作用力，通过多次的撬推操作使其周围的肌肉、韧带松弛，最终使骨折断端复位（图 23-8B）。支撑点的选择及撬动的力量应适当，注意防止作为支撑点的骨断端劈裂，尤其是在幼龄动物。

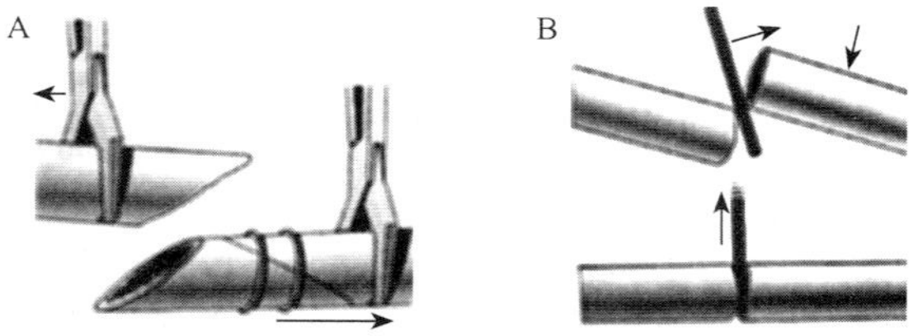

图 23-8 骨折断端的复位方法

A. 骨块固定与牵引复位；B. 撬推复位

（三）骨折的固定

骨折的固定分为外固定、内固定和外支架固定。

1. 外固定 根据所使用的材料，外固定可分为夹板绷带固定、石膏绷带固定、高分子绷带固定等。

（1）*夹板绷带固定* 由竹板、木板、铝合金板、铁板等材料制成。应用时将患部清洁后，包上衬垫，于患部的前、后或四周放置夹板，用绷带缠绕固定。包扎的松紧度，以不使夹板滑脱和不过度压迫组织为宜；长度应超过患部上、下两关节，为了防止夹板两端损伤患肢皮肤，里面的衬垫应适当超出夹板的长度或者将夹板两端用棉纱包裹。

弹力绷带代替绷带用于夹板固定时，则为弹力夹板绷带固定，该法用于对小动物患部、内固定等的辅助保护，但单用于骨折外固定时不结实。

（2）*石膏绷带固定* 石膏绷带是由上过浆的纱布绷带加上熟石膏粉制成的，经温水浸泡后可在短时间内硬化定型，有很强的塑形能力且稳定性好，是最常用的外固定方法。应用时可采用有垫或无垫石膏绷带法，前者采用薄层脱脂棉缠绕患肢，然后将石膏绷带浸泡在

30～40℃的温水中（水温的高低与石膏硬固的快慢有关），待无连续气泡时取出，两手轻轻对挤排出多余的水分，由肢体远端开始向近端轻轻缠绕石膏绷带，并使其部分重叠，根据局部受力的大小缠绕 3～6 层，最后用吹风机的热风吹干。注意，缠绕绷带时不能过紧；与夹板绷带一样应注意超过患部的上、下关节；在未干涸之前，不应按压，否则会造成局部塌陷，引起压迫性坏死；骨折处有创伤时，应使用有窗石膏绷带，即在创伤处保留窗孔，便于创伤的治疗；用于大动物的石膏管型最好夹入金属板、竹板等以加固；固定第二天若肢体远端出现肿胀，说明石膏绷带过紧，应拆除重新固定。有垫石膏绷带法可保护皮肤，但骨折处水肿消除后可能出现松脱。因而，现多采用无垫石膏绷带法，或者仅在固定的两端使用薄层衬垫，以防石膏端刺伤皮肤。骨折愈合后，采用医用石膏锯小心锯开，或者使用食醋浸泡后拆除。

▶石膏绷带固定

（3）高分子绷带固定　高分子材料如玻璃纤维或聚酯纤维具有塑形后坚硬（石膏硬度的 5 倍）、轻便（石膏重的 1/5）、透气性好和透 X 线等特性，可替代石膏绷带用于外科骨折和扭伤时的外部压迫、固定和支撑。应用该方法时，在常温水中浸泡绷带，缠绕 3～6 层，在 3～7 min 硬化。

对患病大动物的四肢骨折，无论用何种方法进行外固定，都须辅助使用悬吊装置。例如，在四柱栏内，用粗的扁绳兜住动物的腹部和股部，使动物在四肢疲劳时，可倚在扁绳上休息。

2. 内固定　内固定是根据骨折处所受的生物力学特点，采用手术方法置入内固定物，以对抗骨折机械应力，提供支撑或保护作用。但内固定是一种侵入性方法，需分离组织及破坏局部血液循环，故导致愈合时间延长、感染机会增加。骨折处受到的机械应力主要有弯曲力、旋转力、轴向压力（或剪切力）和牵引张力（图 23-9）。根据作用方式不同，内固定有髓内针固定、螺钉内固定、接骨板固定、钢丝固定等。

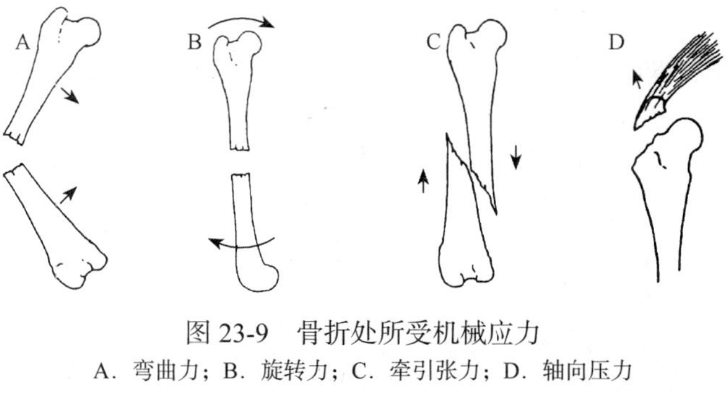

图 23-9　骨折处所受机械应力
A. 弯曲力；B. 旋转力；C. 牵引张力；D. 轴向压力

（1）髓内针固定　髓内针固定是指将特制的金属针插入骨髓腔内的骨折固定方法。该法的皮肤切口小，组织剥离少，对局部血行影响小；内固定材料便宜；可用于小动物较细的长骨骨折固定；拆除方便。另外，髓内针产生的“中央型内夹板式”固定作用（骨板为偏心型固定），有较好的抗弯曲力作用，对骨轴向应力的干扰小（非应力遮挡效应），有利于骨痂的形成与塑形。但是，髓内针对抗旋转力、轴向压力和牵引张力的作用有限（图 23-10）。

1）髓内针的类型：髓内针（intramedullary pin）根据横断面的形状可分为圆形、三角形、菱形、V 形、梅花形等。在兽医临床上，常采用圆形髓内针，直径 0.8～6 mm。其中，直径较小者（0.8～1.5 mm）叫克氏针（Kirschner wire），直径较粗者（大于 1.5 mm）叫施氏针（Steinmann pin）。根据其尖端形状，髓内针可分为平凿型（chisel）和套管针型（trocar）（图 23-11A、B）。

平凿型具有两个削面，与套管针型相比，其扁平尖端在钻骨组织时产生的热量较少，不易穿透皮质骨；套管针型髓内针穿骨能力较强，使用方便，但易产热。根据有无螺纹，髓内针分为光滑型（smooth）和螺纹型（thread）（图 23-11C）。螺纹型髓内针根据螺纹是否高于针体，又可分为阳性和阴性螺纹型。螺纹针是为增加针与骨质的咬合力而设计的，作为外支架固定的骨针使用时可发挥作用，但作为髓腔内固定并无优势。与阳性螺纹针相比，阴性螺纹针易于折断。

为了对抗轴向压力和旋转力，人们设计了出交锁髓内针（interlocking pin）。因交锁髓内针较粗大，又叫交锁髓内钉，是指在其靠近尖端和尾端处带有螺钉锁定孔（图 23-11D，图 23-12A）。反向交锁髓内针系统是由空心带孔螺钉与髓内针组成的（图 23-12B）。

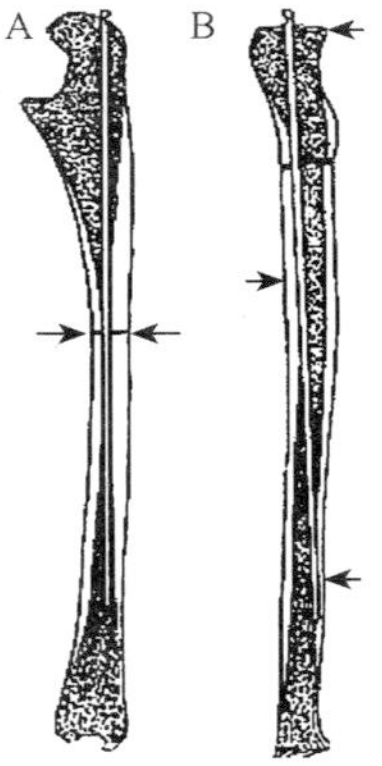

图 23-10　髓内针固定的作用力
A．中部骨折；B．髓内针直径接近骨内腔

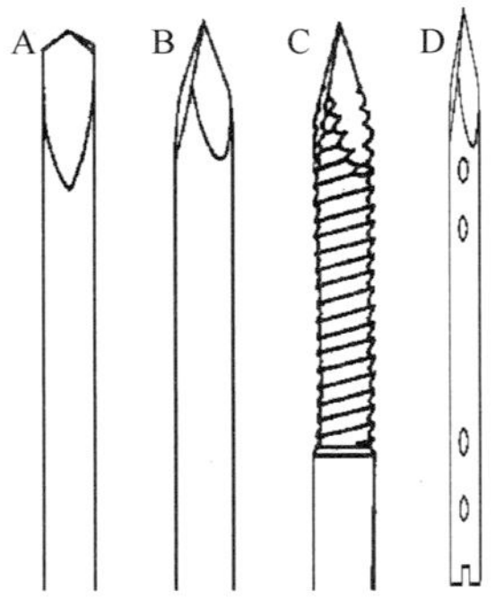

图 23-11　髓内针的类型
A．平凿型髓内针；B．套管针型髓内针；C．带螺纹套管针型髓内针；D．交锁髓内针

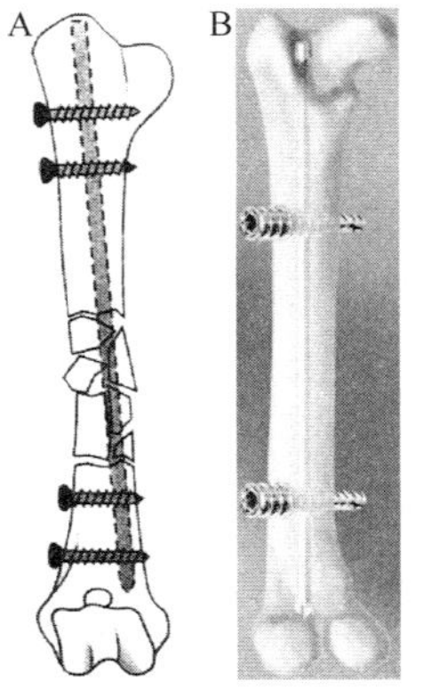

图 23-12　交锁髓内针固定
A．常规型；B．反向型

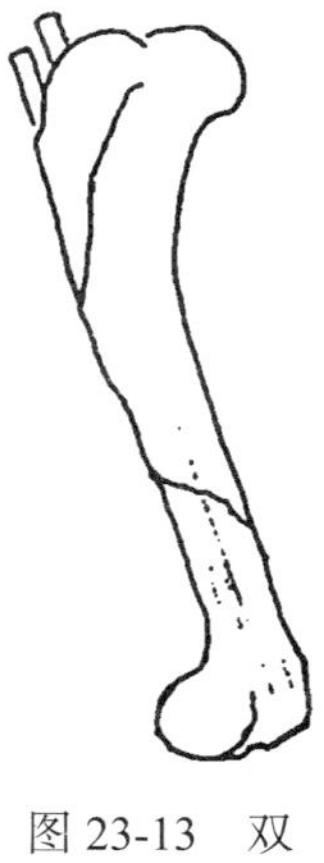
图 23-13　双髓内针固定

2）髓内针的选择：髓内针的直径可根据 X 线髓腔的内径大小选择，或在手术中向骨折断端髓腔内直接插试确定。髓内腔的横断面常不均一，髓内针若单用，其直径应为骨髓腔的 70% 左右，或接近骨髓腔的最细处，过于充满髓腔则干扰血液供应，也不利于辅助方法（如钢丝半环扎术）的配合应用。对于髓腔较大者，可选用 2～3 根一定直径大小的髓内针合并使用（图 23-13）。与单根髓内针的应用相比，多根髓内针合并应用可使旋转稳定性增加、针尾裁剪容易，且可减少对髓腔内血液循环的影响。

3）髓内针的置入方法：对于开放性骨折和非开放性骨折均可应用髓内针固定。髓内针的置入方式有两种：顺行置入法和逆行置入法。顺行置入法是从骨的一端造孔，将髓内针插入，在骨折断端闭合性整复后使髓内针通过骨折处，并继续推进至预定深度（图 23-14）。该法可应用于肱骨、股骨、胫骨骨干等非开放性骨折，且能够实施闭合复位的情况。肱骨、股骨和胫骨骨端的造孔点：肱骨的大结节前外侧；股骨大转子的内侧窝；胫骨平台上的膝韧带和内侧股骨髁前缘之间的中点。逆行置入法是从骨断端处将髓内针逆行性插入，并贯穿骨骼的近端或远端，然后将髓内针退出，再将该髓内针的钝端沿原孔道插入、穿出骨端，最后整复骨折处断端，将髓内针按顺行置入法插入（图 23-15A）；髓内针贯穿骨端后，也可将电钻退出并重新装在露出的尖端，适当向外旋退髓内针至其钝端与骨断面平齐，另使用同型号的髓内针预扩另一断端的骨髓腔，然后在骨断端整复后再推进髓内针至预定深度（图 23-15B）。逆行置入法适用于开放性骨折或骨折处切开的复位与固定。与顺行置入法相比，逆行置入法的髓内针植入较为准确。

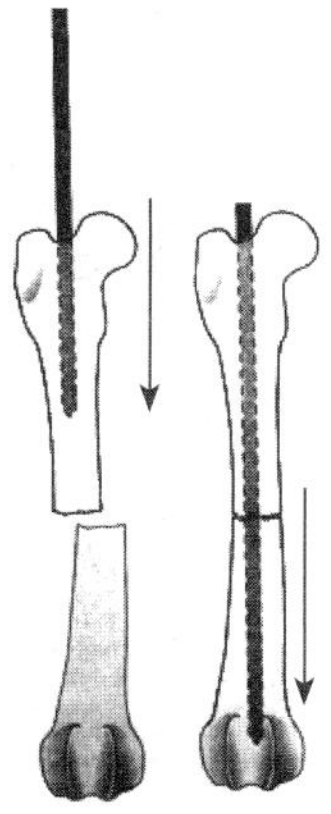

图 23-14　髓内针顺行置入法

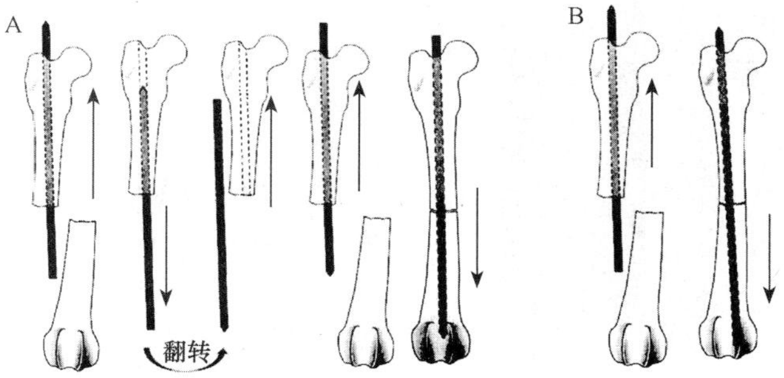

图 23-15　髓内针逆行置入法

胫骨骨折的髓内针固定术

交叉克氏针技术是指采用两根克氏针交叉置入以固定近关节处骨折的固定方法，即由关节旁进针，通过骨折处，并穿透另一断端的皮质骨。拉什针（Rush pin）技术，又叫动力交叉针技术（dynamic crossed pin），是指髓内针由关节旁进针，然后被锤敲至对侧髓内腔面，再折转至同侧髓腔面，以产生“弹性”固定作用（图 23-16）。

图 23-16　拉什针固定

交锁髓内针交叉固定骨折的臂力长，可使作用力均匀地分散在整个骨干中轴上，具有较好的抗旋转、抗压作用，骨折断端固定的稳定性好，适用于股骨、胫骨和肱骨的粉碎性骨折、陈旧骨折和固定失败的骨折等。交锁髓内针因厂家不同，故型号各异。常见交锁髓内针的直径为 2.5～10 mm、长为 62～230 mm，有尖端和钝端之分，螺钉孔径为 2～3 mm。一般直径 3～4 mm 的交锁髓内针适用于猫和小型犬；直径 5～7 mm 适用于中、大型犬；直径 8～10 mm 适用于较大型犬。应用时，为了减少应力遮挡效应，交锁髓内针以充满髓腔 75% 为宜。置入方法：利用钻具或髓内针在骨端合适点钻孔，顺行置入法置入，将延长件与交锁髓内针的尾端相连，闭合复位骨折断骨后用小锤敲击与延长件相连的柄端，推进交锁髓内针进入髓腔内，并使其尾接近骨端面以减少对软组织或关节的刺激。髓内针置入时，不应使用较大的撬力，以免校准件与螺钉孔错位，致使螺钉的置入困难。髓内针安置后，将校准件与延长件的末端锁连，然后钻孔安置螺钉（图 23-17）。一般来说，在远、近端各置一交锁螺钉即可发挥固定作用，螺钉距骨折裂隙的距离应为骨髓腔的 1～2 倍，以防骨端破裂。先置入靠近校准件的螺钉，以稳定交锁髓内针和校准件，也有利于远端螺钉的置入。应用反向交锁髓内针系统时，先置入空心螺钉，再置入髓内针，最后将螺栓拧入螺钉中以固定髓内针。远端螺钉置入失败，可导致过早动力性不稳定、推迟愈合或不愈合。据报道，常规交锁髓内针的治愈率为 83%～96%。钝尖型交锁髓内针的远端螺钉置入成功率相对较高，因而其治愈率也增加。

髓内针不应刺穿关节面，其置入深度可通过同型号髓内针和骨长度参比确定，或者采用 X 线检查精准确定。对于幼龄动物，髓内针尖端不应向下置入，否则针尖可能因运动冲击力增加而刺穿皮质骨。采用克氏剪剪除针尾的多余部分，用骨锉锉平断端，用骨锤将针尾锤入使其接近骨面（图 23-18）。过长的针尾还可采用折弯器将其折弯紧贴骨面，以免刺激软组织，引起血肿或损伤神经。

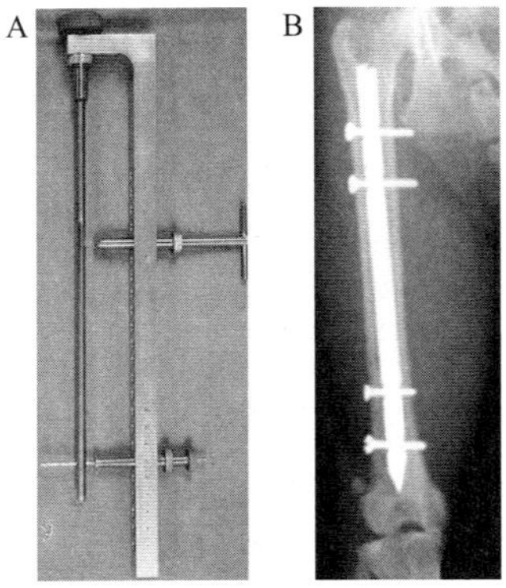

图 23-17　交锁髓内针系统及交锁髓内针固定

A. 定位器；B. 交锁髓内针内固定

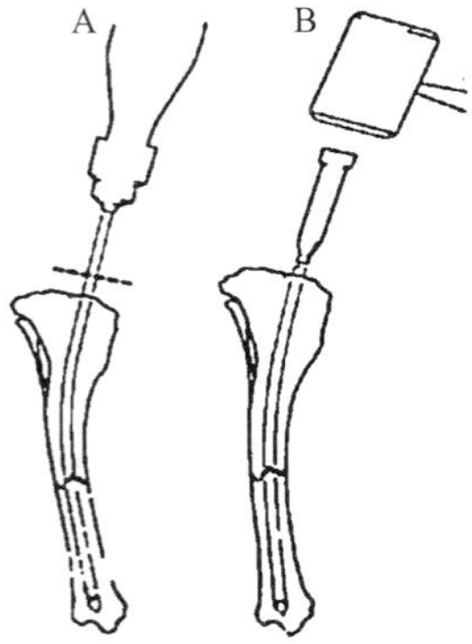

图 23-18　针尾截断（A）与锤入（B）

（2）螺钉内固定　螺钉内固定是指利用螺钉的螺纹与骨质密切咬合，以达到固定骨折断端的方法。螺钉可通过小手术切口对某些骨折的骨块进行复位和固定，但固定力量有限。因而，螺钉常与骨板、钢丝合并使用。

1）螺钉的种类。

A. 根据应用部位：分为皮质骨螺钉和松质骨螺钉（图 23-19A、B）。皮质骨螺钉的螺柱粗，全长螺纹，螺纹浅，螺纹距小，适用于加压或拉力固定。松质骨螺钉的螺柱相对较细，螺纹深，螺纹距大，可为全长螺纹或部分（占螺钉长度的 1/3～1/2）螺纹。应用时，松质骨螺钉的螺纹段不得位于骨折线上，否则易被折断。

B. 根据螺钉尖的结构特点：分为自攻螺钉和非自攻螺钉（图 23-19C～E）。自攻螺钉为凹槽尖端，在通过皮质骨时可产生螺纹道，不需使用丝锥攻旋螺纹道，可节省操作时间。自攻螺钉的螺距宽、螺纹粗大，但螺柱较细，强大的拧力会使螺钉折断。非自攻螺钉的螺纹相对较多、螺纹窄，螺纹拧入时扭力小，精确性高，多次拧入不会破坏骨道的原螺纹，多用于皮质骨，但需螺钉螺纹吻合的丝锥攻丝。

C. 根据直径大小：直径常有 0.8 mm、1.0 mm、1.2 mm、1.4 mm、1.6 mm、1.8 mm、2.0 mm、

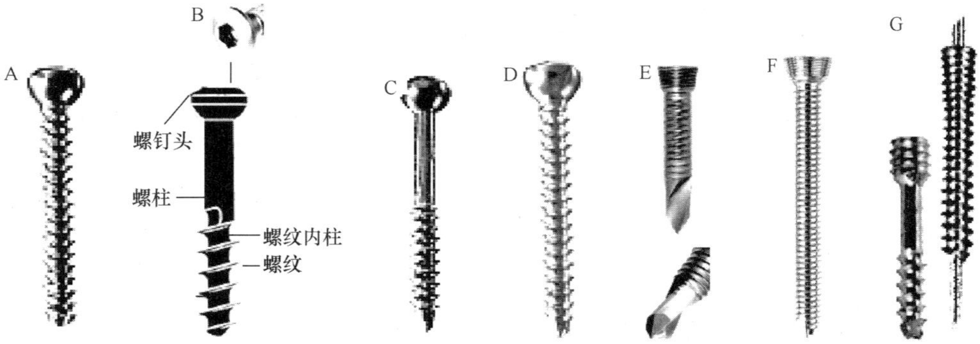

图 23-19　螺钉的类型

A. 皮质骨螺钉；B. 松质骨螺钉；C. 自钻螺钉；D. 自攻螺钉；E. 新型自攻自钻锁定螺钉；F. 非自攻锁定螺钉；G. 空心螺钉（右为穿有克氏针的空心螺钉）

2.2 mm、2.4 mm、2.6 mm、2.8 mm、3.0 mm、3.5 mm、4.0 mm、4.5 mm、5.5 mm、6.5 mm。各种直径大小的螺钉又有不同长度之分。

D．根据用途：①锁定螺钉。螺钉头带有螺纹，与锁定加压接骨板固定孔中的螺纹匹配，起着内支架固定作用（图 23-19E、F）。与传统皮质骨螺钉相比，锁定螺钉螺柱粗、螺纹窄，与周围骨质的接触面积大，应力传递好，可承担较大的屈曲和剪切力。②拉力螺钉。空心螺钉（图 23-19G）、皮质骨螺钉和松质骨螺钉均可充当拉力螺钉，可单独使用或与接骨板结合使用，多应用于骨折线长于骨直径 2 倍以上的斜骨折、螺旋骨折和纵骨折及干骺端骨折的固定。部分螺纹型螺钉作为拉力螺钉使用时是通过其远端的螺纹与皮质骨咬合产生拉力，使骨块相互靠紧。全长螺纹型螺钉作拉力螺钉使用时，应将近侧皮质骨（靠近螺钉头的皮质骨）孔扩大，以形成“滑孔”，仅使螺钉与远侧皮质骨产生咬合拉力。螺钉应垂直于直骨折线，至少用 2 枚拉力螺钉固定长斜或螺旋形骨折；若不垂直，则会在拧紧时产生剪应力使骨折块移位。注意：不能过度拧紧，否则会导致骨内螺扣的部分损伤和螺钉的变形；螺钉拧得越紧则丧失把持力的风险越大。空心螺钉用于闭合复位或骨块暴露困难时的精确复位，即利用克氏针维持复位，然后加空心螺钉固定，最后退出克氏针。自攻螺钉的钉尖应超出远侧皮质骨 2 mm，以产生强咬合力。③交锁钉。与交锁髓内针结合使用，以固定四肢长管形骨的骨折。④锚钉。作为钢丝等内固定的支撑点，用于撕脱性骨块的固定。⑤位置螺钉。维持骨块间的解剖对位，但不给骨块施压，如用于关节部位复杂性骨折的固定。⑥推拉螺钉。作为牵开 / 加压方法复位时撑开器或加压器的临时固定点。⑦复位螺钉。经骨板孔将骨折块提拉靠近骨板的普通螺钉，骨折复位后可以取出或替换。

2）螺钉的置入方法。

A．准备螺钉：术前应根据 X 线片选出长短合适的螺钉。螺钉的螺纹要锋利，其深度不宜太浅，螺距不宜太密，螺头凹槽要完整。

B．保持复位：在内固定手术全过程中利用持骨钳等器械保持骨折块或断端的稳定，以免移位，否则又需重新复位钻孔，增加损伤。

C．分离周围软组织：小心保护重要的神经和血管，钻孔时置入钻孔导套，以免软组织被卷到钻头上。一旦卷入，需缓慢逆转钻头松解被卷入的组织。

D．钻孔：选用大小合适的钻头（直径应稍小于螺钉），按预定方向（一般垂直于骨折线或皮质骨）进钻。开始应在皮质骨表面先钻一小凹痕，然后在持续轻微加压下缓慢而稳定地钻入。切忌用力太猛，以免钻头滑动而损伤周围组织。在钻长管骨对侧的皮质骨时，要控制压力，避免贯穿而损伤深部组织。进钻过程中应滴注冷生理盐水，降低钻头转动时的产热，以免损害骨细胞。在松质骨中，钻进深度应稍短于螺钉长度，对于骨质疏松患者则仅钻开皮质骨即可。若使用皮质骨加压螺钉，则应先用与螺钉螺纹的直径等粗的钻头钻近侧皮质骨的滑动孔，然后用比螺钉的螺柱略粗（但比螺纹直径略小）的钻头钻对侧皮质骨的螺纹孔，再以丝锥攻旋出螺纹道。由于加压螺钉末端无自动旋出螺纹道的沟槽，因而需先用尖端有切割作用的锐利螺丝锥将皮质骨钻孔，攻旋出螺纹道。螺丝锥的直径应与螺纹的直径一致。拔出钻头时要慢慢倒转退出，不宜摇晃硬拔，以免钻头折断在骨内。

E．测孔深与螺钉长度：采用游标卡尺骨孔深度测量器测量骨孔的深度，选择适当长度的螺钉。

F．拧入螺钉：根据螺钉头的凹槽类型（直形、十字形和六角形，后二者为加压螺钉），选取相适应的旋凿（螺丝刀、改锥），按钻孔方向慢慢旋入，不可摇晃，以免造成孔洞增大或螺纹损坏。为增强固定作用，螺钉需穿过两层皮质骨（钉尖略露出对侧皮质骨表面），最后拧紧螺钉，使骨折面紧密接触。若用加压螺钉，当皮质骨螺钉进入远侧螺纹孔后，越旋进越紧，从而对骨折断端产生加压作用。松质骨加压螺钉旋进后，钉的有纹和无纹部分需分别固定于近、远侧骨折段内，螺钉旋紧后即产生加压作用。

G. 检查复位固定效果：撤除保持复位的器械，检查骨折断端的复位情况。如有条件，对某些涉及关节面的骨折应摄片检查，复位固定满意后即可按层缝合。

3）适应证：髁、粗隆或结节的撕裂骨折，如股和胫骨内、外髁骨折，尺骨鹰嘴突骨折，肱骨大结节骨折，胫骨粗隆撕脱等。这些骨折的骨片小，肌牵引力较大，易移位，外固定难以达到保持复位的目的，故螺钉固定最为合适。另外，长骨螺旋骨折、长斜骨折、蝶形骨折、股骨颈基底部骨折也可采用螺钉固定，常需两枚以上的螺钉。

（3）接骨板固定　接骨板固定是指采用不锈钢或钛合金钢板和螺钉固定骨折断端的内固定法。与髓内针相比，这种固定法可以保护骨髓腔内的血管，有利于形成腔内骨痂。接骨板具有良好的抗轴向力、旋转扭力作用。但该法损伤软组织较多，通常需剥离骨膜再放置接骨板，对骨折断端的血液供应损害较大；接骨板有一定的抗弯曲力作用，但过强的屈曲力作用也会导致接骨板松动或折断。

1）接骨板内固定的发展历史：接骨板内固定大体经过了绝对内固定、坚强内固定和生物学内固定阶段。早期内固定强调持续“绝对固定”，但绝对固定易引起关节僵硬、骨和肌肉萎缩等并发症。1958年，在瑞士成立的国际内固定研究学会（德语 Arbeitsgemeinschaft für osteosynthesefragen，AO；英文 Association for the Study of Internal Fixation，ASIF），提出了骨折治疗的四项原则，即解剖复位、坚强固定、无创操作和早期无痛活动。其核心目的是通过骨折断端的加压固定和解剖结构的重建，消除骨折局部微动，使骨折达到无骨痂性的一期愈合。随着 AO 技术的应用，坚强内固定理论的一些问题也显现出来了，为了坚强固定和解剖复位，常常严重损伤骨的血供，无创操作实际上也被忽视了，因而术后易发生骨不连、感染、固定段骨质疏松和去固定后再骨折等并发症。从 20 世纪 90 年代初开始，AO 学者 Gerber 和 Palmar 等相继提出了“生物学固定”（biological osteosynthesis，BO）的概念，强调骨折治疗要重视骨的生物学特性，不破坏骨生长发育的正常生理环境。其内容主要包括：①远离骨折部位进行复位，以保护骨折局部软组织的附着；②不强求骨折的解剖复位，但关节内骨折仍要求解剖复位；③使用低弹性模量的内固定物；④减少内固定物与皮质骨之间的接触面积等。BO 的核心是保护骨的血供，减少接骨板下和骨折处骨的应力遮挡效应，促使骨折二期愈合。现在内固定技术已从 AO 的直接解剖复位和牢固内固定向 BO 的间接复位和生物学内固定方法转变。

2）接骨板的类型。

A. 按材料性质分类：可分为不锈钢和钛合金接骨板。不锈钢板的钢性强，可塑性差，但价格便宜。钛合金钢板的质量较轻，化学稳定性好，对身体刺激小，可塑性强，较接近人的骨骼弹性，符合骨骼生物力学，有利于骨折的愈合。钛合金钢板与钛合金螺钉匹配使用。

B. 按螺孔直径大小分类：如 1.5 mm、2.0 mm、2.4 mm、2.7 mm、3.5 mm、4.5 mm 等。

C. 按形状分类：可分为普通直型和异型接骨板。普通直型接骨板主要用于骨干骨折（图 23-20A、B、H 和 I）。异型接骨板包括 L 型、T 型、马蹄型等，用于髁间、髋臼等骨折（图 23-20C～G）。

D. 按用途和特性分类：可分为中和接骨板、支持接骨板、加压接骨板、张力带接骨板、桥接接骨板和改良型接骨板。①中和接骨板：是指在骨干骨折的内固定中使用接骨板，对拉力螺钉的作用提供保护，又叫保护性接骨板（图 23-21）。具体方法是先使用拉力螺钉（或钢丝环扎）重建骨的解剖结构，对骨块间起到加压作用，然后使用螺钉固定钢板，以分担拉力螺钉

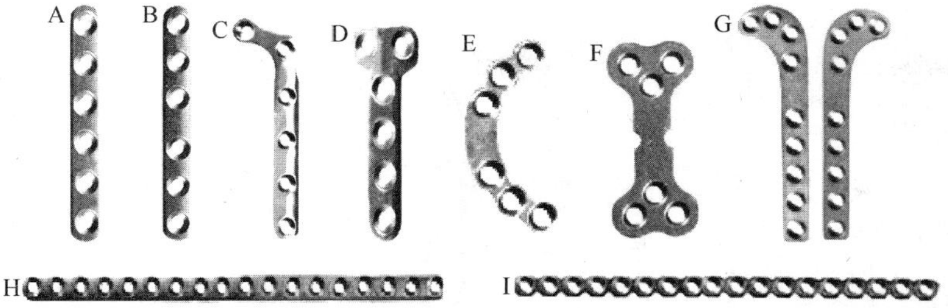

图 23-20 不同类型的接骨板

A．均孔直型；B．隔孔（桥接）直型；C．L 型；D．T 型；E．马蹄型；F．工型；G．高尔夫型；H．可裁直型；I．可塑直型

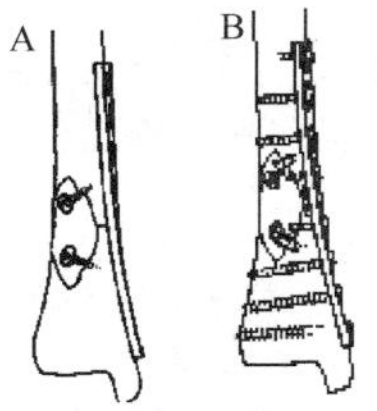

图 23-21 中和接骨板固定

A．拉力螺钉的固定；B．中和接骨板的安置

的负荷，对抗扭转、弯曲和剪应力的影响。②支持接骨板：是指在骨骺端和干骺端骨折固定中，用于对拉力螺钉支持固定的钢板。钢板需塑形使与其下面的皮质骨轮廓对应，螺钉拧入时不应使钢板移动。若使用有椭圆形螺钉孔的钢板，其固定钢板到骨干的螺钉必须在钢板孔近骨折侧拧入，以防止钢板移动（图 23-22）。③加压接骨板：加压固定，适用于简单骨折、横骨折或短斜形骨折。接骨板加压的方式有静力加压和动力加压。应用静力加压接骨板时应将钢板预弯塑形，使其在骨折部微凸，拧入骨折近端螺钉，然后在距骨板远端一定距离处安置锚钉，以锚钉为支点利用牵拉器向锚钉方向牵拉骨板，消除骨折断端间隙，拧入远端骨板螺钉（图 23-23）。动力加压是采用动力加压板实现的。AO 于 1969 年首次研制出动力加压接骨板（dynamic compression plate，DCP），螺孔为椭圆形，与螺钉头接触面为斜坡面，在螺钉拧紧的过程中螺钉头向螺孔斜坡深部滑动，同时推动骨折断端（相对于接骨板）轴向移动，使断端相互接触加压（图 23-24）。1981 年改良了 DCP 螺钉孔，提出了动力加压单位（dynamic compression unit，DCU），从而使骨板螺钉孔内也能较自由地进行拉力螺钉固定。根据螺钉孔对称与否，动力加压板又可分为单向动力加压和双向动力加压接骨板。对于后者，螺钉放置远离骨折线的偏心位置时才可随其拧紧而产生骨的轴向加压，而中心位放置则没有加压效果。因此，动力加压接骨板还可用作静力加压接骨板、中和接骨板及支持接骨板。④张力带接骨板：是指置于偏心负荷骨（如股骨、肱骨）的张力侧以减少张力的内固定接骨板。张力带接骨板是将张力转化成经骨折处均匀分布的压力，可防止骨板折弯或折断。该固定方法的先决条件是骨和钢板均能够承受张力、对侧皮质有完整的支撑（图 23-25）。⑤桥接接骨板：用于连接粉碎性骨折的接骨板（图 23-26）。桥接接骨板通过“夹板”作用而非加压作用维持稳定，维持骨的长度和旋转对线，最后依赖骨痂的形成而促使骨折愈合。桥接接骨板具有较高的桥接率（骨板长与骨长度比为 2～3 时适用于粉碎性骨折，8～10 时适用于简单性骨折）、低螺孔比（0.4～0.5）和高骨板跨度比。这种方式允许骨折部位微动，刺激骨痂形成，促进骨折愈合。接骨板两端常用 3～4 个螺钉，且最好使用锁定接骨板。⑥改良型接骨板：由于应力传导，其在骨组织新生和

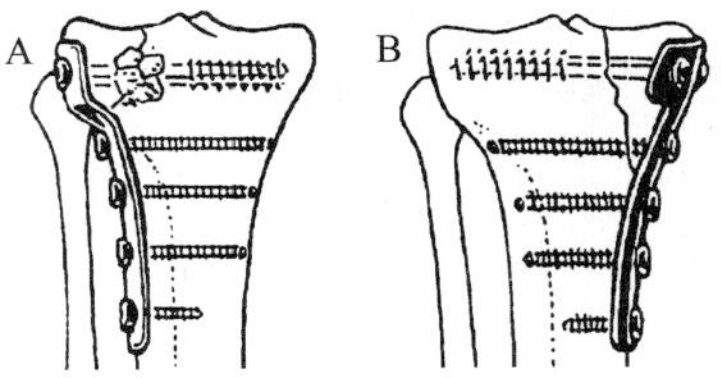

图 23-22 支持接骨板固定

A．外侧固定；B．内侧固定

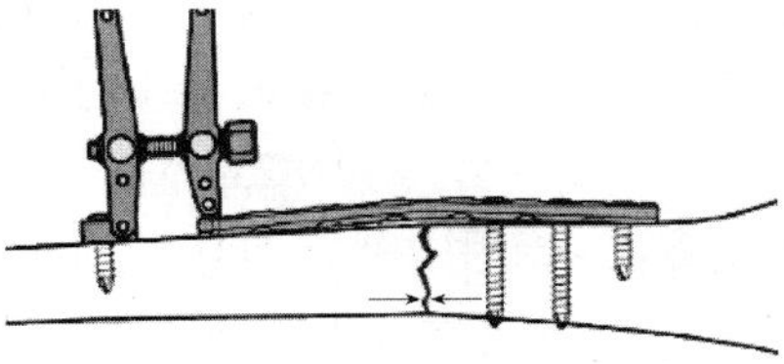

图 23-23 静力加压接骨板安置

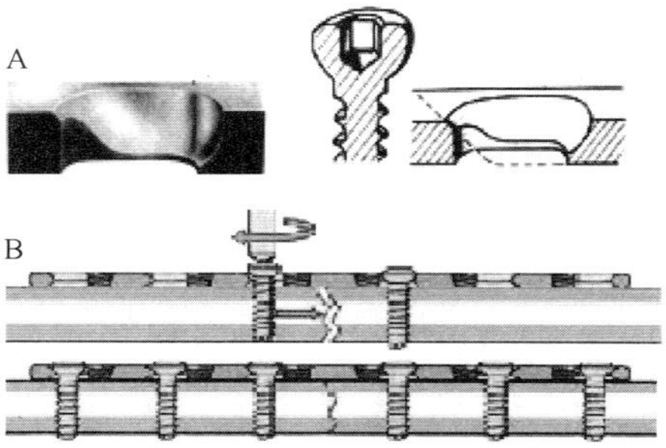

图 23-24　动力加压接骨板的螺钉孔结构
A．螺孔及螺钉拧入；B．螺钉拧紧产生的加压

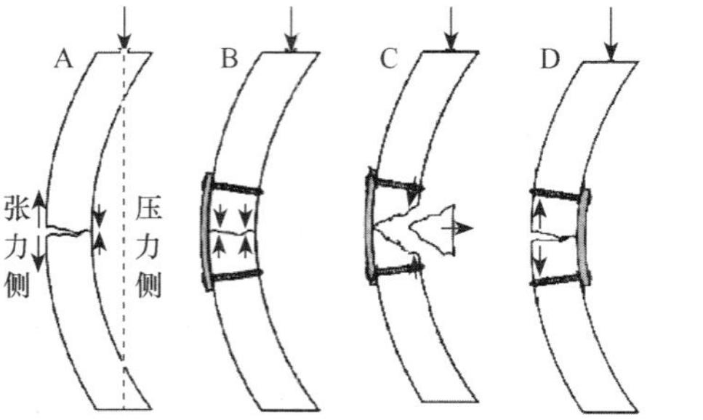

图 23-25　骨折处的张力分布及张力带钢板的安置
A．张力的产生；B．正确的张力带钢板安置（压力均匀分布）；
C，D．不正确的张力钢板安置

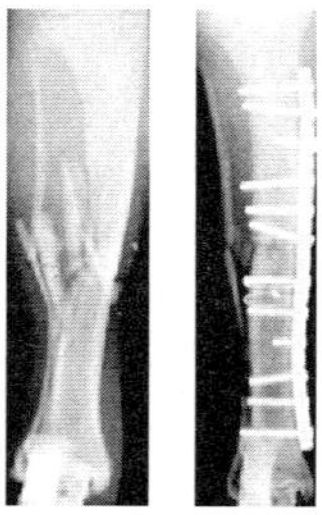

图 23-26　桥接接骨板固定粉碎性骨折

改造塑形中起重要作用，坚硬骨板的应力遮挡效应使接骨板下的骨轴向应力下降，导致局部骨组织丧失或不愈合。骨血供的损伤，导致哈弗斯管的重塑，也会引起接骨板下皮质骨的溶解。因此，在 BO 思想指导下，AO 学者围绕传统接骨板进行了许多改良。

A．有限接触动力加压接骨板：将传统的 AO 动力加压接骨板的平滑贴骨面改为凹面，减少骨板与骨面的接触面积，即有限接触加压接骨板（limited contact-dynamic compression plate，LC-DCP）。

B．点接触骨板：尽管 LC-DCP 减少了骨板与骨面的接触，但接骨板下的骨坏死仍然存在。为了减少血液供应的破坏和内置物相关的感染，1995 年 AO 学者在 Perren 研究的基础上设计出点接触骨板（pointed contact fixator，PC-FIX）。

C．锁定加压接骨板：锁定加压接骨板（locking compression plate，LCP）的螺钉孔由两部分组成，如图 23-27 所示。右半孔为带有锥形螺纹的螺钉孔，带锁定头的螺钉（locking head screw，LHS）旋进此螺钉孔可产生锁定固定作用；左半孔为动力加压单位螺钉孔，偏心拧入标准螺钉可以产生动力加压固定作用。锁定加压接骨板固定的生物机械学与外固定支架固定相似，故又被称作内固定支架。

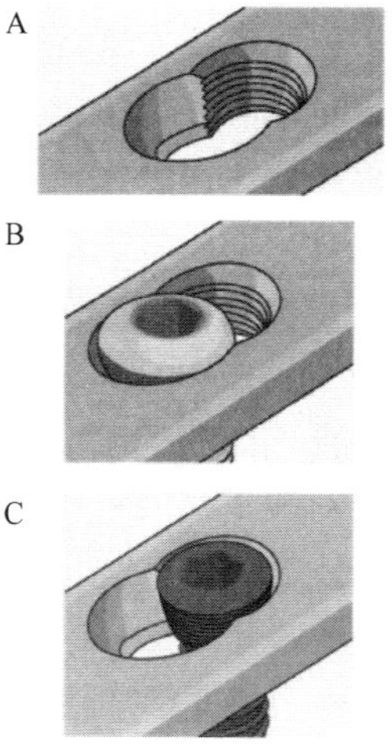

图 23-27　锁定加压接骨板的螺钉孔
A．锁定加压孔；B．加压螺钉置入；C．锁定螺钉置入

LCP 固定的特点：①保留局部血供。螺钉与接骨板的锁定固定，接骨板与骨面无紧密接触，最大限度保留了接骨板下方皮质骨的血液供应。②维持Ⅰ期复位。锁定螺钉被牢固地锁定于接骨板，可使接骨板与骨面保持一定的空隙，不会因接骨板的塑形与骨的解剖形状不匹配而造成螺钉牵拉效应引起骨块的偏移（Ⅰ期复位丢失，图 23-28）。③保持应力作用下的稳定。锁定螺钉具有角稳定性，不易因骨板轴向负荷或弯曲产生的剪切力作用而被拔出。锁定螺钉能很好地将接骨板的这种剪应力转化为螺钉和骨交接面的压力，可降低骨块在应力作用下造成的倾斜（Ⅱ期复位丢失，图 23-29）。

LCP 的安置方法：使用执弯工具按解剖形状对接骨板进行塑形；对准 LCP 动力加压孔的远离骨折线的边缘，偏心性放置通用钻套，不要向螺钉孔按压钻套，使用相应的钻头于偏心位钻孔，拧紧皮质骨螺钉便会产生动力加压；将 LHS 置于锁定孔中，产生固定作用。

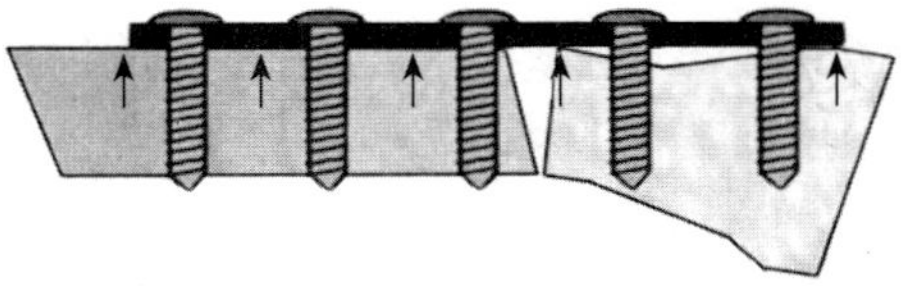

图 23-28 Ⅰ期复位丢失
接骨板与骨解剖形状不匹配，螺钉牵拉所致移位

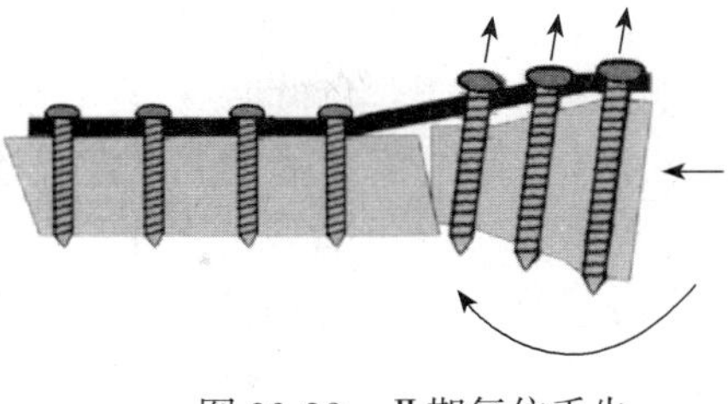

图 23-29 Ⅱ期复位丢失
螺钉没有锁扣于接骨板时，无法对抗作用力而松动或向外移位

为了降低骨板张力、柔性变形和骨板失败的可能性，骨板跨度比（骨板长度与粉碎性骨折部长度之比）应大于 3；螺孔比（螺钉数与螺孔数之比）应小于 0.5，但每侧至少有 2 枚螺钉；骨板与其下骨面距应小于或等于 2 mm；至少保留骨折部表面 2～3 个螺孔，以利于骨痂的形成。锁定接骨板在犬和猫骨折应用的并发症约有 10%，主要是骨板跨度过大引起的弯曲。

D. 微创固定系统：为了减少组织损伤及对固定钢板下血循环的干扰，AO 学者创造了微创固定系统（less invasive stabilization system，LISS）或微创接骨术（minimally invasive osteosynthesis，MIO），即采用微创技术，置入加长的桥接接骨板，以固定骨干部骨折的方法。其具体方法：患肢悬吊保定，牵拉断端使其闭合复位，或者在两断端分别置入骨针并利用外支架杠杆作用，牵拉断端复位。复位时应尽可能施力于骨折的远端和近端，减少对骨折处的操作；利用 C 形臂 X 线机判断复位情况，要求轴向对位，无旋转，但不要求解剖学复位。根据影像学骨形态将长骨板预折变形，使其与骨表面轮廓相符。在两端骨生长板或干骺端分别切开皮肤小切口，使用一长扁平钝头打遂器（约骨板宽度）由一端的小切口进入，紧贴骨膜表面插入并推进至另一端小切口处；然后以骨板代替扁平打遂器植入，通过两端的小切口（或在定位器的引导下）分别拧入 2～3 枚螺钉固定。

尽管 MIO 由传统接骨板技术演变而来，但其原则同样也适用于微创锁定髓内针技术和外支架固定技术。与开放复位的接骨板技术相比，MIO 的失败率相对较低、骨折愈合后肢体功能恢复良好、并发症易于管理，但也存在一些问题，如轴向或旋转对合不良引起的肢体变形、螺钉过长或方向不正造成的关节损伤、打遂器或骨板置入不当造成的重要神经和血管损伤（特别在肱骨）、延迟愈合或不愈合、骨板或螺钉因疲劳而折断等。对 MIO 来说，骨折的复位是较大的挑战，对于骨折时间较长、轴向对位困难的骨折，均应采用开放复位和内固定技术。

3）接骨板内固定的应用：接骨板的应用不仅需要对植入物特性的了解，而且要考虑骨板应用的方式。

接骨板适用于长骨骨体中部的斜骨折、螺旋骨折、尺骨肘突骨折、骨干骺和骨骺的骨折，以及严重的粉碎性骨折、老年动物骨折等。应根据动物的体重、骨的粗度、骨折块的大小或范围、负荷大小和固定方式等，选择种类、大小和长度合适的接骨板及不同作用的螺钉进行固定。动力加压接骨板仅用于简单的横向或短斜行骨干骨折的解剖学重建，即通过螺钉置入特定设计的动力加压板孔以实现骨折部的轴向压力。对于长斜形、螺旋形和蝶形骨折，骨块间的修复和骨干的重建需要用拉力螺钉、钢丝环扎等固定，同时还需要采用中和钢板承担骨干的压力负荷。对于骨干解剖学重建困难的情况（如严重粉碎性骨折），可采用桥接接骨板，即将加长型接骨板通过微创技术置入，以较少的螺钉于两端固定，实现骨干的轴线校正，减少骨折区血管的破坏。支持接骨板用于支撑干骺端经皮质骨的骨折块，以防关节变形。

▶胫骨折的普通接骨板固定术

对于小于 6 月龄的犬，未成熟骨的机械特性较差，应用刚性骨板常引起螺钉脱出，而弹性骨板技术可克服这一问题。弹性骨板技术是指使用较长和较薄的柔性骨板，跨过远、近端的骨生长板，在两端各使用 2～3 枚螺钉固定。该方法增加了骨板的工作长度（最靠近骨折断端两螺钉之间的距离），增大了骨板的柔性，容许其在弹性限度内变化形状，减少了骨螺钉交接面的剪应力作用。柔性骨板不仅限制了板与骨的接触，还有助于保护骨膜（未成熟骨重要的血液来源）。术后 2～4 周常出现骨痂连接，2 个月时骨痂改造，4 个月时骨性连接。骨折处微动有利于骨痂的形成和骨的愈合，但骨板过小也会引起变形和固定失败。术前，应注意综合动物的品种、年龄、体重、活泼性和皮质骨的厚度，对选用骨板的强度做出评价。

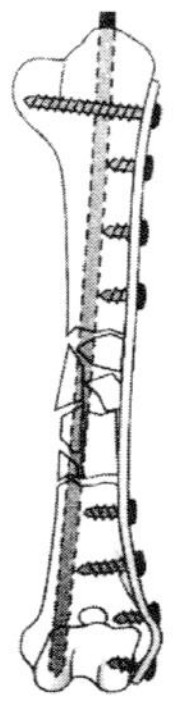
图 23-30　接骨板与髓内针联合应用

对于粉碎性骨折，可在靠近骨折部的两侧分别另加固 1 枚螺钉，或者接骨板与髓内针联合应用（图 23-30），以适当增加骨折部的稳定性。对于老龄和大型动物的骨折，需采用强度较大的骨板（如宽型）、缩短作用长度（如靠近骨折断端放置螺钉）、另置入物（如髓内针）或加用外固定。

接骨板固定后应注意术后的护理，早期限制活动，3～4 周后适当进行功能锻炼。接骨板一般需装戴较长时间，幼、青年动物 3 个月左右，成年动物 4～12 个月。若需取出接骨板，最好通过 X 线检查，在可确定骨折完全愈合后再进行。取出接骨板后，其钉孔被骨组织包埋需 6 个月以上，应防止发生二次骨折。

（4）钢丝固定　不锈钢丝的直径细、可曲性强，可绕骨或穿过骨内人工隧道实施环扎固定，但固定作用力较小，能引起受压处的骨质吸收。钢丝固定多用于辅助其他内固定方法（如接骨板、髓内针）。

根据骨折的性质和局部张力的强弱，选择合适直径的钢丝（0.6 mm、0.8 mm、1.0 mm、1.2 mm 等）。一般来说，1.2 mm 的钢丝可用于大型犬，0.8 mm 和 1.0 mm 的钢丝用于中小型犬，0.6 mm 的钢丝用于迷你犬。

钢丝固定的方法常有张力带法、环扎法和半环扎法。张力带法是指采用张力带钢丝固定骨折块以对抗肌肉或韧带牵拉力的内固定方法，适用于尺骨鹰嘴突、大转子、胫骨粗隆等撕脱性骨折的固定。应用时，该法常使用 1 枚髓内针或 2 枚并行髓内针固定骨块，另外在附近的主骨骼上预钻一横孔，然后将钢丝通过横向孔与 8 字形缠绕髓内针钢丝尾端扭拧固定（图 23-31）。环扎法是指用钢丝环绕骨干以固定骨折块的方法，适用于骨干的长斜形、螺旋形和纵向骨折。环扎法常需 2 个以上的钢丝环固定，钢丝环间距应为 1 cm 左右，钢丝环距断端 0.5 cm 左右，适当的凹槽可防钢丝环移动（图 23-32）。半环扎法与环扎法相同，只是由骨内人工隧道穿钢丝固定，不易滑脱（图 23-33），但固定力弱于环扎法，适用于骨块间、骨断端间的固定。

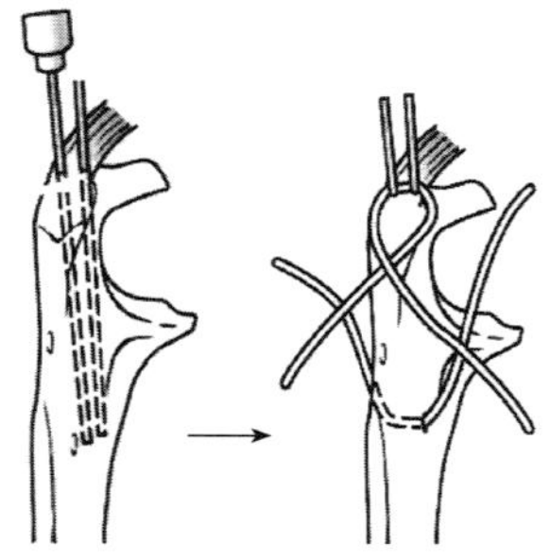
图 23-31　张力带法

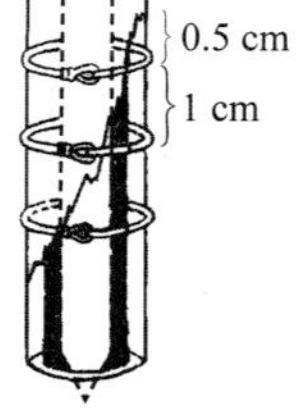

图 23-32　环扎法模式图

图 23-33　半环扎法

钢丝尾扭结后，剪去多余的部分。通常单扭结可维持较大的张力，并可减少对周围组织的刺激。若为多扭结，则需将其扭弯平贴骨面，但此时根据结弯曲的方向，钢丝张力可能下降45%～90%。

3. 外支架固定 外支架固定损伤小，较符合生物力学，愈合时间短，取出方便，便于创伤处理，但易感染、护理难度较大，而且受局部解剖空间容纳许可的限制。

（1）外支架的结构 主要由骨针、连结夹和连杆组成。骨针根据针体有无螺纹分为光滑型和螺纹型骨针。与光滑型相比，螺纹型骨针不易滑脱，较常用。螺纹可在针尖端或针体中部，前者适用于单侧外支架固定；中间螺纹型骨针可贯穿肢体两侧，用于双侧支架固定。骨针与连杆因生产厂家不同，其型号各异，通常骨针的直径为0.9～4.8 mm（螺纹的直径为1.1～6.3 mm），连杆的直径为3.8 mm、4.8 mm、6.3 mm和9.5 mm。

（2）外支架的类型 常分为线型、环型、半环型和杂合型。

线型外支架又根据骨针和连杆所在的平面及肢体方位分为单侧单面（Ⅰa型）、双侧单面（Ⅰb型）、单侧双面（Ⅱ型）、双侧双面（Ⅲ型）（图23-34）。支架的结构越复杂，则其强度和刚性越大，抗剪切力、旋转力和轴向负荷越大。Ⅱ和Ⅲ型支架的机械力学优于Ⅰ型，但增加了骨质的部分生物学特性损害。简单Ⅰ型结构通过增加连杆获得机械力学增强，如使用一弧形杆在体表与Ⅰb型的连杆端-端连接、近-远端对角连接，或者交替放置骨针于连杆两侧以形成双面结构。外支架还可与髓内针、髓内交锁针等针尾连接，以增强机械支持强度。连杆材料为钛、碳纤维、铝或不锈钢，前三者的材质较轻。连杆还可采用树脂材料，如丙烯酸甲酯和环氧树脂。树脂外支架可灵活地形成各种支架结构（骨针可以为不同角度和平面），易与局部解剖形状匹配，塑形后可提供较强的稳定支持，质地轻，使用方便，但其硬化塑形后不易再调整骨针（图23-35）。通常，树脂的强度与1/3～1/2直径的不锈钢连杆相当。树脂的直径不应超过25 mm，否则在塑形时过多热量蒸发，会在其内部形成空泡，降低了密度和强度。骨针尾端折弯，参与树脂支架，可大大增加其强度。

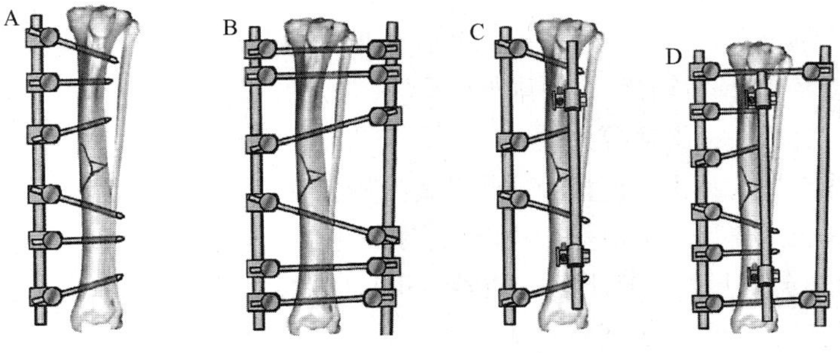

图23-34 主要线型外支架类型

A. 单侧单面（Ⅰa型）；B. 双侧单面（Ⅰb型）；C. 单侧双面（Ⅱ型）；D. 双侧双面（Ⅲ型）

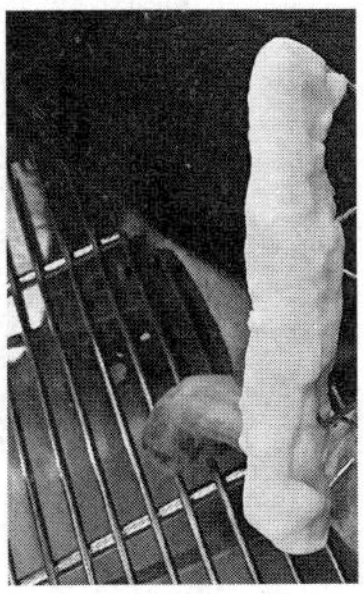

图23-35 树脂外支架固定

环型支架是由2个或2个以上环形平面构成的，每个环形平面与骨轴垂直，中心以克氏针交叉穿透骨骼，与外周的环型支架通过螺栓固定，不同平面的环型架以连杆相互连接（图23-36）。半环型支架可由环型支架的支架环支部分缺失后形成，以应用于近躯体的肢体，避免其与躯体等接触、摩擦。外支架骨针1.0 mm、1.2 mm和1.5 mm可分别用作小型、中型和大型犬。支架刚性强度与环型架直径和克氏针直径直接有关。与线型外支架相比，环型或半环型支架在轴向负荷时交叉针表现非线性刚性强度，即开始时稍弯曲，随着负荷的增加，其刚性呈对数级增

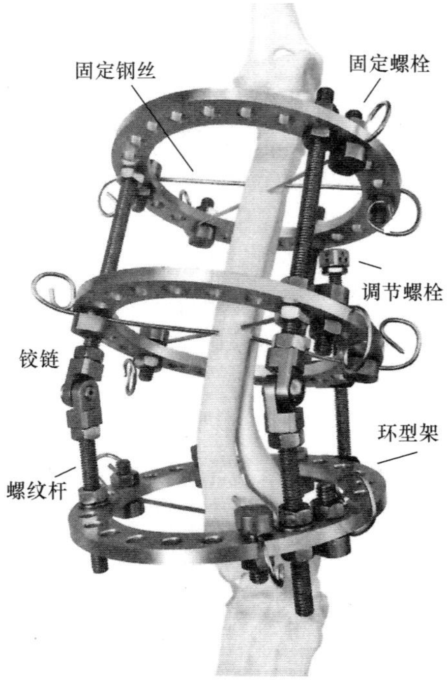

图 23-36　环型支架

大，可使骨折断端产生约 1 mm 的轴向位移（愈合可承受的骨裂隙张力）。这种有限的微动有助于刺激成骨细胞的活性和骨的愈合。

杂合型外支架由位于一侧的线型支架与另一侧的半环型支架相互连接组成，其半环型支架有利于固定小骨块。

（3）外支架固定技术　选择合适的骨针置入通路，尽可能避免损伤重要的神经、血管、韧带等组织。在骨折近端和远端骨上，需分别使用 3～4 枚骨针。骨针的数目越多，固定则越牢固，但损伤也会增大。通常骨针置入的顺序为：首先，在骨折处最远的两端（最靠近远端和近端的关节）置入两枚骨针，通过连接夹与连杆相连，调整骨折断端使其轴向矫正、复位；然后，在靠近两骨折断端最近处分别置入两枚骨针；最后，分别在近或远骨折块骨针间加补骨针，使骨折块稳固。骨针距邻近关节的距离应为该处骨直径的 3/4，距断端的距离约为骨直径的 1/2，以防损伤这些部位。最靠近骨折处两骨针间的距离越大，则连杆工作长度越大，作用于外支架的应力也越大。在连杆所在的平面上，骨针相互平行置入，并通过骨中轴线。对于光滑尖端型骨针（现已较少用），则需在同一平面上各针相互成角度置入，以防其松脱和被拔出。骨针的强度与其裸露长度（皮质骨外部分）的 3 次方成反比，因而可通过缩短骨针的工作距离，以增加外支架的强度。通常，连接夹与皮肤间的距离需保留 1 mm，以免术后组织肿胀、压迫，还有利于针周及针道的清理和消毒。若将骨针和连接夹交替放置于连杆两侧，则可形成两个不同的支架平面，两平面的夹角可达 35°，且均垂直于皮质骨。这种改进的外支架固定可增加轴向支持强度和抗弯曲力，避免由骨针数量增加引起的损伤等问题。合适的骨针数目、类型、大小，以及骨针与连杆结构可降低针骨交接面的负荷。

针骨交接面的损害会引起骨针松脱，继而导致软组织感染、针孔渗出液的排出与化脓。对针骨交接面的保护需要准确的骨针置入技术，包括合适骨针的选用、针孔预钻、低速骨针置入等。骨针的强度与针体直径的平方成正比，呈对数级地增加支持力度和抵抗周期性负荷。骨针的孔径大于 30% 的骨直径时会削弱骨强度，易引起皮质骨骨折。因此，骨针的直径不应超过骨的 25%。尽管骨针螺纹直径的增大受到骨粗细的限制，但是皮质骨外非螺纹的针体部分可允许适当增大。衡量截面抗弯曲能力的参数（截面惯性矩）与直径的 4 次方成正比，因此骨针直径较小的增加则可引起外支架强度极显著的升高。在同等螺纹直径情况下，阴性螺纹骨针优于阳性螺纹骨针。由于常规阴性螺纹骨针易因应急升高而折断，故针体在螺纹与非螺纹交界处呈渐进性变细的骨针可避免此问题，尤其是在小骨块、大型动物，以及需骨针工作长度较大的肥厚软组织部位的应用。

通过皮小切口使用止血钳钝性分离至骨表面的一小孔，选取小于骨针直径 0.1 mm 的钻头，在钻套的保护下钻孔。边钻边用生理盐水冲洗，以防近侧皮质骨产热损伤。不可在没预钻的情况下采用骨针直接钻孔，因易产热造成骨坏死、微骨裂及邻近骨的损伤，降低骨螺纹质量，导致针骨交接面损害。骨热坏死引起破骨细胞活动、纤维组织增生，在邻近骨组织和骨针间形成弹性过渡区，在大负荷应力作用下易导致骨针松脱；针周的微骨裂在周期性负荷作用下也会演变为明显的骨损伤，最终导致固定失败。若无预钻，则骨针在进入远侧皮质骨时引起近侧皮质骨孔螺纹的损害，破坏针骨交接面。推进钻力过大也会导致皮质骨螺纹的破坏。钻速过高会产生热损伤。手钻产热较小，但在操作过程中的摆动会引起大而不规则的针孔和孔周微骨折。置针的低钻速小于300 r/min较为合适。

（4）护理　影响骨折愈合的因素有骨折断端的稳定性，周围软组织和血液供应的丧失、污染或感染，严重粉碎性骨折等。支架安置及手术完成后，用X线评价骨折的复位情况、支架的大小、骨针的位置等，并可进行有限的调整；拧紧连接夹，在连杆水平钳断多余部分的骨针尾；对针孔及支架进行清理与消毒，抗生素膏涂于骨针周围；冷敷针孔及裸露针体，以缓解术后的肿胀。术后需镇痛、固定支架护理、被动运动关节及负重锻炼，并要求主人学会对固定支架的长期常规护理。术后1～2周评价主人护理和维护外支架的能力，以及动物适应支架固定的情况；3～4周、6～8周和10～12周分别使用X线评价骨痂的形成、骨折断端的对合、针骨交接面的完整、针道周围的透明度及支架的稳定性情况。

外支架固定应满足骨折部的生物学要求。固定强度适当有利于骨痂的形成和塑形改造。对于早期需要刚性固定的情况，如严重粉碎性骨折，经过一段时间后，支架的结构需分阶段部分拆卸，逐渐降低支架的稳定性，以优化骨的愈合。一般来说，降低支架稳定的时间取决于动物的活泼程度、机械性和生物学因素（如愈合速度与程度、植入物的大小和强度、骨针引起的损伤或针道感染），在青年犬可开始于术后第4～6周，成年犬在第6周，老龄犬、猫为8～10周。支架结构的分阶段部分拆卸要求骨折部有足够的稳定性（X线或局部触诊确定），否则会导致愈合的延迟或失败。部分拆卸可以通过除去有问题（如引起动物的不适、感染或松脱）的骨针或部分支架来实现。对于早期低强度的支架固定，骨痂随时间而增生、变硬，其对骨折处张力的耐受性下降。因此，低稳定性固定在2周内通过增加支架的结构成分而改善，也可加速骨折的愈合。

（5）外支架的应用　用于长骨中部骨折、关节脱臼、韧带和肌腱损伤。环型或半环型支架可作为骨牵拉延长器，用于截骨术后骨的延长，即通过调整连杆使骨断端以一定的速率被牵离（1 mm/d），骨组织再生填充缺隙。外支架还可跨关节应用，如在关节处采用铰链连接远近骨骼的线型外支架，保持关节一定的活动范围，则可取得良好的愈合效果。但需注意的是，固定的关节超过4周不活动，则出现关节粘连、软组织萎缩、退行性关节变化、运动性丧失。外支架还可与髓内针联合应用（图23-37）。

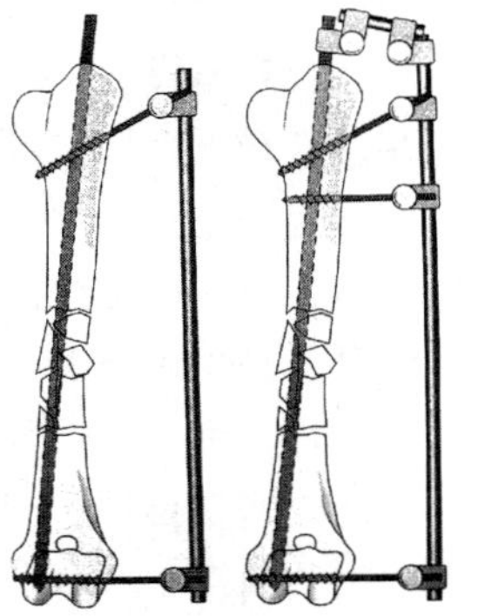

图23-37　外支架与髓内针联合应用

4. 骨移植材料的应用

（1）骨移植　在较大的骨缺损或坏死骨被移除后造成骨缺失，应考虑做骨移植。

1）自体骨：可取自髂骨。自体骨兼具骨传导性（允许血管长入、细胞渗透和附着、软骨形成、组织沉积和钙化的能力）、骨诱导性（促使局部或移植细胞进一步分化成为成熟的成骨细胞的能力）和成骨性（含有能分化成骨的活细胞）。松质骨的多孔结构，有利于营养物质播散及微血管吻合重建；有较好的成骨能力，可与周围组织快速整合。皮质骨在植骨早期能提供良好的力学支撑，为存活的成骨细胞提供一定的成骨能力。但是自体骨取骨量有限，出血量增加，手术时间延长，以及会有取骨区并发症（疼痛、切口感染、血肿、骨折等)。

2)异体骨：取材于同一种群、其他基因个体的骨组织，通常采用冻干或脱钙冻干等方法。可提供骨支架，兼有骨传导及骨诱导能力。但是，异体骨免疫排异反应可使移植骨中供体来源细胞被杀死，缺乏成骨能力；存在交叉感染风险。

(2)合成骨代替物　骨代替材料要求具有成骨性、骨传导性和骨诱导性。

合成骨代替物是指人工合成或自然界存在的无机、惰性材料，如羟基磷灰石、磷酸三钙、生物玻璃等，来源广泛，无交叉感染的风险，但缺乏大样本和长期的临床研究证据。

(3)脱钙骨基质　脱钙骨基质(demineralized bone matrix，DBM)是指同种异体或异种骨经过脱钙、脱脂、去蛋白处理得到的产物，主要成分包括胶原和骨形态发生蛋白质，具有良好的生物相容性和三维空间结构，并且能够诱导未分化的间充质细胞分化为成骨和成软骨细胞，在骨、软骨缺损修复中具有重要作用。现已有商品化产品，可供临床使用。DBM 应用时临时调制成糊状，放置于骨缺损处。DBM 可单独或与松质骨粒(块)混合应用于骨骼缺损、粉碎性骨折、骨折不愈合或延迟愈合(如老龄、胫骨和桡骨远端骨折血液供应不良、合并症等)、囊性病灶或良性肿瘤刮除后所遗留空腔的填充、脊椎及关节融合等。

(四)功能锻炼

功能锻炼可以改善局部血液循环，增强骨质代谢，加速骨折修复和患肢的功能恢复，防止产生广泛的病理性骨痂、肌肉萎缩、关节僵硬、关节囊挛缩等后遗症。它是治疗骨折的重要组成部分。

骨折的功能锻炼包括早期按摩、对未固定关节做被动的伸屈活动、牵行运动等。

血肿炎症机化期：伤后 1～2 周，患肢局部肿胀、疼痛，软组织处于修复阶段，容易再发生移位。功能锻炼的主要目的是促进伤肢的血液循环和消肿，可在绷带下方进行搓擦、按摩，以及对肢体关节做轻度的伸屈活动；也可同时涂擦刺激药。这一时期的最初几天，要十分注意对侧健肢的护理。

原始骨痂形成期：一般情况下，骨折 2 周以后局部肿胀消退，疼痛消失，软组织修复，骨折断端已被纤维连接，且正在逐渐形成骨痂。此期的功能锻炼，为了改善血液循环，减少并发症，最好能关在一间小的土地面的厩舍内，任之自由活动，地面要保持清洁干燥；或者开始逐步做牵行运动，根据患病动物的情况，每次 10～15 min，每日运动 2～3 次，10～15 d 后，运动逐渐延长到 1～1.5 h。一般在最初几天牵行运动后，大多数患病动物可出现全身性反应，而且跛行常常加重，但以后可逐渐好转。

骨痂改造塑形期：当患病动物已开始正常地用患肢着地负重时，可逐步进行定量的活动，以加强患肢的主动运动，促使各关节迅速恢复正常功能。

(五)骨折的药物疗法和物理疗法

骨折初期局部肿胀明显时，宜选用有关的中草药外敷，同时结合内服有关中药方剂。

为了加速骨痂的形成，需增加钙质和维生素，可在饲料中加喂骨粉、碳酸钙及增加青绿饲草等。幼畜骨折时可补充维生素 A、维生素 D 或鱼肝油，必要时可以静脉补充钙剂。

骨折愈合的后期常出现肌肉萎缩、关节僵硬、骨痂过大等后遗症。可进行局部按摩、搓擦，增强功能锻炼，同时配合物理疗法如石蜡疗法、温热疗法、直流电钙离子透入疗法、中波透热疗法及紫外线疗法等，以促使其早日恢复功能。

第二节 常见骨折

一、下颌骨骨折

下颌骨骨折（fracture of the mandible）比较常见，多见于犬、马、牛。此外，猫也有发生。一侧或两侧下颌支水平骨折常发生于齿间隙，易伤及口腔黏膜、牙龈或舌。下颌骨联合骨折多见于胎牛难产的助产过程；颌骨体臼齿部骨折，常伴有臼齿的损伤。

病因 犬、猫下颌骨骨折常由车辆撞击、从高处摔下或撕咬造成，没有常规牙科预防和进食柔软食物的老龄、小品种及观赏犬（如拳狮犬）常发生病理性的骨折，另外，下颌骨肿瘤也是造成犬下颌骨骨折的原因之一。大动物的下颌骨骨折主要是下颌部受到冲撞、打击、跌倒于地、马的蹴踢、牛的角斗等；其次，口腔手术如拔牙术、修正牙齿及粗暴地使用开口器等也能引起下颌骨骨折。难产时助产，用产科钩牵拉胎儿下颌骨联合时易造成下颌骨联合骨折。

症状 因受伤部位不同而异。开放性骨折的患部变形，骨端外露、出血、肿胀、疼痛，并出现异常活动，采食和咀嚼困难，一般经数日后由破口流出脓性渗出物。如果下颌骨联合发生骨折，则两侧的骨体和下颌支异常活动，切齿不能保持在一条线上；如果在齿槽间隙发生骨折，则下颌骨体切齿部下垂；如果下颌骨体臼齿部骨折，则伴发局部变形及碎骨片造成的舌损伤。下颌部肿瘤造成的下颌骨骨折，常见牙齿脱落、牙龈肿胀和撕裂，甚至有皮肤溃疡和穿孔发生。X线片可清楚地显示下颌骨的骨折情况。

诊断 根据病史、触诊和X线检查做出确诊。

治疗 保守治疗和手术治疗。

（1）保守治疗 牛、马、长头品种犬骨折断端出现微小错位、牙齿充分闭合、骨折评价良好及病情处于早期阶段，可用卷轴绷带做的口罩来支撑下颌骨。先将折断的下颌骨用绷带从牙龈部按住，绷带一端绕过两耳后的枕部达对侧的面嵴与绷带另一端相遇，然后两绷带端相扭，一端从背部，另一端从腹部经过颌凹部缠绕到另一侧面嵴相遇而打结。这个口罩的松紧度应能允许动物张口吸水。为了让骨折充分愈合，口罩一般安戴6周。

（2）手术治疗 根据骨折的部位选择不同的方法，为了确保复位固定过程的可靠性，最好采取病侧在上的侧卧保定，全身麻醉。

1）下颌骨联合骨折：可用钢丝固定，将钢丝做成合适的线圈套到两侧隅齿上而固定。还可采用环扎术固定，其方法是在下颌骨联合的腹面皮肤上做一小切口，通过该切口沿一侧的下颌骨表面插入16号或18号皮下注射针，在犬齿后进入口腔。在下颌骨的另一侧重新插入一注射针。将钢丝从一注射针芯中向口腔穿入，绕过犬齿的后方，再由另一注射针芯中向皮肤切口方向穿出。分别退出两针头，在骨折整复后收紧钢丝。钢丝末端经过皮肤切口外露，一般6～8周取走。

2）下颌骨骨体骨折：由患侧下颌骨腹中线稍外侧纵向切开皮肤和浅筋膜，分离下颌舌骨肌（下颌骨骨体前部）或咬肌和二腹肌（后部），暴露下颌骨骨体。可通过几种方式固定：①可用钢丝分别套在两侧的犬齿和隅齿上，借以保持固定；②在骨上钻孔后做环扎（图23-38，图23-39）；③采用接骨板（图23-40）；④骨髓针结合钢丝固定。值得注意的是，在钻孔时最好避免损伤牙根；老龄动物的齿槽炎性坏死或缺损时，需清创消炎，加脱钙骨基质以促使愈合。

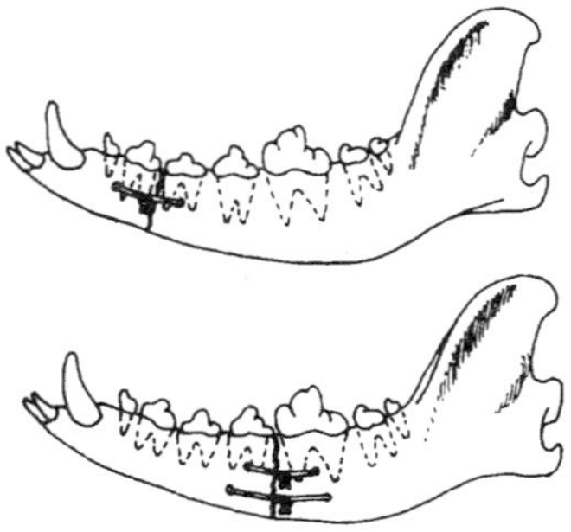

图 23-38　横骨折的钢丝固定

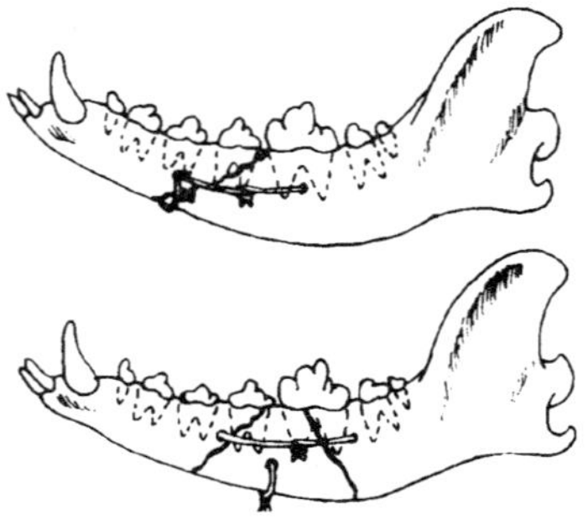

图 23-39　斜骨折的钢丝固定

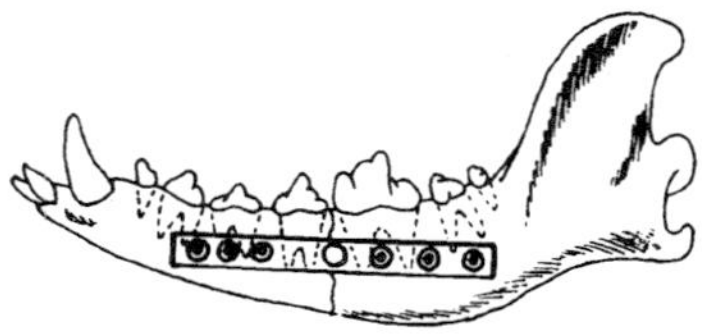

图 23-40　骨折的接骨板固定

二、鼻骨骨折

鼻骨骨折（fracture of nasal bone）常见于马和犬，其他动物也有发生。

病因　主要由跌倒、冲撞、车祸、打击，以及鼻甲坏死和鼻腔肿瘤等因素引起。

症状　在单纯性鼻骨骨折时，软组织常伴有程度不等的损伤，鼻骨下陷或破碎，骨碎片常损伤鼻黏膜，或窦黏膜撕裂而引起鼻出血或黏膜下出血。有时鼻腔因被组织碎片与血液凝块阻塞，从而发生呼吸困难，张口呼吸，可能会危及生命。未及时治疗时，鼻腔常会流出脓样分泌物，有的形成骨坏死或瘘管。

诊断　鼻部周围皮下常肿胀和积气，确诊需采用 X 线摄片。

治疗　对单纯性鼻骨骨折且未塌陷可不必治疗，一般能自行愈合；复杂骨折需施行鼻切开手术。吸入性全麻，使用气管插管以防血液、冲洗液等流入远端气管。胸卧位保定，头向前、向下，并垫以沙袋固定头部。常规对额部及鼻部背侧剪毛、消毒。覆盖隔离创巾。用手术刀从鼻背前端软骨后方至额骨中部的正中线切开皮肤，分离皮下组织至骨膜。电凝止血后，再沿正中线切开骨膜，用骨膜剥离器将其向两侧分离，暴露出骨折部，除去小碎骨。整复凹陷的骨块，钻孔后用不锈钢丝固定。骨膜和皮下组织进行连续缝合，皮肤进行结节缝合，用绷带包扎。拔出气管插管之前，应清除鼻咽部和口咽部的液体和组织碎片。在苏醒期，头低于胸部，防止液体被吸入。全身应用抗生素 4～5 d，8 d 后拆线。

三、脊椎骨折

（一）颈椎骨折

颈椎骨折（fracture of cervical vertebrae）是指由颈椎椎骨和支撑性软组织结构的外伤性或病理性破裂导致的椎骨骨折，随后会压迫脊髓和神经根。本病较常发生于马、犬，牛、羊等也可发生。通常以前 4 个颈椎为常发生部位，犬以第 3、4 颈椎发生为最多。颈椎骨折可分为椎骨骨折、椎体骨折、椎体不全骨折及棘突、横突骨折等。

病因　直接或间接暴力是最常见的原因，如跌落时头颈部着地、车祸、动物间斗殴、人为的粗暴打击、用绳索悬挂或保定时动物大幅度地摇摆头颈。营养代谢病（如骨质疏松、佝偻病、氟中毒、甲状腺功能亢进症）或肿瘤（如骨肉瘤、多发性骨髓瘤、转移性瘤）均可导致颈椎骨折。

症状　根据发病的部位及对脊髓和脊神经的影响程度不同而存在较大的差异。轻者颈部呈斜颈，颈部肌肉僵直，颈部触诊敏感、疼痛，局部出汗，运动受到限制，很少能听到骨断端的摩擦音。多数卧地不起，勉强扶起也不敢以前肢负重，两前肢往往向侧方叉开，头低下接近地面或弯于另一方。经过一定时间后下颌部分形成水肿，并影响采食、饮水等的吞咽动作，严重者因气管被压迫狭窄而影响呼吸，还可能引起吸入性肺炎。重者如骨折发生在第五颈椎以后，并损伤到颈椎以下神经的分支时，则出现不同的症状：若并发膈神经麻痹，可表现呼吸困难；如脊髓出血，则可压迫通向四肢的神经，出现四肢运动障碍，卧地不起；若骨碎片损伤椎动脉或颈动脉，则会导致大出血而死亡。

诊断 根据病因、病史、症状等做出初步诊断。确诊则需X线检查，发现骨结构的不连续（即棘突、椎板、椎弓根、椎体）、椎间隙或关节面排列错乱、受损椎骨的椎体和棘突出现骨折线等。怀疑脊髓损伤时，可进行CT或脊髓造影。

治疗 对于严重外伤的动物，应防止休克。棘突和横突等稳定型骨折，应用颈支具加以稳定，限制其运动，同时使用糖皮质激素、非甾体消炎药、镇痛药等，一般可以自愈。椎体不完全骨折时，可考虑外用夹板、支架等进行固定，4～6周后拆除固定物。

椎体骨折时，一般采用手术固定。患病动物全身麻醉，仰卧保定，其胸部置于V形槽中，并用沙袋或坚硬的真空装置小心保定动物，防止向侧面滑动。从喉软骨至胸骨柄做颈腹部正中切口，切开胸骨甲状肌，分离气管和颈动脉鞘之间的深筋膜，将气管和食道向左侧牵移，右侧迷走神经与动脉拉至右侧，即可触摸到椎体。可根据骨折的部位和程度选用锁定接骨板、树脂支架（聚甲基丙烯酸甲酯、骨水泥）等进行固定。颈椎骨折多发生于第1～2颈椎（C1～C2）。颈椎的椎弓根较窄，为1（4 kg犬）～4.5 mm（50 kg犬）。在C2～C7，骨针由椎体腹侧中线仅能以与矢状面成35°～40°的角向背外侧置入，置针的角度过小，则易穿透椎管，过大则易损伤横突孔动脉、静脉和神经（C7缺横突孔）。对于C2，由于其椎体中间部较薄，骨针或螺钉应置入该椎体的前或后部。C2椎体前部骨折时，可由枢椎体向寰椎翼切迹内侧缘方向、与矢状面成40°左右及与枢椎横突孔腹面成20°左右（尽可能靠近腹侧面）置入骨针，两侧分别置入骨针，骨针尾以骨水泥固定；还可在寰枢关节突后C2的颈长肌附着部，向前外侧（与矢状面呈30°～40°）经关节突置入螺钉，另在C2后部或C3横突基部与矢状面呈30°～40°向背外侧置入螺钉，同侧以钢丝相连，并使用骨水泥固定。应尽可能使用较少的骨水泥，否则可能会压迫周围的软组织。若骨折造成脊髓的压迫性损伤，则需做腹侧槽以切除受损的骨组织。颈长肌、胸骨甲状肌分别进行间断缝合，皮下组织及皮肤进行结节缝合。

若第一或二颈椎椎板、背侧棘突、椎弓根骨折，可采取颈背侧手术通路。动物俯卧保定，颈下垫一圆垫。通过背侧通路进入受损部，采用矫形钢丝、非吸收性缝线或树脂支架将错位的骨片连接起来。如碎片对椎管中的脊髓产生压迫，则需用半椎板切除术减压。

（二）胸腰椎骨折

胸腰椎骨折（fracture of the thoracolumbar vertebrae）是由胸腰椎骨和支持性软组织的外伤或病理性破裂而引起的，并导致脊髓和神经根受压。该骨折比颈椎和荐椎骨折常见，且因椎管狭窄，对脊髓的影响也最严重，多见于骑马、赛马、犬和猫。

病因 咬伤，火器伤，尖锐物体刺入，重物撞击背部，翻车事故，不正确的保定或倒马引起背腰部肌肉的强烈收缩，配种时公畜过大或母畜发情时互爬。有的是因为奔跑、跳跃时扭闪、跳跃障碍、行走滑跌。另外，还有分娩时不正确的牵拉。

营养性继发性甲状旁腺功能亢进症、骨肉瘤、骨软症、骨质疏松症、佝偻病、脊椎炎、妊娠后期或高产乳牛的泌乳期、老龄及营养不良时，以及慢性氟中毒等骨组织代谢被扰乱时会继发本病。

症状　外力作用的形式和程度不同，可引起胸、腰椎不同部位的骨折，临床表现也不同。

棘突的骨折，常发生在鬐甲部胸椎，有外伤史，局部红肿热疼；叩诊和触诊棘突部位，动物有疼痛的表现；站立和运动时，患畜腰部僵硬，常表现弓背。骨折片如移位，该部位可出现凹陷，形成永久性畸形。

椎体和椎弓的骨折，由于骨折片移位或骨折时损伤了血管，引起椎管内积血，压迫脊髓，其结果可出现后肢麻痹或不全麻痹。全麻痹时，呈截瘫状态，无食欲，不能站立，损伤部位和有关神经支配的区域无疼痛，也没有运动反射，尾力消失，肛门和母畜的阴门弛缓，公畜的阴茎脱出，尿失禁，直肠内的粪球较多且干燥，只能依靠前部肠管内的粪便机械性推动，挤出肛门。严重时全身状态恶化，呼吸、脉搏频数，可很快死亡。胸髓损伤时，反射保持不变或增强，由于胸廓麻痹不能参与呼吸运动，故只有增强膈肌运动代偿，才能出现腹式呼吸。不全麻痹时，上述症状表现不完全。

脊椎有强大的韧带、肌腱和肌肉群支持，骨折后有时还可不表现骨折的症状。临床上椎体骨折后可有几种表现：①骨折后立即出现截瘫症状，多数是严重的外伤，骨折片发生移位，损伤了脊髓。②骨折后短时间内出现截瘫，致伤过程不剧烈，损伤时骨折片还未移位，骨折后仍继续运动，促使骨折片移位，使脊髓受到损伤，发生截瘫。③骨折后较长时间才发生截瘫的患畜，受伤后骨折片还固定在原位、移位很轻或只有骨膜撕裂，在骨膜下或肌肉形成血肿，甚至压迫神经根，可表现为腰僵直、出汗；后肢肢势发生变化，动物一旦卧倒，引起骨折片移位，损伤脊髓，出现截瘫或半截瘫症状。④胸、腰椎骨折后不发生截瘫。这是由于骨折后没有出现骨折片移位，但表现为背部疼痛、后肢不协调。

诊断　根据临床症状可做出初步诊断，但应与椎间盘突出、椎骨椎间盘炎、先天性畸形、椎体骨髓炎等做鉴别诊断。X 线、CT 和 MRI 等可确诊椎体、横突、棘突的骨折，CT 和 MRI 还能确定出椎管是否有出血。实验室检查通常出现应激性白细胞象，且肝相关酶的活性升高。

治疗　包括保守治疗和手术治疗。

（1）*保守治疗*　对于棘突和横突骨折、骨裂、后躯不全麻痹的椎体骨裂或没有损伤脊髓的椎体骨折，可采用保守治疗。马放在柱栏内用吊起装置吊起；牛则放在牛舍垫厚褥草静养；犬要严格笼养限制运动 2～3 周，用舒适的、加有良好垫子的背支具或躯体矫形板支持脊柱，能有效抵抗躯干腹部和外侧过多的屈曲。同时应用抗生素、肌肉松弛药和类固醇类药物。对于不能行走的患病动物，应将水和食物放在其附近，放置在干燥的地方躺卧，每天压迫膀胱 3～4 次或导尿，促使尿液排出，防止尿潴留。导尿后在膀胱内注入抗生素或尿道消毒剂冲洗膀胱。

脊髓损伤的动物常发生麻痹性肠梗阻和粪便停滞。对小动物也可服用果导片或乳果糖防止大便干燥，每日用温水灌肠，或者灌注开塞露等促使粪便排出。

（2）*手术治疗*　对于价值较大的患畜或宠物犬，以及椎骨骨折伴有截瘫时，可施行手术治疗。动物俯卧保定，全身麻醉。沿背正中线切开皮肤、皮下脂肪、筋膜及棘上韧带，锐性分离棘突上的腰多裂肌，暴露椎体背侧，并继续向腹侧分离至胸椎横突的肋窝或腰椎横突水平。复位钳持棘突基部，并牵拉使椎骨复位、椎骨关节面对合。根据椎骨的骨折情况，采用树脂支架（异丁烯酸甲酯）、金属外支架、锁定接骨板等方法固定。

1）树脂支架固定技术：将骨针置入与患关节邻近的两椎体（靠近椎盘的椎体较厚），骨针直径应为椎体直径的 20%～25%。骨针距矢状面的角度为 45°～60°，由椎弓根向腹侧椎体置入（图 23-41）。应注意避免向内损伤椎弓根内侧皮质（椎管）、向外损伤椎体腹侧组织（胸膜、肺、奇静脉、主动脉弓、后腔静脉）。骨针若未穿透椎体皮质，则易松动和被拔出，但穿透椎体皮质可损伤椎体下组织（在胸椎的危险较在腰椎的大）。有报道显示，骨针穿透犬胸椎体时引起气胸、大出血。C 形臂下操作，可大大减少这种误穿损伤。置针方法：先使用骨钻预钻，在椎弓根适当位点刚好钻透皮质骨，然后退出骨钻。将钝头探针由钻孔探入，轻轻地推进，使其穿过松质骨，至椎体腹侧皮质骨时会产生明显的阻力，注意不要损伤椎弓根内侧壁。使用钝性直角神经钩小心探查孔壁，确保内侧或外侧皮质骨未损害，并确定最佳的置针通道。重新插入钻头，小心钻穿椎体腹侧的皮质骨，此时可能见到小量血液由预钻孔中流出；若出血量大，说明钻穿椎管引起硬膜、椎管内血管丛或椎体静脉损伤出血，可采用骨蜡堵塞止血。测定先导孔的深度；将阳性螺纹型骨针（剪除套管型针尖）沿先导孔置入。用 4 枚骨针，可双侧或单侧分别置入前、后两椎体，单侧置针法与双侧置针法具有相似的强度和刚性，且组织损伤小。将骨针针尾折弯，用骨水泥塑形固定。为防止感染，将 40 g 甲基丙烯酸甲酯聚合物与液状单体溶解反应之前，先与 1 g 头孢菌素混合（对于小型犬，骨水泥和抗生素的用量均减半）。利用棘上肌肉和皮下脂肪覆盖，闭合创口。术后，X 线检查椎体复位和骨针置入情况。

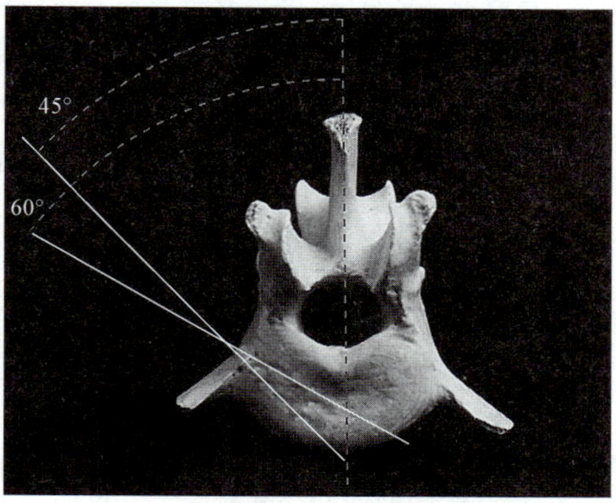

图 23-41　骨针置入胸椎的位置

2）金属外支架固定技术：可采用开放手术复位，安置外支架固定，骨针的置入方法与上述方法相同。若采用闭合复位、外支架固定，则需在 C 形臂下置入针。外支架固定技术与特点见骨折概述部分。

3）锁定接骨板固定技术：可采用珍珠串形锁定接骨板，置入前根据椎骨的形状预折弯曲，使其与骨面形状大致相匹配。骨螺钉的置入方法与树脂支架或金属外支架固定中的骨针置入相似。

4）棘突接骨板固定技术：将接骨板跨过受损椎骨的前后 2 个椎骨，并且侧贴于棘突，然后利用通过棘突基部或关节突的钢丝将其固定于棘突；还可使用 2 个接骨板夹持棘突固定。该技术简便，但易引起棘突骨折、坏死。由于棘突结构的支持力弱，不能承担对椎骨体的固定作用，故常可导致固定失败。

（三）荐椎骨折

荐椎骨折（fractures of the sacral vertebrae）多见于牛、犬。

病因　荐部受到重力打击或跌倒撞击，以及重型公牛交配时性活动过分激烈，都可引起荐椎骨折。犬多为车祸引起。

症状　由于脊髓终止于腰椎，如犬多数终止于第六腰椎水平（大型犬第四腰椎至小型犬第七腰椎间），荐椎骨折的动物不愿活动，可能是因为疼痛。若伴有坐骨神经丛的损伤，则临床表现腰椎椎体骨折的各种症状。后几个荐椎骨折时，只出现尾、直肠、膀胱和雄性器官麻痹的症状。荐椎棘突骨折时，荐部可有疼痛性肿胀。

诊断　根据临床症状和直肠检查可做出诊断，X 线检查可确诊。

治疗　安静静养，镇痛消炎。闭尿及排粪困难时，定期导尿和灌肠。荐椎椎体骨折通常预后良好。但若伴有坐骨神经及支配会阴、膀胱和肛门外括约肌的神经损伤时，可能预后不良。荐椎棘突骨折时，小动物可通过背中线通路切开通路暴露椎骨，骨折整复后利用第七腰椎、荐骨、荐髂关节、髂骨等结构进行固定。

四、肋骨骨折

肋骨骨折（rib fracture）一般指在直接暴力的作用下，如跌倒、冲撞、打击、角抵、压轧、撕咬等，肋骨的完整性或连续性遭到破坏。根据皮肤是否完整，肋骨骨折可分为闭合性骨折和开放性骨折。马、牛、犬等动物均可发生。

症状　胸侧壁的前部由于被肩胛骨、肩关节及肩臂部肌肉遮盖，不易发生肋骨骨折。最易发生肋骨骨折的部位在第 6～11 肋骨。骨折时由于外力作用的不同，可出现不完全骨折、单纯性骨折、复杂性骨折或粉碎性骨折。

不完全骨折或不发生转位的单纯性皮下骨折，仅在局部有炎性肿胀。若折断的肋骨发生转位时，则患部呈现不平坦或凹陷变形。多数肋骨骨折时患侧的胸壁凹陷显著，呼吸浅表、疼痛。当复杂性肋骨骨折伴有透创及大血管、肺部损伤时，可形成气胸、血胸和休克，还可出现体温升高、呼吸困难等全身性变化。胃、肠、肝、脾、肾等器官损伤时可出现大出血、血尿等症状。

当开放性骨折局部感染，有死骨片停留时，则可形成化脓性窦点。

治疗　肋骨骨折的治疗原则是镇痛、固定胸部、防治并发症。

单纯闭合性肋骨骨折，由于有肋内肌支持，故患畜安静休养，多能自行愈合，以固定胸廓为治疗重点。

宽胶布固定法：胶布宽 6～8 cm，范围包括断肋前、后各 2 肋，依次叠加将胶布紧贴于胸壁，每条胶布互相重叠 3 cm，但不要太紧，以免妨碍呼吸，固定时间为 2～3 周。

对于开放复杂性骨折，如肋间动脉被损伤时，可能发生血胸，应及时结扎或钳压止血，同时注意预防和治疗休克。胸壁伤口应做彻底清创，清除异物、挫灭组织及游离的碎骨片，锉平骨折尖端，将肋骨逐一复位、钢丝固定。对伴有胸壁透创的肋骨骨折，经上述处理后可按胸壁透创进行处理。

五、髋骨骨折

髋骨骨折（fractures of the hip bone）包括髋臼、坐骨、耻骨和髂骨骨折，临床上马、牛、犬等动物均可发生。

病因　主要由直接暴力引起，如打击、冲撞、滑倒、坠落、硬地上粗暴倒马保定、车祸等都可造成髋骨骨折。大型的公畜与弱小母畜交配、分娩困难时不正确的助产、动物通过狭小门栏、奔驰和跳跃中肌肉强力收缩、发情牛互相爬胯等也可造成髋骨骨折。另外，骨质疏松代谢性骨病也可引起骨折。

症状　临床症状取决于骨折的部位和程度，急性时可出现骨变形和不对称，有时可有跛行；慢性时有明显的臀部肌肉萎缩。

（1）髋结节骨折　马、牛和犬都常见，骨折后出现骨盆部变形和不对称。由于附着于髋结节处的肌肉收缩，折下的骨片向下移位，因而呈现髋结节塌陷。髋结节骨折一般没有骨摩擦音。骨折后，如骨折片较小，可不出现运动机能障碍，动物站立时尚能负重，看不出异样，但运步时可出现步幅短缩，患肢向侧方外展，呈混合跛行，跛行随局部炎症的消散而消失。

（2）荐结节骨折　局部突出的骨出现缺损时，有疼痛性肿胀和骨摩擦音。站立和慢步运动时常无跛行，而速步运动时患肢向前伸展有困难。

（3）髂骨体骨折　突然出现高度跛行，有时跛行程度和骨折轻重不一致。从后方观察两臀部的不对称性，整个臀部从中线向髋结节下陷。以手放在骨折处，迫使动物运步时可感知骨摩擦音；若一手抵髋结节，一手压坐骨端，也可感到骨摩擦音。斜骨折时，有时可引起膀胱和直肠损伤。髂骨体骨折时，常可见患肢外展，直肠检查可触知骨折引起的局部血肿、炎性肿胀及变形的骨骼。

（4）坐骨髋臼支骨折　患侧肢呈外展，运步时患肢拖行，运动时有骨摩擦音。

（5）耻骨髋臼支骨折　可出现跛行。骨折刺伤血管时，可引起内出血。

（6）耻骨和坐骨联合骨折　母牛和母马多发，腹部和乳房部呈现水肿，公畜则在阴囊处水肿。将患肢向外拉时，患畜有明显的疼痛，一般不易感到骨摩擦音。这种骨折在临床上易被忽略，骨折后经过一段时间，臀部肌肉可出现萎缩。直肠检查可以确诊。

（7）坐骨结节骨折　骨折后突发跛行，站立时患肢外展，运步时患肢蹄尖拖地前进。骨折处有显著的疼痛性肿胀，会阴部出现水肿，阴门和母畜阴道黏膜可看到淤血斑。运步时把手放到坐骨结节处可感到骨摩擦音。

（8）髋臼骨折　突发高度以支跛为主的混合跛行。当圆韧带伴发断裂及他动运动时髋结节有异常的活动性，有时感到有骨摩擦音。站立时可看到患肢外展，但臀部不易看到异常。

诊断　根据临床表现结合 X 线检查确定具体的部位和病变。动物一般要进行全麻，但在移动时要小心，以防骨折片损伤内脏和血管。

治疗　包括保守治疗和手术治疗。

1. 保守治疗　对于仅有轻微错位和相对稳定的髋骨骨折，可选择保守治疗。最初 3 周要限制运动，接着维持 4 周左右带牵引绳运动，逐渐增加活动量。使用非甾体抗炎药物控制炎症和疼痛。常更换垫子和翻身，以避免发生褥疮。采用物理疗法，配合被动臀部、膝部和跗关节的弯曲和伸展等，以免发生关节和肌肉萎缩。

2. 手术治疗　小动物髋骨骨折可通过手术整复固定。手术前要对排尿情况、肠蠕动、呼吸和心脏功能进行评估，并给予镇痛药。

（1）髋臼骨折手术　以髋关节为中心，可通过髋关节前外侧、背侧或背后侧的切口通路暴露骨折髋臼。现以前外侧手术通路为例，介绍髋臼骨折的手术方法。皮肤切口中点在大转子水平，于大转子前缘沿股骨干向下延伸至股骨干长度的 1/3，向上稍向前弧形切开至臀中部。当进行全髋关节置换时，应在大转子向上、向后弧形切开，延伸至尾基部，以利于股骨髓腔的扩大。分离皮下脂肪，沿股二头肌前缘切开阔筋膜浅叶。在大转子稍下方切开臀浅肌腱膜，向上翻转牵拉腱膜，同时分离臀浅肌腹面及前缘，以使其游离。用手指延股骨颈前缘钝性分离并拉开，可见一三角区，其背侧缘为臀中肌和臀深肌，外侧缘为肌外侧肌，内侧缘为股直肌。靠近大转子，切断臀浅肌和臀深肌的肌腱；根据术野大小的需要，也可切断部分臀浅肌的肌腱。臀浅肌和臀深肌还可通过骨凿凿断大转子骨端，以断开其与大转子的连接，注意不要损伤坐骨神经（个别病例的坐骨神经可能移位至大转子表面）。向上转折牵拉两肌腱，充分暴露关节囊和髋臼缘（图 23-42）。为暴露髋臼后缘和坐骨，可在紧靠大转子隐窝处切断孖肌和闭孔内肌的附着部。髋臼骨折可选用弧形接骨板固定（图 23-43）。在整复和固定之后，缝合孖肌和闭孔内肌的附着点。缝合关节囊。在大转子骨端臀浅肌和臀深肌附着处各钻一贯穿孔，采用钢丝（6 号钢丝用于小型犬，8 号用于中、大型犬）以 8 字形分别穿过臀浅肌和臀深肌的肌腱，并穿过预钻骨孔，然后打结于大转子骨表面。对于骨凿凿断的大转子骨端，则需用克氏针和张力钢丝将其整复固定于大转子端。依次缝合臀浅肌肌腱、阔筋膜和皮肤。前外侧手术切口还可继续向前上方延伸，以暴露髂骨体，或者向下延长暴露股骨干，用于髋臼骨折合并髂骨体骨折或股骨干骨折的整复固定。背后侧手术切口可用于髋臼或坐骨骨折的整复固定。背侧手术切口可用于前外侧和背后侧切口的手术适应证。

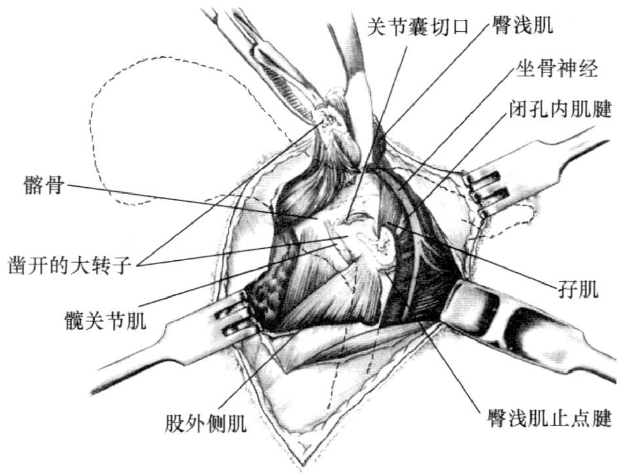

图 23-42 髋关节前外侧手术通路

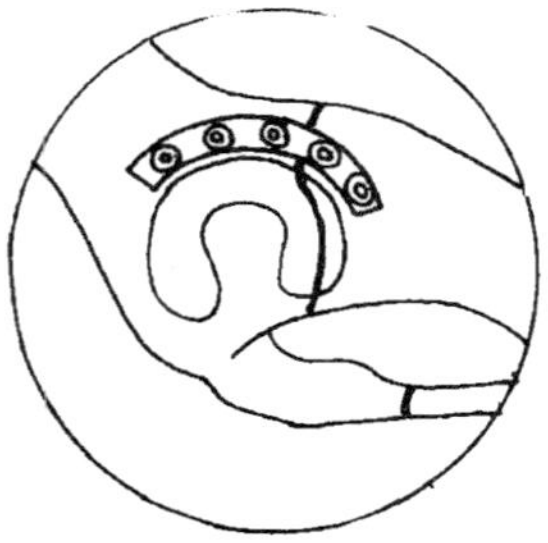

图 23-43 髋臼骨折的固定

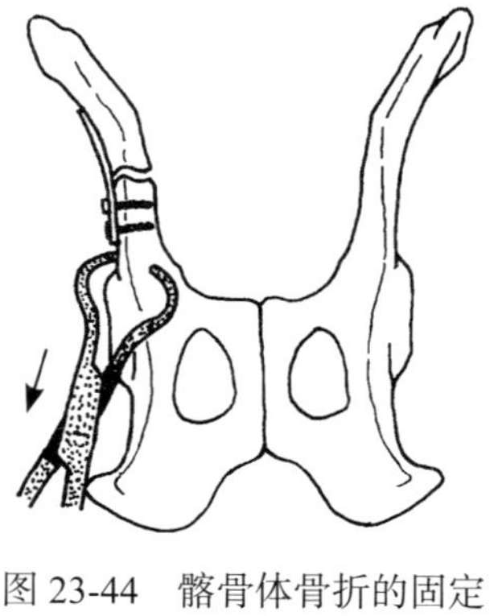

图 23-44 髂骨体骨折的固定

（2）髂骨体骨折手术 髂骨体骨折多为斜骨折，其后段向内塌陷，使骨盆腔变小。与坐骨和耻骨骨折相比，髂骨体骨折对后肢的运动影响可能较大。骨折手术可采用髋关节前外侧通路（见髋臼骨折手术方法）和髂骨外侧通路。髂骨外侧通路的手术方法：从髂骨嵴向后至大转子外侧切开皮肤，分离皮下脂肪和筋膜，切开阔筋膜张肌与臀中肌间的腱膜，分离并结扎髂腰静脉，从髂骨外侧面牵引臀中肌，暴露部分髂骨体和臀深肌。切开臀深肌起点，并向后牵开，注意不要损害其表面横向行走的臀前动脉、静脉和神经。通过撬动、牵引、旋转等方式整复髂骨，接骨板预折变形使其与髂骨面的形状吻合，然后以螺钉固定（图 23-44）。

（3）坐骨骨折手术 采用髋关节背后侧切口通路。手术方法与上述介绍的髋关节前外侧切口方法相似，切开皮肤后牵引股二头肌，以暴露坐骨神经和外回旋肌。切开并向后牵引孖肌和闭孔内肌，暴露出坐骨体。用接骨板或者钢丝整复固定。

（4）耻骨骨折手术 沿腹正中线（公畜在阴茎旁）做皮肤切口，分离脂肪组织和筋膜，在耻骨前缘腹中线切开腹白线，向后切开骨盆下腱至骨盆联合表面。如果骨折部有疝存在，则应小心显露出疝组织，避免切到重要的器官，将疝组织还纳回腹腔。用骨膜剥离器从耻骨处将内收肌群分离（图 23-45）。在骨折骨片两端上钻孔并整复骨片，放置并拉紧钢丝以固定骨片。

六、肩胛骨骨折

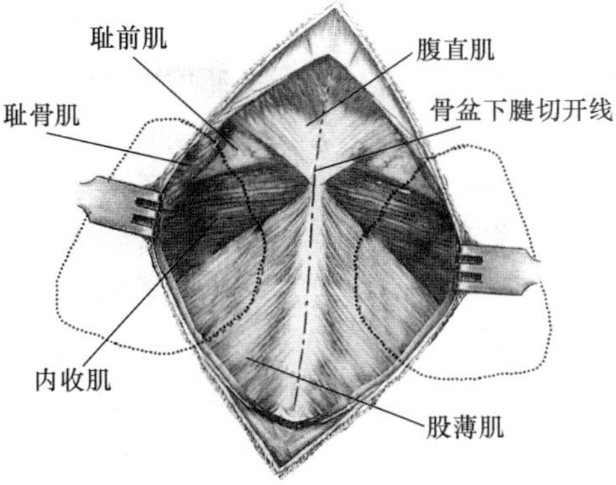

图 23-45 耻骨手术通路

肩胛骨骨折（fracture of scapula）多发于马和牛，小动物比较少见，常见的有肩胛冈、肩胛骨颈、关节窝部的骨折。

症状 临床上呈现以悬跛为主的混合跛行。

（1）*肩胛骨颈和关节窝骨折* 肩部肿胀疼痛，肩关节变形，站立时患肢不敢负重，保持各关节屈曲，蹄尖轻轻着地。运步时患肢常拖曳前进，呈高度支跛和悬跛；肩胛骨颈横骨折时，常伴有严重的软组织损伤。由于骨的移位和肌肉的牵拉力，患肢缩短，肩关节的正常外形可能歪扭。用力屈曲和伸展患肢时，可引起剧痛，感知异常活动和骨摩擦音。如若伤及肩胛上神经，可迅速出现冈上肌、冈下肌等萎缩。

（2）*肩胛冈、前角和后角及肩峰部的骨折* 除局部有疼痛性肿胀外，呈轻度或中度跛行。

（3）*肩胛骨结节部骨折* 病马举肢步幅缩小，局部肿胀疼痛。

（4）*肩胛骨体横骨折* 一般位于肩胛骨体的中部横断骨折。局部肿胀，跛行较轻。

治疗 主要是充分休息，配合温热疗法。开放性骨折，可进行手术，摘除死骨片；肩胛骨颈的骨折，可用接骨板固定。

（1）*肩胛骨体横骨折* 采用接骨板（或半圆形管）固定的效果较好。全身麻醉，以患肢在上的侧卧保定，术部常规消毒。皮肤切口，由肩胛近端起沿肩胛冈脊上缘直达肩关节做弧形切开，分离与肩胛冈和骨体相连的斜方肌、三角肌筋膜，注意勿损伤肩胛上神经，分离冈下肌，充分暴露肩胛冈下方骨的凹面及骨折部位。用扩创器扩开肌肉和皮肤。清除小骨碎片，整复对合骨折部位。接骨板预折塑形，置入肩胛冈缘与肩胛骨体结合部，螺钉固定（图 23-46）。清创后用可吸收性缝线缝合肌肉、筋膜；皮肤缝合后，再进行垂直褥式间断的减张缝合。术后连续一周注射盐酸普鲁卡因青霉素，术后 10 d 拆线。观察疗效，在适当的时期进行功能锻炼。

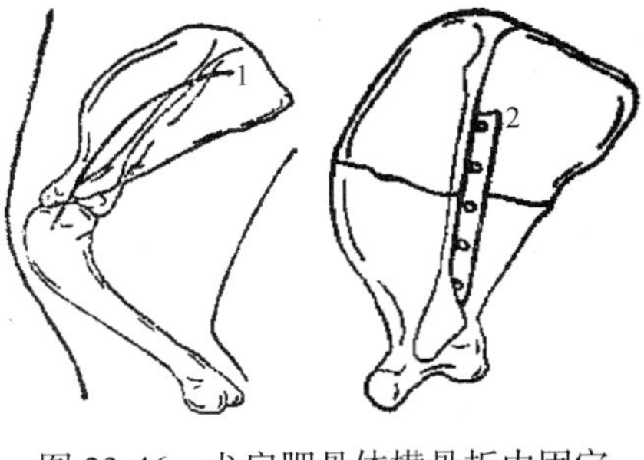

图 23-46 犬肩胛骨体横骨折内固定
1. 皮肤切开线；2. 接骨板固定

（2）*肩胛骨结节部骨折* 采用螺钉固定法。动物准备同肩胛骨体横骨折，在肩关节前内方切开皮肤，并向肩关节前外方牵开，沿臂头肌后缘切开浅筋膜，分离冈上肌，暴露骨折片，用骨螺钉固定骨折片，必要时可同时使用钢丝加固。冲洗创内，对冈上肌、筋膜、皮下组织及皮肤的切口分四层缝合。术后 7～10 d 连续使用青霉素。

（3）*肩胛颈骨折* 采用接骨板固定，若伴有患肢神经损伤，可能预后不良。

七、肱骨骨折

肱骨骨折（humeral fracture）可发生于犬、猫，也可发生于牛、马，以骨干的螺旋形骨折和斜骨折为多见；马有时发生髁的分离。不少病例的桡神经常同时遭受损伤。

症状 突然发生高度支跛。站立时肩关节下沉，患肢似乎变长，以蹄尖着地，不愿走动，勉强驱赶时呈三脚跳。牛表现为起立和卧下极度困难。肱骨骨折有时发生软组织和较大血管的损伤；臂部、腋下迅速发生严重肿胀，并下沉到前臂部；局部皮肤紧张。被动运动时，异常活动，并有剧痛。严重肿胀时，常听不到骨摩擦音。

治疗　分为保守治疗和手术治疗。

如果骨折断端没有移位或轻度移位，将病畜安置在厩舍内安静休息，幼龄家畜可望自愈并恢复肢体功能。若能用绷带提吊或金属全肢夹板，可更好地限制患肢活动，有利于骨折部的愈合。

手术治疗可采用闭合复位或开放复位内固定方法。

（1）闭合复位与内固定　适用于简单骨折，操作时应使肘完全弯曲，持续牵引肱骨远端使骨折部的肌肉疲劳松弛，进而使骨折断端复位。损伤时间长、肌肉收缩力大时，可使用肌松剂，然后牵拉复位。闭合复位髓内针顺行置入法：在大结节前外侧做一小切口，将髓内针穿过皮质骨，平行于肱骨干推进至肱骨远端的内上髁（图 23-47）。针尾端外露部分弯曲或钳断后锉平。

（2）开放复位与内固定　适用于复杂性、靠近关节处和旋转不稳的骨折。肱骨骨干近端和中部采用前外侧切口；远端可采用外侧或内侧切口。动物全身麻醉，侧卧保定。前外侧切口：沿肱骨前外侧切开皮肤，分离皮下脂肪和筋膜，分离头静脉。若需较大范围地暴露肱骨，则可结扎头静脉。切开胸浅肌和臂头肌与肱骨的附着部。小心切开臂三头肌头端前缘筋膜，显露桡神经，牵开臂肌和臂头肌，充分暴露肱骨（图 23-48）。牵引过程中，注意保护桡神经，向下继续分离臂肌与臂头肌也可能损伤桡神经浅支。若需进一步显露肱骨远端，可向前牵引臂肌和桡神经。远端内侧切口：由内上髁向上切开皮肤，切开深筋膜，钝性分离筋膜下脂肪，辨认稍靠后的尺神经和靠前的正中神经，剥离臂头肌骨附着部，向后牵拉臂三头肌内侧头和尺神经，向前牵拉臂二头肌、臂头肌和正中神经，显露肱骨远端。根据骨折情况使用髓内针、接骨板等固定。

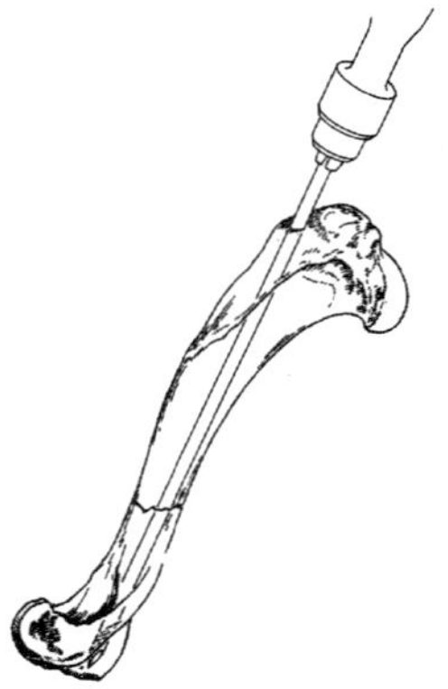

图 23-47　肱骨髓内针顺行置入法

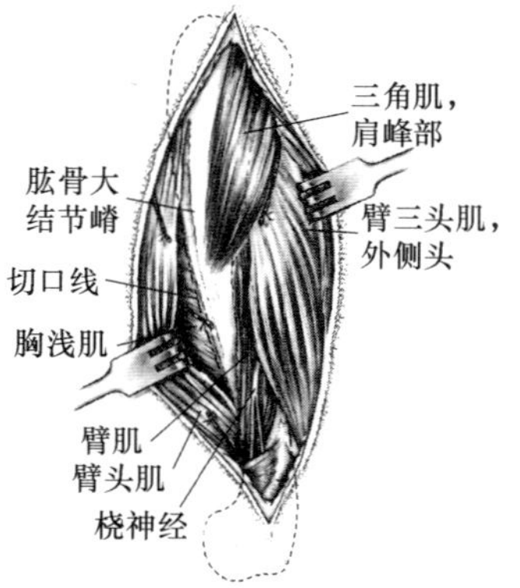

图 23-48　肱骨前外侧手术通路

八、桡骨及尺骨骨折

桡骨骨折（fracture of the radius）可见于各种家畜，但以犬、马、牛多发，临床上多见骨干部的斜形骨折或螺旋形骨折，偶见纵形骨折和粉碎性骨折。幼龄动物常发生桡骨远端的骨骺骨折。尺骨骨折（fracture of the ulna）多与桡骨骨折并发。

症状　桡骨在全骨折时，呈现重度支跛，患肢不能负重，呈三脚跳，骨折部可见到钟摆状异常活动。局部呈中等度肿胀，触诊时疼痛明显，可听到骨摩擦音。尺骨横骨折或粉碎性骨折时，作用于臂三头肌的牵拉力使已断离的尺骨头上移，局部变形显著，触诊可摸到缺损及断骨的活动性。

治疗 桡骨、尺骨骨折多数不易自然愈合，因而在治疗时必须注意内固定与外固定同时并用，可收到良好的效果。

1. 手术通路 桡骨手术有内侧切口和外侧切口。内侧切口是常用的桡骨开放复位固定切口。因头静脉在其切口远端下面经过，故应尽可能避开。切开皮肤、浅筋膜，在腕桡侧伸肌和前旋肌之间向上切开臂深筋膜，向下则与伸肌并行切开，注意保护臂动脉、静脉和正中神经。如需暴露桡骨近端，可在桡骨上切开旋前圆肌和旋后肌的附着点，注意保护位于近端旋后肌下面的桡神经（图 23-49）。

外侧切口：该切口可同时暴露桡骨和尺骨。以桡骨外缘为中心，可从近端桡骨头延伸至桡骨的最远端。切开皮肤、皮下脂肪和前臂浅筋膜，沿指总伸肌前缘切开前臂深筋膜，向后牵引指总伸肌和指外侧伸肌，可暴露大部分外侧桡骨干（图 23-50）。

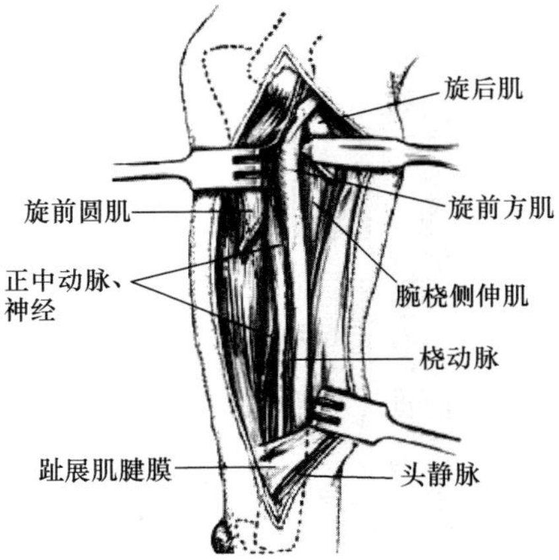

图 23-49 桡骨内侧手术通路

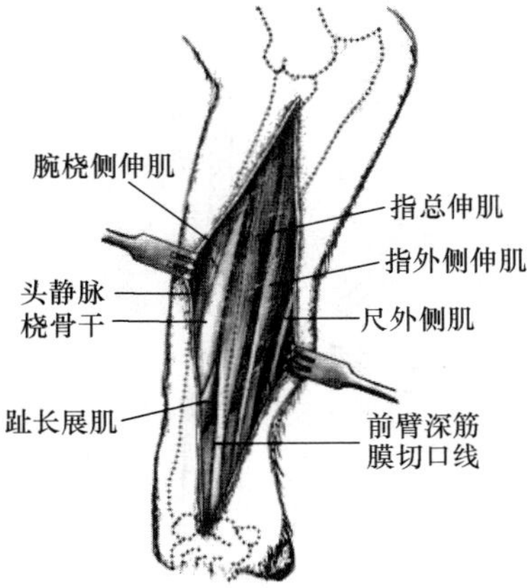

图 23-50 桡骨外侧手术通路

2. 大动物桡、尺骨骨折固定

（1）尺骨近端骨折 臂三头肌的收缩牵拉，可使骨折片移位。此时，可采用支持接骨板、张力带钢丝等固定，然后配合使用托马斯夹板。如骨片不移位，则只用托马斯夹板外固定，使病畜充分安静地休息是可以期待自愈的。

（2）桡骨干骨折 可用接骨板、石膏绷带和托马斯夹板固定。尺骨体骨折可用接骨板、髓内针固定，并配合使用外固定。

青年牛、马的桡骨远端的骨骺分离，可使用石膏绷带和托马斯夹板固定。赛马桡骨远端骨折时，采用支持接骨板固定。

3. 小动物桡、尺骨骨折固定 根据骨折的部位、性质及固定方法选择手术切口并确定切口的长度。尺骨干骨折可采用髓内针逆行置入法固定，有些犬的尺骨较细时仅可使用钢丝固定或不做固定。

桡骨骨干骨折在犬、猫有以下几种固定方式。

（1）接骨板固定 适用于中、大型犬的桡骨干骨折。

（2）髓内针固定 将髓内针置入桡骨远心断端，在骨断端外 2 cm 左右处用克氏钳剪断髓内针。在桡骨近心断端锯一纵槽，直达髓腔。整复骨折断端后，使裸露的骨髓针断端由该纵槽进入近心断端髓腔，并采用钢丝环扎术固定，以防髓内针断端脱出（图 23-51A）。

（3）拉什针固定　适用于中型犬的桡骨骨折（图 23-51B）。

（4）外支架固定　适用于中、大型犬的桡骨干骨折。

（5）髓内针逆行置入固定　分离骨折断端，屈曲腕关节，将髓内针（直径 1.0～1.2 mm）由骨折断端向腕关节背缘穿出，整复断端后再将髓内针向近端置入（图 23-51C）。此法适用于猫和小型犬的桡骨远端的骨折。

值得注意的是小动物的桡骨骨折易发生于生长板或骨骺端，固定较为困难。接骨板固定可引起固定部骨质溶解、断端不愈合等。髓内针固定时，其直径应不小于 1 mm，否则易弯曲或折断。钢丝半环扎术可限制断端的轴向活动。在远、近骨折断端，分别使用环扎钢丝（直径≥0.8 mm），可防止骨断端裂开。桡、尺骨同时骨折时，以固定桡骨为主，但同时固定尺骨可大大加强骨折处的支撑强度（图 23-51D）。对于活泼的犬、猫，因易引起髓内针折损或骨折断端活动，故需限制其活动，或加外固定辅助措施。

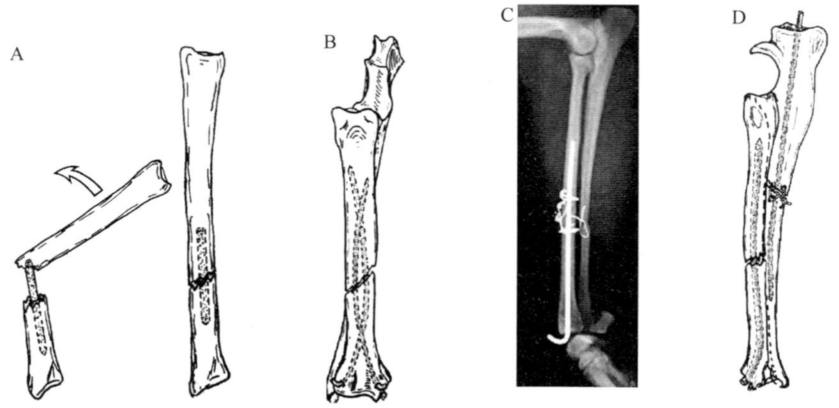

图 23-51　桡、尺骨的固定方式

A. 髓内针固定法；B. 拉什针固定法；C. 桡骨远端髓内针逆行置入法；D. 尺骨逆行置入法

九、腕骨骨折

腕骨骨折（fracture of the carpus）属于关节内骨折，常见于马，尤其是赛马。多发生于快速奔跑中猝跌、摔倒或与障碍物碰撞，以及腕关节过度的屈曲和伸展时。最常发生在桡腕骨、中间腕骨、第三腕骨和桡骨远端。受损的关节中，桡腕关节和腕间关节约占 84%。其他腕骨包括副腕骨的骨折也能遇见。

症状　腕骨发生骨折时，病畜突发支跛，骨折部发生炎性肿胀。触诊肿胀区，可发现敏感区。不同方位的 X 线片，才可确定骨折的部位。

副腕骨骨折呈持久跛行。触诊时因副腕骨周围有炎性反应而出现疼痛。碎骨片常不移位。

治疗

（1）保守治疗　根据骨折片的大小和位置，单纯骨折可用石膏绷带或夹板绷带固定。

（2）手术治疗　手术摘除小的碎骨片，拉力螺钉固定大骨片。术后用绷带或石膏绷带制动，安置在马厩内休息，大多可获痊愈。严重陈旧性损伤需进行关节融合术，即需手术清除关节软骨，使用接骨板跨关节固定。

动物全身麻醉，侧卧保定，患肢在上，充分显露患部，屈曲腕关节便于手术，在腕关节上方扎以止血带，患部剃毛，消毒，覆盖灭菌创巾。根据骨折定位决定术部，切口必须精确，因为手术径路要受腕桡侧伸肌腱、指总伸肌腱、指外侧伸肌腱等的限制，应避免损伤这些肌腱及其滑膜鞘。若骨折部位在桡骨远端内侧、桡腕骨和第三腕骨，应在内侧腕桡侧伸肌腱处做切口。切开桡腕关节内侧时，注意伸腕斜肌。桡骨远端前外侧骨折、中间腕骨骨折、第二腕骨骨折、第三腕骨前外部骨折时，在总伸肌腱和腕桡侧伸肌腱之间做切口。有时桡骨远端外侧骨折，需在指总伸肌腱和指外侧伸肌腱之间做切口。

切开皮肤 5 cm，切开皮下组织、环状韧带、关节囊的纤维层及滑膜层，用扩创器充分扩大显露创口，吸除或擦拭滑液。将钝头的骨膜剥离器或止血钳插入伸肌腱下有助于肉眼检查关节。分离骨折部时，助手辅助伸屈腕关节。当证实为粉碎性骨折时，应摘除碎骨片。有些骨片，特别是桡骨碎片附着在关节囊上，眼观不易找到，应注意仔细查找去除。锉平骨折处的粗糙边缘，清除损伤的软骨，切平关节周围的组织，包括增殖的滑膜，以防有碍关节的伸展，但关节边缘的骨赘可不清除。对较大的骨折片不易除去时，可用螺钉固定于原处。骨膜层可不缝合，关节纤维囊、背侧环状韧带、皮下组织和皮肤分别进行间断缝合。

术后使用抗生素防止感染，两周后开始行牵遛运动或腕关节的被动运动。功能恢复需要3～9 个月。

十、掌骨骨折

掌骨骨折（fracture of metacarpal bones）常发生于犬、牛、马。牛易发生第三掌骨的斜形骨折或多发骨折，很少发生断面平滑的横形骨折，有时发生开放性骨折，牛犊可发生第三掌骨的远端生长板骨折。赛马易发生第三掌骨的纵形骨折或远端斜形骨折，骨折线可直达远端关节（球节）面，常预后不良。马第二、四小掌骨骨折有时与第三掌骨骨折同时发生。

症状　第三掌骨非开放性完全骨折时，骨折断端变位、患部变形、异常运动、有摩擦音、疼痛、功能障碍、呈支跛。

第二、四小掌骨单纯骨折时，局部症状较轻，跛行不明显。开放性骨折时，骨折断端暴露，易感染。

治疗　掌骨骨折未明显错位或可复位时可采用外固定。成年大动物的螺旋形骨折、斜形骨折，采用接骨板内固定。横形骨折时两侧接骨板内固定，外固定辅助。

小型犬或猫可用夹板外固定；大型犬需开放复位，髓内针或接骨板内固定。1～2 枚掌骨干（不是中间的两枚）骨折时，用夹板外固定即可。髓内针置入时，掌指关节屈曲，髓内针自掌骨远端的关节面钻入掌骨基部，针的远端向外弯曲剪短。对于复杂骨折，还可采用外支架固定。手术切口根据骨折情况而定，若 1 枚掌骨骨折可在其背中线切开皮肤；2 枚邻近掌骨骨折，可在其间背部纵向切开皮肤；2 枚以上可做 2 个平行纵向切口，切开深筋膜，分离其下的血管和肌腱，并向两侧牵引。暴露掌骨骨折处。闭合筋膜和皮肤。

十一、股骨骨折

股骨骨折（fracture of the femur）的发病率较高，常发生股骨颈、大转子、股骨干和股骨远端骨折。成年动物的股骨骨折多为骨干骨折，而幼龄动物的股骨远端生长板、股骨颈骨折多见。

症状　骨干骨折常伴有骨折片或断端移位，动物患肢缩短，不愿负重，骨折处不同程度的肿胀，特别在股内侧肿胀明显，被动运动可有骨摩擦感。股骨头骨折时，动物还可以患肢部分负重，跛行没有骨干骨折严重，但髋部可见肿胀，可听到骨摩擦音。

近端或远端骨骺骨折时，常有严重外伤史，突然出现中等或严重跛行。

大转子骨折时，骨折处有疼痛性肿胀，站立时可见肢外展，运步缓慢，有明显的前方短步。肿胀消退后，转子处可出现凹陷。

大动物股骨颈骨折时，减负体重，髋部检查不见异常，患肢外展时可听到关节的摩擦音，膝盖骨可见不稳。

治疗

（1）股骨颈骨折　可采用股前外侧切口。切开阔筋膜张肌和股二头肌间筋膜。牵引臀中肌近端，暴露臀深肌腱。紧靠大转子，切断部分（1/3～1/2）或全部臀深肌腱，以充分暴露髋关节囊。注意大转子上方的肌腱应保留 1～2 cm，以便于缝合。切开髋关节囊，暴露股骨头和股骨颈。股骨颈复位后，大型犬采用拉力螺钉固定；小型犬可选用至少 3 根钢针固定，或者钢针与螺钉结合固定。

大转子骨折：在大转子表面纵向切开皮肤，以便暴露大转子，其固定方法多采用张力带钢丝固定。

（2）股骨干骨折　可采用闭合复位髓内针顺行置入固定和开放复位固定。前者适用于未明显错位的骨折，或通过支架牵开器能够复位的骨折，具体方法是先做一皮肤小切口，髓内针沿大转子内侧面滑行至大转子窝，以钻套保护周围的软组织，钻穿皮质骨和松质骨，进入骨髓腔，通过整复后的骨折处，直至股骨髁附近（图 23-52）。开放复位常采用股骨干前外侧切口，具体的手术方法是沿大腿前外侧切开皮肤，切口长度取决于固定物的类型和骨折的形式，一般接骨板和粉碎性骨折手术需较长的切口。沿股二头肌前侧缘切开阔筋膜浅层，向后牵拉股二头肌，向前牵拉股外侧肌，显露股骨干（图 23-53）。对于成年动物，可采用髓内针逆行置入结合骨断端半环扎术、接骨板等固定。幼龄动物的皮质骨软、薄，接骨板固定时骨螺钉容易松动，可采用弹性接骨板固定或髓内针配合半环扎术固定。

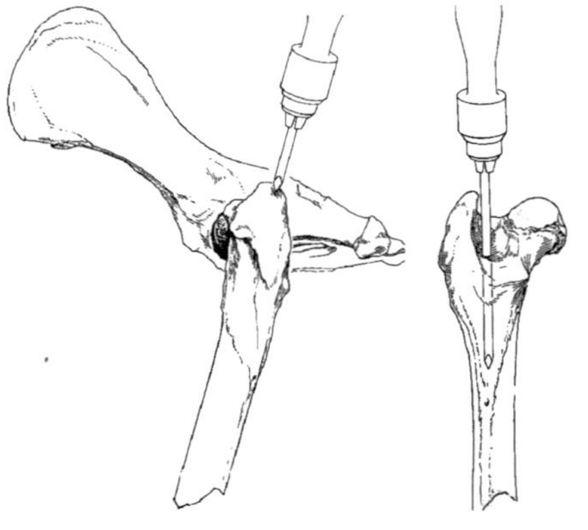

图 23-52　股骨髓内针顺行置入法

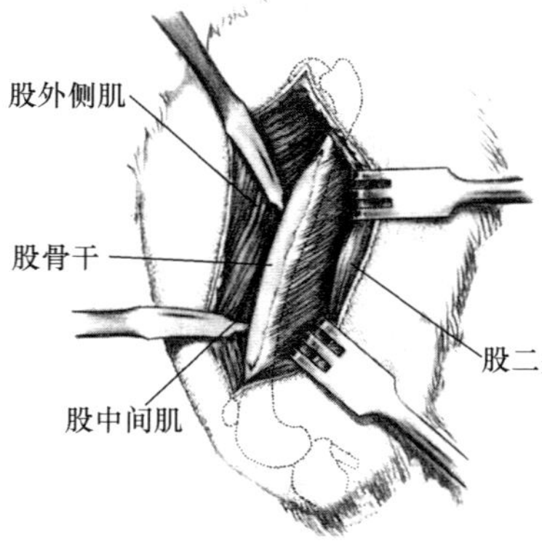

图 23-53　股骨干的手术通路

（3）股骨远端骨折　其手术通路与股骨干骨折手术相似，为其向下的延伸，即以骨折处为中心向上、下延长，切口长度以能充分暴露股骨断端为宜。在远心断端允许接纳固定物的情况下，可采用支持接骨板、髓内针结合半环扎术等方法固定。

临床上，青年犬、猫的骨折多发生于股骨远端生长板或骨骺，股骨远心断端像“帽”状

（图 23-54），常规方法固定困难，可采用“交叉钢丝固定法”。手术通路可采用膝关节内侧切口和膝关节外侧切口。膝关节外侧切口：在髌骨水平，髌骨外侧旁 0.3～0.5 mm 处纵向切开皮肤，向下延伸至胫骨，向上等长延伸，切开髌骨外侧阔筋膜、股膝韧带及关节囊，牵拉髌骨，使其向内侧移动，暴露股骨远端骨折处。膝关节内侧切口与外侧切口相似，切开内侧皮肤、缝匠肌、筋膜、股膝韧带及关节囊，向外侧牵引髌骨，暴露骨折断端。交叉钢丝固定法：分别在内侧和外侧股骨髁靠滑车嵴处，向外下方和内下方钻交叉隧道孔，在股骨近心断端约 2 mm 处采用同样的方法钻交叉隧道孔，将 4 根钢丝（根据犬的体形大小，直径为 0.8～1.2 mm）分别由 4 个隧道孔穿出，骨断端整复后同侧近-远钢丝尾收紧、扭结（图 23-55），注意术中保护滑车面软骨和股骨生长板断端面。在动物的生长发育阶段，四肢长骨的生长主要取决于其远端生长板，若生长板断端面损伤严重，可能影响其生长延长，造成患肢比健肢明显缩短。交叉钢丝固定法可使断端间紧密接触，最大限度地对抗断端弯曲应力。术后，应限制动物活动 3～4 周。

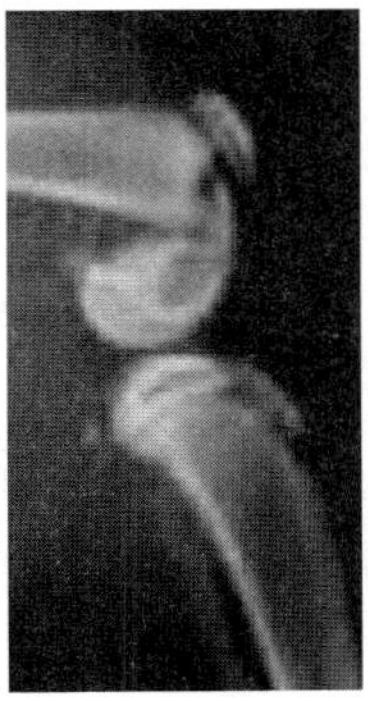

图 23-54　股骨远端骨折

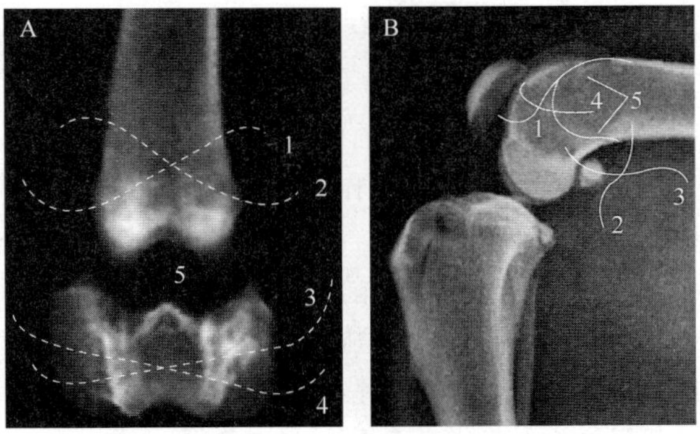

图 23-55　股骨远端交叉钢丝固定

A．正面观，交叉置入钢丝：1．股骨干左背向右下穿行的钢丝；2．股骨干右背向左下穿行的钢丝；3．股骨髁右上向左下穿行的钢丝；4．股骨髁左上向右下穿行的钢丝；5．骨断端间隙。B．侧面观，断端复位，1 与 4 的钢丝尾扭结，2 与 3 的钢丝尾扭结，5 为骨折裂隙

十二、髌骨骨折

髌骨骨折（patella fracture）在大动物少见，容易与其他膝部疾病混淆。

症状　多为部分骨折、撕裂性骨折，粉碎性骨折很少见。患肢呈悬垂状态，膝以下各关节屈曲，蹄尖着地，三肢跳跃，重度跛行；触诊时，膝髌骨部呈弥漫性疼痛性肿胀，关节内滑液可增多；膝关节被动运动时动物表现为疼痛反应，并可感到骨摩擦音；骨折时间长时局部往往有结缔组织增生，骨痂形成后影响关节功能。

治疗　骨片无移位时，吊于柱栏内静养，局部用消炎粉，后期用温热疗法；骨片移位时用骨螺钉固定或手术摘除骨片。

十三、胫骨及腓骨骨折

胫骨骨折（fracture of the tibia）在家畜中较常见，且骨干中部和远端骨折发生较多见。胫骨完全骨折常伴有腓骨骨折（fracture of the fibula）。

症状　胫骨完全骨折时，站立和运步均发生明显的障碍，局部肿胀明显，屈曲和伸展患肢时有异常活动，并有骨摩擦音，被动运动时动物有疼痛反应。因小腿仅少量软组织被覆胫骨，尤其是远端，故该部位骨折较多发生开放性骨折。幼龄动物可发生骨骺骨折或骨骺分离，马和牛发生在近端比远端的多，犬则远端发生的比近端的多。近端骨折时可见膝向外形成角度。

胫骨内外髁也会发生撕裂性骨折，局部很少出现肿胀，但关节稳定性可发生破坏。

胫骨不完全骨折时，患畜能以患肢轻轻负重，运步时有中等程度的支跛，初期局部肿胀不明显，屈曲跗关节时动物有疼痛反应。

单纯腓骨骨折时，症状常不明显，触诊胫部外侧时可发现不显著的疼痛性肿胀。

治疗　包括保守治疗和手术治疗。

（1）保守治疗　胫骨骨折如为简单骨折，复位后可采用石膏绷带固定，有较好的效果。

（2）手术治疗　可采用闭合复位和开放复位。

1）闭合复位：胫骨软组织覆盖少，可实施闭合复位。复位后可采用外支架固定或髓内针固定。现介绍胫骨骨折髓内针顺行置入法。即切开皮肤小切口，在胫骨髁的内表面上膝韧带附着部与内侧股骨髁前缘之间的中点钻孔，穿透皮质骨和松质骨，将髓内针插入髓腔，在骨折整复后推进至胫骨远端（图 23-56）。

2）开放复位：常采用胫骨前内侧切口，即从胫骨内侧髁至胫骨远端的径路上，但临床上应根据固定的方法、骨折的部位和形式确定适宜的切口长度，切开皮肤、内侧小腿筋膜，切开胫前肌和趾内侧屈肌缘筋膜，向后外侧牵引胫前肌和趾长伸肌，显露胫骨干。注意保护隐动脉和静脉，以及胫骨与腓骨间的胫前动脉和神经（图 23-57）。根据骨折情况，胫骨骨折可采用髓内针、接骨板等固定。胫骨骨折髓内针逆行置入法：暴露骨折断端后，将合适直径的髓内针由近心骨折断端髓腔向上、向内侧钻入，尽可能屈曲膝关节，将髓内针由膝韧带内侧穿出关节腔和皮肤。骨折断端复位后，将髓内针逆向钻入，推进至骨折远端髓腔。用克氏钳剪除多余外露部分，将髓内针锤入并永久保留在胫骨内。还可采用折弯钳折弯部分外露的髓内针，用克氏钳尽可能地剪去多余的髓内针尾端，置入皮肤下，注意不要影响膝韧带的活动，在骨折愈合后拔除髓内针。若胫骨为粉碎性骨折或有旋转倾向时，需配合钢丝（半环扎术或全环扎术）固定。若腓骨过细，可不做固定。

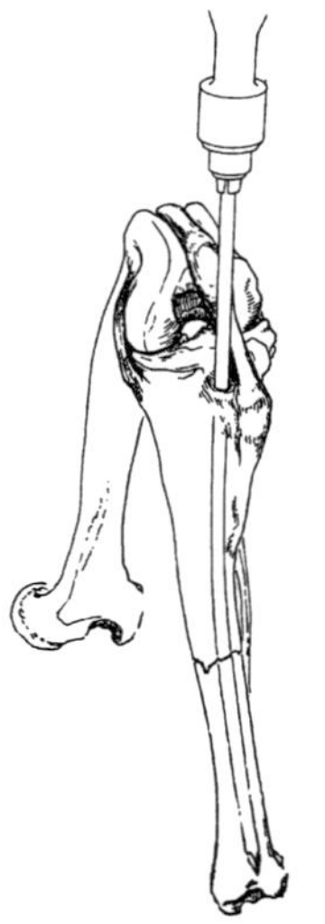

图 23-56　胫骨髓内针顺行置入法

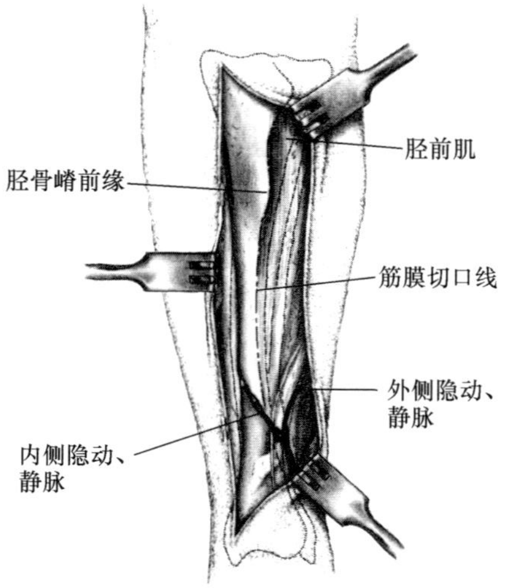

图 23-57　胫骨干的手术通路

十四、跗关节部骨折

跗关节部骨折（fracture of the hock joint region）多见跟骨和距骨骨折，而跟骨骨折又多为撕裂性骨折。

症状 跟结节骨折时，患肢跗关节屈曲，跟腱弛缓，皮肤形成皱褶，骨片由于腓肠肌收缩而牵引至前上方，患部形状改变；负重时，跗关节过度屈曲下沉，运动时中度以上支跛。撕裂性骨折，热、痛、肿明显；站立时，蹄尖着地，跗关节呈一定角度，运动时重度支跛。距骨骨折，多伴有明显的关节滑膜炎，患肢呈悬垂状态，蹄尖着地，有骨摩擦音，运动时三肢跳跃。

治疗 保守治疗往往由于固定不确实，延长愈合时间，导致骨痂形成，造成持久性跛行。手术治疗效果较好。

跗关节部骨折，有骨片移位时，在严格的灭菌操作下通过跗关节外侧或内侧切口切开整复，用骨螺钉或接骨板固定，并装石膏绷带，患畜吊于柱栏内休息。对撕裂性骨折采用石膏绷带将患肢固定成伸展状态。局部肿胀明显时，用活血散瘀、消炎止痛的药物敷于患部。

第三节 骨 膜 炎

骨膜炎（periostitis）是指骨膜的炎症。临床上可分为非化脓性与化脓性、急性与慢性骨膜炎。

（一）非化脓性骨膜炎

病因 ①多由骨膜直接遭受机械性损伤，如打击、跌倒、蹴踢、冲撞等引起。最初发生在四肢下部没有软组织覆盖而浅在的骨上，大多为一侧性。②肌腱、韧带等在快速运动中过度的牵张，或者长期受到反复的刺激和摩擦，致使其附着部位的骨膜发生炎症。③少数病例由附近的关节及软组织的慢性炎症蔓延而来。

肢势不正、削蹄不当、幼驹过早训练或服重役及骨营养代谢障碍可成为本病的诱因。

症状

（1）急性骨膜炎 病初以骨膜的急性浆液性浸润为特征。病变部充血、渗出，出现局限性和硬固的热痛性扁平肿胀，皮下组织呈现不同程度的水肿，触诊可留有指压痕。机能障碍的程度不一，四肢的骨膜炎可发生明显的跛行，跛行随运动而增重。若一肢发病，站立时患肢常屈曲，以蹄尖着地、减负体重；两肢同时发病，常常交互负重。病重时，常不愿站立而卧地。一般无全身症状，经 10～15 d 炎症逐渐平息。

（2）慢性骨膜炎 由急性骨膜炎转变而来，或者因骨膜长期遭到频繁、反复的刺激而发生，可分为纤维性骨膜炎和骨化性骨膜炎。

1）纤维性骨膜炎：以骨膜表层和表、深层之间的结缔组织增生为特征。病部出现坚实而有弹性的局限性肿胀，触诊有轻微热、痛。肿胀紧贴在骨面上，该部的皮肤有可动性，大多数病例的机能障碍不显著。

2）骨化性骨膜炎：炎症由骨膜表层向深层蔓延。由于成骨细胞的活动，骨表面形成骨样组织，以后钙盐沉积，形成新生骨组织，小的称骨赘，大的称外生骨瘤。视诊可见病部呈界限明显、突出于骨面的肿胀。触诊硬固坚实，没有疼痛，表面呈凹凸不平的结节状，或者呈显著突出的骨隆起，大小不定，可由拇指到核桃大或更大些。大多数病畜仅造成外貌上的损征而无机能障碍，只有当骨赘发生于关节的韧带部或肌腱的附着点时，才会发生跛行。

治疗 急性浆液性骨膜炎时，病畜安静休息。发病 24 h 以内，可用冷疗法。以后改用温热疗法和消炎剂，如外敷用醋、10% 碘酊或碘软膏、10%～20% 鱼石脂软膏等。用盐酸普鲁卡因溶液加皮质激素局部封闭，可获得良好的效果。局部可装压迫绷带，以限制关节活动，使病畜能有较长的时间充分休息。

纤维性骨膜炎和骨化性骨膜炎的治疗，主要是消除跛行以达到机能性治愈的目的。早期可用温热疗法及按摩。跛行较重的病例可应用刺激剂。陈旧的病例，可在点状烧烙后，再涂布刺激剂，通常要反复治疗几次，大部分病例在 3～4 周后跛行可望消失。

骨化性骨膜炎在上述治疗无效时，可在无菌技术下进行骨膜切除术。将骨赘周围宽 2～3 mm 的骨膜环形切除，摘除骨赘，骨赘底部刮平，最后撒布抗生素粉剂，密闭缝合皮肤。治疗无效时，为了充分利用其使役能力，可做神经切除术，但其延长使役能力的时间不长。对肢势不正者，应及时进行适当的削蹄和装蹄矫正。

（二）化脓性骨膜炎

病因 化脓性骨膜炎因化脓性病原菌（多为葡萄球菌、坏死杆菌、链球菌）感染而引起。常发生于开放性骨折、骨膜附近的软组织损伤、内固定手术及化脓性骨髓炎。

症状 初期局部出现弥漫性、热性肿胀，有剧痛，皮肤紧张，可动性变小或消失。随着皮下组织内脓肿的形成和破溃，成为化脓性窦道，流出混有骨屑的黄色稀脓。探诊时，可感知骨表面不平或有腐骨片。局部淋巴结肿大，触诊疼痛。发生在四肢的化脓性骨膜炎，跛行明显，患肢不能负重。病初全身体温升高，精神沉郁，饮食欲废绝。严重的可继发败血症。血常规检查白细胞总数增多。

治疗 病初局部应用热酒精绷带，以盐酸普鲁卡因溶液封闭，全身应用抗生素。随着软化灶的出现，及时切开脓肿，形成窦道的要扩创，充分排除脓液，刮净骨损伤表面的死骨，中性盐类高渗液引流及装吸收绷带。脓性渗出停止后，改用 10% 磺胺鱼肝油、青霉素鱼肝油等纱布引流条。密切注意全身的变化，防止败血症的发生。

第四节 骨 髓 炎

骨髓炎（osteomyelitis）为骨、骨膜和骨髓炎症的总称。临床上可分为细菌性骨髓炎、真菌性骨髓炎和非感染性骨髓炎，但以细菌化脓性骨髓炎多见。按病情发展可分为急性和慢性两类。

病因 化脓性骨髓炎主要由骨髓感染链球菌、金黄色葡萄球菌，还可能由变形杆菌、埃希氏大肠杆菌、克雷伯氏菌和假单胞菌混合感染引起。感染骨中常分离出的厌氧菌包括放线菌、梭状芽孢杆菌、消化链球菌、真菌等。

感染途径可能有：①血源性，蜂窝织炎、脓肿、败血症、腺疫等病原菌经血液循环进入骨髓而感染。②外伤性，开放性骨折、粉碎性骨折、闭合性骨折、开放性内固定、穿刺创（如咬伤、抓伤、植物刺伤、枪伤）等，病原菌可直接经由创口进入骨折断端、骨碎片间及骨髓内而发生。③蔓延性，由附近软组织的化脓过程直接蔓延到骨膜后，沿哈弗斯管侵入骨髓内而发病。

症状 急性骨髓炎起病急骤、体温升高、精神沉郁、食欲减退、体重下降，患肢持续剧痛，肿胀，拒绝活动，患肢半屈，肌肉痉挛，处于强迫位置，不能主动和被动活动。以后肿胀变软、有波动，脓肿切开或自行破溃后形成窦道。此时全身反应一般较轻，疼痛和跛行减弱。

血液检查白细胞增多、核左移、血沉加快，血培养常为阳性。严重的病情发展很快，通常发生败血症。慢性骨髓炎，患部形成一个或多个脓性窦道，并伴有淋巴结病、肌肉萎缩、纤维变性和机体消瘦。

诊断　根据病史、临床表现可做出诊断。X线在急性期仅见软组织肿胀，干骺端骨质稀疏，骨膜层状反应。随病程发展，可见干骺端和骨干虫蚀样破坏，骨膜下见大量的新生骨。死骨形成后可见大小不等的高密度影，位于脓腔内，与周围的骨组织完全游离。有脓窦者，可用探针检查。临床上应与急性蜂窝织炎、深部脓肿、化脓性关节炎等加以区别。

治疗　早发现、早诊断、早治疗，防止急性骨髓炎转化为慢性骨髓炎。在细菌培养及药物敏感实验结果未出来前，应使用大量抗生素静脉滴注。最好以一种对革兰氏阳性菌有效的抗生素和一种广谱抗生素联合应用。抗生素应用至体温正常后2周停药。

局部出现脓肿或一旦分层穿刺抽出脓液，应及时切开钻孔或开窗减压引流。开窗后不可探查及搔刮髓腔、以防感染扩散；将脓汁排出体外，加以放置引流管，用抗生素持续冲洗治疗。在体温恢复正常、引流物清澈透明、引流物3次细菌培养阴性时，即停止引流。如果患肢炎症无法控制或阻止其蔓延，可考虑从病灶近端截肢。

第五节　骨软骨病

骨软骨病（osteochondrosis，OC）是指生长板软骨和骺生长软骨内骨化过程发生局灶性或多灶性紊乱的一种病理状态。该病早期仅表现显微结构的改变［隐性骨软骨病（osteochondrosis latens）］，随后可表现眼观和影像学明显的亚临床病变［显性骨软骨病（osteochondrosis manifesta）］，后期软骨与软骨下骨分离或脱落游离于关节腔内，形成剥脱性骨软骨病（osteochondrosis dissecans，OCD）。OCD可引起关节滑膜炎，此时被称作剥脱性骨软骨炎（osteochondritis dissecans）。OC主要发生于快速发育期的猪、马、牛、犬、鸡和火鸡。猪OC的发病率为20%～30%，淘汰率可达30%～40%。在大型犬，发病率高达8%～9%。隐性或显性OC可随年龄增长而自愈，但若病程发展出现OCD，则不可逆转。

病因　发病原因不清，可能与以下因素有关。

（1）营养和生长速度的关系　饲喂高营养价值饲料和处于生长时期的动物发病率高。例如，猪的增重率和发病率呈显著的正相关。马属动物若摄入蛋白质和能量同时过剩，则发病率显著上升。生长快的雄性犬比雌性犬的发病率高两倍，且主要发生于大型犬，20 kg以下的小型犬和玩具犬几乎不发病。骨软骨病的马驹多伴有血铜过低，而含铜的赖氨酰氧化酶与软骨代谢有关，因而该病被认为可能与缺铜有关，但补铜并不能减少其发病率。

（2）外伤　广泛的压迫可影响成熟过程中软骨细胞的正常生长，反复的外伤可能造成骨小梁微骨折和血管的损伤。现多认为软骨缺血是骨软骨病发生的中心环节。

（3）胶原代谢紊乱　Ⅰ、Ⅱ、Ⅵ和Ⅹ胶原出现异常，但尚不清楚为原发性还是代偿造成的。

（4）激素代谢失调　骨钙化过程是在激素的控制下进行的。雌性激素和睾酮抑制软骨细胞的增殖；糖皮质激素抑制骨骼生长；生长激素调节软骨细胞的有丝分裂；甲状腺素是软骨细胞成熟和增殖所必需的。已知激素代谢失调可引起骨生长紊乱，但激素在本病发生中的作用机理尚未完全清楚。

（5）遗传因素　有的无外伤史，但有家族史。在犬，本病多发于圣伯纳犬、德国牧羊犬、金毛拾猎犬、纽芬兰犬等大型犬。

病理 多发于肱骨头、肱骨髁内侧面、股骨髁内或外侧面及距骨内或外侧的滑车嵴。早期主要表现为软骨管内的血管坏死、软骨管周的软骨细胞坏死（图 23-58）、软骨基质不均匀及软骨内钙化障碍（软骨岛形成）。后期表现为软骨充血、变形、裂缝及软骨脱落，导致分离性骨关节炎。坏死软骨还可在软骨下骨内形成一个局部缺损——软骨囊状损伤。软骨下骨小梁都变得很致密，同时骨髓腔内发生纤维性组织增生。

在小型犬，常表现为股骨非炎性无菌性坏死，又称为累-佩氏病（Legg-Perthes disease）；以股骨头的血液供应中断和骨细胞死亡为特征，又称为股骨头缺血性坏死。在综合征修复期间，股骨头的一部分可能出现萎缩，引起关节面不相称和退行性关节病（degenerative joint disease，DJD）。此病最常见于股骨头生长板闭合以前，6～7 月龄为发病高峰期。

症状 早期症状不明显，中期可出现跛行，部分病例可自愈。分离性骨软骨炎表现不同程度的共济失调、疼痛跛行、关节变形及骨骼变形等。犬桡骨或尺骨远端发生 OC 时，因 OC 引起骨生长停滞，但未发生 OC 的尺骨或桡骨因继续生长延长而变形，其后侧的皮质因受力而增厚。

软骨下囊状损伤多发于老龄马，病初跛行不明显或间歇性跛行，晚期有时跛行严重。一般不出现渗出性病变。

患关节滑液而做检查时，一般正常或有轻度的炎症反应。有核细胞总数在 1000 个 /mm^3 以下，蛋白质水平一般为 1.5～3 g/100 mL。

诊断 根据年龄、病史、临床症状做出初步诊断，早期确诊困难，中、后期可经 X 线等影像学检查发现软骨异常，如未钙化灶、变形、裂缝及脱落的软骨（图 23-59）。

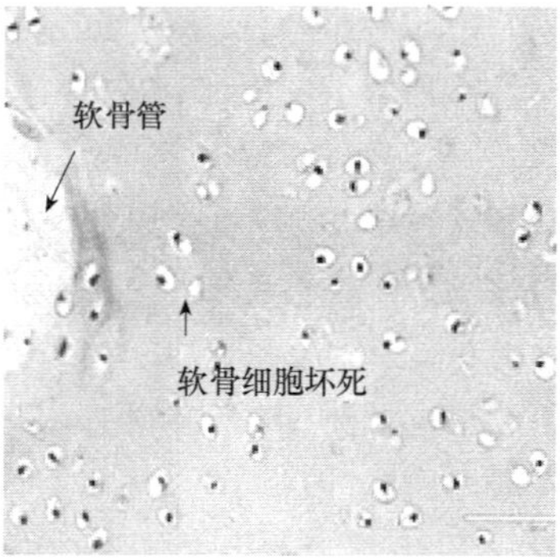

图 23-58 犬膝关节 OCD 病理变化
软骨管坏死，附近的软骨细胞空泡化、核固缩

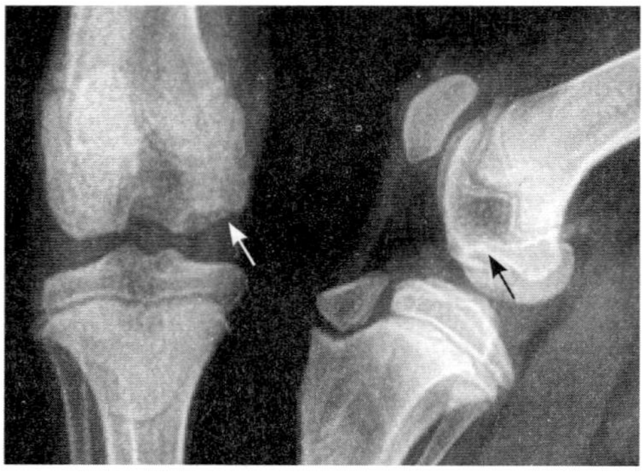

图 23-59 犬膝关节 OCD 影像
正位（左图）和侧位（右图）内侧髁关节面缺损

治疗 本病有保守治疗与手术治疗两类。

（1）保守治疗 主要针对症状轻微、发病时间短的病畜。休息静养。应用非固醇类抗炎药物，如阿司匹林，10 mg/kg 体重，每天 3 次，连用 1 周，最多不超过 10 d。

（2）手术治疗 主要针对症状严重、病程持续 2 个月以上的病畜。

常规关节手术，首先切开关节，暴露患部，取出游离的软骨片，清理损坏的软骨，软骨下骨钻孔使骨髓间的充质干细胞通过血液到达软骨缺损处，形成血凝块、纤维软骨，填充缺损或自体软骨移植。然后闭合关节。有条件的可借助关节镜完成手术过程。

对于小型犬累-佩氏病，则需进行股骨头切除术。

第六节　肥大性骨病

肥大性骨病（hypertrophic osteopathy）又称肺性骨关节病、肥大性肺性骨关节病、肥大性肺性骨病等，是继发性弥漫性骨膜反应，在掌骨、跖骨和长骨等周围形成新骨。

病因　本病确切的病因尚不清楚，常为某些疾病的病理过程，多数病例与某种肺部疾病有关。例如，肺肿瘤、肺脓肿、慢性支气管炎、感染性肺肉芽肿及肺结核等引起外周血流增加、骨质增生。

症状　患病动物初期表现为不愿意走动，运动时表现为跛行。在四肢远端出现坚实的肿胀，触诊有温热感。

X线检查可见患病部位的骨表面有粗糙不平的新骨，特别是在趾骨、掌骨和跖骨等骨。取样镜检可见大量富于血管的结缔组织。在临床检查时，应进行胸腔X线检查，以确定是否有胸腔或肺肿瘤，同时配合腹部X线或超声检查以确定是否有潜在的腹部疾病。

治疗　针对原发病进行治疗，骨部表现可能在原发病得到控制后有所减轻。一般仅针对局部病变的内科治疗无效。

第七节　肥大性骨营养不良

肥大性骨营养不良（hypertrophic osteodystrophy）主要发生于青年期的大型犬，表现为桡骨、尺骨或胫骨等长骨干骺部被分割，也有的表现为纤维性增生和新骨形成导致的骨性肿胀。该病又名骨骼坏血病、特发性骨营养不良、干骺端骨病、干骺端发育异常、Moeller-Barlow病等。

病因　该病的病因尚不清楚，可能与维生素C缺乏、钙摄入过多或犬瘟热病毒感染等因素有关。

症状　多数病犬只3～4月龄发病，表现为不愿站立和走动，运动时呈现跛行。局部检查发现受侵害的桡骨、尺骨和胫骨远端干骺部肿胀，触诊温热，有压痛。重症病例可能出现食欲不佳、精神沉郁和体温升高等全身症状。

发病初期X线检查可见干骺端生长板不规则增宽，出现“双重生长线”。慢性或多次发病的病例表现为骨变形。

有些病例的实验室检查可能出现中性粒细胞增多、血清碱性磷酸酶升高，但并非所有的病例都会出现。

治疗　该病目前尚无可靠的治疗方法。可给予抗生素、镇痛药，也可使用抗组胺药物、维生素C，或者尝试改变饮食进行试验性治疗。多数病例经积极治疗后症状会明显改善，但是可能会多次复发。对于反复多次发病的病例，会导致长骨的永久畸形。

第二十四章 关节疾病

第一节 关节扭伤

关节扭伤（关节捩伤，sprain）是指关节突然受到间接的机械外力的作用，超越了生理活动范围，瞬时间过度伸展、屈曲或扭转而发生的关节损伤。此病是马、骡、犬常见和多发的关节病，最常发生于系关节和冠关节，其次是跗关节、膝关节。牛也发生，常发生于系关节、肩关节和髋关节。

病因与病理 多为间接外力的作用，如在不平道路上的重剧使役、急转、急停、转倒、失足蹬空、嵌夹于穴洞的急速拔腿、跳跃障碍、不合理的保定、肢势不良、装蹄失宜等。这些病因的主要致伤因素是机械外力的速度、强度和方向，以及在其作用下所引起的关节超生理活动范围的侧方运动和屈伸。轻者引起关节韧带和关节囊的全断裂，以及软骨和骨骺的损伤。急剧关节侧动，损伤侧韧带或同时损伤关节囊及骨组织，临床上最多见。韧带损伤常发生于骨的附着部，纤维发生断裂，若暴力过大，能撕破骨膜、扯下骨片，成为关节内的游离体。韧带附着部的损伤，可引起骨膜炎及骨赘。

关节囊或滑膜囊破裂常发生于与骨结合的部位，易引起关节腔内出血或周围出血及浆液性、浆液纤维性渗出。例如，滑膜血管断裂时，发生关节血肿，或者损伤其他软组织，造成循环障碍、局部水肿；软骨和骨骺损伤时，软骨挫灭，骺端骨折，破碎的小软骨片成为关节内的游离体。

症状 关节扭伤在临床上表现有疼痛、跛行、肿胀、温热和骨质增生等症状。由于患病关节、组织损伤程度和病理发展阶段不同，症状表现也不同。

（1）*疼痛* 原发性疼痛，受伤后立即出现，是关节滑膜层神经末梢对机械刺激的敏锐反应。炎性反应性疼痛，根据组织损伤程度和炎症反应情况而异。韧带损伤的痛点位于侧韧带的附着点纤维断裂处，触诊可发现疼痛。他动运动出现疼痛反应，甚至拒绝检查。同时转动关节向受伤的一方，使损伤韧带弛缓，则疼痛轻微或完全无痛。做他动运动检查时，发现关节的可动程度远远超过正常的活动范围，这是关节侧韧带断裂和关节囊破裂的严重表现，此时疼痛明显。

（2）*跛行* 原发性跛行，受伤时突发跛行。行走数步之后，疼痛减轻或消失，这是原发性剧烈疼痛的结果。反应性疼痛跛行在伤后经 12～24 h，炎症发展为反应性疼痛，再次出现跛行，跛行程度随运动而加剧，中度、重度扭伤时表现这种跛行，而且组织损伤越重，跛行也越重。例如，损伤骨组织时表现为重度跛行。患病动物站立时，若为中度扭伤，则患肢屈曲以蹄尖着地，免负体重；重度扭伤则以蹄尖作为支柱，时时提起患肢或悬起不敢着地。

（3）*肿胀* 扭伤关节的肿胀，出现在病程的两个阶段。病初炎性肿胀，是关节滑膜出血、关节腔血肿、滑膜炎性渗出的结果，特别是关节周围出血和水肿时，肿胀更为明显。后期骨质增殖，形成骨赘，呈现硬固肿胀。因四肢上部的关节外被有厚的肌肉，故患部肿胀不甚明显。

（4）温热　急性期，温热和炎性肿胀、疼痛、跛行并存。慢性关节周围纤维性增殖和骨性增殖阶段有肿胀、跛行，但无温热。

治疗　关节扭伤的治疗原则是制止出血和炎症发展，促进吸收，镇痛消炎，预防组织增生，恢复关节机能。

（1）制止出血和渗出　在伤后1～2 d，为了制止关节腔内的继续出血和渗出，应进行冷疗和包扎压迫绷带。冷疗可用冷水浴或冷敷。

（2）促进吸收　急性炎性渗出减轻后，应及时使用温热疗法，如温水浴（25～40℃温水浴，2～3 h）、干热疗法（热水袋、热盐袋）、石蜡疗法、鱼石脂松节油酒精合剂绷带。例如，关节内出血不能吸收时，可做关节穿刺排出，同时通过穿刺针向关节腔内注入0.25%盐酸普鲁卡因青霉素溶液。对慢性病例，患部可涂擦刺激剂。

（3）镇痛　注射镇痛剂。向患关节疼痛部位注射2%盐酸普鲁卡因溶液和醋酸氢化可的松溶液，还可全身使用镇痛消炎的药物。

（4）舒筋活血　可外敷中药四三一散（处方：大黄4 g、雄黄3 g、龙脑1 g，研细，蛋清调敷）或使用电针治疗。

（5）装蹄疗法　例如，肢势不良、蹄形不正时，进行合理的削蹄或装蹄。

预后　多数病例预后良好；重症者，可出现变形性骨关节病及关节僵直等后遗症。

第二节 关节挫伤

关节挫伤（contusion of joint）是动物常发的损伤，主要是指在直接外力作用下所引起的关节闭合性损伤。本病多见于肘关节、腕关节、球关节、肩关节和膝关节。

病因与病理　打击、冲撞、跌倒、跳跃沟崖、挽曳重车时滑倒等常引起关节挫伤。牛棚地面（畜床）不平、不铺垫草、缰绳系绊得过短及牛在起卧时腕关节碰撞饲槽是发生腕关节挫伤的主要原因。

机械外力直接作用于关节，引起皮肤脱毛和擦伤，以及皮下组织的溢血和挫灭。关节周围的软组织血管破裂形成血肿及急性炎症。损伤黏液囊时，引起黏液囊炎。外力过大损伤翼状韧带及滑膜层的血管时，在纤维层与滑膜层间形成血肿，有时血液渗入关节周围的软组织中。大量血液进入关节内，引起关节血肿，进入关节腔的血液与滑液混合，血小板虽能被黏液素破坏，但纤维蛋白原被滑液和黏液渗出物高度稀释，以及关节的自由运动，部分血液脱纤，因而血液的凝固比血肿慢。若患关节长时间固定不动，则能引起粘连性滑膜炎，关节活动受限制，有时关节软骨、骨膜和骨骺受到损伤，形成关节粘连。擦伤感染时，可引起关节周围蜂窝织炎、化脓性关节周围炎及化脓性黏液囊炎。

症状　轻度挫伤时，皮肤脱毛，皮下出血，局部稍肿，随着炎症反应的发展，肿胀明显，有指压痛，他动患关节有疼痛反应，轻度跛行。

重度挫伤时，患部常有擦伤或明显的伤痕，有热痛、肿胀，病后经24～36 h则肿胀达高峰。初期肿胀柔软，以后坚实。关节腔血肿时，关节囊紧张膨胀，有波动，穿刺可见血液。软骨或骨骺损伤时，症状加重，有轻度的体温升高。患病动物站立时，以蹄尖轻轻支持着地或不能负重。运动时出现中度或重度跛行。损伤黏液囊或腱鞘时，并发黏液囊炎或腱鞘炎。

治疗　治疗方法基本同关节扭伤。擦伤时，按创伤疗法处理，应做好创围和创面的清洁消毒，以防感染。

第三节 关 节 创 伤

关节创伤（open wound of joint）是指各种外界因素作用于关节囊导致关节囊的开放性损伤。有时并发软骨和骨的损伤，是马、骡的常发疾病，多发生于跗关节和腕关节，并多损伤关节的前面和外侧面，但也发生于肩关节和膝关节。

病因 锐利物体的致伤，如刀、叉、枪弹、铁丝、铁条、犁铧等所引起的刺创、枪创。钝性物体的致伤，如车撞、蹦踢，以及在冬季路滑挽曳重车时跌倒等引起的挫创、挫裂创等。

症状 根据关节囊有无穿透，分为关节透创和关节非透创。

（1）关节透创　从伤口流出黏稠、透明、淡黄色的关节滑液，有时混有血液或由纤维素形成的絮状物。滑液的流出状态，因损伤关节的部位及伤口的大小不同，表现也不同。活动性较大的跗关节胫距囊有时因挫创损伤组织较重，伤口较大，则滑液持续流出；当关节因刺创，组织被破坏的比较轻，关节囊伤口较小时，伤后组织肿胀压迫伤口，或纤维素块的堵塞，只有自动或他动运动屈曲患关节时，才流出滑液。一般，关节透创病初无明显的跛行，严重挫创时跛行明显。跛行常为悬跛或混合跛行。如伤后关节囊伤口长期不闭合，滑液流出不止，抗感染力降低，则出现感染症状。临床常见的关节创伤感染为急性化脓性关节炎和急性腐败性关节炎。

（2）关节非透创　轻者，关节皮肤破裂或缺损、出血、疼痛，轻度肿胀。重者，皮肤伤口下方形成创囊，内含挫灭坏死组织和异物，容易引起感染。有时甚至关节囊的纤维层遭到损伤，同时损伤腱、腱鞘或黏液囊，并流出黏液。非透创病初一般跛行不明显，腱和腱鞘损伤时跛行显著。

为了鉴别有无关节囊和腱鞘的损伤，可向关节内注入带颜色的消毒液，如从关节囊伤口流出药液，则证明为透创。诊断关节创伤时，忌用探针检查，以防污染和损伤滑膜层。也可以做关节腔充气造影 X 线检查。

治疗 治疗原则是防治感染，增强抗病力，及时合理地处理伤口，力争在关节腔未出现感染之前闭合关节囊的伤口。

（1）伤口处理　创伤周围皮肤剃毛，用新洁尔灭溶液、碘伏等彻底消毒。对于新创，彻底清理伤口，切除坏死组织、异物及游离软骨和骨片，排除伤口内的盲囊，用弱刺激性药液，如 2% 盐酸普鲁卡因青霉素溶液冲洗创腔。由伤口的对侧向关节腔穿刺注入新洁尔灭溶液、碘伏等，忌由伤口向关节腔冲洗，以防污染关节腔。最后涂碘酊，包扎伤口，对关节透创应包扎固定绷带，限制关节活动，控制炎症发展和渗出。关节创在清净关节腔后，可用肠线或丝线缝合关节囊，其他软组织可不缝合，然后包扎绷带，或者包扎有窗石膏绷带。如伤口被凝血块堵塞、滑液停止流出，且关节腔内尚无感染征兆，此时不应除掉血凝块，注意全身疗法和抗生素疗法，慎重处理伤口，可以期待关节囊伤口的闭合。

对于陈旧伤口，需清净伤口，除去坏死组织，穿刺，用防腐剂洗涤关节腔，清除异物、坏死组织和骨的游离块，不缝合伤口，仅用碘酊凡士林敷盖伤口，包扎绷带，直至感染被控制及伤口愈合。

（2）局部理疗　为促进伤口早期愈合，可应用温热疗法，如温敷、石蜡疗法、紫外线疗法、红外线疗法和超短波疗法及激光疗法等。

（3）全身疗法　为了控制感染，尽早使用抗生素、磺胺或自家血疗法。

第四节　膝关节韧带损伤

膝关节韧带损伤主要指前十字韧带、后十字韧带、膝内侧韧带和膝外侧韧带的撕裂或断裂，有时伴有半月板和骨的损伤，多见于犬，牛和马也可发生。

（一）病因

有外伤性和退行性因素，二者可相互影响。

（1）外伤性因素　多由外伤（如猛烈撞击）所致，如突然踏入洞穴、膝关节过度伸展、胫骨过度旋转，当胫骨的牵引力超过韧带的承受强度时就可能会发生十字韧带断裂。一般前十字韧带不如后十字韧带结实，其损伤较后十字韧带多发（图 24-1A），是犬后肢跛行的最常见原因之一。但在车祸、打击等强烈外力作用下，可同时发生前、后十字韧带断裂，以及膝侧韧带断裂和半月板损伤。

（2）退行性因素　慢性前十字韧带断裂无外伤史，韧带退化多与犬的衰老（特别是大型犬）、结构异常和免疫介导性关节病有关。大型、中年、不活泼、肥胖犬易发。两膝关节可同时发生韧带的渐进性变化，有的犬先发生一侧膝关节十字韧带损伤，1～2 年后对侧膝的十字韧带也受到影响。

（二）症状

急性膝关节韧带损伤时突然出现明显的跛行，患肢免负体重，强迫运行时出现中度到重度的跛行。侧韧带常发生撕脱，内侧侧韧带的损伤常较外侧侧韧带的容易发生，发生撕脱时用力向侧方推移关节可证实。

十字韧带撕脱时，往往将骨一起撕脱，特别是骨质疏松的动物。十字韧带撕裂时，可见关节肿胀，当屈曲关节时关节的屈曲程度受到限制，并有疼痛反应，关节的前后活动性不见增大。前十字韧带断裂或损伤导致膝关节不稳，易发生退行病变，是犬后肢跛行的最常见原因之一。

前十字韧带完全断裂时，关节不稳、活动性增大；站立时胫骨内旋，足尖向内，跗关节向外；屈曲关节时，股骨的内髁和外髁向后突出。触诊关节囊肿胀，但疼痛不明显。2～3 周后患肢逐渐能负重，但当受到应激、过量运动或气候突变时又出现明显的跛行。单纯后十字韧带断裂时，开始有支跛，剧烈运动时跛行明显。

膝关节韧带损伤时间较长时，则转为退行性关节病。关节活动时可听到或感觉到咔嚓声，臀部和股部的肌肉可出现萎缩，X 线检查时在韧带和关节囊抵止点可见骨膜增殖。

（三）诊断

根据临床症状、病史和抽屉试验法可做出诊断，必要时做关节穿刺和 X 线检查。在犬，可采用抽屉试验法诊断膝十字韧带断裂，即在动物放松或镇静的状态下，术者两手分别握住动物股骨远端和胫骨近端，向前移动胫骨（图 24-1B）。X 线检查可见近端胫骨髁明显前移（图 24-1C）。若在关节屈曲状态时前抽屉活动范围增大，在关节伸展（140°）时前抽屉活动范围很小，或关节在伸直状态时无前抽屉活动，则为前十字韧带的前内侧带断裂；同时在关节伸直状态下向内旋关节感觉其有不稳时可证实前十字韧带断裂，向外旋转时可了解侧韧带是否有断裂。在检查过程中，若感觉有碎裂音，则有半月板损伤。单纯后十字韧带断裂的情况较为罕见。若前、后十字韧带均断裂，且伴有侧韧带、半月板等损伤时，关节的不稳更为复杂。但后十字韧带断裂时，仅在屈曲 90° 时关节明显不稳；而前十字韧带断裂时，关节做任何角度的伸展均不稳定。

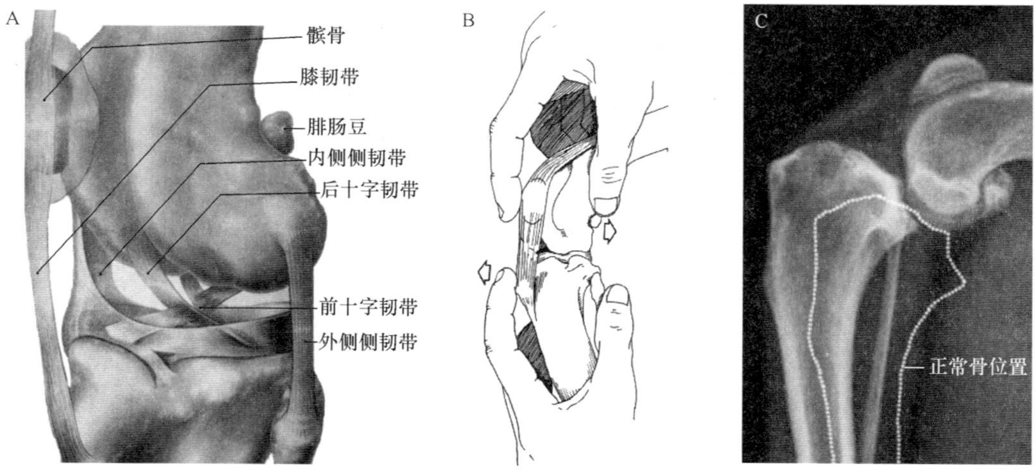

图 24-1　前十字韧带断裂

A. 模式图（小野憲一郎等，1996）；B. 抽屉试验法；C. 近端胫骨髁显著前移

关节镜检查可直视关节内的十字韧带及半月板的损伤情况。

（四）治疗

1. 保守疗法　膝关节韧带损伤时，应限制活动，患关节夹板固定，应用皮质激素或非甾体类药物。对于十字韧带损伤，应考虑尽早手术治疗。

2. 关节腔内检查与半月板释放　采用关节内镜检查，或者经膝关节内侧或外侧的切口切开关节囊检查前十字韧带，小探针探查半月板。清除前十字韧带残端。若半月板损伤，则需切除受损部分半月板。对于完整的半月板，有人主张在实施胫骨平台调平截骨术（tibial plateau leveling osteotomy，TPLO）时，同时进行内侧的半月板释放术，以防止术后半月板的损伤。半月板释放术是通过内侧半月板的后半月板胫骨韧带横断（半月板后释放）或半月板体中部横切（半月板中部释放）（图 24-2A、B）。TPLO 后，后关节空间缩小，而半月板释放可允许半月板的后角向后移位，避免其受内侧股骨髁和胫骨髁的撞击，因而排除了楔入效应。为了排除半月板不完全释放或不易发现的隐性撕裂继而发展为术后退行性半月板，可实施内侧半月板的部分切除术（图 24-2C）。用生理盐水冲洗关节腔，采用可吸收性缝线水平褥式缝合法闭合关节囊。

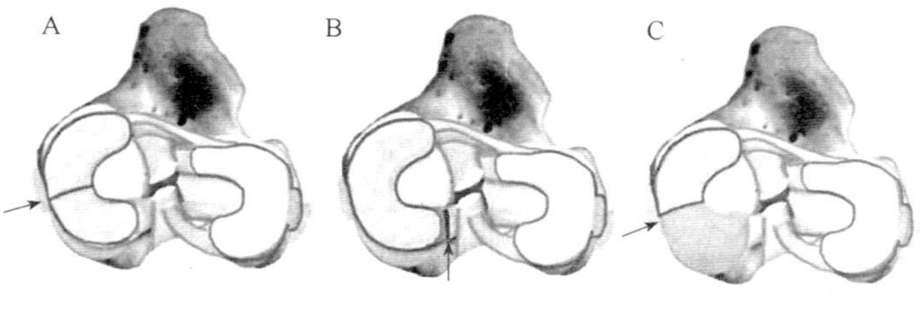

图 24-2　半月板释放术及部分切除术

A. 内侧半月板体中部横断；B. 后半月板胫骨韧带横断；C. 内侧半月板的后部切除

3. 前十字韧带手术

（1）囊外固定术　　囊外固定术（extracapsular stabilization）适用于 15 kg 以下的犬。手术方法：辨认腓肠豆，然后将非吸收性缝线环绕腓肠豆穿过，注意缝线需绕腓肠豆近端，并穿过腓肠肌外侧头起始纤维。在膝韧带胫骨近端附着点后数毫米的胫骨嵴上（股骨与胫骨的固定点最好在膝关节运动期间保持等距），垂直胫骨力轴钻孔，将缝线端经膝韧带下，并穿过孔道打结；若钻有 2 孔，则将缝线端分别穿过 2 孔打结。缝线的张力应适当，在膝关节屈曲 100° 时应能中和前抽拉力。股二头肌的筋膜进行褥式缝合，皮下组织和皮肤进行结节缝合。术后 4 周限制活动；5～8 周采用吊带辅助活动；6～8 周检查膝关节的稳定性；9～16 周后关节周围纤维增生，可限制关节不稳，逐渐恢复动物的正常活动。手术有效率可达 85% 以上。

（2）囊内重建术　　囊内重建术（intra-articular reconstruction）适用于体重在 15 kg 以上的大型品种犬，是采用十字韧带替代物，如自体、同种异体或异种组织（部分髌韧带）、合成材料，穿过膝关节股骨远端内外侧髁，代替前十字韧带，以稳定膝关节。十字韧带的替代物在移植时或移植后无血管，血管组织的再生和改造需要大约 20 周的时间。自体移植物在开始可能有血管供应，但术后可能因机械力下降或完整性丧失而出现关节前后松弛。与囊外固定术和 TPLO 相比，膝韧带替代物在关节功能的恢复方面相对较差。该技术在兽医临床很少应用，但在人医仍是使膝关节恢复功能的重要选择。合成材料、生物材料及含干细胞的基质支架结构可能提供术后较强和持久的张力，这已成为重要的研究方向之一。下面仅介绍自体部分膝韧带移植术。

通过膝关节外侧切口暴露关节，从胫骨粗隆向上沿髌韧带外侧 1/3 纵向切开髌韧带和阔筋膜，楔形切开部分髌骨，制作人工韧带（长度约为胫骨粗隆与髌骨间距离的两倍），并使其游离于胫骨粗隆，注意保护由髌骨下方的脂肪垫分布到人工韧带的血管（图 24-3A）。牵拉股二头肌，暴露外侧的腓肠豆。在股骨和腓肠豆间的纤维组织上做一垂直小切口。完全弯曲关节，用弯止血钳经过此小切口，穿破后关节囊，并紧贴股外侧髁顶端穿出髁间窝。若髁间切迹过小或有骨赘，则使用细长骨锉扩大切迹。用弯止血钳夹持人工韧带，引出股腓间的切口，向后牵拉直到胫骨不再前移（图 24-3B）。缝合或螺钉固定人工韧带于股骨外侧髁，注意避免其成角折转或张力过大（图 24-3C）。用可吸收性缝线结节缝合阔筋膜，丝线结节缝合皮肤。

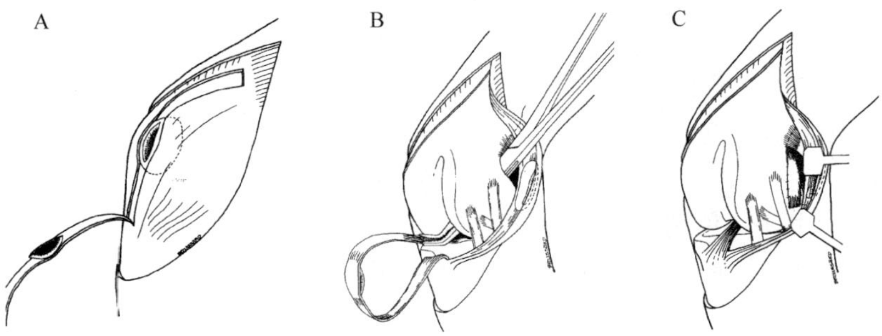

图 24-3　前十字韧带关节囊内重建术

（3）前胫骨楔形截骨术　　Slocum 和 Devine（1984）采用前胫骨楔形截骨术（cranial tibial wedge osteotomy，CTWO；cranial closing wedge osteotomy，CCWO），即截除前胫骨楔形骨块（图 24-4A），将胫骨断端对合，并通过接骨板固定（图 24-4B）。他们认为胫骨前推力的大小是由胫骨平台的后倾程度所决定的，降低胫骨平台的后倾斜度，可消除负重时胫骨向前的半脱位。手术方法：患肢膝关节和跗关节呈 90° 屈曲，拍摄内外侧位 X 线片（两侧股骨髁和胫骨髁应完全重叠）。在此侧位X线片上，内侧胫骨髁的前后连接线为胫骨平台轴，又叫近端胫骨髁的矢状面定位线。胫骨髁间的结节与距骨旋转中心的连接线为胫骨矢状面的力轴。胫骨平台轴与胫骨力轴垂直线所形成的夹角，称作胫骨平台角（tibia plateau angle，TPA）（图24-5）。健康犬的TPA为18°～24°。研究表明，采用CTWO时，TPA纠正到4°～6°，可中和胫骨前推力。理论上，CTWO切除角等于TPA时可导致术后的TPA为零，但由于截骨的大小和部位的变化及胫骨力轴的位移，术后的TPA会有差异。术中计算的切除的楔形角度可能较术前的计算准确，能够减少术后TPA的变动。较大的胫骨截块可致术后TPA较大的变化（7°～21°）、胫骨缩短、膝关节改变（低位髌骨）和膝关节张力增大。CTWO治疗犬前十字韧带断裂的有效率达86%以上，且不需特殊设备，还可用于纠正膝关节的成角变形和高位髌骨。

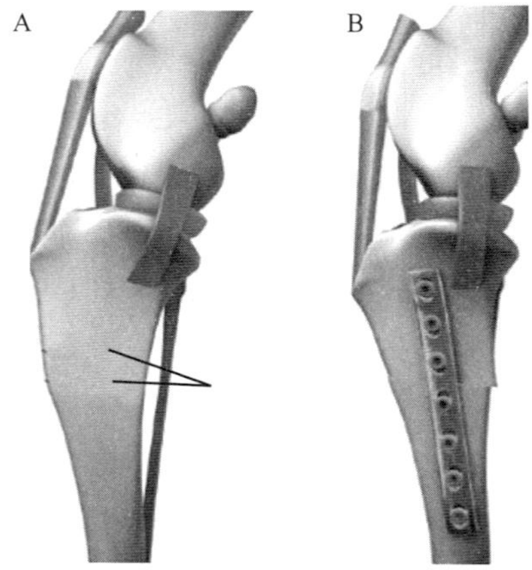

图24-4　前胫骨楔形截骨术（Kim et al.，2008）

A．楔形预切线；B．骨板固定

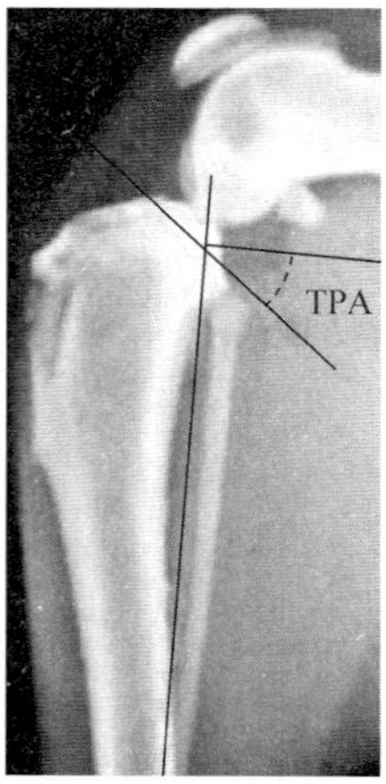

图24-5　胫骨平台角

（4）胫骨平台调平截骨术　Slocum（1993）认为膝关节的反作用力在负重时大约与胫骨纵轴平行，并可分解为向前的剪切力和垂直于胫骨平台的关节压力（图24-6A），由此设计了TPLO。TPLO是在近端胫骨上做一弧形切开，旋转近端骨块使胫骨平台接近水平，导致关节反作用力垂直于胫骨平台，且胫骨的前推力消失（图24-6B）。具体方法：利用内外侧位X线片确定TPA、合适的振荡锯弧形锯片、截骨部位和胫骨平台旋转的程度。拍摄前后位X线片，确定是否存在成角和旋转畸形，以及腓骨头（作为术中的位置标记）与关节面的关系。根据截骨半径和术前TPA，确定胫骨近端骨块旋转的幅度（至TPA等于5°）。因为胫骨粗隆需胫骨平台块提供支持，故胫骨平台前端最好旋转至与膝韧带胫骨粗隆附着点平齐。若胫骨平台块旋转TPA至5°时，其平台前端远离此点，则需同时采用CTWO。内侧切口暴露近端胫骨，以胫骨平台上的内侧髁间结节为中心，采用专用弧形锯片，呈新月形切下近端胫骨块，确保其可精确旋转，且便于接骨板内固定（图24-6C）。在大型犬，胫骨粗隆的宽度不应小于10 mm，否则易发生骨折。截骨术的不精确定位会导致不适当的TPA和并发症（成角和旋转变形、胫骨粗隆骨折）。由于体外分析和理论模型很难可靠地预测临床结果，故术后最佳TPA仍存在争议，且存在品种和个体间的差异。患慢性膝关节疾病时，由于关节周纤维性增生有助于关节稳定，TPA可能不需要像急性前十字韧带损伤时过多的纠正。TPLO被推荐用于中、大型犬的前十字韧带损伤，具有几何学的精准度，不改变胫骨粗隆和股胫关节的位置关系，可较早负重，6个月后效果的良好率达93%。但存在一定的技术难度和手术并发症，如胫骨粗隆骨折、固定失败、医源性成角或扭曲变形、膝韧带腱炎、半月板损伤和感染，其中最主要的为胫骨粗隆骨折和固定失败。

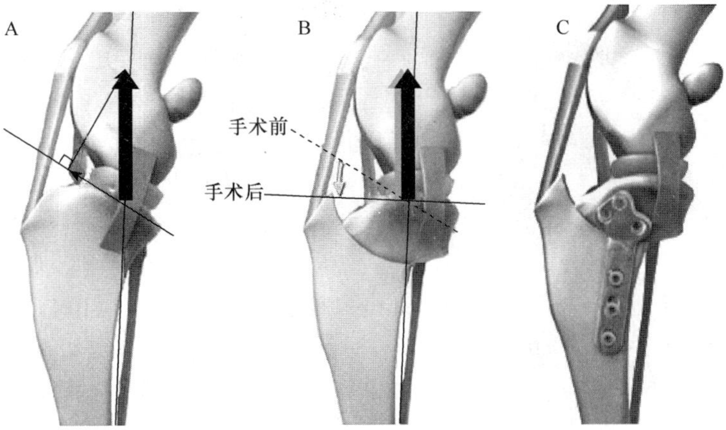

图 24-6　胫骨平台调平截骨术（Kim et al.，2008）

A．向前的剪切力和关节压力；B．胫骨平台调平导致关节作用力与胫骨平台垂直，此时胫骨的前推力消失；C．接骨板内固定

（5）胫骨粗隆前移术　Tepic 和 Montavon（2002）认为膝关节的作用力大致平行于膝韧带，若胫骨平台垂直于膝韧带，则其前推力消失（图 24-7A）。胫骨前推力的改变可通过胫骨粗隆前移术（tibial tuberosity advancement，TTA）实现（图 24-7B）。但 TPA 过大（＞30°，excessive tibial plateau angle，eTPA）不适合 TTA，且最大可获得笼架仅为 15 mm。具体方法：拍摄膝关节的标准内外侧位（关节伸展约 135°）和前后位 X 线片，确定接骨板的型号和沿胫骨粗隆的固定位置。计算膝韧带与胫骨平台之间的夹角，即膝韧带角（patellar tendon angle，PTA）。由于胫骨平台或股骨远端解剖的差异常导致术后 PTA 发生变化，实际应用时可采用膝韧带与胫股关节面接触点的切线之间的夹角（PTA^{t}），确定胫骨粗隆的前移程度。内侧切口暴露胫骨嵴的前内侧，平行于胫骨嵴前缘放置带 8 孔的钻套，第一孔与膝韧带胫骨附着点并齐。采用振荡锯锯开预定切口远端的 1/2。折弯专用的胫骨前移接骨板，以匹配胫骨嵴和近端胫骨内侧面，螺钉通过预钻孔固定。完成剩余部分骨的切开，向前推移与接骨板相连的胫骨嵴。将特制的笼架插入骨骺间隙（距胫骨近端 2～3 mm），折弯笼架“耳”，使其贴于胫骨面，并以螺钉固定。以螺钉固定接骨板远端于胫骨（图 24-7C）。使用骨移植物（自体、同种异体组织

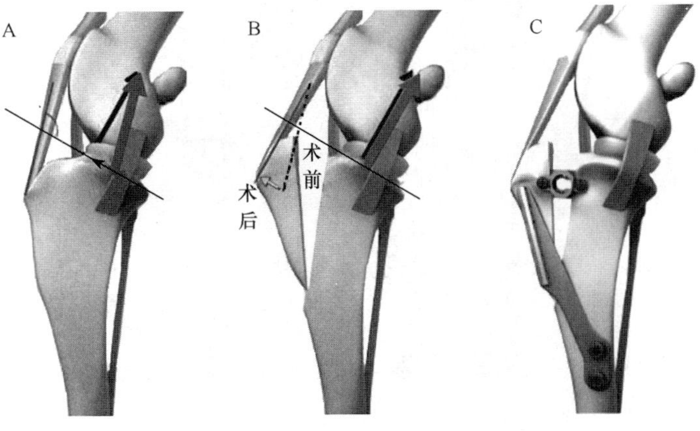

图 24-7　胫骨粗隆前移术（Kim et al.，2008）

A．胫股关节向前的剪切力和关节的压力；B．关节作用力与胫骨平台垂直，胫骨的前推力消失；C．专用接骨板固定，笼架支撑

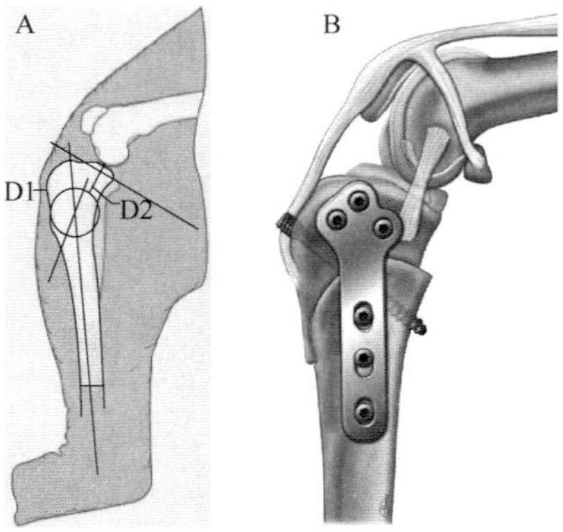

图 24-8　基于角度旋转中心的水平化截骨术（Raske et al.，2013）

A. 胫骨近远端轴线夹角为 25°，即计划旋转的角度，弧形锯与 D1 和 D2 处 CORA 的平面垂直；B. 近端胫骨块旋转，接骨板和螺钉固定

等），填充于骨间隙。最后，常规闭合切口。通常 8～10 周愈合，术后有效率达 90% 以上。但术后仍存在一些并发症，如半月板撕裂、胫骨粗隆骨折、感染、髌骨内侧脱位和胫骨骨折。

（6）基于角度旋转中心的水平化截骨术　Hulse 等（2010）报道了基于角度旋转中心（the center of rotation of angulation，CORA）的胫骨平台调平截骨术（CORA-based tibial leveling osteotomy，CBLO）。犬正常胫骨近端弯曲，近远端轴线相交点为 CORA，两线夹角为 CORA 的旋转幅度（图 24-8A）。内侧切口暴露胫骨近端，向后牵拉腘肌显露内侧侧韧带附着部。以 CORA 为中心截骨，通过旋转近端胫骨的骨块，使胫骨近远端轴线对合，可导致术后 9°～12° 的 TPA。用接骨板固定骨块，无头加压螺钉固定（图 24-8B）。CBLO 同时也兼有 TPLO 和 TTA 的作用，有效率达 94%。

（7）改进型前胫骨楔形截骨术　Wallace 等（2016）报道了一种改进型 CTWO 技术，用于治疗犬伴有 eTPA 的前十字韧带断裂。具体方法：内侧切口由膝直韧带远端延伸至胫骨近端 1/3 处，暴露内侧近端胫骨。在胫骨内侧骨面，距膝韧带附着点下方约 3 mm 处，采用振荡锯向后下方做一斜刻痕，使其与胫骨力轴垂直线的夹角等于 TPA（图 24-9A）。横过胫骨做第二道刻痕，与斜刻痕相交，并被斜刻痕以 2∶1 前后分割（图 24-9B）；用振荡锯沿横向刻痕横断胫骨（图 24-9C），然后再沿斜刻痕锯开（图 24-9D）；除去楔形骨块（图 24-9E）；整合复位胫骨断端，使胫骨前侧对齐（图 24-9F）。胫骨前侧采用张力带钢丝固定，内侧置

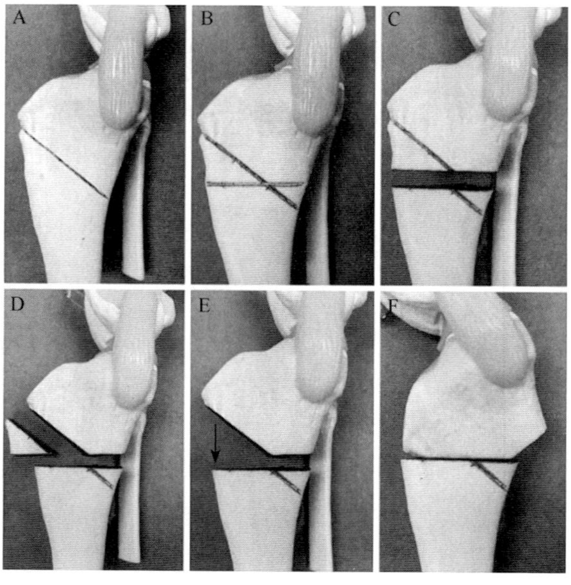

图 24-9　改进型前胫骨楔形截骨术（Frederick and Cross，2017）

A. 在胫骨内侧面、膝韧带附着点下约 3 mm 处，向后下方做斜刻痕；B. 横向刻痕与斜刻痕相交，其斜刻痕以 2∶1 前后分割，两刻痕的交角约等于 TPA；C. 沿横向刻痕锯断胫骨；D. 沿斜刻痕锯开胫骨；E. 除去楔形骨块；F. 吻合骨断端，对合胫骨前缘

接骨板固定。改进型 CTWO 也同时具有 TPLO 和 TTA 的作用。

（8）前十字韧带修复术　若十字韧带在胫骨附着部撕裂并带有骨片，则可直接用骨螺钉将骨片固定。

4. 后十字韧带断裂手术　经膝内侧口，暴露膝关节。若后十字韧带在其骨附着断裂，可通过骨螺钉固定其撕裂的骨块（图 24-10A）；采用非吸收性缝线缝合韧带断端，将两缝线尾分别通过预钻的两孔、固定（图 24-10B）。若韧带缝合困难，则应切除断裂的韧带，清除破损的半月板，冲洗关节腔后再闭合关节囊。为稳定膝关节，先在后关节囊内、外侧进行数针褥式缝合使关节囊缩小，然后再分别在髌韧带（腱）近端内、外侧各穿一根粗缝线，内侧线穿过预先在胫骨后内角钻的孔洞，外侧线固定在腓骨头，在关节直立姿势下，两线收紧打结。

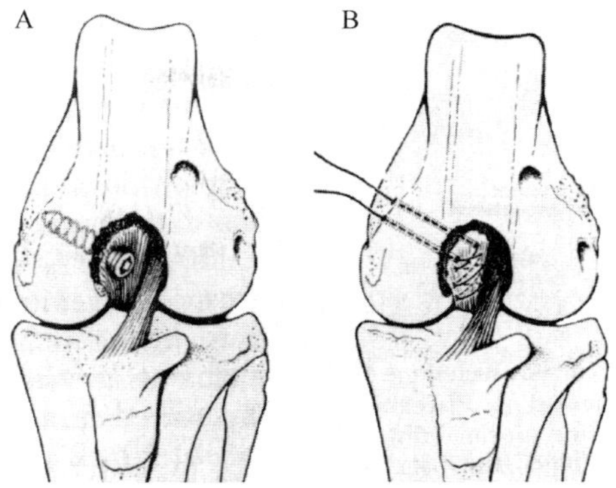

图 24-10　后十字韧带股骨髁起始点断裂固定

5. 侧韧带断裂修补术　膝外侧、内侧侧韧带断裂可分别经膝内、外侧切口暴露损伤的韧带，并对其进行缝合修补。若其附着部撕脱，则可采用螺钉固定。

第五节　关 节 脱 位

一、关节脱位概述

关节脱位（脱臼，dislocation of joint）是指关节骨端的正常位置受外力作用而发生改变的病理现象。常突然发生，表现为持续性关节功能异常，有的呈间歇性发作。多见于犬、牛和马的髋关节与膝关节，肩关节、肘关节和指（趾）关节偶有发生。

分类　关节脱位按病因可分为先天性脱位、外伤性脱位、病理性脱位和习惯性脱位等；按程度可分为完全脱位、不全脱位、单纯脱位和复杂脱位等。

病因　外力作用包括直接外力和间接外力。直接外力，如打击、冲撞、车祸、蹴踢等。间接外力如摔跌、蹬空、关节强烈伸曲、肌肉不协调地收缩等，使关节活动处于超生理范围的状态，关节韧带和关节囊因受到破坏而致关节脱位。关节本身的病理性改变，可使关节易发生脱位。

症状　关节脱位的共同症状有关节变形、异常固定、关节肿胀、肢势改变和机能障碍。关节变形是指构成关节的骨端位置改变，使正常的关节部位出现隆起或凹陷。异常固定是指构成关节的骨端离开原来的位置被卡住，使相应的肌肉和韧带高度紧张，关节被固定不动或活动不灵活，他动运动后又恢复异常的固定状态，带有弹拨性。关节肿胀是由出血、血肿形成及局部急性炎症反应造成的。肢势改变是指患肢呈现内收、外展、屈曲或伸张的状态。机能障碍是由关节骨端变位和疼痛造成的，患肢发生程度不同的运动障碍，甚至不能运动。

诊断　根据视诊、触诊、他动运动与双肢的比较不难做出初步诊断。但是，当关节肿胀严重时，确诊需要做 X 线检查、CT 检查或核磁共振检查。

治疗　治疗原则是整复、固定和功能锻炼。

（1）整复　越早越好。炎性肿胀和组织增生后会影响复位。在麻醉状态下，肢体肌肉松弛，病畜安静，抵抗性阻力小，便于整复。整复的方法有按、揣、揉、拉和抬。在实施整复时，一只手按在被整复的关节处，可以较好地掌握关节骨的位置和用力的方向。在大动物关节脱位的整复时，常采用绳子拉开患肢反常固定的关节，然后按照正常的解剖位置将脱位的关节骨端复位；复位时会有一种关节面碰撞的声响，此后，患关节恢复正常形态。对于闭合性整复无效或不能恢复功能的病例，可以经手术切开，进行开放复位与治疗。对有关节骨碎裂、关节韧带断裂或撕断的病例，需手术修复。

（2）固定　整复后立即固定，并让动物安静 1～2 周，以防复发。下肢关节可用石膏、玻璃纤维或夹板绷带固定。由于上肢关节不便用绷带固定，可以采用 5% 灭菌盐水或自家血向脱位关节的皮下做数点注射，引发周围组织炎症性肿胀，因组织紧张而起到生物固定的作用。

（3）功能锻炼　经过 3～4 周后去掉固定绷带，牵遛运动，让患肢关节恢复运动，以防关节僵硬。

二、脊椎脱位

（一）颈椎脱位

颈椎脱位（cervical luxation）是指强烈的外力作用于颈椎，导致椎关节脱位，并可导致脊髓损伤的疾病。本病可分为全脱位与不全脱位，且以不全脱位多见。各种家畜均可发生，以幼畜多发。由于第 1～2、4～6 颈椎（C1～C2、C4～C6）的活动范围大，故易发病，其他颈椎也可发生。

病因　机械性暴力作用于颈椎，如冲撞、打击、猛跌、强烈拖拉、家畜猛烈挣扎等，使颈椎关节超出活动范围而突然发病。另外在分娩或难产时，不正确地助产，如仅牵拉头部而不拉前肢，常会拉伤幼畜颈部而发病。

寰枢椎不稳定（atlantoaxial instability），又称为寰枢椎半脱位（atlantoaxial subluxation）或寰枢椎脱位（atlantoaxial dislocation），是指枢椎齿突和（或）连接动关节寰枢关节的众多韧带发生病变，导致寰枢椎的连接不稳定或半脱位，继而引起脊髓和脊神经的损伤。本病可能是先天性的，也有后天性的。先天性病变一般到成年或老年时表现出症状，但外伤使先天性异常加重，早期出现明显的临床症状，表现为四肢轻度瘫痪或瘫痪。颈部其他关节的脱位较少见。

症状　颈部突然出现异常，表现出不同程度的斜颈症状。头颈偏向一侧，即使轻轻复位，松手后又会弹回原位。不全脱位时症状表现较轻；全脱位时局部畸形明显，头颈倾斜严重，且不易复位。另外，全脱位时由于脊髓受到损伤而卧地不起。

颈椎脱位的部位不同，症状也可有差异。在寰枢关节脱位时，表现为进行性四肢轻瘫和共济失调，四肢的感觉机能部分消失，运动机能部分或完全丧失；颈部疼痛，头部僵直，上扬，颈部感觉过敏，轻轻屈曲颈部，疼痛加重，向腹侧屈曲则更为严重。因齿突压迫脊髓，检查时有损伤脊髓与脊神经的极大风险，需小心。

其余颈椎脱位时，初期可发生四肢痉挛性麻痹和四肢反射活动增强；如损伤严重，尤其是伤及膈神经时，可发生高度呼吸困难，甚至窒息死亡。

诊断　根据病因、病史和临床表现，结合 X 线检查，可做出诊断。做 X 线检查时，需全身麻醉。X 线平片能确定脱位的部位和程度，如需确定脊髓损伤的程度，可做脊髓造影检查。寰枢椎脱位多为背侧韧带松弛或断裂，麻醉后轻轻向腹侧屈曲颈部做 X 线检查，侧位片可见 C1 背侧椎板与 C2 背侧棘突之间的间隙增大。腹背位 X 线片，可观察齿突有无缺损或骨折。

治疗　颈椎脱位发生后，病情一般都较危重，应考虑有脊髓损伤的可能性。所以现场搬动动物时要小心谨慎，以防损伤加重，有条件时可用镇静剂或镇痛剂，搬运途中尽量保持颈椎平衡。

颈椎复位应尽早进行。全身麻醉，侧卧保定，颈部突起的一侧在上。复位的要点是进行头颈牵引后，缓缓用力压迫突出部，直至颈椎恢复正常的生理曲线。全脱位时，复位难度较大，且脊髓受压，可考虑手术复位。行椎板切除术、脊髓减压术。

经 X 线检查复位后的颈椎需固定，可因地制宜地使用夹板或支架固定，使头颈部伸展，然后应用抗炎药物治疗 3～4 周，可缓解症状，但易复发。手术固定（颈椎内固定术），是较理想的治疗方法。

防治并发症与继发症。如发生脊髓损伤，很容易导致膀胱麻痹而尿潴留，需防止泌尿系统感染，经常导尿；卧地不起时，易导致便秘和褥疮，应常灌肠、变换体位。用糖皮质激素类药物如地塞米松，或用非甾体类抗炎药，对治疗神经损伤是有效的。

（1）犬寰枢椎背侧内固定术　背侧内固定术是在第一颈椎的椎板上拴系金属丝或合成非吸收性缝线，与第二颈椎棘突连接固定。在前段颈椎经背侧径路（见本章第六节椎间盘突出中手术疗法的颈椎背侧椎板切除术的相关内容）显露寰椎与枢椎。自寰椎背侧椎板、枢椎背侧棘突、椎板和椎弓上分离肌肉，分别切开寰椎椎弓后方的寰枢椎筋膜与寰椎前面的寰枕筋膜，进入硬膜外腔。在枢椎棘突的中部钻 2 个孔（一前一后），在寰椎椎弓两侧的下方自前向后各穿入 1 根金属丝，其中一侧金属丝的两端分别穿过枢椎棘突上的 2 个孔，分别与另两端打结，以连接固定寰椎与枢椎（图 24-11）。也可用克氏针穿过枢椎椎板与寰椎翼做固定。

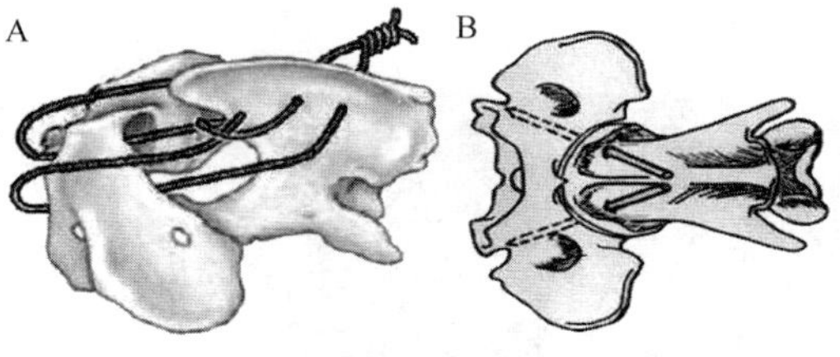

图 24-11　寰枢椎背侧内固定术
A. 钢丝固定；B. 克氏针固定

（2）犬寰枢椎腹侧内固定术　经颈腹侧手术通路（见本章第六节颈椎间盘突出中手术疗法的颈腹侧椎间盘开窗术的相关内容）显露寰椎与枢椎，用螺钉或克氏针固定寰枢关节，并用骨水泥加固。与背侧固定相比，其能较好地到达解剖复位。自寰枢椎腹侧面切开骨膜，分离颈长肌，用小刀片自椎体腹侧切开寰枢关节的关节囊，显露关节软骨。然后，用巾钳或持骨钳夹持枢椎椎体中部向后牵引，移除关节软骨，用骨匙或骨磨钻去除左、右两侧约 50% 的关节面，前、后关节面对称刮除。自肱骨头大结节处取松质骨，植入寰枢椎间被磨损的关节面上，整复寰枢关节，自枢椎椎体后腹侧中部向两侧寰椎翼前面的翼切迹处打孔、安置骨螺钉或克氏针，针尾外露 5～7 mm 并折弯，然后用骨水泥将螺钉或针尾与枢椎腹侧连接固定。用凉生理盐水浇洗骨水泥，以散发聚合反应产生的热量。常规闭合手术切口。

（3）其他部位颈椎关节脱位内固定术　也可采用腹侧固定术，在颈椎椎体的腹侧安装接骨板或克氏针与骨水泥，骨螺钉或克氏针的进针方向与椎体中线呈 20°～25°，以防进入椎管损伤脊髓。

（二）胸腰段脊椎脱位

胸腰段脊椎脱位（luxation of the thoracic or lumbar vertebrae）较其他部位的脊椎易发生，

第 11 胸椎至第 6 腰椎间（T11～L6）常发。多见于车祸、棍棒打击、摔伤等。

症状 外力在导致脊椎脱位的同时还可导致骨折、严重的软组织损伤或多处受伤。临床检查要在硬台面上进行，背部触诊可发现脊柱凹陷、棘突移位；后躯感觉消失或迟钝，运动障碍。正位与侧位 X 线检查，可见到移位的脊椎，但半脱位的动物在拍片时可能自动复位，需要结合临床症状做出诊断。

治疗 对后躯背部针刺有痛觉、可以走动的轻度脱位，经背部夹板固定、限制运动（笼养）和抗炎疗法，预后良好；对不能走路、后肢瘫痪、椎体明显脱位的动物，建议早期实施手术整复与内固定。可采用背侧克氏针与骨水泥固定术、背侧棘突固定术或背外侧脊椎接骨板固定术。对伴有椎间盘突出或脊髓与脊神经受压的病例，可同时做半椎板切除术。背侧棘突较脆弱，因而背侧棘突固定常易撕脱。背外侧脊椎不平整，普通接骨板易松脱，但有成功采用锁定加压接骨板的报道。骨水泥固定术较常采用，现介绍如下。

动物全身麻醉，俯卧保定，在背侧正中线做皮肤切口，暴露损伤部前、后两个棘突。在从椎板和椎弓根上剥离肌肉时，用巾钳夹住脱位处前、后椎骨的背侧棘突做牵引固定，以保护患部免受再次损伤。

自椎板和椎弓根向腹侧继续分离脊柱上的肌肉，如果患部在胸椎，则分离到横突肋凹的水平部位；如果患病部位在腰椎，则分离到横突的基部。若需要处理椎间盘或椎管内的病变，则进行半椎板切除术。然后用持骨钳或巾钳牵拉背侧棘突使脱位椎骨复位并固定椎骨。两个助手轻轻牵引动物的头和尾，以协助术者整复脊椎。复位后，可用钢丝贯穿每一关节面以保持椎骨的复位状态。然后用电钻或气钻在脱位处每侧的椎体钻孔，并将克氏针插进椎体。前腹侧与后腹侧走向的克氏针，是在脱位关节的前方与后方椎体的外侧穿至椎体的中间；每根克氏针从椎体腹侧穿出 2～3 mm，在背侧棘突水平线下 3～4 mm 处切断克氏针，并用骨针切割器在每根针的背侧游离端做切迹，使其表面粗糙以加强骨水泥的附着效果。把骨水泥敷在克氏针周围，确保包裹住克氏针的每一面并覆盖针的背侧面（图 24-12）。操作时要小心，避免骨水泥接触到脊髓和神经根。骨水泥必须跨越脱位关节的前、后椎体，使其得以连接、固定。用冷生理盐水冲洗骨水泥 5 min，消除聚合作用产生的热量。用不可吸收的单丝线，间断缝合腰背筋膜至背中部。

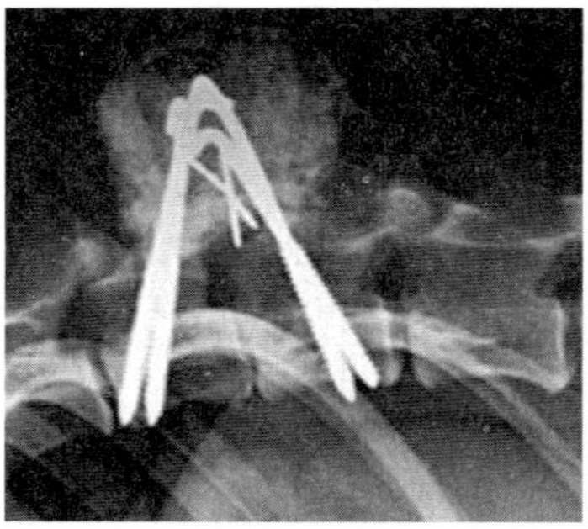

图 24-12 胸腰部脊椎骨水泥固定法

（三）腰荐段脊椎脱位

腰荐段脊椎脱位（luxation of the lumbar or sacral vertebrae），常由强烈外力引起，常发生第六至七腰神经根及荐部神经根的损伤。

症状 表现为坐骨神经、会阴神经、直肠后神经、盆神经的机能障碍，以及后肢运动与感觉障碍、肛门松弛、排粪排尿困难等临床症状。X 线检查，可见到腰荐间椎体脱位，且常并发椎骨、盆骨和股骨的骨折与荐髂关节脱位。临床上需要确定有无泌尿生殖系统、神经系统或腹腔内脏的损伤，为确定治疗方案与判断预后提供依据。

治疗 保守治疗包括限制运动，笼养 4～6 周，用抗炎药，如美洛昔康，每天按压膀胱排尿 4 次，后躯理疗 2～3 次，直到后躯神经功能与运动机能恢复为止。

手术治疗常用背侧骨水泥固定。俯卧保定，做背中线切口，在棘突两侧分离背侧棘突、椎板、关节突、椎弓根和副突上的脊柱肌肉。

并发腰荐关节脱位时，荐椎前移，由第七腰椎覆盖。其复位的方法是：将钳端伸入荐椎前端腹侧，以第七腰椎的椎板后部作支点，将荐椎撬起。操作时，一助手用持骨钳或巾钳夹持两侧髂骨翼向后上方牵拉，另一助手向前牵拉头颈部或两前肢，术者在向腹侧推压第六至七腰椎的同时用钳端撬起荐椎。注意：钳端的位置要准确，牵拉要用力均匀、适度，勿损伤神经根。复位后，在关节突打孔并用金属丝连接固定，以预防再次移位。然后，在第七腰椎棘突下方相对应的两侧髂骨翼上各打两个孔，穿入两根克氏针，针的两端折弯，预防术后滑脱。采用克氏针与骨水泥固定或锁定加压板固定。

三、肩关节脱位

肩关节脱位（scapular dislocation），是指肱骨近端的关节面与肩胛骨的关节盂（肩臼）发生分离或移位。常见的有内侧或外侧脱位，罕见前、后脱位。

病因 可见于外伤或遗传因素。

外伤性肩关节脱位，常伴有胸部损伤。外侧脱位，与盂肱韧带、冈下肌腱断裂有关；外伤性内侧脱位，与内侧盂肱韧带、肩胛下肌腱断裂有关。外伤可导致气胸、血胸、肺挫伤和肋骨骨折。

肩关节半脱位或不稳定，与关节囊和韧带松弛有关。例如，可见于内侧盂肱韧带、肱二头肌腱松弛或肩臼缘撕裂、关节囊松弛和滑膜炎。不同程度的退行性骨关节病，使病畜肩部出现慢性疼痛与跛行。

症状 临床上需要区分外伤性与先天性肩关节脱位。外伤性肩关节脱位，见于不同年龄和品种的犬，猫罕见；先天性内方脱位，见于小型或幼龄动物，在年幼时就出现跛行，没有外伤史。外伤性肩关节脱位，患肢提举屈曲，免负体重。外方脱位时，脚内旋，在正常位置的外方可触摸到肱骨大结节；内方脱位时，脚外旋，肱骨大结节内移。他动肩关节，出现疼痛与捻发音。先天性内方脱位时，常有跛行，关节易脱位和整复，他动运动一般无疼痛。如果关节盂变形，肱骨头不易复位。有的小型犬，慢性内方脱位仅表现为间歇跛行和轻度骨关节病。前、后位与侧位 X 线拍片检查时，可以见到肱骨头移位和肩关节病变。

治疗 早期仅表现间歇性跛行和轻度退行性关节病时，可在急性发作期给予消炎止痛药，如水杨酸钠、氟尼辛葡甲胺、美洛昔康等，并限制活动，保持安静。外伤性肩关节脱位，可采取闭合性整复与开放性整复，然后加以固定，或者在肩关节周分点注射乙醇，以限制活动或促进组织增生。

手术治疗包括关节囊缝合术、肌腱互换术、关节盂切除术和肩关节固定术等。开放性整复的、易复发的或慢性脱位的，可行关节囊缝合术、肌腱转位术；严重退行性关节病、肱骨头或关节盂粉碎性骨折或其他固定方法不易成功的病例，可行肩关节融合术等，用肩部的活动代替肩关节的运动。

（1）内方脱位手术固定 做前内侧手术通路。自肩峰中间越过肱骨大结节至肱骨干中部内侧做皮肤、皮下组织切开。自臂头肌外侧缘切开筋膜，向内牵拉臂头肌，切开胸浅肌与胸深肌在肱骨的附着点，并将两肌肉向内牵拉，分离胸深肌与冈上肌之间的筋膜，防止损伤肩胛上神经。向外牵拉冈上肌，切开喙肱肌腱，暴露肩胛下肌腱并切断。如果关节囊未破裂，切开关节囊，检查关节腔与关节面有无病变，处理好后闭合关节囊并固定肩关节。

用非吸收性缝线重叠缝合关节囊，褥式缝合肩胛下肌腱。切断肱二头肌腱上方的肱骨横韧带，在肱二头肌腱下方的关节囊上做一小切口，游离此肌腱并将其向内侧牵拉、移位，用螺钉固定肱二头肌腱于肱骨上，螺钉与腱之间加保护垫（图 24-13）。为了预防治疗期间肱骨头外旋，可在关节盂内缘与肱骨大结节之间钻孔并用不可吸收材料做固定缝合。将胸肌与三角肌筋膜缝合。

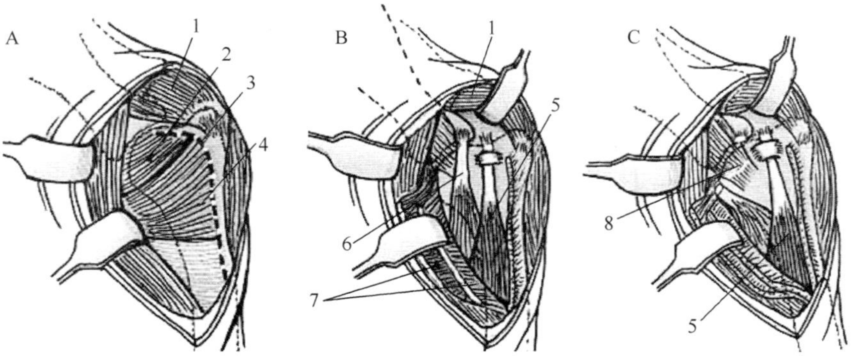

图 24-13　内方脱位手术固定

A．沿喙状肱肌侧缘切开筋膜；B．切开肱骨胸浅、深肌；C．横断喙状肱肌腱；1．冈上肌；2．胸深肌；3．切开线；4．胸浅肌；5．肱二头肌；6．喙肱肌腱；7．胸浅、深肌；8．肩胛下肌腱

（2）*外方脱位手术固定*　做肩关节前方手术通路。自肩胛突附近至肱骨近端做皮肤、皮下组织切开。沿三角肌肩峰部前缘弧形切开三角肌肩峰部，向外牵拉三角肌。切开胸浅肌与胸深肌在肱骨的附着点，并将两肌肉向内牵拉，向深部分离胸深肌与冈上肌之间的筋膜，用骨凿切下肱骨大结节，包括冈上肌附着点。如果关节囊未破裂，切开关节囊，检查关节腔、关节面和关节盂外侧缘有无病变，处理好后闭合关节囊并固定肩关节。

用非吸收性缝线重叠缝合关节囊。切开肱二头肌腱上方的肱骨横韧带，在肱二头肌腱下方的关节囊上做一小切口，游离此肌腱并将其向后外侧牵拉，移位至被切开的肱骨大结节位置。然后，用加压骨螺钉固定大结节，使肱二头肌腱向后外方移位，并用非吸收性缝线将其与三角肌筋膜进行间断缝合。

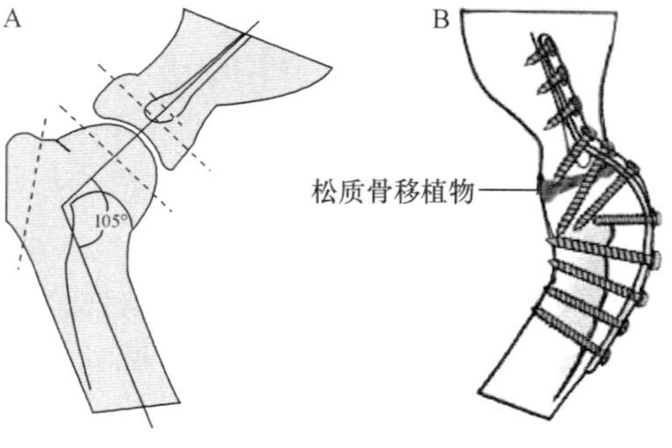

图 24-14　肩关节融合术

A．肱骨大结节、肱骨头和关节盂切除线；B．接骨板固定

（3）*肩关节融合术*　实施肩关节前外侧和前方手术通路，自肩胛冈末端至肱骨干中部切开皮肤与皮下组织，切除肩胛突和肱骨大结节。自盂上结节分离肱二头肌腱，用摆锯或骨凿切除关节盂的突起与肱骨头。在肱骨与肩胛骨呈 105° 的状态下，关节盂与肱骨头的切除线平行（有一定的个体差异）。将两骨断面靠近，用克氏针自肱骨前面暂时固定肱骨与肩胛骨（图 24-14）。在肱骨前面将 8～10 孔接骨板固定在肱骨与肩胛冈上，接骨板的形状与骨轮廓适应，必要时可用咬骨钳咬除部分肱骨。接骨板不要损伤肩胛上神经，用一根骨螺钉穿过肱骨与肩胛骨的断面。取出克氏针，用周围的筋膜或骨螺钉固定肱二头肌腱，用骨螺钉或克氏针固定肱骨大结节。

（4）*术后护理*　犬肩关节外方脱位时，患肢用夹板和绷带固定 10～14 d，内侧脱位可用绷带悬吊患肢 10～14 d；术后要限制活动，解除绷带固定后继续限制活动 3～4 周。做了肩关节融合术的犬，经 X 线检查确定骨断面愈合后方能拆除外固定，一般需要 6～12 周，然后开始适量运动。

四、肘关节脱位

肘关节脱位（elbow dislocation）是肘部常见的损伤。

病因 常见于外伤，如车祸、坠落等，也可见于肘关节或桡、尺骨先天发育异常。外伤易导致外方脱位，常伴有一侧或双侧韧带断裂或撕裂；严重的，屈肌或伸肌在肱骨髁发生撕裂，有时伴有骨折。慢性脱位可引起软骨软化、软骨破坏和退行性关节病。

症状 外伤性肘关节脱位，损伤后即出现跛行，患肢不能负重，肘关节呈屈曲状态，因疼痛而抗拒伸展肘关节。外方脱位时，触诊桡骨头明显，肱骨外髁不明显，鹰嘴移位。正位 X 线片显示桡尺骨与肱骨分离，侧卧片则显示肱桡关节间隙变小或消失。

治疗 经闭合复位和绷带固定，多数病例可以痊愈；小型动物较大型动物易恢复。复位后用绷带固定 2 周并限制活动，拆除绷带后 3～4 周逐渐恢复正常运动。对伴有韧带或肌肉附着点撕裂、骨折的病例，需要做开放性整复和内固定。

（1）闭合性整复肘关节 以外方脱位为例。在损伤后几天内，多数病例可以整复。屈曲肘关节约呈 100° 角，向内旋转前臂并同时内推轴突，当轴突越过肱骨外髁时，使轴突进入鹰嘴窝后轻轻伸展肘关节；在外展和内旋前臂的同时向内推压桡骨头，使其自肱骨远端下方移动到正常的解剖位置。判断内、外侧副韧带是否断裂的方法是：屈曲肘关节，使其与掌部呈 90° 弯曲，向内、向外旋转掌部，若向内可旋转 140°，则为外侧副韧带断裂；若可向外旋转 90°，则为内侧副韧带断裂。

（2）开放性整复与固定 肘关节部后外侧做切口。自肱骨外髁近端经过肘突至桡骨近端弧形切开，分离皮下组织暴露臂三头肌前缘，分离臂三头肌并向后牵拉，暴露肘肌和关节囊。整复脱位的肘关节，若臂三头肌的张力过大不易整复，可实施鹰嘴切开术，复位后再固定鹰嘴。检查韧带及其止点，对撕裂的附着点加以固定，对断裂的韧带用非吸收性缝线进行褥式缝合。若内侧韧带断裂，可再从内侧切开，修复内侧韧带。对不易修复的肘关节脱位，可做肘关节融合固定术。

肘关节融合固定术：行后外侧手术径路。测定对侧健肢站立时肘关节的角度，以确定患肢肘关节固定的角度。自肱骨远 1/3 的外侧向尺骨做弧形皮肤切口，切口的后部距肘突 4～5 cm，远端至尺骨近 1/3 处，切口中点位于肘头水平。切开并分离皮下组织，使鹰嘴上方的皮肤可拉至肘内侧，显露内上髁。沿臂三头肌外侧头与内侧头的前缘切开臂深筋膜，在鹰嘴附近分离臂三头肌腱前方的组织以游离此肌腱，注意保护尺神经。然后，用线锯锯断鹰嘴；分离肘肌在鹰嘴上的附着点，向前牵拉肘肌。依据关节的弧度切除部分肘头。切开腕桡侧伸肌与指总伸肌之间的筋膜。游离腕桡侧伸肌的近端，将其切断并向前牵拉，暴露关节囊与肱骨外髁。切开外侧韧带，提起伸肌的止点，暴露关节面。用磨钻去除关节面软骨，用克氏针临时固定、连接肱骨与尺骨，将接骨板的形状制成与肘关节的弧度相适应。然后，将接骨板用骨螺钉固定在肘关节的后部，有部分骨螺钉要穿过尺骨与肱骨、尺骨与桡骨，取出临时固定用的克氏针。用骨螺钉将鹰嘴固定在侧面尺骨断面上。

五、荐髂关节脱位

荐髂关节脱位（sacroiliac luxation）是指荐骨翼和髂骨翼之间的关节联合发生分离。

病因 临床上多见于外伤，如车祸、打击、坠落等；大家畜当产道狭窄难产时，若强行牵拉胎儿，也可导致荐髂关节不完全或完全脱位。车祸、打击等外力常同时导致盆骨骨折，或盆骨与股骨骨折。坐骨神经与股神经在荐髂关节附近，外力可导致神经的损伤，术前需要做出正确的诊断，以判断预后。

症状 患肢不能负重或轻微负重，如果对侧的股骨和盆骨损伤，则患侧仅为荐髂关节脱位，可用脱位的患侧肢体负重。动物一般拒绝触诊检查，镇静后可检查到患侧髂骨向背侧移动；强迫站立时，可见患侧髂骨升高，荐部下沉、凹陷。X 线检查，可见荐骨与髂骨分离。需注意髂骨、坐骨、耻骨与股骨有无骨折，偶尔出现荐骨骨折。

治疗 犬一侧脱位，药物治疗可以缓解疼痛，十几周后跛行逐渐减轻。但双侧脱位或伴有盆骨骨折时，建议手术治疗。

动物行侧卧保定，患侧在上，背中线抬高，与桌面呈 45° 角。经髂骨外侧手术切口暴露髂骨嵴（见第二十三章第二节中的髂骨体骨折手术）。因荐髂关节的连接韧带被损伤、撕裂，切开腰部筋膜就可向外牵引髂骨，显露髂骨和荐髂关节。

持骨钳向腹侧牵拉髂骨，清理术部异物，可显露荐骨翼的关节面软骨。牵拉髂骨翼外侧面的臀中肌，可充分显露髂骨，便于安装固定材料。在距荐髂关节面新月形关节软骨前方 2 mm 和距关节软骨中心 2 mm 处钻孔，荐骨体钻孔的深度超过荐骨背中线。通过触摸髂骨翼内侧关节隆起以确定在髂骨的钻孔位置；事先钻的孔，螺钉刚拧至髂骨内侧面时向后牵拉髂骨，使荐髂关节面对合，使骨螺钉尖端刚好与荐骨关节面上钻的孔对合，在直视的情况下将骨螺钉拧入荐骨体。如果空间允许，在第一个螺钉的前面、背侧再拧入骨螺钉。选用松质骨骨螺钉，或者在髂骨上钻大孔后可用密质骨骨螺钉。螺钉的长度需要测量，钉的长度要超过背中线；方向与位置准确，不能进入椎管损伤脊髓或脊神经。对于大型犬，为了加强固定效果，可用螺杆横过第七腰椎连接左、右侧的髂骨翼，螺杆一端折弯，另一端安装螺母。荐髂关节固定后，可能发生盆腔狭窄，导致难产。在直视荐骨翼外侧的情况下安装荐骨骨螺钉。

六、髋关节脱位

髋关节脱位（hip dislocation）是指股骨头自髋臼中脱出移位。常见于牛、犬和猫，马也有发生。髋关节脱位包括全脱位与不全脱位。全脱位是指股骨头完全移出髋臼窝，不全脱位是指股骨头与髋臼窝部分接触。根据股骨头相对于髋臼的移位方向，全脱位又分为前方脱位、上方脱位、后方脱位和内方脱位。临床上多出现前方与上方脱位。

病因 髋关节的臼窝浅、股骨头的弯曲半径小、髋关节韧带（尤其是圆韧带、副韧带、横韧带）薄弱是重要的内因，有些牛没有副韧带。

症状

（1）*前方脱位* 股骨头转位固定于髋臼的前方，大转子向前方突出，髋关节部变形隆起，他动运动时可听到骨摩擦音。站立时患肢外旋、短缩，运步时强拘，患肢拖曳而行，抬举困难。患病时间比较长时，起立、运步均困难。如果新增殖的结缔组织长入髋臼窝、股骨头被关节囊样的结缔组织包裹，则此时已失去了闭合性整复的可能性。

（2）*上方脱位* 股骨头被异常地固定在髋臼的上方。站立时患肢缩短，飞节比对侧高数厘米；患肢外旋，蹄尖指向前外方，呈内收肢势或伸展状态；他动时患肢外展受限，内收容易。大转子明显向上方突出。运动时，患肢拖曳前进，并向外划大的弧形。

（3）*后方脱位* 股骨头位于髋臼后方，被异常固定于坐骨外支下方。站立时，患肢外展叉开，比健肢长，患侧臀部皮肤紧张，股二头肌前方出现凹陷沟，大转子原来的位置凹陷。突然向后牵引患肢时，可听到骨摩擦音。运动时，三肢跳跃，且患肢在地上拖曳，明显外展。

（4）内方脱位　股骨头位于髋臼下方，并进入闭孔内时，站立时患肢明显短缩。他动运动，患肢内收、外展均容易。运动时患肢不能负重，以蹄尖着地拖行。直肠检查，可在闭孔内摸到股骨头。

以上几种髋关节脱位是其全脱位的典型症状。全脱位时，圆韧带断裂或撕裂，关节囊出现破裂口或完全撕裂，整复后易再次脱位。无论是大动物还是小动物，完全脱位的整复固定均较困难，且在大动物多预后不良。早期整复，是保证关节软骨活力的关键。各家畜的不全脱位，如能及时整复、妥善固定，一般预后良好。

治疗

（1）闭合复位　适用小型动物的髋关节脱位（完全和不完全脱位）和大动物的不完全脱位。全身麻醉，侧卧患肢在上，前上方脱位时患肢稍外转，向与脊柱呈120°的方向强力牵引；术者手抵大转子用力强压试行整复，股骨头还位时可听到股骨头复位的撞击声。后方脱位时，助手用双手紧握患肢的跖部和跗关节上方，将患肢向侧方轻轻移动，突然用力向躯干推腿，同时再向外方旋转以整复股骨头。内方脱位整复时，大动物患肢球节部系一软绳由助手用力牵引，在牵引患肢的同时用一圆木杠置于患肢的股内部，由二人用力向上抬，术者用两手用力向下压大腿部，如感觉到或听到一种股骨头复位撞击的声音，即整复。

整复后，让动物侧卧一天，等待局部炎性反应出现后可借以固定；或者在患髋关节周围分点注射10%盐水，以加速炎性反应。复位后数日内禁止患病动物卧倒，应吊起保定，预防再发。

（2）手术固定　主要用于小动物闭合复位不成功、长期脱位或脱位并发骨折者。在牛、马，有人试用手术整复，但长期效果不良，未被广泛采用。

1）手术通路：采用髋关节前外侧通路（见第二十三章第二节中的髋臼骨折手术），显露髋关节。用灭菌生理盐水冲洗髋臼，清除组织碎片，复位股骨头，检查关节囊的完整性、髋臼覆盖股骨头的程度及髋关节的稳定性，以确定固定的方法。髋关节的固定方法，可采用关节囊重建术、关节囊背侧固定术、人工圆韧带固定术等，最终使关节囊增生，以限制股骨头脱出。

2）关节囊重建术：股骨头通过破裂的关节囊脱出或因关节囊在股骨颈附着处撕裂松弛而脱出者均可采用此法。用非吸收性缝线对关节囊采用间断褥式缝合。若关节囊在其附着处撕裂，可在股骨颈上钻一小孔，利用此孔穿过缝线使关节囊附着。

3）关节囊背侧固定术：在许多情况下，由于关节囊破损严重，造成缝合困难，可在股骨颈背侧钻一横孔，取0～2号合成非吸收性缝线或尼龙丝线，在金属丝的引导下穿过该孔；在髋臼背侧缘安置骨螺钉，螺钉的位置在类似时钟的11点和2点处（右侧）、或10点和1点处（左侧），将前述穿入大转子颈部钻孔的缝线（固定线）与螺钉缠绕并打结，以固定髋关节。此外，还可采用接骨板关节囊背侧固定，其方法是采用折弯器将接骨板一端折弯，使其与关节囊的形状吻合；将接骨板固定于髂骨体（需3～4个螺钉），弯曲端紧贴关节囊，但活动关节时以不触碰大转子为宜。

4）人工圆韧带固定术：在大转子下方股骨颈中轴线处钻孔，钻头穿过股骨头至髋臼圆韧带附着点并钻入盆腔，然后将多股不可吸收人造缝线或人工圆韧带（由阔筋膜制作）穿入到股骨颈与髋臼钻的骨通道，在人工圆韧带的髋臼盆腔端连接一短棒，防止人工圆韧带滑脱；在大转子下方钻的股骨颈中轴孔的下方再钻一横孔，将人工圆韧带的股骨端穿过此横孔并打结（图24-15）。人工圆韧带的松紧度，以股骨头与髋臼窝良好对合为准。圆韧带在髋臼附着处的壁厚3～4 mm，钻孔时勿损伤盆腔脏器。人工圆韧带可能造成股骨头不可逆性损伤。

（3）股骨头和股颈切除术　对于小、中型犬单侧性髋关节脱位，可进行股骨头和股

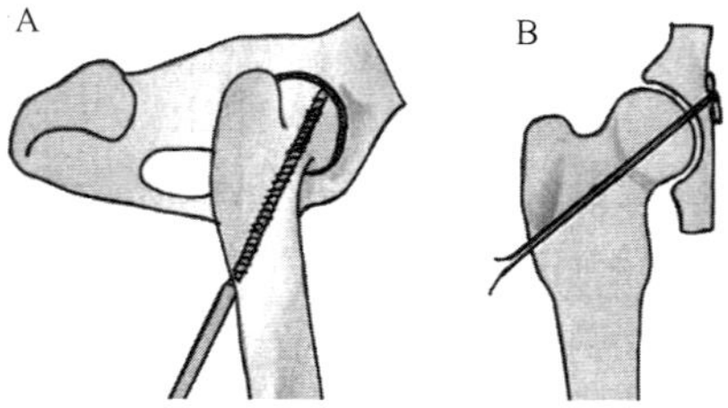

图 24-15 髋关节人工圆韧带固定术

A. 钻孔；B. 拴系人工圆韧带

颈切除术（手术方法详见本章第七节中的髋关节发育不良），术后腿部肌肉无明显萎缩，无明显跛行，效果良好。

七、髌骨脱位

髌骨脱位（patella dislocation）是指髌骨离开滑车沟，至滑车嵴的内侧或外侧，多发生于犬、牛和马。根据髌骨的变位方向分为上方脱位、内方脱位及外方脱位，马、牛以上方脱位为多见，有时两后肢同时发病。在犬，多发生于小型犬，且以内方脱位多见；大型犬多发外方脱位；有的可同时发生两侧髌骨内方或外侧脱位。

病因 主要始发因素为自身结构的缺损，如髋内翻或外翻、股骨头前倾或后倾、股四头肌外侧肌群发育不良，导致股四头肌受力方向异常和骨质生长不均、股四头肌移位、股骨远端扭曲、远端 1/3 股骨向外或内侧弓突、股骨骨骺发育不良、滑车沟变浅、膝关节旋转不稳、胫骨变形等。其次是外力作用和机械性损伤。

症状

（1）上方脱位 髌骨被固定于滑车嵴的近端，患病关节不能屈曲，站立时大腿、小腿强直，呈向后伸直肢势，膝关节、跗关节完全伸直而不能屈曲（图 24-16A）；运动时，以蹄尖着地，拖曳前进，同时患肢高度外展，或患肢不能着地以三肢跳跃；他动患肢不能屈曲。触诊髌骨，被异常固定于股骨内侧滑车嵴的顶端，内直韧带高度紧张。如两后肢髌骨上方脱位同时发生时，则病畜完全不能运动。有时病畜在运动中突然发出髌骨复位声，脱位的髌骨自然复位，恢复正常的肢势，跛行消失。如症状长期持续，常并发关节炎、关节周围炎。

（2）内方脱位 髋内翻、股骨头前倾或后倾及股外侧肌群发育不良，导致股四头肌受力异常和移位、股骨远端向外侧弓突、滑车沟变浅、胫骨变形、股膝外侧韧带断裂、髌骨固定于膝关节的上内侧方、膝直韧带向上内方倾斜。驻立时，犬患肢呈弓形腿，膝关节屈曲，趾尖向内，后肢呈不同程度的扭曲性畸形，小腿向内旋转，股四头肌群向内移位；行走时跛行，有时呈三脚跳步样。触摸髌骨或伸屈膝关节时可发现髌骨脱位。随着病程的发展，肌腱挛缩，髌骨复位困难。

（3）外方脱位 外力作用引起膝内直韧带受牵张或断裂，髌骨向外方脱位。站立时膝、跗关节屈曲，患肢前伸，蹄尖轻轻着地（图 24-16B）；运步时，除髋关节能负重外，其他关节均高度屈曲，表现支跛。触诊髌骨外方脱位，其原位置出现凹陷，同时髌直韧带向上外方倾斜。犬髌骨外方脱位时，表现跛行，偶尔呈三脚跳步样，患肢膝外翻，膝关节屈曲，小腿、脚尖向外翻转，伸展膝关节或向外移动髌骨时可引起髌骨外方脱位。严重时，复位困难。

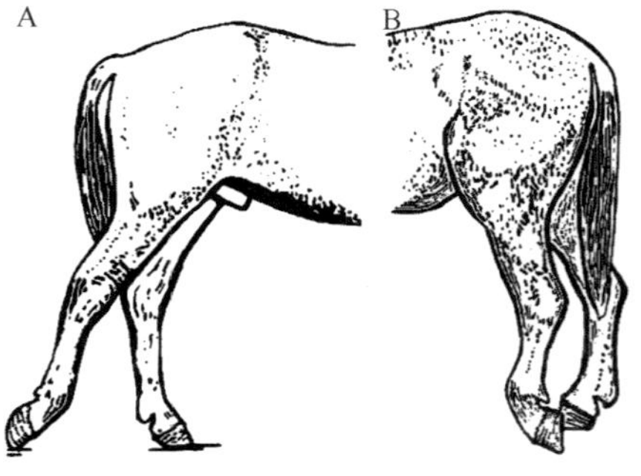

图 24-16 马髌骨上方与外方脱位

A. 上方脱位；B. 外方脱位

严重双侧髌骨脱位，导致两后肢站立困难，卧地不起。

诊断 根据临床症状、触诊结合 X 线检查可确诊。X 线检查，可发现髌骨移位并与滑车沟分离，股骨或胫骨呈现不同程度的扭转样畸形。

牛髌骨上方脱位应与股二头肌转位做鉴别诊断。股二头肌转位时，患肢伸展程度比较小，髌骨仍保持活动性，髌骨韧带也不甚紧张，大转子突出明显。马髌骨外方脱位应与股神经麻痹及髌骨上的伸肌断裂做鉴别诊断。股神经麻痹时，髌骨不移位，并无痛性肿胀；髌骨上的伸肌断裂时，在初期可摸到凹陷的伸肌断裂处。

早在 1968 年，Putnam 提出了髌骨脱位的分级，Roush（1993）对其分级进行了简化。

1 级：常不表现跛行。髌骨可人为脱位，但外力解除后可自动复位。

2 级：表现在跑动时偶尔悬膝跳跃或负重跛行。髌骨在人工外力作用或膝关节屈曲时，发生脱位，但可在膝关节伸展或外力作用下复位。

3 级：常表现为跑动时悬膝跳跃至负重跛行。髌骨持续脱位，可人为复位，但外力解除后又重新脱位。

4 级：表现非负重跛行。髌骨脱位，不能人工复位。

治疗　包括保守治疗与手术治疗。

1. 保守治疗　对于小动物，可用手直接推压髌骨使其复位。对于牛、马等大动物的上方脱位，可让病畜急速侧身后退或直向后退，脱位的髌骨可自然复位；如不能整复，可用长绳系于患肢的系部，从腹下部向前，由对侧颈基部向上、向前，从颈部上方紧拉该绳，向前上方牵引患肢，使膝关节屈曲，同时术者以手用力向下推压脱位的髌骨，促进复位；或倒卧复位，患肢在上侧卧保定，全身麻醉，对患肢做前方转位，用力牵引，同时术者用力推压髌骨以复位。复位后，局部涂以刺激剂，暂时停止活动，以防其再次脱位。

2. 手术治疗　用于上述复位方法无效时的脱位及习惯性髌骨脱位。

（1）牛、马髌骨脱位手术

1）上方脱位：常采用膝内侧直韧带切断术。病畜柱栏保定或侧卧保定（患肢在下）。术部剃毛消毒，适当使用镇静剂，先确定胫骨结节或胫骨粗隆，可摸到紧张的膝内侧直韧带，周围局麻。在胫骨结节稍上方膝内侧直韧带与膝中侧直韧带之间的沟内，纵向切开皮下 6～7 cm，切开皮下组织、浅筋膜，钝性剥离内侧直韧带周围的组织，将球头弯刃刀插入内侧直韧带下方，由内向外切断韧带（图 24-17）。创内撒布抗生素，缝合筋膜和皮肤，包扎绷带。

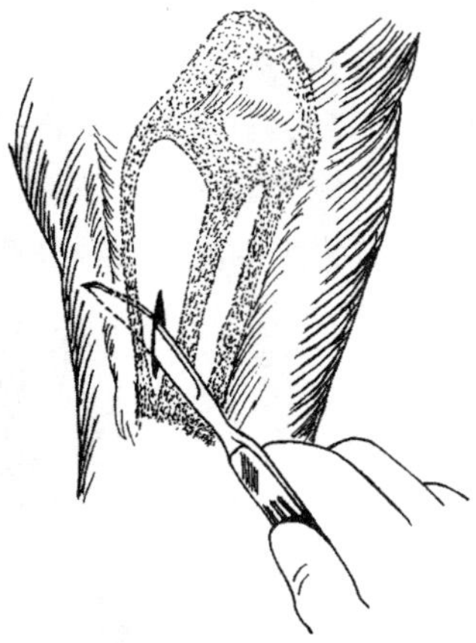

图 24-17　马膝内侧直韧带切断术

2）髌骨外方脱位：沿髌骨外缘做长 10 cm 的切口，暴露股阔筋膜张肌，在膝中侧直韧带与膝外侧直韧带间纵切股阔筋膜张肌，然后切断股二头肌在膝外侧直韧带的抵止点，髌骨可复位。常规缝合切口。然后，在关节前面沿股骨内侧滑车嵴的内方做 10 cm 的弧形切开，暴露关节囊，沿此滑车嵴内侧对关节囊做一排伦勃特缝合，直至髌骨顶端水平，将髌骨固定在滑车沟内。

3）习惯性内方脱位：还可使用削蹄疗法，即切削患肢的蹄外侧负面，多切削踵壁，少切削蹄尖壁，使蹄负面造成内高外低的倾斜状态。患肢在运动时可表现为向内捻转步样，对外侧蹄负面倾斜度的切削应分数次逐渐调整，直至机能障碍消失。或者用装内侧垫高尾蹄铁的方法进行治疗。

（2）犬髌骨脱位的手术治疗　以下均以髌骨内方脱位为例介绍手术方法，外方脱位的治疗方法与内方脱位相似。

做膝关节外侧皮肤切口（见第二十三章第二节中股骨远端骨折的手术治疗），在髌骨旁约 0.5 mm 处平行于膝韧带切开阔筋膜和关节囊。髌骨复位的手术方法有关节囊重叠缝合、人工外侧韧带固定、内侧松解术、滑车沟加深术、胫骨粗隆外方移位术、前胫骨楔形截骨术（见本章第四节中的膝关节前十字韧带断裂）等。关节囊重叠缝合和人工外侧韧带固定适用于1～2级髌骨脱位，或者配合其他方法用于3～4级髌骨脱位手术。内侧松解术适用于髌骨内侧张力过大，难以复位的情况。滑车沟加深术适用于滑车过浅，发育期犬髌骨脱位常伴有滑车沟过浅。胫骨粗隆移位术适用于股四头肌角（QA）过大的病例。股四头肌角，即在骨盆的腹背位X线片上，测量股直肌起点至股骨滑车中点的连线与滑车中点至胫骨粗隆连线之间所形成的角，减去180°。髌骨外方脱位时，QA为负值；内方脱位时，QA为正值。正常QA的绝对值常小于12°，手术后QA值通常纠正33%～58%。对于3～4级髌骨脱位，常采用多种方法同时并用。髌骨脱位手术在1～3级病例的成功率较高，但在第4级时有一定的复发率和并发症出现率，常分别为3%～12%和8%～22%。并发症主要包括血肿、疼痛、创口裂开、滑车楔状骨移位、化脓性关节炎、胫骨粗隆松脱、髌骨过度松弛、膝关节伸展不充分和退行性关节病。

1）关节囊重叠缝合：分离皮下组织和筋膜，切开关节囊。将内、外侧创缘做水平褥式重叠缝合（图24-18），然后外侧创缘与关节囊纤维层行间断缝合。

2）人工外侧韧带固定：利用自体阔筋膜加强固定作用。在髌骨近端，沿股直肌外侧缘向上切开阔筋膜，制作一条自体阔筋膜带，与髌骨等宽，与髌骨至腓肠豆间距离的2倍等长，其远端与髌骨上极相连，近端游离。用弯止血钳分离股腓韧带，牵引阔筋膜带绕腓肠豆后抽紧，将阔筋膜带游离端缝合固定于髌骨近端。用可吸收性缝线闭合阔筋膜切口。

3）内侧松解术：适用于髌骨复位困难时。用止血钳从左侧关节囊切口进入，绕过髌骨内侧面至内侧关节囊。切开髌骨内侧筋膜、关节纤维囊和滑膜囊。根据张力大小可适当纵向延长切口，内侧关节囊切口不缝合（图24-19）。若股内侧肌造成的髌骨内侧张力仍然偏大、角度异常，髌骨仍不能复位，可在髌骨近端切断部分股内侧肌腱，并将其与股中间肌腱缝合。

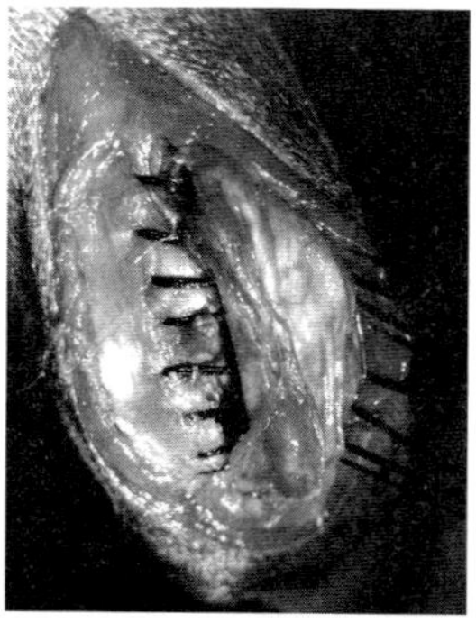

图24-18　关节囊重叠缝合方法

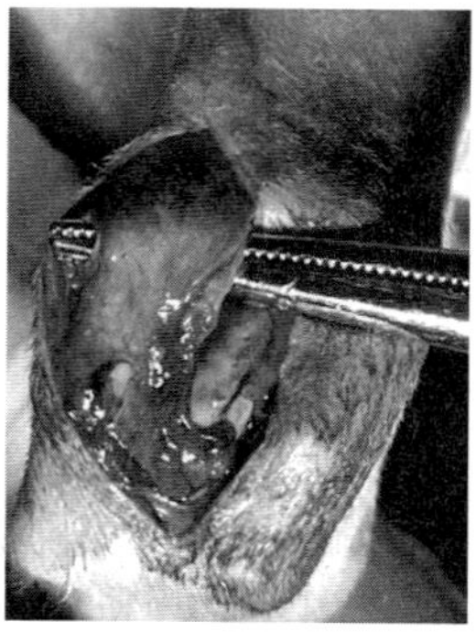

图24-19　内侧松解术

4）滑车沟加深术：依照前述膝关节外侧皮肤切口打开关节腔，向内侧牵拉髌骨使其脱位，暴露滑车沟。滑车沟加深可通过三种方式：①滑车切除成形术（trochleoplasty），用骨钻、骨锉等去除关节软骨及其下骨组织，加深滑车沟的深度。新滑车沟的宽度与髌骨相适配，深度应能容纳50%髌骨高度。此法的缺点是破坏了关节软骨。②滑车楔形切开成形术（trochlear wedge recession），呈等边形切开股骨滑车，移出骨软骨楔，再从一侧或两侧使沟加深。重新将骨软骨楔移入沟内，形成一新滑车沟（图24-20A）。此法可保留关节软骨，但需要计算好软骨楔的大小，在小型犬的操作难度较大。③软骨下切除成形术，小心切割滑车沟的关节软骨瓣，软骨瓣的远端游离、近端相连。掀起软骨瓣，采用牙钻、骨钻、骨锉等除去软骨下方的骨组织。最后，将软骨瓣贴附于新骨面上（图24-20B～D）。此法保留了关节软骨，减少了术后疼痛程度。

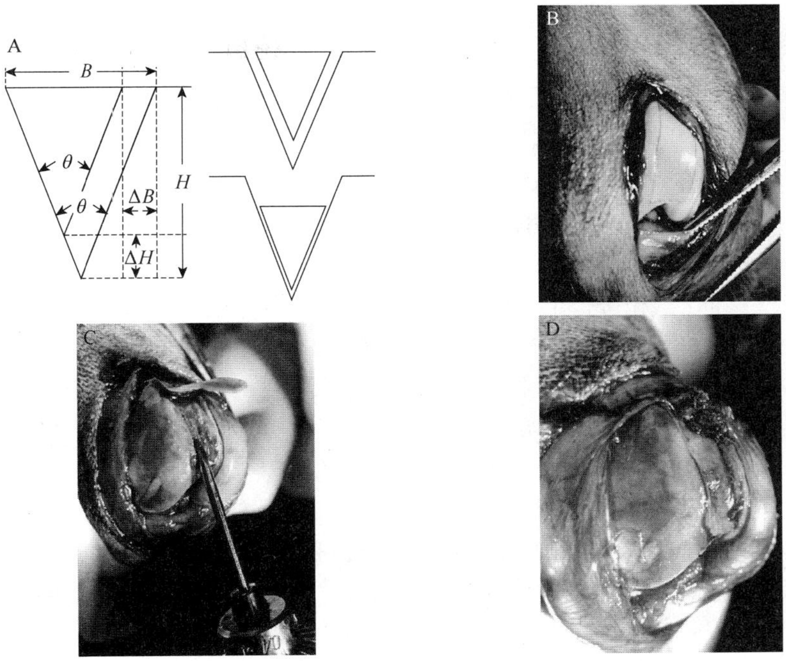

图 24-20 滑车沟加深术

A．滑车楔形切开成形术（软骨楔切开、一侧性切割使沟加深和软骨楔移入）；B．软骨下切除成形术，U 形切开软骨；C．剥离并掀开软骨瓣，用骨钻打磨除去骨组织；D．还纳软骨瓣，使其贴附在新骨槽面上

5）胫骨粗隆外方移位术：适用于髌骨 4 级脱位。在膝韧带外侧、髌骨下约 5 cm 处开始切开皮肤，并向下延伸至胫骨粗隆下方约 3 cm 处，分离皮下组织。在距髌韧带外侧 0.5 cm 左右处切开阔筋膜。在胫骨粗隆和胫骨平台外侧反向分离胫前肌直至其外侧的起点，注意勿损伤趾长伸肌腱。在胫骨粗隆的内侧切开筋膜和骨膜，并向髌韧带内侧进行钝性分离，游离髌韧带。用骨凿在距胫骨粗隆前 3～5 mm 处开始向其远端凿开胫骨粗隆，其远端应保持骨膜连接。根据胫骨粗隆和滑车沟的排列方向，确定胫骨粗隆外移的接纳位点（图 24-21）。向后牵拉胫前肌，除去接纳位点皮质骨的表层，将胫骨粗隆撬入该处，用骨螺钉（或克氏针）固定胫骨粗隆。

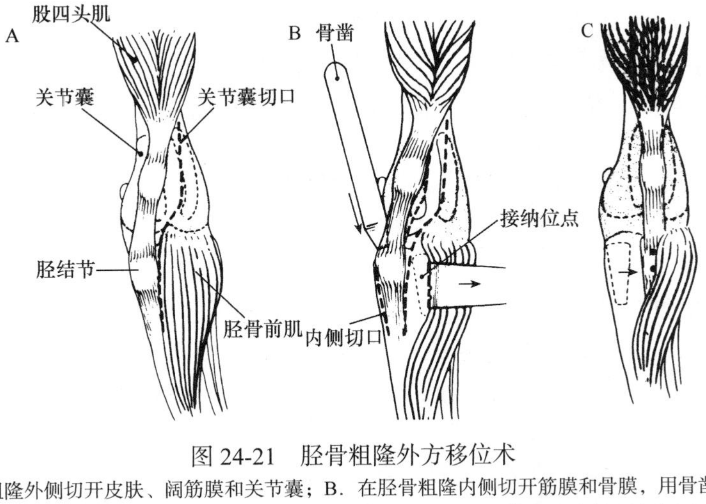

图 24-21 胫骨粗隆外方移位术

A．沿膝韧带和胫骨粗隆外侧切开皮肤、阔筋膜和关节囊；B．在胫骨粗隆内侧切开筋膜和骨膜，用骨凿凿开胫骨粗隆，向后牵拉胫前肌，暴露胫骨粗隆外移的接纳点；C．去除接纳点皮质骨，将胫骨粗隆撬入该处，用骨螺钉固定

八、指（趾）关节脱位

指（趾）关节脱位是指打击、暴力、扭伤等原因造成的指（趾）骨间的关节面移位或分离。

症状　受伤后患肢跛行，局部肿胀，指（趾）侧翻，触诊疼痛、指（趾）关节异常活动。做X线片检查，包括正位、侧位片，必要时再做斜位拍片，拍片范围包括掌部或跖部，可见指节骨端面移位。

手术治疗　仰卧或俯卧保定，患肢游离。开放性整复固定的手术切口多在背侧面，刀口直接跨过脱位的关节处；腹侧面切开常用于籽骨手术。患部的近心端用弹力止血带，减少术中出血。自脱位关节的背侧切开皮肤和皮下组织，暴露受伤的关节囊和两侧的副韧带。用可吸收性缝线水平褥式缝合关节囊，用非吸收性缝线水平褥式缝合韧带，使关节得以固定。检查伸肌腱有无断裂，若有断裂，用非吸收性缝线对其进行间断缝合。对不易整复固定或复发的脱位，可做指关节融合术。

指关节融合术：自指背侧切开皮肤和皮下组织，充分暴露指关节两端，用咬骨钳清除关节软骨，依据邻近或健康指关节的形状修整骨端面，使二者在适宜的角度时良好对合，在指背侧安置接骨板，接骨板的形状与关节处一致，且至少有一根骨螺钉穿过两骨的端面。对小型犬和猫，也可用克氏针与张力金属丝固定。

常规缝合皮下组织和皮肤，使肌腱和血管复位到其正常的位置。通过外固定技术减轻或避免患部负重。术后限制运动，应用止痛药；每4～6周进行一次X线检查，评价恢复的程度，确定关节固定或愈合良好后再进行适量运动。若关节固定不良，可发展为退行性关节病。

第六节　椎间盘突出

椎间盘突出症（protrusion of intervertebral disc）是指由于椎间盘变性，其纤维环局限性膨出或髓核经破裂的纤维环突出，压迫脊髓或脊神经根而引起的以后躯感觉和运动障碍等为特征的一种脊椎疾病。临床上，常见于小动物，尤其多见于小型犬。

病因　椎间盘渐进性的退变是本病的基本病因。椎间盘突出可能与下列因素有关。

（1）外伤　外伤可引起纤维环和软骨终板的破裂，促使椎间盘脱位。例如，动物从高处跳下、上下楼梯、嬉戏时跑跳、两后肢触地直立、在光滑的地板上突然跌倒等。

（2）遗传因素　本病多发于某些小型品种的犬，如腊肠犬、北京犬、法国斗牛犬、贵宾犬、可卡犬、西施犬、拉萨狮子犬等，且近亲繁殖的犬发病率高，无性别差异。

（3）内分泌因素　某些激素，如雌激素、雄激素、甲状腺素等可能影响椎间盘组织的退变。

病理　椎间盘主要由蛋白聚糖、胶原蛋白、弹性硬蛋白和水等成分组成。椎间盘髓核中央的蛋白聚糖和水含量较高。随着动物的年老和椎间盘变性，髓核中蛋白聚糖的含量下降，而胶原的含量增加；蛋白聚糖的多糖组成成分中硫酸软骨素的比例下降，硫酸角质素增加。纤维环的蛋白聚糖也减少，胶原增加，但硫酸角质素与硫酸软骨素的比值高于髓核。结果导致椎间盘组织液逐渐减少，缓冲震动的能力降低，易发生损伤。

椎间盘向背侧突出的类型分为两种：Ⅰ型和Ⅱ型。Ⅰ型为背侧环全破裂，大量髓核涌入椎管，突然发病，病情重；Ⅱ型仅部分纤维环破裂，髓核被挤入椎管，病程缓慢（图 24-22）。

椎间盘脱位的临床症状与损伤部位、突出物的大小、脊髓受压或受损程度有关。患病动物主要表现为感觉和运动障碍。病变部位在胸腰段（犬多在 T12 和 L2 间）约占 70%，第二腰椎至第一荐椎占 20%；颈椎段（犬多在 C2 和 C3 间）占 10%。胸腰段椎管与脊髓直径的比值较小，椎间盘突出容易产生急性脊髓压迫性病变。Ⅰ型病例，由于椎间盘突出物或血块的压迫，脊髓发生淤血、缺血、缺氧、水肿、软化和坏死等病变，导致后躯感觉和运动麻痹。若病情进一步恶化，脊髓软化呈上行性发展，可引起呼吸麻痹。Ⅱ型病例，脊髓受压轻微，多数受害部位在白质，局部出现一定程度的缺氧，但不会发生急性压迫性病变。

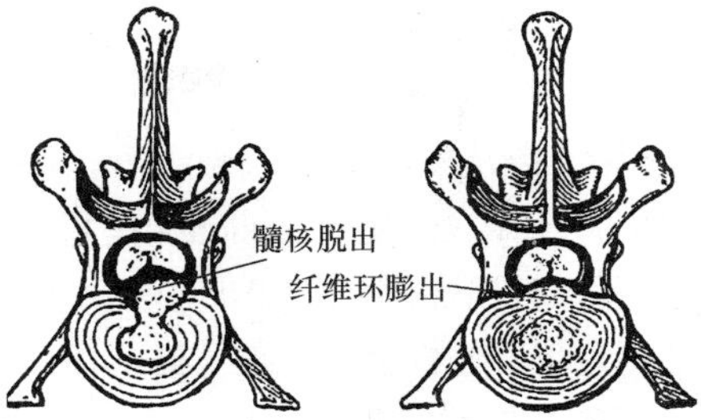

图 24-22　椎间盘脱位示意图

症状　颈椎椎间盘突出时，多表现为颈部肌肉痉挛、疼痛，运步呈踩高跷式步态，不愿转动头颈，前肢单肢或两肢跛行，约 10% 的患病动物出现四肢轻瘫。

腰椎间盘突出时，病初腰背部疼痛，弓背，腰背部肌肉紧张，尾下垂。疼痛剧烈的，表现为感觉过敏，一旦触及背部就会发出叫声。后躯无力，喜卧，强行驱赶时走路不稳，左右摇摆，严重者后躯瘫痪，后肢感觉迟钝或无感觉。急性病例，突然出现两后肢瘫痪，痛觉消失，排粪、排尿失禁。上运动神经元受损时，瘫痪肢体的腱反射增强，膀胱充满，张力大，挤压排尿困难；下运动神经元受损时，瘫痪肢体的腱反射消失，肌肉弛缓、萎缩，膀胱松弛，易行挤压排尿。

诊断　根据病史、临床表现、X 线检查和神经学检查等做出诊断。X 线检查对椎间盘脱位有重要意义。一般取侧位和背位拍摄，有时需要从斜位拍片才能看清椎间孔。椎间盘脱位可见髓核和纤维环矿物化、椎间隙变窄、椎管内有矿物化团块和椎间孔模糊等。脊髓造影，有助于确定脊髓病变的范围，可见脊索明显变细，椎管内有大块矿物阴影。另外，CT 和 MRI 检查，对椎间盘突出症的诊断也有重要的诊断价值。注意可能存在多个不同部位的椎间盘突出，以确定手术时是否需要多部位手术。陈旧性椎间盘病变的存在不一定是现症的原因，因此还应判断椎间盘突出与其临床表现的对应关系。神经学检查对预后的判断有重要意义。

治疗　包括保守治疗和手术治疗。

（1）*保守治疗*　仅表现为疼痛、共济失调或轻瘫者，可用保守治疗。治疗原则是限制活动、镇痛消炎，促进神经机能的恢复。限制活动十分重要，活动常使病情反复或加重。由于椎体下厚上薄，加之腹侧纵韧带比背侧纵韧带强大，椎间盘多向上或向上外方突出，因而在抱动物时不可直接上抬腰部，应两手分别托起胸和臀部。尽早使用皮质类固醇（如泼尼松）、非甾体类抗炎药（如美洛昔康）等，以减轻脊髓及神经根的炎症。对于亚急性或慢性病例，可采用针灸、电针、按摩、温敷、旋流温水浴、超声波和穴位药物注射等治疗。尿失禁者，每天定时挤压膀胱排尿 2～3 次；便秘者可进行灌肠排粪，并饲喂粪便软化剂，防止褥疮发生。许多患病动物经保守治疗，病情得到改善。

（2）*手术治疗*　适应证包括疼痛病例或轻瘫病例，经保守治疗无效时；截瘫，且有痛觉存在的病例；截瘫，但痛觉缺失不超过 24 h 者。手术应尽早进行，对于截瘫，且痛觉，特别是深部痛觉缺失的病例，预后不良。常用的手术方法包括开窗术、开槽术和减压术（半椎板切除术与背侧椎板切除术）等。开窗术（fenestration）是指在纤维环侧面或腹侧面做一窗口，切除椎间隙内的髓核等椎间盘组织，以防椎间盘组织进入椎管损伤脊髓与脊神经。开槽术（ventral slot）是指在椎间盘腹侧做一骨骼缺口，以便于切除脱入椎管内的纤维环与髓核等椎间盘组织。减压术（decompression）是指通过背侧椎板切除术、半椎板切除术或背外侧半椎板切除术，取出椎管内突出的椎间盘组织；或者实施脊硬膜切开术，以减轻或解除其对脊髓与脊神经的压迫。背侧椎板切除术（dorsal laminectomy）是指切除椎管的背侧棘突、椎板和部分椎弓根，以暴露脊髓和脊神经根的背侧面。半椎板切除术（hemilaminectomy）或背外侧半椎板切除术（dorsolateral hemilaminectomy）是指单侧地切除一侧面的椎板，包括切除椎弓根与前后关节面。

1）颈腹侧椎间盘开窗术：动物吸入麻醉，仰卧保定，胸部于V形槽中，头部用绷带固定，两前肢向后拉以暴露颈部，局部常规剃毛消毒。自甲状软骨的后方至胸骨柄沿腹中线切开（切口长度依据受损椎间隙的部位而定）。沿中线分离成对的胸骨舌骨肌和胸骨乳突肌，暴露气管，并用牵引器将颈动脉和食道向两侧牵引。通过触诊第一颈椎的腹侧棘突与寰椎翼找到第一和第二颈椎之间的椎间隙，或触摸第六颈椎的横突确定第五与第六颈椎之间的椎间隙，向后或向前定位受损的椎间隙。钝性分离覆盖在纤维环腹侧的颈长肌，切断腹纵韧带和纤维环，显露椎间盘和椎间盘邻近的椎体（图 24-23A）。用小手术刀片在椎间盘上切一长条形的楔状小口，外宽内窄，长度约为椎间盘直径的 1/3，宽度与椎间盘的厚度等长，深度达髓核，取出切下的纤维环（图 24-23B）。用锐匙、牙洁石器（刮石器）或小骨匙等挖出椎间盘组织。过深伸入器械，有伤及椎管、静脉窦和脊髓的可能，故不要过多地去除椎间盘实质；也不要过度用力，以防椎间盘组织突入椎管内。对于出血，可使用骨蜡、明胶海绵或双极电凝镊止血。取出椎间盘组织后，用生理盐水冲洗伤口，用可吸收性缝线结节缝合颈长肌、胸骨舌骨肌及皮下组织，皮肤用丝线结节缝合或用可吸收性缝线进行皮内缝合。术后手术效果不明显或无效，可考虑施行颈椎腹侧开槽术或背侧椎板切除术。

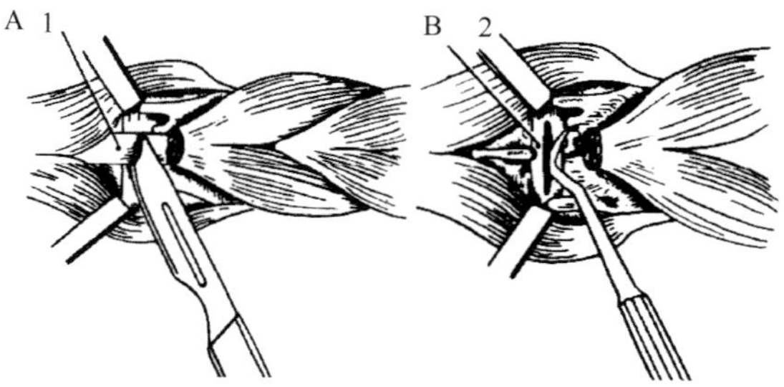

图 24-23　颈腹侧椎间盘开窗术
A. 切断腹纵韧带和腹侧纤维环；B. 用刮牙器从其窗内刮除髓核；
1. 腹纵韧带；2. 椎间盘

2）颈椎腹侧开槽术：大面积（范围）的椎间盘组织突入椎管内，为了减轻脊髓和神经根的压迫，尽可能除去突入椎管的椎间盘组织，或者单纯开窗术不能取得预期效果时，可实施本手术。保定和手术通路与颈腹侧椎间盘开窗术相似。腹侧开槽的范围，在前一椎体后部至后一椎体前部的腹侧正中线上用高速电钻或气钻打磨出一个细槽（图 24-24）。注意不要偏离正中线，以防损伤两侧的静脉窦。打磨过程中使用生理盐水冲洗降温。槽的宽度不超过病变椎体宽度的 1/2，向前扩展槽的长度一般不超过椎体长度的 1/3，向后扩展槽的长度一般不超过椎体长度的 1/4，槽的中心稍向前一椎体倾斜。依次钻透外侧皮质骨、髓质（松质骨）及内侧皮质骨，颜色变化依次为白—红—白。髓质松，出血多，易钻入；内皮质厚度为 1～2 mm，应特别注意控制钻深，不宜用力过大。用骨刮匙刮开骨膜、纤维环，暴露背侧纵韧带，注意勿伤及侧旁的椎静脉。发生椎静脉窦出血时，应使用吸引器吸去血液，采用明胶海绵轻轻按压止血。用镊子或锐匙等工具将突入椎管内的椎间盘组织取出，除去脊椎管内残留的椎间盘实质，用生理盐水冲洗干净创口，止血后缝合颈长肌。

3）颈椎背侧椎板切除术：第二至七颈椎处背侧的黄韧带增生、背侧骨质增生引起椎管狭窄或背侧及腹侧的椎体同时增生或变形等压迫颈部脊髓引起疼痛，以单纯颈椎间盘开窗术或开槽术不能解决问题时，均可实施本手术。

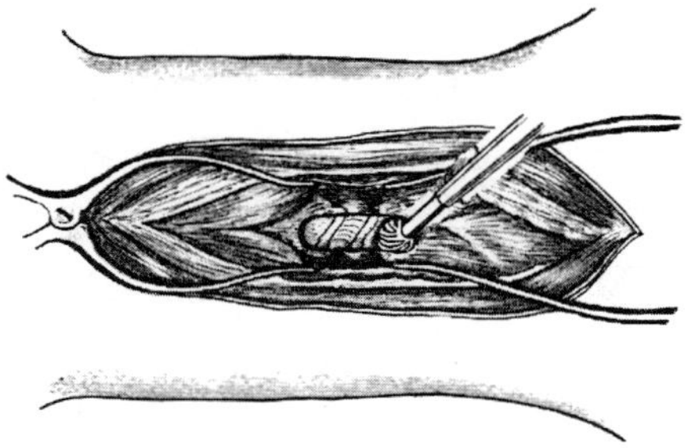
图 24-24　颈椎腹侧开槽术

动物俯卧保定，前肢向后绑定，头部向前牵引，颈下垫毛巾枕，用胶带固定动物的下颌及胸部，使动物的颈部处于左右对称位。于颈背中线做皮肤切口，自枕骨隆突至第一胸椎棘突处。分离皮下组织，显露透明的颈阔筋膜。沿颈阔筋膜的中线切开，切口深度直达项韧带。向左、右分离颈部肌肉，显露项韧带。在项韧带的下方可以触摸到颈椎棘突。在项韧带一侧沿项韧带依次切开头背侧大直肌、头半棘肌、颈半棘肌、多裂肌，切口深度为从项韧带外侧至椎板。使用骨膜剥离器将切口处的肌肉组织与颈椎棘突分离并向一侧牵拉。至此，项韧带从棘突上被分离下来。分离下来的项韧带及肌肉向切口对侧牵拉，项韧带的另一侧仍旧与该侧颈部肌肉牢固连接（图 24-25A）。应限制从椎板上向外侧继续分离肌肉，特别是关节突外侧，以免损伤椎动脉的腹外侧支。

充分显露颈椎椎板，利用寰椎及枢椎的特殊解剖构造做定位标志。使用咬骨钳去除患病部位的棘突，然后使用咬骨钳、高速圆头电钻或气钻切除椎板直至显露脊髓与脊神经（图 24-25B）。对于多处发病或椎管狭窄者，可做连续多个椎板切除术。闭合切口前，为防止术后手术部位的脊髓外侧形成纤维束缚，可在脊髓与脊神经外侧覆盖一层薄脂肪片。项韧带与分离的肌肉使用非吸收性缝线进行连续缝合，皮下各肌层用可吸收性缝线进行结节缝合，皮肤及皮下组织常规闭合。

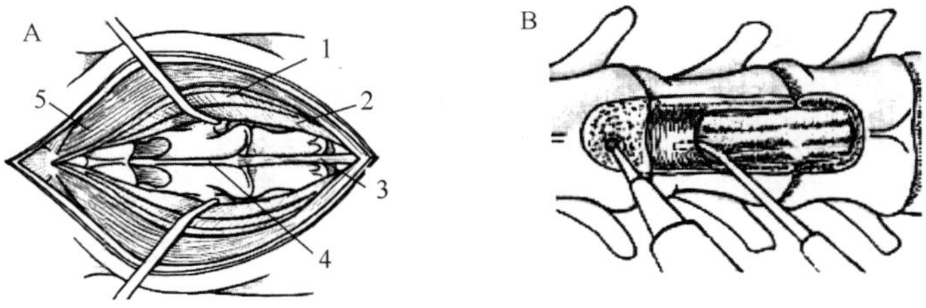

图 24-25　颈椎背侧椎板的暴露（A）和切除（B）
1. 颈二腹肌；2. 头直肌；3. 项韧带；4. 第二颈椎棘突；5. 颈夹肌

4）胸腰段背侧椎板切除术：动物俯卧保定，腹部放一沙袋，使脊柱弓起。手术方法与颈椎背侧椎板切除术相似，即沿背中线旁纵向切开（包括病变椎间盘前、后两个椎骨）。钝性分离皮下脂肪，切开筋膜和棘上韧带，锐性分离每一棘突上的腰多裂肌，将其从椎板上向外钝性分离，用牵引器撑开其两侧的肌肉，暴露背侧椎骨。用咬骨钳除去患病椎间盘前后椎骨的背侧棘突，用圆头钻除去椎板的外层骨密质（白色）和髓质层（红色、易钻），保留内层骨密质，以免损伤脊髓；并向两侧扩展至后关节突或者将后关节突锉除，再向脊髓两侧除去椎板的骨髓质层。用蚊式钳夹起薄的内骨密质层，暴露硬外膜（图 24-26）。冲洗和吸除脊髓腹侧的椎间盘突出物。最后，在创口上填上一块止血海绵或脂肪，用细金属线以 8 字形固定在创口的前后棘突上，以替代切除的椎板，其上覆盖胸筋膜，并加固缝线。术后应加强护理，防止感染。因神经组织的恢复缓慢，手术效果在术后 1～10 d 或更长时间才能看到。

5）胸腰段半椎板切除术：显露椎体的方法同上述的背侧椎板切除术，也可做患侧背中线旁切口。显露椎体后，剥离一侧椎板、关节突、横突、椎弓根及椎体侧面。剥离应紧贴骨面进行，勿损伤腰神经及大血管。用高速气钻或骨磨钻、咬骨钳等工具切除椎间隙的关节突，从背侧的棘突基部、副突腹侧、前后关节面钻开，形成一前后方向的长方形椎板外皮层缺失区（图 24-27）。然后，钻透骨板的髓质层和内皮层。用牙科调料刀穿透骨膜，暴露椎管。在直视下可用咬骨钳咬除横突，扩大创口；然后以腰神经为引导，显露椎弓根及椎间孔，用小号直骨刀或弯骨刀削薄椎弓根；最后用椎板咬骨钳咬除椎弓根，显露脊髓的侧面。手术过程中须小心，勿损伤神经根或脊髓。

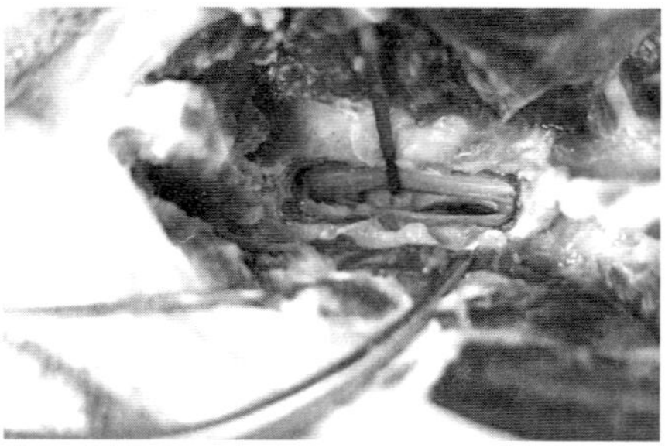

图 24-26 胸腰段背侧椎板切除术
牵拉脊髓，显露椎间盘

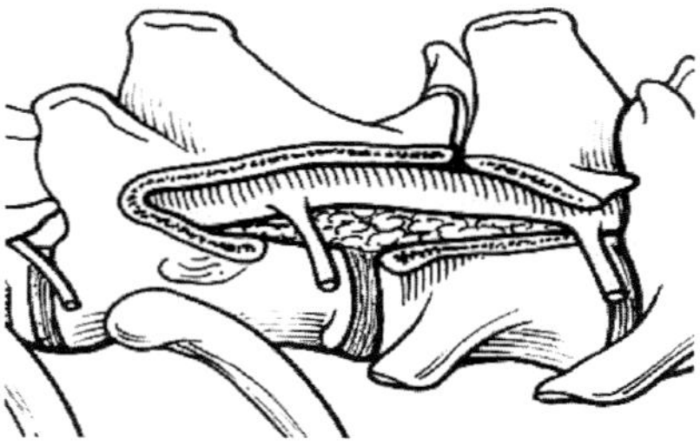

图 24-27 胸腰段半椎板切除术
显露脊髓、脊神经根与椎间盘

第七节 髋关节发育异常

髋关节发育异常（hip dysplasia）是指髋股关节发育不完善，其特征为青年动物的股骨头半脱位或全脱位，最后引起轻度至重度退行性关节病。髋关节半脱位是指关节囊松弛，股骨头与髋臼部分或不完全分离；全脱位则是指股骨头与髋臼完全分离。本病多见于快速生长期的大型品种犬，如圣伯纳犬、德国牧羊犬，但在小型犬（如比格犬、泰迪犬、博美犬）也有报道，猫罕见。

病因 可能由多种因素引起，在骨和软组织异常发育的过程中有遗传和环境两方面的因素。其中，遗传因素是主要病因。快速增重与生长，消耗大量的营养物质，结果导致关节的发育相对滞后，固定关节的软组织出现发育差异，结果导致关节脱位。任何使髋关节不稳定的因素均可引起本病的发生，如内收肌张力过大、肌肉强度缺乏、骨盆软组织化学松弛作用、关节损伤、因动物肥胖关节负荷过度等。

症状 5～12 月龄的病犬常见活动减少、关节疼痛。不耐运动，间歇性或持续性跛行；休息后起立困难、喜卧；俯卧时，后肢常后伸。被动运动检查，关节伸展、外旋和外展时出现疼痛。病程长的，易发生进行性退行性关节病，动物起立困难，后躯摇摆，骨盆肌肉萎缩。常在运动后突然发病或病情加重。

诊断 根据病史、症状、被动运动检查及 X 线检查做出诊断。幼龄动物髋关节松弛，成年动物出现骨关节炎。

（1）*他动运动检查* 动物侧卧位保定，患肢在上，一只手握住膝关节，其大拇指抵在股骨中部外侧，其他手指在内侧；另一只手的手掌顶住髋关节，其食指抵在大转子上。提起股骨使其与诊疗台面平行，向上推压膝关节，使股骨头产生不全脱位；然后膝关节外展，股骨头就会滑回髋臼窝内，并产生一种震动感，关节严重松弛时可听到咯嚓声。在成年犬，可能关节囊增生变厚而使关节松弛感不明显。

（2）X 线检查　犬需镇静或浅麻醉使肌肉松弛，仰卧保定，两后肢最大限度地平行向后拉直、平放，并向内旋转，使两膝髌骨平行，且与地面垂直，X 线机球管对准两股骨头连线的中点拍摄。注意不正确的保定会影响 X 线片的判读结果。中度病变时，可见髋臼变浅、变形，髋臼缘骨质增生（密度增加）或骨赘；股骨头变扁平、半脱位或脱位，股骨头或股骨颈环形或弧形骨质增生。

髋关节的松弛情况可采用 Norberg 角、分离指数、股骨头被覆率等描述。

（1）Norberg 角　Norberg 角是指由股骨头中心向髋臼前侧缘作直线，再在股骨头中心作一垂直身体长轴的直线，两线的夹角即为 Norberg 角。正常 Norberg 角为 105°～115°，髋臼的前外缘呈锐角或轻微钝圆，关节间隙均匀狭细。轻度病变时，100°＜Norberg 角＜105°；中度髋关节发育不良时，Norberg 角≥90°；髋关节脱位或半脱时，Norberg 角＜90°。

（2）分离指数（D）　应先获得一张股骨头完全在髋臼内的 X 线片（拍摄时，通过向内推动大转子，以确保一个温和的压力作用于髋关节）和一张股骨头与髋臼处于分离状态的 X 线片（拍摄时，在两腿之间骨盆腹侧水平位置放置一特制的装置，使得股骨头与髋臼最大程度地分离）。在片中计算出股骨头几何中心离开髋臼中心的距离（S）和股骨头的半径（R），$D=S/R$；D 为 0～1，0 表明髋关节完全正常，1 表明股骨头与髋臼完全分离。当 $D<0.3$ 时，髋关节的发育不良率为 1.5%；$D>0.3$ 时，为 51%。因此，有人把 $D=0.3$ 看作髋关节是否发生脱位的生物学界限。

（3）股骨头被覆率　测量髋臼内股骨头的长度（a）和股骨头的直径（b），股骨头被覆率＝（a/b）×100%。被覆率越大，则关节结合越紧密；小于 50% 则为明显的不全脱位。

治疗　包括保守治疗和手术治疗。

1. 保守治疗　早期可通过控制体重和强制休息以减少髋关节的压力，防止髋关节脱位进一步发展。使用阿司匹林、美洛昔康等抗炎镇痛药来减轻疼痛。糖胺聚糖类物质，如硫酸软骨素，对关节软骨可能有一定的保护作用，但对已损伤的软骨修复无效。保守治疗无效时可考虑手术疗法。

2. 手术治疗　犬髋关节发育不良的手术包括预防性手术和治疗性手术。预防性手术有耻骨联合融合术和骨盆截骨术，用于未成年犬，预防由髋关节松脱而引起的骨关节炎的发生。治疗性手术有股骨头和股骨颈切除术、髋关节置换术等。髋关节置换术是指用一个假髋臼和股骨头组件替换退化的髋关节，这种手术常用于成年犬，手术的成功率高，但手术费用高、技术难度大。因此，临床上常用股骨头和股骨颈切除术与骨盆三联截骨术。

（1）耻骨联合融合术（pubic symphysiodesis）　幼犬的耻骨联合由透明软骨和纤维软骨组成。透明软骨作为生长板有助于耻骨支的延长和增宽；纤维软骨于 9～21 月龄开始由后向前逐渐骨化，2～6 岁完全被骨组织替代。手术电凝作用于耻骨联合透明软骨，诱导软骨细胞坏死，促使耻骨联合提前闭合，导致耻骨缩短，盆腔腹侧部扩大受限而背侧部增长不受影响，髋臼以腹外侧轴向外旋，股骨头覆盖率增加，可预防髋关节发育不良引起的骨关节炎的发生。该手术适用于轻度至中度髋关节发育不良（分离指数为 0.40～0.69）且为 12～20 周龄的犬。手术方法：经腹中线（母犬）皮肤切口或阴茎旁切口（公犬），分离皮下组织（或牵拉阴茎至一侧），暴露耻骨联合中线。分离股薄肌和内收肌起始部。在耻骨前缘做一小切口，伸入手指或木制铲板，以保护尿道免受术中电凝热损。使用 500 kHz、40 W 单极探头沿耻骨联合前 1/3～1/2，每 2～3 mm 作用 10～30 s。常规闭合切口，采用可吸收性缝线以褥式缝合法缝合左、右侧股薄肌和内收肌起始部。术后限制活动 1 周。该手术操作简单，有效率可达 42%。

（2）骨盆截骨术（pelvic osteotomy） 骨盆截骨术有两种：骨盆三联截骨术（triple pelvic osteotomy）和骨盆二联截骨术（double pelvic osteotomy）。前者通过骨盆三处（髂骨、坐骨和耻骨）或后者通过两处（髂骨和耻骨）截断，使髋臼轴向转动和偏侧移动，以增加对股骨头背侧的接触面积。适用于 10 月龄以内的大型犬的髋关节半脱位，且无继发性髋关节炎，完全脱位的动物不宜用。全身麻醉，患肢在上，侧卧保定，术部剃毛消毒。手术时一般先进行耻骨截断，再进行坐骨截断，最后进行髂骨截断。骨盆二联截骨术不需坐骨截断。

1）耻骨截断术：提起并外展患肢，使股骨与髋臼垂直，确定耻骨肌的起点位置，在耻骨肌起点的上方做长 4～6 cm 的皮肤切口，分离皮下组织，进一步游离耻骨肌在髂骨隆起的起点，暴露耻骨髋臼支（梳）前缘，剥离骨膜，用拉钩或持骨钳固定耻骨，在靠近髋臼处截断耻骨髋臼支（注意其内侧深部的环股动脉和静脉）（图 24-28）。常规缝合软组织，闭合切口。

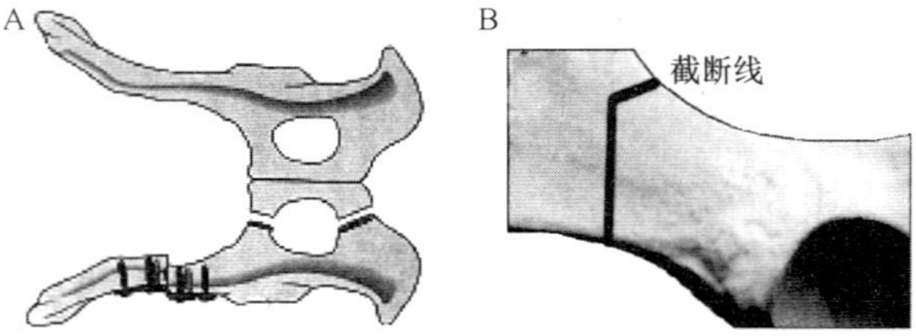

图 24-28 骨盆截骨术

A．骨盆骨三处截断、髂骨接骨板固定；B．髂骨截断线

2）坐骨截骨术：自坐骨结节内侧向前至大转子水平做皮肤切口，切口与臀中线平行，自坐骨背侧面与腹侧面分别切开闭孔内肌与闭孔外肌附着点处的骨膜，然后用骨膜剥离器在坐骨的背侧与腹侧分别向前分离骨膜至闭孔后缘，显露闭孔。最后，用线锯或手锯小心锯断坐骨（图 24-28A）。

3）髂骨截骨术：采用髂骨外侧切口（见第二十三章第二节中的髂骨体骨折手术）暴露髂骨干。在荐髂关节后方，用震动锯垂直于髂骨长轴锯断髂骨（切勿损伤沿髂骨内侧行走的腰荐神经干），接骨板的最后一孔距髋臼前端 1～2 cm。为了避免荐髂韧带影响髋臼的外旋，可向后成角锯开背侧髂骨（图 24-28B）。以螺钉将特定的接骨板固定于髂骨后段后，将旋转杆旋入最前端的螺孔中，旋转接骨板，再以螺钉固定髂骨前段（图 24-28A）。对于骨盆三联截骨术，常可选择 20°、30° 或 40° 转角的接骨板，而骨盆二联截骨术可选择 25° 或 30° 转角的接骨板。超过 40° 的转角不仅不会改善股骨头的被覆率，还会导致骨盆腔狭窄及髋臼缘与股骨颈的摩擦。

同时进行双侧骨盆三联截骨或二联截骨术，也可取得较好的效果。骨盆截骨术的并发症主要为螺钉的松脱（6%～36%）和盆腔狭窄。锁定髂骨接骨板和配合应用腹侧接骨板均可大大减少螺钉的松脱率，分别降至 0.4%～3.2%。盆腔狭窄主要发生于旋转角过大的双侧骨盆三联截骨术。

（3）股骨头和股骨颈切除术（femoral head and neck excision） 股骨头和股骨颈切除术适用于中、小型犬的股骨头坏死、不全或完全脱位等。切除股骨头与股骨颈后，可形成假纤维性关节，消除股骨头对髋臼的磨损致病作用；但因纤维性关节的形成，髋关节活动范围小，稳定性差，手术后可有一定程度的跛行，特别是剧烈运动后跛行明显。采用髋关节前外侧手术通路（见第二十三章第二节中的髋臼骨折手术和股骨颈骨折手术）。

髋关节暴露后，用拉钩将臀中肌拉向背侧，另一拉钩插入关节囊内，用抓骨钳固定大转子，撬动显露股骨头。转动患肢至与手术台台面平行的位置，在股骨颈和股骨干骺连接处用骨凿凿断或用振动锯锯断股骨颈，用咬骨钳剔去断端毛边。切骨方向与股骨颈中轴垂直（图 24-29）。若圆韧带存在，则使用弯组织剪将其剪断，取出切除的股骨头。可将部分臀深肌等软组织缝合固定于股骨颈断面和髋臼之间，以减少断面与髋臼缘之间的摩擦。用可吸收性缝线闭合关节囊，缝合或固定臀深肌和臀中肌（见第二十三章第二节中的髋臼骨折手术），结节缝合臀浅肌、阔筋膜和皮肤。术后应用非甾体类抗炎药（见上述保守治疗），缓解疼痛。2 周后开始使患肢活动，每天应对髋关节进行被动屈伸 2～3 次，每次持续 5～10 min。

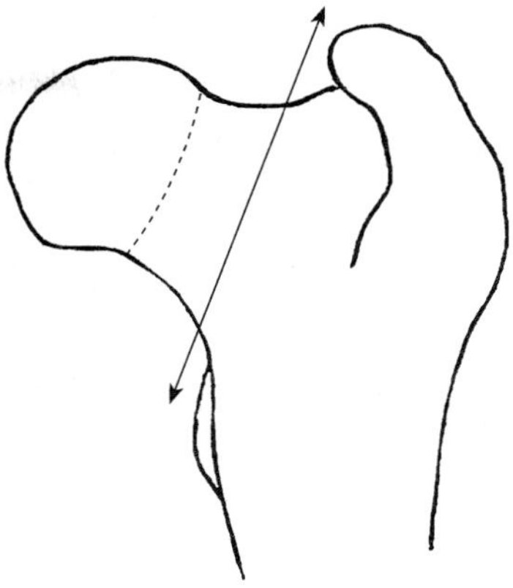

图 24-29　股骨颈的切除线

（4）全髋关节置换术（total hip arthroplasty，THA）　用人工髋臼与股骨头代替患病的髋关节，适用于退行性关节髋关节疾病所致的疼痛和功能丧失、股骨头无血管坏死、股骨头或生长板骨折、髋臼骨折，以及股骨颈切除和骨盆截骨术后结果不理想的犬。手术方法因特定的植入系统的不同而异。采用髋关节前外侧手术通路，打开髋关节，截除股骨颈与股骨头，安置人工髋臼与股骨头。不论使用何种关节置换系统，应先安置髋臼杯，其次为股骨柄，最后为股骨头或股骨颈。人工系统的安装需注意其合适的空间位置关系，如人工髋臼杯口侧转角（angle of lateral opening，指杯口相对于水平面所形成的角。90° 时杯口与水平面垂直，完全开放；0° 时杯口与水平面平行，完全不开放）及股骨颈前倾角（femoral neck anteversion，股骨颈与股骨前平面轴线所形成的夹角）的合适角度等。通常髋臼杯侧转角约 45°。后倾角为 15°～25°。检查关节活动情况后，闭合关节囊。做双侧髋关节置换的犬，左、右侧手术时间以间隔 1 个月为宜。术后药物治疗至疼痛症状消失，72 h 内深度镇静镇痛，2 个月内限制活动，直至 X 线检查见到愈合良好。据报道，全髋关节置换术的成功率约 95%，但并发症的发生率可达 5%～22%。这些并发症包括机械性相关的（置换物松脱、股骨骨折、髋臼骨折、髋臼杯撕脱、股骨干撕脱、人工股骨系统下陷、置入物或骨水泥破损等）和生物性相关的（磨损产物引起的无菌性松脱和细菌感染性松脱、机械应力的遮挡）并发症。

治疗　股骨头尚无解剖学畸形的犬，可用窄笼控制饲养 6～12 周；使用阿司匹林、替泊沙林、美洛昔康等抗炎镇痛药，口服，一日 1～2 次，以控制疼痛。股骨头有解剖学畸形或已经出现退行性关节病时，需要切除股骨头和股骨颈。有条件的，可做全髋关节置换术。

第八节　关节周围炎

关节周围炎（periarthritis）是指在关节囊及韧带抵止部所发生的慢性纤维性和慢性骨化性炎症。此病多发生于马的腕关节、跗关节、系关节和冠关节，特别是前二者比较多见，其他动物也发生。

病因　常继发于关节的挫伤、挫伤、关节脱位及骨折等，由关节剧伸，以及韧带和关节囊抵止部的滑膜发生撕裂引起。有时可并发于关节囊的蜂窝织炎、关节烧烙和涂强刺激剂、牛的布氏杆菌病等。

症状　本病可分为慢性纤维性关节周围炎和慢性骨化性关节周围炎两种。

慢性纤维性关节周围炎时，患关节出现不明显的热痛、界限不清的坚实性肿胀，关节粗大，外形稍平坦，关节活动范围变小，他动运动有疼痛。运动时关节不灵活，特别是在休息之后、运动开始时明显，继续运动一段时间后，此现象逐渐减轻或消失。久病可能因增生的结缔组织收缩，发生关节挛缩。

慢性骨化性关节周围炎时，由于纤维结缔组织增殖、骨化，关节粗大，活动性小，甚至不能活动，肿胀坚硬无热痛。硬肿部位根据骨赘或骨瘤的部位不同，有的在某侧，有的在关节的屈面或伸面，有的包围全关节；肿胀部位的皮肤肥厚，可动性小；关节强拘、屈伸不充分。并且根据骨质增生的程度、部位不同，机能障碍的程度也不同。有的跛行明显，有的仅在运动开始时出现跛行，有的则不出现跛行。休息时不愿卧倒，卧倒时起立困难。病久，患肢肌肉萎缩。诊断本病时，对有疑问的病例，可进行传导麻醉或X线检查。

治疗　对慢性纤维性关节周围炎，应用温热疗法、乙醇温敷、可的松皮下注射、透热疗法及碘离子透入疗法。

已发展到慢性骨化性关节周围炎时，可参考骨关节炎和骨关节病的疗法。

第九节　关节滑膜炎

关节滑膜炎（synovitis of joint）是指关节囊滑膜层的炎症。常发于马、牛和犬，猪、羊也有发生。按病原的性质可分为非感染性和感染性（化脓性），按临床经过可分为急性、亚急性和慢性滑膜炎。

（一）非感染性滑膜炎

本病主要为关节浆液性滑膜炎，是关节囊滑膜层的浆液渗出性炎症，有时混有少量纤维蛋白或血液。

病因与病理　主要为损伤。此外，在牛产后阴道感染、乳房炎、布氏杆菌病、风湿病、传染性贫血、腺疫、流行性感冒和传染性胸膜肺炎等经过中，也能继发本病。病初滑膜充血、肿胀，关节腔内有大量透明微混浊（因混有白细胞、剥落的滑膜细胞和大量蛋白质）的浆液性渗出物。滑液中透明质酸的含量明显下降。当滑膜破损时，渗出物呈血样色，软骨和韧带无变化，但病程长时可引起软骨腐蚀和骨关节炎。

症状

（1）急性浆液性滑膜炎　关节腔积聚大量的浆液性炎性渗出物，或因关节周围水肿，患关节肿大，热痛，指压关节憩室突出部位，明显波动。渗出液含纤维蛋白量多时，有捻发音。他动运动，患关节明显疼痛。站立时患关节屈曲，免负体重，两肢同时发病时交替负重。运动时，表现以支跛为主的混跛。一般无全身反应。

（2）慢性浆液性滑膜炎　关节腔蓄积大量的渗出物，关节囊高度膨大；触诊只有波动，无热痛，临床称此为关节积液。他动运动屈伸患关节时，因积液串动，关节外形随之改变。一般病例无明显的跛行，但在运动时患关节活动不灵。还由于流体动力的影响，关节屈伸缓慢，容易疲劳。如积液过多时，常引起轻度跛行。

治疗　制止渗出，促进吸收，排出积液，恢复功能。

急性浆液性滑膜炎时，应保持病畜安静。为了镇痛和促进炎症转化，可使用0.5%利多卡因青霉素关节内注入。为了制止渗出，病初可用冷疗法，包扎压迫绷带或石膏绷带，适当制动。急性炎症缓和后，为了促进渗出物吸收，可应用温热疗法，一般用干温热疗法，或饱和盐水、饱和硫酸镁溶液湿绷带，或用樟脑乙醇、鱼石脂松节油酒精合剂湿敷；也可以使用石蜡疗法及离子透入疗法等。制动绷带一般两周后拆除即可。

慢性滑膜炎时，可用碘樟脑醚涂擦后结合用温敷，或应用碘离子透入疗法、透热疗法等。关节积液过多、药治无效时，可穿刺抽液，同时向关节腔注入盐酸利多卡因青霉素溶液，包扎压迫绷带。

可的松疗法的效果较好，可用于急、慢性滑膜炎，常用醋酸氢化可的松 2.5～5 mL 加青霉素 20 万 IU，用前以 0.5% 盐酸利多卡因溶液 1：1 稀释患关节内注射，隔日一次，连用 3～4 次。在注药前先抽出渗出液适量（牛：40～50 mL），然后注药。也可以使用泼尼松。向关节腔内注入透明质酸（大家畜 20～40 mg/关节）对治疗急性浆液性关节滑膜炎有较好的效果。

对奶牛产后关节炎（如跗关节炎）用可的松加水溶性抗生素（青霉素加链霉素）关节内注射，有显著的效果。对马慢性浆液性滑膜炎关节积水时，关节穿刺排出滑液（同时取检样）并注入醋酸泼尼松（牛、马：25 mg/mL），如滑液再增多，可再用药。

（二）化脓性滑膜炎

化脓性滑膜炎（suppurative synovitis）是指关节滑膜的化脓性炎症，临床所见的关节化脓感染多为此种类型。

病因与病理　主要是化脓菌引起的关节内感染。病原菌的侵入经路为：关节创伤感染；邻近软组织或由骨的感染所波及，如牛、猪、羊的趾间腐烂的蔓延；血行性感染，如牛的乳房和子宫的化脓灶、膈肌脓肿、心内膜炎，猪、马等去势创化脓病灶的转移，牛、羊、马等的败血病所引起的多发性关节炎。

病原菌多为葡萄球菌、链球菌、大肠杆菌、坏死杆菌等。初生畜的血行感染常为大肠杆菌和链球菌。还有脐带感染（初生驹的副伤寒杆菌、初生仔猪的猪丹毒菌、牛犊的沙门氏杆菌等），或为某些传染病（腺疫、流行性感冒、牛结核等）的并发症。除细菌性感染外，还有霉形体、病毒和真菌性感染。

病初滑膜和滑膜下层充血，渗出液增多混浊，内含大量的白细胞，滑膜下层的白细胞浸润。随后滑膜肿胀粗糙，绒毛增生肥厚，滑膜表层增生灰红色的肉芽，脓性渗出物大量积聚于关节腔，关节软骨粗糙，脓液呈乳脂样稠度，为灰黄色或淡绿色，脓液中含有各种分叶核白细胞、变性的滑膜细胞及细菌。化脓性渗出物侵入关节旁组织，形成脓肿或关节旁蜂窝织炎。当关节的化脓性炎症发展到最后阶段时，引起软骨的破坏和剥离、关节面的破坏，并引起骨髓的化脓性炎症，甚至出现脓毒败血症。有时关节骺端骨膜出现骨质增生。

在犬、猫，感染、慢性炎症、肿瘤、药物等可诱发免疫复合物在关节的沉积，引起免疫性多发性关节炎。

症状

（1）化脓性滑膜炎　比浆液性滑膜炎的症状剧烈，并有明显的全身反应，体温升高（39℃以上），精神沉郁，食欲减少或废绝。患关节热痛，肿胀，关节囊高度紧张，有波动。站立时患肢屈曲，运动时呈混合跛行，牛、马同样在严重时卧地不起。穿刺检查容易确诊。

（2）化脓性全关节炎　化脓性滑膜炎病后经 2～3 周后，如病势过重或治疗不当，有时发展到关节的所有组织，其滑膜层、关节囊、软骨、骺端及关节周围组织都引起发病，并发关节周围炎及蜂窝织炎。由于关节腔脓液蓄留过多、关节囊扩大，易引起扩延性关节脱位。患关节热痛，肿胀硬固，关节旁组织形成脓肿或瘘管；患肢炎性水肿；病畜站立时提屈患肢；常卧地不起，重度跛行；患肢肌肉表现萎缩；病畜精神沉郁，无食欲，体温 39～41℃。慢性病例表现间歇热型，病畜逐渐消瘦。

临床诊断时，首先做滑液检查以识别滑膜炎的类型、病原体及病的发展阶段和时间、组织的受害程度。应注意与化脓性黏液囊炎、化脓性腱鞘炎相鉴别。

预后 急性化脓性滑膜炎，及时妥善治疗，一般预后良好。化脓性全关节炎多数并发全身症状，预后不定或不良，往往死于治疗不当和不及时。慢性化脓性滑膜炎常遗留关节僵直后遗症，高度运动障碍，失去其经济价值。

治疗 早期控制，消灭感染，排出脓液，提高抗感染能力。

原发性关节创伤，做周密的创伤处理，按关节创伤处置。

为了控制与消灭关节内的感染，全身应用大剂量的抗生素和磺胺制剂；局部穿刺或切开排脓，然后用 0.5% 盐酸利多卡因溶液洗至滑液透明为止，最后向关节内注入利多卡因青霉素和链霉素。每天进行冲洗和注药治疗，直至控制关节感染。

对免疫性关节炎，除治疗原发病外，可采用泼尼松、环磷酰胺、环孢菌素等药物治疗。

对病畜加强护理，起立困难、长时间侧卧时，注意预防褥疮和治疗。特别是驹、犊不能采食、吸乳时，须加强人工喂饲，以防衰竭。

第十节 骨 关 节 炎

骨关节炎（osteoarthritis）是指关节骨的慢性增生性炎症。其特点是关节软骨破坏，关节边缘骨质增生，骨关节面硬化或骨性粘连，关节韧带和骨膜骨化，关节变化和机能障碍。本病多发生于跗关节，其次是膝关节和腕关节。本病由于早期症状不明显，到症状明显时治疗效果常不佳。

病因与病理 骨关节炎是急性关节炎症过程的晚期阶段。各种关节损伤，如关节的扭伤、挫伤、关节骨折及骨裂等，都是发生骨关节炎的基本原因。此外，也可能继发于风湿病、布氏杆菌病和化脓性关节炎。

家畜的肢势不正、关节的结构不良、削蹄装蹄不当等为发生骨关节炎的内在因素。

当关节软骨受损伤时，软骨迅速破坏，发生于骨的变化是骨质损伤及骨关节面的破坏，随后出现骨性肉芽组织，骨关节粘连，骨质硬化，关节滑液量减少。有的可能开始于关节囊的纤维层、滑膜层及关节韧带和周围的软组织的慢性增生性炎症，引起结缔组织增生。

骨关节炎常发生于关节的内侧面，与肢体的负重和承受压力有关，在肩关节和跗关节更为显著。

症状 骨关节炎的主要临床症状是跛行和关节变形。关节骨化性骨膜炎时，形成骨赘或外生骨疣、关节周围的结缔组织增生、关节变形及关节粘连。跛行的特点是随运动而加重，休息后减轻。晚期常发生患肢肌肉萎缩及蹄变形。

诊断 病初诊断有一定困难，当已发展为慢性变形性骨关节炎时，容易诊断。为了与骨关节病、关节周围炎的鉴别诊断及查明病程阶段，必须进行 X 线检查，判明有无外生骨赘和关节粘连。

预后 跗关节骨关节炎发生于活动性较小的关节（中央跗骨与第三跗骨间）时，最终关节粘连，跛行减轻或消失，预后尚可；膝关节和胫跗关节骨关节炎常伴发顽固性难以消除的跛行，预后不良。

治疗 合理地治疗早期的急性炎症，可以在病初阶段控制与消除炎症，有利于防止本病的发生。当在临床上已发现慢性渐进性骨关节炎的症状时，必须让病畜休息 45～60 d；患部涂刺激性药物，或者用离子透入疗法。为了消除跛行，促进患关节粘连，可用关节穿刺烧烙法（跗关节骨关节炎）。顽固性跛行，可进行截神经术。

第十一节 骨 关 节 病

关节慢性退行性变性疾病，称骨关节病（osteoarthropathy）。发于肩关节、腕关节、膝关节、跗关节及系关节，是马、骡的多发关节疾病，特别多发于跗关节，役牛也有发生。跗关节的骨关节病曾有惯用旧名“飞节内肿”，其实际上包括骨关节病与骨关节炎。

骨关节炎与骨关节病均是慢性骨关节疾病，其不同的是前者为关节退行性变化和炎性增生性变化并存，最终可引起关节骨性粘连；后者为关节以退行性病理变化为主，关节骨不发生骨性粘连。

病因与病理 在正常情况下，四肢关节不论是在静止还是在运动时，关节面的接受压力与抗压力、摩擦与抗摩擦，都保持着相对的平衡状态。动物钙磷代谢失调、维生素缺乏、肢势不正（内弧肢势、外弧肢势、外向肢势）、关节发育不良（关节狭小与负重需要不适应）等是发病的主要内因；削蹄、装蹄失宜、幼驹过早使役、突然在坚硬不平的道路上剧烈使役、奔驰中的急转急停、辕马用力后退等是重要的诱因。

骨关节病初期有关节软骨的慢性变性，关节软骨失去光泽、弹性减退，在磨损、破坏及消耗变性的过程中，软骨表面凹凸不平、粗糙、纤维解离，在软骨上发生大小不等的缺损，关节骨面暴露。在失去软骨的关节骨面，由于相互摩擦和冲击压迫，骨组织受到损伤，松质骨的骨小梁遭到破坏，在骨的边缘由于骨膜受刺激有骨质增生，关节变形。

症状 骨关节病是逐渐发生发展而形成的，早期症状不明显，不易确诊，只有在疾病的发展中，以及关节功能出现障碍时，一般在临床上只见跛行，无明显的局部变化。当关节面及软骨磨损到一定程度、关节面粗糙及关节变形明显时，出现跛行。跛行随运动减轻。患病过久，患肢肌肉萎缩。

诊断 根据临床症状、触诊、X 线等检查做出诊断。

治疗 早期发现，早期治疗，消除跛行，恢复功能。

早期治疗以镇痛和温热疗法为主，或者用封闭疗法。温热疗法用透热疗法、短波疗法等调节代谢，促进修复。

晚期应用强刺激疗法，诱发患部骨关节出现急性炎症，以达到关节粘连而消除跛性。涂擦斑蝥软膏（牛用 10% 重铬酸钾软膏），包扎绷带，观察疗效。或用穿刺烧烙疗法促进关节粘连。此外，需要配合进行削蹄、装蹄疗法。蹄踵过低的马、骡，削蹄时应注意保护蹄踵，可在装蹄时加橡胶垫，或者装戴特殊蹄铁，如用内侧铁支剩缘宽的蹄铁、剩尾长的蹄铁及铁头部不设上弯的蹄铁等。

预防 加强饲养管理，注意补给维生素 C 和钙盐。不饲喂霉败饲料，预防骨软病。提高使役技术，改善使用方法，调整使役，如轮换使用辕马等。普及护蹄知识，提高削蹄、装蹄质量。对不正肢势、不正蹄形的马、骡，做好矫形装蹄。定期检查护蹄、饲养管理和使役情况，发现问题及时排除。

第二十五章 肌肉、腱及黏液囊疾病

第一节 肌肉疾病

家畜的肌肉疾病，最常见的有肌炎、肌肉断裂和肌肉转位。

一、肌炎

肌炎（myositis）是指肌纤维的炎症。肌炎多发生于马，牛、猪、犬和猫也有发生。

病因 各种损伤性因素，如挫伤、蹴踢、跌落、剧伸和马鞍具的压迫等。马匹平时缺乏锻炼时，突然激烈地训练和狂奔，轻者导致肌纤维断裂、溢血和炎性渗出；重者出现血肿和肌肉断裂等无菌性肌炎。

感染葡萄球菌、链球菌、大肠杆菌、化脓棒状杆菌、放线菌及旋毛虫等，以及周围组织炎症的蔓延与转移（如关节炎、化脓灶、脓肿、蜂窝织炎等），均可导致本病的发生。

症状

（1）急性肌炎 多为突然发病，在患病肌肉的一定部位指压有疼痛。患部可出现增温、肿胀；跛行，多为悬跛，少数为支跛。

（2）慢性肌炎 多来自急性肌炎，或是致病因素经常反复刺激引起。患病肌纤维变性、萎缩，逐渐被结缔组织所取代。患部脱毛，肌肉肥厚、变硬。缺乏热痛，患肢机能障碍。

（3）化脓性肌炎 除深部肌肉外，炎症进行期有明显的热、痛、肿胀和机能障碍。随着脓肿的形成，局部出现软化、波动。穿刺检查，有时流出灰褐色的脓汁。自然溃开时，易形成窦道。

治疗 除去病因，消炎镇痛，防治感染，恢复功能。

急性肌炎时，病初停止使役，先冷敷后温敷，控制炎症发展和促进吸收。用青霉素盐酸普鲁卡因封闭，涂擦刺激剂和软膏，全身使用糖皮质激素。为了镇痛，可注射2%盐酸普鲁卡因、安乃近、安痛定、美洛西康、水杨酸制剂等。

慢性肌炎时，可应用针灸、按摩、涂强刺激剂、温热疗法、超短波疗法和红外线疗法等。

化脓性肌炎时，前期应用抗生素或磺胺疗法，形成脓肿后，适时切开，按一般化脓感染治疗。

对某些疾病除药物疗法外，应配合进行装蹄疗法。

二、肌肉断裂

肌肉断裂（rupture of muscle）常发生于肌肉弹力和反弹力小的部位，如肌肉的臂附着点、肌纤维与腱的胶原纤维结合处。肌肉断裂，有时是部分断裂，有时为完全断裂。

病因 损伤性肌肉断裂多发，如蹴踢、冲撞、牵引重车时肌肉的过度牵张、后肢踢空、跌倒、跳跃障碍、四肢陷于穴洞内时的用力拔出等直接、间接暴力所引起。

代谢疾病（骨软症、佝偻病等）可促使本病的发生。

症状　肌肉断裂的功能障碍有轻有重，视断裂部位与程度而异。支撑作用的肌肉断裂时，跛行比较明显。提伸肢的肌肉断裂时，跛行较轻或不明显。肌肉断裂初期在患处出现凹陷，随炎症发展，局部肿胀，常出现血肿，温热疼痛。临床上常见的肌肉断裂如下。

（1）冈下肌断裂　常发生于臂骨结节附近的浅腱肢。突然发生重度支跛，肩关节显著外展。常能诱发腱下黏液囊炎。注意与肩胛上神经麻痹做鉴别诊断。

（2）臂二头肌断裂　断裂部位多在腱质的移行部位。全断裂时，病畜在站立状态下肩关节和指关节屈曲，支撑困难。运动时，表现混合跛行。肌肉断裂处凹陷，疼痛肿胀，局部温热。应注意与该肌的腱下黏液囊炎做鉴别诊断。

（3）臂三头肌断裂　常发生于肘突附近。站立时患肢负重困难，重度支跛。运动时，患支关节屈曲拖曳前进。注意与桡神经麻痹做鉴别诊断。

（4）胫骨前肌和第三腓骨肌断裂　断裂部位多在骨的附着点。站立时，患肢膝关节高度屈曲，跗关节伸直，跗关节与趾部构成直线向后方伸展。他动患肢，可无阻力地向后方自由牵拉。由于该肌位于深筋膜下，故不易判定断裂部位。在运动时呈悬跛，患肢股部高度提举，膝关节过度屈曲，跗关节处于反常伸展状态，病畜基本不能后退（图 25-1）。当两后肢的胫骨前肌和第三腓骨肌同时断裂时，病畜站立时将两后肢置于后方，行动困难（图 25-2）。

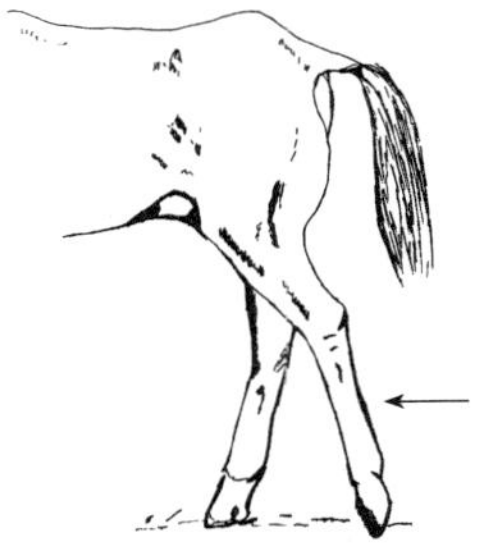

图 25-1　左后胫骨前肌和第三腓骨肌断裂

图 25-2　牛两后肢胫骨前肌和第三腓骨肌断裂

治疗　病初绝对安静，根据部位尽可能进行石膏绷带或其他固定。

局部可应用红外线照射、钙离子诱入疗法、石蜡疗法和刺激剂等。治疗经过 1～2 个月后，根据病情，可进行适量的牵遛运动，禁止在痊愈后立即进行重度使役，注意防止复发。

三、肌肉脱位

肌肉脱位（dislocation of muscle）的常发部位多在腱质部，并常在腱下有黏液囊的部位。

病因　由挫伤、急转、滑倒、剧烈运动中的突然急停、蹴踢、跳跃等引起某些肌肉的突然收缩而发病。长期舍饲缺乏运动、维生素缺乏症和过度瘦弱可促使本病的发生。

症状　由于肌肉的解剖部位不同，其症状各异。

（1）冈下肌脱位　常发于浅支，越过臂骨突向后转位。呈支跛，兼外展肢势。在患肢的支撑瞬间，肩关节明显与前躯离开，臂骨近端表现为轻度的肿胀疼痛。应注意与肩胛上神经麻痹做鉴别诊断。

（2）臂二头肌脱位　自滑车沟向外转位。运动瞬间出现悬跛，肩关节角度变小。触诊臂骨上端有肿胀和轻度疼痛。

（3）股二头肌脱位　多见于牛，该肌缺中部胫骨嵴头，因而不稳定。该肌常向后脱出，夹于转子后方，造成髋关节不能屈曲，故病畜在站立时患肢向后伸直。触诊转子前方出现凹陷，股二头肌前支高度紧张，患肢不能他动屈曲和伸展。运动时，拖曳患肢前进。有的病例能不借外力自行复位，反复发作，临床检查应与膝盖骨上方脱位做鉴别诊断。

治疗 一般在全身麻醉下进行整复，整复后局部涂刺激剂。如不能整复时，可行手术疗法。例如，股二头肌脱位时，切断股二头肌的前端和筋膜，即可消除股二头肌的紧张状态，机能恢复正常。

牛的股二头肌切断术：病牛柱栏内站立保定，健肢前方牵引固定，或手术台上侧卧保定，注入肌松剂，局部麻醉。切口部位在股骨大转子下方约 10 cm 处。局部剃毛消毒，由大转子后缘可以触知向前下方行走高度紧张的股二头肌，在股二头肌的前缘进行局部麻醉，皮肤切口长 5～6 cm，切开皮下结缔组织、筋膜，插入手指钝性分离，将隐刃刀由股二头肌前缘，从内前方向后方切断数厘米，切至该肌的紧张缓解为止，股二头肌即可复位。也可以在术部皮肤上用尖刀刺破皮肤、筋膜，插入球头弯刃刀，慢慢切断股二头肌，用氧化锌胶布黏合创口即可。

第二节 腱和腱鞘疾病

腱是由多数胶原纤维束所构成的，共分三级腱束，相互粘连。每小束胶原纤维是构成腱的最基本的一级腱束，外被薄层疏松结缔组织性腱内膜；多束一级腱束构成二级腱束，外被结缔组织束膜，即腱束膜；多束二级腱束构成三级腱束，外被腱束膜，即腱外膜。腱外膜与腱束膜相连。各级腱束膜中均分布有神经、血管和淋巴管。

腱在通过关节和骨处，具有方便其实现机能活动的黏液囊和腱鞘。腱鞘构成囊状的滑膜鞘包在腱外，它由纤维层与滑膜层两层所构成。纤维层位于外层，坚固致密，起固定腱的作用。滑膜层在内，由双层围成筒状包于腱外。

马、骡四肢的腱及腱鞘常发生屈腱炎、腱断裂和腱鞘炎。役牛和水牛也发生腱炎和腱鞘炎。

一、腱炎

腱炎（tendonitis）是役用马、骡、驴和役用牛的常发疾病。马属动物在运动中前肢支持作用比较大，因而前肢发生腱炎比较多；牛则相反，后肢发病率较高。一般屈腱比伸腱发病多，而在屈腱之中则指深屈肌腱多发病。

病因、分类及病理 装蹄不当（蹄角度过小）、滑倒、使役不当等都能引起腱的剧伸，损伤腱纤维而发病。少数由外伤或局部感染引起腱炎。

（1）非化脓性腱炎 主要发生于机械性损伤，在腱的止点或分叉的部位，腱的一级腱束或某些二级腱束发生断裂，在胶原纤维之间和疏松结缔组织内发生小溢血，局部血管扩张，血管渗透性改变，血管内液体渗出，腱内组织液积聚，胶原纤维发生肿胀。在腱束断裂的部位发生出血、细胞浸润，随后组织细胞在此处分裂增殖，形成肉芽组织，最后机化形成瘢痕组织。腱内及其周围的结缔组织中纤维增生，有时可能导致患腱与腱鞘粘连，患腱肥厚硬固，丧失其固有的弹性。慢性经过时，患部经常增生大量的瘢痕组织，由瘢痕收缩而引起腱短缩，以至发生腱性关节挛缩。个别慢性腱炎时，在纤维性组织中沉积大量的石灰盐或生长出软骨细胞，软骨细胞骨化后引起骨化性腱炎。

（2）化脓性腱炎 常由腱的创伤感染或周围组织化脓性炎症的蔓延引起。常在腱束膜结缔组织内发生脓性浸润，最终导致腱组织坏死。

症状

（1）急性无菌性腱炎　突然发生程度不同的跛行，患部增温，肿胀疼痛。如病因不除或治疗不当，则容易转为慢性炎症。腱变粗而硬固，弹性降低乃至消失，腱机能障碍。有时因损伤部位的肉芽组织机化，形成瘢痕组织，腱短缩，限制关节的活动，即腱挛缩。

（2）慢性纤维性腱炎　表现为患部硬固性肿胀、疼痛。每当病畜开始运动，表现严重的跛行，随着运动则跛行减轻或消失。休息之后，慢性炎症的患部迅速出现淤血，疼痛反应加剧。

（3）化脓性腱炎　临床症状比无菌性炎症时剧烈，常发部位在腱束间的结缔组织，因而经常并发局限性的蜂窝织炎，最终能引起腱的坏死。

治疗　制止渗出和出血，促进吸收，防止腱束的继续断裂，促进功能恢复。

急性炎症时，首先使病畜安静，采用冷疗法、盐酸普鲁卡因青霉素封闭疗法或糖皮质激素疗法。如出现在肢势不正或护蹄、装蹄不当的病例，必须在药物治疗的同时进行矫形装蹄和削蹄，以防止腱束的继续断裂和炎症发展。

急性炎症减轻后，可使用酒精热绷带、鱼石脂松节油酒精合剂温敷等疗法；或者使用中药消炎散（乳香、没药、血竭、大黄、花粉、白芷各 100 g，白芨 300 g，碾细加醋调成糊状）贴在患部，包扎绷带，药干时可浇以温醋。

对于慢性腱炎，使用电疗法、离子透入疗法、温热疗法，或可的松加 0.5% 盐酸普鲁卡因溶液注射，还可局部涂擦强刺激剂。为了保护系部，应在用药的同时涂以凡士林，然后包扎保温绷带；用药后注意护理，预防咬舔患部，经过 5～10 d 换绷带（夏季时间短，冬季应适当延长）。对顽固的病例可使用点状或线状烧烙，在烧烙的同时涂强刺激剂，注意包扎保温绷带，加强护理。烙烧可诱发皮肤及皮下组织出现急性炎症，形成炎性水肿，白细胞增加，在酶的作用下，促进腱的病态结缔组织软化。在治疗过程中应保持病畜的适当运动。

腱挛缩时可进行切腱术。

对化脓性腱炎，应按照外科感染疗法治疗。

二、腱鞘炎

腱鞘炎（tenosynovitis）是马、骡的常发疾病，役牛、猪有时发生。屈腱的腱鞘比伸腱的多发。腕部、指（趾）部的腱鞘发病率较高，跗部腱鞘有时发病。

病因　常由机械性损伤（如挫伤、打击、压迫、刺创、腱的过度牵张、保定不当）引起，也可伴发于细菌（如腺疫、布氏杆菌病、结核、鼻疽）感染、寄生虫（如盘尾丝虫）寄生，继发于周围组织炎症（如蜂窝织炎、脓肿、化脓性黏液囊炎、化脓性关节炎）。

症状　腱鞘炎分为急性、慢性、化脓性和症候性。

（1）急性腱鞘炎　根据炎性渗出物的性质分为浆液性、浆液纤维性和纤维性腱鞘炎。①急性浆液性腱鞘炎较多发，腱鞘内充满浆液性渗出物，有的在皮下肿胀达鸡蛋大乃至苹果大，有的呈索状肿胀，温热疼痛，有波动。有时腱鞘周围出现水肿，患部皮肤肥厚；有时与腱鞘粘连，患肢机能障碍。②急性浆液纤维性腱鞘炎，渗出物中有纤维素凝块，因此患部除有波动外，在触诊和他动患肢时，可听到捻发音，患部的温热疼痛和机能障碍都比浆液性严重。有的病例渗出液或纤维素过多，不易迅速吸收，转为慢性经过，常发展为腱鞘积水。③急性纤维性腱鞘炎较少见，多为亚急性与慢性经过，局部肿胀较小，而热痛严重，触诊腱鞘壁肥厚，有捻发音。

（2）慢性腱鞘炎　①患慢性浆液性腱鞘炎时，滑膜腔膨大充满渗出液，有明显的波动，温热疼痛不明显，跛行较轻，仅在使役后出现跛行。②患慢性浆液纤维性腱鞘炎时，腱鞘外的结缔组织增生肥厚，严重者并发骨化性骨膜炎。患部有明显的温热疼痛和跛行。③患慢性纤维性腱鞘炎时，滑膜腔内渗出多量纤维素，因腱鞘肥厚、硬固而失去活动性，轻度肿胀、温热、疼痛，并有跛行。触诊或他动患肢时，可听到明显的捻发音，病久常引起肢势与蹄形的改变。

（3）化脓性腱鞘炎　分为急性经过和亚急性经过。滑膜感染初期为浆液性炎症，患部充血和敏感，如有创伤，流出黏稠、含有纤维素的滑液。经 2～3 d 后，则变为化脓性腱鞘炎，患部疼痛剧烈，跛行明显。如发展引起周围组织蜂窝织炎时，可出现全身症状。病后往往遗留下腱和腱鞘的粘连或腱鞘骨化。

（4）症候性腱鞘炎　由结核杆菌引起的结核性腱鞘炎，类似纤维性炎，肿胀逐渐增大，周围呈弥散肿胀，硬而疼痛。因腺疫、布氏杆菌病及传染性胸膜肺炎，多个腱鞘同时或先后发病。

治疗　制止渗出，促进吸收，消除积液，防治感染和粘连。

急性炎症初期（病初 1～2 d），应用冷疗法。炎性渗出停止后，可应用温热疗法。如腱鞘腔内的渗出液过多不易吸收时，可做穿刺，同时注入 1% 盐酸普鲁卡因青霉素 10～50 mL，注后慢慢运动 10～15 min，同时配合热敷 2～3 d。如未痊愈，可间隔 3 d 后，再穿刺 1～2 次，在穿刺后要包扎压迫绷带。

对亚急性或慢性腱鞘炎可应用刺激剂（如鱼石脂软膏）、温热疗法、透热疗法、碘离子透入疗法，还可以应用醋酸氢化可的松 50～200 mg 加青霉素，注入腱鞘内，每 3～5 d 注射一次，连用 2～4 次。如腱鞘腔内的纤维凝块过多而不易分解吸收时，可手术切开排除，切开部位应在下方。对慢性患病动物应让其进行适当的运动。

对化脓性腱鞘炎，可行穿刺排脓，然后使用盐酸普鲁卡因青霉素溶液冲洗，按一般化脓性感染进行开放治疗。

三、腱断裂

腱断裂（rupture of tendon）是指肌腱因连续性被破坏而发生分离。牛、马发病较多，其他动物也偶有发生。临床上常见的腱断裂是屈腱断裂和跟腱断裂，而伸腱断裂发生较少。

腱断裂按病因可分为外伤性腱断裂和症候性腱断裂，而前者又可分为非开放性（皮下）腱断裂和开放性腱断裂。按发生部位可分为腱鞘内腱断裂和腱鞘外腱断裂。按损伤程度可分为部分断裂（少数腱束断裂）、不全断裂（多数腱束断裂）和全断裂，腱的全断裂多发生于肌腱的移行部位或腱的骨附着点。

病因　非开放性腱断裂多由腱受到过度牵引所致；开放性腱断裂发生较少，常由锐性物体损伤引起。症候性腱断裂常由代谢性疾病（如骨软症、佝偻病等）、腱及腱鞘的炎症或坏死等引起。

症状　腱断裂的共同症状是患腱弛缓，断裂部位形成缺损，又因溢血和断端收缩、断端肿胀，断裂部位有温热和疼痛，并有跛行。开放性腱断裂，经常感染化脓，并发化脓性腱鞘炎，预后不良。患肢功能障碍，有的表现异常肢势。症候性腱断裂，伴有原发病的体征。

治疗　固定制动，缝合断端，防止感染，促进愈合。

（1）固定　腱断裂后良好的固定，可促进断端紧密结合，以利于再生，否则预后不良。固定可采用石膏绷带、夹板绷带，并加支撑蹄铁或长尾蹄铁。

（2）缝合　腱的全断裂（包括开放性腱断裂）在一般外科处理后，可进行腱缝合术，以促进断端紧密结合，加速修复。腱的缝合法有皮外和皮内（创内）缝合两种。皮外缝合应在充分剃毛消毒的基础上，使用粗的缝线，从腱的侧面穿线，进针部位距断端 3～4 cm，故单扣绊或双扣绊将两断端拉近、打结固定，然后包扎石膏绷带。创内缝合法，用粗线做双交叉扣绊缝合，进针部位距断端 5～8 cm，交叉穿线，然后拉紧打结，撒布青霉素粉，缝合皮肤，包扎石膏绷带。为增加抗拉强度，防止缝线拉断，可先行皮内缝合，再行皮外缝合，借助皮肤的张力减轻缝线所受的拉力（图 25-3）。

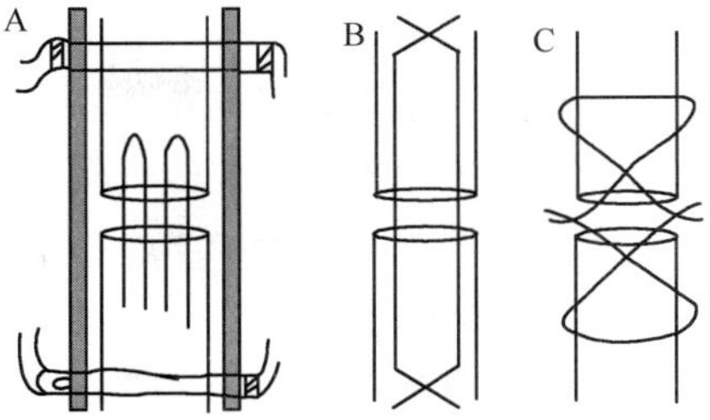

图 25-3　腱的缝合法
A. 皮外缝合法；B. 皮内缝合法

（3）防止感染　开放性腱断裂容易感染化脓，应局部和全身使用抗生素或磺胺类药物。

（4）促进腱的再生与修复　可采用物理疗法，如温热疗法、电疗法、红外线照射、低能量激光照射等，促进局部血液循环、增强免疫机能，从而提高抗感染能力，加速腱的愈合和功能恢复。

四、幼畜屈腱挛缩

屈腱挛缩常发生于马、骡、幼驹和牛犊，并常发生在两前肢，而后肢基本不发生。可发生于一肢，也可发生于几肢。

图 25-4　牛犊先天性屈腱挛缩

病因　幼畜屈腱挛缩有先天性与后天性两种。先天性屈腱挛缩主要由屈腱先天过短，同时伸肌虚弱所造成，也与胎位长期不正，以及钙、磷代谢紊乱和维生素 A 及维生素 D 缺乏有关。后天性幼畜屈腱挛缩，主要是幼畜在发育期间完全舍饲、运动不足、消化障碍、营养不良所引起。风湿性肌炎、佝偻病也能诱发该病。有的腱挛缩继发于腕腱鞘炎、指腱鞘炎及腱损伤。

症状　幼驹、牛犊的屈腱挛缩根据程度不同，表现多种多样。轻度先天性挛缩，以蹄尖负重，行走时容易猝跌，球节腹屈。重度挛缩病例的球节基本不能伸展，球节背面接触地面行走（图 25-4）。

后天性屈腱挛缩，初期以蹄尖负重，随着病势的发展，蹄踵逐渐增厚，球节向前方突出。球节前面接触地面后，不久便引起创伤，损伤关节，往往并发化脓性关节炎。

治疗　先天性幼畜屈腱挛缩，可包扎石膏绷带或夹板绷带进行矫正，注意预防发生褥疮。后天性挛缩，首先除去病因，可试用石膏绷带固定矫正，也可以装支撑蹄铁。屈腱挛缩较重的幼畜，可试用切腱疗法，但效果不确定。

第三节　黏 液 囊 炎

在皮肤、筋膜、韧带、腱、肌肉、骨、软骨突起的部位之间，为了减少摩擦常有黏液囊存在。黏液囊有先天性和后天性两种。后天性黏液囊是摩擦而使组织分离形成裂隙所成。黏液囊壁分两层，内被一层间皮细胞，外由结缔组织包围。在诸多黏液囊中，只有枕部、髫甲部、肘部、腕部、坐骨结节部、膝前部、跟结节部的黏液囊易发生炎症。当这些黏液囊发炎时，往往黏液囊内的液体增多。

滑液囊是指与关节腔或腱鞘腔相通的黏液囊，如臂二头肌下面的结节间滑液囊、冈下肌腱下面的滑液囊、指（趾）总（长）伸肌滑液囊及舟状骨滑液囊。

黏液囊炎常由局部挫伤（如撞击）、挤压、反复摩擦刺激等引起，也可并发于细菌感染（如布氏杆菌感染）。

临床上可根据症状、触诊、穿刺检查做出诊断。

一、结节间滑液囊炎

结节间滑液囊炎（intertubercular bursitis）多发生于挽马。结节间滑液囊位于臂二头肌腱质部深面，臂骨结节间沟中。在猪和肉食动物，此囊与肩关节相通。

症状　病畜运步时患肢提举困难，表现为高度悬跛。强迫行进时，病畜拒绝患肢负担体重，后退并无多大困难。急性炎症期患部局温升高，肿胀和疼痛。

慢性结节间滑液囊炎病肢虽然不能负重，但无明显的炎症病状。如果两侧结节间的滑液囊同时发病，病畜的肩部强拘。有的病例相关肌肉（臂二头肌、冈下肌）出现萎缩。

治疗　病畜停止使役，保持安静或充分休息。

急性炎症初期（48 h 内）可行冷疗。此后局部可用温热疗法、碘离子透入疗法、透热疗法等。可用可的松或 2% 盐酸普鲁卡因注射液进行囊内注射。

慢性病例可局部涂擦刺激剂治疗。

如已化脓，可行结节间滑液囊穿刺排脓，然后注入溶有抗生素的溶液冲洗治疗。必要时可切开排脓，清洗脓腔。

二、肘头皮下黏液囊炎

肘头皮下黏液囊炎（olecranon bursitis）俗称“肘肿”，或称肘结节皮下黏液囊炎。该病多发生于马和大型的犬。有时一侧发病，但也可能两侧同时发病。牛及其他家畜很少发生此病。

症状　经常出现的症状是在肘头部有界限明显的肿胀。初期可感温热，似生面团样，微有痛感；以后由于渗出液的浸润和黏液囊周围结缔组织的增生，即变得较为坚实。有时黏液囊膨大，并有波动。发炎的黏液囊内积聚含有纤维素凝块的液体，大如人拳。破溃时流出带血的渗出液。黏液囊内含物有时可被吸收，黏液囊周围的炎症也随之消失。过度延伸的皮肤，形成松弛的皱襞。本病仅在黏液囊过大时出现跛行。

治疗　病初宜用冷疗法，穿刺排出黏液，然后向囊内注射含有可的松的 2%～3% 的盐酸普鲁卡因溶液或青霉素溶液，并使用压迫绷带，注意预防局部继续受挫伤。慢性过程可多次搓擦松节油等轻刺激剂，促使炎症的消散。

若黏液囊过大或已化脓，可施行手术彻底摘除。病畜进行全身麻醉，局部常规剃毛、消毒和隔离，沿肢体长轴在黏液囊表面做纵椭圆形切口，皮肤切除的多少以术后切口的缝合不产生张力为宜。分离皮下结缔组织，完整地将黏液囊壁剥离、摘除。结节缝合皮下组织和皮肤。术后减少动物活动，防止其啃咬伤口，以防皮肤伤口裂开。使用抗菌药物治疗 5～7 d，局部每天涂擦活力碘，9～10 d 拆除皮肤缝线。

三、腕前皮下黏液囊炎

腕前皮下黏液囊炎（cranial subcutaneous bursitis of the carpal joint）俗名“膝瘤”或“冠

膝”，主要发生于牛，马次之，其他家畜很少发生。多为一侧性，有时两侧同时发病。

马的腕前皮下黏液囊位于第三腕骨及桡骨远端的前面，在指总伸肌腱鞘附近。该囊与腕桡关节相通，并通过腕桡关节腔与指屈肌的腕腱鞘相通。

症状 病畜腕关节前面发生局限性隆起，逐渐增大，触之有波动，无痛无热，病程长时皮下组织肥厚。牛的腕前膨大可增至排球大小，脱毛的皮肤胼胝化，上皮角化，呈鳞片状。穿刺液多为浆液性，混有纤维素小块，有时带有血色。如有化脓菌侵入，则形成化脓性黏液囊炎。

若腕前皮下黏液囊由于炎症积液多而过度增大，运步时出现机械障碍（图 25-5，图 25-6）。

图 25-5 牛的两侧性腕前皮下黏液囊炎

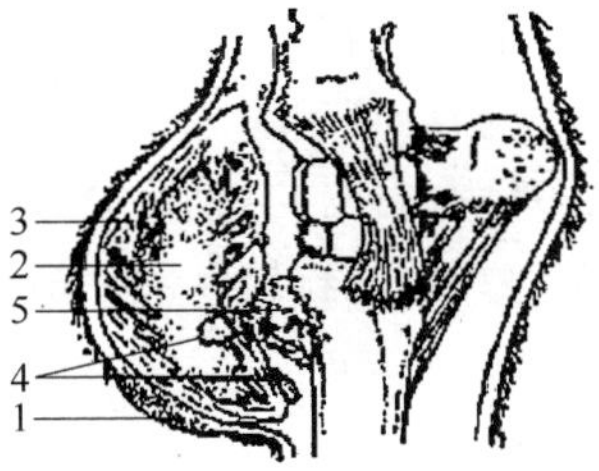

图 25-6 牛腕前皮下黏液囊炎横剖面

1. 脱毛的皮肤；2. 囊腔及渗出液；3. 增生的结缔组织；4. 纤维素凝块；5. 外生骨疣

治疗 可施行姑息疗法，即穿刺放液后注入适量的复方碘溶液或可的松。局部装置压迫绷带。对特大的腕前皮下黏液囊炎，应当施行手术切开或摘除。在黏液囊的前正中略下方，做梭形切口。将黏液囊整体剥离。结节缝合皮下组织及皮肤，装置压迫绷带，注意防止感染。

四、跟骨头皮下黏液囊炎

跟骨头皮下黏液囊炎（subcutaneous bursitis of the tubera calcis）俗称“飞端肿”，主要发生于骡、马，其他家畜则少见。

症状 跟骨头皮下黏液囊炎因跟骨头顶端特定部位的肿胀，比较容易诊断。急性黏液囊炎局部肿胀，有弹性，增温，疼痛。肿胀位于飞节的顶端，有时可达拳头大，乃至小儿头大。单纯的皮肤或黏液囊的损伤，并不发生跛行。甚至有化脓过程时，也很少出现跛行。

治疗 陈旧性的跟骨头皮下黏液囊炎可擦四三一合剂。如有波动或积有脓液，可穿刺排除，然后注入适量的复方碘溶液、1% 蛋白银溶液或青霉素盐酸普鲁卡因溶液，包扎绷带。

对经久不愈的顽固性病例，可行跟骨头皮下黏液囊摘除术。病畜患肢在上，侧卧保定，全身浅麻醉，配合局部麻醉。术部剃毛、消毒。在飞端上面及两侧做纵椭圆形皮肤切开，切除范围应以创缘对合不产生明显张力为宜。剥离黏液囊及肥厚组织，完整摘除黏液囊。结节缝合皮肤及皮下组织，后下方留排液孔。防止动物啃咬，术后用抗生素治疗。

五、坐骨结节皮下黏液囊炎

坐骨结节皮下黏液囊炎多见于犬。

症状 在坐骨结节部有界限明显的肿胀，逐渐增大，触之有波动，疼痛常不明显，无明显的跛行。若黏液囊过大，对活动，甚至排大便稍有影响。

治疗 黏液囊不大时，可不处理。若黏液囊过大可通过手术摘除。

第二十六章 蹄 病

蹄是重要的缓冲装置，蹄内有丰富的血管网，可在蹄活动时，被动地促进机体的血液循环。

蹄的解剖结构

马蹄为单蹄，由蹄壁、蹄底、蹄冠等组成，蹄匣包含第二指（趾）骨下端、第三指（趾）骨和远籽骨（舟状骨）。牛（羊）为偶蹄动物，每指（趾）端有4个蹄，从内向外，分别称第Ⅱ、Ⅲ、Ⅳ、Ⅴ指（趾）蹄。Ⅲ、Ⅳ指（趾）端蹄发达，直接与地面接触，称主蹄；Ⅱ、Ⅴ指（趾）端蹄很小，不能着地，附着于系关节掌（跖）侧面，称悬蹄。

第一节 蹄部创伤

蹄部创伤（wound of foot）是指由强烈的锐性和钝性外力造成蹄冠、蹄匣及蹄底的伤害，本病可发生于各种动物，马属动物和牛多见，临床上蹄部创伤主要包括蹄冠开放性损伤及蹄匣和蹄底的创伤、钉伤等。

病因 高空掉下重物砸伤蹄部；刀片、铁钉、木屑、玻璃片、尖锐石头刺伤蹄部；护蹄不良，蹄底、蹄叉过削，蹄部长时间受粪尿浸渍，蹄角质脆弱等是本病发生的诱因。

在装蹄钉掌时，蹄钉从肉壁下缘、肉底外缘进入，直接造成蹄真皮层的钉伤（prick in shoeing nail bind）。装蹄技术不熟练、不合理下钉或反下钉刃是发生钉伤的主要原因。倾蹄或高蹄的蹄壁薄而峻立、蹄壁脆弱而干燥、过度磨损的芜蹄、蹄底过削、蹄壁负面过度锉切、蹄铁过狭、蹄钉尖端分裂、蹄壁内有不良蹄钉或旧蹄钉残留、蹄钉向内弯曲等均为钉伤诱因。

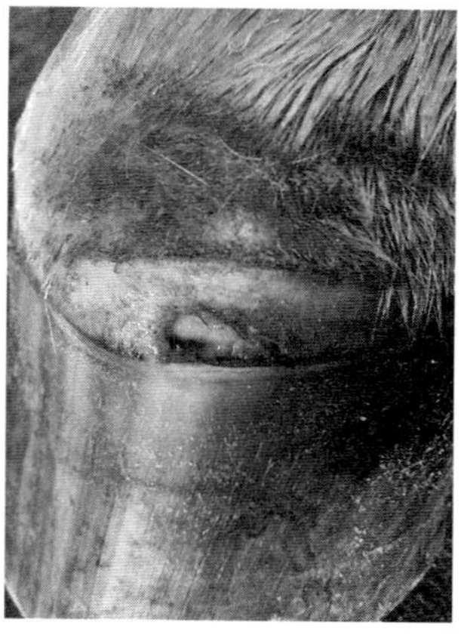

图 26-1 蹄冠部损伤
（罗园渠提供）

症状 蹄冠处皮肤及软组织损伤时，可见有伤口裂开并有出血（图 26-1）。蹄匣、蹄底被尖锐物体刺伤时，局部有创孔，出血或出血不明显，伤口被污染，患畜表现明显的支跛。在蹄踵部刺伤时，运步时蹄尖先着地，球节下沉不充分。蹄冠部创伤治疗不及时可形成化脓创或蜂窝织炎。蹄叉中、侧沟及附近的刺创可引起蹄底与真皮间炎症，脓汁可从蹄球部自溃流出。蹄叉体或蹄踵垂直刺入深部的刺创可使蹄深层发炎，蹄枕、蹄骨屈腱附着部发炎继发远籽骨滑液囊及蹄关节化脓性炎症，患畜精神沉郁、体温升高，患肢高度支跛。若病变范围不明确或刺入的尖锐异物在蹄内折断，可削蹄底或用X线检查发现。

钉伤表现为下钉时受伤的肢蹄有抽动（图 26-2）。拔出蹄钉时，钉尖有血液附着，或由钉孔溢出血液，装蹄后受钉伤的肢蹄出现跛行，2～3 d后跛行加重。间接钉伤时蹄真皮层受位置不正的蹄钉压挤而发病，在装蹄时不见异常变化，多在装蹄后3～6 d出现原因不明的跛行。蹄部增温，指（趾）动脉搏动亢进，敲打患部钉节或钳压钉头时，出现疼痛反应。当出现化脓性真皮炎时，可从患蹄的蹄冠处自溃排脓，严重时可继发败血症。

治疗

（1）蹄冠损伤　蹄冠部皮肤软组织损伤应先止血，然后清创、去除坏死组织异物，用0.1%新洁尔灭冲洗，创口内撒入碘仿磺胺粉，闭合创口，涂碘酊后包扎蹄绷带。

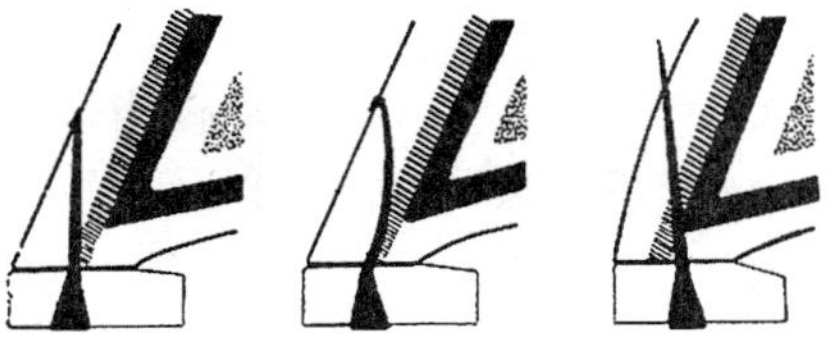

图 26-2　蹄钉伤（北京农业大学和东北农业大学，1982）

（2）蹄部刺创　清洗蹄部，除去异物，检查刺入的创口、刺入物的方向和深度、刺入物的顶端有无脓液或血迹附着，并注意刺入物有无折损。

对于刺入孔，可用蹄刀或柳叶刀切削成漏斗状，清除异物，用3%过氧化氢溶液注入创内清洗，再注入碘酊或青霉素盐酸普鲁卡因溶液，填塞灭菌纱布块，涂松馏油，然后辅以纱布棉垫，包扎蹄绷带。对蹄真皮化脓者应扩大刺孔、开放引流治疗。排脓停止及疼痛消退后，装以铁板蹄铁保护患部。

如并发全身症状，应施行抗生素或磺胺类药物治疗，破伤风高发区应注射破伤风抗毒素。

（3）钉伤　直接钉伤可在装蹄过程中发现，应立即取下蹄铁，向钉孔内注射碘酊，涂布松馏油，再用蹄膏（等份松香与黄蜡分别加热熔化，混合而成）填塞蹄负面的缺损部。在拔出导致钉伤的蹄钉后，改换钉位装蹄。

如有化脓性蹄真皮炎发生，应扩大创孔、开放引流、促进脓汁排出，用3%过氧化氢溶液或0.1%高锰酸钾溶液冲洗创腔，注入碘酊，填塞灭菌纱布块，涂敷松馏油，包扎蹄绷带。每隔3～5 d换药一次，直至化脓停止。同时配合全身使用抗菌药物，防止破伤风的发生。

第二节　蹄冠蜂窝织炎

蹄冠蜂窝织炎（phlegmon of the coronary band）是指发生在蹄冠皮下、蹄缘真皮等组织的弥散性化脓性或化脓坏疽性炎症。

病因　蹄冠蹑伤或刺创未及时彻底地治疗，使病原菌侵入蹄冠部的皮下组织引起严重化脓感染而继发蜂窝织炎。邻近组织化脓、坏死蔓延所致，如化脓性蹄真皮炎、化脓性蹄关节炎及蹄软骨坏死等。蹄冠部长时间遭受粪尿的浸渍，导致微生物侵入，也可发生本病。

症状　病初蹄冠处出现明显的肿胀，呈圆枕形，触诊局部敏感、有热痛反应，患肢重度支跛，蹄冠缘易发生剥离。随着炎症反应加重，病畜出现精神沉郁、体温升高、食饮欲减退。随后在蹄冠部可形成一个或数个小脓肿并逐渐软化破溃，流出黄白色脓汁。如发生腐败性炎症，则组织迅速呈现腐败性溶解，形成坏疽性炎症。如治疗不及时或治疗不当，本病可并发附近韧带腱、蹄软骨坏死及脓毒败血症等（图 26-3）。

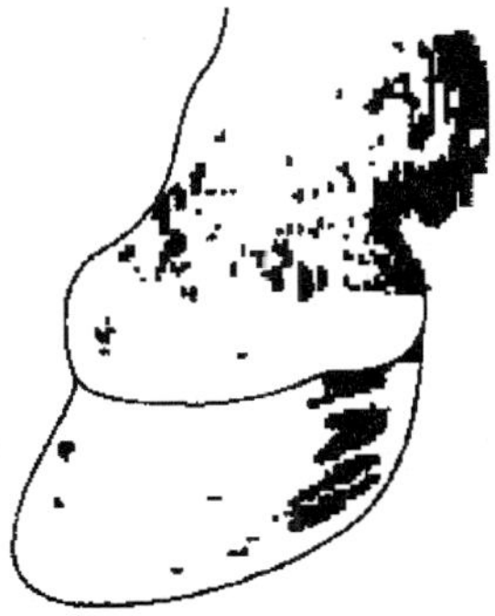

图 26-3　蹄冠蜂窝织炎

防治　首先使动物保持安静，将动物放在有垫草的马厩舍内，并经常给以翻身，以免发生褥疮。局部清洗患蹄，取下蹄铁，剪去蹄冠部皮肤的被毛，清除已剥离的部分，涂5%碘酊。病初在蹄冠部使用10%樟脑乙醇湿绷带，不宜用温敷疗法及刺激性软膏。全身静脉注射抗生素或磺胺类制剂，应用各种支持疗法，注射维生素C和碳酸氢钠，并适量加激素类药物，控制炎症蔓延。如病情未见好转，肿胀继续增大，为减缓组织内的压力和预防组织坏死，可在蹄冠上做数个长 2～3 cm、深 1.5～2 cm 的垂直切口。手术后包扎浸以 10% 高渗氯化钠溶液或 10% 硫酸镁溶液的绷带进行高渗引流，以后可按常规化脓创进行外科治疗，如果形成溃疡或长期不愈合，可局部进行理疗，以加速肉芽的生长而促进伤口愈合。

本病预后不良，尤其并发蹄关节病时更应注意，严重的病例可造成蹄匣脱落。

本病的预防主要包括蹄冠创伤的预防、及时的外科处理和注意蹄部感染创的治疗。

第三节 蹄 裂

蹄裂（sand crack）是指蹄壁角质发生各种状态的裂隙，也名裂蹄，多发于马属动物，牛和猪也可发生。马、骡的蹄裂前蹄比后蹄多发，冬季比夏季多发。

分类 按蹄角质裂延长的状态可分为负缘裂（自蹄壁下缘向上裂但不到蹄冠）、蹄冠裂（自蹄冠向下裂但不到蹄壁下缘）和全长裂（自蹄缘开始一直裂到蹄壁下缘）；按发生的部位则有蹄尖裂、蹄侧裂、蹄踵裂；根据裂缝的深浅，可分为表层裂、深层裂（达到蹄真皮层）；按裂隙的方向，可分为纵裂（沿角细管方向裂开）和横裂（沿蹄轮方向裂开）；按发生的时间分为新裂和旧裂。

病因 导致蹄裂的原因如下。

（1）蹄部受损 蹄匣角质受到强烈的扎砸或外伤。

（2）肢势及蹄形不正 如广踏外向肢势、狭踏内向肢势、蹄角质脆弱、蹄小体重大、变形蹄（弯蹄、倾蹄、低蹄、窄蹄、蹄过长）及蹄部炎症过程等，均可诱发蹄裂。

（3）装蹄、削蹄不良 蹄壁内外侧切削不均，体重压力不平衡；蹄铁内外铁支的厚度不均，铁脐高低不等，蹄钉粗大，易诱发蹄裂。

（4）蹄负面受到过度的冲击震荡 新育成的马长时间在山区或城市的坚硬道路使役，又不断在不平的石子路上奔走，蹄负面受到过度的冲击震荡和偏压，易发生蹄裂。

（5）营养缺乏 饲养管理不良，导致蹄部营养缺乏，血液循环障碍，角质脆弱，也可诱发蹄裂。

症状 新发生的角质裂隙，多沿角细管方向裂开，裂缘比较平滑，裂缘间的距离细窄；陈旧的裂隙则裂缝开张，间距较宽，裂缘不整齐，有时多条裂隙发生交叉。

蹄角质的表层裂没损伤真皮层，家畜站立或运动时不表现疼痛，不妨碍蹄的正常生理机能。深层裂，特别是全层裂，在蹄负重或离地瞬间裂缘开闭。若损伤累及蹄真皮，则出现剧痛或出血，伴发跛行。如有细菌侵入，则并发化脓性蹄真皮炎。时间较长的易继发角壁肿。

防治 蹄裂愈合困难，治疗原则主要是防止继发感染和裂缝不继续扩大。为了避免裂隙部分的负重，对于蹄浅层裂或深层不全裂的患畜，可行造沟法。在裂缝上端或两端造沟，切断裂缝与健康角质的联系，以防裂缝延长；沟长 15～20 mm，深达裂缝消失为止，以减轻地面对蹄角质病变部的压力，避免裂隙的开张及延长。另一种薄削法用于蹄冠部的角质纵裂，在无菌的条件下，将蹄冠部角质薄削至生发层，患部中心涂青霉素鱼肝油软膏或磺胺软膏，每天 1 次，用绷带包扎，促进瘢痕角质的形成，经过一定时间，逐渐长出蹄角质。也可用医用高分子黏合剂黏合裂隙，在黏合前先削蹄整形或进行特殊装蹄，再清洗和修整裂口，进行彻底消毒后用医用高分子黏合剂黏合。

为了防止裂缝继续活动和加深，可用金属锔子锔合裂隙，此法还可配合其他方法应用。

对肢势和蹄形不正的马、骡定期进行合理的削蹄与装蹄，矫正蹄形和保护蹄机。必须经常注意蹄的卫生，适时洗蹄和涂油，防止蹄角质干燥脆弱。避免蹄部受伤是本病的主要预防措施。

第四节 白 线 裂

白线裂（separation of the wall and laminar corium of the toe）是指蹄白线部角质的崩解及变性腐败，导致蹄底与蹄壁发生分离。本病多发生于马属动物和牛的前蹄蹄侧壁或蹄踵壁（图 26-4，图 26-5）。

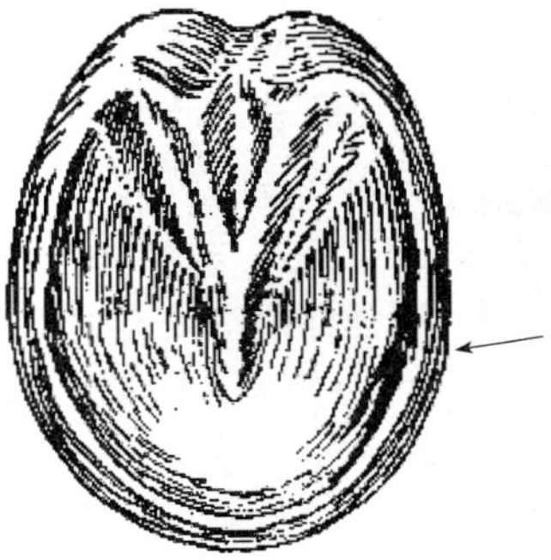

图 26-4 白线裂

箭头所指为蹄侧壁损伤

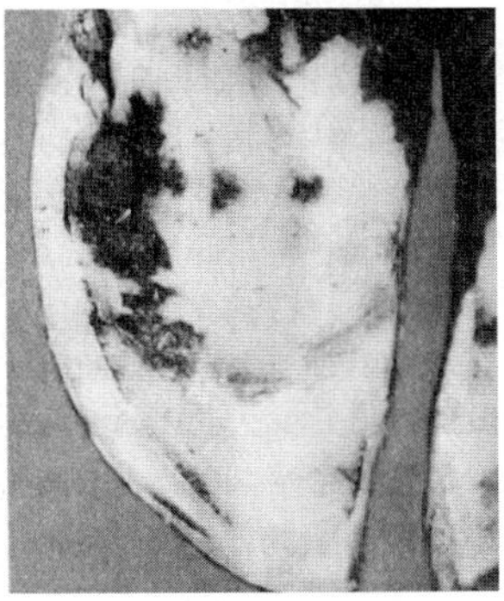

图 26-5 嵌入白线的石子

（王春璈，2013）

病因 蹄形不正，如广蹄、弱踵蹄、平蹄等蹄壁倾斜；白线角质脆弱；蹄部不清洁、环境卫生不好、干湿急变、地面潮湿、因长时间被水浸泡蹄底角质软化；白线处损伤，如钉伤、白线部的踏创、装蹄时过度烧烙、白线切削过多；广蹄、平蹄、丰蹄等装戴铁支狭窄及斜面少的蹄铁；蹄钉过粗等均是引起白线裂的诱因。牛蹄壁过长、角质翻卷、白线处角质变质腐败也可导致白线裂。白线裂还与真菌病和遗传因素有关。

症状 举肢检查通常发现多在白线部充满粪、土、泥、沙，清洗后才可发现白线裂的病灶部位，装蹄马必须取下蹄铁进行检查，多在装蹄、削蹄时发现白线裂的所在部位。

白线裂只涉及蹄角质层时，称为浅裂，不出现跛行；若裂开已达肉壁下缘，则称为深裂，往往诱发蹄真皮炎，引起疼痛而发生跛行。白线裂可引起蹄底下沉，易形成平蹄、丰蹄。

如果白线裂向深部伸展，可以转变为空壁，并可以引起化脓性蹄真皮炎。此时病灶对壁真皮比底真皮的影响更大，感染可向上方深部蔓延，引起蹄冠脓肿、远籽骨滑膜囊炎和化脓性蹄关节炎，有的病例还可侵害到腱和腱鞘。

陈旧性的白线裂可使患部蹄壁向外发生凸弯。

防治 本病的治疗原则主要是防止白线裂缝加大和促进白线部角质的新生，因白线已经分裂即难以愈合。

首先清除蹄底的污物，用 0.1% 新洁尔灭或 0.1% 高锰酸钾溶液清洗，患部涂以松馏油，装蹄绷带。蹄壁向外部扩展者，可在该蹄铁部位设侧铁唇。蹄壁薄弱者使用幅广连尾蹄铁，使蹄叉及蹄底外缘分担体重。

如继发化脓性蹄真皮炎，应清理创部，涂5%碘酊、填塞浸有松馏油的麻丝，包扎蹄绷带或垫入橡胶片。经几次换药，当感染完全被控制，炎症解除时，用黏合剂或黄蜡封闭白线裂口。

本病的预防措施是合理装修蹄和注意蹄部清洁卫生。

第五节 蹄叉腐烂

蹄叉腐烂（thrush）是指蹄叉真皮层的慢性化脓性炎症，常伴发蹄叉角质腐败分解。本病为马属动物特有且常发的蹄病，多发生在后蹄。常见一蹄发病，有时多蹄发病。

病因 肢势蹄形不正、蹄叉角质不良是本病发生的先天性因素。

护蹄不良，厩舍和拴马场地不洁、潮湿，粪尿长期浸渍蹄叉，引起角质软化；马匹长期舍饲，不经常使役，不合理削蹄，如蹄叉过削、蹄踵壁留得过高、内外蹄踵壁切削不一致等，都可影响蹄叉的功能。不合理的装蹄，如马匹装以高铁脐蹄铁；运步时蹄叉不能着地；或者经常装戴厚尾蹄铁或连尾蹄铁，都会引起蹄叉发育不良，进而导致蹄叉腐烂。

肢体的淋巴循环受损，也可引起蹄叉腐烂。

症状 蹄叉的腐败崩解最初发生在蹄叉侧沟，通常在侧沟处有大小不等的空洞，从中流出污黑色的恶臭分泌物。随着炎症的进一步扩展，腐烂侵害到蹄真皮层，则引起跛行，这种跛行走软地或沙地时特别明显。运步时以蹄尖着地，严重时呈三脚跳。蹄底检查时，可见蹄叉萎缩，甚至整个蹄叉被腐败分解并露出肉叉，蹄叉中沟、侧沟有恶臭的污黑色分泌物。当从蹄叉侧沟或中沟向深层探诊时，患畜表现明显疼痛；用检蹄器压诊时，也表现疼痛。因为蹄踵壁的蹄缘向回折转而与蹄叉相连，炎症也可蔓延到蹄缘的生发层，从而破坏角质的生长，引起局部发生病态蹄轮。蹄叉被破坏，蹄踵壁向外扩张的作用消失，可继发狭窄蹄。

防治 首先除去蹄部的泥土及污物，用2%漂白粉溶液或1%高锰酸钾溶液清洗蹄部，削除腐败坏死的蹄角质。再次用上述药液清洗腐烂部，然后再注入2%～3%福尔马林乙醇溶液或5%碘酊。用麻丝浸松馏油塞于腐烂部，外装蹄绷带，初期2～3 d换药1次，以后延至5～7 d换1次。

在药物治疗之前削蹄，除去枯死角质。为促进蹄机作用和角质的正常生长，应进行矫正装蹄，装戴连尾蹄铁、人工蹄叉或3/4的蹄铁。因蹄叉过削发病时，应使用厚尾蹄铁或铁脐蹄铁。为了使蹄叉负重，可适当削蹄踵负缘。

大多数病例预后良好，在发病初期，还没有发生蹄叉萎缩、蹄踵狭窄及真皮外露时，经过适当的治疗，可以很快痊愈。如已发生蹄部变形时，需要长期治疗和装修蹄矫正。

第六节 蹄叶炎

蹄叶炎（laminitis）是指蹄真皮层发生的弥漫性无菌性炎症，也称为蹄壁真皮炎。本病极少有化脓性病变，可分为急性、亚急性或慢性。常发生在马、骡等家畜的两前蹄，也可发生于四蹄，或者很偶然地发生于两后蹄，还可单独一蹄发病。如只有一蹄发病，主要是侵害蹄尖部和蹄侧部。牛的蹄叶炎多发生在后肢的内侧蹄。羊、猪也有蹄叶炎的发生。有资料报道，骟马患蹄叶炎的发病率比公马和母马低。

病因 致病原因尚不能确切肯定，但本病属于变态反应性疾病，与下列因素有关。

蹄形不正，构造上的缺陷，如广蹄、低蹄、倾蹄等；躯体过大，蹄部负担过重，均为发生蹄叶炎的诱因。

削蹄不均、延迟改装期、蹄底或蹄叉过削、蹄铁面过狭、铁脐过高等，均能使蹄部的缓冲装置过度劳累，成为发生蹄叶炎的诱因。

运动不足，饲喂不合理，偷吃大量精料，分娩、流产后多喂精饲料，引起消化不良；同时肠道吸收毒素，使血液发生紊乱，即可导致本病的发生。

长途运输；在坚硬的地面上长期站立；有一肢发生严重疾患，对侧肢行代偿作用，长时期、持续性负担过重；马匹骤感寒冷、使体力消耗等，均能诱发本病。

蹄叶炎有时为传染性胸膜肺炎、流行性感冒、肺炎、乳房炎、子宫内膜炎、酮病、肠炎等的并发病。

病理 蹄叶炎长期被认为是一种一般代谢紊乱的局部现象。若干主要诱因虽在本病中确实能起作用，但近代研究显示蹄叶炎与应激变态反应有关。

急性蹄叶炎的最初变化，蹄部出现短暂充血和炎症，随后很快继发指（趾）部小动脉与小静脉挛缩，动脉血通过蹄部许多动静脉吻合支进入静脉回路，使蹄真皮毛细血管床功能性缺血。这已用蹄部血管摄影予以证明。更多学者认为血液循环障碍或紊乱是引起本病的重要因素。许多学者观察到真皮微血管形成栓塞与马蹄叶炎的发生有直接关系，末端动脉弓扩张比正常的要少，并且蹄球部、蹄真皮及蹄冠带的血液供给也减少了。

上述蹄部血液循环的紊乱，可导致局部显著疼痛，最初这种疼痛是可逆性的。组织学研究证明，当患蹄叶炎时，在角质生成部位的生角物质（含硫氨基酸）消失，角化过程缓慢或停止。轻病例可产生蹄叶炎性蹄轮，在极严重的病例蹄骨可转位或蹄壁与其下面的组织完全分离。角小叶与肉小叶可分离是有缺陷的角化过程和肢蹄担负体重压迫蹄骨所致。大量的炎性渗出物潴留于蹄尖壁，也加重了角小叶与肉小叶的分离及蹄骨向后压迫，而且蹄骨掌侧面承受指（趾）深屈腱向后牵拉的作用，可使蹄骨转位，蹄骨尖向下压迫蹄底。这种蹄骨的转位发展迅速，最后可穿透蹄底（图 26-6）。

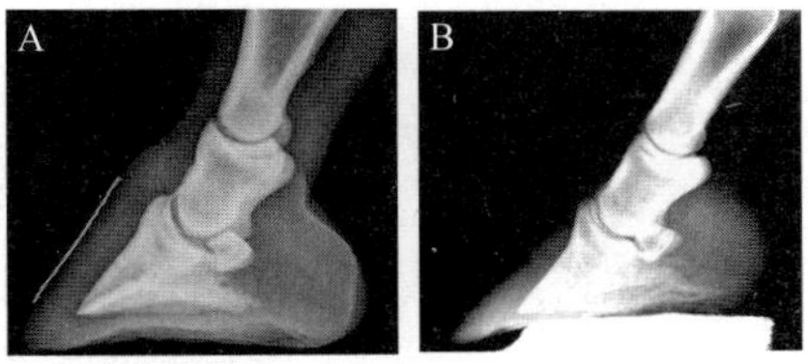

图 26-6 马蹄部正常 X 线片（A）和蹄叶炎 X 线片（B）（内蒙古农业大学提供）

亚急性和慢性病例，蹄骨转位的发生相对比较缓慢。蹄底趋于加厚，并且蹄匣变形。

症状 患急性蹄叶炎的家畜，精神沉郁，食欲减退，不愿意站立和运动。因避免患蹄负重，常出现肢势的改变。两前蹄患病时，病畜后肢伸至腹下，两前肢向前伸出，以蹄踵着地（图 26-7）；两后蹄患病时，前肢向后屈于腹下；四蹄均发病时，站立姿势与两前蹄发病类似，体重尽可能落在蹄踵上。如强迫运步，则病畜运步缓慢、步样紧张、肌肉震颤。

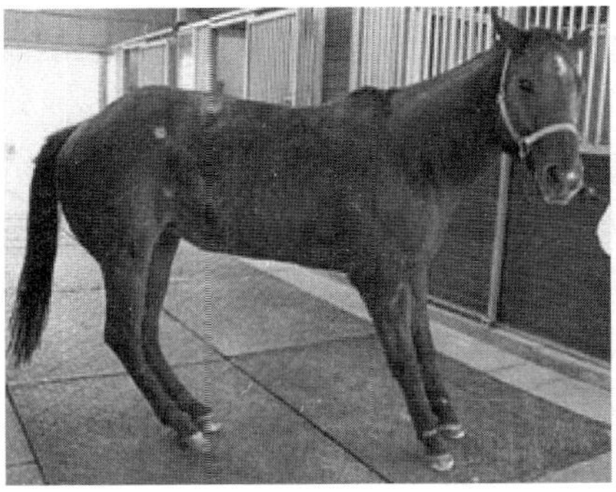
图 26-7 蹄叶炎患马

患蹄局部温度升高，特别是靠近蹄冠处。指（趾）动脉搏动亢进。当叩诊或压诊病蹄时，表现为敏感疼痛，用检蹄器检查蹄底蹄叉尖处尤为明显。体温升高（40～41℃），脉搏频数（80～120 次 /min），呼吸加快（50～60 次 /min），可视黏膜常充血。

亚急性病例可见上述症状，但程度较轻，常限于肢势稍有改变，不愿运动。蹄温或指（趾）动脉搏动亢进不明显。急性和亚急性蹄叶炎如治疗不及时，可转为慢性型。

慢性蹄叶炎常有蹄形改变。在蹄壁上可以看到不规则的蹄轮，蹄前壁蹄轮较近，而在蹄踵壁的则增宽。慢性蹄叶炎最后可形成芜蹄，蹄匣本身变得狭长，蹄踵壁垂直，蹄尖壁近乎水平。站立时，健侧蹄与病蹄持续不断地交替负重。X线检查，有时可发现蹄骨转位及骨质疏松。蹄骨尖被压向下方，并接近蹄底角质。在严重的病例，蹄骨尖端可穿透蹄底。

治疗　治疗急性和亚急性蹄叶炎的原则是除去致病或促发的因素，解除疼痛，改善循环，防止蹄骨转位并促进角质生成。

蹄肉小叶细胞的病理变化，能在临床症状出现后 4 h 以内发生，在 24 h 内可招致永久性伤害。因此，必须尽早开始有效的治疗。当病史为营养障碍或者原因不明时，可投予液体石蜡，饲料应只限于青草和水。如怀疑是细菌感染引起的病例，需要抗生素治疗，也要预防继发性感染。

（1）*冷敷*　在发病初期若蹄部渗出明显，可用冷疗法，如冷蹄浴、冷泥、醋泥疗法等，使扩张的血管收缩，减少渗出，缓解局部肿胀和疼痛。

（2）*封闭*　用盐酸普鲁卡因封闭指（趾）神经，可立即缓解疼痛，并使病畜能正常地站立和运步。这会促进蹄部血液循环，加速炎症产物消散，并对指（趾）部血管有一些直接舒张的效果。

（3）*镇痛消炎*　乙酰丙嗪在急性炎症期应用有一定疗效，因它可降低血压并有缓解疼痛的作用。肾上腺皮质激素类药物，在病初可以收效。为了长期止痛，可以选用促泰松。虽然组胺与蹄叶炎的关系尚不详知，可是在最初用肾上腺皮质激素类药物治疗后，再应用抗组胺药物是有效的。

（4）*改善血循环*　蹄头穴放血 50～100 mL，以减轻蹄部充血状态并排出毒物，缓解症状。

若渗出基本停止，为加速炎症的消散，可采用热敷，如温蹄浴等。

考虑长期地改善血液循环是最重要的，要使家畜在软地上运步。如果怀疑有蹄骨转位，要禁止走动。对于蹄骨正在转位的病例，要使病马站立在铺厚沙的平地或沙地上，或者用浸有松馏油的麻散丝包裹蹄底，通过减缓对蹄底的压力来减轻疼痛。

（5）*补充氨基酸*　角化不足，大都由于氨基酸（蛋氨酸和胱氨酸等）的缺乏，是血液循环发生障碍的结果。蹄叶炎病马可用蛋氨酸治疗 10 g/d，连续 4 d，然后每天给予 5 g，再连续 10 d。

慢性蹄叶炎的治疗，应注意护蹄，并预防急性型或亚急性型蹄叶炎的再发（如限制饲料、控制运动等）。首先要清理蹄部腐烂的角质，以预防感染。刷洗蹄部后，在硫酸镁溶液中浸泡。蹄骨微有转位的病例（如蹄骨尖移动少于 1 cm 而蹄底白线只稍微加宽），可简单地每月削短蹄尖并削低蹄踵。如蹄骨已有明显的转位，就更加需要施以根治的措施，即在蹄踵和蹄壁广泛地削除角质，否则蹄骨不能回到正常的位置。

牛的蹄叶炎以消化障碍为主，要有针对性地加以处理。使用抗组胺制剂是有效的。另外，还要注意削蹄以防蹄的变形。

（6）*中药治疗*　蹄叶炎在中医属于五攒痛的范围，临床上分为料伤和走伤两种。

1）料伤：原则为化谷宽肠，消积破瘀，清热解毒。可服红花散，组方为：红花 25 g，没药 25 g，神曲 30 g，麦芽 30 g，焦山楂 25 g，莱菔子 25 g，桔梗 18 g，当归 18 g，炒枳壳 18 g，川厚朴 18 g，甘草 10 g，共为细末，开水冲调，候温灌服。

2）走伤：原则为活血顺气，破滞开郁。可服茵陈散，组方为：茵陈 24 g，川芎 15 g，柴胡 15 g，红花 15 g，紫花地丁 15 g，青皮 15 g，当归 30 g，桔梗 18 g，乳香 12 g，没药 12 g，杏仁 15 g，白芍 15 g，白药子 15 g，黄药子 15 g，甘草 10 g。共为细末，童尿半碗为引，吃草后开水冲服。

第七节　蹄软骨骨化

蹄软骨骨化（ossification of the lateral cartilages）是指蹄软骨的一部分或全部丧失弹性而骨化。此病多发生于老龄马，常见为外侧蹄软骨。

病因　在坚硬的土地上或不平坦的道路上重役，蹄部经常因受震荡冲击，引起蹄软骨周围组织发生炎症，特别是蹄软骨蹄骨韧带、蹄软骨籽骨韧带剧伸，易引发本病。长期不削蹄或装蹄所致蹄角质过长、削切不均、蹄踵狭窄、蹄冠狭窄、举踵蹄、蹄叉腐烂、蹄铁过狭、在蹄铁最大横径部以后下钉等，均是本病的诱因。

症状　病初无明显的症状，只是在硬地运步稍有异常。中、后期则蹄冠周围增大，骨化部的蹄冠隆起，蹄壁变狭窄或蹄轮不正等。步样强拘，站立时呈前踏姿势。蹄角质干燥，在装蹄不良的情况下出现跛行。

蹄软骨的骨化是从前下部开始，逐渐向后上方扩展，从蹄冠上方触诊可以感觉此处的蹄软骨变坚硬、失去弹性。因妨碍蹄机，故蹄铁上面的沟状磨灭很小或不清楚。

可用 X 线检查蹄软骨骨化的程度并确诊。

治疗　已经骨化的蹄软骨不易恢复其固有的弹性，一般预后不良。治疗不可能恢复蹄软骨的正常状态，只能消除其机能障碍，维持马、骡的使役能力，减轻跛行，除去上述诱因。矫形疗法有一定的疗效，削蹄要适合肢势与蹄形，使体重的负担平均，装蹄时在骨化侧的铁支要宽，在蹄枕要用橡胶插片，在病变一侧蹄与蹄铁之间可使用革质插片或橡胶插片借以减弱地面来的反冲力。还有蹄踵部的蹄壁薄削、造沟，以便减轻对该部的压迫。

第八节　舟 状 骨 病

舟状骨病（navicular disease）是指舟状骨及其滑膜囊的炎症，也可扩延到远端籽骨关节面、舟状骨的支撑韧带、指深屈肌腱的滑膜囊面、中间指骨的关节面等。过去认为本病是一种慢性无败性滑膜囊炎，也有人认为是舟状骨的慢性骨炎。现在研究证实，它是一种涉及不同原因的变性疾病，舟状骨的血液供应有变化，舟状骨内动脉硬化，动脉内有血栓，骨有缺血性坏死。本病常侵害速度赛马和场地障碍赛马的前肢。一般 6～12 岁的马多发，但也有发生于 6 月龄到 18 岁马的报道。

病因　确切的病因尚不清楚，可能与蹄部血液循环和生物力学有关。表现为患舟状骨病的蹄内血液供应有变化，舟状骨内动脉硬化，动脉内有血栓，骨有缺血性坏死。

蹄型不正、蹄踵狭窄、蹄壁过度延长、蹄叉过高可引发本病。系部过长、负重时球节过度下沉、失足蹬空、急速奔驰或转弯、在坚硬地面作业、超载挽曳等都是本病的诱因。

症状　患蹄站立负重时，蹄踵不着地，以蹄尖支持体重；两前蹄同时发病时，可见交互负重。运步时蹄踵不着地，呈后方短步，指部有典型的震颤运动。做圆周运动时，患肢在内侧跛行加重。将球节和冠关节屈曲 30～60 s 后令患马运动，在前 4～12 步跛行可大大加重，斜板试验也可证明有疼痛反应。

变性过程中可导致反复不定的临床症状，有一半以上的马跛行是两侧性的，可突然出现跛行，有的患马拒绝跳跃。为了缓解患蹄运步时的疼痛，常以蹄尖着地和运步，所以蹄尖部磨灭得多，蹄踵部相对变高，破坏了正常的蹄机。患病时间长时，可见蹄叉萎缩变小，形成蹄踵狭窄。急性时，触诊可感到指动脉搏动亢进，增加屈腱负重，可使跛行明显。叩诊和压诊接近蹄叉体的部位，有疼痛反应。

封闭指神经掌支或蹄关节麻醉，可见本病的疼痛程度有改善（但需排除有关的其他疾病），但对侧不麻醉的肢如也有本病，跛行可加剧，这也可诊断两侧性舟状骨病。

X 线检查可见远端边缘右角的骨营养孔增大、屈侧骨终板有变形性变化、近侧缘和侧韧带抵止点有骨刺形成，骨内有空洞区。

治疗　舟状骨病是一种畸形性骨关节病，矫形装蹄可有助于减轻疼痛，特别是在病的早期，单独用矫形装蹄即可得到较好的效果，但在病的进行期，矫形装蹄只能改善症状。矫形装蹄时，多削蹄尖，装置上弯的连尾蹄铁。马可放在草地上或软地上放养，也可缓解疼痛。近些年，有些学者应用一些抗血凝药（如华法林）、扩外周血管药（如盐酸苯氧丙酚胺），有一定的疗效。有报道使用盐酸异舒普林，用法是 0.6 mg/kg 体重，每日 2 次，3 周为一疗程。用切断舟状骨悬韧带或指神经掌支的方法治疗本病，也有一定的辅助疗效。也有的报道用双膦酸替鲁二钠来治疗马匹舟状骨病，还有的用马舟状骨髓芯减压法来治疗本病，方法是通过钻孔缓解舟状骨疾病。

第九节　指（趾）间皮炎

指（趾）间皮炎（interdigital dermatitis）为指（趾）间皮肤的炎症。特征是皮肤呈湿疹性皮炎的症状，有腐败气味。本病主要发生于各品种的牛和其他偶蹄动物。

病因　潮湿环境，粪尿浸渍，条件致病菌感染引发本病。也有人已从病变部位分离出结节状杆菌和螺旋体。

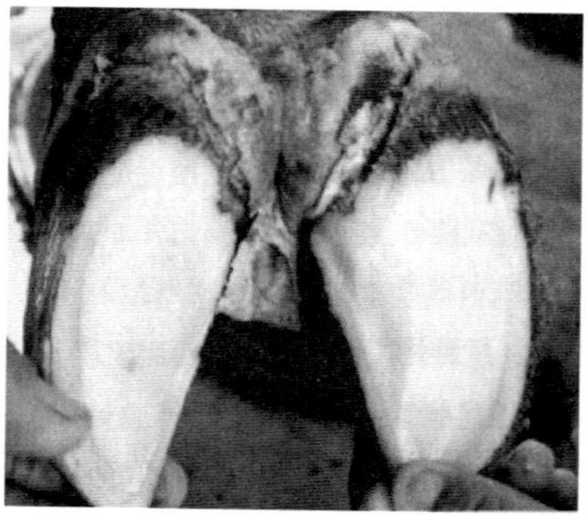

图 26-8　牛指（趾）间皮炎
（王春璈，2013）

症状　患畜运步不自然，表现为轻度跛行，患蹄敏感。病变局限在表皮，表皮增厚和轻微充血，在指（趾）间隙有渗出物，有时形成痂皮（图 26-8）。与球部相邻的皮肤可发生肿胀，并有轻度跛行，随后在球部出现角质分离（通常在两后肢外侧趾）。严重病例的跛行明显，在角质和真皮之间嵌有泥土、粪便和褥草等异物。少数病例，化脓性潜道可深达蹄匣内，严重的可引起蹄匣脱落。本病常发展成慢性坏死性蹄皮炎（蹄糜烂）和局限性蹄皮炎（蹄底溃疡）。

防治　清洗蹄部，患部应用防腐剂和收敛剂，如 5% 碘酊、碘仿磺胺等，2 次 /d，连用 3 d。病畜也可进行蹄浴。治疗期间包扎蹄绷带。本病的预防主要是保持蹄部的干燥和清洁。

第十节 蹄 变 形

蹄变形（hoof deformation）是指在各种不良因素的作用下，蹄角质异常生长，蹄外形发生改变。本病可发生于马属动物和牛。

病因 引起蹄变形的因素很多，但主要的原因是饲养管理不当。日粮中的蛋白质、矿物质饲料不足或比例不当，致使钙磷代谢紊乱、蹄角质脆弱、生长不良。饲养运动及拴系场地不洁，地面不平整，蹄部长期受粪尿浸渍，蹄部干湿急变或受外伤等。肢势不正，体重过大，蹄部受力不均。装修蹄不科学，没有定期装修蹄或装修蹄技术欠佳，修整不到位或削蹄过深，对蹄不做定期护理等。与遗传有关，变形蹄具有遗传倾向，特别是后肢外侧趾呈翻卷状的蹄形。

分类与症状 临床上，变形蹄的形状各异，其分类不尽相同。日本的幡谷正明和北昂（1977）将其分为过长蹄和变形蹄两类。

1. 过长蹄

（1）延蹄　蹄角质明显延长，是单纯延伸的过长蹄。蹄角度低，指轴后方波折，前后的肢势良好，蹄不卷、不翻。

（2）长嘴蹄　蹄尖伸长向上翻，也称嘴状蹄，严重者蹄尖交叉。如蹄尖显著交叉时，也称剪状蹄或交叉蹄。如蹄尖向后方上翻严重者，可称角笛蹄。

（3）长刀蹄　蹄纵径长，蹄前壁凹弯，尖端上翻，由于枯角质蓄积、蹄底膨隆，外形呈长刀状。蹄角度小，蹄轴后方波折明显，蹄踵负重大，过度磨灭。前后肢都可发生。也称橇蹄、马刀蹄。

（4）拖鞋蹄　蹄前壁向反轴侧壁倾斜显著，缓缓地不正形扩张，为横径大的过长蹄。蹄底浅而广，呈广蹄和平蹄形状，蹄角度小，指轴后方波折明显。常诱发白线裂和白线腐烂。前后蹄都可发生，呈前踏肢势。蹄低而广的称开蹄。

2. 变形蹄

（1）低蹄　蹄前壁角度小于45°，指轴后方波折明显，蹄尖和蹄踵的蹄壁高度比为（3～4）：1。

（2）高蹄　蹄前壁角度大于55°，指轴前方波折明显，蹄尖和蹄踵的蹄壁高度比为5：4。

（3）平蹄　蹄前壁向反轴侧壁先天性倾斜，蹄底无穹窿度，与负面同高。

（4）丰蹄　由平蹄发展而来。蹄底膨隆突出于负面。蹄壁上的蹄轮明显，蹄冠下的蹄壁有凹陷带、蹄质较脆，易发生白线裂。

（5）狭窄蹄　分蹄冠、蹄底和蹄踵狭窄（图26-9）。蹄角质发育不良、全身性营养障碍、地面干燥可引起狭窄蹄的发生。

（6）倾蹄　也称卷边蹄。内指或外指有一个较小，蹄底狭窄，反轴侧蹄壁从外侧向蹄底延伸。负重轻的蹄尖上翻，广踏或O状肢势及前蹄的内蹄多发，严重者称螺旋蹄。

（7）芜蹄　为慢性蹄叶炎的后遗症。蹄踵负重，蹄尖负面不着地，角度生长过度，蹄轮间隔不规则并明显增宽。

（8）栽蹄　蹄尖壁较短或直立，蹄踵壁高，运步负重时易向前栽倒。肢势不正、装削蹄时对蹄尖壁负面削切过多、蹄踵留的过长，慢性屈腱疾病及指（趾）部关节疾病等，都能发生栽蹄。

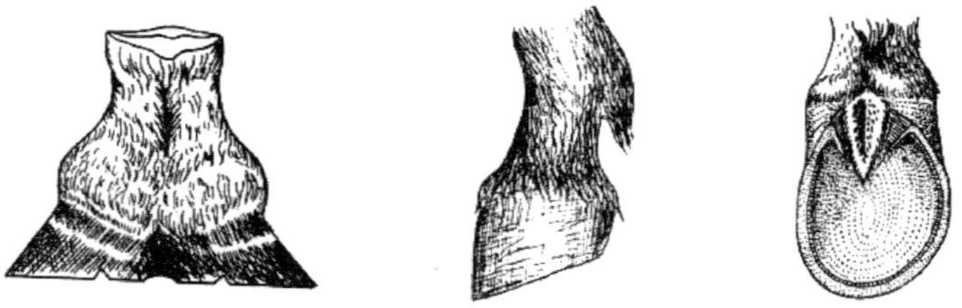

蹄冠狭窄（后望）　　蹄底狭窄（侧面）　　蹄踵狭窄

图 26-9　狭窄蹄（中国人民解放军兽医大学，1973）

（9）山羊蹄　伴有起系的小型蹄。蹄尖与蹄踵的蹄壁同长。蹄骨、关节和腱先天性异常，或继发后天性异常，山地牛多发生。

（10）竹马蹄　也称高跷蹄、桶状蹄。蹄踵的蹄壁比蹄尖高，发生原因同山羊蹄。

（11）弯蹄　内、外指（趾）发育失去平衡，与肢势不良有直接关系。重度广踏，外向肢势易发生。外蹄负重少，磨灭也少。蹄大，反轴侧蹄壁凹弯。蹄可见发育不良，蹄轮细，蹄角度多低。外侧指轴内方波折。

（12）猪蹄　蹄发育及蹄质不良，蹄壁光滑，蹄轮细。蹄纵径长、狭深，蹄底狭而深。蹄踵负重，先天性卧系前踏，后肢多发生。

（13）蟹蹄　蹄纵径短，高蹄，趾间壁互为弯曲，中央部离开，蹄尖接近，呈后踏肢势。前肢多发。

（14）大小不同蹄　内、外指（趾）大小不等，相差悬殊，发生于先天性蹄形成不全。

在生产实际中，萧定汉（1981）将变形蹄分为长蹄、宽蹄和翻卷蹄 3 种。

（1）长蹄　即延蹄。指蹄两侧支超过了正常蹄支的长度，蹄角质向前过度伸延，外观呈长形。

（2）宽蹄　指蹄的两侧支的长度和宽度都超过了正常蹄支的范围，外观大而宽，故称为"大脚板"。此类蹄的角质部较薄，蹄踵部较低，站立和运步时，蹄的前缘负重不实，向上稍翻，返回不易。

（3）翻卷蹄　多见于后蹄的外侧支。从正面看，翻卷蹄支变窄小，呈翻卷状，蹄尖部细长而向上翻卷；从蹄底面看，蹄磨灭不正，翻卷侧蹄支的蹄背部弯曲变成蹄底，靠蹄间沟处的角度增厚，蹄底负重不均，由于变形蹄型的影响，往往见后肢关节以下向外侧倾斜，肢势呈"X"状。严重者，两后肢向后方伸展，病牛弓背，运步呈拖曳式，俗称"翻蹄、亮掌、拉拉胯"。

图 26-10　栽蹄装蹄疗法（中国人民解放军兽医大学，1973）

防治　因蹄变形是不可复的，故药物治疗不能收到满意的效果，只能防止病情的恶化。

目前最为实用的方法是装蹄疗法，即根据变形蹄的特征采取相应的修正措施（图 26-10）。

鉴于蹄变形的发生受多种因素影响，而一旦变形出现又无法使其形态恢复正常，因此，平时预防是关键，应采取以下综合性防治措施。

1）制订合理的日粮结构，满足动物的营养需要，使蹄角质能正常生长。

2）加强圈舍卫生，改善环境条件，防止蹄被粪、尿、污物浸渍；保持蹄干净、干燥，坚持每天清洗和刷蹄。

3）保持蹄形正常，定期修蹄，建立定期修蹄制度。凡变形者，一律修正；每年 1～2 次修蹄。为防止蹄部感染，修蹄不宜在雨季进行。现在有的牛场修蹄安排在产后 30 d 和妊娠 3 个月前进行，也有的在出产房时修蹄。

4）加强选育，调整配种方案，对有遗传变形蹄的公畜禁止种用。

第十一节　腐　蹄　病

腐蹄病（foot rot）是指（趾）间隙皮肤及皮下软组织的急性或亚急性炎症，是反刍兽常发的蹄病，也称趾间腐烂。本病多发于各种品种的牛、羊和猪（图 26-11）。

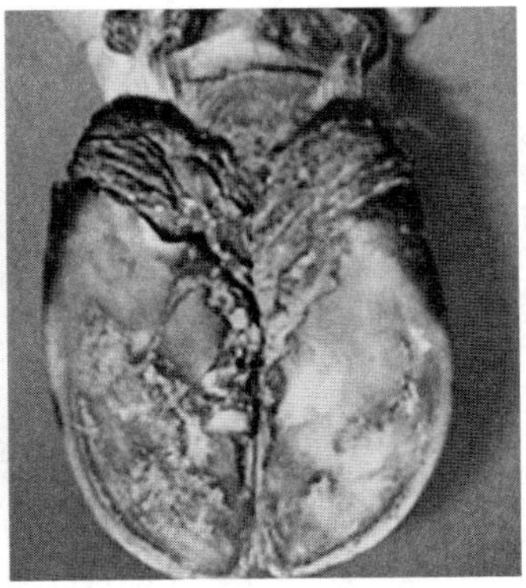

图 26-11　腐蹄病患牛
（王春璈，2013）

病因　许多学者认为，牛的腐蹄病是由坏死杆菌引起的。但用此菌的纯培养做复制试验未获成功，只有坏死杆菌与其他微生物（如产黑色素杆菌）混合接种才能引起感染。

凡饲养管理差、蹄部经常浸泡于粪尿之中、蹄间质或趾间皮肤外伤等，都可促使坏死杆菌和化脓菌感染。长期舍饲、缺乏运动、缺乏钙磷等矿物质、长途行走或蹄底磨损过度，都可使牛对感染的抵抗力降低而诱发本病。

症状　病初，患畜精神沉郁，体温升高，患肢出现跛行，触诊蹄部发热、肿大，叩诊敏感、疼痛；指（趾）间皮肤充血、肿胀及溃烂，并有恶臭的分泌物排出，可以蔓延至蹄冠、蹄后部和系部，也可侵害腱、韧带、关节，使其发生化脓性炎症。有时蹄底溃烂，形成小孔或大洞，内充满污灰色或黑褐色的坏死组织及恶臭的脓汁，以至蹄壳脱落，最后可引起蹄畸形和继发脓毒败血症。

治疗　轻度腐蹄病仅限于皮肤时，应用 3%～5% 高锰酸钾羊毛脂软膏。蹄部肿胀，跛行明显时，应用 1% 高锰酸钾溶液进行温脚浴疗法。

在蹄底出现小洞并有脓汁和坏死组织渗出时，先用消毒液将蹄洗净擦干，以 5% 碘酊消毒，用小刀或锐匙由外向内将坏死组织和脓汁彻底清除。然后灌注 5% 碘酊消毒，撒入土霉素、碘仿磺胺粉或四环素粉，外用福尔马林松馏油棉塞填塞，包扎蹄绷带。最后用棕片包住整个蹄，在系部用细绳捆紧，一般隔 2～3 d 换药 1 次。

腐蹄病严重而出现全身症状时，使用抗生素、磺胺类药物治疗。腐蹄病侵害趾关节使其化脓时，可采用断指（趾）术。

该手术在掌（跖）部的中部进行环形浸润麻醉，术式在系关节上方扎紧止血带，自冠关节上方，于指（趾）骨背侧向下纵行切开皮肤及皮下组织，切口直达蹄缘。然后向后沿蹄缘做切口，再于指（趾）后侧做纵切口，并与蹄缘部切口相接。向上分离皮瓣，在冠关节处切断（同时切断伸腱和屈腱），如系骨有坏死，可用骨锯在健康系骨部锯断。继续分离指（趾）部内侧皮肤，在内侧蹄缘处切断皮肤，松止血带，检查有无出血。如有出血，可结扎血管。修整皮瓣，创内撒布青霉素或磺胺粉，皮瓣进行结节缝合，包扎绷带。

第十二节　指（趾）间皮肤增殖

指（趾）间皮肤增殖（interdigital skin hyperplasia）是指牛和其他反刍动物的指（趾）间皮肤和（或）皮下组织的增殖性疾病，又称指（趾）间瘤、指（趾）间结节、指（趾）间赘生物、指（趾）间纤维瘤、慢性指（趾）间皮炎、指（趾）间穹隆部组织增殖等。各品种牛均可发生此病，其中荷兰牛和海福特牛的发生率较高，中国荷斯坦奶牛的发生也很普遍。

病因　引起本病的确切原因尚不清楚。多数人认为与遗传有关，但未定论。有人经过观察认为，指（趾）骨外生骨瘤与本病的发生有关，也有人观察到缺锌时可诱发本病。但在变形蹄中，两指（趾）向外过度扩张（开蹄），引起指（趾）间皮肤紧张和剧伸，以及泥浆、粪尿等异物对指（趾）间皮肤的经常刺激，都易引起本病。

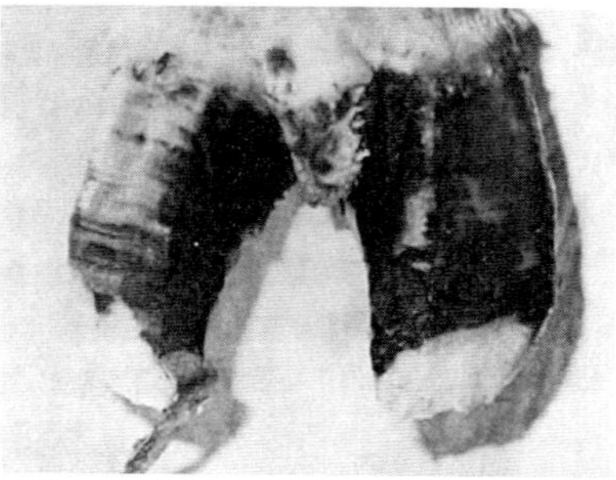

图 26-12　指（趾）间皮肤增殖
（王春璈，2013）

症状　本病多发生在后肢，可以是单侧的，也可以是两侧的，也有四蹄均发病的情况。病初从指（趾）间隙一侧开始增殖形成小突起，病变小时不引起跛行，因而容易被忽略。当增大时，可见指（趾）间隙前部的皮肤红肿、脱毛，有时可看到破溃面。指（趾）间穹隆部皮肤进一步增殖时，形成"舌状"突起（图 26-12），此突起可由于受伤、压迫坏死发生破溃，有恶臭渗出物。在指（趾）间隙前端皮肤，有时增殖成草莓样突起。根据病变的大小、位置、感染程度和患指（趾）受到的压力，出现不同程度的跛行。真皮乳头暴露时，局部碰到物体或受两指（趾）压迫，患畜疼痛明显，跛行，站立小心，泌乳量可明显减少。指（趾）间有增殖物可造成指（趾）间隙扩大或出现变形蹄。

治疗　在增殖初期，局部炎症明显，可在清洗蹄后用防腐剂包扎，能暂时缓解炎症和疼痛，但不能根治。对小的增殖物，可用腐蚀剂进行治疗，但不易成功，根治的办法是手术切除。手术的方法是将患畜侧卧或在修蹄架中站立保定，注射化学保定剂或电针麻醉，配合局部浸润麻醉，局部常规消毒后，扎止血带，沿增殖物周围将其彻底切除。手术中如未伤到大血管，则出血不多，压迫止血后，局部应用抗生素或碘仿磺胺粉，创缘可不缝合。切除增殖物后脱出的脂肪不要过多切除，以免影响指（趾）间皮肤的愈合。最后，在两指（趾）蹄尖处钻洞，用金属丝将指（趾）固定在一起并用绷带包扎，外装防水蹄套。也可用电凝烧烙法或冷冻疗法去除增殖物。术后应用抗生素防止感染，局部可按外科常规处理。

第十三节　蹄深部组织化脓性炎症

蹄深部组织化脓性炎症是指化脓性蹄关节炎、化脓性腱炎、化脓性远籽骨滑膜囊炎和关节后脓肿的总称。

病因　常由蹄底和指（趾）间隙的化脓性疾病继发而来。

症状　蹄关节、指（趾）部屈腱系统和远籽骨滑膜囊在结构上非常密接，发病感染时，常常互相蔓延，临床上难以区分。蹄深部有化脓性过程时，其共同的症状为蹄冠部出现肿胀，重者则肿胀可延伸到球节，关节僵直，蹄部发热，指（趾）动脉搏动亢进，重度跛行。一肢的两个指（趾）很少同时发病。局部化脓后，脓汁可从形成的窦道或邻近感染的进口部位排出，但有时这些开口被肉芽组织闭合，脓汁不能排出，则顺组织向上蔓延，向周围扩散。这时可出现全身性症状，患畜表现为精神沉郁、体温升高等，严重者可继发败血症。

单纯远籽骨滑膜囊炎时，冠部及其相邻的球部有发热和肿胀，压迫时疼痛，指（趾）部屈曲时疼痛减轻，伸展时疼痛加重。但滑膜囊在感染后短时间内即破裂，感染可局限在中间指（趾）节骨和深屈腱之间，形成直径超过 5 cm 的关节后脓肿，在球部后上方有明显的局限性肿胀。化脓性腱炎时，常常在腱鞘内蓄脓，在球节后上方可出现波动性肿胀，屈腱坏死溶解断裂时，蹄尖出现上翻。化脓性蹄关节炎时，首先看到整个蹄冠带和邻近的皮肤肿胀，组织压力很大，特别是压诊蹄冠部有明显的疼痛，动物不愿负重。

治疗　手术切开患部，清洗、搔刮和引流，用夹板固定，限制蹄部的压力和运动，同时应注意原发病的治疗。必要时可做断指（趾）术（参考本章第十一节中的腐蹄病手术）。

第十四节　蹄底溃疡

蹄底溃疡（ulceration of the sole）又称为局限性蹄皮炎（pododermatitis circumscripta），是蹄底角质部的炎症。牛最为常见，典型的发病部位是蹄底-球结合部靠近轴侧，也有的在远离轴侧和蹄尖处发病（图 26-15）。病畜蹄底真皮呈出血、坏死性局限性损伤，常发于单侧或双侧后外侧趾。本病在散放模式饲养的牛群及环境卫生状况差的牛场多见。

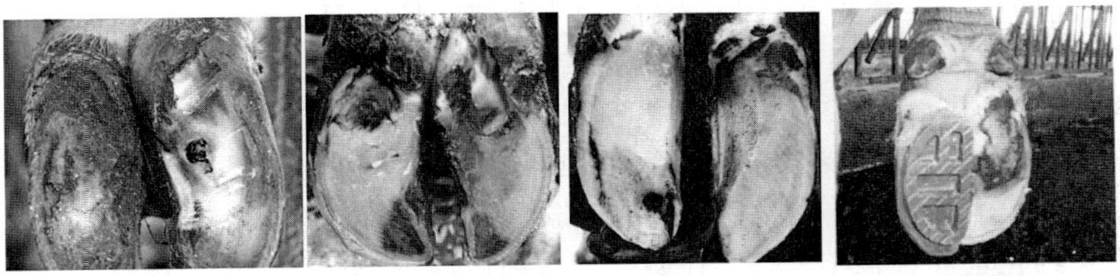

图 26-15　蹄底溃疡（王春璈，2013）

病因　长期站立在水泥地面或在铺炉灰渣的运动场运动，护蹄不良；牛舍或运动场过度潮湿、地面泥泞；运动场有粪便堆积或有石子、砖瓦、玻璃碎片等异物；冬天运动场有冻土块、冰块等都易使蹄底发生损伤，继而发生本病。营养不良，饲料品质单一，饲料缺乏锌等微量元素。肢势与蹄型不正，如 X 状肢势、直腿、小蹄、卷蹄、延蹄、芜蹄等易发本病。

也有人认为亚临床型蹄叶炎是本病的主要诱因。蹄叶炎损伤角质生成组织，导致局部蹄底角质较正常蹄底柔软。角质磨损速度高于成长速度时，蹄底角质会变得更平、更薄。蹄骨屈腱突压迫其下的蹄真皮，造成小范围的缺血性坏死。局部角质生成停滞，周围角质成长速度正常，病灶处逐步被磨穿后形成穿孔状病灶。局部真皮组织压力缓解后，组织逐渐修复，肉芽组织可长出蹄底外，呈红色突起。

症状　患牛表现跛行，跛行程度与病灶大小、炎症程度、是否感染有关。本病常发生于后肢外侧趾，患肢常轻度外展，内侧趾负重。在拴系式饲养的牛舍内，可能后肢后踏，以蹄尖部立于粪沟边缘，从而缓解患蹄底部球结合部的压力。在平整的地面，患牛躯体前探，后肢后踏。两后肢患病时，两肢轮流负重，喜卧，运步拘谨。患肢体温升高，指（趾）

动脉搏动增强。

早期病例可见底部球结合部的角质脱色，指压柔软、疼痛。进而蹄底角质缺损、真皮裸露，可见突出的花椰菜样肉芽组织。局部感染并发炎症，蹄底角质下可形成不同方向上的窦道和化脓性蹄皮炎，严重的则发生蹄冠蜂窝织炎。

治疗 蹄底溃疡主要通过修蹄、减轻患处的压力来治疗，修蹄时，要提高外侧趾的负重面，由健康的内侧趾负重。最简单的方法是将患趾病灶彻底扩开，内侧趾蹄底修整平整后粘贴橡胶蹄垫，这样即可使外侧趾免负体重，溃疡灶能够获得充足的修复时间。如继发深部组织化脓性感染时，应采取相应的开放疗法。

第十五节 护 蹄

首先要求对家畜施行科学的饲养和管理，经常注意蹄的保健和卫生。

过度潮湿或干燥，均会对蹄角质的硬度和弹性造成不良影响。为了保持蹄角质的正常湿度和弹性，应将家畜饲养在清洁、干燥的地面上，马蹄和牛蹄定时用清水刷洗干净，或者在每次修整时都用湿润的拭布擦拭。羊、猪的蹄角质干燥和脆弱时，可在早晨放牧时放到有露水的草场，或者赶到小溪里半小时。为了预防蹄角质受浸渍，不应在潮湿、多沼泽的牧场放牧。畜舍地面应保持清洁，清除堆积的粪和尿。

必须定期检查家畜的蹄部，有计划和合理地修整。牛、羊和猪，一年不少于1次（最好是在未放牧之前）切削过长的角质，并对蹄底进行清理。种牛一年4次削蹄为好。役用的马和牛，每4～6周改装一次蹄铁。削蹄与装蹄要求有熟练技术的人员操作。

在我国北方地区，可于5～10月，用4%硫酸铜或5%福尔马林喷洒与蹄浴，11月至来年4月，采用生石灰浴蹄。在我国南方地区，可常年应用上述药液浴蹄。浴蹄可有效地杀灭病原微生物，增加蹄角质的硬度，提高蹄部皮肤的抵抗力，减少蹄部的感染机会。

奶牛集约化饲养、常年舍饲、代谢强度高和运动不足，以及运动场高低不平、排水不畅或泥泞；运动场为混凝土地面或砖铺地面、补饲槽和饮水槽附近的混凝土地面损坏、山区或半山区的运动场碎石太多，是造成奶牛代谢性蹄病和损伤性蹄病，进而引起蹄角质生长不良和变形蹄的主要原因。在挤奶厅集中挤奶的牛群，如果通道太长，路面为混凝土并有坡度或设置防滑棱，则造成蹄负缘、球部甚至蹄底的过度磨灭，坚硬的路面使蹄长期受到震荡，多发生白线裂和蹄底溃疡。运动场面积过小或根本不设运动场而常年舍饲，可影响蹄部的血液循环，使角质质量下降。若运动场为黏土或三合土地面，且长期不给奶牛清蹄，则黏结的泥土和污物可黏附在蹄壁（底）周围和指（趾）间隙，形同铠甲，影响蹄的运动和代谢，常诱发蹄冠炎、指（趾）间皮炎和蹄球糜烂，严重时引起蹄深部组织的化脓。

为了减少奶牛蹄病和变形蹄的发生，要消除以上因素，合理配制饲料并制订完善的修蹄、护蹄制度。修蹄要有专门的修蹄架。除了有削蹄刀、蹄铲、蹄锉等修蹄器械外，还要有电动修蹄机。近年来国内一些奶牛场用进口的木工电刨修蹄，效果很好。

马厩、牛栏、猪舍、羊圈的地面必须平整。在牧场上要清除垃圾和易发生损伤的物体，如铁丝、碎木片、金属块等。对于马、骡来说，要建立健全使役、管理制度。有交突和追突的马，要装交突蹄铁或追突蹄铁。

马、骡的车船运输，以及通过铁路、石路、板桥、丛林或裂缝地段时，常容易箝夹马蹄或蹄铁，引起蹄铁松动、脱落或蹄角质的崩损，遇到此类情况应及时处理。连日阴雨或长期在泥泞道路和水稻田作业时，蹄角质易遭浸泡变软，蹄铁也易松动脱落，必须及时紧钉或加钉；在冰雪地带作业时，应装冰上蹄铁，并注意检查铁脐的磨灭情况，如有松动或折断应及时更换。

加强护蹄宣传，不断提高畜主和饲养管理员的护蹄意识，经常注重家畜的蹄部卫生保健工作。对兽医人员和装蹄员要有计划地加强技术训练，提高削蹄、装蹄技术水平，避免或减少蹄病的发生。

主要参考文献

安琦星，宫五旦．1990．中西药治疗外伤性阴茎麻痹［J］．中兽医医药杂志，6：27-28

白景煌，王贵．1997．梅花鹿阴茎截断及尿道造口术［J］．中国兽医杂志，23（3）：29-30

北京农业大学，东北农业大学．1982．家畜外科学．北京：中国农业出版社

陈波，吴天麟，韩从辉．2008．慢性前列腺炎的综合治疗分析［J］．东南大学学报（医学版），27（1）：67-69

陈国玉，吴文溪．2002．外科学［M］．北京：科学出版社

崔中林．2007．奶牛疾病学［M］．北京：中国农业出版社

丁明星，林德贵．2006．北京地区犬猫被毛真菌菌群的调查［J］．畜牧兽医学报，37（5）：504-509

董常生．2001．家畜解剖学［M］．北京：中国农业大学出版社

杜国浩，李华涛，李守军．2014．犬红细胞抗原 1.1 血型多克隆抗体的制备与鉴定［J］．中国兽医杂志，50（10）：62-64

方华，孙鹃，李波，等．2005．山羊阴茎包皮炎的治疗［J］．广西畜牧兽医，21（4）：181

高得仪．2001．犬猫疾病学［M］．北京：中国农业大学出版社

高作信．2002．兽医学［M］．3 版．北京：中国农业出版社

韩超，齐长明．2006．公猫尿道造口术［J］．中国兽医杂志，42（9）：44-45

侯加法．1996．小动物外科学［M］．北京：中国农业出版社

侯加法．2002．小动物疾病学［M］．北京：中国农业出版社

胡永强，姜阳明．2007．母猪小挑花的技术要领［J］．黑龙江畜牧兽医，（5）：82-83

金东航，李铁拴，汪恩强．2000．犬嵌顿包茎的诊治［J］．中国兽医杂志，26（6）：51

雷金龙，吴树清．2006．奶牛产道损伤的诊疗［J］．中国奶牛，11：38-39

李天伟，芮荣，宋旭东，等．2007．南京地区健康犬被毛真菌的分离与菌群调查［J］．畜牧与兽医，39（8）：62-65

李万春，李薇．2001．隐睾马去势术的新尝试［J］．畜牧兽医杂志，20（2）：47

李小松．2001．46 例阴囊皮炎诊治体会［J］．青海医药杂志，31（3）：40

利凯，夏兆飞，田海燕．2002．犬的血型与输血疗法［J］．中国兽医杂志，38（9）：42-43

林德贵．2005．兽医外科手术学［M］．4 版．北京：中国农业出版社

刘朝辉．2004．两例犬隐睾肿瘤的诊疗［J］．四川畜牧兽医，31（8）：49

刘凡，张国宪．1991．种公牛化脓性包皮炎［J］．中国兽医杂志，17（9）：32

刘守江，梁万才．2003．手术治疗鹿阴茎包皮炎［J］．黑龙江畜牧兽医，6：59

刘永旺，钱存忠，庄君英，等．2006．猫子宫蓄脓的诊断与治疗［J］．畜牧与兽医，38（2）：44-45

刘运枫，吕占军，李德军．2005．犬前列腺炎的诊治体会［J］．黑龙江畜牧兽医，（2）：45-46

刘正伟．2004．隐睾公猪的去势手术［J］．广西畜牧兽医，20（6）：270-271

陆裕朴，胥少汀，葛宝丰，等．1998．实用骨科学［M］．北京：人民军医出版社：51-63

马喜武，王秋平．1993．阴茎麻痹截断术［J］．畜牧与兽医，25（2）：95

彭宏泽．1992．动物实验外科手术学［M］．北京：中国农业出版社

齐长明．2006．奶牛疾病学（下）［M］．北京：中国农业科学技术出版社

钱存忠，刘永旺，赵艳兵，等．2004．一例犬胸部食道阻塞的手术治疗［J］．畜牧与兽医，12：29-30

全炳昭．1985．公牛隐睾的观察及其阉割术的探讨［J］．江西农业大学学报，25（4）：69-70

全炳昭．1999．公犬包皮内损伤性疾病的诊治［J］．中国兽医杂志，25（1）：51-55

石美鑫，张延龄．2002．现代外科学［M］．上海：复旦大学出版社

孙力，宫汝娥，艾玉芹，等．2007．猫的剖腹产手术治疗中应注意的几个环节［J］．现代畜牧兽医，（12）：44

唐兆新．2002．兽医临床治疗学［M］．北京：中国农业大学出版社

汪世昌．1980．家畜外科学［M］．哈尔滨：黑龙江人民出版社

王春璈．2013．奶牛疾病防控治疗学．北京：中国农业出版社

王洪斌．2005．家畜外科学［M］．4 版．北京：中国农业出版社

王水琴，张中庸．1992．家畜病理生理学［M］．长春：吉林科学技术出版社

王艳新，胡彩兰，王拔萃．2006．犬猫消化道异物梗阻的诊治［J］．广东畜牧兽医科技，4：36-37

吴在德，吴肇汉．2004．外科学［M］．6 版．北京：人民卫生出版社
薛炳会．2007．纯种公牛嵌顿包茎的诊治报告［J］．广西畜牧兽医，23（4）：174-175
杨德吉，周振雷，赖晓云，等．2006．膀胱尿道逆行造影对犬前列腺增生的诊断［J］．畜牧与兽医，38（3）：41-42
杨倩．2008．动物组织学与形态学［M］．北京：中国农业大学出版社
杨国平．2004．犬龟头炎的诊治［J］．当代畜牧，11：38
杨晓农，邓一科，刘群，等．2003．老龄犬子宫蓄脓的诊断和手术治疗［J］．西南民族大学学报（自然科学版），29（4）：504-506
杨藻宸．2000．药理学和药物治疗学［M］．北京：人民卫生出版社
袁良国，王好成．2004．关于低渗性脱水体液丧失量的一种新估算方法［J］．全科医学临床与教育，2（2）：123
袁占奎，董悦农．2004．公猫会阴部尿道造口术［J］．中国兽医杂志，40（11）：53-54
张超，王洪斌，肖建华，等．2007．母犬阴道增生的诊疗［J］．吉林畜牧兽医，（2）：19
张幼成，郑保纹，陈家璞．1983．兽医外科学［M］．南京：江苏科学技术出版社
赵德明．2005．兽医病理学［M］．2 版．北京：中国农业大学出版社
赵俊．2000．新编麻醉学［M］．北京：人民军医出版社
赵兴绪．2002．兽医产科学［M］．3 版．北京：中国农业出版社
赵学修，吕谦，李文华，等．2007．猫剖腹产手术 850 例治疗体会［J］．中兽医学杂志，3：32-33
中国畜牧兽医学会兽医外科学研究会．1992．兽医外科学［M］．北京：中国农业出版社
《中国农业百科全书（中兽医卷）》编辑委员会．1990．中国农业百科全书（中兽医卷）［M］．北京：中国农业出版社
中国人民解放军兽医大学．1989．马病学［M］．北京：中国农业出版社
中国人民解放军兽医大学．1973．军马护蹄学．长春：中国人民解放军兽医大学出版社
周文才，李明，刘洪举，等．2004．母牛卵泡囊肿穿刺疗法［J］．中国奶牛，（6）：47-48
周治瑜，丁明星，李育林，等．2005．犬剖腹产手术中几个问题的探讨［J］．中国兽医杂志，41（9）：43-44
朱坤熹．1997．家畜肿瘤学［M］．北京：中国农业出版社
小野憲一郎，今井壮一，多川政弘，等，1996．犬の病気．東京：日本株式会社讲谈社
Bednarski RM. 1989. Anesthesia and pain control [J]. Vet Clin North Am Small Anim Pract, 19(6): 1223-1238
Colin EH, Charles DN. 1990. Small Animal Surgery [M]. Philadelphia: JB Lippincott Company
Cui LY, Ding Y, Feng Y, et al. 2017. miRNAs are involved in chronic electroacupuncture tolerance in the rat hypothalamus [J]. Mol Neurobiol, 54(2): 1429-1439
Cui LY, Ding Y, Zeng J, et al. 2016. Spinal glutamate transporters are involved in the development of electroacupuncture tolerance [J]. Int J Mol Sci, 17: 357-368
Cui LY, Guo NN, Li YL, et al. 2017. Analgesic and physiologic effect of electroacupuncture combined with epidural lidocaine in goats [J]. Vet Anaesth Analg, 44: 959-967
Delbert G, James M. 2001. Cat Owner's Home Veterinary Handbook [M]. New York: Howell Book House
Dugdale A. 2010. Veterinary Anesthesia [M]. West Sussex: John Wiley & Sons Ltd
Fossum TW, Hedlund CS, Hulse DA, et al. 2008．小动物外科学［M］．2 版．张海彬，夏兆飞，林德贵译．北京：中国农业出版社
Frederick SW, Cross AR. 2017. Modified cranial closing wedge osteotomy for treatment of cranial cruciate ligament insufficiency in dogs with excessive tibial plateau angles: Technique and complications in 19 cases [J]. Vet Sur, 46: 403-411
Galla JH. 2000. Metabolic alkalosis [J]. J Am Soc Nephrol, 11: 369-375
Gomez JR, Morales JG, Sanudo MJM. 2015．小动物骨盆部手术［M］．丁明星，丁一译．北京：中国农业出版社
Hoppenreijs VPT, Pels E, Vrensen GFJM, et al. 1996. Corneal endothelium and growth factors [J]. Survey of Ophthalmology, 41: 155-164
Hulse D, Beale B, Kowaleski M. 2010. CORA based leveling osteotomy for treatment of the CCL deficient stifle [R]. Bologna: Proceedings of the World Orthopaedic Veterinary Congress: 120-121
Jennings PB. 1984. The Practice of Large Animal Surgery [M]. Philadelphia: W B Saunders Company
Kim SE, Pozzi A, Kowaleski MP, et al. 2008. Tibial osteotomies for cranial cruciate ligament insufficiency in dogs [J]. Vet Sur, 37: 111-125
Kraut JA, Madias NE. 2012. Differential diagnosis of nongap metabolic acidosis: value of a systematic approach [J]. Clin J Am Soc Nephrol, 7: 671-679
Lavach JD. 1990. Large Animal Ophthalmology [M]. Saint Louis: The CV Mosby Company
Lewis LD, Morris ML, Morris LW. 1992. Small Animal Clinical Nutrition [M]. 3rd ed. Topeka: Mark Morris Associates: 1-35
Liu DM, Zhou ZY, Ding Y, et al. 2009. Physiologic effects of electroacupuncture combined with intramuscular administration of

xylazine to provide analgesia in goats [J]. Am J Vet Res, 70 (11): 1326-1332
Montavon PM, Damur DM, Tepic S. 2002. Advancement of the tibial tuberosity for the treatment of cranial cruciate deficient canine stifle [R]. Munich: Proceedings, 1st World Orthopedic Veterinary Congress: 152
Morgan RV. 2005. 小动物临床手册［M］. 4 版. 施振声译. 北京：中国农业出版社
Oehme FW. 1988. Textbook of Large Animal Surgery [M]. 2nd ed. Baltimore: Williams and Wilkins
Piermattei DL, Johnson KA. 2008. 犬猫骨骼与关节手术入路图谱［M］. 4 版. 侯加法译. 沈阳：辽宁科学技术出版社
Raske M, Hulse D, Beale B, et al. 2013. Stabilization of the CORA based leveling osteotomy for treatment of cranial cruciate ligament injury using a bone plate augmented with a headless compression screw [J]. Vet Surg, 42: 759-764
Rifkin DB, Moscatelli D. 1989. Recent developments in the cell biology of basic fibroblast growth factor [J]. Journal of Cell Biology, 109: 1-6
Scott DW. 1986. Dermatologic diseases. *In*: Kirk RW. Current Veterinary Therapy [M]. Philandelphia: WB Saunders Company: 529-560
Shah Z, Ding MX, Hu ML. 2014. A view on the current use of alpha (2) agonists in small ruminants [J]. Kafkas Universitesi Veteriner Fakultesi Dergisi, 20 (4): 633-639
Shah Z, Hu ML, Qiu ZY, et al. 2016. Physiologic and biochemical effects of electroacupuncture combined with intramuscular administration of dexmedetomidine to provide analgesia in goats [J]. Am J Vet Res, 77(3): 252-259
Short CE. 1987. Principles and Practice of Veterinary Anesthesia [M]. Baltimore: Williams and Wilkins
Slatter DH. 1985. Textbook of Small Animal Surgery [M]. 2nd ed. California: WB Saunders Company
Slocum B, Devine T. 1984. Cranial tibial wedge osteotomy: a technique for eliminating cranial tibial thrust in cranial cruciate ligament repair [J]. J Am Vet Med Assoc, 184: 564-569
Slocum B, Slocum TD. 1993. Tibial plateau leveling osteotomy for repair of cranial cruciate ligament rupture in the canine [J]. Vet Clin North Am Small Anim Pract, 23: 777-795
Tepic S, Damur DM, Montavon PM. 2002. Biomechanics of the stifle joint [R]. Munich: Proceedings, 1st World Orthopaedic Veterinary Congress: 189-190
Wallace AM, Addison ES, Smith BA, et al. 2011. Modification of the cranial closing wedge ostectomy technique for the treatment of canine cruciate disease [J]. Vet Comp Orthop Traumatol, 6: 457-462
William CR. 2003. 奶牛疾病学［M］. 赵德明译. 北京：中国农业大学出版社
Woo HM, Bentley E, Campbell SF, et al. 2005. Nerve growth factor and corneal wound healing in dogs [J]. Experimental Eye Research, 80: 633-642
Zeng J, Cui LY, Feng Y, et al. 2016. Electroacupuncture relieves neuropathic pain via upregulation of glutamate transporters in the spinal cord of rats [J]. Neurosci Lett, 620: 38-42
Zhang M, Zuo GH, Chen JH, et al. 2013. Aggregated gas molecules: toxic to protein [J]. Sci Rep, 3: 1660